华东地区地质调查项目成果集
HUADONG DIQU DIZHI DIAOCHA XIANGMU CHENGGUOJI
（2006—2010）

中国地质调查局南京地质调查中心　编

图书在版编目(CIP)数据

华东地区地质调查项目成果集(2006—2010)/中国地质调查局南京地质调查中心编. —武汉:中国地质大学出版社,2014.6
ISBN 978-7-5625-3452-5

Ⅰ.①华…
Ⅱ.①中…
Ⅲ.①区域地质调查-调查报告-华东地区-2006~2010
Ⅳ.①P562.5

中国版本图书馆CIP数据核字(2014)第129918号

华东地区地质调查项目成果集(2006—2010)		中国地质调查局南京地质调查中心 编
责任编辑:胡珞兰		责任校对:戴莹
出版发行:中国地质大学出版社(武汉市洪山区鲁磨路388号)		邮政编码:430074
电　话:(027)67883511　　传　真:67883580		E-mail:cbb@cug.edu.cn
经　销:全国新华书店		http://www.cugp.cug.edu.cn
开本:787mm×1 092mm 1/16		字数:1 002千字　印张:39.125
版次:2014年6月第1版		印次:2014年6月第1次印刷
印刷:武汉市籍缘印刷厂		印数:1—1 000册
ISBN 978-7-5625-3452-5		定价:118.00元

如有印装质量问题请与印刷厂联系调换

序

《华东地区地质调查项目成果集(2006—2010)》是华东地区 2 000 余名地质调查科技人员耗费了 5 年时间辛勤劳动的结晶,成果集的编辑是对华东地区地质调查项目成果的一次全面总结和提升,成果集的出版是华东地区广大地质调查科技人员的一件大事,在此我特向大家致以祝贺。

在 2006 年到 2010 年这 5 年间,中国地质调查局在华东地区共安排地质大调查工作项目 372 项,总经费 87 653 万元。其中完成 1∶5 万区域地质调查 47 个图幅,面积 $2 \times 10^4 km^2$,完成 1∶25 万区域地质调查 11 个图幅,面积 $15.57 \times 10^4 km^2$;完成 1∶5 万矿产地质调查 $3.82 \times 10^4 km^2$,1∶5 万水系沉积物测量 $4.59 \times 10^4 km^2$,1∶5 万地面高精度磁法测量 $3.50 \times 10^4 km^2$,施工固体岩芯钻探 126.1 km;1∶25 万环境地质调查 $7.21 \times 10^4 km^2$,1∶25 万地下水污染调查 $26.74 \times 10^4 km^2$,1∶5 万地下水污染调查 $1.87 \times 10^4 km^2$,1∶5 万地质灾害调查 $1.02 \times 10^4 km^2$;完成 $37.80 \times 10^4 km^2$ 多目标区域地球化学调查。

在华东地区广大地质调查科技工作者的共同努力下,"十一五"期间大区地质调查事业快速发展,取得了丰硕的地质成果。

一、开展了长江中下游、武夷、钦-杭成矿带(东段)3 个重要成矿带的矿产资源远景调查、找矿基础资料数据平台建设、重要矿集区深部勘查示范等工作;探获了一批固体矿产资源量;提交了大型矿产地 8 处、中型矿产地 10 处、小型矿产地 28 处,产生了明显的资源效益和社会效益;新发现矿(化)点 556 个,圈定化探综合异常 131 处、自然重砂异常 125 处、重力异常 118 处、磁测异常 632 处;综合圈定找矿远景区 62 处,优选圈定找矿靶区 188 处,展示出了我国东部工作程度较高地区仍有较大找矿潜力,已经或正在拉动社会资金向矿产勘查的投入;开展了新近系覆盖区隐伏矿找矿勘查方法集成和试验研究工作,为长江中下游等地区的"第二找矿空间"找矿突破提供了理论、技术和方法的支撑,并相继发现了安徽泥河铁矿、沙溪外围铜矿、小包庄铁矿、沙坪沟钼矿、福建龙岩石岩坑铁矿等一批大型—超大型矿床;综合研究、数据平台建设、区域矿产资源潜力评价取得了一批新成果,必将对今后一个时期的地质找矿产生重要影响。

二、华东地区填制完成了一批1∶5万和1∶25万国际分幅区域地质图,为资源勘查、国土规划、环境保护、重大工程规划与建设、地质科学研究等提供了基础地质图件;新发现了大量的古生物化石,如浙江天台盆地中生代恐龙蛋和虾类化石、信丰陆相盆地恐龙化石、闽西南漳平一带二叠系—三叠系界线附近及浙皖地区早古生代地层中的生物化石等,为确定地层年代和形成环境提供了重要的基础资料;对华南前寒武纪岩石地层进行了重新厘定,修订了年代地层格架;在皖南鄣源及江西弋阳发现似蛇绿岩性质的新元古代基性—超基性岩块,在大别高压—超高压变质带及皖赣蛇绿混杂岩带中新获得一批高精度的变质岩同位素年龄数据,对进一步认识造山带的组成与结构、恢复洋-陆古地理格局、探讨洋-陆构造体制转换的地球动力学过程、分析矿产资源形成的地质背景和指导找矿具有重要意义;新发现和确认了一批重要的侵入岩体,如诸暨道林山—次坞地区发现华南最早的A型花岗岩,在灵山岩体中首次发现有晶洞花岗岩,在上杭-云霄北西向构造带西北端新发现晚白垩世晶洞钾长花岗岩等。进一步查明了区内岩浆岩时空分布规律,对研究华南不同演化阶段的板块俯冲、碰撞过程中的构造-岩浆事件及成矿作用具有重大意义;对皖浙赣新元古代地质界面进行了重新划分,厘定了一批重要地质事件。

通过成果集成和综合研究,系统厘定了区域地层-岩浆序列-构造格架,编制了华东地区1∶100万地质图、东南沿海中生代火山岩地质图及1∶50万长江三角洲经济区地质图、长江中下游成矿带、武夷成矿带地质图等区域地质系列图件,为区域经济社会发展和地质调查工作提供了基础图件。

城市地质调查率先在华东地区的浙江省、上海市、杭州市、南京市展开试点调查工作,并通过试点全面总结了城市立体地质调查、综合研究与评价、数据库与信息系统建设、成果表达与应用等技术方法,系统地建立了集调查、研究、评价、成果表达、数据库与信息系统建设为一体的城市地质技术方法体系和技术标准体系,为全国全面开展城市地质调查奠定了基础。

开展相关地质调查工作方法示范,系统总结了火山岩区填图、经济区地质填图、成矿带立体地质填图、成矿带1∶5万区调修测等技术方法。

三、首次建立了长江三角洲基岩构造模型、第四纪沉积结构模型、地下水含水系统结构模型和上海、江苏苏锡常地区、浙江杭嘉湖平原地下水流与地面沉降的耦合模型,提出了分区地面沉降控制目标和管理措施,为政府在法律、行政、经济等领域进行地面沉降防治工作管理提供了依据。按照统一规划、统一设计、统一标准,进一步完善了覆盖长江三角洲地区的地质环境监测网,有力地支撑了长江三角洲地区地面沉降防治区域联动工作。

在对江苏、上海、浙江和福建沿海地区地质环境调查中基本查明了第四纪地质结构、岩土体结构和地下水含水系统结构,初步掌握了海岸变迁、海水入侵特征;基本查明了沿海地区港口、滩涂、地质遗迹、海砂、地下水资源等地质资源及其开发利用现状,进行了地质环境综合评价和功能区划,更新和新编了一批地质环境图件,为沿海地区地质环境保护和资源的合理开发利用奠定了基础。

在长江三角洲、淮河流域开展的地下水污染调查,基本查明污染源类型、各地下水含水层的质量现状和污染特征;分析了各含水层地下水水质主要影响因子,进行了区域地下水污染防治区划,建立了地下水污染调查评价信息系统,为地下水污染防治、地下水资源保护以及保障饮水安全提供了科学依据。

水文地质与环境地质调查坚持以服务于经济社会可持续发展为宗旨,围绕城市发展战略和面临的重要地质问题,不断提高成果质量和服务水平。上海对东海大桥、深水航道、海底光缆、青草沙水库等重大工程进行了地质环境调查和安全评价,为工程安全运营提供了保障;根据上海市重点规划区地质环境调查方法、评价内容、评价要素和调查成果的表达方式等,编制的"上海市城乡规划地质环境调查与评价技术规定(试行)",已由上海市规划和国土资源行政主管部门发布施行,为地质工作纳入城市规划管理流程起到了重要作用。

回顾已经过去的"十一五",我们深感取得的成绩来之不易,这是华东地区广大地质调查科技工作者共同努力的结果,凝聚着大家的辛勤劳动和汗水;展望未来,地质工作将迎来新的发展机遇,中央对地质工作寄予厚望,紧紧围绕资源、环境两大中心工作,着力推进地质调查事业改革发展;要以大项目机制作为抓手,搭建好人才培养、业务建设和整装性成果大区项目管理新平台,通过计划项目的实施拉动大投入,形成大成果,培养出大人才,提升华东地区地质调查科研的综合实力;为华东地区的经济社会发展作出资源和环境保障的历史贡献。

2014 年 1 月

目 录

基础地质调查

蚌埠隆起带燕山期岩浆作用与动力学演化 …… 童劲松等(3)
皖赣相邻鄣公山地区新元古代构造格架再认识 …… 张彦杰等(18)
长江三角洲江都—镇江河段古河谷沉积特征及其全新世长江演化 …… 杨献忠等(31)
西武夷山地区变质地层的划分与构造环境研究 …… 张建梅等(42)
长江三角洲地区晚新生代沉积物中伏平粉(Fupingopollenites)的发现及其
　意义 …… 张平等(59)
南通 NB5 孔第四纪沉积物的微量元素记录及其环境意义 …… 缪卫东等(72)
苍岱矿区成矿模式探讨与找矿方向 …… 周宗尧等(81)
陆相火山地层研究方法——"火山构造—岩性岩相—火山地层"三位一体研究
　方法 …… 卢清地(88)
福建晚中生代火山地层研究新进展 …… 卢清地(98)
浅覆盖城市经济区立体填图新进展——浙江 1∶5 万鸣鹤镇、澥浦镇、慈城镇、
　鄞江镇、姜山镇幅区调项目成果总结 …… 周宗尧等(107)
中国城市地质调查工作进展 …… 程光华等(113)
南京城市地质调查成果与应用概述 …… 杨祝良等(122)
杭州城市地质调查成果与应用 …… 彭振宇等(130)
福建省地质系列图件编制与综合研究成果报告——《福建省区域地质志》成果
　简介 …… 徐维光等(140)
福建省福清市江阴岛天宝组层位的厘定及其特征 …… 聂童春等(148)
福建长乐江田—福清江阴一带晚更新世以来海岸线变迁 …… 聂童春等(155)
合肥严店—三河镇一带区域地壳稳定性评价 …… 储东如等(161)
综合地球物理方法在繁昌立体地质填图上的应用 …… 徐自生等(168)
浙江省土地质量地球化学评估与农用地分等整合成果应用 …… 黄春雷等(177)

矿产资源调查

长江中下游地区成矿特征与隐伏矿找矿方向研究 …… 刘一等(187)
福建上杭-永定地区铜多金属矿评价成果内容简介 …… 郑文燕(198)
福建永定-平和地区铜多金属矿评价——铜多金属矿成矿规律及成矿预测 …… 许必生等(205)

福建省漳平市北坑场钼多金属矿地质特征及成矿模式探讨 ……………………………… 卢克标(211)
宁芜北段铜金矿成矿特征及找矿方向 …………………………………………………… 刘志宏(223)
建德岭后-淳安儒洪-双溪口地区成矿规律与找矿远景 …………………………………… 汪隆武(227)
"武夷山成矿带铜多金属矿勘查选区评价"项目主要成果 ………………………………… 朱筱婷等(240)
江西九岭地区矿产远景调查成果与进展 …………………………………………………… 陈振华等(249)
福建建瓯天堂铅锌锰多金属矿地质特征及成因分析 ……………………………………… 杜建文(261)
福建永定务田钼矿床控矿因素与成因探讨 ………………………………………………… 何道金(269)
福建省高星铁矿床特征及其矿产预测意义 ………………………………………………… 黄长煌等(276)
长江中下游隐伏矿找矿靶区优选 …………………………………………………………… 兰学毅等(281)
江西崇义-定南地区钨多金属远景调查成果简介及找矿方向探讨 ………………………… 吴新华等(296)
福建武平中赤-下坝地区钨钼多金属矿找矿前景浅析 …………………………………… 王林昌(304)
福建建阳井后钼矿地质特征及成因浅析 …………………………………………………… 王芳华(309)
光泽茶山银矿床地质特征及成因探讨 ……………………………………………………… 王文兵(319)
建阳仑尾钨矿床地质特征及成因探讨 ……………………………………………………… 王文兵(326)
江西于都-全南地区钨多金属矿床地质特征及成矿规律 ………………………………… 曾跃等(332)
江西瑞金市丰田坑地区铅锌铜多金属矿化成因及找矿方向浅析 ………………………… 沈莽庭等(342)
浙江省寒武系石灰岩资源特征 ……………………………………………………………… 汪隆武等(349)
湘赣粤相邻地区钨多金属矿床类型、成矿模式及找矿方向 ……………………………… 肖惠良等(357)
江西崇义牛角窝钨多金属"三位一体"矿床类型及成矿机制探讨 ……………………… 陈小勇等(367)
江西上栗-奉新地区铜多金属矿评价成果及成矿机制探讨 ……………………………… 陈振华等(375)
"江西诸广山地区钨多金属矿评价"项目成果介绍 ……………………………………… 陈小勇等(383)
江西兴源冲铜矿床找矿的新突破 …………………………………………………………… 陈振华等(389)
福建大田-漳平地区成矿规律研究 ………………………………………………………… 徐海容等(399)
江西省金溪县石溪铜钼矿成矿特征与成因初探 …………………………………………… 黄新曙等(409)
江西三南地区矿产远景调查工作成果简介与找矿方向探讨 ……………………………… 吴新华等(415)
安徽庐江罗河-黄屯地区铁铜多金属矿远景调查项目成果 ……………………………… 蔡晓兵等(421)

水文地质与环境地质调查

海西福建沿海海岸变迁对环境安全影响及对策建议 ……………………………………… 葛伟亚等(429)
某市蔬菜基地浅层地下水污染特征分析 …………………………………………………… 周权平等(434)
苏锡常地区地面沉降控制效果评价 ………………………………………………………… 闵望等(440)
长江三角洲地区潜水水文地球化学特征 …………………………………………………… 李云峰等(446)
闽东南台风暴雨型地质灾害及其监测预警研究 …………………………………………… 黄俊宝等(456)
基本农田质量调查与粮食安全 ……………………………………………………………… 宋明义等(464)
浙江省杭嘉湖地区地面沉降防治及成效 …………………………………………………… 吴孟杰等(471)
苏锡常地区地面沉降灾害风险研究 ………………………………………………………… 武健强等(479)
浙江省杭嘉湖地区地面沉降风险管理研究 ………………………………………………… 沈慧珍等(487)
闽东南沿海老红砂的空间分布特征及其成因 ……………………………………………… 邢怀学等(494)

浙江省主要城市环境地质调查评价成果综述……………………………………………… 黎伟等（501）
长江三角洲北翼深层地下水开采导致的地面沉降研究………………………………… 王光亚等（509）
浙江省杭嘉湖地区地面沉降易发区划分研究…………………………………………… 刘思秀等（521）
典型化工工业区地下水有机污染特征……………………………………………………… 周迅等（527）
江西萍乐坳陷带岩溶地下水补径排条件分析……………………………………………… 魏源等（534）
杭嘉湖平原地面沉降危险性评价………………………………………………………… 沈慧珍等（541）
无锡市近郊农田土壤重金属空间分布特征研究…………………………………………… 华明等（547）
淮河流域平原区松散层地下水中砷元素分布特征及成因浅析…………………………… 王赫生等（556）
因子分析与系统聚类在第四纪样品分类中的应用
　　——以福建福清市典型第四纪剖面为例………………………………………………… 李亮等（565）
极端干旱条件下地下水动态响应及影响分析……………………………………………… 李伟等（571）
海峡西岸经济区（闽江口经济区）中心城市后备水源地勘查评价项目成果简介
　　………………………………………………………………………………………… 林建平（577）
海西临港工业基地工程地质调查评价项目成果简介……………………………………… 林建平（583）
海峡西岸经济区地质环境综合调查评价项目成果简介…………………………………… 林建平（589）
福建省主要城市环境地质调查评价项目成果简介………………………………………… 林建平（596）
"鄱阳湖及周边经济区农业地质调查"项目成果简介……………………………………… 袁存堤等（603）
苏南典型地区耕地土壤重金属镉污染特征及其来源研究
　　——以某乡镇企业集中区为例…………………………………………………………… 金洋等（608）

基础地质调查

蚌埠隆起带燕山期岩浆作用与动力学演化

童劲松[1]　储东如[1]　娄清[2]　管远才[1]　邱军强[1]　耿小光[1]

(1. 安徽省地质调查院；2. 安徽省地勘局327地质队)

[摘　要]　蚌埠隆起带燕山期花岗岩可划分为中侏罗世(167~162Ma)、早白垩世早期(131~127Ma)、早白垩世晚期(117~110Ma)3期。中侏罗世花岗岩以高Sr、Eu明显正异常和亏损中稀土元素为特征,形成于高温、低压环境,是俯冲板片断离、幔源物质上涌后古老结晶基底部分熔融的产物；早白垩世花岗岩表现为与埃达克岩类似的高Sr/Y(Yb)地球化学特征,是挤压、增厚的地壳底部基性物质在高温高压环境下部分熔融的结果；早白垩世晚期花岗岩为低Sr型花岗岩,Eu明显负异常,指示拆沉作用后部分熔融面已向上扩展到中下地壳。花岗岩总体表现为加热在先、陆壳增厚在后,在岩浆—构造—热事件序列上呈反时针的p-T-t类型(CCW型)。

[关键词]　岩浆作用　燕山期　埃达克质岩石　拆沉作用　蚌埠隆起带

引言

蚌埠隆起带位于华北陆块东南缘,东接郯庐断裂带,南邻大别造山带后陆盆地,总体构造格架为近东西向构造叠加北北东向断裂体系。带内岩浆作用发育,出露有多期次不同类型的花岗岩。区内部分花岗岩长期被认为是蚌埠期形成的混合花岗岩,但21世纪以来,更详细的野外调查和同位素年代学研究显示这些花岗岩均是燕山期岩浆活动的产物[1-5],而不是古老的混合花岗岩。

中国东部地区在中生代经历了由近东西向特提斯挤压构造体制向北东—北北东向滨太平洋伸展构造体制转换的过程,同时还发生了以岩石圈明显减薄为标志的深部作用,但对构造体制转换和岩石圈减薄的具体时间、机制和控制因素等方面仍存在着许多争论。花岗岩是研究深部作用的"探针"。通过对花岗岩岩石学、地球化学的研究,结合地球物理、构造地质学等多学科的研究,可以获得深部的地壳结构和物理过程信息,可以分析花岗岩的物质来源、构造背景、壳-幔物质运动的状态、过程以及深部热能的传导、转化等重要信息,从而为大陆动力学演化研究提供岩浆作用的约束[6],因此对蚌埠隆起带燕山期花岗岩进行深入研究,对正确认识该

---

① 基金项目：1∶25万六安市、蚌埠市、合肥市幅区调修测项目(1212010510703)成果。
第一作者简介：童劲松,男,1968年生,博士,教授级高工,从事基础地质调查和研究工作。

地区晚中生代动力学背景与演化具有重要意义。

1 岩浆作用期次与岩体地质

蚌埠地区花岗岩大致呈东西向分布（图1），多数被第四系覆盖。地表自西向东分布有荆山、涂山、陶山、曹山、淮光、锥子山、西芦山、东芦山、九华山、霸王城、女山等10余个岩体，另外在李楼、马头城一带由钻孔揭示出石英闪长岩等隐伏岩体。

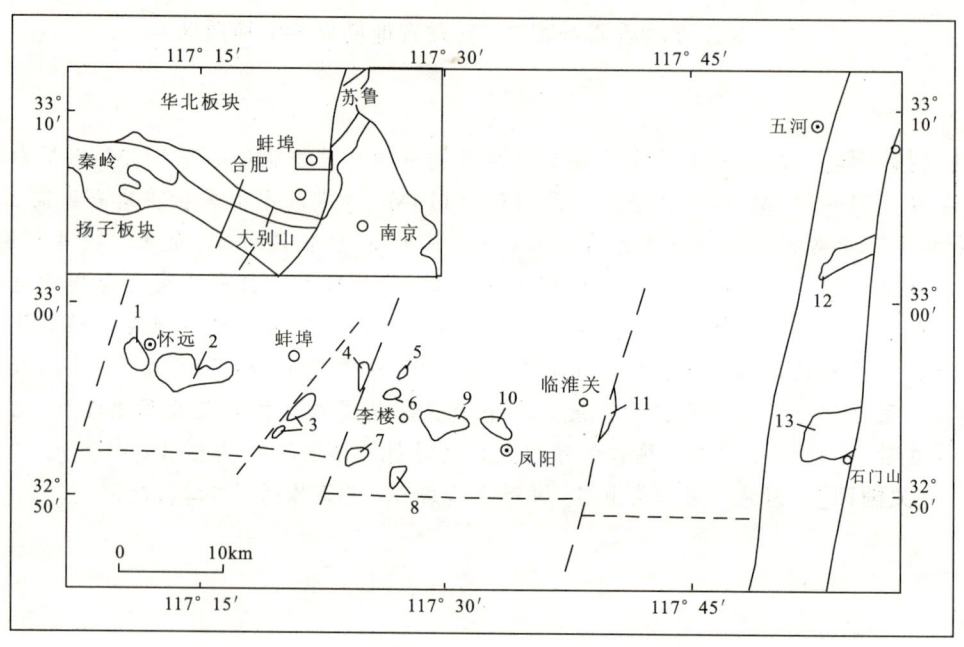

图1 华北陆块南缘蚌埠隆起带中生代岩浆岩分布图

1. 荆山岩体；2. 涂山岩体；3. 陶山岩体；4. 曹山岩体；5. 淮光岩体；6. 锥子山岩体；7. 西芦山岩体；
8. 东芦山岩体；9. 老山岩体；10. 九华山岩体；11. 霸王城岩体；12. 女山岩体；13. 磨盘山岩体

较高精度的同位素测龄数据见表1。从年龄资料分析，蚌埠地区燕山期岩浆活动可分为中侏罗世（167～162Ma）、早白垩世早期（131～127Ma）和早白垩世晚期（117～110Ma）3期。中侏罗世侵入岩主要有荆山-涂山、老山、九华山等岩体，岩体基本呈东西轴向分布，岩石类型较为单一，主要为含石榴石二长花岗岩，岩体有明显的细粒—中粒—粗粒的岩相分带。岩石通常发育有近东西向的片麻状构造，表现为石英、黑云母等矿物的定向分布。岩体普遍含有石榴石，电子探针分析为锰铝、铁铝榴石[5]。岩体与围岩五河岩群呈侵入接触关系，除边部含少量斜长角闪岩、角闪斜长片麻岩的捕虏体外，岩体总体单调，少见各类暗色包体；早白垩世早期侵入岩主要分布于蚌埠市以南，以东芦山、西芦山、李楼及女山为中心，局部构成岩浆活动中心，在深部形成较大规模的隐伏岩体。岩石组合为李楼石英闪长岩、淮光花岗闪长岩及东芦山、西芦山的二长花岗岩；早白垩世晚期侵入体以曹山、蚂蚁山和霸王城等岩体为代表，明显呈北北东向产出，岩石组合类型为二长花岗岩-碱长花岗岩。

表1 侵入岩同位素年龄表

岩浆期次	岩体名称	岩石类型	年龄(Ma)	测试方法	资料来源
早白垩世晚期	曹山	二长花岗岩	110±2.9	锆石 LA-ICPMS U-Pb	杨德彬等[4],2005
	蚂蚁山	二长花岗岩	115±3.1	锆石 LA-ICPMS U-Pb	杨德彬等[4],2005
	锥子山	二长花岗岩	117±0.26	黑云母^{40}Ar/^{39}Ar	徐祥等[3],2005
早白垩世早期	女山	二长花岗岩	127±0.12	黑云母^{40}Ar/^{39}Ar	徐祥等[3],2005
	西庐山	似斑状二长花岗岩	128±0.15	黑云母^{40}Ar/^{39}Ar	徐祥等[3],2005
	西庐山	似斑状二长花岗岩	129±4.8	锆石 LA-ICPMS U-Pb	杨德彬等[4],2005
	淮光	花岗闪长岩	130±2.0	锆石 SHRIMP U-Pb	靳克等[1],2003
	女山	似斑状二长花岗岩	130±3.2	锆石 LA-ICPMS U-Pb	杨德彬等[4],2005
	李楼	石英闪长岩	131±0.13	黑云母^{40}Ar/^{39}Ar	徐祥等[3],2005
中侏罗世	荆山	含石榴石二长花岗岩	167±5.8	锆石 SHRIMP U-Pb	郭素淑[5],2005
	荆山	含石榴石二长花岗岩	163±2.3	Rb-Sr 等时线	徐祥等[3],2005
	荆山	含石榴石二长花岗岩	162±1.3	锆石 SHRIMP U-Pb	许文良等[2],2004
	荆山	含石榴石二长花岗岩	162±0.3	黑云母^{40}Ar/^{39}Ar	徐祥等[3],2005

从侵入体的空间分布可以看出，蚌埠地区的花岗岩是在东西向主体分布的基础上叠加了北东—北北东向岩浆岩带，近东西向的区域构造格局及北东—北北东向断裂系统是控制岩浆岩分布的主要因素。

2 岩石地球化学特征

蚌埠地区燕山期花岗岩代表性样品主元素、稀土元素及微量元素分析结果见表2。

2.1 主元素特征

中侏罗世含石榴石二长花岗岩 SiO_2 变化于 72.82%~74.92% 之间，全碱含量 K_2O+Na_2O 平均为 8.20%，属亚碱性岩系列，K_2O/Na_2O 比值为 0.79~0.96，属于钠质岩石系列，在 SiO_2-K_2O 图上均位于高钾钙碱性岩区(图2)；Al_2O_3 平均为 14.25%，ACNK=0.99~1.2，平均为 1.02，在 ANK-ACNK 图上绝大多数属于准铝质-弱过铝质岩石(图3)。

早白垩世石英闪长岩-花岗闪长岩-二长花岗岩 SiO_2 变化于 69.95%~73.17% 之间，全碱含量为 7.43%~9.46%，属亚碱性岩系列，在 K_2O-SiO_2 图上属高钾钙碱性岩系列(图2)；K_2O/Na_2O 平均为 0.89，属钠质系列。Al_2O_3 含量较高，为 14.16%~16.03%，平均含量为 14.84%，ACNK=0.92~1.12，平均为 1.01，总体属偏铝-弱过铝质岩石(图3)。

早白垩世中晚期二长花岗岩-碱长花岗岩 SiO_2 含量为 73.9%~75.81%，全碱 K_2O+Na_2O 含量为 7.97%~8.77%，属亚碱性系列高钾钙碱性岩(图2)；与早期侵入岩相比，SiO_2、K_2O 含量均有增高，K_2O/Na_2O 均大于1(为1.02~1.39，平均为1.20)；Al_2O_3 含量较低，为 12.89%~13.68%，平均为 13.14%，但由于 CaO 等含量相应降低，ACNK 值为 0.95~1.14，故仍属偏铝质-过铝质岩石系列(图3)。

各岩浆序列 SiO_2-氧化物的哈克图解见图4。由图4可以看出，不同期次的岩浆有相对独立的演化趋势，各期次岩浆岩的主要氧化物-SiO_2 间则呈现出一定的线性演化，显示出受岩浆结晶分异作用的影响。

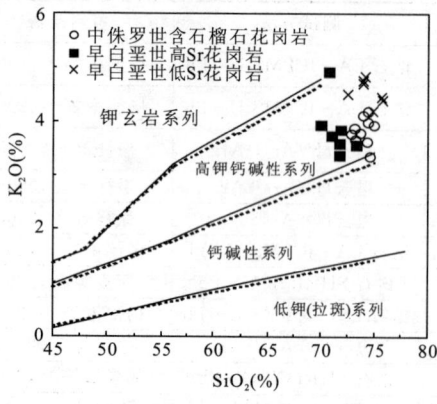 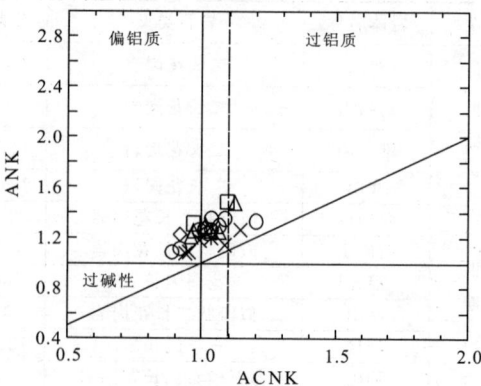

图 2 蚌埠隆起带侵入岩 SiO_2-K_2O 图　　　图 3 蚌埠隆起带侵入岩 ACNK-ANK 图

表 2　蚌埠隆起带主要侵入岩的主元素(％)、稀土元素和微量元素成分($×10^{-6}$)含量表

岩浆期次	中侏罗世										早白垩世早期		
岩体	荆山、涂山										李楼	淮光	
岩石类型	片麻状二长花岗岩										石英闪长岩	花岗闪长岩	
序号	1	2	3	4	5	6	7	8	9	10	11	12	13
样号	D56-2	J-1深	J-2深	0119-1	BB3-3	BB4-2	BB4-4	BB3-11	BB3-17	BB4-11	L-501	D65	0163-1
SiO_2	73.38	74.36	73.10	74.92	73.93	72.82	73.68	74.56	74.35	74.39	69.95	71.85	71.76
TiO_2	0.08	0.08	0.06	0.09	0.05	0.09	0.02	0.14	0.13	0.12	0.35	0.20	0.19
Al_2O_3	14.43	13.48	13.74	13.94	14.56	14.97	15.05	14.31	14.09	13.91	14.58	14.16	15.12
Fe_2O_3	0.64	0.12	1.47	0.20	0.80	1.22	0.38	0.22	0.44	0.35	1.06	1.70	0.92
FeO	0.55	0.45	0.58	0.68	0.38	0.55	0.20	0.45	0.38	0.38	1.73	1.15	0.75
MnO	0.05	0.03	0.05	0.06	0.05	0.06	0.04	0.03	0.05	0.07	0.08	0.04	0.03
MgO	0.25	0.13	0.31	0.14	0.09	0.18	0.03	0.19	0.19	0.15	0.94	0.63	0.57
CaO	1.74	1.48	1.48	1.41	1.43	0.63	1.46	1.78	1.64	1.34	2.26	2.09	2.04
Na_2O	4.73	4.93	4.88	3.71	4.27	4.39	4.88	4.26	4.32	3.76	4.61	4.04	3.86
K_2O	3.33	3.97	3.87	3.92	4.11	3.76	3.77	3.33	3.62	4.17	3.92	3.83	3.57
P_2O_5	0.01	0.03	0.03	0.02	0.02	0.03	0.01	0.02	0.02	0.02	0.12	0.05	0.06
H_2O^+	0.39	0.31	0.36	0.41							0.30	0.32	0.66
CO_2	0.44	0.31	0.40	0.14	0.21	0.37	0.20	0.32	0.44	0.48	0.24	0.37	0.07
LOI		0.31	0.40		0.21	0.37	0.20	0.32	0.44	0.48	0.24	0.37	
Σ	100.02	99.99	100.73	99.64	100.11	99.44	99.92	99.93	100.11	99.62	100.38	100.80	99.60
K_2O/Na_2O	0.70	0.81	0.79	1.06	0.96	0.86	0.77	0.78	0.84	1.11	0.85	0.95	0.92
Mg#	28.00	29.00	23.00	22.00	13.00	16.00	9.00	34.00	30.00	28.00	38.00	30.00	39.00

续表2

岩浆期次	中侏罗世										早白垩世早期		
岩体	荆山、涂山										李楼	淮光	
岩石类型	片麻状二长花岗岩										石英闪长岩	花岗闪长岩	
序号	1	2	3	4	5	6	7	8	9	10	11	12	13
样号	D56-2	J-1深	J-2深	0119-1	BB3-3	BB4-2	BB4-4	BB3-11	BB3-17	BB4-11	L-501	D65	0163-1
Rb	80.00	108.00	114.00	109.00	125.00	128.00	1112.00	108.25	101.15	118.92	87.00	97.00	101.00
Sr	508.00	353.00	436.00	443.00	458.00	520.00	336.00	560.43	438.97	354.87	593.80	503.00	608.00
Ba	1 851.30	1 436.10	1 743.30	1 947.00	1 554.00	1 701.00	1 056.00	1 936.80	1 479.70	1 583.70	2 707.00	2 525.70	2 620.00
Nb	6.20	4.00	8.40	7.90	11.90	10.50	8.75	9.98	8.72	6.65	13.70	5.20	8.20
Ta				0.40	0.91	0.53	0.85	0.67	0.57	0.38			0.90
Zr	94.00	84.10	67.90	91.60	67.70	74.20	59.40	83.65	70.87	79.23	145.70	123.50	124.00
Hf				2.90	2.10	2.01	2.05	2.39	2.00	2.18			4.80
Th	1.10	3.30	2.50	2.50	1.34	1.40	0.76	2.28	1.95	2.72	14.30	7.00	6.20
V	39.10	29.00	39.20		5.07	5.07	6.32	1.49	5.32	4.10	60.60	56.20	
Cr	9.20	7.10	11.20	4.70	2.17	2.88	10.10	4.42	5.50	5.24	10.90	11.00	8.00
Co	2.60	1.80	2.30	0.20							3.30	4.50	2.90
Ni	1.60	2.20	3.30	2.10							3.50	3.90	5.10
La	8.46	2.90	9.27	7.59	4.88	6.64	8.33	4.79	3.38	4.27	61.10	36.30	32.63
Ce	15.60	6.76	19.00	11.67	9.36	12.50	19.13	12.77	10.27	12.03	113.00	66.80	49.06
Pr	1.70	0.63	1.70	1.92	0.97	1.25	1.54.00	0.98	0.64	0.87	10.80	5.62	5.49
Nd	6.17	2.61	6.65	5.71	3.71	4.66	5.55	4.07	3.06	3.76	35.00	21.10	19.94
Sm	1.22	0.62	1.24	1.22	0.95	0.92	0.96	1.09	0.63	0.90	6.33	3.36	2.44
Eu	0.46	0.33	0.45	0.33	0.41	0.49	0.70	0.77	0.64	0.66	1.39	0.91	0.66
Gd	0.96	0.67	0.99	1.09	1.09	1.09	0.91	1.07	0.64	0.92	2.96	1.47	1.76
Tb	0.17	0.15	0.17	0.21	0.20	0.10	0.13	0.18	0.16	0.23	0.42	0.22	0.26
Dy	1.24	1.23	1.15	1.53	1.32	0.53	0.63	0.96	1.05	1.47	2.43	1.14	1.35
Ho	0.33	0.36	0.25	0.37	0.36	0.11	0.14	0.19	0.25	0.42	0.49	0.25	0.25
Er	0.94	0.99	0.67	1.23	1.14	0.32	0.42	0.52	0.79	1.38	1.22	0.60	0.63
Tm	0.13	0.15	0.10	0.23	0.23	0.06	0.08	0.08	0.14	0.25	0.19	0.08	0.10
Yb	0.74	0.94	0.64	1.63	1.65	0.44	0.68	0.65	1.02	1.93	1.17	0.50	0.58
Lu	0.10	0.15	0.08	0.28	0.30	0.09	0.14	0.11	0.19	0.36	0.17	0.06	0.09
Y	7.66	7.62	5.77	9.61	12.7	5.86	5.81	7.96	9.74	14.55	10.90	4.60	5.61
ΣREE	45.88	26.11	48.13	44.62	39.27	34.81	45.15	36.19	32.60	44.00	247.57	142.97	120.85
LREE/HREE	7.29	2.98	9.46	4.33	3.22	10.63	11.57	6.51	4.39	3.23	25.15	31.33	21.96
δEu	1.26	1.56	1.20	0.86	1.23	1.68	2.26	2.16	3.06	2.20	0.86	1.08	0.93
$(La/Yb)_N$	7.71	2.08	9.77	3.14	1.99	10.15	8.27	4.97	2.23	1.49	35.20	49.00	37.86

续表2

岩浆期次	早白垩世早期					早白垩世晚期				
岩体	西芦山	荆山		西芦山		女山	锥子山		霸王城	
岩石类型	二长花岗岩					二长花岗岩			碱长花岗岩	
序号	14	15	16	17	18	19	20	21	22	23
样号	D66	2023	2070-1	0158-1	D57	23	D64-3	0164-1	D71	0034-1
SiO_2	71.75	70.99	70.69	72.26	72.09	73.90	75.81	75.71	73.92	74.09
TiO_2	0.20	0.23	0.14	0.20	0.18	0.16	0.11	0.14	0.20	0.12
Al_2O_3	14.83	15.26	16.03	15.03	14.27	13.68	12.29	13.12	13.49	13.20
Fe_2O_3	0.85	1.28	1.19	0.65	0.93	0.78	0.46	0.47	1.04	0.61
FeO	0.80	0.42	0.18	0.85	0.73	0.81	0.70	0.58	0.63	1.03
MnO	0.05	0.02	0.01	0.01	0.03	0.05	0.04	0.03	0.07	0.04
MgO	0.44	0.50	0.23	0.48	0.05	0.37	0.25	0.22	0.38	0.18
CaO	1.92	1.86	1.28	1.74	1.65	0.65	0.96	1.03	0.44	1.02
Na_2O	4.94	4.67	4.56	3.65	4.67	3.46	4.01	3.52	4.01	3.48
K_2O	3.36	3.72	4.90	3.90	3.84	4.71	4.40	4.45	4.76	4.84
P_2O_5	0.05	0.06	0.05	0.06	0.03	0.05	0.03	0.03	0.05	0.03
H_2O^+	0.23	0.65	0.48	0.61	0.45		0.33	0.48	0.71	0.80
CO_2	0.30	0.07	0.04	0.18	0.46	1.07	0.25	0.07	0.80	0.10
LOI					0.46	1.07			0.80	1.25
Σ	99.72	99.73	99.78	99.62	99.84	100.76	99.64	99.85	101.30	100.79
K_2O/Na_2O	0.68	0.80	1.07	1.07	0.82	1.36	1.10	1.26	1.19	1.39
Mg#	33.00	36.00	25.00	37.00	5.00	30.00	29.00	28.00	30.00	17.00
Rb	117.00	141.00	271.00	113.00	119.00	175.63	198.00	204.00	150.00	150.50
Sr	554.60	552.00	292.00	504.00	490.40	109.03	122.90	108.00	129.20	76.00
Ba	1 207.80	1 263.00	1 005.00	2 305.00	1 819.70	429.58	467.30	420.00	656.00	175.00
Nb	7.60	12.90	22.90	9.60	7.70	26.73	16.80	29.80	27.60	32.70
Ta		1.20	2.30	0.90		2.73		3.40		2.06
Zr	145.70	167.00	157.00	150.00	129.60	135.43	85.50	98.30	195.90	162.00
Hf		6.00	5.80	5.80		4.14		3.50		4.78
Th	13.70	13.50	14.10	6.80	9.40	23.05	14.60	20.40	29.60	27.60
V	30.90				42.50	16.13	17.60		20.70	8.60
Cr	12.00	9.60	6.60	8.70	10.90	107.63	12.50	5.60	10.40	402.00
Co	2.20	2.40	1.00	1.90	3.70	2.18	1.50	1.00	3.90	2.30
Ni	4.10	3.90	3.10	4.10	3.30	29.05	4.30	2.50	10.40	99.00
La	42.20	32.57	25.73	38.00	32.90	28.33	21.30	21.48	61.10	55.20
Ce	76.90	59.78	33.47	58.35	55.80	84.98	40.90	34.88	121.00	106.90
Pr	6.92	6.07	4.44	6.45	4.87	7.09	3.89	4.22	12.30	11.49

续表 2

岩浆期次	早白垩世早期					早白垩世晚期				
岩体	西芦山	荆山		西芦山		女山	锥子山		霸王城	
岩石类型	二长花岗岩					二长花岗岩			碱长花岗岩	
序号	14	15	16	17	18	19	20	21	22	23
样号	D66	2023	2070-1	0158-1	D57	23	D64-3	0164-1	D71	0034-1
Nd	25.70	20.53	13.52	17.09	19.60	26.29	16.40	14.45	38.10	39.50
Sm	4.12	3.29	2.15	2.88	3.19	5.67	2.77	2.71	7.29	6.75
Eu	0.91	0.82	0.50	0.76	0.76	0.86	0.44	0.39	0.72	0.45
Gd	1.81	2.26	1.48	2.04	1.65	4.43	1.99	2.50	3.74	4.44
Tb	0.28	0.24	0.21	0.29	0.29	0.81	0.34	0.41	0.62	0.64
Dy	1.50	1.46	1.19	1.38	1.26	5.46	2.16	2.27	3.83	4.29
Ho	0.33	0.30	0.24	0.24	0.27	1.11	0.45	0.46	0.75	0.89
Er	0.66	0.62	0.76	0.60	0.8	3.44	1.24	1.21	2.06	2.53
Tm	0.10	0.08	0.14	0.08	0.13	0.53	0.19	0.18	0.32	0.40
Yb	0.65	0.49	1.02	0.47	0.80	3.61	1.19	1.08	1.99	2.38
Lu	0.08	0.07	0.18	0.07	0.14	0.53	0.17	0.17	0.30	0.35
Y	6.53	6.58	8.76	5.62	5.63	28.35	11.20	11.80	17.90	22.57
∑REE	168.69	135.17	93.79	134.32	128.09	201.49	104.63	98.21	272.02	258.78
LREE/HREE	28.97	22.25	15.29	23.89	21.93	7.69	11.09	9.44	17.67	13.84
δEu	0.88	0.87	0.81	0.91	0.91	0.51	0.55	0.45	0.38	0.24
(La/Yb)$_N$	43.77	44.90	17.01	54.48	27.71	5.29	12.08	13.40	20.70	15.63

注:1~3,11,12,14,18~20,22 引自邱瑞龙(2000);5~10 引自杨德彬(2006);余为自测。镁值 Mg$^\#$=100×Mg/(Mg+Fe^{2+})。

2.2 稀土元素特征

中侏罗世含石榴石二长花岗岩稀土总量低,∑REE=(18.49~38.31)×10^{-6},平均仅为 30.34×10^{-6},LREE/HREE 为 2.98~11.57,(La/Yb)$_N$ 为 1.59~10.39,轻、重稀土分异程度低,δEu 为 1.20~3.05,平均为 1.66,表现出明显的 Eu 正异常。在球粒陨石标准化蛛网图上[图 5(a)],表现出特征性的 Eu 正异常突起、中稀土下凹亏损的"W"形。一般认为磷灰石、角闪石、锆石等是稀土元素的主要载体,其中角闪石是中稀土的主要赋存矿物,石榴石、锆石等明显富集重稀土和 Y,中侏罗世花岗岩普遍偏低的稀土总量与岩石缺乏磷灰石等载体矿物有关(在 3 个岩浆序列中 P$_2$O$_5$ 含量最低),中稀土亏损暗示角闪石等矿物在源区可能作为残留相存在,Eu 的正异常说明富 Ca 的斜长石等进入熔体相,且在岩浆演化中未发生明显的以斜长石为分离相的结晶分异作用;相对轻、中稀土,重稀土 Yb 等呈富集状态,这与岩石中普遍含有石榴石等矿物一致,表明石榴石同样进入了熔体相。

早白垩世早期侵入岩稀土总量为(85~230.67)×10^{-6},LREE/HREE 为 11.67~31.33,(La/Yb)$_N$ 为 17.89~57.99,属 LREE 富集型;δEu 为 0.86~1.08,平均为 1.00,基本不显异

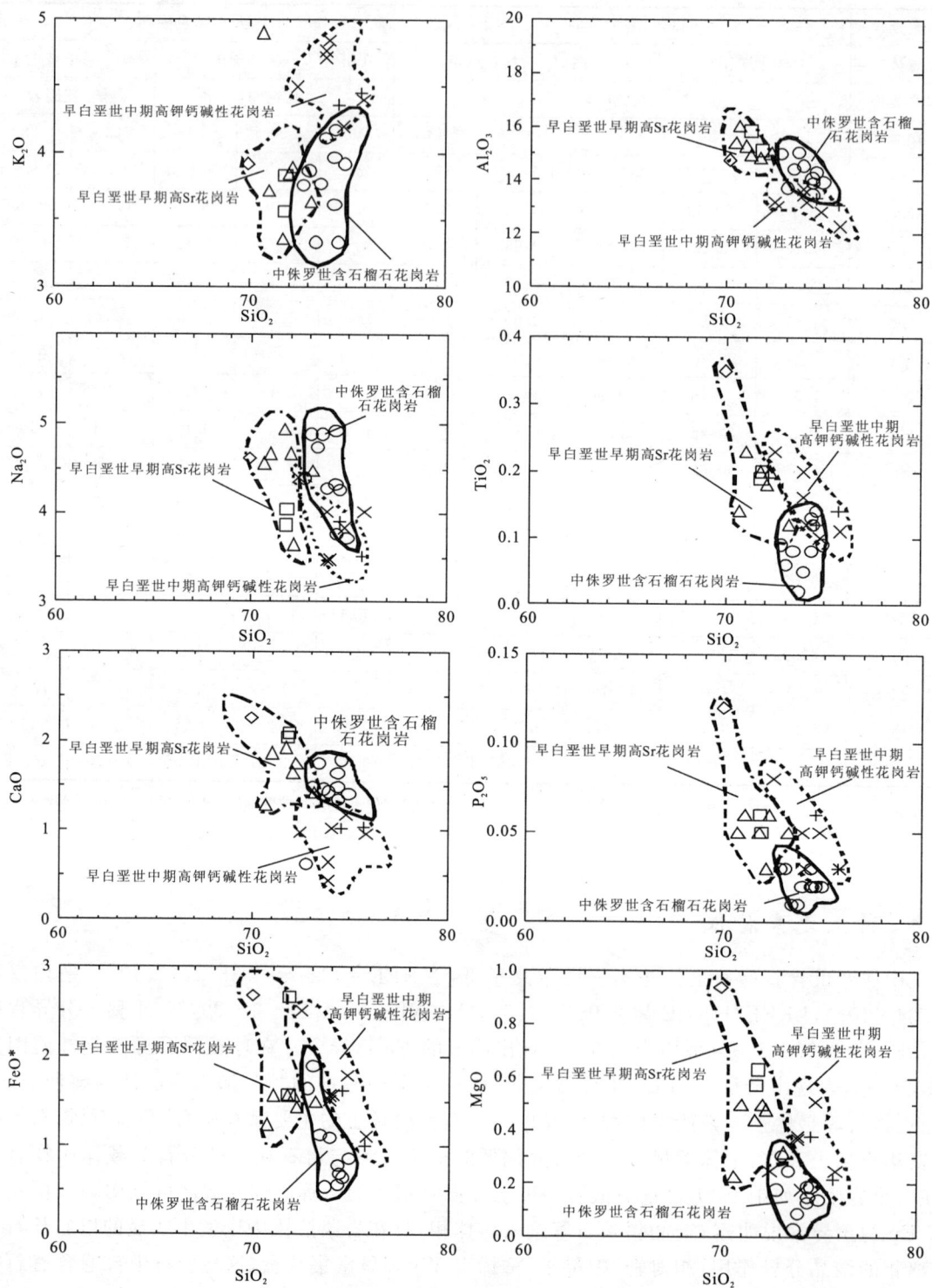

图 4 蚌埠隆起带燕山期侵入岩 SiO₂-氧化物协变图解

常,说明岩浆源区没有斜长石的残留和基本上未发生以斜长石为分离相的分异作用。岩石中重稀土 Yb 等强烈亏损,Yb 含量在 $(0.49\sim1.52)\times10^{-6}$ 之间,平均为 0.80×10^{-6},暗示岩浆源区的石榴石(角闪石)矿物与熔体处于平衡状态。在球粒陨石标准化蛛网图上呈向右倾斜的平滑曲线[图 5(b)]。

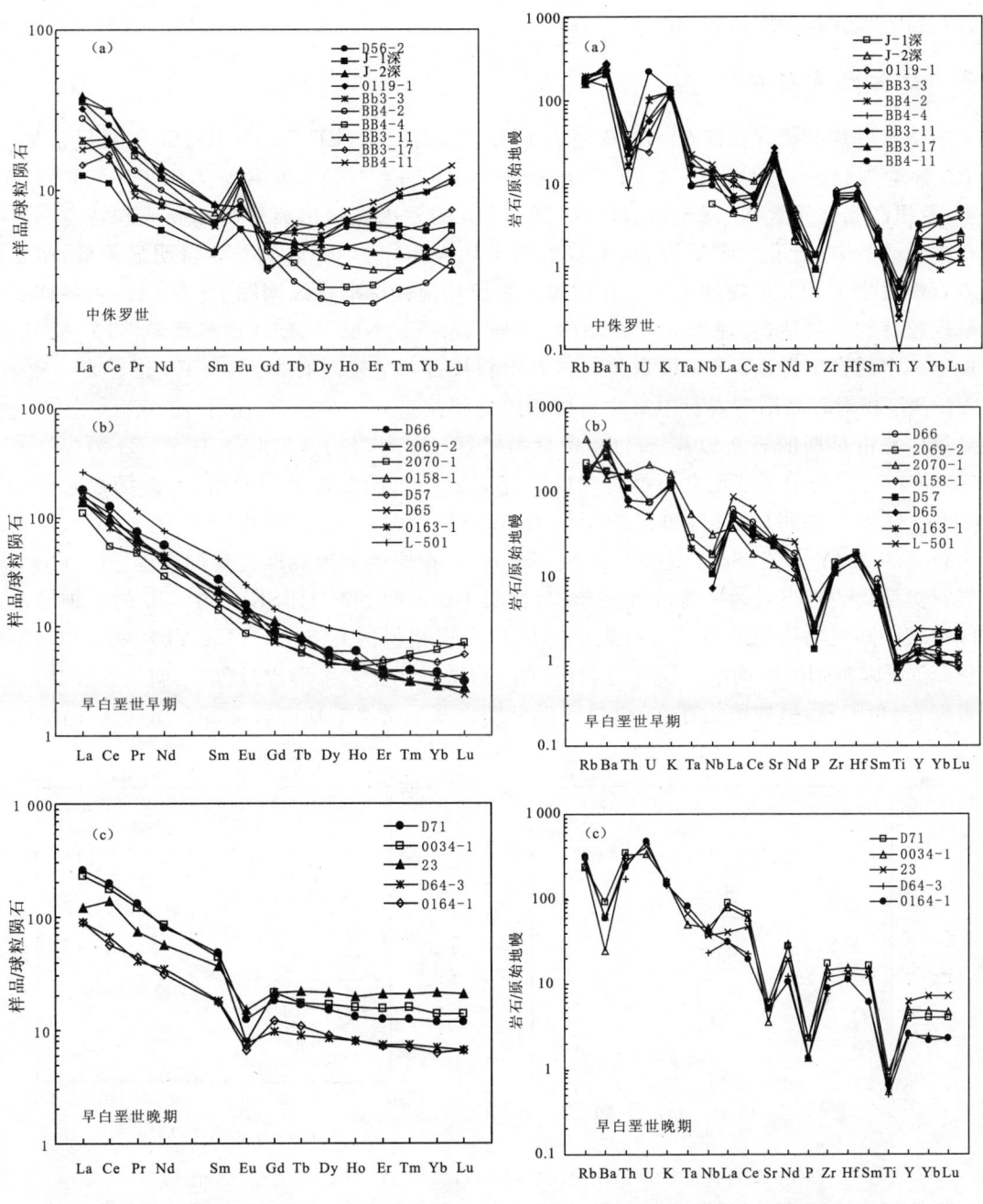

图 5 蚌埠隆起带侵入岩稀土元素标准化图   图 6 蚌埠隆起带侵入岩微量元素标准化图

早白垩世晚期二长花岗岩-碱长花岗岩稀土总量与早白垩世早期侵入岩的相近,∑REE 为 $(86.41\sim254.2)\times10^{-6}$,LREE/HREE 为 $7.69\sim19.921$,$(La/Yb)_N$ 为 $5.63\sim22.02$,具有中等的轻重稀土分馏特征;δEu 为 $0.24\sim0.55$,平均为 0.42,表现出明显的 Eu 负异常,在球粒陨石标准化蛛网图上呈海鸥形[图5(c)],这与源区缺乏斜长石或发生过明显的斜长石分离结晶作用相关。与早白垩世早期岩石相比,重稀土 Yb 等元素含量明显偏高,Yb 含量在 $(1.19\sim3.61)\times10^{-6}$ 之间,平均为 2.05×10^{-6}。

2.3 微量元素特征

中侏罗世片麻状含石榴石二长花岗岩大离子亲石元素(LILE)Rb、Ba、Sr 等明显富集,其中 Rb 含量为 $(80\sim128)\times10^{-6}$,Sr 含量为 $(336\sim560)\times10^{-6}$,Ba 含量为 $(1\,056\sim1\,947)\times10^{-6}$;亏损高场强元素 Nb、Ta、Zr、Hf 等,其中 Nb 的亏损显示出典型的陆壳成因特点。岩石具有中等的 Sr/Y 比值(Sr/Y 为 $24.4\sim88.7$,平均为 50.5)。另外,Th 含量明显偏低,暗示源区岩石曾发生 U、Th 矿物的丢失。在微量元素原始地幔标准化蛛网图上[图6(a)],各样品之间呈现较好的一致性,表现为 Rb、Ba、Sr 的正异常和 Th、Nb、Ti、LREE 等负异常,Y 和 Yb 也表现出一定的富集特征。Sr、Ba 富集与岩石中斜长石含量较高有关,也与 Eu 正异常一致。Y 和 Yb 含量相对较高则与岩石中富含石榴石矿物相关。

早白垩世早期的岩石以高 Sr、Ba 含量为特征[Sr 为 $(490\sim594)\times10^{-6}$,Ba 为 $(1\,005\sim2\,620)\times10^{-6}$],与中侏罗世含石榴石片麻状花岗岩相比,Th 含量明显增高,高场强元素 Nb、Ta、HREE 和 Y 则明显亏损,如 Y 含量仅为 $(4.6\sim10.9)\times10^{-6}$,平均为 6.78×10^{-6},从而表现为较高的 Sr/Y 比值(Sr/Y 为 $56.16\sim108.38$)。在原始地幔标准化蛛网图上[图6(b)],不同岩石类型仍表现出较为一致的配分形式,富集 LILE 而亏损 HFSE,其中 Nb 的亏损暗示在源区有较多陆壳物质的参与。岩石表现与埃达克岩相似的高 Sr/Y、$(La/Yb)_N$ 和低的 Y、Yb 含量,在成因判别图中均落入埃达克岩区(图7),这说明在岩浆形成过程中,斜长石发生熔融,而石榴石(角闪石)呈残留相存在,早白垩世早期岩浆是增厚下地壳底部部分熔融作用的产物。

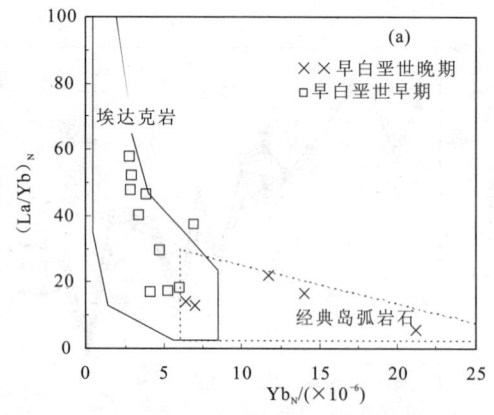 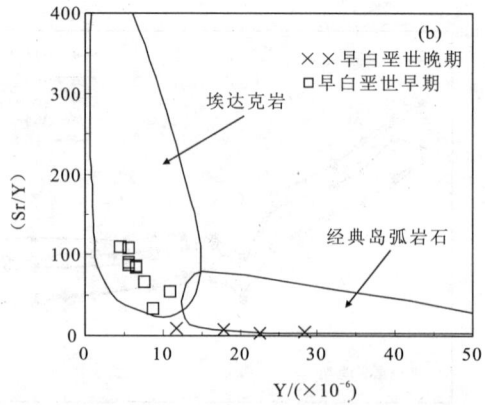

图 7 蚌埠隆起带燕山期侵入岩 $(La/Yb)_N-Yb_N$(a)、$Sr/Y-Y$(b)图解

与前两期侵入体相似,早白垩世晚期二长花岗岩-碱长花岗岩则以 K、Rb 的富集和 Sr、Ba 的亏损为特征[图6(c)],与 Eu 明显的负异常一致,这些显然与斜长石的结晶分离作用有关。

Rb 平均含量为 175.6×10^{-6},高于早期侵入体,Sr 平均为 109×10^{-6},Ba 平均为 420×10^{-6},均大大低于早期侵入体。Y 较早期岩体明显增高(Y 平均为 18.4×10^{-6})。早白垩世晚期侵入体总体属低 Sr 型花岗岩,在(La/Yb)$_N$- Yb$_N$、Sr/Y - Y 图中均位于正常的岛弧型花岗岩区(图 7)。

3 Sr、Nd 同位素组成与岩浆源区特征

主要岩体的 Rb - Sr、Sm - Nd 同位素组成及相应参数见表 3。

蚌埠隆起带燕山期花岗岩以较高的(^{87}Sr/^{86}Sr)$_i$ 和偏低的 εNd(t)为特征;(^{87}Sr/^{86}Sr)$_i$ 在 0.70 790～0.70 972 之间,平均为 0.708 92,其中 1 个样品高达 0.711 850,显示强烈的陆壳成因特点;(^{143}Nd/^{144}Nd)$_i$ 为 0.511 510～0.512 090,平均为 0.511 690;εNd(t)多数在 -14.5～-18.8 之间,但有 1 个样品则高达 -7.7。多数样品的 $f_{Sm/Nd}$ 在 -0.28～-0.49 之间,采用 Nd 的单阶段模式计算的模式年龄多数介于 2.4～2.8Ga,$f_{Sm/Nd}$ 异常的采用二阶段模式计算的年龄也在 2.2～2.5Ga 之间。

在(^{87}Sr/^{86}Sr)$_i$-εNd(t)图上(图 8),华北南缘蚌埠地区花岗岩与大别造山带花岗岩有大体相似的分布区,均位于地幔演化趋势线下方的右侧,个别远离趋势线,显示该地花岗岩受到较为明显的陆壳混染作用的影响。

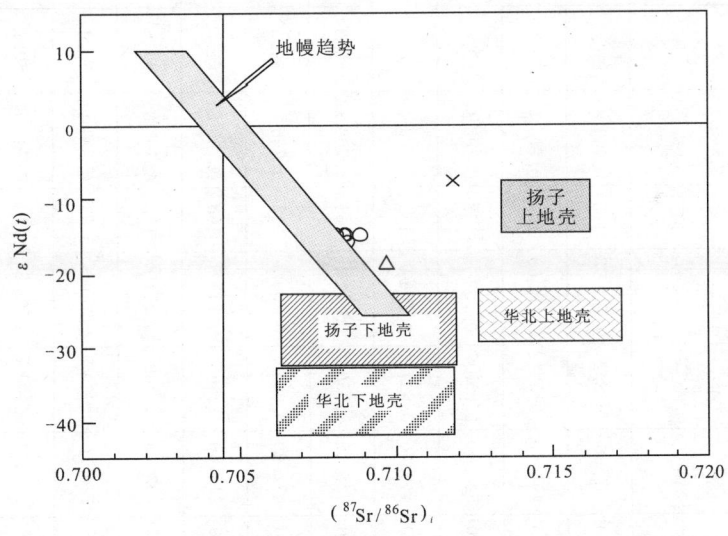

图 8 蚌埠隆起带燕山期花岗岩(^{87}Sr/^{86}Sr)$_i$-εNd(t)图

华北陆块地壳岩石的 Nd 同位素模式年龄主要分布在 3.6～1.8Ga 范围内,且主要集中在 3.6～3.3Ga、2.8～2.6Ga 和 2.2～2.0Ga 区间内[7],表明华北陆块主要形成于太古宙,而古元古代也是其最主要的增生期。白瑾等[8](1996)将华北陆块划分为 6 个古陆核,陆核中部的麻粒岩相-角闪岩相岩石形成于阜平期(2.8Ga 以前),周边散布的绿岩带为五台期(2.7～2.5Ga)形成,而古元古代曾发生主期的陆壳增生事件(吕梁期),从而形成统一的结晶基底[8]。蚌埠地区处于济宁陆核的南缘,燕山期花岗岩 Nd 的模式年龄主要集中在 2.6～2.2Ga,反映了其源区主要为新太古代—古元古代的结晶基底。

表3 蚌埠隆起带和扬子陆块东北缘燕山期花岗岩 Rb-Sr、Sm-Nd 同位素组成及参数表

岩体名称	岩石类型	样号	Rb (×10⁻⁶)	Sr (×10⁻⁶)	⁸⁷Rb/⁸⁶Sr	⁸⁷Sr/⁸⁶Sr	t/(Ma)	(⁸⁷Sr/⁸⁶Sr)ᵢ	εSr(t)	Sm (×10⁻⁶)	Nd (×10⁻⁶)	¹⁴⁷Sm/¹⁴⁴Nd	¹⁴³Nd/¹⁴⁴Nd	εNd(t)	¹⁴³Nd/¹⁴⁴Nd)ᵢ	$f_{Sm/Nd}$	T_{2DM}	资料来源
霸王城	石英正长岩	D0034	113.30	67.66	4.852	0.719 78	115	0.711 85	106.3	6.186 5	37.112	0.100 8	0.512 17	-7.7	0.512 090	-0.49	1 541	本文
淮光	花岗闪长岩	D0163	89.35	496.40	0.521	0.710 68	130	0.709 72	76.2	2.086 2	16.602	0.076 01	0.511 57	-18.8	0.511 510	-0.61	2 452	本文
荆山	二长花岗岩	BB3-11	100.10	520.70	0.550 7	0.709 7	163	0.708 42	59.5	0.924 6	4.042	0.138 5	0.511 8	-15.1	0.511 650	-0.30	2 180	
荆山	二长花岗岩	BB3-17	100.70	446.70	0.647 8	0.709 9	163	0.708 40	58.1	0.819 7	3.504	0.141 6	0.511 8	-15.2	0.511 650	-0.28	2 185	
荆山	二长花岗岩	BB4-11	109.70	328.30	0.959 2	0.711 1	163	0.708 88	66.6	1.007 0	4.500	0.135 4	0.511 8	-15.1	0.511 660	-0.31	2 175	
荆山	二长花岗岩	BB414	102.00	482.20	0.606 7	0.709 9	163	0.708 49	59.5	0.440 1	0.728	0.366	0.512 0	-16.0	0.511 610	0.86	2 247	杨德彬,2006
荆山	二长花岗岩	BB4-14	110.20	216.40	1.463	0.711 9	163	0.708 51	60.9									
荆山	二长花岗岩	BB4-19	129.40	293.20	1.269	0.711 8	163	0.708 86	66.6									
荆山	二长花岗岩	BB4-20	95.90	539.70	0.509 7	0.709 3	163	0.708 12	55.3	1.370 9	6.386	0.129 9	0.511 8	-15.0	0.511 660	-0.34	2 166	
荆山	二长花岗岩	D0119	56.53	401.20	0.407 7	0.708 84	163	0.707 90	50.9	1.040 8	4.891	0.128 7	0.511 82	-14.5	0.511 680	-0.35	2 132	本文

4 岩石成因及动力学背景分析

中侏罗世含石榴石二长花岗岩体多数发育有近东西向片麻理构造,长石、石英等矿物常发育有核幔结构,说明该期侵入体仍是受近东西向构造的控制。岩石 Sr 含量高,但由于稀土总量特别是重稀土 Yb 含量偏低,因而总体表现为高 Sr 低 Yb(Y)的地球化学特征。但与埃达克质岩石不同的是,二长花岗岩富含石榴石等矿物,并以 Eu 呈明显的正异常和 MREE 显著亏损为特征,意味着岩浆源区斜长石、石榴石等进入熔体相,而角闪石则呈残留相存在。由实验岩石学资料得出的相图(图 9)可知:在含 5‰水的玄武岩部分熔融体系中,其压力条件为 0.3～1.3GPa,温度在 820～1 200℃范围内;在含 5‰水的安山岩部分熔融体系中,压力则为 0.5～1.2GPa,温度在 850～1 000℃的范围之间,在此温压条件下形成的熔体具有上述特征。因此与典型的埃达克质岩石所需的高温、高压条件相比,片麻状含石榴石二长花岗岩形成于一种相对低压、高温环境中。前述 Sr、Nd 同位素分析及岩石中 Th、Nb 等元素的明显亏损则显示其源岩可能为经热变质扰动的结晶基底。

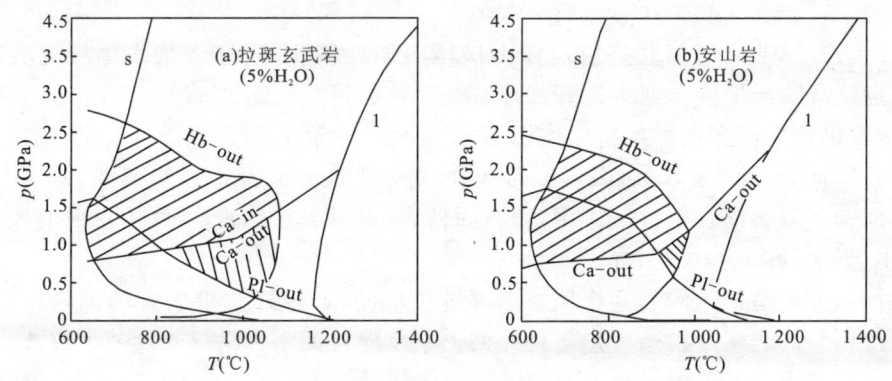

图 9　5‰H_2O 条件下玄武岩和安山岩部分熔融实验相图(转引自吴福元等,2002)

(据 Green T H,1982;简化)

注:图中阴影部分表示埃达克岩形成的温压条件

横穿大别造山带-华北南缘的地震层析成像表明,在超高压变质地体之下存在向北倾斜的高速体,可向下延伸至 250km。该高速体在 110～150km 的深度被低速区截断,被解释为扬子板块向华北板块之下俯冲,并在 110～150km 的深度发生了断离(slab-off),且板片断离的位置在定远—寿县一带[10]。板块的断离会导致断离之处物质的折返以及断离处热的地幔物质从软流圈上涌,从而导致地温梯度的上升和部分熔融作用的发生,断离时间可能与大别造山带超高压变质岩第二次快速折返时间接近。笔者认为正是由于俯冲前缘板片的断离作用导致华北南缘蚌埠地区古老结晶基底的广泛重熔作用。

早白垩世早期的花岗质侵入体普遍具有类似埃达克岩的地球化学特征,表明它们形成于增厚地壳底部基性岩石的部分熔融作用。以北淮阳构造带发育大规模的向北逆冲推覆构造为标志,晚侏罗世末期是大别造山带及其邻区发生强烈的挤压、缩短和造山带抬升的重要时期,晚侏罗世凤凰台组巨厚的磨拉石建造也表明造山带核部发生了剧烈隆升,这期逆冲推覆构造向北影响至华北南缘地区,如淮南舜耕山、洞山一带广为发育的逆冲推覆构造就是在印支构造面基础上再次挤压的结果[11],其结果就是造成华北南缘的陆壳堆叠增厚,增厚地壳在幔源底侵岩浆的加热下发生部分熔融,并形成了与埃达克岩的地球化学组成类似的高 Sr 低 Y 型花岗岩。

早白垩世晚期侵位的花岗岩具有低 Sr、Eu 负异常等特征,暗示部分熔融源区有富钙的斜长石存在。相关分析表明,低 Sr 型花岗岩的源区残留相矿物组合为斜长石+石榴石+角闪石+辉石(相当于麻粒岩相)或斜长石+角闪石+辉石(相当于角闪岩相),因此与形成于增厚地壳底部的高 Sr 型花岗岩相比,低 Sr 型花岗岩总体代表了中等或中等偏低压力下的部分熔融作用[12,13]。早白垩世晚期花岗岩的存在说明部分熔融面已向上扩展至正常厚度的中下地壳。

对大别造山带及周边地区中生代岩浆岩的研究表明,早白垩世是岩浆活动最为强烈的时期,而引发大规模岩浆活动的深部因素是造山带下地壳-岩石圈的拆沉作用。拆沉作用的直接结果是造成地壳的快速隆升和随后的伸展[14],早白垩世大别造山带的快速隆升及造山带北缘伸展滑覆构造的广泛发育就是典型拆沉作用的浅部响应表现。在华北南缘的凤阳山区,同样发生了规模巨大、发育于古老的结晶基底和中元古代—古生代盖层间、走向近东西、向南滑覆的拆离构造带,标志着该时期处于明显的伸展环境。笔者认为深部拆沉作用也同样是主要的深部控制因素。

以上分析说明,燕山期华北陆块总体由挤压向伸展演化,通过岩浆作用反演的深部过程是:中侏罗世幔源物质上隆→对下地壳加热、部分熔融,形成的熔浆高 Sr、Eu 正异常和 MREE 亏损→晚侏罗世—早白垩世早期挤压作用下,增厚的下地壳底部发生部分熔融,形成具类似埃达岩特征的高 Sr 低 Y 熔浆,同时因岩浆的萃取,增厚下地壳底部进一步榴辉岩化→早白垩世晚期,因下地壳与岩石圈发生拆沉作用,岩石圈伸展、减薄,软流圈上涌,并在中下地壳发生部分熔融作用,形成低 Sr、Eu 负异常明显的花岗岩。

由此可见,大别造山带的岩浆作用与深部过程不同,蚌埠隆起带表现为加热在先、陆壳增厚在后,在造山带的岩浆—构造—热事件序列上呈反时针的 $p-T-t$ 类型(CCW 型)。

5 结论

(1)蚌埠隆起带燕山期花岗岩是中侏罗世(167~162Ma)、早白垩世早期(131~127Ma)和早白垩世晚期(117~110Ma)等多期岩浆作用产物,地球化学特征差异明显。

(2)不同期次花岗岩反映了不同的动力学背景和深部作用方式:中侏罗世花岗岩形成于高温、低压环境,是俯冲板片断离、幔源物质上涌后古老结晶基底部分熔融的产物;早白垩世早期高 Sr/Y(Yb) 型花岗岩是挤压、增厚的地壳底部基性物质在高温高压环境下部分熔融的结果;早白垩世晚期低 Sr 型花岗岩形成于相对低压低温条件,反映了拆沉作用后部分熔融面向上扩展到中下地壳。

(3)蚌埠隆起带燕山期花岗岩总体表现为加热在先、陆壳增厚在后,在岩浆作用 $p-T-t$ 图上表现为反时针类型(CCW 型)。

参考文献

[1]许文良,王清海,杨德彬,等.蚌埠荆山"混合花岗岩"SHRIMP 锆石 U-Pb 定年及其地质意义[J].中

国科学(D辑),2004,34(5):423-428

[2]靳克,许文良,王清海,等.蚌埠淮光"混合花岗闪长岩"的形成时代及源区:锆石SHRIMP U-Pb地质年代学证据[J].地球学报,2003,24(4):331-335

[3]徐祥,侯明金,邱瑞龙,等.华北陆块东南缘蚌埠地区花岗岩与相关脉岩Ar-Ar定年[J].中国地质,2005,32(4):588-595

[4]杨德彬,许文良,裴福萍,等.蚌埠隆起区花岗岩形成时代及岩浆源区性质:锆石LA-ICP-MS U-Pb定年与示踪[J].地球化学,2005,34(5):443-454

[5]郭素淑,李曙光,刘贻灿.华北陆块南缘长英质华南俯冲陆壳的构造板底垫托:荆山花岗岩的锆石年代学、地球化学及矿物包裹体证据[C].//2005年全国岩石学与地球动力学研讨会论文摘要.2005:218-219

[6]肖庆辉,邢作云,张昱,等.当代花岗岩研究的几个重要前沿[J].地学前缘,2003,10(3):221-230

[7]张本仁,张宏飞,赵志丹,等.东秦岭及邻区壳、地球化学分区和演化及其大地构造意义[J].中国科学(D辑),1996,26:201-208

[8]白瑾,黄学光,王惠初,等.中国前寒武纪地壳演化[M].(第2版).北京:地质出版社,1996

[9]吴福元,葛文春,孙有德.埃达克岩的概念、识别标志及其地质意义[M].见肖庆辉等:花岗岩研究思维与方法.北京:地质出版社,2002

[10]徐佩芬,刘福田,王清晨,等.大别-苏鲁造山带的地震层析成像研究——岩石圈三维速度结构[J].地球物理学报,2000,43(3):377-385

[11]宋传中,朱光,刘国生,等.淮南煤田的构造厘定及动力学控制[J].煤田地质与勘探,2005,33(1):11-15

[12]张旗,李承东,王焰,等.中国东部中生代高Sr低Yb和低Sr高Yb型花岗岩:对比及其地质意义[J].岩石学报,2005,21(6):1 527-1 537

[13]张旗,王焰,李承东,等.花岗岩的Sr-Yb分类及其地质意义[J].岩石学报,2006,22(9):2 249-2 269

[14]高山,金振民.拆沉作用(delamination)及其壳-幔演化动力学意义[J].地质科技情报,1997,16(3):1-9

皖赣相邻鄣公山地区新元古代构造格架再认识[①]

张彦杰 廖圣兵 周效华 余明刚 姜杨 蒋仁 陈志洪 赵希林 赵玲
(中国地质调查局南京地质调查中心)

[摘 要] 皖赣相邻的鄣公山地区位于江南造山带东段北缘,区内广布一套厚度巨大、低绿片岩相变质的以泥砂质细碎屑岩为主含火山岩的复理石建造体。区内新元古代早期可划分为陆缘弧后盆地裂解海盆沉积构造单元和陆缘弧残留海盆沉积构造单元及瑶里-江潭构造混杂岩带3个构造单元,其中后者分割前两个构造单元。区内及邻区经历了古扬子板块东南缘裂开-陆缘小洋盆有限俯冲-弧陆碰撞造山-造山期后陆壳裂陷沉积的完整的造山作用过程,属新元古代华南多岛洋陆-弧-陆俯冲碰撞造山体系组成部分。

[关键词] 江南造山带东北缘 构造单元划分 构造演化 新元古代早期

在中国扬子板块及华夏板块之间有一明显带状分布的元古宙浅变质的沉积地层和一系列岩浆岩单元,被称之为"江南造山带"[1,2]。皖赣相邻区位处该造山带东段北缘,是华南研究前寒武纪地质的重要地区之一。文中的鄣公山地区限指安徽休宁-祁门以南至皖赣交界地带(图1)。长期以来,对本区构造格局一直有着不同的认识,许多学者从不同的角度提出了多种观点和构造演化模式,黄汲清(1954)最早称其为"江南古陆"[3],后又提出"江南台隆"(1980)的观点[4];任纪舜等(1990)认为"江南古陆"是一个多旋回构造形成的大型复背斜[5];郭令智等(1980)最先提出[6],王鸿祯等[7](1986)、马杏垣等[8](1987)、周新民等[9](1989)相继进一步论证了江南中新元古代为一活动大陆边缘的沟弧盆复合构造体系;徐备等[10](1992)及舒良树等[11](1995)提出皖浙赣古岛弧地体观点;李献华等[12](1996)提出华南多岛洋陆-弧-陆碰撞造山模式,认为皖赣相邻区属大陆边缘弧后盆地带;刘宝珺等(1994)认为扬子东南缘是元古宙华南洋向扬子陆块俯冲形成的增生褶皱带;另有部分学者提出其他一些观点,如朱夏等[13](1980)认为江南隆起带是一个硅铝层上大陆岩石圈内部印支期拆离形成的推覆体;许靖华等[14](1987)认为江南隆起带是中生代形成的来自华夏地块的阿尔卑斯推覆体;朱光和刘国生[15](2002)则认为皖赣地区的江南隆起带是印支-早燕山期形成的陆内造山带。

近年来,随着区域地质调查研究程度的提高和新技术、新方法特别是高精度测年技术的发展应用,关于江南造山带东段构造格架再次引发人们的关注,邓国辉等[16](2005)认为皖赣相

---

① 本文为中国地质调查局"安徽1:5万平里、江潭、瑶里、虹关幅区调"项目(1212010610609)资助。
第一作者简介:张彦杰,男,1971年生。教授级高工,长期从事区域地质调查工作。

邻区在中新元古代经历了早期俯冲和晚期碰撞两个造山阶段,以北东向斜切本区的景德镇-黟县断裂为界,北为扬子陆块,南为华南中部中新元古代造山带;Zheng et al.[17](2007)认为,江南造山带是新元古代早期格林威尔期造山作用过程中形成的弧-陆碰撞造山带;近年来不少学者对该造山带内的前震旦纪岩浆岩及碎屑岩进行了一系列的高精度同位素定年研究,大量的数据反映出该造山带明显比格林威尔期造山带年轻得多[18,19]。此后,高林志等[20,21](2008,2009)、薛怀民等[2](2010)、Zhang et al.[22](2013)认为江南造山带主体形成时限不晚于870Ma的新元古代。

显然,关于江南造山带东段构造格架目前依然存有较大争论。但华夏板块与扬子板块沿

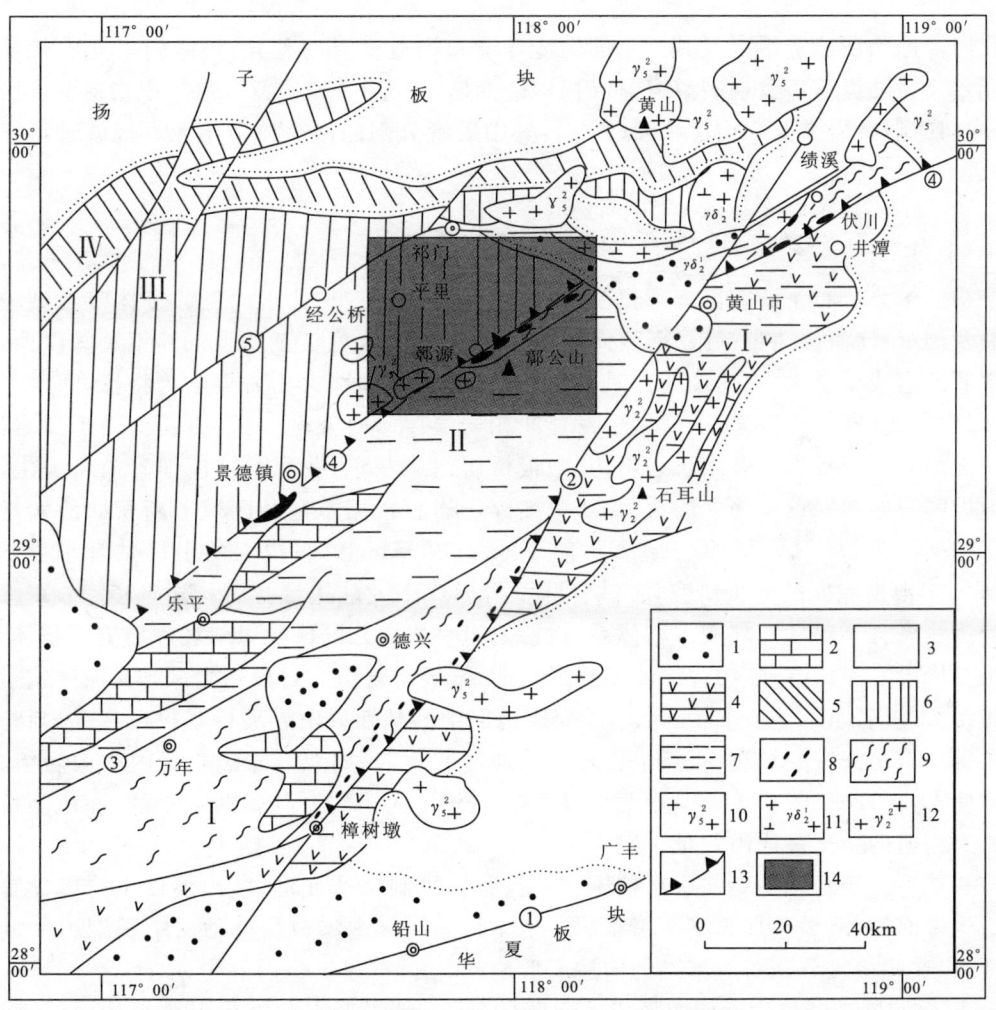

图1 皖赣相邻区地质构造略图(据程光华等,2000;余心起等,2007;略改)[23,24]
1.中、新生界;2.石炭系—三叠系;3.震旦系—早古生界;4.怀玉岛弧新元古代火山岩;5.青白口纪晚期火山-沉积建造;6.新元古代双桥山群火山-沉积复理石;7.新元古代溪口岩群浅变质火山-沉积复理石;8.新元古代基性—超基性岩碎块;9.混杂岩带剪切基质;10.燕山期花岗岩;11.晋宁期花岗闪长岩;12.晋宁期花岗岩;13.推测俯冲断裂带;14.研究区位置。江南造山带北缘:Ⅰ.皖浙赣岛弧褶带;Ⅱ.陆缘弧后盆地裂解海盆沉积冲褶带;Ⅲ.陆缘弧残留海盆沉积冲褶带;Ⅳ.陆缘坳陷海盆火山-沉积冲褶带。①江绍复合断裂带;②皖浙赣复合断裂带;③乐安江断裂;④景德镇-伏川复合断裂带;⑤祁门复合断裂带

江山-绍兴断裂带对接拼贴,江南造山带内下构造层主体形成于870~820Ma的新元古代早期,赣东北和皖南伏川存在冷侵位的新元古代两期蛇绿岩,元古宙本区经历了洋-陆构造体制的演化等几方面基本被大家所接受。笔者等前些年在皖赣相邻鄣公山地区完成了4幅1:5万区调工作,对本区元古宙地质作用特征进行了系统分析,获得了一些成果[25-29]。本文以这些成果为基础,结合区域上前人和其他研究者的一些工作,对皖赣相邻鄣公山地区新元古代构造格架作进一步探讨,以期抛出的碎砖能引来更多的块玉。

1 构造单元的划分及其特征

我们依据物质建造组合及其显示的构造环境和构造变形的差异,将区内新元古代早期构造单元划分为陆缘弧后盆地裂解海盆沉积构造变形区和陆缘弧残留海盆沉积构造变形区及瑶里-江潭构造混杂岩带3个构造单元(图2),其中后者分割前两个构造单元。现就其特征概述如下。

1.1 陆缘弧后盆地裂解海盆沉积构造单元

该构造单元分布于研究区南部,现今呈北东-南西向展布,北东向延伸过休宁五城被皖浙赣断裂及瑶里-江潭构造带围限,南西向经鄣公山主峰大致可延至乐平—万年及其以西地带。区内主要出露浅变质火山-陆缘细碎屑岩建造,以含较多基性火山岩夹层为特征,乐平—婺源一带,富含细碧-石英角斑岩系,碎屑岩发育浊积岩层序。研究区一带,将其划归溪口岩群,并自下而上划分为板桥岩组及木坑岩组,其中板桥岩组以灰色、灰黑色陆源细碎屑岩为主;木坑岩组为以鲜明的灰绿色调为主的火山-陆源细碎屑岩。根据本区及区域上新获取的大量同位素测年数据认为,溪口岩群原岩形成年龄不小于830Ma,我们约束的最佳估计值在840~830Ma[26]。根据我们的分析研究,溪口岩群原岩形成于大陆边缘拉张构造环境[26],其沉积体系划分为浅海含钙粉砂泥陆棚沉积体系(板桥岩组一岩段)、陆棚边缘斜坡碎屑岩沉积体系(板桥岩组二岩段)、半深海-陆棚边缘浊流相沉积体系(板桥岩组三岩段)、半深海含泥硅质粉砂泥沉积体系(木坑岩组)[25]。分布于该套浅变质地层中的基性火山岩夹层具拉斑玄武岩特点,对江西婺源—乐平一带变细碧-石英角斑岩系最新研究认为,属双峰式裂谷成因火山岩组合(江西省地质志,2012)。曾勇等[30](2002)认为,婺源-乐平火山岩系与赣西万年群、湘西南桥组火山岩具有相似的特征及成因背景。

该构造单元历经多期不同层次挤压、伸展、剪切机制构造变形,区内溪口岩群以发育透入性区域构造面理、褶皱叠加为显著特征(图3)。我们在区内溪口岩群地层中识别出5期褶皱构造变形,这些褶皱分别对应不同的构造变形旋回[25]。

F_1 以原始层理(S_0)为形变面形成的紧闭同斜、平卧等形态的露头尺度级片内无根褶皱,伴随本期褶皱,溪口岩群原岩发生强烈的透入性构造面理置换,形成首次区域透入性构造面理(S_1),原始层理(S_0)基本上被新生面理(S_1)掩盖,组成区域上由构造-岩性层堆叠的假单斜构造,偶尔可以观察到残留的原始层理,其产状往往与区域面理一致。由于S_0受到S_1的较强构造置换及后期构造的强烈改造,通常情况下,本期褶皱尚较难系统恢复,但从赋存的残留无根褶皱变形轴迹和相应的线理分析,早期褶皱轴总体呈近东西向展布,轴面基本北倾。根据我们的分析,本期构造变形应属晋宁主造山期的产物,是区内主要的构造变形期。

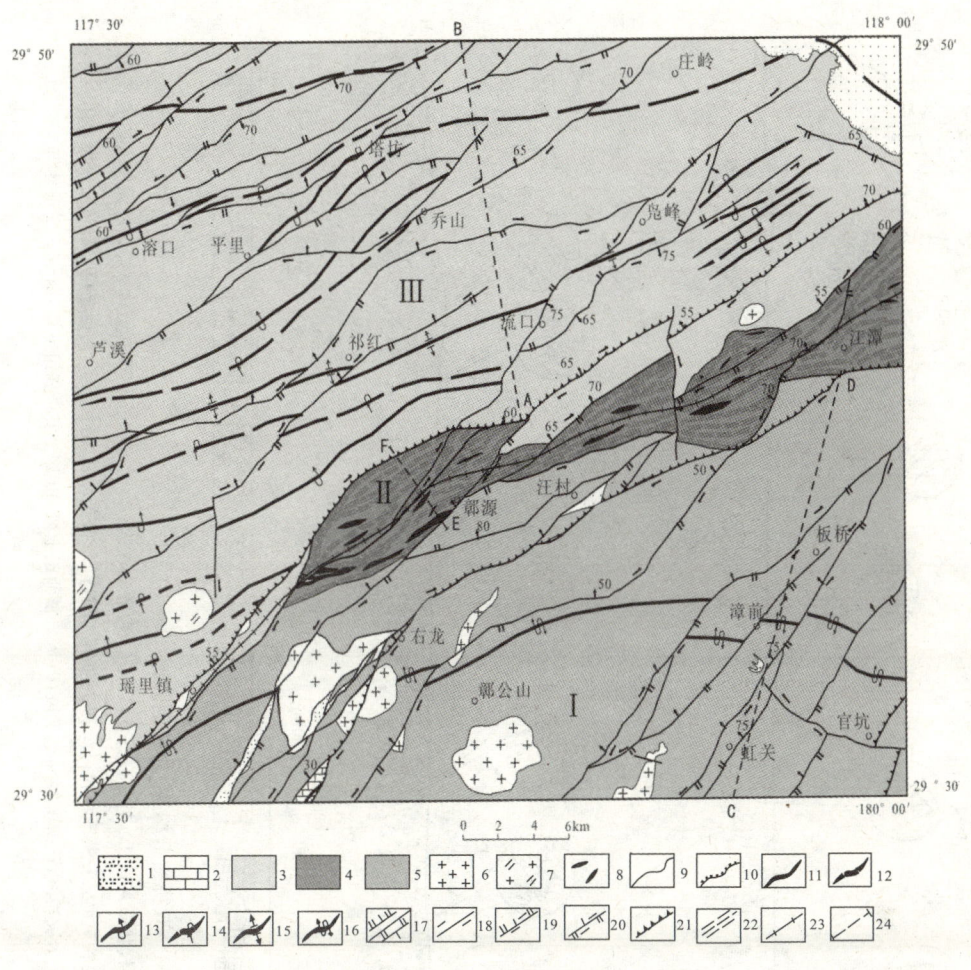

图 2 研究区构造纲要图

1.侏罗纪—白垩纪陆相碎屑岩沉积;2.石炭纪—二叠纪浅海相碳酸盐岩沉积;3.新元古代早期双桥山群火山-沉积建造;4.新元古代早期深海—半深海火山-沉积建造;5.新元古代早期溪口岩群火山-沉积建造;6.早白垩世花岗岩;7.晚侏罗世二长花岗岩;8.基性岩岩块;9.地质界线;10.角度不整合界线;11.背斜轴线;12.向斜轴线;13.倒转背斜轴线;14.倒转向斜轴线;15.复式背斜;16.背形构造;17.正/逆断层;18.平移断层;19.平移正断层;20.平移逆断层;21.逆冲推覆断层;22.韧性断层;23.弧后扩张脊;24.图3、图4、图5位置。新元古代早期构造单元:Ⅰ.陆缘弧后盆地裂解火山-沉积构造单元;Ⅱ.瑶里-江潭构造混杂岩带;Ⅲ.陆缘弧残留海盆火山-沉积构造单元

F_2 以早期构造面理(S_1∥S_0)为形变面的轴向近东西向开阔斜歪及同斜褶皱,褶皱轴面总体北倾,倾角一般在 50°～60°之间,褶皱枢纽倾伏方向总体向东—北东东,倾伏角 10°～20°,在褶皱转折端部位,多见不协调褶曲。该褶皱系统往往由一系列不同级别且两翼多被不同级别次级褶皱复杂化的同斜紧闭褶皱所组成,不同级别的褶皱其形态受岩性及其单层厚度的制约。本区鄣公山同斜背形以溪口岩群早期透入性构造面理(S_1)为形变面,近东西向展布,背形南、北两翼均倾向北或北北西,其中北翼倾角较南翼缓,两翼不同级别次级褶皱发育,总体显示复式背形几何形态,轴面产状一般 340°～350°∠60°～70°,褶皱转折端部位常见与轴面产状一致

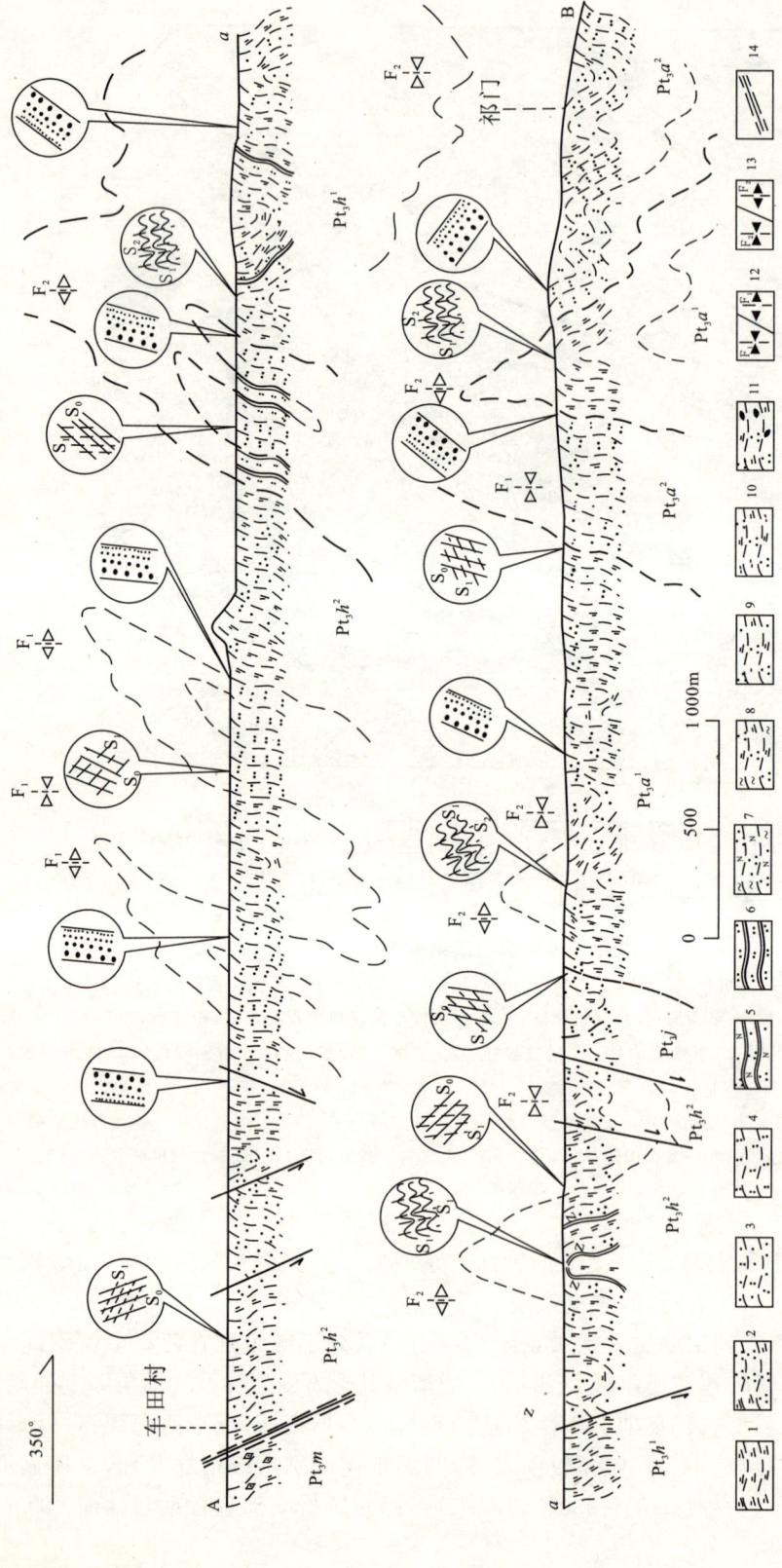

图 3 双桥山群构造-地层剖面图（A—B）

1. 绢云千枚岩；2. 绢云石英千枚岩；3. 千枚状凝灰质砂岩；4. 千枚状凝灰岩；5. 变长石英砂岩；6. 粉砂质板岩；7. 含绿泥石长石石英砂岩；8. 绿泥质板岩；9. 砂质绢云母绢云石英千枚岩；10. 含黑云母绢云石英千枚岩；11. 含菱铁矿绢云石英千枚岩；12. 早期向斜/背斜；13. 晚期向斜/背斜；14. 韧性断层。Pt_3h^1. 木坑岩组；Pt_3m. 横涌组；Pt_3h^2. 板桥岩组三岩段；Pt_3b^3. 板桥岩组二岩段；Pt_3b^2. 板桥岩组二岩段；Pt_3b^1. 板桥岩组一岩段；Pt_3a^2. 安乐林组上段；Pt_3a^1. 安乐林组下段

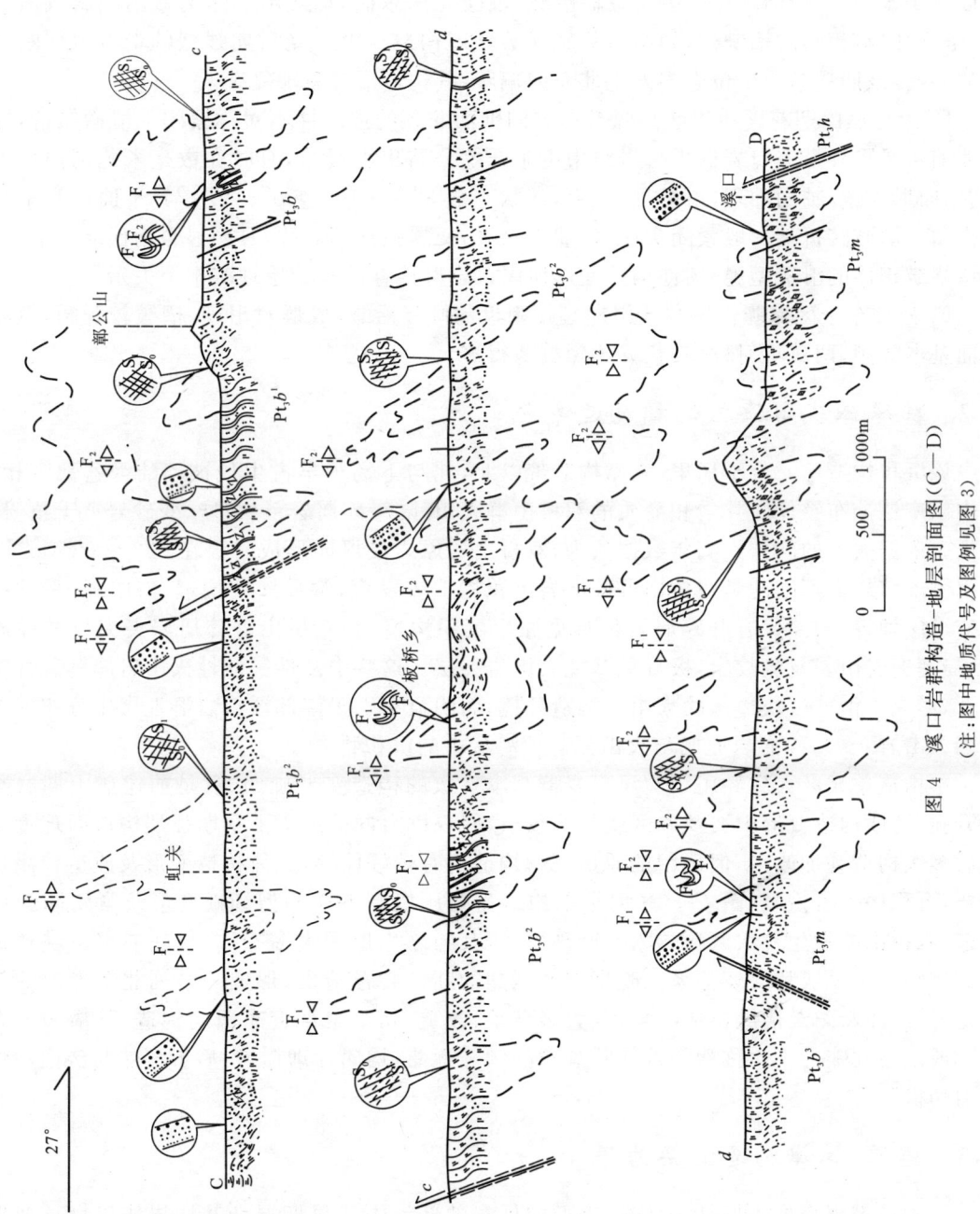

图 4 溪口岩群构造-地层剖面图（C—D）
（注：图中地质代号及图例见图 3）

的褶劈理（S_2）构造。与 F_2 相伴的新生轴面面理不发育或较难识别，大部分地段表现为早期面理的位态变化，局部转折端可见透入性褶劈理（S_2）构造。

F_3 属与大规模逆冲推覆构造相关的紧闭同斜或斜歪褶皱，褶皱与逆冲断层紧密相伴，褶皱以 S_0 // S_1 或 S_1 为形变面，多为短轴褶皱，轴向北东东向，褶皱形态多为紧闭同斜或斜歪褶皱，呈背、向斜相间的褶皱群出现，可见轴面破劈理构造。由于受后期强烈的走滑剪切断裂构造的影响，该期褶皱原始位态多发生北东向偏转，其构造形迹愈加复杂。

F_4 为与燕山期花岗质岩浆热隆升有关的轴面北倾的透入性不对称紧闭下滑褶皱群，在休宁漳前—凰腾一带溪口岩群板桥岩组中由于开挖公路出露最好，有时在数毫米范围内可见多组背、向形构造，轴面面理（滑劈理）发育，产状一般 350°～10°∠30°～40°，与 S_1 面理常呈较小的交角。褶皱转折端一般紧闭尖棱，枢纽近水平，两翼强烈不对称，具明显自南而北下滑特点。与该褶皱相伴的滑覆型脆-韧性构造变形使溪口岩群残存的原始层理基本消失殆尽。

F_5 为分布于区域脆性平移走滑断裂带附近的倾竖褶皱，成群对出现，褶皱较开阔，枢纽和轴面基本陡倾，两翼不对称，其长翼比短翼薄得多。

1.2 陆缘弧残留海盆沉积构造单元

该沉积构造单元位于瑶里-江潭构造带以北，北与下扬子早古生代被动陆缘盆地带相接。区内以广泛分布经低绿片岩相变质的双桥山群火山-陆缘碎屑岩系（板岩、变砂岩夹千枚岩）为特征。依据大量的同位素测年数据认为，双桥山群原岩最可能形成时限在 832～822Ma[20,26]。与南侧溪口岩群不同的是双桥山群碎屑岩沉积构造较发育，常见沙纹层理、斜层理、平行层理和变形层理等，而溪口岩群碎屑岩很难见原生沉积构造，且双桥山群碎屑岩夹大量酸性凝灰岩，局部夹安山岩及流纹岩，极少见基性火山岩夹层。这些中基性—酸性火山岩属钙碱性系列岩石，形成于消减板块边缘的火山弧构造环境，而明显有别于南部溪口岩群地层中分布的拉斑系列火山岩[26,30]，碎屑岩亦属与火山弧有关海盆中的沉积物[26]。

本构造单元区大致经历了与溪口岩群基本一致的构造变形旋回，只是前述燕山期岩浆热隆升脆-韧性构造变形未波及本区或影响较小，使双桥山群虽经历了早期强烈构造面理置换及期后多次构造叠加改造，但残留的原始沉积构造仍有较好保存，总体构造变形及改造较溪口岩群弱，沉积序列可恢复（图4）。区内早期构造为挤压机制下逆冲型韧性变形及紧闭同斜褶曲构造，双桥山群发生首次区域透入性叶理事件，其与原生层理大多一致，仅在局部褶皱转折端及其倒转翼可见层片交切关系。晚期伴随强烈的陆内叠覆造山，形成一系列北东走向的叠瓦状走滑-逆冲断裂及褶皱构造组合，其大多继承、改造、切割早期近东西向构造，其褶皱形态有对称或南缓北陡的不对称褶皱及线状展布的倾竖褶曲，均属片理褶皱，后者显然与区内脆性走滑剪切机制有关。

1.3 瑶里-江潭构造混杂岩带

该构造带现今地表概括为北东-南西向展布的新元古代早期混杂基性岩块以韧性变形构造为显著特点，并强烈叠加印支-燕山期逆冲-走滑脆性断裂的区域性超壳断裂带[25]。其北东延伸跨过休宁中生代陆相红盆后可与伏川蛇绿混杂岩带相接，南西向经赣东北瑶里镇可与景德镇-宜丰深断裂带相连，研究区一带出露长约 50km，南北宽 3～6km。构造带主要由韧性剪切基质和冷侵位的基性岩块组成，其中韧性剪切基质原岩主要为深海-半深海沉积环境下形成的水平纹层泥硅质岩、火山-陆源碎屑岩,我们将其划归西村岩组。皖南鄣源一带出露的基性岩块为蚀变枕状—块状基性熔岩、辉长岩、辉绿岩等,薛怀民在其中的辉绿岩内获得锆石 SHRIMP U-Pb 年龄为(835±6)Ma(数据来自2012年4月陆松年研究员在全国地质志野外现场考察会上的讲课材料),周效华新近在鄣源枕状玄武岩中获得锆石 LA-ICP-MS U-Pb 年龄为850Ma左右,上述测年信息显示基性岩形成于新元古代早期,与前述溪口岩群原岩形成时代相近或误差范围内一致。笔者等通过对比分析研究认为,鄣源基性岩是在一个具低速扩张的陆缘小洋盆扩张脊环境中形成,具初始洋壳基性岩组合特征。鄣源基性岩与皖南伏川蛇绿岩具基本一致或相似的地球化学特征及产出地质背景,被认为是江南造山带北缘以皖南伏川蛇绿岩为代表的新元古代早期缝合带重要组成部分[27,28]。

构造带构造变形主要显示自北而南多层次、多期叠瓦状复合逆冲特征(图5),其中以早期中深层次韧性变形为骨架构造,韧性变形最显著特征表现为发育同构造变斑晶、动力分异条带及重结晶绢云母粗大晶体的形成,S-C组构、旋转碎斑、核幔构造、书斜式构造、剪切流变褶皱等剪切指向构造常见。根据我们的研究,该韧性变形带是晋宁期弧-陆(扬子陆块)碰撞的地球动力学背景下形成[28]。韧性变形带强烈叠加后期脆性褶断构造,该构造带是一条多期活动的中深层为主、中浅层构造掺杂的区域性超壳构造变形带。

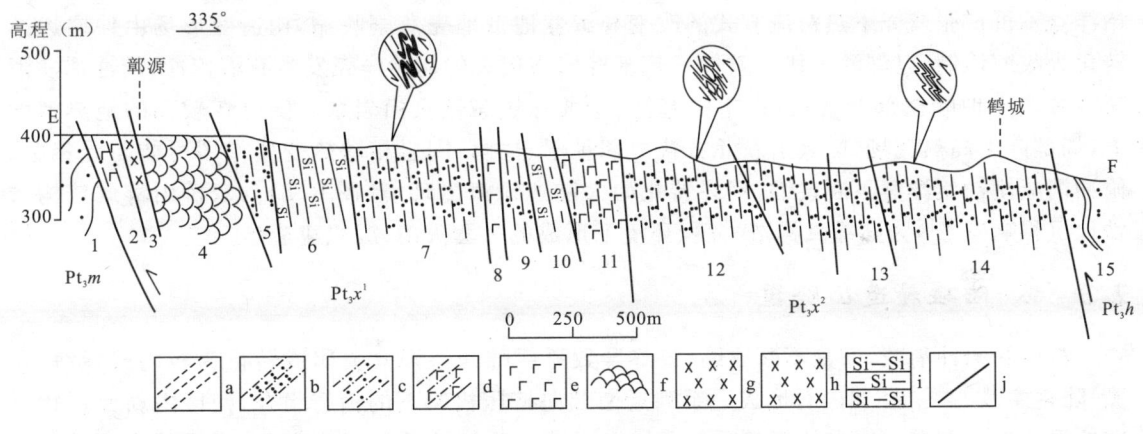

图 5 鄣源韧性变形带构造剖面图

1. 细砂质千枚岩;2. 糜棱岩化玄武岩;3. 辉长岩;4. 蚀变枕状玄武岩,局部具弱的片理化现象;5. 糜棱岩化粉砂岩,发育条纹条带构造,石英砂屑具定向拉长;6. 泥硅质岩(已重结晶为绢云石英超糜棱岩),条纹条带构造发育,重结晶绢云母晶体粗大;7. 糜棱岩化凝灰质砂岩、含砂粉砂岩,含菱铁矿变斑晶,旋转碎斑及流状构造发育,局部可见同变质分泌石英脉剪切流褶构造及 S-C 组构;8. 块状玄武岩;9. 粉砂质糜棱岩,含较多菱铁矿变斑晶,条纹条带构造发育;10. 泥硅质岩(已重结晶为绢云石英超糜棱岩);11. 糜棱岩化玄武岩;12. 糜棱岩化凝灰质砂岩,含较多菱铁矿变斑晶,可见 S-C 组构,显微镜下可见压力影、石英残斑碎粒化及流动构造;13. 粉砂质糜棱岩,含菱铁矿变斑晶,重结晶绢云母晶体粗大,发育条纹条带构造,显微镜下可见重结晶石英多晶条带构造;14. 糜棱岩化凝灰质砂岩,含较多菱铁矿变斑晶,条纹条带构造发育,局部见流褶构造;15. 变粉砂岩。a. 糜棱岩;b. 糜棱岩化变凝灰质砂岩;c. 糜棱岩化变砂岩;d. 糜棱岩化玄武岩;e. 块状玄武岩;f. 枕状玄武岩;g. 辉绿岩;h. 辉长岩;i. 泥硅质岩;j. 断层。Pt_3m. 木坑岩组;Pt_3x^1. 西村岩组一岩段;Pt_3x^2. 西村岩组二岩段;Pt_3h. 横涌组

2 新元古代构造演化

2.1 早期裂解沉积阶段

新元古代早期,古华南洋发生向北的洋内俯冲,俯冲作用使古扬子板块南缘引张,并最终形成大陆边缘弧及陆缘盆地[10-12,31-33][图6(a)]。拉张初期火山物质较少,以溪口岩群板桥岩组为代表的陆棚边缘斜坡-浅海陆棚细碎屑岩沉积为主;随着进一步拉张,海侵范围扩大,海盆加深,火山活动增强,形成以乐平—婺源一带细碧-石英角斑岩系为代表的拉斑火山岩系及木坑岩组海侵体系域半深海火山-陆缘碎屑浊流沉积。不断的拉伸使陆壳减薄直至开裂,地幔岩浆大规模活动,产生鄣源—伏川一带具初始洋壳特征的基性岩组合[27,32,34],伴随海盆进一步扩大,海平面上升达到最高,沉积容纳空间变大,海水达最深,形成西村岩组半深海-深海相欠补偿盆地沉积硅泥质岩类。此时,盆地进入成熟期演化阶段。

2.2 陆缘小洋盆有限俯冲阶段

由于地幔岩浆活动,释放了地幔热柱大量的热能,壳下热对流强度迅速减弱,从而导致初始洋盆不再扩张或壳下热对流方式的改变导致盆地带地壳急剧收缩,构造变形场由伸展逐渐转化为收缩体制,以鄣源—伏川基性—超基性岩为代表的初始洋壳发生有限俯冲,俯冲诱发消减板片之上地幔楔部分熔融,产生中基性、中酸性钙碱性火山岩系。同时在较高的地热梯度下,局部产生高热流场,区域上新元古代早期星子岩群角闪岩相动热变质作用可能与此相关。俯冲消减使初始洋盆不断狭缩,最终转化为大陆边缘海盆环境[图6(b)],双桥山群属该构造盆地沉积响应[26],为陆缘弧构造-沉积环境下形成的一套火山-沉积建造体。

2.3 弧-陆碰撞造山阶段

持续的俯冲消减,海盆不断狭缩,最终导致弧后陆缘小洋盆关闭或转化为板内残留海盆,弧-陆碰撞[10,31,32][图6(c)],形成一系列近南北向挤压机制下的构造组合,使区内新元古代早期地层发生北东东向展布的紧闭同斜褶皱及逆冲型脆韧性剪切构造变形,形成首次区域叶理事件。伴随此次构造变动,发生区域低温动力变质作用。同时,由于强烈的挤压,有限俯冲作用致使地壳中深层次的陆缘小洋盆型蛇绿岩被剪切、逆冲回返至地壳浅层部位,形成瑶里-江潭构造混杂岩带。碰撞造山作用使地壳强烈抬升,沿造山带北麓形成磨拉石堆积,历口群与下伏双桥山群角度不整合面之间出露的数十米至数百米不等的葛公镇组砾岩及含砾砂岩层属碰撞造山后期发育在前陆盆地的挤压型磨拉石盆地沉积[23,35-37],其标志着一个沉积旋回、岩浆事件和构造旋回的结束。关于碰撞造山作用发生的时限可用历口群(河上镇群)形成下限及双桥山群沉积时代上限进行约束,认为碰撞作用发生的最可能时限在870～820Ma之间[26]。

2.4 碰撞造山期后陆壳裂陷沉积阶段

俯冲-碰撞造山作用使地壳大规模抬升去顶,随后由于地幔柱上涌,华南发生大规模岩浆深熔侵入活动,诱使大陆岩石圈发生大规模侧向拉伸,包括本区在内的整个华南在固化不强的大陆壳基底上发生新的裂陷作用[38],前陆磨拉石盆地转为拉张的裂谷型盆地[图6(d)]。在皖

参考文献

[1] 于津海,魏振海,王丽娟,等.华夏地块:一个有古老物质组成的年轻陆块[J].高校地质学报,2006,12(4):440-447

[2] 薛怀民,马芳,宋永勤,等.江南造山带东段新元古代花岗岩组合的年代学和地球化学:对扬子与华夏地块拼合时间与过程的约束[J].岩石学报,2010,26(11):3 215-3 244

[3] 黄汲清.中国主要构造单元[M].北京:地质出版社,1954

[4] 黄汲清,任纪顺,姜春发.中国大地构造及其演化——《1:400万中国构造简要说明》[M].北京:科学出版社,1980

[5] 任纪舜,等.中国东部及邻区大陆岩石圈的构造演化与成矿[M].北京:科学出版社,1990

[6] 郭令智,施央申,马瑞士.华南大地构造格架和地壳演化[C]//国际交流地质学术论文集(1).北京:地质出版社,1980

[7] 王鸿祯.中国华南地区地壳构造发展的轮廓//华南地区古大陆边缘构造史[M].武汉:武汉地质学院出版社,1986

[8] 马杏垣,白瑾,索书田,等.中国前寒武纪构造格架及研究方法[M].北京:地质出版社,1987

[9] 周新民,邹海波,杨杰东.安徽歙县伏川蛇绿岩套的Sm-Nd等时线年龄及其地质意义[J].科学通报,1989(16):1 243-1 245

[10] 徐备,郭令智,施央申.皖浙赣地区元古代地体和多期碰撞造山带[M].北京:地质出版社,1992

[11] 舒良树,施央申,郭令智,等.江南中段板块-地体构造与碰撞造山运动学[M].南京:南京大学出版社,1995

[12] 李献华,McCulloch M T.扬子南缘沉积岩的Nd同位素演化及其大地构造意义[J].岩石学报,1996,12(3):361-368

[13] 朱夏.试论中国中新生代油气盆地的地球动力学背景//朱夏.论中国含油气盆地构造[M].北京:石油工业出版社,1980

[14] 许靖华,孙枢,李继亮.是华南造山带而不是华南地台[J].中国科学(B辑),1987(10):1 107-1 115

[15] 朱光,刘国生.皖南江南陆内造山带的基本特征与中生代造山过程[J].大地构造与成矿学,2000,24(2):103-111

[16] 邓国辉,刘春根,冯晔.赣东北-皖南元古宙造山带构造格架及演化[J].地球学报,2005,26(1):9-16

[17] Zheng Yongfei, Zhan Shaobing. Formation and evolution of Precambrian continental crust in South China[J]. Chinese Science Bulletin, 2007, 52(1):1-10

[18] 顾雪祥,刘建明,OSKAR Schulz,等.江南造山带学雪隆起区元古宙浊积岩沉积构造背景的地球化学制约[J].地球化学,2003,32(5):406-426

[19] 周金城,王孝磊,邱检生.江南造山带形成过程中若干新元古代地质事件[J].高校地质学报,2009,15(4):453-459

[20] 高林志,杨明桂,丁孝忠.华南双桥山群和河上镇群凝灰岩中的锆石SHRIMP锆石U-Pb年龄——南新元古代造山带演化的制约[J].地质通报,2008,27(10):1 744-1 751

[21] 高林志,张传恒,刘鹏举,等.华北—江南地区中、新元古代地层格架的再认识[J].地球学报,2009,30(4):433-446

[22] Zhang Chuan lin, Li Huaikun and Santosh M. Revisiting the tectonic evolution of South China:Interaction between the Rodinia superplume and plate subduction? [M]. Terra Nova, 2013:1-9

[23] 程光华,汪应庚.江南东段构造格架[J].安徽地质,2000,10(1):1-8

[24]余心起,江来利,许卫,等.皖浙赣断裂带的界定及其基本特征[J].地学前缘,2007,14,(3):102-113

[25]张彦杰,廖圣兵,周效华,等.江南造山带北缘鄣公山地区新元古代地层构造变形特征及其动力学机制[J].中国地质,2010a,37(4):978-994

[26]张彦杰,周效华,廖圣兵,等.皖赣相邻鄣公山地区新元古代地壳组成及造山过程[J].地质学报,2010b,84(10):1 401-1 427

[27]张彦杰,周效华,廖圣兵,等.江南造山带北缘鄣源基性岩地质-地球化学特征及成因机制[J].高校地质学报,2011,17(3):393-405

[28]张彦杰,廖圣兵,周效华,等.江南造山带北缘鄣源构造带主要地质特征[J].地质学报,2012a,86(12):1 905-1 916

[29]张彦杰,廖圣兵,周效华,等.皖赣相邻鄣公山地区变泥砂质岩石元素组成特征及源区分析[J].中国地质,2012b,39(5):1 183-1 198

[30]曾勇,杨明桂,赖新平,等.赣东北地区中新元古代的岩浆作用与构造环境[J].华南地质与矿产,2002(3):37-43

[31]徐备.论赣东北-皖南晚元古代沟弧盆体系[J].地质学报,1990(1):33-41

[32]赵建新,李献华,McCulloch M T,等.皖南和赣东北蛇绿岩成因及其构造意义:元素和Sm-Nd同位素制约[J].地球化学,1995,24(4):311-324

[33]郭令智,卢华复,施央申.江南中、新元古代岛弧的运动学和动力学[J].高校地质学报,1996,2(1):1-13

[34]王希斌,郝梓国.中国造山带蛇绿岩的时空分布及构造类型[J].中国区域地质,1994(3):193-204

[35]马荣生,王爱国.皖南新元古代碰撞造山带构造轮廓[J].安徽地质,1994,4(2):14-22

[36]马荣生.皖南前南华纪岩石地层[J].资源调查与环境,2002,23(2):94-106

[37]杜建国,孙乘云,许卫,等.皖南地区葛公镇组砾岩性质及其构造含义[J].资源调查与环境,2002,23(2):106-112

[38]Li Z X, Li X H, Kinny P D. The breakup of Rodinia:Did it start with a mantle plume beneath South China?[J]. Earth Planet Sci. ,1999(173):171-181

[39]王剑.华南新元古代裂谷盆地演化——兼论与Rodinia解体的关系[M].北京:地质出版社,2000

[40]董树文,薛怀民,项新葵,等.赣北庐山地区新元古代细碧-角斑岩系枕状熔岩的发现及其地质意义[J].中国地质,2010(37):1 021-1 033

[41]Wang X L, Zhou J C, Qiu J S. Geochemistry of the Meso-to Neoproterozoic basic-acid rocks from Hunan Province, South China:Implications for the evolution of the western Jiangnan orogen[J]. Precambrian Research,2004(135):79-103

[42]薛怀民,马芳,宋永勤.江南造山带西南段梵净山地区镁铁质—超镁铁质岩:形成时代、地球化学特征与构造环境[J].岩石学报,2012,26(11):3 215-3 244

长江三角洲江都—镇江河段古河谷沉积特征及其全新世长江演化

杨献忠　魏乃颐　马雪　于俊杰　蒋仁　劳金秀　张宗言
(南京地质矿产研究所)

[摘　要]　江苏省江都—镇江之间南北向6个钻孔研究表明,晚更新世晚期(包括MIS 3阶段)长江三角洲江都—镇江河段为辫状河道沉积,末次盛冰期由于全球性海面下降形成下切河谷。冰后期海平面上升引发的海侵造成古河谷充填,并依次形成河床相、河漫滩相、河口湾相及三角洲相。冰后期早期的河床相黄色含砾砂层在该河段均有分布,可以作为标志层,其底板可作为冰后期—末次盛冰期的界面。古河谷中部冰后期与末次盛冰期地层具有连续沉积的特征,表明末次冰期低海面时长江仍为入海河流。冰后期海侵大约在9 ka BP到达本区,最大海侵发生在7.0～6.5 ka BP,此时三角洲已开始发生进积作用,河口砂坝也同时开始形成。全新世早期早时,长江古河道继承晚更新世古河道的发展,与古长江主河道无关联;全新世早期末的9 ka BP左右,长江古河道才打开,形成长江古河道雏形;全新世中期,古河道基本形成并逐步加宽;全新世晚期,北部河道被冲洪积沉积物淤平形成洪泛平原,古长江河道才迁移到现今位置。

[关键词]　末次盛冰期　冰后期　长江三角洲　古河谷　沉积相　古长江演化　镇江市和江都市

长江河口段指镇江—扬州以下河段,长约300 km[1],包括镇—扬(镇江—扬州)河段、江阴段、南通河段和现代河口段。江阴以下河段钻孔资料、测年数据较多,研究程度也相对较高,并建立了较为准确的地层年代格架[2-16]。江阴以上河段,早期较为详细的研究仅以同济大学海洋地质系为代表[2],后续仅有零星钻孔资料及少量^{14}C测年数据[17,18]。镇—扬河段是长江东流入海的必经之路,是长江水动力条件由强到弱的转折位置,在河流、潮流和波浪等动力条件共同作用及相互影响下,该地的沉积环境极为复杂。日本学者在研究我国长江三角洲时,也仅选择以黄桥、金沙和崇明三期河口砂坝为研究对象[12],没有涉及三角洲的顶部;镇—扬河段下切河谷充填层序未能做到精细的年代学分辨,系因其中难以发现多层可测年材料或测年样品含碳量过低[19]。因此,该地仅依据少量工程地质钻探资料的岩石地层总结及少量^{14}C测年

---

① 中国地质调查局项目(编号:1212010781020)资助。
第一作者简介:杨献忠,男,1962年生,博士,教授级高工。现主要从事区域地质调查研究。

数据,不但难以全面建立三角洲顶部冰后期以来年代地层标尺、全面描绘其沉积相演变细节,也难以准确分析全新世以来长江的演化过程。

中国地质调查局"江苏1∶5万扬中市、江都市、谏壁镇、泰州市幅区调"项目(项目编号1212010781020)在研究区共完成102个钻孔,每一个钻孔均钻穿全新世,并对钻孔岩芯材料中可测年的植物碎屑、木块残体、泥炭、富有机质泥质样品给予了特别重视。结合相关[14]C测年数据及微体生物特征,笔者尝试对长江三角洲顶部镇江(大港)—江都河段古河谷(图1)地层沉积特征进行分析,以总结该河段末次盛冰期前后地层层序和沉积过程,进而分析全新世以来长江的演化历史。

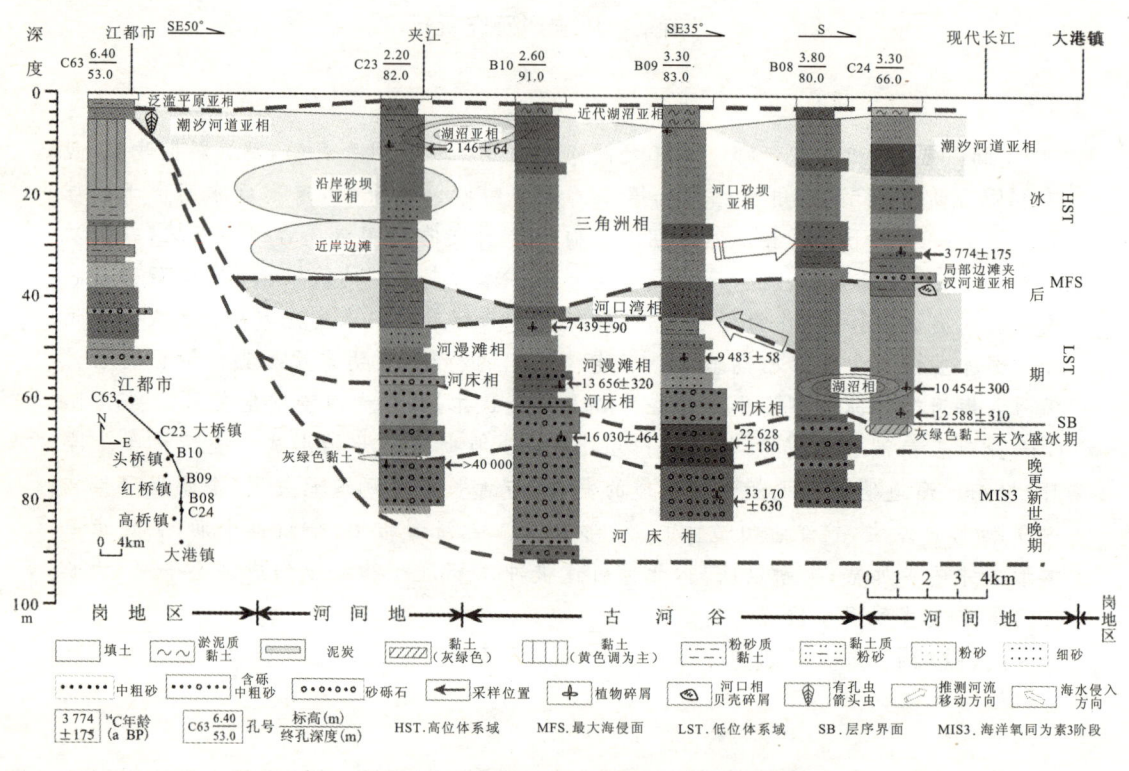

图1 长江三角洲江都—镇江河段古河谷沉积特征图

1 江都—镇江河段晚更新世晚期沉积特征

1.1 下部河流相

早于25ka前的晚更新世晚期,本区主要沉积了具有二元结构的河流相砂砾层(图1),其中砾石平均含量为15%~20%,局部超过40%;平均砾径为2~5cm,大者8~9cm,乃至大于10cm;砾石磨圆中等—良好,夹半棱角状卵石和复成分砾石;偶见5~8cm大小的木块;局部夹含细砾中细砂沉积。这些特征反映搬运能力较强的带状水流沉积环境,局部楔入了山前洪流物质[18]。B09孔79.30~79.35m残留木块碎片[14]C年龄为(33 170±630)a B P(KF0903003

为实验室编号,下同),C23 孔 72.20~72.50m 木块>40ka B P(KF0903018)(表 1),表明上述河流相砂砾层大致相当海洋氧同位素(MIS)3 阶段地层。

表 1 ^{14}C 测年数据表

钻孔号	实验室编号	采样深度(m)	测试材料	^{14}C 年代(a B P)
B09	KF0903006	51.40~51.43	植物碎屑	9 483±58
	KF0903007	67.55~67.60	泥炭	22 628±180
	KF0903003	79.30~79.35	木块	33 170±630
B10	KF0903013	44.00~44.05	木块	7 439±90
	KF0903014	54.80~54.85	植物碎屑	13 656±320
	KF0903015	57.70~57.80	木块	16 023±464
C23	KF0903016	11.00~11.07	植物碎屑	2 146±44
	KF0903018	72.20~72.50	木块	>40 000
C24	KF0903037	31.60~31.80	植物碎屑	3 774±175
	KF0903019	56.70~56.75	植物碎屑	10 454±300
	KF0903021	63.45~63.50	植物碎屑	12 588±310

^{14}C 半衰期:5 568 a B P。

1.2 中部硬黏土层

C23 和 C24 孔均见于晚更新世末次盛冰期低海面时期形成的硬黏土层(图 1),呈灰绿色,略见少量细小钙质结核,未见海相生物化石。C24 孔硬黏土层之上 63.45~63.50m 植物碎屑 ^{14}C 年龄为(12 588±310)a B P(KF090321)(表 1),显示硬黏土确实早于 10ka 形成。

硬黏土层不仅在长江三角洲地区可以见到,在越南红河三角洲钻孔亦有发现[20]。由于灰绿色调显示了以二价铁为主的弱还原沉积环境,与北方渤海湾西岸同层位所见浊黄棕色、亮黄色、红棕色硬黏土层[19,21]反映的以三价铁为主的氧化地球化学环境明显不同,显示了长江三角洲地区低海面时期形成的暴露大气下的硬土层[22],随着其后气候转暖、海面上升、河流回水、地下水位抬升等,发生了积水浸泡的潜育化作用,类似山西运城盐湖钻孔地层所见贫营养湖沉积[23]。正是由于发生过这样的积水过程,故而该层位亦偶尔可见非海相介形类幼年壳体,或小个体的淡水腹足类,抑或极少的有孔虫标本。

1.3 上部河流相

在与 C23、C24 孔见灰绿色硬黏土层相近深度的 B10 孔、B09 孔和 B08 孔中,以及 C23 孔灰绿色硬黏土层之上,沉积的仍然为一套河流相砂砾层,与前述下部河流相砂砾层段相比,其中砾石含量变少,下粗上细的二元沉积结构不太明显。B09 孔 67.55~67.60m 泥炭、B10 孔 57.70~57.80m 木块碎片的 ^{14}C 年龄分别为(22 628±180)a B P(KF0903007)和(16 023±464)a B P(KF0903015)(表 1)。这一年龄范围与长江三角洲于 25~15ka 期间形成的古土壤层[24]相吻合,表明上部砂砾层是末次盛冰期河流滞留沉积。

然而,C23 孔灰绿色黏土之上沉积了一套厚度达 14.6m(埋深于 56.4~71.0m)的砂砾层,底板与灰绿色黏土呈侵蚀接触,致使该孔灰绿色黏土仅残存 0.65m 厚(图 2);B10 孔、B09 孔和 B08 孔在相近深度内的砂砾石层具有连续沉积的特征(图 1),显示洪泛河流沉积曾溢出古河谷,侵蚀掉 C23 孔部分硬黏土,继而覆于 C23 孔硬黏土层之上,表明古长江在末次盛冰期水量比较充沛,仍然是一条入海河流,这与"古河谷区末次冰期干旱的气候可能并未使长江断流而成内流河"[25]的认识是一致的。

图 2 C23 孔中的灰绿色黏土岩芯照片
(灰绿色黏土下部为深灰色含细砾中粗砂)

据上述测年数据及末次盛冰期 25～15ka 的年龄范围,结合沉积物的颜色,不难界定古河谷中冰后期与末次盛冰期沉积物之间界线:末次盛冰期沉积物主要为灰色调(青灰色、深灰色),冰消期沉积物主要为黄色调(灰黄色、褐黄色)(图 3),后者为快速堆积未及充分还原所致。本区末次盛冰期形成的下切河谷(将图 1 中末次盛冰期结束界线与冰消期开始界线之间的地层划归为下切河谷沉积),底部呈较平坦的"U"字形,沉积物的厚度(即下切河谷的深度)从北到南有逐渐变薄的趋势。

图 3 冰后期黄色沉积物与末次盛冰期灰色沉积物
(a)C23 孔,冰后期与盛冰期的界线在 56.4m,其上为灰黄色含砾中粗砂,其下为青灰色细砂;(b)B09 孔,
冰后期与盛冰期的界线在 63.9m,其上为灰黄色含砾中粗砂,其下为深灰色含砾中粗砂

2 镇江—江都河段冰后期古河谷充填地层沉积相

长江三角洲地区由于下切河谷发育,严格的"全新世开始于10ka"的界线不如在北方渤海湾西岸那样容易确定,故而将自末次冰消期开始的15ka以来统称为冰后期;北方局部的下切河谷区域同样确定15ka以来形成一个完整的海侵层序[19,21],使得长江三角洲地区的工作[16]在整个东部沉降海岸得到了呼应。

在末次盛冰期形成的下切河谷的基础上,镇江(大港)—江都河段古河谷冰后期地层中,沉积物含砂量一般在60%~80%之间,各沉积间断界面上下沉积物粒度多发生较大变化。据岩性、微体生物及海进海退特征,该河段冰后期自下而上可明显划分出4种类型的地层相序:河床相、河漫滩相、河口湾相及三角洲相,总厚度55~65m。

2.1 河床相

河床相主要分布于C23孔、B10孔、B09孔及B08孔,主要沉积了一套灰色粉细砂,底部为黄灰色—灰黄色(含砾)中—粗砂,未见海相微体生物。C24孔缺失河床相沉积物,与之相对应的主要是一套湖沼相沉积,岩性为灰色、深灰色含黏土粉砂夹大量炭化植物碎屑层,直接覆于末次盛冰期形成的灰绿色硬黏土之上,两者之间呈侵蚀接触。从沉积结构、特征、C24孔测年数据来看,C23孔、B10孔、B09孔河床相层段底部黄色调(含砾)中细砂—中粗砂(图3)当为冰消期沉积的产物,且在该河段区域均有分布,因其颜色特征较易辨认而具有对比意义,则以其底面为层序界面(SB),即冰后期与末次盛冰期的分界面。

由此看来,海面上升初期江都—镇江河段底部主要是近源辫状河流沉积;其后河面更为开阔,水动力条件减弱,为一套海进式河床充填层序,相当于正常河流沉积的正旋回。该沉积单元顶板深度多在46m上下,厚11~18m,在B08孔处最深,可能暗示海水的进入方向。该沉积单元平均厚度约15m,占整个冰后期河谷区沉积相的20%左右,与前人在长江三角洲的研究[12]及珠江三角洲河床相沉积厚度比例[26]相近。剖面线南侧此时的湖沼相沉积出现,系海侵自东向西发生、自古河谷向两侧逐渐扩展,古土壤被淹没并接受滨海沉积时,在古河间地的低洼处或古冲沟地区,由于排水不畅、积水而形成的淡水湖沼沉积,反映了陆相沉积环境特征[7,17]。

分别对B09孔51.40~51.43m、B10孔54.80~54.85m和C24孔56.70~56.75m、63.45~63.50m段的炭化植物碎屑测年,其年龄分别为(9 483±58)a B P(KF0903006)、(13 656±320)a B P(KF0903037)、(10 454±300)a B P(KF0903019)、(12 588±310)a B P(KF0903021)(表1),表明剖面线北侧河流相、剖面线南侧湖沼相均为冰后期早期沉积,时间范围为9~15ka,其下限与末次盛冰期结束、冰后期开始的时间一致,上限则与海水在8.9~9.0ka到达该地区[22,27]的时间吻合。

2.2 河漫滩相

河漫滩相为海侵到达或接近到达该地区时,由河流相沉积的灰色、棕灰色粉砂质黏土局部夹粉细砂组成的地层,主要分布于B09孔、B10孔和C23孔。该层段发育水平纹理、微斜层理,局部见波状层理、小型交错层理和透镜状层理;B10孔内分布少量腹足类、双壳类较完整个体残骸,大小一般在 1cm 左右,如 46.75～46.80m 见角状环棱螺 Bellamia angularis(Müller)以及残破的河蓝蚬比较种 Corbicula cf. fluminea(Müller)、土蜗未定种 Galba sp. 和小旋螺未定种 Gyraulus sp.,并见非海相介形类小玻璃介未定种 Candoniella sp.、隆起土星介 Ilyocypris gibba(Ramdohr)壳体,显示以静水环境为主的河漫滩相沉积。该层厚度变化不大,在 4m 左右,未见有孔虫,但在下游河口段见少量小个体有孔虫[7,15]。南侧 C24 孔继承早期湖沼相沉积;B8 孔显示海水到达时沿湖沼边缘的改造作用。

对 B10 孔 44.00～44.05m 段所夹木块碎片进行 ^{14}C 测年,其年龄为 (7 439±90)a B P(KF0903013)(表 1)。结合 B09 孔 51.40～51.43m 段植物碎屑的 ^{14}C 年龄[(9 483±58)a B P]内插推算,本区河漫滩相形成的时间大致在 8.5～7.1ka 期间,此后海侵作用加强。这与长江三角洲地区最大海侵发生在 7.0～6.5ka B P 前后[5,28]的时间基本一致。

2.3 河口湾相

该层段在剖面线北侧 C23 孔厚 17.5m,主要由灰黑色、深灰色淤泥质黏土组成,含少量粉砂及炭化植物碎屑,且在上部较富集,顶部见同质泥砾并夹少量双壳类碎片,显示滨岸沉积环境,表明三角洲在此时已开始向河谷中心延伸迁移,发生早期的进积作用。河谷区的 B10 孔、B09 孔及 B08 孔和南侧 C24 孔,沉积物主要为灰色、青灰色粉砂和细砂夹少量泥质条带,局部见少量炭化植物碎屑,C24 孔 37.40m 样品见两瓣河口相双壳类光滑蓝蛤 Aloides laevis(A. Adams)碎块;图 1 钻孔剖面线以东、大桥镇以北约 5km 的 B05 孔 40.85m 处样品中,见一瓣海相介形类陈氏新单角介 Neomonoceratina chenae Zhao 幼体,显示较低的海相性;再向东泰州市幅、扬中市幅钻孔中,有孔虫、海相介形类较多出现在 20～25m 以上地层。

冰后期海侵是由海向陆方向渐次发生的。古河谷中的海侵层形成时间又明显早于古河间地,海侵界面是不等时的,不同地点接受沉积的时间早晚差异较大,最大海侵面才是沉积层序中唯一的等时面[7,9]。海侵最盛时期,长江古河谷转变为以镇江、扬州为顶点的喇叭形河口湾,类似于今日之杭州湾[29]。然而,河口湾存在的时间是短暂的,很快即转化为三角洲,导致地层中保留下来的多为三角洲相层序[30]。

据沉积物的特征推测,本区最大海侵面(MFS)位于此段河口湾相地层中,以 C24 孔 37.40m 光滑蓝蛤的出现为标志,图 1 剖面线以东区域以有孔虫大量出现作为滨海相-浅海相环境标志,实质是海水向河口内搬运微体生物的结果。由于本文研究剖面中各孔少见海相微体生物,故暂确定其为河口湾相,其东的滨海-浅海相沉积与之为渐变关系。由此确定了最大海侵面后,其上则为高位体系域(HST),其下为低位体系域(LST)。

对黄桥期、金沙期和崇明期河口砂坝沉积相和沉积序列研究,清楚地显示等时线穿越了单元边界,已发现 7～6ka 即开始了三角洲进积作用[12]。这一时间范围与上述本区最大海侵发生在 7.1ka B P 后的判断一致。C23 孔标注的近岸边滩沉积的泥质沉积物应属于三角洲早期进积作用的产物。

2.4 三角洲相

当沉积速率超过海面上升速度,位于镇江、扬州一带的长江口在海侵期间已形成的河口砂坝雏形基础上继续沉积,发育三角洲。从海侵最盛时期至今,长江三角洲经历了 6 个主要发育阶段,自西向东依次形成红桥期、黄桥期、金沙期、海门期、崇明期、长兴期 6 期亚三角洲。本研究区即处于红桥期亚三角洲内。

海退过程中,由于潮汐作用,长江泥沙向北部运动;而北部江都地区为泥质岗地,近岸的泥、沙只能向南部移动,两者相遇后随着海退水流不断向下游扩散,使得三角洲相不断进积前展,同时由于长江河床不断摆动,以及受分支河道的影响,因此该地区红桥期三角洲主体岩性较均一,为稳定的河口砂坝,出现在B10孔—B09孔—B08孔所在区域,其南、北两侧的C23孔和C24孔同期地层则多见沿岸砂坝、汊河道亚相,局部夹低漫滩亚相,上覆地层为潮汐河道亚相或湖沼亚相。三角洲相与下伏的河口湾相多呈渐变接触,与上覆潮汐河道亚相界线较为明显。

河口砂坝主要为灰色、青灰色黏土质粉砂,粉—细砂,粒级向上略有变粗;发育水平纹层、微斜层理、波状层理;小型侵蚀接触界面常见,反映了海退期间水流周期性波动的边滩环境;同时见少量生物碎屑且局部较富集,显示浪基面附近的波浪搬运作用。图1中大桥镇以东约12km的浦头镇附近C45钻孔20.75m处,见广盐性有孔虫毕克卷转虫变种 *Ammonia beccarii* vars. (Lineé)及低盐有孔虫孔缝筛九字虫 *Cribrononion polisuturalis* Ho, Hu et Wang 各1个壳体,反映海退过程中研究区海相性程度较低,不像下游方向见丰富的海相微体生物[15]、海相性程度较高。C24孔32.5~40.0m段见由青灰色粉砂与棕灰色粉砂质黏土互层构成的低漫滩沉积,见非海相介形类弯曲玻璃玻璃介 *Candona (Candona) sinuosa* Yang, Hou et Huang 和布氏土星介 *Ilyocypris bradyi* Sars 壳体,成为缓流水环境;砂泥互层之间夹2m厚灰黄色含细砾中细砂层,表明曾楔入过汊道河流的补偿沉积,据上部31.6~31.8m段(3 774±175) a B P (KF0903037)(表1)及下部的年龄推算,该砂层大约形成于5ka,可能与中全新世期间的一次海面下降[31]相呼应。类似的沉积在B10孔、B09孔和B08孔均可以见到,并构成局部的砂质透镜体。

潮汐河道亚相主要由灰色粉砂质黏土夹粉砂组成,图1北侧岗地C63孔顶部也沉积了2m厚的青灰色粉砂,且在4.40m样品中见列式壳有孔虫强壮箭头虫 *Bolivina robusta* Brady 一个壳体,视为受强潮汐搬运所致。与此同时,局部也可见湖沼亚相,系由灰色、深灰色、灰黑色含粉砂淤泥质黏土组成,含少量植物碎屑,中下部多炭化,中上部则主要呈半炭化状,水平纹层发育,含少量双壳类、腹足类完整个体或碎片。湖沼亚相主要为海退后期漫滩湿地环境。依据C23孔11.00~11.07m段植物碎屑^{14}C年龄(2 146±44)a B P(KF0903016)(表1),推测潮汐河道亚相的底界为2.2ka B P前后。潮汐河道亚相形成早期,该地区可能为半开放的湖盆环境,这些湖盆可能互相连通构成较大湖盆;随着流域内人类活动的逐渐增强,密集的入江水道携带大量泥沙,北岸淤积速度加快,滩地日愈拓宽,湖盆也逐渐萎缩,地表调查发现现今仍残存少量面积不大的小型水域。夹江以北地区,钻孔顶部见1~2m厚洪泛沉积的灰黄色粉砂—黏土质粉砂层,如剖面线北端C63孔所见(图1),其南C23孔顶部呈极薄层状,该孔以南即夹江以南则未见,而是因靠近长江潜水位较高,现代地面表层为2~4m厚的湖沼沉积。

三角洲平原形成以后,巨大的沉积空间已不具备,强烈的水动力环境也不复存在,但局部性的新构造升降运动及微地形地貌的改变还在影响着河谷的均衡调整[18]。北岸三角洲平原地势平坦,入江水道密集,使得北岸淤积速度加快,三角洲不断前展[32]。北部高邮湖、邵伯湖水体经廖家沟和芒稻河入江河流,形成多期次小型砂质透镜体。南岸近邻大港圌山,在落潮流强大的冲刷力作用下,不断受到冲蚀,而北岸则不断淤积,加上人类活动不断向南推移,靠北岸的江中心滩逐步与北岸并陆。

3 全新世以来长江演化过程

长江的历史不超过更新世[4];长江三角洲沉积大都属于晚更新世和全新世,目前尚未发现早于更新世的水下三角洲[12,13];对长江三角洲南翼钻孔岩芯中的独居石年龄谱研究表明,长江东西贯通时间在早更新世早期,青藏高原隆升对东中国海沉积的影响当在贯通后,晚于高原隆升对南中国海沉积的影响[33],表明长江等中国大河是在晚上新世青藏高原隆起之后才形成[34]。

根据本次工作 102 个钻孔岩性组合和前人成果资料对长江河道的形成、演化进行的初步分析,认为对长江河道的确定需要更大区域尺度的研究。因此,本次工作对长江河道的变迁仅提出较粗浅的看法。

在测区西部的仪征、扬州、六合以及南部宁镇山脉,由于喜马拉雅运动而隆起,加之黄土高原强劲的西北季风源源不断地输送黄土粉尘,为测区提供了丰富的物源。

在图幅北部江都宜陵至泰州九龙镇一带存在一较大的早更新世古河道决口,古水流沿古曲流河道由北(里下河地区)向南东方向流入,途经工作区宜陵—吴桥—嘶马—口岸—泰兴等地出境,在谏壁镇—江都低岗内侧发育东西向或北东向、南北向和北西向短小支汊河道,沉积环境为河边滩-漫滩、河口砂坝、冲洪积-融冻沉积;中更新世古河道仍沿早更新世的古河道位置,古水流由北向南东方向出境,沉积环境为河边滩-漫滩-湖沼、洪积-融冰沉积。大桥—嘶马—口岸一线的钻孔中,在早—中更新世期间,多次融冻体和洪积物沿谏壁镇—圌山低山北坡的冲沟携带大量砂砾石在这一线堆积形成了一套洪积扇沉积体和融冻堆积体,砂砾石分选很差,砂砾石沉积厚度不等,最厚可达上百米,使山前盆地填平消失。晚更新世的古河道,是否与早—中更新世的古河道有关,只有在今后工作中去证明。在此期间的古水流仍由北向南东方向出境,沉积环境为洪冲积、河边滩-漫滩、河口砂坝、河湖、滨海沉积。更新世期间,其沉积环境与古长江河道无关。

进入全新世早期时,测区内的古地貌特征南部、西部和北部的低岗地区仍处在剥蚀区,古河道仍沿着晚更新世古河道发展,古河道主水流由北向南东途经吴桥—嘶马—口岸—泰兴一带。另外,大约在 11 000a 时,在西北部芒道河—小乾村—红桥—大桥—圌山东麓—扬中一带存在一条溪谷沿山前的古曲流河道和垂直低岗的短小支流河道由西北向南东注入,并在口岸一带与宜陵—吴桥—嘶马—口岸—泰兴古河道汇聚。

随着水流不断加大,携带的大量细粒沉积物不断沉积,使原古河道逐渐淤平,形成冲积平原和一些湖沼。沉积物以砂砾和细—粉砂为主,向上碳屑层增多。沉积环境以河床、边滩、漫滩、沼泽、河口砂坝。大约在全新世早期末,9 000a 左右,由于测区上游排水量增大,江水不断冲蚀谏壁—江都一带的更新世低岗地层,逐渐使邗江小乾村—江都芒道河一带的古河道加宽,水流携带大量泥沙不断输入,形成测区内最早以河流搬运为主的古长江三角洲沉积体系。在三角洲沉积体系中沉积物较粗,季节性的河道诸多,具有瞬间变化的特征。造成多次叠加的指状和蹼状砂坝,每次砂坝的形成都代表了不同时期长江古河口的位置。古长江主河道的水流方向由西向东和由北向南两条水系在口岸一带交汇。沉积环境以洪、河漫滩、边滩、河口湾、河口砂坝等沉积为主。

全新世中—晚期古长江河道基本形成。有关资料表明 2 000a 前,长江是在镇江、扬州附近入海,呈漏斗状河口湾。在河口处指状和蹼状砂坝明显,所谓"红桥期"砂体不断扩大,逐渐与岸相连。沉积环境以河床、牛轭湖、漫滩、边滩、河口砂坝、河口湾、三角洲、积水洼地和砂坝、湖沼、滨海等沉积为主,局部地区可能存在前三角洲朵体沉积。在口岸一带河、海混合交互沉积,形成以潮间和水下三角洲沉积为主的混合坪。在全新世晚期晚时(1 500～1 200 a),测区北部河道被冲洪积沉积物淤平形成洪泛平原,古长江河道才迁移到现今河道位置。

总之,全新世早期古河道由北向南,与古长江主河道无关联;全新世早期末长江古河道才打开,形成长江古河道雏形,当时的主河道分布在江都一带;全新世中期长江古河道加宽加大,古河道形成,当时古河道主要分布在邗江小乾村—大桥—嘶马—口岸一带,水流沿曲流河或辫状河由西向东入海。全新世晚期由于上游气候适宜,雨量加大,江水暴涨,漫江而流,多次发生洪涝灾害,除江南镇江谏壁镇一带的丘陵和江都、泰州一带为低岗以外,大部分地区形成洪泛平原沉积。

4 结论

(1)末次盛冰期由于全球性海面大幅度下降,长江三角洲镇江(大港)—江都河段同样形成了下切河谷。冰后期海平面上升引发的海侵过程,造成了古河谷的充填并依次形成河床相、河漫滩相、河口湾相,不同于研究区以东由于海水搬运大量海相微体生物而确定的滨海相-浅海相沉积,海退期间的进积作用形成三角洲相,晚期为潮汐河道亚相和湖沼亚相。

(2)晚更新世晚期的 MIS 3 阶段,下切古河谷被填平后曾溢出古河谷并继续对两侧河谷区充填,因此不能机械地将灰绿色硬黏土层之上的沉积物全部归为冰后期。古河谷中部,末次盛冰期与冰后期沉积物具有连续沉积的特征,证明古河谷区末次冰期并未使长江断流而成内流河,长江仍为入海河流。这为河流和河口三角洲对末次冰期和冰后期海平面变化的响应、涉及海陆相互作用的大格局提供了又一个例证。

(3)冰后期早期近源辫状河流沉积的河床相黄色调(含砾)砂层在该河段均有分布,可以作为标志层,其底板可作为划分末次盛冰期与冰后期的分界面。

(4)冰后期海侵旋回曾于9 ka B P 左右到达研究区河口位置,最大海侵发生于 7.0～6.5 ka B P,此时三角洲已开始发生进积作用,河口砂坝也同时开始形成。

(5)早更新世,北部存在一较大的古河道决口,古水流由北(里下河地区)向南东方向流入;中更新世期间,多次融冻体和洪积物携带大量砂砾石在南部山前沉积或堆积,使山前盆地填平消失;晚更新世的古水流仍由北向南东方向出境,沉积环境为洪冲积、河边滩-漫滩、河口砂坝、河湖、滨海沉积。更新世期间,其沉积环境与古长江河道几乎无关。

(6)全新世早期早时,长江古河道继承晚更新世古河道的发展,仍由北向南,与古长江主河道无关联;全新世早期末的 9 000 a 左右,长江古河道才打开,形成长江古河道雏形,当时的主河道分布在江都一带,沉积了一套以河流搬运为主的古长江三角洲沉积体系;全新世中期,古河道基本形成并逐步加宽,当时的古河道主要分布在邗江小乾村—大桥—嘶马—口岸一带,水流沿曲流河或辫状河由西向东入海;全新世晚期,北部河道被冲洪积沉积物淤平形成洪泛平原,古长江河道才迁移到现今位置。

参考文献

[1] 严镜海. 长江河口段水文特征、泥沙运动及河道演变[C] // 严钦尚,许世远,等. 长江三角洲现代沉积研究. 上海:华东师范大学出版社,1987

[2] 同济大学海洋地质系. 全新世长江三角洲的形成和发育[J]. 科学通报,1978,23(6):310-313

[3] 赵松龄. 长江三角洲地区的第四纪地质问题[J]. 海洋科学,1984(5):15-21

[4] 吴标云,李从先. 长江三角洲第四纪地质[M]. 北京:海洋出版社,1987

[5] 严钦尚,洪雪晴. 长江三角洲南部平原全新世海侵问题[C] // 严钦尚,许世远,等. 长江三角洲现代沉积研究. 上海:华东师范大学出版社,1987

[6] 李春初. 长江河口三角洲问题评述[J]. 地理学报,1991,46(1):115-121

[7] 李从先,张桂甲. 晚第四纪长江三角洲高分辨率层序地层学的初步研究[J]. 海洋地质与第四纪地质,1996,16(3):13-24

[8] 黄慧珍,唐保根,杨文达,等. 长江三角洲沉积地质学[M]. 北京:地质出版社,1996

[9] 李从先,陈庆强,范代读,等. 末次冰期以来长江三角洲地区的沉积相和古地理[J]. 古地理学报,1999,1(4):12-25

[10] Stanley D J,Chen Z,Song J. Inundation,sea-level rise and transition from Neolithic to Bronze Age cultures,Yangtze Delta,China[J]. Geoarchaeology,1999,14:15-26

[11] Chen Zhongyuan,Song Baoping,Wang Zhanghua,et al. Late Quaternary evolution of the subaqueous Yangtze River Delta,China:sedimentation,stratigtraphy,palynology,and deformation[J]. Marine Geology,2000,162:423-441

[12] Horie K,Saito Y,Zhao Quanghong,et al. Sediment facies and progradation rates of the Changjiang (Yangtze) Delta,China[J]. Geomophology,2001,41:233-248

[13] Li Congxian,Wang Ping,Sun Heping,et al. Late Quaternary incised-valley fill of the Yangtze delta (China):Its stratigraphic framework and evolution[J]. Sedimentary Geology,2002,152:133-158

[14] 王国庆,石学法,李从先. 长江三角洲晚第四纪沉积地质学研究述评[J]. 海洋地质与第四纪地质,2006,26(6):131-137

[15] 曹光杰,张学勤,熊万英. 冰后期长江河口段古河谷地层层序特征[J]. 地球科学与环境学报,2006,28(3):1-5

[16] 赵宝成,王张华,李晓. 长江三角洲南部平原古河谷充填沉积物特征及古地理意义[J]. 古地理学报,2007,9(2):217-316

[17] 李萍,陈刚. 长江三角洲顶部冰后期地层的沉积特征与划分[J]. 海洋通报,1983,2(4):66-71

[18] 陈希祥. 镇江-扬州长江河谷第四系沉积演变特征[J]. 地层学杂志,2001,25(1):51-54

[19] 王强,李从先. 中国东部沿海平原第四系层序类型[J]. 海洋地质与第四纪地质,2009,29(4):39-51

[20] Hanebuth T J J,Saito Y,Tanabe S,et al. Sea levels during late marine isotope stage 3 (or older?) reported from the Red River delta (northern Vietnam) and adjacent regions[J]. Quaternary International,2006,145-146:119-134

[21] 王强,张玉发,袁桂邦,等. MIS 3 阶段以来河北黄骅北部地区海侵与气候期的对比[J]. 第四纪研究,2008,28(1):79-85

[22] 邓兵,李从先,张经,等. 长江三角洲古土壤发育与晚更新世末海平面变化的耦合关系[J]. 第四纪研究,2004,24(2):222-230

[23] 王强,李彩光,田国强,等. 7.1Ma 以来运城盆地表系统巨变与盐湖形成的构造学背景[J]. 中国科

学(D辑),2000,30(4):420-428

[24]陈报章,李从先,业治铮.长江三角洲北翼全新统底界和"硬黏土层"的讨论[J].海洋地质与第四纪地质,1991,11(2):37-46

[25]李从先,张桂甲.末次冰期时存在入海的长江吗?[J].地理学报,1995,50(5):459-463

[26]龙云作.珠江三角洲沉积地质学[M].北京:地质出版社,1997

[27]魏乃颐,杨献忠,于俊杰,等.长江三角洲顶部冰后期地层的沉积特征[J].资源调查与环境,2010,31(2):79-86

[28]沈明洁,谢志仁,朱诚.中国东部全新世以来海面波动特征探讨[J].地球科学进展,2002,17(6):886-894

[29]李从先,王靖泰,许世远,等.全新世长江三角洲地区的海进海退层序[J].地质科学,1980(4):323-330

[30]Russell R J. Origin of estuaries [M] // Lauff G A(ed.), Washington, D. C: American Association Advance Science,1967

[31]杨达源.论中全新世的一次海面下落[J].黄渤海海洋,1988,6(1):24-30

[32]潘凤英.试论全新世以来江苏平原地貌的变迁[J].南京师院学报(自然科学版),1979(1):8-15

[33]范代读,李从先,Yokoyama K,等.长江三角洲晚新生代地层独居石年龄谱与长江贯通时间研究[J].中国科学(D辑地球科学),2004,34(11):1 015-1 022

[34]汪品先.新生代亚洲形变与海陆相互作用[J].地球科学——中国地质大学学报,2005,30(1):1-18

西武夷山地区变质地层的划分与构造环境研究[①]

张建梅 吴富江 王迪文 张芳荣

(江西省地质调查研究院)

[摘 要] 西武夷山地区大致以鹰潭-宜黄-安远断裂为界,东侧为武夷地层分区、西侧为湘桂赣地层分区。武夷地层分区变质地层划分为古元古代天井坪岩组,中新元古代周潭岩组,青白口纪、南华纪、震旦纪和寒武纪地层,为一套中深变质岩系。湘桂赣地层分区出露地层有中新元古代神山组、潭头群(库里组、上施组)、下坊组、沙坝黄组、坝里组、老虎塘组,及早古生代牛角河组和高滩组,为浅变质岩系。本文在1:25万抚州市幅、广昌县幅矿产调查评价工作的基础上,进一步对西武夷山地区变质地层进行了划分与对比,并对其构造环境进行探讨。

[关键词] 武夷山 变质地层 划分对比 构造环境

西武夷山地区地处南华造山带之湘桂赣-武夷褶皱带内,经历了多次构造运动,地质构造极为复杂,变质地层发育较齐全,地层岩性变化多样,是江西与福建变质地层对比的关键地区。本文在1:25万抚州市幅、广昌县幅矿产调查评价工作的基础上,进一步对西武夷山地区变质地层进行划分与对比,并对其构造环境进行探讨。

1 变质地层的划分与对比

西武夷山地区大致以鹰潭-宜黄-安远断裂为界,东侧为武夷地层分区,西侧为湘桂赣地层分区[1]。变质地层在西武夷山地区划分为古元古代天井坪岩组、中新元古代周潭岩组、青白口纪、南华纪、震旦纪和寒武纪地层。武夷地层分区出露地层有古元古代天井坪岩组,中新元古代周潭岩组、万源岩组、洪山组、外管坑组。湘桂赣地层分区出露地层有中新元古代神山组、潭头群(库里组、上施组)、下坊组、沙坝黄组、坝里组、老虎塘组,及早古生代牛角河组和高滩组[2,3]。

现代地层学中,岩石地层对比是岩石特征及地层层位对比。在岩石特征方面,湘桂赣地层分区均以泥砂质碎屑岩为主,变质较浅,易与邻省区对比;而武夷地层分区多属中深变质岩系,原岩面貌不清,与浅变质岩系对比则存在一定困难。在考虑大地构造区划的前提下,将本区与邻区作区域地层对比(表1)。

[①] 中国地质调查局地质矿产调查评价项目:江西1:25万抚州市、广昌县幅区调修测,项目编号为:200613000015。
第一作者简介:张建梅,女,1963年生,地质矿产工程师,从事区域地质调查综合研究与普查找矿工作。

表 1 西武夷山地区前寒武地层划分与邻区对比一览表

年代地层		地层分区	赣中南（江西省地矿局,1997）		1:25万南昌市、上饶市幅区调（2002）	1:25万邵武市幅区调（2005）	1:25万瑞金市幅区调（2002）	北武夷地层小区（本文,2006）	1:25万抚州市幅、广昌县幅（本文,2008）	
早古生代	寒武纪		水石组		外管坑组	东坑口组		外管坑组	高滩组	高滩组
			高滩组			林田组	牛角河组		牛角河组	牛角河组
			牛角河组							
新元古代	震旦纪		老虎塘组		洪山组	西溪组 / 下峰组	三溪寨组	盖洋群	三溪寨组	老虎塘组
			坝里组				楼前组		楼前组	坝里组
	南华纪		大沙江组	沙坝黄组		黄潭组			洪山组	下坊组 沙坝黄组
			下坊组			宝山组				
			古家组							
	青白口纪	潭头群	上施组		万源岩组	麻源岩群	南山组	万源岩组	上施组	
			库里组						库里组	
			神山组						神山组	
中元古代	蓟县纪		浒岭组		周潭岩组		大金山组	周潭岩组		
							桃溪岩组			
古元古代						天井坪组		天井坪组		

1.1 武夷地层分区

天井坪岩组[4]是西武夷山地区出露的最老地层,主要分布于武夷地层分区,西武夷山地区中东部黎川樟村—德胜关一带,向南西方向延入建宁客坊—黄坊一带,天井坪岩组由变粒岩岩段和片岩岩段组成,变粒岩岩段主要岩性为黑云二长变粒岩、黑云斜长变粒岩夹浅粒岩、二云片岩,原岩为中酸性火山岩夹砂泥质岩。片岩岩段主要岩性为矽线二云石英片岩、二云片岩、石英岩夹黑云斜长(二长)变粒岩,原岩为砂泥质岩夹火山岩。与上覆周潭岩组呈断层接触。根据建宁伊家湾斜长角闪岩的 Sm-Nd 等时线年龄[(2 682±148)Ma],又据广州地球化学研究所李献华[5](1998)研究资料 1 766Ma,1:25万抚州市幅、广昌县幅采用李献华的研究资料 1 766Ma 年龄值,但也结合原福建省资料,将天井坪岩组划归为古元古代。它们是卷入加里东造山带根部的结晶基底岩块。结合邻区1:25万瑞金市幅(2002)资料,桃溪岩组的岩石组合、变形变质特征与天井坪岩组基本一致,认为古元古代时期武夷地区为统一陆块(华夏古陆)。

以其地层层位及岩性组合特征大致可以与闽西南的桃溪岩组对比(1:25万瑞金市幅区调,2002),与1:25万邵武市幅区调(2002)中的天井坪岩组的定义完全一致,可以对比。

周潭岩组分布较局限,仅在临川河埠局部出露,分布于武夷山西坡的石城小松、大湖山、建宁客坊、建宁北一带。岩性组合为黑云斜长片麻岩、石榴黑云斜长片麻岩、矽线黑云二长片麻岩、斜长变粒岩、(二云)石英片岩、斜长角闪岩、阳起石片岩等,含一套中—基性火山岩系。周潭岩组在西武夷山地区内较之宜黄断裂以西同套地层的变质变形程度强烈,出现有大量的角闪石、石榴石类变质矿物;岩石变质分异显著,可见大量的混合岩化长英质脉体。区域变质作用总体已达到角闪岩相。周潭岩组构造变形以韧性剪切变形为主[6];以强应变带和弱应变域相间的构造格局以及由韧性剪切带交织而成的网络状构造样式为其基本特征;各种岩石如片岩类、片麻岩类均可发生糜棱岩化韧性剪切变形;早期糜棱面理被后期的韧性剪切带切割和被构造叠加而呈钩状褶皱的现象亦可常见。周潭岩组下未见底,上与青白口系在构造上呈平行接触。前人在本区开展了较多的1:5万大比例尺的填图工作,取得了一大批年龄资料。1:5万棠阴幅、二都幅对周潭岩组变基性火山岩进行的锆石^{207}Pb/^{206}Pb同位素蒸发测年为1 275 Ma;1:5万瑶圩幅周潭岩组斜长角闪岩Sm-Nd等时线年龄为(1 199±26)Ma。故此,将西武夷山地区周潭岩组置于中—新元古代较为适宜。以上从岩性组合特征、变形变质特征及同位素年龄值等各方面均可以与闽北的麻源岩群的大金山组及南山组的下部(1:25万邵武市幅区调,2002)相对比。

1.2 湘桂赣地层分区

神山组在西武夷山地区分布较为局限,主要在西武夷山地区的南西隅永丰古县及乐安县城西侧有局部出露。岩性组合为变余含硅质、凝灰质绢云母板岩,变质凝灰质黑云母千枚岩和灰黑色绢云千枚岩,夹变余沉凝灰岩及数层石英角斑岩和变细碧岩。是湘桂赣地层分区中的最老地层。本组岩石素以"黑神山"著称。神山组中微古植物较丰富[7],有 *Leiofusa navicula-ta*, *Trachysphaeridium dengringense*, *Micrchystridium* sp., *Lamiarites* sp.等为本组首次出现分子,区域上见于皖、苏青白口纪地层或淮河群中。本组归于新元古代,从时代上可与福建省的麻源岩群大金山组(1:25万邵武市幅区调,2005)对比,并大致可与1:25万南昌市幅、上饶市幅区调(2002)划分的赣东部武夷地层分区周潭岩组对比。

万源岩组出露较广,岩性以变粒岩为主夹二云片岩或石英片岩,石榴二云母片岩夹厚层状变粒岩、变细屑沉凝灰岩、角闪岩。宜黄断裂附近的局部地段岩性组合为千枚岩夹变余粉砂岩、变余细屑沉凝灰岩、变余凝灰质粉砂岩,或千枚岩与变余砂岩互层。万源岩组在图幅中部偏西,变质程度较浅,属低级变质;东部近武夷山处变质较深,达中级变质。通过详细的填图和剖面研究,发现西武夷山地区万源岩组下部发育大量的变细屑沉凝灰岩、变凝灰质砂岩层,石榴角闪斜长变粒岩透镜体,经原岩恢复亦为凝灰质砂岩,属一套火山碎屑建造,可大致与赣中地区潭头群库里组对比(图1);与福建省的麻源岩群南山组(1:25万邵武市幅区调,2005)对比。同时与北邻区1:25万南昌市幅、上饶市幅区调(2002)的万源岩组定义完全一致,可进行对比。

洪山组主要在武夷山西坡之宁都固厚、广昌驿前、长桥、头陂、石城东华山、明溪下放车等地出露,呈北东向串珠状露布。洪山组岩性以片岩为主,有二云斜长片岩、云母片岩、石墨片岩夹变粒岩、片麻岩、透闪大理岩及磁铁石英岩。在武夷地层分区之宜黄县南源乡严坑剖面洪山组石墨石英岩中发育少量的微古植物化石,其组合特征为以小型光面小球藻、紧密光球藻、三角藻、短锥形藻出现频率较高,微刺藻、单刺藻、单刺有芽球、滴状有芽球藻、短棒形藻、古颤藻、厚带藻、瘤面球形藻、规则肾形藻、八面体藻、鞭形角片藻、卵形藻很少,另外还发现个别似几丁虫[7],它们在浙、赣、皖南地区震旦系的微古植物组合中都有出现。同时,从区域岩石组合对比发现,洪山组中的石墨层与湘桂赣地层分区的寒武系之碳质层(石煤层)可对比,但于寒武纪地层的碳质岩层中采获有海绵骨针 *Protospongia* sp.,属早寒武世分子,因此,外管坑组时代由

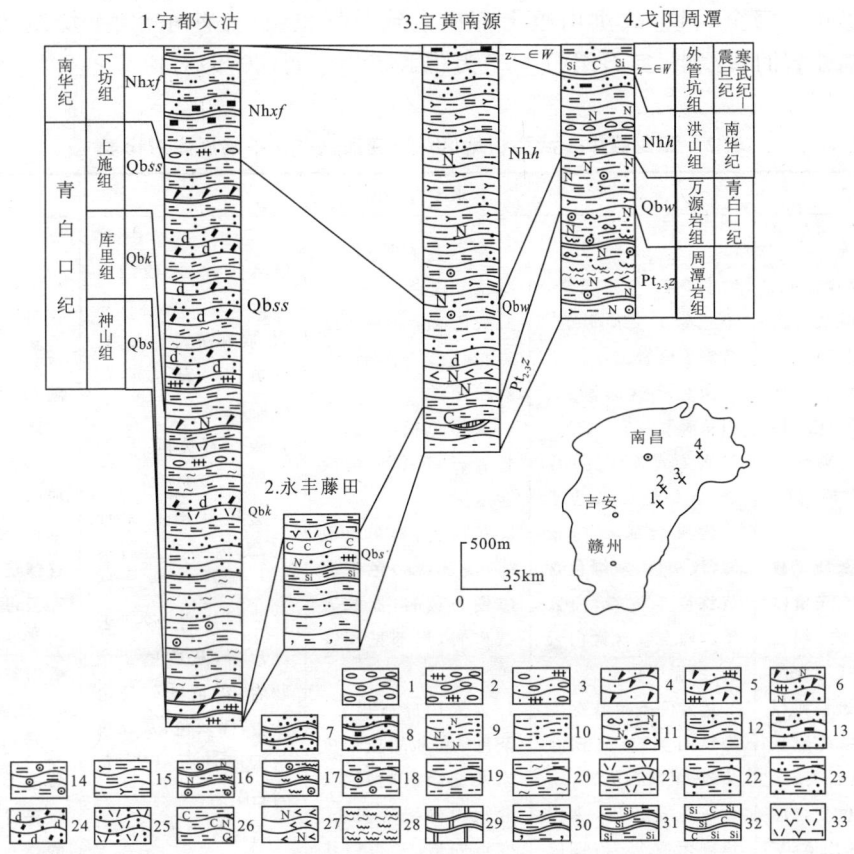

图 1 西武夷山地区变质岩地层划分柱状对比图

1.变质单成分砾岩；2.变质复成分砾岩；3.变质复成分砂砾岩；4.变质岩屑砂岩；5.变余岩屑砂岩；6.变余长石(石英)岩屑杂砂岩；7.变余石英砂岩；8.磁铁石英岩；9.黑云斜长变粒岩；10.黑云变粒岩；11.条带状含石榴石黑云斜长变粒岩；12.二云英片岩；13.石墨石英片岩；14.(含石榴石)二云母片岩；15.(含矽线石)二云母片岩；16.(含石榴石)黑云斜长片片麻岩；17.条痕状石榴石片麻岩；18.条痕状混合岩；19.(含砂质)凝灰质绢云千枚岩；20.(含石榴石)绢云千枚岩；21.二云母千枚岩；22.绿泥绢云母千枚岩；23.流纹质二云母千枚岩；24.石英绢云母片岩；25.含碳绢云母千枚岩；26.细屑(粉屑)沉凝灰岩；27.变质凝灰岩；28.斜长角闪岩；29.变细碧角斑岩；30.大理岩；31.(斑点)绢云母板岩；32.硅质绢云母板岩；33.含碳含硅板岩

西向东有穿时现象，应属震旦纪—寒武纪。北武夷山地区为绢云片岩、大理岩、石英片岩组成互层，下夹变质砾岩1层，上夹含黄铁矿石英岩。金溪东岗山地区以片岩、石英岩为主，中夹磁铁石英岩1层，以及矽卡大理岩若干层。再往南西到宜黄县黄店为片岩、变质粉砂岩夹石英岩、大理岩，并夹含3层条带状磁铁矿。本组含铁岩系的原岩应为泥质、粉砂质及硅质岩夹碳酸盐岩，属浅海环境。本组以赋含磁铁矿为特征，江西省内习称"洪山铁矿"。该铁矿所在层位以往多认为与武功山区南华纪之"下坊铁矿"(新余式铁矿)所在的下坊组对比。从本组柱状图可知，其中含有1层变质砾岩，按岩性、层位包括其间的变粒岩、片岩，应与南沱期对比，属上冰期的产物。而铁矿层之上，层位与东南地层区湘桂赣地层分区的早震旦世坝里组相当，故此"洪山铁矿"应归于南华纪—早震旦世为宜。洪山组顶部为1:25万抚州市幅、广昌县幅工作建立起的自下而上由磁铁石英岩、大理岩、石英岩(原岩硅质岩)、石墨石英(片)岩组成的标志层组合,与江西省典型地区萍乡地区、新余地区、吉水地区、东岗山地区、洪山地区等铁矿组合及矿石类型几乎完全一致,故洪山组上部应大致与坝里组、大沙东组、下坊组、古家组对比(表2),与福建省的黄潭组、宝石组(1∶25万邵武市幅区调,2005)对比。

表2 江西赣中—武夷山地区沉积变质铁矿含铁层层序对比表

萍乡*	新余*	永丰—兴国	宜黄	弋阳洪山*
4.深灰色变含冰砾、火山角砾沉凝灰岩。 3.灰绿色、浅灰色、灰黑色绢云母板岩,变含碳凝灰质(粉)砂岩,灰质板岩夹含锰白云质灰岩或锰矿层。 2.深灰色凝灰质千枚岩,含菱铁矿或黄铁矿绢云千板岩、绢云绿泥千枚岩或绿泥绢云千枚岩夹磁铁矿绿泥千枚岩,绿泥磁铁石英岩,磁铁石英岩。 1.浅灰(绿)色变含冰砾火山角砾沉凝灰岩、凝灰质板岩	5.灰(白)色硅质岩、千枚岩夹变质砂岩,含碳千枚岩。 4.灰色变含冰砾、火山角砾凝灰岩。 3.次石墨(石英)片岩,含碳质凝灰质千枚岩夹含碳质白云质大理岩或含锰白云岩,绿泥千枚岩。 2.灰黑色条带状绿泥磁铁石英岩、磁铁石英岩、镜铁石英岩。 1.灰色含冰砾、火山角砾沉凝灰岩,夹薄层中、基性熔岩	5.灰白色石英岩、灰绿色千枚岩。 4.灰变余凝灰质砂岩、变余含砾砂岩、不等粒砂岩。 3.灰黑色板岩、碳质板岩、透镜状灰岩或含锰灰岩。 2.灰绿色、青灰色板岩、浅灰(绿)色绿泥磁铁石英岩,赤铁磁铁矿岩,局部见菱铁矿。 1.含火山碎屑板岩、杂色条带板岩或千枚岩及变余沉凝灰岩、含火山弹沉凝灰岩、变英安岩、变杏仁状玄武岩、变火山角砾岩	5.云母片岩、矽线石榴云母片岩夹石英片岩,底部灰黑色石墨、石英(片)岩、灰白色硅质岩。 4.矽线石英岩砾岩、石英片岩、变余砂岩。 3.透镜状滑石大理岩,其内夹薄层石英。 2.云母片岩、矽线云母片岩,灰白色变余砂岩,含黄铁矿变余砂岩,深灰色、灰绿色角闪磁铁石英岩,角闪石英岩。 1.云母片岩夹薄层变粒岩,局部见变酸性熔岩夹层	4.灰白色、深灰色石英岩,硅质岩夹硅质板岩,含碳板岩,含碳粉砂质板岩及凝灰质岩。 3.深灰色含砾凝灰质砂岩,灰黑色次石墨片岩、碳质板岩含锰灰岩。 2.云母石英片岩,含磁铁云母片岩夹磁铁石英岩、条带状磁铁(镜铁)石英岩。 1.灰色、深灰色、灰紫色千枚岩,片状沉凝灰岩,变流纹状中酸性火山角砾凝灰岩

* 资料来源于《江西省铁矿地质特征、分布规律与找矿方向》,江西地质科学研究所,1980。

外管坑组分布于西武夷山地区北东部及中部,与洪山组紧密相伴,一般构成区域复杂向斜的轴部地层。主要分布于宜黄棠阴、梨溪、南城芙蓉山、金溪嵩市一带。岩性为含碳硅质板岩,含碳(石墨)黑云石英片岩、矽线石(石墨)二云石英片岩。该组地层变形较洪山组稍弱些,变质程度亦达到了角闪岩相。另外,在区域变质作用的基础上尚叠加了混合岩化变质作用。该组地层的主要特征是普遍含有石墨类变质矿物,故在地质填图中以此作为标志来进行层序划分。可与北武夷的下峰组、西溪组、林田组(1∶25万邵武市幅,2005)进行区域对比,也可与南武夷的楼前组、三溪寨组、林田组(1∶25万瑞金市幅,2002)进行地质时代上的区域对比。

潭头群分库里组、上施组,主要分布于西武夷山地区西部。库里组岩性组合为凝灰质板岩、千枚岩、沉凝灰岩夹酸性熔岩、凝灰质砂岩、粉砂岩、绢云板岩。在永丰潭头的库里组底部发育一套含砾碎屑岩,与下伏神山组分属不同的沉积旋回,是构成基底褶皱背斜核部的主要地层。上施组岩性下部为绢云千枚岩、凝灰质绢云千枚岩、粉砂质绢云千枚岩互层,夹条带状变余细粒岩屑杂砂岩;上部为绢云千枚岩与粉砂质绢云千枚岩互层,或互为夹层,夹凝灰质绢云千枚岩,偶夹变沉凝灰岩。库里组、上施组可与福建省的麻源岩群的南山组(1∶25万邵武市幅区调,2005)对比。

下坊组、沙坝黄组为同时异相的地层,两者的相变界线位于鹰潭-宜黄-安远断裂附近。西侧出露下坊组,东侧出露沙坝黄组(出露于广昌县幅)。下坊组出露于西武夷山地区西部潭丘一带,属杨家桥群。岩性为变余沉凝灰岩、变余砂岩与板岩、绢云母千枚岩、磁铁石英岩,间夹变火山岩。沙坝黄组岩性为变余砾岩、变余砂砾岩、变余含砾不等粒杂砂岩、变余粉砂岩、绢云板岩。下坊组可与武夷地层分区洪山组对比,该组为一套岩石组分较复杂的硅铁质建造。岩石组合中除条带状磁铁石英岩等铁矿层外,下部为变质石英砂岩、石英岩;上部主要为硅铁质千枚岩至绢云千枚岩。顶部因相变而缺失大沙江组,致使下坊组直接与坝里组整合接触。同时可与闽西盖洋群的楼前组(1∶25万瑞金市幅,2002)进行区域对比。

在1∶25万抚州市幅、广昌县幅调查过程中对区内下坊组及洪山组铁矿层作了专门调查。铁矿层层序对比结果如表2所示。

沙坝黄组地处湘桂赣地层分区与武夷地层分区的过渡地带,仅分布于西武夷山地区的广昌县幅内。沙坝黄组以含砾砂岩或砂砾岩为特征。该组仅见于赣南地区,本区分布于瑞金大柏地一带。处于湘桂赣地层分区与在瑞金大柏地剖面中底部及顶部各见一套砾岩层,中部夹有多层含磁铁千枚岩。与上覆坝里组呈整合接触。按地层位置应与赣西杨家桥群对比,亦可与西武夷山地区湘桂赣地层分区的下坊组(包括古家组及大沙江组)进行对比,与下坊组属同时异相产物。同时可与闽西盖洋群的楼前组(1∶25万瑞金市幅,2002)进行区域对比。

坝里组仅分布于广昌县及于永丰白石坑、王竹—兴国黄泥塘一带,岩性为变余长石石英砂岩、凝灰质砂岩、粉砂岩、沉凝灰岩或砂质板岩、千枚岩等组成韵律互层,覆于下坊组或沙坝黄组之上,可与闽西的盖洋群的楼前组(1∶25万瑞金市幅,2002)进行区域对比。

老虎塘组出露于过渡地带的瑞金大柏地,西武夷山地区仅分布于1∶25万广昌县幅内。区域上分布于赣中南广大地区。以灰白色、浅灰色硅质岩为特征,是在1∶25万抚州市幅、广昌县幅研究过程中用于区域对比及地质填图的标志层。可与北武夷的西溪组、下峰组(1∶25万邵武市幅,2005)进行区域对比,也可与北武夷盖洋群[8]的楼前组(1∶25万瑞金市幅,2002)进行区域对比。

寒武纪地层主要出露了八村群之牛角河组和高滩组。仅分布于1∶25万广昌县幅内,出露于过渡地带的瑞金大柏地一带。区域上分布于赣中南广大地区。牛角河组以高碳质板岩(或石煤)、硅质板岩、粉砂质板岩及变质砂岩组成的砂板岩互层。本组下部常夹一套含碳硅质岩、碳硅质板岩,习称"黑硅"。本组以含碳夹"黑硅"为标志层,1∶25万抚州市幅、广昌县幅以此作为区域对比标志。高滩组以变余长石石英砂岩为主,夹千枚岩及粉砂岩等,底部夹1层不稳定的含砾砂岩。牛角河组和高滩组可与闽西地区的林田组、东坑口组(1∶25万邵武市幅,2005)进行区域对比,也可与盖洋群的三溪寨组(1∶25万瑞金市幅,2002)进行区域对比。

青白口纪—寒武纪的浅变质岩,依据神山组黑色千枚岩和南华系—震旦系中的三大标志层(硅、铁、砾),可确切划分对比[9]。值得一提的是,硅铁质建造由西而东层位有所抬高,即西部新余杨家桥附近分布于下坊组中部,东延至本区则分布于下坊组上部(或顶部),且由赤铁矿、磁铁矿递增变为硫铁矿,并出现磷块岩薄层、石墨(煤)层和大理岩层,显示向还原环境递变。这些地层中下部有较多的细碧质、角斑质海相火山物质。

2 变质地层及变形、变质作用特征

2.1 变质岩特征

西武夷山地区变质岩以区域变质岩为主,次为接触变质岩、动力变质岩。

区域变质岩是西武夷山地区分布最广的一类变质岩,根据其构造分区,以宜黄断裂为界,可划分东、西两区,东区为武夷地层分区,西区为湘桂赣地层分区。在西武夷山地区西部是一套保留有斜层理、槽模、粒序层、沉积韵律等沉积岩特征的浅变质岩系,变质程度较低。在强烈的构造运动作用下,普遍遭受了区域动力变质作用,形成了板岩类、千枚岩类、变余碎屑岩类、变粒岩类、变余火山碎屑岩类等岩石组合类型。其中以板岩、千枚岩类及变碎屑岩类分布最为广泛。而西武夷山地区东部为一套中深变质岩系,主要岩性有片岩、变粒岩、片麻岩。

2.2 变形及变质作用特征

西武夷山地区从西向东构造环境逐渐由加里东褶皱造山带的边部过渡到下部(或根部),故湘桂赣地层分区与武夷地层分区变质岩的变形变质作用特征存在一定差异。西武夷山地区变质岩经历了吕梁运动以来的历次构造运动,变形变质作用复杂多样,不同的构造演化阶段具有不同的特点。

吕梁期变质岩由天井坪岩组构成,基底变形的主要构造样式为面状的韧性剪切变形,其特点为顺层剪切,岩石沿面理、片理发生韧性剪切变形作用。产生一系列顺层掩卧、平卧褶皱,紧闭相似褶皱,片内无根褶皱等复杂褶皱样式,流劈理、大型糜棱面理发育,同时顺面理有大量的长英质脉体发育,致使变质岩系变为呈层状无序地层。该变形作用仅发育于武夷地层分区,湘桂赣地层分区不发育。由于压力和温度的升高,岩石普遍发生了区域变质作用。根据变质矿物组合,变质相达低角闪岩相,属中深变质岩系[10]。同时变质分异的长英质流体沿片理贯入,形成长英质或石英质脉体。

四堡期—晋宁期变质岩主要由中、新元古代武夷地层分区的周潭岩组和湘桂赣地层分区的神山组构成。区内神山组属浅变质岩系,而周潭岩组则属中深变质岩系,二者存在明显的差异,表明四堡期与晋宁期变形变质存在差异。四堡期武夷地层分区的周潭岩组韧性剪切变形强烈,发育石英脉体。变质分异作用明显,在露头上可见剪切变形小褶皱,局部可见多期韧性剪切形成的石英脉体相互穿插。变质相为高绿片岩-低角闪岩相,变质作用类型为中温、中压型区域动热变质作用,属浅—中深变质岩系的过渡类型。晋宁期在湘桂赣地层分区和武夷地层分区均表现为韧性剪切变形,但变质分异作用不强,可见露头尺度上的剪切小褶皱。属区域低温动力变质作用,变质相为低绿片岩-高绿片岩相,属浅变质岩系[10]。

加里东期以弹性变形及韧脆性剪切变形为主的形变构造形迹,先后形成北东向和北西向褶皱,发育轴面劈理、折劈理。在湘桂赣地层分区,发育低绿片岩相-高绿片岩相区域动力递进变质作用,属浅变质岩系。而在东部的武夷地层分区,由于该变质带处于加里东造山带下部,构成北北东向的大型复式背斜和复式花岗岩带。伴随着加里东期的造山作用,晚奥陶世付坊超单元及早志留世酸性岩浆在造山带核部大量涌出,在西武夷山地区北东部武夷地层分区之付坊一带侵位,形成热接触变质岩及"边缘混合岩",表现为低角闪岩相和高绿片岩相。这些混合岩带与变质作用同步,由湘桂赣带向南东武夷带方向增强[11]。断裂发育,变质作用复杂而极不均匀。在岩体周围其变质作用是在广泛区域低温动力变质的基础上又叠加了区域动力热流变质,形成了渐进变质带。动力热流渐进变质形成的中深变质岩与区域低温动力变质形成的浅变质岩交错穿插。同时由于北北东向、北东向、北西向的断裂韧性剪切作用,西武夷山地区发育了许多低角度的正断层以及韧脆性剪切带。在剪切带内,岩石发生了动力变质变形作用,在强变形带内表现为剪切糜棱面理,它们明显地切割或置换早期形成的千枚理,以绿片岩相为主,少量属低角闪岩相。此类变质作用两地层区均可见及。

加里东运动之后,西武夷山地区已形成了统一的地质块体,两侧地块变形变质特征一致,表现为印支-燕山期的伸展造山(造盆)、断裂作用、推滑覆构造。其中武夷山地区推滑覆构造的西坡向北西方向推滑,东坡向南东方向推滑[12]。白垩纪红盆地也以武夷山为界,武夷山西坡白垩纪盆地逐渐向北西迁移,东坡白垩纪盆地则不断向南东方向迁移。燕山期西武夷山地区岩浆大规模侵位,使围岩发生接触变质作用。变质作用多属低角闪岩相和绿片岩相。

3 形成的大地构造环境对比

3.1 吕梁期大地构造分析

吕梁期天井坪岩组的原岩包括火山岩类、火山碎屑沉积岩类和正常沉积岩类。火山岩类为基性和中酸性火山岩。火山碎屑沉积岩相当于凝灰质砂岩。正常沉积岩类包括长石砂岩、泥质砂岩和泥岩。各种砂岩属浊流沉积的杂砂岩类或含火山物质的杂砂岩类。

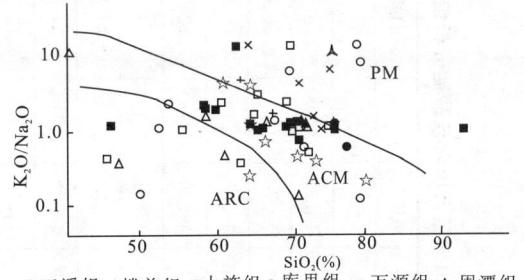

图 2 $K_2O/Na_2O - SiO_2$ 双变量图解
ACM. 活动陆缘;ARC. 大陆岛弧;PM. 被动陆缘

周潭岩组基性火山岩类岩石化学成分(表3)分类属岛弧拉斑玄武岩或拉斑玄武岩,微量元素 $Y/Nb>1$,属拉斑玄武岩系列。在 $SiO_2 - K_2O/Na_2O$ 双变量图解上(图2),大部分投影于大陆岛弧和活动陆缘区及其附近。岩石化学及其比值的平均值与大陆岛弧和活动边缘特征相近。稀土元特征与大陆岛弧和活动边缘特征相似。天井坪岩组原岩为火山复理石建造,表明形成的构造环境为古岛弧-弧前盆地的早阶段。

3.2 四堡期—晋宁期大地构造环境分析

中元古代周潭组原岩砂泥质岩的化学成分在 $SiO_2 - K_2O/Na_2O$ 双变量图解上(图2),大部分投影于活动大陆边缘,少数投影于活动陆缘与大洋岛弧的过渡带。微量元素(表4至表5)Th-Co-Zr/10 图解(图3)投影于大洋岛弧与大陆岛弧重叠区域,表明形成的构造环境为广海。周潭组片麻岩和片岩的稀土总量总体为富轻稀土型,轻稀土元素分馏程度高,重稀土元素分馏较差。δEu 多大于 0.7,稀土配分曲线向右倾斜,铕亏损不明显,变质岩源区具有岛弧的特征;新元古代原岩砂泥质岩的化学成分在 $SiO_2 - K_2O/Na_2O$ 图解上(图2),神山组、万源岩组均投影于活动大陆边缘,库里组、上施组投影点相对较分散,3 个区内均有投点落入,多数投影于被动

表 3 西武夷山地区火山岩硅酸盐分析结果一览表 (%)

序号	样号	层位	岩石名称	SiO_2	TiO_2	Al_2O_3	Fe_2O_3	FeO	MnO	MgO	CaO	Na_2O	K_2O	P_2O_5	LOI
1	64-921-1	Z_1lq	变质流纹岩	70.32	0.36	14.42	1.77	1.56	0.06	0.86	1.37	3.93	4.10	0.11	0.75
2	64-1481-6	Z_1lq	变质流纹岩	68.57	0.47	14.93	2.10	1.56	0.07	1.01	0.88	3.32	4.60	0.46	1.60
3	64-922-1	Z_1lq	变质凝灰岩	30.22	0.22	10.70	0.88	0.60	0.03	0.23	1.01	4.18	1.42	0.05	0.38
4	yQ5-15	Z_2s	变质玻屑凝灰岩	68.20	0F.45	14.25	1.76	1.10	0.04	0.89	0.73	2.30	7.52	0.07	1.53
5	yQ5-01	Z_2s	变质沉凝灰岩	76.51	0.52	11.20	0.75	3.72	0.06	1.45	0.83	2.23	2.90	0.18	1.21
6	yQ3133-1	Z_2s	变质熔结凝灰岩	63.53	0.74	16.31	4.11	0.98	0.09	1.95	1.81	5.82	3.01	0.15	—
7	yQ3139-1	Z_2s	变质晶屑玻屑凝灰岩	71.58	0.40	14.34	2.12	0.66	—	0.70	0.74	5.24	2.50	0.03	—
8	H111-7	$Pt_{2-3}z$	变玄武安山岩	52.89	2.21	15.01	3.18	8.54	0.21	3.17	7.87	1.40	1.19	0.58	—
9	H111-3	$Pt_{2-3}z$	变玄武安山岩	52.89	2.19	14.58	2.01	9.42	0.18	3.49	5.34	2.75	1.55	0.58	—
10	Pt4001-3	Pt_1t	角闪斜长片岩	47.60	2.60	16.38	3.03	8.75	0.11	6.1	7.39	3.31	1.72	0.35	2.01
11	Zh13-2	$Pt_{2-3}z$	斜长角闪岩	50.22	1.49	14.92	1.04	9.30	0.16	7.6	7.98	3.16	0.85	0.22	—
12	G35-1	$Pt_{2-3}z$	变酸性火山岩	63.20	0.88	16.55	0.78	5.18	0.15	2.68	1.08	2.24	3.43	0.22	—
13	G24-1	$Pt_{2-3}z$	变酸性火山岩	67.21	0.76	14.00	0.23	4.82	0.15	2.52	2.61	2.81	2.61	0.18	—
14	H112-3	$Pt_{2-3}z$	变质安山岩	71.32	0.60	11.82	0.99	3.42	0.15	1.65	1.36	1.25	4.73	0.14	—
15	G15-2	$Pt_{2-3}z$	变质酸性火山岩	70.73	0.69	12.72	0.28	3.85	0.13	2.20	2.53	2.77	1.78	0.14	—
16	YX-YQ-43	Qbk	变质沉凝灰岩	68.06	0.50	14.54	4.38	—	0.1	1.02	0.83	4.43	3.57	0.12	2.46
17	YX-YQ-44	Qbw	变质凝灰岩	69.05	0.52	10.30	1.67	2.28	0.08	1.24	1.00	3.88	3.65	0.23	1.48
18	YI-YQ-45-1	$Qbss$	变质沉凝灰岩	74.75	0.29	14.22	2.00	—	0.04	0.89	0.08	0.10	4.65	0.05	2.95
19	CII-YQ-8	Qbk	变质沉凝灰岩	76.42	0.22	11.30	1.42	1.66	0.08	0.74	0.59	1.90	3.56	0.05	1.61
20	NI-YQ44-2	Qbk	变质沉凝灰岩	70.70	0.35	14.90	1.06	1.51	0.08	0.63	0.96	2.22	5.75	0.09	1.46
21	H0631	Qbk	变沉凝灰岩	60.94	0.78	18.61	5.79	0.56	0.08	2.52	0.02	0.24	5.83	0.09	4.19

表 4 西武夷山地区变质岩微量元素分析结果一览表

($\times 10^{-6}$)

图幅名称	岩石名称	层位	Cu	Pb	Zn	Ni	Mn	Ag	Sn	Au*	Cr	Zr	Ti	Nb	Co	Ga	U	La	Sc
棠阴幅	斜长片麻岩(4)	$Pt_{2-3}z$	—	—	—	42.45	—	—	—	—	101.55	210.50	4 606.9	16.73	17.00	12.3	2.47	51.57	14.90
宁都幅	变粒岩	Qbk	23.43	26.43	128.70	—	375.00	0.09	3.9	0.90	73.75	236.25	850.0	—	3.00	12.5	—	113.50	—
里心幅	变粒岩(38)	Qbw	26.05	36.35	96.00	10.05	—	0.13	6.3	3.87	15.55	289.16	2 957.8	18.12	14.80	15.7	1.80	68.87	11.33
水南幅	片岩(9)	Qbw	24.50	22.23	110.40	38.23	—	0.04	2.9	1.05	63.30	163.13	4 528.0	18.09	17.80	19.3	3.77	59.75	—
均口幅	黑云斜长变粒岩(3)	$Nh-Z_1h$	31.83	21.17	82.33	13.07	—	0.07	—	0.97	22.57	123.13	2 709.5	24.81	12.60	—	2.44	57.30	—
均口幅	二云石英片岩(5)	$Nh-Z_1h$	130.32	20.04	97.18	34.80	—	0.29	—	1.70	63.98	170.72	4 133.7	18.90	19.40	—	3.66	46.18	—
灌龙幅	绢云千枚岩(3)	Z_1b	—	—	—	22.17	—	0.18	—	—	—	2 650	0.27	—	7.47	—	—	83.60	7.45
建宁幅	黑云斜长变粒岩(3)	$Pt_{2-3}z$	48.30	31.40	72.97	—	—	—	—	2.50	44.33	136.80	2 794.5	14.04	11.60	—	1.80	53.67	—
灌龙幅	变余岩屑砂岩(3)	Nhs	—	—	—	—	0.68	—	—	—	—	170.00	0.34	—	19.2	—	—	—	5.20
青塘幅	变余岩屑砂岩	$Nhxf$	22.00	21.50	64.50	30.50	321.50	—	4.0	—	106.50	230.00	3 069.0	<30.00	10.50	15.0	—	<100	13.00
宁都幅	变余岩屑砂岩	Qbs	31.90	9.00	69.40	—	333.00	0.07	4.8	0.97	15.70	140.00	900.0	—	4.70	11.3	—	54.70	—
青塘幅	白云母千枚岩	Pt_3T	19.00	160.00	85.00	15.00	314.00	—	4.0	—	45.00	244.00	3 071.0	34.00	9.00	19.0	—	<100	13.00
灌龙幅	白云母千枚岩	Z_2th	—	—	—	39.00	—	—	3.2	—	290.00	230.00	0.27	13.10	20.20	—	3.10	99.20	—
灌龙幅	二云母千枚岩	ϵ_1nj	—	—	—	16.20	—	—	6.8	—	350.00	330.00	0.46	14.50	9.32	—	2.90	108.00	—
青塘幅	二云母千枚岩	$Qbss$	24.00	31.00	81.00	34.00	399.00	—	4.0	—	93.00	199.00	3 216.0	<30.00	12.00	15.0	—	<100	14.00

表 5 西武夷山地区变质岩微量元素分析结果一览表

图幅名称	样号	岩石名称	层位	Cu	Pb	Zn	Ni	Mn	Fe	Ag*	Sn	Au*	Cr
七琴幅	0177-1	千糜岩	Qbk	82.7	3.2	342.0	419.0	1 250	10.92	0.05	3.6	0.67	300
七琴幅	0177-3	千糜岩	Qbk	83.8	15.2	527.0	554.0	3 000	13.07	0.13	4.0	0.62	400
七琴幅	0177-5	千糜岩	Qbk	83.4	1.8	122.0	242.0	1 580	13.70	0.03	4.8	0.52	500
七琴幅	193	千糜岩	Qbk	28.1	10.0	42.3	29.9	870	13.55	0.03	6.2	0.52	120
七琴幅	0177-11	强风化蚀变岩	Qbk	46.2	13.1	81.1	42.6	292	13.08	0.04	8.0	0.52	240
七琴幅	0177-4	风化蚀变岩	Qbk	52.9	3.5	153.0	118.0	1 475	11.70	0.07	6.0	0.52	400
七琴幅	0177-8	蚀变岩	Qbk	85.2	1.1	525.0	956.0	1 020	10.57	0.03	3.6	0.52	500
七琴幅	0177-9	绢云母千枚岩	Qbk	74.1	9.7	41.1	39.2	86	3.94	0.05	3.8	1.00	140
七琴幅	0193-1	绢云母千枚岩	Qbk	29.9	34.6	69.1	25.7	129	10.71	0.04	7.4	0.52	240
七琴幅	0192-2	绢云母千枚岩	Qbk	33.6	21.0	62.2	34.2	865	4.65	0.08	3.2	0.52	120
七琴幅	0191-1	绢云母千枚岩	Qbk	63.5	12.5	13.7	10.4	42	1.04	0.05	3.6	0.62	160
七琴幅	0192-3	绢云母千枚岩	Qbk	52.2	16.4	84.7	35.8	161	5.12	0.08	3.8	1.5	120
七琴幅	0192-4	绢云母千枚岩	Qbk	20.2	16.0	16.7	11.0	18	2.03	0.06	4.6	0.82	120
七琴幅	0192-5	绢云母千枚岩	Qbk	38.5	13.5	142.0	43.1	423	5.78	0.03	3.4	1.00	140
七琴幅	0192-12	绢云母千枚岩	Qbk	39.1	44.0	119.0	26.0	155	4.01	0.14	8.4	1.00	140
七琴幅	0192-8	绢云母千枚岩	Qbk	27.0	36.3	29.7	10.7	86	1.46	0.12	3.6	2.50	160
七琴幅	0192-9	绢云母千枚岩	Qbk	56.2	25.8	70.9	17.8	560	3.16	0.05	9.6	0.52	40
七琴幅	0192-10	绢云母千枚岩	Qbk	18.2	25.2	37.3	15.9	82	2.00	0.05	15.0	0.52	40
七琴幅	0193-2	变岩屑杂砂岩	Qbk	23.7	34.0	61.4	33.3	272	3.87	0.05	3.8	0.82	140
七琴幅	0192-11	变岩屑杂砂岩	Qbk	48.5	9.9	121.0	27.0	790	3.73	0.09	5.2	1.00	120
七琴幅	0177-10	绢云母板岩	Qbk	23.2	7.6	17.3	11.5	74	6.56	0.03	4.2	0.62	200
七琴幅	0192-6	绢云母板岩	Qbk	78.6	9.9	53.7	29.4	2 060	4.32	<0.30	4.8	0.62	80

($\times 10^{-6}$)

*单位为$\times 10^{-9}$。

大陆边缘。Th-Co-Zr/10图解投影于大陆岛弧和活动大陆边缘两区及其附近(图4)。原岩为火山岩的样品,在里特曼-戈蒂里图解中(图4),所有样品均落入造山带火山岩。变质火山岩微量元素分析结果如表6、表7所示。在Y/15-La/10-Nb/8图解中(图5),投影点均落入大陆玄武岩区。在TiO_2-FeO^*/MgO图解中(图6),周潭岩组投影于基本落入洋中脊玄武岩和岛弧拉斑玄武岩区,个别旁落;万源岩组落入岛弧拉斑玄武岩区;库里组、上施组投影于钙碱性玄武岩。在$TiO_2 \times 10-Al_2O_3-K_2O \times 10$图解中(图7),多数落入岛弧造山带中,少数落入大陆裂谷带中;万源岩组、库里组及上施组则均落入大陆裂谷带内。万源组稀土总量总体较高,均为富轻稀土型,轻稀土元素分馏程度高,重稀土元素分馏较差。δEu部分大于0.7,部分小于0.7,稀土配分曲线向右倾斜,铕亏损不明显,变质岩物源区具岛弧与活动大陆边缘的特征;库里组、上施组、下坊组稀土总量较高,均为富轻稀土型,轻稀土元素分馏程度高,重稀土元素分馏较差。δEu多小于0.7,稀土配分曲线向右倾斜,铕亏损较明显,变质中见有较多的火山物质,变质岩物源区具岛弧与活动大陆边缘的特征;变余沉积构造属海相。综合研究表明,新元古代沉积构造环境处于火山活动频繁的裂陷海的大地构造环境。

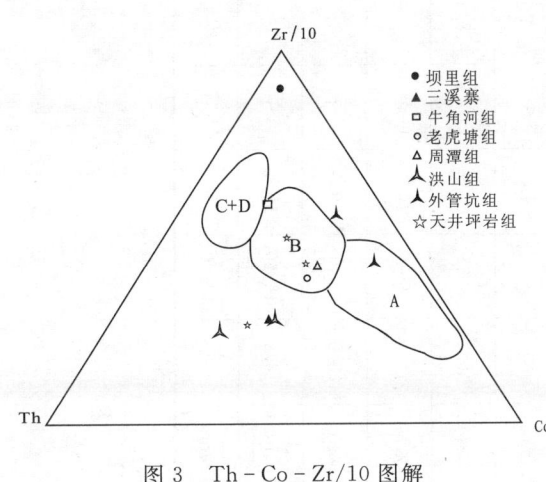

图3 Th-Co-Zr/10图解
(据Bhatia,1986)
A. 大洋岛弧;B. 大陆岛弧;C. 活动大陆边缘;
D. 被动大陆边缘

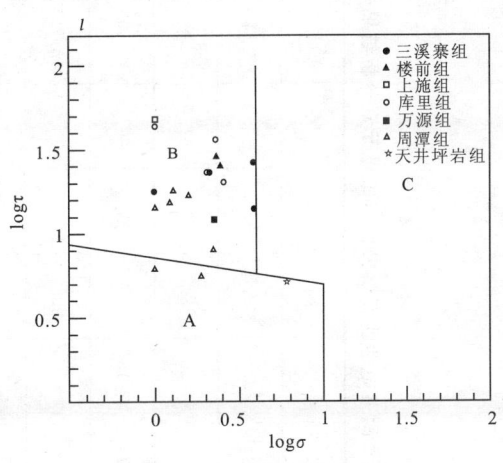

图4 里特曼-戈蒂里图解
(据After A. Rittmann,1973)
A. 非造山带火山岩;B. 造山带火山岩;C. 为区派
生的碱性、偏碱性火山岩

3.3 南华纪—加里东期大地构造环境分析

变质岩原岩为砂泥质岩的样品,据岩石化学SiO_2-K_2O/Na_2O双变量图解(图2),沙坝黄组、下坊组、坝里组、楼前组、三溪寨组投影点均投于活动陆缘区。老虎塘组投影于被动陆缘区,洪山组大多数投影于活动陆缘区,少数投于活动陆缘与被动陆缘的过渡区。在$TiO_2 \times 10-Al_2O_3-K_2O \times 10$图解中(图7),楼前组、三溪寨组均落入大陆裂谷带内;构造环境Th-Co-Zr/10图解(图3)投影于大陆岛弧和活动大陆边缘两区及其附近;在TiO_2-FeO^*/MgO图解(图6)中,楼前组、三溪寨组投影于钙碱玄武岩区。里特曼-戈蒂里图解均落入造山带及岛弧区(图4)。牛角河组稀土总量较高,富轻稀土型,轻稀土元素分馏程度高,重稀土元素分馏较差。δEu较大,变质岩稀土配分曲线向右倾斜,且轻稀土较陡,重稀土较平缓,具有负铕异常。

表6 西武夷山地区变质火山岩微量元素分析结果一览表

(×10⁻⁶)

图幅名称	样号	岩石名称	层位	Be	Cu	Pb	Zn	Ni	Ag	Sn	Mo	Cr	Zr	Ti
清流县幅	1480-2	变质流质凝灰岩	Z_1lq	2.28	43.5	33.2	67.0	5.65	0.049	3.6	1.00	—	182	—
清流县幅	1480-3	变质流纹岩	Z_1lq	4.10	28.7	16.8	51.0	5.95	0.040	3.1	0.84	—	210	—
清流县幅	1481-6	变质流纹岩	Z_1lq	2.18	21.0	23.0	60.0	2.60	0.038	3.2	0.71	—	330	—
均口幅	yQ8-12	变流纹熔结凝灰岩	Qbw	—	23.0	19.9	79.7	15.70	0.083	—	—	38.2	176	2 570.5
付坊幅	408-98	变余粉屑沉凝灰岩	Qbw	—	—	—	—	—	—	—	—	—	325	0.24(*)

图幅名称	样号	岩石名称	层位	Nb	Co	La	Sc	Y	Sr	Th	Ba	V	As	Bi
清流县幅	1480-2	变质流纹岩	Z_1lq	16.2	3.55	27.2	—	18.5	330.0	—	1 425	21.0	3.2	0.25
清流县幅	1480-3	变质流纹岩	Z_1lq	13.3	2.50	16.2	—	21.2	190.5	—	695	8.7	4.3	0.15
清流县幅	1481-6	变质流纹岩	Z_1lq	18.0	5.10	59.9	—	24.2	233.0	—	1 835	35.0	3.7	0.21
均口幅	yQ8-12	变流纹熔结凝灰岩	Qbw	16.9	12.60	59.4	—	—	240.1	24.0	—	45.4	—	—
付坊幅	408-98	变余粉屑沉凝灰岩	Qbw	—	17.20	—	9.3	—	—	8.9	—	—	—	—

* 单位为%。

表 7　西武夷山地区变质火山岩微量元素分析成果一览表

($\times 10^{-6}$)

图幅名称	样号	岩石名称	层位	Ni	Cr	Zr	Ti	Nb	Co	Ga	U	La	Sc
棠阴幅	H111-7	变玄武安山岩	$Pt_{2-3}z$	13.5	5.0	347	11 603	27.7	36.3	25.9	0.79	—	22.5
棠阴幅	H111-3	变玄武安山岩	$Pt_{2-3}z$	13.1	27.2	331	11 498	25.9	39.7	20.5	0.79	—	22.1
棠阴幅	Zh13-2	斜长角闪岩	$Pt_{2-3}z$	2.7	189	128	7 823	10.9	45.4	17.1	1.38	—	18.9
棠阴幅	G35-1	变酸性火山岩	$Pt_{2-3}z$	50.2	76.8	239	4 620	17.3	17.3	31.2	2.17	—	15.3
棠阴幅	G24-1	变酸性火山岩	$Pt_{2-3}z$	37.5	64.8	209	3 990	15.1	14.3	12.8	1.66	21.04	10.8
棠阴幅	H112-3	变质安山岩	$Pt_{2-3}z$	26.4	51.7	152	3 150	12.0	15.9	16.7	1.05	23.32	8.8
棠阴幅	G15-2	变酸性火山岩	$Pt_{2-3}z$	30.0	68.0	196	3 623	15.2	—	—	—		

图幅名称	样号	岩名称	层位	Y	Hf	P	Sr	Ta	Th	Ba	Rb	*Eu
棠阴幅	H111-7	变玄武安山岩	$Pt_{2-3}z$	45.4	8.8	2 451	425	2.4	7.4	685	71	1.60
棠阴幅	H111-3	变玄武安山岩	$Pt_{2-3}z$	42.4	8.1	2 451	257	2.5	2.0	830	104	1.10
棠阴幅	Zh13-2	斜长角闪岩	$Pt_{2-3}z$	22.7	3.6	930	395	0.6	2.4	309	33	1.50
棠阴幅	G35-1	变酸性火山岩	$Pt_{2-3}z$	22.1	8.2	930	117	0.4	17.1	748	133	1.01
棠阴幅	G24-1	变酸性火山岩	$Pt_{2-3}z$	20.0	6.3	761	276	1.0	13.6	628	116	0.99
棠阴幅	H112-3	变质安山岩	$Pt_{2-3}z$	20.0	4.5	592	144	0.4	10.4	972	190	1.38
棠阴幅	G15-2	变酸性火山岩	$Pt_{2-3}z$	22.8	5.0	592	269	1.0	14.7	459	69	1.14

*单位为 ‰。

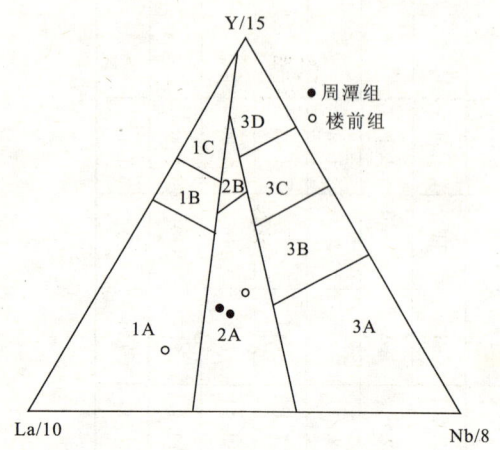
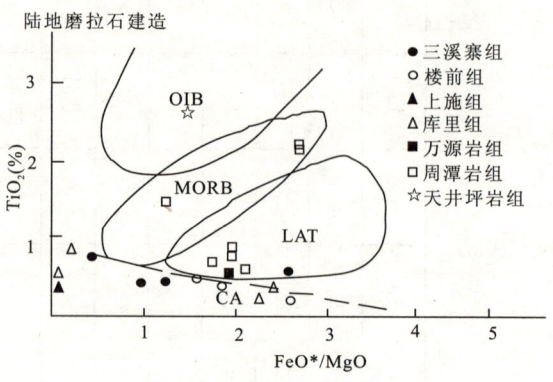

图 5　Y/15-La-Nb/8 图解
（据 Cabanias and Lecclle, 1989）

1. 火山弧；1A. 钙碱性玄武岩；1B. 钙碱性玄武岩和火山弧拉斑玄武岩的过渡区；1C. 火山弧拉斑玄武岩；2. 大陆玄武岩；2A. 大陆玄武岩；2B. 弧后盆地玄武岩；3. 大洋玄武岩；3A. 陆内裂谷碱性玄武岩；3B、3C. E-MORB 型（B 富集，C 略富集）；3D. N-MORB 型

图 6　中元古代玄武岩 TiO₂-FeO/MgO 图解
（据 Miyashiro, 1975）

OIB. 洋岛玄武岩；MORB. 洋中脊玄武岩；LAT. 岛弧拉斑玄武岩；CA. 钙碱性玄武岩

综合上述，南华纪—早寒武世地层形成的大地构造环境为古活动大陆边缘，属陆表海。寒武纪地层为浅变质泥砂质岩。沉积碎屑和副矿物磨圆性好，砂岩成熟度高，以沉积岩岩屑为主，具沉积物再旋回特点。据沉积物中硼含量计算，古盐度为 3.15%，海水属低盐度。粒序层理、块状层理、水平层理发育，含碳、含硅、含钒，为次深海-深海槽盆相。所以，南华纪—加里东期的大地构造环境为活动大陆转向稳定，属陆表海。

在晋宁期大地构造环境对比分析过程中，1:25 万抚州市幅、广昌县幅研究将武夷地层分区中的周潭岩组、万源岩组、洪山组及外管坑组与湘桂赣地层分区中的库里组、上施组等进行了砂、泥质岩类和火山岩类的对比分析；在南华纪—加里东期大地构造环境对比分析过程中，我们把湘桂赣地层分区中的沙坝黄组、下坊组、坝里组与南武夷地层小区的楼前组、三溪寨组进行了砂、泥质岩类和火山岩类的对比分析。

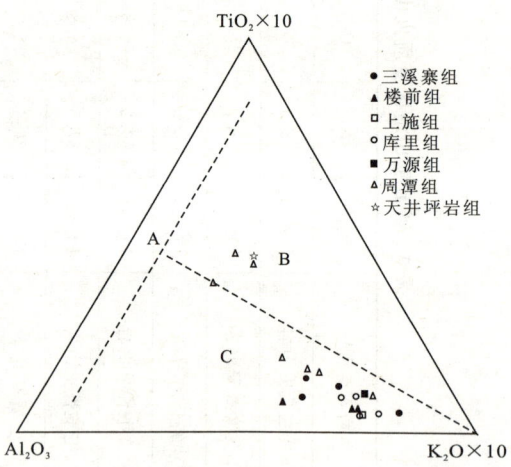

图 7　大洋火山岩和大陆火山岩的判别图解
（据赵崇贺, 1989）

A. 大洋玄武岩区；B. 大陆裂谷型玄武岩、安山岩区；C. 岛弧造山带玄武岩、安山岩区

经过对比分析，认为各组岩石地层在各类图解中的投影点相互交织在一起，既有投影点共区现象又有投影点异区现象，表明湘桂赣地层分区与武夷地层分区二者之间并未存在显著的大地构造分界线，二者呈构造过渡关系，属相同或相似的大地构造环境。

4 结论与讨论

通过1:25万抚州市幅、广昌县幅的调研,结合前人研究成果,认为在西武夷山地区广昌县幅的福建建宁(客坊—黄坊),向北东延入抚州市幅江西黎川樟村—德胜关一带,出露古元古代天井坪岩组及邻区北武夷地区大面积出露古—中元古代麻源岩群,为华夏古陆结晶基底组成部分。根据建宁伊家湾斜长角闪岩的Sm-Nd等时线年龄[(2 682±148)Ma],又据广州地球化学研究所李献华(1998)研究资料,1:25万抚州市幅、广昌县幅调研采用李献华研究资料1 766Ma年龄值,并结合福建省地质资料,将天井坪岩组划归为古元古代。它们是卷入加里东造山带根部的结晶基底岩块。结合邻区1:25万瑞金市幅资料,桃溪岩组的岩石组合、变形变质特征与天井坪岩组基本一致,认为古元古代时期武夷地区为统一陆块——华夏古陆。

该时期西武夷山地区处于广海环境,不断接受陆源碎屑沉积,并伴有火山喷发活动,早期张裂陷形成陆间裂陷海槽,同时导致中酸性火山喷发,伴有少量陆源碎屑沉积,形成含砂泥质碎屑岩的中酸性火山岩建造,晚期以陆源碎屑沉积为主,伴有酸性火山喷发,形成复理石-中酸性火山岩-含火山复理石建造。经吕梁(四堡)运动,西武夷山地区褶皱隆起,岩石发生强烈变形和区域变质作用,形成华夏古陆。

至新元古代,西武夷山地区再次发生伸展造海运动,沿江山-绍兴、政和-大埔及区内鹰潭-安远等古断裂发生裂陷,华夏陆缘再次沉没,形成了华南陆间裂谷带。青白口纪末,受晋宁运动影响,江南地块隆升为陆[13],而西武夷山地区则无明显影响。

南华纪—早古生代,在已裂解沉降的基础上,再度扩张裂解和沉陷,沿陆缘裂谷带,接受以下坊组(洪山组)为代表的凝灰质复理石及远火山沉积形成的硅铁质建造,即"新余式铁矿"。奥陶纪—志留纪,海水由北东向南西退出西武夷山地区,沉积不发育,志留纪末加里东运动进入高潮,华南板块出现了南华造山带。南侧的华南板块之裂陷海盆(即华南加里东地槽)强烈褶皱和封闭。在两板块边缘形成一系列"S"形的构造形迹,在造山带前缘形成罗霄-北武夷弧形褶冲带和一系列以近南北走向或呈弧形的线形同斜褶皱,同时形成了加里东晚期的花岗岩带。此时,区内宜黄断裂强烈活动,随着华夏地块与扬子板块的不断撞与对接,使原来一体的华南陆间地块一分为二,形成湘桂赣地块和武夷地块这两个地块。由于在华南板块向扬子板块仰冲的过程中,前缘的湘桂赣地块仰冲受阻,使其边缘的武夷地块不断逆冲于湘桂赣地块之上,后经剥蚀夷平,使湘桂赣地块出露了加里东造山带的中上部,而武夷地块出露了造山带下部(或根部),从而使两个地块在变形及变质特征方面出现明显差异。东部的武夷地块明显强于西部的湘桂赣地块。除此之外,加里东期的岩热穹隆构造作用[14]是两个不同地块产生变形变质差异的另一个重要原因。在1:25万抚州市幅、广昌县幅调查工作过程中发现,在付坊超单元外接触带的变质岩区,存在较强烈的边缘混合岩化作用,形成边缘混合岩,远离花岗岩则混合岩化逐渐减弱或消失。这种现象表明,区内混合岩化作用与岩浆热液作用有着直接的因果关系。其形成机理为:在区域动力与热流作用下,沿剪切带或围绕花岗岩侵入体,原变质岩发生变质、交代及岩浆沿岩石片理注入,形成混合岩化变质岩-交代侵入型花岗岩系列,西武夷山地区混合岩往往在空间上有规律地呈环带状分布。

感谢"江西1:25万抚州市、广昌县幅区调修测"项目组同仁为项目付出的辛勤劳动,正是由于他们的共同努力使项目取得了优异的成果,也使本文得以在此基础上成稿;也感谢江西省地质调查院总工楼法生教授的关心和支持，为文稿的形成提出了具体意见。

参考文献

[1] 江西省地矿局. 江西省区域地质志[M]. 北京：地质出版社，1982

[2] 江西省地质矿产厅. 江西省岩石地层[M]. 武汉：中国地质大学出版社，1997

[3] 福建省地质矿产厅. 福建省岩石地层[M]. 武汉：中国地质大学出版社，1999

[4] 付树超，陈觉民，林文生. 福建建宁西部上太古界天井坪岩组（Ar_2t）地质特征[J]. 福建地质，1991，10(2)

[5] 李献华，王一先，等. 闽浙古元古代斜长角闪岩的离子探针锆石 U-Pb 年代学[J]. 地球化学，1998，27(4)：327-334

[6] 胡恭任，章邦桐，王湘云. 赣中相山元古宙斜长角闪岩的矿物学、岩石学特征及同位素地球化学研究[J]. 地球化学，1998，27(3)：217-229

[7] 江西地质矿产勘查开发局. 江西省志之4 江西省地质矿产志[M]. 北京：方志出版社，1998

[8] 胡宗良，陈兴高，汪方展，等. 对闽西北盖洋群划分及时代归属的新认识——以明溪盖洋地区为例[J]. 中国地质，2003，30(3)：247-253

[9] 凌联海，楼法生，刘春根，等. 江西震旦纪岩石地层划分与对比[J]. 地质调查与研究，2003，26(3)：89-94

[10] 赵凤清，金文山，甘晓春，等. 华夏地块前加里东期变质基底的特征以及深部地壳性质[J]. 地球学报，1995(3)：235-244

[11] 杨明桂. 罗霄-武夷隆起及郴州-上饶坳陷成矿规律及预测[M]. 北京：地质出版社，1998

[12] 曾勇，赵建梅. 雪山结合带及其非史密斯化过程[J]. 华东地质学院院报，2000(1)：31-34

[13] 吴富江，张芳荣. 华南板块北缘东段武功山加里东期花岗岩特征及成因探讨[J]. 中国地质，2003，3(2)：166-172

[14] 吴富江，钟春根，钟达洪. 江西武功山岩浆热穹隆伸展构造的基本特征及形成时代[J]. 江西地质，2001，15(3)：163-167

长江三角洲地区晚新生代沉积物中伏平粉（*Fupingopollenites*）的发现及其意义[①]

张平[1]　苗运法[2]　潘明宝[1]　苗巧银[1]　冯文立[1]
欧健[1]　汪媛媛[1]　季文婷[1]　陈宝[1]

(1. 江苏省地质调查研究院，国土资源部地裂缝地质灾害重点实验室；
2. 中国科学院寒区旱区环境与工程研究所，沙漠与沙漠化重点实验室)

[摘　要]　长江三角洲地区晚新生代碎屑沉积物的形成时代一直存在很大争议，严重制约了对该地区构造和气候环境的理解，以及区域对比、水资源调查和远景勘探规划的认识。本文通过在长江三角洲地区开展的基础性地质调查工作，对该区进行了孢粉学的系统研究，结果发现在碎屑沉积物底部地层中含有数量丰富、类型多样的孢粉，尤其以伏平粉（*Fupingopollenites*）的稳定出现和相对较高含量为特征。通过与东亚地区地层时代相对可靠、富含伏平粉的孢粉组合及其上下层位孢粉组合变化特征进行对比，认为长江三角洲地区底部晚新生代碎屑沉积物很可能形成于中新世，最晚不晚于中新世最晚期；孢粉组合表明当时为淡水环境。这为长江三角洲地区碎屑沉积物地层长序列时间标尺的建立提供了宏观约束，为其他年代测定和环境指标的研究提供有效的参考，而且为淡水资源评价提供了重要依据。

[关键词]　长江三角洲　孢粉　伏平粉　中新世　淡水资源

引言

长江三角洲地区不仅是东亚季风气候影响显著的区域，而且是连接海洋与内陆的关键地段。在该地区普遍沉积了一套砂(砾)与黏土交替、具明显韵律变化的碎屑沉积物，该沉积物最厚达400余米。该碎屑沉积物的形成一方面受到了青藏高原隆升的环境效应影响[1]，同时我国大陆边缘海的演化过程，冰期旋回中大幅度的海进与海退、西太平洋暖池的发展、南中国海形成发展等也势必会对其产生重要影响[2]，因此该沉积物成为研究海洋—陆地—大气耦合作用的理想载体；另一方面该碎屑沉积物的发育对区内地下水资源埋藏特征具有明显的控制作

---

① 基金项目：中国地质调查局地质调查项目(项目编号：1212201071061 和 1212011220536)资助。
第一作者简介：张平，男，1980年生，工程师，主要从事第四纪地质工作。

用①。目前区内地下水开采严重,且平面上分布不均,造成区内地面沉降严重②,详细了解区内碎屑层的沉积演化过程,对承压水层组的划分、对比与评价研究等具有重要的指导意义。过去几十年来,无论从科学研究层面,还是从基础地质调查层面,对该地区碎屑沉积物地层均进行了大量研究,取得了丰富的研究成果[3-6]。然而对该碎屑层形成时代的认识却一直存在很大的争议[7-13],一直制约着对长江贯通时间、物源变化[14-18]、沉积环境演化[7,10,11,13,16,17]等科学问题的认知、耦合和集成研究,这对于认识中国东部构造沉积特征、东亚季风演化过程与特征以及构建整个中国晚新生代以来环境演化的完整时空格局等无疑是重大缺陷;同时也严重影响和制约着对地下水资源及地面沉降的评价研究。造成这些问题存在的根本原因是长江三角洲地区碎屑层的沉积环境变化复杂,导致利用不同测试方法对同一地层进行年代学测试,获得的测试结果差异较大。最近我们在长江三角洲地区的孢粉工作取得了一定的进展,同时从大的区域上看,对其他地区的孢粉和地层时代的研究也取得了较大进展。通过利用孢粉资料,对长江三角洲地区碎屑沉积物地层进行了详细研究,同时对地层里面出现的特殊孢粉类型——伏平粉的特征进行了系统总结,对该套地层形成时代进行了详细探讨,以期得到较为可靠的地层年代框架。最后,对该地区孢粉揭示的环境进行了讨论。

1 实验方法与孢粉鉴定结果

称样:依据样品岩性称取 30～150g 样品。将一般的灰色黏土(泥岩)、粉砂质黏土(粉砂岩)等称取 30～50g,略差的岩性(如砂岩)在前者基础上翻倍,很差的岩性如粗砂岩等则称取 150g。将样品烘干后放置在装有蒸馏水的塑料杯中浸泡至全部散开,然后用 10%～15% 的 HCl 浸泡。

水洗:轻轻吸出上部澄清的液体,洗至中性。然后加入 40% 的氢氟酸浸泡,直至岩石中的矿物质得到很好的清除,静置后将上部澄清的液体洗至中性,超声波振荡,然后用 $10\mu m$ 的筛布进行过滤,最后富集到小指管中,在显微镜下进行鉴定。鉴定时有效样品不低于 200 粒,个别可以达到 500 粒。

经鉴定分析,两个钻孔的孢粉类型非常丰富,超过 100 多个科属,其中个别样品中达到 80 多个科属,反映了沉积时期的植物非常繁茂,类型丰富。在钻孔中下部岩性较粗,主要为细砂或含砾粗砂,达到统计要求的孢粉样品较少,但恰恰是在这些为数不多的孢粉样品中发现了一类十分特殊的孢粉类型——伏平粉(*Fupingpollenites*)。本文的重点就是利用该孢粉类型对我国新生代的地理演化过程进行详细的讨论,以期对长江中下游地区碎屑沉积物沉积的时代进行约束。

2 伏平粉的鉴定特征

2.1 形态特征

伏平粉属首先由刘耕武[19](1985)在广西百色盆地的中晚渐新世百岗组上部和伏平组中

---

① 上海市地质调查研究院,上海市三维城市地质调查,第四纪地质专题,2008。
② 江苏省地质调查研究院,苏锡常地区地面沉降及地质结构三维可视化模型研究,2005。

发现,为一类特别的孢粉类型,被命名为伏平粉属,当时被描述为外壁结构和表面纹饰相当复杂,但特征很明显,即使萌发器官尤其是内孔看不清楚,亦相当容易鉴定[图1(a)、(d)]。详细的花粉特征为花粉粒扁球形至亚球形,中等到大型,极面轮廓为三角形、圆三角形至近圆形,侧面轮廓为扁圆形到近圆形。三孔沟,沟细直,内孔大,横长,非侧面或正极面保存时常不甚清晰。外壁因具不均匀的基柱结构而厚薄不匀,在两极、孔沟之间及赤道两侧区域加厚明显。两极加厚区近"Y"形,它们与沟间区加厚带相互联结,形成9个下凹的外壁变薄区。表面纹饰在光学显微镜下为皱网状。在扫描电子显微镜下为交织网状。进一步被划分为瓦克斯道夫伏平粉(*Fupingopollenites wackersdorfensis*)和小型伏平粉(*Fupingopollenites minutus*)两类,主要区别在于前者个头相对较大,直径40~65μm,后者个体相对较小,直径30~39μm。尽管过去利用各种手段对该类孢粉的亲缘关系进行过探讨,但到目前为止还不能十分确定其亲缘关系[19-22]。

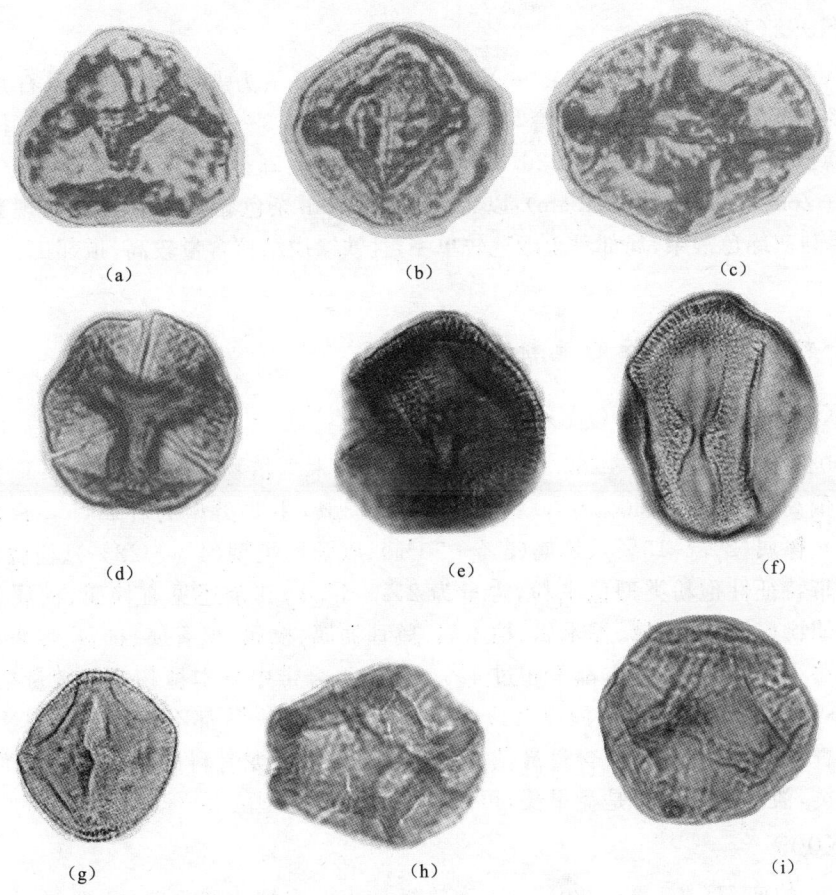

图1 长江三角洲地区碎屑沉积物底部伏平粉属与邻近地区伏平粉属的形态比较
(a)、(b)、(c)为中国广西百色盆地中晚渐新世[22];(d)为中国广西雅龙,中新世[26];(e)为日本海,中新世[27];(f)、(g)为韩国Pohang Basin,中中新世[27];(h)、(i)为长江中下游 ZK004 孔(本文)

2.2 伏平粉属所属层位的岩性特征

2.2.1 ZK004（图2）

ZK004 - Zone Ⅰ（386.0~260.0m）：386.0~350.3m灰色砾质砂夹黏土，见两个大的正韵律沉积旋回，其中370.5~364.5m为灰黄色黏土，顶部352.0~350.3m为暗灰色黏土，水平层理发育；350.3~260.0m为棕黄色含砾砂质层夹黏土，黏土颜色多为锈黄色、灰白色，322.0~319.0m为杂色（黄褐色、灰白色和锈黄色混杂）黏土，顶部260.0m处黏土为灰色，350.3~260.0m见多次正韵律沉积旋回。

ZK004 - Zone Ⅱ（260.0~155.0m）：260.0~248.5m为灰色中粗砂与黏土互层；248.5~236.6m为杂色黏土（灰绿色、灰黄色、锈黄色、黄褐色等颜色混杂）夹中粗砂；236.6~224.8m为灰黄色、灰绿色、棕黄色中粗砂，顶部1.5m为灰绿色黏土；224.8~155.0m以杂色黏土为主，局部夹薄层中粗砂，顶部10m黏土颜色为黄褐色。

2.2.2 ZK005（图3）

ZK005 - Zone Ⅰ（407.0~280.0m）：407.0~362.6m为灰色粗砂夹砾石层；362.6~348.3m为深灰色黏土，水平层理发育，局部夹砂质层；348.3~280.0m为棕黄色中粗砂，局部含砾石，夹薄层黏土，其中338.0~326.0m为灰色、灰白色砾石层。

ZK005 - Zone Ⅱ（280.0~178.6m）：以280.0~178.6m杂色黏土为主，主要表现为灰黄色、褐黄色、棕红色与灰绿色混杂，局部黏土颜色较单一，且铁锰质结核含量较高，顶部179.0~178.6m为暗绿色黏土。

2.3 伏平粉属所属层位的孢粉组合特征

2.3.1 ZK004

在ZK004的底部（386.0~260.0m）孢粉组合带为木本植物组合带，主要特征为木本植物的含量明显偏高，可以达到60%~80%，平均约为75%，主要类型为朴属（5%~18%）、榆属（5%~20%）、桦属（2%~13%）、栎属（5%~20%）、破隙杉类型（4%~22%）、松属（0~14%），其中该组合带特征性孢粉类型伏平粉，含量为2%~17%，其余还见有栲属、柯属、青冈属、栗属、铁杉属、胡桃属、山核桃属、桦木属、桤木属、鹅耳枥属、榛属、枫香属、楝科、冬青属、木樨科、桑科、豆科、芸香科等，含量基本都不超过4%。在该组合带中草本植物花粉含量很低（10%~40%，平均不到20%），主要为蒿属以及莎草属植物，但平均含量都不超过5%，其次偶见菊科、藜科、蓼科、香蒲科等；蕨类孢子含量最低（<5%），主要为水龙骨科以及一些其他类型的孢子；不见海水藻类，淡水藻类主要是盘星藻，可以占高等植物类型的30%。

2.3.2 ZK005

在ZK005的底部（407.0~280.0m），孢粉组合为木本植物组合带，主要特征为木本植物的含量相对偏高（45%~75%，平均为60%），主要类型为栎属（15%~30%，平均为20%）、朴属（0~24%，平均为10%）、桦属（2%~13%）、松属（0~12%）、榆属（1%~9%），其中该组合带特征性孢粉类型伏平粉，含量为0~13%，其余的木本类型和ZK004孔底部地层的含量特征基本相似，含量一般都不超过2%。草本植物花粉含量较低（20%~60%，平均不到34%），主要为菊科和禾本科植物，含量超过15%，其他水生的类型有眼子菜属、黑三棱、香蒲等，含量都不高,平均不超过 2%。蕨类孢子含量最低(平均<5%),主要为水龙骨科以及一些其他类型的孢子;该地层见有海水藻类刺甲藻、多刺藻、淡水藻类,主要为盘星藻(可占 22%),还偶见环纹藻。

在 ZK004 和 ZK005 钻孔中,蕨类孢子含量都很低,主要为水龙骨科以及一些其他类型的孢子。

2.3.3 伏平粉属的生长环境

ZK004 和 ZK005 孔的资料表明,长江三角洲地区早期的植被类型是以陆地上落叶阔叶乔木和杉科为建群种的植物群落,里面富含更为喜热的寄生桑科、檀木科,以及常绿的壳斗科植物,高处生长不多的云杉、铁杉以及松树等较为喜湿冷的针叶林。从含有较多的有机质、一定量的淡水藻类和未出现海水藻类上判断,该时期为淡水水域,并且乔木甚至可以生长到水边,即生长的环境为含有湖泊的陆地环境,温度和降水明显较高,气候生态环境较为优越,反映为亚热带湿润气候,此种环境对于开展淡水资源的评价具有重要意义。伏平粉属主要和木本植物花粉含量较高值同步出现,说明该类花粉的母本植物可能是一种生存环境较优越的植物类型。

3 讨论

长江三角洲地区碎屑层的沉积环境变化复杂,对同一层位进行年代测试,不同的测试方法获得的测试年龄差异较大,使得研究者对该区碎屑沉积物形成年代的认识出现分歧。目前主要表现为一种观点认为其形成于上新世[7-10];另一种观点认为其形成于中新世[12,13]。地质学中大量科学问题的研究只有建立在准确的时间标尺之上,才能正确建立地层时间序列,进行地层的时空对比,进而进行区域和全球古环境、古气候变化的对比,寻找区域和全球间地质演化的关联性,最终分析其演化规律和演化机制。其中沉积物中特征性的孢粉组合及特殊孢粉类型的变化特征[23]是判别地层形成时代的良好指标。本次研究利用我们在长江三角洲地区发现的特殊孢粉类型——伏平粉及其孢粉组合特征讨论该区碎屑沉积物的形成时代。

3.1 伏平粉属在东亚出现的时空特征

刘耕武[19](1985)系统地总结了欧亚陆地 16 个含有伏平粉属的地点、地层层位和出现的时代,指出伏平粉属出现的时间为始新世中期—更新世早期(中期?),以渐新世、中新世常见,在始新世以在东亚中纬度地区出现为主要特征。其后,Wang et al.[20](2000)对伏平粉属可能的亲缘关系进行了总结,并进一步汇总了该属花粉出现的地点,其中在东亚出现的范围和中新世时期东亚季风控制的湿润区完全一致[24,25]。此后,Wang[22](2004)等进一步阐述了伏平粉的可能亲缘关系,并且后者总结了伏平粉在欧亚陆地出现的地点和时代,扩充了伏平粉属在欧洲和西亚地区出现的时空特点。从这些研究可以看出,到目前为止,伏平粉属的亲缘关系还未被确定,但伏平粉属在新生代的演化特征以及中新世出现的范围较广和含量较高的重要特征已被确定。然而,前人资料的总结还比较笼统,所使用的文献相对较老,因此还不能提供伏平粉属演化的确切时代,尤其是其从较高含量突变到很低含量的确切时间的证据还较缺乏(表1)。

表1 伏平粉时空分布统计表[19]

产地	时代	产地	时代	产地	时代
南海北部涠洲岛	E_3^{2-3}	安徽淮南	N	地中海东部	Q_{1-2}
广西百色盆地	E_3^{2-3}	山东临朐	N_1	黑海西部	N_2
广西南宁盆地	$E—N_1$	渤海湾地区	E_{2-3}	朝鲜	N_1
浙江宁海、仙居	N_1	河北黄骅	N_2	匈牙利	N_1
湖北潜江	N_1	河北任丘	E_{2-3}	德国	N_1
湖北应城	N_1	陕西渭河盆地	N_1	青海东部	N_1
江苏北部及南黄海	N	青海柴达木盆地	N_1	湖南中部	N_1

为此,我们选择了地层时代研究相对可靠的点,作了进一步的总结,以期对伏平粉属出现、演化的时间给予较准确的推断,总结时遵循4个原则:一是资料要可靠且较新与否;二是尽可能地补充年代资料;三是尽可能选择长时间序列;四是位置上尽可能地靠近长江三角洲地区,总结结果见表2和图4。

表2 长江三角洲附近地区伏平粉时空分布统计表

国家	地点	时代	含量特征(%)	参考文献
韩国	Pohang & Yangnam Basins	中中新世	<6.5;<1.5	Yamanoi[26],1992
韩国	South Yellow Sea Basin	早—中中新世	<5	Yi et al.[27],2003
日本	Japanese Sea	约19Ma	797孔;<2.5	Yamanoi[26],1992
日本	Japanese Sea	约12Ma	794孔;<1.0	Yamanoi[26],1992
中国	柴达木盆地西部 KC-1 core	早—中中新世	偶含	Miao et al.[28],2011
中国	柴达木盆地东部脑格	中中新世	<10	据苗运法,未发表
中国	六盘山地区凤凰旦	早中新世	<2	据苗运法,未发表
中国	广西雅龙	早中新世晚期—中中新世	1.7~16.4	王伟铭[29],1989
中国	东海陆架盆地台北凹陷	早-中中新世	<8.3	李建国等[30],2003
中国	西宁盆地	24~15Ma	<0.3	王伟铭等[31],2009
中国	那曲盆地	中新世中晚期	0.8	吴珍汉等[32],2006
中国	周口凹陷	中新世中晚期	5.6	吴建庄和袁淑[33],1993
中国	济阳坳陷滩海地区	中中新世	0~27	
中国	渤海海域,明化镇组下段	晚中新世—上新世	0~33.7	Guan et al.[34],1989
中国	东海陆架盆地龙井构造	中新世—上新世早期	0~8.9	Song et al.[35],1985
中国	山旺	中中新世	>5	宋之琛[36],1959;Liang et al.[37],2004
中国	福建佛昙	中—晚中新世	0.4~4.2	郑亚惠,王文轩[42],1994
中国	山东聊城	中中新世	0~5.2	赵秀丽等[43],2004
中国	南黄海盆地 A-1 钻孔	早中新世晚期含量增多,中中新世含量达到最高峰,晚中新世减少,上新世(约4.5Ma)之后基本消失		齐玉民等[40],2009

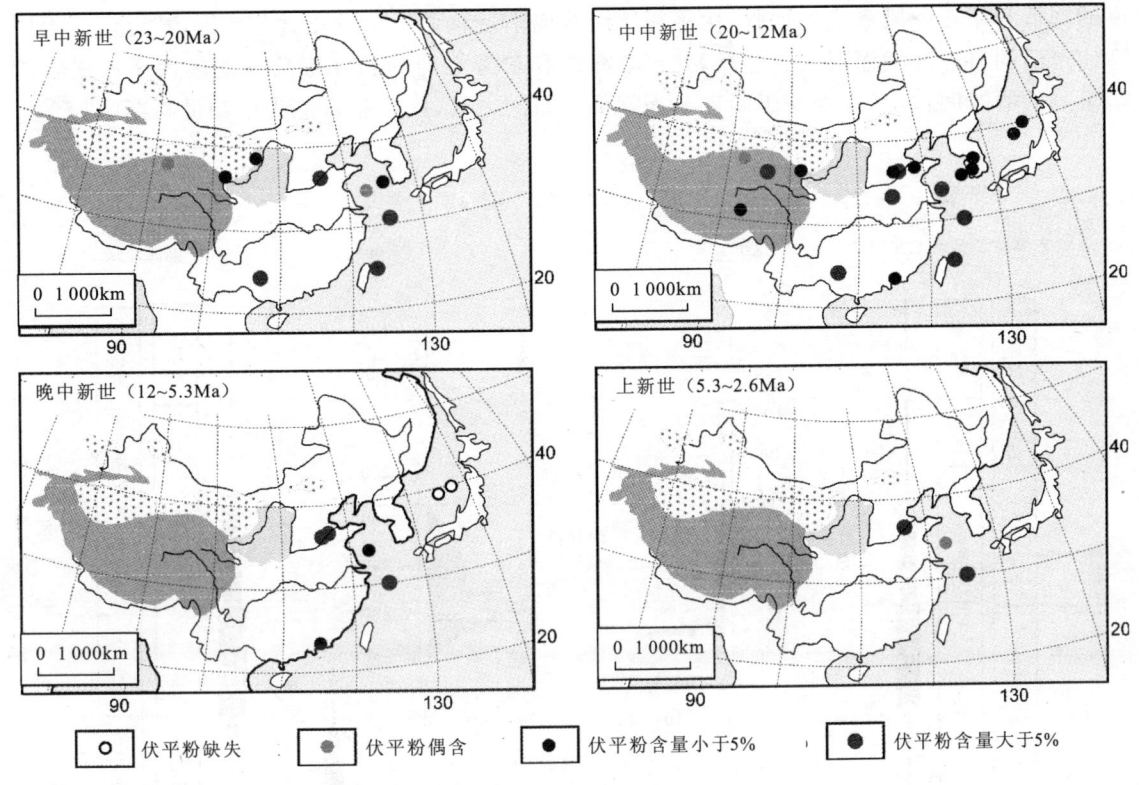

图 4 长江三角洲附近地区伏平粉时空变化特征

这些资料，很清晰地说明中中新世是伏平粉属繁盛的黄金时间，个别地方最高含量超多30%，空间上向西可以达到六盘山地区、西宁盆地[31]、柴达木盆地[28,41]、青藏高原的中东部[36]；向北可以达到日本中部地区[26]、韩国的黄海地区[27]，直到中新世晚期中国地区还保存有一定含量，但范围已经缩小到东部沿海地区，比如日本海地区伏平粉已消失，在渤海湾地区伏平粉只是零星出现[26,27,42]；但此时我国黄海南部 A1 孔及东海陆架区 6 个钻孔（PH1、PH2、TT1、LJ1、LJ2、YQ1）孢粉资料均表明中新世晚期地层中仍具有一定的含量[23,40,43]。到上新世伏平粉属的分布范围进一步缩小，即使在东海陆架地区，含量也不再能达到相当于晚中新世时期的水平。到了第四纪时，伏平粉属的出现则变得更加稀缺。如果从空间上考虑，中中新世伏平粉范围分布很广，到中新世晚期急速向南退缩，然后到了上新世变得微乎其微，甚至绝迹。这与在该过程中的全球温度变化十分匹配，因为中新世早中期为全球高温期，不仅对应我国强盛的东亚夏季风，而且由于高温容易使空气中的水汽含量相当充足，形成更多的降雨机会[44]，喜温喜湿的伏平粉属分布范围自然就空前地广泛；随着南极冰盖扩张和北极地区的迅速变冷，东亚地区的水热效应急速向低纬退缩，从北向南形成显著的水热梯度，对于适应生态变化幅度比较小的伏平粉属而言，自然必须向南迁移。而且中新世以来青藏高原的隆升对中国气候特征也造成了明显的影响，伏平粉的快速退缩势必受到青藏高原隆升的环境效应的影响，高原隆升使得中国内陆地区干旱化加剧，东亚季风系统加强[45]；特别是中新世晚期（约 8Ma）以来的快速隆升，使冬、夏季风环流进一步加强，可能是伏平粉分布范围在中新世晚期到上新世之间向中国东部、南部地区快速退缩和减小的又一重要因素。之后,随着北极冰盖的扩张、空气湿度的降低和东亚季风系统的加强,伏平粉属继续向南迁移而退出欧亚大陆地区,甚至由于无法适应严酷的自然环境而消失。这样,处于渤海湾和东海之间的长江三角洲地区伏平粉属含量显著降低的时间,自然也就处于两者显著降低的时间之间,因此很可能为中新世晚期(图5)。

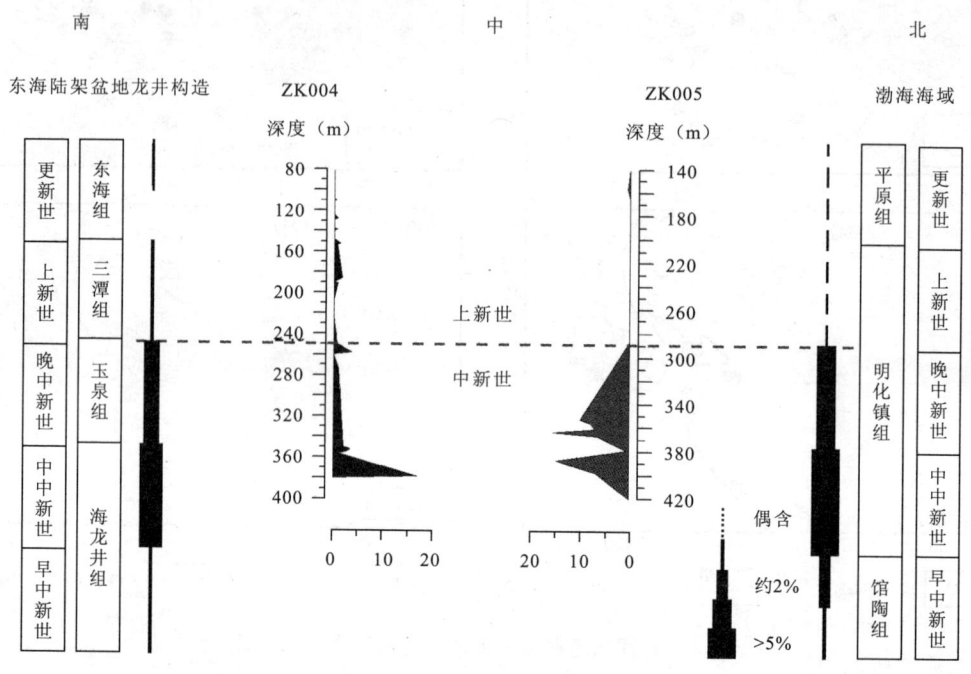

图5 长江三角洲地区 ZK004 和 ZK005 钻孔中伏平粉属含量变化与邻近地区[28]的特征比较

3.2 上新世—中新世植被转型

在 ZK004 孔的 260.0~155.0m 孢粉组合带为草本植物组合带,主要特征为草本植物扩张期。该时期的草本植物达到最高值(20%~80%,平均约为 70%)。在该组合带中木本植物的含量明显下降(0~80%,平均约为 40%)。主要为栎属(7%~35%)、枫香属(0~8%)、榆属(0~10%)、桦属(0~15%)、松属(1%~8%);铁杉属和云杉属基本保持在约 2% 的水平;其他的乔木类含量都明显下降,平均值都不超过 1%。相反,草本植物花粉迅速攀升,主要为禾本科(0~20%,平均约为 15%),其次为蒿属(2%~10%,平均约为 5%)、莎草科(0~5%,平均约为 2%)、藜科(0~4%,平均约为 2%)、眼子菜科(0~4%,平均约为 2%)和香蒲(0~4%,平均约为 1%)等,其他草本植物的含量仍然很低,平均值一般不超过 1%;蕨类孢子含量略有增加(1%~15%,平均约为 8%),同样主要为水龙骨科以及一些其他类型的孢子;该组合带中几乎不见淡水藻类和海水藻类,仅出现少量的光对裂孢,个别样品中出现少量环纹藻。该孢粉组合特征与 ZK004 孔 386.0~260.0m 木本植物组合特征差异明显(图2)。此特征表明,ZK004 孔的 260.0m 处为植被转型时期,从早期的木本植物占优势转变成了草本植物占优势,这一重要转型与全球气候的变化存在密切关系,再结合伏平粉时间和空间上的变化特征,可以推断该转型可能为中新世—上新世之间的转型。

长江三角洲及邻区孢粉组合特征在这一时期均存在明显变化，进一步证明了 ZK004 孔深度 260.0m 处木本植物占优势转变成草本植物占优势为中新统与上新统的界线。比如，华北平原地区的中新统馆陶组孢粉组合为水蕨属-胡桃粉属组合，其连续上覆的上新统明化镇组孢粉组合中草本植物含量很高。晋西地区中新统保德组孢粉以被子植物花粉为主，阔叶树中以榆为主，次为桦、栎、榛、枫香等，针叶树中以云杉为主，草本植物有藜、蒿、菊等，反映温湿气候下的森林、灌木、草原交混环境，上新统静乐组孢粉中有反映干旱环境的麻黄属等。晋东地区的榆社盆地中新统顶部马会组，孢粉缺乏，仅含松、桦、藜、蒿的森林草原植被的花粉，汾渭地区陕西南部上新统下部的杨家湾组（汉中）孢粉以草本为主。江苏新沂县桥北镇四五花顶的上新统宿迁组建组剖面孢粉以具囊松粉和草本植物花粉含量较高为主要特征，草本植物占总含量的 34% 以上。苏北盆地的盐城组孢粉在中新统下部为水蕨属-菱属-胡桃属组合，中新统上部是松科-水蕨属组合，上新统是蓼属-菊科组合。柴达木地区中新统上部的上油砂山组孢粉为松、菊、藜组合，上新统的狮子沟组孢粉组合为蒿粉属-麻黄粉属-藜粉属；四川盆地地区中新统上部的凉水井组孢粉以被子植物和蕨类植物为主，有 *Lycopodiumsporites*（石松孢属），*Selaginellites*（卷柏属），*Gleichenidites*，*Pinuspollenites* 等，上新统的盐源组孢粉以水龙骨科、单缝孢子占多数；湘赣区的中新统中上部的头陂组孢粉为 *Quercoidites*（栎粉）-*Liquidambarpollenites*（枫香粉属）组合和 *Chenopodipollis*（藜粉属）-*Quercoidites*（栎粉）组合，上新统上部的黄桥组孢粉为 *Quercoidites*（栎粉）-*Cyclobalanopsis*（青冈属）组合；浙东坳陷（东海）地区中新统中上部的柳浪组孢粉为 *Liquidambarpollenites*（枫香粉属）-*Magnastriatites*-*Polygonum*（蓼属）组合，上新统三潭组孢粉为 *Gramidites*-*Persicoriopollis*-*Polypodiaceaesporites*（水龙骨单缝孢）组合，草本植物花粉占优势。

综上所述，利用伏平粉变化特征及所属层位孢粉组合特征，推断 ZK004 和 ZK005 孔底部碎屑沉积物形成时代最晚为中新世晚期，而非上新世或更新世。

4 结论

通过对长江三角洲地区及邻区伏平粉属的时空演化过程及其上、下层位孢粉组合特征的差异研究，认为长江三角洲地区底部晚新生代碎屑沉积物很可能形成于中新世，最晚不晚于中新世最晚期，并非形成于上新世或者更新世，这为长江三角洲地区碎屑沉积物地层长序列时间标尺的建立提供了重要证据。同时，在伏平粉属生长的时期，长江三角洲地区气候温暖湿润，具一定量的淡水藻类，指示当时具有一定的淡水静水域，此种环境对于寻找淡水资源具有重要意义。

参考文献

[1]汪品先.亚洲变冷与全球变冷——探索气候与构造关系[J].第四纪研究,1998,3:213-221

[2]汪品先.我国海洋第四纪研究与环境演变中的海陆相互作用[J].第四纪研究,2001,21(3):218-222

[3]Li C X, Chen Q Q, Zhang J Q, et al.. Stratigraphy and paleoenvironmental changes in the Yangtze Delta during late Quaternary[J]. Journal of Asian Earth Sciences, 2000, 18:453-469

[4]Chen Zhongyuan, Song Baoping, Wang Zhanghua, et al.. Late Quaternary evolution of the sub-aque-

ous Yangtze Delta,China:Sedimentation,stratigraphy,palynology,and deformation[J]. Marine Geology,2000, 162:423-441

[5]Chen Zhongyuan,Saito Yoshiki,Kazuaki Hori,et al.. Early Holocene mud - ridge formation in the Yangtze offshore,China:a tidal - controlled estuarine pattern and sea - level implications[J]. Marine Geology, 2003,198:245-257

[6]郑祥民,彭家亮,张卫国,等.长江三角洲及海域风尘沉积与环境[M].上海:华东师范大学出版社,1999

[7]陈中原,杨文达.长江河口地区第四纪古地理古环境变迁[J].地理学报,1991,46(4):436-448

[8]杨守业,李从先.长江三角洲晚新生代沉积物有机碳、总氮和碳酸盐组成及古环境意义[J].地球化学,2006,35(3):339-346

[9]陈静.长江河口区晚新生代沉积物中标志性物源分析及其河流贯通入海意义[D].上海:华东师范大学博士毕业论文,2006

[10]黄湘通,郑洪波,杨守业,等.长江三角洲DY03孔磁性地层研究及其意义[J].海洋地质与第四纪地质,2008,28(6),87-93

[11]于振江,郭盛乔,梁晓红,等.长江三角洲(江南)地区第四纪海侵层的划分及时代归属[J].地层学杂志,2005,29(增刊):618-625

[12]于振江,张于平,王润华,等.长江三角洲(江南)地区新近纪地层划分及时代讨论[J].地层学杂志,2004,28(3):257-264

[13]王润华,郭坤一,于振江,等.长江三角洲地区第四纪磁性地层学研究[J].地层学杂志,2005,29(增刊):612-617

[14]Chen Jing,Wang Zhanghua,Chen Zhongyuan,et al.. Diagnostic heavy minerals in Plio - Pleistocene sediments of the Yangtze Coast,China with special reference to the Yangtze River connection into the sea[J]. Geomorphology,2009,113:129-136

[15]Yang Shouye,Li Congxian,Yokoyama K. Elemental compositions and monazite age patterns of core sediments in the Changjiang delta:implications for sediment provenance and development history of the Changjiang river[J]. Earth and Planetary Science Letters,2006,245:762-776

[16]杨守业,韦刚健,夏小平,等.长江口晚新生代沉积物的物源研究:REE和Nd同位素制约[J].第四纪研究,2007,27(3),339-346

[17]王张华,张丹,李晓,等.长江三角洲晚新生代沉积物磁性特征和磁性矿物及其指示意义[J].中国地质,2008,35(4):670-682

[18]范代读,李从先.长江贯通时限研究进展[J].海洋地质与第四纪地质,2007,27(2):121-131

[19]刘耕武.伏平粉属(新属)*Fupingopollenites* gen. nov. 及其时空分布[J].古生物学报,1985,24(1):64-71

[20]Wang Weiming. An affinity survey of fossil pollen *Fupingopollenites* Liu. In,Song,ZC,Palynofloras and Palynomorphs of China[M]. Hefei:Press of University of Science and Technology of China,2000:130-137

[21]Wang Weiming,Madeline M,Harley. The Miocene genus *Fupingopollenites*:Comparisons with ultra-structure and pseudocolpi in modern pollen[J]. Review of Palaeobotany and Palynology,2004,131:117-145

[22]Shatilova Irina,Mchedlishvili Nino. The Pollen of the Genus Fupingopollenites in the Cenozoic Deposits of Georgia[J]. Bulletin of The Georgian National Academy of Sciences,2009,3(3):153-157

[23]Hu Zhongheng,Sarjeant W A S. Cenozoic spore - pollen assemblage zones from the shelf of the East Ching Sea[J]. Review of Palaeobotany and Palynology,1992,72:103-118

[24]Sun X J,Wang P X. How old is the Asian monsoon system - Palaeobotanical records from China[J]. Palaeogeogr. Palaeoclimatol. Palaeoecol,2005,222:181-222

[25] Guo Z T, Sun B, Zhang Z S, et al. A major reorganization of Asian climate by the early Miocene[J]. Clim. Past 4, 2008:153-174

[26] Yamanoi T. Miocene pollen stratigraphy of Leg 127 in the Japan Sea and comparison with the standard Neogenen pollen floras of northeast Japan. Proc. Ocean Drill[J]. Program Sci. Results, 1992, 127/128: 471-491

[27] Yi Sangheon, Yi Songsuk, David J Batten, et al.. Cretaceous and Cenozoic non-marine deposits of the Northern South Yellow Sea Basin[J]. offshore western Korea:Palynostratigraphy and palaeoenvironments, Palaeogeography, Palaeoclimatology, Palaeoecology, 2003, 191:15-44

[28] Hu Zhongheng, William Sarjeant A S. Cenozoic spore-pollen assemblage zones from the shelf of the East Ching Sea[J]. Review of Palaeobotany and Palynology, 1992, 72:103-118

[28] Miao Yunfa, Fang Xiaomin, Herrmann Mark, et al.. Miocene pollen record of KC-1 core in the Qaidam Basin, NE Tibetan Plateau and implications for evolution of the East Asian monsoon[J]. Palaeogeography. Palaeoclimatology, Palaeoecology, 2011, 299:30-38

[29] 王伟铭. 广西都安瑶族自治县雅龙乡中新世孢粉组合[J]. 古生物学报, 1989, 28(6):786-806

[30] 李建国, 姜亮, 张一勇, 等. 东海陆架西南部台北坳陷新近纪孢粉植物群演替[J]. 古生物学报, 2003 (2):239-256

[31] 王伟铭, 邓涛. 新近系谢家阶层型剖面的孢粉植物群及其意义[J]. 古生物学报, 2009, 48(1):1-8

[32] 吴珍汉, 吴中海, 叶培盛, 等. 青藏高原晚新生代孢粉组合与古环境演化[J]. 中国地质, 2006, 33(2): 966-979

[33] 吴建庄, 袁淑. 周口坳陷东部中新世孢粉组合及其意义[J]. 石油实验地质, 1993(1)

[34] Guan X T, Fan H P, Song Z C, Zheng Y H Researches on Late Cenozoic Palynology of the Bohai Sea [M]. Nanjing:Nanjing University Press, 1989 (in Chinese with English abstract)

[35] Song Z C, Guan X T, Zheng Y Y, et al.. A Research on Cenozoic Palynology of the Longjing Structural[M]. Area in the Shelf Basin of the East China Sea (Donghai) Region Anhui Science and Technology Publishing House, Hefei, 1985. (in Chinese with English abstract)

[36] 宋之琛. 山东山旺中新世地层中的孢粉组合[J]. 古生物学报, 1959, 7(2):99-109

[37] Liang M M. Palynology, palaeoecology and palaeoclimate of the Miocene Shanwang Basin, Shandong Province, eastern China[J]. Acta Palaeobotanica, Suppl. 2004, 5:3-95

[38] 郑亚惠, 王文轩. 闽东南中新统佛昙群层序及孢粉组合[J]. 古生物学报, 1994, 33(2):200-218

[39] 赵秀丽, 张锡麒, 王明镇. 山东聊城地区中新世生物地层学研究[J]. 地质学报, 2004, 78(3):296-303

[40] 齐玉民, 王香婷, 魏文艳, 等. 南黄海盆地 A-1 钻孔孢粉组合及环境意义[C]. 中国古生物学会孢粉学分会八届一次学术年会论文摘要集, 2009

[41] 青海石油管理局勘探开发研究院, 中国科学院南京古生物地质研究所. 柴达木盆地第三纪孢粉学研究[M]. 北京:石油工业出版社, 1985

[42] Yamanoi T. The palynoflora of early Middle Miocene sediments in the Pohang and Yangnam Basins, Korea[J]. Centenary of Japanese Micropaleontology, K. Ishizaki and T. Saito eds. ,1992b. 473-480

[43] 郑家坚, 等. 中国地层典——第三系[M]. 北京:地质出版社, 1999

[44] Miao Yunfa, Mark Herrmann, Fuli Wu, et al. What controlled Mid-Late Miocene long-term aridification in Central Asia? - Global cooling or Tibetan Plateau uplift:A review[J]. Earth-Science Reviews, 2012, 112(3~4):155-172

[45] An Zhisheng, Steven C Clemens, Ji Shen, et al. Glacial-Interglacial Indian Summer Monsoon Dynamics[J]. Science, 2011, 333:719-723

南通 NB5 孔第四纪沉积物的微量元素记录及其环境意义[①]

缪卫东 冯金顺 高立 鄂建

(江苏省地质调查研究院,国土资源部地裂缝地质灾害重点实验室)

[摘 要] 南通 NB5 孔孔深 362m,其中第四纪地层厚 354m,全孔做了第四纪沉积物的微量元素测试,包括 19 种元素。根据微量元素含量随深度变化的曲线,可以分成与第四纪沉积时期对应的 9 个大段,进而对第四纪以来本区的环境变化作了一定的分析。结果表明:南通 NB5 微量元素随深度变化曲线反映了第四纪以来沉积环境和气候的波动;163m 以上 Rb/Sr 比值总体较低,以下总体较高,指示本区在第四纪晚更新世以来的海相性强于之前第四纪的海相性;钻孔中的 5 个区段(135~163m,65~114m,5~40m,210~230m,307~317m)存在较小的 Rb/Sr 值,相对较高的 Cl、Br 值,结合岩性岩相特征,认为应该与曾经的海水作用有关。

[关键词] 南通 第四纪沉积物 微量元素 Rb/Sr 值 海相性

引言

南通 NB5 孔所处的长江三角洲地区既位于太平洋西岸,又处于长江河口。受到海洋和区域性大河流的双重作用,沉积环境复杂多变。研究沉积物的微量元素特征对进一步认识本区的环境演变和沉积规律,特别是海陆交互作用具有很重要的意义。

微量元素与沉积环境方面的研究很多。用得较多的是将微量元素作为判断环境变化的指标之一。如 Cu、V 等与植物生长有关,含量高时表示植物繁茂的温暖潮湿环境;Sr、Ba 含量越高表示气候越寒冷[1];地球化学元素 B、Ga、Sr、Ba 等元素比值高低与海陆变迁和古气候变化有着密切的联系[2]。一些研究还给出了量化指标:一般海相沉积物 Sr/Ba>1,淡水沉积物 Sr/Ba<1;B/Ga>3.3 通常为海相,B/Ga<3.3 为陆相[3,4]。另有学者在应用的过程中也提出了一些异议,指出这些量化指标并不是处处可用[5]。另外,Rb、Sr 及 Rb/Sr 比值也是被很多研究者引用作为环境变化的替代指标,认为 Rb/Sr 值的变化反映了气候环境的变化[2,6-17]。

[①] 中国地质调查局项目(批准号:1212010610605)资助。
第一作者简介:缪卫东,男,1967 年生,1989 年毕业于南京大学地球科学系,2009 年在中科院南京地理与湖泊研究所获得博士学位,研究员级高级工程师。主要研究方向为环境地质及第四纪地质。

本次在长江三角洲北翼的南通市北部西亭镇完成的钻孔 NB5 孔(图1),钻探深度为362m,其中第四纪地层深354m。对此孔做了微量元素采样测试,通过分析微量元素含量随深度变化特征来探讨区内第四纪沉积环境的演化规律。同时,也试图探讨一些指标在本区环境演化研究中的应用效果。

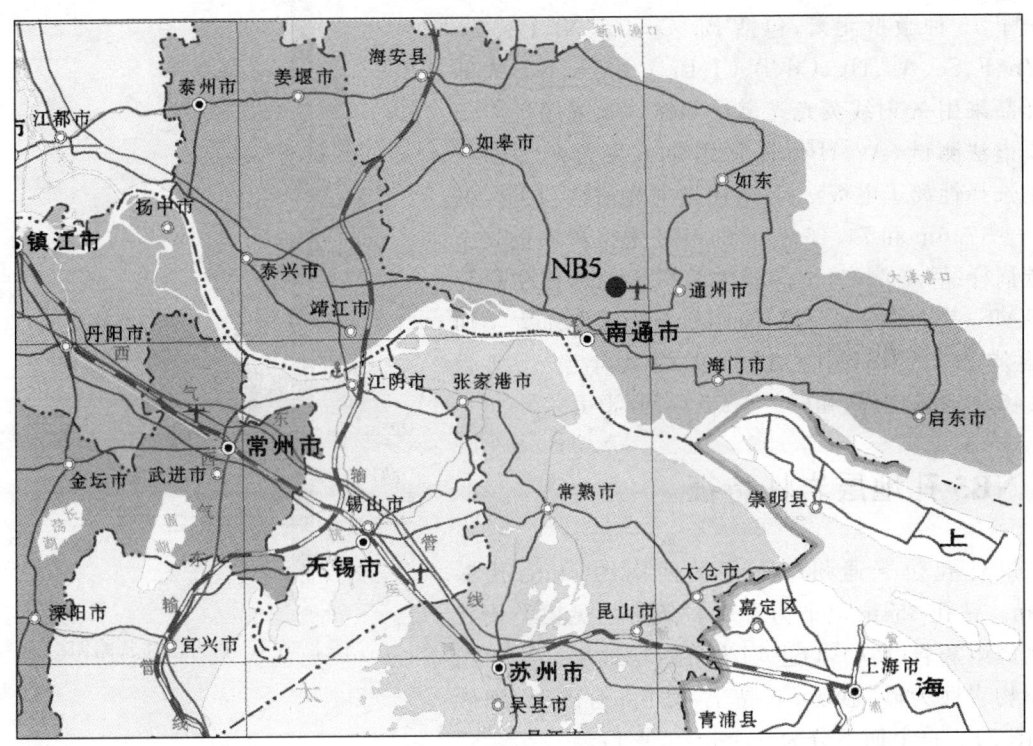

图1 NB5 孔位置略图

1 区域地质背景

南通位于江苏省中东部,长江三角洲北翼,地势平坦,构造属扬子陆块下扬子地块东段。地层属于扬子地层区中下扬子地层分区。区内自白垩纪沉积了一套碎屑物质后,长期处在隆起剥蚀中,直到中新世末,新构造运动使区内普遍沉降,形成新近纪—第四纪的松散沉积物,直接覆盖于晚古生代和中生代地层之上。地表基本为第四纪松散沉积物覆盖。第四纪地层总体发育较全,岩性主要为黏土、亚黏土、砂、砂砾等。其中,更新世地层岩性变化较大,既有很细的黏土、亚黏土,又有很粗的粗砂、砂砾。全新世地层岩性相对较细,基本为较细的粉砂、粉细砂及亚黏土、淤泥质亚黏土。第四纪地层厚度一般在300m左右,浅的地方在200m左右,深的地方超过350m。

2 测试方法

本次工作根据钻孔岩芯岩性和层位采集样品，采样间隔 1~5m，共采集了 83 个样品，每个样品都测试了 19 种微量元素，包括 Ba、Cr、Cu、Ni、Pb、Sr、V、Zn、F、Se、As、Hg、Cd、B、Cl、Br、Ga、Rb、K。大部分样品采用 X 射线荧光光谱法测试，Cd 采用等离子体质谱法测试，As、Hg、Se 采用原子荧光光度法，F 采用选择性离子电极法，B 采用发射光谱法。另根据 47.5~47.6m 和 74.16~74.26m 处采得灰黑色黏土和碳屑样品 ^{14}C 测定（中国科学院广州地球化学研究所 AMS-^{14}C 实验室完成，所制石墨靶送北京大学加速器质谱（AMS）中心进行），两处年龄分别为 (10 457±50) a B P 和 (29 901±142) a B P。

3 NB5 孔地层岩性特征

NB5 孔位于通州市西亭镇西南约 4km，孔深 362m。钻孔 354m 以下为含燧石条带的见䗴类化石的栖霞组灰岩（P_2q），以上均为第四纪地层。第四纪沉积物岩性为砂、砂砾、亚黏土、黏土、粉砂、粉细砂等（图 2）。自上而下分为 9 个带[①]（表 1）。

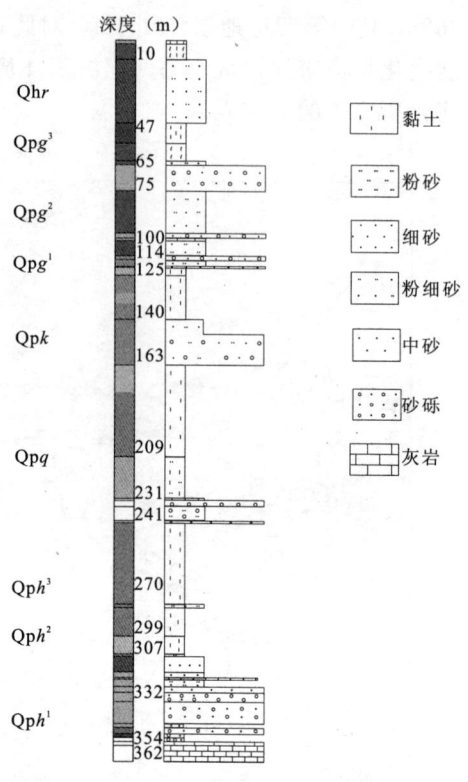

图 2　NB5 孔岩性柱状略图

4 结果与讨论

据以上测试成果，作 NB5 孔微量元素含量随深度变化曲线（图 3、图 4）和 Rb/Sr、K、Rb、Sr、CaO（图 5）、Sr/Ba、B/Ga 等特征元素与比值随深度变化曲线（图 6）（除 K 元素单位是 ％ 含量外，其他元素含量单位都是 μg/g，由于都是元素本身含量随深度的变化，又涉及元素与元素之间的比较及元素比值之间的比较，因而在曲线图中未标出横坐标单位）。微量元素各带特征见表 2。

曲线呈现如下特征：

（1）所有元素曲线都呈现一定的波动性。大部分元素曲线的变化都表现出同步的趋势，只是幅度有所差异，少数元素表现为较明显的相反变化，如 Sr 元素。

（2）Cl、Br 明显分成两段，163m 以上为相对高值段，之下为相对低值段。

---

① 江苏省地质调查研究院. 江苏 1∶5 万南通市、南通县、小海镇、海门市幅区调报告. 2009。

表 1　NB5 孔地层划分及沉积环境一览表

分带号	地质年代	地层及代号	深度范围(m)	岩性特征	沉积环境
1	全新世	如东组（Qhr）	0~47	以灰色、灰绿色粉砂、粉细砂为主，夹灰色、灰黑色亚黏土，近底部以灰黑色黏土（淤泥质）为主	滨浅海沉积环境和河口湾环境
2	晚更新世	滆湖组上段（Qpg^3）	47~65	上部岩性为灰色、灰绿色（略带蓝色）黏土，亚黏土，下部为灰色、灰绿色粉砂、粉细砂，含白云母，砂质较纯。上部偏细，下部偏粗	泛滥平原，河湖相
3		滆湖组中段（Qpg^2）	65~114	上部为灰色、灰绿色粉砂、亚黏土互层，中部为灰色、灰绿色细砂夹粉砂，下部为灰绿色粉砂、粉细砂，底部为灰色含砾砂	深水河道或滨海、浅海相沉积环境
4		滆湖组下段（Qpg^1）	114~125	以灰色、灰黄色、蓝灰色黏土为主，下部 5m 为灰色粉砂夹亚砂土	应属泛滥平原，河湖相
5	中更新世	昆山组（Qpk）	125~163	上部以灰色、灰绿色粉砂，粉细砂为主，下部为灰色含砾粉砂、细砂	为深水河道沉积，含海侵层①
6		启东组（Qpq）	163~241	下部(241~210m)，岩性以灰色细砂、含砾砂为主；上部(210~163m)，岩性以灰黄色、棕黄色黏土、亚黏土为主，黏土中见钙质结核	上部河流相。下部属泛滥平原，河湖相，偶夹海侵层
7	早更新世	海门组上段（Qph^3）	241~270	以灰黄色、棕黄色黏土为主，含较多钙质结核	以泛滥平原、湖沼相为主
8		海门组中段（Qph^2）	270~307	以灰黄色、棕黄色、青灰色黏土、亚黏土为特征	以泛滥平原、湖沼相为主
9		海门组下段（Qph^1）	307~354	下部为灰岩风化剥蚀产生的坡积层。354~345m 岩性为灰、灰白色砂砾层，含较多钙质结核，最底部见灰白色黏土，有明显的高岭石化，为残坡积物。345~307m 岩性以灰色粉砂、粉细砂、含砾砂为主	以河流相沉积为主，偶夹海侵层

　　(3)与 Cl、Br 相反，Rb/Sr 比值也明显分成两段，即 163m 以上为相对低值段，一般小于 1，之下为相对高值段，一般大于 1。值得注意的是 As 元素含量在 163m 以上时为总体低值，以下为总体高值，也分成了明显的两段。

　　(4)V、Zn、F 三元素的曲线起伏变化非常接近。Ga、Rb、K 三元素起伏变化也很接近。这 6 个元素的变化趋势总体也相近。

　　(5)Rb 与 Sr 两元素的变化曲线在很多局部区间呈现明显相反的变化。K 与 CaO 在很多局部区段呈现相反的变化。

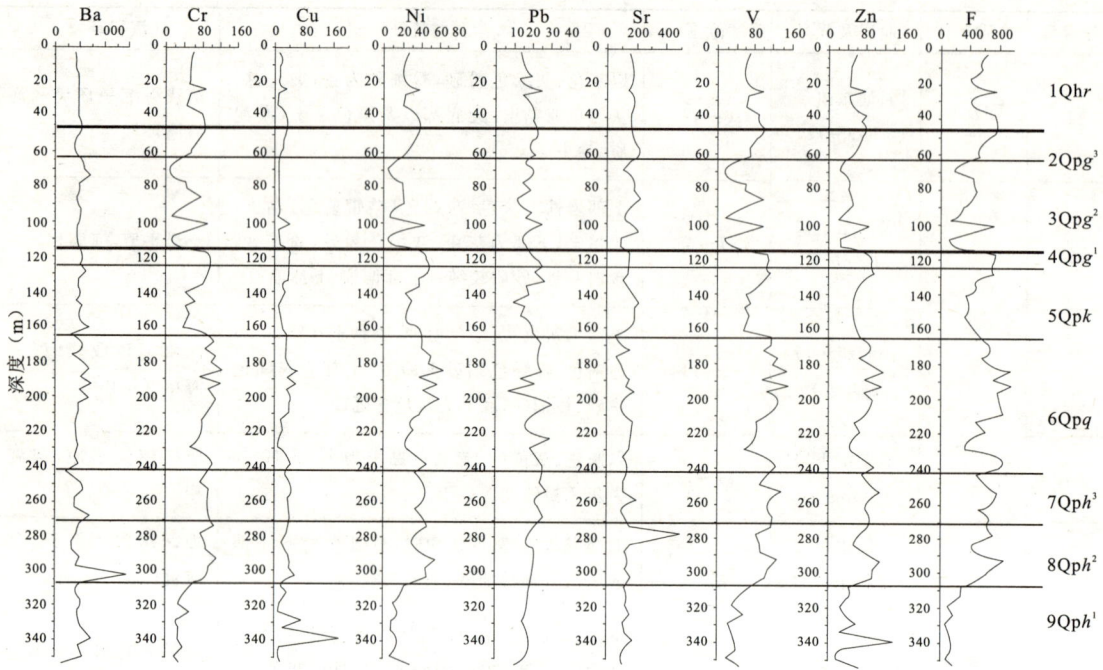

图3 NB5孔微量元素含量随深度变化图(Ba—F)

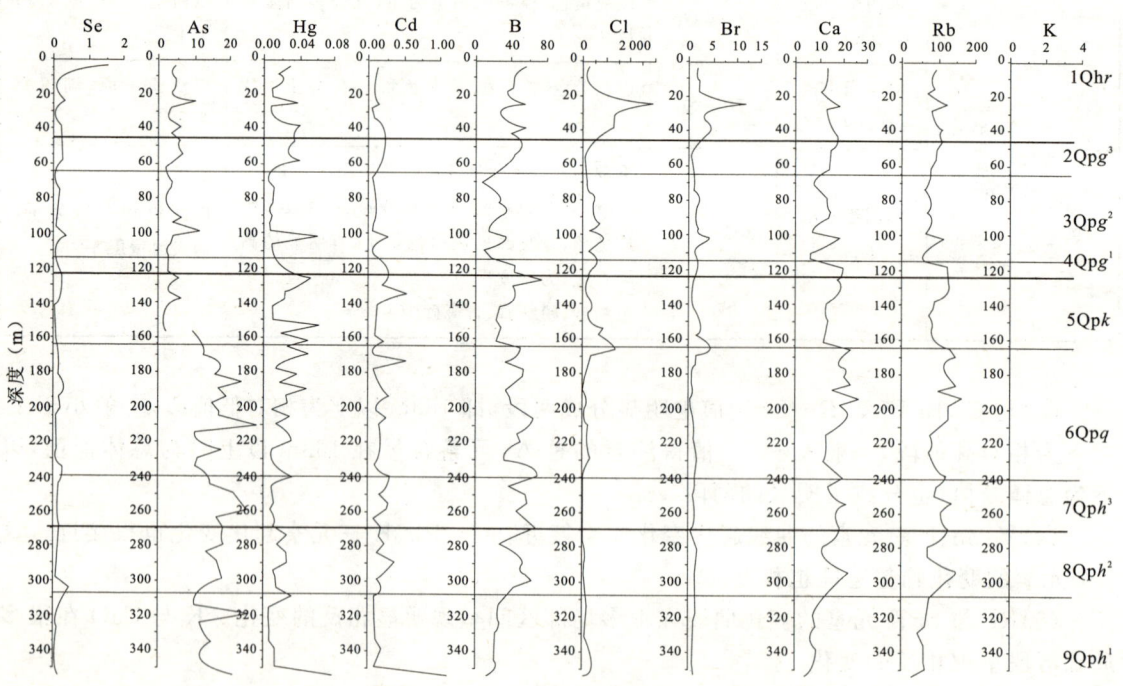

图4 NB5孔微量元素含量随深度变化曲线图(Se—K)

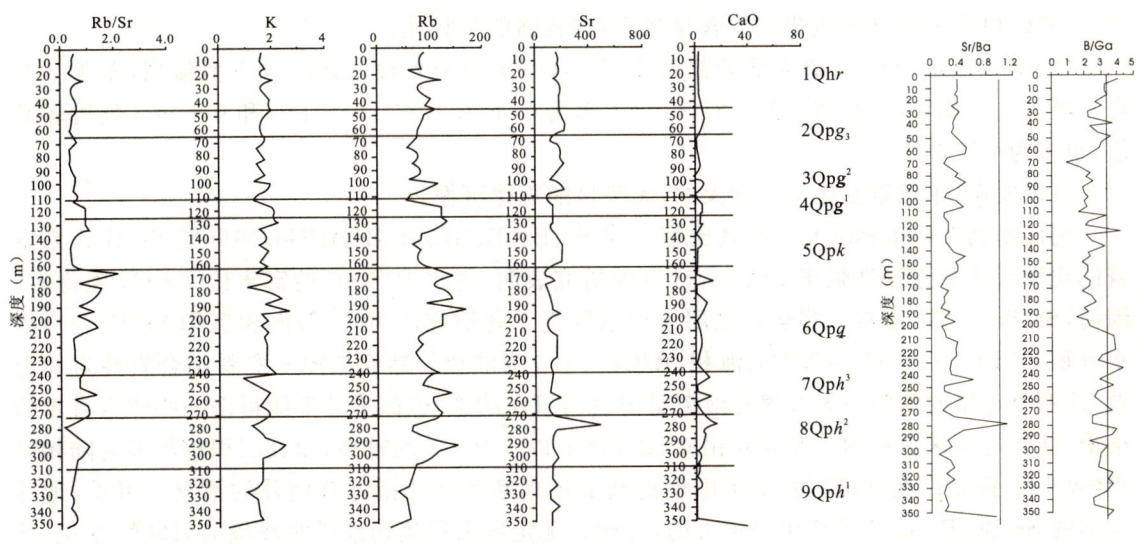

图 5　NB5 孔 Rb/Sr、K、Rb、Sr、CaO 等随深度变化曲线图

图 6　NB5 孔 Sr/Ba、B/Ga 随深度变化曲线图

表 2　NB5 孔各带微量元素特征一览表

分带号及地层代号	深度(m)	微量元素特征	以往研究中海侵层位	NB5 孔推测海相层或与海侵有关层(m)
1(Qhr)	0~47m	Cl、Br 全孔最高值段,Rb/Sr 为低值段。在 25m 处几乎所有微量元素含量(Ba 除外)都表现出异常,包括 Rb/Sr 值等几乎全部都显示增高,Cl、Br 增多明显,只有 Sr 显示降低	Ⅰ(Qh)镇江海侵	2~47
2(Qpg^3)	47~65	富 Sr、CaO,其他元素多为低值。Cl、Br 值较低,Rb/Sr 值较低		
3(Qpg^2)	65~114	富 Cl、Br,贫 As、Hg、Cd、B、Ga。几乎所有微量元素含量在此带中都表现出较大的波动性,特别是 Cr、Ni、V、F、B、Ga 等。可能指示此段时间内气候的剧烈波动性与反复。而在 102m 处几乎所有微量元素都表现出异常高值(除了 Ba),Rb/Sr 显示为较低值	Ⅱ(Qp_3^2)滆湖海侵	65~114
4(Qpg^1)	114~125	Cl、Br 较低,CaO 较高。认为当时可能为短暂的气候非常时期。Rb/Sr 值显示此段总体处于相对较高值。与第 5 带上部类似		
5(Qpk)	125~163	富 Sr、Cl、Br,显示较强的海相性。Rb/Sr 值显著变小,波动幅度降低,上部有增强的趋势	Ⅲ(Qp_3^1)昆山海侵	135~163
6(Qpq)	163~241	Cl、Br 总体较低,上部相对较低,下部相对较高。Rb/Sr 上部高,下部低。CaO 总体较高,呈波动变化,下部较低	Ⅳ(Qp_2^2)嘉定海侵	235~240
7(Qph^3)	241~270	As、B、Ga、Rb、Ba、Cr、Cu、Pb、V、Zn、F 等值较高,Cl、Br 较低。CaO 较高。Rb/Sr 值较高,锯齿状波动		
8(Qph^2)	270~307	低 Cl、Br,较高 Rb/Sr 值,CaO 高。波动较大		
9(Qph^1)	307~354	Cl、Br 值较低,但高于 7 带。CaO 较低。Rb/Sr 值相对 6、7、8 带较低	Ⅴ(Qp_1^2)如皋海侵	307~317

洋学报,2003,25(1):69-77

[16]杨兢红,王颖,张振克,等.苏北平原 2.58Ma 以来的海陆环境演变历史——宝应钻孔沉积物的常量元素记录[J].第四纪研究,2006,26(3):343-351

[17]栾英波,郭莉,郭高轩,等.北京地区新 5 孔第四系松散沉积物的微量元素地球化学及古气候古环境研究[J].分析研究,2008,(3):18-21

[18]刘东生,等.黄土与环境[M].北京:科学出版社,1985

[19]吴标云,李从先.长江三角洲第四纪地质[M].北京:地质出版社,1987

[20]邓兵,李从先,张经,等.长江三角洲古土壤发育与晚更新世末海平面变化的耦合关系[J].第四纪研究,2004,24(2):222-230

[21]缪卫东,李世杰,王润华.长江三角洲北翼 J9 孔揭示地层和古地磁特征[J].中国地质,2008,35(3):489-495

苍岱矿区成矿模式探讨与找矿方向

周宗尧[①] 黄常立 董学发 陈小友 吴鸣 宋明义

（浙江省地质调查院）

［摘 要］ 通过对苍岱矿区成矿地质背景和矿床地质特征的分析，参照区域典型矿床的勘查研究成果，建立了适合本区的受中生代火山机构控制的火山-次火山热液型银铅锌多金属矿成矿模式，对指导矿区下一步找矿具有重要意义。通过深入研究，指出放弃浅部金银、主攻深部铅锌多金属的找矿思路；提出在物探、化探和地质高精度综合剖面测量的基础上，采用钻探进行深部验证的工作方法，对于指导矿区及区域内火山岩覆盖区的矿产勘查具有重要意义。

［关键词］ 苍岱矿区 银铅锌多金属矿 成矿模式

苍岱矿区位于浙江省庆元县西南，东经118°53′12″—118°57′06″，北纬27°31′35″—27°35′40″，行政上属屏都镇、淤上乡和隆宫乡。矿区早在明成化年间（1468—1487年）就有过采矿活动，遗留大小采矿老硐200余个。1958—1992年，浙江省多个地质队在矿区及其外围开展过普查找矿工作和化探异常检查。以往由于投入少，工作程度较低，以地表找矿为主，对矿床的认识不一，找矿效果不明显。2004—2006年，浙江省地质调查院完成包括矿区在内的"庆元—荷地1∶5万区域矿产地质调查"，对矿区成矿地质背景有了新的认识，为矿区下一步深部找矿指明了方向[1]。

1 成矿地质背景

矿区区域上处于武夷山成矿带的北东段，区域性政和-大埔断裂带斜贯矿区。成矿有利地段位于白岭头破火山机构与北东向区域性断裂的交切部位。中生代火山碎屑岩系广布矿区，燕山期中酸性、酸性侵入岩较发育，中元古代变质基底零星出露。受北东向区域性政和-大埔断裂带影响，北东向、北北东向压性和压扭性断裂成束发育（图1）。

矿区出露地层主要为中生代磨石山群高坞组和西山头组火山岩；中元古代陈蔡群下河图组变质岩基底呈小断块出露在矿区南部深剥蚀区。基底中高级区域变质岩系为区域动力-热流变质作用形成的产物，主要岩性有变粒岩、片麻岩和片岩类。盖层为晚侏罗世磨石山群火山侵入杂岩。

---

① 第一作者简介：周宗尧，男，1972年生，安徽省太湖县人，博士研究生、高级工程师，主要从事区域地质、矿产地质调查。

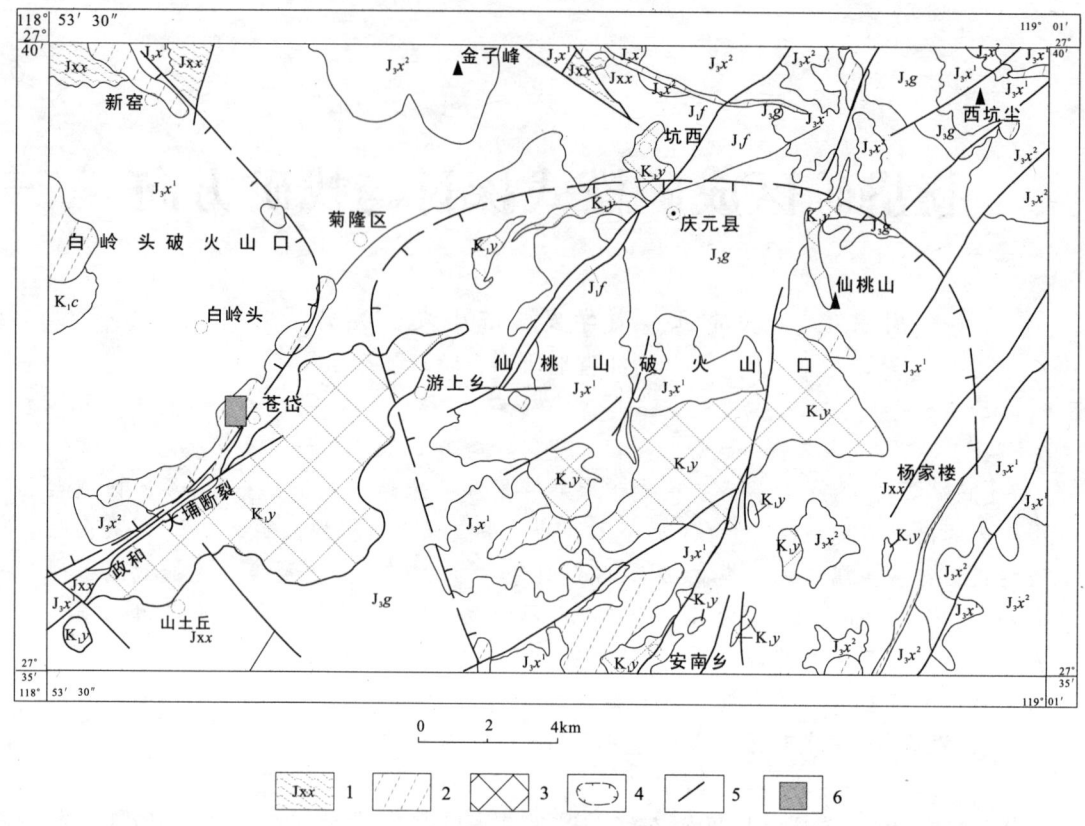

图 1　苍岱矿区区域地质图

K_1c.朝川组;J_3x^1.西山头组一段;J_3x^2.西山头组二段;J_3g.高坞组;J_1f.枫坪组;1.蓟县纪陈蔡群下河图组;2.流纹斑岩;3.花岗岩;4.破火山口;5.断层;6.苍岱矿区

沿区域性大断裂侵入的涂坑黑云母花岗岩分布于矿区南东。流纹斑岩、花岗斑岩、霏细斑岩、石英斑岩、石英二长岩以及斜长花岗斑岩等次火山岩沿白岭头破火山机构边缘呈环状或放射状分布,其中以流纹斑岩分布最广、规模最大,是矿区主要含矿围岩。

区域性北东向小关-坪坑断裂带斜贯测区,为后期岩浆侵入、热液活动提供了重要通道;白岭头火山机构在测区表现为以流纹斑岩为代表的断续环状岩墙。

1∶5万水系沉积物测量表明,矿区发育 Au、Ag、As、Mo 综合地球化学异常,该异常呈椭圆形,长轴方向近南北向,异常面积12km²,各元素套合较好,其中 Au、Ag 异常面积较大,基本特征见表1。1∶1万土壤地球化学测量共圈出7个化探异常,具有较好的找矿远景。

表 1　苍岱-官山头异常地球化学特征

元素	均值	峰值	衬度	异常面积(km²)
Au($\times 10^{-9}$)	9.07	220	4.70	12.00
Ag($\times 10^{-9}$)	1 326.85	21 600	5.30	12.00
As($\times 10^{-6}$)	12.88	68.90	1.11	2.80
Mo($\times 10^{-6}$)	6.68	23.58	2.23	2.00

2 矿床地质特征

矿区地层自下而上为上侏罗统高坞组和西山头组一段火山碎屑岩(图2)。地层走向北东、倾向北西、倾角平缓。高坞组出露在主矿化带东侧,为灰黑色流纹质晶屑熔结凝灰岩。西山头组一段可分上、下两个岩性段,下岩性段主要出露在蚀变矿化带的周围,为流纹质熔结凝灰岩,是矿区含矿流纹斑岩的主要围岩;在矿化地段,厚度约200m,往矿化段南、北两面明显变薄到70～80m。上岩性段主要岩性是流纹质含砾凝灰岩,局部夹玻屑凝灰岩和硅质岩,厚度约200m。

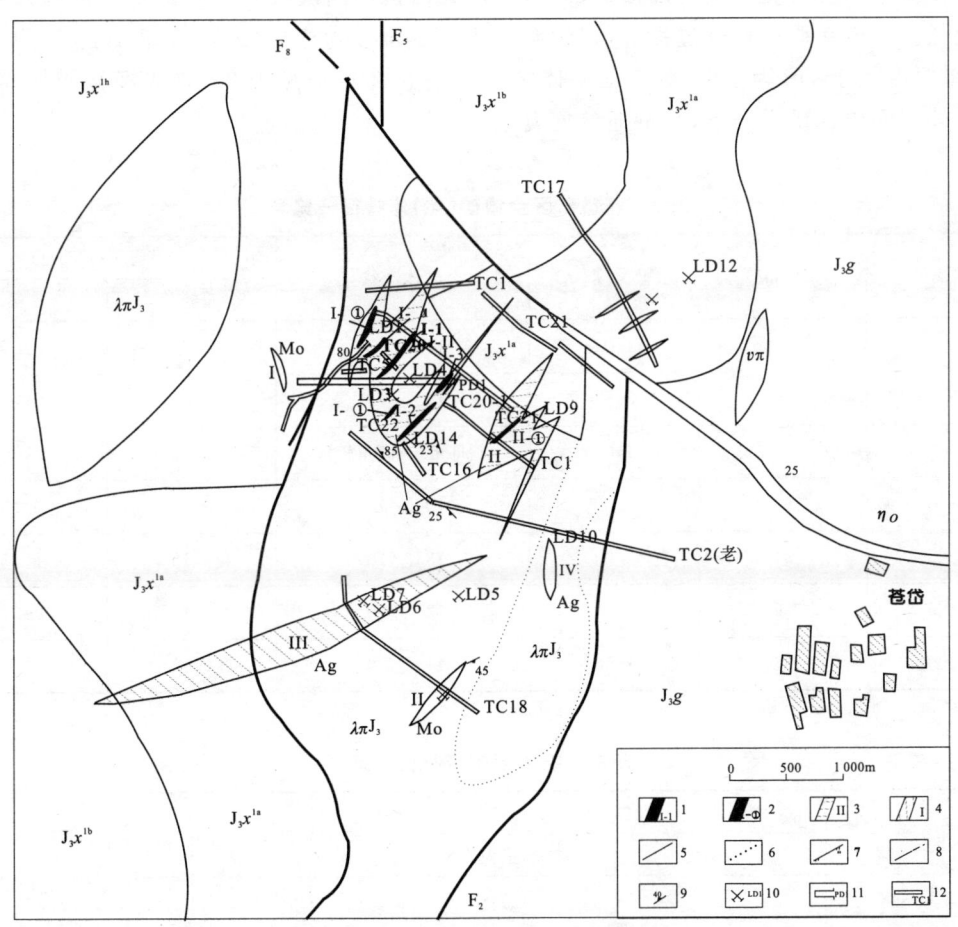

图 2 苍岱矿区地质简图

1.可利用银矿体及编号;2.暂不能利用银矿体及编号;3.银矿化体及编号;4.钼矿化体及编号;5.地质界线;6.岩相界线;7.张扭性断层及产状;8.性质不明、推测断层;9.流面产状;10.老硐及编号;11.探矿平硐及编号;12.探槽及编号

2.1 围岩蚀变特征

矿区面状蚀变较强,面积较大,蚀变类型主要有硅化、黄铁矿化、绢英岩化,次有黑云母化、绢云母化、绿帘石化、绿泥石化、碳酸盐化。蚀变严格受次火山岩及裂隙构造带控制。以次火山岩为中心的热液蚀变由内到外大体呈绢英岩化叠加硅化—绢英岩化—绢云母(绿帘石)化的水平分带,在可见的垂向空间,未见明显的蚀变垂直分带现象。

2.2 矿(化)体特征

矿区地表及浅部主要表现为金银和独立的钼矿化,透镜状、不规则状金银钼矿化体和矿体主要产在流纹(花岗)斑岩及其外接触带中,尤以火山机构内次火山岩体边部微裂隙发育部位矿化最强。前人在矿产普查过程中,以银含量大于 40g/t 为边界品位,大于 100g/t 为工业品位,可采厚度大于 1m 为指标,圈定银矿体 7 个[①],各矿体特征见表 2。地表经探槽揭露,硅化蚀变带外围圈出钼矿带两条,其特征参见表 3。

表 2　苍岱矿区金银矿(化)体特征一览表

矿体编号	长度(m)	水平宽度(m)	矿体产状	平均品位(g/t)	
				金	银
Ⅰ-1	67	1.01	135°∠65°	0.30	134.45
Ⅰ-2	50	2.83	135°∠70°	0.08	100.68
Ⅰ-3	37	1.00	走向北东,倾角较陡	0.93	194.90
Ⅰ-①	53	3.00	120°∠70°	0.20	67.56
Ⅰ-②	31	2.00	135°∠70°	0.18	85.38
Ⅰ-③	29	2.00	130°∠70°	0.11	114.00
Ⅱ-①	37	1.50	145°∠70°	0.12	53.40

表 3　苍岱钼矿带特征一览表

矿带编号	规模(m)		平均品位(%)	产状
	长	水平宽		
Ⅰ	90	2.27	0.054	不清
Ⅱ	102	1～1.5	0.078	70°∠70°

2.3 矿石特征

金银矿石以细脉浸染状构造为主;矿石具自形—它形粒状结构。钼矿石为细脉状构造。

---

① 浙江省第七地质大队.浙江省庆元县宫山头金银异常二级查证报告,1989。

矿石中金属矿物常见的有黄铁矿,局部可见有闪锌矿、方铅矿,镜下见金银矿;钼矿石中肉眼未见辉钼矿;脉石矿物以显微粒状石英为主,次有绢云母、绿泥石、绿帘石、萤石、方解石。黄铁矿、铅锌矿、烟灰色硅化石英与金银矿化关系密切,网脉状石英发育部位钼矿化较强。

2.4 稳定同位素特征

矿区4条含银矿脉或矿化蚀变带中的石英单矿物稳定同位素分析结果表明,含矿热液介于雨水与原生岩浆热水之间,且偏向雨水线,表明雨水参与了成矿热液的循环(表4,图3)。

表4 苍岱矿区含矿石英脉氧同位素组成表

样号	测试矿物	$\delta^{18}O$(‰)	δD(‰)
R1	石英	−2.08	−59.00
R2	石英	−6.69	−56.80
R5	石英	−7.44	−58.20
R5	石英	−7.14	−57.90
R6	石英	−0.75	−57.00
R8	石英	−6.03	−60.20

3 成矿模式探讨与找矿方向讨论

通过矿区成矿地质条件分析,认为矿床成因类型为受火山机构控制的火山热液-次火山热液型矿床。成矿热液主要为来自火山喷发期火山-次火山热液,可能叠加了燕山晚期岩浆侵入补充期的深成岩浆热液。热液沿白岭头破火口外围次一级穹状火山机构以及区域性小关-坪坑断裂的分支断裂(F_2)运移,并在次火山岩内部微细裂隙或其与围岩的接触面附近富集成矿。

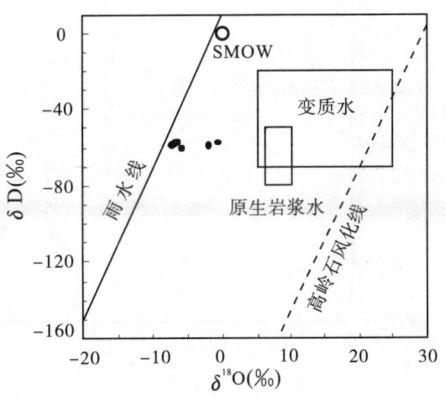

图3 苍岱矿区成矿热液氢氧同位素组成

3.1 成矿模式探讨

结合区域性典型矿床研究成果[2],总结出苍岱银铅锌多金属矿的成矿模式如图4所示。成矿模式表明,伴随着晚侏罗世酸性岩浆活动,矿区中元古代变质基底上堆积形成巨厚火山碎屑岩。在火山活动后期,岩浆沿火山通道上侵形成蘑菇状潜火山流纹(花岗)斑岩,由于岩浆的结晶分异作用,岩浆活动期末,形成的富Mo高中温热液,运移到岩体顶部和外接触带裂隙发育的低压空间充填交代,产生矿区早期钼矿化及硅化(Ⅰ)。之后的再次构造活动,进一步分异的岩浆沿已有裂隙式火山通道再次上侵,形成霏细斑岩及石英斑岩,霏细斑岩固结成岩过程中体积收缩造成的通道裂隙以及流纹(花岗)斑岩浅部由岩体冷缩和顺应区域构造形成的短浅裂隙,给岩浆房分异和岩体加热循环形成的混合含

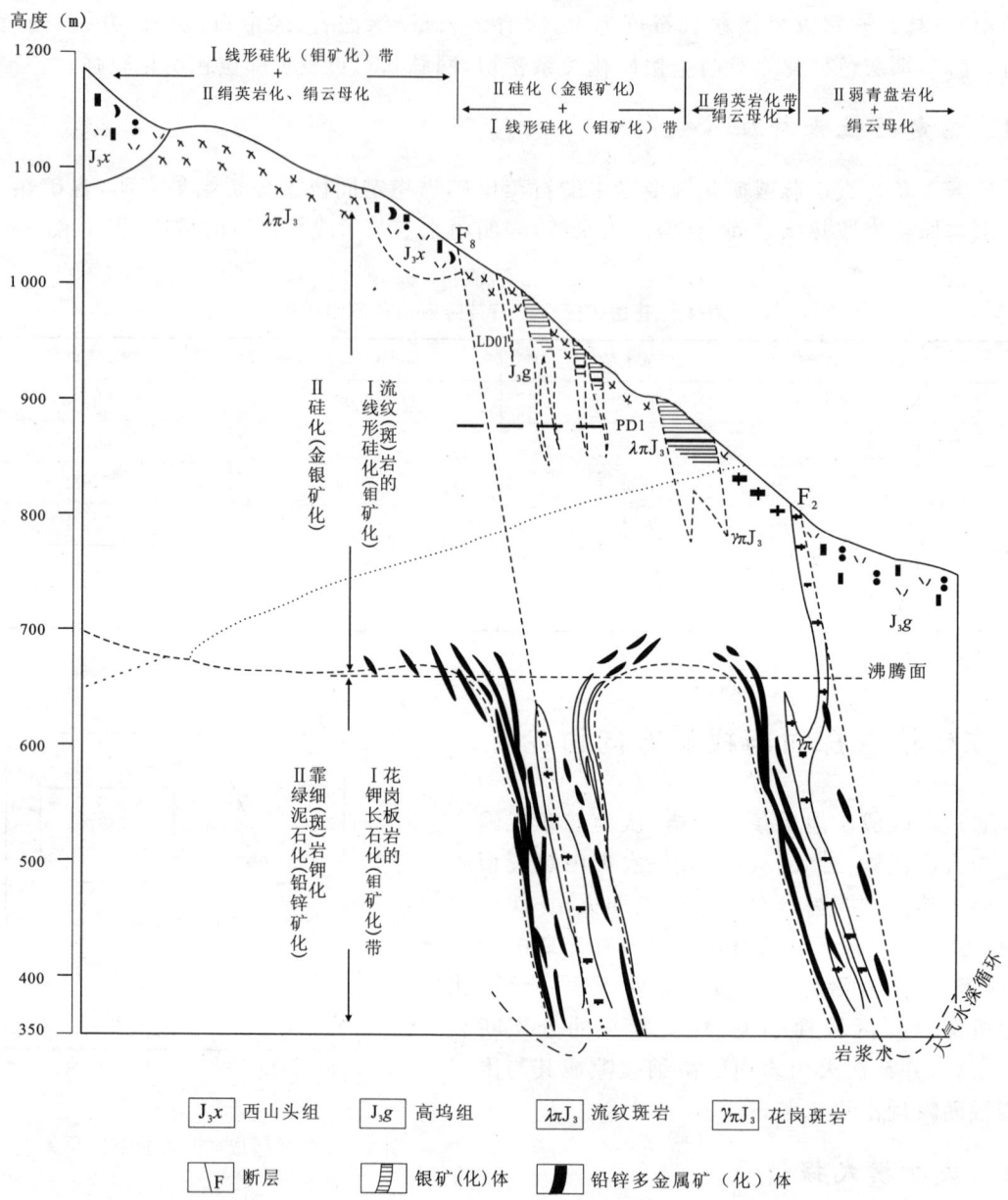

图 4 苍岱矿区受中生代火山机构控制的火山-次火山热液型银铅锌多金属矿成矿模式

矿热液向上运移扩散和充填交代提供了通道和空间,当矿液运移到蘑菇状岩体"帽盖"屏蔽层之下物理化学条件适宜的通道部位,围岩产生硅化、钾化,能量系数较大的铅锌矿物等首先结晶沉淀,形成脉状矿体。由于铅锌等矿物的晶出,含矿溶液中金银浓度提高,当这种矿液运移到浅部,即到达蘑菇状岩体"帽盖"底边时,随着空间的扩大,矿液因减压而沸腾,沸腾的稀薄含金银热液渗透和扩散能力强,上升到氧化程度增强的近地表环境,矿化度增高,围岩产生较广泛的面型硅化,此时金银硫代络合物不稳定,促使金银矿物沉淀,在"帽盖"体中(主要在帽盖边缘),短浅裂隙(带)上形成硅化岩型金银矿(化)带(Ⅱ)。由于成矿系统相对开放,大气降水沿断裂下渗,参与了第二阶段的浅部成矿作用。

3.2 找矿方向与方法讨论

根据现有的成矿模式,矿区地表的银、钼矿的勘查已无意义。苍岱矿区下一步找矿重点应立足于深部第二找矿空间铅锌多金属矿的勘查。主要原因有三:一是矿区现有的地表勘查发现的银钼矿体规模小,深部连续性差,无工业价值;二是矿区剥蚀较浅,现今剥夷面仅达金银矿化带;三是矿区矿化蚀变特征在中国东南沿海中生代火山岩区具有典型意义,通过深部的矿产勘查,进一步验证和修正成矿模式,具有重要的理论意义和现实的经济价值。

为保证下一步深部勘查的经济合理性,矿区深部勘查应以有限的高精度物探、化探、地质综合剖面测量为首选手段,通过物探剖面推断铅锌矿体可能赋存的部位,通过化探研究成矿元素与找矿指示元素的垂向与侧向分带性,通过地质测量进一步修正成矿模式。在综合研究确定矿体可能赋存部位的前提下,采用少量深部钻探工程验证理论模式,可以收到事半功倍的效果。

4 结语

通过上述分析与探讨可知,苍岱矿区地表及浅部找矿无潜力,矿区下一步找矿的重点应是海拔 300~700m 标高内第二找矿域内的铅锌多金属矿,特别是火山碎屑岩与变质基底的接触面,具有更好的成矿条件。

本次建立的"受中生代火山机构控制的火山-次火山热液型银铅锌多金属矿成矿模式"不仅对指导本矿区深部找矿具有重要意义,而且通过深部验证工作,修正现有模式,对指导浙江省内火山岩厚覆盖区的深部找矿具有更重要的经济价值。

参考文献

[1] 周宗尧,董学发,等. 庆元—荷地 1:5 万区域矿产地质调查成果报告(矿产部分),2008
[2] 黄报章,郑人来,尤岳昌,等. 论浙江黄岩五部铅锌矿的成矿特征和形成条件[J]. 资源调查与环境,1982,9(2):85-102

一阶段的火山产物分割而形成不整合,这均是局部的火山不整合,不占重要地位。火山活动过程中,常伴有火山地体的隆起和沉陷作用,在不同阶段形成的岩相和旋回之间存在比较重要的不整合,例如旋回早期形成的火山碎屑沉积岩与下伏岩系的角度不整合,旋回中期喷发相产物与旋回早期火山碎屑沉积岩的超覆或喷发不整合,旋回晚期火山地体的下陷形成的火山碎屑沉积岩与下伏喷发相火山岩的火山沉积不整合或平行不整合等。

1.1.5 层状火山岩系与非层状潜火山岩密切共生

火山岩按其产出方式,可分为层状火山岩系和非层状潜火山岩两种。前者形成于地表,后者发生于地下,而侵出岩丘则是两者之间的过渡类型,它们紧密地伴生于同一火山岩系之中。如火山岩层未受变动或剥蚀较浅,层状火山岩系与非层状潜火山岩呈纵向共生关系,但在古火山岩地区,由于经历了不同程度的剥蚀与变形作用,它们往往会同时呈现在一个平面上。在进行火山地层研究时,只研究层状火山岩系的层序和时代,需要将非层状潜火山岩区分出来;而在恢复火山活动史时,则应将同期、同成因的非层状潜火山岩与层状火山岩系有机地联系起来。

1.2 陆相火山地层结构类型

在不同地质构造环境、不同岩浆成分和不同喷发方式下形成的火山地层结构类型至少可归纳为5种,其工作方法与划分精度相应地也有所不同。

1.2.1 以沉积岩层为主,火山岩在其中仅呈夹层出现的类型

这种类型在一些陆相火山沉积盆地中常见,其地层研究方法基本上与沉积岩层相似。在进行火山地层划分时,要考虑到火山作用的阶段性,但更要重视沉积岩层特点及其中的化石资料,这类地层可以划分到组,甚至到段。

1.2.2 熔岩与火山碎屑岩互层类型

这种类型比较常见,在基性、中性、中酸性和酸性火山岩地区都可以见到,它们往往形成层状火山。从地层学上将它们划分到组与段是不太困难的,喷发韵律与旋回分析法是常用的方法。

1.2.3 以火山碎屑岩为主的类型

这种类型在中酸性、酸性火山岩地区最为发育,它们常组成锥状火山和破火山。由于这种类型火山岩层交错叠加,岩相横向变化大,因此,在进行火山地层研究时,必须特别注意火山产物的来源及相互关系,必须在查明火山构造面貌的基础上,在火山机构内选测剖面,否则,建立火山地层层序与划分火山地层单位将相当困难。这种类型的火山岩石地层一般划分到组与段。

1.2.4 火山岩与沉积岩互层的类型

对于互层频繁且火山岩厚度不大,亦可沿用沉积岩层的研究方法。若火山岩层厚度较大,可以恢复火山机构或推测火山喷发中心者,应当以与上述1.2.2和1.2.3类型相同的火山构造单元为范围,建立火山地层层序和格架。

1.2.5 泛流玄武岩类型

泛流玄武岩类型常分布于火山高原或平原,其岩流虽然厚度不大,但分布面积较广。对于这种类型的火山地层,则应用岩石学、矿物学、古地磁学等方法,可以划分到组与段。

2 陆相火山地层研究方法

2.1 火山地层剖面测制

火山地层剖面的部署原则：火山地层调查要进行以岩石地层为主的多重地层划分研究。要按火山构造单元测制控制性基准剖面，剖面应尽可能控制所有火山岩层位；按不同火山喷发带、火山喷发盆地或火山喷发区分别建立火山地层层序。每个火山喷发带（盆地或区）中的各个岩石地层单位应受1条以上剖面控制，每个1：5万或1：25万图幅的每个岩石地层单位亦应受1条以上剖面控制。剖面线应选择通过火山喷发中心，且火山地层、岩性岩相发育较全的地段布置。剖面线应尽可能垂直地层走向，夹角一般不小于60°，掩盖地段应充分利用剖面线两侧50m内的露头资料，据其产状投影于剖面上，如重要地质界线被掩盖，必要时可动用少量轻型山地工程加以揭露。剖面比例尺为1：2 000～1：5 000。

剖面的踏勘、分层：剖面施测前，要进行详细的踏勘、分层。分层精度为相应比例尺图面1mm代表的单层，对于特殊岩层如沉积岩夹层，火山碎屑岩中的熔岩夹层，熔岩中的火山碎屑岩夹层，粗碎屑岩中的细碎屑岩夹层，及氧化顶、氧化底、烘烤边、含矿层等要单独分层，其厚度小于相应比例尺分层厚度时可放大表示。火山碎屑岩的分层：注意观察火山碎屑的成分、粒度、含量、不同颜色、特殊的结构及构造、接触关系；熔岩的分层：注意观察岩石的成分特征、结构及构造、层面构造、接触关系、熔岩层顶部氧化带、烘烤式蚀变现象、侵蚀面等。

剖面研究的内容：剖面应详细研究各岩层的岩性特征，各岩层间的相互关系，纵横向的变化等。要尽可能多测产状，观察记录各种火山作用现象。收集各岩相的实际资料，观察各岩相间的关系。研究火山喷发旋回及韵律、建立地层层序，划分确定岩石地层单位、岩石组合、火山岩岩相类型及相序特征。此外，应系统采集各类分析测试样品，对沉积岩夹层要注意采集化石、孢粉，以确定喷发时代，必要时应采集同位素年龄样。

剖面的测制方法：火山地层剖面的测制应在路线填图中基本查明火山构造面貌、火山地层时空展布、层序、产状及接触系的基础上，进行剖面的详细研究。剖面的测制方法与沉积地层测制方法相同。

2.2 火山喷发韵律划分

韵律是火山喷发表现出的周期性变化，对一座火山而言，这种周期性变化包括喷出的物质成分、喷发强度、喷发方式及喷发物厚度等的规律性变化。因此，韵律的特点各不相同，无固有的"模式"，应据某一座火山中喷发物的特征来划分韵律。一般地说，一个韵律是由一层或多层岩石组成，薄的仅几十厘米，厚者达数百米。通过韵律的划分研究，可了解火山喷发的规律，在一定程度上能帮助我们预测覆盖地段可能出现的矿产。

韵律的类型很多，常见的有：①熔岩或火山碎屑岩或火山碎屑熔岩中各岩层明显可分，而岩性基本相同，其厚度有周期性变化，其韵律多表现为薄—较厚—厚或薄—较厚—厚—较薄—薄；②熔岩、碎屑岩、碎屑熔岩中岩石化学成分上出现规律性变化，韵律常表现为酸性—中酸性（—中性）或（中性—）中酸性—酸性或中性—中酸性；③在爆发相系列堆积物中的韵律，理想的冷却单元或流动单元一般为涌流堆积相的凝灰岩-碎屑流堆积相的熔结凝灰岩-空落堆积相的凝灰岩,但涌流堆积相分布较局限、厚度较薄,常缺失,则出现碎屑流堆积相的熔结凝灰岩-空落堆积相的凝灰岩;④熔岩、火山碎屑熔岩、火山碎屑岩及沉积岩互层的韵律,常表现为火山碎屑岩—火山碎屑熔岩—熔岩—火山碎屑沉积岩—沉积岩;⑤火山碎屑岩及沉积岩互层的韵律,多为火山碎屑岩—火山碎屑沉积岩—沉积岩;⑥熔岩或火山碎屑熔岩与火山碎屑岩组成的韵律,多为熔岩或火山碎屑熔岩—火山碎屑岩的韵律;⑦熔岩中基本岩性相同,而结构构造发生规律性变化时,其韵律划分应据结构、构造规律性变化来确定,如石泡流纹岩—流纹岩或球粒流纹岩—流纹岩等。各测区可据某座火山中喷发物的特点进行划分,如1:25万周宁县幅等4幅区调联测区的甲峰顶-上洋坪剖面韵律划分[4]如表1和图1所示。

表1 福安市甲峰顶—上洋坪晚侏罗世—早白垩世南园组第四段[$(J_3—K_1)n^4$]实测剖面地层层序及韵律划分简表

岩石地层单位		层号	岩性	分层厚度(m)	组段厚度(m)	形成方式	岩石化学成分	韵律划分	韵律厚度(m)
组	段								
南园组	$(J_3—K_1)n^4$	22	浅灰色流纹质集块角砾熔结凝灰岩	311.34	1 661.11	火山通道	酸性	六	250.05
		21	浅灰色流纹质含集块角砾晶屑弱熔结凝灰岩	90.85		碎屑流			
		20	浅灰色流纹质凝灰岩	20.13		空落			
		19	浅灰色流纹质含集块角砾晶屑凝灰岩	139.07					
		18	浅灰色流纹质角砾晶屑熔结凝灰岩	15.48		碎屑流		五	49.38
		17	浅灰色流纹含角砾晶屑凝灰岩	33.90		空落			
		16	浅灰色流纹质角砾晶屑熔结凝灰岩	173.36		碎屑流		四	552.46
		15	浅灰色流纹质含角砾晶屑熔结凝灰岩	241.31					
		14	浅灰色流纹英安质晶屑熔结凝灰岩	98.21			中酸性		
		13	浅灰色流纹质含角砾晶屑凝灰岩	39.58		空落			
		12	浅灰白色绢云母化集块角砾流纹岩	108.50		火山通道		三	374.71
		11	浅灰白色含集块角砾流纹岩	79.05		喷溢	酸性		
		10	浅灰白色角砾流纹岩	35.85					
		09	浅灰白色含角砾流纹岩	14.57					
		08	浅灰白色流纹岩	104.28					
		07	浅灰色角岩化流纹岩	50.14					
		06	浅灰白色流纹岩	53.23					
		05	浅灰色流纹质多晶屑凝灰岩	37.59		空落			
		04	浅灰白色流纹岩	87.5		喷溢		二	131.79
		03	浅灰色流纹质晶屑凝灰岩	44.29		空落			
		02	浅灰色绢云母化流纹岩	26.69		喷溢		一	302.72
		01	深灰色流纹质含角砾晶屑凝灰岩	276.03		空落			
	$(J_3—K_1)n^3$	00	深灰色英安质晶屑熔结凝灰岩				中酸性		

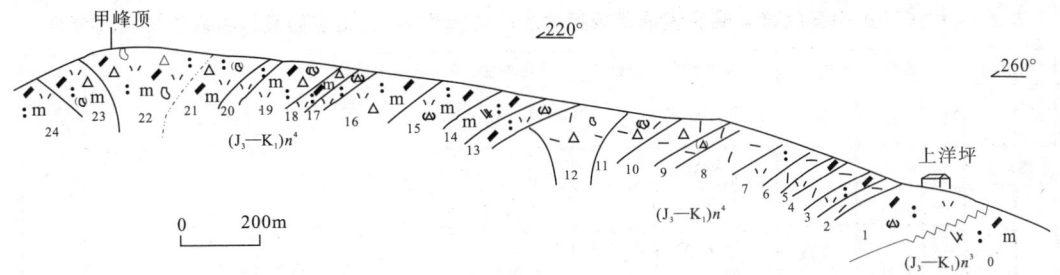

图 1 福安市甲峰顶—上洋坪晚侏罗世—早白垩世南园组第四段[$(J_3-K_1)n^4$]实测剖面图

$(J_3-K_1)n^4$. 晚侏罗世—早白垩世南园组第四段;$(J_3-K_1)n^3$. 晚侏罗世—早白垩世南园组第三段;0. 英安质晶屑熔结凝灰岩;1. 英安岩;2. 流纹岩;3. 流纹质晶屑凝灰岩;4. 流纹岩;5. 流纹质晶屑熔结凝灰岩;6. 流纹岩;7. 流纹质凝灰岩;8. 流纹岩;9. 含角砾流纹岩;10. 角砾流纹岩;11. 含集块角砾流纹岩;12. 集块角砾流纹岩;13. 流纹质含角砾晶屑凝灰岩;14. 流纹英安质晶屑熔结凝灰岩;15. 流纹质含角砾晶屑熔结凝灰岩;16. 流纹质角砾晶屑熔结凝灰岩;17. 流纹质含角砾凝灰岩;18. 流纹质角砾晶屑凝灰岩;19. 流纹质含集块角砾晶屑熔结凝灰岩;20. 流纹质凝灰岩;21. 流纹质含集块角砾晶屑熔结凝灰岩;22. 流纹质集块角砾晶屑熔结凝灰岩;23. 流纹质含集块角砾晶屑熔结凝灰岩;24. 流纹质晶屑熔结凝灰岩

2.3 火山旋回划分

火山旋回是在一个火山喷发区内或更大范围内进行划分,是指一个火山活动期中不同火山喷发阶段形成,并与一定火山构造形式相联系的火山产物的周期性变化,一般情况下有若干个火山机构或火山群(喷发盆地)。划分、研究火山活动旋回具有区域的对比意义,不仅可获得火山活动机理及其发展演化的重要资料,而且对指导找矿具有实际意义。一个火山旋回的晚期,常见有潜火山岩和气液活动,有利于形成工业矿床。

火山旋回划分原则是:①一个旋回内虽然有多次、多阶段的火山喷发,但火山活动基本是连续的,不存在区域性的构造不整合面;②同一旋回火山产物在火山岩岩石类型、岩石组合、岩相、岩石化学、地球化学特征及与火山岩有关的矿产等方面有一定的相似性;③不同旋回间有火山活动间断期分开,一般由区域性沉积事件、不整合面表现出来;④不同旋回火山产物在火山岩岩石类型、岩石组合、岩相、岩石化学、地球化学特征及与火山岩有关的矿产等方面有一定差异;⑤不同旋回在古生物组合、同位素地质年龄上则表现出时差性;⑥不同旋回火山产物及火山构造虽有共性,但由于火山作用方式及所处的构造环境的变异,火山构造的空间分布格局、火山构造的类型也有不同的特征,一般晚期旋回火山构造叠置、切割早期旋回火山构造。一般情况下,一个火山旋回相当于岩石地层单位的一个组;如若岩石地层划分较细的地区,一个旋回可相当于岩石地层单位的2～3个组或更多组,包含有多个喷发韵律。如1∶25万周宁县幅等4幅区调联测区中生代火山活动始于晚三叠世,结束于晚白垩世,均为陆相火山喷发,可将其划分为10个火山旋回[4](表2)。

2.4 火山地层划分、对比

火山地层划分、对比是论证地层位置的对应关系及区域性的变化规律。火山地层划分、对比所依据的特征不同,划分、对比的方法也不同,因此,在进行火山地层划分、对比时,必须采用共同的标志,否则就失去意义。

表 2 1:25 万周宁县幅等 4 幅区调修测项目中生代火山地层、火山旋回及构造岩浆旋回划分表

年代地层			测区岩石地层			福建东部岩石地层			浙江西南部岩石地层			火山活动旋回划分	同位素年龄（Ma）	构造岩浆旋回划分
系	统		群	组	段	群	组	段	群	组	段			
新近系				佛昙组			佛昙组							
白垩系	上统			崇安组			崇安组					X		
				泰顺组	上段					泰顺组	上段	IX	Rb-Sr:84.29	
					下段						下段			
			石帽山群	石牛山组	上段	石帽山群	石牛山组	上段	永康组	小平田组		VIII	Rb-Sr:88、91、88 K-Ar:78、77.8、86.7 U-Pb:93.8(电子探针)	燕山晚期构造岩浆旋回
					下段			下段						
	下统			寨下组	上段		寨下组	上段		朝川组		VII	Rb-Sr:104.1、107.46、110.0、112 K-Ar:103.3、106.8、107.9、113.5	
					下段			下段						
				黄坑组	上段		黄坑组	上段		馆头组	上段	VI	Rb-Sr:114.4、121、125 锆石SHRIMP:102 Sm-Nd:111、114 K-Ar:113.2、113.5	
					下段			下段			下段			
侏罗系	上统			小溪组	第五段		小溪组	第五段	磨山石群	九里坪组		V	Rb-Sr:136、137、142	
					第四段			第四段		茶湾组				
					第三段			第三段		西山头组	第三段			
					第二段			第二段			第二段			燕山中期构造岩浆旋回
					第一段			第一段			第一段			
				南园组	第四段		南园组	第四段		高坞组	第三段	IV	Rb-Sr:157.9、140.8、160.3、156、151、154、149、149.4、158、151、144、148、154.1、150、154 锆石SHRIMP:142.3、162.3、149.8、138.8、130.1 LA-MC-UCP-MS 锆石 U-Pb:150.7、148.08 K-Ar:149~151	
					第三段			第三段			第二段			
					第二段			第二段			第一段			
					第一段			第一段		大爽组				
				长林组			长林组							
	中统			漳平组			漳平组			毛弄组		III		
	下统			梨山组			梨山组			枫坪组		II	Rb-Sr:180	燕山早期构造岩浆旋回
三叠系	上统			焦坑组、文宾山组			焦坑组、文宾山组					I		
前寒武系														

中酸性火山岩喷发不整合于长林组之上,顶部被小溪组第一段沉积岩平行不整合覆盖。

1.1.3 早白垩世早期小溪组

根据小溪组地层层序、接触关系、岩石组合特征、火山活动旋回及岩浆演化规律等,将小溪组进一步划分为5个岩性段。第一段为浅灰色、灰绿色(钙质、硅质、凝灰质)粉砂岩,(砂质、粉砂质)泥岩,凝灰质砂岩夹页岩,砂砾岩,沉凝灰岩夹火山岩,局部硅质岩条带发育;第二段为紫灰色、深灰色粗面玄武岩,辉石安山岩,英安岩,(流纹)英安质晶屑熔结凝灰岩夹流纹质含角砾凝灰岩;第三段为浅灰色、灰色(石泡、球粒)流纹岩,流纹质(含角砾)晶屑熔结凝灰岩,(岩屑、玻屑、晶屑)凝灰岩夹泥岩;第四段为浅灰色、灰黄色、粉红色砂砾岩,(含砾)粗粒长石石英砂岩,砾质中粗粒岩屑砂岩,(凝灰质)细粒岩屑(杂)砂岩夹粉砂岩,泥岩等;第五段为灰紫色、紫灰色(石泡、球粒、钾长)流纹岩,流纹岩,流纹质(含集块、角砾)晶屑熔结凝灰岩,集块角砾晶屑凝灰岩,玻屑凝灰岩。新划分出小溪组第二段、第四段、第五段。

小溪组分布于政和-大埔断裂带以东的沿海地层小区,尤其是集中分布于顺昌-闽清北西向断裂带以北的福安-平和北东向火山喷发带东北段,多呈盆地形式出露于火山喷发带的中心部位,各盆地沉积环境和火山活动强度不同,岩性及厚度变化较大,厚度363.0~1519.61m,古田小溪及仙游游洋盆地为第一段沉积岩夹少量火山岩,其他盆地则以第二至第五段火山岩为主,第一段沉积岩零星分布于盆地边缘,其层序齐全、划分标志明显、顶底界清楚,底部以小溪组第一段沉积岩平行不整合于南园组之上,顶部被黄坑组下段沉积岩不整合覆盖。小溪组层位相当于武夷地层小区下渡组—坂头组—吉山组,并可与浙东南地区西山头组—茶湾组—九里坪组对比。小溪组第三段与西山头组第三段均为中国东南沿海火山岩带中叶蜡石(寿山石、青田石)的重要含矿层位,其中小溪组第三段已探明叶蜡石矿储量为772.4×10^4t,占全省总储量的86.55%,占全国总储量的44.53%。

1.1.4 早白垩世早期下渡组

下渡组为一套杂色、紫红色陆相沉积-火山岩系,自下而上可进一步划分为下段杂色凝灰质砂砾岩、砂岩、粉砂岩、泥岩夹流纹质晶屑凝灰岩等;上段下部为灰紫色、紫色流纹质(含角砾)晶屑熔结凝灰岩,晶屑凝灰岩,流纹岩、安山岩等,上部为紫红色石泡流纹岩、球粒流纹岩、粗面岩、流纹质(含角砾)晶屑熔结凝灰岩、晶屑凝灰岩及凝灰岩等。

下渡组分布于政和-大埔断裂带以西的武夷地层小区,呈单个盆地形式零星散布。各盆地沉积环境及火山活动强度不同,岩性及厚度变化较大。下段沉积岩零星出露于盆地边缘,上段火山岩构成盆地的主体地层,厚度203.30~903.40m,其划分标志明显、顶底界仍较清楚,底部以第一段沉积岩平行不整合于南园组火山岩之上,顶部被坂头组沉积岩整合覆盖。

1.1.5 早白垩世早期坂头组

坂头组为一套杂色陆相沉积岩系,岩性为灰绿色、灰紫色、灰黑色凝灰质砂岩,砂砾岩,石英细砂岩,粉砂岩,粉砂质泥岩,泥岩,纸状页岩夹薄层凝灰岩等。

坂头组分布于政和-大埔断裂带以西的武夷地层小区,呈单个盆地形式零星散布。由于盆地开启和闭合时限不尽一致,地层发育完整程度亦不同,岩性及厚度变化大。崇安赤石、仙店、永安坑边、百步桥等盆地岩性以紫红色和灰绿色等杂色页岩为主,连城壁洲发育花岗质砾岩,永安吉山、宁化岩前、大田连厝等盆地则以灰黑色细碎屑岩为主,厚度466.60~1071m。其划分标志明显、顶底界清楚,与下伏下渡组火山岩呈整合接触,其上为吉山组整合覆盖或被沙县

Mesoclupea showchangensis, Sinamis huananensis, Fuchunkingia chesiensis, Paraclupea chetungensis, Huashia gracilis 等,时代属晚侏罗世—早白垩世早期。

腹足类:为 Probaicalia vitimensis 等,产于武夷地层小区的坂头组中,时代为早白垩世早期。

爬行类:为 Changisaurus - Rhynchosaurus 组合,产于沿海地层小区的南园组中,主要分子有 Changisaurus microrhinus, Rhynchosaurus orientalis, Trionychidea, Teleostei, cf. Monjurosuchus 等,除 Trionychidea 地史分布时间较长外(从晚侏罗世到现代),Teleostei 和 cf. Monjurosuchus,时代属晚侏罗世。

昆虫类:为 Mesopanorpa - Ephemeropsis 组合,产于武夷地层小区的坂头组中,常见分子有 Linicorixa sp., Lycoriomima sp., Tinactum sp., Ephemeropsis trisetalis, Vulcanicorixa dorylis, Penaphis circa, Chironomaptera melanura 等,时代属晚侏罗世—早白垩世早期。

孢粉:长林组以裸子植物花粉为主,占孢粉组合总数的 96.15%,其中又以 Classopollis sp. 为主,占 92.25%,时代属晚侏罗世。

2.1.2 石帽山生物群

石帽山生物群相当于浙江的永康生物群,主要包括下列的生物组合。

植物:为 Ruffordia - Onychiopsis 组合和 Brachyphyiium, Cupressinocladus 等,并有较多的 Frenelopsis, Manica;主要分子有 Frenelopsis aff. ramosissima Manica parceramosa, M. cf. parceramosa, Sagenopteris sp., Brachyphyiium sp., Pagiophyllum sp., Cupressinocladus elegans, C. cf. gracilis, Ptilophyllum boreale, Podozamites sp., Sphenopteris sp., Gleichenites sp., Cladophlebis sp., C. cf. exiliformis, cf. Klukia browniana, Onychiopsis sp., O. cf. elongata, Ruffordia goepperti, Otozamites sp., Zamites sp., Carpolithus sp., Nageopsis sp. 等,时代属早白垩世中期。

腹足类:为 Brotiopsis - Viviparus 组合,主要分子有 Brotiopsis wakinoensis, B. (Songyongospira) multicostata, B. (S.) altiturritella, B. (S.) kobayashii, Gallba yongkangensis, Viviparus onogoensis, Campeloma tani, Lioplacodes aff. cholnokyi 等,时代属早白垩世中期。

双壳类:为 Trigonioides - Plicatounio - Nippononaia 组合,常见分子有 Trigonioides (T.) kodairai, T. (T.) yongkangensis, T. (T.) guantouensis, T. (T.) zhejiangensis, Plicalounio (P.) zhejiangensis, P. (P.) naktongensis, P. (P.) letoriensis, P. (P.) multiplicatus, Nippononaia linhaiensis, Nakamuranaia chingshanensis 等,时代属早白垩世中晚期。

叶肢介:为 Gratostracus 群,主要分子有 Gratostracus zhejiangensis, Orthestheria yongkangensis, O. sp., Ellipsograpta sp., Yanjiestheria sp. 等,时代属早白垩世中晚期。

介形类:为 Cypridea(Morinia) - C. (Cyamocypris) - C. (Bisulcocypridea) 组合,该组合以个体大、多类型 Cypridea 与单一的小个体 Darwinula 为主,伴有 Lycopterocypris, Ziziphocypris 等为特征,时代属早白垩世中晚期。

鱼类:为 Paralycoptera - Yungkangichthys 组合,共生的鱼类有 Paralycoptera wui, Yungkangichthus hsitanensis, Neolepidotes yongkangensis, Sinolepidotus chekiangensis 等,这一鱼群中以真骨鱼类略多,鱼的形体较多样化,且在数量、种类上均较晚侏罗世鱼群复杂,时代属早白垩世中晚期。

孢粉:裸子植物花粉占孢粉组合总数的 70.5%~85.6%,蕨类植物孢子占 14.4%~

29.5%,缺被子植物花粉,时代属早白垩世。

2.1.3 赤石生物群

赤石生物群相当于浙江的衢江生物群,主要包括下列的生物组合。

植物:为 *Frenelopsis - Manica* 组合,产于武夷地层小区的均口组、沙县组及沿海地层小区的石牛山组,主要分子有 *Frenelopsis ramosissima*, *F. hoheneggeri*, *Manica parceramosa*, *M. papillosa*, *M. dalatzensis*, *M.（Changlingia）tholistma*, *Pagiophyllum* sp., *Nageopsis* sp., *Brachyphyllum obesum*, *Elatocladus* sp., *Elatides* sp., *Onychiopsis* cf. *elongate*, *Cladophlebis* sp., *Pityolepis* sp. 等,时代属早白垩世晚期—晚白垩世。

双壳类:为 *Kumamota - Plicatounio* 组合,产于武夷地层小区的沙县组中,主要分子有 *Nakamuranaia*, *Plicatounio*, *Trigonioides*（*Fujianotrigonioides*）, *Sphaerium*, *Pisidium*, *Trigonioides kodairai*, *T.（T.）sinensis* 等,其中 *Trigonioides*(F.)大多为新种,其铰齿构造较 *Trigonioides* 进化,时代属晚白垩世。

叶肢介:为 *Tenuestheria - Zhestheria* 组合,产于武夷地层小区的均口组、沿海地层小区的石牛山组中,主要分子有 *Tenuestheria tenuis*, *T. ovalis*, *T. suborbita*, *T. hejiaensis*, *T. curvata*, *Zhestheria zhumaguanensis*, *Z. subquadrata* 等,时代属晚白垩世。

介形类:属 *Darwinula - Cypridea - Lycopterocypris* 组合和 *Mongolocypris - Candona* 组合,广泛分布于武夷地层小区的均口组、沙县组中,属种极其丰富,共生分子有 *Candona* sp., *Mongolianella* sp., *Ziziphocypris simavovi*, *Cypridea cavermosa*, *Pontocypris*, *Candona* 等,时代属晚白垩世。

轮藻:有 *Charites* sp., *Aclistochara* sp., *Maedlerisphaera*, *Obtusochara* sp., *Euaclistochara mundula*, *Mesochara* sp., *M. symmetrica*, *Maedlerisphaera* sp. 等,广泛分布于武夷地层小区的均口组和沙县组中,其中 *Charites*, *Aclistochara*, *Maedlerisphaera* 仅出现于沙县组中,为晚白垩世繁盛分子,时代属晚白垩世。

腹足类:*Galba yongkangensis*, *Viviparus* cf. *zhejianensis* 等,产于武夷地层小区的均口组中,时代属早白垩世晚期—晚白垩世。

孢粉:以裸子植物花粉为主(72.5%),蕨类植物孢粉次之,伴有相当数量的隐孔粉(14%),时代为晚白垩世。

2.2 同位素测年

南园组:获得大量的同位素资料,其中有锆石 SHRIMP 年龄(142.3±7.2)Ma、(162.3±3.7)Ma、(149.8±4.5)Ma、(130.1±3.6)Ma；LA - MC - ICP - MS 锆石 U - Pb 年龄 150.7Ma、148.06Ma；全岩 Rb - Sr 等时线年龄 144Ma、157.9Ma、154Ma、156Ma、147Ma、151Ma、157Ma、129Ma、140.8Ma、160.3Ma、151Ma、149Ma、149.4Ma、158Ma、151Ma、148Ma、154Ma、150Ma、154.1Ma,其中 160.3~145Ma 有 16 个数据,144~129Ma 有 3 个数据；K - Ar 年龄 151~149Ma 有 3 个数据。

小溪组:获全岩 Rb - Sr 同位素年龄 136Ma、137Ma。

下渡组:获全岩 Rb - Sr 同位素年龄 133.9Ma、127.9Ma 及 K - Ar 同位素年龄 121Ma。

石帽山群:黄坑组获锆石 SHRIMP 年龄(102±3)Ma,全岩 Rb - Sr 等时线年龄(114.4±2.1)Ma、121Ma、(125±15)Ma,获 K - Ar 同位素年龄 113Ma、108Ma、113.2Ma、113.5Ma、

93.4Ma、93.5Ma、95.4Ma,获 Sm-Nd 同位素年龄 111Ma、114Ma。寨下组获 Rb-Sr 同位素年龄 86Ma、(93.55±3)Ma、104Ma、104.1Ma、107.46Ma、110.0Ma、110.6Ma、112Ma、113Ma、121Ma,获 K-Ar 同位素年龄 95.4Ma、100.3Ma、106.8Ma、(107.46±1.8)Ma、107.9Ma、113.5Ma。

石牛山组:获全岩 Rb-Sr 法等时线年龄 88Ma、91Ma,获 K-Ar 同位素年龄 78Ma,透长石单矿物 K-Ar 同位素年龄 86.7Ma,晚白垩世潜钾长花岗斑岩获全岩 Rb-Sr 法等时线年龄 88Ma,获 K-Ar 同位素年龄 77.8Ma。

此外,沙县组还获有古地磁测年年龄 105～70Ma。

2.3 生物地层与年代地层的新认识

通过古生物化石及同位素年龄资料的研究,认为南园-小溪生物群(建德生物群)具有穿时的特征,时代为晚侏罗世—早白垩世早期。下部长林组植物群、叶肢介群及孢粉组合时代为晚侏罗世;中部南园组爬行类动物群时代为晚侏罗世,植物群、叶肢介群、鱼类时代为晚侏罗世—早白垩世早期,同位素年龄反映出主体时代为晚侏罗世,局部地段延续至早白垩世初期,具有穿时特征,因此,将南园组时代置于晚侏罗世—早白垩世初期;上部小溪组及下渡组、坂头组、吉山组植物群、叶肢介群、腹足类、鱼类、介形虫组合及同位素测年时代均为早白垩世早期。证实了浙、闽、粤火山岩带晚侏罗世火山岩的客观存在,解决了地质界争议十几年的重要地质问题。同时,南园-小溪生物群面貌的新认识和时代的重新厘定,其地质构造意义重大。

石帽山群生物群及火山岩同位素测年资料均反映出时代为早白垩世中—晚期,石帽山群下界年龄为 125.0Ma;赤石群及石牛山组生物群、古地磁测年及同位素测年资料时代均为晚白垩世。早、晚白垩世分界年龄为 97.0Ma。

3 结论

沿海、武夷地层小区的南园组及石帽山群,岩石组合特征、生物群面貌及时代基本相同,并分别可与浙东南地区的高坞组及永康群对比,可作为区域火山岩石地层对比的标志层。

通过对古生物化石及同位素年龄资料的研究,将南园组时代重新厘定为晚侏罗世—早白垩世初期,将小溪组及下渡组、坂头组、吉山组时代置于早白垩世早期,证实了浙、闽、粤火山岩带晚侏罗世火山岩的客观存在,解决了地质界争议十几年的重要地质问题;认为南园-小溪生物群(建德生物群)具有穿时的特征,时代为晚侏罗世—早白垩世早期,其地质构造意义重大。

参考文献

[1]卢清地."火山构造—岩相岩性—火山地层"填图方法研究报告[M].福州:福建省地图出版社,2004

[2]卢清地.福建东部、浙江西南部地区中生代火山岩石地层划分与时代对比研究报告[M].福州:福建省地图出版社,2008

[3]黄家龙,卢清地,张正义,等.福建仙游园庄地区南园组新层型剖面的建立及时代的重新厘定[J].地质通报,2008(6):785-792

[4]林敏.福建小溪组地层层序、岩石组合及时代研究新进展[J].地质与勘探,2011(4):555-565

浅覆盖城市经济区立体填图新进展

——浙江 1∶5 万鸣鹤镇、澥浦镇、慈城镇、鄞江镇、姜山镇幅区调项目成果总结

周宗尧[1,2]①　董学发[2]　余国春[2]　骆丁[3]　吴鸣[2]　赵旭东[2]
宋明义[2]　邹霞[2]　汪隆武[2]

[1. 中国地质大学(武汉)；2. 浙江省地质调查院；3. 江苏省地质调查院]

[摘　要]　结合浙江 1∶5 万鸣鹤镇、澥浦镇、慈城镇、鄞江镇、姜山镇幅区调项目实际，系统论述了浅覆盖城市经济区立体填图的内容、方法、手段与工作程序，总结了慈城测区区域地质调查项目组在探索立体填图方法方面的经验与教训，论述了浅覆盖城市经济区立体填图新进展，可供城市经济区地质调查和浅覆盖区三维立体填图与借鉴。

[关键词]　浅覆盖区　城市经济区　立体填图　进展　三维地质结构

国土资源大调查开展以来，中国地质调查局先后在东部沿海多个城市经济区部署了数个 1∶5 万区域地质调查试点项目，明确要求总结城市经济区立体填图经验和方法。浙江 1∶5 万鸣鹤镇、澥浦镇、慈城镇、鄞江镇、姜山镇幅区调项目(以下简称"慈城测区区调")即是在这一背景下启动的试点项目之一。本文重点总结该项目在浅覆盖城市经济区区域地质调查过程中取得的经验与进展，以求抛砖引玉。

1　问题的提出

1∶5 万区域地质调查(以下简称 1∶5 万区调)是一项基础地质工作，其目的任务是通过填制 1∶5 万地质图，查明区内地层、岩石(沉积岩、岩浆岩、变质岩)、构造以及其他各种地质体的特征，研究其属性、形成环境和发展历史等基础地质问题，为国土规划、矿产普查、水文、工程、环境地质勘查、地质科研、地质教学等提供基础地质资料[1]。

以往的 1∶5 万区调选区集中于成矿远景区，服务的对象以地质找矿为主。经过 60 余年的调查，我国东部沿海省份主要成矿远景区 1∶5 万区调基本完成；另一方面，随着经济社会的高速发展，城市经济区涌现出大量环境地质问题，这些问题仅通过单一的环境地质调查或专项

---

① 第一作者简介：周宗尧，男，1972 年生，博士研究生、高级工程师，主要从事区域地质、矿产地质调查。

地质灾害调查往往不能从根本上解决问题，需要通过中大比例尺的区域地质调查，查明问题产生的基础地质背景，这就迫切要求开展城市经济区立体填图。

但现有的1∶5万区域地质调查标准与规范仅适用于基岩区，对于大面积第四系覆盖区，调查什么？怎么调查？要求并不明确；基岩区常用的技术方法与手段也不可行。城市往往建设在第四系覆盖区之上，环境地质问题不仅与松散的第四系密切相关，也与基岩地质特征密切相关，这就迫切要求通过试点项目，总结第四系覆盖的城市经济区地质调查经验与方法。

2 浅覆盖城市经济区立体填图调查的内容与手段

2.1 浅覆盖城市经济区立体填图的目的和任务

《浅覆盖区区域地质调查工作细则（1∶5万）》（DZ/T 0158—95）规定，浅覆盖区区域地质调查的目的任务是通过地质调查、工程揭露、地球物理和地球化学勘查，填制1∶5万基岩地质图和第四纪地质图，重点是查明区内覆盖层及其以下地层、岩石、构造及其他地质体的基本特征，研究其属性、形成环境和演化历史等基础地质问题，为国土规划、城市建设、矿产普查及水文、工程、环境、生态、农业地质勘查、地质科学研究和教学等，提供基础地质资料[2]。

参考上述规定，笔者认为城市经济区立体填图的主要目的是调查城市（区）地质背景和解决主要地质问题，为进一步开展城市（区）水文、工程、环境、灾害等专门性地质调查与评价提供基础地质背景资料；为城市经济区的规划、建设与管理提供科学信息和地质依据。

2.2 浅覆盖城市经济区立体填图内容

城市经济区立体填图的主要内容：一是基岩面之上松散覆盖层的三维地质结构、岩性、岩相、地质环境特征，主要工程持力层和不良工程地质体的分布与发育特征，主要含水层、隔水层和透水层特征；二是基岩面起伏变化特征、基岩地质特征，基岩中发育的主要断裂和松散层中发育的活动断裂特征；三是地方关注而又影响较大的地质问题，如应急水源、重大地质灾害、重点工程建设、严重污染及地方病高发区地质背景等。

浅覆盖区立体填图的基础调查工作性质，决定了其虽然涉及部分水工环地质调查领域，但又不能代替水文、工程、灾害与环境等专项地质调查。

2.3 浅覆盖城市经济区立体填图的方法和手段

由于第四系的覆盖，传统的野外路线观测手段在浅覆盖城市经济区应用效果不佳，对于表层以黏土、淤泥质黏土为主的浅覆盖区，慈城测区区调项目组探索出以槽型钻作为辅助手段，开展第四系浅表点上地质观测，效果良好。

区调物（化）探也是浅覆盖城市经济区立体填图的重要手段之一，通过少量控制精度较高地质-物（化）探综合剖面测制，可为覆盖层以下地质体推断解释和连图提供依据。为解决深部地质问题，对覆盖层连续出现地段还应进行一定的工程揭露；对厚度不等、性质不同的覆盖层，采用不同的工程揭露手段，除槽探外，钻探、静力触探、工程地质原位测试等技术手段等往往更为实用有效。工程布置遵循质量与经济效益统一的原则，充分利用已有资料，以最少的工作量，取得最好的地质效果。钻探工程的编录，要求采用基础地质与工程地质"双重编录"方法，一孔多用，以便在划分岩石地层单位的基础上，进行第四系多重地层划分与对比研究，建立第四纪沉积物相对层序，为后续地貌、岩相古地理、地质环境演化研究提供依据。

此外，可采用多时相、多波段的遥感数据，开展浅覆盖城市经济区地貌调查，其相对于地面点上观测，具有视域广、对比强、信息量大、判读直观等优点。采用不同时期的航片与卫片对比，可以判读出城市经济区该期间人类活动造成的地质地貌变化，分析地貌演化趋势，对于研究人类工程活动诱发的地质环境问题具有其他手段所不具备的独特优势。

3 浅覆盖城市经济区立体填图的工作程序

城市经济区一般都有大量的地质资料，特别是工程地质钻探资料，因而采用实测或测编结合的方式进行立体填图，是城市经济区地质调查最为经济有效的方法。充分收集已有的遥感图像、地质矿产、地球物理、地球化学、水文、工程、环境、地震等资料，特别是各类工程（槽、井探及钻探）的原始编录资料，并在综合分析研究的基础上合理地加以应用，是浅覆盖城市经济区开展立体填图的基础。

浅覆盖城市经济区立体填图的工作程序与一般区调的程序一样，一般分为资料分析、野外调查与施工、室内综合研究3个阶段。与一般区调不同的是，由于钻探工程施工较多，钻探工程部署一般遵循先施工控制性剖面钻孔，后施工剖面间钻孔；按填图钻在前，构造钻、普查钻在后的顺序进行；遵循由已知到未知、由浅到深、由线到面、由疏到密的原则。钻孔一般要求"一孔多用"，以提高钻探效果，节约工作量。钻探资料的利用遵循"点—线—面—体"渐次推进的程序。

城市经济区1:5万区域地质调查的区域性、基础性、公益性综合地质调查性质，要求其为城市经济区的规划、建设与管理提供基础地质保障；为城市经济区进一步开展大比例尺工程地质勘查、专门性的水文地质调查、环境地质调查、地质灾害调查与治理、土地综合调查等提供基础性资料。城市建设与持续发展，又会不断引发新的地质问题，也会源源不断地提供新的工程地质资料，这就要求在开展城市经济区地质调查的区域，建立城市基础地质信息系统和三维地质结构模型，并对这些资料进行集中管理、更新和利用。城市的快速发展，决定了城市经济区基础地质数据的更新频率远高于一般地区。

4 慈城测区立体填图的主要成果与进展

慈城测区1:5万区调项目以"宁波城市可持续发展对地质信息的需求"为出发点，除了采用传统的区域地质调查方法外，还采用立体填图新方法，重点开展了浅覆盖城市经济区第四系"三维"地质结构调查，摸索总结了一套浅覆盖城市经济区1:5万立体填图方法组合。

4.1 浅覆盖城市经济区立体填图的地表调查方法进展

慈城测区区调项目组在项目实施过程中探索了一套以数字化填图系统RGMap为平台、采用槽型钻为主要施工手段，开展以黏土、淤泥质黏土为主要覆盖物的平原区第四系浅表1:5万区调新方法，很好地解决了因城市建设和农业活动等人为活动干扰造成的地表地质结构改变而无法观测的难题；该方法具有快速高效、易于操作、收集资料齐全直观等优点，具有很好的推广应用价值。对山麓沟谷区，项目组以RGMap为平台，除利用天然露头进行观测外，还辅以槽探、剥土或浅井进行必要揭露,作为调查的辅助手段。测区 974km² 第四系覆盖区,第四系天然露头设观测点 28 个,实施浅井 13 个,实施槽型钻控点 287 个(不含 224 个钻孔点),这些方法和手段的组合应用,大大提高了测区第四系表层观测精度。

4.2 浅覆盖城市经济区立体填图不同类型钻探工程组合方法

第四系"三维地质结构"调查是浅覆盖城市经济区立体填图的重点与难点。钻探工程的施工编录和样品测试分析费用占项目投资的大部分。以往钻孔资料的收集利用程度、钻探工程组合的合理性与经济有效性,决定了在项目费用固定的前提下项目成果的好坏。

慈城测区区调项目组在项目实施前期,耗费了大量精力收集、整理和分析研究了散落于不同单位、部门的钻探资料。钻探工程布设前期,项目组对测区的第四系三维地质结构已有总体认识。根据测区第四系结构的不同,项目组将测区划分为慈北平原区、山麓沟谷区、宁奉平原区 3 个不同区域。针对不同区域重要性的程度、第四系覆盖层的厚度和结构特点、已有工程的疏密程度、资料可利用程度等,合理设计钻探孔位。

全测区 974km² 第四系覆盖区内,共布设 6 个标准孔(重点研究孔)作为全区地层对比研究的标志,以岩石地层为基础,以海洋氧同位素分期作为年代地层划分依据;重点开展覆盖全区的岩石地层、年代地层、层序地层、生物地层、磁性地层等多重地层划分与对比研究,取得了一系列新认识,大大提高了测区第四纪地质研究程度。全区实施一般地质孔(主要为工程地质孔)55 个,收集利用一般地质孔(工程地质孔与水文地质孔)85 个,其中 98% 以上的钻孔均已揭露到基岩面。第四系立体地质调查精度达到平均 1 孔/6.48km²。

区域工程地质调查是城市经济区立体填图的重点之一。慈城测区区调在充分利用上述 146 个钻孔资料的基础上,还综合利用测区施工的 6 个水文钻孔资料;为降低调查成本,项目组还布设了 72 个静力触探孔,测区深部工程地质观测点密度达 1 孔/4.23km²,大大高于相关规范要求,提高了后期三维地质建模精度。

不同类型钻探的组合运用,为后期测区三维地质建模、第四纪地貌地质环境演化研究、工程地质分区与工程稳定性评价、地下空间利用、地下水库可行性研究建议、浅层地温能初步评价、应急水源地规划建议等多项成果奠定了坚实的基础。

4.3 浅覆盖城市经济区立体填图三维地质建模成果与进展

三维建模与成果表达方式创新,是城市经济区立体填图的新课题。慈城测区区调项目对形成的大量原始地质资料数据和成果信息采用 RGMap 软件进行管理。为直观展示测区第四系三维地质结构特征,并对测区大量的钻孔地质资料进行有效管理与应用,项目组采用杭州市城市地质调查项目开发的"三维地质信息系统平台"Creatar 2.0 单机版,按"点—线—面—体"建模思路,建立了测区第四系三维地质结构模型,清晰地展现了不同地质体的空间结构特征与关联关系。

该模型选用 120 个钻孔数据进行了系统整理,分为慈北平原区(29 个钻孔)和姚江谷地—宁波平原区(91 个钻孔)两个区块,利用系统平台的自动建模功能完成了测区第四系三维地质结构模型的建立(图 1)。模型清晰地展现了慈城测区平原区的第四系三维地质结构体的空间分布,为三维空间分析、评价和研究各类土体的结构、物理力学性质、工程场地性质提供了技术平台。

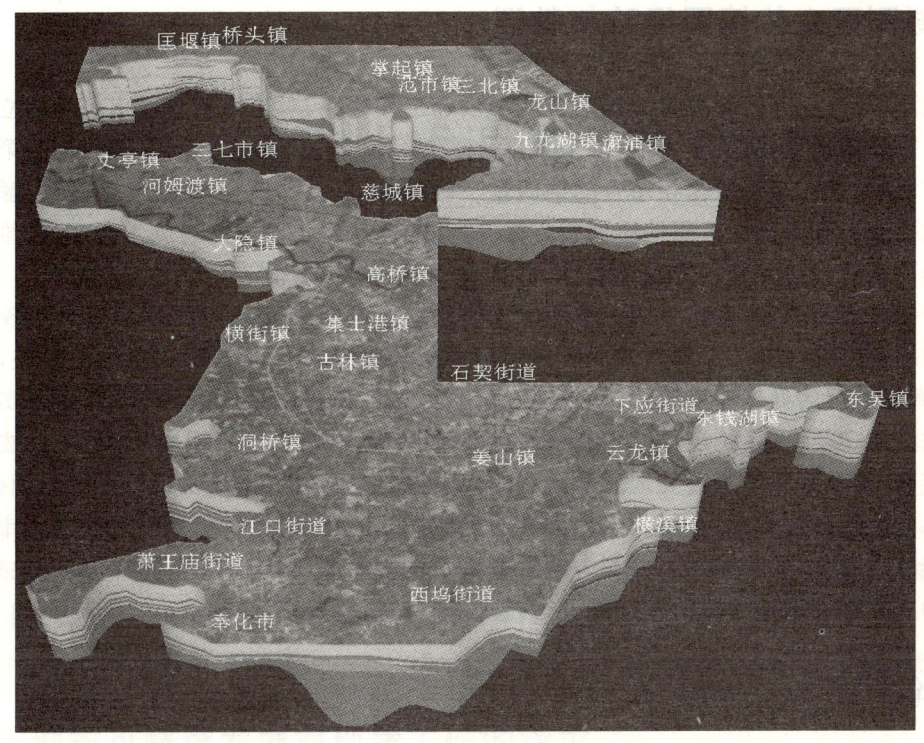

图 1 测区第四系三维地质结构模型

该平台可对测区第四系钻孔数据进行系统、直观、有效的管理,并实现了任意区域和任意孔位专业数据的提取、分析和综合研究。随着钻孔数据的增加,可以实现测区第四系地质结构的重构。通过系统提供的菜单和操作工具,可对模型进行切片、切割(图2)、开挖、隧道漫游等操作,从而实现快速、直观、清晰地展示测区第四系地质结构,了解测区第四纪地层分布情况,为重大工程的规划、前期勘察、城市规划与建设、地下空间的开发利用、地质灾害的管控决策提供技术支撑。

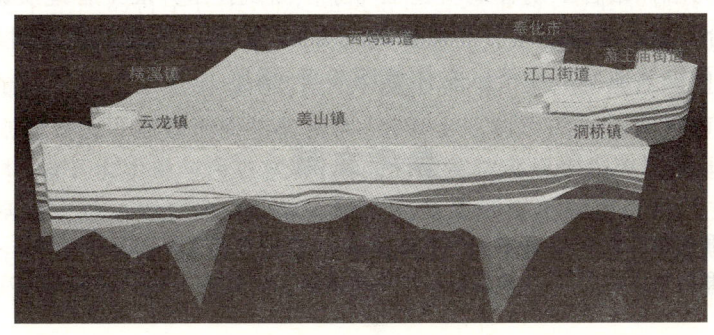

图 2 切割效果图

1.2 城市工程建设对地质工作的需求

城市建设是在城市总体规划指导下的各项工程和市政设施的设计与建设工作,与城市总体规划相比,城市建设对地质工作的需求内容更广、工作更具体、精度更高,如奥运场馆选址、世博会选址、城市地铁线路设计、CBD 选址、城市地下空间开发建设、城市新城区建设和一些城市重大工程建设等项目的设计与建设中,均需要完整、适用的地质资料。特别在开发地下空间过程中将会遇到一系列工程地质问题,如珠江三角洲和长江三角洲存在的软土地基、沙土液化及岩溶塌陷,环渤海地区的新构造运动、地裂缝和地面沉降等都是制约城市地下空间开发的关键问题。因此,解决城市建设中出现的地质环境、灾害问题需要掌握全面系统的地质资料和地质信息。

1.3 城市减灾防灾和应急处置对地质工作的需求

城市发展与地质环境有着紧密联系,城市发展诱发和加剧了地面沉降、地面塌陷、地裂缝、沼泽化、崩、滑、流、矿山灾害等地质灾害的发育和危害。我国城市地质灾害种类多、分布广,灾情严重,损失巨大,制约着国民经济的发展,威胁到人民的生命和生产安全,是世界上受地质灾害危害最严重的国家之一。为了加强对城市地质灾害的监测预警,适时掌握地质灾害发生、发展和变化过程,提高对突发性地质灾害事件的快速反应能力,达到有效防灾、减灾的目的,必须加强城市地质调查,建立集地质灾害信息监测、信息分析处理、网络化信息传输、信息发布于一体的地质灾害信息库,为地质灾害预防和应急决策提供信息支持,以进一步提高城市防灾减灾的能力。

1.4 城市科学管理对地质工作的需求

规范而高效的城市管理,是确保城市规划全面实施、城市建设有序推进、城市各项工作顺利开展的关键。城市管理需要按照市场经济和现代化建设的规律,充分发挥市场对资源配置的基础性作用。城市管理越来越依赖于各种信息的支持,要加强和改进政府对城市建设的管理,增强城市突发性事件应急预案和快速处理与快速反应的能力,迫切需要强有力的城市地质信息数据作为基础。

随着城市建设的发展,城市规模不断增大,对国土资源的消耗不断加剧,各种环境问题也日益突出,对国土资源利用和管理的要求不断提高越来越依靠于各种地质信息的支持,迫切需要全面、综合、高精度的城市地质信息数据作为基础。需要利用现代信息技术和手段建设三维可视化的城市地质地理信息与服务系统,为政府和社会搭建城市地质信息的快速反应平台,以满足城市管理对城市地质信息不断增长的需求。城市地质工作需要纳入政府管理主流程。

1.5 城市市民对地质信息的需求

城市市民对其所处环境的安全状况的关注和对城市地质有关信息的了解愿望越来越强烈。地质环境的安全已成为企业家和市民投资决策的依据,出现了社会公众对周围环境信息特别是地质信息的需求。社会公众主要关心环境地球化学(空气质量、饮用水质量、农产品安全等)、地质灾害(居住地及周边的地基稳定性、灾害的可能性及发生几率等)和资源利用(旅游地质资源的科普化解读)3 个方面。政府有义务也有责任开辟城市地质公众信息发布窗口,定期向社会发布有关的信息,以满足社会公众对其日益增强的愿望和需要。

2 中国城市地质工作现状

我国比较全面系统的城市地质研究工作开始于改革开放以后的20世纪80年代。在此之前主要是开展城市地下水水源地勘察、重点工程的工程地质勘察以及环境地质和地质灾害调查,但工作内容尚有一定局限性和单一性。

原建设部、地质矿产部曾多次召开与城市地质工作有关的讨论会。两部于1986年7月首次联合召开了城市地质工作会议,商定了我国城市地质工作的方针是:紧密结合城市规划、建设和管理,扩大服务领域,加强横向联系,依靠科技进步,不断提高城市地质工作的经济社会效益和环境效益。并于1986年联合成立了中国地质学会城市地质研究会。

2001年中国地质调查局在南京地质矿产研究所成立了中国城市环境地质研究中心,开始了新一轮城市地质调查研究工作。

2003年中国新一轮6个城市地质调查试点工作从北京市开始。

2.1 中国城市地质开展的主要工作

2.1.1 区调工作和水、工、环调查工作

在全国的部分地区和部分城市开展了1:20万及部分1:5万区域地质调查,以地表地质调查和基岩区地质调查为主。

原地矿、城建、环保和水利等部门都分别在1984—1985年、1989年开展了为城市规划、建设和管理服务的综合勘查、地质论证、供水勘查、工程地质及环境地质勘查等方面的城市地质工作。已经完成了100个城市水工环地质综合调查(1:5万)、77个城市环境地质研究及地下水资源储量计算、15个城市(1:1万)~(1:5万)工程地质调查、30个大城市城市地质图系、61个城市地下水污染调查、180个城市地质环境监测站等。

完成了80多个城市地下水集中供水水源地的评价以及京、津、沪等75个主要城市的水资源预测。1990年原地质矿产部环境司主编了《沿海主要城市水资源及地质环境评价》报告,对丹东、上海、青岛、厦门、珠海、北海等21个城市的水资源及地质环境进行了评价。

广州市、海口市等部分城市开展了以城市总体规划和区域规划为目的的工程地质勘察工作。对全国地质灾害进行了比较全面的调查和综合评价工作。

2.1.2 进行了城市地质研究和总结工作

1986—1990年,由原地质矿产部水文地质工程地质研究所联合26个科研、学校、勘察单位开展了秦皇岛市、南通市、宁波市、闽南三角地区、湛江市5个城市和地区的《沿海重点城市及经济特区环境地质研究》地质矿产部"七五"重点科技攻关项目。

从1987年起,城市地质研究会组织开展"中国城市地质"专题研究,对20世纪后20年我国城市地质工作所取得的成果和资料进行较为全面系统的研究和总结,于2005年6月正式出版发行《中国城市地质》一书,分别从"中国城市地质概论""中国城市地质专论"和"中国特大城市地质研究"方面进行总结,比较全面地反映我国城市地质工作的理论和方法水平。

2.1.3 编制了城市地质环境专题图件

国家有关部委和研究、调查单位编制了全国性、区域性和部分城市的城市地质环境专题图

件。如1992年原国家计划委员会和地质矿产部环境司共同出版了《中国重点城市和地区地下水资源开发利用现状及供水对策图集》,该图集包含了北京等25个重点城市和以山西为中心的能源基地等8个重点地区的图幅。1984年中国城乡建设环境保护部发文要求一些大城市开展城市工程地质图系编制工作。

2.2 中国以往城市地质工作的主要特点

2.2.1 全国层面

(1)缺少全国城市地质工作总体规划,也没有城市地质工作的国家专项经费。

(2)缺少全国进行城市地质工作的统一领导部门,原地质矿产部、建设部、环保部、水利部等各行其是,职责不明。

(3)基础调查未能先行。

(4)国家缺少强制性要求。

(5)缺少成熟的城市地质调查技术方法体系和技术规范。

2.2.2 城市层面

(1)地方政府缺少城市地质工作对城市规划发展的重要性认识。

(2)多以城市某一单项或某一局部区域的找水、工程勘察、地质灾害调查为主,开展的工作不仅缺少基础,而且也难以深入。

(3)缺少对城市以往开展的各类地质工作信息的综合与集成,每一次调查多是在缺少以往系统地质资料情况下的低水平重复。

从总体上看,我国城市规划和基本建设中,对城市地质工作重视不够。城市地质工作以单学科纵向深入,以解决城市建设中面临的某一地质问题为主,尚未上升到开展跨学科的系统集成和综合的城市地质综合调查,为区域整体开发和决策服务的策划层次。有的城市虽已编制了总体规划,但地质资料依据不充分,城市地质工作未能做到超前、先行、主动服务。

3 中国城市地质工作理念

现代化城市规划、建设与管理对地质工作的要求已不再是单一的专项需求。它要求具有综合性强、内容广泛、涵盖各个专业的地质工作成果,既需要有宏观总体结论,也需要数字、资源精确、内容翔实、环境内容丰富的地质信息支撑。

城市发展正、反两方面的经验已经证明了地质学在城市规划与建设中的作用和地位。虽然许多现代化城市都是在过去没有地质评价资料的情况下建设起来的,但在科学技术高度发展的今天,任何城市建设项目,特别是一些巨大的市政工程,都必须在进行过详细地质勘察,对其地表及深部地质条件作出科学评价之后才能进行,否则会给城市建设工程造成危险的后果。

中国正在进行的城市地质工作体现了现代地质工作的新思路和新理念,调查的目的更加明确,调查的方式更为综合,调查的内容更为具体,调查的方法更为先进,调查的数据更为精确,成果的表达更为直观,服务的领域更加拓宽,调查的资料进一步集成。更加突出了城市地质调查的前瞻性、综合性、科学性、先进性和实用性。城市地质研究必须有明确的针对性。

我国的城市地质调查在观念上是超前和领先的,国际上目前还没有哪个国家像中国这样系统全面地开展城市地质综合调查。要做好试点城市的示范工作，完善城市地质调查方法技术体系，建立一套适应我国国情的城市地质调查系列标准和技术规范，为全国大规模开展城市地质调查工作提供示范和技术支撑。

3.1 明确了城市地质工作与城市的关系

3.1.1 城市的发展需要地质工作的基础支撑

城市是地球上最适合人类生存和发展的一些特定区域。任何城市都是建在地质体上，城市的发展离不开地质工作的基础支撑。

(1)城市本身的安全。城市是人口和财富高度集中的区域，城市安全显得尤为重要。因此，城市必须建在地壳稳定性高的地区，否则带来的灾难将是毁灭性的，如建立在地震带、沉陷带上。

(2)城市的发展定位。除城市建设本身需要建材等资源外，确定今后发展的主导产业，也要根据地质工作提供的资源赋存状况来决定。如果确定的主导产业远离了所需资源的产地，这个主导产业肯定是发展不起来的。天津发展啤酒产业就是一个很好的例证。

(3)城市地质灾害的影响。城市建设达到一定规模后，一方面对地质体的压力增大，另一方面还会因建设、过量抽取地下水等原因，引起地面沉降等地质灾害。而随着今后建设规模的进一步扩大，对地面沉降控制的要求也越来越高，在这一过程中就需要地质专业技术来提供基础支撑。如上海高速铁路的建设，就对地面沉降幅度提出了严格的要求。

(4)城市地下空间的开发。在地下空间开发中，最突出的就是地下交通线的建设。我国已进入地下空间开发的高速发展期，已经运营的城市有5个，正在建设的城市有15个，规划建设的城市有几十个。今后，地下空间将开发出更多的功能，并将像地面一样实行地籍管理。在开发和管理的过程中，都需要地质工作来帮助弄清地下空间的地质情况、建设的适宜程度等，而且这些工作最好在开发之前就能完成，因为地下空间一旦建成，就很难再像对地面建筑物一样进行更改。

(5)城市发展的布局。以前，人们以为只要围绕中心城区往外逐步扩展，就可以完成城市规模扩大的过程，现在则必须根据地质体的情况考虑城市的规模和城市的布局了。最典型的就是上海，因其地面沉降压力较大，所以在上海"十一五"开始的城市规划中，就确定了"1个中心城、9个卫星城、60个中心镇、600个中心村"的城市发展布局，以减轻中心城区地面沉降的压力。

(6)城市污染的控制。现在人们对城市污染的关心还主要集中在大气和水上，其实城市污染更重要的方面还体现在土壤污染上。因为土壤一旦被污染，治理和恢复的时间可能需要几百年，费用也可能是大气和水的天文倍数。据中国地质调查局近年来组织的调查，我国各大、中城市土壤均存在不同程度的重金属污染问题。如上海市区和郊区城镇中心街道灰尘中的铅污染就非常严重。

3.1.2 城市地质工作需要改变观念，变应急服务为超前服务

总结国内外城市地质工作的经验，今后我国城市地质工作，要通过系统、综合、立体、精细调查和高新技术的应用，由应急式服务转变为超前服务，即由以前围绕城市建设中存在的诸如不稳定斜坡上的建筑物、地下水过量开采导致的地面下陷、城市垃圾处理等地质问题开展调

查,转变为为政府进行城市、城市群(带)科学合理规划布局决策服务。

(1)由区域地质调查、工程地质、水文地质、环境地质单学科各自为战,解决具体城市建设中的具体地质问题,转向为打破专业壁垒,组成多学科、多专业集团军作战,开展多领域、多种技术手段的全面、综合、系统调查。

(2)由以地表二维调查为主,转变为进行三维立体地质调查;建立三维岩石地层模型,以满足城市地下空间开发的需求。

(3)由以往的定性描述式的地质调查转变为精细定量的地质测量。如由原来对活动构造粗略的描述变为准确定位、地球化学的多参数高精度测量等。

(4)由传统纸介质的成果表达,转变为应用数据库技术、计算机可视化技术、互联网技术对地质成果进行综合管理表达。

(5)由对已有地质问题、地质现象调查,转变为对城市地质灾害、地质现象的模拟预测和预警。

3.2 明确了城市地质调查研究的特点

城市地质是解决城市建设和发展过程中存在地质问题的一个地质学新领域。在研究方向上,它是将基础地质研究方法和成果应用于人类生存环境研究领域的实用性科学;在研究内容上,是对城市发展中出现的一系列制约城市建设的地质和人为因素进行科学分析,并针对这些因素对城市建设和可持续发展产生限制的演变过程和可能结果,提出地质学依据和相应的解决办法;在研究方法上,它是地质学与城市科学、工程建筑科学、环境科学等相融合的边缘交叉性学科。

城市地质是以基础地质为内涵,以城市发展和管理、城市规模及工程建设的合理性为外延的学科。

3.2.1 基础地质调查是城市地质调查研究的基础

城市地质研究是城市建设规划和可持续发展研究的基础,但它的正确性植根于基础地质研究成果之上。没有坚实的基础地质研究成果作后盾,城市地质研究将是无源之水。基础地质调查成果是城市地质研究的基础。

基础地质以地壳中的实物为研究对象,以对现代各种地质现象的发生、发展过程和地学实验结论为理论基础,建立起对各类地质体形成过程的推演模式;以对地壳中地质体(地层、岩浆岩、构造)的直接观察和测试数据为依据,以各类地质体的空间展布、接触关系等的关联为线索,建立起地壳形成和演化过程。

我国现有城市的分布主要有3类:一类是建在基岩上的城市,主要为山区城市;二类是建在松散(第四纪)沉积物上的城市,主要为东部平原和大型盆地中的城市;三类是建在基岩和第四纪沉积物上的城市,主要为河谷、丘陵地区的城市。不论是哪一类城市,都需要研究基岩地质结构,第四纪松散堆积物的三维结构和地质结构的区域稳定性。

基础地质调查研究的直观成果是地质图和三维地质结构图。地质图反映各类地质体的时间、空间分布特征和各自的形成—演化历程。它是直接地质调查与地质体标本实验测试分析成果的高度综合和以此建立的相互关联的产物,是地质体的平面投影图。三维地质结构图则是地质体的三维立体分布图,有多种表现方式,主要是通过三维可视化信息系统显示与表达。

3.2.2 城市地质调查研究是基础地质的应用

城市地质是一门应用性的地质学科,城市地质调查是基础地质学在城市建设中的应用领域。城市地质调查研究是应用地质学原理,针对具体的城市地质问题,综合各个地质分支学科的知识,研究城市区域的地体稳定性和人类在城市生产生活过程中出现的导致地质环境改变的问题及其对地壳稳定性和生存环境的反作用效应,以及这种反作用效应对城市可持续发展带来的可能影响,在进行综合分析评估后,提出合理的解决办法。

3.3 中国城市地质试点工作特色与经验

中国正在开展的城市地质调查试点工作不同于国际上和中国以往在城市地区开展的城市地质工作,主要表现在以下几个方面。

3.3.1 集中多渠道优势资金统一部署

城市地质调查采用中央与地方共同出资、合作开展,中央公益性地质工作带动地方开展公益性地质工作。

在工作部署上,围绕总体目标进行统一部署,以信息系统建设为主线,针对具体任务分子项目或专题实施。

3.3.2 集中多方力量,充分发挥政府的协调作用

项目运行实行开放的运行模式,集中区域内的地质调查队伍,并联合有关科研单位和院校共同攻关。成立由各方面高级专家组成的专家指导组,确保城市地质调查工作顺利开展和项目预期成果的实现。

在政府相关部门的协调下,全面收集在城市地区不同时代、不同部门形成的以往所有的原始资料和成果资料,进行资料的全面集成总结,建立城市地质数据库。

3.3.3 方法上统一协调

城市地质调查所采用的方法主要为多时相遥感,不同种类的地球物理,不同要求和不同深度的工程、水文、地质钻探,不同科目的化验、分析与测试等。有些方法在各子项目或专题中部署,有的方法集中统一部署。充分体现一法多用、一孔多用、一样多用的原则。

3.3.4 按地质客观规律部署与实施,突出综合调查与评价

城市地质调查项目按地质客观规律进行科学的部署与组织实施,充分体现科学发展观。

在总体工作部署上是先调查、后研究、再评价。在子项目实施顺序上先开展基岩、活动断裂和第四纪三维地质结构等基础调查,在此基础上开展专业调查,然后有针对性地开展专题评价。在工作方法施工顺序上,先开展遥感解译,再进行地面调查验证;先开展物探勘察,再进行钻探验证,先疏后密,先简单后复杂,从已知到未知。先收集、分析利用已有的可用资料,再进行补充调查。

打破基础、水文、工程、环境、矿产、科研等专业界限,开展综合调查、综合研究和综合评价。

3.3.5 全新的成果表达方式

成果表达主要体现在3个方面:一是采用了三维可视化表达方式,自动生成图表、提供自动查询服务;二是把专业成果转化成城市规划、土地利用规划、地下空间规划、城市承载力评价等可以直接利用的成果;三是编制专业性地质图类、非专业性简明地质图类和概念性管理型地

质图类 3 类图件,满足专业地质人员、城市建设规划、工程设计、施工工程技术人员和政府决策者、管理部门工作人员的多层次的需求。

4 中国城市地质工作进展

城市地质调查成果在经济社会发展中,特别是在城市规划、城市建设、城市安全、土地利用规划与资源管理、生态农业与城市环境保护等工作中发挥了基础作用。主要成果、进展与应用体现在以下方面。

4.1 首次系统查明城市地下三维地质结构

在充分收集已有各类钻孔资料的基础上,通过补充钻探、地球物理等方法,首次系统开展了城市地下三维地质调查,查明了城市地下基岩地质构造、基岩面变化和松散层地质结构特征,建立了城市松散层三维地质、工程与水文地质结构,为城市开展地下空间资源开发适宜性评价、土地利用适应性评价、城市承载力与环境容量评价等奠定了基础。

4.2 为重大工程建设提供了有力支撑

主动服务城市重大工程建设,配合北京奥运场馆、上海世博会园区等重大工程建设开展专题调查,为工程建设区进行"地质体检",为重大工程顺利实施提供了基础保障。

4.3 为城市规划与国土资源管理提供科学依据

城市地质调查成果在城市规划、土地利用规划、城镇建设规划及土地资源管理中发挥了重要作用。为城镇规划提供重要支撑;服务于土地利用规划;为土地质量评估、农用地分等定级和土地利用规划及土地资源管理提供了重要基础资料。

4.4 为城市安全运营保驾护航

通过系统的地面沉降、地面塌陷等地质灾害的调查与评价为城市安全服务,降低城市安全风险。将地面沉降研究成果运用于城市生命线工程安全中;岩溶调查结果为城市防灾减灾规划提供了基础;环境地球化学调查评价结果为环境治理提供了依据。

4.5 首次系统开展了城市地下空间适宜性评价

在三维地质结构调查基础上,结合地质灾害和不良地质体的危害性评价,系统地开展了城市地下空间开发适宜性评价。为城市向深部空间发展提供了重要的基础资料。

围绕上海地下空间开发中所面临的典型地质问题和影响地下空间开发的水、土特性及其衍生的地质问题对地下空间规划、开发的不利影响,进行了系统的分析和评价。

北京市结合《北京城市总体规划》(2004—2020 年)进行六环以内地下空间的开发利用适宜性评价。

杭州市以《城市规划工程地质勘察》规范为标准,对地下空间开发的场地进行适宜性分类。

天津市对中心城区 60m 以浅的 4 个地下空间域进行开发利用工程地质适宜性评价和综合评价。成果已应用于《天津市地下空间综合利用规划》修订中。

4.6 系统开展城市垃圾污染和选址调查

垃圾不合理堆放和填埋造成地下水和土壤污染等环境地质问题已严重制约了城市的可持续发展,北京、南京、杭州和广州等城市开展了城市垃圾现状与选址调查评价。调查成果对制定城市发展规划具有重要的实际意义,也是城市进行规划设计的重要基础资料。

4.7 提供了城市应急水源保障

地下水资源、地下水环境调查等方面的成果对提高城市供水保证程度、实现地下水的可持续利用具有重要意义,也为城市进行应急水源地建设、水资源发展规划提供了重要保障。

天津市在前人资料和三维水文地质结构的基础上,通过分析评价,确定了8个应急水源地。上海市基本确定建设14个地下水应急水源地。杭州市确定了13个应急水源地。广州开展了江村和帽峰山地区应急水源地调查与评价,基本查明了地下水埋藏条件、含水系统特征,评价了资源的可利用性和资源潜力。

4.8 实现了城市地质信息集群化管理

系统集成了城市历史以来形成的各类地质资料,构建了三维可视化城市地质信息管理与服务系统,实现了城市地质信息集群化管理。构建了面向专业研究的城市地质基础科学研究平台,面向政府部门的城市地质信息决策平台和面向公众的城市地质信息服务发布平台。

试点城市地质基础信息管理与服务大型集成系统基本框架已经建立,依托该系统,实现了城市地质信息由分散到集中管理、由平面到三维可视化、由单纯专业应用到多元服务的转变。从此,城市地质信息化工作进入了一个全新的发展时期。

4.9 提出了城市可持续发展的对策与建议

(1)北京市提出了保护地下水环境、保障城乡居民饮水安全建议;提出了活动断裂灾害预防对策、地面沉降防治对策、地裂缝灾害预防对策和砂土液化防治对策;提出了水资源环境保护对策、土壤环境保护对策、城市垃圾污染防治对策。

(2)上海市提出了地面沉降对城市安全影响的宏观对策措施;边坡失稳、地基变形、砂土液化、岸带冲淤和浅层天然气等地质灾害防治对策与建议;地下空间规划开发地质环境问题防治对策与建议;水土污染防治、治理与生活垃圾场选址对策与建议。

(3)杭州市对影响城市规划建设的工程地质问题提出了对策与建议;提出了城市主要功能区地质环境保护的对策建议;提出了土地资源优化利用、水资源保护与利用、地下空间资源利用和地质遗迹资源保护开发建议。

(4)天津市提出了地下水资源开发利用和保护对策、南水北调实施后地下水开采调整方案;提出了土地利用规划建议、地热资源可持续开发利用对策和地面沉降防治措施。

南京城市地质调查成果与应用概述

杨祝良[1]①　程光华[1]　苏晶文[1]　张泰丽[1]　于俊杰[1]　张涛[2]
刘建东[3]　戴盛启[3]　李安波[4]

(1. 南京地质调查中心；2. 南京市规划局；3. 江苏省地质矿产勘查局；4. 南京师范大学)

[摘　要]　南京城市地质调查是在南京城市建设快速发展的关键时期应运而生的。在南京城市建设和发展史上，它第一次用地质科学的基本原理和相关新兴学科的技术方法，针对南京山水城市的地质特点和城市发展的需求，从全方位视角对南京市进行精细的地质学度量，基本查明了南京市地质基础条件，系统调查了城市地质资源状况与环境地质问题，初步建立了为政府决策、管理和社会服务的地学数据平台，这对于进一步提升南京城市的经济社会功能，保障城市地质安全，促进城市生态文明建设和可持续发展，具有重要的现实意义和深远的指导意义。

[关键词]　城市地质调查　城市规划与建设　信息系统　南京

南京城市地质调查是在南京城市建设快速发展的关键时期应运而生的。在南京城市建设和发展史上，它第一次用地质科学的基本原理和相关新兴学科的技术方法，针对城市发展问题，从全方位视角对南京市进行精细的地质学度量，基本查明了南京市地质基础条件，系统调查了城市地质资源状况与环境地质问题，初步建立了为政府决策、管理和社会服务的地学数据平台，这对进一步提升南京城市的经济社会功能、保障城市地质安全、促进城市生态文明建设和可持续发展，具有重要的现实意义和深远的指导意义。

1　项目概况

1.1　项目背景

南京市人民政府于 2003 年 11 月 8 日致函(宁政办函[2003]38 号)中国地质调查局表达合作开展南京城市地质调查工作的意向。2004 年 9 月，南京城市地质调查项目通过了由国土资源部组织的立项论证，并正式列入 2005 年国家地质大调查计划。

南京城市地质调查项目由南京市人民政府与中国地质调查局合作开展，双方共同筹措经费

---

①　第一作者简介：杨祝良，男，1967 年生，工学博士，研究员，主要从事区域地质调查、岩石学和地球学研究、城市地质及地质遗迹调查与相关研究工作。

3 300万元,成果共享,其中南京市人民政府出资2 200万元,中国地质调查局出资1 100万元。

2005年8月22日,由中国地质调查局和南京市人民政府联合组织对项目总体设计进行审查。同年10月26日,南京市人民政府和中国地质调查局在南京签订了项目合作协议书。

南京城市地质调查项目由南京地质矿产研究所负责,并联合南京市规划局和江苏省地质矿产勘查局等有关单位共同组织实施。由南京市人民政府与中国地质调查局组成联合领导小组对项目进行管理。

1.2 主要目标任务

围绕南京城市发展战略,针对南京市社会与经济可持续发展面临的空间资源、安全、环境质量和环境容量等问题,在充分利用、整合已有地质资料和成果的基础上,综合运用地质、地球化学、遥感、地球物理、钻探和信息技术与方法,查明城市三维地质结构、城市地下空间资源、城市主要地质灾害及工程地质基础、水土体地球化学背景及污染状况,评价南京市环境质量及环境容量,建立三维可视化地学信息管理与服务系统,实现全市地学数据的一体化管理和可视化表现,为城市规划、建设与管理提供基础数据和决策平台。

(1)在对已有各类地质调查、勘察(查)和研究资料与成果进行系统集成的同时,通过钻探和高精度地球物理方法补充调查,基本查明基岩面之上松散沉积物层的三维地质结构、工程建设层三维地质结构以及地下水特征,建立松散层三维地质结构模型和工程建设层三维结构模型以及松散层孔隙地下水三维结构模型;基本查明基岩地质特征及其空间变化。在此基础上侧重对重点调查区地表工程建设适宜性和地下空间开发利用工程适宜性进行评价,提出规划建议。

(2)开展包括沿江和秦淮河流域及石臼湖—固城湖(圩区)在内的主要地球化学异常区的异常查证、异常类型、机理及示踪研究;开展全市生活垃圾及危险废弃物堆放填埋场的环境现状调查与评价,提出选址建议;开展地质环境容量研究。

(3)开展包括高淳和溧水两县在内的地质灾害调查,研究全市滑坡崩塌、地面塌陷(岩溶、采空)、江岸侵蚀淤积等主要灾害地质背景条件及诱发因素,进行易发性分区,对重点地区进行危险性评估;开展河西新城地面不均匀沉降监测研究;开展城市主要地质资源的调查和评价。

(4)建设南京城市地质综合数据库和信息管理服务系统,实现对城市地质数据的科学管理,为城市规划、建设与管理工作提供基础性的城市地质工作平台,同时满足社会公众不断增长的地学信息需求。

(5)开展沿江内陆山间盆地型城市地质调查技术方法及成果表现形式的研究。

1.3 组织实施

(1)南京市政府成立了领导小组,由一位副市长担任组长,市建委主任和规划局局长担任副组长,成员涉及发改委、建委、规划局、国土资源局、市政公用局、环保局、交通局、园林局、水利局、市容局、人防办和地震局等部门,并发文至各区(县)人民政府、市府各委办局以及市各直属单位。领导小组的成立为项目实施过程中资料的收集和野外顺利施工奠定了基础。

(2)由市规划局牵头,邀请上述各部门多次召开需求座谈会,参与项目主要工作的论证,使项目工作能始终把握好方向,成果能够直接得到政府的应用。

(3)由南京地调中心和市规划局牵头,联合江苏省地勘局、南京市测绘勘察院、南京师范大学、中国地质大学(武汉)等,组织跨部门多单位、多专业联合攻关。

(4) 紧密结合规划和城市建设的紧迫需求,及时调整浦口新市区和火车南站两个重点解剖区的工作,并优先部署实施,成果得到及时应用。同时,根据城市总体规划修编的需要,增加了城乡用地评定的内容,直接服务于城市规划。

(5) 定期召开项目工作协调会和进展通报会,督促检查项目各项工作,协调各方面关系,落实各工作的时间节点和责任人,形成会议纪要并及时下发。

(6) 项目综合组负责项目各项技术工作的把关,定期集中就关键科学问题和技术问题进行研究讨论。

2 主要成果概述

2.1 基础性调查与研究成果

(1) 在南京地区新近纪地层研究方面取得重要创新与进展。新近纪地层的划分对比一直是南京地区一个争议颇多的地层学问题。本次工作重新厘定了南京地区新近纪地层层序,提出了新近纪地层划分对比方案,不仅对南京地区新近纪古地理、古气候和新构造运动研究有重要的应用价值,而且对周边地区的新近纪地层研究具有借鉴意义。

重新厘定了南京地区中新世地层层序,建立了雨花台组正层型和次层型剖面,确认雨花台组的时代为早中新世晚期至中中新世早期,方山组为晚中新世。后人创名的"洞玄观组""浦镇组""六合组"等均为雨花台组同物异名,雨花台组为辫状河流沉积。

区内中新世地层被两个大的区域不整合面分开,组成一个完整的构造层序,时间延续约15Ma。底部不整合表现为雨花台组从南西向北东不整合覆盖于震旦系至古近系不同层位之上。顶部不整合,即方山组玄武岩之上被中更新世网纹状红土或晚更新世下蜀组覆盖,缺失上新世及早更新世地层。此两个不整合面可扩展到整个苏北盆地。此构造层序可分4个层序,雨花台组和方山组各两个。雨花台组两个层序底界以从河道回春下切所形成的不整合面为界,其上为多层河道砂砾岩体叠置。其顶以地层基准面上升最大值时的粉砂黏土岩沉积为特征。方山组两个层序底界以巨大的喷发不整合面为底界。

通过大量第四纪地质钻孔对比研究,首次建立了南京地区第四纪地层层序尤其是全新世地层的层序以及第四纪各主要沉积单元层序划分对比方案,从而为第四系结构模型的建立奠定了基础。

对钻孔沉积物岩相研究表明,南京地区滁河流域在马汊河以南具有冲洪积平原特征,而马汊河以北则具有典型的湖积平原特征;秦淮河流域总体上具有湖积平原特征。

根据磁性地层和生物地层研究,本区早-中更新世时期处于暖湿、暖干或偏干凉的环境,而并未反映此处经历过中更新世冰期时的冰川环境,其中驼子洞堆积物是较温暖的气候条件下的产物,而葫芦洞堆积物是在较冷的情况下形成的;中更新世时期,由早到晚(网纹红土—红棕色土—黄棕色土),显示气候由温热向温凉转变;中-晚更新世下蜀组或下蜀黄土的堆积环境,根据多个古气候代用指标的研究,风积黄土层是在较干凉的草原环境下堆积形成,古土壤层是在黄土堆积间断期露出地表的黄土母质在较湿暖(热)的气候环境下发育的土壤经后期黄土埋藏而成的,下蜀组或下蜀黄土堆积期间(中更新世—晚更新世)古气候经历了多次的冷(凉)—

暖波动;全新世时期气候变化频繁,(8 200±126)~(7 562±90)a B P 的晚北方期气候暖湿,(7 562±90)a B P 之后,气候和沉积环境变化较大,但仍反映了大西洋期(4 450~7 450a B P)气候以暖湿为主的特点,只是孢粉垂向往上的减少表明气候已逐渐向干凉转化,亚北方期(2 450~4 450a B P)则反映了明显的干凉环境特征。

(2)市区埋藏古河道及其与长江和秦淮河关系研究获得新突破。对比研究表明,南京市区埋藏古河道并不是秦淮河古河道,而是长江分支河道。市区钻孔表明,至少有5个沉积旋回,第1个旋回系长江分支河道直接下切到基岩的证据,其后的4个旋回为摆动河道—漫滩—高漫滩的一系列演变过程,其地层层序、沉积特征、沉积旋回规律以及沉积环境与长江南京段冲洪积平原完全一致,而河床相砂体厚度、砂的粒度与秦淮河流域则完全不同。通过钻孔地质剖面和砂层厚度统计及所绘的砂体等值线图,可以清楚地看出,市内古河道乃是古长江分支河道之一,长江主泓由城西赛虹桥至集庆门一线入城,经中华路、新街口、大行宫,过九华山进入玄武湖,向西折,流经三牌楼,过狮子山再汇入长江。在九华山以南,砂体长轴方向为北东向,具有湖口三角洲所特有的指状砂体特征;而在城北(新模范马路—福建路)一带,砂体长轴为北西向。砂体的长轴方向基本为河道水流的方向。由于晚更新世时期,海岸线距镇江一线很近,长江南京段已近入海口,古长江在没有人为的控制下,应当基本上是以网状河形式存在,市区内存在长江分支河道就完全可以理解了。秦淮河的入江口最早一期在现在的武定门—七里街一带,钻探发现七里街一带在−30~−40m 处埋藏有较厚的砂体,成束状排列,状似河道拦门砂。

(3)隐伏基岩、地质构造及新构造活动性方面取得重要进展。根据大量钻孔及区域重、磁资料解释,基本查明了覆盖层之下基岩面形态与基岩地质构造特征,利用前人MT资料对主城及周边地区−5 000m 以浅不同深度基岩地质构造进行了推断。此外,总结了南京地区新构造活动特征及其与地震活动的关系,结合地震动峰值加速度分区,编制了南京地区稳定性要素图等。

(4)首次建立了南京地区工程地质层系统的划分标准并通过论证。根据第四纪地层划分,按照岩土的工程地质性状,将南京地区工程地质层总体上划分为七大层,分别为人工填土、新近沉积土、一般黏性土、老黏性土、雨花台组砂砾石层、残积土和基岩,赋予相应的层号,并结合土名和土的强度等划分亚层。同时,分别建立了长江冲积平原、滁河冲湖积平原、秦淮河湖积平原、坳沟洼地、岗地等工程地质区工程地质层划分对比方案以及主要工程地质分区三维工程地质结构,对不同工程地质分区进行了评价。该项工作填补了该市工程地质的空白。

(5)对市区范围特殊土体和主要工程地质问题进行了专门研究。对市区范围内的软土、第一砂层、第二砂层、第三砂层、硬土层,以及人工填土等特殊土体的分布、工程地质性状等进行了研究,对地基承载力进行了分区,根据液化程度的判别,对砂土层进行了易液化和不易液化分区。对由特殊土体引发的主要工程地质问题进行了分析评价。

(6)对地铁一号线和二号线存在的地质问题进行了综合分析评价。地铁一号线和二号线途经的地质地貌单元复杂,施工过程中所引起的问题层出不穷。以第四纪地质地貌(及构造)为基础,结合工程地质和水文地质特征,对不同地段进行了分析评价,重点提出了需密切关注的地质问题,对于地铁沿线后期安全监测和新线路规划、设计与施工具有重要的指导意义。

(7)建立了南京地区水文地质层(组)划分标准和长江、滁河及秦淮河漫滩三维水文地质结构。在基础地质尤其是第四纪地层划分标准的基础上,划分地下水类型以及水文地质单元,并划分3种含水岩(层)组:①松散岩类孔隙含水层组(按透水性程度分为松散岩类孔隙含水层组和松散岩类孔隙弱含水层组);②碳酸盐岩类溶隙含水岩组(按岩性、层状结构的厚薄划分为碳酸盐岩类溶隙含水岩组与碳酸盐岩夹碎屑岩类溶隙含水岩组);③非碳酸盐岩类基岩裂隙含水岩组(细分为碎屑岩类裂隙含水岩组、火山碎屑岩类裂隙含水岩组、侵入岩类裂隙含水岩组以及变质岩类裂隙含水岩组)。据此,建立了长江、滁河及秦淮河漫滩三维水文地质结构。

(8)提出地下水开采利用与保护的对策建议:①南京市地下水资源不很丰富,广大丘岗裂隙水分布区多为贫水区,长江漫滩、滁河漫滩等地虽地下水较丰富,但水质较差,因此,南京市供水应以地表水为主,地下水只能作为辅助水源。②浦口区的珍珠泉、响水泉至龙王山气象学院广大地区,应作为今后南京寻找新的地下热水的重点地区。③地下水供水应急水源地规划建设靶区:仙鹤门—栖霞摄山溶隙水地段中型水源地($3×10^4 m^3/d$);滁河古漫滩孔隙水地段大型水源地($9.77×10^4 m^3/d$);长江漫滩地段特大型水源地(浦口中心区大型水源地$6.99×10^4 m^3/d$,八卦洲—龙袍大型水源地$8.96×10^4 m^3/d$,河西中型水源地$4.5×10^4 m^3/d$,龙潭花园—靖安中型水源地$3.95×10^4 m^3/d$)。

(9)编制南京市地质矿产资源(包括地质遗迹资源)图,提出矿产资源可持续开发与地质遗迹资源保护和利用规划建议。

(10)查明了南京市地质灾害类型、分布发育特征、形成机制和诱发因素,进行了危险性分区和易发性分区评价,为城市规划和发展提供了基础数据和决策依据。

(11)在以往工作的基础上,对8个重金属元素土壤地球化学异常进行了查证和土壤元素异常生态效应评价分析,提出了对策建议。

在收集资料的基础上,掌握了南京地区土壤本底值和背景值,获取了南京地区土壤质量及污染分布状况,圈定了8个重金属元素的污染区。研究表明,石臼湖—固城湖圩区土壤元素异常的主要原因是由于自然成因作用,同时农业生产和水产养殖加速了部分元素的异常富集。而沿江异常区土壤元素含量从深层到浅层含量逐渐增大,表明已经受到人类活动的影响,同时沿江地区深层土壤的8种重金属元素含量普遍高于南京市土壤本底值,表明长江冲积物原始含量偏高,自然作用也导致该区土壤元素异常,所以,沿江地区的土壤元素异常同样是自然和人为共同作用的结果。指出不同生物对土壤元素的效应是不同的,生物富集元素的原因有土壤中元素的含量、土壤pH值、生物本身的生长期等,而水对生物富集元素的影响更大,水生生物对元素的富集明显高于陆地植物。土壤pH值是导致元素形态变化的主要因素,土壤pH值越低,重金属活性越高,对生物的影响也越大。

2.2 信息化成果

2.2.1 数据与数据库

南京城市地质调查数据库包括四库(原始数据库、基础数据库、成果数据库及模型数据库)、八大类数据,目前共计入库已收集整理的约120GB南京城市地质调查数据,还有部分成果数据正在入库。

值得说明的是,目前库中具有已标准化好的第四纪地质钻孔150个(均见基岩),工程地质钻孔4 056个。

2.2.2 系统

动态开放的三维地质信息空间数据库和信息管理服务系统,可以为政府搭建城市地质信息的快速反应平台,增强和提高政府部门对城市的宏观管理决策的能力与水平,有效地促进城市地质调查工作为城市规划、建设及管理服务;三维地质信息空间数据库及城市地下空间三维可视化表达,可为城市地球系统科学研究提供有效的数据支持、技术支撑和支持;地下空间开发与利用是拓展城市发展空间的一个重要的方向和区域。城市地下空间三维地质结构建模与直观展示,可支持开展较为精细完善的地下空间开发利用规划;系统中实现了"多S"软件集成、数据集成和应用集成,各部分相互衔接,数据流转顺畅、充分共享。

按照城市地质调查系统建设要求,系统实现了如下功能:

(1) 建立了城市地质调查数据库,实现城市地上地下多源、多维、多尺度、多主题空间与属性数据的一体化管理。系统以主题式点源数据库为核心,建立统一的城市地质数据平台,实现多源、多维信息的计算机综合管理,数据结构采用成熟标准规范,符合国家信息建设要求,能充分实现信息共享。内容涵盖基础地理、基础地质、工程地质、水文地质、地质资源、地震地质、地球物理、地球化学、环境地质九大专题地质数据,包括地质调查过程中获取到的原始以及中间成果属性数据、矢量图形数据和栅格图像数据的采集、录入和管理。各种空间数据和属性数据入库工作采用了对象-关系型数据库技术,实现对地上、地下矢量数据,栅格数据和属性数据的统一存储、管理和查询、检索,可以实现城市地质海量数据的快速调度。

(2) 城市地质调查数据建库规范的制定,数据入库工具的开发。依照中国地质调查局的《城市地质调查数据库与信息系统建设指南》,结合南京城市地质数据现状,制定了《南京城市地质调查数据库建设指南》,对城市地质调查中涉及的九大专题数据进行分类,制定原始数据数据库、基础数据数据库、成果数据数据库的建库规范;针对南京城市地质调查数据存储格式的多样性、数据标准的不统一性,开发了相应的数据入库工具,可实现数据的卡片式录入、异构数据格式转换、原始数据到基础数据的转换、矢量数据格式的转换入库工具。

(3) 实现了城市地质地表与地下一体三维可视化建模与分析。建立了三维城市地质调查信息系统,在三维环境中建立城市地质的地上、地下三维一体化的空间模型。提供给用户一个实时展示城市地质的三维可视化平台,包括各种通用的三维环境显示功能以及某些特色的显示效果功能,如多种视图显示、投影显示、缩放显示(放大、缩小,开窗显示,坐标轴缩放,比例缩放)、全屏显示、旋转视图、平移视图、锁定/解锁坐标轴显示、类别显示、条件显示、光源材质渲染控制、分层设色、飞行漫游等。地上地下三维一体化的城市地质建模功能,提供给用户一个展现真实城市地表以及地下三维一体的可视化工具。

三维查询计算与空间分析功能提供给用户一个展示的三维可视化环境,它支持各种较为复杂而专业的地质空间查询、量算以及空间分析。从数据库中导入城市地质的数据,并可实现对图形属性进行交互查询、条件查询等辅助功能。提供了如地质模型的取岩芯分析、断面分析、巷道分析、工程开挖分析、虚拟钻孔分析、剪切分析等空间分析功能,用户完全可以在此环境下对设计模型进行验证和查看地下地质特征。

(4) 开发了城市地质调查信息系统。针对目前南京城市地质调查数据现状与业务现状的需要,开发了南京城市地质调查信息系统,实现了城市地质调查数据采集、存储、管理;开发了有效的数据录入转换工具,可进行卡片式录入、异构数据转换、空间数据格式转换入库;开发了基于属性数据、空间数据的查询与统计,可实现SQL查询、定制查询、图形属性关联查询,制作各种统计图件;实现了部分专题图件的制作功能,可制作钻孔柱状图、钻孔对比剖面图等各种专题图件。

(5)开发了城市地质调查信息发布系统。为了适应当前 Internet 迅速普及的形势,满足专业人员、各级行政管理人员和广大公众通过 Internet 获取或查询城市地质信息的需要,采用"胖客户端,瘦服务器"的 B/S 结构和 C/S 结构的混合模式,系统实现方便、快捷的地质信息网络发布功能。对于决策层的领导,还在提供浏览器/服务器模式查询的基础上,进一步提供城市地质现状等详尽成果的查询,并提供基于 WebGIS 的城市地质信息的查询与三维地质模型的显示等功能。

3 成果应用与服务

项目实施过程中,紧密切合城市建设和城市规划需求,阶段性成果得以及时被政府应用。

3.1 地面不均匀沉降监测网建设为河西新城规划提供了服务信息

河西地区地面沉降变形监测网建设,根据南京市政府的要求,南京市规划局和南京市地调中心共同协商,决定将监测网建设的范围相应扩大并覆盖整个河西新城($83km^2$)。经过 3 年多的监测和资料分析,基本查清了沉降的分布特征、主要原因以及变化情况,为河西地区工程建设密度以及基础处理提供科学依据,同时指导类似地区的规划和建设。

3.2 提出了青龙山规划垃圾场重新选址建议

通过在青龙山占地 2 060 亩(1 亩=666.7m^2)新建特大型垃圾填埋场的详细地质调查,查明了地质构造、水源保护、地下水污染和安全等方面的不利因素。据此,提出对原场址进行重新论证或重新选址的建议,并与南京市城市管理局进行了充分的沟通。

3.3 发现并上报高切边坡和滑坡安全隐患

2006 年 4 月项目组野外调查期间,在江宁某房地产开发项目的施工现场发现一因施工导致的高切边坡地质灾害安全隐患,项目组及时上报南京市规划局,并就具体情况向区政府、区规划局等有关部门和房地产开发商作了较为详细的陈述与说明,对现场进行了共同考察,与区国土资源局等部门一起研究相应的紧急防范措施。区国土资源局在对实际情况确认后,会同市有关部门,对房地产开发商下达了停工和限期整改的通知,避免了事故的发生。

此外,在淳化某水泥厂周边发现一规模较大的岩质滑坡,该滑坡点不属于南京市政府公布的 2006 年重点防治点,但危险性较大。项目组及时反映,政府相关部门迅速组织勘查并进行了治理。

3.4 参与"长江—纬三路过江通道"的论证

项目组参与了"长江—纬三路过江通道"的论证,通过对通道经过地区的岩石和构造综合研究,提出应密切关注的断裂、埋藏的古河道和江北的厚层饱水松散层以及对隧道口的位置选择建议,得到了相关部门的重视。

3.5 南京火车南站和浦口新市区三维结构调查与站、区规划建设结合

项目组根据政府的需求,及时调整工作部署,优先完成了浦口新市区中心区和火车南站两

个解剖区的三维地质调查工作,成果为两区建设减少投入、降低成本提供了基础资料支撑。

(1)通过京沪高铁南京南站地区的三维地质结构调查和地下空间利用的综合评价,对开发利用南站地区地下空间的方案提出了建设性调整意见,增加了地面可利用空间约17公顷(1公顷=0.01km^2),新增地下可利用空间约4公顷,产生经济效益10亿元。

(2)查明了长江北岸浦口新市区三维地质结构、基岩埋深、特殊工程地质层的空间分布以及地下水的埋藏条件,并对施工建设和规划提出了建议,其成果已为该区建设规划部署方案调整起到了积极的引导作用。

3.6 围绕城市总体规划修编开展市区城乡用地评定

项目实施期间,正值《南京城市总体规划》修编之际,同时建设部《城乡用地评定标准》正处于征求意见阶段。为了在总体规划中充分利用地质资料成果,南京市规划局与南京地调中心共同协商,决定将城乡用地评定工作作为总体规划修编的主要任务之一,同时一并纳入南京城市地质调查工作体系。

系统研究了影响南京市城乡建设的地上、地表和地下三维空间各种自然因素,重要人文社会要素及其相互之间的关系,重点分析了工程地质条件对城乡建设的影响,构建了适用于南京的城乡建设用地适宜性评定指标体系,系统性地提出了评定指标的定量化标准。将评定结果与南京市土地利用现状和土地利用规划进行比较分析,指出了土地利用现状和土地利用规划在建设项目选址及用地功能布局方面存在的问题,并提出了布局优化的意见和建议。

4 建议

南京城市地质调查工作及其成果已经在城市规划、建设与管理中发挥了应有的和积极的作用。然而,本次工作毕竟只是开了个头,通过项目的组织和实施,我们提出如下建议:

(1)尽快建立地质资料尤其是工程地质勘察资料的汇交制度。
(2)建立东郊地下水源地保护区。
(3)设立专项,开展垃圾填埋场等科学选址工作。
(4)继续开展大比例尺城市地质调查工作,尤其是待建设用地。
(5)加大投入,开展南京市旅游地质资源的详细调查,编制保护性开发利用的规划。

杭州城市地质调查成果与应用

彭振宇[①]　陈忠大　华锡宏

（浙江省地质调查院）

[摘　要]　杭州城市地质调查项目围绕杭州城市发展所面临和亟待解决的地质环境问题，开展了多学科、多方法、多手段的综合地质调查，形成了从城市水土环境地球化学、土地适宜性研究、岩溶地质和城市三维地质结构及地下空间资源评价等一系列成果，建立了三维可视化城市地质数据管理和服务系统，且成果已在环境治理、城市规划与建设、国土资源管理、地质教学、考古、地质灾害调查与防治、矿产资源勘查等领域得到应用，在国内外核心期刊上发表论文数十篇。

[关键词]　杭州　城市地质　三维地质结构　环境地球化学　信息系统

引言

城市地质工作指在城市及其周边地区或城市潜在化地区的特定空间范围内，综合考虑各种地质要素，研究其对城市发展所提供的地质环境、资源，所施加的约束条件以及城市发展对其产生的影响，为城市规划、建设和管理服务的地质工作。为解决和减少我国城市发展中遇到的问题，推进城市的可持续发展，中国地质调查局开展了6个不同地质环境条件和地貌类型的城市地质调查试点工作，杭州则属于试点城市之一。

1　存在的主要地质环境问题

杭州地处扬子古板块东南缘，江山-绍兴断裂带西北侧，周边低山丘陵部分隶属钱塘台褶带东北端。受地质构造的影响，地形地貌类型多样，地势总体由西南向东北倾斜。西湖复向斜溶沟、溶洞发育；中部和东部浙北平原区基岩面埋深总体走势由西南往东北由浅变深，最大埋深超过139m，工程地质结构总体表现为"三软三硬—砂—砾"。调查研究表明，在杭州城市的发展和建设过程中正面临着工程地质、岩溶塌陷和水土环境等地质环境问题。

[①] 第一作者简介：彭振宇，男，1978年生，高级工程师，主要从事环境地质、地热地质研究工作。

1.1 工程地质问题

1.1.1 软土

软土包括人工填土和软土层两部分。人工填土主要分布在城市建设范围和人类活动频繁区域，范围局限，厚度较小，但成分复杂多样，富含有机质及大块石，多为大孔隙等，极易造成基础强度不足和沉降不均匀等；软土层广泛分布于平原区，厚10～40m，埋深变化较大，灰色淤泥、淤泥质黏土、粉质黏土和泥炭质土，局部夹粉砂薄层，流塑-软塑，天然孔隙比大于等于1.0，天然含水量大于液限，层状或鳞片状构造，常因扰动造成土的强度破坏和压缩变形而导致地基不均匀沉降与基坑周围土体的移动，引起围护结构失稳或产生较大的变形，造成基坑周围地层的移动、基坑失稳，以及建筑物沉降、倾斜，甚至破坏等。

1.1.2 液化砂土

饱和砂土主要形成于全新世中期和晚期，为钱塘江河漫滩相堆积物，尤以钱塘江两岸最为广泛，厚度由边界往钱塘江边变厚，以15～20m和20～25m为主，在工程施工中易发生坍塌、管涌和流沙等问题。

1.1.3 浅层天然气

钱塘江地区在第四纪海进、海退过程中形成了许多超浅层气藏，化学组分以甲烷为主，含极少量重烃及氮、二氧化碳和杂质，分布于塘栖、九堡、宁围和长河—西兴一带，聚集于砂层隆起部分和尖灭体封闭端，当含气层被破坏导致浅层天然气外逸后，破坏含气层原有支撑平衡而改变含气层、隔气层的土体物理力学性质及整个工程地质环境体系，对工程施工产生较大影响。

1.2 岩溶塌陷问题

岩溶主要发育于西湖周边、留下—闲林、转塘和超山等地，具不确定性、随机性及隐蔽性。以地下河、落水洞、溶洞或土洞为主，一般规模不大。西湖地区有16个区段曾先后因岩溶塌陷引起26次程度不同的地面塌陷与凹裂、地裂缝、建筑物墙体开裂等地面变形。

1.3 地下水

杭州地下水以微咸水为主。淡水体则以封闭体存在，主要分布于袁浦、祥符桥和望江桥等地，因开采造成淡水体的不断缩小和咸水的侵进，并形成水位降落漏斗。目前已基本停止开采。

1.4 生态环境问题

因受到来自工农业及生活排放废物影响，城区水、土、气、生物系统受重金属污染较重，如某地区受污染型企业污水、废水排放影响，水、土、气环境中重金属汞（Hg）、镉（Cd）、铅（Pb）、硫（S）、氟（F）等元素严重超标，对居民健康产生严重威胁。

2 主要调查内容

基于杭州城市可持续发展中面临的主要地质环境问题,项目[①]以三维地质结构调查为核心,城市环境地质调查、城市地质信息管理与服务系统建设为重点(表1),开展多学科、多方法、多手段的城市综合地质调查与评价工作。

表1 杭州城市地质主要工作内容结构表

		基岩地质调查	出露区、隐伏区基岩调查
杭州城市地质调查	三维地质结构调查	第四系调查	三维地质结构调查
			第四纪地质研究
		工程地质结构调查	示范区调查(1:1万)
			重点区调查(1:2.5万)
			一般区调查(1:5万)
			外围区调查(1:10万)
		水文地质结构调查	水文与岩土工程地质条件相关性分析
			地下水资源区划调查
	城市环境地质调查	城市水、土地质环境调查	杭州城市生态地质环境调查
			示范区及主城区生态环境地球化学调查
		岩溶区地质环境调查	
	专题研究	城市土地利用研究	
		地下空间资源利用适宜性研究	
		城市地质调查方法与技术研究	
	城市地质信息管理与服务系统建设		

3 主要方法技术

3.1 三维地质结构调查(平原区)

三维地质结构调查是杭州城市地质调查的核心,调查方法采用"一法多用、一线多用、一点多用与一孔多用"的原则,利用标准孔、有效钻孔、物探剖面、测井等资料进行平面、垂向的地层多重地层划分与对比、孔间地层对比、剖面联结和三维建模等。

3.1.1 钻探

钻探采用机型为100型或150型,孔径大于108mm的中深钻,按有关标准、规范要求进行施工。各类钻孔采用手持GPS和1:1万地形图初步定位,施工结束后,采用静态GPS 3100

---

① 浙江省地质调查院.杭州城市地质调查报告,2009。

仪器对其进行定位测量。

第四纪地质标准孔钻探：进行岩石地层、生物地层、磁性地层、年代地层等多重划分对比，编制第四系标准孔综合地层柱状图，成图垂向比例尺为(1∶100)～(1∶500)，标志性地层较薄时，可适当放大表示。

工程地质孔钻探：采集土、岩、水样，封装送检。现场开展标准贯入、重型动力触探、双桥重力触探和波速实验，钻探编录及地下水位测量。各单个钻孔编制综合柱状图按照工程地质层的时代、岩土性、物理力学性质进行详细划分，划分层次采用"从细从薄"的精细原则，成图垂向比例尺为(1∶100)～(1∶500)，标志性地层较薄时也可适当放大表示。

水文地质钻探：按照《供水水文地质勘察规范》(GB 50027—2001)的要求对钻孔主要含水层分别做一个落程的稳定流抽水试验。

岩溶地质钻探：需要全孔连续取芯。对导致岩溶塌陷的覆盖层，通过单孔第四系岩性、结构、厚度、水理性质等特征系统分析与对比，构建西湖周边等重点调查区的孔间地质结构格架。

3.1.2 物探方法

主要采用了综合测井、高密度电法、浅层人工地震。其中综合测井用于第四系基准孔结构分层，高密度电法主要用于岩溶地质专项调查，浅层人工地震(SH 波及 P 波)勘查方法主要用于划分平原区(线状)第四系三维地质结构与区域性断裂带的定位及活动性判定。

3.1.3 第四纪地层划分方法

鉴于第四纪地层的岩性岩相变化复杂，同期异相和异期同相极为普遍，难以准确划分地层及区域对比。本次结合浅层地震、综合测井及土工测试等技术手段，以岩石地层学、生物地层学、气候地层学、磁性地层学和年代地层学等多重地层划分方法和第四系松散土层的物理力学特性，对第四系划分采用四分法编制控制全区的纵横向第四纪地质剖面图，构建宏观地层格架。

3.2 三维地质结构调查(丘陵、低山区)

3.2.1 基岩地质调查

地貌调查：利用 ETM、DEM 和 SPOT 卫星影像及不同时相地形图、航片等，以影像的形态、色调、阴影、图形、纹理、布局和水系等为直接标志，以土壤、植被和农作物为间接标志，进行地貌单元的初步解译和野外验证，并根据形态、成因分类，系统地划分了不同级别的地貌单元。

第四系剖面研究：利用人工开挖的新鲜断面，对山麓沟谷区第四系进行详细观察、分层、系统采样和地层层序、沉积作用、生物、古气候与古环境等的详细研究。

基岩地质调查：①利用 GeoExpl 2006 软件，对 1∶20 万重力和航磁数据进行重处理，综合钻孔、地质资料，推断了覆盖区主要断裂和基岩断块；②进行 1∶5 万的补充调查，重点对区内西部中下奥陶统和中侏罗统进行了地层序列、岩性组合、岩相古地理、生物等分析研究。

3.2.2 工程地质结构调查

主要是利用前人工程地质与本次基岩地质调查资料，进行工程地质分区与工程地质条件分析。根据各区段的岩石结构与组合、单层厚度、物性参数特征等，系统厘定、划分基岩岩组和山麓区第四系松散层工程地质层组。

3.2.3 水文地质结构调查

主要调查山麓沟谷区河谷孔隙潜水、灰岩区岩溶水和泥盆系石英砂岩层状裂隙水等有供水意义的主要含水岩组的分布范围。同时,以 2005 年为现状年,调查地下水开发利用历史与现状,并以开采量较大的集中供水井为重点,详细调查水文地质特征。

3.3 环境地质调查

3.3.1 城市水、土、气、生物环境系统调查

以城市主要功能区环境地球化学调查为重点,调查功能区绿地土壤、水体、尘和生物体系的地球化学环境现状,研究其危害性及发展趋势。

背景调查:进行全区的区域土壤环境地球化学调查,调查精度 1:25 万,水体及农作物以收集和研究为主;同时,选择人们生产与生活积聚集区作为重点研究区,进行加密调查和分析,重点调查重金属、似金属及与之相关的生态危害性大的主量元素等指标。

绿地:绿地土壤环境地球化学调查主要参照《土壤环境质量标准》(1995),样品采集为浅层和深层两层土样,农用地土壤样主要包括稻谷和蔬菜根系土壤。

水体:以规模较大、穿越多个城区的河流为调查对象,主要选择了主城区贴沙河、江南城北塘河和某工业区杭钢河等。同时采集水体底泥进行元素的形态分布分析,了解其潜在的生态危害性。地下水调查主要集中于某工业区和天子岭垃圾填埋场,利用民井和挖坑取水进行调查。

尘:以总体布局均匀性和不同功能区的代表性的原则进行布设,且街道尘埃与苔藓样品配套采集。

生物:稻谷和蔬菜与全部的根系土壤样品一一对应,苔藓样品通常与街道尘埃及绿地土壤样品配套。采集的生物样品有蔬菜、稻谷和苔藓。

3.3.2 裸露型岩溶地质调查

重点对各区段岩溶、不同灰岩层组的特征进行的系统调查,研究褶皱、断裂、灰岩层边界等地质要素与岩溶发育程度的关系,根据裸露区岩溶地层产状、以往岩溶塌陷点的分布、钻孔遇岩溶的见洞率等进行综合分析,厘定覆盖区主要岩溶带的空间展布。

3.3.3 遥感解译

利用最新的城区 ETM、DEM 和 SPOT 遥感数据,结合不同时相的遥感、航片、地形图等多源信息,通过信息增强、配准与融合等数据处理,解译杭州城市地貌类型、断裂构造、城市动态扩展、土地利用变化和地下空间利用程度等。

4 主要成果

4.1 三维地质结构调查

杭州城市三维地质结构调查首次系统地厘定和建立了第四系、工程与水文地质结构,并利用 MapGIS 平台构建了三维地质结构模型。

4.1.1 基岩与第四纪地质调查

(1)系统厘定了测区前第四纪地层层序,划分了6个群和48个组级填图单元;发现了余杭镇狮山上奥陶统顶部与下志留统底部的岩屑砂岩、粉砂岩、泥质粉砂岩中存在大量古生物化石(腕足、三叶虫等),为杭州-嘉兴地区奥陶系与志留系地层的划分提供了重要的古生物学证据[1,2];基本查明了基岩埋深、起伏形态、主要断裂和印支期褶皱的基本形态与组合形式,建立了构造演化序列;同时发现泗岭花岗岩为铝质A型花岗岩[3-5]。

(2)建立了涵盖钱塘江河口地区、苕溪及浦阳江流域等典型的沉积地层区的9个第四系标准孔地层柱,系统厘定了区内第四纪地层层序及区域对比标志①,完成了第四系建模钻孔的孔间对比与地层归属,基本查明了区内第四系岩性组合特征、成因类型、时代,以及古地理、古气候阶段性演变规律,建立了平原区第四系填图单位综合划分方案,分析了基岩面起伏变化及第四纪古河道空间展布特征,构建了三维第四系结构模型[6,7]。

(3)根据孢粉组合特征、^{14}C测年数据和跨湖桥遗址新石器时代环境考古学研究,重建了钱塘江河口地区全新世早、中期(10~3ka B P)古气候演变序列,阐明了东亚夏季风由弱—强—弱的变化规律,探讨了环境突变与良渚文化衰亡的关系[8,9]。

4.1.2 三维工程地质结构调查

(1)建立了9个工程地质层组、22个工程地质层,查明了各工程地质层埋深、空间展布、厚度、物理力学性质等特征和空间变化规律,同时将本区划分为3个工程地质区和16个亚区,且首次对特殊土的分布、埋深及主要物性特征进行全面调查、研究。首次建立了杭州城市三维工程地质结构层序与工程地质结构模型[10]。

(2)查明了杭州场地土类型和场地类别,根据场地土的等效剪切波速[11]和基岩埋深,确定了建筑场地类别,其中首次确定了Ⅳ类场地分布范围。采用波速试验方法确定液化指数和利用标准贯入、波速测试和静探试验对全区的砂土进行了液化综合判别[11-13],划分出不液化、轻微液化、中等液化和严重液化场地;利用模糊综合评判方法对杭州市建设工程适宜性进行评判,划分出适宜区、较适宜区、一般适宜区和不适宜区。同时进行了城市地基稳定性与场抗震效应研究,将杭州建筑抗震地段划分4个地段(A、B、C、D)7个类别,并对应抗震区划地段划分为稳定(Ⅰ)、较稳定(Ⅱ)、次稳定(Ⅲ)和不稳定(Ⅳ)地段4个级别及7个类别。

(3)首次系统厘定了区内主要的基础持力层,分析了采用天然地基、桩基础等基础形式和采用沉桩可能性;基本查明区内潜水对混凝土结构及对钢结构腐蚀性,并进行了评价,划分出无腐蚀性、弱腐蚀性和中等腐蚀性分布范围。

(4)首次利用遥感信息反映出的建筑物直观性,通过人机交互方式获取建筑物高度、样式等地面信息,建立建筑物高度、样式与基础深度之间的关系,并与查询资料和实地验证相结合进行地下空间资源占用调查。结合杭州市地下空间开发利用规划进行地下空间资源利用适宜性分区,划分出杭州市不同深度地下空间建设的适宜区和不适宜区。

4.1.3 三维水文地质结构调查

(1)统一了区内地下水类型及含水岩组的划分标准,厘定了两个具供水意义的上更新统下段冲积砂、砂砾石孔隙承压水含水层和中更新统上段洪冲积砂砾石孔隙承压水含水层;查明了

---

① 浙江省地质矿产研究所.杭州、宁波、温州三城市平原地区第四系分层与对比,1990。

平原区主要孔隙承压含水层的三维水文地质结构特征。

(2) 对目前经济技术条件下可供开发利用或具有开发利用潜力的地下水类型及地区的允许开采资源(2007—2020年)评价认为,全市评价区内的允许开采资源总量为 $6\,160.71\times10^4$ m^3/a,可增加开采总量为 $5\,558.60\times10^4\,m^3/a$。同时以水量丰富、开采条件良好、水质符合或经简单处理后达到《生活饮用水卫生标准》(GB 5749—2006)为原则,确定了13个地下水应急水源地。

4.2 城市地质环境与资源

4.2.1 城市环境地球化学调查

(1) 首次获得了杭州市土壤环境基准值与背景值,揭示了杭州市区域土壤的基本环境地球化学特征和土壤环境质量现状及城区绿地土壤环境地球化学特征与重金属元素污染的空间分布规律。

(2) 通过大气环境的地球化学调查与评价,揭示了杭州市大气环境重金属元素污染的来源及变化规律,提出了重金属元素主要以大气尘埃为载体对环境进行污染的途径。

(3) 从土壤、水体、生物和大气等多方面深入剖析了杭州市某工业区环境地球化学特征,揭示了其水体-土壤-大气-生物系统出现了明显的环境污染现象和产生了较严重的生态影响;运用多种地球化学手段阐述了环境污染物来源、迁移演化趋势和规律,探讨了其潜在的危害性[14,15]。

4.2.2 岩溶地质调查

基本查明了区内岩溶发育特征和岩溶塌陷的基本类型、特征,以及控制岩溶带发育的灰岩地层、断裂、褶皱和地下水等主要地质要素。通过相关性分析认为,岩溶主要受地质构造、岩溶层、土层性质及地下水的控制,其中构造控制明显,且主要发育在张性、渗透性强、富水性好的北西向、北东向、近东西向断裂带及其交汇部位的质纯、块状的石炭系—二叠系,奥陶系、寒武系灰岩地层中,且与新构造运动关系十分密切。从岩溶塌陷成因分析,其主要以人工抽水为主要诱发因素,多发生于第四系覆盖层厚度小于30m的岩溶发育或较发育区段,并提出防治措施建议。

4.2.3 城市土地利用适宜性研究

(1) 采用地质环境要素与土地资源结合,利用MapGIS空间分析技术对城市土地的适宜性进行了不同要素、不同类别与不同用途的多因子、多方法评价和研究,认为建设用地的地质环境适宜性级分布与地质环境条件关系密切[16],为建设选址提供成本控制依据;区位经济适宜性主要与城市发展现状、基础设施条件、产业政策、生态需求等关系密切,为建设选址提供效益集聚及舒适度依据。二者结合则可以为建设选址、降低成本、提高产出提供依据。

(2) 基于保护与发展并重的理念,提出建设用地布局选择资源机会成本较低的区位,保留优质生态资源,避免建设用地连片扩张导致的城市病,保障建设与农用地协调发展的土地利用综合适宜性决策建议:东向建设扩张用地宜呈团块状跳跃布局,北向、西向和南向建设扩张用地宜呈指状延伸格局。通过与城市规划的关系比较认为,土地适宜性决策与城市规划中"东向呈团块状跳跃发展,西向、北向、南向则呈指状延伸城市扩展布局"的总体特点相同,这有利于未来城市规划的修编。

4.3 城市地质信息管理与服务系统

首次集成了相对齐全、先进的杭州城市地质数据库,研发了集用户权限管理与图件管理子系统、城市地质分析与评价子系统、城市地质数据共享与社会化子系统三大块于一体的杭州城市地质信息管理与服务系统,实现了海量数据的管理和高精度三维地质结构模型与属性模型的快速构建,大数据量的结构模型与属性模型的运行和多元数据一体化显示及方便、快捷浏览、查询、随意调用和分析数据、制作图表等城市地质信息的服务功能。

5 成果应用

5.1 促进某地区工业污染综合整治方案出台

2006年末,调查成果显示,某地区土壤、大气、地表水、蔬菜和稻谷中氟和重金属含量严重超标。成果上报后,立即引起杭州市政府的高度重视,并于2007年初敦促杭州市环境监测中心站和杭州市环境保护局对该地区进行实地踏勘及抽样监测,监测结果与杭州城市地质调查成果相吻合。为此,杭州市人民政府特别召开了关于该地区工业污染综合整治有关问题的专题会议,明确了"把工业污染综合整治作为建设生态市、发展循环经济与构建和谐杭州的重要工作来抓",制定了该地区工业污染综合整治方案。

5.2 地铁1号线风情大道坍塌事故分析

2008年11月15日,杭州地铁1号线风情大道施工现场发生坍塌事故,事故造成21人死亡,10余人受伤,直接经济损失达4 962万元。事故发生后,项目部迅速对该区域的工程地质结构进行了综合分析。对工程地质层特征、空间展布、物理力学性质和三维地质结构分析表明,事发区域软土中存在透镜状砂体、粉砂土中夹软土,构成较好的地下水通道和剪切滑动层,由于在工程施工中不注意软土地基与砂土液化等不良工程地质问题,从而导致超挖及支撑体系缺陷而酿成重大事故。由此形成文字材料上报市政府,为救援、后期事故原因确定、事故责任认定及再建设提供了基础依据。

5.3 环境治理

《杭州城市地质调查报告》及系列成果图件为杭州城市管理者提供了地学基础数据和科学依据,部分成果已被杭州市规划局、杭州市地震局、杭州市国土资源局、杭州市环境监测中心站等部门用于环境整治、钱塘江饮用水水质监测、地质灾害防治、土地利用规划和活动断层探测等领域,并发挥了重要作用。

5.4 科研教学

本次新发现的杭州板桥南山上中下奥陶统候选层型剖面、余杭狮山奥陶系—志留系古生物化石点、余杭泗岭A型花岗岩体等已被浙江省列为重要的地质遗迹,这不仅对加强杭州地区地质遗迹保护利用、促进地学考察旅游具有重大意义,同时也为建设与申报地质公园打下了良好基础;工程地质层划分方案已被浙江省岩土工程界所认可、采用,成为《浙江省岩土工程勘察规范》编制组修订浙江省岩土工程勘察规范的重要参考依据之一;部分成果为浙江大学地球科学系、浙江大学空间技术研究所、杭州市土木建筑学会岩土工程与测绘专业委员会、杭州师范大学遥感与地球科学研究院等的教学和科研提供了基础资料。

5.5 重大工程建设

三维工程地质结构模型直观地展示了杭州市各工程地质层埋深、厚度、空间展布及其变化规律,其物理力学性质、地基稳定性、场抗震效应可方便适时查询,部分成果已被应用于杭州市工程地质勘查及安全性评价、浅层地温能及地热资源勘查等领域。

6 结论

杭州城市地质调查系列成果是迄今为止杭州市(八区)资料最新、最全、研究程度最高的地质成果资料,已在杭州市城市规划与建设、土地利用、地质教学、考古、工程勘察设计、地质灾害调查与防治、矿产资源勘查等方面得到应用,且部分成果已陆续在地球科学、地球化学、高校地质学报、中国地质等全国中文核心期刊乃至国外学术期刊上公开发表或被正式录用,项目成果取得了较好的社会效益和经济效益。

参考文献

[1]戎嘉余,詹仁斌,黄冰,等.一个罕见的奥陶纪末期深水腕足动物群在浙江杭州余杭的发现[J].科学通报,2007,52(22):2 632 - 2 637

[2]罗以达,俞国华,张岩,等.浙江杭州地区中下奥陶统岩石地层研究[J].中国地质,2008,35(4):648 - 655

[3]卢成忠,董传万,顾明光,等.浙江道林山新元古代 A 型花岗岩的发现及其构造意义[J].中国地质,2006,33(5):1 044 - 1 051

[4]卢成忠,顾明光.杭州南部新元古代双峰式火山岩的厘定及其构造意义[J].中国地质,2007,34(4):565 - 571

[5]卢成忠,顾明光,罗以达,等.杭州泗岭铝质 A 型花岗岩的发现及其构造意义[J].中国地质,2008,35(3):392 - 398

[6]杨建梅,罗以达,顾明光,等.杭州城市第四系三维地质结构模型建立中的孔间地层对比方法分析[J].中国地质,2006,33(1):104 - 108

[7]顾明光,汪庆华,户成忠,等.杭州城市平原区三维第四系结构调查研究方法探讨[J].中国地质,2008,35(2):232 - 238

[8]顾明光,陈忠大,汪庆华,等.杭州湘湖剖面全新世沉积物的地球化学记录及其地质意义[J].中国地质,2005,32(1):70 - 74

[9]顾明光,陈忠大,卢成忠,等.浙江湘湖地区全新世孢粉记录及其古气候意义[J].中国地质,2006,33(5):1 144 - 1 148

[10]陈忠大,胡根兴,毛汉川等.杭州湘湖地区三维工程地质结构特征与分析[J].上海地质,2009,109:16 - 21

[11]刘国辉,陈利,周淑敏,等.关于剪切波速判别饱和砂土层震动液化方法的改进[J].西北地震学报,

2005,27(3):220-227

[12] 黄志全,姚海慧,王玲玲,等.砂土液化判别的液化系数法[J].华北水利水电学院学报,2005,26(3):48-50

[13] 陈育民,刘汉龙,周云东.液化及液化后砂土的流动特性分析[J].岩土工程学报,2006,28(9):1 139-1 143

[14] 严莎,凌其聪,严森,等.城市工业区周边土壤-水稻系统中重金属的迁移累积特征[J].环境化学,2008,27(2):226-230

[15] Sha Y,et al. Cadmium contamination in various environmental materials in an industrial area,Hangzhou,China[J]. Chemical Speciation and Bioavailability,2010,22(1)

[16] 张丽琴,李江风,朱江洪,等.基于地学知识的土地利用适宜性决策体系研究——以杭州市为例[J].国土资源科技管理,2009,26(4):65-71

[17] 工程地质手册编委会.工程地质手册(第四版)[M].中国建筑工业出版社,2007

福建省地质系列图件编制与综合研究成果报告
——《福建省区域地质志》成果简介

徐维光[①] 陈忠大 华锡宏

（福建省地质调查研究院）

[摘 要] 《福建省区域地质志》及所附福建省1∶50万地质系列图件，以福建省近30年的区域地质调查及专题研究成果、资料为基础，以板块构造理论为指导，以时间为主线，以空间变化为特点，基本阐明和揭示了福建省区域地质特征，系统总结了福建省区域地层、火山岩、侵入岩、变质岩、第四纪地质、深部构造、地质构造等方面的研究成果，全面阐述了福建省各种岩石类型的系列组合、基本特征、空间分布及构造环境，体现了现阶段福建省基础地质研究水平，同时也提出了一些新的尚待深入研究、解决的课题。

[关键词] 福建 区域地质 简介

"福建省地质系列图件编制与综合研究（编号：1212010610610）"为计划项目"中国地质构造区划综合研究与区域地质调查综合集成"所属的工作项目，工作年限为2006年1月—2010年12月。

在中国地质调查局、中国地质科学院地质研究所、南京地质调查中心和福建省地质矿产勘查开发局的领导下，福建省地质调查研究院组织了一批长期从事基础地质调查研究的骨干力量，以"福建省地质系列图件编制与综合研究"项目为支撑，历时5年，编制完成了第二代《福建省区域地质志》和新版1∶50万福建省地质图及相关的火山岩、侵入岩、地质构造、第四纪地质地貌、航磁共6幅地质系列图件。

《福建省区域地质志》及所附福建省1∶50万地质系列图件，以写实为主，是现阶段对福建基础地质研究的阶段性总结与基本认识。它系统地总结了福建省近30年来在区域地层、火山岩、侵入岩、变质岩、第四纪地质、深部构造、区域地质构造方面的研究成果，全面阐述了福建省各种岩石类型的系列组合、基本特征、空间分布及构造环境。

福建省位于中国东南沿海，濒临西太平洋。处于欧亚大陆板块东南缘，属华夏陆块和东南沿海环太平洋岩浆带的重要组成部分，也是环太平洋成矿域的重要成矿区之一。区内地层发育较齐全，岩浆活动频繁，侵入岩和火山岩分布广泛，其中沉积地层和变质地层的总和与火山岩、侵入岩约各占全省陆地总面积的1/3，地质构造复杂。闽东晚中生代火山岩、花岗岩，东南

---

① 第一作者简介：徐维光，男，1963年生，从事区域地质调查。

沿海剪切变质带,闽北"华夏古陆"变质基底及"闽中裂谷",以及复杂而丰富的地质构造现象,构成了福建基础地质特色。

1 区域地层

福建省地层发育,除志留纪和早中泥盆世地层缺失、中元古界未发现外,自古元古界至第四系均有出露。根据福建地质演化历史的阶段性,以及地层岩性、岩相、建造类型、变质变形特征,划分出古元古代、新元古代—奥陶纪、晚泥盆世—中三叠世、晚三叠世—中侏罗世、晚侏罗世—晚白垩世、新近纪—第四纪6个地层阶段(表1)。各断代地层或以明显的角度不整合为界,或以显著的变质变形与深熔改造差异而区别,且地层分区性明显。新划分出晚三叠世—中侏罗世地层断代,该阶段地层大致沿长汀—清流—大田—德化—平和一线为界划分为闽西南地层小区($Ⅱ7^{a-a}$)和闽北地层小区($Ⅱ7^{a-b}$)。晚三叠世至早侏罗世,闽西南有间歇性的海水浸漫过程,而闽北地区沉积地层均属陆相山间盆地-河流-湖泊相;闽西南地区早侏罗世火山喷发-沉积岩系具双峰式火山岩组合,闽北地区沉积盆地所含火山岩、火山碎屑岩,多为单一的中(基)性或中酸性、酸性火山岩。厘定和完善了福建省以岩石地层为主体的多重地层划分系统,划分出7个(岩)群、55个(岩)组(表2)。

表 1 福建省各断代地层分区表

地层断代	地层分区			
	地层大区	地层区	地层分区	地层小区
新近系—第四系	华南地层大区(Ⅴ)	中南-东南地层区(Ⅴ2)	武夷地层分区($Ⅴ2^1$)	沿海地层小区($Ⅴ2^{1-1}$)
				内陆地层小区($Ⅴ2^{1-2}$)
上侏罗统—上白垩统	西北-华南地层大区(Ⅱ)	东南地层区(Ⅱ7)	武夷地层分区($Ⅱ7^1$)	武夷地层小区($Ⅱ7^{1-1}$)
				沿海地层小区($Ⅱ7^{1-2}$)
上三叠统—中侏罗统	西北-华南地层大区(Ⅱ)	东南地层区(Ⅱ7)	武夷地层分区($Ⅱ7^a$)	闽西南地层小区($Ⅱ7^{a-a}$)
				闽北地层小区($Ⅱ7^{a-b}$)
上泥盆统—中三叠统	羌塘-扬子-华南地层大区(Ⅳ)	华南地层区(Ⅳ6)	武夷地层分区($Ⅳ6^a$)	闽西南地层小区($Ⅳ6^{a-a}$)
				闽北地层小区($Ⅳ6^{a-b}$)
				沿海地层小区($Ⅳ6^{a-c}$)
新元古界—奥陶系	羌塘-扬子-华南地层大区(Ⅳ)	华南地层区(Ⅳ6)	北武夷地层分区($Ⅳ6^1$)	闽北地层小区($Ⅳ6^{1-1}$)
				闽中地层小区($Ⅳ6^{1-2}$)
			南武夷地层分区($Ⅳ6^2$)	
			东南沿海地层分区($Ⅳ6^3$)	
古元古界	华夏大区(Ⅵ)		武夷地层分区$Ⅵ^1$	

古元古代、新元古代—奥陶纪变质地层主要分布于福建西部,中东部有零星出露,均属火山复理石、类复理石沉积。其中,闽西北前寒武纪地层出露广泛,岩石多具中—浅区域变质和混合岩化,而分布于闽西南的震旦纪—奥陶纪地层则变质程度较低。

表 2 福建省岩石地层单位划分表

岩石地层 地质年代			内陆地层小区				沿海地层小区	
			武夷地层小区				沿海地层小区	
			闽西南地层小区				闽北地层小区	
			闽西南地层小区		闽北地层小区		沿海地层小区	
	地层分区		南武夷地层小区	北武夷地层分区			东南沿海地层分区	
				闽北小区	闽中小区			
新生代	第四纪	全新世	(Qh)				东山组、长乐组 (Qh)	
		更新世					天宝组、同安组、龙海组 (Qp)	
	新近纪 古近纪		佛昙组 ($N_1 f$)				佛昙组 ($N_1 f$)	
中生代	白垩纪	晚白垩世	赤石群 ($K_2 C$) 崇安组 ($K_2 c$) 均口组 ($K_2 j$) 沙县组 ($K_2 s$)				石牛山组 ($K_2 sh$)	
		早白垩世	石帽山群 ($K_1 S$) 寨下组 ($K_1 z$) 黄坑组 ($K_1 h$) 吉山组 ($K_1 j$) 坂头组 ($K_1 b$) 下渡组 ($K_1 xd$)				石帽山群 ($K_1 S$) 寨下组 ($K_1 z$) 黄坑组 ($K_1 h$) 小溪组 ($K_1 x$)	
	侏罗纪	晚侏罗世	南园组 ($J_3 n$)				南园组 ($J_3 n$)	
		中侏罗世	长林组 ($J_2 c$) 漳平组 ($J_2 z$)				长林组 ($J_2 c$) 漳平组 ($J_2 z$)	
		早侏罗世	象牙群 ($J_1 X$) 藩坑组 下村组 ($J_1 x$) 梨山组 ($J_1 l$)				梨山组 ($J_1 l$)	
	三叠纪	晚三叠世	文宾山组 ($T_3 w$) 大坑村组 ($T_3 d$)		文宾山组 ($T_3 w$)		焦坑组 ($T_3 j$)	
		中三叠世	安仁组 ($T_2 a$)					
		早三叠世	溪口组 ($T_1 x$) 石碧溪泥岩段 ($T_1 x^3$) 兰田灰岩段 ($T_1 x^2$) 新祠角岩段 ($T_1 x^1$)			?	?	
古生代	二叠纪	晚二叠世	罗坑组 ($P_3 l$) 翠屏山组 ($P_3 cp$) 长兴组 ($P_3 c$)				?	
		中二叠世	童子岩组 ($P_2 t$) 文笔山组 ($P_2 w$) 泉上组 ($P_2 qs$) 栖霞组 ($P_2 q$)		泉上组 ($P_2 qs$)			
		早二叠世	船山组 ($P_1 c$)				?	
	石炭纪	晚石炭世	老虎洞组 经畲组 ($C_2 j$)				经畲组 ($C_2 j$)	
		早石炭世	林 地 组 ($C_1 l$)		林地组 ($C_1 l$)			
	泥盆纪	晚泥盆世	安砂群 桃子坑组 ($D_3 tz$) 天瓦岽组 ($D_3 t$)		?		?	
	志留纪							
	奥陶纪	中-晚奥陶世	罗峰溪群 ($O_{2,3} l$)					
		早奥陶世	魏坊组 ($O_1 w$)					
	寒武纪	末寒武世	东坑口组 ($\epsilon_4 d$)	东坑口组 ($\epsilon_4 d$)			亲营山(岩)组 ($AnDq$)	
		早-晚寒武世	林田组 ($\epsilon_{1-3} l$)	林田组 ($\epsilon_{1-3} l$)				
新元古代	震旦纪	晚震旦世	黄连组 ($Pt_3^{3b} h$) 南岩组 ($Pt_3^{3b} n$) 楼前组 ($Pt_3^{3b} l$)	西溪组 ($Pt_3^{3b} x$)				
		早震旦世	楼子坝组 ($Pt_3^{3a} l$)					
	南华纪			万全(岩)群 ($Pt_3^{1-2} W$) 下峰(岩)组 ($Pt_3^{1-2} x$) 黄潭(岩)组 ($Pt_3^{1-2} h$)	马面山(岩)群 ($Pt_3^{1-2} M$)	龙北溪(岩)组 ($Pt_3^{1-2} l$) 大岭(岩)组 ($Pt_3^{1-2} dl$) 东岩(岩)组		
中元古代	青白口纪							
	蓟县纪							
	长城纪							
古元古代			桃溪岩组 ($Pt_1 tx$)	天井坪岩组 ($Pt_1 t$)	麻源岩群 ($Pt_1 M$) 南山岩组 ($Pt_1 n$) 大金山岩组 ($Pt_1 d$)	迪口岩组 ($Pt_1 dk$)		

晚泥盆世—中三叠世地层主要分布于闽西南,其他地区有零星出露。通过对该时期典型地质时期岩相古地理研究,重塑了各时期沉积相展布规律和古地理变迁过程。晚泥盆世—中三叠世,福建乃至西侧相邻地区共经历了3次大的海进—海退旋回,海水由西南向东北方向浸漫,并且都具有快速海进与缓慢海退的过程。随着海水的浸漫与退出,在闽西南形成陆表海盆地,沉积了滨浅海相、海陆交互相陆源碎屑岩,碳酸盐岩夹煤层,含煤、铁、锰、铅锌及石灰岩等多种矿产。晚泥盆世—早石炭世地层分布较广,以一套河流相为主的陆源碎屑岩为主,早石炭世时发生第一次海进—海退过程,但其影响仅及福建西南部,在林地组中出现滨海相及滨岸沼泽相,夹煤线。第二次海侵旋回为晚石炭世—中二叠世末,影响范围所及可达福建西部大部地区,现今闽西南地区保存较好;其中,晚石炭世地层分布零星,多呈断块岩片出露,主要为滨海台地边缘相砂泥质碳酸盐岩、硅质岩、碎屑岩建造,与铁矿产关系密切;早、中二叠世地层分布最广,主要为海陆过渡相-浅海相碎屑岩、碳酸盐岩和含煤碎屑岩系。第三次为晚二叠世晚期—中三叠世,于晚二叠世末盆缘断裂沉降幅度最大,海侵形成了浅海陆棚相,最终于中三叠世结束海相沉积。

福建省晚二叠世与早三叠世沉积地层均为海相连续沉积,接触类型有碳酸盐岩与碎屑岩(长兴组与溪口组接触)、同为碎屑岩类(罗坑组与溪口组接触)两类,前者见于大田、漳平一带,后者遍及闽西南。晚二叠世与早三叠世沉积环境无大的变化,地层产状一致,在界线上下岩性相似,但在不同剖面上存在数米至十余米厚的生物混生层,分界以 $Hypophiceras$ 菊石群的出现作为三叠系的底界[1][2]。

晚三叠世—中侏罗世,在岩性组合、古地理环境、火山活动等方面福建南北差异明显。闽西南地区有浅海-滨海相沉积,其中,早侏罗世火山地层具双峰式火山岩特征,而闽北地区皆为山间盆地河流湖泊相。

晚侏罗世—晚白垩世地层遍布福建省境内,以陆相盆地沉积及火山喷发堆积为主。其中,东部地区火山岩尤为发育,形成分布广泛、厚度巨大、岩类复杂的陆相火山-沉积岩系,至晚白垩世火山活动减弱,为火山或非火山陆相红色盆地沉积。新近纪—第四纪,新近纪佛昙组主要分布于沿海,内地仅有零星小面积出露,均为一套玄武岩浆喷出-沉积岩系;第四纪松散堆积沿海地区分布广且发育,成因类型多样,内陆则为山间河谷盆地冲洪积堆积。

2 中生代火山岩

福建中生代火山活动强烈而频繁,形成的火山岩广布全省,尤以福建东部地区最为发育。火山岩呈大面积连片分布,组成了东南沿海火山岩带的主体,形成的陆相火山岩系厚度巨大,火山活动表现出明显的阶段性、旋回性。福建中生代火山活动(归属燕山旋回)进一步划分为晚三叠世—中侏罗世的初始、晚侏罗世—早白垩世早期的鼎盛及早白垩世中期—晚白垩世的减弱至衰亡3个阶段,分别构成下、中、上火山岩系,包括8个沉积—喷发旋回。不同时代、不同阶段的火山活动各具特点。其中晚三叠世、早侏罗世及中侏罗世火山岩零星见于闽西南、闽中、闽西北地区,火山活动微弱,主要为中心式喷发,形成以小型破火山和穹状火山组成的火山

---

① 福建省区域地质调查队,福建省二叠系—三叠系界线和生物地层研究,1989。
② 福建省地质调查研究院,1∶25万龙岩市幅区域地质调查报告,2004。

喷发盆地,多呈孤立状小型盆地产出,并沿断陷带断续分布,叠置在不同时代基底地层之上,岩石类型具双峰式火山岩之特征。晚侏罗世—早白垩世早期是火山活动的鼎盛时期,火山喷发强烈而频繁,规模宏大,以中心式及裂隙-中心式的喷气式爆发为主,兼具喷溢、沸溢式喷发,形成的火山机体类型多、结构复杂,以破火山、层状火山、锥状火山及穹状火山为主,这些火山机体空间分布上往往成群出现,并组成火山构造组合的群体,岩石类型属单峰式中—酸性火山岩组合。早白垩世中期—晚白垩世是火山活动的减弱—衰亡阶段,局限在断陷带上的断陷盆地中,主要为中心式的喷溢及喷气式的爆发,形成的火山构造以火山喷发盆地(洼地)形式出现,火山机体多为小型破火山及穹状火山,岩石具明显的双峰式特征。

具特殊成因的碎斑熔岩按成分可划分为中酸性、酸性碎斑熔岩,按结构可划分为隐晶状、霏细状及显微粒状碎斑熔岩,分布具北东带状或等轴状以及水平垂直分带特征。碎斑熔岩通常形成于火山喷发活动晚期,产于火山构造中心部位,是火山口侵出相的特殊岩石类型。既可作为寻找火山口的重要标志,同时还是划分火山活动旋回的重要依据。

早侏罗世藩坑组为拉斑玄武岩(安山岩)-流纹岩双峰式组合,形成于板内(类)裂谷环境;早白垩世石帽山群属钙碱性玄武岩(安山岩)-流纹岩双峰式组合,形成于后造山伸展环境。其中在永泰云山石帽山群火山岩中发现 A 型含钠铁闪石碱性流纹岩,它的出现标志着燕山造山过程的结束。

依据中生代火山岩空间分布特征、火山作用方式和火山机体形态等,划分出闽西、闽东两个火山活动亚带及 6 个北东向、2 个北西向、1 个北东东向火山喷发带共 5 个级次火山构造。系统总结了不同级别、不同类型火山构造的时、空分布规律。提出福建晚侏罗世—早白垩世早期火山岩形成于挤压造山阶段,早白垩世中期—晚白垩世火山岩形成于后造山伸展阶段,福建晚中生代火山岩形成于远离活动大陆边缘靠近板内过渡区的特殊构造环境,称之为"浙闽型火山岩"[1]。

3 侵入岩

福建是华南侵入岩最为发育的省份之一。福建岩浆侵入活动石可划分为吕梁期、晋宁期、加里东期、华力西-印支期、燕山期、喜马拉雅期 6 个岩浆期(其中燕山期进一步划分为燕山早、中、晚 3 个亚期),共 48 个岩石单位。其中燕山中期侵入岩分布最广,燕山晚期侵入岩逊之,加里东期侵入岩又次之,其他均规模较小,尤其是喜马拉雅期与吕梁期侵入岩,仅见数个岩瘤。该地岩类齐全,岩性繁多,以花岗岩类为主,中性岩类甚少,基性及超基性岩仅有零星出露。花岗岩类中除广布的黑云母花岗岩外,还出现十分独特的晶洞碱长花岗岩。超基性、基性、中性岩体规模小,均呈小岩株及岩瘤状。酸性岩体规模较大,多以大岩株或岩基形式产出。超基性、基性岩类岩体内部分异明显,单个岩体往往由两个以上的岩相(成分相)组成;酸性岩类常发育似斑状结构,岩体常常由多个岩相(结构相)组成。燕山期岩浆侵入作用与火山作用是在相似区域构造背景下同一来源岩浆的两种活动方式,因此,在区域分布、岩石特征、岩浆演化及其性质存在着一致性。福建侵入岩是多种物质来源、多种形成方式的产物,除有直接来源于上地幔的超基性岩及其衍生的某些基性岩外,花岗岩类的成因类型可分为 S 型、I 型和 A 型,根据物质来源的形成方式可划分为陆壳改造型、同熔型和分异型。

根据福建省不同时代侵入岩在岩石类型、组合、系列、成因,以及岩浆来源、成岩构造环境上呈区带性分布的特点,将加里东期侵入岩划分为北武夷、南武夷两个岩浆区;华力西-印支期划分为闽北、闽西南两个岩浆区;燕山早期划分为闽北、闽西南两个岩浆区;燕山中、晚期划分为武夷、沿海两个岩浆区。客观反映了各阶段岩浆时空分布、岩浆来源及构造背景。

解体了一些多期侵入的大岩基,如围埔岩体已分解成4个时期8个岩体,即加里东期二云正长花岗岩,印支期石英闪长岩、二长花岗岩、正长花岗岩,燕山早期正长花岗岩,燕山中期正长花岗岩等岩体,在正长花岗岩、二长花岗岩体中又划分出若干个不同岩相结构的岩石单元。根据近年来获得的且与地质依据吻合程度甚高的高精度SHRIMP年龄和其他方法同位素测年成果,修订了一些侵入岩体侵位年龄,如将黄源、包处、北坜、长城、王母山等橄榄岩体和大康、吉安等角闪石岩体的形成时代修订为志留纪;原划为早白垩世晶洞碱长花岗岩、晶洞碱性花岗岩据地质依据和同位素年龄将其形成时代修订为晚白垩世;明溪洋坊霓辉石正长岩体形成时代修订为中三叠世,归属于印支期[2]。

4 地质构造

福建省区域构造格架主要面貌呈"东西分带、南北分块"。地史上,福建地壳经历了3个大的演化阶段。一是古元古代至早古生代,属华夏陆块形成阶段,其中,古元古代形成"华夏古陆";新元古代—早古生代阶段经历了古陆裂解—分支裂陷槽—裂陷槽封闭—加里东运动褶皱造山,结束基底演化历史形成统一的华夏陆块。二是晚古生代至中三叠世,为陆表海盆地—陆内叠合造山,即盖层演化阶段。三是从晚三叠世以来,主要表现为大规模陆内断陷和岩浆活动,尤其是晚侏罗世以来,受古太平洋板块作用影响,岩浆活动尤为强烈。这3个大的演化阶段又可归纳为"华夏古陆初始、闽中裂陷槽、华夏地块形成、陆表海沉积、特提斯构造域向太平洋构造域转换、东南沿海活动大陆边缘"6个阶段的大地构造发展演化过程。

根据中生代岩浆活动的时空框架与形成的构造环境,将燕山造山期划分为早、中、晚3个亚期,即燕山早期为印支挤压碰撞后效应板内伸展环境(220~180Ma)→燕山中期活动陆缘挤压隆升(160~120Ma)→燕山晚期弱挤压-陆缘拉张、形成东南沿海活动大陆边缘裂陷系(110~70Ma)3个阶段。

福建省属于羌塘-扬子-华南板块(Ⅳ)之华南新元古代—早古生代造山带(Ⅳ5)的一部分[①]。以政和-大埔断裂为界划分为华夏地块(Ⅳ5^1)和东南沿海中生代岩浆岩带(Ⅳ5^2)两个Ⅲ级构造单元(图1)。华夏地块主要按古生代—中生代隆起与坳陷构造划分为北武夷隆起[Ⅳ$5^{1(1)}$]和南武夷晚古生代坳陷[Ⅳ$5^{1(2)}$]两个Ⅳ级构造单元;东南沿海中生代岩浆岩带划分为闽东火山断拗带[Ⅳ$5^{2(1)}$]和平潭-东山剪切构造带[Ⅳ$5^{2(2)}$]两个Ⅳ级单元;在Ⅳ级构造单元的基础上进一步划出11个Ⅴ级地质构造单元(表3)。

系统总结了福建的断裂构造特征,首次总结了福建大型推覆-滑覆断裂和大型韧性剪切带的分布、主要活动时期、形成机理与发展过程。将福建新构造运动划分为3幕,划分出武夷断块差异上升区、建阳-连城断陷上升区、鹫峰山-戴云山脉掀斜隆升区、闽东沿海差异活动区、近岸海域坳陷区5个新构造单元。福建新构造运动具有继承性、差异性、间歇性特点,主要构造运动形式为继承性的断裂活动和断块的差异升降活动。

---

① 中国地质调查局基础调查部、中国地质科学院地质研究所.《中国区域地质志》工作指南,2012

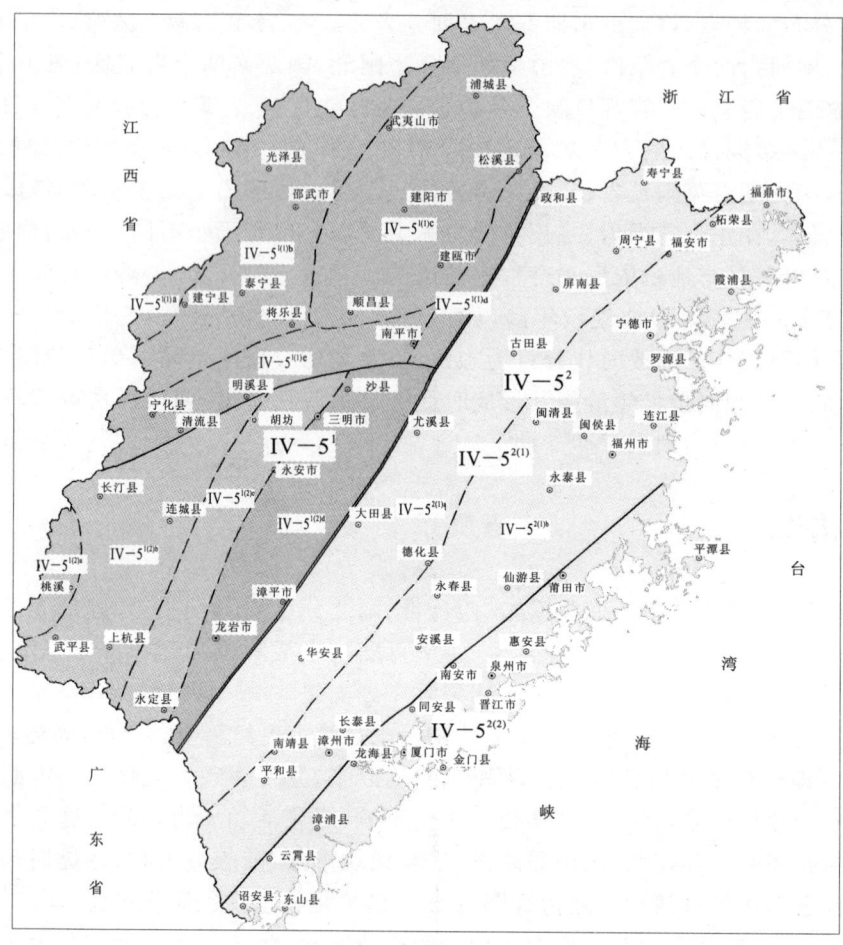

图 1 福建省构造单元划分图

表 3 福建省地质构造单元综合划分方案

一级	二级	三级	四级	五级
羌塘-扬子-华南板块(Ⅳ)	华南新元古代-早古生代造山带(Ⅳ-5)	华夏地块(Ⅳ-5^1)	北武夷隆起区 [Ⅳ-$5^{1(1)}$]	建宁基底隆起[Ⅳ-$5^{1(1)a}$]
				邵武-将乐裂陷槽[Ⅳ-$5^{1(1)b}$]
				浦城-顺昌基底隆起[Ⅳ-$5^{1(1)c}$]
				政和-南平裂陷槽[Ⅳ-$5^{1(1)d}$]
				南平-宁化岩浆带[Ⅳ-$5^{1(1)e}$]
			南武夷晚古生代坳陷区 [Ⅳ-$5^{1(2)}$]	桃溪隆起[Ⅳ-$5^{1(2)a}$]
				明溪-武平坳陷带[Ⅳ-$5^{1(2)b}$]
				胡坊-永定隆起带[Ⅳ-$5^{1(2)c}$]
				大田-龙岩坳陷带[Ⅳ-$5^{1(2)d}$]
		东南沿海中生代岩浆带(Ⅳ-5^2)	闽东火山断拗带 [Ⅳ-$5^{2(1)}$]	寿宁-华安断隆带[Ⅳ-$5^{2(1)a}$]
				福鼎-平和断陷带[Ⅳ-$5^{2(1)b}$]
			平潭-东山剪切构造带 [Ⅳ-$5^{2(2)}$]	

5 结语

本文是在《福建省区域地质志》区域地层、中生代火山岩、侵入岩、地质构造等方面研究成果的基础上归纳整理的,只是对该地质志作了较为粗略的介绍,大致描绘了福建省基础地质概况与基本认识,尚未涉及到该地质志所包含的许多新的地质事实、地质资料。《福建省区域地质志》除绪言、结语外,共计 8 篇 40 章,逾百万字,内容丰富,资料翔实,是集福建省近半个世纪以来尤其是近 30 年来地质工作成果之大成,是福建省基础地质研究的最新总结。

参考文献

[1] 卢清地. 福建中生代火山活动的基本特征及构造环境[M]. 岩石矿物学杂志,2001,20(1),57-68

[2] 王强,赵振华,简平,等. 武夷山洋坊霓辉石正长岩的锆石 SHRIMP U-Pb 年龄及其构造意义[J]. 科学通报,2003,48(14):1582-1588

福建省福清市江阴岛天宝组层位的厘定及其特征

聂童春[①] 陈忠大 华锡宏

（福建省地质调查研究院）

[摘 要] 福清市江阴岛门口村一带在网纹状红土之下发育一套半固结状沉积层。本文将该套地层层位厘定为早更新世天宝组，详细阐述了该套地层层位的地质特征，并从地层对比、古地磁、测年资料、孢粉、接触关系等对该套地层的时代进行综合分析。

[关键词] 福建 江阴岛 早更新世 天宝组

"福建1∶5万闽侯县、南屿镇、福清市、江田镇、龙田镇、沙塘幅区域地质调查"项目组在福清市江阴岛门口村一带发现一套半固结状沉积层，通过古地磁、孢粉、测年等分析成果并结合其上下层序、岩性组合特征，将其归为早更新世天宝组。早更新世天宝组在福建省内其他地区虽有零星报道，但均未有可靠的年代依据和接触关系，本次的发现对完善福建省内第四纪地层层序、研究福建沿海第四纪气候环境演化有着重要的意义。

江阴岛位于福建省中东部沿海，由东港和西港两个海湾与内陆相隔。岛上岩性以晚侏罗世南园组火山碎屑岩类和早白垩世花岗岩类为主，第四系主要分布于该岛南侧，发育较为齐全，早更新世天宝组、中更新世同安组、晚更新世龙海组及全新世长乐组均有出露。

长乐组：沿岛屿南侧海边发育，东南侧为海相沉积的灰黄色细粉砂、砂质黏土，厚度一般在2～5m之间，沿海边地带零星有风积形成的沙丘。西南侧以海相沉积的灰黑色淤泥为主，由于福清江阴港建设，该地段地表均已被强烈改造。

龙海组：分布于江阴镇、沽泽村、门口村之间的山谷洼地中，为一套灰色、灰绿色、棕褐色淤泥、砂质黏土类，厚度在3～5m之间。

同安组：以残积和坡积为主形成的山麓混合堆积物，岩性主要为砖红色砂砾质黏土。在门口村西侧发育有网纹状红土，笔者将其归为风积层。

上述3套地层层位与本次工作的其他区域相应层位特征均具有可比性。下面将重点阐述天宝组的特征及其层位厘定。

[①] 第一作者简介：聂童春，男，1973年生，高级工程师，地质矿产专业，长期从事区域地质调查及矿产勘查工作。

1 岩性特征

江阴镇门口村位于海湾山谷地带,呈北北东向延伸,东侧为低缓的残积台地,西侧为低山,滨海平原中部低洼地带为晚更新世龙海组湖积的细碎屑松散沉积物。西侧沿晚侏罗世正长花岗岩山体边缘因地基开挖,出露一长约500m,高度在3~8m之间的人工露头,在该露头上部为同安组橘黄—灰红色坡积砂砾质黏土,厚度一般在0.5m左右,坡积层之下连续发育有同安组棕黄色、砖红色网纹状(花斑状)砂质黏土,其厚度在0.8~5m之间变化,在网纹状(花斑状)砂质黏土之下发育一套稳定的碎屑沉积层,本次将其厘定为早更新世天宝组,厚度在2~6m之间,由一套灰黄色(含砾)不等粒砂、灰白—深灰色黏土等组成,单层厚度在0.5~40cm之间,其间有1~2层碳质淤泥发育较为稳定(图1),厚度在10~30cm之间,砂、砂砾等固结程度较高,层理清楚,近水平发育,底部与晚侏罗世正长花岗岩直接接触。其岩性组合以门口村北西侧(D9007点)剖面较为完整,详细情况描述如下。

天宝组剖面(PM001)位于门口村北西320°方向一个新修建的庙宇后壁(坐标$X=732893.38$, $Y=2820576.22$),为一人工开挖露头(图1、图2)。露头高约4m,岩性变化较快,以半固结状砂为主,夹有粉砂、黏土等,松散层颜色以灰黄色、灰白色,夹棕色、褐红色等,层理较为平缓,产状为$220°\angle 4°$,由上至下层序依次如图1、图2所示。

门口村西侧第四系松散堆积物发育较为稳定,一般由3~4层岩性组成,空间展布较为连续。据岩性特征来看,初步判断应为湖泊边缘沉积环境,结合该区域所处的地理位置(岛屿边缘),距海边不足2km,也可能为潟湖边缘沉积环境。上述剖面中的单层岩性厚度较小,层理近水平,固结程度较高,接近成岩程度,与两侧岩性层位特征略有差别,但该套层位向两侧延伸逐渐演变并与两侧岩性特征趋于一致,在该剖面北西侧相距不到3m处就有两层碳质淤泥发育,初步推测该剖面位置可能为湖泊边缘与汇入该湖泊的河道交接部位。

2 时代依据

对该套层位时代的厘定有如下证据:

(1)龙田台地网纹状红土为残积类型,而在门口村剖面网纹状红土之下发育有砂砾、碳质黏土等外来碎屑物,故其成因不可能是残积形成的。据于振江老师介绍和查阅相关文献,本次将该区域的网纹状红土厘定为风积成因,与龙田一带的残积成因网纹状红土宏观特征基本一致,其发育时期应大致相同。据上节资料综合分析,将门口村网纹状红土归为中更新世同安组[1,2]。剖面上,同安组网纹状红土层覆盖在天宝组之上,接触关系清楚(图2)。

(2)在该区域泥炭层中采集了两组^{14}C样品,测试结果分别为$(35\,070\pm 750)$ a B P、$(41\,317\pm 1\,116)$ a B P。由于样品长期暴露于地表,受到后期污染的可能性较大,且已接近^{14}C测试方法的极限值,这两组数据可能代表不了相应层位真实年代,但也反映出该套层位的古老。

(3)该剖面中砂砾类粗碎屑沉积物固结程度较高,已接近成岩,在调查区内还未发现固结程度更高的松散堆积物。

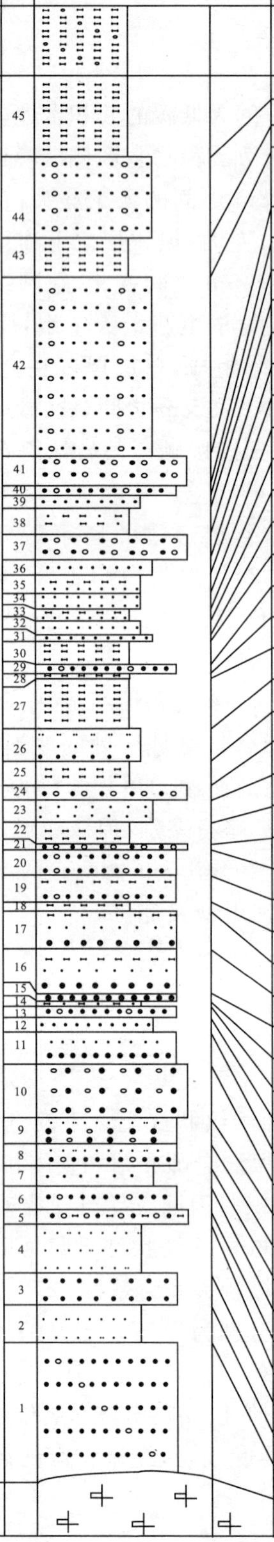

层位	序号	岩性柱	岩性特征	厚度(cm)
Qp^2t			砖红色含砾黏土，砾石为花岗岩，含少量植物碎屑	
Qp^1t	45		灰白色黏土，黏土黏性较大	10
			浅黄色含砾中砂，砾石大小混杂，分选不好，半固结状	17
			灰白色黏土	8
	44		浅黄色含砾中砂，颜色自上而下变浅，分选较好，粒径自下而上粒度递减，砾石含量约30%，砾石粒径在3~5mm，砾石成分多为石英、硅质岩及花岗岩岩屑，次棱角状，半固结状，硅质胶结，可见水平层理	40
			棕色砂砾石层，半固结状，硅铁质胶结，局部呈棕红色，砾石直径多在2~7mm之间。砾石成分多为石英及硅质岩，磨圆度较好，次棱角状	6.5
	43		浅灰黄色含砾粗砂，砾石含量约30%，砾石磨圆度较好，呈次圆状，半固结状	2
			浅黄色中细砂，分选较好，半固结状	3
	42		浅黄色含砂质黏土，中部夹有1.5m的褐红色砂质砾石层，砾石成分多为硅质岩及石英岩屑，胶结物较少，砾石大小在3~5mm，分选良好	5.5
			棕色砂砾石层，硅铁质胶结，半固结状，砾石成分多为石英、硅质岩及花岗岩岩屑，粒径多在5mm左右	5
			浅灰黄色中砂，以石英为主，长石少量，粒径在0.5~1.0mm之间，分选较好，硅质胶结，半固结状	3.5
			底部为浅黄色细砂，顶部为白色黏土，自上而下颜色逐渐变浅，粒径逐渐变小，可见水平层理	3.5
			浅黄色细砂，以石英为主，长石少量，粒径在0.5mm左右，分选较好	3.5
	41		底部为浅黄色细砂，顶部为白色黏土，自上而下颜色逐渐变浅，粒径逐渐变小，可见水平层理	2.5
	40		深黄色细砂，以石英为主，长石少量，粒径在0.5mm左右，分选较好	2.5
	39			
	38		浅黄色中砂，以石英为主，长石少量，粒径在1mm以下，硅质胶结，半固结状，可见水平层理	1.5
	37			
	36		灰白色局部带灰绿色黏土	8
	35		浅灰黄色含砾粗砂，砾石含量约30%，砾石成分多为硅质岩，直径一般在5mm以下，磨圆度好，多呈次圆状，硅质胶结，半固结状	2.5
	34			
	33			
	32			
	31		乳白色黏土	0.5
	30			
	29		浅黄色粉砂黏土，黏性较大	12.5
	28			
	27		底部为浅黄色中细砂，顶部为白色粉砂，自上而下颜色逐渐变浅，粒径逐渐变小，以石英为主，可见水平层理	7
	26		灰白色黏土	4.5
	25		褐红色砂砾石层，层厚度变化较大，在2~5mm之间，胶结物中铁质含量较高，分选较好，砾石大小多在4mm左右，砾石多为石英及硅质岩，半固结状	3
	24		浅黄色中砂，中部为灰色细砂，自上而下颜色逐渐变浅，粒径逐渐变小，以石英为主，长石少量，半固结状，可见水平层理	5.5
	23			
	22		灰白色黏土	5.5
	21		褐红色砂砾石层，胶结物中铁质含量较高，分选较好，砾石大小多在4mm左右	2
	20			
	19		浅黄色砾质砂，分选较好，可见水平层理，砾石多为石英及硅质岩岩屑	5
	18			
	17		底部浅灰色砾质粗砂，顶部为浅黄色黏土，自上而下颜色逐渐变浅，可见水平层理	7
	16		乳白色黏土	2.5
	15		底部为棕色含砾粗砂，中部为浅黄色砂，顶部为灰白色黏土，自上而下颜色逐渐变浅粒径逐渐变小，可见水平层理	8.5
	14			
	13		底部为棕色含砾粗砂，中部为浅黄色砂，顶部为灰白色黏土，自上而下颜色逐渐变浅粒径逐渐变小，可见水平层理	10
	12			
	11		黄绿色细砂，偶含石英细砂	2
	10		褐红色砾土质砂，铁质胶结	1
			浅灰色砾质粗砂，砾含量约40%，粒径在2~5mm，砾石成分多为石英、硅质岩及花岗岩岩屑，磨圆度一般，多呈次棱角状	3
	9		黄绿~棕色中砂，偶见砾石	3
	8			
	7		底部棕色粗砂，顶部灰白色细砂，自上而下颜色逐渐变浅，粒径逐渐变小	7
	6		棕色砂砾石层，砾多为石英及硅质岩岩屑，胶结物中铁质含量较高，局部呈紫色	13
	5		底部为棕色砾质砂，中部为浅黄色含砾粗砂，顶部为灰白色粉细砂，自下而上颜色逐渐变浅，粒径逐渐变小，可见水平层理	6.5
	4		底部为棕色砾质砂，中部为灰白色粉细砂，所含砾多为石英及硅质岩岩屑，自下而上颜色逐渐变浅，粒径逐渐变小	4.5
	3		底部为灰白色砂，顶部为浅黄色砂，颜色由下而上呈渐变关系，可见水平层理	4.5
	2		棕色砾质砂，砾石含量40%，粒径在2~5mm，砾石成分多为石英、硅质岩及花岗岩岩屑，磨圆度一般，多呈次棱角状	6.5
			褐色黏土质砂砾，砾含量约40%，粒径在2mm左右，砾石成分多为石英、硅质岩及花岗岩岩屑，磨圆度一般，多呈次棱角状，胶结物中铁质含量较高，局部呈红褐色	3
	1		浅灰黄色粉细砂	10
			浅棕色粗砂	7
			浅灰色粉细砂	8
			浅黄色含砾中粗砂	23
$\xi\gamma K_1$			少斑中细粒正长花岗岩	

图1 福清市门口村早更新世天宝组地层层序图

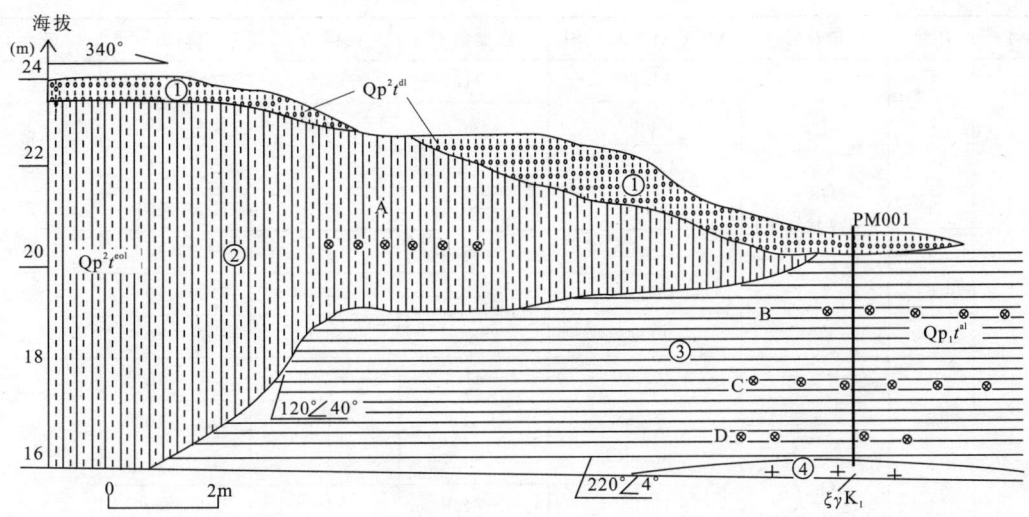

图2 福清市门口村西北侧同安组与天宝组接触关系素描图
①砖红色砂砾质黏土(Qp^2t^{dl});②红色网纹状黏土(Qp^2t^{eol});③砂砾与黏土互层(Qp^1t^{al});④少斑中细粒正长花岗岩;⊗古地磁取样位置及编号

(4)本次采集了4组古地磁样品,每组平行采集5~6块定向样品,其中A组位于网纹状红土中(图2中第②层),另外B、C、D三组位于网纹状红土之下的沉积层中(分别位于图1剖面中第27层、第22层、第2层)。从表2中数据可以看出,A组样品与B、C、D组样品磁性特征有着明显差别。A组样品中磁化率κ普遍较高,均在40×10^{-6} SI以上,平均达90.83×10^{-6} SI,且磁倾角均为正值,结合其层位特征判断应位于布容正极性带中,而B、C、D三组17个样品中磁化率普遍较低,均在30×10^{-6} SI以下,磁倾角除个别样品外均为负值。从前人研究成果判断,布容正极性下段以较连续的正极性为主,初步判断B、C、D所采集的层位位于松山反极性带中。

另外,采集孢粉样品中有4组发现生物分子(表3),孢粉组合有较大差别,缺乏标志性生物分子,其中5301^{-1}、5301^{-2}样品(采于图2第③层、第④层)中,乔木植物花粉占23.5%~57.2%,以松属植物花粉为主,其次是油杉属、铁杉属和栗属,还有少量的柏科和栎属等植物花粉。草本植物花粉为孢粉总数的9.1%~66.3%,主要有蒿属、菊科等植物花粉。蕨类孢子占孢粉总数的7.8%~29.9%,主要有石松属、卷柏属、水龙骨科、膜蕨科等植物孢子。样品9001^{-A}(采于剖面第33~36层)以蕨类孢子水龙骨科和三缝孢占绝对优势,木本植物花粉以栎属、青冈属和松属较为常见,间含少量鹅耳枥属、胡桃属、榆属等落叶成分,草本花粉以禾本科、菊科为主,含少量水生植物莎草科,偶见淡水藻类双星藻属。9001^{-B}(采于剖面第7~9层)以落叶木本栎属为优势分子,偶见桦属、松属等,草本花粉丰富,陆生以禾本科和蒿属为主,湿生的莎草科常见,淡水藻类含量显著,以光面球藻和金鱼藻属为主。

表2 江阴镇门口村一带第四系古地磁测试数据一览表

样号	序号	层位及岩性	磁化率 $\kappa(\times 10^{-6}\text{SI})$	磁偏角 D	磁倾角 I	剩磁	极性世
9001-A	1	Qp^2t（网纹状红土）	51.20	-71.2	69.4	7.06×10^{-4}	布容正极性
	2		99.60	248.7	53.8	2.37×10^{-3}	
	3		117.10	-56.7	15.0	4.64×10^{-4}	
	4		43.90	-76.0	26.9	5.50×10^{-4}	
	5		126.00	-65.5	52.0	6.29×10^{-4}	
	6		107.20	-78.1	44.4	5.29×10^{-4}	
	平均		90.83	283.5	43.6	8.75×10^{-4}	
9001-B	1	Qp^1t（半固结状细砂）	10.30	-41.1	-7.2	6.40×10^{-5}	松山反极性
	2		6.90	261.9	-11.1	6.15×10^{-5}	
	3		9.25	-48.5	-41.0	8.20×10^{-5}	
	4		10.65	-74.9	-18.4	8.47×10^{-5}	
	5		9.35	-70.7	0.80	4.58×10^{-5}	
	6		17.00	-85.1	-43.6	7.16×10^{-5}	
	平均		10.58	290.3	-20.1	6.83×10^{-5}	
9001-C	1	Qp^1t（半固结状粉砂）	11.70	36.2	29.70	1.34×10^{-4}	
	2		9.90	-15.5	-20.5	1.91×10^{-4}	
	3		23.60	-31.1	-10.6	3.91×10^{-4}	
	4		8.65	29.6	-3.2	1.06×10^{-4}	
	5		27.05	72.3	-18.2	1.41×10^{-4}	
	6		3.70	-23.0	-18.5	8.00×10^{-4}	
	平均		14.10	1.6	-6.9	1.74×10^{-4}	
9001-D	1	Qp^1t（泥炭层）	11.05	61.1	-11.9	2.22×10^{-4}	
	2		22.55	62.9	-7.9	7.24×10^{-5}	
	3		7.85	97.7	-20.7	3.24×10^{-5}	
	4		12.10	67.3	-1.1	3.10×10^{-4}	
	5		13.45	57.2	-63.5	4.66×10^{-5}	
	平均		13.40	69.2	-21.0	1.39×10^{-4}	

表3 江阴岛门口村一带第四系孢粉鉴定一览表

植物名称		5301^{-1}	5301^{-2}	9001-A	9001-B
总数（粒）		395	166	270	212
罗汉松属	*Podocarpus*	7			
松属	*Pinus*	150	21	6	2
油杉属	*Keteleeria*	23			
铁杉属	*Tsuga*	23		3	
柏科	*Cupressus*	10			

续表 3

植物名称		5301⁻¹	5301⁻²	9001⁻ᴬ	9001⁻ᴮ
桦属	Betula	1			1
鹅耳枥属	Carpinus			1	
栎属	Quercus	4		10	83
栗属	Castanea		15		
青冈属	Cyclobalanopsis			4	
石柯属	Lithocarpus		1		
山毛榉属	Fagus	5			
椴属	Tilia		1		
胡桃属	Juglans	1		1	
榆属	Ulmus	1		1	
朴属	Celtis				1
木兰属	Magnolia	1			
榛属	Corylus			1	
五加属	Acanthopanax		4		
棕榈科	Palmae	2			
瑞香科	Thymelaeaceae	13			
禾本科	Gramineae	1		8	29
菊科	Compositae	31	37	2	
藜科	Chenopodiaceae		12		
伞形科	Umbelliferae	1			
蒿属	Artemisia	3	56		17
唐松草属	Thalictrum		1		
莎草科	Cyperaeceae		3	7	26
香蒲属	Typha			1	5
菱属	Typha				1
黑三棱属	Sparganium		1		
石松属	Lycopodium	39			1
卷柏属	Sellaginella	17			
铁线蕨属	Adiantum		1		
观音座莲属	Marattia		2		
山马蹄属	Angiopteris Hoffmann				
膜蕨科	Hymenophyllaceae	49		2	
凤尾蕨属	Pteris		6		
紫萁属	Osmunda			6	1
水龙骨科	Polypodiaceae	13	3	82	3
水龙骨属	Polypodium		1		
三缝孢	Trilete spores			132	1
角苔属	Anthoceros			1	
双星藻属	Zygnema			2	
光面球藻属	Leiosphaeridia				26
金鱼藻属	Ceratophyllum				15

3 问题讨论

在以往的工作中,常将福建境内发育的网纹状红土作为侵入岩、火山岩类强风化产物,按残坡积处理,这类红土在本次调查区内龙田一带广泛发育。但在江阴岛门口村一带发育的网纹状红土之下发育半固结状沉积层,揭示了福建境内网纹状红土至少有两种成因。

福建境内所划分出的天宝组较为零星,且均未取得可靠的时代依据,各地岩性特征有较大差别,其中永春城关北侧发育一套与本剖面在岩性特征和上下层位均较相似的层位,但也未取得任何时代依据[3]。综上所述,江阴岛门口村西侧一带发育于网纹状红土之下的这套半固结状碎屑沉积层形成时代应为早更新世,故本次调查将其归为天宝组。

参考文献

[1] 隋淑珍,姚小峰. 中国南方第四纪红土地层[J]. 第四纪研究,2000,20(2)
[2] 袁宝印,等. 中国南方红土年代地层学与地层划分问题[J]. 第四纪研究,2008,28(1)
[3] 福建省水文工程地质队. 1∶20万福清幅、南日岛幅、泉州幅、厦门幅区域水文地质普查报告,1979

福建长乐江田—福清江阴一带晚更新世以来海岸线变迁

聂童春[①]　陈忠大　华锡宏

（福建省地质调查研究院）

[摘　要]　通过钻孔资料及相应的测试数据,本文对长乐江田—福清江阴一带的海岸线在晚更新世以来的变化规律进行了分析、总结,进一步分析认为影响地质历史时期海岸线变化的主要因素为气候变化,而近代海岸线的变化主要受人类活动的影响。

[关键词]　晚更新世　海岸线　变迁

在"福建1∶5万闽侯县、南屿镇、福清市、江田镇、龙田镇、沙塘幅区域地质调查"过程中,通过对第四系地层层序和地表调查,取得了大量翔实的地质资料,结合孢粉、微古及测年资料,对福建长乐江田至福清江阴岛一线的晚更新世以来海岸线变迁取得一定的认识。

本次总结将海岸线变迁划分为晚更新世以来的地质历史时期和近代两个阶段的变迁规律,地质历史时期的海岸线变迁受多种因素影响,其中主要是受海平面升降的影响,而近代海岸线变迁受人类活动影响较为显著。

1　晚更新世以来海岸线变迁

1.1　海岸线变化规律

从区内第四系分布和发育规律来看,本次调查未发现早、中更新世标志性的第四纪海相沉积产物,初步判断晚更新世之前,海平面相对较低,海水未侵入本次调查区域。从区内海相沉积层发育状况来看(表1),区内自晚更新世以来区内共经历了3次海侵活动,分别为晚更新世早期、晚更新世晚期和全新世。

晚更新世早期：该期海侵活动范围较为局限,调查区域仅在江田沿海一带龙海组中见到该期海侵活动形成的沉积层。该次海侵活动时间持续较长,据光释光测定年龄大致在78 000~55 000a B P之间,形成了一套巨厚层海积层,厚度逾20m,其顶、底海拔高程分别为−18.4m和−40.5m,本次海侵前人称为琅岐海侵。

[①]　第一作者简介:聂童春,男,1973年生,高级工程师,地质矿产专业,长期从事区域地质调查及矿产勘查工作。

表 1　长乐江田—福清沿海一带第四纪海相沉积层顶底高程及时代

层位		江田一带（ZK805）		福清—海口一带（ZK711）		江镜一带（ZK923）		渔溪一带（ZK901）	
		高程(m)	时间(a B P)	高程(m)	时间(a B P)	高程(m)	时间(a B P)	高程(m)	时间(a B P)
Qhc^{mr}	顶	0.4	2 470±90	5		3		7	
	底	−6.4	8 300±120	−2.4		−4.1	7 290±200	5.8	
Qp^3d^{mr}	顶	−11.5	33 470～36 700	−4.3	21 960±287	−7.6	18 820±440	4.8	
	底	−18		−5.3		−21	27 118±720	3.8	
Qp^3l^{mr}	顶	−18.4	50 000±5 200						
	底	−40.5	71 000±7 300						

晚更新世晚期：该次海侵范围较广，海侵边界在江田一带到达长林村附近，福清—海口一带到达城关附近，渔溪一带到达海头村，龙田台地分别到达江镜农场和龙田机场一带。该次海侵产物为东山组海相沉积层。受地壳不均匀掀斜隆升作用的影响，该套层位顶、底界面总体自南西向北东方向倾斜，底界埋深面在海拔−21～−3.8m之间变化，顶界埋深面在−11.5～−4.8m之间变化。本次海侵活动首先从江田一带开始，时间大致为36 700a B P，之后向南东方向逐渐侵入，结束时间大致为18 820a B P。本次海侵前人称为福州海侵。

全新世：该次海侵活动是第四纪以来规模最大的一次海侵活动，调查区内大致为沿海拔高程7m左右与海域相通的地带。与晚更新世相似，受地壳不均匀掀斜隆升作用的影响，该套层位的顶、底界面总体自南西向北东方向倾斜，底界埋深面在海拔−6.4～−5.8m之间变化，顶界面在0.4～7m之间变化。本次海侵活动首先从江田一带开始，时间大致为8 300a B P，在江田一带据风积层底界的^{14}C测定，其结束时间为2 470a B P。本次海侵前人称为长乐海侵。

上述第四系分布规律同时也反映出测区地壳差异性升降的特征，总体表现为自南西向北东方向掀斜隆升，大致以福清海口—城关一线为界，南侧以强烈隆升为特点，而北侧则呈沉降趋势。这一点在不同层次构造形迹出露方面也有体现，阳下-江阴断裂带大致以福清沃底为界，北东侧以脆性活动为主，为表壳构造层次的反映，而向南则由脆性断裂活动转变为脆韧性剪切变形，越向南韧性剪切变形也越强烈，展现了地壳中部构造层次的活动特征。

在厘清测区晚更新世3次海侵活动规律后，在测区现今地形地貌的基础上，结合金栋生等对福建沿海古气候的研究成果[1]，对测区海岸线大致变化规律总结如下（图1、图2）。

（1）早更新世—晚更新世早期新构造活动继承前一时期差异上升运动，当今港湾及沿海平原当时均为内陆盆地，期间气候变化频繁，岩石遭受强烈风化，形成残积红土，推测海岸线远离测区。

（2）晚更新世中早期（78 000a B P左右），该期虽处于庐山-大理间冰期，随着气候回暖，海平面上升，海水向内陆延伸，即琅岐海侵。本次海侵范围较为局限，区内海水仅到达长乐市长林村一带，据有孔虫和介形虫组合分析，江田一带均为滨海区，仅克明楼村北东侧可能处于浅海环境。海水入侵一直持续到晚更新世中期（55 000a B P左右），海平面自−40.5m上升到−18.4m。

（3）晚更新世中期，为大理冰期Ⅰ幕，气候寒冷干燥，海平面随之下降，海岸线退出调查区域。

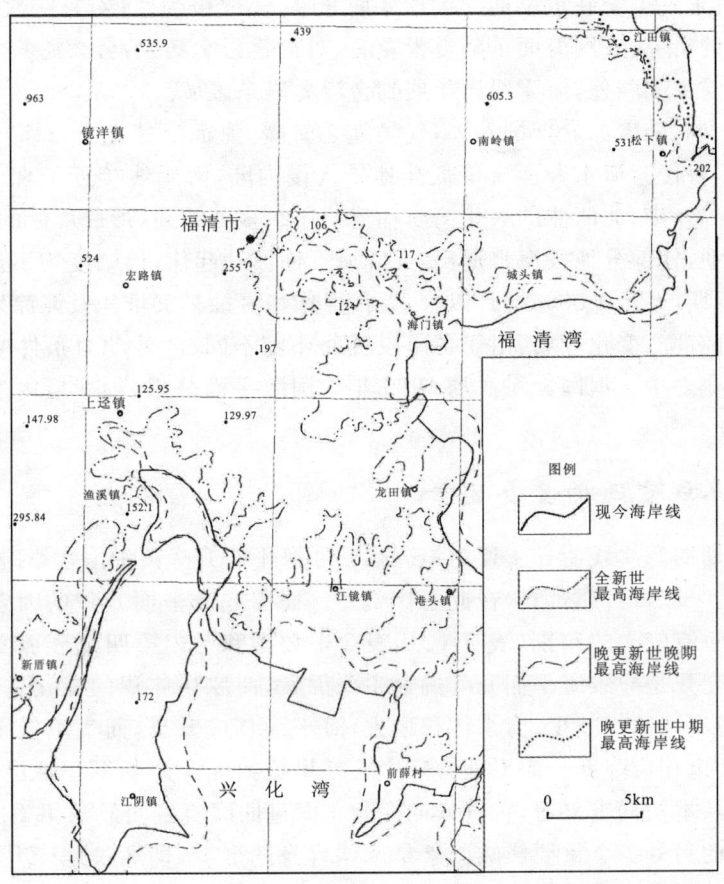

图 1 长乐市江田—福清市江阴镇一带晚更新世以来海岸线变化图

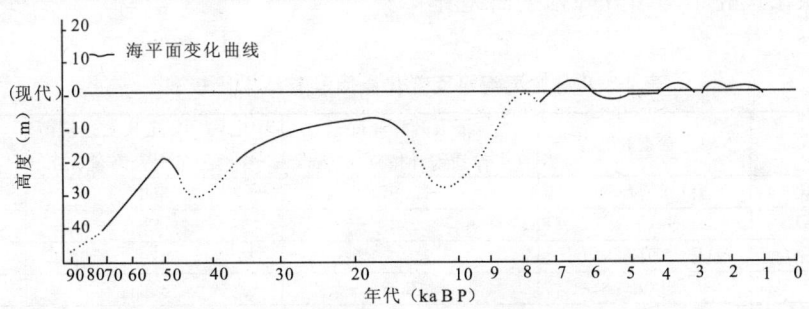

图 2 测区晚更新世以来海平面变化曲线图
(全新世海平面变化据王绍鸿、吴学忠,福建沿海全新世高温期与海面变化修正)

(4)晚更新世晚期(36 700~18 820a B P),为大理Ⅰ—Ⅱ幕间冰期时的温暖气候条件下,海平面再次上升,沿海普遍遭受海侵,即福州海侵,由于地壳差异性升降运动,不同区域海相层埋藏深度和发育规模也不尽一致。长乐江田一带海岸线沿山体边缘延伸;福清城头、江镜等地海岸线均向内陆推进 2~3km;海口滨海平原海水沿龙江两岸上溯至玉塘村一带;上径一带,海水沿径江上溯至海头村一带。

(5) 晚更新世末期—全新世早期为大理冰期Ⅱ幕,气候极为寒冷,是一次世界性最低海面时期。据区域上的研究,我国海面下降百米左右,对福建影响甚大,台湾海峡海水全部退出,台湾岛和平潭岛等与大陆相连,海岸线已扩展到台湾岛以东区域。

(6) 全新世中期,随着冰后期的到来,气候随之转暖,海面迅速上升,6 500a B P 是全新世最大海侵,即长乐海侵。海水顺河流等低洼地带入侵内陆,海岸线接近于现今10m等高线附近,特别是龙高半岛,南、北两侧的兴化湾与福清湾海水多处相连,形成广泛的海积平原。之后断块差异抬升运动,使部分地段海水退出,期间海平面波动起伏,但幅度均不是很大。

(7) 全新世近期,系指2 500a B P 以来,近代河床经侵蚀复又堆积及滩涂发育时期,海面基本稳定,但也有升有降,变化频繁,由于各岸段所处环境不同、内外动力条件变换及人为影响,现海岸线仍在演变之中。据国家海洋局1989年中国海平面公报,福建境内过去100a海平面已上升10~20cm。

1.2 影响海岸线变迁的主要因素

地质历史时期的海岸线变迁主要由地壳运动和海平面升降两种因素影响所致。前者受本次工作手段所限,未取得可靠资料,在此不作赘述。而引起海平面升降的因素有很多,不同的因素起到的效果也有较大的差别(表2)。从表2中数据和区内第四纪环境变化过程来看,全球性冰川体积的变化是导致海平面升降的最主要因素,而冰川体积的变化主要受全球性气温变化所控制,气温高则冰川减少,海水体积增大,海平面相应升高,而气温低则冰川扩大,海水体积减小,海平面也相应降低。海平面升降主要是根据第四纪海相沉积地层分布规律对比研究中反映出来。从本次调查来看,古气候的变化与海进曲线有着明显的相关性(图3)。

海岸线变迁的另外一个重要影响因素是地球自身的形变,即通过地壳升降与海平面间的相对运动也可大幅度改变海岸线的分布,特别是在局部新构造活动较为强烈的区域。但在地质历史时期的地壳升降幅度难以从海平面升降幅度中区分出来,不过海相地层发育分布规律可以大致反映出地壳不均匀升降幅度的差异。

表2 几种主要海平面变化原因及其结果比较表[2]

变化原因	海平面变化性质	最大升降速度(未作均衡补偿)(cm/ka)	中生代—新生代经过均衡补偿的最大升降量(m)	持续时间(a)
洋脊体积变化	升(+)降(-)	<0.97	350	$10^7 \sim 10^8$
板块碰撞、挤压	降(-)	<0.22	42	$<2 \times 10^7$
海水温度变化	升(+)降(-)	<10	7	$<2 \times 10^7$
沉积作用	升(+)	<2.6	300	10^5
冰川体积变化	升(+)降(-)	<1 000	100	10^4

2 近代海岸线变迁

2.1 对近代海岸线变迁研究

资料表明,目前海平面正处于上升时期,但区内调查迹象及史志表明,调查区内海岸线是

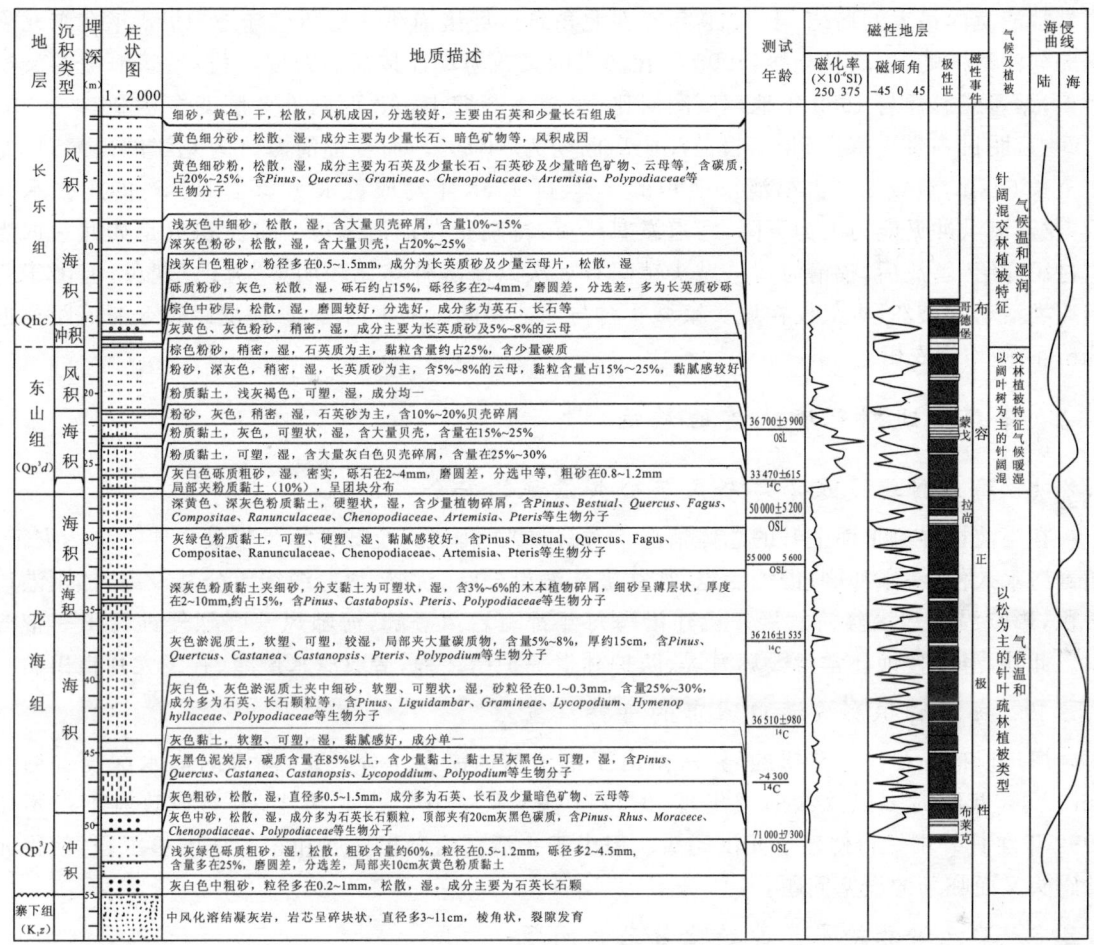

图 3 长乐市江田镇长林村(ZK805)钻孔综合柱状图

有进有退,且由于区内处于较为特殊的地理位置,海岸线总体是向海域方向推进。综合其原因是近代大规模社会生产活动和其特殊的地理位置所致。

海岸线向内陆推进主要受"温室效应"引起全球性海平面上升影响,造成80%砂质海岸遭侵蚀,以长乐江田砂质岸段最为明显。该砂质岸段长近8km,不少沙丘被海浪冲蚀切割形成陡崖,年均蚀退4～5m。

福清市是著名的华侨之乡,是海峡西岸经济区的重要组成部分,社会生产活动频繁,大型工程比比皆是。另外福清市位于海坛海峡西侧,受海坛岛和龙高半岛等屏障作用,海岸带主要位于福清湾和兴化湾内,沿海水流较为平稳,风暴潮等对沿海海岸的破坏程度也较小。

人类社会活动在调查区内主要是指围海造田、围海养殖等工程,这类工程直接改变海岸线的形态。测区内沿海地带围垦造田较大规模的有福清东阁农场、江镜农场,围海养殖主要有城头、龙田—东壁岛,东港和西港两侧等。人类活动对生态自然环境的破坏也加大了水土流失,加强了沉积作用。这些因素主要体现在对港湾地带的影响。据统计,测区内兴化湾每年淤涨幅度达100～130m,龙田海头村与下峰村西北侧一小山包间见有一海堤,询问当地村民得知,该海堤于20年前两侧尚为水域,目前两侧均为农田,堤基距海面高差约3m(目估)。江阴岛以前是福清境内最大的岛屿,于1970年在西北角筑海堤接渔溪镇后朋村陆地,1978年在东北隅筑堤与江镜柯屿、墨山村相接,1995年在西南隅又筑海堤连接新厝镇双屿村,所筑海堤内淤积严重,据遥感影像与1959年地理底图对比,水域逐渐缩小,东、西两港宽度变窄达200~400m之间,后朋村一带淤塞近2km,目前江阴岛已变为"半岛"。而在福清海口为龙江的出海口,龙江全长62km,流域面积占福清市面积的1/3,自1958年建成蓄水$1.85\times10^8m^3$的东张水库后,龙江泄洪冲淤能力大为下降,河道淤塞严重,特别是在福清海口一带淤积更是如此。据当地村民介绍,解放后,福清海口—城头镇间有3次以海堤外移比较明显"海退"现象,但由于后期人类活动的破坏,本次仅在城头镇城头村与西池村间见一古海堤,该海堤距现今海域距离近3km,两侧均为农田。

2.2 海岸变迁对环境地质的影响

2.2.1 海岸蚀退危及沿岸居民与公共设施的安全

在当前世界海平面上升的总体情况下,海岸侵蚀将成为全球性海岸带最主要的自然灾害。随着海水入侵,海岸冲刷、侵蚀后退,往往破坏海岸公路、桥梁、海底缆线等公共设施,加剧港口淤积,影响沿海地区经济发展。福建沿海每年都有台风登陆,海啸风浪强烈侵蚀江田一带海岸。此外,海岸侵蚀还常常毁坏海堤、防护林带等护岸工程,造成海水倒灌、吞没大片良田。

2.2.2 海湾淤积影响港口城市的可持续发展

海口以前是福清市重要的码头,但由于福清湾内淤积十分严重,高潮时海水深度普遍在2m以下,低潮时多以滩涂形式出现,海口已基本失去其码头的功能,故当地政府不得不于1992年在其外围另行修建了元洪码头。但由于福清湾内淤积扩展和东壁岛围垦工程,使得元洪码头又面临新的淤塞问题。

2.2.3 滩涂淤涨给水产养殖业带来新问题

虽然滩涂的淤涨有利于发展水产养殖业,但是,本区滩涂积高率大于海平面上升率,故海岸滩涂面积仍在不断扩展,水动力条件也在不断减弱。发展水产养殖除需要考虑滩涂面积的发展趋势外,还必须考虑其他因素,诸如滩涂环境的污染问题。随着工农业生产的发展,环境污染日趋严重,海洋是污染物的归宿。河流或海流带来的污染物质,往往在河口、海湾顶部水动力条件较弱的地方富集,致使该区段水中缺氧或有害元素含量剧增;这样,将会改变原生滩涂的生态地质环境,使水中生物难以继续生存或产生恶性循环,继而不适宜于水产养殖。此外,由于滩涂的不断淤涨,每年都有新的沉积物覆盖在老的沉积物之上,使底栖生物和浮游微生物的生态环境发生变化,有的生物难以继续适应并繁衍生存,生物多样性受到严重威胁。

参考文献

[1] 金栋生,郑芬.福建中部沿海地区十二万年来的古气候[J].福建地质,1993,12(3):218~227
[2] 曹伯勋.地貌学及第四纪地质学[M].武汉:中国地质大学出版社,1995

合肥严店—三河镇一带区域地壳稳定性评价

储东如　耿晓光　包海玲　张志树
（安徽省地质调查院）

[摘　要]　本文依据1∶5万余集等5幅区域地质调查成果，应用高密度电法和浅成地震法等物探工作方法，研究隐伏断裂，结合地震构造环境的综合研究新构造及地震活动性分析，进行区域地壳稳定性分析，对合肥市城市规划和城市建设具有一定的意义。

[关键词]　地壳稳定性评价　新构造　高密度电法　浅层地震　合肥

1　概述

区域地壳稳定性是指研究区（或工程建设区）在内、外动力（以内动力为主）的作用下，现今地壳及其表层的稳定程度。影响区域地壳稳定性的因素主要有地壳介质、地球动力和人类工程活动等。这些因素相互作用的结果，形成极为复杂的变形图像，使得区域稳定性分析评价趋于复杂化。以下主要基于这些因素，分别从区域地震构造环境、新构造活动性特征、主要断裂活动性以及现代小震活动情况，对合肥严店—三河镇一带地壳稳定性进行分析评价。

2　地震构造环境

区域地壳稳定性必然要受到其外围地区的构造及地震活动的影响。研究区地跨华北陆块、扬子陆块和秦岭-大别山造山带3个一级大地构造单元结合部位[1-3]。各构造单元分属不同地震区带，其构造格局、结晶基底和固结时期以及地震构造等各具特色(图1)。

研究区地震活动环境主要属于华北地震区的河淮地震带与长江中下游-南黄海地震带范围，两带历史最大地震分别为6½级和7级，是我国大陆地震活动中等稍强的地震带。1336年以来，区域上发生Ms 4¾级以上地震44次，Ms 5级以上地震32次，Ms 6级以上地震6次，最大为1831年9月28日凤台东北和1917年1月24日霍山6¼级地震，而距离最近的一次地震为2009年4月6日晚肥东县梁园镇与永安镇之间的3.5级地震。其中合肥城南曾发生过

---

① 基金项目：中国地质调查局项目（编号：1212010610608）资助成果。
第一作者简介：储东如，男，1962年生，安徽潜山人，高级工程师，主要从事区域地质调查和研究工作。

1673年3月29日 Ms 5级、震中烈度达Ⅵ度的破坏性地震；近代在合肥、六安之间1954年发生了5¼级、震中烈度达Ⅵ度的破坏性地震。这些地震影响到调查区及外围最高达Ⅵ度破坏。

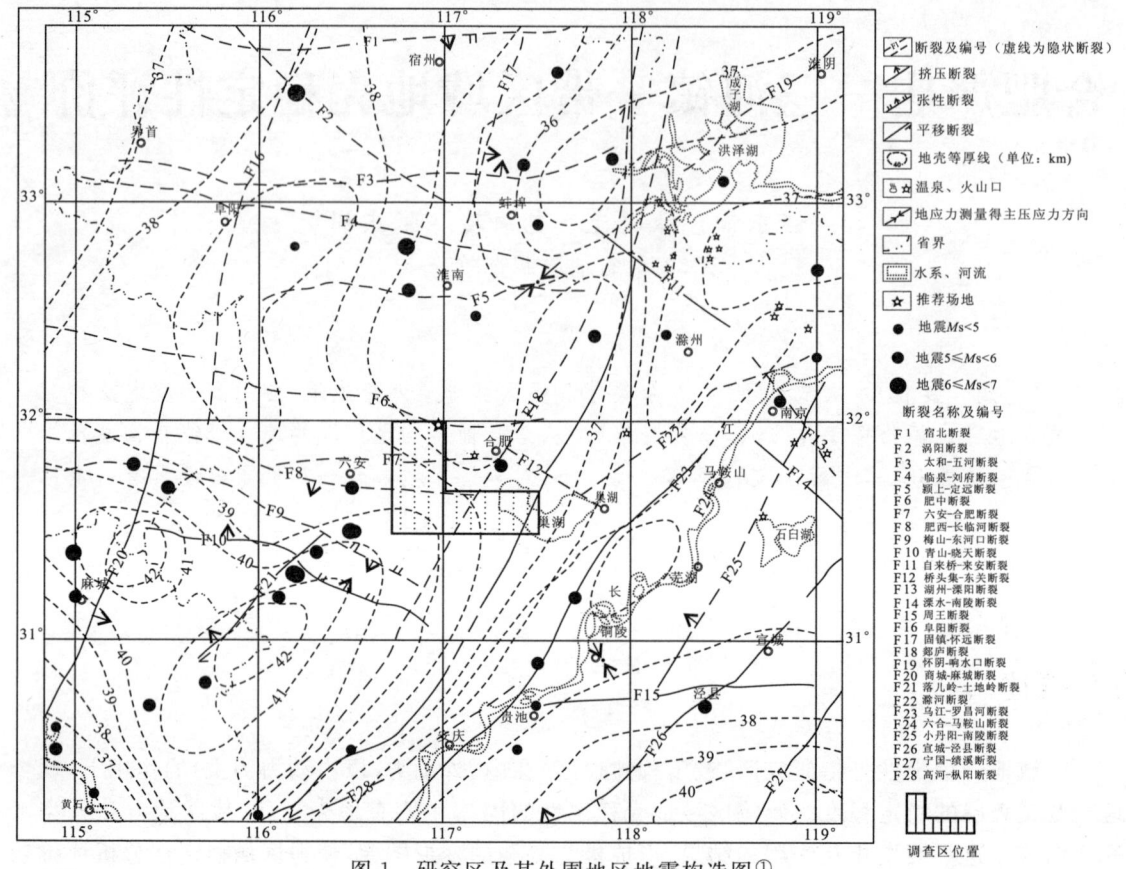

图1 研究区及其外围地区地震构造图①

区域地震活动的时间分布，自1400年以来大致可以划分出两个300年左右的地震活动周期，目前处于第二周期的后期。第一周期自1425—1743年（318年），第二周期自1770年至目前。累计频次和蠕变释放均显示了目前有一个加速上升的过程。

从历史上地震分析，第一活动期和第二活动期对调查区及外围影响最大的地震主要分布在霍山地区，该地区的地震主要发生在北东向的土地岭-落儿岭断裂和两条北西向的青山-晓天断裂及梅山-龙河口断裂的交汇部位。而第一活动期内，Ms 4¾～5级地震主要分布在研究区的南部宿松-枞阳断裂及葛公镇-殷家汇断裂附近。第二活动期内，研究区南部区域至今尚未发生 Ms 4¾～5级地震。第一活动期最突出的特点是在研究区内发生1次 Ms 5级地震，而第二活动期研究区内未发生类似的破坏性地震。基于区域中强以上地震以重复活动为其主要特征，因此第二活动期内未来时段，研究区南部地区有发生 Ms 4¾～5.0级地震的可能性，尤其注意郯庐断裂带等区域性大断裂的沿线及断裂端部。

---

① 安徽省地震局. 合肥市地震小区划、合肥市新区地震小区划报告、合肥市重大工程地震安全性评价报告，1986。

3 新构造活动性特征

第四系覆盖层中构造变形的现场调查是研究第四纪以来新活动水平的重要工作内容之一。为此，本次工作结合前人已开展的研究成果，在研究区及邻区，选择人工开挖出的第四纪地层剖面以及钻孔剖面进行覆盖层中构造变形的观察和分析工作，为合理评价地壳稳定性提供依据。

合六高速公路路基南（高刘镇西南）路基开挖处出露戚咀组（Qpq）黏土，颜色深棕灰色，含少量铁锰结核，在取土坑壁上见几条平行的东西向裂缝，未发现有错移痕迹（图2）。

合武高速铁路路基北（肥西县铭传乡）采土坑内出露戚咀组黄褐色含铁锰结核黏土。黏土内发育一条小规模断层，断层产状280°∠60°，断层表现为戚咀组中底部灰红色黏土被错开60cm（图3），具有正断层特征。

图 2　鸡鸣村剖面（镜向130°）　　　图 3　肥西县众兴油厂北（镜向90°）

在对研究进行区域性钻探工作中多处发现第四纪黏土层中有明显的节理构造以及断层擦痕、摩擦镜面等（图4），这些构造主要发育在六安断裂、肥中断裂、丙子埠-晓星断裂通过处或其附近。节理面多具白色黏土充填，倾角30°～50°不等，安徽地震局在望湖城一工地揭露的土层发育的节理中，取其充填物质经热释光测龄 TL 测定值为 (120 ± 6) ka B P。

4 主要断裂及其活动性

研究区断裂构造比较发育，按其展布方向划分主要有北北东向、北西向、近东西向3组。这些断裂的共同特点是：走向延伸较长，经历了多期、多次活动，多为第四纪早期活动断裂，在研究区展布的仅是断裂的一段。

4.1 郯庐断裂带

郯庐断裂带是中国东部的主要强震构造带，也是区内最重要的一条断裂带，呈北东—北北东向自调查区东南角通过。区内延伸长度大于20km，宽度大于8km。

(a) (b)

图 4 戚咀组含铁锰结核黏土中的节理及擦痕断面

(a)山南窑厂戚咀组黏土中节理；(b)ZK901 孔戚咀组黏土中擦痕断面

郯庐断裂带中生代晚期活动强烈,扩张断陷形成裂谷,新生代后期进入裂谷收敛阶段,代之为侧向挤压。区域上总体走向北北东,线性构造地貌极为发育。对郯庐断裂带南段进行了跨断层水准测量,从 20 世纪 80 年代开始一直延续到 90 年代末,近 20 年的观测数据显示,郯庐断裂带南段的年垂直运动速率很小,年变化速率绝大部分小于 1mm/a。

肥东龙王李(31°57′56″;117°43′35″)至阚集东(31°54′00″;117°40′59″)一带,断裂位于半山腰,从花岗片麻岩中通过。在阚集东,断裂形成的破碎带宽 50～80m,其中的构造角砾固结坚硬,局部发育有极好的断层泥,固结,不新鲜,厚达 10～30cm,取 ESR 样品进行测试,其最新活动年龄距今(827±83)ka。

庐江县双山、袁家山一带,郯庐断裂带表现为构造破碎带,破碎带走向 20°～30°。带内发育断层角砾岩及一系列的次级小断层。地貌上断裂东侧为一系列北北东向展布的残丘,西侧为平坦的平原,断裂构成现代地貌的分界线。

高密度电法剖面揭示在双山—袁家山一线西侧发育至少 5 条北北东向高角度断层,其间距为 1～2km。少部分断层切割早中更新世豆冲组砂砾层(图 5)。

地震活动方面,郯庐断裂带自有史料记载以来,在研究区及周边没有 6 级以上地震发生,只在五河、定远、合肥等地发生过数次 5 级左右地震,1673 年 3 月在区域范围内合肥发生过 5 级地震,分析认为该带为中强震低频地段。

综合分析认为,郯庐断裂为一条第四纪活动断裂,在早中更新世活动强烈,晚更新世以来,断裂活动性有所降低,区域内展布的郯庐断裂对地震活动有一定的控制作用。

4.2 丙子埠-三河镇断裂

沿断裂带不同区段的物探调查显示基岩存在一定错断,故将此断裂暂归为前更新世断裂构造。

尽管在该断裂附近没有发现第四系发生断裂变形,但其在与肥中断裂交汇部位现代小震丛集。在肥西县丙子埠-三河镇横波反射地震剖面图上(图 6),该断裂通过军王村—车岗—

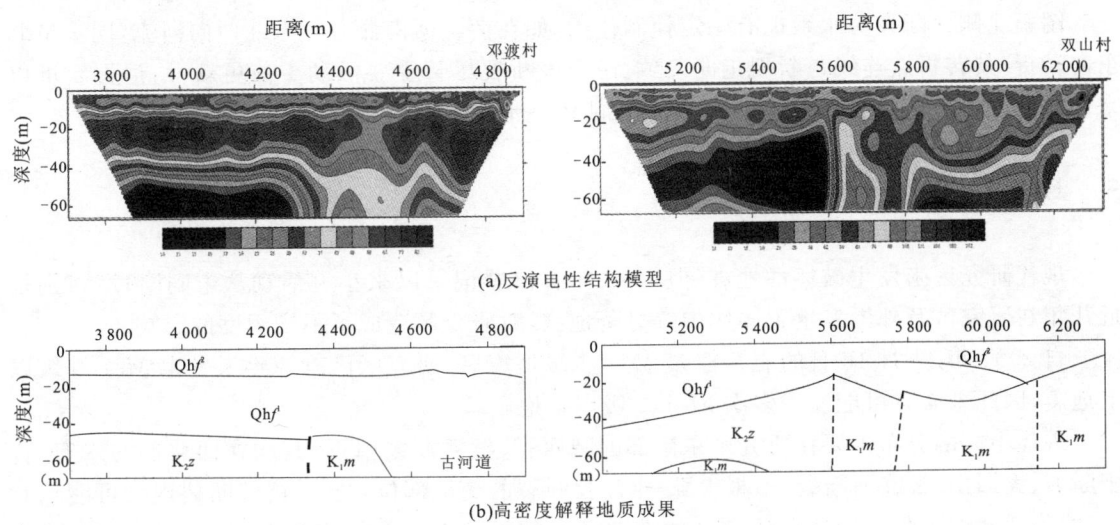

图 5 郯庐断裂带双山段高密度电法剖面图

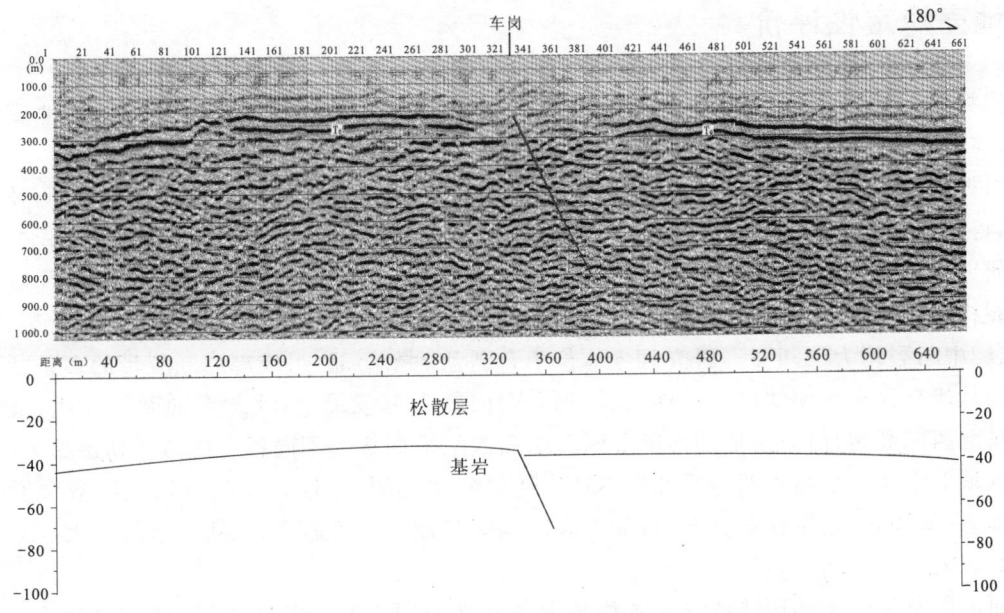

图 6 丙子埠-三河镇断裂横波地震反射时间和深度剖面图

时间剖面坐标:ICDP=1.0m;深度剖面比例尺:1:2 000;纵比例尺:1:1 250

线,断面走向 25°,倾向南东,倾角大于 60°,张性,断层造成盆地基岩顶面不连续,破碎带宽度约 100 余米。图幅外北侧,前人根据钻探和地震勘探资料对该断裂性质进行以下推测:①在响导铺-古城构造剖面上,断裂位于肥东县赵亮集附近,断面走向 25°,倾向北西,张性,上、下盘均为晚中生代地层,反映其形成于中生代末期;②吴山庙-清水涧构造剖面,断面倾向南东,张性,两盘均为新近系和白垩系地层;③地震勘探剖面,断面倾向北西,显张性,发育在中生代及新生代早期地层中,切割深度大于 8km。

图幅北侧该断裂对水系也有一定控制作用,如在南淝河南侧有3条北西向河流,同步呈北东向转折,其转折点连线与断裂走向一致,说明该断裂尽管主要活动于前更新世,但更新世以来部分地段可能仍具有活动性,活动方式可能以蠕滑运动为主。

5 现代小震活动情况

现代研究区未发生破坏性地震,但1970年有仪器记录以来小震活动从未间断过,特别是近几年在研究区及外围发生了多次中等显著地震,对研究区造成了不同程度的影响。

自2001年11月16日的肥东撮镇$M_L2.7$级地震后,研究区已有5年未发生$M_L1.0$级以上地震,因此未来有可能发生多次$M_L1.0$级以上地震。

现代小震的分布主要在研究区东南部的肥西-韩摆渡断裂附近,其次在西北部的六安-合肥断裂、大蜀山-长临河断裂、山根大郢-小汪拐断裂的交汇部位,显示这些断裂现代可能仍有活动,但活动性不强。另外在研究区的东北角有零星分布。总体来看,研究区现代地震不活跃,为地震活动相对较弱的地区。

6 地壳稳定性评价

根据地壳稳定性评价的"安全岛"理论和方法,结合研究区所在区域地质构造和地震活动特点,将地壳稳定性划分为4类,即稳定区、较稳定区、较不稳定区和不稳定区。

根据对研究区所在区域及近场地震构造环境、断裂和地震活动性的实地调查、勘测及分析研究,得到该区与地壳稳定性有关的一些因素基本特征如下:

研究区跨华北地块、扬子地块区与秦岭-大别山造山带3个一级大地构造单元,区域范围内断裂构造比较发育,其展布方向主要有北东向、北西向和近东西向断裂,其中郯庐断裂、六安断裂、肥中断裂均为深断裂。研究区主体位于合肥盆地东南部,组成郯庐断裂带的多条断裂呈北东向从研究区东南侧切过。总体来看,近东西向断裂形成最早,北北东向断裂其次,最新生成的是北西向断裂,研究区范围内部分断裂于第四纪早期具有不同程度的微活动迹象。

区域上玄武岩浆喷溢明显受北西向和东西向断裂控制,基性岩浆沿深断裂和数个通道口冲出地表,呈线状、条带状态分布,目前地表尚保留多处火山口遗迹,如研究区外围大、小蜀山。第四纪以来未见活动。

研究区及邻区深部构造特征在布格重力异常平面图上有较好的显示,研究区边缘存在3条近东西向的密集梯级带,由北往南分别反映肥中断裂、蜀山断裂与六安断裂。在梁园-撮镇和三河镇以东为北北东向线状延伸的重力异常密集梯级带,是郯庐断裂在研究区的深部构造显示。

研究区结晶基底由新元古代及其以前的变质岩系组成,中生代以前可能处于长期隆起并逐渐遭受剥蚀夷平的状态。直到燕山期才进入新的地史发展阶段,在基底以上直接覆盖着巨厚的中生代侏罗纪、白垩纪内陆河湖相盆地沉积。喜马拉雅运动以来,在新生代古近纪时,合肥盆地中央拱曲隆起,盆地解体,沉降中心向南、北两侧迁移。在早中更新世,研究区及其周边地区发生差异性升降,部分地区遭受剥蚀而缺失下、中更新统沉积,至晚更新世又广泛接受沉积。

研究区所在的潜在震源区震级上限为 6.5 级。研究区外围曾发生过 1673 年 3 月合肥城南的 5 级地震,该次地震对研究区造成Ⅵ度左右影响;1668 年 7 月山东郯城的 8½级地震,对研究区造成Ⅷ度破坏,这是有史记载以来,研究区范围所遭受的最大地震影响烈度。根据《中国地震动参数区划图》(GB 18306—2001),研究区范围内多数地区地震动峰值加速度值为 $0.1 m/s^2$,地震基本烈度为Ⅶ度,少部分地区地震动峰值加速度值为 $0.05 m/s^2$,地震基本烈度为Ⅵ度。研究区范围内无第四纪火山活动,地磁场变化平缓;叠加断裂角(现代构造应力场中最大主应力方向与断裂走向夹角)估计值在 11°～70°范围内;物理布格异常梯度在 $(0.6～1.0)\times 10^{-3} cm/(s^2 \cdot km)$ 范围内。

合肥地区现代地震活动较弱,最高震级为 $M_L 4.0$ 级,主要受较稳定的华北、华南区域应力场作用,但现代环境剪应力强度较低。历史及现代地震活动规律分析结果表明未来地震活动背景可能主要是 5 级左右的中强震。

根据汪洋 1999 年研究结果,合肥地区地球大地热流值平均为 $66 MW/m^2$。

7 结论

根据研究区所在区域的大地构造、断裂构造(含新构造活动特征),以及现代地震活动,综合认为该区总体上属于较稳定区,研究区东南角郯庐断裂带及其以东部分为不稳定区。

参考文献

[1] 安徽省地质矿产局.安徽省区域地质志[M].北京:地质出版社,1987
[2] 1∶25 万合肥幅区域地质调查报告[R].合肥:安徽省地质调查院,2007
[3] 1∶20 万合肥、定远幅区域地质调查报告[R].合肥:安徽省区域地质调查队,1978
[4] 安徽省地震局.合肥市地震小区划、合肥市新区地震小区划报告、合肥市重大工程地震安全性评价报告,1986

综合地球物理方法在繁昌立体地质填图上的应用[①]

徐自生 张丽 许传建 唐伟 汪启年 杨志成

(安徽省勘查技术院,安徽省电法勘探重点实验室)

[摘 要] 在选择合适的地球物理方法的基础上,进行地球物理数据二维、三维反演计算,建立综合地球物理模型,并通过岩矿石的物性分析,建立地球物理-地质模型;进而结合地质、钻孔进行综合地球物理解释,勾绘出工作区内主要物性层、断裂构造和岩体的空间分布,从而达到应用综合地球物理方法进行地质填图的目的。本文以长江中下游成矿带1∶5万繁昌县幅综合地球物理立体地质填图项目为例,简要介绍了综合地球物理方法在深部立体地质填图上的应用。

[关键词] 地质填图 地球物理 繁昌

引言

矿区立体地质填图历来已久,早在20世纪60年代末期,前苏联地质学家提出并开始实施,通过地球物理勘查与地质的结合,取得了较好的成果,且出版了专著[1]。后来国际上有许多国家进行过类似的工作,如澳大利亚"玻璃地球计划"[2]。我国也于20世纪80年代后期开展了此类工作。

长江中下游成矿带是我国重要的矿产区带之一,地质工作程度较高,找矿已经由浅层向深部发展。为了明确找矿方向、查明矿体的深部赋存状态,需要进行立体地质填图,搞清矿集区内的地质构造、岩体分布以及地层与岩体的接触关系。立体地质填图的方法有多种,对于浅层目标,钻探与地质结合就是一种有效的地质填图方法。但对于深度大于1 000m的深部立体地质填图,需要运用综合地球物理这种相对经济的填图方法。

1 地质概况

繁昌工作区大地构造位置处于扬子地块与华北地块的缝合部位(图1),属长江中下游成

---

① 基金项目:长江中下游重点成矿带综合地球物理立体地质填图示范,项目编号:1212011019002。
第一作者简介:徐自生,男,1967年生,高级工程师,主要研究领域为电法勘探。

矿带(安徽部分)的中段,由印支期、燕山期和喜马拉雅期等多期不同方位和不同性质的构造变形复合而成,构造复杂多样。深部以东西向和南北向基底断裂为主,从总体上控制了全区的岩浆活动和成矿作用。

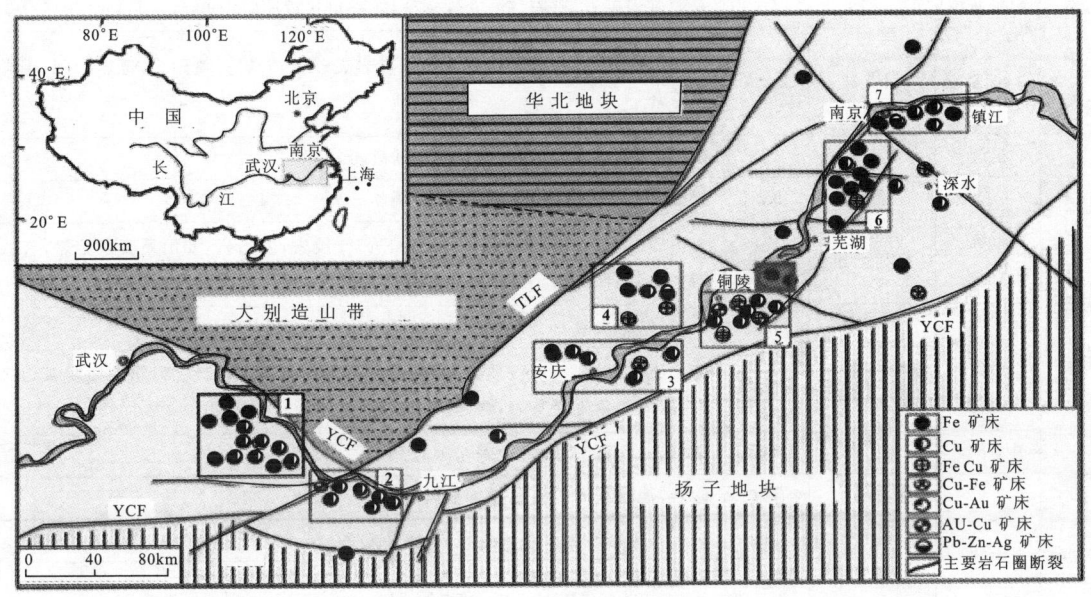

图1 长江中下游成矿带主要矿床分布略图及工区位置图[3](图中方框为工作区位置)
(据Pan et al.,1999;周涛发,2008改绘)

1.1 地层

工作区地层属扬子地层区下扬子地层分区,志留系至第四系均有发育。中三叠世以前以海相地层为主,以后为陆相地层。奥陶系以上地层累计厚度大于6 000m。

工作区地层划分及主要岩性特征见表1。

1.2 构造

从中志留世至中三叠世,区内构造变动微弱,中生代以来,经历了印支、燕山、喜马拉雅等构造运动,形成了结构复杂的地台盖层褶皱及断裂带。印支运动将本区中三叠世以前的地层全部卷入形成了褶皱;燕山运动则以强烈的断裂和岩浆活动为特征,并形成一系列内生金属矿产;喜马拉雅运动微弱,仅表现为以区域性差异升降活动为主,继承燕山晚期凹陷形成更加平缓的构造盆地[4]。

表 1 繁昌工作区地层主要岩性特征简表

系	统	地层名称	代号	主要岩性
第四系	全新统		Q^4	碎石,砂砾石,泥质粉土,黏土粉砂,粉砂质轻黏土,含砂金
	中更新统		Q^2	含漂砾泥砾石,砾石,砂,含铁锰结核、蠕虫状重泥质粉土
第三系	古-渐新统	双塔群	E_1Sh	钙质粉砂质泥岩,含砂砾钙质粉砂岩夹砂岩,岩屑石英砂岩,砾岩,底为砾岩含石膏
白垩系	上统	宣南组	K_2x	杂砾岩,细砂岩,含钙质姜状结核粉砂岩、细砂岩
	下统	三梁山组	K_1s	粗面岩,粗面岩熔结角砾岩,凝灰质粉砂岩
		蝌蚪山组	K_1k	安山质、流纹质凝灰角砾岩、角砾熔岩,流纹岩,安山岩,安山质凝灰熔岩,玄武岩夹粉砂岩、页岩;岩屑砂岩,(含砾)粉砂岩,凝灰岩,页岩
侏罗系	上统	赤沙组	J_3c	粗安岩,粗安凝灰,流纹质角砾岩,凝灰熔岩,沉凝灰岩
		中分村组	J_3z	流纹质角砾熔岩,流纹质角砾岩,流纹质凝灰角砾岩,流纹岩,粗安质凝灰角砾岩,流纹质角砾凝灰岩,含砾沉凝灰岩,粉砂岩
	中、下统	象山群	$J_{1-2}Xs$	杂砾岩,含砾细砂岩,含砾粉砂岩
三叠系	中统	铜头尖组	T_2t	砂岩,泥质粉砂岩夹钙质细粒岩透镜体,粉砂质页岩
		月山组	T_2y	长石石英细砂岩夹灰岩透镜体,泥质粉砂岩
		石壁山组	T_2s^1	石灰砾岩,白云质砾岩
		东马鞍山组	T_2d	灰岩,白云质灰岩,白云岩
	下统	南陵湖组	T_1n	石灰砾岩,(鲕状、豆状、含生物碎屑)灰岩,似砾状灰岩,白云质灰岩,(似瘤状、瘤状)灰岩
		和龙山组	T_1h	灰岩,条带状灰岩
		殷坑组	T_1y	石灰砾岩,(砾状)灰岩,石灰质碎屑灰岩,泥质灰岩,页岩
二叠系	上统	大隆组	P_2d	(钙质)硅质岩,硅质泥岩浆岩,泥质页岩,硅质泥质灰岩透镜体
		龙潭组	P_2l	细砂岩,粉砂质细砂岩,(粉砂质)页岩,含煤
	下统	孤峰组	P_1g	含燧石生物碎屑灰岩,灰质白云岩,白云质灰岩,硅质岩,硅质、泥质页岩,含锰页岩,局部含磷结核、含锰矿
		栖霞组	P_1q	生物碎屑灰岩,含燧石团块灰岩,含燧石结核、燧石条带灰岩,燧石层,粉砂泥质页岩,碳质页岩
石炭系	上统	船山组	C_3c	球状灰岩,含生物碎屑灰岩,似瘤状碎屑灰岩
	中统	黄龙组	C_2h	生物碎屑灰岩,白云岩,石英细砾岩
泥盆系	上统	五通组	D_3w	含砾石英砂岩,石英砂岩,细砂岩,粉砂岩,泥质粉砂岩,粉砂质页岩
志留系	上统	茅山组	S_3m	石英细砂岩,含粉砂细砂岩,岩屑石英粉砂质细砂岩
	中统	坟头组	S_2f	细砂岩,粉砂岩,粉砂质泥岩,砂质页岩,含胶磷矿细砂岩

2 填图方法

2.1 地球物理方法选择

繁昌立体地质填图的要求是在一个1∶5万图幅和1 500m深度范围内,查明主要地层、岩体分布和控矿构造。为了达到这个目的,选择1∶5万重磁和1∶10万AMT测量作为填图的主要方法,结合典型剖面的二维地震测量,解决填图区内平面和垂向上的地质问题。综合地球物理填图的工作流程如图2所示。

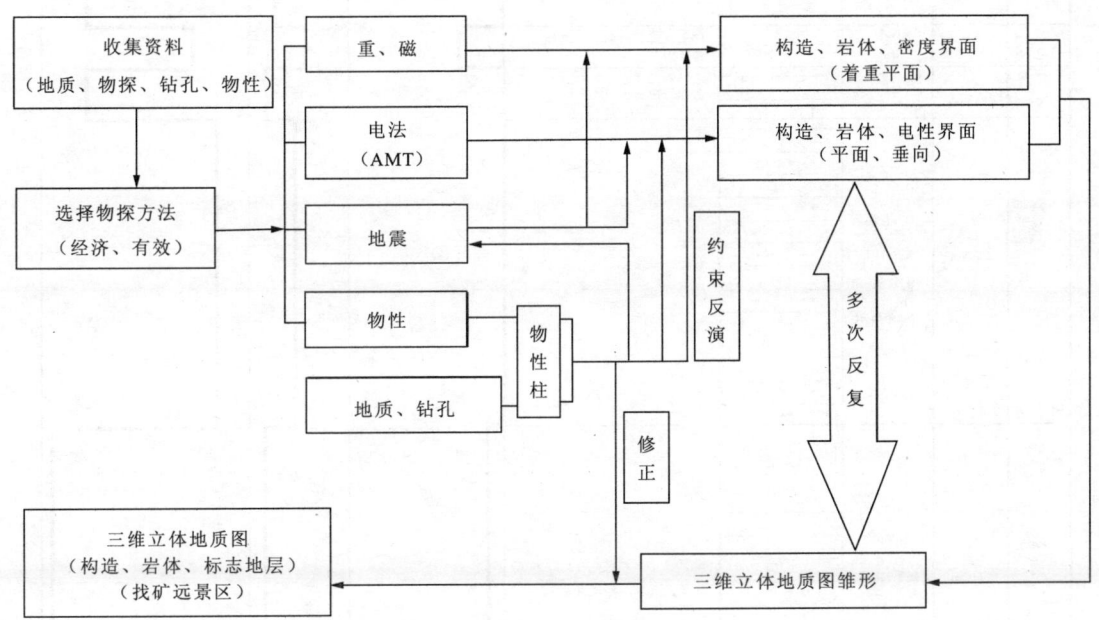

图 2 综合地球物理立体地质填图工作流程图

2.2 填图单元确定

在地球物理填图过程中,首先要明确填图单元,明确依据地球物理方法所能解决的地质问题。填图单元要根据工作区地质条件、物性基础来确定。根据表1的地层岩性和物性资料,作出了工作区物性柱状图(图3),它直观地反映了工作区内地质与地球物理间的关系。

由图3可见,应用地球物理方法,本区可划分的地层单元有6个,从上到下依次为:①下白垩统三梁山组到上三叠统铜头尖组,主要以火山岩、火山碎屑岩、碎屑岩为主,表现为中弱磁性、低密度、低电阻率;②上三叠统东马鞍山组到下三叠统殷坑组,主要以灰岩、白云岩为主,夹少量的泥灰岩、页岩,表现为无磁性、高密度、高电阻率;③上二叠统大隆组至下二叠统孤峰组,主要为硅质页岩、硅质岩夹煤层、粉砂岩,表现为弱磁性、低密度、低电阻率;④下二叠统栖霞组至中石炭统黄龙组,主要为灰岩、白云岩,表现为无磁性、高密度、高电阻率;⑤上泥盆统五通组到下志留统高家边组,主要以细砂岩、粉砂岩、粉砂质泥岩为主的碎屑岩地层,表现为无磁性、

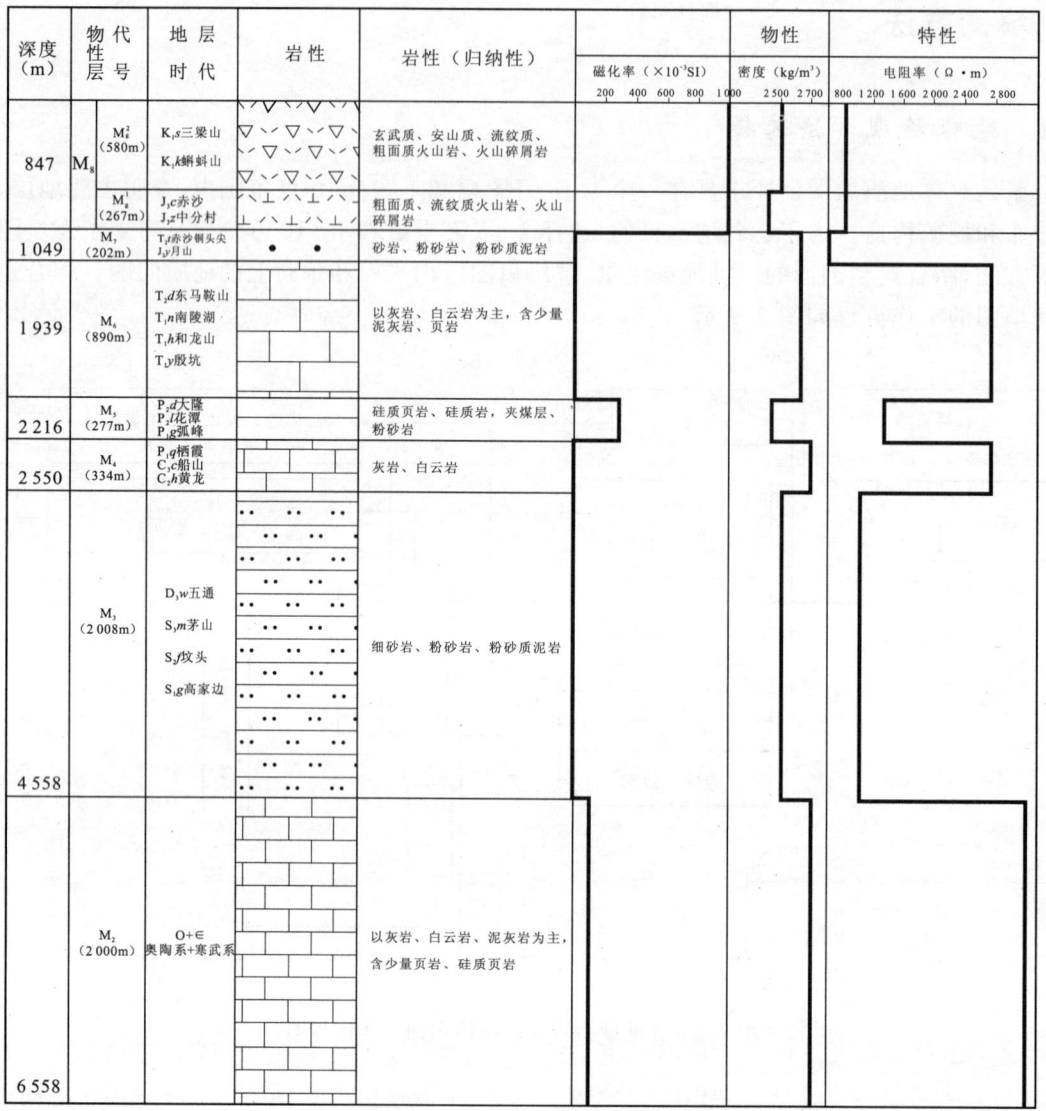

图 3 工作区物性柱状图

低密度、低电阻率；⑥上奥陶统五峰组以下地层，主要以灰岩、白云岩、泥灰岩为主，夹少量页岩、硅质页岩，表现为弱磁性、高密度、高电阻率。

因此，工作区内所能填出的地质单元就是上述 6 层 5 个界面、大的断裂构造和岩体，局部地区由于某些地层较薄或地层之间电性差异较小的原因，实际填出的地层单元可能会有所减少。

2.3 地球物理数据获取

地球物理数据体的来源有两部分：一是野外采集；另一是收集。野外采集的资料有 1∶5 万重力(500m×400m)、1∶10 万 AMT(100m×400m)、1∶1 万地震剖面(40m 炮间距)，1∶1 万地磁(小范围)，地磁资料主要由收集的 1∶5 万地磁图，经数字化后与采集的小块资料拼接而得。

2.4 地球物理数据处理计算

地球物理数据处理计算在应用中起着关键作用，往往需要反复进行。

重磁平面资料处理使用中国地质调查局的重磁电数据处理软件 RGIS 2009，重磁三维反演计算和 AMT 资料处理使用中南大学戴世坤教授的重磁电三维反演成像解释一体化系统[GME_3DI(V4.2)][5]。处理软件皆基于三维地形数据和地球物理数据的三维反演计算，需要有三维地形数据体和地球物理数据体。软件功能与处理流程在软件说明书中都有简要介绍，在此不再叙述。

重磁资料平面数据处理技术是成熟先进的，能解决诸如构造划分、岩体圈定等地质问题，而重磁资料的密度界面反演、三维反演成像等新技术在应用中需要合适的条件。工作区重磁资料在平面数据处理的基础上进行了三维反演成像计算(图4)。

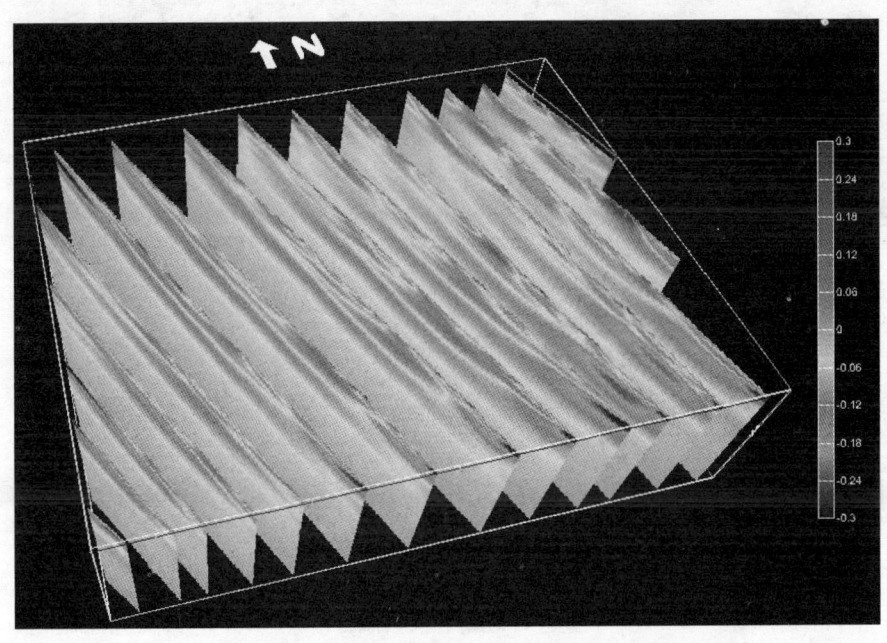

图4 繁昌工作区重力布格异常三维反演成像切片图

对重磁电平面处理结果、三维反演成像结果结合地质资料进行分析，划分了构造、岩体(图5)，作为初步地质建模的框架。

AMT 资料处理先从一维开始，根据各测线的电测深曲线类型图、频率-电阻率剖面等值线图等基础图件，进行曲线分析、静校正等预处理。在这个过程中，始终要与地质、物性结合，特别是静校正处理，既要忠于数据又要符合地质规律，是地质与地球物理场有机结合的过程。之后再进行一维连续介质反演、三维反演成像计算。AMT 三维反演成像结果如图6所示。

重磁电约束反演是在三维反演成像基础上进行的，对重、磁、电三维反演成像结果按测线或典型地质剖面位置进行剖切，得到各测线和主干剖面的重、磁、电剖面切片图。从地表地质开始，以 AMT 剖面切片图为主，参考重磁剖切图建立初始地质模型，并用钻孔、地震解释成果

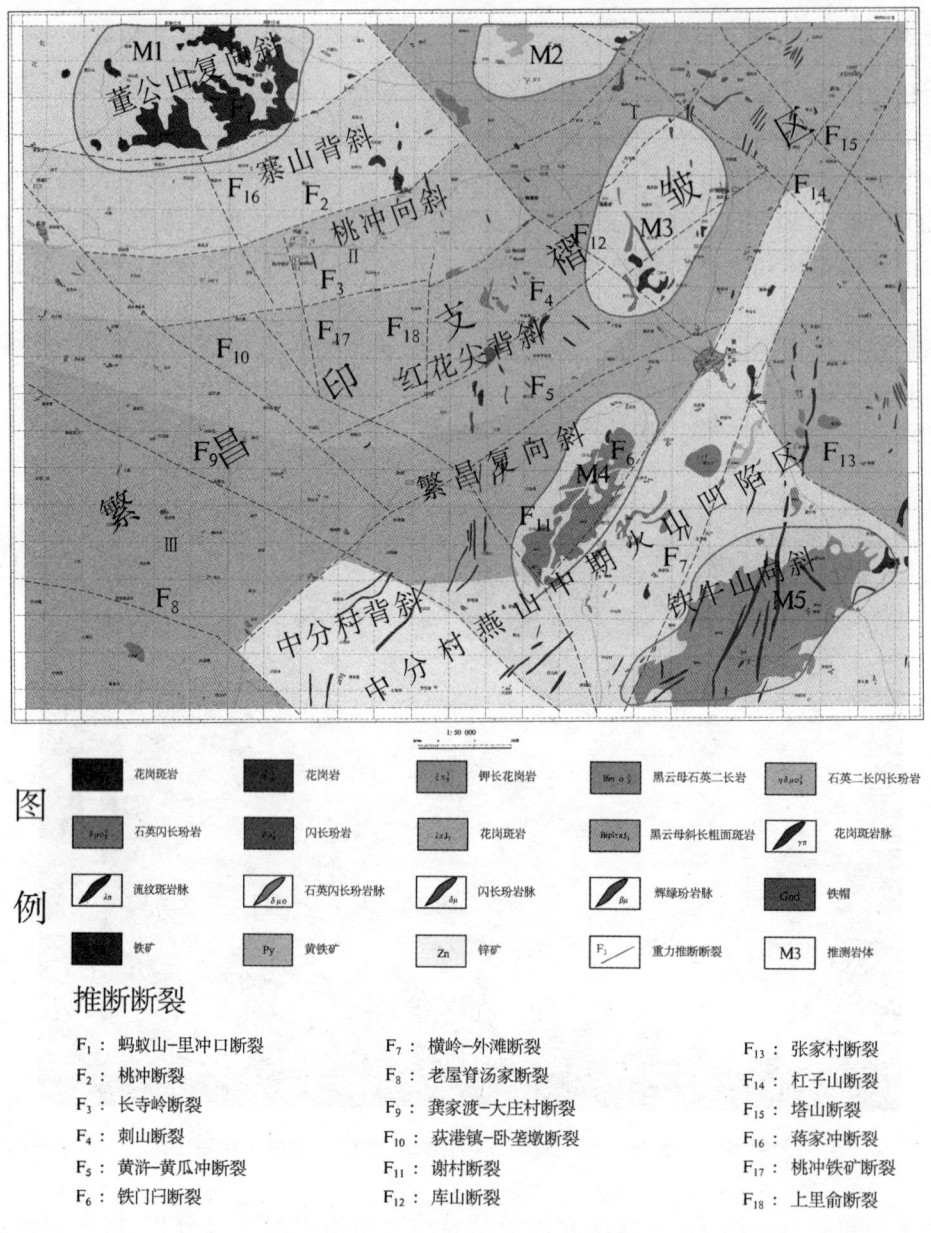

图 5 繁昌工作区重磁资料处理解释成果图

进行约束。在这个过程中,从已知条件较多的剖面开始,既有的、实际存在的地质现象必须是固定不变的;先确定精度高的、可靠的模型参数,然后才是精度低的模型参数。

对建立的初始地质模型分别在重磁电三维反演成像解释一体化系统的电、重、磁二维人机交互子系统里进行定量反演计算,修改地质模型,使同一地质模型电、重、磁反演拟合结果都能达到要求,同时符合地质规律,此时,该剖面反演解释计算完成(图7)。以此类推,从典型剖面外推,逐条剖面依次进行定量计算,这是非常耗时、费力的过程,需要物探、地质专业人员紧密配合才能完成。

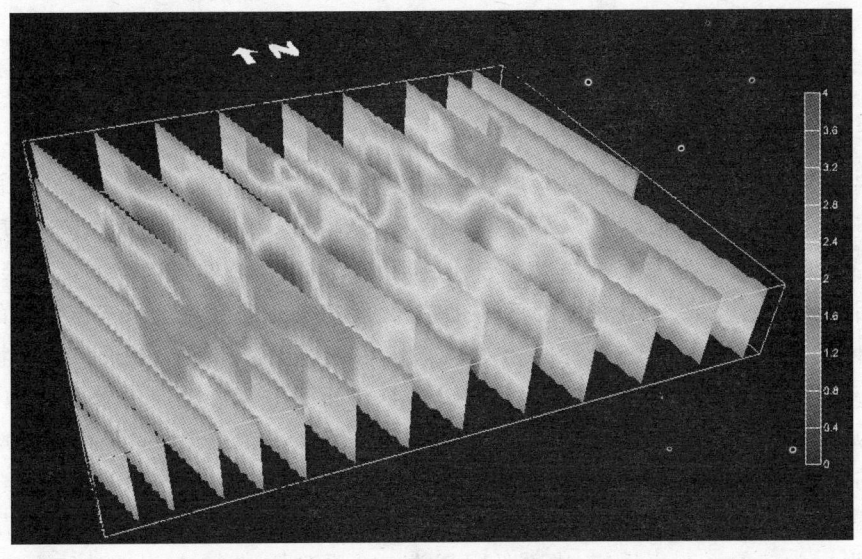

图6 繁昌工作区AMT三维反演成像切片图

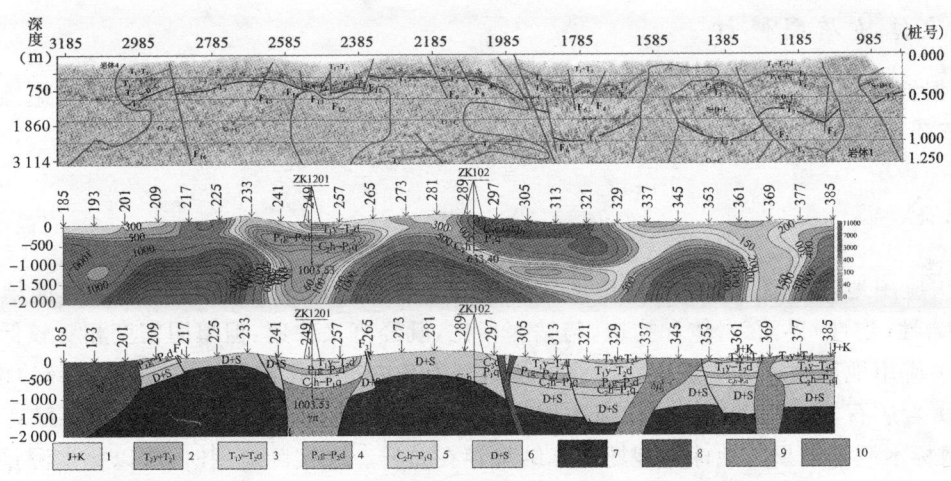

图7 FC-2线AMT反演解释与地震解释剖面对比图

1. 侏罗纪和白垩纪火山岩、火山碎屑岩;2. 三叠系铜头尖组、月山组砂岩、粉岩岩;3. 三叠系东马鞍山组—殷坑组灰岩、白云岩;4. 二叠系硅质岩、硅质页岩、粉砂岩;5. 石炭系黄龙组—二叠系栖霞组生物屑灰岩、白云岩;6. 泥盆系、志留系细砂岩、粉砂岩、粉砂质泥岩;7. 奥陶系灰岩、白云岩;8. 花岗岩;9. 花岗斑岩;10. 闪长玢岩

2.5 立体地质图勾绘

立体地质图勾绘是应用中地数码公司的MapGIS K9平台来实现的,将二维定量解释的地质成果连成三维地质图,包括断裂系统的空间展布、岩体的空间形态和地层(物性层)的分布。在这个过程中,可能会觉得某些地方不符合地质状况,需回到二维反演那里进行重新计算。

3 应用效果

3.1 钻孔验证情况

根据编绘的地质图,在桃冲向斜北翼靠近向斜中心部位布置了一个钻孔,开孔地层为三叠系南陵湖组灰岩地层。据地球物理解释资料,此孔应穿过三叠系南陵湖组以下地层,二叠系、石炭系(很薄)地层,以及泥盆系+志留系部分地层后,在970m左右为岩体。钻探结果显示,该钻孔如期遇到了三叠系、二叠系地层后直接进入岩体,没有遇到泥盆系+志留系的碎屑岩地层,进入岩体的深度为707m,与设计的相差27%。后来对比钻孔地质编录与地球物理测量解释成果,发现起初解释偏差的原因是钻孔处AMT剖面上中部低阻层的归属问题。AMT剖面上显示为向斜特征,具三层结构特征,与地质认识一致。对照物性,上部高阻层应为三叠系到石炭系的灰岩反应,地震剖面上无明显反射层;中部低阻层应为泥盆系+志留系的碎屑岩地层反应,地震剖面上有多层反射层;下部高阻层应为岩体反应,地震剖面上无反射层。钻探揭示,上部高阻层为三叠系灰岩反应;中部低阻层为二叠系硅质、燧石灰岩含硅质页岩地层反应。该地层普遍破碎,含水量较大,在钻井过程中多次自喷出地表10余米。地震剖面上的多层反射层是燧石层、硅质页岩层分割灰岩界面,而不是泥盆系+志留系砂泥互层的反射界面。

3.2 立体地质图修订

依据钻孔结果,反过来再对所有的二维人机交互反演结果进行重新计算,修订编绘立体地质图,至此,立体地质填图工作基本完成。

4 结论

(1)应用地球物理方法进行立体地质填图是一种可行的深部地质填图方法,能填出工作区主要岩性(物性)界面、岩体和构造,与钻探相比,既经济又快速,但填图精度相对较低。

(2)应用地球物理方法进行立体地质填图必须有少量钻孔控制,可以提高解释的精度。

(3)岩矿石标本物性是地球物理数据处理计算的基础,但其测量环境与地下赋存环境不同,导致标本测量结果与地球物理场计算结果存在差异。在实际应用时,应以标本测量结果为参考,灵活运用。

参考文献

[1]杜霍夫斯基 A A,等. 稀有金属矿区立体地质填图[M]. 夏卫华,等译. 北京:地质出版社,1984

[2]刘树臣. 发展新一代矿产勘探技术——澳大利亚玻璃地球计划的启示[J]. 地质与勘探,2003,39(5):53-56

[3]周涛发,范裕,袁峰,等. 长江中下游成矿带成岩成矿作用研究进展[J]. 岩石学报,2008,24(8):1 665-1 678

[4]许康康,杜杨松,曹毅,等. 安徽繁昌地区古构造应力场及其构造演化特征研究[J]. 现代地质,2012,26(3):498-507

[5]杨辉,戴世坤,宋海斌,等. 综合地球物理联合反演综述[J]. 地球物理学进展,2002,17(2):262-271

浙江省土地质量地球化学评估与农用地分等整合成果应用

黄春雷① 宋明义 魏迎春 蔡子华 简中华 郑文

（浙江省地质调查院）

[摘　要] 近年来，浙江省在土地质量地球化学评估方面做了大量的探索性研究工作，本文对此作了简要的回顾。文中重点介绍了土地质量地球化学评估与农用地分等整合的研究思路及取得的成果，并对地球化学评估成果在土地利用规划修编、占补平衡、富硒土壤开发、土壤污染防治等方面的应用研究作了初步总结，以期为浙江省的土地质量调查研究工作提供技术参考。

[关键词] 土地质量　农用地分等　地球化学评估　成果整合　应用研究

引言

土地资源管理由数量管护向数量与质量并重、协调生态环境的统一管理方式转变是未来土地资源管理的必然趋势。为此，我国多个部门从多个角度开展了土地质量调查评价工作，其中，最具代表性的是由国土资源部土地整理中心和中国地质调查局分别开展的农用地分等及土地质量地球化学评估工作。

浙江是一个经济强省，又是一个资源小省，加强对土地资源的保护是一个长期的任务。浙江省国土资源厅于2007年启动的基本农田质量调查试点工作，运用了土地质量地球化学评估技术，取得了丰富的成果②。与此同时，中国地质调查局于2008年下达土地质量地球化学评估任务，开展了省级评估和典型县市级评估③④，起到了总结与示范的作用。本文基于大量的成果资料，对浙江省土地质量地球化学评估工作作一回顾总结。

---

① 第一作者简介：黄春雷，男，1982年生，工程师，从事农业地质与环境地球化学研究。
② 蔡子华，宋明义，等．浙江省基本农田质量调查试点总结研究报告．浙江省地质调查院，2010．
③ 魏迎春，等．浙江省土地质量地球化学评估报告．浙江省地质调查院，2010．
④ 黄春雷，等．浙江省典型市县级土地质量地球化学评估报告．浙江省地质调查院，2011．

1 浙江省土地质量地球化学评估工作概况

1.1 浙江省土地质量地球化学评估

2008—2009年开展的浙江省土地质量地球化学评估属国家土地质量地球化学评估与监测项目,其工作基础是先期开展的省部合作项目"浙江省农业地质环境调查"。此次评估面积为 $4.36×10^4 km^2$,覆盖了全省86.5%的农用地。依据中国地质调查局《土地质量地球化学评估技术要求(试行)》(DD 2008—06)[1],对影响土地质量的内部因素(土壤)和外部因素(大气、灌溉水、农产品等)进行了省级层面(1:25万尺度)地球化学评估。利用评估结果,开展了绿色和无公害农产品种植适宜性区划、富硒土壤资源开发利用区划、农田土壤施肥规划等应用研究,为政府的宏观决策提供了依据。

1.2 浙江省典型市县级土地质量地球化学评估

浙江省典型市县级土地质量地球化学评估任务是与省级土地质量地球化学评估任务一同下达的。在浙江省多目标区域地球化学调查(1:25万)和省级土地质量地球化学评估的基础上,选择浙江省龙游县开展了土地质量调查评价工作。

调查查明了土壤养分的丰缺状况、土壤环境质量状况及大气环境质量和灌溉水质量状况,划分了土地肥力等级、环境健康等级及土地质量地球化学综合等级,并对影响土地质量的外部因素进行了1:5万尺度评估,查明了龙游县土地质量等级现状。在此基础上,探索建立了土地质量地球化学评估成果验证体系,进行了土地质量的地球化学预警预测工作,丰富了土地质量地球化学评估成果。

1.3 浙江省基本农田质量调查试点

浙江省基本农田质量调查试点项目,由浙江省国土资源厅下达任务,浙江省地质调查院负责实施,浙江省土地勘测规划院、中国地质大学(北京)等单位参加。项目时间 2007—2010 年。

试点工作选择嘉善县(水网平原)、慈溪市(滨海平原)、龙游县(山地丘陵)作为县市级试点区,选择"高镉富硒"的安吉县上墅乡、"人为污染较为严重的"台州某镇作为乡镇级试点区,开展了土壤、灌溉水、大气沉降物、农产品等多介质多元素地球化学调查,并结合试点区土地利用特点,对土壤养分、土壤环境质量、土壤污染、灌溉水质量、农产品安全状况以及富硒土地资源等进行评价。在此基础上,划分了土地质量地球化学等级,并进行合理性分析和实地验证,探索了土地质量地球化学评估与农用地分等成果的整合方法,为科学评价土地质量提供示范。

同时,尝试将调查研究成果应用于土地利用规划修编、耕地占补平衡按等级折算、基本农田保护区调整,以及土地整理、农业区划等方面,成效显著。

2 整合研究

农用地分等和土地质量地球化学评估是两个在不同技术路线指导下所构建的两个不同的土地质量评价体系,每种方法都不能完全涵盖土地质量的内涵,反映的内容各有侧重[1,2]。将其整合,既是深化两项工作的客观需要,也是部门间实现成果共享、学科交叉融合的必然趋势。

2.1 整合的方法

叠加法和因素法是目前最具代表性的整合方法。所谓叠加法就是以农用地分等成果中的农用地利用等指数为基础,叠加土地质量地球化学评估成果中的土壤养分质量、土壤环境质量、土壤地球化学综合质量等因素,并加以分析,实现土地质量的综合评定[3]。

因素法是在不改变农用地分等内涵的基础上,综合土地质量地球化学评估因素,重新构建评价指标体系,把地球化学因素引入到农用地自然质量等的指数计算中去,由此来确定农用地自然等和利用等的等别。

叠加法的特点是,保持了两项评价成果的独立性,同时又进一步揭示了土地质量的差异性,即在同一农用地利用等中,地球化学评估又细分出了5个地球化学等别(表1)。差异化的进一步扩大,有利于土地质量的差别化管理。同时,叠加法操作简便,易于推广,而因素法技术难度相对较大,不利于推广。因此,叠加法是目前现实的选择。

2.2 整合实例——嘉善县土地质量成果整合

利用叠加法,嘉善县农用地利用等与土地质量地球化学评估综合分等整合结果见表1。从表中可以看出,经整合,嘉善县农用地各利用等别都被细化。例如,利用等为19等的农用地,细分出优良等(二等)、良好等(三等)和中等(四等)等几个地球化学等别,凸显了土地质量的差异化。

表1 嘉善县土地质量整合评价结果统计表

农用地利用等		地球化学评估综合分等									
		一等(优质)		二等(优良)		三等(良好)		四等(中等)		五等(差等)	
等别	面积	比例	面积	比例	面积	比例	面积	比例	面积	比例	面积	比例
19	419	1.5	0	0.0	202	0.7	173	0.6	44	0.2	0	0.0
20	5 358	19.3	635	2.3	3 841	13.8	650	2.3	232	0.8	0	0.0
21	8 111	29.2	452	1.6	2 899	10.4	3 539	12.7	1 171	4.2	50	0.2
22	7 745	27.9	859	3.1	773	2.8	2 550	9.2	1 981	7.1	1 582	5.7
23	6 184	22.2	1162	4.2	2 677	9.6	1 807	6.5	538	1.9	0	0.0

注:面积单位为公顷(1公顷=0.01km^2),比例单位为%。

3 成果应用研究

3.1 在划定基本农田保护区中的应用

基本思路是,根据土地质量地球化学评估与农用地分等整合成果,剔除土地质量等级较差的土地(污染土地和土壤肥力等级差的土地),再按照研究区土地质量的整合结果,将综合质量相对较好的土地划为基本农田,直到划定面积达到上级下达的基本农田保护指标,综合等别较低的则划入一般农田。其技术路线见图1。

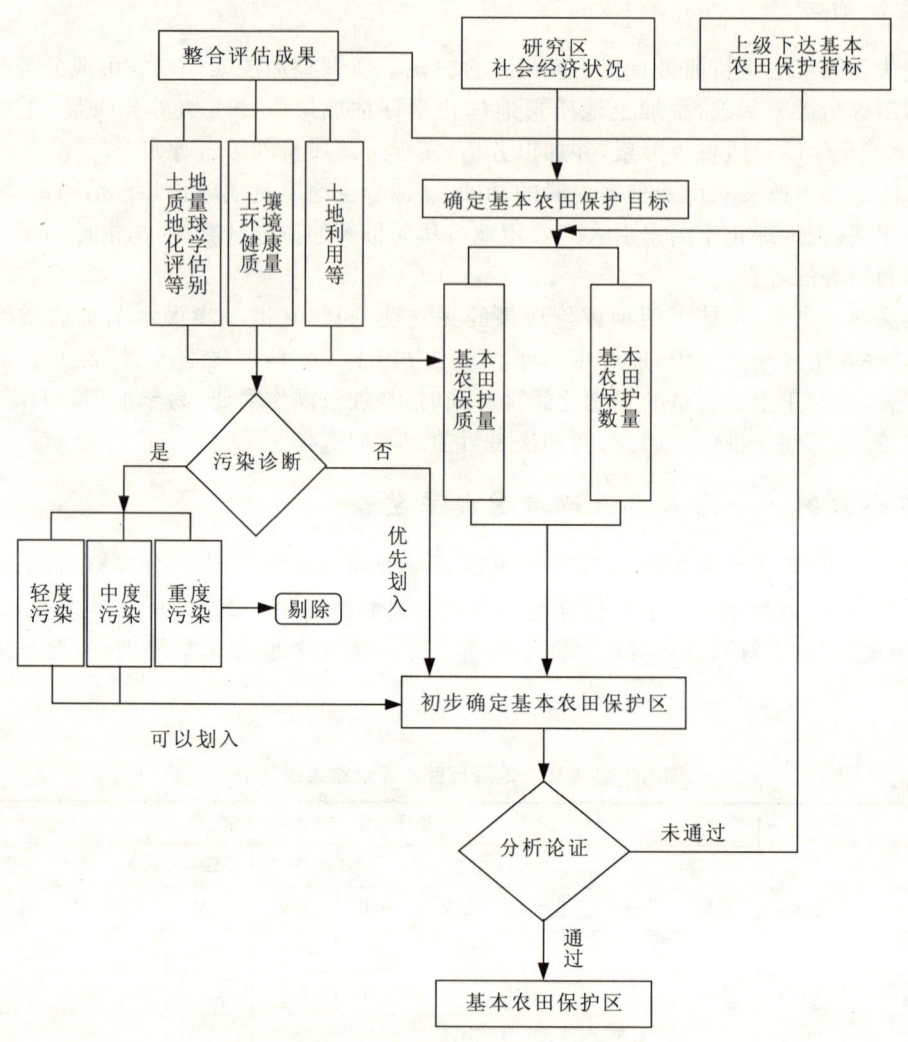

图 1 基本农田保护区划定的技术路线框图

3.2 在建设用地布局优化中的应用

在土地利用总体规划修编中,合理调整土地空间布局,积极引导不宜农用地的合理流转,优化土地利用布局结构,是土地规划修编的重要内容。而科学的调整依赖于对土地质量的把握。

图2是利用整合成果对龙游县北部地区土地利用规划布局优化的结果,在原规划建设区中,调出优质土地60公顷,调进低等级土地607公顷。通过土地利用方式的调整,使质量等级高的耕地得到了保护,而等级低的土地则作为新增建设用地,用以满足工业发展的需要。

3.3 在耕地占补平衡中的应用

根据农用地利用等折算系数和地球化学等折算系数,进行耕地占补平衡计算,公式为:

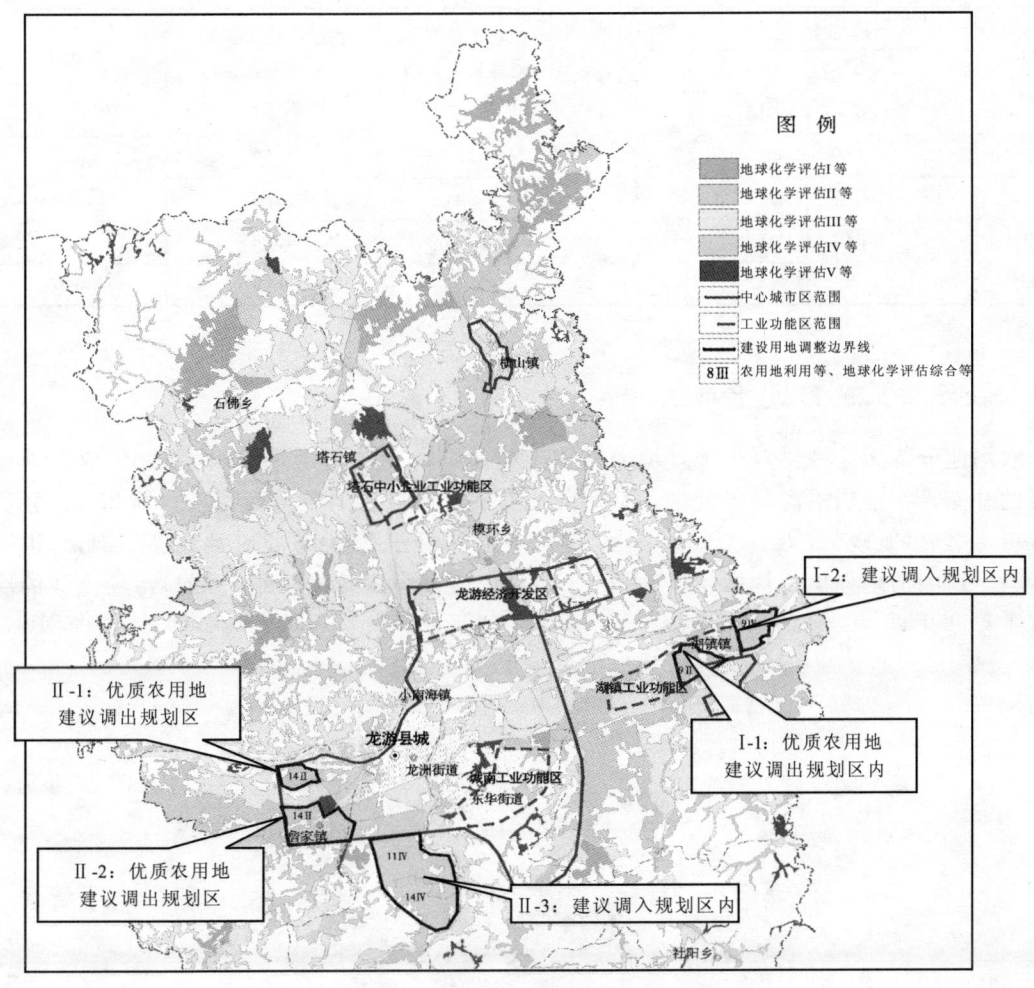

图 2 龙游县北部地区土地利用规划布局建议图

$$S_补 = S_占 \times i \times j$$

式中：i 表示农用地利用等等别折算系数；j 表示地球化学等等别折算系数。

根据龙游县国土资源局的要求，对该县 S50 省道沐尘—马成口段公路改建工程占用的 3 块耕地进行了计算。这 3 块耕地平均利用等别为 15，地球化学等别为Ⅰ～Ⅲ等。现补充的土地利用等为 10，地球化学等别为Ⅱ等。若只考虑农用地分等成果（利用等），折算需要补充耕地面积为 6.72 公顷，按整合成果折算需要补充的耕地面积为 6.76 公顷，补充面积增加 0.04 公顷（表 2）。两种结果对比可见，将地球化学等别引入耕地占补平衡折算，更有利于引导建设单位少占高等别耕地，更好地体现了耕地占补平衡数量与质量的统一。

表2 龙游县S50省道沭尘—马戍口段建设用地占补平衡折算分析表

地块编号	占用耕地			补充耕地		按利用等折算需要补充耕地面积(公顷)	按整合成果折算需要补充的耕地面积(公顷)	面积变化(公顷)
	利用等	地球化学等别	面积(公顷)	利用等	地球化学等别			
1	15	Ⅰ等	1.27	10	Ⅱ等	1.52	1.62	0.04
2	15	Ⅲ等	2.71			3.24	3.24	0
3	15	Ⅱ等	1.64			1.96	1.96	0
总计			5.62			6.72	6.76	0.04

3.4 在污染土地修复中的应用

农用地分等无法提供对耕地环境质量和土壤污染情况的判别,地球化学评价成果则作了重要的补充。在浙东沿海某研究区,通过评价,共确定中度以上重金属污染耕地28块,轻度以上有机污染(多氯联苯,PCBs)耕地12块,结合土地利用方式,生态效应及地理等因素,进一步对污染土地的治理提出了具体建议(图3)。该建议已被当地政府采纳,目前,污染土壤的修复示范工程已开展。

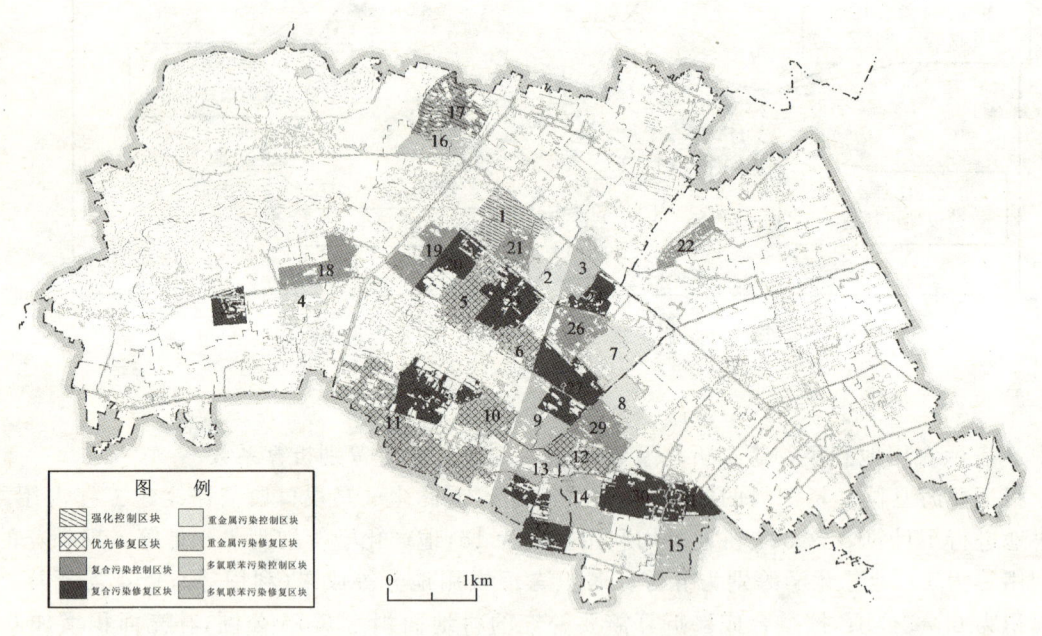

图3 浙东沿海某镇污染土地修复建议图

3.5 其他方面

除以上讨论的几方面应用研究外,还在富硒土壤开发、农业种植区划、绿色产能区划、农田土壤微量元素补肥、土地利用适宜性分区等方面进行了应用尝试,取得了明显的经济社会效益,获得了多方专家、地方政府的认可。尤其对浙江省龙游县某食道癌多发区的致病主因成功地进行了分析总结,提出了防治建议,得到了积极采纳。

4　几点体会

在浙江,土地质量调查评价工作在持续推进,其成果受到国土部门的广泛关注,目前,不少县、市、区计划开展此类工作。回顾近年来的工作,有3点重要体会。

4.1　土地质量地球化学调查成果需落地

土地质量调查不同于区域地球化学调查,对县市级尺度的调查,需以土地利用图斑为单元,只有这样,评价成果才能实现落地,也只有这样,地球化学评价成果才能与农用地分等实现整合。

4.2　土地质量评价需走成果整合之路

由于农用地分等存在的不彻底性,地球化学评估的意义才得以充分体现,两种评价成果的整合符合我国国情,这是一个具有价值的创新思路。只有通过整合,成果才能真正被利用起来。

4.3　调查评价需与应用相结合

实践表明,土地质量调查成果可以应用到国土管理、农业区划、环境保护等诸多方面,只有更加紧密地与需求相结合,更加主动地为需求服务,调查评价成果才能真正实现向应用的转化。

参考文献

[1]中国地质调查局.土地质量地球化学评估技术要求(DD 2008—06).2008
[2]国土资源部.农用地分等规程(TD/T1004—2003).2003
[3]汪庆华.土地质量地球化学评估与农用地分等成果整合方法研究[J].上海国土资源,2011,32(4):20-25

矿产资源调查

长江中下游地区成矿特征与隐伏矿找矿方向研究

刘一[①] 曾勇 张景 董永观

（南京地质调查中心）

[摘 要] 本文是中国地质调查局地质调查评价专项"长江中下游地区隐伏矿找矿研究"的部分成果,主要对长江中下游成矿带的区域成矿地质背景、区域地球物理和地球化学与遥感特征、区域成矿特征及区域成矿规律进行了综合总结,提出了主要矿床类型的划分和成矿区带的划分建议,在对长江中下游地区重要成矿远景区的隐伏矿产资源潜力分析的基础上,指出了区内隐伏矿床的找矿方向主要在已知大型矿床的深部和外围、中生代火山岩盆地覆盖区深部及新层位和新类型地区。

[关键词] 长江中下游 隐伏矿 成矿特征 找矿方向

隐伏矿床找矿研究是矿床勘查的一个新的方向和热点。长江中下游地区资源丰富,矿种繁多,类型复杂,是我国重要的成矿区带之一[1]②-⑥。该区的地质找矿工作历史悠久,浅表露头矿、浅隐伏矿等地质找矿工作取得过重大进展,为沿江地区实现工业化、城市化、农业产业化提供了技术保障。随着社会经济的进一步发展和对资源的进一步需求,难识别矿、深部隐伏矿的找矿已成为这一地区地质工作的主要目标。

"十一五"期间,中国地质调查局安排南京地质调查中心实施"长江中下游地区隐伏矿找矿研究",项目编码1212010631703,项目起止时间自2006年1月至2009年2月。通过对长江中下游地区的区域成矿规律、找矿模型、隐伏矿产资源潜力、区域隐伏矿床的找矿方向及隐伏矿床找矿的勘查方法技术等多个方面开展系统研究,为长江中下游地区开展"第二空间"的隐伏矿找矿工作提供依据和技术方法支撑。

1 长江中下游成矿带的区域成矿地质背景

长江中下游成矿带(图1)位于大别隆起和江南隆起夹持的地带,构造形态总体上构成中

---

① 第一作者简介:刘一,女,1980年生,助理研究员,硕士,从事矿产地质研究工作。
② 李文达,陈毓川,等. 宁芜玢岩铁矿,1978.
③ 江西省地矿局. 江西省九江-瑞昌地区铜、金成矿远景区划报告,1994.
④ 安徽省地矿局. 安徽沿江地区铜金多金属成矿预测研究报告,1994.
⑤ 湖北省地矿局. 鄂东南地区铜铁金成矿条件与成矿预测研究报告,1994.
⑥ 江苏省地矿局. 宁镇地区多金属矿成矿条件及成矿预测,1994.

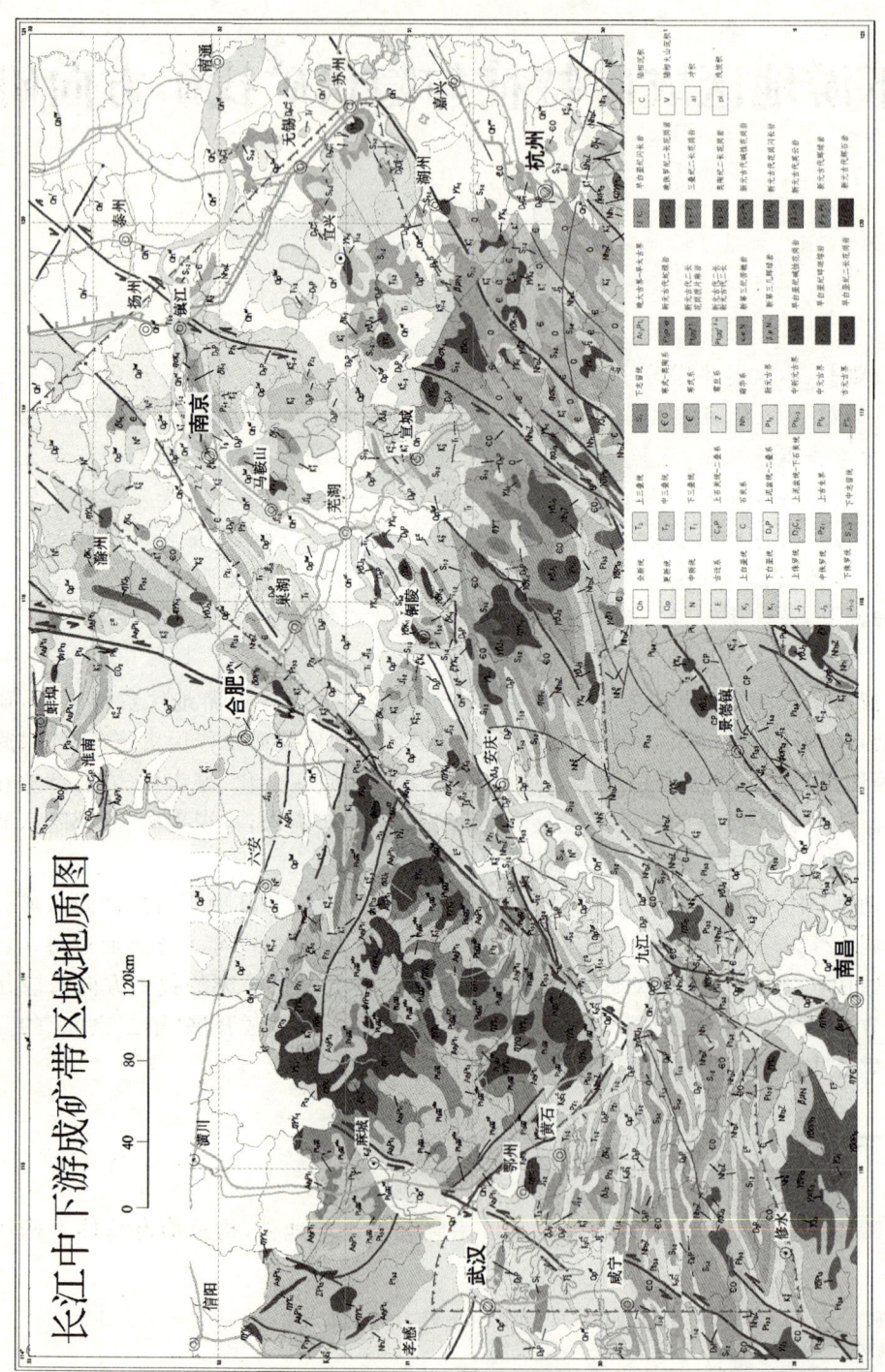

图1 长江中下游成矿带区域地质图

下扬子坳陷区,北以襄樊-广济断裂(简称襄-广断裂)和黄栗树-破凉亭-响水断裂(简称黄-破断裂)为界[2],南大致沿通山-江南断裂一线,是南华纪以来的坳陷区。

区域地层分为主带(沿江凹陷)、北带(江北过渡带)、南带(江南过渡带)3个分区,即"二凸一凹"的格局。其主要控矿和含矿地层及岩性组合有南华纪—早寒武世;晚泥盆世—早石炭世的硅钙面及其上下;坳陷区中的晚三叠世海陆交互相中的膏盐层、含铁砂岩;早白垩世陆相中基性—中性火山岩等。

按岩浆形成的构造环境及其时间演化序列间的相互关系,进一步分为沿江北岩浆带、沿江内岩浆带和沿江南岩浆带3个带,其中与成矿关系最为密切的是燕山期(145～120Ma)。岩浆活动为高钾钙碱性系列的安山岩-英安岩-流纹岩组合与橄榄安粗岩系列的玄粗岩-粗安岩-粗面岩组合共存,伴有与火山岩成分相对应的侵入岩组合,即闪长岩-花岗闪长岩-花岗岩和二长闪长岩-二长花岗岩组合。

本区的构造格局是在晋宁-印支期由于扬子与华夏古板块、华北古板块多次碰撞拼接形成的基本格局[3]。对区域构造与成矿关系的初步研究表明,岩浆岩的不同成因造成含矿性不一样,构造岩浆作用的过程对成矿的影响不一样。区内由于构造-岩浆-成矿作用具有多期叠加、复合现象,使矿种、矿床类型出现多样性,在本地区多期成矿作用的叠加形成了多类型、多矿种共生的矿集区。区域构造对大型成矿的影响主要是铜(金)、铁(硫)矿集区受坳陷内的次级隆-凹构造控制,铜金矿矿集区主要产于次级隆起内,铁硫矿矿集区则产于火山-沉积洼陷中,在隆-凹过渡区则出现铜铁(金)、多金属矿矿集区。岩石圈三维结构特征和深部过程分析认为,燕山期以来这一地区地壳/岩石圈的减薄[4],是控制中新生代盆地分布和中生代岩浆-成矿活动的重要原因。

2 区域地球物理地球化学与遥感特征

长江中下游成矿带布格航磁、重力、遥感异常可划分为7个异常带[5],其基本反映了区内次级凸起(基底)和盆岭的面貌,也揭示了区内地壳结构和上层建造的特点。区内以江南断裂为界,北部属沿江高重高磁区,中部为江南低重高磁区,南部为浙赣波动重磁区,地球化学异常与其大致重合。依据重磁和化探异常的数量、走向、强度、梯度等特征,将区内进一步划分为7个异常带:①鄂州-九江异常带与鄂东南、九瑞矿集区吻合;②宿松-贵池异常带与安庆、贵池矿集区吻合;③庐江-铜陵异常带与庐枞、铜陵矿集区吻合;④芜湖-南京异常带与宁芜、繁昌矿集区吻合;⑤六合-镇江异常带与宁镇成矿带矿集区吻合;⑥广德-石台异常带与江南断裂吻合,尚未发现大型矿床;⑦张八岭-巢湖异常带与滁州-沙溪成矿带吻合。

3 区域成矿特征及区域成矿作用

3.1 区域矿产特征

长江中下游成矿带是国内重要的铜铁金银多金属矿成矿带。区内的优势矿产有铜、铁、金、钨、钼、铅锌等,已探明具有资源储量的矿种达103种。主要矿种的矿床类型也极其丰富,按其成矿的控制作用分为与内生成矿作用有关的矿床、与外生作用有关的矿床及其间的过渡

(后生改造作用)类型三大类(表1)。与内生成矿作用有关的矿床进一步分为矿浆型、接触交代型、斑岩型、热液型4类,与外生作用有关的矿床进一步分为沉积型和风化淋滤型,与后生改造作用有关的矿床为沉积-叠改型。至2008年底止,已发现有色金属、黑色金属、贵金属和稀有金属矿产地2 262处,其中有色金属640处、黑色金属717处、贵金属153处、稀有稀土金属742处、放射性元素10处。按规模划分,有超大型矿产地11处、大型矿产地58处、中型矿产地219处、小型矿产地1 974处(图2)。

表1 长江中下游成矿带铁、铜多金属矿床分类简表[2]

类	亚类	型	实例
与岩浆作用有关的矿床	与火山潜火山作用有关的矿床	矿浆型	姑山铁矿、梅山铁矿
		气液伟晶型	凹山铁矿
		玢岩型	陶村铁矿、吉山铁矿
		热液型	银山多金属矿、南山铁矿
	与岩浆侵入作用有关的矿床	矽卡岩型	铁山铁矿、城门山铜矿、笔山铜矿、冬瓜山铜矿、武山铜矿
		斑岩型	沙溪铜矿
		热液型	天马山金矿、许桥银矿
与沉积作用有关的矿床		沉积型	郭桥铜矿、朱冲铜矿、马厂砂金矿
与沉积和热液叠加改造作用有关的矿床		沉积-热液叠加改造型	龙桥铁矿、新桥铜硫矿
与风化淋滤作用有关的矿床		铁帽型	鸡冠山金矿、黄狮涝金矿
		次生富集型	六峰山铜矿

3.2 成矿系列划分

参照陈毓川、常印佛、李松生、包家宝、杨明桂、陆瑞宝等的划分方案①[6-9],结合本次工作的目标矿种,以"矿床成矿系列组合、矿床成矿系列类型、矿床成矿系列、矿床成矿亚系列、矿床式、矿床"6级划分方案,项目初步提出了以铁铜(金)为主的成矿单元划分方案,包含3个成矿系列组合、9个成矿系列、23个成矿亚系列(表2)。

3.3 成矿区带划分

长江中下游成矿带属扬子成矿省的一部分,且跨下扬子成矿带和江南成矿带及浙赣成矿带。本次研究将长江中下游铜、金、铁、硫、铅锌Ⅲ级成矿带作为整体考虑,进一步分成3个成矿亚带(图3)、21个Ⅳ级成矿区、82个Ⅴ级成矿区(找矿远景区),部分Ⅳ级或Ⅳ级、Ⅴ级成矿区构成矿集区。区内重要的矿集区有16个(表3)。

---

① 湖北省地矿局.鄂东南地区铜金多金属控矿条件分析预测标志优化及靶区筛选研究报告,1995.

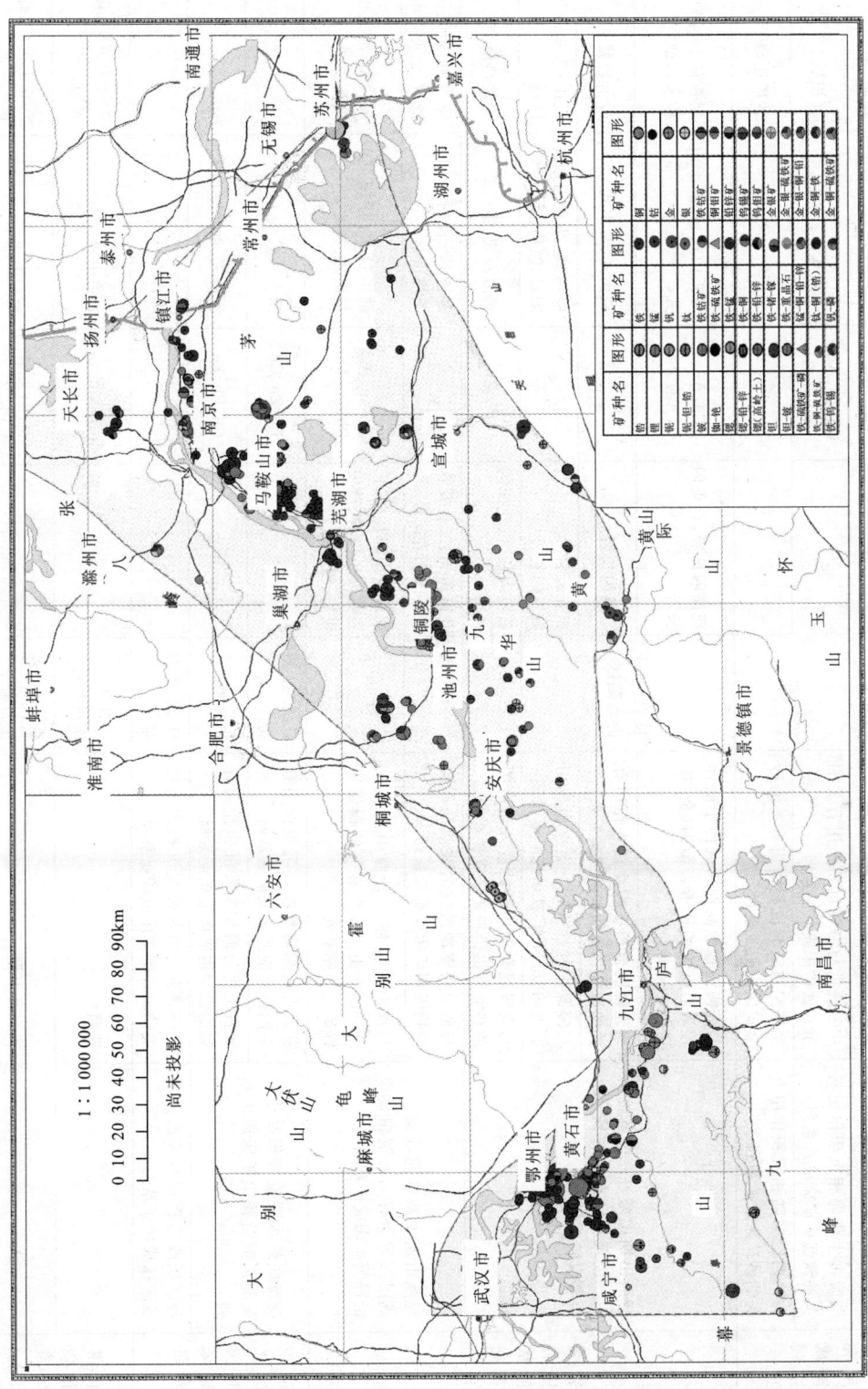

图 2 长江中下游成矿带区域矿产分布图

表 2 长江中下游成矿带成矿系列划分简表

系列组合	成矿系列	成矿亚系列	构造位置	火成岩类	成矿元素	矿床式	矿床类型
与沉积作用有关的成矿系列组合	与新元古代海相沉积铜铅锌矿床成矿系列	震旦纪海相沉积作用有关的铜矿床成矿亚系列	江南、江北过渡带		Ag,Pb,Zn,Mn,Fe	西坞口式	郭桥铜矿、朱冲铜矿
		中三叠世代海相沉积作用有关的沉积铁锰矿床成矿亚系列	沿江带		Cu,Zn,Au,(Ag),S	黄梅式	沉积型
		第四纪与陆相沉积作用有关的砂金矿床成矿亚系列			Au	马厂	砂矿亚型
与岩浆作用有关的成矿系列组合	与燕山期中酸性-中基性活动有关的铁、铜、金等成矿系列	与壳幔混合源高钾钙碱性中酸性侵入岩有关的砂卡岩型铜(金)矿成矿亚系列	长江中下游凹陷区	花岗闪长岩,石英闪长岩	Cu,Au,(Ag),S	冬瓜山式、西狮子山式	层控砂卡岩型、砂卡岩型
		与壳幔混合源中酸性侵入作用有关的砂卡岩型铁铜矿成矿亚系列		石英闪长岩	Cu,Au,S,Fe	铁山式、月山式	砂卡岩型
		与幔源中基性火山-潜火山"玢岩型"铁矿成矿亚系列		粗安斑岩,辉石闪长岩	Fe,S	罗河式、大鲍庄式、陶村式、梅山式	火山岩-潜火山气液型
		与壳幔混合源中酸性热液型银铅锌矿成矿亚系列		石英闪长岩,花岗闪长岩	Pb,Zn	鸡冠石式、银山式	岩浆热液型
		与燕山期壳源酸性岩浆活动有关的钨锡钼成矿亚系列	江南过渡带	花岗斑岩,二长花岗岩	Sn,W,Mo	茅棚店、青树下、白笼坞	斑岩型、岩浆液型、云英岩型
与沉积改造叠加作用有关的铜铁矿床成矿系列组合	与海底热水喷流沉积改造有关的铁铜铅锌银铜钨等成矿系列	新元古代与海相喷发沉积作用有关的铜矿床成矿亚系列	长江中下游凹陷区	岗岩花岗闪长岩,石英闪长岩斑岩,英安斑岩,粗安岩	Cu,Au,Ag,Pb,Zn,Mo	铜山口式、沙溪式、铜井式	斑岩型、潜火山热液型
		晚古生代与海相喷流沉积作用有关的铅锌铜矿床成矿亚系列	沿江带		Pb,Zn,Cu	张十八式	
	与沉积改造作用有关的铜铁硫矿床成矿亚系列组合	中三叠世与海相喷发沉积作用有关的铁铜矿床成矿亚系列	江北过渡带		Cu,Pb,Zn	新桥式、狮子立山式	
			沿江带			龙桥式	
风化淋滤作用有关矿床成矿系列组合		铁帽型	沿江带,江南过渡带		Cu,Au,Ag	鸡冠山式	鸡冠山金矿、肖家铺金矿
		次生富集型	沿江带,江南过渡带		Cu,Au,Ag,Pb,Zn	蛇屋山式	六峰山铜矿、蛇屋山金矿

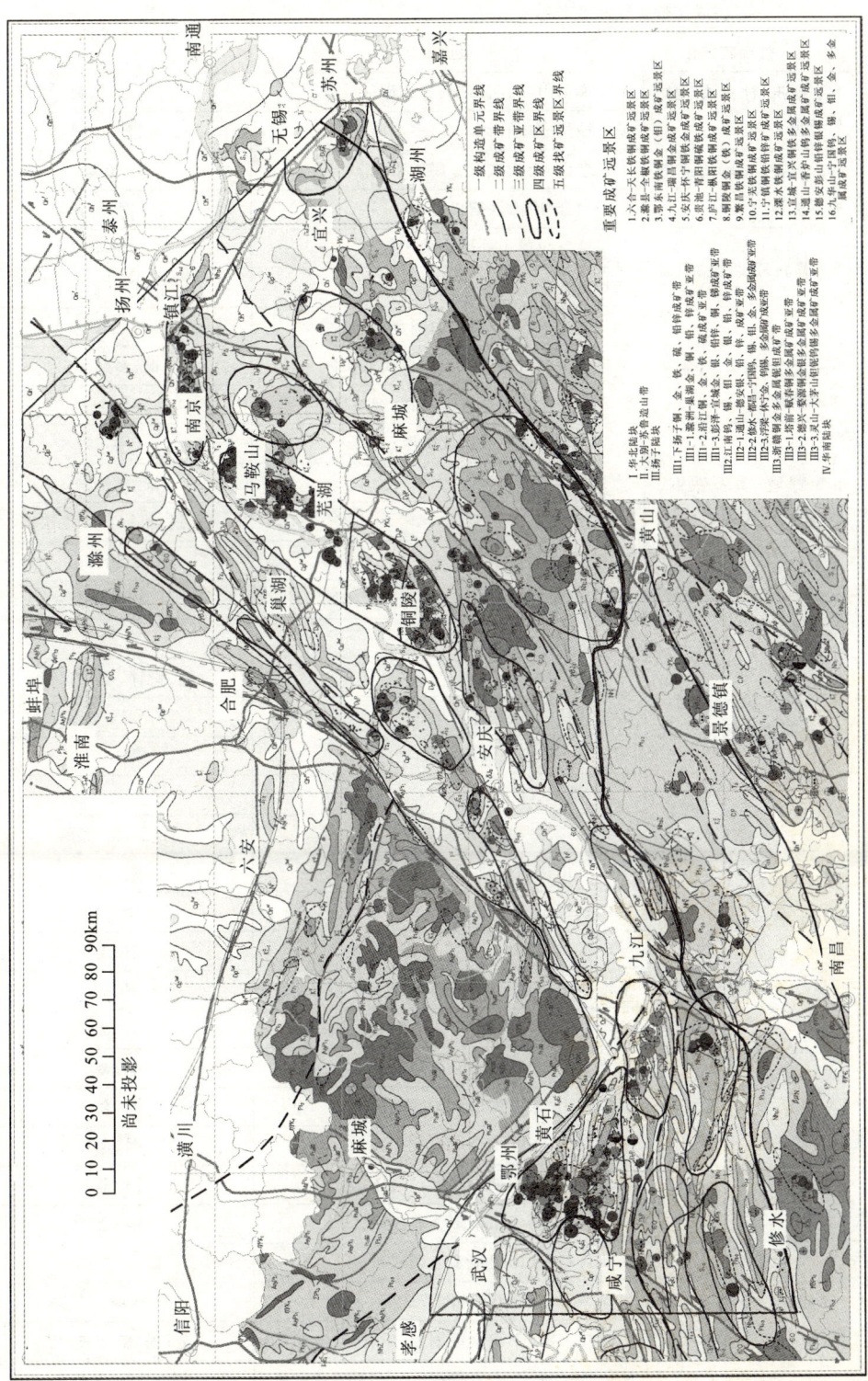

图 3 长江中下游成矿带成矿区带划分图

表 3 长江中下游地区成矿区带划分简表（Ⅳ—Ⅴ级带）

各成矿带及成矿区名称			主要矿种
Ⅲ级成矿亚带	Ⅳ级成矿区	Ⅴ级成矿区	
Ⅲ1_1 滁州-六合铜、金、铁、铅锌成矿亚带	Ⅳ1 滁州-沙溪金、铜、铅锌成矿区	Ⅴ1 琅琊山-大庙山金、铜成矿区	铜、金、铅锌
		Ⅴ2 沙溪-东顾山铜、金、多金属成矿区	铜、金、铅锌
	Ⅳ3 六合-天长铁多金属成矿区	Ⅴ3 老山-天长铁多金属成矿区	铁、铅锌
		Ⅴ4 六合-冶山铁铜成矿区	铁、铜、铅锌
Ⅲ1_4 沿江铜、金、铁、硫成矿亚带	Ⅳ3 嘉鱼-蒲圻金、铜成矿区	Ⅴ5 嘉鱼蛇屋山外围金成矿区	矿种金
		Ⅴ6 蒲圻腊里山金成矿区	矿种金
		Ⅴ7 蒲圻桐梓岭-蒲首山铜金成矿区	矿种铜、金
	Ⅳ4 金牛-保安铜金多金属成矿区	Ⅴ8 金牛火山岩盆地铜多金属成矿区	铜、多金属
		Ⅴ9 金牛盆地南缘袁家铺铜、金成矿区	铜、金
	Ⅳ5 鄂城-黄石铁铜、硫、铅锌成矿区	Ⅴ10 鄂洲-程潮铁矿成矿区	铁
		Ⅴ11 刘南塘成矿区	铁铜、硫铁
		Ⅴ12 铁东成矿区	锶、铜、铅锌、金、硫铁矿
		Ⅴ13 黄金山银多金属成矿区	银、铅锌
	Ⅳ6 大冶-阳新铜铁、金、钨钼成矿区	Ⅴ14 铜绿山-冯家山边深部铜成矿区	铜、金、铁
		Ⅴ15 千家山-赤马山成矿区	铜、金
		Ⅴ16 鹿耳山成矿区	铜、铅锌、金、钨钼
		Ⅴ17 铜山口边深部成矿区	铜
		Ⅴ18 瓦雪地-毛铺成矿区	铜、金
		Ⅴ19 张海成矿区	金
		Ⅴ20 李家山-两剑桥成矿区	铜、金、银、铅锌
	Ⅳ7 九瑞铜、金成矿区	Ⅴ21 丰山边深部成矿区	铜、金
		Ⅴ22 杨柳山成矿区	金、铜
		Ⅴ23 界首成矿区	铜、金
		Ⅴ24 小池口铜金成矿预测区	铜、金
		Ⅴ25 邓家山-通江岭金（铜多金属）成矿区	铜、金
		Ⅴ26 宝山-大桥铜多金属成矿区	铜、金
		Ⅴ27 武山-宋家湾铜（金）成矿区	铜、金
		Ⅴ28 瑞昌-丁家山金（铜）成矿区	铜、金
		Ⅴ29 城门山-团坡山铜（硫）成矿区	铜、金
		Ⅴ30 沙河-狮子山铜多金属成矿区	铜、金
	Ⅳ8 贵池-青阳-宣城铜、钨钼、铅锌成矿区	Ⅴ31 许桥-云山银金多金属成矿区	银、多金属
		Ⅴ32 铜山铜矿田及外围成矿区	铜
		Ⅴ33 抛刀岭-李湾金银铜钼、铅锌、锰成矿区	金、银、多金属、锰
		Ⅴ34 铜矿里-百丈岩钨钼、金、多金属成矿区	钨钼、金、多金属

续表3

各成矿带及成矿区名称			主要矿种
Ⅲ级成矿亚带	Ⅳ级成矿区	Ⅴ级成矿区	
Ⅲ1₄ 沿江铜、金、铁、硫成矿亚带	Ⅳ9 安庆铜、铁、铅锌成矿区	V35 月山铜、铁矿成矿区	铜、铁
		V36 宿松铅锌、铜成矿区	铅锌、铜
	Ⅳ10 铜陵铜、金多金属矿成矿区	V37 铜官山铜矿田铜、金成矿区	铜、金、铁、硫
		V38 狮子山铜矿田及外围铜、金成矿区	铜、金、铁、硫
		V39 新桥铜矿田及外围铜、金成矿区	铜、金、铁、硫
		V40 凤凰山铜矿田及外围铜、金成矿区	铜、金、铁、硫
		V41 姚家岭铅锌、铜矿成矿区	铜、铅锌
	Ⅳ11 繁昌铁（铜）、多金属成矿区	V42 桃冲-浮城墩铁、铜、铅锌成矿区	铁、铜、铅锌
		V43 白马山-新淮铁多金属成矿区	铁、铜、铅锌
	Ⅳ12 庐枞铁铜、金、铅锌成矿远景区	V44 清水塘-黄屯铁、铜、多金属成矿区	铁、铜、多金属
		V45 清水塘-罗河铁、铜、多金属成矿区	铁、铜（金）
		V46 杨家寺-寨基山铜、多金属成矿区	铜（金）
		V47 拔茅山-天头山铁、铜（金）成矿区	铁、铜（金）
	Ⅳ13 宁芜铁矿成矿区	V48 凹山铁矿田外围铁矿成矿区	铁、铜
		V49 姑山铁矿田及外围铁矿成矿区	铁、铜
		V50 雍镇铁、铜成矿区	铁、铜
		V51 姥桥-汤沟铁矿成矿区	铁
		V52 铜井-谷里铜、铁成矿区	铁、铜、金
		V53 梅山-凤凰山铁矿成矿区	铁
		V54 太平山-倪岗头铁、铜、硫铁成矿区	铁、铜、硫铁
	Ⅳ14 宁镇铜、铁、铅锌成矿区	V55 蒋王庙-红山铁多金属成矿区	铁
		V56 栖霞山-大凹山多金属成矿区	铅锌、铜
		V57 安基山-伏牛山铜多金属成矿区	铜、钼
		V58 铜山-镇江铜、钼多金属成矿区	铜、钼
		V59 汤山-仑山金矿成矿区	金
		V60 巢凤山-韦岗铁多金属成矿区	铁
		V61 谏壁钨钼多金属成矿区	钨、钼
	Ⅳ15 溧水铁、铜成矿区	V62 东岗-石坝铁、铜多金属成矿区	铜、铁
		V63 西横山铜、金多金属成矿区	铜、金
		V64 观山铜金-韩胡铁矿成矿区	铅锌、铜
	Ⅳ16 崇阳-通山锑、铅锌多金属成矿区	V65 南川-黄沙成矿区	锑、铅锌
		V66 南林富水成矿区	锑、铅锌
	Ⅳ17 幕阜山钨多金属成矿区	V67 九宫山钨、多金属成矿区	铁、铜、多金属
		V68 白岭-潭津成矿区	金、稀有金属
	Ⅳ18 彭山-通山口多金属成矿区	V69 通山口-幸福山多金属成矿区	铁、铅锌、钒
		V70 横山-宝山多金属成矿区	铅锌、钒
		V71 彭山铅锌、银、锡多金属成矿区	铅锌、银、锡

续表3

Ⅲ级成矿亚带	Ⅳ级成矿区	Ⅴ级成矿区	主要矿种
Ⅲ1₃ 香炉山-九华山钨锡、铅、锌多金属成矿亚带	Ⅳ19 湖口-彭泽铜多金属成矿区	V72 湖口花尖山铅锌、银成矿区	铅锌、银
		V73 彭泽郭桥铜多金属成矿区	铜
		V74 彭泽大浩山金成矿区	金
	Ⅳ20 祁门宁国钨钼多金属成矿区	V75 陵阳-泾县钨、钼多金属成矿区	钨、钼、铜
		V76 黄山钨、钼多金属成矿区	钨、钼
		V77 祁门-许村铅锌金成矿区	金
		V78 绩溪-宁国钨多金属成矿区	钨
	Ⅳ21 宣城-溧阳铁铜多金属成矿区	V79 洪林铁、铜多金属成矿区	铁、铜、铅锌
		V80 狸头桥多金属成矿区	铜、铅锌、钨、钼
		V81 郎溪-张诸锌、铁铜成矿区	铁、铜
		V82 溧阳-新芳铁成矿区	铁

3.4 区域成矿作用

长江中下游成矿带中生代出现的岩石圈减薄、壳幔混合型岩浆的强烈活动和大规模成矿作用[10],是岩石圈/软流圈发生灾变事件的结果。区域成矿作用主要是在海西期石炭纪海底喷流的基础上发生的。燕山期岩浆岩与成矿流体的同源,矿床(体)与有成矿专属岩体共(伴)生,钙质岩石对富碱或适度富碱中酸性岩浆的同化混染或混合,导致矽卡岩浆生成、液态不混溶分离,形成区内岩浆型和斑岩型矿床,不同成矿作用的叠加改造和复合对矿床规模的增大、矿石富化起着重要作用[11]。

4 区域隐伏矿床的找矿方向

按国土资源部的统一部署,在长江中下游成矿带内选择安徽庐枞铁铜、鄂东南、江西九瑞、安徽铜陵、安徽繁昌、安徽马芜、江苏宁镇7个成矿远景区,湖北小池口、安徽无为—和县两个厚覆盖区(7+2),作为重点勘查区进行重点勘查工作[12,13]。在已有7个矿集区和两个覆盖区实施重点勘查工作的基础上,其他地区的找矿勘查工作也必须兼顾,加大探索已知大型矿床深部和外围找矿的力度,实现区域性找矿突破,并注重覆盖区和新层位新类型地区的隐伏矿找矿工作[14]。

4.1 已知大型矿床的深部和外围勘查

主攻矿种:以铜为主,兼顾铁、金和多金属;主攻类型为矽卡岩型和斑岩型铜铁矿、韧性剪切带型金矿。主攻方向:鄂东南铁铜金矿产远景区在程潮、铜绿山—铜山口、大冶湖地区等已知矿区的深部和外围;江西九瑞铜金矿找矿远景区城门山铜矿、武山铜矿、邓家山铜钼金矿边缘及深部是开展隐伏找矿的主要目标;铜陵铜金(铁)找矿远景区狮子山深部、凤凰山矿田药园山深部及戴家汇周边；宁镇铁铜铅锌矿找矿远景区找矿目标主要在西段，除扩大已知安基山铜矿、铜山铜矿的深部和外围，在系统收集和综合分析已有地、物、化、遥等资料，进行二次信息开发、成矿规律研究的基础上，对不同类型的大型矿床深部和外围进行勘查，扩大和进一步寻找大、中型矿床。

4.2 中生代火山岩盆地覆盖区深部矿床勘查

主攻矿种：以铜铁为主，兼顾金、铅锌等；主攻类型为矽卡岩型铜铁矿、热水喷流型铜硫矿、玢岩型铁矿、次火山热液型铅锌矿。主攻方向：主要在火山岩盆地基底及深部，包括金牛火山盆地，宁芜火山盆地基底及火山岩层中的铜铁、铅锌矿，加强火山盆地基底铜矿资源调查工作，以寻找盆地边缘和盆地内部凸起中的矽卡岩型铜矿和热水喷流型铜硫矿为主攻目标。在分析现有综合找矿信息的基础上，利用立体填图的方法就火山盆地的基底、火山构造对成矿控制作用进行解剖，选择具有较大找矿潜力地段，利用新的物化探探测技术，综合预测矿化富集位置，进一步开展资源勘查。

4.3 新层位、新类型地区矿床勘查

主攻矿种：以铜铅锌为主，兼顾铁、金、钨、锡、钼等；主攻类型为热水喷流型铜铅锌多金属矿及其他新发现探矿层位和新矿化类型的矿床。主攻方向：鄂东南地区的嘉鱼-蒲圻地区、江西省彭泽县郭桥-湖口县花尖山铅锌银矿，江西上栗-奉新地区的铜金矿；安徽贵池-青阳地区的斑岩型铜（金）矿，滁州-马厂地区铜、金矿等地。

参考文献

[1] 常印佛,唐永成,等. 安徽沿江地区铜金多金属矿床地质[M]. 北京：地质出版社,1998
[2] 杜建国,戴圣潜,莫宣学,等. 安徽沿江地区燕山期火成岩成岩成矿地质背景[J]. 地学前沿,2003,10(4)：551-560
[3] 储国正. 安徽沿江地区铜金多金属矿化系列及其相互关系[J]. 安徽地质,1999(1)
[4] 邓晋福,莫宣学,赵海玲. 中国东部燕山期岩石圈-软流圈系统大灾变与成矿环境[J]. 矿床地质,1999,(18)4
[5] 翟裕生,等. 长江中游铁铜（金）成矿规律[M]. 北京：地质出版社,1998
[6] 陈毓川,等. 中国主要成矿区带矿产资源远景评价[M]. 北京：地质出版社,1999
[7] 包家宝,汤树清,余志庆,等. 江西铜矿地质[M]. 南昌：江西科学技术出版社,2002
[8] 王道华,傅德兴,吴履秀. 长江中下游区域铜金铁硫矿床基本特征及成矿规律[M]. 北京：地质出版社,1987
[9] 张登明,徐夕生. 江苏宁镇地区构造-层控金矿的特征及成矿模型[J]. 地质通报,2004,23(9～10)：1 046-1 049
[10] 陶奎元,毛建仁,邢光福,等. 中国东部燕山期火山-岩浆大爆发[J]. 矿床地质,1999,60(2)
[11] 周涛发,岳书仓. 长江中下游铜、金矿床成矿流体系统的形成条件及机理[J]. 北京大学学报（自然科学版）,2000,36(5)：697-707
[12] 张洪涛,陈仁义,韩芳林. 重新认识中国斑岩铜矿的成矿地质条件[J]. 矿床地质,2004
[13] 龙宝林,叶锦华. 新一轮铁矿勘查若干思考[J]. 中国矿业,2009(7)
[14] 池三川. 隐伏矿床（体）的寻找[M]. 武汉：中国地质大学出版社,1988

福建上杭-永定地区铜多金属矿评价成果内容简介

郑文燕[①]

(福建省地质调查研究院)

[摘 要] 上杭-永定地区铜多金属矿评价以铜、铁多金属为主攻矿种,以"紫金山式"陆相火山热液-斑岩型铜金矿、"马坑式"海相火山沉积-热液改造型铁多金属矿为主要找矿类型,在福建上杭-漳平-永定地区开展1:5万矿产地质测量、高磁测量、水系沉积物测量等调查评价工作,查明铜、铁多金属矿控矿条件,圈定物化探异常和矿化有利地段,在此基础上,利用大比例尺地物化探等手段,配合地表及深部工程,开展系统矿产检查及评价,提供勘查靶区和和发现新矿产地。

[关键词] 上杭-永定地区 铜多金属矿 综合异常 成矿规律 地层 构造 岩浆活动

引言

工作区位于福建省西南部,永(安)-梅(州)-会(昌)及相邻地区。项目起止年限2008—2010年。福建上杭-永定地区横跨福建构造单元的闽西南拗陷南部和闽东火山断拗带两个一级构造单元,构造格局错综复杂。评价区处在北西向上杭-云霄铜、金、银、钼成矿带中段与北东向政和-大埔、上杭-连城断裂带交汇部位,矿产资源十分丰富,是福建省最为重要的成矿位置。区内已发现了上杭紫金山铜金矿、罗卜岭铜(钼)矿、马坑铁矿、武平悦洋银多金属矿等较著名的大、中型矿床,极具找矿潜力。

1 区域地物化探概况

1.1 地质特征

1.1.1 德化县吉岭地区

德化县吉岭地区位于德化阳山铁矿外围北侧及北东侧,德化县城西北部。区内地层共划

---

① 作者简介:郑文燕,男,1981年生,工程师,地质矿产专业,从事地质矿产、地球化学勘查等工作。

分为7个岩石地层单元(不含第四系)。其中与成矿作用密切相关的地层主要有早三叠世溪口组(T_1x)、晚侏罗世长林组(J_3c)、早侏罗世下村组(J_1x)、新元古代麻源群(Pt_3My)。区内构造-岩浆活动强烈,呈现出多阶段、多期次侵入活动。其中以燕山早期岩浆活动最为强烈,岩性为似斑状黑云二长花岗岩、似斑状含黑云母花岗岩,其次为燕山晚期、加里东期岩浆活动,总体呈现出多阶段、多期次侵入活动。断裂活动强烈,相应形成了北(北)东向、北东向、北西向、近南北向等方向断裂带,区内主要断裂带控制着本区岩浆活动和成矿作用。新发现多处矿(化)点或矿化信息:德化外洋铅锌矿点,见1条铅锌矿体赋存于侏罗系下村组细砂岩中,受断裂构造控制,出露宽约2.2m,总体走向北北东,走向上未控制,倾向南东,倾角大致为55°,经刻槽样分析:Pb 0.90%、Zn 1.34%、Ag 16.2g/t;德化佛化岐铅锌矿点,矿(化)体产于含黑云母花岗岩中,受断裂构造控制,出露宽度、走向不详,经岩石光谱半定量分析,Pb>5000×10^{-6}、Zn 1000×10^{-6}、Cu 80×10^{-6}(yl318-2)。该矿(化)点位于水系异常浓集中心或附近,成矿远景较好,有待进一步矿产检查。

1.1.2 安溪县潘田-剑斗地区

安溪县潘田-剑斗地区属安溪潘田铁矿外围,位于安溪县城西北部。区内地层共划分为8个岩石地层单元(不含第四系)。本区位于洛阳-剑斗东西向复背斜之东端,与铁矿成矿作用密切相关的主要为早古生代地层,主要为二叠系栖霞组(P_1q),形成矽卡岩型铁多金属矿,其次为中—新元古界龙北溪组($Pt_{2-3}l$)。龙北溪组石英片岩、黑云斜长变粒岩中含磁铁矿,TFe品位可达15%。区内北面、西面大面积出露侏罗纪南园组火山-沉积岩,火山岩下是否存在晚古生代地层,应引起重视。区内构造-岩浆活动较强烈,岩浆侵入活动时期主要为燕山早期。区内南面大面积出露燕山早期第三次侵入似斑状含黑云母花岗岩,其次为燕山晚期似斑状花岗闪长岩、石英闪长岩等,呈现出多阶段、多期次侵入活动。中新元古界大岭组、龙北溪组变质岩及晚古生代碎屑岩中局部褶皱发育。区内断裂活动强烈,形成了北(北)东向、北东向、北西向、近东西向等方向的断裂带。栖霞组与其下林地组之间的滑脱构造是本区铁矿的重要控矿构造。本区以火山沉积-热液改造型铁多金属矿为主攻方向,兼顾火山-次火山热液型铜、银多金属矿床。

1.1.3 漳平市拱桥-岩山-华安县福田地区

漳平市拱桥-岩山-华安县福田地区位于马坑铁矿外围东北侧。区内共划分为17个岩石地层单元(不含第四系),从前寒武纪变质岩—侏罗纪火山沉积岩均有出露。北部、北西部以发育前寒武纪—三叠纪碎屑岩为特征,尤其是晚古生代地层发育;东部、东南部漳平同春—永福—华安和春一带为晚侏罗世火山喷发(沉积)盆地,出露地层为南园组;西部发育早侏罗世火山-沉积岩。区内岩浆活动强烈,从加里东期至燕山晚期都有岩浆活动,以燕山早期第三阶段第三次侵入的似斑状含黑云母钾长花岗岩、燕山晚期第一阶段第一次侵入的花岗闪长岩为主,次为燕山早期侵入的中细粒黑云二长花岗岩、(石英)正长岩等,呈现出多阶段、多期次侵入活动特点。其中含黑云母钾长花岗岩与铁、钼、铜、钨矿床有成因联系。构造以发育的北东向、北西向脆性断裂为特征,其次是早侏罗世、晚侏罗世火山岩内环状断裂。

1.1.4 永定县高陂-秀山地区

永定县高陂-秀山地区属永定大排铅锌矿外围西北侧。区内共划分为16个岩石地层单元(不含第四系),主要出露泥盆纪—三叠纪沉积岩系,以发育晚古生代断代地层为特征。西南部茫荡洋—坎下一带为早侏罗世火山喷发(沉积)盆地,出露地层为下村组和潘坑组。侵入岩活动不甚强烈,仅西南林家山一带出露加里东期片麻状二云母花岗岩及燕山早期第三阶段侵入的石英闪长岩。构造以发育的北东向、北西向脆性断裂为特征,其次是早侏罗世火山岩内环状断裂。晚石炭世—早二叠世浅海相沉积岩中含有石灰岩、煤等多种沉积矿产,是本区主要经济层位。金属矿产仅西南部林家山一带发现钨、铜多金属矿床,矿床类型为火山-次火山热液型。

1.1.5 龙岩市赤坑地区

龙岩市赤坑地区位于龙岩市区西北侧,紧挨龙岩市区。本区以铁多金属矿为主攻方向。区内地层共划分为 7 个岩石地层单元(不含第四系)。地层主要出露泥盆纪—二叠纪沉积岩系,包括上泥盆统天瓦崠组(D_3t)、桃子坑组(D_3tz)、石炭系林地组(C_1l)、经畲组(C_2j)、船山组(C_3c),以及二叠系文笔山组(P_1w)、童子岩组(P_1t)、翠屏山组(P_2cp)。在石炭系碎屑岩与碳酸盐岩界面附近和火山岩夹层中,常形成层状和似层状的铁、锰、铜、铅、锌、银、硫铁矿等矿产,是闽西南坳陷带的重要含矿层位。

1.1.6 连城县北团地区

连城县北团地区位于龙岩市连城县西北部及长汀县东部。区内共划分为 19 个岩石地层单元(不含第四系),从震旦系到白垩系均有发育。西部以震旦系至泥盆系老地层为主,东部以泥盆系至白垩系地层为主。侵入岩活动不甚强烈,以印支期正长花岗岩侵入为主,零星见有燕山早期正长花岗岩、燕山晚期二长花岗岩呈小岩瘤出露。构造以发育的北东向、北西向断裂为特征,其次为南北向。

1.2 物探特征

1:5 万高精度磁测完成磁测物理点 31 607 个,质检点 1 024 个;实际控制面积 1 580km²;测定磁化率点数 1 437 个,质检点 161 个。

通过本次高精度磁测取得了以下成果。

1.2.1 德化县吉岭地区

本区异常多,与成矿有关的异常特征明显,有可能找到含铁多金属矿产资源。花岗斑岩与三叠纪溪口组接触带上的磁异常范围(DHC-5、DHC-8~DHC-10)和晚石炭世地层与早二叠世地层中灰岩上下接触面蚀变带上的磁异常范围(DHC-11、DHC-13~DHC-17、DHC-20)异常区是本区寻找矽卡岩型含铁多金属矿的有利区域。

1.2.2 安溪县潘田-剑斗地区

本区寻找矽卡岩型铁多金属矿应集中在以下异常区域:剑斗双溪-陈坑异常区(PTC-03、PTC-04)、感德角坡-南华异常区(PTC-10、PTC-11)。寻找低温热液型含铁多金属矿的目标区应在 PTC-2、PTC-6、PTC-7 异常范围进行。

1.2.3 永定县高陂-秀山地区

从本区的异常分类及成矿规律来看,下一步勘探应集中在以下区域:

(1)以虎岗-坎市连线以北为重点查证区域,集中在 GPC-3~GPC-6、GPC-8、GPC-9 磁异常区域做进一步工作。在晚古生代地层接触部位以及断裂构造带附近区域寻找含铁多金属矿。

(2) 分布在侏罗纪火山岩中的强磁异常,特别是以 GPC-17 为中心的南北向磁异常带,处在有断裂构造的区域,断层为岩浆的多期次侵入提供通道,也为成矿创造了条件。

1.2.4 漳平市拱桥-岩山-华安县福田地区

本区块的进一步勘查找矿目标区应集中在以下 3 个区域:①龙岩市莱山—漳平市拱桥一带以及华安县马坑附近的磁异常区。这些异常有:GQC-17、GQC-13～GQC-15、GQC-11、GQC-5、GQC-6、GQC-30、GQC-32、GQC-33。该区域多出露二叠系,且断层发育,异常特征明显,是寻找含铁多金属矿的有利区域。②在岩高—石磊一带寻找低温热液型含铁多金属矿,主要集中在 GQC-8 号异常范围。隐伏的燕山期花岗岩体为石炭系、二叠系的后期热液改造成矿提供了较好的置换条件。③在侏罗系与岩体接触部位上寻找含铁多金属矿。这些异常有 GQC-21、GQC-22、GQC-25、GQC-27 等。

1.2.5 龙岩市赤坑地区

本区找含铁多金属矿目标区应落在两个磁异常带上:以 lyc-3 异常为主的北东向异常带;有相似构造位置的 lyc-02、lyc-04、lyc-09 异常带。是寻找"马坑式"含铁多金属矿的有利区域。

1.2.6 连城县北团地区

本区的进一步勘查找矿目标区应集中在以下 3 个区域:①东山背-林屋山远景区;②双桥甲远景区;③牛屎坑远景区。

1.3 化探特征

1:5 万水系沉积物测量圈定 13 种元素的单元素异常总数为 931 个,综合异常有 68 个(其中甲类异常 5 个,乙类异常 21 个,丙类异常 37 个,丁类异常 5 个;按工作区统计分别为德化县吉岭地区 14 处,安溪县潘田-剑斗地区 11 处,漳平市拱桥-岩山-华安县福田地区 21 处,永定县高陂-秀山地区 9 处,龙岩市赤坑地区 2 处,连城县北团地区 11 处)。

根据 1:5 万水系沉积物测量成果,总结了区域地球化学特征:连城北团工作区仅 Au 比全国水系沉积物相应的背景值高,其他元素均比全国水系沉积物相应的背景值低;另外 5 个工作区 Ag、Cu、Mo、W、Bi、As、Sb、Hg、Mn 明显比全国水系沉积物相应的背景值低,而 Au、Pb、Sn 明显比全国水系沉积物相应的背景值高,其中漳平拱桥-岩山-华安福田工作区 Ag 与全国水系沉积物相应的背景值持平。

单个 1:5 万工作区间对比可发现:龙岩赤坑 Cu、Au、Bi 最高;永定高陂-秀山 As、Sb、Hg 最高;漳平拱桥-岩山-华安福田 W、Sn 最高,Cu、As、Sb 最低;安溪潘田-剑斗 Ag、Pb、Zn、Mo、Mn 最高;其余元素则差不多。

2 矿产检查及评价

项目开展矿产检查的工作区共 24 个,其中 12 个工作区在矿产检查的基础上适当地布置深部工程进行验证,开展矿产评价工作。

取得较好找矿成果的检查区有安溪县圣岩尖银多金属矿、永定县务田钼多金属矿、上杭县太山头铜多金属矿、南靖县观音庵锡多金属矿、龙岩市玉宝铜铅锌多金属矿。其中安溪圣岩尖银多金属矿、永定务田钼多金属矿拟作为矿产地提交,现简述如下。

2.1 安溪圣岩尖银多金属矿

土壤测量圈定了12个综合异常,通过地质填图、异常揭露及深部验证等工作,共圈定铅锌银矿化体23条,其中地表矿化体6条,隐伏矿化体17条。334类资源量估算结果:矿石量172.06×10^4t,铜金属量0.97×10^4t,铅金属量3.56×10^4t,锌金属量4.53×10^4t,银金属量81.72t。

矿区铅锌银矿体产于地表花岗岩中,主要受构造控制,呈脉状产出;深部矿体主要产于晚侏罗世长林组(J_3c)碎屑岩中,具有受层位控制的特点。此外,在矿区南侧约12km处的安溪县铅山铅锌矿已探明资源量达中型以上,该矿区铅锌多金属矿床均产于晚侏罗世长林组碎屑岩中。而本区的铅锌银多金属矿与铅山铅锌多金属矿床在成矿层位、矿床成因、成矿模式等方面均有一定的可比性,因此具有较好的找矿潜力。

2.2 永定务田钼多金属矿

在矿区地表发现有11条钼矿体,深部发现有9条隐伏钼矿体,其中新发现的矿体为TC0701控制的1号矿体,ZK0301验证的矿体为2号、3号、13~20号矿体。334类资源量估算结果:钼多金属矿石资源量379.65×10^4t,钼金属资源量2 818.22t,Mo的品位0.07%。

矿区内已经发现20条钼矿体及钼矿化体多条,初步查明1~6号矿体的分布范围、规模、形态、产状、品位、厚度的变化规律,对主矿体2号、3号矿体控制程度比较高,重点研究2~7号矿体与北东向断裂的关系及变化规律。综合分析认为,在工作区钼异常区段内,呈现为在平面上较密集的、在剖面上呈似层状的、真厚1~3m,倾向总体为南东、产状较缓的钼矿(化)脉密集群。

2.3 上杭太山头铜多金属矿

矿区在东南矿段布置的ZK1603孔取得了较好的找矿成果,并在该区内新发现铅锌矿1个,钼矿体11个。334类资源量估算结果:铅锌矿产量11 970.00t,铅金属量122.10t,锌金属量235.80t,铅平均品位1.02%,锌平均品位1.97%;钼矿石量761 171.72t,钼金属量1 195.64t,钼平均品位0.13%。

ZK1603孔显示,整孔蚀变强烈,具有绢云母化、硅化、黄铁矿化特征,从浅入深,矿化带具有一定的规律性,矿化带基本上产于碎裂黄铁矿化绢云母化似斑状中粒正长花岗岩中。该碎裂正长花岗岩分布较集中,碎裂岩带分别集中于4个见矿段。东南矿段布置的ZK4803见一层铅锌矿化体。

2.4 南靖县观音庵锡多金属矿

矿区通过1:1万地质填图、土壤测量、地表探槽揭露和深部钻孔验证,基本查明本区地质构造、地球化学和矿化蚀变特征,地表共圈定4个锡矿化体。334类资源量估算结果:锡多金属矿石资源量77.63×10^4t,其中锡金属资源量1 059.51t,Sn平均品位0.136%。

区内与锡矿化有关的矿化蚀变有硅化、绢英岩化、绢云母化、褐铁矿化(蜂窝状)、锡矿化等。其两侧围岩(含斑中细粒含黑云母正长花岗岩)蚀变较弱。通过1:1万土壤测量圈定了

2处综合异常,其中,HJS-2异常,各元素套合较好,浓集中心明显,分带性较好,异常规模较大、强度较强,具较好的找矿前景。从探槽揭露情况来看,地表已发现4个锡矿化体,因此所显示的异常是矿致异常无疑,但所布置的钻探工程皆处在地表矿化体的北西侧,在深部未能见到相应的矿化体延伸,如有可能建议在矿化体南东侧进行深部验证。

2.5 龙岩玉宝铜多金属矿

1:1万土壤测量发现综合异常6处。根据地质填图、地表工程揭露及采样分析结果,结合土壤测量异常形态,圈定矿体4条。334类资源量估算结果:铜金属量789.94t,铅金属量5 956.76t,锌金属量2 296.35t。

矿区土壤异常较好,与现在已发现的多条矿体较吻合,能反映区内的矿化蚀变情况。本次工作已发现4条矿(化)体,并达到一定的规模。经综合分析认为,所有矿(化)体皆与构造破碎带有关,而3号与4号矿(化)体同时具有岩浆热液成矿作用的特征。但本区地质构造复杂,尤其是成矿最好的1号矿体周围断层极发育,不同性质、不同期次多次叠加,地质构造情况仍有较多的未知之处。建议在今后工作中投入更大的工作量,加强对矿区地质构造,特别是对不同断层特征的调查,从而进一步加深对区内矿体成因的认识,取得更大突破。

3 测区成矿规律

3.1 成矿地质条件

与石炭系—二叠系层位有关的火山沉积-热液改造型铁、铜、铅、锌多金属矿床是评价区最主要的成矿类型。与早三叠世溪口组层位有关的铁多金属矿床亦是评价区重要的矿床类型之一。矿化受地层层位控制明显,成矿主要与早三叠世海底火山沉积作用有关,并受后期岩浆热液叠加改造。

与中生代陆相火山岩有关的铜钼铅锌多金属矿床则主要与侏罗纪陆相火山岩(包括早侏罗世的藩坑组,晚侏罗世南园组)有关。

区域构造对于成岩、成矿起明显的控制作用,次级断裂及推覆构造控制矿床、矿点的产出部位(构造),并在空间上、分布上与政和-大埔北东向断裂带和上杭-云霄北西向断裂带等有关。而铁矿成矿还与同生坳陷(或断裂)关系密切。

3.2 成矿系列

(1)与华力西-印支期海相、海陆交互相基性—酸性火山活动有关的矿床成矿系列。

(2)与燕山早期(T_3—J_1)中基性—中酸性岩浆活动有关的铜、锡、锑、钼、铅、锌、银、钒、铁、钛矿床成矿系列。

(3)与燕山中期(J_3)中性—酸性岩浆活动有关的铜、钨、锡、钼、铅、锌、银等矿床成矿亚系列。

(4)与燕山晚期(K)中酸性火山及侵入岩有关的铜、铅、锌、银、金矿床成矿亚系列。

3.3 矿床分布规律

从时间上,晚古生代—早三叠世,由于评价区进入准地台发展时期,地壳差异性运动明显,表现为一系列隆起和坳陷。在坳陷带内次生裂陷作用发育,裂陷内有海底中基性—中酸性火山活动,并伴生 Fe、Cu、Pb、Zn、硫铁矿等火山沉积-热液改造型矿床;中三叠世—白垩纪,评价区进入中生代大陆边缘活动带发展阶段,区内除局部仍处于坳陷海相环境外,其他大部分地区均为陆相环境。受太平洋板块的影响,陆相区发生多期次、多方向的大断裂及断陷活动,伴生多期次的以中酸性为主的陆相火山-侵入作用。从早到晚岩浆活动可分为燕山早、中和晚3期:其中燕山早期构造处于拉张环境,形成一套中基性—中酸性火山侵入岩,具有双峰式演化特点,伴生的矿化有 Sn、Ag、Fe、Pb、Zn、Sb、Ta、Nb 等;燕山中期构造转为挤压环境,形成以中酸性—酸性为主的单峰式火山、侵入岩,矿化强烈,以 W、Sn、Mo、Bi、Ag、叶蜡石等矿化为主,次有 Pb、Zn、明矾石等矿化。

在空间上,处于福建省上杭-云宵铜、金、银、钼成矿带中段,受政和-大埔北东向断裂带、上杭-连城北东向断裂带和上杭-云霄北西向断裂带等共同控制,评价区主要划分有以下8个主要矿产分布区:紫金山铜金多金属矿分布区、连城庙前多金属矿分布区、马坑及其外围铁多金属矿分布区、漳平洛洋-安溪潘田铁多金属矿分布区、德化阳山及其外围铁多金属矿分布区,以及武平岩前铁多金属矿分布区、永定铜钼多金属矿分布区、北坑场铁钼多金属矿分布区等。

3.4 主要矿床成因类型划分

(1)与石炭系—二叠系层位有关的沉积-热液改造型铁、铜、铅、锌多金属矿床。
(2)与燕山晚期岩浆活动有关的铜多金属矿床。
(3)与燕山早期岩浆作用有关的铜钼铅锌多金属矿床。
此外,评价区内还存在较多的矽卡岩型(接触交代型)矿床。

3.5 主攻矿种及矿床类型

福建上杭-永定地区主攻矿种为铁、铜多金属;主攻矿床类型为"紫金山式"陆相火山热液-斑岩型铜金矿、"马坑式"海相火山沉积-热液改造型铁多金属矿。

3.6 成矿远景区、找矿靶区初步划分

根据本测区地质构造背景条件、矿(化)点分布特征,结合1:5万物探、化探异常的圈定等的综合分析,初步划分了17个成矿远景区。

根据本次工作情况,结合前人资料,项目在上述找矿远景区中初步划分了33个找矿靶区,其中A类靶区13个,B类靶区7个,C类靶区13个。

4 结论

在福建上杭-永定地区铜多金属矿评价项目实施过程中,全面运用地学新理论、新方法、新技术开展地质工作,在基础地质研究方面取得了较好的成果,提交了一批矿产地和靶区,显著提高了测区地质研究程度。同时,年轻的地质技术人员得到了锻炼,业务水平有了明显提高,不少已成为地质矿产调查工作的技术骨干。

福建永定-平和地区铜多金属矿评价

——铜多金属矿成矿规律及成矿预测

许必生[①] 王岩 黄美娟

（福建省地质调查研究院）

[摘 要] "福建永定-平和地区铜多金属矿评价"是中国地质调查局下达的国土资源大调查项目。通过工作，提交了永定山口钼矿新矿产地1处，矿床达中型规模；在闽西南早侏罗世藩坑组火山岩夹层中发现了钼、铜、钨等多金属矿，如永定山口、上下湖、林家山、草子湖、园山里等地和在周边的粤东地区的梅县嵩溪大型银锑矿等，是找矿工作值得重视的新层位。

[关键词] 山口 成矿规律 成矿预测

1 项目概况

"福建永定-平和地区铜多金属矿评价"项目为国土资源大调查项目，属计划项目"福建闽中地区铜铅锌矿评价"的工作项目之一，工作性质为资源评价，实施单位为南京地质矿产研究所，工作项目由福建省地质调查研究院承担。

评价区位于福建省西南部，地理坐标为：北纬 23°40′00″—25°02′07″；东经 116°36′13″—117°35′00″。面积约 4 825km²。

评价区共筛选出永定山口、平和皇帝殿等 16 个重点地段开展工作，先后完成 1∶1 万地质填图 76.77km²、1∶5 000 地质填图 19.0km²、1∶1 万土壤测量 26.5km²、1∶5 万水系沉积物测量 803km²、物探剖面 17.92km、钻探 5 668.64m、槽探 18 993.9m³。

通过工作，提交了永定山口钼矿新矿产地1处，达中型规模；林家山钨矿等矿点有进一步工作的价值；在云霄田坪-安吉地区及平和大矾山地区发现 1∶5 万水系 Cu-Pb-Zn 多金属综合异常 6 处；系统地总结了成矿规律，划分了 5 个成矿远景区，为下一步工作提供了依据。

2 区域地质背景

工作区位于武夷山铜多金属成矿带之福建上杭-云霄铜多金属成矿亚带中。在福建省构

[①] 第一作者简介：许必生，男，1972年生，高级工程师，地质矿产专业，从事地质矿产、地球化学勘查等工作。

造单元位置上,位于上杭-云霄深大断带中部。

地层大致可分为3个大的断代岩系(图1):前泥盆纪基底岩系、泥盆纪—中三叠世以海相沉积为主的盖层岩系和中新生代陆相碎屑及火山岩系。各地层组合除上杭-云霄断裂带中的白垩纪地层外,均明显呈北东向展布,各断代地层均以明显的角度不整合为界;区域属闽西南坳陷带的组成部分,表现为一系列北东—北北东向的复式向斜和背斜,并叠加有北东向和北西向断裂、裂陷。区域岩浆岩以燕山期岩浆岩规模最大,阶段性最明显。岩浆岩岩类齐全,岩性繁多,以酸性、中酸性占绝对优势。各时期岩浆岩均属活动大陆边缘的一套钙碱性岩石组合,早白垩世晚期尚有较大规模的碱性岩浆侵入。

3 早侏罗世藩坑组火山喷发-沉积特征

区域早侏罗世藩坑组,是一套以安山质—流纹质为主体的凝灰质-泥质建造。自上而下可分为4个亚段,13个小层(图2)。

(1)第四亚段(J_1f^{2-4}):本岩性段岩石以灰白色细砂岩夹粉砂岩为主,故简称为"白层"。岩性上部为灰白色粉砂岩,下部为灰白色细砂岩,含钼矿2层。岩石总厚度60~80m。

(2)第三亚段(J_1f^{2-3}):本岩性段岩石以灰红色流纹岩夹灰红色角岩化泥岩为主,故简称为"红层"。岩性上部为灰红色流纹岩,局部流纹质晶屑凝灰岩,底部为一层3~5m的灰绿色安山岩,中间夹灰红色角岩化泥岩,含钼矿6层。岩石总厚度50~90m。

(3)第二亚段(J_1f^{2-2}):本岩性段岩石以灰绿色安山岩、英安质晶屑凝灰岩夹青灰色泥岩为主,故简称为"绿层"。岩性上部为青灰色流纹质晶屑凝灰岩,下部为深灰色安山岩、浅绿色英安质晶屑凝灰岩,中间夹青灰色泥岩,含钼矿5层。岩石总厚度80~120m。

(4)第一亚段(J_1f^{2-1}):本岩性段岩石以灰黑色碳质泥岩夹深灰色泥岩为主,故简称为"黑层"。岩性上部为灰黑色碳质泥岩,下部为浅灰色泥岩夹细砂岩。本岩性段不含矿,岩石总厚度大于50m。

上述特征反映出,早侏罗世藩坑组中段(J_1f^2)火山喷发经历了3个喷发次,岩相组合的基本类型为(喷发)溢流相-沉积相,表明早侏罗世藩坑组中段(J_1f^2)的火山喷发是以中性岩浆喷溢开始,后转为酸性岩浆的喷溢,构成安山岩与流纹岩组合的双峰式火山活动,如此经历了3次喷发-沉积后形成。

4 典型矿床——山口钼矿床特征

4.1 地质背景

永定县山口钼矿床位于政和-大埔北东向断裂带与上杭-云霄北西向断裂带的交汇部位,早侏罗世火山喷发盆地的边缘。区域地层主要为早侏罗世藩坑组,厚505m,为一套酸性—基性喷发、喷溢-沉积作用形成的岩石,可划分为上火山岩段、砂岩段、下火山岩段3个岩性段,往往表现为下部为中基性火山岩,上部为酸性火山岩。二者呈突变关系,中间缺失过渡性岩石,明显呈现出双峰式火山岩特点。区域构造主要表现为火山构造,为环状断裂系统与辐射状断裂系统组成,倾角往往较陡,具张扭性。区域东部主要为燕山早期黑云母花岗岩,呈岩基、岩株产出。

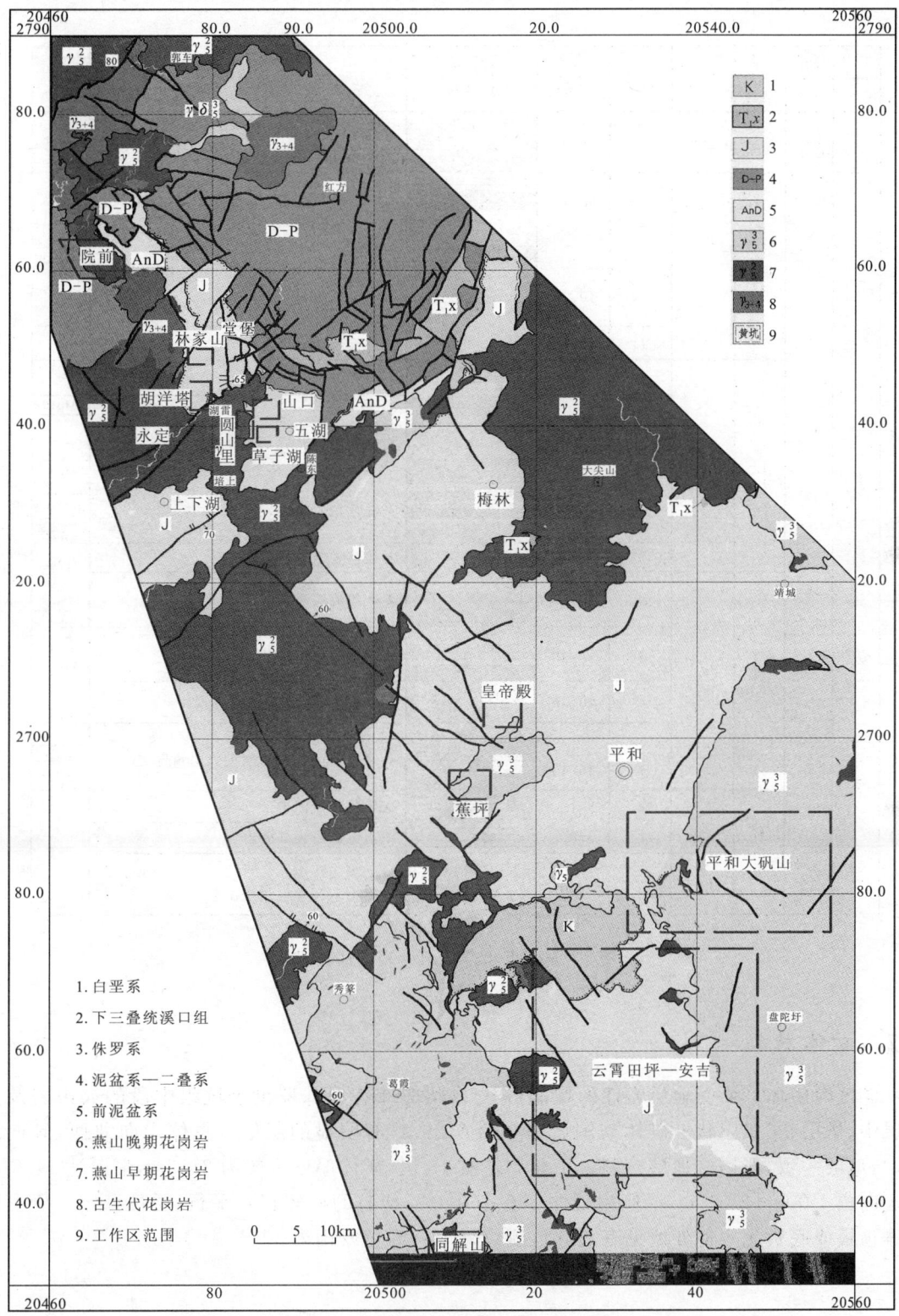

图1 福建永定-平和地区区域地质略图

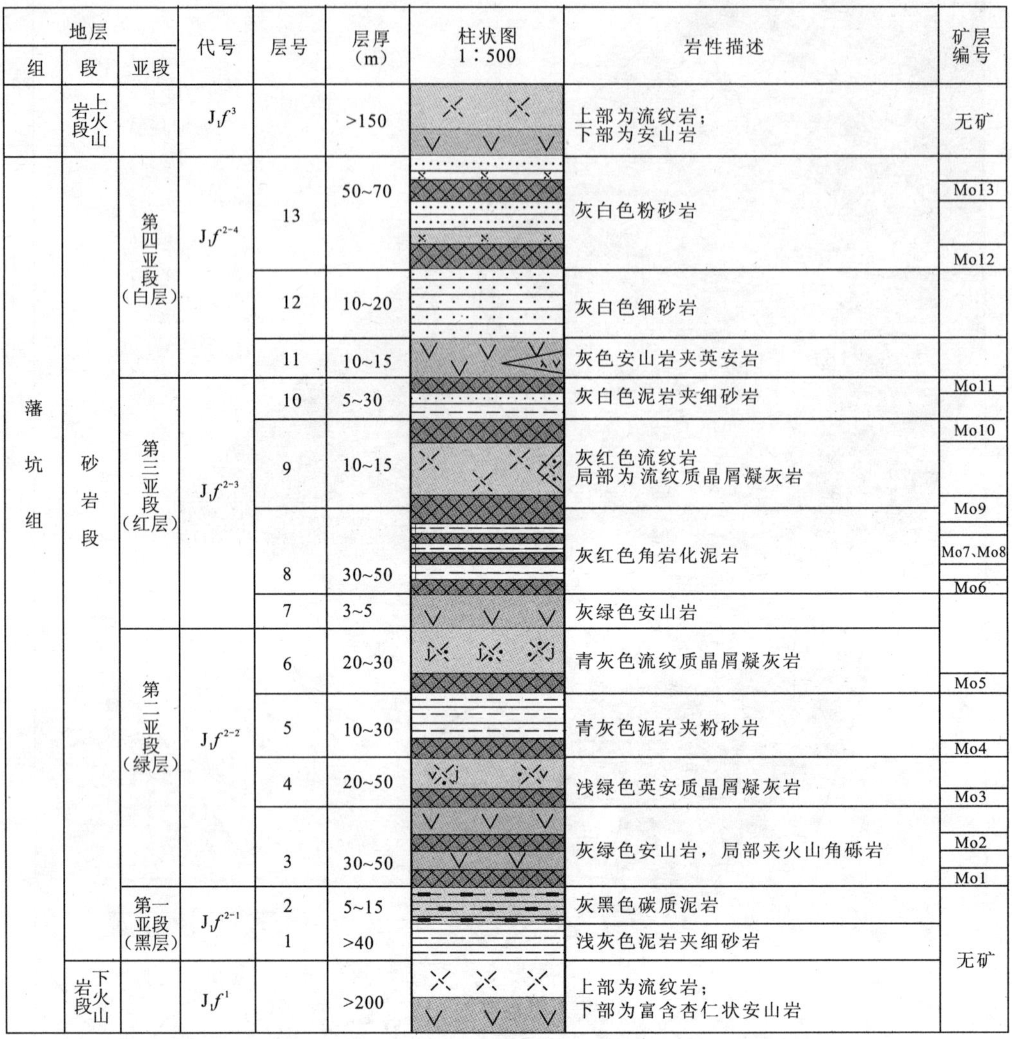

地层			代号	层号	层厚(m)	柱状图 1:500	岩性描述	矿层编号
组	段	亚段						
藩坑组	上岩段火山		J_1f^3		>150		上部为流纹岩；下部为安山岩	无矿
藩坑组	砂岩段	第四亚段（白层）	J_1f^{2-4}	13	50~70		灰白色粉砂岩	Mo13
								Mo12
				12	10~20		灰白色细砂岩	
				11	10~15		灰色安山岩夹英安岩	
		第三亚段（红层）	J_1f^{2-3}	10	5~30		灰白色泥岩夹细砂岩	Mo11
								Mo10
				9	10~15		灰红色流纹岩局部为流纹质晶屑凝灰岩	
								Mo9
				8	30~50		灰红色角岩化泥岩	Mo7、Mo8
								Mo6
				7	3~5		灰绿色安山岩	
		第二亚段（绿层）	J_1f^{2-2}	6	20~30		青灰色流纹质晶屑凝灰岩	
								Mo5
				5	10~30		青灰色泥岩夹粉砂岩	
								Mo4
				4	20~50		浅绿色英安质晶屑凝灰岩	
								Mo3
				3	30~50		灰绿色安山岩，局部夹火山角砾岩	Mo2
								Mo1
		第一亚段（黑层）	J_1f^{2-1}	2	5~15		灰黑色碳质泥岩	无矿
				1	>40		浅灰色泥岩夹细砂岩	
	下岩段火山		J_1f^1		>200		上部为流纹岩；下部为富含杏仁状安山岩	

图 2 早侏罗世藩坑组砂岩段柱状图

4.2 矿体特征

矿区内矿体主要受地层岩性的控制（图 3），均分布在早侏罗世藩坑组中段的火山岩及其夹层中，呈层状、似层状。矿体与围岩呈整合产出，具有明显的层位。总体走向北西，倾向北东，与地层一致，严格受地层控制。工业矿体有 13 层，矿体厚度一般为 2~5m，最厚达 24.5m，沿走向长 1 000~2 000m，沿倾向延伸 300~600m。所有的矿体相互平行，层位稳定。所有的矿体顶板或底板无一例外地见有灰红色流纹岩或灰绿色安山岩。

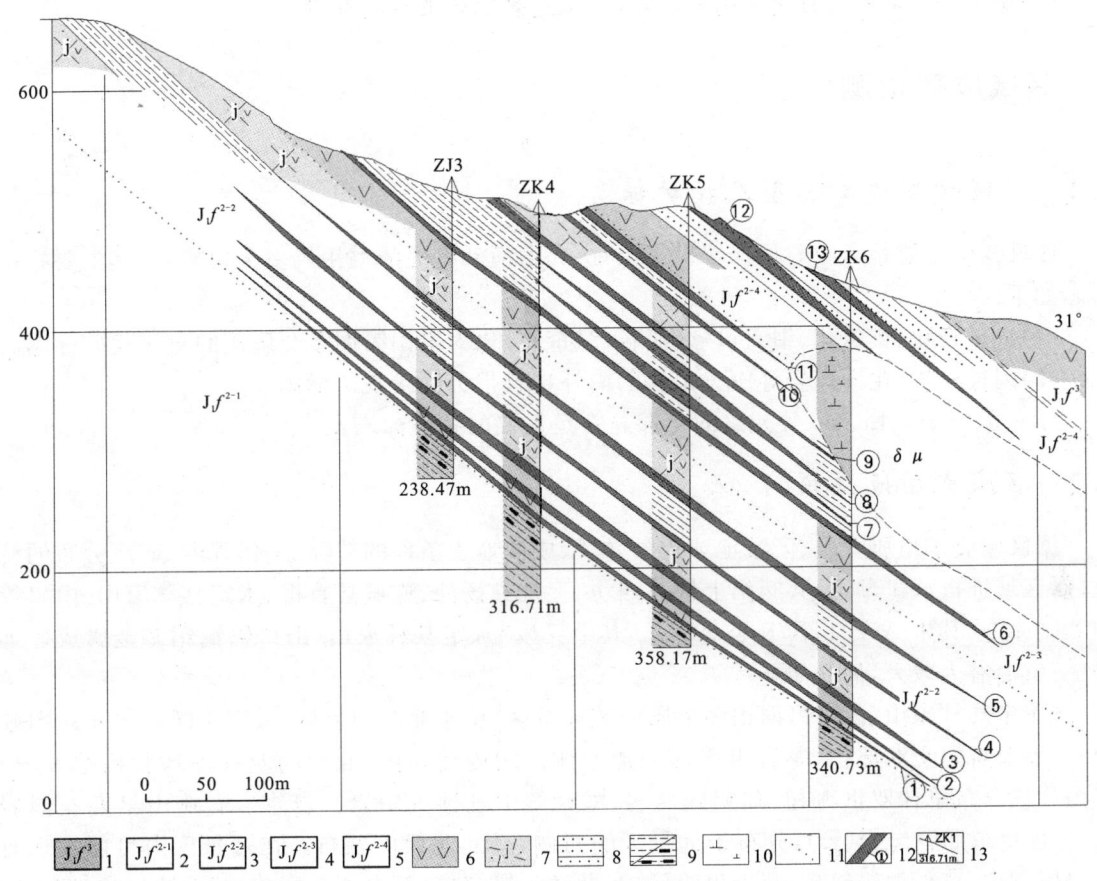

图 3　山口矿区 39 线地质剖面图

1. 早侏罗世藩坑组上火山岩段；2. 早侏罗世藩坑组砂岩段第三亚段；3. 早侏罗世藩坑组砂岩段第二亚段；4. 早侏罗世藩坑组砂岩段第一亚段；5. 早侏罗世藩坑组砂岩段第四亚段；6. 安山岩；7. 晶屑凝灰岩；8. 粉砂岩夹细粒砂岩；9. 泥岩/碳质泥岩；10. 闪长玢岩；11. 岩段分界线；12. 钼矿体及编号；13. 钻孔及编号

4.3　矿石特征

矿石矿物以辉钼矿为主,局部发育磁铁矿等；脉石矿物以石英为主,次为绿泥石、绢云母等。辉钼矿呈它形片状结构,矿石具条纹条带状构造。辉钼矿成细散点状沿层理、片理与细碎屑组成交替出现的条纹条带,显示火山喷发沉积的碎屑结构和韵律特征。矿物颗粒在纵向上有一定的分带性,上部多为弯曲片状,颗粒较粗,粒径为 0.5～2mm,往下部为平直片状,颗粒变细,粒径为 0.05～0.10mm。

4.4　找矿标志

（1）矿床一般分布在早侏罗世火山喷发盆地周边,岩性组合主要表现为早侏罗世陆相火山岩夹层,尤其是双峰式火山岩分布区。

（2）化探异常是重要的找矿标志,往往表现为 Cu、Mo、W、Au、Sn、Ag 等多金属异常组合,常具以某一元素为主,其他元素次之的异常分带。

(3)矿床周边常发育有次火山岩体,火山构造是成矿的有利部位。

5 区域成矿预测

5.1 区域预测成矿类型及找矿标志

区域找矿主要是寻找与早侏罗世火山-次火山活动有关的铜钼钨多金属矿床,其主要找矿标志如下:

(1)云英岩化、黄玉化、绢云母-绿泥石(绿帘石)化为钨钼锡铜多金属矿的直接找矿标志。

(2)闪长玢岩、花岗斑岩等次火山岩的内外接触带为间接找矿标志。

(3)Cu、Sn、W、Bi、Mo 等元素的化探异常是重要的找矿标志。

5.2 区域成矿地段预测

据区域成矿地质背景、区域地球化学异常、成矿地质条件的差异、工作程度、矿产分布的特征,对区域进行成矿预测,共圈出上杭县四坊、上杭县杨池、连城县香根、永定县林家山-山口等预测区 4 个(其中 A 类 1 个,B 类 3 个)。其中又以"永定县林家山-山口钨铜钼多金属成矿远景区"资源潜力较大,简介如下:

"永定县林家山-山口钨铜钼多金属成矿远景区"位于北西向上杭-云霄深断裂与北东向政和-大埔深断裂交汇部位,龙岩山字形构造西侧。区内北东向、北西向及火山环状构造发育。区内广泛分布早侏罗世海相、陆相碎屑岩、酸性—中基性火山岩。岩浆岩有燕山早期花岗岩(γ_5^2)、加里东期花岗岩(γ^3),分布于远景区的西侧,呈北北西向展布。在远景区内目前发现有山口铜钼矿、草仔湖铅锌矿、园山里铅锌矿、湖洋头铅锌矿、石水坑铁锰矿、龙舌铁铅矿、倒水坑铁矿、岐山里铜矿、林家山钨铜矿、高寨头铜钼矿、大坑里钼铅锌矿等矿床(矿点)。

远景区内成矿地质条件极为有利。1:20 万水系沉积物异常有 2 个,面积分别为 19.76 km^2、22.16 km^2,累计 41.92 km^2,且矿化点众多。本次工作中已探明资源量铜 6 421.9 t、钼 15 382 t、钨 397 t。其中中型钼矿床 1 处,即山口钼矿床,成因类型为与早侏罗世火山活动有关的火山喷发-沉积改造矿床。由此可见,在本区有望找到一个大型以上的火山岩型铜、钼矿。

福建省漳平市北坑场钼多金属矿地质特征及成矿模式探讨[①]

卢克标

(福建省地质调查研究院)

[摘 要] 北坑场钼矿具1∶5万水系沉积物测量Mo-W、Cu-Pb-Zn-Ag异常。土壤具Mo-W、Cu-Pb-Zn-Ag异常,钼矿体主要在北坑场中粒花岗岩岩体的南东侧外接带,地表矿体范围面积$0.4km^2$。深部见有隐伏工业钼矿体,矿体连续性好,厚度大。矿体控制长度达1 000m,矿体走向北东向,宽达239.86～324.72m,平均钼品位0.08%,控制延深达300m。

[关键词] 福建省 漳平市 北坑场 钼多金属 成矿模式

引言

漳平市北坑场钼多金属矿是在大调查项目福建省闽清井后-尤溪官田地区铜多金属矿评价中发现的矿产地,通过前期地质工作,大调查项目中施工了一系列槽探、钻探及物探工作,发现该矿山的找矿前景巨大,后期加大投入开展详查工作,提交一中型钼矿产地,笔者将该矿点的地质特征及成矿模式探讨作为大调查项目福建省闽清井后-尤溪官田地区铜多金属矿评价的成果呈现。

1 地质概况

普查区位于闽西南坳陷带中段,北东向政和-大埔断裂带与北西向清流-安溪大断裂带交汇处。

出露地层包括寨下组(Kz^2)、下渡组(Jxd)、圆盘组(Jy)、鹅宅组(Je^2)、长林组(Jc)、下村组(Jx)、溪口组(Tx)、长兴组(Pc)、翠屏山组(Pcp)、童子岩组(Pt)、栖霞组(Pq)(图1)。

其中区内4套地层(Tx、Pc、Pcp和Pt)总体上呈单斜构造产出。褶皱比较发育,具体表现在测区的东北部地层,倾向为125°～145°,而往西南方向的下洋一带地层倾向逐渐变为50°～

[①] 本文是福建省漳平北坑场钼金属矿普查、详查的部分成果总结(本文章曾发表于福建地质2011年第1期)。
作者简介:卢克标,男,1965年生,高级工程师,地质矿产调查专业。

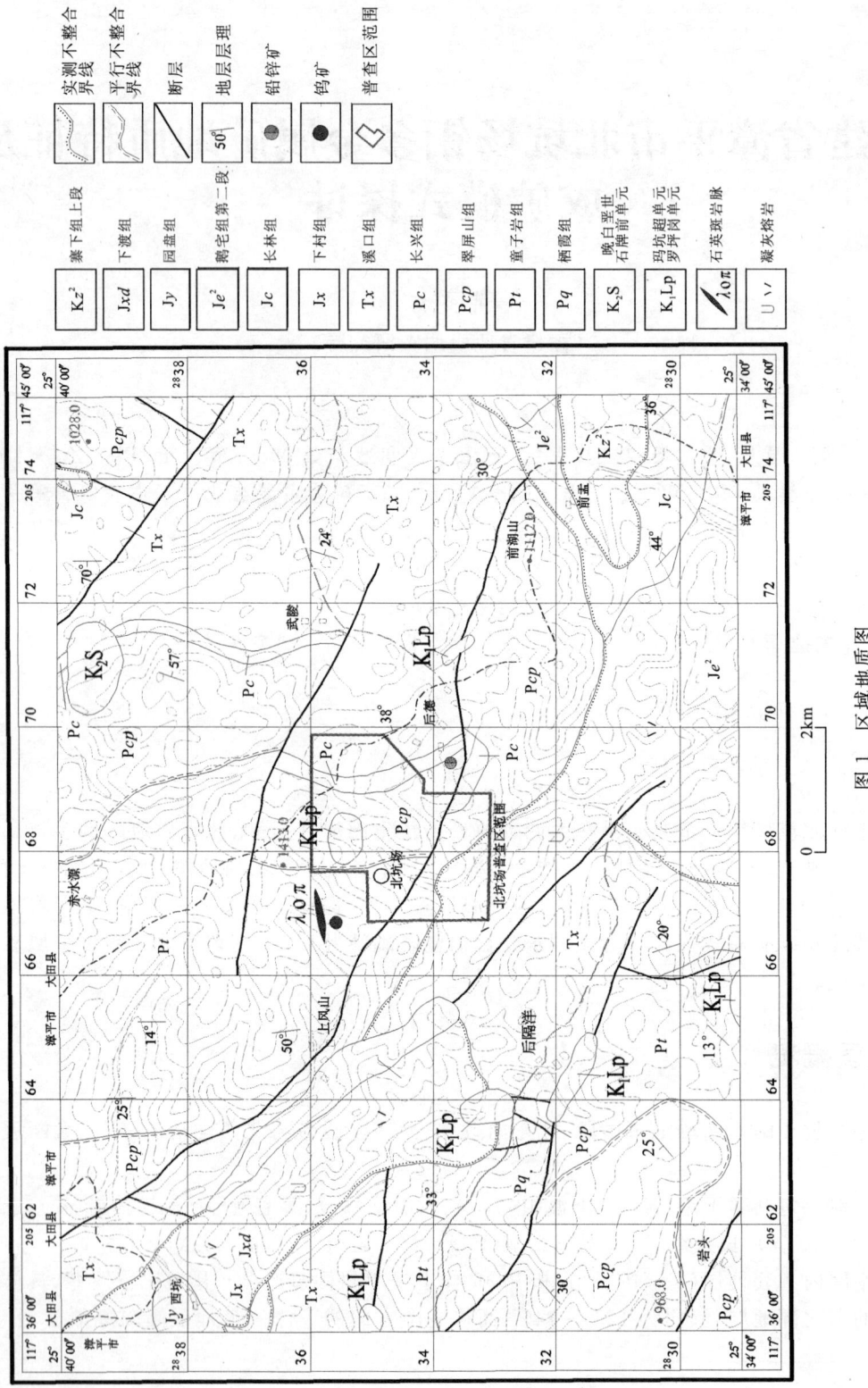

图 1 区域地质图

70°，形成一个较完整的背斜构造，背斜核部走向为北西向。背斜构造被后期断裂所错切或被岩体侵入破坏。

区内发育有北西向、北北东向和近南北向断裂。近南北向断裂与成矿关系较为密切，为矿区的导矿构造之一。北东向断裂是本区重要的热液活动通道，与成矿活动的关系也密切。北西向断裂发育，形成时间晚于矿体和岩脉。

区域上有玛坑超单元罗坪岗单元的中—粗粒黑云母花岗岩体；北部有石碑前单元的肉红色花岗斑岩出露；还见石英斑岩脉。

1∶5万水系沉积物异常中北坑场(WLHs-2)Cu-Mo-W-Pb-Zn异常浓集中心明显，套合程度高，主元素Mo异常面积达$5km^2$。

地球化学异常以Mo-W-Zn为主，伴有零星的Cu-Pb-Ag异常。Mo-Zn异常具有浓度高、分带明显、浓集中心清晰及异常规模大的特点。西部为Mo元素异常，一般含量($10\sim 200)\times 10^{-6}$，极大值$500\times 10^{-6}$；东部为Zn元素异常，浓度一般为$331\times 10^{-6}$，最高达$1\,000\times 10^{-6}$。自南西向北东，从Mo元素(靠近岩体)-Zn元素(远离岩体)，元素组合异常自南西向北东具由高温到中低温组合分带的变化规律，即Mo-W、Cu-Zn-Pb、Ag。

2 矿区地质特征

2.1 地层

普查区出露地层为上侏罗统鹅宅组(Je^2)，三叠系溪口组(Tx)，二叠系长兴组(Pc)、翠屏山组(Pcp)、童子岩组(Pt)。

鹅宅组(Je^2)：位于测区南西角，主要岩性为流纹质晶屑凝灰熔岩，流纹质晶屑凝灰岩。与翠屏山组(Pcp)呈不整合接触。

溪口组(Tx)：在测区的东部大面积出露。主要岩性为灰色钙质粉砂岩、角岩化灰岩、粉砂岩、硅质粉砂岩。西侧与长兴组(Pc)呈整合接触；南、北两侧与翠屏山组(Pcp)呈断层接触。该地层是主要铅锌矿赋矿层位，受热液活动的影响，形成从大孟至雪山呈长条形沿山脊垄状分布的铅锌矿化蚀变带。

长兴组(Pc)：出露于测区的中部火烧坪、上洋一带。主要岩性为生物灰岩，夹钙质粉砂岩，夹硅质岩、泥硅质灰岩与下伏翠屏山组呈整合接触。该地层是该区的主要铅锌矿赋矿层位，其上、下接触带受热液变质作用和动力变质作用的影响，岩石普遍具程度不同的矽卡岩化、褐铁矿化、硅化、大理岩化。整套地层具面型蚀变特征，而且这些蚀变与矿体紧密相关。从北西部的火烧坪到中部的中洋一带再到南部的下洋一带都可见到铅锌矿体出露，是本区的主要铅锌矿成矿带。

翠屏山组(Pcp)：出露于测区的中部。主要岩性为石英砂岩、石英细砂岩、粉砂岩、钙质页岩，偶夹灰岩和煤线。西侧与下伏童子岩组(Pt)呈平行不整合接触；南侧与翠屏山组(Pcp)呈断层接触。靠近细粒花岗岩的外接触带岩石角岩化强烈，是钼矿化主要分布区。

童子岩组(Pt)：在测区的西部有大面积出露。主要岩性为砂岩、粉砂岩、泥岩夹煤层。南侧与翠屏山组(Pcp)呈断层接触。

2.2 构造

矿区位于太华-长塔背斜的南东翼,区内 4 套地层(T_1x、P_2c、P_2cp 和 P_1t)总体上呈单斜构造产出。但局部扭曲构造发育。小扭曲有时呈直立,有时呈斜歪,但均没有形成规模。

受区域构造北西向断层(F_1)的影响,本区也发育北西向断层。断层的形成时间晚于矿(化)体,断层性质压性,对矿(化)体起错断和破坏作用。

本区小断裂构造比较发育。主要有北东向(F_7、F_8、F_{13})和北北东向(F_9)、北西向(F_{11})和北北西向(F_6、F_{12})4 组断裂。

北北西断裂有:

F_6:260°∠55°,宽 0.2～0.3m,岩石硅化破碎并褐铁矿化,张扭性断层。

F_{11}:38°∠70°,宽 0.1m,断层内见硅化角砾。

F_{12}:88°∠85°,断裂带中见具定向分布构造角砾岩、碎粒岩,糜棱岩,属张扭性断层。

北北东断裂有:

F_9:100°∠65°,断面光滑呈弧状,具褐铁矿化、弱磁铁矿化。含铁矿矽卡岩。

F_{13}:340°∠85°,矽卡岩化,沿走向贯入 2～10cm 的石英脉,为压性断层。

其中北东和北北东向小断裂:在普查区附近矽卡岩化带出现,与矽卡岩化带中的铁矿关系密切并有闪锌矿体出露。

北西向和北北西向小断裂:主要在普查区南部区域断裂派生的次级断裂构造。

2.3 侵入岩

矿区北部出露一近等轴状中—细粒黑云母花岗岩体(K_1Lp),面积约 1km²。现将其岩性特征叙述如下:

(1)K_1Lp 花岗岩体为一复式岩体,位于矿区土壤异常浓积中心的西侧,地表可见细粒钾长花岗岩、花岗斑岩、中—细粒花岗岩,钻孔资料显示深部有中—粗粒花岗岩。

(2)硅化绿帘石化细粒辉石闪长岩,深绿色,变余半自形粒状结构,岩石由斜长石、普通角闪石,少量普通辉石等组成。辉石、角闪石部分颗粒已绿帘石化。后期绿帘石、石英呈细脉状对岩石进行不规则穿插交代。

(3)辉钼矿化闪长玢岩,浅黄绿色,斑状结构,斑晶由斜长石和少量角闪石、石英等组成。基质为隐晶长石质。ZK0801、ZK0901 中岩石受构造影响强绿帘石化,裂隙很发育,较密集,辉钼矿呈微细粒状沿微裂隙充填。

(4)阳起石绿帘石化辉长辉绿岩,深绿色,变余辉长辉绿结构,岩石由拉长石、普通辉石,副矿物榍石等组成。岩石受绿帘石、阳起石化蚀变,绿帘石、阳起石充填在岩石的裂隙呈脉状交代。

岩脉多呈脉状沿北东向、北西向断裂贯入,规模较小,形成时代多晚于早三叠世,因此在溪口组、翠屏山组砂岩、粉砂岩、泥岩中都有分布。

2.4 围岩蚀变

矿(化)体的围岩有 4 种:石英砂岩、细砂岩、粉砂岩、中—粗粒花岗岩。靠近矿(化)体岩石强烈硅化、绢云母化、角岩化等。矿(化)体与围岩多没有明显界线,近矿围岩亦见细脉状弱辉钼矿化。矿区主要的围岩蚀变有矽卡岩化、褐铁矿化、碳酸岩化和角岩化、硅化、绢英岩化、萤石化等。与钼矿化密切的蚀变矿化有角岩化、硅化、绢英岩化。与铁、铅锌矿有关的蚀变为矽卡岩化。

2.5 地球物理、地球化学特征

2.5.1 土壤地球化学特征

1∶1万土壤测量区内发现以Mo、Zn为主的多元素组合土壤地球化学异常面积1.8km²（未封闭）。西部异常是以Mo、W为主的元素组合土壤地球化学异常,东部异常是以Zn、Mo、Cu、Pb为主的元素组合土壤地球化学异常。

Mo$>25\times10^{-6}$异常面积1.8km²,呈"H"形沿北东向分布。异常呈东、西两条带状展布,西带长1.8km,宽0.6km,具明显浓度分带特征。$>100\times10^{-6}$异常面积0.4km²,$>200\times10^{-6}$异常面积0.3km²,$>400\times10^{-6}$异常呈两条带状分布,分别长900m和400m,宽40~120m,其中心高值点分别为833×10^{-6}、924×10^{-6}。异常含量高,连续性好,形态规则。东带异常平行西带分布,异常分布面积与西带相当,$>100\times10^{-6}$异常面积约0.5km²,但梯度变化较缓,$>200\times10^{-6}$异常仅局部呈小条带状展布,浓集中心不很明显,其极大值可达880×10^{-6}。

Zn、Pb、Ag、Bi及Cu异常主要分布于矿区的东侧,Pb、Zn含量一般$(100\sim300)\times10^{-6}$,Cu含量一般$(50\sim1\,000)\times10^{-6}$,Ag含量一般$(0.5\sim0.8)\times10^{-6}$,Bi含量一般$(10\sim20)\times10^{-6}$。Zn元素含量具明显浓度分带特征,浓集中心较明显(图2、图3)。

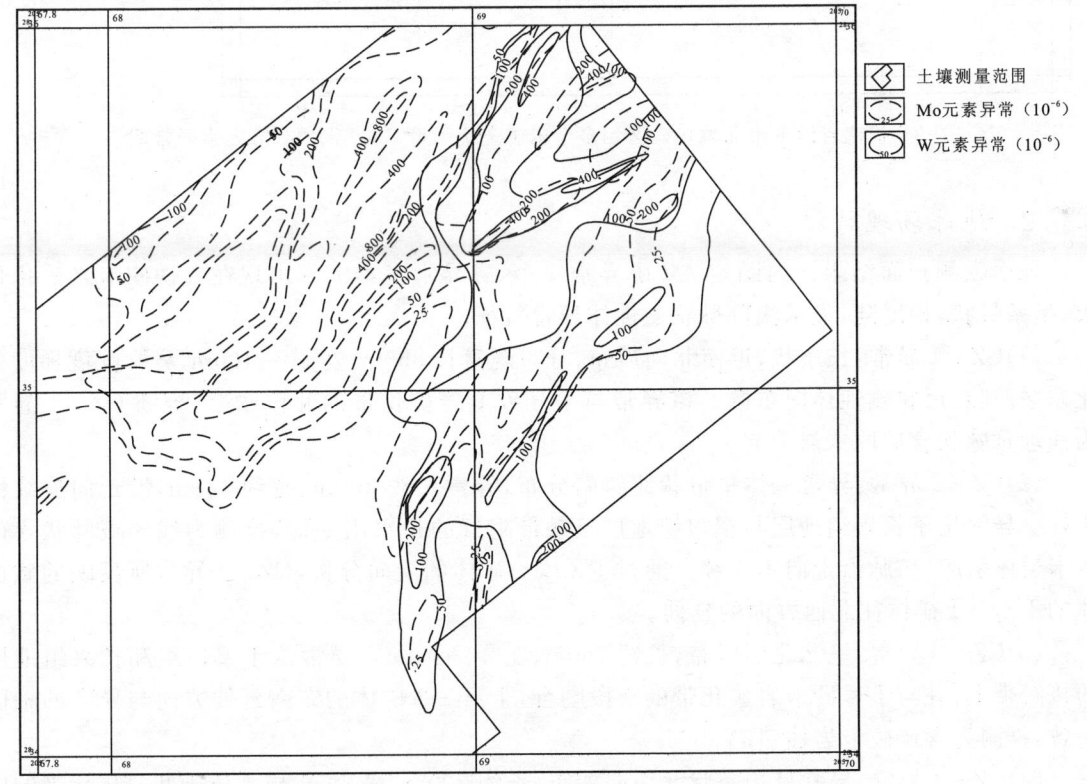

图2 福建省漳平市北坑场矿区钼多金属矿土壤测量W、Mo元素异常图

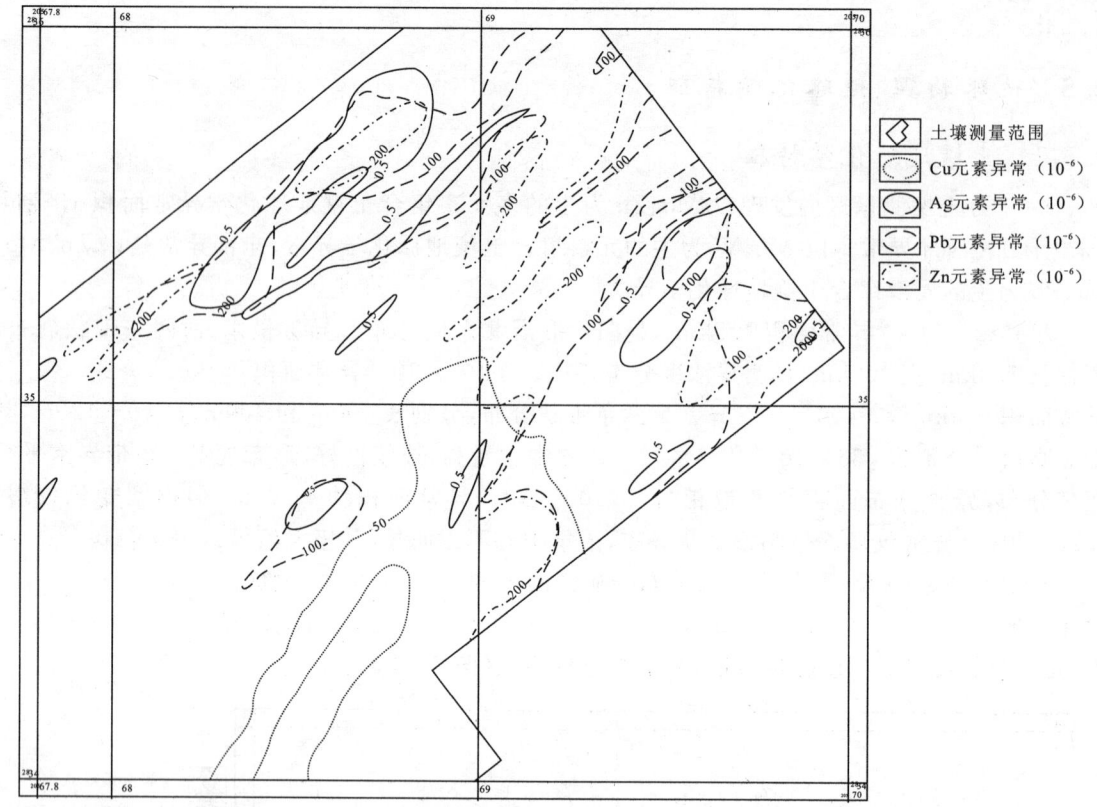

图 3 福建省漳平市北坑场矿区钼多金属矿土壤测量 Cu、Ag、Pb、Zn 元素异常图

2.5.2 地球物理特征

地面磁测扫面结果区内圈定 ΔZ 磁异常 4 个,磁异常基本上都出现在含铁矽卡岩矿化带上,呈条带状,梯度陡,显示浅部脉状磁性体异常特征。

(1)CZ-1 异常:长条状,近南北向展布,分布规模长 850m、宽 50～100m,异常强度梯度变化东缓西陡,反映磁性体向东倾。该异常与Ⅰ号矽卡岩矿化带的北段吻合,推断 CZ-1 异常为浅埋藏脉状含矿矽卡岩引起。

(2)CZ-2 异常:异常总体呈带状北西向分布,异常长约 400m、宽约 100m,沿走向连续性不好。异常位于长兴组地层与溪口组地层接触带附近的长兴组一侧,推测为浅埋藏脉状含矿矽卡岩体引起,矿脉沿走向不连续。通过ⅠZn-1 矿体的走向分析,CZ-2 异常所反映的磁性体的ⅠZn-1 矿体往北西方向的延伸。

(3)CZ-3 异常:呈北北西展布,长约 750m、宽 40～70m。异常位于溪口组和长兴组地层的接触带上,并与Ⅰ号矽卡岩矿化带的南段吻合,ⅠZn-2 矿体的东南延伸方向与异常的轴向一致,推测为含矿矽卡岩体引起。

(4)CZ-4 异常:异常呈长条状北西向展布,长约 200m、宽 20m,异常位于Ⅱ号矿化带的中段,且与ⅡZn-2 矿体对应。推断 CZ-4 异常为含矿矽卡岩引起。从矿石类型来看ⅡZn-2 矿体属少含磁铁矿类的锌矿体,因此该异常仍有矿化前景。

3 矿床地质特征

3.1 矿化蚀变特征

3.1.1 钼矿化带特征

在主要 Mo 土壤异常浓集中心发现了钼矿体。位于北坑场的中细粒花岗岩的南东边缘接触带附近,在翠屏山组(Pcp)的强硅化、绢云母化、黄铁矿化蚀变带中,强硅化、绢云母化、黄铁矿化蚀变带原岩为石英砂岩、粉砂岩,砂状结构,厚层状构造,由石英、长石和泥质组成。岩石裂隙发育,主要有两组:一组总体走向20°～30°;另一组裂隙走向300°～330°。硅化、绢云母化粉砂岩,细砂岩中都含钼0.01%～0.03%,有一部分可达0.06%以上。证实钼矿(化)体走向NE20°～30°,倾向南东,倾角50°～60°。整个矿化在地表出露宽250m,长已控制在1 000m。经刻槽采样分析 Mo 品位为0.03%～0.079%,均达到钼矿体(地表贫化),暂按分析成果连成6条矿(化)体,单个矿(化)体长225～975m,宽10～40m。深部均会合在一起。初步工作结果已证明本区矿(化)体、矿化蚀变与土壤测量 Mo 异常相吻合,找矿前景良好。

3.1.2 含铅锌(铁)矿矽卡岩带特征

区内主要有两种类型的矽卡岩闪锌矿化带,一种是沿长兴组(Pc)与翠屏山组(Pcp)地层断裂接触带分布(如Ⅰ、Ⅲ);另一种是沿溪口组(T_1x)层间构造带分布(如Ⅱ)。依地理位置分布不同各划分出4条矿化带,其特征分别描述如下。

(1)Ⅰ号矽卡岩矿化带:位于测区西北部的火烧坪村西面,呈带状展布,走向自南向北由北西转为近南北,长约1 500m,宽50～300m,矿化带规模为全区之最。矽卡岩矿化带沿着长兴组灰岩与翠屏山组长石石英砂岩接触带展布,产状与地层相似,倾向北东,倾角较缓。

(2)Ⅱ号矽卡岩矿化带:呈长条状展布,中部有错断,形成南、北两段,南部为北西向,往北渐转为近南北。断续出露长度约1 500m,宽10～50m,矽卡岩矿化带与溪口组角岩化灰岩层中的层间断裂关系密切,矿化带南部出露较好,该闪锌矿体目前正在开采。

(3)Ⅲ号矽卡岩矿化带:分布在测区的南部呈长条状北向展布,断续出露长约800m,宽2～10m矽卡岩矿化带产于长兴组灰岩与翠屏山组砂岩的断裂接触带上,倾向北东,倾角稍缓。已有锌矿体出露。

3.2 矿体特征

3.2.1 钼矿体特征

在西部主要 Mo 土壤异常浓集中心发现了钼矿体。其位于翠屏山组(Pcp)的强硅化、绢云母化、黄铁矿化蚀变带中,矿(化)体总体产状135°～150°∠65°。强硅化、绢云母化、黄铁矿化蚀变带的原岩为石英砂岩、粉砂岩。岩石裂隙发育,主要有两组:一组总体走向20°～30°,倾向南东,倾角50°～60°,矿化沿裂隙充填细脉状石英和辉钼矿;另一组裂隙走向300°～330°,倾向北东,倾角40°～70°,充填细脉状石英,也发现有辉钼矿。Mo 品位为0.03%～0.079%。

3.2.2 铅锌(铁)矿体特征

铅锌(铁)矿体主要分布在矿区的东部即在北坑场中粒花岗岩岩体的南东侧600～1 200m

的外接带长兴组(Pc)中,地表见有5个矽卡岩型铅锌铁矿(化)体,总体走近南北向。长400~1 500m不等,宽50~80m不等,可见锌矿体品位为2.76%,宽1.5m。也可见零星辉钼矿化。另在上洋附近见有矽卡岩型铁(铅锌)矿(化)层,宽为2~3m,TFe37.88%。

通过对4条矽卡岩矿化带中闪锌矿体的刻槽取样化学分析,锌的边界品位0.5%~1.5%,工业品位为1.0%~3.0%。本区可圈定锌矿体4个(编号为ⅠZn-1、ⅠZn-2、ⅡZn-1、ⅡZn-2)。

(1) ⅠZn-1号闪锌矿体位于火烧坪附近,走向为北北西向,倾向东。矿体锌含量达12.25%、铅为0.096%、银为7.21g/t。

(2) ⅠZn-2位于上洋附近,走向北西西,倾向北北东,倾角很缓。矿体呈数条小矿脉出现,中间的夹石为磁铁矿,地表可见到的矿体长度约70m,总厚度可达3~5m,锌的平均品位为4.63%。

(3) ⅡZn-1闪锌矿体位于雪山附近,走向近南北,矿体已出露地表。经刻槽取样分析,锌含量达6.75%、铅为0.19%、银为20.6g/t。

(4) ⅡZn-2位于大孟一带,延伸长度约500m,矿体在矽卡岩中以数条小矿脉的形式出现,脉宽从几十厘米至两米不等,经目估矿体的总厚度可达3m。

3.2.3 深部钼矿体特征

深部见有硕大的钼工业矿体,矿体连续性好,厚度大。矿体控制长度达1 000m,矿体走向北东向,宽达239.86m,平均钼品位0.08%,整段都达到工业钼矿体,控制延深达300m(各钻孔见矿情况见表1)。

综上所述,全区已控制矿(化)体长有1 000m,宽250m,延深约300m。总体呈椭圆状,长轴呈北东-南西展布。辉钼矿多呈细脉状、线脉状、网脉状充填于岩石裂隙及石英细脉中。据目前已完工的钻孔分析成果,矿体南部较北部要好。达到矿体边界品位的单孔累计长度104~341.95m,单孔平均品位为0.047%~0.079%。钻孔中、上部均见厚度不等的工业钼矿体(Mo品位≥0.06%),单孔单层厚度(样长)2.0~75.38m、品位为0.060%~0.31%;单孔累计厚度(样长)50.40~163.36m。

表1 钻探工程见矿情况一览表

孔号	孔深(m)	单孔矿段		工业矿段	
		厚度(m)	平均品位(%)	累计厚度(m)	平均品位(%)
ZK0001	325.12	239.86	0.080	158.17	0.096
ZK0002	411.87	324.72	0.051	79.27	0.072
ZK0301	299.99	80.99	0.071	50.40	0.089
ZK0901	401.45	270.55	0.047	51.81	0.074
ZK0801	302.14	227.97	0.061	122.32	0.075

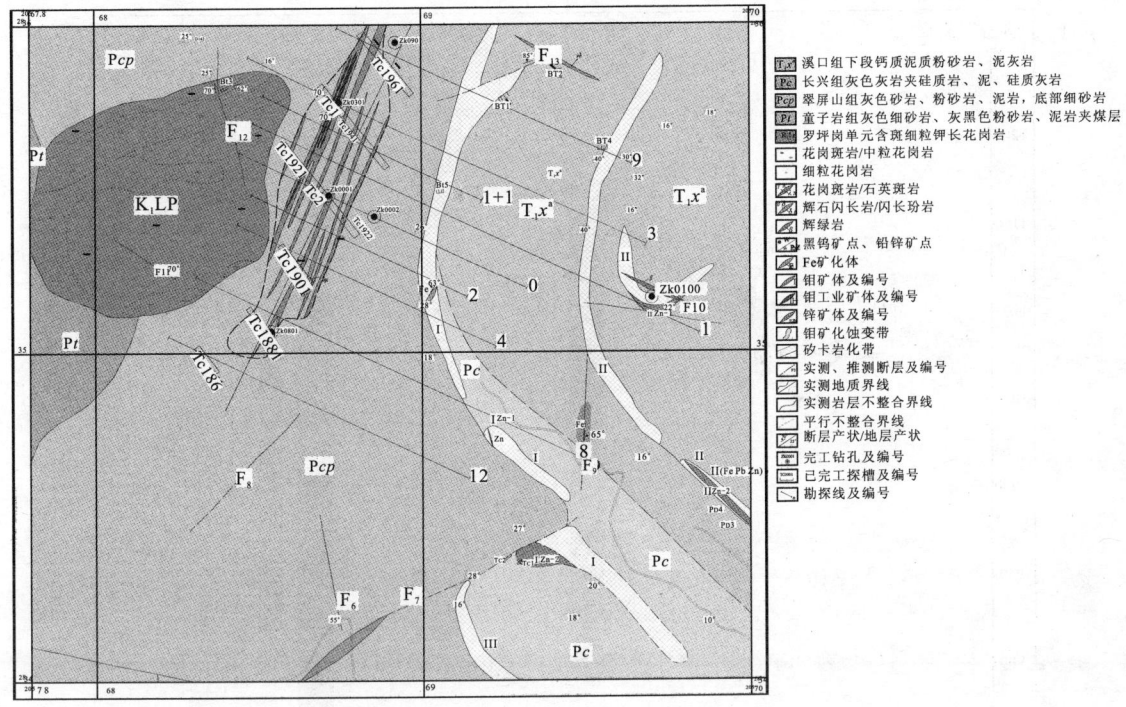

图 4 福建省漳平市北坑场矿区钼多金属矿土壤测量 Cu、Pb、Zn 元素异常及磁异常图

3.3 主要矿石类型及矿物组分

3.3.1 主要矿石类型

钼矿石类型：主要为构造蚀变岩型及石英细脉-网脉型，有用矿物为辉钼矿。辉钼矿呈鳞片状—细脉状充填裂隙中，粒径 0.02～0.33mm，硬度特低。

铅锌矿石类型：主要为矽卡岩型。矿石有用矿物为闪锌矿，共生矿物有磁铁矿，伴生矿物有黄铜矿、方铅矿等。

3.3.2 矿物组分

矿石矿物组合简单，主要金属矿物为辉钼矿、磁铁矿、赤铁矿、褐铁矿、黄铁矿。它形粒状—半自形结构。辉钼矿呈鳞片状—细脉状充填在脉石矿物的空洞或裂隙中，粒径为 0.02～0.33mm，硬度特低；赤铁矿呈小条状—它形粒状零星分布，多已褐铁矿化；磁铁矿呈微粒状零星分布，粒径为 0.04～0.15mm；黄铁矿呈微粒状零星分布，粒径为 0.005～0.02mm。脉石矿物主要有石英、绢云母、钾长石、斜长石，次有白云母、黑云母、绿泥石、绿帘石、碳酸盐、萤石等。石英多呈硅化石英脉或石英团块状，与辉钼矿共生。绢云母为片状集合体，辉钼矿化硅化细砂岩中长石几乎都变为绢云母。

3.3.3 矿石结构和构造

3.3.3.1 矿石结构

主要有它形—半自形粒状结构，鳞片状、细片状结构等。

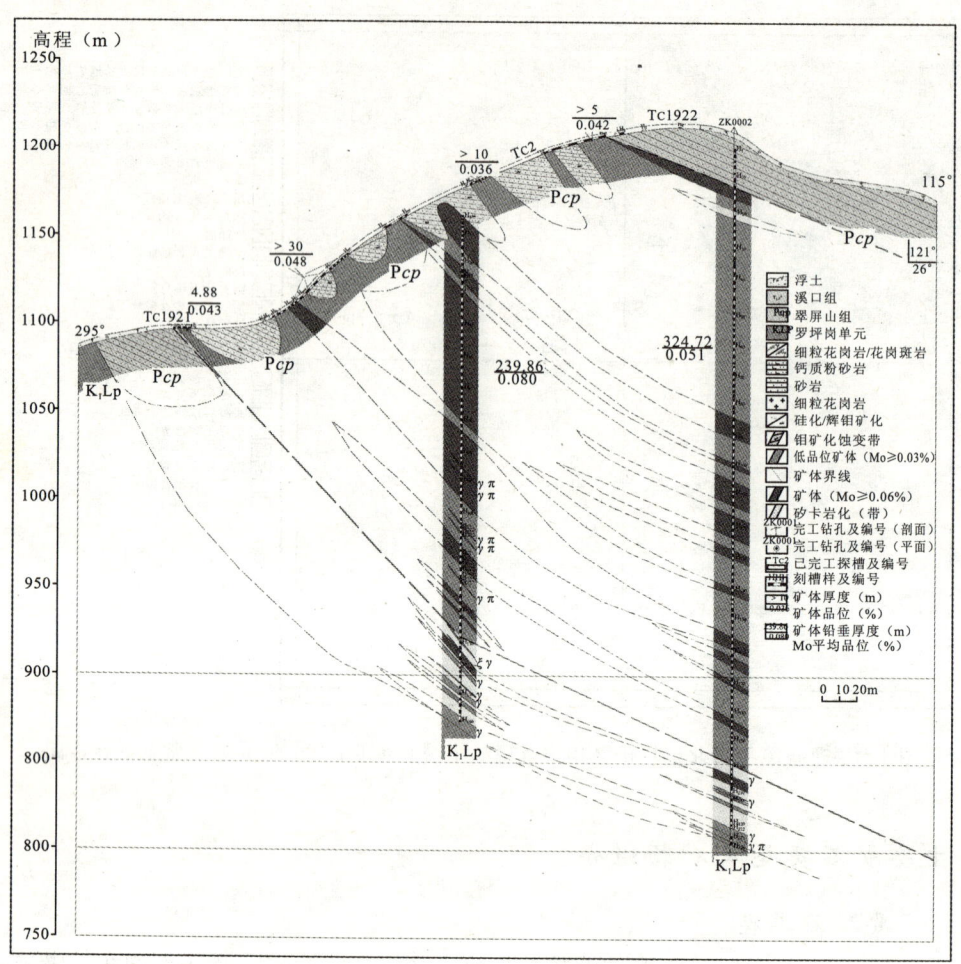

图 5 漳平市北坑场矿区钼多金属矿 0 线地质剖面图

它形—半自形粒状结构：辉钼矿多以它形—半自形粒状与石英生长在一起，或充填在裂隙与空洞中，其粒径较小。

鳞片状、细片状结构：辉钼矿呈细小鳞片状或弯曲叶片状集合体构成辉钼矿细脉或辉钼矿脉。

3.3.3.2 矿石构造

主要为细脉（网脉）状构造，次为条带状构造，偶见角砾状构造。

细脉（网脉）：这是矿石最主要的构造，辉钼矿呈它形、半自形、鳞片状等分布在脉石矿物中，或以集合体呈细脉状（网脉）穿插在脉石矿物中，普遍见两条或多条含矿细脉相互错动现象。

条带状构造：辉钼矿呈细小鳞片状与二氧化硅构成辉钼矿化硅质条带分布在岩石中，其条带多呈分枝复合产出。

角砾状构造：矿区偶见，主要为受构造作用原岩形成构造角砾岩，经后期辉钼矿粉末与热液蚀变矿物充填胶结而成的。

3.4 矿床成因类型

根据本区的矿石矿物组合特征、结构构造、矿体产出部位、围岩蚀变特征,本区钼矿体的矿床成因类型为中—高温热液交代蚀变岩型矿床。主要控矿因素有以南北向断裂和北东向断裂为测区主要控矿构造,靠近北坑场的花岗岩体的岩浆热液为矿体提供热液,伴随热液蚀变,于岩体外接触带充填交代形成细脉-网脉状钼矿体。

闪锌矿体的矿床成因类型为中低温热液接触交代矽卡岩型铅锌矿。主要控矿因素有3个:即岩性、岩浆热液和断裂构造。长兴组灰岩和溪口组角岩化灰岩为热液交代提供了必备的围岩条件,岩浆侵入活动为成矿提供了热液条件,断裂构造为热液提供了通道。

4 成矿模式探讨

北坑场钼矿床成矿系列为燕山中晚期,成岩与成矿作用在时间、空间上总体具有由南西向北东迁移演化的特点。成矿作用与岩浆活动在时间、空间、物源等方面有着一致的依存关系。

主要成矿元素(含矿物)以北坑场花岗岩为中心从西南至北东逐渐由高温向低温演化,北坑场西南侧中高温岩浆热液型 Mo 矿→北坑场北东侧中低温矽卡岩型 Cu、Pb、Zn 矿。具有斑岩型铜钼铅锌多金属矿床的演化规律,见模式图6中②④⑧。预测斑岩型钼矿①、次火山岩型钼矿⑤、隐爆角砾岩型钼矿⑥、深部似斑钾长花岗岩岩体中的钼矿②(图6)。

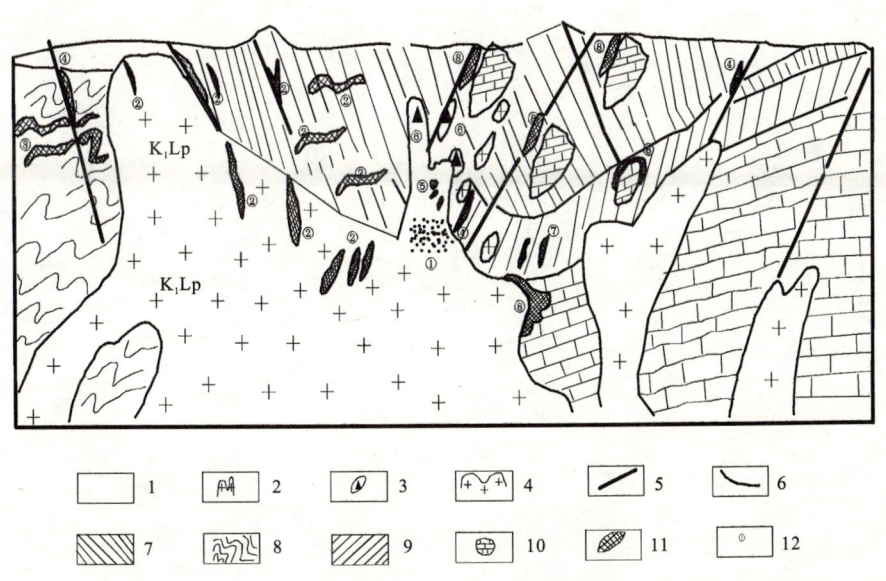

图6 矿田岩相-构造-成矿模式图

1. 中生代火山岩;2. 次火山岩;3. 隐爆角砾岩;4. 侵入岩体;5. 断裂;6. 地质界线;7. 火山构造洼地下部沉积岩;8. 变质岩基底;9. 碎屑岩基底;10. 碳酸盐基底;11. 矿体(床);12. 矿床类型编号。①斑岩型②岩浆热液型(细脉浸染状);③块状硫化物型;④火山-次火山热液型;⑤次火山热液型;⑥隐爆角砾岩型;⑦火山沉积叠加改造型;⑧矽卡岩型异常组合及蚀变分带规律：地球化学异常组合，从南西部以 W、Mo、Bi 高温元素组合为特征，出露蚀变似斑状钾长花岗岩、翠屏山组石英细砂岩，见硅化、角岩化、绢云母化及全岩钼矿化；往北东部以 Cu、Pb、Zn、Ag 中低温元素矽卡岩型组合为特征。见黄铁矿化、钼矿化、铅锌矿化。

在平面上，接触内带中心部位似斑钾长花岗岩岩体中心见石英脉型矿体（深部可见），接触外带为硅化细脉状、细脉-浸染状矿体。从上至下细脉—浸染状→硅化细脉状→石英脉型矿体。

矿区蚀变也呈规律变化，在平面上以斑岩体为中心主要为强硅化、钾长石化，外围主要为硅化、角岩化、绢云母化等；在垂直向上由地表垂直向下为硅化、绢云母化（硅化角岩化绢云母化带）→强硅化、绢云母化（硅化绢英岩化带）→钾化、硅化组合（钾长绢英岩化带）等。钼矿化与角岩化、绢英岩化、硅化、钾长石化关系最为密切。

5 结论

北坑场矿区地表钼矿体、锌矿体普遍发育，矿体数量多，规模较大；但其深部钻探控制不足，值得进一步开展地质普查工作。

（1）北坑场矿区西部钼矿：继续对钼矿体地表揭露控制，进一步开展深部工程验证成矿模式中钼矿体②、斑岩型钼矿①、次火山岩型钼矿⑤、隐爆角砾岩型钼矿⑥，以扩大钼矿找矿远景。

（2）北坑场东部铁锌矿：首先继续地表矿体的控制，其深部则通过钻探或硐探验证铁锌矿化在缓断裂中延深、规模及品位变化。

宁芜北段铜金矿成矿特征及找矿方向

刘志宏[①]

(江苏省地质调查研究院)

[摘 要] 宁芜北段铜金矿成矿与燕山期岩浆活动关系密切,在火山-次火山岩中发现了众多的铜金矿床(点),然而却鲜有规模。区内铜金矿成矿物质源于结晶基底,由火山-岩浆活动携带至浅部。火山岩中铜金矿勘查工作应当重点布置于3条北东向火山-岩浆断裂喷发带。火山基底地层成矿条件良好,应当加强基础地质调查和研究工作,以铜井铜金矿和大平山铜矿为中心,在火山基底地层中开展深部找矿。

[关键词] 宁芜北段 铜金矿 找矿方向

引言

宁芜北段是宁芜火山岩盆地江苏段,位于长江中下游铁铜金硫多金属成矿带东部,是一个继承式火山岩盆地。它原是一个大陆裂谷,沿北东轴线发育3条火山-岩浆断裂喷发带,目前发现的铜金矿床(点),基本都分布于这3条带上。铜金矿化遍地开花,却很少成规模。本次研究认为,虽然该区地质、勘查工作程度很高,但工作重点主要集中在浅部火山岩-次火山岩中。赵玉琛等[1]认为火山岩中铜金成矿物质源于深部结晶基底,经过长途搬运到达浅部。如果火山基底地层中有理想的沉淀场所,必然首先在基底地层中富集成矿。该区铜金矿找矿潜力仍然很大,有必要加强火山基底地层中的深部找矿工作。

1 宁芜北段地质概况

宁芜北段地层以中生代火山岩-次火山岩为主,仅东部隆起区可见侏罗纪—三叠纪火山基底地层。火山-岩浆活动主要发生在燕山期,表现为大规模、多期次的火山喷发和岩浆侵入活动,以多旋回的强烈火山作用为主要特色。区内的火山-岩浆活动主要受3条北东向的断裂喷发带控制。自东向西依次为方山-小丹阳断裂喷发成矿带,吉山-朱门断裂喷发成矿带,西善桥-娘娘山断裂喷发成矿带(图1)。沿3条断裂喷发带自东向西依次形成龙王山、大王山、姑山、娘娘山等火山喷发旋回火山岩和次火山岩。火山岩成分由钙碱性向碱性演化,各旋回火山活

---

① 作者简介:刘志宏,男,1984年生,主要从事矿产勘查和地质调查工作。

动大致均以强烈爆发开始,以喷溢沉积结束,晚期均有相应成分的次火山岩、浅成侵入岩的产出。各旋回火山岩为同源异相体。

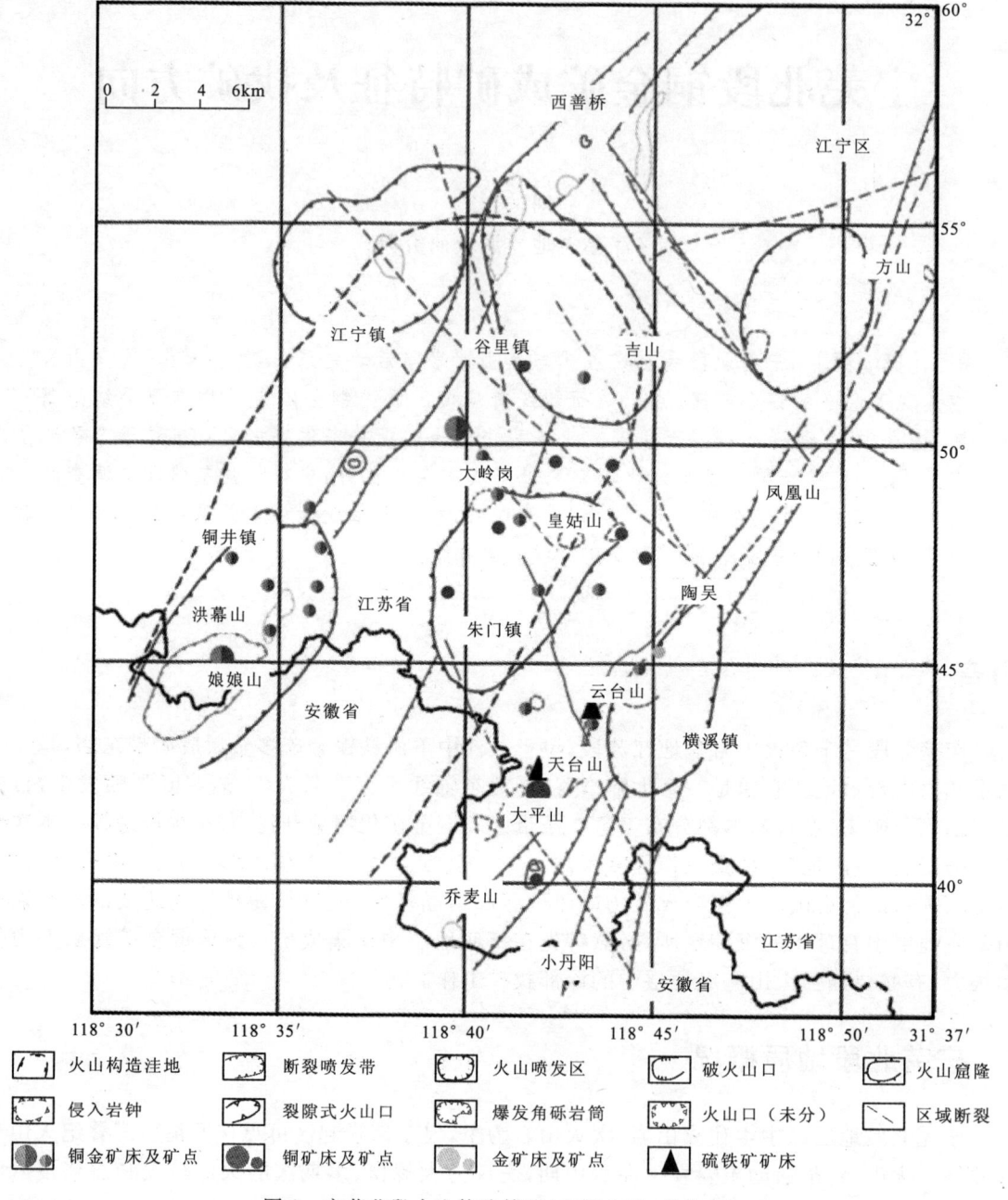

图 1 宁芜北段火山构造简图(含铜金矿、点分布)

2 宁芜北段铜金矿产特征

3 条北东向断裂喷发带控制了盆地中生代火山喷发、次火山岩的侵入和矿化活动,对应地形成了3个北东向的铜金成矿带。自东向西依次为云台山-乔麦山铜金成矿带、吉山-朱门铜金成矿带、谷里-娘娘山铜金成矿带。

云台山-乔麦山铜金成矿带：主要矿床为大平山铜矿，为火山岩-次火山岩中细脉浸染型（广义斑岩型）矿床，紧邻天台山古火山机构[2]，含矿层位为龙王山组火山碎屑岩，近期远景调查工作中发现地表金矿化亦比较强烈。云台山以硫铁矿为主，伴生铜金，矿体主要产于黄马青组碳酸盐岩段，而地表龙王山组火山岩中金矿化亦强烈。

吉山-朱门铜金成矿带：铜金矿点众多，主要为脉状铜金矿，但规模均不大。朱门铜矿点产于安山岩与安山玢岩的断裂接触带及二长花岗斑岩裂隙中。

谷里-娘娘山铜金成矿带：以铜井铜金矿规模最大。该矿床受娘娘山古火山口控制，含矿围岩为大王山-娘娘山组火山碎屑岩，此外，在基底地层中也见到脉状铜金矿体[3]。谷里铜矿呈脉状充填于辉石闪长玢岩裂隙中。大岭岗铜金矿产于北西向张扭性破碎带中，脉石矿物以石英为主，其次有方解石、重晶石。与大王山旋回的火山-侵入活动有关。

铜金矿（化）体分布于各组火山岩地层中，说明围岩岩性不是矿化的主要因素。铜金矿床中规模较大的与火山机构关系密切，规模较小的大多产于火山机构附近张扭性的断裂破碎带中，呈脉状产出。

3 成矿潜力分析

宁芜北段铜金矿（化）体在各组火山岩中均有分布，说明铜金矿化与围岩关系不是很大。区内各组火山岩及火山基底岩石铜金丰度均很低，接近地壳平均值[4]。该区结晶基底未出露，据电测深推断盆地结晶基底含一套绿片岩相浅变质岩系，这种岩系含金丰度很高，有可能是宁芜铜金矿的矿源层。区内火山岩具深源特征，岩浆上升过程中受结晶基底同化混染作用使其富含铜金等成矿物质。该区基底断裂以压扭性断裂为主，它有利于金的活化迁移[1]。

火山-岩浆活动从深部萃取成矿物质，岩浆热液随着岩浆上涌。热液的流动性比岩浆强得多，因而其活动的范围远比岩浆大。

火山机构作为火山-岩浆热液主要的运移通道，可以将大量的成矿物质携带至浅部，形成较大规模的铜金矿。部分成矿物质为热液沿张扭性断裂上升侵位的，在相对低压环境下可以将含矿热液从深部泵吸至浅部，同时促进热液与围岩的蚀变交代作用，并在构造带中沉淀成矿。然后相对于火山机构而言，构造带携带的成矿物质是有限的，因此单纯受张扭性断裂破碎带控制的脉状铜金矿规模一般都不大。

宁芜火山岩盆地是继承式的，结晶基底与火山岩之间相隔厚愈万米的古生界，金的活化迁移距离很长，因此，较上叠式火山岩盆地（即火山岩直接覆盖在结晶基底上）逊色不少[1]。同时火山喷发垂向变化较快，火山成矿作用在开放环境下不易形成成矿物质的巨量聚集，往往只能形成大规模的、强烈的气水流体交代岩。因此，目前在火山岩-次火山岩中控制的铜金矿体总体规模均不大。但这只能代表浅部火山岩-次火山岩中铜金矿成矿条件相对较差，深部找矿潜力依然较大。以浅部矿化为线索可以探索深部规模铜金矿（化）体。

从成矿特征及成矿物质来源判断，火山机构是与铜金矿化关系密切。因此，勘查工作重点应当是由火山-岩浆断裂喷发带控制的铜金成矿带；加强火山喷发中心及深部隐伏次火山岩体空间位置的确定以及含矿性分析，尤其是加强火山机构附近深部基底地层中铜金矿的勘查。

目前关于盆地火山基底地层的揭露控制及研究程度均不高,对其含矿性了解不足。近年来,勘查工作发现在象山群地层中的裂隙、层间破碎、断裂破碎带中有脉状和浸染状分布的铜金矿(化)体,作为继承式火山岩盆地,火山基底地层成矿条件可能更为理想。[5]

深部找矿是未来地质勘查工作的方向,亟须加强地质和找矿理论的综合研究,以及基底地层中地球物理、地球化学障碍的研究和识别,氧化还原转换界面、酸碱度变化、温压变化等控矿因素的综合分析,从而探寻深部有利的成矿部位。其中地球化学障碍的识别除了岩石自身成分特征外,还可以通过蚀变矿物来判断。根据以往施工钻孔资料来看,黄马青组碳酸盐岩段、周冲村组膏盐层,为偏碱性环境,同时岩石性脆,易形成各类裂隙和破碎,这些部位有利于硫化物矿化体的富集、沉淀。

4 找矿方向

火山岩地层中铜金矿勘查应当重点布置在火山-岩浆断裂喷发带及火山口附近,并重视寻找未知的火山机构。加强火山机构及附近的火山基底地层的勘查和控制,向深部要空间。

深部找矿本着就矿找矿原则,优先在铜井和大平山地区开展,尤其是大平山地区,该区位于东部火山基底隆起区。该部位火山基底出露或者埋深不大,深部找矿成本相对较低。该区铜金矿勘查若获得突破,或可开启宁芜深部找矿热潮。勘查深度至少控制住象山群,探索性控制三叠系黄马青组、周冲村组膏盐层甚至更深。勘查中重视对物化屏障的分析和研究,对有利的成矿部位,如断裂破碎、蚀变强烈、碳质发育部位进行系统采样和研究。同时加强原生晕分析,以便进一步了解深部的含矿性。

参考文献

[1] 赵玉琛.宁芜火山岩型铜金矿类型和成因探讨[J].黄金,1994,15(11):13-19

[2] 侯龙海.宁芜地区大平山铜矿、天台山黄铁矿与古火山机构关系的探讨[J].江苏地质,2003,27(1):12-18

[3] 蔡伯良.江苏省铜井铜(金)矿地质特征及找矿潜力[J].科技资讯,2012(9)

[4] 于红军.宁芜中段火山岩盆地找金前景探讨[J].安徽冶金,1991(2):6-10

[5] 翟裕生.长江中下游地区铁铜(金)成矿规律[M].北京:地质出版社,1991

建德岭后-淳安儒洪-双溪口地区成矿规律与找矿远景

汪隆武[①]

(浙江省地质调查院)

[摘 要] 本文是在"浙江建德-淳安地区矿产远景调查成果报告"的基础上编写的。该项目通过1:5万区域矿产、高精度磁法测量、水系沉积物测量和矿产检查,基本查明建德岭后和淳安儒洪地区成矿地质背景、矿床地质特征、找矿远景,提交新发现铜金矿产地1处,圈定了1个A级铜矿产预测区和2个B级铜矿产预测区,1个A级铁锡多金属矿产预测区和2个B级铁锡多金属矿产预测区。为测区下一步矿产勘查指明了方向。

[关键词] 侵入作用 成矿系列 双溪口式铁锡矿床 岭后式铜矿

1 成矿地质背景

测区位于扬子地台东南缘,江山-绍兴拼合带西北侧,萧山-球川区域断裂带穿越测区东南角(图1)。区内地层发育较齐全,构造岩浆活动较强烈,经历了加里东、印支、燕山、喜马拉雅等地质构造活动影响,尤其受印支-燕山旋回构造作用影响,形成一系列北东向线型褶皱和脆性断裂。燕山期岩浆活动,在测区北部形成岩浆岩侵入体,内生金属矿产形成与该期岩浆侵入活动有关[1-3]。

1.1 地层

测区属江南地层分区,北部主要出露南华系、震旦系和下古生界,南部主要出露上古生界,局部分布有中生代建德群和同山群马涧组。南华系以碎屑岩为主;震旦系以白云岩与泥岩互层和白云岩为主;下古生界底部为黑色岩系,中上部为白云质灰岩夹泥灰岩;上古生界下部为台地相碎屑岩夹少量煤层,中上部为灰岩和含煤泥岩;中生界为陆相火山沉积岩。

1.2 构造

区内岭后地区与成矿关系密切的构造为岭后-石耳山-莲花复式向斜和孙家桥-双溪口背

---

① 作者简介:汪隆武,男,1963年生,安徽宜城人,高级工程师,主要从事地质矿产工作。

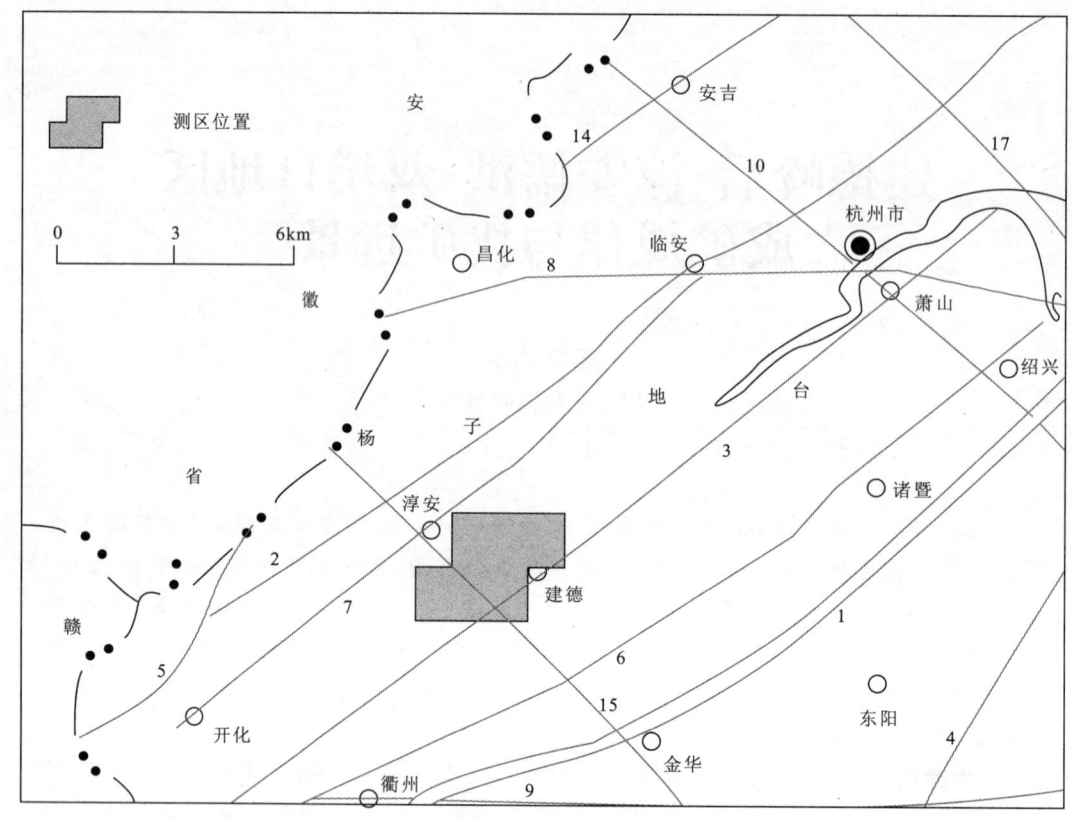

图 1 测区大地构造位置图

1. 江山-绍兴拼合带；2. 马金-乌镇断裂带；3. 球川-萧山断裂；4. 丽水-余姚断裂带；5. 下庄-石柱断裂；6. 常山-漓渚断裂；7. 开化-淳安断裂；8. 昌化-普陀断裂；9. 衢州-天台断裂；10. 孝丰-三门湾断裂；14. 学川-湖州断裂；15. 淳安-温州断裂；17. 长兴-奉化断裂

斜。前者延伸方向为 50°，松坑坞向斜南西端岭后一带受北西向断裂切割，延伸长约 22km，最宽约 2.7km，可分为 4 个次级褶构造：石耳山-洪秋塘向斜、铜山-洪秋塘背斜、莲花向斜、好运岛-里薛向斜。后者孙家桥-双溪口背斜呈北东向延伸至新安江水库，向南西延伸出测区，总体走向为 54°，区内长约 11km，背斜两翼岩层产状大多正常，在双溪口一带南东翼地层倒转。

1.3 岩浆岩

区内侵入岩系燕山期岩浆活动的产物，与矿产有关的主要有儒洪-双溪口和岭后两个成矿岩浆岩带。

1.3.1 儒洪-双溪口岩浆岩带

该带位于测区西部，沿孙家桥-双溪口背斜核部出露，由 7 个岩体呈串珠状排列组成，出露面积约 32.45km²，其中最大者儒洪岩体 19.35km²，同位素年龄为 156～147Ma（黑云母 K-Ar 法）。岩体围岩为奥陶系碎屑岩，普遍不同程度角岩化蚀变，宽 1～3km。推测上述岩体在深部连为一体。侵入体顶部接触面呈波状起伏，风化剥蚀作用仅揭露岩基上部少量突出部位。岩体主体岩性为含黑云母斑状花岗岩和细粒花岗岩，可分为两个相带，岩体中间为细—中粒含黑云母斑状花岗岩,边缘为1~2m宽细粒花岗岩。二者在10~20cm内呈渐变过渡关系,岩石矿物成分相同,但结构构造不同。岩石石英含量28%~30%,钾钠长石含量55%~60%,斜长石8%~16%,黑云母约1%,金属矿物少量,有个别锆石和鳞灰石。中间相岩石斑晶含量约20%,斑晶大小一般2~4mm,往边缘为细粒花岗岩,萤石和硫化物增多。

岩体副矿物属锆石-独居石-锐钛矿型,出现黑钨矿、毒砂、自然铅、萤石、黄铜矿、辉钼矿、磁铁矿等。

该岩浆带岩石属钙碱系列岩石。岩石地球化学显示Cu、Sn、W、Mo等元素丰度高出维氏2~3倍,具有找矿指示意义。岩浆带岩石稀土总量(ΣREE)变化于$(264.15~341.91)\times10^{-6}$之间,平均为$309.14\times10^{-6}$;$\delta$Eu变化于0.08~0.42之间,平均为0.26,属铕亏损型;δCe变化于0.92~1.01之间,平均值为0.95。稀土元素配分模式(图2)显示向右倾斜的轻稀土富集型,Eu呈"V"字形谷曲线明显,轻稀土分馏明显,重稀土分馏不明显。

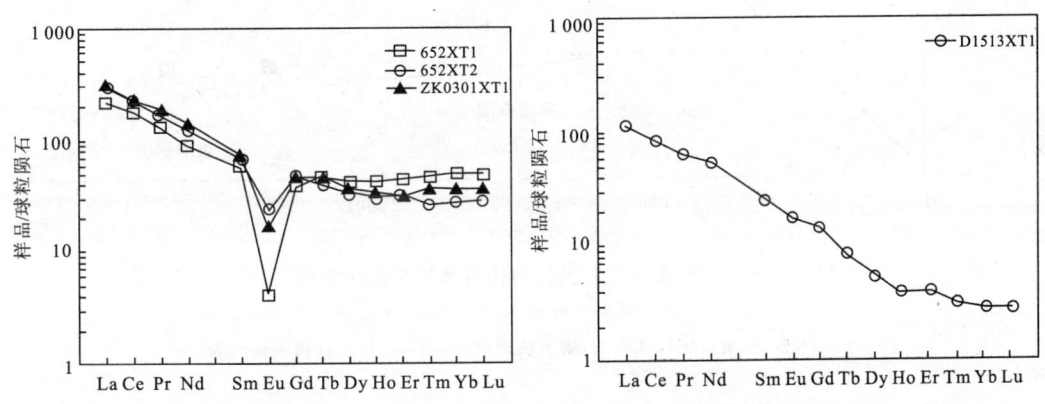

图2 双溪口细粒花岗岩和岭后花岗闪长斑岩稀土元素配分模式图

在Batchelor和Bowden(1985)的R_1-R_2阳离子组合岩浆构造环境判别示意图解(图3)中,儒洪-双溪口岩浆岩带上的样品投影点主要落入造山晚期范围,少量样品落入同碰撞期范围,表明岩体等形成于同碰撞期—造山晚期的大地构造环境。

1.3.2 岭后—石耳山—洪秋塘岩浆岩带

该带出露于测区东部,岭后—石耳山—洪秋塘一带,长15km,为小岩株。

岭后花岗闪长斑岩属钙碱系列岩石。岩石以石英、钙长石、钠长石、正长石为主,少量刚玉、紫苏辉石、钛铁矿、磁铁矿和磷灰石。岩体副矿物中黄铜矿、黄铁矿、毒砂、萤石常见。岩石中微量元素以Cu、Pb、Zn、Ag丰度为高,显示了岩体具金属硫化物成矿专属性特点。稀土总量(ΣREE)为119.06×10^{-6};δEu为0.89,属轻度铕亏损型;δCe为0.94,属铈轻度亏损。稀土元素配分模式(图2)显示向右倾斜的轻稀土富集型,Eu呈"V"字形谷曲线不明显,稀土分馏明显。

在Batchelor和Bowden(1985)的R_1-R_2阳离子组合岩浆构造环境判别示意图解(图3)中,岭后花岗闪长斑岩的样品投影点落入地幔分离区,表明岭后花岗闪长斑岩的物质来源于地幔分离作用。

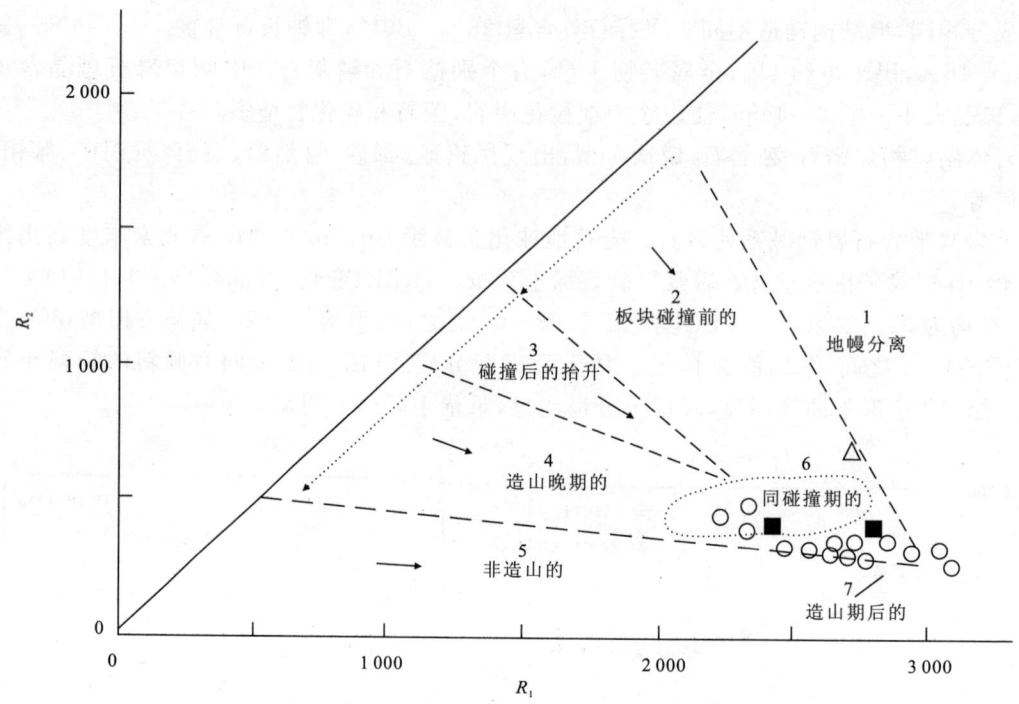

图 3 测区侵入岩组合与构造环境判别示意图
(据 Batchelor R A,1985)
○孙家桥-双溪口细粒花岗岩；■翠坑口霏细斑岩；△岭后花岗闪长斑岩

1.4 区域矿产

测区属浙西成矿带(Ⅲ₂)大溪边-双溪口锡、铁、铜、铅、锌、砷成矿区(Ⅳ₆)。已知矿产中大型矿床 1 处,中型矿床 12 处,矿(化)点 35 处。矿床(点)分布于岭后和儒洪-双溪口两个成矿远景区,与成矿地质背景密切相关,其中铁锡多金属集中于儒洪-双溪口地区,如淳安县双溪口锡铁矿、淳安县安阳黄川源铜锌矿、淳安县安阳桑麻坞铁矿、淳安县硐坞锡铁矿、淳安县上方白沙畈钨锡矿、淳安县灰山铁矿、淳安县铜山锡铁矿,开化县大溪边铅锌矿、开化县翠坞银矿、开化县大横山铅锌矿和开化县大山头铅锌矿;铜金等集中于岭后地区,如建德市石耳山铜矿、建德市岭后铜矿。

2 典型矿床地质特征

测区主要的金属矿产可划分与燕山早期中酸性岩浆热液作用有关的铜、铅、锌、金、硫成矿系列,及与燕山早期酸性花岗岩有关的铁、钨、锡成矿系列。典型矿床分别为建德岭后铜矿和淳安县双溪口锡铁矿。

2.1 建德岭后铜矿

矿区位于钱塘台褶带华埠-新登陷褶带中段。主要出露古生界浅海-滨海相碳酸盐岩、碎屑岩。矿区松坑坞向斜核部发育北东向断裂,北西向断裂较少(图4)。区内发育小型浅成中酸性岩枝、岩脉,无大型侵入体,岩浆岩同位素年龄(K-Ar)122.26～115.00Ma(成都地质学院)。中酸性岩浆侵入活动有3次以上,岩石均已强烈蚀变。第一次为紫灰色、灰色黑云母花岗闪长斑岩,主要出露于岭后西铜官向斜核部;第二次为灰绿色、黄褐色细晶花岗闪长斑岩,见于岭后矿段37线东侧以及西铜官,多呈脉状;第三次为灰绿色、浅灰色嵌晶花岗(闪长)斑岩,多呈岩脉形式产出,岩脉及围岩具黄铁矿化(1%～5%),弱铜矿化[1][2]。

岭后铜矿共有大小矿体60余条,主要分布于松坑坞向斜核部及两翼,主矿体有8条,其中以Ⅰ号、Ⅱ号矿体规模最大,矿石品位较富,具有工业开采价值[3]。

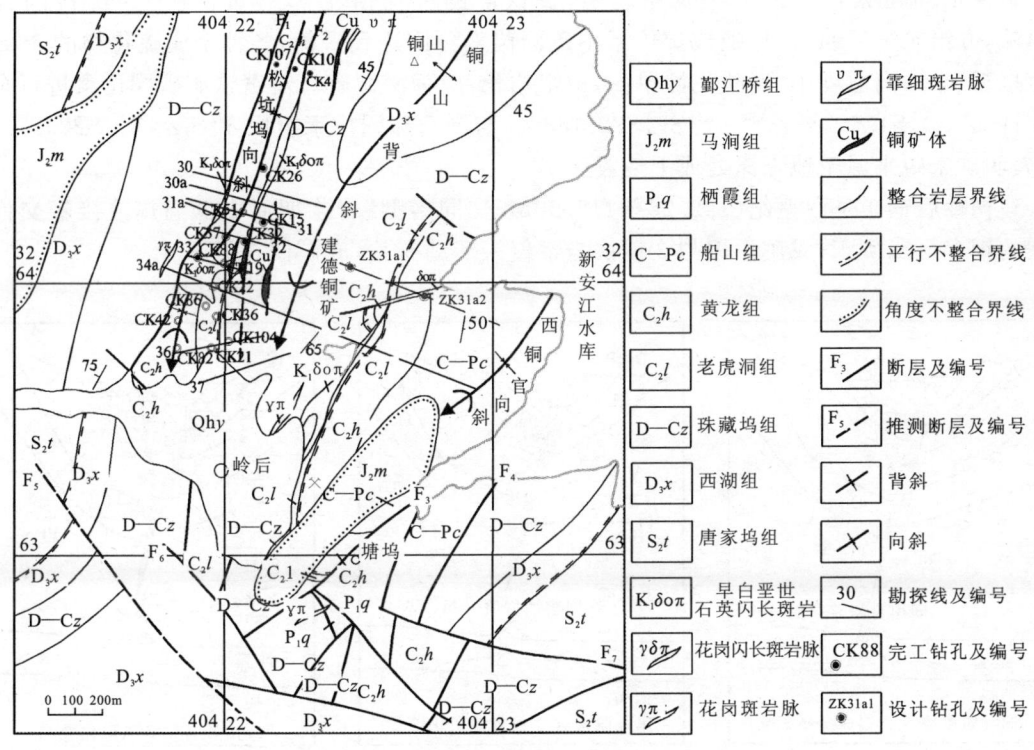

图4 岭后地区地质矿产图(据文献[7]修改)

Ⅰ号矿体位于松坑坞向斜核部,受北东向断裂控制,铜资源量占全区的80%。矿体顶板为老虎洞组白云岩,底板为珠藏坞组细砂岩。矿体总体走向为NE16°,沿向斜轴部和东翼延展,延伸总长约800m,平面上呈舒缓波状,倾向北西,倾角为57°～72°,矿体厚为4.78～5.10m,厚度变化系数为65.79%～20.68%。

主要矿物依次为胶状黄铁矿、黄铁矿、黄铜矿、闪锌矿、方铅矿、磁铁矿,少量斑铜矿、辉铜

---

[1] 浙江省有色地质勘探公司.浙江建德铜矿Ⅱ号矿体金银详查地质报告,1988
[2] 杭州建铜集团有限公司.浙江建德铜矿北部勘查地质报告,2003
[3] 杭州建铜集团有限公司.浙江建德新安江镇建德铜矿松坑坞矿段33-30线详查地质报告,2005.5

矿和硫盐、黝铜矿等矿物，Ⅱ号矿体中含微量自然金、银金矿、辉银矿、碲银矿。脉石以石英、白云石、蛇纹石为主，少量绢云母、高岭石、方解石，痕量石膏。矿石具交代状结构，骸晶结构，块状、团块状及细脉浸染状构造。矿区蚀变围岩蚀变主要有矽卡岩化、磁铁矿-赤铁矿化、大理岩化、硅化、绢云母化、碳酸盐化等。

松坑坞矿段对 F_{29} 第二期花岗闪长岩取样分析，岩石含铜 0.07%，对 F_{23} 上盘花岗闪长岩取样分析，Cu 0.1%～0.3%，在对－100m 中段 31 线穿脉长 8m 的矽卡岩化花岗闪长玢岩 H45-52 样品进行化学分析，其平均铜含量 1.70%、硫 19.90%；证明铜矿与花岗闪长岩具有不可分割的成因联系。包体测温显示，黄铁矿 170～330℃，黄铜矿 200～220℃，闪锌矿 300～330℃，显示成矿温度具有由低到高再降低的变化规律。

硫稳定同位素（$\delta^{34}S$）示踪研究表明，黄铁矿的平均值 1.5‰，黄铜矿 0.98‰，闪锌矿 0.94‰，方铅矿－0.94‰，反映成矿体系中硫同位素分馏达到平衡，各种金属硫化物的 $\delta^{34}S$ 平均值接近于零，离散度小，反映硫源单一，稳定均化，应为深源硫。对黄铁矿硫同位素进行全硫值统计，$\delta^{34}S\Sigma S 1.662‰$，$\delta^{32}S/\delta^{34}S\Sigma S 22.183‰$，与陨石硫同位素组成 $\delta^{32}S/\delta^{34}S\Sigma S 22.22‰$ 相近，表明矿床硫来源于地壳深处或上地幔。

建德岭后铜矿是白垩纪（122.26～115.00Ma）"同熔型"岩浆期后中低温热液接触交代充填型的铜多金属矿床，成矿作用与 3 期次岩浆侵入活动有关，成矿模式见图 5。

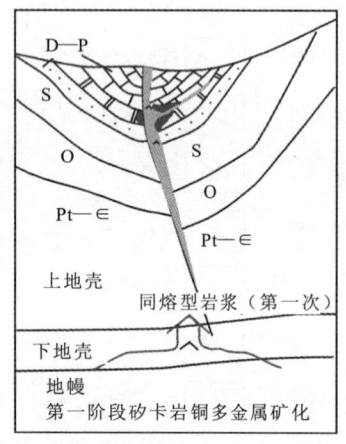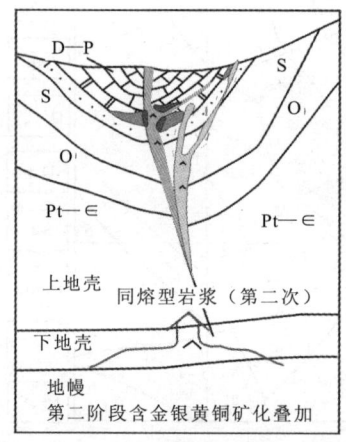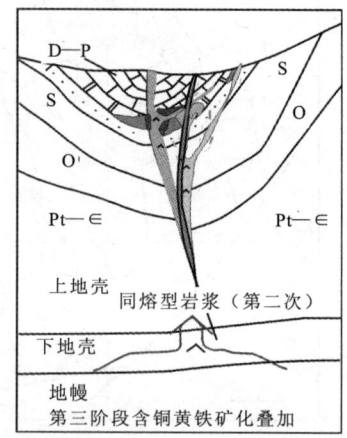

图 5　建德岭后铜矿成矿模式图

第一期成矿形成矽卡岩型铜、铅、锌矿床，局部形成磁铁矿；第二期成矿在早期矽卡岩矿体上叠加形成金银铜矿体或形成独立细脉浸染状铜金矿床；第三期成矿叠加形成块状含铜黄铁矿体和细脉浸染状黄铁矿化。

2.2　淳安双溪口锡铁矿

该矿区位于孙家桥-双溪口背斜核部。主要出露奥陶系—志留系陆源碎屑岩，沿孙家桥-双溪口背斜核部出露有多处燕山早期细粒花岗岩侵入体，岩体围岩发育宽 2～3km、长 35km 的角岩化带（图 6）。

矿区可分为Ⅰ号、Ⅱ号两个矿带，赋存于上奥陶统长坞组上部钙质粉砂岩、钙质泥岩的层

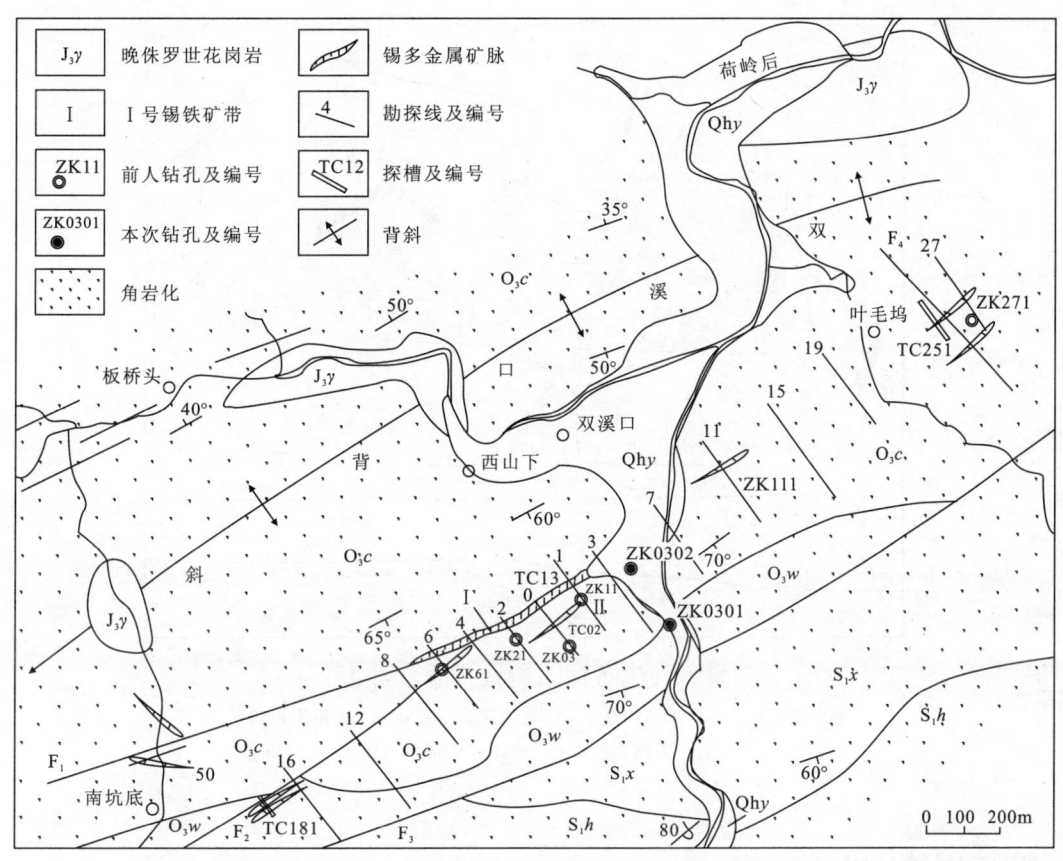

图 6 淳安双溪口锡铁矿区地质略图

间破碎带中,受层位和构造控制[①]。Ⅱ号矿带为矿化体,无工业意义。

Ⅰ号矿带内锡铁矿体呈似层状、透镜状产出,矿带长 1 300m,宽 0.71~2.40m,赋矿标高为 -80~293m,分上、下两部分,上部为含锡硫化矿,北东段含锡较富,形成 450m 锡矿体,厚 1.32~1.82m,倾向南东,倾角 72°~82°。矿体含锡 0.16%~0.33%、硫 13.59%~21.26%,局部含铅 4.39%、锌 21.95%、铜 0.34%、钼 0.008%。下部为含锡磁铁矿,延深可达地下 440m,铁矿水平厚 1.44m,铁平均含量 35.33%,伴生锡矿体水平厚度 1.09m,锡平均 0.35%。

矿石矿物以锡石、磁铁矿、磁黄铁矿、黄铁矿为主,次有闪锌矿、方铅矿、黄铜矿;脉石矿物有阳起石、红柱石、透辉石、绿帘石、绿泥石、石英、萤石。矿石具自形—半自形晶结构,浸染状、条带状构造。金属矿物结晶顺序为磁铁矿→闪锌矿→锡石→方铅矿→磁黄铁矿→黄铜矿→黄铁矿,硫化物细脉明显穿插磁铁矿,反映有两个世代矿化。与矿化密切的蚀变为矽卡岩化、硅化、黄铁矿化。双溪口锡铁矿是晚侏罗世(143Ma)"重熔型"岩浆期后中高温热液接触交代型锡铁矿床,矿区成矿作用与岩浆侵入活动有关,成矿模式见图 7。

---

① 中国有色金属工业总公司浙江省勘探公司.浙江省淳安县双溪口锡矿区普查找矿地质报告,1987

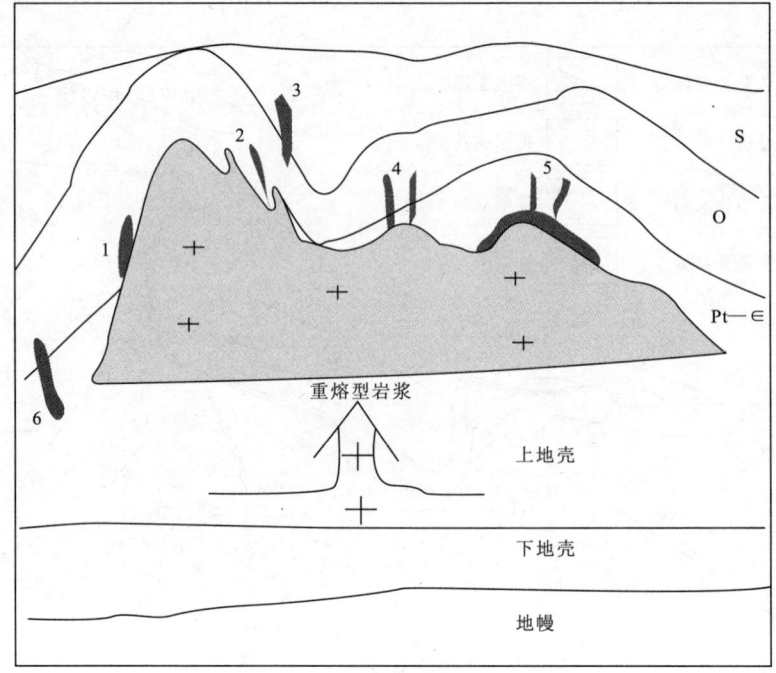

图 7 淳安双溪口锡铁矿成矿模式图
1. 铜山锡铁矿；2. 双溪口锡铁矿；3. 黄川源多金属矿；4. 千亩田钨铍矿；5. 岩前含锡钨萤石矿；6. 外际底矿银多金属

3 控矿因素、找矿标志

3.1 岩性控矿条件及找矿标志

区内与矿床关系密切的有珠藏坞组（D—Cz）、黄龙组（C_2h）、老虎洞组（C_2l）、长坞组（O_3c）以及砚瓦山组（O_3y），岭后中型铜矿、石耳山小型铜矿均与珠藏坞组、老虎洞组和黄龙组地层有关；在儒洪-双溪口地区，矿床赋存于砚瓦山组和长坞组钙质岩石内。只有在钙质岩石区才能寻找有规模的矿化体。

3.2 岩浆岩控矿条件及找矿标志

儒洪花岗斑岩带岩石含有较高铁、氟、铜、锡、砷、钼等，为铁锡多金属矿成矿母岩；岭后岩浆带岩石含有较高铜、金、钼等，为岭后式铜矿成矿母岩。区域上，两个成矿区内在岩浆岩与钙质岩石接触带，均见不同程度的矿化，远离岩体极少有矿化。如松坑坞矿段−100m 中段 31 线斜穿脉花岗闪长斑岩中，H45-52 样品（样长 8m）Cu 平均品位 1.70%，Cu 最高品位 10.23%，西铜官花岗闪长斑岩脉含铜 0.216% 等，说明岩体在为成矿提供物质来源的同时，还提供热源。

3.3 构造控矿条件及找矿标志

儒洪-双溪口地区奥陶系—志留系以碎屑岩为主，钙质岩石夹层一般在下部或背斜构造近核部;岭后地区石炭系白云岩或灰岩一般位于上部或向斜核部;因此,在上述构造中有含矿岩浆岩侵入地带才能形成有规模的矿床。此外,在褶皱核部伴有纵向断层时,更有利于矿体形成。

3.4 磁异常与化探异常找矿标志

双溪口铁锡矿化带,正负磁异常对应出现,异常最高 321.21nT,最低值 -36.58nT,地表沿脉探矿坑道所见含锡磁黄铁矿,钻孔往地下 100~400m,靠近岩体变为含锡磁铁矿。此外,在儒洪白沙畈锡矿、硐坞锡铁矿上部伴有锌多金属矿,下部伴有磁铁矿。在里商地表200m长铅锌矿,伴有正负相间磁异常,说明下部应有含锡磁铁矿体的存在。水系、土壤异常以及铁帽等也是良好的找矿标志。如在岭后、石耳山、东铜官、铁山坞等地表,可见长几米至几百米,宽几十厘米至几米含孔雀石褐铁矿带,岭后、石耳山、东铜官水系沉积物和土壤中 $Cu(500~5000)\times 10^{-9}$,$Au(10~80)\times 10^{-9}$,$Ag(200~3000)\times 10^{-9}$。

4 成矿规律研究

4.1 成矿时间演化规律

测区与重熔型花岗岩有关的铁、锡、金、毒砂、多金属矿主要形成于燕山早期150Ma左右;与同熔型岩浆活动有关的铜、铁、多金属矿主要形成于燕山早期120Ma左右。在不同成矿系列成矿远景区,从早到晚形成的矿种呈有规律变化。与重熔型花岗岩有关铁锡金毒砂多金属矿,从早到晚矿石形成顺序为矽卡岩型锡磁铁矿→中高温热液型铅锌矿或多金属→中低温块状硫化物型金、毒砂、多金属;与同熔型岩浆活动有关的铜、铁、金、银、多金属矿从早到晚成矿时序为矽卡岩型多金属或黄铜黄铁矿→铜锌硫叠加富集阶段→块状硫化物阶段。

4.2 成矿空间分布规律

矿床赋存于老虎洞组、黄龙组、砚瓦山组和长坞组等钙质岩石地层中。萤石、钨钼锡铁砷锑多金属矿化集中分布在以儒洪重熔型花岗岩为中心的岩浆岩带附近;铜铁金银多金属矿则分布在以同熔型花岗闪长岩为主的岩浆岩带附近。重熔型花岗岩为被动侵位,主要沿背斜核部侵入,与岩浆活动相关的矿产为锡铁矿和多金属矿床;同熔型花岗闪长岩沿向斜侵入,在向斜核部虚脱部位易形成铜金矿床。

4.3 成矿分带性特点

双溪口-孙家桥成矿远景区内,由岩体向外矿床类型和矿种具分带特点,钨钼锡磁铁等高中温矿床分布于岩体接触带上,多金属和金、毒砂等中低温硫化物矿床一般分布于围岩中,距岩体有一定距离;同一矿体,在岩体接触带中矿物组合以氧化物为主,远离岩体则变为以硫化物为主,如双溪口铁锡矿和岭后铜矿。

岭后-石耳山地区,岩体与围岩接触带上主要为高温的矽卡岩型多金属和含黄铜磁铁矿,远离岩体围岩中则为块状硫化物铜矿、黄铁矿,低温的细脉浸染状含黄铜矿黄铁矿。

5 找矿远景区划分

根据地质、物化探特征以及矿床组合等预测要素(表1),测区划分出岭后-石耳山铜、锌、硫、金成矿远景区(V_1)和孙家桥-双溪口锡、铁、钨、金、砷成矿远景区(V_2)两个成矿远景区6个矿产预测区。

表1 岭后式热液接触充填交代型铜矿矿产预测要素评价表

预测区	预测要素评价							评级
	地层	构造	岩浆岩	围岩蚀变	物探异常	化探异常	矿产特征	
铁山坞	珠藏坞组($D—Cz$)、黄龙组(C_2h)和老虎洞组(C_2l)等	松坑坞向斜,发育北东向断裂	第二次花岗闪长斑岩脉	大理岩化、硅化、矽卡岩化	不明	铜铅锌金银Ⅰ级水系沉积物异常内	地表见有300m长含孔雀石褐铁矿带,见磁铁矿、黄铁矿滚石	B
东铜官		东铜官-西铜官向斜,发育北西向断裂	第二、第三次花岗闪长斑岩脉	黄铁矿化、硅化、大理岩化、绢云母化	地下存在低电阻率异常带	铜铅锌金银Ⅱ级水系异常	地表见有300m长含孔雀石褐铁矿带,有采坑	B
西铜官						铜铅锌金银Ⅰ级水系异常	通过钻孔验证,在地下300m处见厚度约2m的含金银铜矿体	A

5.1 岭后-石耳山铜、锌、硫、金成矿远景区(V_1)

预测区的矿产预测要素为地层、构造、岩浆岩、围岩蚀变、物探异常、化探异常、已知矿产等,圈定的岭后式接触充填交代型铜矿成矿远景区包含3个预测区。

5.1.1 西铜官A级铜矿产预测区

预测区位于西铜官向斜北西翼,出露石炭系白云岩和灰岩,北东向花岗闪长斑岩脉大致顺层侵入于老虎洞组(C_2l)、黄龙组(C_2h),岩脉长大于800m,围岩具黄铁矿化、硅化、大理岩化和绢云母化,预测区面积约$0.79km^2$。预测区位于岭后Cu、Pb、Zn、Au、Ag Ⅰ级水系沉积物异常内,其中Cu元素平均含量为421×10^{-6},最高值1846×10^{-6},衬度为5.26;Pb元素平均含量为40×10^{-6},最高值183×10^{-6},衬度为2;Zn元素平均含量为912.6×10^{-6},最高值2660×10^{-6},衬度为6.08;Au元素平均含量为44.4×10^{-9},最高值63.5×10^{-9},衬度为4.44;Ag元素平均含量为808.5×10^{-9},最高值4200×10^{-9},衬度为4.04。

本区与岭后铜矿区相邻,地表在岩脉与围岩接触带上见有铁帽。可控源音频大地电磁测深探测显示,本区岩脉围岩中存在一明显的电阻率变化梯度带。通过深部钻孔验证,在地下320m处见厚度约2m的含金银铜矿体,铜矿石品位为1.08%~1.59%,约500m和300m处见有铜矿化层。

5.1.2 铁山坞铜铁多金属 B 级矿产预测区

本区位于松坑坞-铁山坞向斜核部,向斜北西翼发育北东向断裂带 F_1,F_1 倾向南东,倾角 55°~75°,断裂带内充填有铁、铜矿化体。灰岩及珠藏坞组内有闪长玢岩脉侵入,岩脉具高岭石化蚀变,围岩发育绢云母化、硅化、大理岩化,并见有孔雀石,地表有近 400m 孔雀石铁帽。预测区面积约 $2.05km^2$。

本区地处 1∶5 万水系沉积物石耳山异常(HS7)南西浓集中心,有两个高异常点构成,各元素异常值较高,Au 元素 $C_{max}=41.6×10^{-9}$,Ag 元素 $C_{max}=1\,436×10^{-9}$,Cu 元素 $C_{max}=1\,854×10^{-6}$,Pb 元素 $C_{max}=815.2×10^{-6}$,Zn 元素 $C_{max}=837.3×10^{-6}$。异常区落在珠藏坞组与老虎洞组接触带上。进一步测制土壤剖面采样 13 个,有 5 个样品 Cu 含量(1 769~4 256)$×10^{-6}$,宽度约 70m,在接触带南西端附近有 30m×30m 人工土坑,见大量含孔雀石磁铁矿和含铜黄铜矿石,化学成分 FeO 0.62%~17.2%;Cu 0.29%~1.26%;S 0.01%~0.24%。沿异常往北追溯见 200~300m 含孔雀石铁帽,含磁铁矿和黄铜黄铁矿滚石,证实异常为矿化引起。

5.1.3 东铜官铜铁多金属 B 级矿产预测区

预测区位于西铜官-东铜官向斜北西翼,预测区面积约 $3.4km^2$。沿黄龙组侵入 2~3 条北东向石英闪长斑岩脉。本区位于好运岛-武公山 Cu、Pb、Zn、Au、Ag Ⅱ级(HS8)水系沉积物异常内,其中 Cu 元素平均含量为 $1\,148×10^{-6}$,最高值 $2\,376×10^{-6}$,衬度为 14.35;Pb 元素平均含量为 $105×10^{-6}$,最高值 $135×10^{-6}$,衬度为 1.31;Zn 元素平均含量为 $597×10^{-6}$,最高值 $876×10^{-6}$,衬度为 3.98;Au 元素平均含量为 $53.8×10^{-9}$,最高值 $79.1×10^{-9}$,衬度为 5.38;Ag 元素平均含量为 $1\,439×10^{-9}$,最高值 $2\,988×10^{-9}$,衬度为 7.2。区内地表见铁帽,局部见褐铁矿体露头。矿石矿物有褐铁矿、孔雀石,局部残留磁铁矿、黄铁矿,曾被地方个体开采。

5.2 孙家桥-双溪口锡、铁、钨、金、砷成矿远景区(V_2)

预测区的矿产预测要素为地层、构造、岩浆岩、围岩蚀变、物探异常、化探异常、已知矿产等(表2),圈定孙家桥—双溪口一带为双溪口式接触-热液交代型铁锡矿成矿远景区,包含 3 个预测区。

表 2 测区淳安双溪口式热液交代型锡铁矿矿产预测要素评价表

找矿靶区	预测要素评价							评级
	地层	构造	岩浆岩	围岩蚀变	物探异常	土壤异常	矿产特征	
双溪口	长坞组(O_3c)	孙家桥-双溪口背斜	双溪口花岗斑岩侵入	角岩化,局部矽卡岩化、黄铁矿化	正负相间磁异常带	Sn、Zn、As Ⅰ级土壤异常	铁锡矿床	A
外坞	长坞组(O_3c)	孙家桥-双溪口背斜	孙家桥花岗斑岩	硅化、黄铁矿化、透闪石化	正负相间磁异常带	Ag、Cu、As、Zn、Sn、Sb、Bi、Pb Ⅰ级土壤异常	多金属矿化蚀变带	B
芦桐坞	长坞组(O_3c)	孙家桥-双溪口背斜	孙家桥花岗斑岩	角岩化、硅化、黄铁矿化	正负相间磁异常带	Au、W、Ag、Cu、As、Mo、Bi Ⅰ级土壤异常	金、钨矿化	C

5.2.1 双溪口铁锡多金属A级矿产预测区

预测区位于孙家桥-双溪口背斜南东翼（近核部），主要出露长坞组钙质粉砂岩、细砂岩，其次为文昌组和康山组细砂岩、岩屑砂岩。沿长坞组中上部钙质砂岩发育顺层破碎带，在断裂带局部充填有锡铁矿化体。地表有双溪口、南坑底细粒花岗岩体，围岩普遍具角岩化，局部矽卡岩化。预测区面积约 4.7km²。

沿长坞组中上部钙质砂岩破碎带发育 NE40°走向的正负磁异常带，异常带长约 800m，宽约 200~250m，北西侧为负异常。南东为正异常，正异常宽为负异常宽的 2 倍，异常最高 321.21nT，最低值-36.58 nT，反演为向南东倾、陡倾角板状磁性体，钻孔验证为含锡磁铁矿体。

1∶1 万土壤双溪口 AgZnAsSnSbPb 异常 HT7：长 830m，宽 130m，面积 0.10km²。主要异常元素为 SnZnAs。Sn 元素 $C_{max}=100\times 10^{-6}$，面积 0.10km²；Zn 元素 $C_{max}=311\times 10^{-6}$，面积 0.13km²；As 元素 $C_{max}=552\times 10^{-6}$，面积 0.13km²。各异常元素浓集中心吻合。

预测区已知锡铁矿体两个，毒砂矿点 1 处，金矿化点 1 处。本次工作通过钻孔验证在Ⅰ号矿体 3 号勘探线地下 131~135m 和 457~463m 处存在锡铁矿脉，矿体厚 1.76~1.86m，锡品位为 0.16%~0.38%，铁平均品位为 35.55，经过资源储量估算，累计求得双溪口铁锡矿Ⅰ号矿体锡矿石量(2S22+333+334)1 581.45×10³t，金属量 5 008.86t，铁矿石量(334)1 509.13×10³t。其中锡次边际经济金属量(2S22)654.97t，推断的内蕴经济资源量(333)355.73t，本次预测的内蕴经济资源量(334)3 998.16t。

5.2.2 芦桐坞C级铁锡多金属矿产预测区

该预测区与铜山锡铁矿属同一成矿带，位于孙家桥-双溪口背斜核部，出露长坞组角岩化泥岩、钙质粉砂岩，发育两条北东向硅化破碎带。面积约 1.1km²。

区内发育芦桐坞北东向磁异带（$\Delta T1$），异常带北西侧为负异常，最低值-92.32nT，南东侧为正异常，呈长椭圆形，最高值 236.68 nT。异常带总长约 2 500m，宽约 300m。该异常带北部 800m 处为孙家桥岩体，所处成矿地质背景与双溪口锡铁矿区磁异常带相似，地表见有大量含硫化物石英脉或硅化岩。反演结果：芦桐坞 $\Delta T1$ 处板状磁性体斜磁化二度无限延深板状体上顶埋深为 71.1m，水平宽度为 85.8m，倾角为 87°，磁化强度为 11 969.7A/m。

1∶1 万土壤芦桐坞 AuAgCuAsSnPbWMoBiSbHg 异常 HT1：长 1 690m，宽 550m，面积 0.62km²。主要异常元素为 AuWAgCuAsMoBi。Au 元素 $C_{max}=20.40\times 10^{-9}$，面积 0.50km²，以孙家桥岩体南西外接触带异常为主，占异常面积的 90%；W 元素 $C_{max}=98\times 10^{-6}$，面积 0.25km²；Mo 元素 $C_{max}=4.61\times 10^{-6}$，面积 0.15km²；Ag 元素 $C_{max}=1.25\times 10^{-9}$，面积 0.40km²；Cu 元素 $C_{max}=662\times 10^{-6}$，面积 0.21 km²；As 元素 $C_{max}=1 520\times 10^{-6}$，面积 0.25km²；Mo 元素 $C_{max}=4.8\times 10^{-6}$，面积 0.16 km²；Bi 元素 $C_{max}=47\times 10^{-6}$，面积 0.16 km²；Sb 元素 $C_{max}=6.76\times 10^{-6}$，面积 0.07km²；Pb 元素 $C_{max}=219\times 10^{-6}$，面积 0.05km²；Sn 元素 $C_{max}=78.00\times 10^{-6}$，面积 0.03km²；Hg 元素 $C_{max}=377\times 10^{-6}$，面积 0.09km²。AuWCuMoBi 浓集中心位于综合异常北东近孙家桥岩体，其余元素浓集中心偏向综合异常南东，具一定分带特征。在预测区北东孙家桥岩体接触带，前人曾发现金、钨矿化。

5.2.3 外坞B级铁锡多金属矿产预测区

预测区位于孙家桥-双溪口倒转背斜南东翼。区内发育一条北东向硅化破碎带，主要出露长坞组角岩化粉砂岩、细砂岩、钙质粉砂岩，其次出露少量文昌组钙质细砂岩、岩屑石英砂岩。

靶区岩石具强角岩化，北东约900m处为孙家桥细粒花岗岩，推测地表以下存在隐伏花岗岩。预测区面积约0.7km²。

1：1万高精度磁法测量圈定外坞磁异常带（ΔT2），异常带延伸长约600m，北西侧为负异常，最低为－86.52 nT，南东侧为正异常区，最高值179.68nT。反演结果：异常应由强磁性体引起，板状磁性体斜磁化二度无限延深板状体上顶埋深为49.4m，水平宽度为42.5m，倾角为77.4°，磁化强度为5 727.3A/m。异常特征与双溪口锡铁矿区磁异常相似，预测为含锡磁铁矿体。

1：1万土壤外坞AuAgCuPbAsZnSnSbBi异常HT2：长2 210m，宽170m，面积0.48km²。主要异常元素为AgCuAsZnSnSbBiPb。Ag元素$C_{max}=2.23\times10^{-9}$，面积0.15km²；Cu元素$C_{max}=429\times10^{-6}$，面积0.15km²；As元素$C_{max}=3437\times10^{-6}$面积0.25km²；Zn元素$C_{max}=487\times10^{-6}$，面积0.20km²；Sn元素$C_{max}=45.4\times10^{-6}$，面积0.15km²；Sb元素$C_{max}=27\times10^{-6}$，面积0.17km²；Bi元素$C_{max}=220\times10^{-6}$，面积0.15km²；Pb元素$C_{max}=575\times10^{-6}$，面积0.25km²，各异常浓集中心套合。本异常比双溪口异常（HT7）异常元素增多，面积增大，强度增强，具备寻找铁锡矿潜力。

在物化探异常带中，见（含孔雀石）黄铁矿化硅化带，拣块化学样分析结果为Cu含量0.02%～0.42%，Pb含量为0.05%，Ag含量为184×10^{-6}，Sn含量为0.03%，As含量为$328\times10^{-6}\sim2\ 028\times10^{-6}$。

参考文献

[1]浙江省地质矿产局.浙江省区域地质志[M].北京:地质出版社,1989
[2]浙江省地质矿产局.浙江省岩石地层[M].武汉:中国地质大学出版社,1996
[3]浙江省第一地质大队.1：5万寿昌幅、塔山幅、淳安幅、梅城幅区域地质调查报告,1984

"武夷山成矿带铜多金属矿勘查选区评价"项目主要成果

朱筱婷[①] 陈世忠 黄正清 陈刚 马明

(南京地质调查中心)

[摘 要] 本文以武夷山成矿带矿产地质成果集成为基础,区域成矿规律与预测研究为重点,成矿带部署研究为主线,通过对区域地、物、化数据综合编图和空间多元信息数据库建设,全面分析了工作区地质矿产研究现状,综合整理了区域地质调查、地球物理、地球化学、矿产勘查资料,编制区域成矿背景和成矿规律系列图件;研究典型矿床,分析成矿地质条件,总结了武夷山成矿带铜多金属矿的成矿规律,归纳成矿系列,建立典型矿床成矿模式与找矿模型;总结区域和矿区地球物理与地球化学特征,归纳总结典型矿床的成矿要素和找矿标志;集成综合信息,建立基于GIS的多元信息数据库,提取成矿证据因子,确立找矿信息模型,进行GIS成矿预测,并圈定成矿远景区,分析不同成矿远景区的主攻矿种、主攻矿床类型及主攻方向;并对下一步找矿工作提出部署建议。

[关键词] 武夷山成矿带 矿产地质成果集成 成矿规律与预测 GIS成矿预测 桃溪隆起区 部署建议

引言

武夷山成矿带跨越东南沿海浙、赣、闽、粤4省,包括浙江西南部、江西东部、福建中西部及广东东北部,面积约 $16\times10^4 \text{km}^2$。经过长期研究,关于武夷山成矿带的范围,前人提出了多种划分方案。项目组与各省有关地勘部门研讨,认为武夷山成矿带为东起丽水—政和、福安—汕头一线;西止鹰潭—安远;南止佛冈—丰良;北部以萍乡-广丰-江山-绍兴断裂带为界。这种划分方案基本上继承了早期的方案,但东部的界线往东作了适当改动,主要是为了把双旗山、政和断裂带附近的矿产囊括其中。我们的工作区主体为武夷山隆起带、闽中-浙西裂谷带和永(安)-梅(州)-龙(门)坳陷带。

工作区内的矿产资源,已探明储量的矿种有118种(含亚矿种),其中金属矿产31种,非金

---

① 第一作者简介:朱筱婷,女,1980年生,助理研究员,在读在职博士,岩石学矿物学矿床学专业,现从事矿产调查、成矿预测和成矿流体研究。

属矿产 82 种。金属矿产中,铜、金、铅、锌、银、钨、锡、铁、锰等储量较大。

根据中国地质调查局下达的地质调查工作项目任务书(编号:资[2008]02-13-02 号,资[2009]增 22-06,资[2010]矿评 01-17-11),"武夷山成矿带铜多金属矿勘查选区评价"项目(编号:1212010813065)性质属资源评价,工作起止年限为 2008—2010 年。其总体目标:以铜、铅锌、钨、锡、钼为研究矿种,建立武夷山成矿带区域找矿数据平台(包括建立区域、重要矿集区、典型矿床地质资料数据库);开展成矿带系列编图,研究铜多金属矿勘查选区评价标志和重点勘查选区综合找矿勘查评价方法,优选铜多金属矿勘查选区,为武夷山成矿带找矿工作部署和勘查评价方法选择提供依据与技术支撑。

1 成矿地质背景总结

武夷山成矿带地处欧亚大陆东南缘的华南大陆东部,其西北侧紧邻扬子板块东南缘的江南古岛弧。区域地质及区域重磁场特征表明,该区大地构造单元属古华夏构造域,它是在华夏古陆基础上逐步演化而来的,经历了华夏古陆的形成与裂解、扬子与华夏板块的碰撞拼合、太平洋板块向欧亚大陆板块的俯冲作用。中新生代强烈的构造、岩浆、成矿作用,使其成为环西太平洋构造-岩浆-成矿带的重要成矿区带之一。成矿带可以划分为武夷山隆起带、浙西南-闽中裂谷带和永(安)-梅(州)-龙(门)坳陷带 3 个次级构造单元。

1.1 地层

工作区地层区划见表 1。

表 1 武夷山成矿带地层区划表

地层区	地层分区	地层小区	划分标准
I 扬子地层区	I_1 钱塘地层分区		(工作区外)
II 华南地层区	II_1 武夷地层分区	II_1^1 西武夷地层小区	元古宙火山弧带
		II_1^2 东武夷地层小区	元古宙弧后盆地带
		II_1^3 永梅地层小区	晚古生代裂陷盆地带
III 南海-印支地层区	III_1 东南沿海地层分区	III_1 沿海地层小区	(工作区外)

主要含矿建造有:元古宙的火山复理石建造、裂谷盆地演化阶段(晚震旦世—早寒武世)形成的深海相硅质页岩建造、石炭系—二叠系单陆屑含铁建造、中上二叠统含煤建造、上三叠统—下侏罗统含煤建造、上白垩统红色膏盐建造。其中石炭系—二叠系单陆屑含铁建造,表现为一个穿时的含矿层,从海湾西部长汀、武平一带的下石炭统林地组顶部(长汀陂角剖面铁质砂岩),向东铁矿围岩为经畲组。后者是一个穿时的岩石地层单元,由东向西时代有晚石炭世威宁期→马平期→早二叠世黔南期→中二叠世栖霞期(图 1)。

1.2 岩浆岩

武夷山成矿带位于环太平洋构造-岩浆带西带,自新太古代开始,各个地壳演化阶段均有

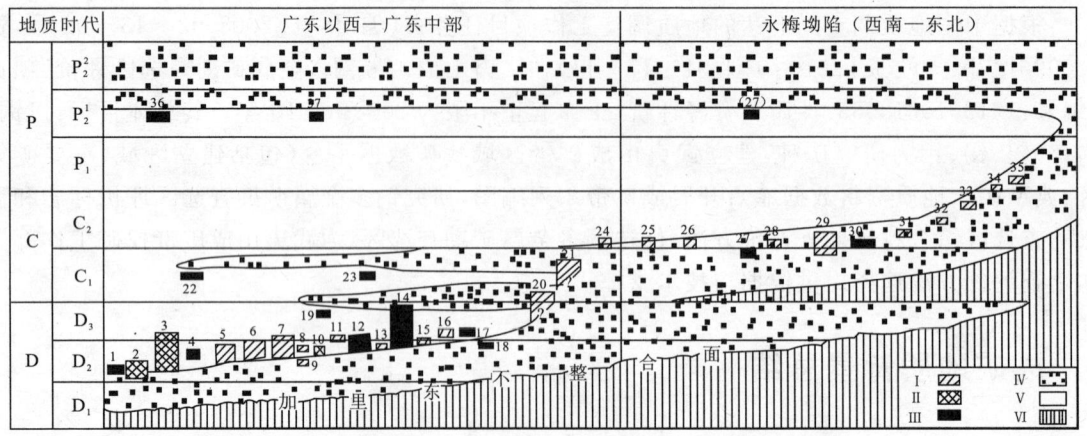

图 1 主要金属矿床在海西旋回中的相对位置示意图

Ⅰ.铁或硫铁矿床；Ⅱ.钨锡铋钼类矿床；Ⅲ.铜及铅锌锑汞类矿床；Ⅳ.地层以碎屑岩为主；Ⅴ.地层以碳酸盐岩为主；Ⅵ.地层缺失。1.古丹；2.瑶岗仙；3.柿竹园；4.金狮岭；5.大降坪；6.西牛；7.红岩；8.樟坑；9.锦潭；10.黄家山；11.西岗寨；12.大宝山；13.金门；14.凡口；15.陈村；16.芒饿岭；17.天堂；18.大尖山；19.乐家湾；20.海南石碌；21.大顶；22.黄沙坪；23.杨柳塘；24.宝山；25.玉水；26.铁山嶂；27.银屎；28.尖山；29.马坑；30.新桥；31.湖洋；32.剑斗；33.潘洛；34.大田；35.阳山；36.水口山；37.崩坑。图中矿床位置所占宽度示相对规模大小

岩浆活动。区内构造-岩浆岩行迹基本呈北东—北北东向展布，且岩浆活动有从北西—南东由老到新的分布特征。成矿带的铜铅锌钼锡等多金属成矿与岩浆活动密切相关，岩浆成矿专属性明显，中酸性岩类主要形成铜钼矿化；酸性岩类依次出现钨钼铌钽等矿化；而与中酸性黑云母花岗岩、花岗闪长岩等有关的矿化以锡、钨、钼、铜、铅、锌等为主。岩浆的成因类型与成矿也有较好的对应关系：同熔型岩浆岩以斑岩铜钼矿化为主；同熔-重熔型岩浆岩主要形成铜、钼、金等硫化物矿床（点）；重熔型岩浆岩以形成钨、锡、钼、铋、铜、铅、锌为主（表 2）。

表 2 武夷山成矿带矿床主要特征

成矿时代	矿床形式	产出构造单元	构造环境	建造类型	岩浆岩	主要成因类型	代表性矿床
白垩纪	五部式	中生代火山断陷带	拉张	陆相基性—酸性火山岩建造	霏细斑岩、花岗斑岩、英安岩、流纹岩	火山热液型	五部、银坑(Pb、Zn、Ag、Mo)
	紫金山式	永梅坳陷区	拉张	陆相火山岩	英安玢岩、花岗斑岩	斑岩型、热液型	紫金山、中寮(Cu、Au)矿
	赤路式	中生代火山断陷带	拉张	陆相中酸性火山岩	花岗闪长斑岩、似斑状花岗岩	斑岩型、热液型	赤路(Mo)、钟腾(Cu)
	岩背式	武夷山隆起带	挤压	陆相火山岩	中粗粒似斑状黑云母花岗岩和花岗斑岩	斑岩型	岩背、锡坑径、矿背等(Sn)

续表 2

成矿时代	矿床形式	产出构造单元	构造环境	建造类型	岩浆岩	主要成因类型	代表性矿床
侏罗纪	厚婆坳式	中生代火山断陷带	挤压	陆相火山岩建造	安山岩、流纹岩、花岗斑岩、石英斑岩	火山-次火山热液型	厚婆坳、西岭（Sn、Ag、Pb、Zn）
侏罗纪	行洛坑式	武夷山隆起带	挤压		似斑状黑云二长花岗岩、细中粒花岗岩、细粒似斑状花岗岩	斑岩型	行洛坑、莲花山（W、Sn、Mo）
侏罗纪	冷水坑式	武夷山隆起带	挤压	陆相中酸性火山岩	花岗闪长岩	火山热液型、斑岩型	冷水坑、银场、管查（Ag、Pb、Zn、Cu）
侏罗纪	嵩溪式	永梅坳陷区	拉张	陆相火山岩及碎屑岩建造		火山热液型、斑岩型	嵩溪、上下湖、鹞子崇（Sb、Ag、Cu、Mo、Pb、Zn）
石炭纪—二叠纪	马坑式、玉水式	永梅坳陷区	拉张	滨海-浅海相碎屑岩-碳酸盐岩夹火山碎屑岩建造	英安岩、安山玄武岩、安山质凝灰熔岩	海底火山沉积型、沉积改造型	马坑、阳山、洛阳、潘田、银顶格（Fe）玉水（Cu、Pb、Zn）
早古生代	双旗山式	中生代火山断陷带	挤压	细碧角斑岩		韧性剪切带型	双旗山、治岭头、八宝山（Au）
早古生代	西坑式	武夷山隆起带	挤压		伟晶岩	伟晶岩型	南平西坑（Ta、Nb、Sn）
中元古代	水吉式、梅仙式	武夷山隆起带	拉张	海相细碧角斑岩建造、碳酸盐岩建造	角斑岩	海底火山喷发-沉积改造型	梅仙、夏山、水吉（Pb、Zn）
中元古代	东岩式	武夷山隆起带	拉张	海相细碧角斑岩建造、碳酸盐岩建造	细碧岩、角斑岩、石英角斑岩、中酸性熔岩及火山碎屑岩	海底火山喷发-沉积改造型	东岩、铁砂街、西裘（Cu、Pb、Zn）

1.3 变质岩

武夷山成矿带基底变质岩大量出露(出露于石城、建宁、邵武和建瓯一带)是其重要特征，也是不同于沿海成矿带的标志之一。这些变质岩一般被认为具有角闪岩相-绿片岩相的变质级。中高变质相岩石常是金、铅、锌矿的矿源层,形成的矿床有建阳大金山金矿、太阳山金矿、浙江遂昌治岭头金银矿等(表3),变质相与成矿关系密切(表4)。

表3 武夷山成矿带基底变质岩系含矿性表

地区分布	基底结构	原岩建造	变质类型	混合岩化	矿产
浙西南	双层结构	马面山岩群	双峰、复理石建造	中低压型	无	龙泉治岭头铅锌矿、治岭头金银矿
		陈蔡岩群	类复理石建造	中高压型	混合岩化	绍兴平水铜矿
闽中	双层结构	马面山岩群	双峰、复理石建造	中低压型	石英脉化	建阳水吉铅锌矿床
		麻源岩群	类复理石建造	中高压型	混合岩化	双旗山金矿
闽西北	双层结构	万全岩群	双峰、复理石建造	中低压型	石英脉化	
		麻源岩群	类复理石建造	中高压型	混合岩化	建阳大金山金矿、太阳山金矿
闽西南	双层结构	楼子坝组	类复理石建造	低压型	无	
		桃溪岩组	双峰、复理石建造	中高压型	混合岩化	紫金山铜金矿
赣东北	双层结构	周潭岩组/铁沙街岩组	双峰、复理石建造	中低压型	无	铁沙街铜金矿
		麻源岩群	类复理石建造	中高压型	混合岩化	
赣东南	双层结构	万源(岩)组	类复理石建造	中低压型	无	于都银坑银多金属矿
		桃溪岩组	类复理石建造	中高压型	混合岩化	红山铜矿

表4 武夷山成矿带变质相与成矿亚带关系表

变质地质单元		变质相	成矿亚带	矿床类型
变质岩带(三级)	变质岩小区			
武夷基底杂岩	龙泉-上虞变质岩小区	角闪岩相-麻粒岩相	武夷隆起成矿亚带	矿床类型:陆相火山热液型、斑岩-隐爆角砾岩型及剪切带型等。矿种有铜、富铅锌、银、锡、钨、钼、金等
	浦城-建宁变质岩小区			
	江西北武夷变质岩小区			
	寻乌变质岩小区			
浙西南-闽中浅变质岩带	浙西南变质岩小区	以高绿片岩相为主,部分为低角闪岩相	浙西南-闽中成矿亚带	矿床类型:块状硫化物型多金属矿、斑岩型铜矿。矿种有铅锌多金属矿
	政和-尤溪变质岩小区			
	赣东南变质岩小区			
永梅低温变质岩带	闽西南变质岩小区	低绿片岩相	永梅成矿亚带	矿床类型:海底火山沉积-热液改造型铜多金属矿床,矿种有铜、金、铁、锰多金属矿
	赣南变质岩小区			

1.4 控矿构造

控矿构造有多个层次,大到板块部位,小到微裂隙。武夷山成矿带处于元古宙活动大陆边缘,这是一个很好的大型控矿构造。次级的控矿构造有作为成矿溶液运移、交代和就位的长期活动的断裂构造、由同沉积断裂控制的沉积盆地(聚矿空间)以及构造运动形成的无沉积界面。这些控矿构造有时会在空间上叠置,造就成一个远景成矿区带。

2 区域矿产与成矿规律

武夷山成矿带矿产地质工作程度较高,目前研究区内矿化异常点及以上级别的矿产地据不完全统计已超过5 000处。武夷山成矿带铜多金属成矿以岩浆成因为主,明显与海相火山活动、陆相火山活动、岩浆侵入活动和斑岩-潜火山活动有关,尤其与燕山晚期中酸性斑岩及其热液活动关系密切。在武夷山成矿带典型矿床调查和研究的基础上,修编了浙江、福建、江西和广东省地矿局的成矿模式图(图2)。

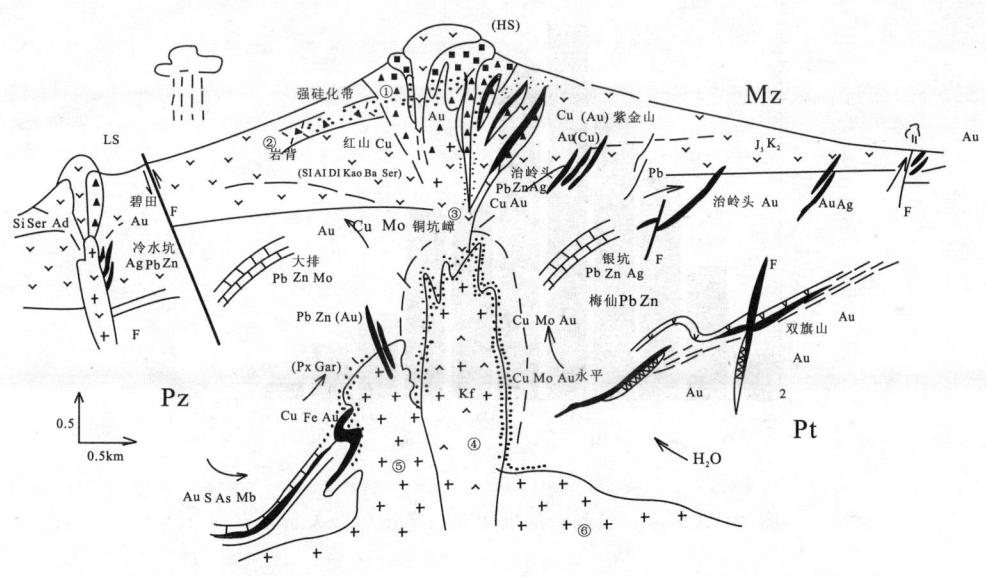

图 2 武夷山成矿带中生代陆相火山岩体系的综合模式图

Pt. 前寒武纪岩层; Pz. 古生代地层; Mz. 中生代火山-碎屑岩; J_3—K_1. 上侏罗统-下白垩统。
①②③④⑤⑥. 代表不同期次和侵位深度侵入岩; LS. 低硫型热液矿床; HS. 高硫型热液矿床; F. 断裂

武夷山成矿带最早有可能形成工业矿床的时期为中元古代,在此期间于古裂谷中形成与海相火山沉积作用有关的海底火山热液型块状硫化物矿床。加里东期花岗岩矿化作用弱,海西-印支期在武夷山成矿带南、北两端,尤其是南段永梅坳陷带形成了铁锰富集。大规模的矿化作用出现在燕山早晚期,在这一时期,成矿带内发生了海相基性火山作用、火山-潜火山作用等与矿化关系密切的岩浆作用。燕山期是花岗岩类活动及矿化活动最强烈的时期,矿化类型多、规模大,叠加和改造了早期矿化。武夷山成矿带的绝大多数矿床都是由岩浆作用所形成,这是该区区域成矿作用的最大特色(图2)。中生代的岩浆作用不仅形成了大量的斑岩-隐爆角砾岩型铜金多金属矿床以及热液矿床,还叠加改造了大量中生代以前的矿床,以至于在成矿带尚无法测出中生代以前的成矿年龄。

3 成矿预测与部署

基于 GIS 的成矿预测,首先要建立在空间数据库的基础上,拥有大量的可用数据,再通过统计的方法,提取成矿有利图层,从而建立模型,最终预测出成矿有利区。武夷山成矿带是用"因子分析法"提取有利数据的图形属性信息,综合信息成矿预测使用"证据权重"法。证据加权模型是以统计综合 GIS 中不同专题图层作为评价目标图层,其他图层作为证据图层参与专题图层的综合。

例如,依据成矿预测模型提取相应方向断裂线,对断层图层作缓冲区分析,并统计矿床(点)到断层的距离。从图 3 可以看出,在距离断层 30km 范围内包含了 96% 的铁矿床(点),据此选择半径为 20km 的断层影响带作为 GIS 预测的证据层。

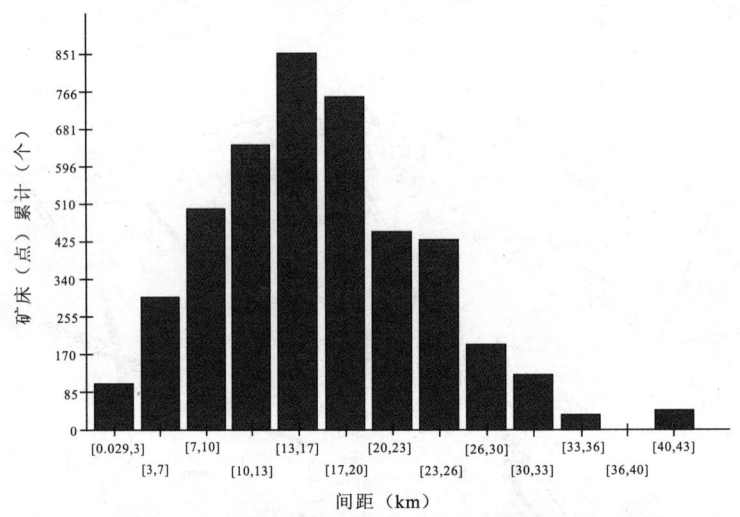

图 3 铁矿床(点)到断层的距离与矿床(点)关系直方图

通过矿床的成因类型、成矿环境及控矿因素分析,建立了武夷山成矿带综合找矿信息模型,从而实现成矿预测,圈定找矿远景区。

4 结论

通过该项目的实施,取得了大量的成果。主要有如下几条:

(1)初步建立了武夷山成矿带区域找矿数据平台。这个平台包括成矿带矿产地质工作程度,1:20 万水系沉积物数据、重砂数据、重力数据,1:20 万和部分 1:5 万航磁数据;桃溪和冷水坑重点区矿产地质数据和典型矿床成矿特征数据资料,以及武夷山成矿带矿权分布数据资料等。

(2)梳理和编制了武夷山成矿带矿产地质基础图件。编制了1:50万武夷山成矿带和1:25万3个成矿亚带的矿产调查工作程度图、矿权分布图、矿产地质图、航磁网格化ΔT等值线平面图、航磁$\Delta T \rightarrow \Delta Za$等值线平面图、航磁$\Delta T$上延1km等值线平面图、航磁$\Delta T$上延2km等值线平面图、航磁$\Delta T$上延5km等值线平面图、航磁$\Delta T$上延10km等值线平面图、重力布格异常图、水系沉积物铜等元素异常图、水系沉积物地球化学综合异常图、黄金等重砂异常分级图、成矿规律图、成矿预测图以及1:10万桃溪隆起区地质矿产草图、贵溪县月凤山火山盆地地质草图等。还编制了综合性图件:1:50万武夷山成矿带S型和I型花岗岩分布图,基底构造层与Cu、Pb、Zn、Au矿关系图,海西-印支构造层与Fe、Mn矿关系图,海西-印支构造层与Cu、Pb、Zn矿关系图,燕山早期构造层与W、Sn矿关系图,燕山晚期构造层与Cu、Mo、Au矿关系图,酸性岩与W、Sn、Mo、Cu矿关系图等。

(3)第一次系统地编制了武夷山成矿带地球化学图件,并总结了其成果。收集整理了福建、浙江、江西东部和广东东北部的1:20万水系沉积物测量的各元素分析成果数据资料,统计分析了Au、Ag、Cu、Pb、Zn、W、Sn、Mo八种成矿元素的地球化学分布特征,计算了各元素的背景平均值和异常下限值,编制了单元素异常图和综合异常图。整个成矿带的元素异常图比例尺为1:50万,数据网度是10km×10km;3个亚带的元素异常图比例尺为1:25万,网度是4km×4km。编制了成矿带和成矿亚带水系沉积物Au、Ag、Cu、Pb、Zn、W、Sn、Mo元素异常图和综合异常图。

根据各个单元素异常图,对成矿带内Au、Ag、Cu、Pb、Zn、W、Sn、Mo八种成矿元素的异常分布特征进行了总结。根据1:20万水系沉积物测量成果,在武夷山成矿带工作区内共圈定多元素综合异常30处,其中以Cu为主的综合异常8处,以Au、Ag、Sn为主的综合异常各6处,以Pb、Zn、W、Mo为主的综合异常各1处。在这些综合异常中绝大部分都已有矿床分布。

根据重砂数据,编制了黄金、锡石、黑钨矿、白钨矿、黄铜矿、方铅矿、钼铅矿、锌尖晶石、辰砂、雄黄、褐铁矿重砂异常分级图。重砂异常与所对应的成矿元素的水系沉积物异常分布特征相近似,黄金重砂异常与Au、Sn异常的对应关系是最好的。

(4)编制了武夷山成矿带重力地球物理图件,并总结了其特征。收集1:20万重力测量资料,对重力数据进行了网格化处理,编制了整个成矿带的1:50万重力布格异常图和3个亚带的1:25万重力布格异常图,网度分别为10km×10km和4km×4km。把武夷山成矿带从北到南划分为北武夷重力梯级带、仙霞岭北西向重力异常低值区、光泽-武夷山-浦城-屏南弧形重力异常低值区、建阳-南平近南北向重力异常相对高值区、永安-连城北北东向重力异常低值区、安远-寻乌近南北向重力异常低值区、东部沿海为一北东向重力梯级带7个区带,并分析了不同区带与矿床的关系。

(5)编制了武夷山成矿带航磁地球物理图件,并总结了其特征。收集了航空磁测的数据资料,编制航磁异常图。成矿带的航磁异常图比例尺为1:50万、数据网度是10km×10km;3个亚带的航磁异常图比例尺为1:25万、网度是4km×4km。根据所编制的航磁异常图分析,把武夷山成矿带的磁异常由西向东划分为抚州-鹰潭-江山-绍兴正异常带、资溪-广丰-武义-嵊州负异常带、瑞金-石城-光泽-遂昌正异常带、景宁-庆元-政和负异常带、永安-武平-寻乌负异常带、文成-屏南-上杭正异常带、宁德-闽侯-德化-龙岩负异常带、仙游-华安-永定-梅州正异常带、南安-南靖-大埔负磁异常带,以及建阳-泰宁和莆田正异常、永安-连城负异常和华安-长泰多组方向正负异常组成的饼状异常带等环形异常。

(6)梳理和总结了武夷山成矿带典型矿床成矿特征。对永平、马坑、岩背、红山、紫金山、梅仙、峰岩、治岭头、冷水坑等典型矿床进行了梳理,并对其中存在的问题进行了调查研究。测试了红山、岩背、紫金山铜金锡矿成矿岩体年龄,提出了岩背、红山和紫金山为一个成矿背景的铜金多金属成矿作用,强调了闽中裂谷带梅仙铅锌矿床岩浆作用对成矿的重要性;测试了马坑铁矿体下盘凝灰质岩石的年龄,提出了燕山期岩浆作用对马坑铁矿的形成起到了重要作用;进一步总结了永平、冷水坑、治岭头、峰岩、梅仙等矿床的成矿背景和成矿特征,从而建立了武夷山成矿带典型矿床成矿模式。

(7)总结了武夷山成矿带成矿规律。从矿床空间分布规律看,武夷山成矿带以铁金铜钨多金属矿为主,其中,武夷隆起亚带以钨金等为主,闽中亚带以铜铅锌矿为主,永梅亚带以铁铅锌钨矿等为主。从成矿时期看,新元古代和早古生代成矿主要发生在武夷山隆起成矿带,晚古生代成矿作用主要发生在永梅坳陷带上,燕山早期成矿作用主要发生在永梅坳陷盆地边缘及与武夷山隆起带的交接部位,而燕山晚期成矿作用则主要发生在浙、闽火山断陷带以及叠加在永梅坳陷和武夷山隆起带上的中生代断陷盆地上。从矿床成因看,以斑岩-隐爆角砾岩铜金多金属成矿作用,火山沉积(变质)叠加改造作用和(岩浆)热液、叠加改造及构造充填作用3种成矿作用为主,尤其是岩浆作用,是该成矿带成矿作用的最大特色。并总结了成矿带主要成矿作用特征、找矿标志和成矿模式等。

通过综合研究和总结,将武夷山成矿带成矿系列划分为三大成矿系列组合、7种成矿系列类型、12个成矿系列、30个矿床式(成矿亚系列)。武夷山成矿带铜多金属成矿以岩浆成因为主,与海相火山活动、陆相火山活动、岩浆侵入活动和斑岩-潜火山活动有关,尤其与燕山晚期中酸性斑岩及其热液活动关系密切。

(8)开展了GIS平台下的成矿预测。这次成矿预测的方法和成果为下一步深入研究奠定了基础。同时,深入分析了重点勘查区桃溪区成矿条件和成矿特征,提出了南武夷桃溪区新的找矿方向:对燕山晚期斑岩型-岩浆热液型铜多金属矿,要寻找有利于中酸性斑岩发育的部位——断裂和火山机构等。而前人提出的找矿方向则是变质岩中韧性剪切带金矿、热液型铜金矿。

(9)提出了武夷山成矿带找矿工作部署。

致 谢

项目开展3年来,始终得到了中国地质调查局、南京地质调查中心、江西省地质调查院、江西省地勘局、福建省地质调查院、浙江省地质调查院、广东省地质调查院、赣南地质大队、赣东北地质大队、912地质大队、福建省地勘局、闽西地质大队、福建省地质四队、福建省地质八队、闽北地质大队等单位给予我们大力支持和帮助。项目测试工作承蒙南京大学、中国科技大学、中国地质大学、中国地质科学院SHRIMP中心等单位的有力帮助。南京地质调查中心李耀西、周济元、蓝善先、陈鹤年、骆学全等专家对项目具体工作给予了热情关心、指导和帮助。在此,谨向上述单位和专家表示诚挚的谢意。

江西九岭地区矿产远景调查成果与进展

陈振华[①]　李均良　蒋金明　符海明
（江西省地质调查研究院）

[摘　要]　本次九岭地区矿产远景调查项目主要开展了1∶5万芳坪幅（江西省境内）、芳溪幅、宜丰县幅的矿产远景调查工作，重点开展了与宜丰岩组有关的海相火山沉积层控叠改型铜矿的评价工作，取得了较好的地质找矿成果。其中兴源冲铜矿是近年来在九岭地区新发现的中型铜矿床，查明铜资源量(333+334$_1$)11.65×10^{4}t，实现了九岭地区铜多金属矿找矿新突破。本文从分析成矿地质背景入手，以兴源冲铜矿为典型矿床，总结了海相火山沉积层控叠改型铜矿成矿规律，建立了成矿模式，系统总结了近几年来的找矿成果。

[关键词]　矿产远景调查　成果与进展　兴源冲铜矿　江西九岭地区

江西九岭区地处扬子板块与华南板块交接带，北为扬子陆块，南为钦-杭结合带，主要由九岭隆起[1]、萍-乐坳陷带两个Ⅲ级构造单元构成（图1）。"萍乐"结合带北西与南东侧分别以宜丰-景德镇深断裂和萍乡-绍兴深断裂为界，拼接带蜿蜒曲折，属A型俯冲带。这种古构造格局造就了本区地（块）体复杂、深大断裂与推（滑）覆构造发育、韧性剪切带及浅—超浅成岩体繁多，为区域成矿奠定了重要的基础条件。

经印支运动，本区完成了向大陆的转变。燕山运动时，由于板内收缩和库拉-太平洋等周边相邻板块的相互作用，致使本区发生了强烈的陆内造山运动，出现了以北东—北北东向为主导的新的走滑冲断-伸展构造叠加复合，形成了丰富的有色、稀有、贵金属矿产。

1　区域地质成矿背景

1.1　地层

出露的地层主要为中元古代蓟县纪安乐林组、宜丰岩组，部分为新元古代及中新生代地层。其中与成矿作用密切相关的地层有蓟县纪宜丰岩组、安乐林组、石炭系等。

（1）宜丰岩组为一套受后期构造叠加改造成的中浅变质地层，岩性为泥绢云千枚岩、粉砂质千枚岩、板岩、绢云绿泥绿帘片岩、石榴二云片岩、钠长英片岩等夹多层变细碧岩、变石英角

[①] 第一作者简介：陈振华，男，1967年生，高级工程师，从事区域地质、矿产地质调查研究工作。

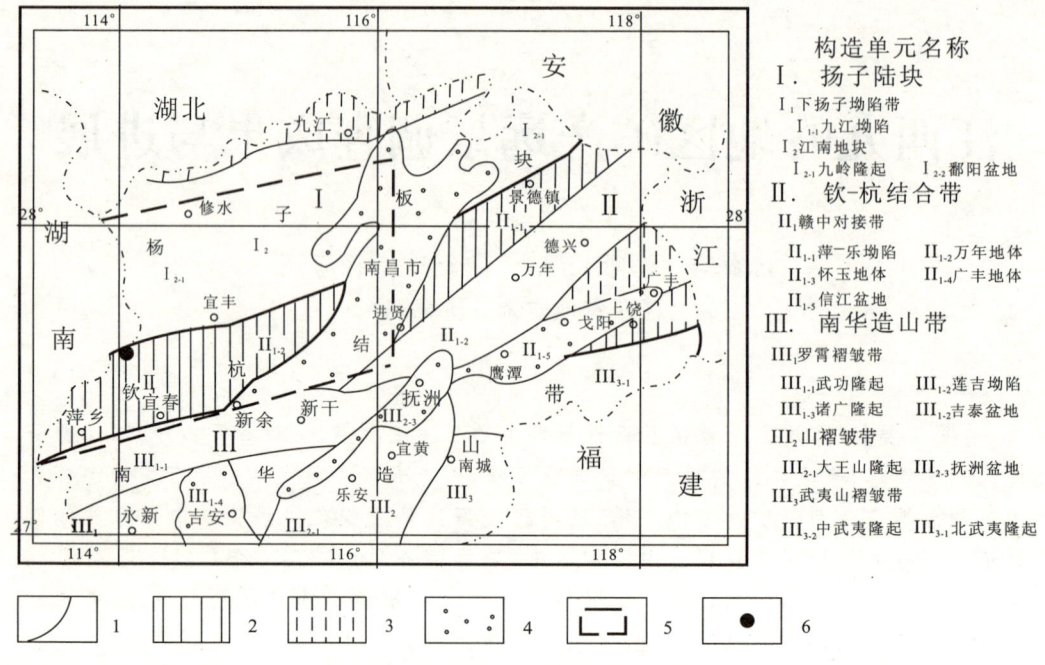

图 1 江西省构造分区略图[2]

1. 分区界线；2. 晚古生代至中三叠世沉积盖层；3. 新元古代至早中三叠世沉积盖层；4. 晚中生代至新生代陆相盆地；5. 九岭矿调工作区范围；6. 兴源冲铜矿床

斑岩、变辉绿岩，并以岩性畸变与混杂为特征；据岩性、化学成分和同位素资料的分析，其沉积特征反映当时为陆缘裂陷槽火山沟弧沉积环境[3]，岩石中 Cu、Pb、Zn 元素含量明显高于同类岩石平均含量，与区内海相火山岩层控叠改型[4]铜矿关系密切。

(2)安乐林组岩性为薄层状粉砂质绿泥绢云千枚岩夹变余含凝灰质粉砂岩、变余凝灰质细砂岩及钙质砂岩透镜体，以含较多凝灰质为特征，局部含较多的黄铁矿及铁锰质结核，代表深海浊流弱还原沉积环境。安乐林组上段 12 个样品 Au 含量$(4.91\sim6.88)\times10^{-9}$，Sn 含量$(3.33\sim4.00)\times10^{-6}$，W 含量$(3.30\sim4.32)\times10^{-6}$。区内众多动力变质热液型金矿床(点)赋存于此套地层中，如棋坪、苞茨坑以及湖南平江黄金洞中型金矿等。

(3)区内晚古生代地层赋矿层位较多，其中以晚石炭世大埔组下段和早二叠世茅口组更为重要。大埔组下段白云岩、白云质灰岩及灰岩，厚 300~400m，其底部为泥岩及石英细砾岩；村前矿区大埔组成矿元素含量颇高[5]，$Cu(48\sim109)\times10^{-6}$，$Pb(58\sim66)\times10^{-6}$，$Zn(54\sim55)\times10^{-6}$，可构成含矿建造，为村前等铜多金属矿重要赋矿层位。早二叠世茅口组(鸣山组)的含 Au 硅质岩组合为卡林型金矿化主要层位，也常出现铜多金属矿赋存。

1.2 构造

中元古代变质岩基底为一轴向近东西巨型复式倒转背斜，由于后期构造叠加或改造，呈"S"形辗转弯曲；紧密线性褶皱明显，主要为大湖塘复背斜、铜鼓-奉新复背斜等。

盖层褶皱主要由石炭纪—中三叠世地层组成，总体呈北东东向弯曲延展，其间常叠加有北东—北北东向短轴褶皱或鼻状褶皱,牵引褶皱明显。

区内断裂构造极为发育,相互交织成网,规模较大的断裂主要有近东西(北东东)向推覆逆冲断裂、滑覆断裂带;慈化-宜丰北东东向深断裂带,规模大,切割深,为九岭隆起带的南部边界断裂;一系列北东—北北东向走滑冲断-伸展十分发育,穿过区内规模较大的主要有靖安-村前、大湖塘-宜丰、铜鼓-余家坪、湘赣边界4条走滑冲断带,相互平行大致呈35～40km等间距展布。其中慈化-宜丰深断裂带(宜丰-景德镇深断裂带西段)为长期活动板缘深断裂带,也是扬子陆块与钦-杭结合带的分界断裂,是控制中酸性斑岩及其铜多金属矿的主导构造。

1.3 岩浆岩

本区岩浆岩类比较齐全,从酸性、中酸性到基性、超基性岩类均有,岩浆活动具多期次、多形式以及多层次造浆与就位特点。

晋宁早期发生了较大规模"双峰式"的火山活动,在黄茅—宜丰一带发育一条北东东向的中元古代古火山岩带,长达70km(图2)。带内中元古代蓟县纪宜丰岩组中发育一套细碧角斑岩系,受控于中元古代晚期陆缘裂陷槽,为一套钠长石英片岩、绢云绿泥石片岩夹变碧岩、变石英角斑岩、变辉绿岩的岩石组合,为Cu、Pb、Zn、Au矿源层;晋宁晚期大规模中酸性岩浆侵入形成了九岭大型复式黑云花岗闪长岩基、石花尖黑云花岗闪长岩株等;加里东期岩浆活动较弱,仅有早期张家坊英云闪长岩株、东茅山黑云英云闪长岩瘤和晚期丰顶山黑云花岗闪长岩株、桃源角闪石英闪长岩株,其中见有与桃源岩株有关的石英脉型和硅化破碎带型金矿;燕山期岩浆活动频繁而强烈,以中酸性、酸性花岗岩类为主,少数为碱性花岗岩类及基性—超基性

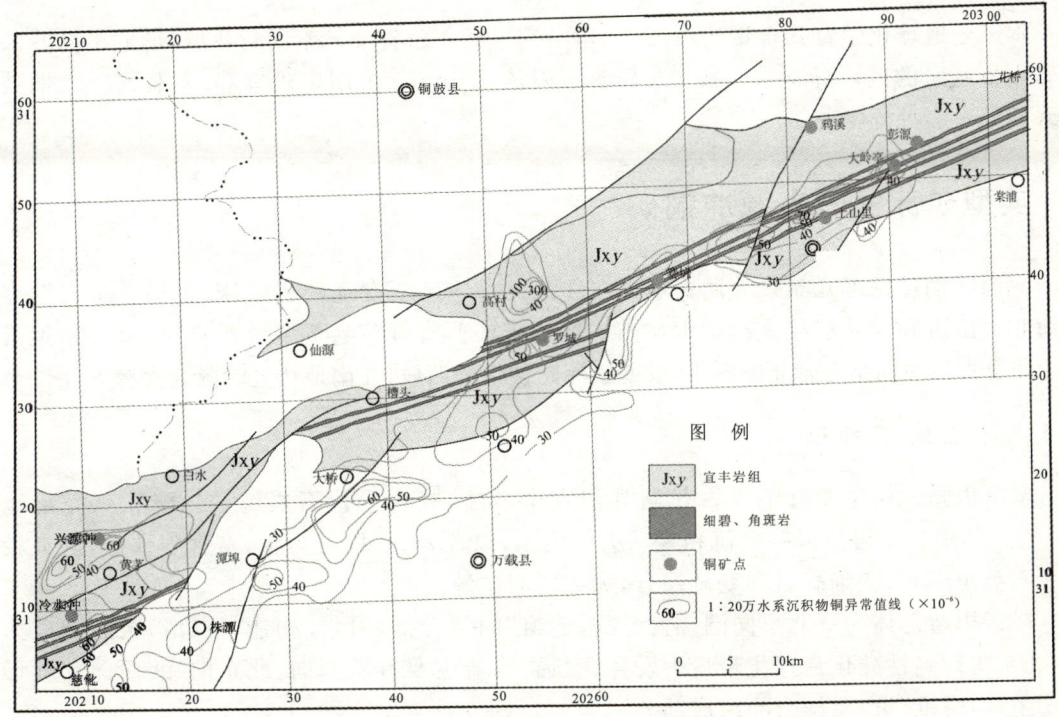

图2 黄茅-宜丰地区中元古代古火山岩带及CU元素地球化学异常图

脉岩类,区内有色、稀有、贵金属矿床的形成与燕山中晚期(中晚侏罗世—早白垩世)浅—超浅成花岗岩类关系最为密切。二云母花岗岩见有铍矿化,钠化强烈地段铌钽等矿化明显;白云母钠长花岗岩、白云母钠钾花岗岩、霏细斑岩与铌钽矿化关系密切。燕山晚期岩体主要有村前、宜丰花岗闪长斑岩或花岗斑岩瘤等,与铜多金属矿化关系密切。

1.4 区域地球物理、地球化学特征

测区慈化-宜丰断裂以北为九岭重力低值区,以南为万载-高安重力中值区,据平均布格重力异常资料,本区重力值变化在$(-55\sim-5)\times10^{-5} m/s^2$之间。重力资料显示,沿慈化-宜丰断裂带,即九岭隆起与萍乐坳陷间为重力异常梯级带,罗城南部、黄茅、村前等地有一定范围的局部重力低异常区[6]。

本区属平稳低磁场区,磁场强度变化幅度均在50nT左右,在此背景上出现有呈北东向、北北东向和北西向正负磁异常带,并与区域构造线基本一致。磁异常资料显示,在铜鼓-花桥、村前、宜丰、彭源、志木山等地段,均有局部正磁异常,经深部验证,铜鼓-花桥、村前、宜丰等磁异常由隐伏花岗闪长斑岩或斜长花岗斑岩引起。

地球化学资料表明,本区为Cu、Pb、Zn、Au、Ag等元素岩石综合异常区。

本区铜背景值为$22.31\mu g/g$,高于全省、全国背景值,显示本区具有一定的铜成矿优势。

按Cu异常下限值30×10^{-6},万载黄茅-宜丰彭源可圈定长100km、宽7~10km较连续的大范围Cu异常,并伴有Pb、Zn、Au、Ag等元素异常;按下限值40×10^{-6}可圈定出兴源冲、蓬里冲、株潭、潭埠、大桥、三兴、罗城、高村、上山里、芳溪、大岭亭等10余处局部Cu异常,多属铜致矿异常(图2)。

本区金地球化学背景含量为$(1.2\sim2)\times10^{-9}$,属江西省金元素高背景域,形成了九岭西部及赣中金元素的区域异常带。按Au异常下限值2.5ng/g可圈定出宜春、万载、新余、铜鼓及修水西部等多处异常。

2 典型矿床——兴源冲铜矿

兴源冲铜矿是近几年来大调查项目在江西九岭地区新发现的铜矿床,为与宜丰岩组有关的海相火山沉积变质层控叠改型铜矿。矿区位于江西省万载县黄茅镇西北约4km处,地处扬子与华夏古板块间结合带北侧宜丰-景德镇深断裂带的西段,江南地块九岭隆起南缘[1](图1)。

2.1 矿区地质特征

矿区出露地层主要有中元古代蓟县纪宜丰岩组,晚古生代石炭纪、二叠纪、三叠纪地层(图3)。其中宜丰岩组属一套沉积变质火山岩系,以片岩、千枚岩为主,富含菱铁矿,含夹较多的变石英角斑岩、变细碧岩和变辉绿岩,为主要的矿源层。

矿区构造总体为一北东向围绕大型"构造窗"的复合推(滑)覆构造,推(滑)覆断裂极为普遍,北东向韧脆性硅化片理化带最为发育。断裂构造主要有东西向、北东向、北西向和环形断裂4组,均属推(滑)覆构造的组成部分。

矿区宜丰岩组第二岩片中发育一规模较大的北东向韧脆性硅化带,斜贯全区,在水家庄一带产生偏转呈北西向,带宽大于1 000m,由4~6条次级韧脆性硅化带组成,单条宽几米至几

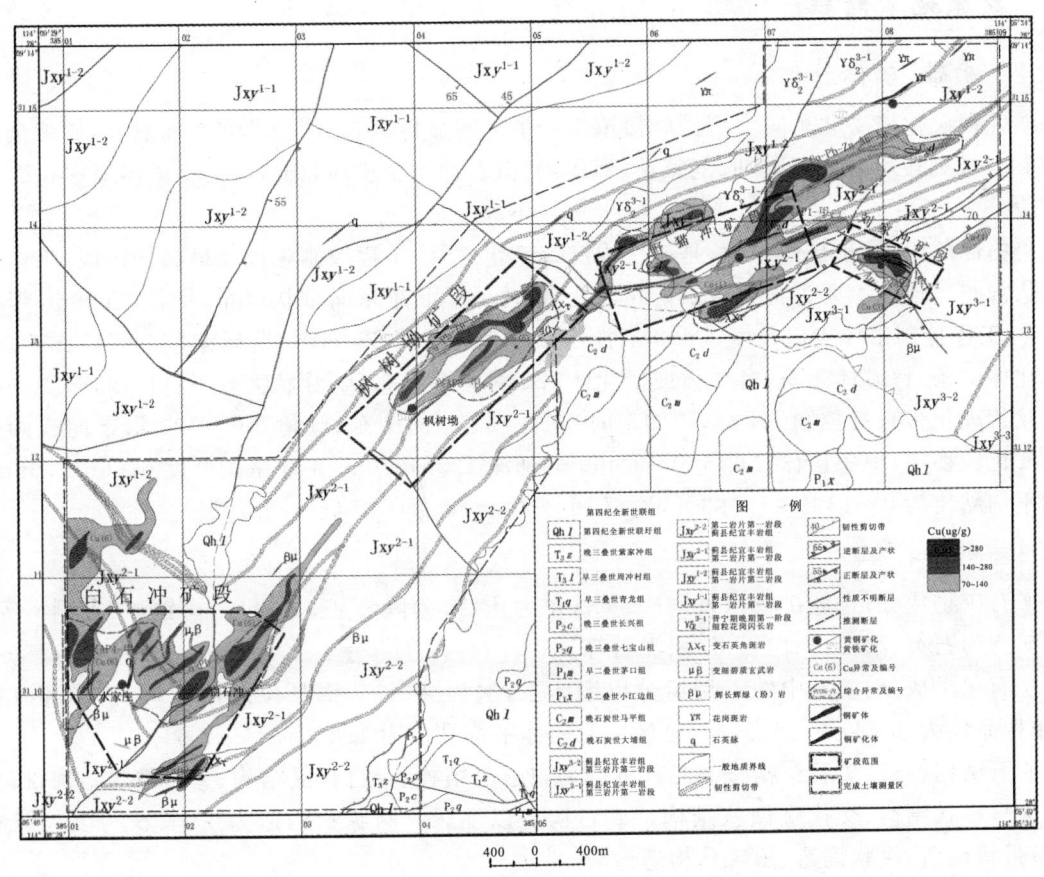

图 3 万载县兴源冲铜矿区综合地质略图

十米不等,倾向南东,倾角 40°~70°,具多期活动特点,带内岩层动热变质变形较为普遍,达高绿片岩相,岩石破碎,片理化糜棱岩化和构造透镜体化,沿韧脆性硅化带常有辉绿(玢)岩充填,岩层或片理扭曲强烈,硅化、绿泥石化普遍,常见有黄铁矿化、黄铜矿化,局部达工业要求,为主要控矿构造。

矿区岩浆岩主要有晋宁早期的变细碧岩、变石英角斑岩(宜丰岩组古火山岩)及晋宁晚期变辉绿(玢)岩,与成矿关系密切。另外,矿区北东部见有晋宁晚期细粒含斑黑云花岗闪长岩及燕山期细粒含斑黑云二长花岗岩株,并见有二长花岗岩脉、霏细斑岩脉等。

矿区土壤地球化学测量圈定综合异常 4 处(图 3),即兴 Ap1-甲 2-2Cu-Pb-Zn-Au-Ag;兴 Ap2-甲 3-2Cu-Au-Ag;兴 Ap3-甲 3-2Cu-Pb-Zn;兴 Ap4-甲 3-2Cu-Pb-Au。各综合异常成矿元素为铜元素,三级浓度分带明显,浓集中心较大,均发现了铜(化)体,总面积达 3.6km²。

2.2 矿床地质特征

2.2.1 矿带、矿体特征

矿区铜矿化带受北东向大型推(滑)覆构造带的明显控制,总体呈北东东向展布,矿带全长达10km,按地段可分成野猫冲、刘家冲、枫树坳、白石冲4个矿段(图3),主要矿体集中在野猫冲矿段。

野猫冲矿段:位于矿区中部,是矿区内已知矿化最好、工程控制程度也最高的矿段,工作程度已达普查。地表主要为含铜黄铁矿化蚀变带,总体呈北东东向带状展布,带长2 000m,带宽500m。工程控制矿体走向长度1 490m,控制倾斜最大延深630m,共发现铜(工业)矿体6条、铜矿化体7条,锌矿体1条,各矿体或矿化体沿矿带内呈脉带状、脉状大致平行产出,多受韧脆性硅化片理化带直接控制(图4),矿体走向60°~70°,倾向南东,倾角30°~70°,沿走向或倾向形态变化较稳定;单条矿体长度160~1 490m、延深120~630m,矿体平均厚度0.66~2.69m,矿体平均品位为0.513%~1.193%,局部Pb+Zn品位为0.254%~0.70%。

2.2.2 矿石特征

矿石矿物成分:金属矿物以黄铜矿、黄铁矿为主,次为闪锌矿、方铅矿、斑铜矿、方铜矿等。脉石矿物为石英、绢云母、白云母、绿泥石等。

矿石化学成分:矿石中的有用组分以铜为主,次为金、锌。铜品位总体较均匀,局部有富集,单样品位为0.020%~6.56%,全区工业矿体平均品位为1.23%。

矿石结构构造:矿石结构按结晶程度分为自形晶结构、半自形晶结构、它形粒状结构;按形态分为鳞片状结构、交代融蚀状结构。矿石构造以细脉—网脉状构造为主,其次为浸染状构造、条带状构造、块状构造、角砾状构造。

矿石类型:矿石类型属自然硫化物型,呈微细脉浸染状、不规则状团块状。

2.2.3 围岩蚀变

矿体围岩主要为绿泥石英片岩和绿泥绢云千枚岩,均有不同程度的蚀变,以硅化、绿泥石化、绿帘石化、绢云母化、碳酸盐化较为多见。磁黄铁矿、黄铁矿有时在硅化石英集合体呈斑点状产出。

2.2.4 矿床成因

矿床产于特定的层位,即宜丰岩组第二岩片(Jxy^2),且与一定的岩性组合(变基性熔岩-变石英角斑岩-含菱铁钠长千枚岩)有关,矿区千枚岩中浸染状黄铁矿和石英脉中的黄铜矿矿石中的19件样品,硫同位素$\delta^{34}S$‰值在1.04‰~6.18‰之间,平均为3.8‰,离差为3.97‰,具有地幔或深源硫同位素组成的特点;矿体呈似层状,与地层产状基本一致。金属矿物以同生沉积和后生填隙-交代方式沉淀,矿石构造与围岩岩石构造一致。围岩蚀变以硅化、阳起石化、绿(帘)泥石化与铜矿化关系密切。矿床具有海相火山喷气-热液沉积初步聚集,变质热液叠加富集,后期多次构造改造富集的多种特征。故兴源冲铜矿床成因类型属海相火山沉积变质层控叠改型[4]铜矿床。

2.2.5 成矿机理与成矿模式

晋宁期,前震旦纪克拉通发生裂谷作用,产生海底火山活动,早期火山活动强烈,富含成矿

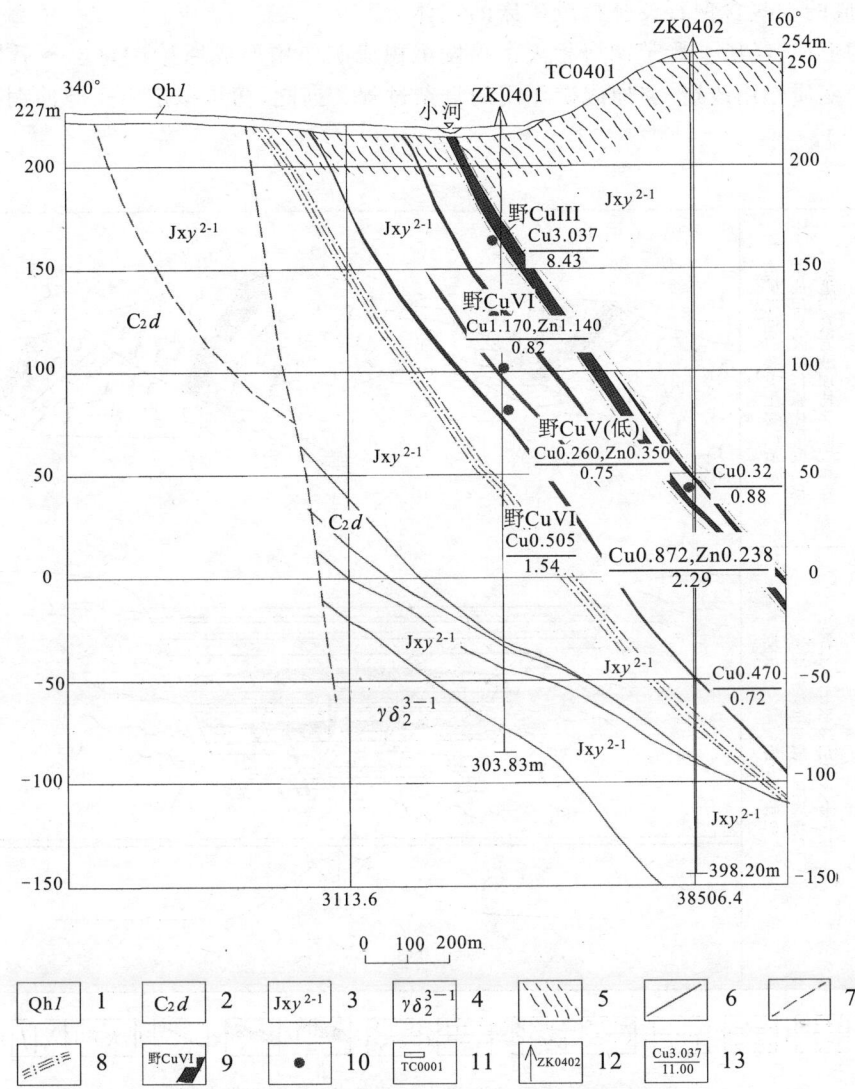

图 4　万载县兴源冲铜矿 04 号勘探线剖面略图

1. 第四系联圩组；2. 上石炭统大埔组；3. 宜丰岩组第二岩片下段；4. 晋宁晚期花岗闪长岩；
5. 浮土；6. 白云质灰岩；7. 绢云片岩；8. 含菱铁绿泥绢云片岩；9. 含菱铁石英绿泥绢云片岩；10. 含砂石英绿泥绢云片岩；11. 片状变细碧岩；12. 花岗闪长岩；13. 硅化碎裂岩；14. 断层、推测断层；15. 韧性剪切片理化带；16. 铜矿（化）体及编号；17. 黄铁矿化、黄铜矿化；18. 探槽及编号；19. 钻孔及编号；20. 采样位置及编号；21. 铜品位（%）及矿体厚度

物质（Cu、Au、Zn、Pb、S、As 等）的火山喷气-热液沿断裂不断上升，与海水混合沉降在海盆底部；晚期火山活动减弱，火山凝灰质成分大量沉积，海底热水中的成矿物质溶解于海水中，形成高浓度的含矿卤水并侧向迁移，物化条件（还原环境）合适时，矿质就沉淀在海盆中的火山灰和软泥中，形成含铜胶状黄铁矿等矿化层，部分矿液沿未完全固结的岩层及岩层微细缝隙或软弱带充填交代成矿，形成海相火山沉积铜矿（化）层。矿化层或矿层形成之后，受后期区域变质作用及动力变质作用的影响，原生的矿（化）层遭受变形、变质，变质热液又使矿石进一步改造富

集，并与形成的一些含铜石英脉构成矿床的主体。

矿床的形成，经历了晋宁期海相火山喷发沉积成矿作用形成原始矿化层→后期区域变质作用及动力变质作用改造-叠加成矿作用的复杂过程。据此，初步拟定出兴源冲铜矿床成矿演化模式（图5）。

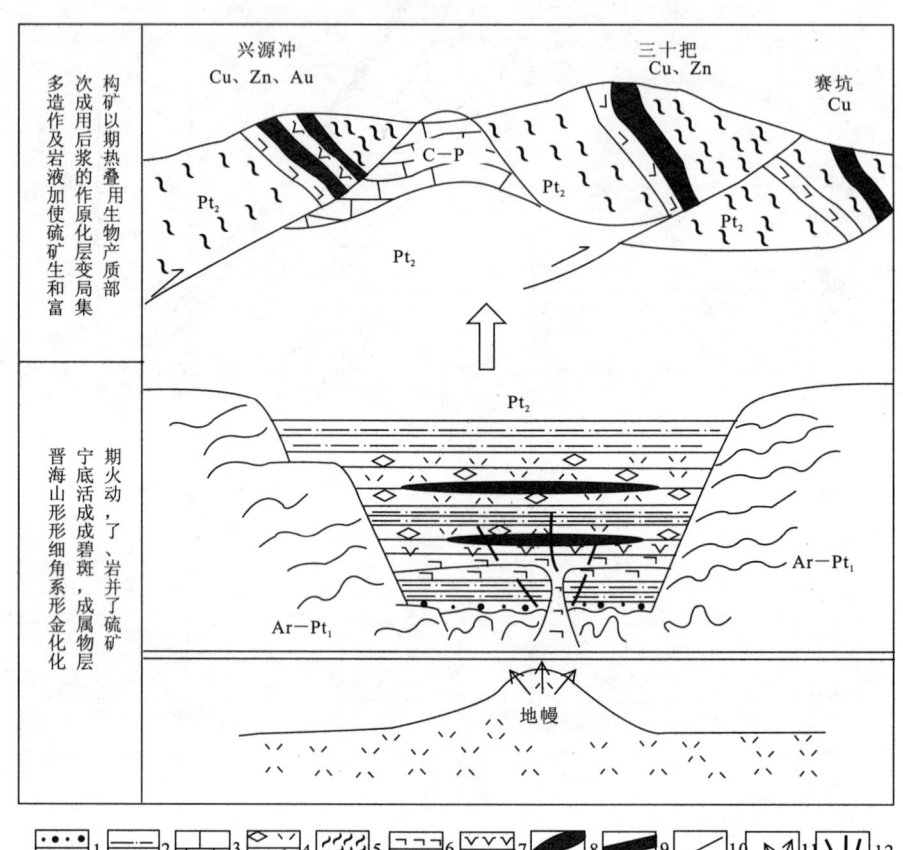

图5 兴源冲铜矿海相火山岩型铜矿成矿模式图
（据罗小洪等，2010年，资料修改）

1. 砂砾岩；2. 砂泥岩；3. 碳酸盐岩；4. 含菱铁沉凝灰岩；5. 片岩及千枚岩；6. （变）细碧岩；7. （变）石英角斑岩；8. 硫化物矿层；9. 层控叠改型铜矿体；10. 断层；11. 热液运移方向；12. 脉状矿

3 取得新进展及成果

(1) 开展了万载县兴源冲、三十把和高安市马塘、宜丰县桥西等矿区预普查工作，共估算了333+334$_1$各类铜多金属资源量：铜金属量 $15.41×10^4$ t、锌金属量 $2.76×10^4$ t。

①兴源冲铜矿圈定铜矿化带3条，地表发现铜矿（化）体7条，划分为野猫冲、刘家冲、枫树坳、白石冲4个矿段（图3）。其中野猫冲矿段工程控制矿体走向长度1 490 m，共发现铜（工业）矿体5条，铜矿化体7条，锌矿体1条，矿体长度160～1 490 m，倾向延深120～630 m，矿体平均厚度0.66～2.69 m，总厚度11.40 m，Cu平均品位为0.202%～3.037%；刘家冲矿段地表见

有铜矿(化)体 4 条,长度 100~300m,最大倾向延深 220m,平均厚 0.86~6.53m,Cu 平均品位为 0.116%~0.847%;枫树坳发现铜矿体 1 条,长约 300m、倾向延深 220m、平均厚度 0.99m,Cu 平均品位为 0.977%;白石冲矿段发现铜矿体 1 条,长约 200m、倾向延深 140m,平均厚度 2.32m,Cu 平均品位为 0.543%。初步估算铜金属量($333+334_1$)11.65×10^4t,锌金属量(334_1)0.21×10^4t,达中型规模。

②三十把铜矿西部矿段地表发现铜矿(化)体 6 条,其中 CuⅠ号铜矿化带东部钻探工程控制矿体走向长度 720m,控制倾斜最大延深 510m,共发现铜(工业)矿体 2 条、低品位铜矿体 6 条,锌铅矿体 2 条,矿体倾向延深 120~510m,矿体厚度 0.64~2.62m,平均 Cu 品位 0.214%~0.693%,Zn 品位 1.280%~3.255%;CuⅡ号铜矿化带西段 ZK1901 钻孔见有 5 层铜矿(化)体,厚度 0.79~2.23m,Cu 品位 0.14%~0.651%。初步估算铜金属量($333+334_1$)2.41×10^4t,锌金属量(334_1)0.89×10^4t。

③在马塘铜矿区发现铜矿化带 1 条,走向长 2 000 余米、宽 20~60m,铜化矿带赋存于推(滑)覆断裂带北侧晋宁期中细粒黑云母花岗(闪长)岩内的次级近东西向硅化破碎带内。共发现铜(工业)矿体 1 条、铜矿化体 3 条,铅锌矿(化)体 2 条,金矿化体 4 条,其中 CuⅠ号铜矿体长度约 1 130m,最大倾斜延伸 120m,矿体平均厚度 3.80m,Cu 平均品位 0.495%。初步估算铜金属量($333+334_1$)1.35×10^4t,锌金属量(334_1)0.67×10^4t。

④桥西锌矿点发现隐伏锌矿体 1 条,初步估算锌金属量(334_1)0.78×10^4t。

(2)开展了芳坪幅(江西境内)、芳溪幅、宜丰县幅 1:5 万矿产远景调查工作,完成了 1:5 万矿产地质测量、1:5 万地面高精度磁测工作、1:5 万水系沉积物测量各 1 159km²;建立了区域地层层序,共划分出 2 个群级、12 个正式组级、12 个非正式段级岩石地层单元,认为宜丰岩组属扬子克拉通裂解时形成的弧盆地-火山弧沉积,岩石中 Cu、Pb、Zn 元素含量明显高于同类岩石平均含量,与区内海相火山岩层控叠改型铜矿关系密切;查明了区域岩浆活动期次,对黄岗岩体进行了解体,认为晋宁早期的变细碧-石英角斑岩系为 Cu、Pb、Zn、Au 矿源层,燕山中晚期浅—超浅成花岗岩与有色、稀有、贵金属矿床的形成关系密切;查明了区域地质构造变形特征及控岩控矿构造特征。

(3)1:5 万地面高精度磁测工作,基本查明了测区范围内的磁场分布特征,共圈定了 17 处局部磁异常,推断了 10 条断裂构造;1:1 万激电中梯剖面测量分别在马塘铜矿区、大丰田矿产检查区及观田矿产检查区各圈定了 1 处矿致激电异常。

(4)1:5 万水系沉积物测量共圈定各类综合异常 14 处,其中见矿的甲类异常 6 处、乙类异常 2 处;1:1 万土壤地球化学测量圈定 6 处矿致综合异常:兴源冲铜矿区白石冲矿段圈定 Cu-Pb-Au 综合异常 1 处、三十把铜矿区西段圈定 Cu-Pb-Zn 综合异常 2 处、马塘铜矿区圈定 Cu-Pb-Au-Ag-As 综合异常 1 处,大丰田检查矿区圈定 Cu-Pb-Zn 综合异常 1 处,观田检查矿区圈定 Au-As-Sb-Hg 综合异常 1 处,异常区内均发现较好的铜(金)矿(化)体。

(5)通过异常查证工作新发现大丰田、桥西、观田 3 处找矿靶区:①在大丰田铜矿点发现一条铜矿体,其长约 100m,厚 1.2m,Cu 品位 1.00%;②在桥西锌矿点于推覆构造之下的宜丰(岩)组中发现隐伏锌矿(化)体 2 条,累计厚度 4.68m,Zn 品位 0.335%~1.24%;③在观田金矿点,经查证地表发现 6 条金矿(化)体,其中 BT0003 地表工程中发现 1 层金矿体,厚度 0.67m,Au 平均品位 9.08g/t。

(6)重点加强了宜丰岩组分布区海相火山沉积(细碧岩、石英角斑岩)层控叠改型铜多金属矿的研究,以兴源冲铜矿为典型矿床,总结其成矿地质条件、成因类型、找矿标志,首次建立了其成矿模式、找矿预测模型,对在江西九岭南缘地区寻找与宜丰岩组有关的同类型矿床起了重要的指导示范作用,找矿意义重大。

(7)总结了工作区内铜多金属矿成矿规律:

①将工作区有色、贵金属(Cu、Pb、Zn、Au)矿床划分为4个成矿系列组合、8个矿床成矿系列、2个矿床成矿亚系列,并建立8个矿床类型。其中与铜矿相关的有2个矿床成矿系列:与Ⅰ型中酸性岩浆活动有关的铜钼金银铅锌钨矿床成矿系列、中新元古代海相火山沉积-叠改型铜矿床成矿系列;与金矿相关的有3个矿床成矿系列:第四纪冲积金钨砂矿床成矿系列、晋宁-加里东期韧性剪切带型金矿床成矿系列、燕山期蚀变破碎带-石英脉型金(银)矿床成矿系列。

②矿床(点)空间展布特征:萍-乐坳陷、九岭隆起块体与九岭南缘推(滑)覆构造带,在壳幔结构、地球化学与成矿特点等方面有明显差异,构成了"两块、一带"不同构造-地球化学元素-成矿分区。萍-乐坳陷为沉积型煤、非金属矿分布区,以酸性小岩体及中低温金属硫化物为主,为钴、钼、铅、锌、金、银等混有锡的地球化学-成矿区。九岭隆起块体以酸性、碱性浅—超浅成岩体为主,为富钨、锡与高铌钽、铷铯铍、金的地球化学-成矿区。九岭南缘推(滑)覆构造以中酸性斑岩及多类型复合叠加矿床为主,为铜(铅锌)、金的地球化学-成矿区。块体边缘深大断裂及其旁侧为岩浆-成矿和动力变质热液成矿的有利地带,如慈化-宜丰深大断裂带。

③成矿时间演化规律:在时间上显示"多期成矿、晚侏罗世—早白垩世最强",即中元古代成矿期,富含Cu、Co、Au、Pb、Zn等元素的古火山沟弧型岩石组合,为铜铅锌(金)的重要矿源层或成矿胚胎层;晚古生代成矿期,即在晚古生代地层中存在4~6个Cu、Pb、Zn、Au、Co等矿源层,有的已局部矿化富集;二叠纪岩体的铌钽、锡矿化显著;中晚三叠世成矿期,以动力变质热液成矿为主,如多数的与韧性剪切带有关的变质热液型金矿,也有与岩浆热液有关的金矿化;晚侏罗世—早白垩世大规模成矿期,区内绝大多数有色、稀有、贵金属矿床富集成矿或定型时代主要为晚侏罗世—早白垩世,并集中出现在155~100Ma之间,形成的矿床类型复杂多样,而且常为多矿种共、伴生矿床。

④走滑冲断-伸展构造带与推(滑)覆构造带复合控矿:区内铜(金)多金属矿床多产在隆起区边缘大型推(滑)覆构造与北北东向走滑冲断带复合的构造变异部位。尤其是推覆构造带内滑覆构造发育部位或滑覆构造带中推覆拆离带、基底与盖层间拆离滑脱带或盖层内砂泥岩与碳酸盐岩间滑脱破碎带发育地段,往往形成规模较大的矿体,如村前矿床似层状铜硫主矿体。沿推(滑)覆构造前锋带内侧韧性剪切带发育,是控矿的重要构造,矿化富集于其派生或伴生韧脆性剪切带内,如兴源冲铜矿。

(8)对区域矿产资源潜力作了总体评价,圈定出高安村前斑岩型铜矿、万载-宜丰海相火山岩型铜矿、铜鼓棋坪变质热液型金矿3处预测工作区(图6),系统地阐述了预测区及其典型矿床的矿床地质特征、成矿要素、预测要素,建立了成矿模式、预测模型。利用《矿产资源评价系统》所建立的预测模型[7],共圈定32处最小预测区,其中A类6处、B类12处、C类14处。采用含矿地质体体积法,对区内铜、金矿产潜在资源进行了预测资源量的估算,预测工作区铜资源量(334)168.8×10^{4}t,金资源量(334)21.74t。通过进一步优选,圈定可作为近期勘查的找矿靶区18处。

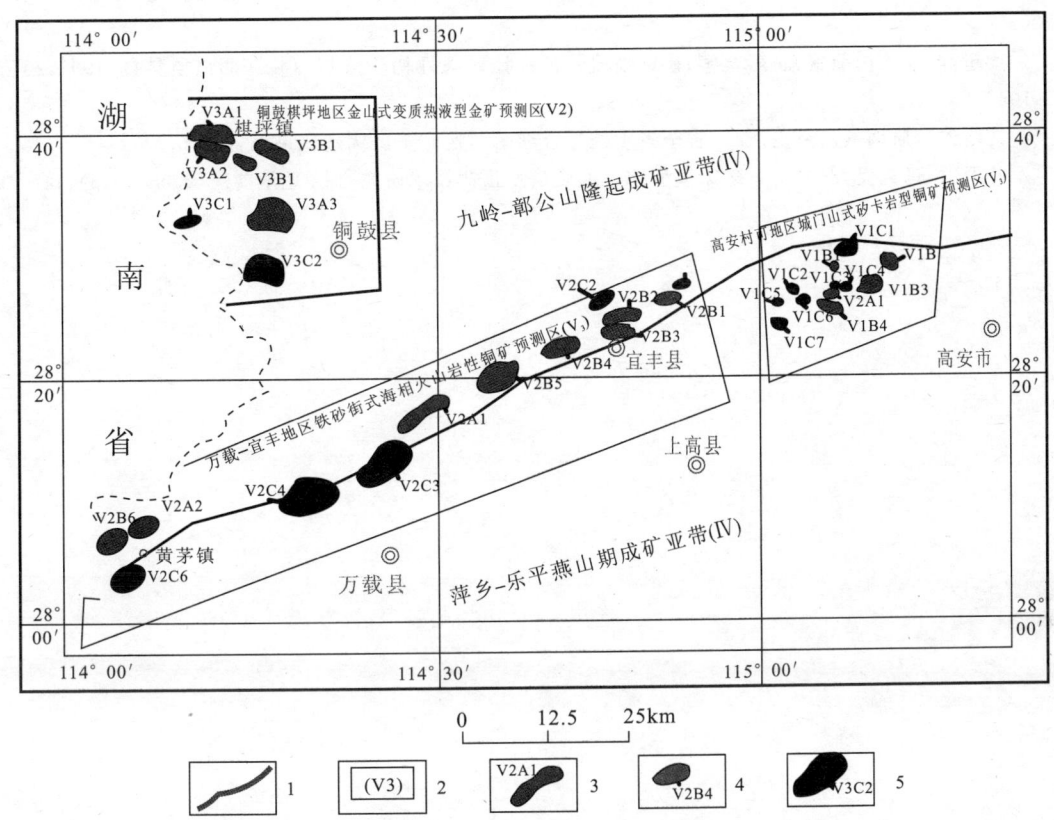

图 6 测区矿产预测工作区及最小预测区分布图

1. Ⅲ级成矿区带界线；2. 预测工作区范围及编号；3. A类最小预测区及其编号；4. B类最小预测区及其编号；
5. C类最小预测区及其编号

4 结语

综上所述，江西九岭地区成矿地质条件优越，具有巨大的铜多金属矿资源潜力，特别是兴源冲铜矿的发现，为本区寻找与宜丰岩组有关的海相火山沉积变质层控叠改型铜矿具有重要的指导意义。

此文是江西九岭地区矿产远景调查项目的集体成果，在此对参加野外工作的全体同仁们表示衷心感谢！

参考文献

[1] 朱志澄. 幕阜山-九岭隆起侧缘逆冲推覆和深部拆离以及山体的不对称性[J]. 地球科学, 1987, 12(5): 503-510

[2] 江西地质局. 江西省区域地质志[M]. 北京: 地质出版社, 1986

[3] 江西省地质矿产厅. 江西省岩石地层[M]. 武汉: 中国地质大学出版社, 1997

[4] 贺菊瑞,芮行健,王爱国,等.皖赣相邻地区层控江西北部成矿系统及找矿预测[M].北京:地质出版社,2008

[5] 梁超群.江西村前铜铅锌(金银)矿床地质特征及控矿条件初步分析[J].江西地质科技,1996,23(3):101-106

[6] 江西省地质调查研究院.江西省全省重磁综合编图与找矿靶区优选成果报告,2005

[7] 叶天竺,肖克炎,严光生.矿床模型综合地质信息预测技术研究[J].地学前缘,2006,14(5):11-19

福建建瓯天堂铅锌锰多金属矿地质特征及成因分析[①]

杜建文

(福建省地质调查研究院)

[摘　要] 天堂铅锌锰多金属矿地处闽中裂谷带北段、武夷山成矿带东缘,受南北向断裂带及其派生的北东东向断裂构造控制明显。矿区发现铅锌锰多金属矿体3条,均产于北东东向断裂构造破碎带内。矿体空间分布上分带明显,具有上锰、下铅锌(银)的特点。初步研究认为矿床属中低温热液成因,成矿物质主要来源于马面山群变质基底,深部铅锌(银)多金属矿的找矿潜力较大。

[关键词] 铅锌锰矿　矿床特征　矿床成因　建瓯天堂

引言

福建花桥-小湖地区地处闽西北隆起带东缘、武夷山成矿带北段,是福建省铜铅锌多金属矿重要的成矿区域。通过中国地质调查局2006—2008年实施的战略性矿产远景调查,在区内先后开展了地、物、化、遥、矿产等调查工作,极大地丰富了研究区的基础性资料。通过本次调查工作,圈定了1∶5万水系沉积物综合异常83处、1∶5万高精度磁测局部异常39处;完成重点矿产检查10处,概略矿产检查9处;最终划分了成矿远景区5个、圈定找矿靶区22处,提交新发现矿产地3处(建阳井后、建瓯路口、建瓯天堂)。依托该项目调查研究成果,先后有建阳井后钼矿预(普)查、建瓯路口钼矿普查等项目转由省地勘专项资金投入跟进勘查,建阳仑尾钨矿普查得到中央基金支持投入跟进勘查。通过后续勘查,建阳井后矿区提交新发现中型钼矿产地1处;建阳仑尾矿区钨矿普查目前仍在由中央基金跟进投入勘查,通过深部验证,发现单孔累计厚达115.85m的白钨矿体,钨矿找矿潜力巨大,预期可新发现大型钨矿产地1处。上述成果的取得,进一步证实闽北地区钨钼多金属矿的良好找矿潜力,为后续矿产勘查工作的部署提供了重要的依据。

[①] 项目来源:地质大调查项目——福建花桥-小湖地区战略性矿产远景调查(矿调[2005]13-8、矿调[2006]13-8号)。

参加该项目的人员还有瞿承嶷、王文兵、雷玉平、刘凯、吴求仁等,撰文过程中得到陈润生高级工程师的指导和帮助,在此一并致谢。该论文已发表于《福建地质》2012年第二期。

作者简介:杜建文,男,1984年生,大学本科,地质矿产工程师,从事地质矿产、地球化学勘查工作。

笔者选取该项目新提交的矿产地——建瓯天堂铅锌锰多金属矿作为研究对象。该矿与建阳仓尾钨矿、建阳井后钼矿及建瓯路口钼矿处于同一条南北向构造带内，是区内小松-仓场南北向成矿远景区内一个重要的新发现铅锌锰多金属矿。通过实施福建花桥-小湖地区矿产远景调查，对该矿地质特征有了较清晰的认识。本文系统总结了该矿的地质特征并初步分析其成因，以进一步丰富和提高区域内同类型矿产的研究内容和水平。

该矿区大地构造位置处在闽西北隆起带东缘、浦城-嵩口南北向断裂带西侧（图1），受浦城-嵩口南北向断裂带控制明显。区域上主要出露中—新元古代马面山群大岭组（$Pt_{2-3}dl$）、东岩组（$Pt_{2-3}d$）、龙北溪组（$Pt_{2-3}l$），中生代早侏罗世梨山组（J_1l）、晚侏罗世南园组（J_3n）、白垩纪石帽山群寨下组（K_1z）等。前人研究结果表明，其中中—新元古代马面山群变质岩是闽西北地区块状硫化物型和构造蚀变岩型铜、铅、锌、银、金等多金属矿矿源层[1-5]。此外区域上燕山期及加里东侵入岩广布，构造岩浆活动强烈，燕山期岩浆侵入活动为区内多金属矿的形成提

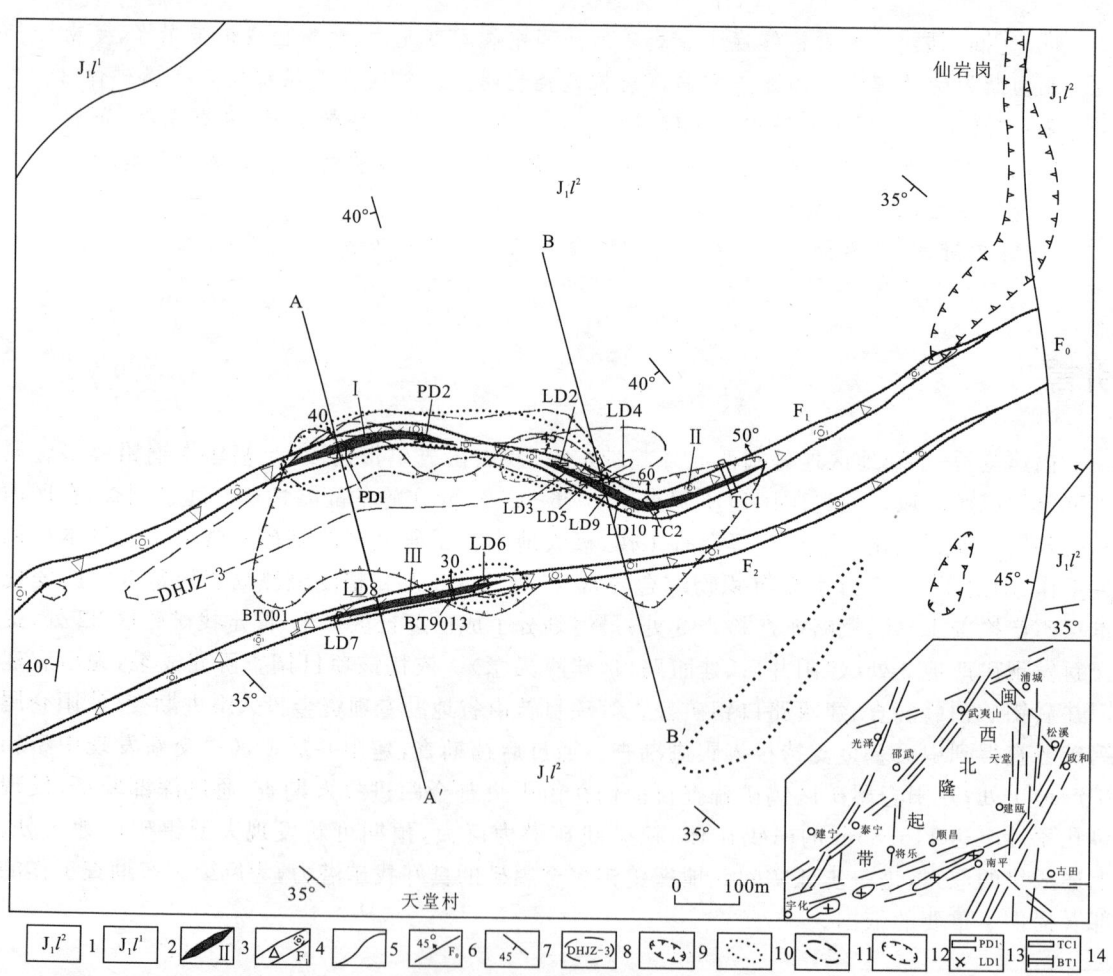

图1 建瓯市天堂铅锌锰多金属矿区地质图

1. 梨山组上段；2. 梨山组下段；3. 铅锌锰矿体及编号；4. 断裂构造破碎带及编号；5. 地质界线；6. 断裂构造及编号；7. 地层产状；8. 激电异常及编号；9. 土壤 Pb 异常内带（$600×10^{-6}$）；10. 土壤 Zn 异常中带（$400×10^{-6}$）；11. 土壤 Ag 异常中带（$0.7×10^{-6}$）；12. 土壤 Cu 异常中带（$150×10^{-6}$）；13. 平硐、老硐位置及编号；14. 探槽、剥土位置及编号

供了良好的条件[6]。

1 矿区地质特征

1.1 地层

矿区出露地层简单(图 1),主要为早侏罗世梨山组($J_1 l$)。根据岩性差异,可将其分为上、下两段。

梨山组下段($J_1 l^1$):仅在矿区北西角小范围出现,其主体在矿区北部外围。岩石主要为一套以浅灰(白)色、浅灰褐色、杂色中(厚)层状长石石英中(粗)砂岩,砂砾岩,杂砂岩组合,局部可见薄层状细砂岩、粉砂岩、泥岩夹层。岩石主要由硅泥质、硅质胶结,质地较为坚硬。其与上段呈整合接触。

梨山组上段($J_1 l^2$):在矿区内先岩岗—天堂村一带广泛出露,为矿区最主要的地层,也是含矿地层。岩性主要为一套灰色、青灰色、灰褐色、褐色薄层—中薄层状粉砂岩,泥质粉砂岩,泥岩,长石细砂岩组合,局部见碳质泥岩及薄层状煤线。岩石主要为泥质、钙质胶结,质地松软,层理发育。地层内构造发育部位蚀变强烈,主要有绿泥石化、硅化等。

1.2 侵入岩

矿区内侵入岩不发育,仅在外围(西侧)出现加里东晚期和燕山期侵入岩。其中加里东晚期侵入岩岩性为似斑状中粗粒二长花岗岩,岩体内部片理发育,逆冲推覆于梨山组之上;燕山期侵入岩,岩性主要为中细粒正长花岗岩,其与周围岩体及地层呈侵入接触。

1.3 构造

矿区断裂构造较发育,主要断裂有 3 条(F_0、F_1、F_2),呈北东东向、近南北向。其中 F_0 为区域性断裂,地表局部迹象不明显,但区域性物、化探及遥感等资料证实该断裂存在且穿越矿区①。F_1、F_2 断裂带为 F_0 的次级构造。其特征如下:

F_0 断裂:为区域性控岩、控矿构造,属浦城-嵩口南北向断裂带的分支。整体近南北走向,规模较大,纵贯矿区南北,区内延伸约 1.5km。断层呈压扭性,地表黄铁矿化、硅化强烈,但未见明显矿化。

F_1、F_2 断裂:两条断裂均呈北东东向展布,矿区内延伸约 1.7～2.1km 不等,二者近平行产出,具有先压后张(扭)特征,其内部常形成硅化脉、构造角砾岩(局部角砾岩为后期花岗质脉体侵入)、碎裂岩等组成的构造破碎带,宽度在几米至十几米不等,局部宽度超过 20m。区内所发现的锰铅锌矿(化)体均产于该组方向的断裂破碎带内,该断裂破碎带是本区重要的控矿、含矿构造。其中北侧 F_1 断裂带东、西两端产状稳定,中段产状变化较大,总体产状 60°～75°/NW∠40°～70°,中段出现扭转变向现象,产状为 NW280°～290°/NE∠35°～45°。F_2 产状较稳定,总体产状为 65°～70°/NW∠35°～45°。

---

① 福建省地质调查研究院,福建花桥-小湖地区矿产远景调查报告,2009。

2 矿区地球物理、地球化学特征

2.1 地球物理特征

岩、矿石电性特征：矿区范围内岩、矿石主要有铅锌矿石和锰矿石及梨山组上段粉砂岩3类，物性参数测试结果见表1。测试结果显示：矿区主要岩石梨山组上段粉砂岩，具有高阻低极化特征；而锰矿石、铅锌矿石具有低阻高极化特征。锰矿石、铅锌矿石与围岩梨山组粉砂岩具有明显的电性差异。

表 1 矿区岩、矿石电性参数表

岩矿石名称	测定块数	极化率(η)(%)		电阻率(ρ)($\Omega \cdot m$)	
		变化范围	常见值	变化范围	常见值
铅锌矿石	4	7.3~9.6	8.3	420~938	658
锰矿石	4	16.6~29.0	22.8	8~29	18
粉砂岩	31	3.3~5.0	4.3	513~2 515	1 028

激电异常特征：根据激电异常的分布特征，结合矿区代表性的岩(矿)石电性参数等资料综合分析，以 $\eta_a = 7\%$ 为异常边界值，圈定了4处局部激电异常。其中DHJZ-3异常与矿(化)体关系密切(见图1)。该异常呈长条状沿近东西向展布，控制长800m，宽50~150m不等。激电中梯 η_a 值8%左右，η_a 极大值8.5%，$\rho_a < 500\Omega \cdot m$，呈低阻高极化特征。0线激电测深拟断面结果显示：浅部($AB/2 \leqslant 33m$)η_a 相对较高，一般6%~7%，$\rho_a > 1\ 500\Omega \cdot m$，呈高阻中等极化特征；中部($AB/2 = 33~220m$)，$\eta_a$ 值较高，一般8%~10%，极大值达15.1%。ρ_a 值一般$500\Omega \cdot m$左右，呈低阻高极化特征；深部($AB/2 \geqslant 220m$)η_a 值相对较高，一般6%~7%，$\rho_a = 100\Omega \cdot m$左右，呈极低电阻率中等极化特征。

2.2 地球化学特征

矿区1∶1万土壤测量结果显示，区内以Pb异常为主(见图1)，伴有Zn、Ag、Cu等的异常。其中主成矿元素Pb异常呈不规则状，长轴沿北东东—南北向展布。异常浓度分带清晰，浓集中心明显，具两个明显的浓度内带。西侧异常浓度内带似菱形，东西向展布，其内有3个浓集中心，极值分别为 $19\ 170 \times 10^{-6}$、$8\ 670 \times 10^{-6}$、$3\ 100 \times 10^{-6}$，浓集中心与矿体位置基本吻合。东侧浓度内带似柳叶形，呈北东转南北向展布，最大值 $1\ 418 \times 10^{-6}$，其与近南北向构造带基本吻合。Zn异常面积较Pb异常小，主要套合于Pb异常浓度中带上，在西侧Pb异常浓度内带上的3个浓集中心上均有Zn异常浓度内带与之相套合，高值分别为 $2\ 270 \times 10^{-6}$、$2\ 255 \times 10^{-6}$、$1\ 240 \times 10^{-6}$。Ag异常空间分布与Pb异常相关性好，形态和浓集趋势上都与Pb异常较吻合。其他Cu、Sn、W、Bi、Mo等元素均有规模不等异常与Pb异常套合。

3 矿床特征

区内共发现矿体3条，其中Ⅰ号为铅锌矿体，Ⅱ号、Ⅲ号为铅锌锰矿体。矿体均赋存于

F_1、F_2断裂带中(图1、图2)。其中Ⅰ号、Ⅱ号矿体产于F_1断裂带中(其深部可能连为一体),两者相距约200~300m,高差约250m,Ⅲ号矿体分布于F_2断裂带中。其特征如下。

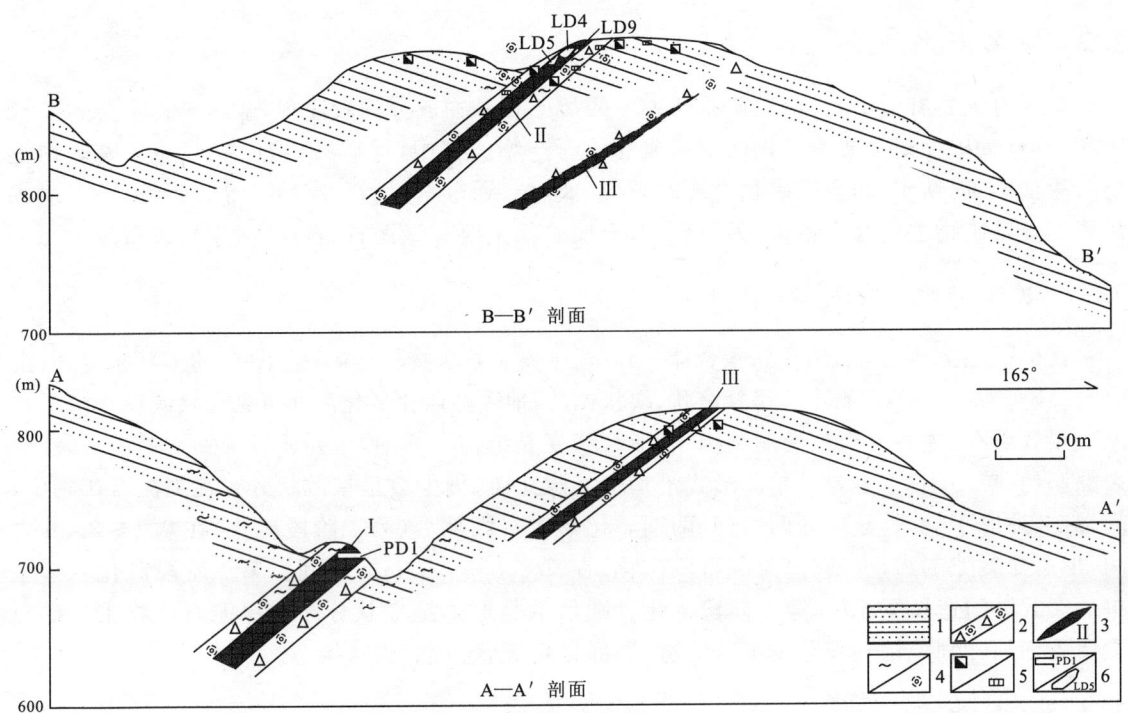

图2 天堂铅锌锰多金属矿区地质剖面图

1.早侏罗世梨山组粉砂岩;2.断裂构造破碎带;3.铅锌锰矿体及编号;4.绿泥石化/硅化;5.褐铁矿化/黄铁矿化;
6.平硐/老硐位置及编号

3.1 矿体特征

Ⅰ号铅锌矿体:呈透镜状,产于F_1断裂破碎带内,产状为50°~70°/NW∠30°~45°,控制长约250m,真厚度4.27~7.84m(边界未控制),平均品位:Pb 0.44%~1.27%、Zn 0.53%~0.88%、Ag 7.63~8.23g/t。其中,Pb 最高2.29%,Zn 最高2.69%,Ag 最高16.3g/t。该矿体出露标高在650~725m之间,主要为铅锌矿石,无锰矿石出现。

Ⅱ号铅锌锰矿体:地表由一系列规模不等、年代相差久远的采硐控制,矿体较为连续,规模较大。呈透镜状,分布于F_1断层破碎带内,矿体长约400m,单工程厚度1.63~9.55m(边界未控制),平均品位:Mn 14.54%~16.6%(残留贫矿柱样品)、Pb 0.37%~2.34%、Zn 0.06%~0.40%、Ag 3.52~15.89g/t。受断裂影响,产状变化较大,西段产状为285°/NE∠40°(局部为70/NW∠50°),中段产状为90°/N∠60°,东段产状为30°~70°/NW∠42°~45°,总体上矿体与断裂的产状基本一致。该矿体出露标高主要在850~950m之间。矿石主要为锰矿石,兼有铅锌矿石,二者无明显界线。

Ⅲ号铅锌锰矿体:地表由一系列老硐控制,矿体较连续,产状较稳定,呈北东东走向,产状为70°/NW∠30°。矿体控制长约300m,单工程控制厚度0.6~2.5m不等(边界未控制)。平均品位:Mn 7.12%~13.79%;Pb 0.72%~1.99%;Zn 0.17%~0.24%;Ag 7.0~32.27g/t (残留贫矿柱样品)。该矿体出露标高主要在780~850m之间。Ⅲ号矿体内部兼有锰矿石及铅锌矿石,且比例相当,二者均无明显优势。

3.2 矿石矿物成分

矿区内主要有锰矿石、铅锌矿石两类。两类矿石矿物成分均较简单,金属矿物主要为矿石矿物,非金属矿物则主要为矿化蚀变形成的脉石产物。其中,锰矿石:组成矿石的金属矿物主要为软锰矿、褐铁矿;非金属矿物主要有石英(次生)、绿帘石、长石、高岭石等。铅锌矿石:组成矿石的金属矿物主要为方铅矿、闪锌矿;非金属矿物主要有绿泥石、石英(次生)、长石等。

3.3 矿石结构、构造

锰矿石:主要呈土状、粉末状聚合体。其中,主要矿石矿物软锰矿,呈土状、粉末状聚合体,混有褐铁矿矿物。该类矿石主要呈蜂窝状、块状构造,地表经风化氧化后亦可见壳状或胶状构造。

铅锌矿石:主要有鳞片变晶结构、它形粒状变晶结构。其中,主要矿石矿物方铅矿,形态受裂隙制约,粒度不一,主要呈单晶形式沿构造裂隙充填、极少数呈星散状分布在绿泥石矿物中;闪锌矿,外形不规则,粒度分两组(分两期矿化形成),大部分(第二阶段矿化)在0.1~2mm之间,形态受裂隙制约,少部分(第一阶段矿化)在0.008~0.08mm之间。第二阶段矿化者多呈单晶形式沿构造裂隙充填,第一阶段矿化者则呈单晶形式星散状分布在绿泥石矿物中。矿石主要为细脉(网脉)状—细脉浸染状构造,局部见角砾状构造、块状构造。

3.4 矿石类型

矿石自然类型:按主要金属矿物组合划分类型为软锰矿-褐铁矿型、方铅矿-闪锌矿型;按容矿岩石划分类型为硅化蚀变岩型、绿泥石蚀变岩型(往深部主要为该类型);按矿石构造类型划分为细脉(网脉)-浸染状矿石、蜂窝状矿石,少量角砾状、块状矿石。

矿石工业类型:硫化物矿石类型、氧化物矿石类型。

3.5 围岩蚀变

区内围岩主要为梨山组上段粉砂岩、砂岩等组合。围岩中蚀变不均匀,以断裂构造带出露位置蚀变最为显著。越靠近断裂带一般蚀变越强,随着空间距离的增加蚀变明显减弱,空间上蚀变分布整体以带状(线性)分布为特征。主要蚀变种类有硅化、绿泥石化、高岭石化等。其中与成矿关系密切的是硅化、绿泥石化,其分布范围与含矿断裂构造带展布位置基本吻合,较好地指示矿体的赋存位置。

4 找矿标志及矿床成因

4.1 找矿标志

(1)区内铅锌锰矿体、矿化体露头,包括民采老硐,是最直接的地表找矿标志。

(2)区内铅锌锰矿(化)体均产于北东东向F_1、F_2断裂构造破碎带内,断裂构造是重要的运矿构造,也是主要的储矿构造,因此区内 F_1、F_2 断裂构造破碎带及其倾向延伸空间均为成矿有利部位,是矿区内重要的找矿标志。

(3)土壤测量圈定的 Pb、Zn、Ag、Cu 等元素异常覆盖区域多与铅锌锰多金属矿体出露位置吻合,是区内重要的直接找矿标志。

(4)区内矿体及围岩之间存在明显的电性差异,其中铅锌锰矿体具有明显的低电阻高极化率电性特征,所圈定的激电异常覆盖区域多与矿体位置或其延伸方向吻合,是区内深部找矿的重要间接标志。

(5)区内与矿化关系密切的蚀变种类主要是硅化、绿泥石化,且多呈带状(线性)分布,与含矿断裂构造带及矿(化)体展布较吻合,较好地指示矿体的赋存部位,也是重要的找矿标志。

4.2 成因分析

矿区铅锌锰矿体均产于北东东向断裂构造破碎带内,其围岩为梨山组上段粉砂岩、砂岩等,在梨山组东、西两侧有加里东期片麻状二长花岗岩或燕山期正长花岗岩。此外,根据区域调查研究成果可知①,矿区外围及深部存在大面积变质基底,主要为中—新元古代马面山群大岭组、东岩组、龙北溪组等。区域性地球化学测量结果表明②:矿区所在的区域内除燕山期侵入岩以外,早侏罗世梨山组、马面山群及加里东期侵入岩 3 类地质体对 Pb、Zn、Cu、Ag 等元素均具有较明显的富集趋势,具备富集成矿的可能。但加里东期侵入岩与矿区距离较远,与本区成矿关系不密切。区内断裂发育,发育花岗质岩脉,表明断裂活动强烈,与岩浆岩体连通,已断至(或切穿)变质基底,为变质基底与梨山组之间建立了良好的矿质运移通道。相邻的建阳黄地铅锌矿研究成果表明[7]:富含铅、锌、铜、硫等成矿元素的龙北溪组是黄地铅锌矿的矿源层。前人众多研究成果也表明[1-4]:马面山群(尤其是东岩组)是闽北地区铅锌(银)多金属矿重要的矿源层。结合矿区地质背景,初步认为,矿区深部隐伏的马面山群是矿区主要的矿源层,为矿床形成提供矿质基础。

矿体空间分布规律,矿石结构、构造及矿石矿物组成等综合信息表明:矿区矿化分早、晚两期,分别为热液矿化期和表生氧化矿化期。其中热液矿化期又可分为两个矿化阶段:第一矿化阶段,早期含矿热液在岩浆构造活动提供的动力作用下,沿着构造通道运移,并在有利的成矿部位呈星散状逐渐沉淀富集,形成早期浸染型矿石;第二矿化阶段,随着深部热源和矿质的不断提供,在热力作用下,热液与围岩之间不断产生物质交换,进一步丰富矿质来源,在热动力条件减弱情况下,矿质不断在有利的成矿部位充填或交代,形成了晚期的细脉(浸染)型矿石。表生氧化矿化期,早期形成的矿体,经地壳抬升、表生氧化作用,不断遭受风化剥蚀。矿头部位以锰为主的贫矿体(原生锰可能并不足以成矿或仅形成贫矿体)被剥蚀后,其残留部分在表生氧化环境下不断富集,并在近地表形成现存的以土状构造、壳状构造为主的矿石。该矿化期对锰矿的富集较为有利,但在接受表生氧化过程中,同时遭受风化剥蚀,因此对其保留又存在不利影响。

---

① 福建省地质调查研究院,福建花桥-小湖地区矿产远景调查报告,2009。
② 福建省地质调查研究院,福建花桥-小湖地区矿产远景调查项目地球化学测量报告,2009。

5 结论

(1) 该铅锌锰多金属矿属构造控制的中低温热液矿床,其矿质来源由富含 Pb、Zn、Cu、Ag 等元素的变质基底提供,在构造-岩浆活动作用下,早期深部含矿热液沿断裂运移至成矿有利部位沉淀并富集成矿,形成原生矿部分。之后在地壳抬升、风化剥蚀后,表生氧化过程中,原生锰矿(质)不断富集,形成地表锰矿体。

(2) 由地表往深部,空间上矿化存在较为明显的垂直分带,上部(顶部)以锰矿化为主,往深部逐渐转变为以铅锌矿化为主,锰矿化明显减弱,出露标高最低的Ⅰ号矿体内已无锰矿化现象,且随着深度增加铅锌矿化有逐渐变强趋势。上述现象表明该矿区深部具有较好的铅锌(银)多金属矿找矿潜力。

参考文献

[1] 陈云钊.闽北变质岩研究[J].福建地质,2005,24(1):40-50
[2] 张国华.闽西北铅锌矿成矿特征及控矿条件浅析[J].化工矿产地质,2009,31(2):97-104
[3] 张生辉,石建基,狄永军,等.闽中裂谷块状硫化物型铅锌矿床的地质特征及找矿意义[J].现代地质,2005,19(3):375-384
[4] 陶建华,胡明安.闽中地区中新元古代东岩组地层的含矿性研究[J].中国地质,2006,33(2):418-426
[5] 尤爱珍.福建省前寒武纪变质岩块体地球化学特征[J].福建地质,2007,26(3):133-141
[6] 林仟同,龚萍.闽西北地区中生代花岗岩类成矿作用探讨[J].福建地质,2002,21(2)
[7] 刘东华.福建黄地铅锌矿地质特征及成因探讨[J].江西有色金属,2008,22(1):11-15

福建永定务田钼矿床控矿因素与成因探讨[①]

何道金

（福建省地质调查研究院）

[摘 要] 通过对务田地区成矿地质背景、地球化学特征、矿区地质特征的阐述，浅析了控矿地质因素及成矿物质来源，初步探讨了矿床成因。目的是为今后在该地区寻找同类型的钼矿床提供找矿思路和借鉴。

[关键词] 务田 钼矿床 控矿因素 成因探讨

永定务田—新村一带属弼鄱-蓝地北东向钼多金属成矿带。该区存在较多的钼、铜、铅、锌、金等矿床（点），处于永定岩体中及其周边，是永定地区较重要的成矿区带。区内已探明有山口中型钼铜矿，上下湖小型铜（钼）矿床，新村、务田小型钼矿床，大石凹钨矿点等，具有较好的找矿前景。

1 区域地质背景

1.1 区域地质特征

务田矿区处于前震旦纪基底隆升块构造南部边缘，北东向政和-大埔断裂带与北西向上杭-云霄断裂带交汇处[1]。主要出露地层有中—新元古代桃溪（岩）组，震旦纪楼子坝组，早侏罗世下村组、藩坑组。断裂构造发育，以北东向为主，北西次之，如峰市-永定北东向断裂带、峰市-三坝北西向断裂带等（图1）。北东向断裂是该区重要的热液活动通道，与成矿关系密切；北西向断裂形成时间稍晚。区内加里东期、燕山期岩浆活动强烈，其中加里东期片麻状黑云二长花岗岩，呈岩瘤、岩脉状局部产出，岩体内相带不发育；燕山早期似斑状黑云母花岗岩则呈岩基产出，岩体内部相带较发育，见有边缘相、过渡相、中心相。

矿产空间展布上归属于弼鄱-蓝地北东向钼铜铅锌金多金属成矿带。该带发育较多的钼、铜、铅、锌、金等矿床（点），主要分布在七桥、西华山、新塘、金砂及山口、上下湖、新村、鹞子崇、草子湖、园山里、石下、湖洋头等地。矿床成因类型主要为斑岩型、火山喷发-沉积型、构造蚀变岩型、岩浆热液型，为永定地区较重要的成矿区带。

---

① 福建永定-梅林地区矿产远景调查报告，2009。
　作者简介：何道金，男，1970年生，高级工程师，地质普查找矿专业。

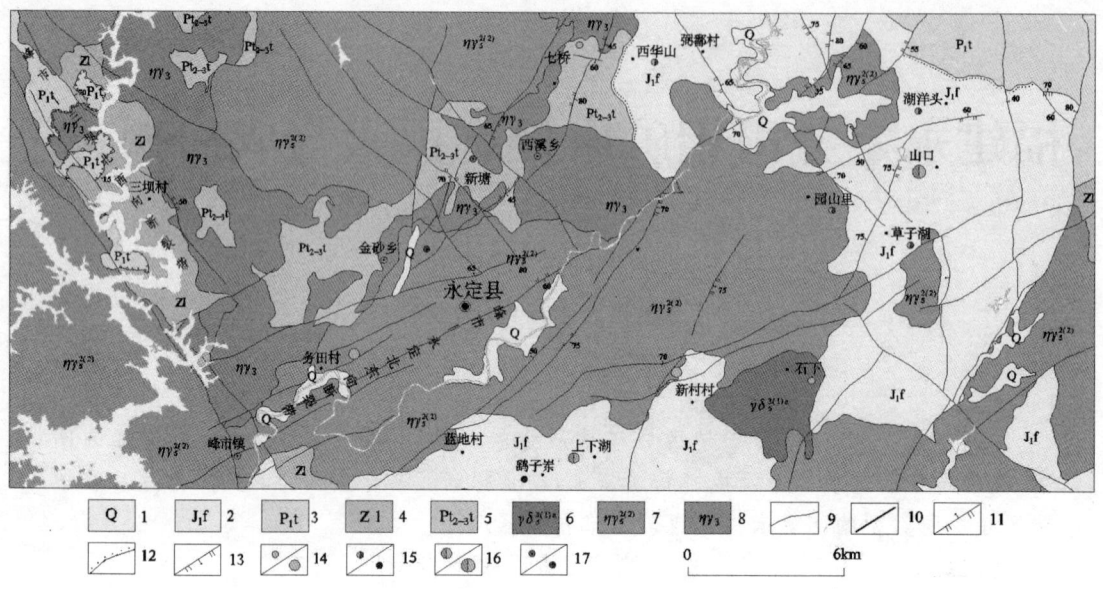

图 1　福建省永定县务田矿区区域地质构造略图

1. 第四系；2. 侏罗系藩坑组；3. 二叠系童子岩组；4. 震旦系楼子坝组；5. 中新元古界桃溪(岩)组；6. 燕山晚期侵入岩；7. 燕山早期侵入岩；8. 加里东期侵入岩；9. 地质界线；10. 实测断层；11. 逆断层；12. 不整合界线；13. 正断层；14. 钼矿点/小型钼矿床；15. 铅锌矿点/锡矿点；16. 铜钼小型矿床/铜钼中型矿床；17. 褐铁矿点/稀土矿点

1.2 区域地球物理、地球化学特征

据1:20万上杭幅区域重力调查，永定—湖雷—抚市—龙潭一带存在重力异常低值区。从布格重力异常特征看，本区重力所反映的构造线为北东向；据1:5万永定幅高精度磁测，永定务田地区处于负磁场区，地面高精度磁测异常梯度平缓，幅值-30～-150nT，异常没有明显走向，基本反映为区域背景磁场特征。永定岩体属弱—中等磁性。

据1:5万永定幅水系沉积物测量，永定岩体中各元素含量平均值见表1。表中Au、Cu、Zn、Mo、Sn、W、Bi、As、Sb、Hg元素含量明显比全国水系沉积物相应的背景值低，Ag、Pb、Mn元素含量明显比全国水系沉积物相应的背景值高；与测区背景值相比，Mo、Mn元素含量弱高。

表1　1:5万永定幅水系沉积测量中永定岩体各元素含量平均值表

元素含量 地质单元	Au	Ag	Cu	Pb	Zn	W	Sn	Mo	Bi	As	Hg	Sb	Mn
永定岩体	1.00	0.11	5.6	49.1	59.0	4.7	6.80	1.90	0.60	1.70	0.08	0.16	756
测区背景值	0.93	0.12	8.3	53.0	76.9	4.1	8.00	1.70	0.82	2.70	0.08	0.21	605
中国水系沉积物背景值	1.39	0.08	23.3	27.9	70.0	7.2	4.41	7.74	2.61	9.76	0.20	0.91	674

单位：Au为$\times 10^{-9}$，其他为$\times 10^{-6}$。

2 矿区地质特征

2.1 地层

地层出露简单,仅在西北部小范围出露中新元古界桃溪(岩)组(图2),岩性为灰色黑云斜长变粒岩、条痕状混合岩。

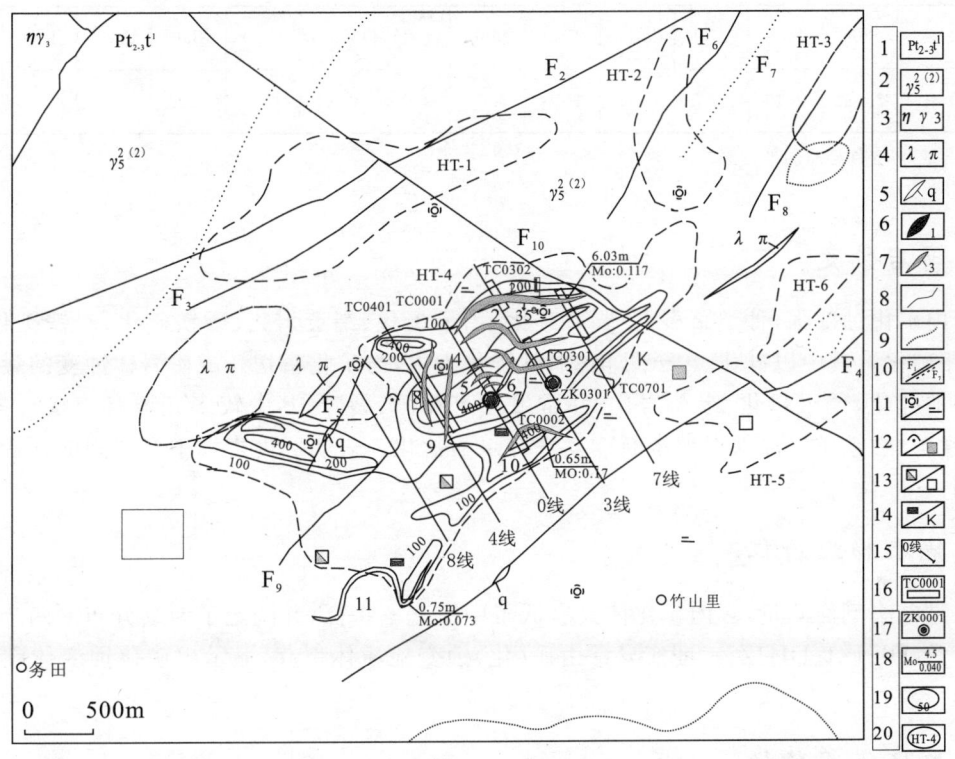

图2 福建省永定县务田矿区钼多金属矿3线地质剖面图

1. 中新元古界桃溪(岩)组下段;2. 燕山早期侵入的花岗岩;3. 加里东期二长花岗岩;4. 石英斑岩脉;5. 石英脉;6. 工业矿体及编号;7. 低品位矿体及编号;8. 地质体界线;9. 实、推测断层及编号;10. 硅化/绢云母化;11. 叶蜡石化/磁铁矿化;12. 褐铁矿化/黄铁矿化;13. 辉钼矿化/钾化;14. 勘探线及编号;15. 已施工探槽及编号;16. 已施工钻孔及编号;17. Mo真厚度(m),平均品位(10^{-2})

2.2 构造

区内断裂发育,主要见NEE60°～80°、NE20°～40°及NW300°～320°方向的断裂,零星见有NWW280°～290°及近南北向的小断裂。通过调查初步分析认为,北东东向断裂发育较早,NW300°～320°方向的断裂发育稍晚。其中北东东向断裂2条(F_1、F_2),北东向断裂7条(F_3、F_4、F_5、F_6、F_7、F_8、F_9),北西向断裂1条(F_{10})。其中北东东、北东向构造表现出控岩、控矿、容矿特征,与岩体中原生节理体系共同构成区内构造体系。

2.3 侵入岩

区内岩浆活动频繁,分布有燕山早期侵入的永定岩体,岩相演化明显。岩性以浅肉红色似斑中(粗)粒黑云母花岗岩为主,边缘见(含斑)中细粒含黑云母花岗岩岩相,局部见斑状细粒花岗岩出露。测区西北部见加里东期侵入的二长花岗岩,岩性为中细粒黑云二长花岗岩。其中,永定岩体岩石化学成分详见表2,用$SiO_2 - AR$图解判别属碱性系列钙碱性亚系列,为普通岩石。

表2 永定岩体岩石化学成分一览表 (%)

岩体名称	SiO_2	TiO_2	Al_2O_3	Fe_2O_3	FeO	MnO	CaO	Na_2O	K_2O	MgO	P_2O_5	LOI	Σ
永定岩体	75.53	0.15	12.58	0.47	1.13	0.05	0.90	3.29	4.73	0.28	0.03	0.70	100.64

注:含量为18件样品的平均值。

2.4 围岩蚀变

区内矿化蚀变强,种类繁多,主要有硅化、绢云母化、绢英岩化、磁铁矿化、褐铁矿化、锰矿化、辉钼矿化。其中以硅化、绢云母化、绢英岩化为主,与矿化密切。成矿岩体蚀变的最大特点是强烈的硅化、绢云母化、绢英岩化,并常发育有孔洞、裂隙,其中较多充填有梳状石英、褐铁矿、褐锰矿、磁铁矿。深部裂隙中断续发育有碳酸盐化。表明区内岩体中有强烈的含矿气化热液作用。

2.5 地球物理特征

通过电法剖面测量,区内矿化体具有低阻中极化率特征,并圈定了断续分布的两个北东向激电异常(DHJZ1、DHJZ2),证实异常由矿(化)蚀变地质体引起,显示出矿化蚀变体空间展布特征。

2.6 地球化学特征

区内1∶1万土壤测量,圈定以Cu、Mo、Pb、Zn为主的土壤综合异常有6处,其中HT-4异常为矿区主异常,呈北东向巨大椭圆状,元素组合为Mo、Cu、W、Sb,以Mo为主,面积$1.05 km^2$。异常具浓度内带,最高值$1870×10^{-6}$,浓度梯度变化显著,系矿化所致,空间位置与矿体吻合。以HT-4异常为中心,主体为Mo、Cu、W异常,外围HT-1~HT-3、HT-5、HT-6等Pb、Au、Ag、Zn、Bi异常等系其组分分带,异常分带具斑岩型钼矿床异常特征。

3 矿床地质特征

3.1 矿体特征

区内地表发现11条辉钼矿体,深部发现有7条隐伏辉钼矿体(图3)。矿体地表较集中出露于4—9线之间,赋存于缓倾角的原生节理中,呈脉状产出,延伸长约200m,宽度1~3m,总体走向北东,倾向南东,倾角较缓,为 25°～40°。围岩岩性单一,均为浅肉红色似斑状黑云母花岗岩。其中 1 号矿体最具代表性,其特征详述如下。

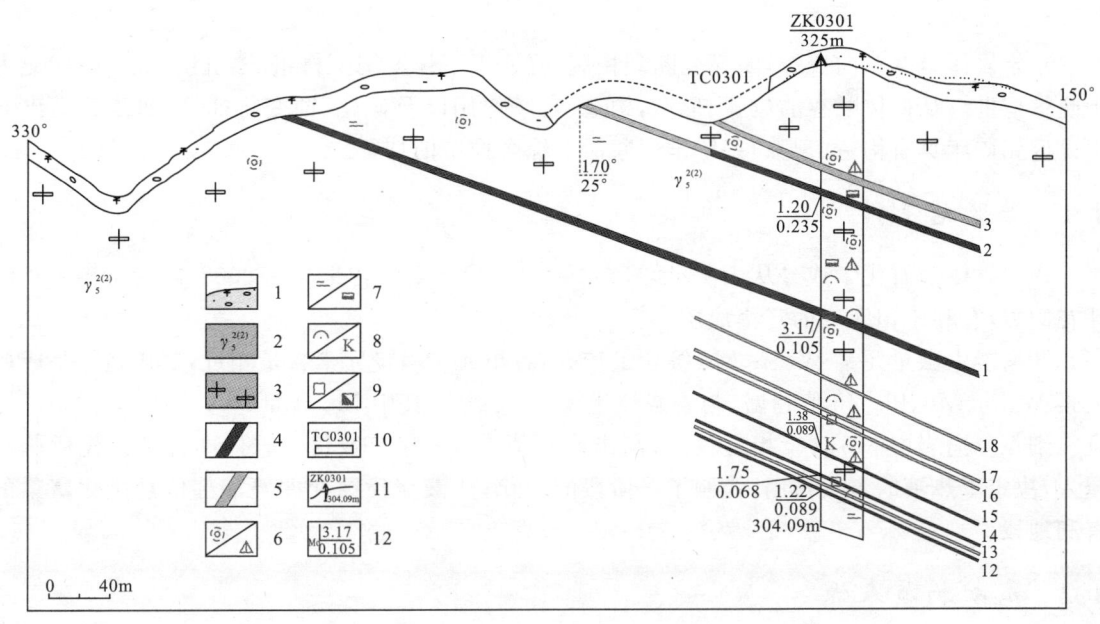

图 3 福建省永定县务田矿区钼多金属矿 3 线地质剖面图

1.腐殖土层;2.燕山早期侵入的花岗岩;3.似斑中粗粒黑云母花岗岩;4.工业矿体位置及编号;5.低品位的矿体位置及编号;6.硅化/碎裂岩化;7.绢云母化/辉钼矿化;8.绿帘石化/钾化;9.黄铁矿化/褐铁矿化;10.已完工探槽位置及编号;11.剖面线与钻孔编号;12.Mo $\frac{矿体厚度}{平均品位}$

1 号钼矿体:脉状,赋存于缓倾角的原生节理中,与围岩界线截然。出露标高在 225～310mm 之间。走向 NE58°,倾向南东,倾角 35°。地表由 TC0701 控制,矿体真厚度达 6.03m,Mo 平均品位 0.117%,最高达 0.424%;深部由 ZK0001、ZK0301 控制,控制斜深 325～390m。深部矿体厚 1.13～3.17m,Mo 含量为 0.071%～0.105%。

3.2 矿石、矿物特征及类型

矿石中的金属矿物主要有辉钼矿、褐铁矿、黄铁矿,偶见磁铁矿、黄铜矿等,脉石矿物以石英、绿泥石、叶蜡石、绢云母为主。

辉钼矿:呈鳞片状、鳞片状集合体,鳞片大小一般 0.2～1.5mm,沿裂隙呈脉状分布,局部呈鳞片状集合体。

磁铁矿:黑色,呈团块状,偶见于石英脉中。

黄铁矿:呈自形—半自形粒状,在矿石中一般含量为 1%～3%,粒径 0.02～2mm。通常呈、团块状分布。

矿石结构主要有鳞片状结构、半自形粒状结构。矿石构造为脉状构造,次为团块状构造。

矿石自然类型:按主要矿物组合划分类型为辉钼矿-黄铁矿型;按容矿岩石划分类型为硅化蚀变岩、绢英蚀变岩型;按矿石构造划分类型为细脉(网脉)-浸染状矿石。

矿石的工业类型:硫化物型矿石。

4 控矿因素

永定岩体呈北东向展布,明显受断裂控制,侵入于下侏罗统下村组、藩坑组,成岩时代应为中晚侏罗世。从矿体赋存的位置、形态、构造、岩浆作用以及矿化、蚀变特征等,初步总结出务田矿区钼矿床具有构造(裂隙)系统+岩浆活动综合控矿的特征。

4.1 岩浆岩条件

永定岩体岩石化学成分从表1可知,岩石中 Na_2O+K_2O 含量高达8.02%,为富钾钠钙碱性花岗岩,有利于钼元素的富集成矿。

花岗岩中微量元素 W、Sn、Mo 等含量较高,各单元中微量元素含量相近,演化趋势是成矿元素 W、Sn、Mo、Pb、Zn 值趋增,与岩浆演化规律一致[①]。其中 Mo 含量$(0.74\sim 3.97)\times 10^{-6}$,且在细粒花岗岩中 Mo 含量相对较高,高出维氏值 0.9×10^{-6} 数倍。岩体中各单元先后脉动侵入,决定了热液的多次作用,控制了多阶段的矿化;热液交代蚀变的叠加部位是矿化富集的有利地段。

4.2 成矿物质来源

岩石中 K/Rb $131.33\sim 171.17$、Rb/Sr $0.38\sim 4.20$,DI 指数 $85.91\sim 92.94$;$^{87}Rb/^{85}Sr$ 同位素初始值小于 $0.707^{[2]}$ 等特征显示,说明岩浆来源于上地幔,分异程度较高,且上侵过程中不同程度地受到陆壳围岩同化混染作用。初步认为永定岩体是区内钼矿的主要含矿源,含矿热液上侵过程中不同程度地萃取了围岩中有用组分。

4.3 构造条件

务田矿区处于前震旦纪基底隆升块构造南部边缘,北东向政和-大埔断裂带与北西向上杭-云霄断裂带交汇处,属大田-龙岩成矿亚带。北东向政和-大埔断裂带控制了区内地层、岩浆岩、矿产的分布。其岩浆和构造活动具多期、多次活动的特点。

4.3.1 断裂控矿

矿区断裂发育,主要以北东向为主,次为北东东向、北西向。北东向断裂成群出现,规模较大,产状陡缓不一,具先压扭后扩张的多期次活动的特点。断裂中岩石破碎,硅化、绢云母化、绢英岩化、黄铁矿化、褐锰矿化等矿化蚀变强,并见细小石英脉沿走向充填。该断裂带控制了区内土壤异常、矿(化)体展布,为区内的主要导矿、运矿、容矿构造。

4.3.2 岩体内部节理与矿

经含矿节理统计,岩体冷凝收缩形成的节理体系中,缓倾角的斜节理与矿关系最密切。原生斜节理常呈密集带状分布,倾角 $10°\sim 30°$,沿走向、倾向延伸均较稳定。节理以张性为主,常见有石英脉、黄铁矿、褐锰矿、辉钼矿等充填,直接形成脉状辉钼矿(化)体。斜节理为成矿提供

---

① 1:5万永定县幅、湖雷幅区域地质调查报告,1991。

了良好的空间,为含矿热液提供了活动及沉淀的场所,是区内主要的导矿、容矿构造。

5 成因初探

中侏罗世后,古太平洋板块向欧亚大陆板块碰撞冲击,岩石圈消减,中国东南沿海进入活动大陆边缘造山阶段,火山活动十分强烈,形成浙闽粤大面积高钾-钙碱性系列酸性侵入岩带[3]。造山后,挤压应力松弛、伸展以及底侵作用等,使重熔岩浆不断上涌,强力侵位形成各类岩体。

永定岩体强力侵位成岩,随着岩浆分异演化、同期岩体内部热液流体压力作用、岩浆冷凝作用所形成的原生破裂构造,以及岩体定位后叠加构造,共同构成了区内断裂格局。这些构造也为区内含矿气液活动提供了良好的通道,同时也是重要的容矿构造。岩浆期后的含钼成矿热液沿应力薄弱地段向上运移,并融入介质中的天水、地下水,沿构造裂隙不断渗透、交代围岩中含矿组分,发生矿化蚀变作用。伴随温度、压力的改变,元素的活化、迁移、析出,含矿热流中有益组分不断富集、沉淀,并在离热源近的有利部位富集成矿。根据成矿地质背景、土壤异常特征、矿体特征等,初步认为矿床成因类型属斑岩型矿床。

6 找矿标志

(1)地球化学异常(中带或相对高值点)。
(2)地球物理激电异常(矿化体具低阻中等极化率电性特征)。
(3)北东向构造蚀变带(主要具强烈的硅化、绢云母化、绢英岩化)。
(4)地表见蚀变脉为正地形突起。

7 结语

(1)务田矿区钼矿床是在1∶5万水系沉积物测量异常区中开展1∶10 000土壤测量,而后针对土壤综合异常开展异常查证最终发现的。这是应用地球化学找矿的一个典范,值得进一步推广。

(2)永定岩体内部原生节理体系及北东向、北东东向断裂发育,为区内主要控矿、赋矿构造。岩体内部有较强的云英岩化、硅化、钾长石化等线状和面状蚀变组合,是寻找斑岩型、热液(充填)型钼钨多金属矿床的有利部位。

(3)对务田钼矿成矿地质背景及控矿条件的总结,对今后在该成矿带上寻找同类型的钼多金属矿床提供了借鉴。

参考文献

[1]福建省地质矿产开发局.福建省1∶50万地质图说明书[M].福州:福建省地图出版社,1998
[2]邱家骧.岩浆岩石学[M].北京:地质出版社,1985
[3]石礼炎.福建古田西朝钼矿床成矿构造特征及找矿方向[J].福建地质,2009,28(3):167-174

福建省高星铁矿床特征及其矿产预测意义

黄长煌[1][①] 徐海容[2]

[1 福建省地质调查研究院;2 中国地质大学(武汉)]

[摘 要] 福建大田高星铁矿是典型的层控矽卡岩型矿床。本文通过对该矿床地质特征的研究,建立成矿模式图,提取了预测要素,建立预测模型,对在闽西南地区寻找同类型的铁铜多金属矿具有很大的借鉴意义。

[关键词] 高星铁矿 层控矽卡岩型 矿床特征 预测模型

福建大田漳平地区矿产远景调查项目主要找矿类型为马坑式铁矿,用矿调的系统方法发现了大田高星铁矿,该铁矿具有层控矽卡岩型典型矿床特征,对区域找矿具有借鉴意义。

1 背景介绍

矿区位于福建省的中部,闽西南坳陷区的北东部之太华长塔复式背斜[1]的西翼、汤泉岩体的西缘外接触带附近(图1)。闽西南坳陷形成于晚泥盆世至中三叠世,在石炭纪至二叠纪沉积了富含铁、铜多金属矿质的沉积建造。

区域上的构造主要有两个阶段:华力西期为闽西南坳陷的形成与发展阶段,铁多金属矿含矿建造在该时期形成;印支-燕山期构造运动使先期形成的各地层岩石发生了褶皱、推覆、滑脱等复杂构造作用,汤泉岩体、太华岩体等岩体沿太华-长塔复式背斜的核部侵入,为沉积改造型铁多金属矿的形成提供了良好条件。

矿化蚀变:本区蚀变有一定分带现象,在汤泉岩体的外接触带见有强烈钾化,宽约5~10m,向外见硅化、绢白云母化、硅化及矽卡岩化。在泥质岩中还有角岩化。在矿体中见有硅化、矽卡岩化等,说明矿体的形成过程经历了热流蚀变过程。

2 矿床特征

含矿层位为晚石炭世经畲组,其中含有3个矿体,编号为Ⅰ号、Ⅱ号、Ⅲ号(图2)[②]。

Ⅰ号铁多金属矿体:位于工作区的北部,总长度1 100m,厚度1.31~17.92m,延深400~

---

① 第一作者简介:黄长煌,男,1962年生,高级工程师,矿产地质专业。
② 福建省地调院,福建大田漳平矿产远景调查报告(供审稿),2013年1月。

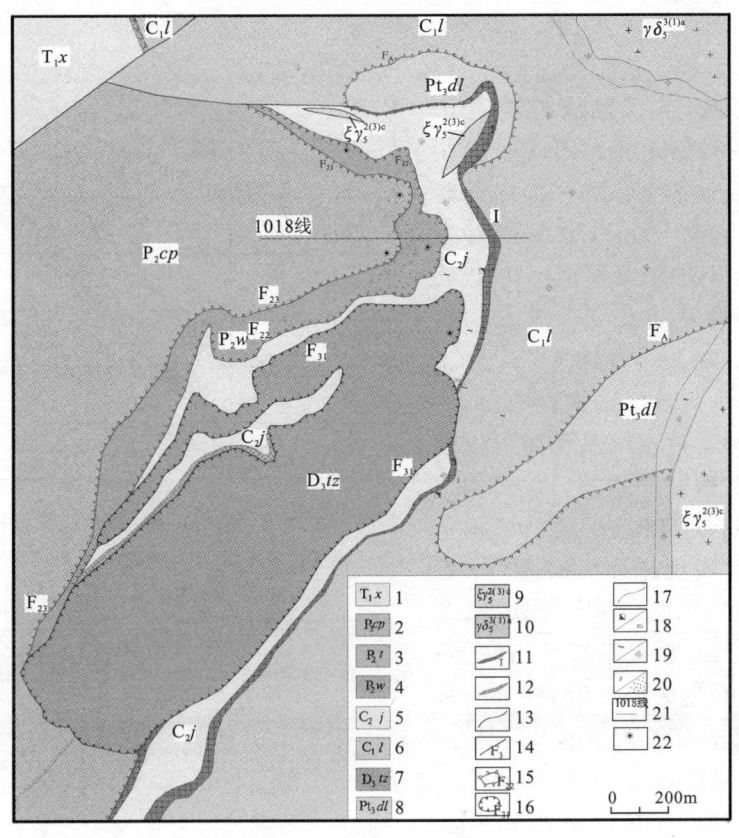

图 1 高星矿区地质略图

1. 早三叠世溪口组;2. 晚二叠世翠屏山组;3. 中二叠世童子岩组;4. 中二叠世文笔山组;5. 中石炭世经畲组;6. 早石炭世林地组;7. 晚泥盆世桃子坑组;8. 新元古代大岭岩组;9. 燕山早期第三阶段第三次侵入岩(中细粒含黑云母正长花岗岩);10. 燕山晚期第一阶段第一次侵入岩含斑中细粒花岗闪长岩;11. 铁矿体及编号;12. 铁矿化体;13. 地质界线;14. 断层及编号;15. 滑脱断层及编号;16. 推覆断层及编号;17. 蚀变界线;18. 褐铁矿化/黄铁矿化;19. 绿泥石化/硅化;20. 矽卡岩化/角岩化;21. 勘探线位置及编号;22. 已施工钻探(据福建大田-漳平矿调报告修改)

740m,分布于标高 500～1 100m。主要矿体底板为下石炭统林地组石英砂砾岩系或大岭(岩)组变质岩,顶板为矽卡岩;矿体在"向斜"核部厚度较大,大部分已氧化成铁帽和褐铁矿。产状与地层基本一致,倾向南西,倾角 40°～50°;有分叉复合现象。矿石呈块状、蜂窝状,主要矿物为磁铁矿、褐铁矿(可能为磁铁矿风化形成,具磁铁矿外形),少量方铅矿、闪锌矿等。厚度变化较大(2.63～14.46m)。矿石品位:TFe 一般为 23%～54.35%;MFe 一般为 3%～15%,最高 33.68%。Pb 一般为 0.38%～0.92%,最高 1.62%;Zn 为 0.15%～3.98%,最高 7.80%;Cu 为 0.07%～0.16%。

Ⅱ号铁多金属矿体:被 3 条剖面控制,为隐伏矿体,仅在钻孔中见及。总长度 800m,厚度 12.65～6.89m,延深 400～740m,分布于标高 500～1 100m。矿体位于经畲组中上部,顶、底板为矽卡岩;含 1～2 层铁多金属矿(磁铁矿、铅锌矿等);产状与地层基本一致,倾向南西,倾角 40°～50°。矿石呈块状、蜂窝状,主要矿物为褐铁矿、闪锌矿、方铅矿及少量磁铁矿;矿石品位:TFe 为 28.41%～32.54%,MFe 一般为 19.2%～26.3%,最高 28%;Pb 一般为 3.25%～

5.36%,最高12.5%;Zn一般为0.25%~2.48%,最高3.53%。

Ⅲ号铁多金属矿体:为隐伏矿体,位于1018线,仅在钻孔(ZK10184、ZK10185)中见及,总长度400m,厚度2.35~3.43m,延深400m,分布于标高890~1 100m。位于经畲组的砂岩、粉砂岩间,常呈似层状,以褐铁矿为主,分布较局限,品位TFe 26.79%~48.68%,MFe 0.20%~1.02%。

矿石原生结构为自形结构、半自形—它形晶粒状结构,通过重结晶作用形成粒状变晶结构、交代熔蚀结构等。矿石构造比较复杂,主要有块状构造、浸染状构造和条带状构造,其次为斑杂状构造。矿石中的金属矿物主要有磁铁矿、针铁矿、黄铁矿、褐铁矿等。主要有用组分:铁矿石中的主要有用组分地表为TFe,深部为磁铁矿;伴生有用组分主要为Ag,及异体铅锌矿体。

本区磁测效果良好,在矿体所在区内见正异常,向南西趋弱,推断矿体向南西深部倾伏。后被钻探证实。

3 讨论

3.1 成矿模式

本区为沉积改造型铁矿的典型矿床,成矿作用主要有两期:早期为闽西南坳陷沉积形成"矿源层"(包括晚志留世、石炭纪、二叠纪);晚期(印支-燕山期)的岩浆构造作用叠加形成矿体(图3)[2]。

晚泥盆世至中二叠世,特别是石炭纪,沉积环境的动荡。铁锰质岩及铜多金属矿质层主要分布于硅质岩、灰岩之附近。印支期至燕山期主要为构造-岩浆作用,如汤泉岩体、太华岩体,对先存的铁锰多金属矿质进行改造,形成矿体。

3.2 预测要素和预测模式

该矿床的预测要素主要有成矿地质因素和

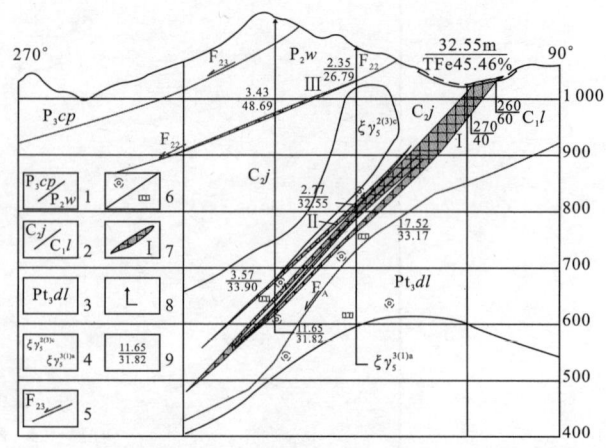

图2 高星矿区1018线地质剖面图
1.晚二叠世翠屏山组/中二叠世文笔山组;2.晚石炭世经畲组/早石炭世林地组;3.新元古代大岭岩组;4.燕山早期脉状细粒花岗岩/燕山晚期花岗闪长岩;5.滑脱断层及编号;6.硅化/黄铁矿化;7.铁矿体及编号;8.钻孔;9.$\frac{\text{矿体真厚度(m)}}{\text{平均品位 TFe(\%)}}$

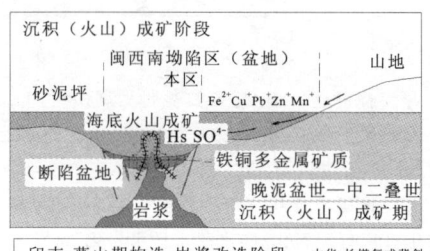

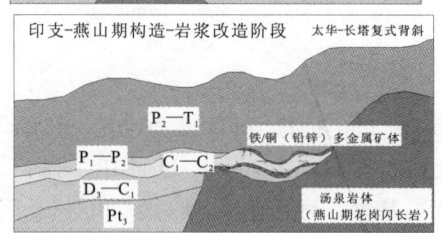

图3 成矿模式图
(据福建省矿产潜力评价资料修改)
→.矿质运动方向;P_2-T_1.中二叠世—早三叠世;P_1-P_2.早二叠世—晚二叠世地层;C_1-C_2.早石炭世—晚石炭世地层;D_3-C_1.晚泥盆世—早石炭世地层;Pt_3.新元古代(基底)。成矿分两个阶段:晚泥盆世—中二叠世沉积(火山)形成铁铜多金属矿源层;矿质来自风化和岩浆(火山)作用印支-燕山期构造-岩浆改造作用使先存的地层中的矿质及矿源层的矿质重组形成矿体物化探异常等因素(表1)。

表1 高星及工作区铁矿典型矿床预测要素表

成矿要素		描述内容	成矿及预测要素
成矿时代		沉积成矿时代为晚泥盆世—中二叠世,叠加改造期为印支-燕山期,太华长塔复式背斜的形成及汤泉岩体等的侵入作用,矽卡岩锆石 U-Pb 年龄为181Ma	必要
大地构造背景		大地构造位于闽西南被动陆缘与陆表海盆地(Ⅵ-3-2),永梅惠坳陷带的东侧。矿床构造位于永安-梅县铁成矿带(Ⅲ级)之大田-龙岩成矿亚带(Ⅳ级)中的北部	必要
大地构造演化阶段		印支期海进沉积旋回系列底部,燕山期岩浆活动	必要
沉积建造		石炭纪—二叠纪碳酸盐岩建造的底部,以经畲组含铁硅泥质岩建造为主	必要
侵入岩建造		燕山期正长花岗岩、花岗闪长岩,相关岩体为汤泉岩体和太华岩体	
岩相古地理		局限海台地相-浑水潮坪相砂坪亚相	
成矿构造		燕山期的北东向与北西向构造交汇为矿区的主要成矿控矿构造	重要
成矿特征	矿体形态	以似层状、层状为主,部分透镜状、扁豆状。与围岩产状一致。主矿体延长2 000m,延深400~1 000m	次要
	矿物组合	以磁铁矿为主,次为褐铁矿和铅锌矿等硫化物。脉石矿物主要为石英、次透辉石—钙铁辉石、钙铁榴石、透闪石等	重要
	结构构造	细粒花岗变晶结构,结构它形—半自形镶嵌结构、花岗变晶结构、交代熔蚀结构、交代残留结构等;条带—条纹状构造、残余块状、变余豆状、浸染状、斑杂状、网脉状等构造	重要
围岩蚀变		主要为矽卡岩化,其次为角岩化、大理岩化、绢云母化、黄铁矿化、硅化、碳酸盐化、萤石化、钾化、高岭石化以及绿帘石化、透闪石化、绿泥石化等	重要
矿床储量		高星铁矿已探明铁资源量 2 042.71×10⁴t;平均品位 TFe 49.80%	重要
找矿线索		华力西期断陷盆地中;石炭纪—二叠纪碳酸盐岩含矿建造;重力梯度带与磁异常梯度复合处;化探异常见 PbZnSn 或 SnMoPb 组合等。围岩蚀变有矽卡岩化;上覆文笔山组等地层的存在有利于矿体的保存	重要
磁测资料		区内地磁异常呈宽带状,正负磁异常伴生,正异常极大值一般为200~300nT,负异常极大值不明显,一般为−100~−200γ,异常的东南翼因受地表矿的影响,呈锯齿状跳动	重要
化探资料		区域水系沉积物 Cu、Pb、Zn、Ag、Mn 及 W、Mo 等多金属异常区面积大,成矿元素套合好,分带明显	重要

预测主要与目标矿体的特征有关,由于本区的风化较强烈,浅表部已风化为褐铁矿或铁锰矿,没有磁性,地磁只能反映深部的磁性体。由于一般磁性体(磁铁矿)的埋深较大,可达100~200m,矿体的厚度仅5~20m,地磁的反映相对较低,常与背景难以区分。故地磁异常为重要要素,但不是必要要素。化探异常主要为 CuPbZnAgMo 异常。由于矿体中含有较高的 CuPbZnAgMn 等元素,当此类元素由于各种因素而透出地表时,就成为重要的找矿指示。

预测模式图主要考虑的因素有与本矿床形成有关的各种地质因素和对找矿有指示作用的物化探要素(图 4)。

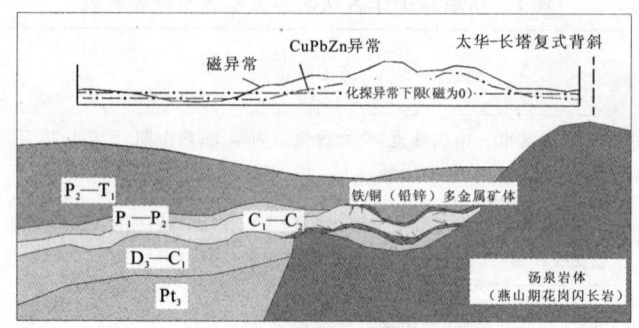

图 4 成矿模式图
(据福建大田-漳平矿调报告修改)

→. 矿质运动方向；P_2—T_1. 中二叠世—早三叠世；P_1—P_2. 早二叠世—晚二叠世地层；C_1—C_2. 早石炭世—晚石炭石地层；D_3—C_1. 晚泥盆世—早石炭世地层；Pt_3. 新元古代(基底)矿体位于汤泉岩体的外接触带之经畲组等地层中,具高磁及化探 CuPbZn 等异常

4 结论

(1)大田县高星铁矿为典型的马坑式[①]铁矿。成矿限于闽西南坳陷带内,成矿有两期：早期(石炭纪至二叠纪)形成矿源层；后期为印支期至燕山期构造岩浆作用,使矿质形成矿体。

(2)预测要素有闽西南坳陷及石炭纪至二叠纪含矿建造,燕山期岩体及有关的蚀变,正负相伴的磁异常及化探 CpPbZn 异常,在区域上具有一定的找矿指示意义。

致谢

本文为"福建大田漳平矿产远景调查"的工作成果,在工作过程中参加的人员有吴泽有、林泽铃、林喜、林文成等同志。成文过程中得到了班宜忠、黄正清等专家的指导。在此一并致谢。

参考文献

[1]福建省地质矿产局.福建省区域地质志[M].北京:地质出版社,1985
[2]陈毓川,等.中国铁矿[M].北京:地质出版社,2012

---

① 张达,《武夷山成矿带主要成果汇报》,南京,2013 年 1 月。

长江中下游隐伏矿找矿靶区优选

兰学毅[1][①] 汤正江[1] 汪启年[1] 徐善修[1] 廖梦奇[1]
赵建华[1] 蒋新华[1] 许卫[2] 曾勇[3]

(1.安徽省勘查技术院;2.安徽省地质调查院;3.中国地质调查局南京地质调查中心)

[摘　要]　本文为《长江中下游隐伏矿找矿靶区优选》项目的总结,是一份综合物化探研究成果。研究区包含了长江中下游地区沿江成矿带。主要任务是对研究区内原有的重、磁、化、电综合物化探资料进行收集整理,应用当今先进的计算技术进行多方法处理,尽可能地提取地质信息,通过综合分析研究,建立区域深部地质构造格架,优选隐伏矿找矿靶区,编写研究成果报告。

[关键词]　隐伏矿　成矿条件　综合物化探　异常提取　找矿模式　靶区优选

《长江中下游隐伏矿找矿靶区优选》属中国地质调查局基础研究项目,编号为资[2007]017-04号。研究区自西而东跨湖北、江西、安徽、江苏、浙江五省,面积约93 000km^2(图1)。

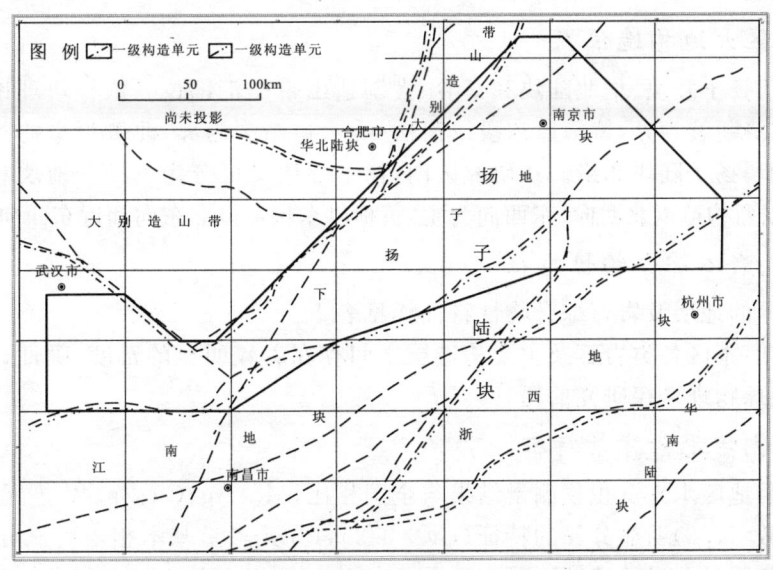

图1　研究区位置及构造分区示意图
(据程裕淇等,中国区域地质概论)

---

① 第一作者简介:兰学毅,男,1961年生,正高级工程师,在安徽省勘查技术院工作,从事地球物理勘探专业。

长江中下游地区是我国16个重点成矿区带之一，找矿勘查已进入了"攻深探盲"阶段。找隐伏矿是一项难度大、技术要求高的综合勘查工作，是区内地质工作者面临的最直接问题。其首要工作是优选好找矿靶区，这是本项目的主要目标任务。

研究区内积累了一大批各种比例尺的地面重力、磁法、电法、化探，以及航磁、遥感测量资料。应用新方法、新技术、新思路，先期对这些资料进行二次开发，重新处理和解释，对本区的控矿地质条件自浅而深进行重新认识，对区内的综合物化探异常特别是低缓异常进行重新评价，利用多元信息预测技术优选隐伏矿找矿靶区，为进一步安排勘查工作提供依据，是一条经济、快速、有效的途径。

1 项目任务、研究区地质地球物理化学特征

1.1 总体目标

开展长江中下游铁、铜、硫、金多金属成矿带隐伏矿找矿靶区优选。充分利用区内已有的重、磁、电、化等综合物化探资料，特别是1:5万和更大比例尺的重、磁资料以及16条大地电磁测深(MT)剖面资料，结合地质、遥感资料分析，使用多种物探信息反演技术，对研究区多元信息进行整体研究，建立区域深部地质构造格架；结合区域成矿规律、控矿因素等研究成果，进行区域铁、铜、硫、金多金属矿找矿靶区优选和隐伏矿床综合信息预测，研究、总结典型区段隐伏矿找矿方法。

1.2 地质、地球物理化学特征

1.2.1 研究区大地构造位置

研究区位于扬子陆块、华北陆块和秦岭-大别造山带交汇部位。依板块理论分区，黄梅以西段以襄樊-广济断裂为界，黄梅以东段以宿松-响水口断裂为界，北侧为秦岭-大别造山带的大别地体，南侧属扬子陆块北缘。在研究区内，扬子陆块又可分为下扬子地块和江南地块、浙西地块。黄梅以西构造以北西向、东西向为主，黄梅以东构造以北东向和近东西向为主(图1)。

1.2.2 地层、岩石综合物性特征

研究区出露的地层及岩石综合物性特征详见表1。

由表1可知：本区各类岩石及主要构造层之间存在着较明显的密度、磁性、电性等物性差异，具备综合地球物理勘探研究前提。

1.2.3 地球化学元素背景特征

长江中下游地区水系沉积物测量结果与全国相比，Mo、Ag、Cu、Zn、W等元素具基本相当(0.8≤浓集系数≤1.2)明显分异的特征($Cv>0.3$)；Pb元素呈基本相当弱显分异的特征；Au元素呈略有富集明显分异的特征。研究区是Au、Ag、Cu、Zn、W、Mo有利成矿区和Pb元素的较有利成矿区。

表1 长江中下游地区物性特征表

地层	层序号	岩性	主要地质界面	密度	主要密度层	磁性特征	电性特征
新生界	Q	砂砾、黏土层			第一密度层	玄武岩磁性强	低阻
	N	砂泥岩、玄武岩					
	E	红色砂砾岩	燕山侵蚀面(Ⅳ)	2.40			
中生界	K_2	红色砂砾岩	印支侵蚀面		—0.16—	火山岩呈中强磁性	相对低阻
	K_1	砾岩、砂泥岩、火山岩		2.56	第二密度层		
	J	砾岩、砂页岩、火山岩					
	T_3	砂岩					
	T_2	泥灰岩、白云岩、石膏	前志留面		—0.09—		
	T_1	灰岩	前震旦顶面	2.65	第三密度层	无磁	高阻
古生界	P	灰岩、白云岩					
	C	灰岩、砂页岩					
	D	石英砂岩			—0.08—		相对低阻
	S	砂岩、泥岩、页岩	晋宁侵蚀面		第四密度层		
	O	灰岩、白云岩		2.73		无磁	高阻
	∈	灰岩、白云岩			—0.06—		
元古宇	Z	白云岩			第五密度层		
	Nh—Qb	浅变质岩		2.67	—0.13—	无—弱磁	相对低阻
	Pt_2	绿片岩		2.70~2.80	第六密度层	中强磁	高阻
太古宇	Pt_1	深变质岩系					
	Ar						

2 综合研究程序

综合研究工作分步有序进行。

(1)尽可能地收集和整理区内的重力、航磁、电法、化探,及地质、地震、钻探、物性等资料,对不同精度和不同比例尺的重、磁、电、化探资料进行合理拼接并进行预处理,编制原始资料基础图件。

(2)对区域物化探资料进行有针对性的处理,开展重、磁、电综合剖面定量计算。利用1:20万重磁化资料及区域性电法剖面处理结果,确定宏观地质结构,划分隆起带及主要断裂,掌握成矿基本地质条件,探讨地学界长期关心的几个重要基础地质问题。

(3)根据磁法在岩体上有明显异常,重力对沉积岩构造及其背景上不同岩性岩体有不同反映,电法对岩体及碳酸盐岩有高阻反映的特点,分析本区岩浆岩、火山岩宏观分布特征及延伸情况。

(4)应用小波变换等不同滤波方法,对中大比例尺重磁化异常进行数据处理,突出局部异常,研究重磁化异常的组合关系。首先对重点典型矿区的重磁化异常特征进行分析,建立矿床的地质、地球物理、地球化学找矿模式,指导对重点局部异常的优选;其次分析中大比例尺重磁化异常数据处理突出的局部异常特征,讨论其可靠性,再结合地质、矿产特征及钻井资料进行综合对比,分析异常所处部位的地质成矿条件是否有利,或者异常是否可能直接与矿产有关,从而优选出重点异常,提出隐伏矿找矿靶区。

(5)依据物化探异常特征、地质构造部位和地表条件,提出下一步工作部署建议。

3 成果解释

3.1 资料处理与综合解释

对全区 1∶20 万重力、航磁、化探资料,31 个区块的 1∶5 万航磁资料,重要成矿区段 $2\times10^4 km^2$ 的 1∶5 万重力、土壤化探资料以及 16 条 3 000 余千米综合物探剖面(MT、重、磁)进行了系统的处理与解释,对本区重要控矿地质条件进行了综合分析,提出新的认识主要有如下几点。

3.1.1 断裂构造

(1)MT 综合解释剖面揭示罗河断裂(F_6)为庐枞火山岩盆地西部边界断裂。

(2)长江断裂带由沿江多条断裂构成,并大多具有上正下逆的性质,深部导岩构造与岩浆岩的形成机理尚需深入研究。

(3)以庐江-郎溪断裂为代表,东西向深大断裂对岩浆活动具重要控制作用。

(4)区域推覆活动以黄梅、九江一带最为强烈。

(5)提出将崇阳-通山断裂作为江南隆起带和扬子前陆区西部分界线。

(6)郯庐断裂带终止于沿江断裂带,向南不会越过长江断裂带。

3.1.2 岩浆岩

庐枞火山岩盆地火山岩厚度一般小于 1km,因此在庐枞火山岩盆地及周边要注意寻找龙桥式矿床。

怀宁-庐枞岩浆岩带位于古生界隆起区,深部(解释深度约 10km)存在整体巨大的中基性岩基,青阳-石台区规模更大,大冶—九江—铜陵—马鞍山—南京一带深部的岩基规模则要小得多。沿江磁异常带,包含了深部岩基与地表火山岩及浅成侵入岩(或次火山岩)的综合反映(图2)。

3.1.3 地层

(1)扬子地区前震旦系普遍存在一套低阻层,在研究该区基底性质和构造演化时需充分注意。

(2)前陆盆地区绝大部分地区上古生界—中下三叠统保存完好,为深部找矿有利勘查部位。

3.2 隐伏矿靶区优选

3.2.1 物化探局部异常提取效果分析

隐伏矿找矿靶区优选,重要的一环是研究物化探局部异常。为了深入地讨论物化探局部异常,捕捉与矿产有关的微弱信息,我们做了一系列异常分离和提取计算,并对区内完成的 1∶5万和1∶2万综合物化探勘查区块进行了重点处理,从而更好地突出微弱异常(图2、图3),从已知矿床资料看,效果明显。

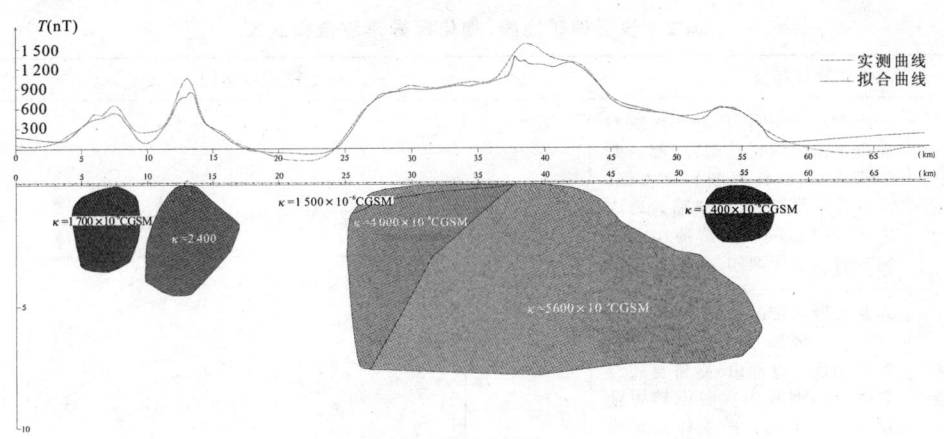

图 2 庐枞盆地深部的巨大岩基(庐枞昌蒲山——黄梅尖剖面简单拟合)

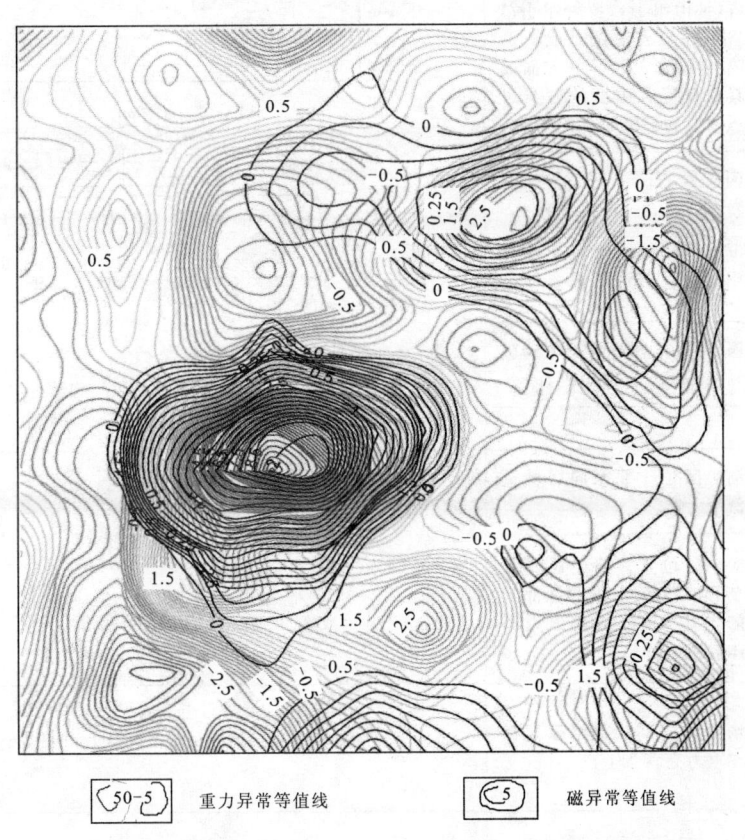

图 3 泥河、罗河、大鲍庄铁矿 1∶5 万资料局部异常图

3.2.2 典型矿床(田)的物、化探异常模式

遵循从已知到未知的技术思路,认真研究典型矿床(田)的物化探异常特征,对指导本区的找矿工作意义重大。此处以沙溪铜矿为例,对其地质、物化探异常模式进行构建(表2),指导本区隐伏矿找矿靶区的优选。

表 2 沙溪铜矿地质、物化探异常综合模式表

	模式特征描述		模式示意图
成矿模式	大地构造位置	沙溪铜矿床处于下扬子地块与大别造山带的拼接部位,郯庐断裂带东侧、长江深断裂北西侧。矿区位于巢湖-潜山断陷盆地内之次级隆起,盛桥-菖蒲山北东向复背斜的南西端	沙溪斑岩铜矿床综合地质模型图
	控矿构造	隆起和坳陷带的边缘,深断裂旁侧的次一级断裂是重要的控岩控矿构造。菖蒲山-盛桥复式背斜南端的铜泉山次级倒转短轴背斜为沙溪铜矿的主体探矿构造	
	控矿地层	象山群(钟山组 J_1z、罗岭组 J_2l)砂页岩一方面表现在对成矿热液的隔挡屏蔽方面,另一方面表现为具有良好孔隙度的砂页岩地层可以成为矿液储存的条件	
	岩浆岩	黑云闪长岩、石英闪长斑岩、闪长斑岩。后两者为成矿母岩	图 例
	围岩蚀变	蚀变带的范围越大对成矿越有利,硅化、钾化与成矿关系最为密切	1.中、下侏罗统砂岩;2.志留系砂岩;3.石英闪长斑岩;4.黑云母闪长岩;5.蚀变带界线;6.青盘岩化带;7.石英、绢云母、水云母化带;8.钾化带;9.铜矿体;10.断层
	矿石类型	以黄铜矿为主,局部地段斑铜矿较多,属黄铜矿-斑铜矿矿石	
	顶板埋深		
物探异常模式	重力异常特征	沙溪铜矿区位于北东向区域重力高值带上	
	磁法异常特征	沙溪铜矿区位于菖蒲山磁异常向北东的扩展部位,推测深部有相连的岩基存在。局部磁力高与矿体对应较好	见图 4
	重磁异常组合特征	区域场重磁同高。局部磁异常发育在重力高背景上	见图 5
	电阻率异常特征	低阻、高极化、高 τ_S、低 CS	见图 6
	极化率异常特征	低阻、高极化、高 τ_S、低 CS	

续表 2

	模式特征描述	模式示意图
地球化学异常模式	近矿指示元素异常组合	Cu、Mo、Bi、W、Cr、Au
	远矿指示元素异常组合	Hg、Ag、Pb、Zn、Cd、K_2O、Na_2O

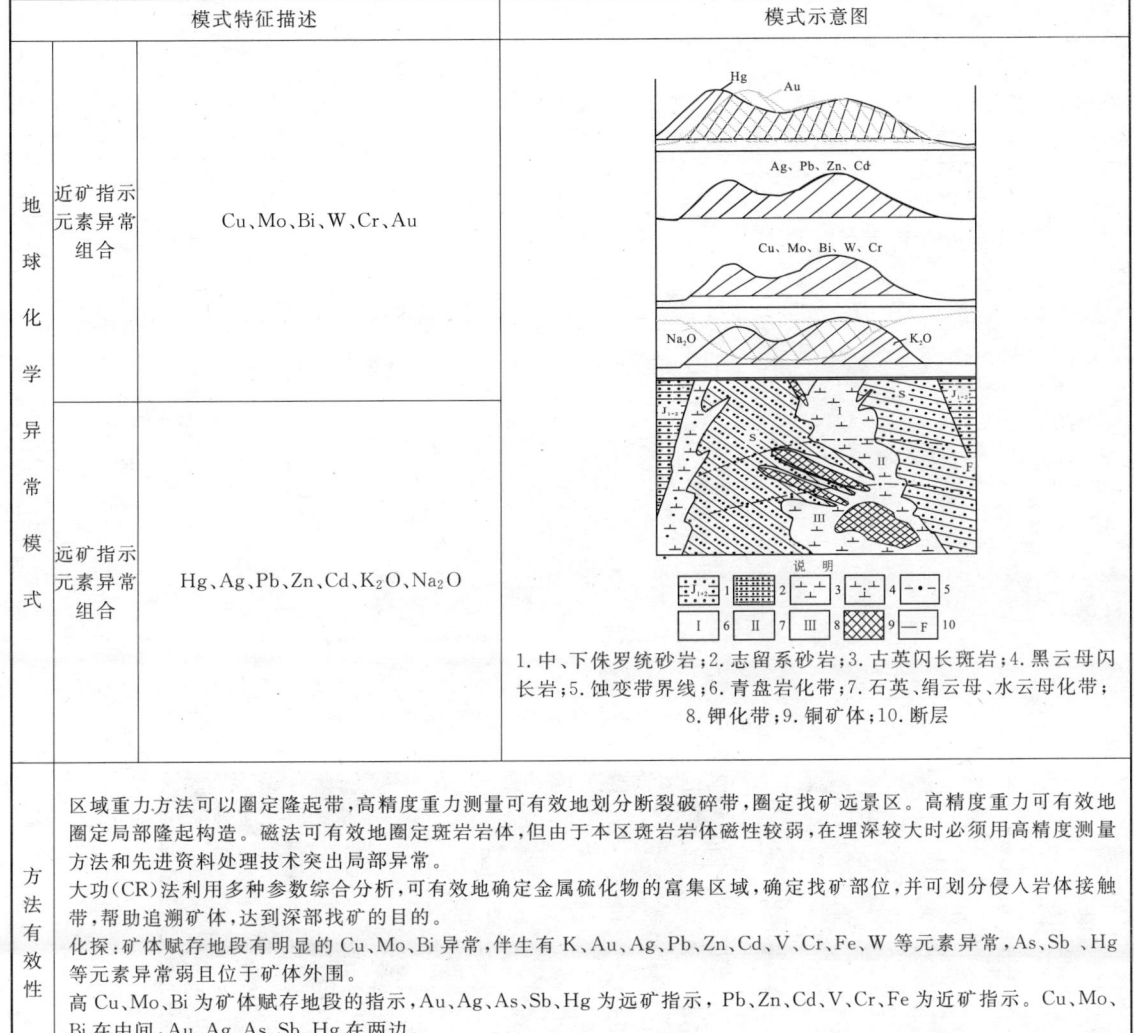

1.中、下侏罗统砂岩；2.志留系砂岩；3.古英闪长斑岩；4.黑云母闪长岩；5.蚀变带界线；6.青盘岩化带；7.石英、绢云母、水云母化带；8.钾化带；9.铜矿体；10.断层

方法有效性	区域重力方法可以圈定隆起带，高精度重力测量可有效地划分断裂破碎带，圈定找矿远景区。高精度重力可有效地圈定局部隆起构造。磁法可有效地圈定斑岩岩体，但由于本区斑岩岩体磁性较弱，在埋深较大时必须用高精度测量方法和先进资料处理技术突出局部异常。 大功(CR)法利用多种参数综合分析，可有效地确定金属硫化物的富集区域，确定找矿部位，并可划分侵入岩体接触带，帮助追溯矿体，达到深部找矿的目的。 化探：矿体赋存地段有明显的 Cu、Mo、Bi 异常，伴生有 K、Au、Ag、Pb、Zn、Cd、V、Cr、Fe、W 等元素异常，As、Sb、Hg 等元素异常弱且位于矿体外围。 高 Cu、Mo、Bi 为矿体赋存地段的指示，Au、Ag、As、Sb、Hg 为远矿指示，Pb、Zn、Cd、V、Cr、Fe 为近矿指示。Cu、Mo、Bi 在中间，Au、Ag、As、Sb、Hg 在两边。 高 K 低 Na 为近矿地段的指示

3.2.3 物化探异常组合特征

长江中下游地区重磁异常组合大致分为 5 种类型：重磁双高、重边磁高、重低磁高、重高磁低和重磁双低。前 3 种异常均与岩浆活动相关，由于岩浆岩是本区金属矿产最重要的控矿条件，所以此 3 类异常组合特征是我们研究的主要对象，而上述典型矿床重磁异常组合特征不会超出此范围。重高磁低和重磁双低异常区岩浆活动较弱，重高磁低区往往是岩浆活动较弱的古生界褶皱隆起区，如安徽巢湖地区；而重磁双低区则是中新生代断陷盆地的异常特征，典型的如无为盆地。

3.2.4 重点物化探异常

3.2.4.1 物化探异常的优选准则

(1)异常位于断隆区或断隆向凹陷过渡区带的局部穹隆部位。

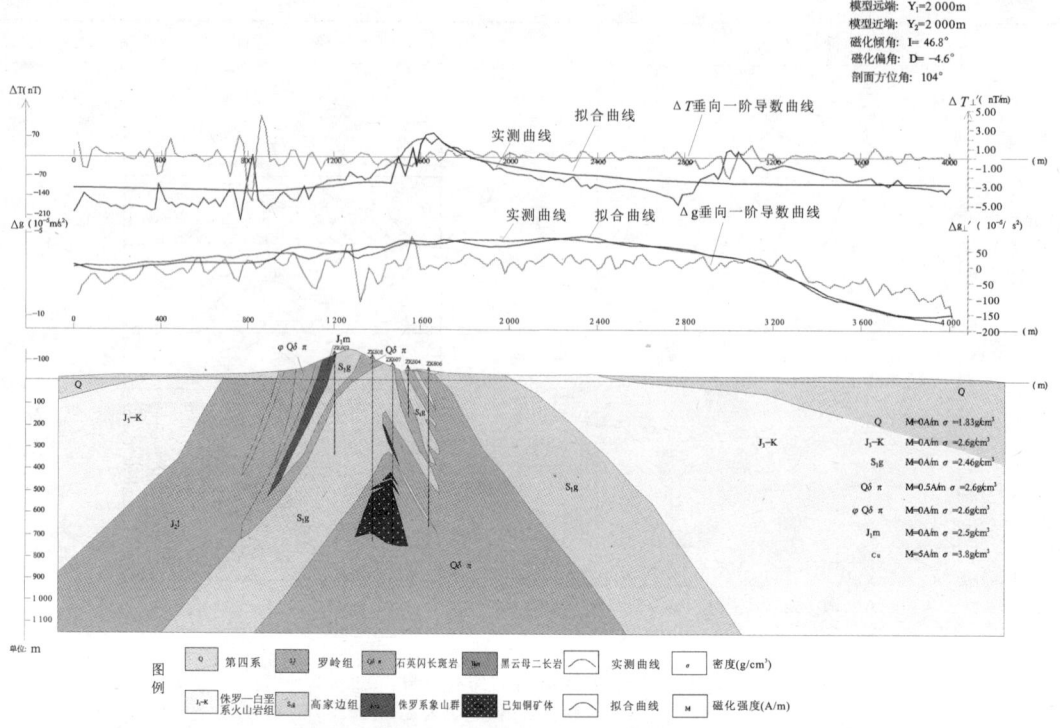

图4 重磁异常图(沙溪-6线典型矿床重磁反演解释图)

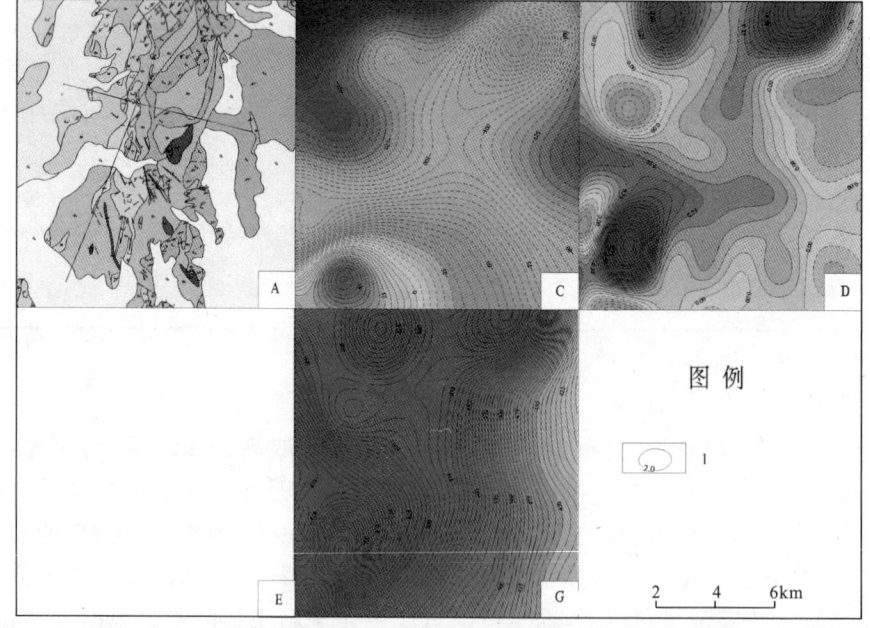

图5 重磁异常组合图(庐江沙溪典型矿床所在位置地质矿产及物探剖析图)
A.地质矿产图;C.航磁 ΔT 等值线平面图;D.航磁 ΔT 化极垂向一阶导数等值线平面图;E.重磁推断地质构造图;G.航磁 ΔT 化极等值线平面图;I.等值线及注记。技术说明:资料来源安徽省滁州-庐江地区航空物探综合测量报告(1:5万)1990年地矿部物化探所

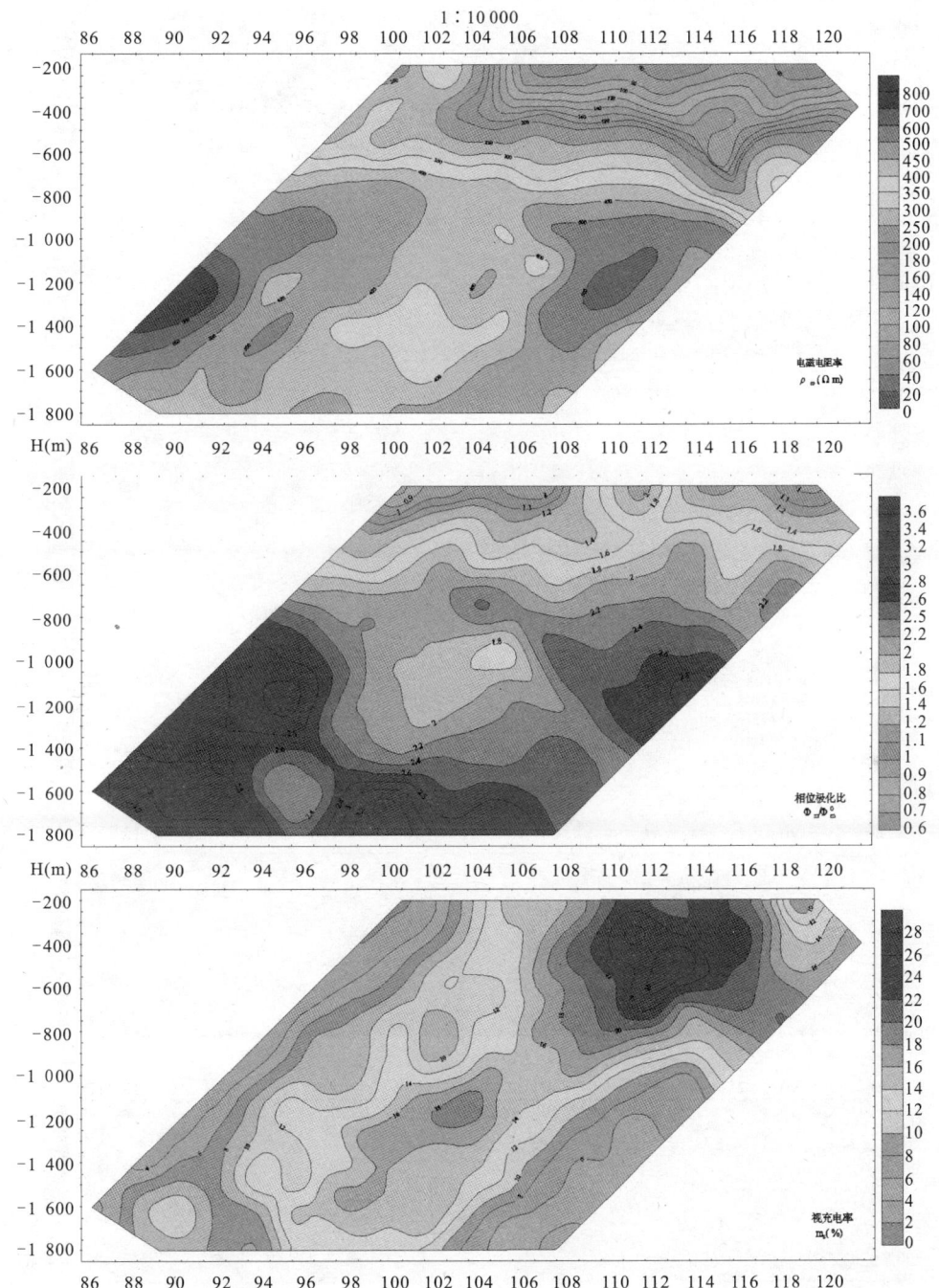

图 6-1 电阻率、极化率异常图之一(安徽省庐江县沙溪地区 S10-9 线复电阻率法剖面图)

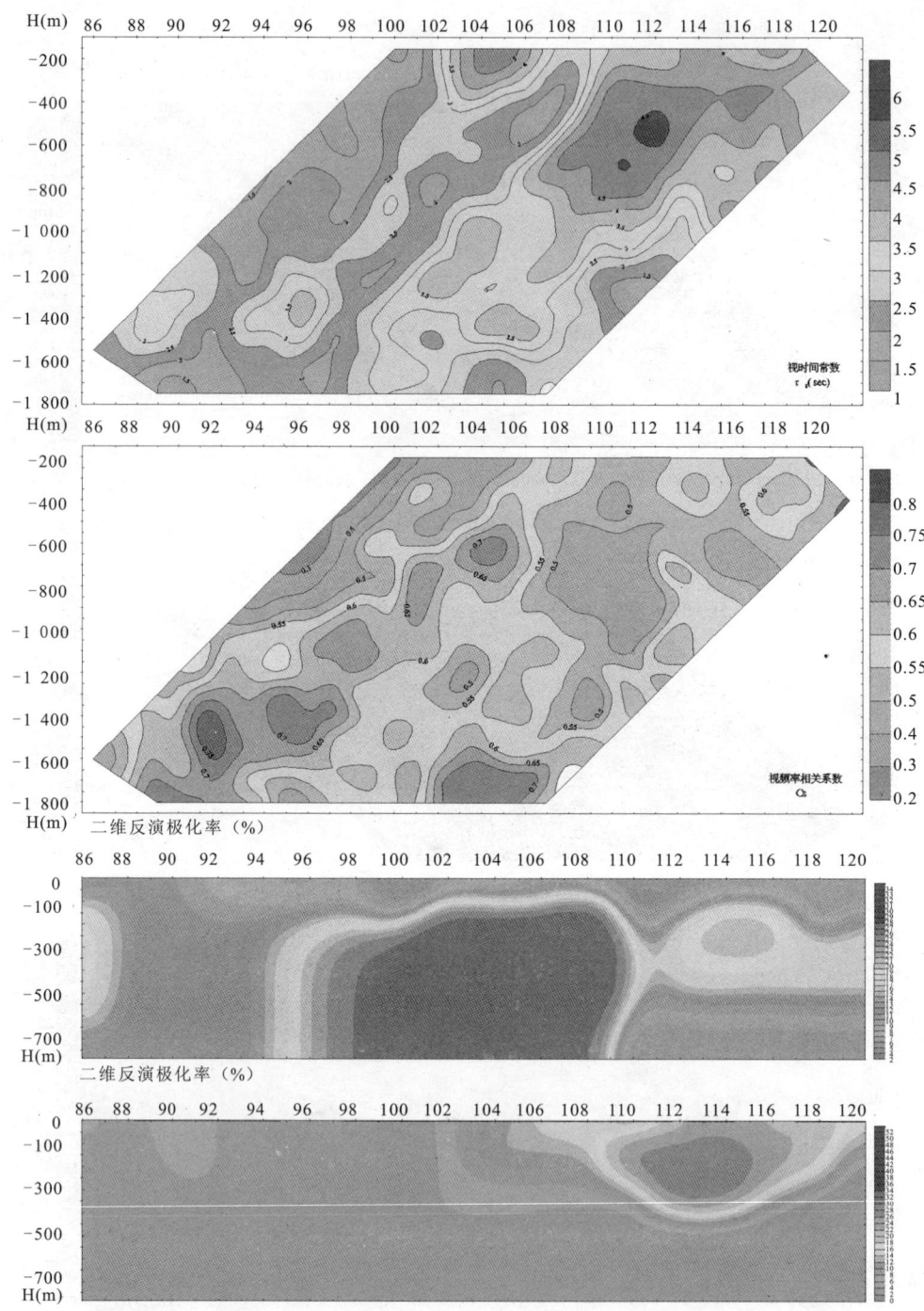

图6-2 电阻率、极化率异常图之二(安徽省庐江县沙溪地区S10-9线复电阻率法剖面图)

(2) 异常区内碳酸盐岩地层发育。
(3) 异常位于主干控岩控矿断裂附近,多方向构造交汇部位最优。
(4) 物化探资料推断岩浆活动强烈且具多期性。
(5) 以重高磁高局部异常组合特征为主,次为在重力梯级带上发育的磁异常。
(6) 化探成矿元素异常范围大、强度高、分带好,组合异常规律性好。
(7) 异常区及外围已发现矿点或矿化点较多。
(8) 与已发现典型矿床的地、物、化模型进行对比相似性较好。
(9) 已发现具有工业价值矿床的异常不作为优选对象,因为这些地区已做过详细的勘查或正在开展危机矿山勘查工作,但要注意矿区外围异常的研究。

3.2.4.2 重点物化探异常(区)

依据上述原则,从典型矿床研究出发,本次工作从 5 000 余航磁异常,1 000 余重力异常中,结合化探、地质、矿床等综合资料,全区共筛选出有重要找矿意义的综合物化探异常 46 处,位置及编号见表 3。

表 3 重点综合物化探异常表

异常编号及名称	异常位置	重磁特征	化探异常	找矿方向	结论及建议
1. 长岭	湖北长岭北约 5km	重磁同高,磁异常正负伴生	第四系厚覆盖区	大冶式铁矿	深部有大岩体,向北扩,开展深部找矿
2. 黄石	黄石市东 2km	重边磁缓	第四系厚覆盖区	大冶式铁、铜矿	岩体埋深较大,开展深部找矿
3. 白云山	阳新市西北约 15km	重边磁高	Cu、Au、As、W、Bi、Ag、Pb、Zn、Sb、Mo、Sn 等元素异常	大冶式铁、铜矿	系统开展大比例尺物化探
4. 武穴东	武穴东 10km	重磁双高,磁场正负伴生	第四系厚覆盖区	接触交代铁、铜矿	深部物探
5. 武山北	武山矿区北东部	重边磁缓	Cu、Au、Pb、Zn、Ag、As、Sb、Bi 组合	矽卡岩型 Cu、Au	开展大比例尺高精度综合物化探,开展 CR、CASMT 深部物探方法
6. 城门山	城门山矿区外围	重磁双高,有多个局部磁异常	Cu、Au、Pb、Zn、Ag、Sn、Mo、As、Sb、Bi 组合,Cu、Au 异常强	斑岩型—矽卡岩型—热液型 Cu、Au、S	开展大比例尺高精度综合物化探,开展 CR、CASMT 深部物探方法
7. 瑞昌	瑞昌西南 3km	重边磁高,磁局部异常低缓	第四系厚覆盖区	接触交代铁、铜矿	开展大比例尺高精度综合物化探

续表3

异常编号及名称	异常位置	重磁特征	化探异常	找矿方向	结论及建议
8. 裴岗	缺口北5km	重磁双高,强度大	铁族元素综合异常	接触交代铁、铜矿	对西南部局部异常深钻验证
9. 汪家院—缺口	缺口西南	重力高上或边部伴生磁异常	围绕缺口重力高分布,有Co、Cu、Pb、Mo等元素异常	杨山、龙桥、大包庄式矿床	在清水河深部钻探
10. 砖桥	砖桥北西2km	重磁同高	Co、Cu、Pb、Mo均有较好的异常	罗河式铁、铜矿	建议进一步加以研究
11. 义津桥	义津桥	重力高上或边部伴生磁异常	铜、铅、钼异常较发育	罗河式铁、铜矿	大比例尺物化探查证
12. 菖蒲山	中沙溪南	重边磁高,磁异常强度大	Au、Cu、Ag、Pb、W、Sb等元素异常	接触交代铁、铜矿	对高磁异常钻探验证
13. 花山	枞阳县城西北6km	典型重磁同高	Ag、Zn组合异常	安庆式铁、铜矿	异常中心钻探验证
14. 罗岭	罗岭镇一带	典型重磁同高	以Mo、Cu元素为主的多金属异常	安庆式铁、铜矿	异常中心深钻验证
15. 海螺山	海螺山一带	典型重磁同高	以Au、Mo、Cu、Zn元素为主的多金属异常	月山式多金属矿	大比例尺物化探查证
16. 牌楼	牌楼西南6km	重边磁高	Au、Cu、Pb、Zn、Ag、As、Mo、Sb等元素在该处形成高强度的异常	铜山式接触交代铁、铜矿	深部电法
17. 义湖山	巴山—义湖山一带	重磁同高,但不完全同源,峰值大	Au、Cu、Ag、Pb、Mo、Zn元素异常强度均很高	黄山岭式金多金属矿	大比例尺物化探查证,深钻验证
18. 流坛	流坛镇南	重磁同高	第四系厚覆盖区	接触交代型矿床	大比例尺物化探查证,深钻验证
19. 大铜山	繁昌县城北	重磁同高、磁异常强度大	异常的元素组合为W-Au-Ag-Pb-Cu-Zn-As-Sb-Co-Fe-Cr-Ni-V	矽卡岩型或接触交代型铁、铜矿床	高磁异常中心深钻验证
20. 廖嘴	繁昌城北东约10km	重磁同高	第四系厚覆盖区	接触交代型铁、铜矿床	高磁异常中心深钻验证

续表 3

异常编号及名称	异常位置	重磁特征	化探异常	找矿方向	结论及建议
21. 汤沟	汤沟镇西北一带	重磁同高	第四系厚覆盖区	接触交代型铁矿床	高磁异常中心深钻验证
22. 杨四湾	和县境内杨四湾村	重磁同高	第四系厚覆盖区	接触交代型铁矿床	高磁异常中心深钻验证
23. 许家桥	许家桥银矿东	重磁同高	Au、Ag、Pb、Cu、Zn、As、Sb、Mo 元素异常，其中 Au、Ag、Pb、Cu、Zn 元素异常强度高	接触交代型多金属矿床	大比例尺物化探查证
24. 沙滩角	南陵县城西 14km	重磁同高	Pb、Cu、Mo 元素异常，其中 Cu 元素异常强度高	接触交代型多金属矿床	大比例尺物化探查证
25. 荻岗	荻岗镇	重磁同高	Cu 元素异常	接触交代型铁矿床	深钻验证
26. 太平山北	当涂县东南 6km	重磁同高	第四系厚覆盖区	玢岩型铁矿	钻探验证
27. 石臼湖	当涂县东南约 24km	重磁同高	第四系厚覆盖区	接触交代型铁矿	大比例尺物化探查证
28. 前村	马安山市东南 6km	重磁同高	第四系厚覆盖区	玢岩型铁矿	钻探验证
29. 濮集	马安山市西北 14km	重磁同高	第四系厚覆盖区	接触交代型铁矿	大比例尺物化探查证
30. 马厂镇	滁州西南约 40km	重低磁高	各元素异常套合非常好。Au、Cu 元素异常的强度最高	琅玡山式金、铜矿	中、大比例尺物化探查证
31. 章渡镇	章渡镇北	重边磁高	元素组合为 Pb－Cu－Mo－W－Au－Zn－Ag－As－Sb－Hg－Cr－Co－Fe－Ni－V	多金属矿床	中、大比例尺物化探查证
32. 岳山—鹤毛河	缺口镇东南 8km	重力高上或边部伴生磁异常	元素组合为 Pb－Cu－Mo－Co，以 Pb 元素为主	斑岩型矿床	大比例尺物化探查证
33. 官埠桥	大缸窑—朱家凹一带	低缓磁异常	异常元素组合为 Pb－Cu－Mo－Co，面积大且强度高	多金属矿床	大比例尺物化探查证

续表3

异常编号及名称	异常位置	重磁特征	化探异常	找矿方向	结论及建议
34. 水阳	高淳市西南约10km	重高磁缓	以Au、Cu为主的多金属异常，Au元素异常强度最高	Cu多金属矿床	大比例尺高精度物化探查证，深部物探
35. 高淳	高淳市	重高磁缓	第四系厚覆盖区	Cu多金属矿床	大比例尺高精度物化探查证，深部物探
36. 蒲塘桥	溧水西南12km	重高磁高，磁异常峰值大	中新生界覆盖区	Fe、Cu矿床	大比例尺高精度重磁测量，钻探验证
37. 袁巷	溧水市东18km	重力高背景上局部磁力高	中新生界覆盖区	Cu多金属矿床	大比例尺高精度物化探测量，深部物探
38. 孟河	丹阳县东20km	重力高背景边部磁力高	新生界覆盖区	Fe、Cu多金属矿床	大比例尺高精度物化探测量
39. 郎溪	郎溪县城东北部	重力高背景上磁力高	Cu多金属异常，Cu元素异常强度最高，内中外带齐全	Cu多金属矿床	大比例尺高精度物化探测量
40. 山北	郎溪县城东22km	重磁双高	新生界覆盖区	Fe、Cu多金属矿床	大比例尺高精度物化探测量，深部物探
41. 和桥	宜兴县城东20km	重力高背景上磁力高	新生界覆盖区	Fe、Cu多金属矿床	大比例尺高精度物化探测量，深部物探
42. 金牛山	冶山矿区南部	重磁同高，北东向展布		Fe、Cu多金属矿床	大比例尺高精度物化探测量，深部物探
43. 车桥	德安车桥镇西		Hs-160异常 Hs-161异常	Cu、Mo多金属矿床	大比例尺高精度物化探测量
44. 东升	彭泽县东升镇西南8km处		元素组合为Cd-Mo-Ag-Hg-Sb-V-Zn-Cu-As-Mn-Cr-Bi-Pb-Mg-Co-Au	Mo多金属矿床	大比例尺高精度物化探测量
45. 上沛	溧水上沛镇白马至桠溪镇一带	重磁同高区	Hs-30异常 Hs-169异常 Hs-170异常	Cu、Mo多金属矿床	大比例尺高精度物化探测量
46. 李家巷	湖州市北西李家巷镇至洪桥镇一带		元素组合为:Hg-Bi-Au-Cd-Pb-As-Cu-Ag-Sb-Sn-Ni-V-Cr-Zn-Co-Mg	多金属矿床	大比例尺高精度物化探测量

4 典型矿床物化探方法有效性

磁法在发现以磁铁矿为主要成分矿床方面的效果十分突出。

重磁双高异常组合特征是本区寻找铁磁性矿床最有利的标志。对于以赤铁矿等为主要成分的弱磁性矿床,重力异常的找矿效果将更为突出。

配合大测深的电法工作,对低缓异常的评价将更为准确。

对有色多金属矿这类勘探难度较大的矿种,利用高精度重力解决构造格架,利用高精度磁法配合重力寻找和圈定隐伏岩体,利用化探圈定矿化蚀变带,效果良好,再加上激电法、井中物探方法,是寻找有色多金属矿的有效物探方法组合。

5 结论

(1)对研究区的物化探基础资料进行了系统的收集、整理、改算、拼接,建立了长江中下游沿江地区综合物化探数据库,编制出主要基础图件。

(2)确立了较科学的多方法物化探综合解释的技术思路和资料处理解释流程。计算中选用的多为先进成熟的软件,对重、磁、化资料进行了系统再处理,完成了16条MT剖面综合解释。

(3)利用综合物化探图件,划出主干断裂50条,进行了构造分区并编制了相关图件。对区内7个重点矿床的地质、物化探异常成矿模式进行了分析,提出7个深部隐伏矿找矿重点区块,优选出46个重点综合物化探异常、15个隐伏矿找矿靶区,可作为近期优先部署中、大比例尺物化探工作或预查的区块。

(4)对本区重要控矿地质条件进行了综合分析,提出了新的认识。

综上所述,通过对本区综合物化探资料再解释,提取出一批有价值的深部地质信息和找矿信息,对区内构造格架和成矿地质条件进行了分析研究,提出了一些新的认识,优选出重点物化探异常,提出了寻找隐伏矿的靶区,完成了项目规定的研究任务。

参考文献

[1]常印佛,刘湘培,吴言昌.长江中下游铜铁成矿带[M].北京:地质出版社,1988
[2]常印佛.安徽沿江地区铜金多金属矿床地质[M].北京:地质出版社,1996

江西崇义-定南地区钨多金属远景调查成果简介及找矿方向探讨[①]

吴新华[1]　楼法生[1]　曾载淋[2]　徐敏林[1]　陈小勇[2]
周春华[1]　钟斌[1]　曹员兵[1]　龙乐[1]　张建梅[1]

(1.江西省地质调查研究院；2.赣南地质调查大队)

[摘　要]　项目通过资料收集、综合分析,开展1∶5万水系沉积物测量、地面高精度磁法测量、矿产地质测量,圈定物化探异常和矿化有利地段；并在崇义高垄、淘锡坑外围等矿区开展钨矿评价工作,预测新的钨矿找矿靶区。新发现了高垄泥坑、淘锡坑竹窝子、龙南县花坪垇、安远县洋子坑-乌石坑矿产地；半紫山铌钽矿信息以及寻乌县中和磨刀坑钨矿等一批矿化线索,找矿效果显著。根据地、物、化、遥取得的成果,进行综合研究,圈定7个成矿远景区、16个找矿靶区,指明了下一步工作的找矿方向。

[关键词]　新发现矿产地　找矿成果与进展　找矿方向探讨　江西崇义-定南地区

引言

"江西崇义-定南地区钨多金属矿远景调查"系中国地质调查局下达给江西省地质调查研究院的钨多金属矿远景调查项目。其任务是通过资料收集分析,开展1∶5万水系沉积物测量、1∶5万地面高精度磁法测量、1∶5万矿产地质测量圈定物化探异常和矿化有利地段；在崇义高垄、淘锡坑外围等矿区开展钨矿评价工作；并预测新的钨矿找矿靶区。

1　工作区地质背景

崇义-定南地区基本包括了赣南的西部及南部,是赣南的主要组成部分。大地构造位置是欧亚大陆板块与滨西太平洋板块消减带的内侧华南加里东造山带中,横跨武夷、罗霄两块体的交接带部位[1],即武夷隆起西侧,罗霄褶皱带中部(图1)。

本区经历了3个重要地史发展阶段[2]。青白口纪至早古生代,以海相类复理石沉积建造

[①] 本文为江西崇义-定南地区钨多金属矿远景调查项目(项目工作编码:1212010781078)工作成果。
第一作者简介:吴新华,男,1958年生,江西赣县人,教授级高工,一直从事地质矿产调查与研究工作。

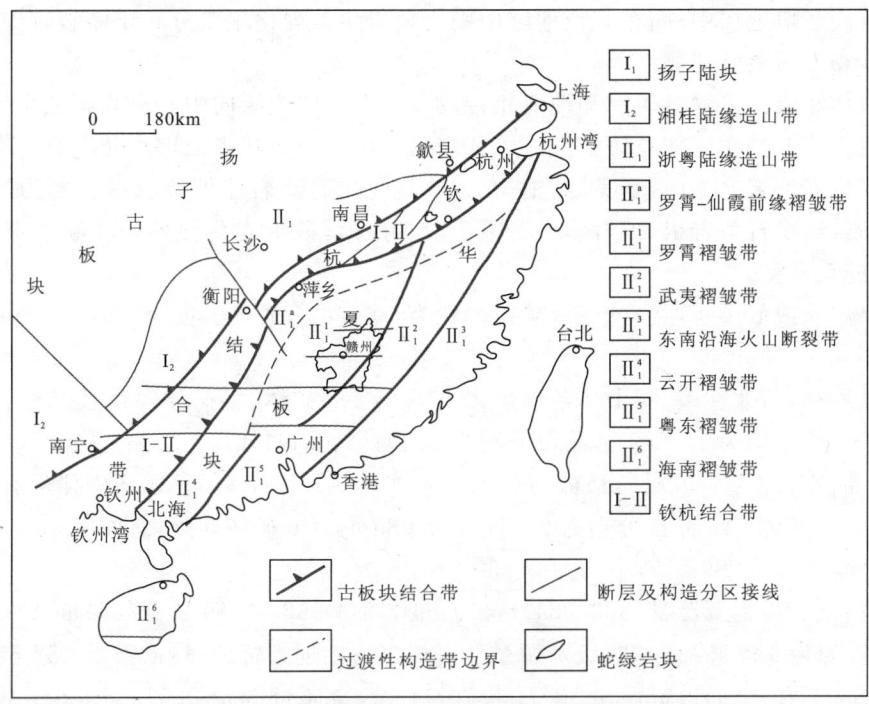

图 1　赣南大地构造位置图(据杨明桂等修改)

为特征;晚古生代至中生代初,以碳酸盐岩及碎屑岩沉积为主,地壳以沉降为主的隆坳差异运动;早三叠世以后,发展到了一个新阶段,内陆断陷盆地沉积丰富,断裂发育,并伴随大规模的燕山期花岗岩浆活动,形成了极其丰富的钨、锡、铌、钽及稀土等矿产,产有西华山、漂塘、盘古山、大吉山、岿美山、黄沙、铁山垄、黄婆地等著名的钨矿床,赣南地区已累计探明钨储量 140 余万吨,素有"世界钨都"之称[3],是我国重要的黑钨矿产地。

2　地质成果与进展

通过 3 年多的工作,区域地质矿产调查和矿区评价工作均取得了较好的找矿效果,新发现矿产地 4 处及一批矿化线索和物、化探异常。

2.1　区域地质矿产远景调查取得的成果

通过本次工作,在 1∶5 万地质调查过程中新发现的矿(化)点或矿化信息计 8 处。如龙南县花坪圩锡铜金多金属矿点、金鸡岭—半崟山一带的云英岩化花岗岩中的锡钼铌矿化;安远县鹤仔乌石坑-洋子坑钨铜钼多金属矿点;定南县乌石头铁矿化点;定南县坳下铁矿化点;留輋铁多金属矿点等。

2.1.1　龙南县花坪圩锡铜金多金属矿

矿点位于龙南县附近之花坪圩,面积约 8km²。

矿区出露地层有震旦系、上泥盆统中棚组、三门滩组、下石炭统岩关组、大塘组及上石炭统黄龙组。围岩蚀变较普遍,在地层中有矽卡岩化、角岩化、硅化、云英岩化。矽卡岩化主要分布于大塘组石磴子段地层中；而在其他地层中则为角岩化。硅化主要分布于断裂带中或两侧；云英岩化则分布于石英脉两侧。

陂头岩体东南部接触带矿物和蚀变相带发育。由岩体边缘向中心矿物相依次为微细粒斑状黑云母花岗岩—钠化中细粒斑状黑云母花岗岩—中细粒斑状黑云钾长花岗岩。在钠化中细粒斑状黑云母花岗岩岩相内，石英脉、钠化、云英岩化发育。岩体外接触带主要为红柱石型角岩带：钠长石-绿帘石角岩相，当岩体与石磴子段接触时，矽卡岩化强烈。在断裂带、裂隙和石英脉附近，硅化常见。

矿体呈层状或似层状，共有4条，矿体产状为20°∠60°；矿体长度为120～325m，推测延伸大于50m。

经刻槽取样，从北往南，圈出4条锡矿体，V_1～V_4号矿体，各矿体厚度及品位情况是Ⅰ～Ⅲ号3条矿体厚度均为1～2m，其品位分别为0.294%、0.127 4%、0.168%；Ⅳ号矿体最厚，厚度达19m；品位最高为1.924%，最低为0.132%，平均为0.487 8%。矿体中伴生有用组分多，有2m厚的Au矿体，Au品位分别为2.81g/t、2.08g/t。Cu矿体5条，总厚度8m，品位最高为0.318 5%，最低为0.209 5%，平均为0.260 6%。

经计算，共获得锡资源量（333、334_1）：矿石量2 674 962.5t，锡金属资源量9 055.155t，其中334_1级资源量6 905.16t，333级资源量3 236.39t；钼远景资源量：矿石量682 500t，钼金属资源量1 883.17t。金远景资源量：矿石量107 460t，金属资源量223.516 8kg。铜远景资源量：矿石量224 100t，铜金属资源量548.624 8t。经过进一步工作锡多金属矿资源量有望继续扩大。

2.1.2 安远县鹤仔乌石坑-洋子坑硫铁矿、铜、钨多金属矿

该点位于安远县鹤仔乡乌石坑—洋子坑一带，矿化面积约12km^2。

该点为一老矿点，前人只是评价了硫铁矿，发现有6条硫铁矿体。通过本次工作，在矿体中新发现有黄铜矿化、铜蓝及少量孔雀石化和钼矿化等。而且铜矿化、黑钨矿化较强。已控制矿化范围，断续延长达2 000m，宽100～300m，矿化带均分布于同一南北向带上。可分洋子坑和乌石坑两个区段。其中乌石坑区段有Ⅰ号、Ⅱ号、Ⅲ号3个矿体，洋子坑有Ⅳ号、Ⅴ号、Ⅵ号3个矿体。

通过探槽、钻探、坑探、地表采场的工作，地表矿带已基本圈定，各矿化带产状、规模已基本控制。地表探槽中主要表现为褐铁矿和硫铁矿，肉眼较难辨别钨矿化，但在坑道中钨矿化明显较好。

经样品分析，不仅硫达工业品位，而且有的样品中铜、钨也达到了边界或工业品位（表1）。通过槽探揭露和坑探编录中发现，黄铜矿化、铜蓝及少量孔雀石化和钼矿化均较强。

通过本次工作，在本区新增钨资源量（333+334_1）：WO_3金属资源量5 045.72t，其中334_1级资源量437.39t，333级资源量1 019.46t；铜远景资源量：铜金属资源量7 651.85t。

2.1.3 寻乌县磨刀坑钨矿

矿化点位于寻乌县中和乡之磨刀坑。矿化面积约5km^2。

区内燕山早期花岗岩发育，主要见有两种岩性：一种是岩性为灰—浅肉红色中细粒黑云母花岗岩；另一种是灰—浅肉红色中粗粒黑云母花岗岩。

表1 探槽及坑探见矿(钨、铜)情况一览表

线号	探槽编号	见矿真厚度(m) 钨	见矿真厚度(m) 铜	WO_3品位(%)	Cu品位(%)	矿体编号	备注
0	TC001	1.9		0.110		II-1	乌石坑矿段
		1.0		0.110		II-2	
1	TC101	2.3	1.2	0.122	0.200	I-1	
	TC501	1.2	0.8	0.122	0.200	I-2	
44	PD4401	2.3	2.6	0.242	0.306	IV-1	洋子坑矿段
		1.9	1.3	0.242	0.306	IV-2	
46	TC4601	2.6	2.3	0.115	0.481	V	
		1.3	1.6	0.117	0.244	VI	
		1.9	3.2	0.147	0.432	VII	

注：根据本次工作成果，品位为平均品位。

该矿化点前人发现有3~4条石英脉。据前人资料WO_3品位为0.128%，Sn品位为0.001%、Bi品位为0.14%、Mo为0.008%。

通过本次1:1万土壤地球化学剖面测量，W异常具有明显的浓度分带，大部分具有三级分带。异常与北西走向石英脉十分吻合。

而在本次地质矿产的调查中，发现石英脉有20余条，其中有矿化蚀变的石英脉也有10余条。脉体产状为310°∠70°~75°；脉宽10~20cm，可见延长120~400m。石英脉油脂光泽强，石英脉主要发育在灰—浅肉红色中细粒黑云母花岗岩中，其云英岩化更明显。这说明云英岩化与灰—浅肉红色中细粒黑云母花岗岩关系密切。见有钨矿化的石英脉5条。

最南东面一组平行排列的石英脉(共有7条)，脉宽为1~2cm，最大一条宽约6~12cm；可见延长大于5m，脉体上部有分枝复合现象，脉体产状为48°∠76°。脉壁较平整，石英脉中之石英油脂光泽较强，脉两侧云英岩化较明显，见有黑钨矿化、辉钼矿化等。WO_3、Mo、Bi品位分别为：0.022%~0.064%、0.0018%~0.018%、0.015%~0.0578%。

通过槽探揭露，在石英脉中所见蚀变主要为云英岩化和黑云母化，云英岩化蚀变与钨矿关系密切。WO_3品位为0.2%~0.5%。矿石矿物为黑钨矿、辉铋矿，伴生矿物钨华、铋华。脉石矿物为石英、团块状黑云母。矿石呈自形—半自形粒状结构，浸染状构造。

石英脉本身具有油脂光泽强、脉多和分布广，以及上小下大的变化规律，具有"五层楼"模式的特点。

综上所述，本点成矿地质条件良好，特别是石英脉的特征，具有很好的矿化蚀变。因此，通过进一步工作，本点有望扩大规模，找矿潜力较大。

2.2 矿区评价主要成果

2.2.1 高垄泥坑钨锡矿区

该矿位于江西省崇义县城270°的12km处，表现为外带石英脉型钨锡矿化。

通过对ML1、ML3的编录和揭露泥坑区段I号矿化带的深部矿脉，揭露10cm以上石英

脉 7 条(其中 3 条富黑钨矿,WO_3 品位为 0.112%～13.76%),钻孔于 400m 处见多层矽卡岩,单层厚度数米(表2)。

表 2 高垒泥坑矿区 ZK3001 见矿情况表

孔深(m)		假厚 (m)	轴心夹角 (°)	脉幅 (cm)	矿化岩性	化验品位(%)		
自	至					WO_3	Sn	Cu
123.22	123.37	0.15	28	7	含黑钨矿石英脉	0.024	0.012	0.061
234.34	234.74	0.40	25	20	含黄铁黄铜矿石英脉	0.027	0.024	0.012
242.44	242.52	0.08	75	5	含黄铁黄铜矿石英脉	0.024	0.036	0.421
295.82	295.89	0.07	30	3	云母石英脉	0.036	0.028	0.123
272.60	272.80	0.20	25	8	含黑钨矿石英脉	0.424	0.108	0.184
300.72	300.96	0.24	50	12	富钨石英脉	5.440	0.012	0.053
312.33	312.73	0.40	25	20	富钨铜石英脉	13.760	0.036	1.300
317.40	318.24	0.84	30	40	云母萤石石英脉	0.112	0.012	0.017
344.00	344.12	0.12	15	4	含黑钨矿石英脉	1.120	0.012	0.040
351.17	351.28	0.11	28	5	石英脉	0.013	0.016	
390.83	391.13	0.30	45	12	石英脉夹围岩	0.028	0.020	
402.09	402.21	0.12	70	6	石英脉	0.080	0.012	
405.68	405.80	0.12	50	8	石英脉	0.080	0.012	

ZK3002 终孔孔深 700.06m,见矿情况良好,揭露到大于 10cm 的含矿石英脉 6 条(图2),最大脉幅 60cm,有 3 条见黑钨矿,基本达到地质目的,钻孔见矿情况详见表3。

表 3 高垒泥坑矿区 ZK3002 见矿情况表

孔深(m)		假厚 (m)	轴心夹角 (°)	脉幅 (cm)	矿化岩性	分析结果(%)		
自	至					WO_3	Sn	Cu
93.76	93.83	0.07	25	3.0	含黄铁矿黄铜矿石英脉	0.012	0.016	0.053
98.83	98.91	0.08	45	5.0	含黄铁矿石英脉	0.020	0.008	0.032
99.12	99.20	0.08	50	6.0	含黄铁矿石英脉	0.012	0.008	0.037
102.15	102.23	0.08	70	7.0	含黄铁矿黄铜矿石英脉	0.024	0.008	0.163
368.95	369.33	0.38	20	13.0	含黄铁矿黄铜矿石英脉	0.052	0.152	2.540
411.24	411.87	0.63	20	21.0	富黑钨矿磁黄铁矿石英脉	6.200	0.128	2.700
418.99	419.42	0.43	30	21.0	含黄铁矿黄铜矿蚀变岩	0.328	0.340	0.250
420.56	420.76	0.20	30	10.0	富黑钨矿石英脉	50.850	0.100	0.109
423.90	425.51	1.61	20	60.0	含黑钨矿磁黄铁矿石英脉	0.048	0.140	1.530
482.28	483.05	0.77	20	27.0	含磁黄铁矿黄铜矿石英脉	0.038	0.058	1.360
502.00	502.30	0.30	15	11.0	含磁黄铁矿黄铜矿石英脉	0.024	0.104	0.446
542.87	543.38	0.51	30	21.0	含磁黄铁矿黄铜矿石英脉	0.024	0.048	0.016
544.13	545.07	0.94	20	32.0	含黑钨矿磁黄铁矿石英脉	0.048	0.168	2.550
653.47	654.07	0.60	25	25.0	含萤石石英脉(后期)	0.040	0.008	0.014

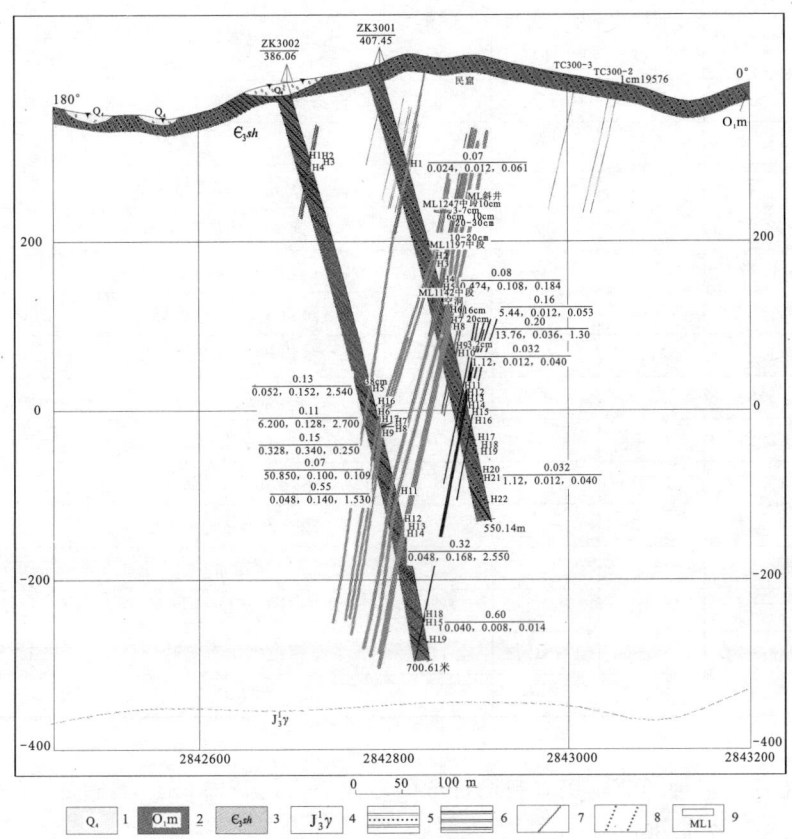

图 2 崇义县高坌泥坑钨锡矿区 300 线剖面图

1.第四系；2.下奥陶统茅坪组含粉砂板岩；3.上寒武统水石组变质粉砂岩板岩；
4.燕山早期花岗岩；5.石英脉；6.矿化标志带；7.民窿及编号；8.矿化标志带；9.民硐及编号

经本次工程，并结合以往成果计算，泥坑矿区钨 $333+334_1$ 类矿石量 666 006.41t，金属量 WO_3 13 348.68t，Sn 1 219.52t，Cu 6 938.5t。

2.2.2 淘锡坑外围竹窝子钨矿区

淘锡坑矿区位于江西省崇义县西南 12km 处，表现为外带石英脉型钨矿化。

矿区是一个老矿山，有四大脉组：宝山、棋洞、烂埂子、枫岭坑，本次工作，重点是对外围的烂埂子以北—竹窝子矿段工作，TC307-1 揭露一组近南北向含钨锡石英脉，带宽 50m，延长 400m，脉宽 1~5cm，可见锡石、黑钨矿，矿化浓度较强，地表有采沟。

2008 年布置 ZK3072，主打烂埂子北延脉带，终孔孔深 667.29m，揭露真厚 5cm 以上含矿石英脉 15 条（表 4）。有 4 条见大量黑钨矿，钨品位 0.132%~14.60%，大于 10cm 的有 7 条，见矿效果好。

表4 淘锡坑竹窝子矿区 ZK3072 钻孔见矿情况表

孔深(m)		假厚(cm)	轴心夹角(°)	脉幅(cm)	矿化岩性	化验品位(%)	
自	至					WO_3	Sn
236.17	236.24	7.0	60	5	含黄铜矿黑钨矿石英脉	0.010	0.092
293.30	293.37	7.0	30	4	含黑钨矿云母石英脉	0.010	0.028
296.87	296.95	8.0	25	4	含辉钼矿萤石云母石英脉	0.010	0.020
323.57	323.97	40.0	30	20	含黄铁矿辉钼矿石英脉	0.132	0.012
390.21	390.57	36.0	20	14	含黄铁矿钾长石石英脉	0.328	0.020
391.87	391.94	7.0	40	4	富黑钨矿云母石英脉	7.700	0.012
401.15	401.21	6.0	40	3	富黑钨矿石英脉	14.600	0.012
415.60	415.81	21.0	30	10	石英脉	0.016	0.028
502.71	502.81	10.0	35	5	石英脉	0.010	0.028
545.28	545.45	17.0	75	8	含云母石英脉	0.010	0.028
567.91	568.14	23.0	25	10	石英脉	0.010	0.028
631.29	631.55	26.0	30	12	石英脉	0.010	0.028
636.56	636.88	32.0	65	14	石英脉	0.010	0.028
638.49	638.84	35.0	45	15	含辉钼矿化石英脉	0.024	0.020
650.32	650.42	10.0	20	5	石英脉	0.010	0.012

该孔的施工证实烂埂子北延仍有新增资源的较大潜力。新增334_1类储量,矿石量648 906t,WO_3 5 445.93t、Sn 1 794.65t。

3 找矿方向探讨

本次工作主要在南岭东段之崇余犹远景区(一级)和三南远景区内①(一级),依据工作区地质、物化探等成矿地质条件[4-9]及找矿成果,本次在区内进一步划分出(二级远景区)崇义县高垒-淘锡坑钨锡矿远景区,全南县中洞-官山钨矿远景区,上犹县(焦龙)远景区,大余县西华山-荡坪钨多金属矿远景区,肖美山钨铜远景区,龙南县花坪丘-半紫山锡、铌钽矿远景区,龙南县足洞(田租)稀土、锡多金属矿成矿远景区7个为A类远景区;安远县洋子坑-乌石坑硫铁矿、钨铜多金属矿远景区,寻乌县中和钨多金属矿远景区2个为B类远景区。

根据成矿远景区中具体的成矿地质条件和矿化信息,按照找矿靶的划分原则,在远景区中又进一步划分出崇义县高垒钨矿找矿靶区,全南县中洞钨多金属矿找矿靶区,龙南县花坪坵锡铜金银多金属矿找矿靶区,龙南县半紫山铌钽锡钼多金属矿产找矿靶区,安远县洋子坑-乌石坑硫铁矿、钨铜多金属矿找矿靶区,安远县阳佳贵多金属矿找矿靶区,龙南县石夹山贵多金属矿找矿靶区,上犹县焦龙钨多金属矿找矿靶区,寻乌县中和钨多金属矿找矿靶区,龙南县田租稀土、锡多金属矿等16个找矿靶区。

---

① 江西三南地区矿产远景调查报告(内部出版)。

总之,崇义-定南地区成矿条件优越[8-11],钨锡矿化点多面广,近年地质工作揭示该区仍具有较大的找矿空间。

该项目成果的取得是所有参加项目工作人员共同努力的结果。由于直接参加项目工作的人员有30余人,在此就不一一列举。谨向所有参加项目工作和支持帮助项目工作的人员表示衷心感谢。

参考文献

[1]江西省地质矿产局.江西省区域地质志[M].北京:地质出版社,1984
[2]江西省地质矿产厅.江西省岩石地层[M].武汉:中国地质大学出版社,1997
[3]朱焱龄,李崇佑,林运淮.赣南钨矿地质[M].南昌:江西人民出版社,1981
[4]於崇文,骆庭川,鲍征宇,等.南岭地区区域地球化学[M].北京:地质出版社,1987
[5]谭运金.论南岭地区黑钨矿山的二轮找矿[J].中国钨业,2000,15(6):9-13
[6]叶天竺.固体矿产预测评价方法技术[M].北京:中国大地出版社,2004
[7]邵拥军,彭省临,吴淦国.大型矿山接替资源定位预测的途径及其研究意义[J].矿产与地质,2005,19(1):16-18
[8]吴新华,陆建明,楼法生,等.赣南寒武系与钨锡多金属矿的关系探讨[J].现代学术研究,2007(11)
[9]吴新华,楼法生,周春华,等.江西三南地区钨锡成矿地质条件分析及找矿方向探讨.//陈毓川,毛景文,薛春纪.矿床学研究面向国家重大需求新机遇现新挑战——第八届全国矿床会议论文集[C].北京:地质出版社,2006:606-609
[10]吴新华,周春华,康建云,等.江西三南地区泥盆系与钨铋多金属矿的关系探讨[J].资源调查与环境,2009(1)
[11]杨明桂,曾载淋,赖志坚,等.江西钨矿床"多位一体"模式与成矿热动力学过程[J].地质力学学报,2008,14(3):241-250

福建武平中赤-下坝地区钨钼多金属矿找矿前景浅析

王林昌[①]

(福建省地质调查研究院)

[摘 要] 通过对武平中赤-下坝钨钼多金属成矿区物、化探异常特征及成矿地质条件的综合研究分析,认为牛头窝铜钼矿、苏茅坪钨钼多金属矿等靶区具有较好的找矿前景。

[关键词] 钨钼多金属矿 物化探异常 找矿靶区 福建武平

中赤-下坝地区位于福建省西南部,处于福建省武平县与广东省平远县交界部位,北至中赤、万营,南到省界,西至石黄蜂、下坝,东到澄邦、上赤一带,面积约 $76km^2$。根据福建永平-岩前地区矿调报告(任务书编号:矿调[2004]12-4号、矿调[2005]13-4号、矿调[2006]13-4号)、《福建省1:20万区域重力调查总结报告》《福建省西部航磁报告》《1:20万水系沉积物成果报告》等资料分析总结,通过对该区矿产检查工作,新圈定了苏茅坪钨钼多金属矿、牛头窝铜钼矿、中赤钨钼多金属矿3处找矿靶区。截至2007年底,区内设置的各类矿权以非金属矿为主,其次为钨钼矿。

1 区域地质概况

武平中赤-下坝地区钨钼多金属矿位于闽西南坳陷带西南缘,北东向清流-武平深断裂的南端及桃溪穹隆的东南缘[1,2],武夷成矿带与南岭成矿带的交汇部位,属南岭成矿带东段钨、锡、锑、铅锌、铀等多金属成矿区[3]。通过对该区矿产检查工作,新圈定了苏茅坪钨钼多金属矿、牛头窝铜钼矿、中赤钨钼多金属矿3处找矿靶区。区域矿床类型主要为岩浆热液型或斑岩型,主要矿种有钨、锡、锑、铅锌、铀和非金属等。

1.1 地层

区内出露地层主要有震旦系楼子坝组,石炭系林地组,二叠系船山组、栖霞组、泉上组、童子岩组、文笔山组,侏罗系下村组、藩坑组,及白垩纪寨下组、沙县组。其中震旦系楼子坝组浅变质岩与成矿关系较为密切,岩层中多发育有硅化石英脉,见黄铁矿化、角岩化蚀变现象。

---

① 作者简介:王林昌,男,1973年生,高级工程师,从事区域地质调查工作。

1.2 侵入岩

区内侵入岩发育,主要有燕山早期中细粒二长花岗岩和中细粒正长花岗岩、斑状细粒正长花岗岩、细粒正长花岗岩以及燕山晚期花岗斑岩等。其中区内与钨、钼、多金属矿成矿有关的侵入岩主要为燕山早期黑云二长花岗岩、黑云正长花岗岩,矿(化)体主要见于内、外接触带。

1.3 构造

区内构造以北东向断裂为主,次为北西向及近东西向。北东向黄竹塘-武东断裂带斜贯区内,主要形成于印支期,是研究区内重要的控岩、控矿构造,制约着晚古生代地层的分布与燕山早期侵入岩的侵位。带内各断裂倾向北西,具逆断层性质,剖面上呈叠瓦状组合。断裂带内发育有云英岩化、硅化及褐铁矿化等蚀变。沿该断裂带分布有铅、锌、铜、钨、钼等元素异常,异常多呈北东向串珠状展布。带内已发现有苏茅坪钨钼多金属矿和牛头窝铜钼矿化点,该断裂带与北西向断裂带交汇地段是有利的成矿地段。

1.4 矿化蚀变

破碎带具多期活动特征,构造岩蚀变强烈,主要有硅化、褐铁矿化、绿帘石化、铁锰矿化等,并被后期的石英岩脉、花岗(斑)岩脉等充填。区内已发现有钨矿(化)点2处、硫铁矿(化)点1处、硅石矿点2处。

1.5 地球物理特征

该区航磁所反映的构造线以北东向为主,主要为宽缓的正磁异常,强度较小,一般为5~10nT,局部为负磁异常。区内分布有石黄峰异常(闽78-1)、湖子坑异常(闽78-2)等局部航磁异常,均分布于变质岩中。1:5万高精度磁测成果显示,矿区位于南部ΔT磁异常场的中赤-岩前相对平稳磁场区(Ⅲ)。磁场基本介于$-50\sim100$nT之间,局部异常多呈范围小、幅值不大的孤立等轴状正磁异常。异常整体呈北东走向,其次为北西向、东西向。局部呈异常范围小、幅值不大的孤立等轴状正磁异常,包括$YP\Delta T-28$、$YP\Delta T-30$异常,反映下部有隐伏岩体的存在(图1)。

1.6 地球化学特征

1:5万水系沉积物分析成果显示,区内钨、钼、铜异常浓集中心较明显,异常分带性好,规模相对也较大,套合较好。钨、钼、铜元素的高值区处于燕山早期黑云正长花岗岩中;其中YQHs8(牛头窝)异常和YQHs14(苏茅坪)异常有找矿前景。

2 找矿靶区及前景分析

通过1:5万矿调的矿产检查,结合区内成矿条件的综合分析,认为区内的苏茅坪钨钼多金属矿、牛头窝铜钼矿等是下一步找矿工作的重要靶区。

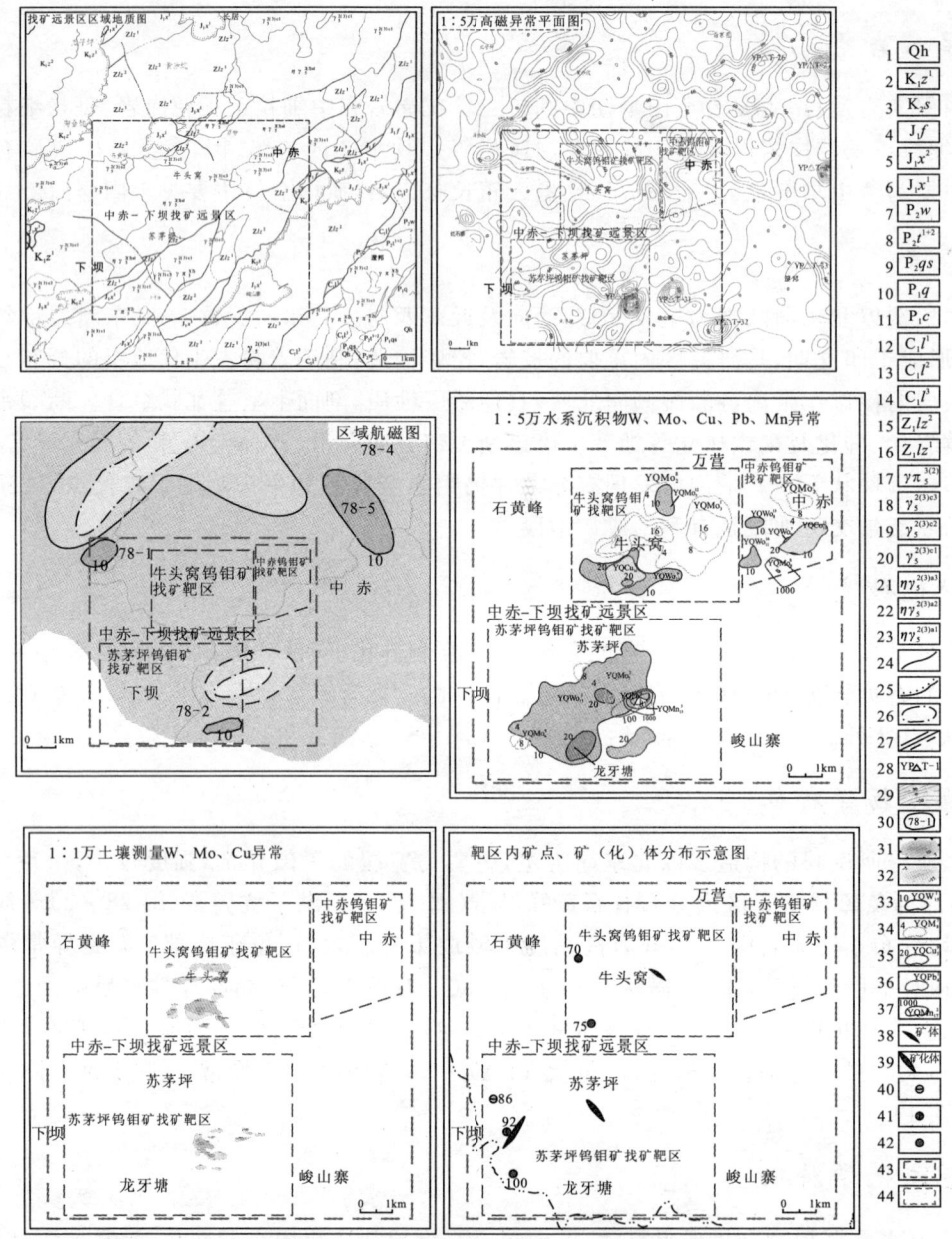

图 1 中赤-下坝找矿远景区综合剖析图

1.第四系；2.寨下组下段；3.沙县组；4.藩坑组；5.下村组上段；6.下村组下段；7.文笔山组；8.童子岩组第一、第二段；9.泉上组；10.栖霞组；11.船山组；12.林地组上段；13.林地组中段；14.林地组下段；15.楼子坝组第二段；16.楼子坝组第一段；17.燕山晚期花岗斑岩；18.燕山早期细粒正长花岗岩；19.燕山早期斑状细粒正长花岗岩；20.燕山早期细粒黑云正长花岗岩；21.燕山早期细粒二长花岗岩；22.燕山早期斑状细粒二长花岗岩；23.燕山早期细粒黑云二长花岗岩；24.整合、侵入接触界线；25.角度不整合界线；26.侵入岩期次界线；27.实测、推测断层；28.磁测异常位置及编号；29.(ΔT)异常等值线（单位：nT）；30.航磁异常编号；31.正磁异常等值线（单位：×10 nT）；32.磁异常零值线；33.W元素异常；34.Mo元素异常；35.Cu元素异常；36.Pb元素异常；37.Mn元素异常；38.钨钼(钨钼铜)矿体；39.铅钨矿化体；40.黑钨矿化点；41.铜钼矿化点；42.钨矿化点；43.找矿靶区；44.成矿远景区

2.1 牛头窝铜钼矿找矿靶区

牛头窝铜钼矿找矿靶区处于黄竹坪-武东北东向断裂带西南端的北西测侧。区内地层简单，主要为震旦系楼子坝组变质石英砂岩、长石杂砂岩等；岩浆侵入活动较为强烈，以燕山早期侵入岩为主，其中细粒含黑云母二长花岗岩与中细粒正长花岗岩的云英岩化带是成矿的有利地区。

1∶5万高磁测量显示该区为一相对平稳磁场区，YPΔT-28磁异常与未编号磁异常相对较弱，但推测深部有隐伏侵入体。

1∶5万水系沉积物异常以W、Mo等为主，伴有Cu、Mn、Au、Pb、Sb、As、Hg等元素异常，综合异常YQHs8(牛头窝)属乙类异常，呈似椭圆形，元素组合以W、Mo、Cu、As等为主，Mo异常规模大，略具浓集中心，平均值为8.7×10^{-6}，最高值为16.6×10^{-6}，已知矿体范围为异常区的一小部分；1∶1万土壤测量以Mo、Cu、W元素异常为主，Mo元素异常发育有3处浓集中心，一般含量$(9.6\sim17.0)\times10^{-6}$，极大值$67.6\times10^{-6}$。已发现的铜钼矿体产于燕山早期细粒黑云二长花岗岩云英岩化带中，矿体的总体形态呈透镜状、脉状，产状与云英岩脉的产状基本一致，走向北西西，倾向北东，倾角为20°，已控制长20～5m，宽0.4～0.8m，厚0.5～1m，矿石品位：W 0.128%、Mo 0.104%、Cu 0.21%。矿石以原生硫化物型矿石为主。

综合该区的成矿地质条件、地球化学异常及已发现的矿(化)点等信息认为，该区具有良好的找矿潜力，主攻矿床类型为与燕山早期岩浆活动有关的中高温岩浆热液型或云英岩型铜钼矿。

2.2 苏茅坪钨钼多金属矿找矿靶区

苏茅坪钨钼多金属矿找矿靶区处于闽西南坳陷带西南缘，次级构造处于北东向清流-武平深断裂带南端，区域性断裂带有黄竹坪-武东北东向断裂。

区内主要出露震旦系楼子坝组浅变质岩、早侏罗世下村组陆相碎屑岩及晚白垩世沙县组陆相粗碎屑岩。其中震旦系楼子坝组岩性组合为变质中细粒长石石英砂岩、变质中细粒长石杂砂岩、变质细砂岩、变质粉砂岩、千枚岩等，与成矿关系较为密切。岩层中多发育有硅化石英脉，见黄铁矿化、角岩化蚀变现象。

区内岩浆活动强烈，侵入岩为燕山早期中细粒二长花岗岩、中细粒正长花岗岩及燕山晚期花岗斑岩，其中以燕山早期中细粒正长花岗岩为主，多见钾长石化、云英岩化、高岭石化、黄铁矿化等，形状多为透镜状、脉状及团块状，云英岩化呈脉状—细脉状、团块状，与区内钨、钼、铜的矿化密切相关。

1∶5万高磁异常为相对平静的磁场区。胡坑子YPΔT-30磁异常与未编号磁异常均由半隐伏岩体所引起。

1∶5万水系沉积物W、Mo、Mn、Cu、Pb、Zn元素浓集中心套合较好，综合异常YQHs14形状呈似椭圆形，长轴为近东西向，元素组合以W、Mo、Mn、Au等为主，伴有Cu、Pb、Sb、As、Hg等元素异常，W异常平均值为16.0×10^{-6}，最高值为32.5×10^{-6}；Mo异常略具浓集中心有3处，元素异常平均值为8.7×10^{-6}，异常最高值为16.6×10^{-6}。1∶1万土壤测量成果显示，W、Mo、Cu、Sb元素异常特征基本相似，浓集中心发育。W、Mo元素异常见2处浓集中心，其中Mo元素一般含量为$(2.8\sim3.8)\times10^{-6}$，极大值$18.2\times10^{-6}$；W元素一般含量为$(7.9\sim9.8)\times10^{-6}$，极大值$65.3\times10^{-6}$，异常分布于燕山早期中细粒正长花岗岩与燕山晚期花岗斑岩及楼子坝组之间的内、外接触带,受北东向构造带控制明显。

区内见铅、钨、钼矿化体及钨钼矿体,其中钨钼矿体呈脉状赋存在中细粒正长花岗岩的云英岩中,总体走向为NE30°～60°,倾向南东,倾角50°～60°,矿石品位:W 0.065%～4.88%,平均1.68%,Mo 0.018%～0.148%,平均0.76%;铅钨矿体产于中细粒正长花岗岩内及其与花岗斑岩接触带两侧,呈透镜状、脉状产出,总体走向为NW300°～330°,倾向南西,倾角40°～60°,矿石品位:Pb 0.21%～0.5%,平均0.3%,W 0.011%～0.084%,平均0.047%,伴生Mo 0.011%～0.02%,平均0.015%。区内还发现钼矿(化)点1处、钨矿(化)点3处、硫铁矿(化)点1处、硅石英矿1处。

该区是武夷成矿带与南岭成矿带的交汇部位,成矿条件较为有利。综合该区地球化学异常及已发现的矿化点等信息认为,该区找矿潜力较好,主攻矿床类型为与燕山早期岩浆活动有关的中高温岩浆热液型或云英岩型钨钼多金属矿。

3 结论

(1)中赤-下坝地区钨钼多金属矿成矿远景区处于北东向清流-武平深断裂的南端,具地层、构造、侵入岩等因素控矿的特点,其成因为中高温岩浆热液型,后期具热液-构造蚀变叠加改造等特征。

(2)靶区内燕山早期中细粒黑云二长花岗岩、正长花岗岩普遍发育云英岩化蚀变,局部形成云英岩,是主要的容矿岩石。钨、钼、铜矿体皆具有矿石品位高且集中分布的特点。

(3)靶区内1:5万高精度磁测成果表明局部磁异常多呈范围小、幅值不大的孤立等轴状正磁异常,推断由隐伏岩体所引起,是寻找与燕山早期岩浆活动有关的中高温岩浆热液型钨锡铜钼矿的有利地区。

(4)区内1:5万水系沉积物与1:1万土壤测量异常显示,W、Mo、Cu、Pb等元素异常特征明显,规模大,且异常多分布于燕山早期二长花岗岩、正长花岗岩内。

(5)区内已发现了多条钨、钼、铜矿体,矿化体。

(6)由于中赤-下坝地区钨钼多金属远景区中,优选的找矿靶区内矿产工作程度较低,因此具有较大的寻找中高温岩浆热液型或云英岩型钨钼铜多金属矿潜力,值得进一步开展地质找矿工作。

此论文载于《福建地质》2010年第3期。

参考文献

[1]福建省地质矿产局.福建省区域地质志[M].北京:地质出版社,1985
[2]地矿部福建地质矿产勘查开发局.1:50万福建省地质图说明书[M].福州:福建省地图出版社,1998
[3]徐志刚,陈毓川,王登红,等.中国成矿区带划分方案[M].北京:地质出版社,2008
[4]陈郑辉,陈毓川,王登红,等.矿产资源潜力评价示范研究[M].北京:地质出版社,2009

福建建阳井后钼矿地质特征及成因浅析

王芳华[①]

(福建省地质调查研究院)

[摘 要] 井后钼矿是闽北地区新发现的辉钼矿矿床。矿体受构造控制明显，北北东向构造为导岩导矿构造，矿体总体沿北北东向构造两侧分布，而北东向裂隙带为区内主要的容矿构造。矿体主要呈脉状、透镜状赋存于中细粒正长花岗岩内外接触带的北东向裂隙带中。本文对井后钼矿的地质特征进行了初步的总结和分析，认为其形成于燕山早期，与燕山早期中细粒正长花岗岩关系密切，矿床成因类型为岩浆-热液型。

[关键词] 钼矿 岩浆-热液型 控矿因素 建阳井后

引言

福建建阳井后钼矿位于建阳市东部小湖镇，是中国地质调查局2006—2008年实施的1∶5万花桥-小湖矿产远景调查项目新发现的钼矿床。经初步估算，资源储量为：Mo金属量12 942.18t，矿床平均品位为0.07%，其中工业矿体金属量8 890.68t，平均品位0.108%；低品位矿体金属量4 051.50t，平均品位0.04%。在调查初期认为该矿床成因为斑岩型[1]。但随着后期普查工作的深入，进一步查明了矿床的成矿地质背景与控矿因素，认为矿床是受北北东向构造控制的中—低温岩浆期后热液型矿床。

1 区域地质背景

矿区位于华夏地块北武夷隆起区浦城-顺昌基底隆起，与闽东火山断坳带毗连。

区内前泥盆纪变质基底出露较少，中生代地层相对较多。从老到新有中—新元古代马面山群的大岭组、东岩组、龙北溪组。出露的盖层主要为早侏罗世梨山组、晚侏罗世南园组、早白垩世石帽山群寨下组。

区域上北东向断裂发育，政和-大埔深大断裂带从本区东缘穿过，呈一系列近于平行的左行剪切的分划性断层分布，浦城-永春南北向断裂纵贯本区。深大断裂控制着区域岩浆活动和

---

① 作者简介：王芳华，男，1984年生，工程师，地质矿产专业，长期从事地质矿产调查。

成矿作用。

区内岩浆活动较为强烈，活动时代从加里东期一直延续至燕山期，除加里东期规模较大外，其他均为零星分布。岩浆岩侵入活动受区域构造控制明显，多呈北东向—北北东向展布。岩性以中—酸性岩类为主。燕山期各阶段的火山岩与侵入岩成因联系十分密切，具有先喷发后侵入的特点。岩石类型以钙碱性火山岩占主导地位。

区域上铜铅锌钼锡等多金属成矿与岩浆活动有密切的关系，岩浆为成矿提供了必要的热源和矿物质来源。

2 矿区地质特征

矿区出露地层、构造、岩浆岩及蚀变矿化带特征见图1。

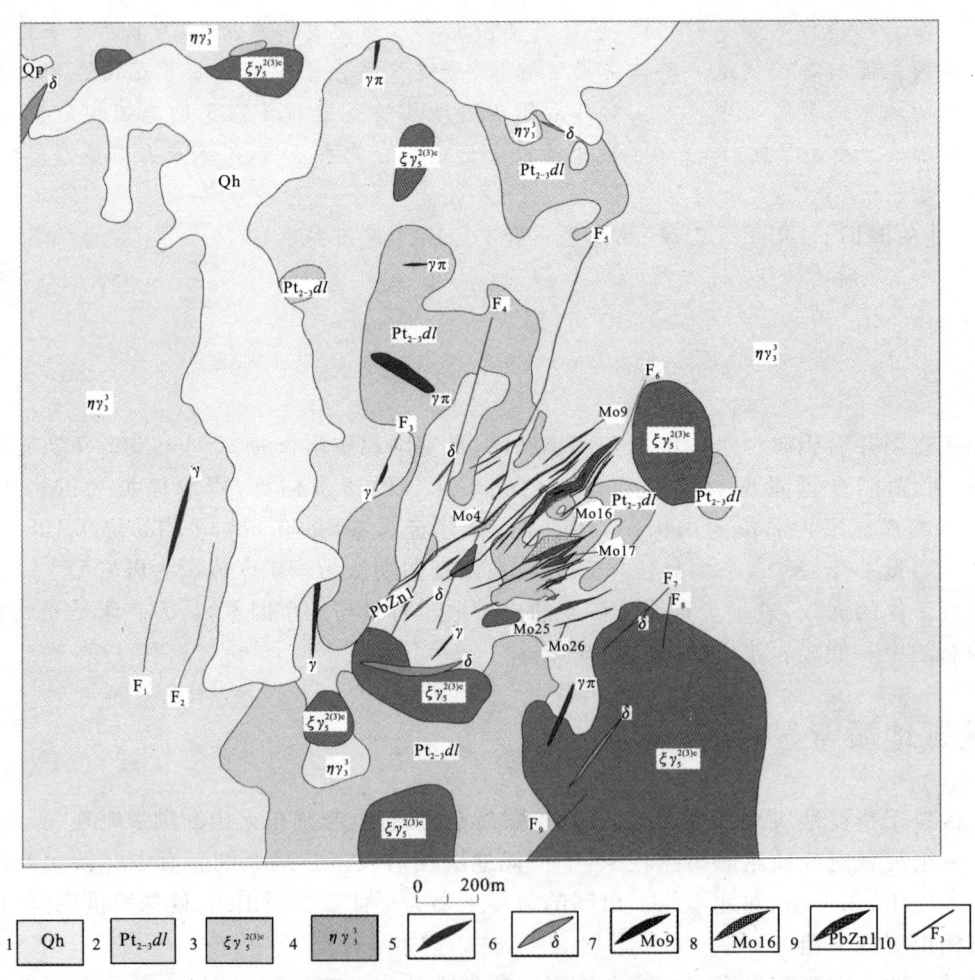

图 1 建阳井后钼矿地质简图

1.第四系；2.大岭组变质岩；3.燕山早期花岗岩；4.加里东期二长花岗岩；5.酸性岩脉；6.闪长岩脉；
7.辉钼矿体及编号；8.低品位辉钼矿体及编号；9.铅锌矿体及编号；10.断层及编号

2.1 地层

矿区主要出露中—新元古界大岭组变质岩。该组变质岩呈北北东向不连续带状分布,多以岛弧状、孤岛状残留顶盖或捕房体形式出现。岩性主要为黑云斜长变粒岩、角闪斜长变粒岩夹斜长角闪片岩等。该地层裂隙发育,多见铁锰质充填。

2.2 构造

区内构造主要为脆性断裂,以北北东向断裂为主,其次为近南北向断裂、北东向裂隙构造。

北北东向断裂呈斜列式分布于矿区中东部,由 $F_3 \sim F_6$ 组成,走向北北东,倾向北西,倾角较陡,一般 65°～85°。断裂带长 500～1 500m,宽数米至十几米,主要呈破碎带、断层角砾岩、硅化碎裂岩带等形式出现,伴随强烈的硅化、绿泥石化、褐铁矿化,直接控制了矿区内异常及矿化蚀变带的分布范围。断裂具有多期活动的特点,其主活动期在成矿之前,断层性质为先压后张,为后期岩脉侵入和成矿热液活动提供通道与空间。

近南北向断裂迹象表现较弱,仅由规模较小的 F_1、F_2、F_8 组成,走向近南北,西倾,倾角 30°～70°,延伸较短,长 300～700m,宽一般数米,断裂主要呈断层破碎带形式出现。断层性质为先压后张,具有多期活动的特点,从加里东期—燕山晚期均有活动。其形成的张性空间往往被后期微晶闪长岩、细粒花岗岩岩脉充填。

北东向断裂常为主断裂派生次级构造,在后期多期次岩浆侵入、涌动过程中顶托作用下,进一步发展成为成群排列的密集裂隙带,走向北东,北西倾,倾角一般较缓,为 30°～45°,总体延伸不长,多在 100～500m 之间,宽数米至十几米。带内岩石破碎,主要为碎裂岩,硅化脉发育,黄铁矿化、硅化较强。该组裂隙或节理在晚期成矿阶段由于成矿岩体顶托作用处于强烈拉张环境,极有利于成矿热液的运移和交代,为本区主要容矿构造。

2.3 侵入岩

矿区岩浆活动强烈,侵入岩分布广泛,主要有加里东期似斑状中粗粒黑云二长花岗岩,印支期石英(二长)闪长岩、微晶闪长岩及燕山早期中细粒正长花岗岩。

加里东期似斑状中粗粒黑云二长花岗岩大面积分布于矿区,区域上属大庙岩体,岩体侵入马面山群,被印支期石英二长岩、微晶闪长岩及燕山早期中细粒正长花岗岩侵入,区外东侧以逆冲推覆断层与早侏罗世梨山组接触。岩石多为片麻状构造,中粗粒结构;主要矿物有钾长石、斜长石、石英、黑云母,岩性较单一。在矿区南部约 16km 处取得 Rb-Sr 等时线年龄为 (410.3 ± 4.6)Ma[①]。在岩体内部见有大量的花岗斑岩脉、闪长岩脉、闪长玢岩脉等。区内岩石普遍具有不同程度的蚀变,主要为黄铁矿化、绢英岩化、绿泥石化,于矿体周围石英细脉中见有辉钼矿化,局部见铅锌矿化等,是区内最主要的赋矿围岩。

印支期石英(二长)闪长岩为隐伏岩体,侵入于加里东期二长花岗岩,被晚期微晶闪长岩与燕山早期中细粒正长花岗岩侵入。岩石遭受弱动力作用,少部分矿物产生形变破碎,不同方向的裂隙切割岩石,裂隙内充填有黄铁矿、绿泥石、辉钼矿矿物,是区内赋矿围岩之一。

印支期微晶闪长岩多为隐伏岩体,呈岩株状侵入于加里东期二长花岗岩与印支期石英(二

---

① 闽北地质大队,《小湖水吉东坪幅 1∶5 万区域地质测量》,1995。

长)闪长岩中,被燕山早期中细粒正长花岗岩侵入。岩石具微晶结构,块状构造;岩石中有裂隙,裂隙内有石英、碳酸盐矿物和被碾碎的矿物充填,局部见辉钼矿,是区内赋矿围岩之一。

燕山早期中细粒正长花岗岩,主要分布于矿区南部,呈岩瘤状、岩株状侵入于加里东期二长花岗岩中,0线剖面见岩体呈舌状侵入于印支期石英(二长)闪长岩及微晶闪长岩中,出露形态不规则。岩石呈块状构造,细粒、中细粒结构。在土壤高异常范围内该岩体多已发生强烈蚀变,主要有黄铁矿化、硅化、绢英岩化,局部见有辉钼矿化、硅化细脉—中脉—大脉。

2.4 激电异常特征

激电法测量资料显示,区内加里东期二长花岗岩,视极化率 η_a <3%,视电阻率 ρ_a 值1 000Ω·m 左右,呈低极化异常特征。而含钼矿(化)体蚀变地段,视极化率 η_a 值为 3.5%~4%,ρ_a 值 1 500~2 500Ω·m 之间,局部达 3 000Ω·m,呈相对高极化异常特征,说明钼矿(化)蚀变地段相对围岩有激电异常。以 η_a=3.5%等值线为界,普查区圈定1处局部异常。异常呈似长条状沿北东向展布,北东侧和南西侧均未封闭,控制长 800m,宽 200~500m 不等。经钻孔验证为矿致异常。

2.5 土壤异常特征

1:1万土壤测量显示:矿区圈定了以 Mo 为主,Cu、Pb、Zn、Ag、W、Bi 次之的综合异常(图 2)。异常元素分带性非常明显,MoWSnBi 异常浓集中心互相重叠,面积达 0.55km²,呈较

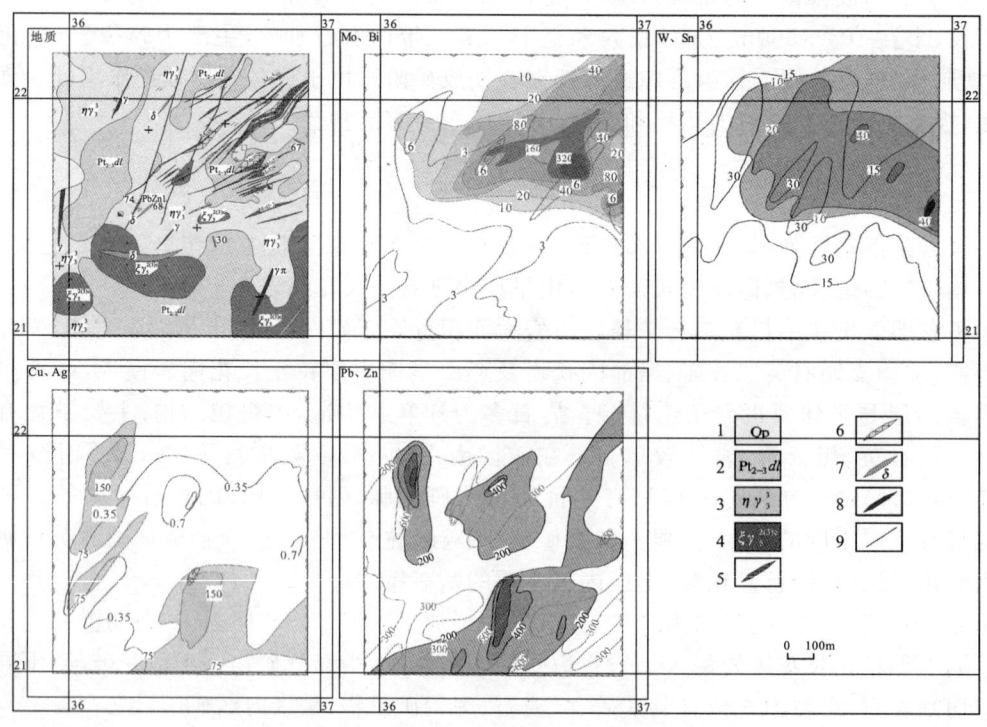

图 2 建阳井后钼矿区土壤异常剖析图

1. 第四系耕作层;2. 大岭组变质岩;3. 黑云二长花岗岩;4. 中细粒正长花岗岩;5. 钼矿体;6. 低品位钼矿体;7. 闪长岩脉;8. γ花岗岩脉、γπ花岗斑岩脉;9. 断层

规则的椭圆状,往东未封闭;CuPbZnAg 异常浓集中心互相吻合,呈半环状围绕 Mo、W 异常南侧和西侧外围分布。

各元素异常强度分别为:Mo 最高值达到 460μg/g,大于 40μg/g 异常面积达 0.25km²;Pb 最高值达到 4 330μg/g;Zn 最高值达到 1 760μg/g;Cu 最高值达到 343μg/g;W 最高值达到 90.4μg/g。经后期探槽揭露多见辉钼矿矿体。

3 矿床地质特征

3.1 矿体特征

本区是一个以钼为主,并伴生有铅、锌的多金属成矿区。通过普查,区内已发现脉状钼、铅锌矿体 83 个,其中钼工业矿体 37 个、低品位矿体 42 个,铅锌矿体 4 个。在此,仅对钼矿体特征进行简单介绍。

区内共圈定 79 个钼矿体,其中地表出露 34 个,钻孔见隐伏矿体 45 个。

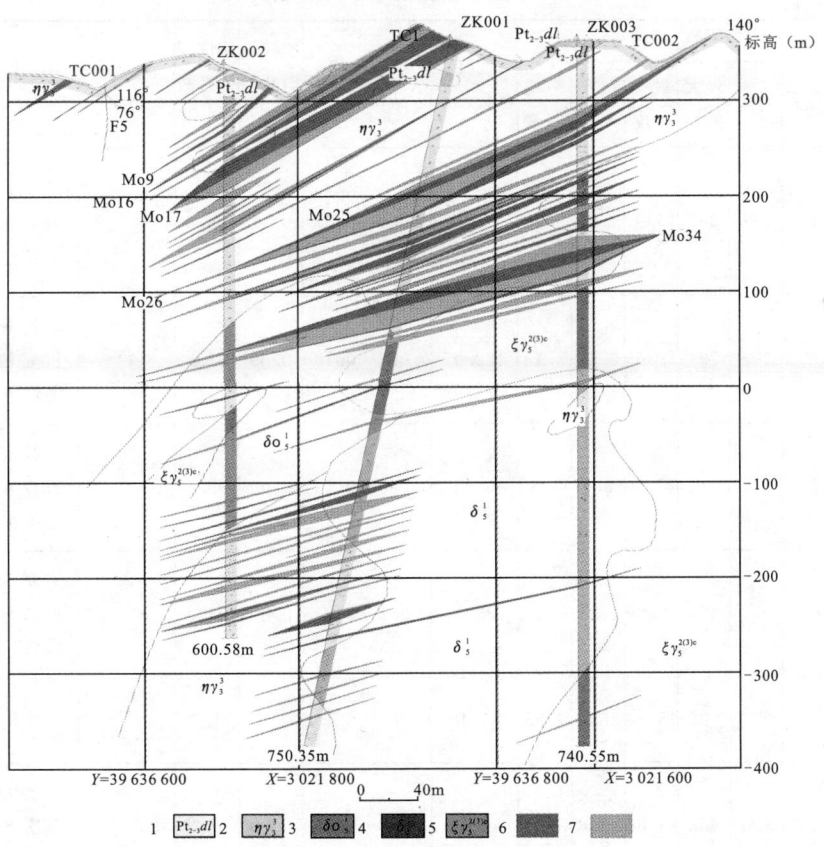

图 3 井后钼矿 0 线地质剖面图
1.大岭组变质岩;2.加里东期二长花岗岩;3.印支期石英闪长岩;4.印支期微晶闪长岩;5.燕山早期中细粒正长花岗岩;6.辉钼矿体;7.低品位辉钼矿体

矿体主要呈脉状、透镜状由北东到南西、由上到下成群呈带状产出（图3）。工业矿体往往表现为裂隙密集、脉幅宽大的辉钼矿石英脉群带，而其旁侧裂隙逐渐稀疏、脉幅减小而过渡为低品位矿体或矿化，因此工业矿体多与低品位矿体并列共生，沿走向、倾向收缩，被低品位矿体取代或被低品位矿体包围。

矿体长100～805m，走向45°～50°，倾向北西，倾角20°～45°，最大斜深60～500m，平均厚度1.03～15.41m，厚度稳定—较稳定，厚度变化系数1.21%～132.97%，多为40%～120%之间。钼矿化总体均匀—较均匀，钼单工程平均品位一般0.06%～0.238%，最高达1.068%，品位变化系数多在20%～120%之间，个别最高可达212.97%。矿体及顶底板岩石均遭受不同程度的蚀变矿化，主要为硅化、绿泥石化、绢英岩化，局部可见黄铁矿化（褐铁矿化）、碳酸盐化等蚀变，硅化、黄铁矿化多呈细脉状、团块状、断续分布，矿体与围岩界线模糊，呈渐变过渡关系。矿区矿体众多，但总体品位偏低。以Mo9、Mo16、Mo17、Mo25、Mo26、Mo34号矿体规模较大，6个矿体工业品级金属量占区内工业品级金属量的71.77%，品位也较高。主要矿体特征见表1。

表1 井后矿区主要钼矿体特征简表

矿体编号	形态	控制工程数	矿体规模(m)					厚度变化系数(%)	单工程Mo品位(%)	加权平均品位(%)	品位变化系数(%)	倾向∠倾角	容矿岩石
			长度	最大斜深	最大厚度	最小厚度	平均厚度						
Mo9	脉状	7	727	300	16.87	1.28	8.31	75.08	0.061～0.371	0.11	109.64	320°∠35°～45°	二长花岗岩，局部为黑云斜长变粒岩、中细粒正长花岗岩
Mo16	透镜状	9	506	294	19.05	0.65	5.18	132.97	0.062～0.160	0.09	131.93	320°∠35°～45°	二长花岗岩、黑云斜长变粒岩，局部为中细粒正长花岗岩
Mo17	透镜状	3	250	310	14.99	13.67	14.33	6.51	0.066～0.111	0.09	109.41	320°∠35°～40°	二长花岗岩、黑云斜长变粒岩，局部为中细粒正长花岗岩
Mo25	脉状	6	311	425	12.89	1.22	5.19	128.51	0.061～0.238	0.21	103.34	320°∠30°～40°	主要为二长花岗岩，局部为中细粒正长花岗岩
Mo26	脉状	5	200	498	16.14	2.34	8.59	81.40	0.064～0.108	0.10	91.68	320°∠30°～35°	二长花岗岩
Mo34	脉状	4	400	408	14.86	2.76	9.53	64.81	0.066～0.120	0.08	66.29	320°∠20°	主要为二长花岗岩，其次为石英闪长岩、中细粒正长花岗岩

矿区辉钼矿主要有3种赋存方式：赋存于硅化脉中形成含钼硅化脉，赋存于裂隙中形成纯辉钼矿脉，浸染状赋存于裂隙围岩中形成含钼岩石。其中以含钼硅化脉为矿区最重要的含矿

地质体。

含钼硅化脉：石英脉多呈细脉、微细脉、网脉状，脉幅一般 2～25mm，最大脉幅可达 5cm，但大脉幅者罕见。含脉密度多为 5～15 条/m，由于多为穿插网脉状，产状较为凌乱，统计学规律不强。辉钼矿在硅化脉中多沿脉边或脉中呈条带状或对称条带状分布，部分呈星点浸染状分布。辉钼矿呈铅灰色鳞片状，片径 0.01～1mm 之间，以 0.05～0.5mm 为主。辉钼矿在硅化脉中含量一般 3%～20%。

纯辉钼矿脉：产于岩石细小裂隙中，纯辉钼矿脉长度一般为 20～200cm，宽度一般为 1～3mm。纯辉钼矿脉常形成平行脉、侧列脉、网脉。

含钼岩石：在含钼硅化脉或纯辉钼矿脉两侧围岩中，往往有星点状或小团块状辉钼矿呈浸染状分布。辉钼矿大小一般 0.1～1mm，含量一般低，多为 0.1%～1%。

3.2 矿石特征

矿石结构主要有碎裂（粒）结构、碎裂似斑状中粒花岗结构、半自形—它形鳞片状结构及包含结构、填隙结构。

矿石构造以细脉状、细脉—网脉状、细脉浸染状构造为主，见对称条带状构造，局部具团块状构造、角砾状构造。

矿物组合较为单一，金属矿物有辉钼矿、方铅矿、闪锌矿、黄铁矿（浅地表为褐铁矿）等，非金属矿物有石英、长石、绢云母、绿帘石、绿泥石等。

按主要金属矿物组分划分类型为单一辉钼矿型、黄铁矿-辉钼矿型钼矿石、黄铁矿-方铅矿-闪锌矿-辉钼矿型钼矿石、黄铁矿-方铅矿-闪锌矿型铅锌矿石等。以黄铁矿-辉钼矿型钼矿石为主；按矿石构造划分类型为细脉-网脉状矿石、浸染状矿石、细脉浸染状矿石、团块状矿石、角砾状矿石。以细脉-网脉状矿石、细脉浸染状矿石为主。

3.3 围岩蚀变

矿区蚀变强烈、范围广，区内岩体基本已全岩蚀变，有面型和线型两种蚀变类型。早期面型蚀变主要为硅化、绿泥石化、绢云母化、黄铁矿化；晚期叠加线型黄铁矿化、硅化、绿泥石化、绢云母化、黄铁绢英岩化。其中绢云母化、绿泥石化及黄铁矿化与铅锌矿化关系密切；硅化及绿泥石化与辉钼矿化关系密切。此外，局部偶见绿帘石化、萤石化、碳酸盐化等。

3.4 成矿阶段划分

辉钼矿化主要见于岩浆期后中低温热液蚀变阶段，大致可分为 3 个阶段[2]。

石英脉阶段：即早阶段硅质析出，为单一石英脉、黄铁矿石英脉、磁铁矿（少）-黄铁矿脉充填，无钼矿化或弱钼矿化，脉幅较大，多大于 6mm。

辉钼矿-石英脉阶段：主要有磁铁矿（少）-黄铁矿-辉钼矿-石英脉，辉钼矿石英脉、辉钼矿细脉，含少量绢云母、绿泥石、绿帘石等，是成矿主要阶段。

成矿后期阶段：主要是绿泥石细脉和方解石细脉，多充填于成矿后期的构造裂隙中，脉幅较小，多小于 3mm。

4 讨论

4.1 矿体空间分布特征

区内矿体空间分布及形态特征受区内构造控制明显,区内北北东向构造为导岩、导矿构造,控制着矿体的空间分布范围,矿体总体沿北北东向构造两侧分布。北北东向构造应力作用形成的北东向次一级裂隙带及由岩体多期次侵入、涌动形成顶托剥离节理裂隙是区内良好的容矿空间,直接控制着矿体的形态、产状及赋存标高,是矿区最重要的容矿构造。

矿区内加里东期似斑状片麻状中粗粒二长花岗岩、大岭组变质岩等老地质体本身裂隙较为发育,受北北东向构造应力作用,发育了北东向次一级裂隙。后期遭到多期次岩浆侵入、涌动形成顶托和滑脱作用,进一步发育了大量的北东向缓倾角剥离节理,与早期形成的北东向裂隙相互交织,形成构造裂隙带,成为后期含矿热液充填交代的良好空间。区内矿体主要受该组构造裂隙带控制,产于中细粒正长花岗岩内、外接触带,以外接触带为主。呈脉状、透镜状赋存于加里东期似斑状中粗粒二长花岗岩中,其次产于中新元古代大岭组地层,印支期石英(二长)闪长岩、微晶闪长岩和燕山早期中细粒正长花岗岩内裂隙带中,裂隙带呈中—低角度叠瓦状左行斜列,总体走向北东,由北东到南西、由上到下成群呈带状产出(图3)。从标高400m~-300m大致可分成3段脉群带,其中7—12线标高50m以上脉带较为集中,为矿脉主要赋存地段。

4.2 成矿时代

矿体主要产于加里东期和燕山早期侵入体中,其次赋存于印支期侵入体中。因此,从空间分布规律看,蚀变矿化与最晚侵入的燕山早期中细粒正长花岗岩体关系密切。

在矿区共采集了4件样品进行Re-Os同位素测年。辉钼矿Re-Os同位素组成及模式年龄见表2。

表2 井后钼矿床中辉钼矿Re-Os同位素年龄测试结果

样号	样重(g)	Re(ng/g)		普Os(ng/g)		^{187}Re(ng/g)		^{187}Os(ng/g)		模式年龄(Ma)	
		测定值	不确定度	测定值	不确定度	测定值	不确定度	测定值	不确定度	测定值	不确定度
JH01	1.001 21	721.3	5.70	0.121 0	0.001 5	453.4	3.60	1.168	0.010	154.5	2.2
JH03	1.001 99	26.43	0.24	0.047 1	0.000 5	16.61	0.15	0.043	0.001	155.2	2.7
JH04	1.502 13	21.19	0.25	0.094 0	0.000 8	13.32	0.15	0.035	0.000	159.6	2.7
JH05	1.506 56	58.29	0.46	0.037 6	0.000 4	36.64	0.29	0.090	0.001	147.3	2.2

备注:数据来源于陈郑辉内部资料。

辉钼矿的模式年龄介于(147.30±2.2)~(159.60±2.7)Ma之间,年龄分布较为分散,说明成矿时间较长,平均为153.50Ma。在辉钼矿Re-Os等时线年龄图中,4个样品基本上均落在等时线上,等时线年龄为(154.0±9)Ma(可信度95%,MSWD=9.9)(图4)。该年龄代表了辉钼矿的成矿年龄,为晚侏罗世,属燕山早期,其成矿年龄进一步佐证燕山早期侵入体与成关系密切。

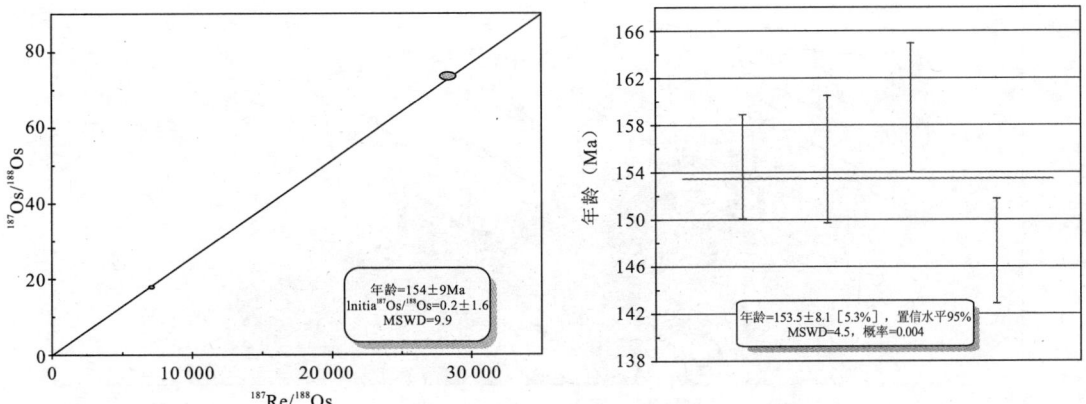

图 4 辉钼矿 Re-Os 同位素等时线年龄图(左)和加权平均年龄图(右)

4.3 成矿机理

加里东期形成的区域性北北东向构造,在应力作用下,产生大量次一级北东向构造裂隙,在印支期闪长岩的底辟侵位过程中形成的顶托应力作用下规模不断扩大。燕山早期,古太平洋板块向欧亚大陆板块碰撞俯冲,中国东南沿海进入活动大陆边缘造山阶段,岩浆活动十分强烈,形成浙、闽、粤大面积酸性火山-侵入岩构造岩浆带。古太平洋板块活动后期,挤压应力松弛、伸展以及底侵作用等,使重熔的岩浆沿区内早期形成的北北东向构造带不断上涌,底辟侵位同时形成顶托应力,区内早先已经形成的北东向构造裂隙在岩体底辟、顶托、滑脱作用下进一步拉伸,规模得到有效扩大。同时,印支期石英闪长岩、微晶闪长岩和燕山期中细粒正长花岗岩从下往上多期次涌动状侵入,形成顶托、滑脱作用,造成地层及先期的岩体产生了新的北东向似层状节理裂隙,与北北东向构造带产生的次一级北东向构造裂隙交织叠加在一起,形成裂隙带,为后期含矿热液充填交代提供了良好的容矿空间。岩浆在深部高温高压条件下,由于不断演化,导致超临界流体的分离,当冷却至临界点以下就变成热液。其内压力超过外压力时,它们便从岩浆房分离出来,同时由于大量挥发组分的存在,提高了有用组分 Mo、Pb、Zn 在溶液中的溶解度。这些金属在溶液中主要以硫化物等络合物形式被搬运。这些含矿溶液先沿区内区域性北北东向构造往浅部运移,至浅地表后,贯入充填于与其相通的北东向构造裂隙带中,同时,温压降低,当温压降低到合适条件下,在区内广泛发育北东向构造裂隙带、节理等合适的地质空间富集成矿,形成矿体、矿化及有关的岩石蚀变(图 5)。因此认为其矿床成因类型应属中—低温岩浆期后热液型,成矿方式主要为充填-交代式。

4.4 矿床成因

章振国根据原 1∶5 万花桥-小湖矿产远景调查成果资料,认为井后钼矿属于斑岩型矿床。根据后期普查工作成果,笔者认为该矿床成因类型应属中低温岩浆期后热液型。主要依据有 3 点。

首先,区内未见斑岩体。区内钻孔已施工了 750 m,已至标高－400 m(地表见矿最大标高

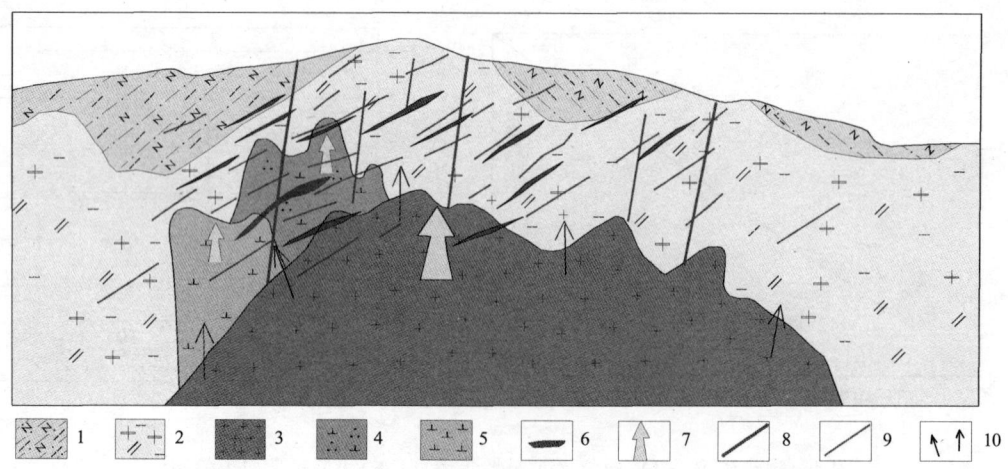

图5 井后钼矿成矿模式示意图

1. 变质岩残留顶盖;2. 似斑状黑云二长花岗岩;3. 中细粒正长花岗岩;4. 石英闪长岩;5. 微晶闪长岩;6. 矿体;7. 后期岩浆侵入顶托应力方向;8. 区域性北北东向断层;9. 北东向裂隙带;10. 热液上侵花岗岩中 Mo 元素析出带入早期形成的北东向裂隙带中沉淀成矿

490m),并未见斑岩型矿床必不可少的次火山岩斑岩体,邻近的矿区浦岭头钼矿及路口钼矿均施工了钻孔,亦未发现与成矿关系密切的斑岩体,相反均出现有燕山早期侵入岩且含矿,说明与成矿关系密切的并非可能存在于深部的斑岩体,而是矿区已出露的燕山早期中细粒正长花岗岩。

其次,区内垂向蚀变分带并不明显。区内从标高-400～500m,蚀变主要为硅化、绿泥石化、绢云母化、黄铁矿化,弱碳酸盐化,以中—低温蚀变为主,垂向分带并不明显,与斑岩型矿床蚀变特征不吻合。

最后,矿体空间分布规律与斑岩型矿床规律不太一致。若目前-400m标高仍处于青盘岩化带,斑岩体隐伏于此标高之下,按斑岩型矿床矿体分布规律,矿体主要赋存于岩体顶部及靠近岩体顶部的外接触带,那么,井后矿区矿体应随着标高的降低,矿体总体呈更加密集的趋势。而实际上,区内矿体主要赋存于标高 0m 之上,随着标高的降低,矿化减弱,与斑岩型矿床矿化特征不符。

因此,笔者认为燕山早期中细粒正长花岗岩与成矿关系密切,矿床成因类型应属中低温岩浆期后热液型。

参考文献

[1]章振国. 福建建阳井后钼矿地质特征及成因探讨[J]. 福建地质,2010,30(3):211-217
[2]石礼炎. 福建古田西朝钼矿床成矿构造特征及找矿方向[J]. 福建地质,2009,28(3):167-174

光泽茶山银矿床地质特征及成因探讨[①]

王文兵

(福建省地质调查研究院)

[摘 要] 光泽茶山银矿产于早白垩世下渡组火山机构中,受沿火山岩筒、环状断裂的次火山岩控制。目前已发现银矿体24个,各矿体呈脉状、透镜状产出,银以辉银矿、自然银形式赋存于流纹斑岩中,属火山岩型银矿床。

[关键词] 银矿 地质特征 火山岩型 光泽茶山

引言

福建建瓯-南平地区地处闽西北隆起带中东部、武夷山成矿带北段,是福建省铜铅锌多金属矿的重要成矿区域。通过中国地质调查局2005—2007年实施的福建司前-光泽地区战略性矿产远景调查,在区内先后开展了地、物、化、遥、矿产等调查工作,极大地丰富了研究区的基础性资料。作为福建司前-光泽地区矿产远景调查项目提交的重点检查区,依托该项目调查研究成果,2008—2010年实施的福建建瓯-南平地区矿产远景调查项目在光泽茶山地区进一步开展了矿产检查工作,通过深部验证工作取得了较好的找矿效果,其后续工作转由福建省地勘专项资金投入跟进勘查。

笔者选取该项目新提交的重点检查区——光泽茶山银矿作为研究对象。该矿为一处典型的火山岩型银矿床。通过实施福建建瓯-南平地区矿产远景调查,对该矿床地质特征有了较清晰的认识。系统总结了该矿的地质特征并初步分析其成因,以进一步丰富和提高区域内同类型矿产的研究内容和水平。

1 区域地质

光泽茶山银矿位于福建省西北部,与江西省毗邻。地质构造位置处于闽西北隆起带西北部,光泽-武平北北东向断裂带、光泽-浦城北东向断裂带[1]从本区东缘穿过,具有较好的成矿

[①] 项目来源:地质大调查项目——福建花桥-小湖地区战略性矿产远景调查(矿调[2005]13-8、矿调[2006]13-[ ]8号)。本文资料来自"福建建瓯-南平地区矿产远景调查报告",系参加项目工作同志的集体成果。

作者简介:王文兵,男,1978年生,高级工程师,从事地质矿产专业、地球化学勘查工作。

地质条件。矿区及外围岩浆活动强烈,东侧属光泽复式岩体,大面积分布燕山早期黑云母花岗岩,矿区及北东侧为中生代火山构造盆地。北东向断裂构造十分发育,其活动时间较长,具有多期次活动特征,对燕山早期花岗岩、早白垩世火山岩控制作用明显。

1:5万水系沉积物异常以 Ag、Pb、Zn、Cu 为主,其次为 W、Sn、Mo、Au,共有 4 个浓集中心。Ag 异常面积较大,发育中带、内带,有 1 个明显的浓集中心,异常值一般 $0.46\sim0.89\mu g/g$,最高值 $6.1\mu g/g$;Pb、Zn、Cu 与银异常相互叠套在一起,Cu 异常值 $35\sim76.3\mu g/g$,Pb 异常值一般 $131\sim253\mu g/g$,最高值 $774\mu g/g$,Zn 异常值一般 $202\sim388\mu g/g$,最高值 $507\mu g/g$。

光泽银、铅锌多金属成矿带在福建省内已发现光泽金山、崩山、羊角尖、南山、太银厂等多处矿点,在江西一侧附近已发现冷水坑大型银多金属矿床。

2 矿区地质

矿区地层仅见早白垩世下渡组[2]沉积-火山岩地层,火山构造发育。矿区东部大面积出露燕山早期花岗岩(图 1)。发育北东向、北西向及东西向断裂,沿断裂多见脉岩侵入。

2.1 地层

早白垩世下渡组(K_1xd)。根据岩石组合特征,从下而上可进一步划分为 3 个岩性段。一段(K_1xd^1)岩性为紫红色的沉积岩组合,钻孔见真厚度 77.6m,岩性为粉砂岩—砂岩—含砾砂岩—砂砾岩等。其与下伏燕山早期花岗接触面附近见有厚薄不一的灰白色花岗质砂砾岩——底砾岩层,与下伏地层为角度不整合接触。二段(K_1xd^2)从上至下为灰色、灰白色凝灰质泥岩—粉砂岩—砂岩—砂砾岩,灰黑色含集块火山角砾岩、晶屑凝灰岩等,属一套酸性火山喷发-碎屑沉积岩,钻孔见真厚度 55.35m,其中泥岩—粉砂岩—砂岩—砂砾岩厚 21.51m,火山角砾岩厚 33.84m。三段(K_1xd^3)岩性主要为浅灰白色流纹岩。岩石具流纹构造。造岩矿物粒度明显可分为两群,即斑晶和基质;矿物形成可分为两个世代,早世代结晶矿物粒度大,自形程度高,为斑晶;晚世代结晶矿物粒度细,自形程度差,呈基质。斑晶含量约 15%,大小以 $0.2\sim2$mm 为主,成分为长石和石英。长石浅肉红色,呈短柱状,被基质熔蚀,具卡氏双晶,长轴略显定向排列,与流纹构造一致;石英显高温结晶习性,六方双锥晶形,被基质熔蚀形成冠状边。基质矿物成分有石英、长英质,结晶程度差,为霏细结构。

2.2 岩浆岩

矿区岩浆活动强烈,主要发育有燕山早期花岗岩、花岗斑岩及流纹斑岩脉。

燕山早期花岗岩大面积出露于矿区东部,岩性主要有少斑中细粒花岗岩、斑状细粒花岗岩。少斑中细粒花岗岩:岩石呈浅肉红色,中粒结构,主要由钾长石(48%~58%)、斜长石(18%~24%)、石英(26%~30%)及黑云母(1%~3%)组成。各矿物分布均匀,杂乱排列。矿物粒径在 0.5~6.5mm 之间,以 1~4mm 为主。钾长石呈半自形—它形晶,板状或不规则状外形,具有卡氏双晶、环带结构,有少量分解形成钠质条纹,在颗粒的边缘接触处有交代形成的钠长石矿物,晶体中包裹有斜长石、黑云母矿物(环带状分布);斜长石呈半自形晶,宽板状、板状,具有聚片双晶、卡纳复合双晶;石英它形晶,等轴粒状或不规则状外形,具波状消光,有博姆纹,少部分颗粒晶形中包裹有长石矿物;黑云母呈片状、细片状,被次生蚀变矿物绿泥石取代。

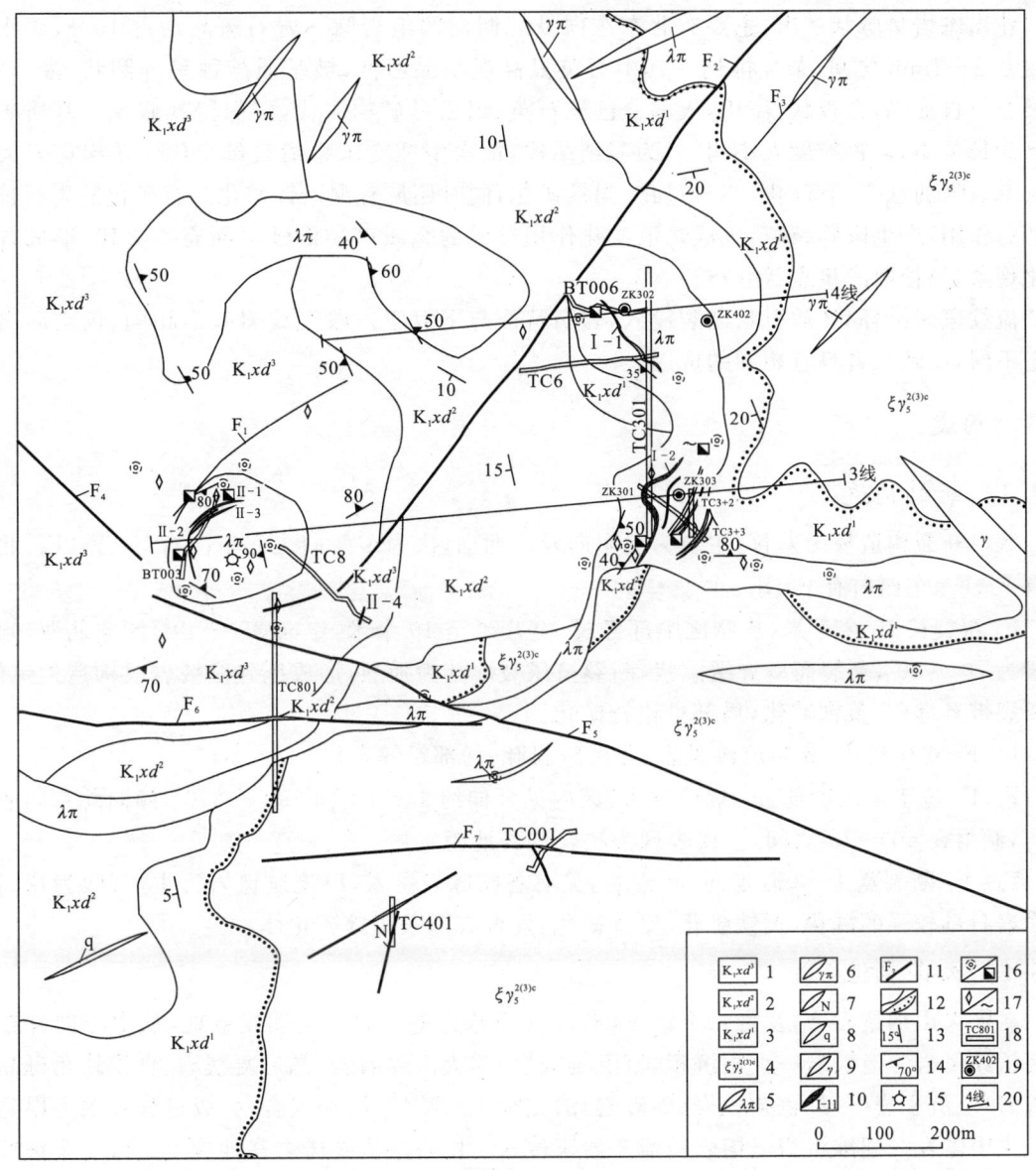

图 1 光泽茶山银矿区地质简图

1. 早白垩世下渡组三段；2. 早白垩世下渡组二段；3. 早白垩世下渡组一段；4. 燕山早期少斑中细粒花岗岩；
5. 流纹斑岩脉；6. 花岗斑岩脉；7. 中基性岩脉；8. 石英脉；9. 细粒花岗岩脉；10. 银矿体；11. 断层及编号；
12. 地质界线/角度不整合界线；13. 层理产状；14. 流纹产状；15. 破火山口；16. 硅化/褐铁矿化；17. 碳酸盐化/绿泥石化；18. 探槽及编号；19. 钻孔及编号；20. 勘探线及编号

斑状细粒花岗岩分布于矿区东南部，呈脉状产出，岩石呈浅肉红色，斑状细粒结构，斑晶含量约占 25%，矿物成分为钾长石(5%)、斜长石(15%)、石英(5%)、黑云母(1%)。长石呈半自形晶，宽板状；石英显高温结晶习性，被熔蚀。基质为长英质，矿物粒径大小均一，在 0.15~0.6mm 之间。石英呈它形晶，等轴粒状；长石已全被次生蚀变矿物绢云母取代；黑云母呈片状,分布均匀。

花岗斑岩呈脉状产出,主要有北东东向及北西向两组岩脉。岩石斑晶约占10%,矿物粒度在0.2~3mm之间,杂乱排列。其中石英显高温结晶习性,被基质熔蚀呈浑圆状、港湾状;钾长石呈自形晶,宽板状,泥化,大部分已被石英、绢云母矿物取代,仅保留其假象。基质矿物成分为长英质,矿物粒度大小均一,为霏细结构,被次生蚀变矿物绢云母交代。花岗斑岩大部分见有较强的蚀变,有硅化、绢云母化、褐铁矿化,同时还见有铜铅锌矿化。有矿化的岩石曾遭受动力作用,产生破碎裂隙,气成热液矿化作用形成的金属矿物沿破碎面充填交代,形成各种矿化现象,呈松散的星点状分布。

流纹斑岩沿环状、放射状断裂侵入,岩石特征与下渡组三段流纹岩基本相同,仅空间出露形态不同,反映二者具有相同的成因。

2.3 构造

2.3.1 断裂构造

区内断裂构造极为发育,主要为北东向及北西向,次为东西向。北东向有F_1、F_2、F_3,北西向有F_4、F_5,东西向有F_6、F_7。

F_2断裂长10余千米,从测区中部经过,宽几米至10余米,走向35°~40°,倾向北西,倾角一般为70°~80°,断裂面呈舒缓波状,断裂挤压破碎甚为强烈,形成压碎糜棱岩或构造透镜体。沿断裂带具硅化、黄铁矿化,局部见铅锌矿化。

F_1、F_3规模较小,充填流纹斑岩、花岗斑岩脉,局部铅锌矿化。

F_4、F_5位于矿区中部,F_5规模较大,区内见延伸约2km,走向290°~310°,倾向北东向或南西向,倾角在40°~75°之间,主要表现为狭长沟谷地貌。

F_6、F_7断裂宽1~3m,走向80°左右,见有各类脉岩侵入,以流纹斑岩为主,其次为花岗斑岩。岩石具较强的硅化、黄铁矿化、铅锌矿化,发育有两条铅锌矿化体。

2.3.2 火山构造

矿区火山构造发育,发育一个以1 087.2m高地为中心的火山喷发盆地,从中心向外组成一套流纹斑岩—流纹岩—火山沉积岩(沉凝灰岩)与火山碎屑岩(晶屑凝灰岩、含集块角砾晶屑凝灰岩)—沉积岩(紫红色杂砂岩、砂砾岩)的完整火山喷发-沉积组合,生成过程表现为塌陷沉积—火山爆发—间歇沉积—熔岩溢流—岩浆侵入。中心次流纹斑岩在地貌上形成一个钟形火山锥,沉积岩层基本呈环状围绕火山中心呈向心缓倾,倾角20°~30°,其外侧发育环状、放射状断裂,沿断裂侵入有流纹斑岩。该火山机构与银铅锌成矿关系密切,火山颈、环状断裂、放射状断裂为重要的容矿构造。

2.4 围岩蚀变

矿区围岩蚀变强烈,种类繁多,主要有硅化、铁锰碳酸盐化、黄铁矿化、褐铁矿化、磁铁矿化、铅锌矿化、绿泥石化、绢云母化、叶蜡石化等。主要是沿火山颈相和断裂构造发育的中低温蚀变组合,与矿化关系密切。

银矿化主要与流纹(斑)岩的碎裂蚀变带有关。在矿体及近矿围岩中构造碎裂、矿化蚀变相对较强,蚀变主要为黄铁矿化、绢英岩化、褐铁矿化、硅化、铁锰碳酸盐化等。

铅锌矿化主要与沿构造裂隙中的绿泥石化、硅化蚀变关系密切。

2.5 地球化学特征

区内1∶1万土壤测量,发现以Ag为主,伴有Cu、Pb、Zn的异常。

Ag异常有3个浓集中心,分别分布于火山岩筒、环状断裂及东西向断裂带之上。火山岩筒之上异常规模最大,异常与火山岩筒高度吻合,异常浓度分带清晰,浓集中心明显。由于土层薄、淋滤强,浓度梯度变化平缓,Ag最大值为$3.80\mu g/g$,套合有Cu、Pb、Zn异常,Pb最大值为$2049\mu g/g$;Zn最大值为$674\mu g/g$;Cu最大值为$80.3\mu g/g$。

环状断裂之上Ag异常呈哑铃状,浓集中心呈北北西转北北东向展布,Ag异常面积为$0.28km^2$,见浓度分带,浓度梯度变化较平缓,Ag最大值为$3.80\mu g/g$,Pb、Zn异常在Ag浓度内带外侧出现,面积小,最大值分别为Pb为$162\mu g/g$、Zn为$254\mu g/g$。

东西向断裂之上的Ag异常规模较小,Ag最大值为$3.80\mu g/g$。Pb、Zn、Cu异常面积较Ag异常大,Pb、Cu异常见清晰浓度分带,Zn异常见浓度中带,最大值分别为Pb $1196\mu g/g$、Zn $385\mu g/g$、Cu $753\mu g/g$。

3 矿床特征

3.1 矿体特征

区内共见银矿体24个,其中地表出露12个,钻孔见隐伏矿体12个,银矿体赋存于沿白垩纪火山机构(火山岩筒及环状断裂)侵入的流纹斑岩中,总体受斑岩体形态控制。以Ⅰ-5、Ⅰ-10、Ⅰ-11矿体规模较大,品位较高。

Ⅰ-5号矿体:弧脉状,隐伏矿体,北西走向,倾向南西,倾角50°,长约100m,斜深100m,厚度4.06m;品位76.2~377 g/t,平均品位171.44g/t,品位变化系数78.33%。

Ⅰ-10号矿体:弧脉状,隐伏矿体,北西走向,倾向南西,倾角75°。矿体由Ⅰ-10-1工业矿石品级部分和Ⅰ-10-2低品位矿石品级两部分组成。Ⅰ-10-1矿体长100m,斜深62m,厚度3.35m;品位80.9~94.1 g/t,平均品位87.43g/t,品位变化系数10.67%。Ⅰ-10-2矿体长100m,斜深62m,厚度3.59m;品位22.2~63.2g/t,平均品位42.05g/t,品位变化系数67.9%。

Ⅰ-11号矿体:分布于茶山下渡组二段下部沿环状断裂侵入的流纹斑岩中,呈弧脉形,主体走向30°,倾向南东,倾角40°~45°。矿体由Ⅰ-11-1低品位矿石品级部分和Ⅰ-11-2工业矿石品级两部分组成。Ⅰ-11-1矿体长82m,斜深115m;厚度1.20~1.37m,平均厚度1.61m,厚度变化系数为26.88%;品位41.70 62.30 g/t,平均品位51.95 g/t,品位变化系数为22.18%。Ⅰ-11-2矿体长222m,斜深115m;厚度1.54~16.86m,平均厚度6.12m,厚度变化系数为104.56%;品位97.71~190.15g/t,平均品位147.89 g/t,品位变化系数为91.17%。

3.2 矿石特征

矿石结构主要为斑状结构、它形粒状结构。在结晶程度上,闪锌矿、方铅矿、黄铜矿等呈它形晶粒状。

矿石构造主要有斑点状、浸染状、细脉状、团块状和细脉浸染状构造等。

金属矿物主要为自然金、银金矿、辉银矿、自然银、方铅矿、闪锌矿、黄铜矿、磁铁矿，氧化矿物有褐铁矿、孔雀石等。

自然金：黄色，呈粒状嵌布在岩石中，粒径为 0.008mm。

银金矿：淡黄白色，呈粒状嵌布在岩石中，矿物粒径 0.02mm。

辉银矿：灰黑—黑色，晶体以树枝状和不规则粒状为主，次为网状、粉末状等。表面常见与长英质矿物连生，或凹坑中充填有长英质粉末，少见与黄铁矿连生。表面光泽暗淡，断口呈强金属光泽，硬度较低，条痕呈亮灰黑色，性柔软，具弱延展性，粒径大小不匀，在 0.01~0.35mm 之间。

自然银：表面一层灰黑色氧化膜，断口呈光亮的暗灰色，晶体形态繁多，呈不规则粒状、板片状、鳞片状集合体等，且以不规则片粒状为主。晶体表面较粗糙，多见凹凸不平，表面常见与长英质矿物连生，或凹坑中充填有长英质粉末，部分少见与黄铁矿连生，部分表面可见与黄铁矿、闪锌矿、黄铜矿、方铅矿及长英质等矿物连生或镶嵌。晶体表面光泽暗淡，断口呈强金属光泽，硬度较低，条痕呈亮灰黑色，具延展性，粒径大小不匀，在 0.01~0.40mm 之间。

金属矿物生成顺序：辉银矿→闪锌矿＋黄铜矿（乳滴状）→黄铜矿→方铅矿→褐铁矿。

非金属矿物有黄铁矿、石英、长石、绢云母、绿泥石、绿帘石、叶蜡石等。

4 矿床成因探讨与找矿标志

4.1 矿床成因

区内银（铅锌）多金属矿（化）体形成与火山作用关系密切，主要矿体见于火山构造及其附近。矿石中主要矿物组合为辉银矿-自然银-方铅矿-闪锌矿-黄铁矿等，一般以星点状、细脉浸染状小颗粒辉银矿与自然银较为多见。围岩蚀变主要有铁锰碳酸盐化、黄铁矿化、绿泥石化、硅化，次为叶蜡石化、褐铁矿化、铅锌矿化，显示了中—低温热液成矿的特点。火山作用形成的热液沿着火山构造的一些部位移动，含矿热液在相对有利部位沉淀形成矿（化）体，区内银铜铅锌矿体的成因类型属于火山岩型。

矿区流纹斑岩、流纹岩分布区具有明显的土壤银异常，表明火山构造活动末期岩浆具有明显的银元素富集的特征。从矿石特征大致判断矿化与后期构造、热液活动叠加有关，围岩蚀变总体相对较弱，与构造裂隙更为相关，反映成矿热液量较少、温度较低。

4.2 找矿标志

（1）水系沉积物地化异常及土壤地化异常区是区内主要找矿标志。

（2）区内矿（化）体大多产于火山机构的环状、放射性断裂中，因此，环状、放射性断裂构造蚀变带是区内的找矿标志之一。

（3）测区内银铅锌矿化体常产于沿环状断裂与火山通道侵入流纹斑岩中，因此，区内流纹斑岩是主要的找矿标志。

（4）区内硅化、黄铁矿化、绿泥石、铁锰碳酸盐化蚀变与银矿化具相关性，蚀变较强地段虽达不到边界品位，但多数矿化较强，也是找矿标志之一。

（5）矿体、矿化体从已有工作情况看，与岩体内微细裂隙构造关系较为密切，呈现出正相关性，因此，裂隙的发育程度也是找矿的一个重要标志，矿体、矿化体多产于岩体内微细裂隙发育的部位。

5　结论

综上所述，光泽茶山银矿床类型属火山岩型，矿体与次火山岩侵入以及后期构造叠加改造有关。早阶段矿质主要分布于流纹（斑）岩中，形成浸染型矿石，晚阶段沿构造裂隙局部形成细脉状、细脉浸染状矿石。推断该矿体形成与深部次火山岩体有关，今后有待进一步深部工作的验证。

参考文献

[1] 福建省地质矿产局.福建省区域地质志[M].北京:地质出版社,1985
[2] 地质矿产部福建地质矿产勘查开发局.福建省1∶50万地质图说明书[M].福州:福建省地图出版社,1998

建阳仓尾钨矿床地质特征及成因探讨[①]

王文兵

(福建省地质调查研究院)

[摘 要] 仓尾钨矿床是一处可达中型以上规模的岩浆期后高—中温热液型白钨矿床。矿体主要赋存于燕山早期花岗岩与印支期微晶闪长岩,及其与新元古界龙北溪组、下侏罗统梨山组的内外接触带。成矿控制因素为富含 W 的 S 型花岗岩以及新元古界龙北溪组的大理岩、透辉石英岩;矿区围岩蚀变硅化、绢英岩化、黄铁矿化、白钨矿化等是直接的找矿标志。

[关键词] 钨矿床 地质特征 石英脉型 建阳仓尾

引言

福建建瓯-南平地区地处闽西北隆起带中东部、武夷山成矿带北段,是福建省铜铅锌多金属矿重要的成矿区域。通过中国地质调查局 2006—2008 年实施的福建花桥-小湖地区战略性矿产远景调查,在区内先后开展了地、物、化、遥、矿产等调查工作,极大地丰富了研究区的基础性资料。依托该项目调查研究成果,2008—2010 年实施的福建建瓯-南平地区矿产远景调查项目在建阳仓尾地区开展了矿点重点检查工作,取得找矿突破后由中央地勘基金支持投入跟进勘查,目前仍在进行勘查,阶段成果十分突出,单孔有见矿累计厚达 115.85m 的白钨矿体,钨矿找矿潜力巨大。预期可新发现大型钨矿产地 1 处。上述成果的取得,进一步证实闽北地区钨矿的良好找矿潜力,为后续矿产勘查工作的部署提供了重要的依据。

笔者选取该项目新提交的矿产地——建阳仓尾钨矿作为研究对象。该矿与福建黄地金多金属矿、建阳井后钼矿及建瓯路口钼矿、建瓯天堂锰铅锌多金属矿处于同一条南北向构造带内,是区内小松-仓场南北向成矿远景区内一个重要的新发现钨矿。通过实施福建建瓯-南平地区矿产远景调查,对该矿地质特征有了较清晰的认识。系统总结了该矿床的地质特征并初步分析其成因,以进一步丰富和提高区域内同类型矿产的研究内容和水平。

---

① 项目来源:地质大调查项目——福建建瓯-南平地区矿产远景调查(资 [2008] 增 01-14-02、资 [2010] 矿评 01-17-13)。本文资料来自"福建建瓯-南平地区矿产远景调查报告",系参加项目工作同志的集体成果。

1 矿区地质

建阳仑尾钨矿位于福建省北部。地质构造位置处于闽西北隆起带中东部,位于政和-大浦断裂带以西,浦城-永泰南北向断裂[1]从区内通过,具有较好的成矿地质条件。矿区外围岩浆活动强烈,东部为南北向展布的东坪复式岩体,大面积分布燕山早期黑云母花岗岩、燕山晚期花岗闪长岩。北东向、北北东向断裂构造十分发育,其活动时间较长,具有多期活动的特征,对矿区燕山期花岗岩、花岗斑岩控制作用明显。

矿区及外围1:20万自然重砂异常3处,组成一南北向异常带,总面积21.7km²。矿物组合主要有铅族-辰砂、白钨矿-铅族、锡石-铋矿物-白钨矿-黑钨矿。自然重砂异常面积大,异常较高,铅族一般几颗至0.031g,最高0.045g;白钨矿几颗至0.02g,最高0.24g;黑钨矿几颗至少数,最高0.24g。

区内显示了较好的1:5万水系沉积物异常。矿区为一个综合异常呈多中心南北向带状展布,具有良好的组分分带结构特征:中心异常以高温的W、Mo、Cu异常为主,外围套合Pb、Zn、Ag、Au等中低温异常。各元素异常浓度较高,梯度变化大,浓集中心明显,最高值分别为:W 177μg/g、Mo 20.9μg/g、Pb 464μg/g、Zn 393μg/g、Ag 2.09μg/g。

1.1 地层

矿区出露的地层包括新元古界龙北溪组、下侏罗统梨山组[2](图1)。龙北溪组岩性为黑云石英片岩、二云石英片岩、云母斜长变粒岩夹中厚层石英岩、透辉石英岩、大理岩、斜长角闪片岩、绿泥阳起片岩。原岩为一套海相含钙镁硅质岩类的砂泥质岩,其所富含的钙质成分为区内白钨矿的生成提供了充足的钙质。梨山组岩性主要为砂砾岩、砂岩、粉砂岩。

1.2 构造

矿区断裂构造主要发育一南北走向的古源-黄地逆冲推覆断层,长大于42km²,宽数米至数十米不等,具波状起伏特征,倾角20°~70°不等,以30°~50°较为多见。断层上盘为龙北溪组变质岩、加里东期二长花岗岩、印支期微晶闪长岩;下盘为梨山组砂岩、燕山早期斑状细粒花岗岩、印支期微晶闪长岩。断裂带岩石具强破碎,碎粉岩化,后期黄铁矿化、硅化、绿泥石化,并为花岗斑岩脉侵入。其对热液成因矿床具有控制作用,矿区南部黄地金多金属矿即产于该断裂破碎带中。

矿区褶皱构造主要发育于龙北溪组变质岩中,为一系列轴向近南北的紧闭褶皱。地层走向350°~10°,南东倾,倾角50°~75°。

1.3 岩浆岩

矿区岩浆活动强烈,主要分布于逆冲推覆断层下盘,有印支期石英闪长岩、微晶闪长岩、燕山早期斑状细粒花岗岩等。

印支期中细粒石英闪长岩分布于矿区东部,呈北西向带状出露,呈浅灰色,半自形柱粒花岗结构,块状构造。造岩矿物为斜长石(60%)、钾长石(19%)、石英(15%)、黑云母(6%),局部见有长石似斑晶,矿物粒度1~4mm。暗色矿物略具定向。邻区相似岩体获得Rb-Sr等时年

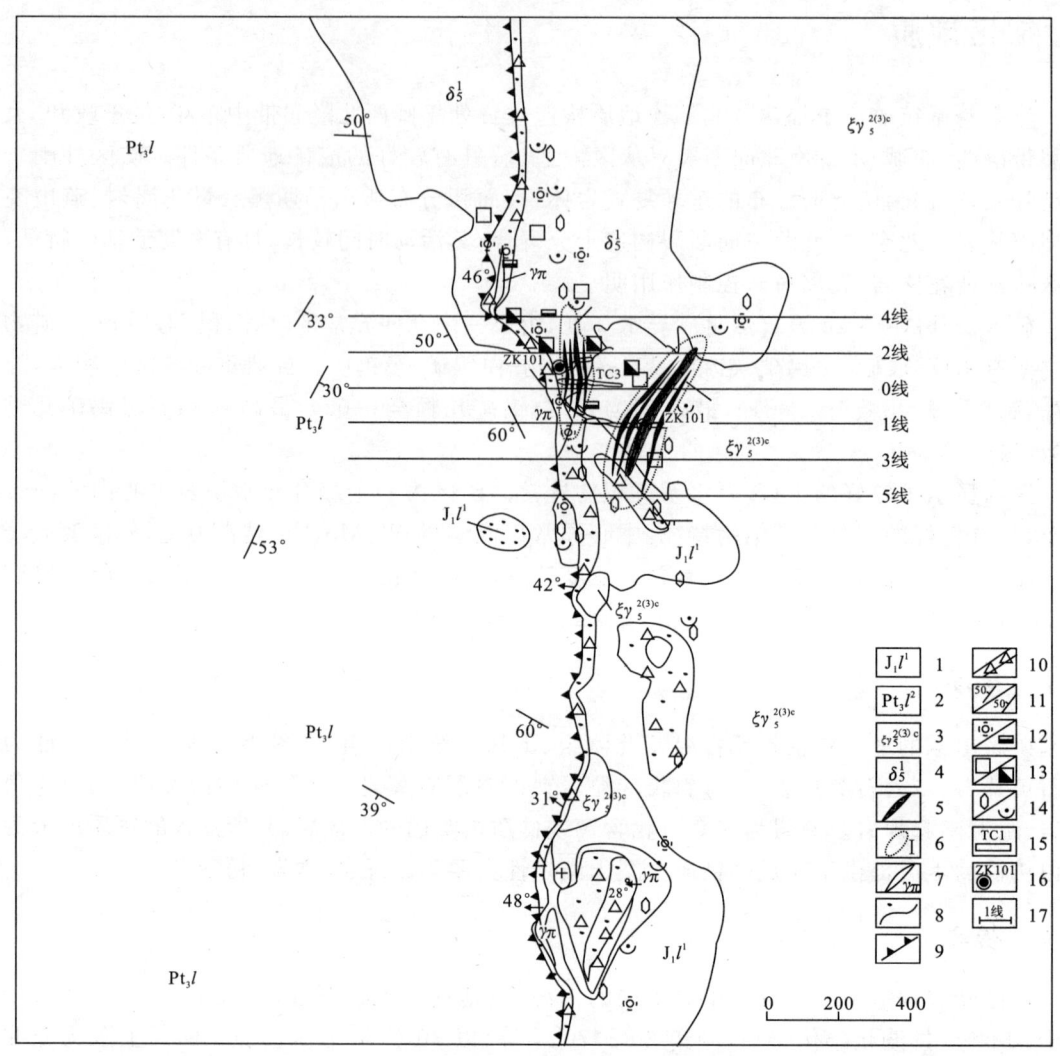

图1 建阳仑尾钨矿区地质简图

1.早侏罗世梨山组下段石英砂岩；2.新元古代龙北溪组黑云石英片岩夹透辉石英岩、大理岩；3.燕山早期斑状细粒花岗岩；4.印支期微晶闪长岩；5.花岗斑岩脉；6.白钨矿体；7.钨矿脉带；8.地质界线；9.逆冲推覆断层；10.断层破碎带；11.片理/层理产状；12.硅化辉钼矿化；13.黄铁矿化/褐铁矿化；14.白钨矿化绢英岩化；15.探槽位置及编号；16.钻孔位置及编号；17.勘探线位置及编号

龄(246±31)Ma，为成矿前侵入体。

微晶闪长岩分布于矿区中北部，呈北西向椭圆形，具微晶结构，局部为斑状结构，主要矿物有斜长石(70%)、角闪石(30%)。斜长石：半自形晶，呈柱状微晶，矿物粒度在0.05～0.3mm之间，杂乱排列，具双晶；角闪石：结晶晚，充填在斜长石矿物晶粒间，呈绿色、黄绿色。侵入石英闪长岩，被后期斑状细粒正长花岗岩侵入，岩体边缘局部可见流线构造，与细粒花岗岩接触带可见原生流线构造被细粒花岗岩穿插切断。本岩体与白钨矿体关系较为密切，是重要的成矿围岩之一。

燕山早期斑状细粒正长花岗岩分布于矿区中东部，呈南北向带状分布，侵入于下侏罗统梨山组,印支期中细粒石英闪长岩、微晶闪长岩,其与南北向构造活动关系密切,西部与龙北溪组呈断层接触。岩石具斑状结构,块状构造。斑晶:约占30%,矿物颗粒度在0.6～5mm之间,矿物成分为石英(22%)、钾长石(6%)、斜长石(1%)、黑云母(1%)。石英显高温结晶习性,六方双锥,被基质熔蚀,晶体中包裹有大量细小气液包体;钾长石呈半自形晶,宽板状,具卡氏双晶、强泥化;斜长石呈半自形晶,宽板状,被绢云母矿物交代;黑云母呈片状,被基质熔蚀,不新鲜。基质:细粒结构,矿物成分有石英(10%)、钾长石(60%),含少量黑云母,矿物粒度在0.05～0.3mm之间,呈它形细粒状结构。其侵入时富含与成矿有关的气水热液,与区内白钨矿化关系最为密切,是W、Mo、Pb、Zn、Ag等成矿物质来源。

根据区调研究成果[①],区域上燕山早期花岗岩岩石SiO_2含量偏低,为73.53%～77.39%,属富硅酸性类岩,全碱(Na_2O+K_2O)含量7.97%～9.23%,碱性较高,Na_2O/K_2O=0.66～0.82,Na/K=0.88～1.24,Na_2O含量较低。A/CNK值为1.02～1.18,多数大于1.1,属铝过饱和型,表现在CIPW标准矿物刚玉含量0.26%～1.94%,多数刚玉含量大于1%。里特曼指数σ值在1.88～2.79之间,属钙碱性系列。岩石主期微量元素与地壳维氏值(1962)相比,岩石中除少量亲石元素Rb、Nb、Zr等有富集外,其他元素均不同程度贫化。有中等稀土元素丰度,ΣREE=(132.85～252.33)×10^{-6}。轻重稀土比值(LREE/HREE)=0.67～6.47,多数小于3,$(La/Yb)_N$=1.22～19.15,属富重稀土类型,δEu=0.22～0.58,具较强的铕负异常,铈也表现为较弱的负异常,成因分析属S型花岗岩。前人研究认为我国钨矿主要形成于燕山期,与S型花岗岩密切相关[3],说明区内钨矿也与之密切相关。

1.4 围岩蚀变

矿区岩石蚀变类型较多,具有云英岩化、黄铁绢英岩化、硅化、叶蜡石化、绿泥石化、绿帘石化等。在不同部位蚀变类型、蚀变程度具有较大差异,表明岩石蚀变温度与强度的变化。钨矿化主要与强硅化、黄铁矿化以及云英岩化、黄铁绢英岩化关系密切,矿化与硅化同时形成,白钨矿呈星点状、团块状分布于硅化形成的石英脉与硅化蚀变岩中。绿泥石化、叶蜡石化、绿帘石化、黄铁矿化主要分布于外围构造蚀变带中,与铅锌矿化关系较为密切。

1.5 地球化学特征

区内1:1万土壤测量,发现以W为主,伴有Pb、Mo、Ag、Cu、Zn、Bi、Sn的异常。

W异常为3个浓集中心呈南北向串珠状沿斑状细粒正长花岗岩、微晶闪长岩体与龙北溪组之间的近南北向逆冲断层分布。异常主要位于斑状细粒正长花岗岩与微晶闪长岩内外接触带上,斑状细粒正长花岗岩体外围有两个小的浓集中心环绕。异常有明显的浓度分带,浓集趋势清晰,最大值分别为1 785μg/g、258μg/g、507μg/g。特别是北部浓集中心,异常浓度内带面积约0.22km²,其上套合有Mo、Pb、Cu、Bi、Ag、Zn、Sn异常,其中Mo异常浓度内带面积0.27 km²,最大值906μg/g;Pb异常浓度内带面积较小,最大值为2 190μg/g;Bi异常与W异常相关性较好,最大值612μg/g。

---

① 福建省闽北地质大队1:5万水去幅、东坪幅、小湖幅区域地质调查报告,1996。

2 矿床特征

2.1 矿体特征

矿区目前已发现钨矿脉带2条,共发现36条矿体,其中工业矿体13条。各带特征如下:

Ⅰ号钨矿带位于矿区中部,呈近南北向展布,长约400m,带宽约80m,见矿标高320～650m,产状285°∠65°～82°,地表产状较陡,为76°～82°,深部产状变缓,倾角65°,WO_3品位为0.034%～0.65%。现有控制深度300m。矿体产于微晶闪长岩中,白钨矿呈星点状分布于硅化细脉或石英大脉中,地表以细网脉状、大脉状黄铁矿化硅化脉为主,深部钻孔见有较强的绢英岩化。共圈出17条矿体,其中工业矿体4条,厚度1.04～8.05m,WO_3品位为0.12%～0.26%;低品位矿体13条,厚度0.99～4.70m,WO_3品位为0.064%～0.11%。

Ⅱ号钨矿带位于矿区中部北东向展布,长约400m,宽140m,深部见矿标高200～650m,产状320°∠65°～85°,地表产状较陡,为75°～85°,深部产状变缓,倾角65°,WO_3品位为0.022%～0.73%。矿体产于斑状细粒正长花岗岩与微晶闪长岩中,石英脉发育,从线脉—细脉—小脉—中脉—大脉均有发育,其中以细脉与小脉为主,白钨矿产于石英脉中,矿化强弱不均,整体矿化强弱与石英脉分布呈正相关。共圈出16条钨矿体,其中工业矿体9条,厚度0.82～14.50m,WO_3品位为0.149%～0.344%;低品位矿体7条,厚度0.85～5.81m,WO_3品位为0.073%～0.118%。

2.2 矿石特征

矿石结构主要有粒状变晶结构、半自形—它形粒状结构。

矿石构造以细脉—网脉状、细脉浸染状为主,次为条带状构造,局部具团块状。

金属矿物有白钨矿、辉钼矿、方铅矿、闪锌矿、黄铜矿等。白钨矿:它形粒状结构,呈它形晶,等轴粒状或不规则状外形,矿物粒度在0.02～0.5mm之间,以0.1～0.5mm为主,灰色。赋存状态:呈单晶形式嵌布在其他矿物晶粒间。

非金属矿物有石英、长石、绢云母、绿帘石、绿泥石、黄铁矿(地表为褐铁矿)等。

3 矿床成因探讨与找矿标志

3.1 矿床成因

由矿床地质特征、矿石结构构造和矿物成分特征分析表明,仑尾钨矿床属典型的岩浆期后高—中温热液石英脉型矿床。成矿物质主要来自燕山期花岗岩。矿床是在燕山期花岗岩侵入后,伴随南北向构造运动,岩浆期后热液沿岩体内断裂、裂隙上升,与浅表富含钙质地下水混合并发生化学反应,引起围岩发生热液蚀变与充填交代作用而形成。

3.2 找矿标志

(1)区内地表总体覆盖较厚且矿化较弱,较少见到矿体的原生露头,但局部仍可见到矿化滚石,可追溯矿体存在的位置。

(2)化探异常标志:区内已知的矿体多在土壤异常范围内,矿体与异常浓集中心相吻合。因此,土壤异常浓集中心指示矿化或成矿有利地段。

(3)白钨矿在紫外灯下具有较明显的荧光效果,可以通过紫外灯直接寻找白钨矿矿体的露头。

(4)近矿围岩蚀变标志:区内矿床总体剥蚀程度较浅,因此近矿围岩蚀变硅化、黄铁矿化等及其组合可指示隐伏矿体的分布。

4 结论

(1)建阳仑尾钨矿体呈脉状和透镜状赋存于斑状细粒花岗岩与微晶闪长岩中,与围岩呈渐变过渡关系。主要的成矿控制因素为富含 W 的 S 型花岗岩以及新元古界龙北溪组的大理岩、透辉石英岩。

(2)建阳仑尾钨矿属岩浆期后高—中温热液型矿床,成矿作用主要发生于岩浆侵入后。成矿物质主要来自燕山期富含 W 的 S 型花岗岩。

(3)化探异常与矿区围岩的硅化、绢英岩化、绿泥石化和黄铁矿化是直接的找矿标志。

参考文献

[1]福建省地质矿产局.福建省区域地质志[M].北京:地质出版社,1985

[2]地质矿产部福建地质矿产勘查开发局.福建省1∶50万地质图说明书[M].福州:福建省地图出版社,1998

[3] 陈毓川,裴荣富,张宏良,等.南岭地区与中生代花岗岩类有关的有色及稀有金属矿床地质[M].北京:地质出版社,1989

江西于都-全南地区钨多金属矿床地质特征及成矿规律[①]

曾跃 曾载淋 李海潘 陶建利 陈伟

（江西省地质矿产勘查开发局赣南地质调查大队）

［摘 要］ 于都-全南地区位于南岭东部钨锡多金属成矿带于山成矿带中南段，区内成矿地质条件有利，异常及矿点众多。本文总结了本次大调查工作所取得的主要成果，对工作区成矿地质条件进行分析，总结了区内以钨为主的矿床地质特征及其成矿规律。

［关键词］ 于都-全南 钨多金属矿床 地质特征 成矿规律

于都-全南地区位于赣南中部，范围涵盖于都、赣县、全南等7县/市，地理位置：东经114°11′00″—115°48′00″，北纬24°28′30″—26°05′00″，面积约13 000 km²。位于于山成矿带中南段，属南岭钨锡成矿带的一个重要组成部分。2004—2007年在本区开展了以钨为主的矿产远景调查评价，系统分析总结了工作区成矿地质特征及钨矿成矿规律、成矿模式，取得了较为丰硕的找矿成果。

1 区域地质背景

工作区位处南岭纬向构造带东段与武夷山北东—北北东构造带南段的复合部位。南岭东部钨锡铀稀土多金属成矿带内。区内地层发育较齐全，南华系—寒武系地层出露分布广、钨锡背景值高。岩浆活动频繁、强烈，尤其是富含钨、锡等成矿元素的燕山早期岩浆岩广泛分布，成矿物质丰富。褶皱断裂构造发育，东西向、北北东向构造控矿规律明显，造就了本区较为优越的成矿地质环境和条件。区内各时代地层中W含量明显偏高，是钨地球化学省；1：20万水系沉积物测量圈定赣县—于都、龙南—全南—定南两个异常，异常区面积大，浓集中心明显，往往中心为W、Sn、Mo、Bi组合，外伴有更大范围的Cu、Pb、Zn、Ag中低温元素异常，并伴有F等矿化剂异常[1]，具较好的找矿远景（图1）。

[①] 基金项目：中国地质调查局国土资源大调查矿产资源评价项目"江西于都—全南地区钨矿评价"（项目编号：1212010533002）
第一作者简介：曾跃，男，1966年生，江西赣县人，高级工程师，主要从事矿产资源勘查。

图 1 江西于都-全南地区地质矿产图

1. 碎屑岩建造、泥砂质沉积;2. 碎屑岩建造、火山熔岩、火山碎屑岩建造;3. 含煤建造、碳酸盐岩建造、硅质岩、含磷建造;4. 复理石建造、硅质岩建造夹沉积火山碎屑岩;5. 变粒岩、片岩、片麻岩;6. 燕山期酸性花岗岩;7. 印支-海西期酸性岩;8. 加里东期酸性岩;9. 地质界线;10. 断层;11. 大—中型钨(锡)矿床;12. 水系化探 Sn 异常;13. 水系化探 W 异常;14. 矿田范围;15. 查证区范围

2 成矿地质特征

2.1 地层

全区地层明显分为基底(AnZ—O)、盖层(D—T)、断陷盆地沉积(K—T)3 个构造单元,以广泛出露早古生代基底岩系为特征。其中南华系—寒武系出露面积占地层总面积的 60% 以上,为一套以变质砂岩、板岩为主的类复理石建造,间夹大透镜状结晶灰岩;泥盆系—石炭系以碳酸盐岩为主,间夹碎屑岩;白垩系为杂色—红色湖盆沉积,散布于全区的断陷盆地内。研究表明,本区各时代地层中的含钨丰度值普遍高于地壳中钨的平均含量[2],是一个范围广阔的钨

高背景区,尤以基底岩系和泥盆系富含 W 等成矿元素为特征,是重熔型花岗岩成矿物质的主要来源之一[3],也是以钨为主的多金属矿床主要赋矿围岩之一。

2.2 构造

区域性全南-寻乌、崇义-会昌东西向构造带和万安、宜黄-大余、鹰潭-定南北东—北北东向构造带斜接复合呈菱形状,形成以北北东向、东西向构造为主,叠加北东向、北西向、近南北向构造的总体格局。其中北部于都-赣县远景区以北东向、南北向、东西向构造为主,南部定南-全南远景区以北东向、近东西向构造为主,中部为断陷盆地。

2.2.1 东西向构造

为南岭纬向构造带的组成部分,主要由一系列挤压性断裂带和复式褶皱组成,伴有东西向分布的花岗岩带、变质岩带和断陷盆地等构成。该方向断裂发育,长期活动特征明显,并存在次级隆起与坳陷,是区内最重要的控矿构造-岩浆岩带。

2.2.2 北东向与北北东向构造

主要由燕山期形成的区域性断裂、断陷盆地及与其伴生配套的低序次派生断裂所组成,部分改造的早期南北向、北东向褶皱断裂呈北北东向展布,具东强西弱的特点,伴生北东东向、北北西向以及北西西向断裂裂隙。在于都-赣县矿集区内自东往西依次分布有铁山垄-盘古山断裂、黄婆地-庵前滩断裂、长坑断裂。与岩浆活动及内生成矿关系密切,在区内各组断裂的交叉部位往往有隐伏岩突上侵,为成矿的有利部位[4]。

2.3 岩浆岩

岩浆活动频繁,侵入岩体尤其是燕山早期岩体广布,如北部大面积出露的大埠岩基,南部陂头、贵东等岩基(株),以及众多小岩体,如铁山垄、九曲、园岭等岩瘤(枝)。现有资料显示[1],已知矿床/点和钨异常多分布在燕山早期第二、第三阶段侵入的花岗岩体周围,说明与成矿关系密切。从化探成果来看,钨多金属组合异常多出现在燕山早期第二、第三阶段花岗闪长岩、花岗岩分布地区,也证实岩浆岩与成矿的关系。

2.4 化探异常

工作区包含于都-赣县和全南-定南两个远景区。前者 1:20 万水系测量圈定了 8 个二级以上钨多金属综合异常,包括铁山垄-盘古山、庵前滩-黄婆地、长坑-九窝 3 个次级分布区,总面积 1 066 km²,单个异常面积约 50~150 km²;后者圈定 7 个二级以上钨、锡化探综合异常,总面积为 139 km²,主要异常区有官山-岗鼓山、大吉山、峀美山、夹湖含潭、寒洞 5 处,单个异常面积介于 20~50km²。

1:20 万重砂异常大致与水系沉积物异常吻合,矿物组合主要为黑钨矿-锡石-白钨矿。

本次完成了盘古山-铁山垄、长坑-九窝、大吉山和官山-九曲 4 个矿田 2 000km² 1:5 万水系沉积物测量,共圈定以钨为主的异常 63 处(甲类 10 处、乙类 22 处、丙类 31 处),异常浓集中心明显、分带性较好。其中甲类异常多为已探明的大—中型钨铋多金属矿床,乙类异常少数为查明的中—小型钨多金属矿床/点,而丙类异常基本未进行有效勘查。已探明矿床与异常浓集中心分布相吻合,因此,异常的圈定为本次工作选区提供了可靠依据。

3 矿床特征

3.1 矿化类型及其特征

本区以钨为主的矿化类型主要包括石英脉型、云英岩型(蚀变花岗岩型)、矽卡岩型、破碎蚀变岩型4类。

3.1.1 石英脉型

石英脉型是赣南乃至南岭地区最主要的矿床类型。矿床主要赋存于震旦系—寒武系等碎屑岩及侵入岩体内,沿裂隙充填形成石英脉型钨多金属矿床[5],矿体在垂向上具有"五层楼"或"五层楼+地下室"结构模式,矿化深度巨大,往往具中—大型以上规模。黑钨矿呈大小不等的自形—半自形晶产出。围岩蚀变有云英岩化、硅化、钾化、铁锂云母化、绢云母化等。

3.1.2 云英岩型(蚀变花岗岩型)

以黄沙钨矿底部花岗岩内接触带矿化为代表。矿床主要受控于成矿岩体,围岩为泥质类岩石,其具有结构细致、塑性和不透水性的特点,渗透性差,阻隔富含成矿物质上侵,在岩体顶部接触带附近形成伟晶岩壳和围岩蚀变,钨等矿物呈浸染状或在细脉中呈似层状面型产出。本次在全南寒洞也发现蚀变花岗岩型钨矿体,厚度大于20m,WO_3平均品位达0.578%。矿化强度与蚀变强度呈正相关。

3.1.3 矽卡岩型

以黄婆地钨矿为代表。矿床主要围岩是含钙岩石,矿体主要赋存在含钙岩层及其早期形成的断裂带中,受层位及早期形成的层间断裂带及岩浆侵入等因素控制,呈层状、似层状、条带状及不规则状产出。在中洞花岗岩与泥盆系钙质砂岩接触外带揭露有矽卡岩型钨锡矿(化)体,钽钨品位偏低。

3.1.4 破碎带蚀变岩型

该类型为近年来新发现并继续在探索的矿床类型。矿床产于相对开放的断裂系统中[6],与燕山期成矿岩体有关,成矿温度略低,受断裂控制明显,矿体呈大透镜状、串珠状、脉状产于蚀变破碎带中,规模较大,具多阶段成矿特征,矿物组合复杂,除黑钨矿、锡石外,铜铅锌等硫化物也较富;蚀变以绿泥石化、碳酸盐化、绢云母化、黄铁矿化和硅化等中低温蚀变发育为特征。本次在龙南中洞、九曲、金竹等地新发现该类型的钨矿床。

3.2 矿体特征

本次根据1∶5万水系沉积物测量扫面成果,对异常及钨矿点进行查证或检查,对具较大找矿潜力的异常区(如南坑山、合龙等)开展了不同程度的评价工作。调查评价的矿区,以石英(细)脉型钨矿化为主,破碎蚀变岩在中洞、金竹及合龙等矿区也较常见,寒洞及合龙矿区还见及蚀变花岗岩型。本次评价矿区主要矿体特征如表1所示。

表 1 于都-全南地区本次评价矿区矿体特征一览表

矿区	主要矿体号	延长(m)	脉/带宽(m)	延深(m)	WO₃ 品位(%)	矿化类型	产状
南坑山	V1、V2、V19、V23、V17 及 24-1	200～600	0.18～1.74	150～300	0.35～4.37	外带石英(细)脉带	近东西向陡倾
中坪	V10、V7、V8 及 V10-1	300～1 400	0.56～3.68	100～200	0.25～4.00	破碎蚀变-石英复脉	近东西向陡倾
合龙	V21、V25、V28、V33、V38、V40、V42	400～700	0.16～2.08	200～300	0.64～6.12	外带石英脉	近东西向陡倾
陶珠坑	V2、V4、V5、V6、V12 及 I1	300～500	0.22～2.00	200～260	0.212～2.56	外带石英(细)脉带	近东西向陡倾
草坪嶂	V-2 及 Ⅸ1	400～600	0.53～0.81	220	0.30～1.78	外带石英(细)脉带	北东—北北东向陡倾
草坪嶂	V102	400	0.50	240	1.78	破碎蚀变岩型	北北东—北东向陡倾
金竹	V3、V7、V205	350～400	0.60～1.00	200～250	0.38～1.42	外带及接触带石英脉	北北东—近东西向陡倾
中洞	V3、V7	300～400	0.08～2.94	200～300	0.29～5.94	外带石英脉	近东西向陡倾
中洞	V10、V10-1	400	2.94	240	0.29	破碎蚀变岩型	近东西向陡倾
寒洞	V6-1	200	12.00	100	0.58	蚀变花岗岩型	北东东向中等倾

南坑山矿区,以北东—北东东向石英(细)脉带为主要矿化类型。矿体赋存于变质细碎屑岩中,地表多由石英、云母细线脉构成矿化标志带,钨品位偏低,仅局部细脉密集区含脉率高,钨达工业品位。深部经钻孔验证石英脉往下复合变大、钨品位变富。如 24-1 细脉带地表由脉幅 0.1～5cm 的石英云母细线脉组成,脉带宽 3～4m、WO₃ 0.326%,钻孔沿倾向控制约 200m,带宽 1.9m,WO₃ 2.254%。具典型"五层楼"结构模式。后期跟进勘查,现查明的资源/储量已达大型规模。

中坪矿区,以破碎蚀岩-石英脉复合型钨多金属矿体为主,矿体赋存于九曲花岗岩体与震旦系接触的断裂破碎带内带接触带中,矿化体长 290～1 280m,厚 0.10～6.88m。地表主要由褐铁矿化构造角砾岩构成矿化标志带,带内发育有硅化碎裂岩、构造角砾岩,局部见石英脉充填,硅化、绿泥石化发育,矿化以铜、铅、锌为主,伴生钨、锡、银等有益组分。工程揭露矿化体向下钨、铜、铅、锌、银均变富集。主矿体 V10、V17 规模较大,地表及深部均由工程揭露控制。如 V10 走向延长 990m,倾向延深 253m,矿体厚 0.45～6.88m,平均厚 3.25m,WO₃ 平均品位 0.429%。矿体呈陡倾脉带状。V10、V17 估算的(332+333)资源量 WO₃ 1 336t,共(伴)生 Sn 金属量 122t,Cu 2 103t,Pb 19 141t,Zn 777t,Ag 103t。勘查证实,该类型矿床规模大、有用矿物种类多、品位较富,综合价值高,为本区同类型矿床的勘查提供了实例(图2、图3)。

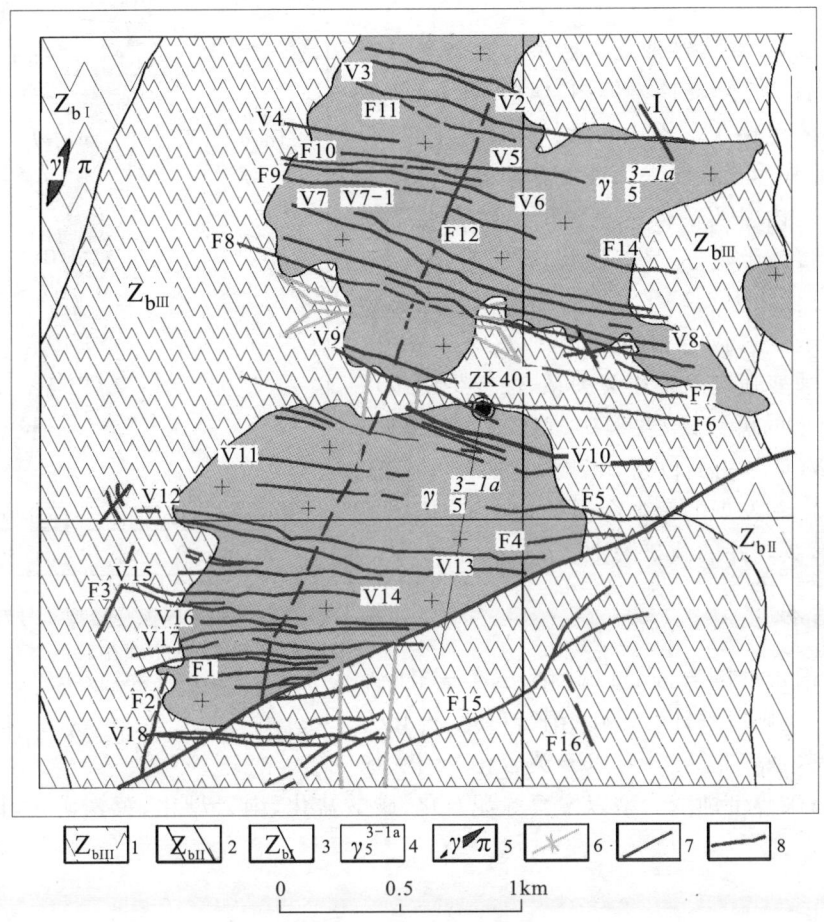

图 2 龙南县中坪矿区地质简图(破碎蚀变岩型)
1. 震旦系上部第三岩组;2. 震旦系上部第二岩组;3. 震旦系上部第一岩组;4. 燕山晚期第一阶段侵入岩;
5. 花岗斑岩;6. 九曲向斜;7. 断裂;8. 破碎蚀变岩-石英脉复合型矿体

合龙矿区,发育有南北向、北东向、东西向、北西向4个不同方向的陡倾斜石英脉矿(化)体,主要产于震旦系—寒武系变质砂板岩,以及燕山期隐伏花岗岩内,矿体走向延长介于200~650m,最大控制延深大于550m,沿走向倾向均具胀缩及尖灭侧现等现象。地表脉幅不大,一般0.05~0.20m,深部脉体厚度变大、品位变富。如 ZK2101 在孔深95m揭露到富黑钨矿石英脉幅0.52m,WO_3 品位2.76%。此外,在后期的探矿中,在深部隐伏岩体顶部(赖坑)及岩体内(半径)揭露岩体型钨钼矿体,为本区岩体型钨多金属找矿提供了依据。勘查证实,本区钨矿床具"五层楼"及"五层楼+地下室"成矿特征[7]。通过本次评价,查明资源/储量达大型以上规模。

中洞矿区,发育石英脉型、矽卡岩型和破碎蚀变岩型3种矿化类型,仅石英脉型及蚀变岩型具远景及工业意义。主要矿体(V10 和 V10-1)为破碎蚀变岩型,表现为硅化强烈、规模较大、延长较稳定,地表控制长400~700m,带内黄铁矿普见,黑钨矿与其相伴产出,呈短柱状、针状,分布不均匀,工业矿体沿破碎带一侧分布,WO_3 平均品位 0.193%,估算的资源量规模达小型。

寒洞矿区,主要有蚀变花岗岩型和接触带石英脉型两种。后者产于花岗岩体内,属内带石英脉型钨矿化。走向延长 40~400m,脉幅 0.1m 左右,矿化较差,仅部分达工业要求。蚀变花岗岩型钨多金属矿(化)为区内主要矿体类型。矿体赋存在不同期次花岗岩接触带附近,呈似层状、宽缓带状分布,倾角较缓,延伸较大。矿化蚀变带是由细小石英脉及钾化带和云英岩化带相间组成,厚度大于 20m。矿化强度与蚀变强度呈正相关关系,蚀变带中不均匀见有较细小的黑钨矿、黄铜矿、黄铁矿、白钨矿、方铅矿等,WO_3 平均品位达 0.578%(图4)。该矿化类型属本区新发现的钨多金属矿化类型,拓展了钨找矿领域,具较好的找矿潜力。

3.3 围岩蚀变

石英脉内带型围岩蚀变以硅化、云英岩化、钾化为主,外带型则以铁锂云母化、绢云母化、硅化为主;云英岩型(蚀变花岗岩型)以云英岩化、钾化、绿泥石化为主;破碎带蚀变岩型以发育绿泥石化、碳酸盐化、绢云母化、黄铁矿化、硅化等中低温蚀变为特征。

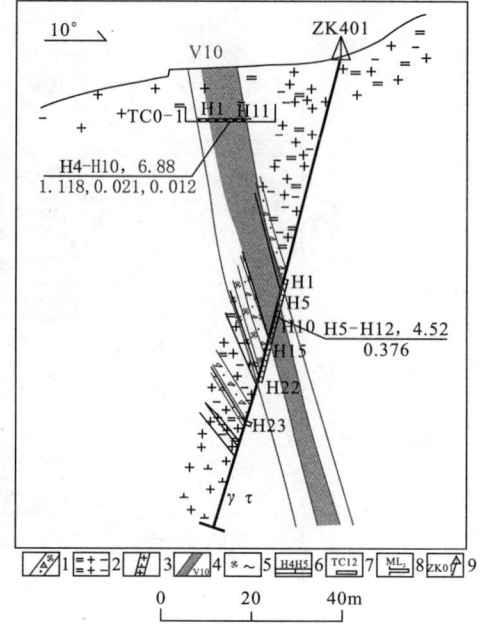

图3 中坪破碎蚀变岩型4号勘探线剖面图
1.(硅化)破碎带;2. 中细粒似斑状二云母花岗岩;3. 花岗闪长岩脉;4. 钨矿化(体);5. 硅化、绿泥石化;6. 槽探;7. 民窿;8. 钻孔;9. 矿体 $\frac{水平厚度(m)}{WO_3,Sn,Cu(\%)}$

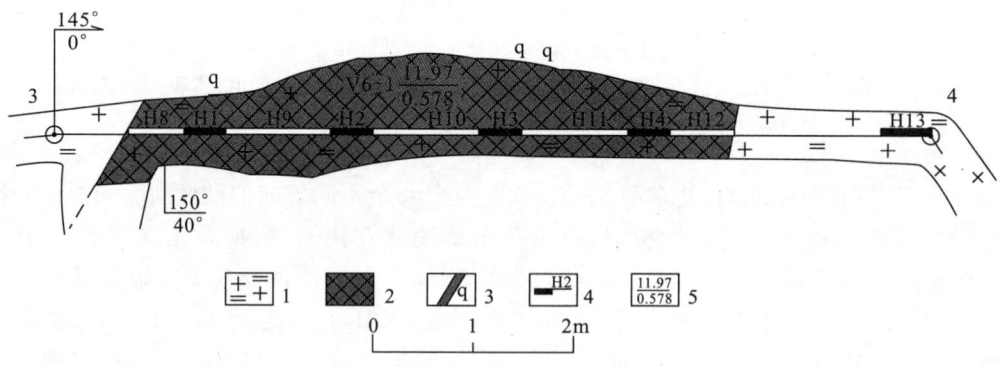

图4 寒洞蚀变花岗岩钨多金属矿体民窿素描图
1. 中细粒斑状黑云母花岗岩;2. 蚀变岩型钨多金属矿体;3. 石英细脉带;4. 采样编号;5. $\frac{矿体水平厚度(m)}{WO_3 品位(\%)}$

4 成矿规律

4.1 控矿地质条件

4.1.1 地层控矿特征

研究资料显示,区内南华系—寒武系、泥盆系等地层富含 W 等成矿元素,是重熔型花岗岩成矿物质的主要来源及钨矿床主要赋矿围岩之一。地层对钨矿床的控制更反映在岩性方面,包括化学成分、物理性质、地层产状等。如碳酸盐类岩石有利于含钨热液进行渗滤交代,是接触交代矽卡岩型白钨矿床的必备围岩条件;泥硅质岩类岩石因可塑性强、破裂性差、化学性质不活泼、渗透性差的特点,又能阻止矿液的流通,对矿床具有良好的封闭作用,是岩体云英岩型、花岗岩型、接触带石英脉型钨矿床的有利围岩。而碎屑岩类岩石孔隙度小、脆性大而裂隙发育,化学性质不活泼而不利于交代,是区内热液充填石英脉型黑钨矿床的最有利的赋矿围岩。

4.1.2 构造对成矿的控制

区域性东西向构造带与北东—北北东向构造带及其次级构造复合控制成矿岩体和矿田的产出与展布,具体断裂构造和成矿前裂隙带控制矿床、矿体的赋存定位。构造的多次活动有利于钨等成矿元素的富集,不同方向裂隙交汇处是成矿的最有利部位。

4.1.3 岩浆岩与成矿的关系

现有研究资料表明,赣南探明钨矿床与燕山期岩体,尤以燕山早期第二、第三阶段侵入岩体关系密切。岩性为花岗岩、花岗闪长岩类。岩石酸度高,SiO_2 往往大于 73%,碱质含量高,K_2O+Na_2O 大多数在 8% 以上,Na/K 比值低,W 等成矿元素含量较高,并往往以副矿物形式产出或存在于长石、黑云母等矿物晶格中。钨矿床大多分布在岩体内外接触带及其附近也证实了二者关系密切。隐伏岩体岩突部位为矿体赋存最有利地段,往往能形成具"五层楼"模式的大型钨矿床。

4.2 矿床时空分布特点

4.2.1 时间分布规律

赣南以钨为主的岩浆热液型矿化在加里东期已有表现,但没有矿床形成;燕山期成矿作用最为强烈,形成大量的金属矿产,其中:燕山早期第一阶段以钨锡矿化为主,兼有钨钼、钨铋、钨铅锌矿化;第二阶段以钨铍矿化为主,兼有钨锡钼、铅锌矿化;第三阶段以铅锌矿化为主,兼有钨铜矿化;燕山晚期有一定强度的锡钨钼矿化。

4.2.2 空间分布规律

区内已知矿床(点)大致依成矿岩体呈面状或带状分布,产于离接触带 2 000m 范围的内外接触带中,并自岩体向围岩由云英岩-岩体型、矽卡岩型向石英脉型-细脉带型和破碎蚀变岩型发展。在空间上由西往东、从北至南,有从老到新、从高温向高中温过渡的特点。

4.3 成矿模式

区内以钨为主的矿床形成受地层、岩浆和构造等诸因素联合控制。本区南华系—寒武系浅变质岩是脉状钨矿的重要赋矿层位,泥盆系—二叠系为矽卡岩型白钨矿提供了条件;在岩体边缘或顶部形成花岗岩型、云英岩型、石英脉型矿床,远离岩体形成破碎蚀变岩型或矽卡岩型矿床。

总之,循着地层—构造—岩浆—成矿体系的研究思路,以成矿花岗岩为中心,总结出因构造、围岩及其物理化学条件的差异,形成的不同部位、不同类型矿床具有一定空间配置关系和成生联系,进而建立区域性钨矿床综合性成矿模式[8](图5)。借助成矿模式可以更好地把握钨矿床组合规律,由已知到未知,由浅及深,举一反三地指导找矿。

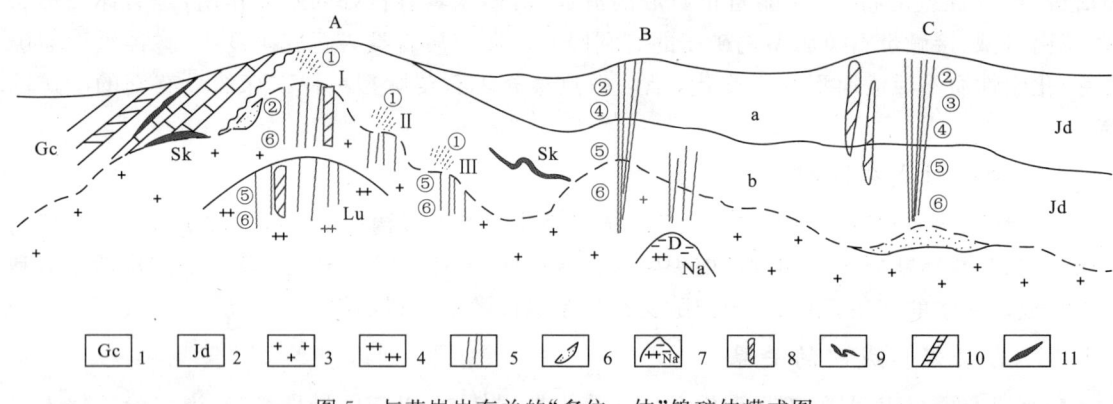

图5 与花岗岩有关的"多位一体"钨矿体模式图

1.浅海相沉积盖层;2.浅变质褶皱基底;3.燕山期早期花岗岩;4.燕山期晚期花岗岩;5.石英脉型钨矿床;6.云英岩型钨矿床;7.钠化岩体型钨铌钽矿床;8.断裂破碎带型钨矿床;9.似层状矽卡岩型钨矿床;10.层控破碎带型钨矿床;11.接触交代矽卡岩型钨矿床。热蚀变带:a.角岩带;b.斑点板(千枚)岩带。多层楼式分带:①脉芒带;②线脉带;③细脉带;④薄脉带;⑤大脉带;⑥根部带。成矿环境:A.内接触带型矿床;B.内外接触带型矿床;C.外接触带型矿床;D."地下室"式矿体。多台阶钨矿床:Ⅰ.第一台阶;Ⅱ.第二台阶;Ⅲ.第三台阶。Lu"楼下楼"式矿体

5 结论

5.1 调查评价揭示本区钨矿资源潜力巨大

区内成矿条件优越,化探异常分布广而多。通过调查、评价,新的矿体、矿化类型不断发现。本次估算(333+334$_1$)资源量:WO_3 12×10^4 t、Sn 1×10^4 t。结合化探异常调查矿床(点)34个,估算334$_1$资源量:WO_3 44.5×10^4 t、Sn 3×10^4 t。提交大型矿床1处,中型2处,小型3处,可供详查矿产地3处,可供普查的矿产地4处,以及一大批具找矿意义的资源潜力区(或钨矿点),找矿成果突出。而在合龙老矿区的补充勘查工作揭露深部隐伏花岗岩体中揭露含钨石英大脉,新增 WO_3 金属量6万余吨,矿山规模由中小型跃成为大型。矿区勘查实例及评价成果揭示本区仍蕴藏巨大的钨资源潜力。

5.2 新矿床类型的发现拓展了本区钨矿找矿新领域

在龙南中洞新发现破碎蚀变岩型钨矿体。该类型矿体具规模大、延长较稳定、有用矿物种类多的特点,并在金竹及九曲等矿区也发现该类型的矿床,显示较好的找矿前景。在全南寒洞新发现蚀变花岗岩型钨矿化类型,蚀变带由石英脉及钾化带和云英岩化带相间组成,厚度大于20m,矿化强度与蚀变强度呈正相关关系,蚀变带中不均匀见有较细小的黑钨矿、黄铜矿、黄铁矿、白钨矿、方铅矿等。经系统采样分析,在蚀变带内发现了水平厚度达11.97m的厚大钨矿体,WO_3平均品位达0.578%,显示该矿化类型具资源找矿潜力,进而拓展了本区钨矿找矿的新领域。

参考文献

[1] 徐贻赣,曾载淋,等. 赣南 W、Sn 多金属成矿区划及找矿方向[J]. 资源调查与环境,2006,27(4):2 900-2 907

[2] 韩久竹,胡心明,刘章华. 从赣南地层含钨丰度看地层对钨矿的控制[J]. 地球化学,1984(2):176-179

[3] 地质矿产部南岭项目花岗岩专题组. 南岭花岗岩地质及其成因和成矿作用[M]. 北京:地质出版社,1989

[4] 李世斌,曾载淋. 赣南地区成矿地质条件分析及其对钨矿找矿的指导意义[J]. 东华理工学院学报,2006(S1):28-37

[5] 朱焱龄,李崇佑,等. 赣南钨矿地质[M]. 南昌:江西人民出版社,1981

[6] 苟月明,曾载淋,许建祥. 江西南部破碎蚀变岩型钨矿的发现及其找矿意义[C]. 华东六省一市地学科技论坛文集,2003

[7] 许建祥,曾载淋,王登红,等. 赣南钨矿新类型及"五层楼+地下室"找矿模型[J]. 地质3学报,2007,82(7):880-887

[8] 杨明桂,曾载淋,赖志坚,等. 江西钨矿床"多位一体"模式与成矿热动力过程[J]. 地质力学学报,2009,14(3):241-250

江西瑞金市丰田坑地区铅锌铜多金属矿化成因及找矿方向浅析

沈莽庭　骆学全　湛龙　张勇
(南京地质矿产研究所)

[摘　要]　丰田坑铜铅锌多金属矿化区位于武夷山隆起南段桃溪变质核杂岩体北端边缘部位,矿化体产于丰田坑岩体与围岩接触蚀变带中,呈细脉浸染状、细脉状。矿体及围岩具有明显岩浆热液交代现象,属中低温热液充填交代型铜铅锌多金属矿。

[关键词]　铜多金属矿　矿床成因　瑞金市　江西

引言

江西瑞金市丰田坑地区地处闽、赣两省交界界线西侧,位于瑞金测区瑞金市泽覃乡南东向约5km处。区内为武夷山南段中低山区,地形复杂,海拔300～900m。

江西瑞金市丰田坑地区铜铅锌多金属矿化区是2005—2007年江西瑞金-会昌地区矿产远景调查项目发现的。首先在该区1∶5万矿调地质填图发现具黄铁矿化花岗斑岩,然后在1∶5万水系沉积物扫面测量时发现在该区内显示有一个Pb、Zn、Cu多金属水系沉积物异常区域,其中Pb、Au、Ag、As元素具内、中、外分带性,浓集中心明显;组合元素较复杂,有Cu、Zn、Au、Ag、Mo、As、Bi,元素之间叠合性很好。已进行了初步的地表矿产检查工作和区域地质、矿产地质的初步研究。将该区铜铅锌多金属矿化特征总结成文,拟为在该区开展进一步的找矿工作提出新的方向。

1　区域地质特征

该区处于华夏褶皱系武夷山隆起南段桃溪变质核杂岩体(图1b)北端边缘部位,是核杂岩与瑞金-洛口大断裂的相切部位。区内以发育大面积新元古代楼子坝组(Nhl)浅变质碎屑岩为特征,北部发育中生代中白垩统茅店组(K_2m)、周田组(K_2z)巨厚层陆相碎屑岩瑞金沉积红盆地层,局部出露有下震旦统坝里组(Z_1b)、中下寒武统牛角河组($\in_{1-2}n$)、上泥盆统天瓦崬组(D_3t)。

---

① 基金项目:江西会昌-瑞金地区矿产远景地质调查(项目编号:矿调[2005]13-6)资助。
第一作者简介:沈莽庭,男,1971年生,江苏宝应人,硕士,主要从事矿产地质、环境地质调查研究。

古—中元古代以来,测区经历了不同构造环境下长期多阶段的构造变动,形成了以桃溪变质核杂岩环状构造形迹为主,不同时期的北东向、北西向区域性断裂,韧性剪切带等叠加其中的基本构造格架。岩浆活动以富城岩体为代表侵位于桃溪核杂岩的中心部位,仅分布在该区西南角区域,其他岩体以岩株、岩脉形式零星出露。从矿产分布来看,红山中型铜矿位于工作区西南部,周围分布有一系列的小型矿床、矿点及众多的物化探异常。江西岩背大型锡矿床和福建上杭紫金山大型铜金矿床,同处于调查区所在的桃溪核杂岩的环形边缘上,显示出桃溪核杂岩良好的找矿前景,是武夷山南段找矿远景的 Cu、Sn、W 多金属具有潜力远景找矿区(图1)。[1,2]

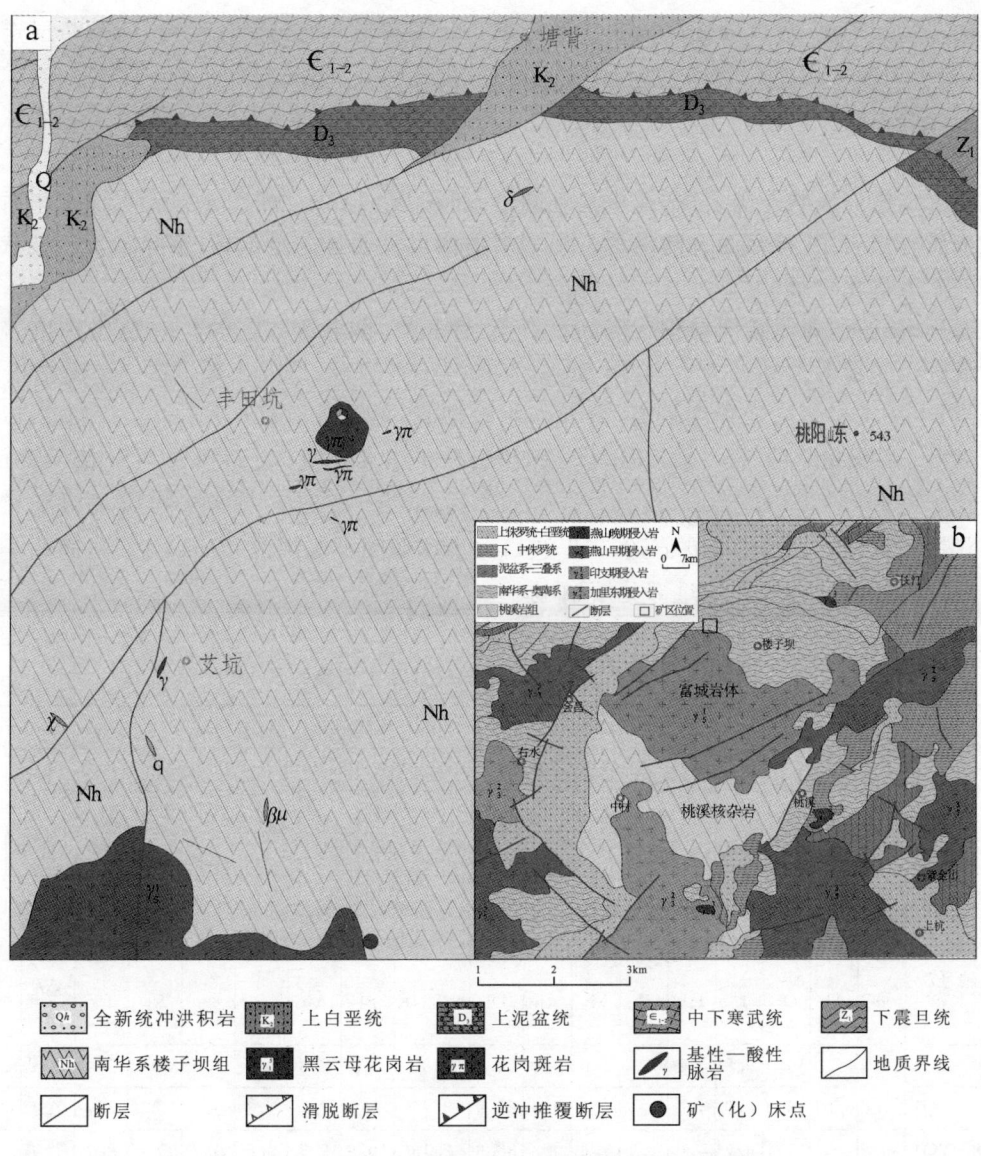

图1 丰田坑矿化区地质简图(a)及桃溪变质核杂岩构造简图(b)
(据吴淦国等,2003修改)

2 矿化区地质特征

2.1 地层

矿化区大片出露新元古代的楼子坝组浅变质碎屑岩,岩性为变质砂岩、粉砂岩夹含碳质板岩及薄层硅质岩(图 1a)。

2.2 构造

张地-艾城、瑞金-洛口等区域性断层呈北东—北东东走向通过矿化区内,两条断层走向大致平行,均为正断层性质。

2.3 岩浆岩

矿化区出露似斑状花岗岩株,露头呈近圆形,面积 0.34 km²。侵位于新元古代南华系楼子坝组浅变质碎屑岩中,接触面北陡南缓。地表岩体内可见明显的星点状、细脉状及团粒状黄铁矿和褐铁矿等矿化特征。

岩石呈肉红色,斑状花岗结构。斑晶由石英、钾长石、斜长石、黑云母组成(丰田坑岩体岩石化学成分及主要参数见表1)。其中,SiO_2 67.19%～75.1%,分异指数 DI>82,固结指数 SI<11,说明丰田坑岩浆酸性程度较高,分异作用较彻底,里特曼指数 $0.8<\sigma_{43}<1.62$,所以属钙碱性花岗岩。花岗斑岩的 Sm-Nd、Rb-Sr 同位素分析结果表明(表2),$^{87}Sr/^{86}Sr$ 值(0.739 18)大于 $^{143}Nd/^{144}Nd$ 值(0.512 201),$f_{Sm/Nd}=-0.43$,$\varepsilon_{Nd(0)}=-8.5$,表明岩浆物质来源于经过一定富集作用的地幔,$^{143}Nd/^{144}Nd$ 值(0.512 201)大于球粒陨石标准值(0.511 836),表明丰田坑岩体形成的地幔源区岩浆发生过部分熔融[1]。

表 1 丰田坑岩株岩石化学成分及主要参数表

样品编号	采样地点	岩性	化学成分(%)												
			SiO_2	Al_2O_3	Fe_2O_3	FeO	CaO	MgO	Na_2O	K_2O	TiO_2	MnO	P_2O_5	LOI	Σ
丰 TC01-YQ1	瑞金泽覃乡丰田坑菜子坑一带	花岗斑岩	67.19	16.2	3.2	0.1	0.08	0.9	—	6.4	0.5	0.04	0.17	5.1	99.9
PM2-5-YQ1			69.75	14.6	4.3	0.2	0.08	0.8	0.01	5.8	0.7	0.02	0.13	3.4	99.7
PM2-8-YQ1			75.10	12.0	2.8	0.1	0.06	1.0	—	5.1	0.6	0.03	0.12	2.7	99.7

样品编号	CIPW(%)								主要参数								
	q	Ab	Or	C	Hy	Il	Mt	Ap	DI	A/CNK	SI	AR	σ_{43}	σ_{25}	R_1	R_2	A/MF	C/MF
丰 TC01-YQ1	42.9	—	39.9	9.8	4.2	1.0	1.9	0.4	82.8	2.30	8.9	2.3	1.6	1.0	3 052	394	2.5	0.02
PM2-5-YQ1	47.0	0.04	35.9	8.6	4.4	1.4	2.5	0.4	82.9	2.25	7.3	2.3	1.3	0.8	3 277	347	1.9	0.02
PM2-8-YQ1	55.2	—	31.1	6.7	4.0	1.2	1.6	0.3	86.3	2.13	10.9	2.5	0.8	0.5	3 837	301	1.9	0.02

表 2 丰田坑岩体岩石 Sm-Nd、Rb-Sr 同位素测定结果表

原送样号	样品名称	Sm-Nd 同位素						
		$w(Sm)\times 10^{-6}$	$w(Nd)\times 10^{-6}$	$^{147}Sm/^{144}Nd$	$^{143}Nd/^{144}Nd\pm 1\sigma$	$T_{DM}(Ma)\pm 1\sigma$	$\varepsilon_{Nd}(0)$	$\varepsilon_{Nd}(t)$
丰TC-TZ1	花岗斑岩	5.357	28.8	0.112 5	0.512 201±0.000 004	1 428±6	-8.5	-0.72
		Rb-Sr 同位素						
		$w(Rb)\times 10^{-6}$	$w(Sr)\times 10^{-6}$	$^{147}Rb/^{144}Sr$	$^{143}Sr/^{144}Sr\pm 2\sigma$			
		220.7	40.24	15.85	0.739 18±0.000 02			

在岩体外接触带及其外围围岩中,出露较多的花岗斑岩脉。脉体规模不大,宽几米至 20 余米,长数十米至 400 余米不等。以似斑状结构为主,部分具有斑状结构。脉岩内星点状黄铁矿普遍发育,含量 1‰～3‰。岩脉中发现的蚀变类型主要有硅化、黄铁矿化、绢云母化和高岭石化等[2]。

2.4 围岩蚀变

岩体围岩普遍发生蚀变,主要是硅化、黄铁矿化、绢云母化、绿泥石化。蚀变形成的外接触带宽度变化较大,40～350m 不等,北侧较窄而南侧较宽。蚀变强度为近岩体强烈硅化、黄铁矿化和局部绿泥石化;远离岩体逐渐减弱,以绢云母化为主。由近岩体部位的硅化、黄铁矿化、绿泥石化向远离岩体逐渐变为以绢云母化为主,具有明显的强弱分带性[3]。

岩体周边围岩发育隐爆角砾岩脉,与围岩接触界线清楚,表现为简单的充填关系,围岩没有明显的矿化蚀变现象。

3 矿化体特征

似斑状花岗岩体及围岩中产出的花岗斑岩脉和隐爆角砾岩都有明显的 Pb、Zn 矿化。"丰 TC01"探槽所揭露的岩体接触带花岗岩具较好的斑状和似斑状结构,含较多的它形细粒黄铁矿,呈烟灰色。接触界线附近硅化、褐铁矿化强烈。在"丰 TC01"探槽采自岩体内外接触带样品累计代表厚度 18.60m,含 Pb 0.02%～0.2%,含 Zn 0.003%～0.04%,累计厚度 6.5m,有明显的铅锌矿化现象。

围岩与岩体接触带内的隐爆角砾岩,采集的样品含有 Pb 0.03%、Ag 24g/t,有矿化现象。岩体南部的断层破碎带中采集样品含金 0.27g/t,银 17g/t,有贵金属元素矿化富集的现象。

3.1 矿石结构

矿化区矿石结构主要以下几种。
(1)交代包含结构:常见闪锌矿包含黄铁矿、闪锌矿包含磁铁矿、方铅矿包含闪锌矿等现象。
(2)它形晶粒状结构:方铅矿、闪锌矿多为它形晶,粒度大小不一,有微粒状(0.10～0.20mm)、粗粒状(0.30～2.00mm)及它形聚集体(3～10mm)。

3.2 矿石构造

矿化区矿石构造主要有以下几种。

(1) 细脉浸染状构造：方铅矿、闪锌矿组成网脉，或方铅矿、闪锌矿单独以树枝状细脉穿插于脉石之中。

(2) 星散状细粒浸染状构造：方铅矿、闪锌矿呈星散状细粒不均匀地浸染于脉石矿物之中。

(3) 稀疏斑点状构造：方铅矿晶粒单独或与闪锌矿聚焦一起组成团斑不均匀嵌布于脉石之中。

4 矿区地球化学特征

1∶5万水系沉积物异常主成矿元素 Pb 具外、中、内 3 个带，浓集中心明显，Pb 峰值为 $544×10^{-6}$，组合元素较复杂，有 Cu、Zn、Au、Ag、Mo、As、Bi 套合元素异常，其中 Au、Ag、As 均达三级浓度分带，元素之间叠合性很好（图2）。

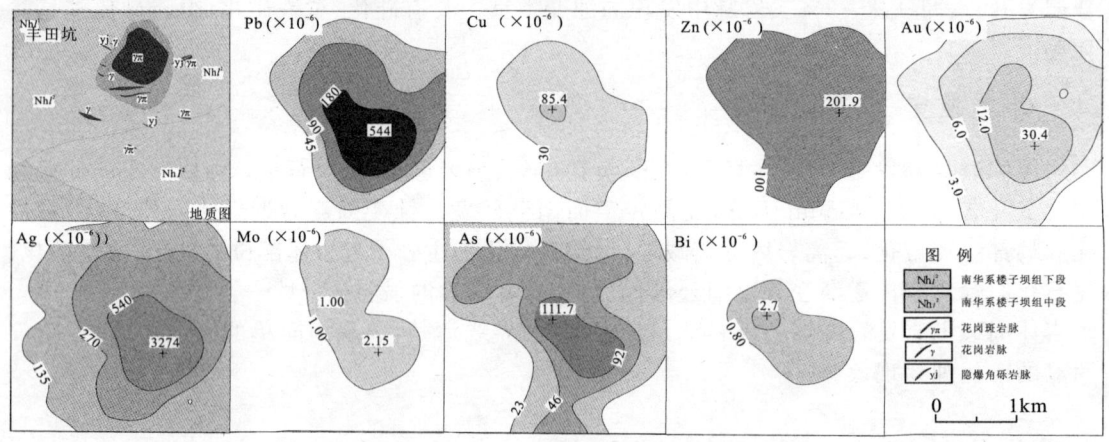

图 2　丰田坑矿化区 1∶5 万水系沉积物测量异常元素剖析图

5 矿区地球物理特征

1∶5 万高精度磁测显示该区位于明显波动负磁区内，在丰田坑岩体东南和西南侧发现两个局部异常，编号为 C1 和 C2。

C1 局部磁异常位于波动负磁区内，异常走向北东，长 1 000m、宽约 1km，$\Delta T_{max}=160nT$，$\Delta T_{min}=-80nT$。异常梯度较大，数据处理图上呈点状。

C2 局部磁异常位于波动负磁区内，异常为北东东走向，以 $-40nT$ 圈闭的异常长约 800m，宽约 400m，$\Delta T_{max}=140nT$，$\Delta T_{min}=-60nT$。推测为基性脉岩引起。

6 矿化成因探讨

6.1 控矿因素

丰田坑矿化受地层、岩体、构造 3 种因素的控制，但成矿又以其中岩体因素为主。地层控矿作用成为矿体上、下顶底板,同时又与岩浆作用发生接触蚀变和成矿物质萃取作用。岩体为成矿主要控矿因素,提供矿源物质来源和热源。构造控矿提供矿液赋存空间和流通渠道。

丰田坑岩体在区域性多期活动的断裂构造影响下,燕山期发生大规模的花岗质岩浆侵入隆起作用。当花岗质岩浆侵入钙质、泥质围岩中时,发生接触变质作用和交代作用。岩浆侵入时所携带富含矿质的气液,与被加热的地下水混合,对围岩发生水岩反应,不断萃取岩石中的成矿物质,逐步形成富含矿质的成矿热液流体,流经构造裂隙带、破碎带、岩体接触面等流体扩容带时,由于压力、温度等物理化学条件的变化,导致金属沉淀作用发生,形成矿化富集[4-6]。

6.2 成矿热液来源、迁移、富集和控矿构造

丰田坑岩体岩浆侵入活动及岩浆期后形成的气水热液富含 F、Cl、S 等组分,在运移过程中从楼子坝组围岩中不断萃取和富集 Pb、Zn、Cu、Ag 等成矿元素。随着温度、压力的降低,pH 值的变化以及和围岩发生交代作用,含矿热液不断沉淀于接触蚀变带构造裂隙中。

6.3 成矿模式

受区域深大断裂构造控制,本区燕山期岩浆侵入活动较强烈,沿深大断裂地幔上升的大量花岗质岩浆上侵到浅地壳环境,与地壳物质发生同化、混染和交代作用,混染了地壳物质,带来大量的成矿物质。因温度和压力的降低,热液流体从岩浆中分异出来,同时不断萃取围岩中有用成矿物质,形成成矿流体,沿构造薄弱带运移上升,与下渗的大气水发生混合,并与周围的岩石发生水-岩反应。由于减压沸腾和水压致裂作用,形成强大的机械能,对岩体顶部和相邻的围岩产生破坏,形成网脉状裂隙和爆破角砾岩筒,从而使成矿物质在有利成矿空间沉淀,形成不同类型的铜铅锌多金属矿化(图3)。

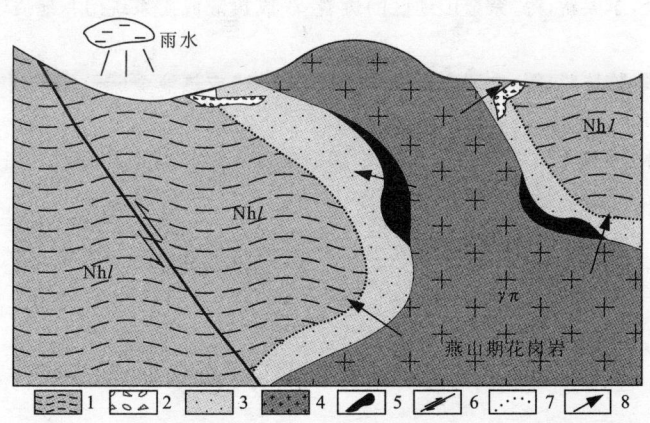

图 3 丰田坑地区铅锌铜多金属矿化成矿模式示意图

1.楼子坝组浅变质碎屑岩;2.隐爆角砾岩;3.接触蚀变质;4.花岗岩体;5.矿(化)体;
6.断层;7.蚀变带界线;8.成矿流体流动方向

7 找矿方向

(1) 花岗斑岩与围岩的接触处是找矿的重要部位。

(2) 多元素的化探次生晕异常与物探异常吻合部位,往往是矿体富集的部位。物探电法极化率异常高值在1‰~3‰之间,预示着深部存在铜铅锌矿化硫化物地质体和矿体的可能。

(3) 断裂的次一级与之平行的北东向断裂与北西向断裂交叉部位往往是小岩株侵入的部位,也是赋矿、容矿的有利空间部位。

(4) 从空间上分析认为,地表出露花岗斑岩脉,深部应存在隐伏含矿花岗斑岩体。与丰田坑相似的地区还有相邻区仙人湖一带也是找相似矿床的理想区域,值得下一步重视。

综合以上分析认为,丰田坑矿区深部仍具有较有利的成矿条件,找矿空间和找矿潜力依然很大。下一步可以先部署稀疏电法剖面测量,在大致了解深部矿体规模及空间位置后,可在有利地带北部或南端布置1~3个深钻孔,揭穿岩体与围岩蚀变带或花岗斑岩,验证深部矿化情况。

参考文献

[1] 张玉泉,谢应雯,邱华宁,等.钾玄岩系列:藏东玉龙铜矿带含矿斑岩元素地球化学特征[J].地球科学,1998,23(6):557-561

[2] 王新昆,邓军,吴华,等.东天山维权—彩霞山一带内生金属矿矿床主要类型和地质特征[J].新疆地质,2008,26(1):17-21

[3] 张德全,李大新,赵一鸣,等.紫金山铜金矿床蚀变和矿化带[M].北京,地质出版社,1992

[4] 张德全,佘宏全,李大新,等.紫金山地区的斑岩-浅成热液成矿系统[J].地质学报,2003,77(2):253-261

[5] 华仁民,陆建军,陈培荣,等.中国东部晚中生代斑岩-浅成热液金(铜)体系及其成矿流体[J].自然科学进展,2002,12(3):240-244

[6] 石礼炎,李子林.福建上杭紫金山次火山热液铜金矿床地质特征初探[J].福建地质,1989(8):286-299

浙江省寒武系石灰岩资源特征

汪隆武[1]　何华军[2]　唐增才[1]　胡文杰[1]　汪发祥[1]　孟祥随[1]

（1. 浙江省地质调查院；2. 常山县国土资源局）

[摘　要]　本文表述了寒武系石灰岩资源所赋存的地层位置以及空间分布、岩石组成、结构构造特征，详细描述了寒武系石灰岩资源主要用途、矿石加工技术特点、企业对资源质量要求、开采技术条件以及开发利用状况，提出了寒武系灰岩资源评价指标。根据近几年浙江省社会经济状况和发展需要，提出充分综合利用寒武系石灰岩资源，加大寒武系石灰岩资源勘查力度建议。

[关键词]　寒武系　石灰岩资源　综合利用　经济效益

1　概述

石灰岩矿产资源与人类的生活紧密相关，当前，石灰岩矿产资源广泛用于建材、化工、冶金、造纸、橡胶、塑料、医药、食品以及环保等领域，其中作水泥原料约占 80%，生石灰约占 5%，建筑石料 10%，轻（重）钙粉 3%，其他用途 2%。

浙江省为非金属资源大省，开发利用石灰岩历史悠久，石灰岩资源特点如下：

按矿石成分分为高钙低镁型优质石灰岩和寒武系低钙高镁型灰岩，查明的优质灰岩资源量与寒武系石灰岩资源量之比为 19∶1，预测的资源量之比为 1∶5，资源配比矛盾。

2006 年全省全面淘汰立窑生产线，只批准日产 2 500t 以上水泥干法生产线的投产，使得石灰岩资源量消耗以每年 15%～20%速度递增。超出原规划 2010 年前石灰岩消耗年递增 10%指标，已有的石灰岩资源储备量出现短缺。

全省生产消耗的石灰岩中，有 96%为高钙低镁优质石灰岩，局部地方出现负地形开采。而大量低钙高镁（寒武系）石灰岩被闲置，80%的低钙高镁型（寒武系）灰岩的利用需掺用 10%～50%优质灰岩，在优质灰岩消耗完时，寒武系石灰岩将失去资源属性，优化资源组合迫在眉睫。

优质石灰岩 CaO≥52%，为新型"朝阳产业"——造纸、橡胶、涂料、油漆、纺织、化学建材等生产原料，具有较高附加值，大量（石灰岩总量 80%）用于制造水泥，降低了资源价值。随着

---

① 据中国建材工业地质勘查中心浙江总队. 诸暨市云石乡燕子山石灰岩矿区样查地质报告，1989；江山市大陈乡北蕉石灰岩矿区勘探地质报告，1994 年修改。此文章已载于《中国建筑科技》2011 年 01 期。

第一作者简介：汪隆武，男，1963 年生，安徽宜城人，1983 年参加工作，高级工程师，主要从事地质矿产工作。

"朝阳产业"迅猛发展,水泥行业与"朝阳产业"之间争夺优质石灰岩资源的矛盾日益突出。

为了解浙江省寒武系石灰岩资源以及开发利用状况,开展了浙江省寒武系石灰岩调查评价工作。

2 寒武系石灰岩资源特点和分布特征

浙江省寒武系分布在江山-绍兴断裂带北西侧,属于扬子地层区江南地层分区。根据地质演化史和大地构造环境,以及成矿地质作用、沉积相、岩相古地理、控矿条件和地层分布情况,将浙江省寒武系石灰岩资源划分为4个Ⅲ级成矿带、8个Ⅳ级远景区和22个Ⅴ级预测区。

寒武系岩石地层单元为荷塘组($\epsilon_1 h$)、大陈岭组($\epsilon_1 d$)、杨柳岗组($\epsilon_2 y$)、华严寺组($\epsilon_3 h$)、西阳山组[$(\epsilon-O)x$]和超峰组($\epsilon_3 c$),其中除荷塘组以碳质板岩、硅质板岩为主,超峰组以白云岩为主外,其余均以石灰岩、泥灰岩为主。

在区域上,寒武系石灰岩由南东往北西,泥、碳、硅质增高,灰质、白云质逐渐减少,杭州—富阳地区白云质含量最高,往江山—龙游—临安,白云质减少,灰质增加,地层总厚度500~600m;至安吉—昌化—淳安—开化一带,硅泥质增多,白云质减少,地层厚度明显增大,寒武系总厚度大于900m。

通过对8个Ⅳ级远景区主干剖面连续刻槽取样分析,寒武系中可划分出4个含矿层,由下往上为:

第一含矿层:赋存于大陈岭组,厚度一般20~40m,局部可达80m;CaO平均38%~47%,MgO平均2%~7%,局部MgO达11.9%,在杭州—富阳一带最高,在浙皖交界地带最低。

第二含矿层:赋存于杨柳岗组内,厚度一般10~27m,局部可达102m;CaO平均35%~40%,MgO平均2.5%~3.8%,局部地区因以泥灰岩和钙质泥岩为主,缺失此层,当前无利用价值。

第三含矿层:赋存于华严寺组及邻近,厚度一般为124~176m,局部可达266m;CaO平均41%~48%,MgO平均2%~3.5%,局部MgO达3.9%,本含矿层矿石质量、厚度和区域分布最稳定,为寒武系开发利用最多的含矿层。

第四含矿层:赋存于西阳山组以及中上部,厚度一般15~166m;CaO平均36%~43.5%,MgO平均1%~2.5%,本含矿层在局部地区矿石质量稳定,开采条件好,具重要工业利用价值。

可作为矿石的岩石主要为含泥灰岩、含云灰岩、泥晶灰岩,主要矿物成分为微晶或泥晶方解石,少量泥质、微粒白云石集合体顺层分布;矿石呈微晶结构,少量细晶结构,薄—中层构造。矿石中矿石矿物为微晶、细晶方解石,脉石矿物为白云石。CaO平均42%~48%,MgO平均2%~3.5%,组合分析矿石中SiO_2、Al_2O_3、Fe_2O_3、f SiO_2、K_2O、Na_2O、Cl^{-1}、SO_3低于工业指标要求。

云质灰岩、灰质云岩、泥岩、泥灰岩等,因岩石CaO<40%或MgO>4%,只能作为脉石或围岩。

矿层中含泥灰岩(含云灰岩以及泥晶灰岩)与其他岩石比为(3~20):1。品位变化系数CaO 4%~10%,MgO 10%~30%,反映灰岩中方解石分布较均匀,白云石分布不均衡。

经历加里东运动、海西-印支运动以及燕山运动,寒武系灰岩在地表出露面积大小、地质体形态等不同:在浙皖交界的临安—淳安—开化一带,寒武系灰岩因褶皱隆起和长期风化剥蚀,而成片出露地表,在其他地区-安吉、余杭、富阳、桐庐、诸暨、龙游、常山以及开化等地,因坳陷以及晚期沉积覆盖,寒武系呈单斜或简单褶皱断续出露(图1)。

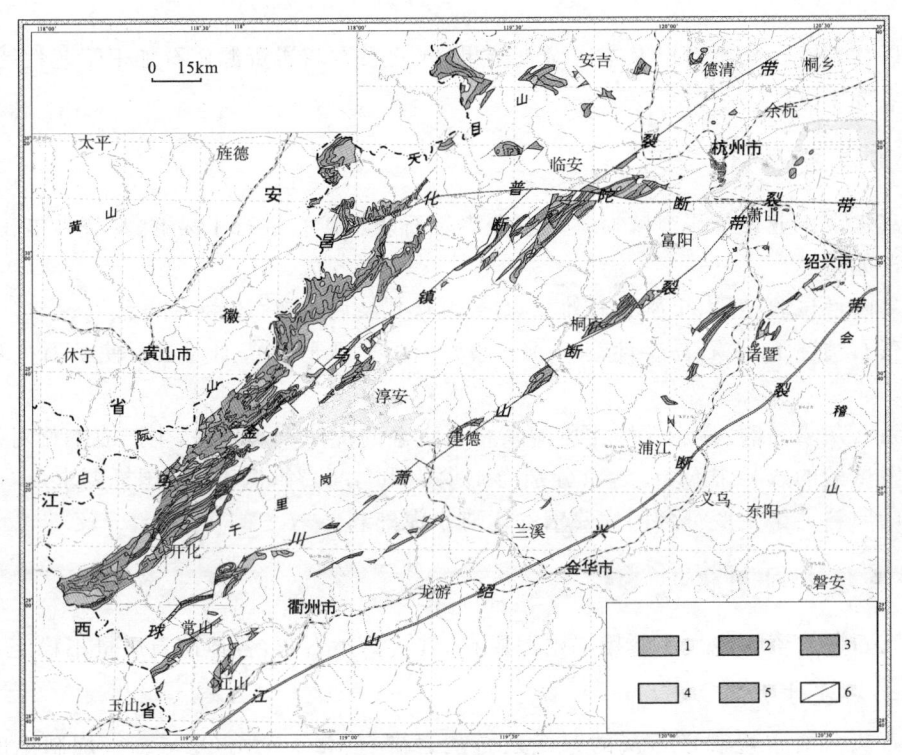

图1 浙江省寒武系分布略图

1.寒武系西阳山组;2.寒武系华严寺组-杨柳岗组;3.寒武系大陈岭组-荷塘组;4.震旦系;5.南华系;6.区域断裂带

3 寒武系石灰岩主要用途

通过调查,寒武系石灰岩资源质量不高,应用领域狭窄,主要用于生产水泥,次为建筑碎石和烧制石灰。

水泥工业:省内利用寒武系石灰岩资源最多的为诸暨市,其次为龙游县、绍兴市、江山市等地。诸暨10家水泥干法生产线基本以使用寒武系石灰岩为主,2006年水泥产量约697×10^4t,80%~90%原料为寒武系石灰岩;江山市目前年生产能力近1 000×10^4t,约20%~30%使用寒武系石灰岩。龙游县两家主要水泥企业年生产水泥280×10^4t,约用50%寒武系石灰岩为原料。省内除诸暨市个别水泥厂使用西阳山组灰岩原料外,其他水泥厂均主要使用华严寺组石灰岩。

在一些市、县,水泥产值约占当地工业产值的1/3,并带动了相关产业的发展。

生石灰:用华严寺组、大陈岭组灰岩为原料。均为石灰窑生产,点多、规模小、产量低。

建筑碎石:在有寒武系华严寺组存在的地方,均有不等规模的建筑碎石矿山。

上述3种行业矿石用量,分别占寒武系石灰岩资源总量的80%、5%和15%。

4 矿石加工技术性能和综合利用状况

根据以往普查工作资料以及本次调查结果,寒武系石灰岩资源矿石加工工艺性能、资源综合利用特点如下。

4.1 矿石工艺性能

由南京水泥工业设计研究院对某地华严寺组石灰岩矿石进行了易磨、易烧性能工艺试验,其初步结论如下:

邦德易磨性试验结果,个别为较难磨(C+级),其余属中等(B+～B-级)

不掺萤石情况下,矿石易烧性较好(B+级)—优良(A+级),加入萤石使矿石生料易烧性获得改善。

寒武系石灰岩易磨、易烧性均比奥陶系和石炭系的优质石灰岩差,生产成本相对提高。

两方案试验的熟料中MgO含量分别为4.19%和4.54%,低于5%国标要求。

选用的原料适于生产符合国标要求的优质水泥熟料。

4.2 资源综合利用状况

寒武系石灰岩资源绝大多数用于水泥原料,其次为生石灰,各地矿石质量不稳定。

4.2.1 生石灰生产

各地石灰窑要求烧制生石灰的寒武系石灰岩矿石$CaO+MgO \geq 42\%$,烧制出的生石灰$CaO \geq 76\%$;$MgO \geq 6.5\%$,按Jc/T 480-92标准属镁质生石灰。

4.2.2 水泥工业生产

为生产出合格水泥产品,大多数厂家用50%～80%的寒武系石灰岩与10%～50%的优质石灰岩混合使用,混合矿石指标与DZ/T 0213—2002《冶金、化工石灰岩及白云岩、水泥原料矿产地质勘查规范》中Ⅰ级、Ⅱ级品相对应。

生产水泥对寒武系石灰岩矿石最低要求,可用熟料主要成分最低要求值代入某甲矿区普查采用的矿石搭配计算程序,反向估算寒武系石灰岩矿石各主要成分最低品位要求如下:

熟料要求:CaO 62%～67%,SiO_2 20%～24%,Al_2O_3 4%～7%,Fe_2O_3 2.5%～6.0%,$MgO < 5\%$。

某甲矿区(配方)[①]反向估算结果(表1至表3)

表1 原料成分 (%)

名称	CaO	MgO	SiO_2	Al_2O_3	Fe_2O_3	LOI
混合矿石*	42.94	3.30	8.69	1.69	0.54	39.85
黏土	1.28	2.21	61.88	16.12	6.89	6.30
铁粉	4.50	1.91	23.22	4.82	59.43	3.53
煤粉	2.66	0.65	52.80	34.38	6.78	

备注:*为反向估算数值,余者为引用数值。

表 2　换算后的灼烧生料组分　　　　　　　　　　　　　　　　　　　　　　　　　　　　（％）

名称	CaO	MgO	SiO$_2$	Al$_2$O$_3$	Fe$_2$O$_3$	其他
混合矿石*	71.38	5.49	14.45	2.82	0.89	
黏土	1.37	2.36	66.04	17.20	7.35	5.68
铁粉	4.66	1.98	24.07	5.00	61.60	2.68
煤粉	6.07	1.45	53.67	27.29	5.76	5.76

备注：* 为反向估算数值，余者为引用数值。

表 3　灼烧配比和熟料成分　　　　　　　　　　　　　　　　　　　　　　　　　　　　（％）

名称	CaO	MgO	SiO$_2$	Al$_2$O$_3$	Fe$_2$O$_3$	配比
混合矿石*	64.60	4.96	13.08	2.55	0.81	90.50
黏土	0.10	0.17	4.62	1.20	0.51	7.00
铁粉	0.12	0.05	0.60	0.12	1.54	2.50
生料	64.81	5.18	18.31	3.88	2.86	100.00
烧后生料	61.71	4.93	17.43	3.69	2.72	95.21
煤灰	0.29	0.07	2.57	1.31	0.28	4.79
熟料*	62.00	5.00	20.00	5.00	3.00	
熟料标准	62～67	<5	20～24	4～7	2.5～6.0	

备注：* 为反向估算数值，余者为引用数值。

即对混合矿石基本组分（最低）要求：CaO 42.94％（M），MgO<3.30％（M）。

以 CaO 42.94％、MgO<3.30％为基准计算寒武系石灰岩与外来优质石灰岩配比。混合矿石中优质石灰岩分别以某地三衢山组（O$_3$y）石灰岩（CaO 52.04％，MgO 0.78％）和杭州市某地优质石灰岩（CaO 54.63％，MgO 0.32％）为例。计算公式为

$$X=(M-A)/(B-A)$$

式中：X 为优质石灰岩矿石配比量（％）；M 为混合矿石最低要求值（基准）；B 为优质石灰岩含量值，A 为本地石灰岩含量值，计算结果见表 4、表 5。

表 4　优质石灰岩配比量一览表（CaO）

X＼A＼B	41.00	41.50	42.00	42.50
52.04	17.57	13.66	9.36	4.61
54.63	14.23	10.97	7.44	3.63

表 5　优质石灰岩配比量一览表（MgO）

X＼A＼B	3.50	4.00	4.50	5.00
0.78	7.35	21.74	32.26	40.28
0.32	6.29	19.02	28.71	36.32

要求本地寒武系石灰岩矿石 CaO 工业品位应为 41％，MgO 为 4％～4.65％。

考虑计算方案在生料配料中增加灰岩比例，减少黏土比例以及减少熟料生产水泥成品其他配料等，寒武系矿石 CaO 最低工业品位仍可降至 40％。

通过对省内 7 家使用寒武系石灰岩矿石的大型水泥企业调查，生产对矿石质量要求主要

为优质石灰岩 CaO≥52%，MgO＜1%；本地寒武系石灰岩 CaO 41.20%～46.69%，MgO 1%～3.5%。

综上所述，影响寒武系石灰岩矿石质量的主要指标是 MgO，其次为 CaO，水泥用寒武系石灰岩矿石基本指标底限为 MgO≤4.5%、CaO≥40%；从节约优质石灰岩资源和充分利用寒武系石灰岩资源以及今后科技进步与持续发展等因素考虑，得出利用寒武系石灰岩资源的最佳方案为 70%～100%当地寒武系石灰岩与邻近 0%～30%优质石灰岩搭配使用，生产 32.5R 与 42.5R 普通硅酸盐水泥。

5 寒武系石灰岩资源综合评述

5.1 一般工业指标质量要求

通过对浙江省 7 家使用寒武系石灰岩资源大型水泥集团调查，综合水泥企业生产对矿石实际要求，建议水泥用寒武系石灰岩一般指标质量要求如表 6 所示。

表 6　寒武系水泥用石灰岩一般工业指标质量要求　　　　　　　　　（%）

品级	CaO	MgO	K_2O+Na_2O	SO_3	Cl^-	$fSiO_2$ 石英质	$fSiO_2$ 燧石质
Ⅰ	≥48	≤3	≤0.6	≤1	≤0.015	≤6	≤4
Ⅱ	≥45	≤3.5	≤0.8	≤1	≤0.015	≤6	≤4
Ⅲ	≥40	≤4	≤0.8	≤1	≤0.015	≤6	≤4

5.2 开发利用前景

在我国和"长三角"经济发展的背景下，未来 20 年内，对石灰岩需求仍将会以 8%～20%年增长率递增，寒武系石灰岩资源开发利用远景广阔。因此，加强宏观调控，大力开展寒武系石灰岩资源普查，进一步查明寒武系石灰岩资源量十分必要。

寒武系石灰岩矿山规模一般较大，多为大—特大型，矿山开采技术条件较好，长期以来，大多数寒武系石灰岩矿山企业，特别是经过科技改造，采用新工艺设备开采生产的矿山企业，其经济效益和矿山规模上都在迅猛增长，在开发利用寒武系石灰岩资源上有着丰富的经验。

在浙西北至皖南较大的区域范围内，华严寺组石灰岩含矿层分布和质量较稳定，为可开发利用的主要含矿层；预测浙江省寒武系石灰岩资源量约为优质石灰岩资源量的 2 倍，而探明的寒武系石灰岩资源量约为全省石灰岩资源的 3.5%，利用率仅占全省石灰岩的 5%左右，需要政府引导，加大勘查与开发力度。

5.3 开发利用技术条件以及社会经济效益

寒武系石灰岩在诸暨市、绍兴市、龙游县、江山市等地仍在被广泛利用，特别是水泥生产方面，目前日产 2 500t 干法回转窑生产技术已经成熟，并全面替代立窑生产线，一些市县水泥产值占当地工业总产值近 1/3，各矿山经济效益较好，为当地经济社会发展和解决人员就业等发挥了重要作用。以2006年某地普查对寒武系石灰岩矿山概略可行性研究为例[①]：

矿山规模：年产50×10^4t矿石生产能力。

采矿方案：矿山采用露天开采法（矿区剥采比为0.19∶1，台阶高度10～15m，采场最终边坡角60°，采用汽车运输矿石。

矿山服务年限(n)：推断的内蕴经济资源量，按精度系数0.5，开采回采率90%计算：

矿山服务年限(n)：9.7年

采矿成本(cm)：现有采石场采矿成本为8元/t。

运输成本(ym)：0.30元/t·km×2km=0.60(元/t)。

产品销售价格：13元/t。

基建投资：拟建50×10^4t/a生产能力的露天矿山基建投资为300万元。

流动资金：按基建投资的20%计算：

$$300\times20\%=60(万元)$$

地质勘查资金总费用：120万元

建设投资贷款利息：按基建期半年计：

$$(300+120+60)\times5.8\%\times0.5=13.92(万元)$$

建设总投资：300+120+60+13.92=493.92(万元)

年经营成本：(8+0.6)×50=430(万元)

年销售收入：13×50=650(万元)

税金：综合税率6%，则税金650×6%=39(万元)

矿床开发总利润：[50×(13-8-0.6)×9.7]-493.92=1 640(万元)

年利润：1640÷9.7=169(万元)

年净利润：169-39=130(万元)

投资利润率：130÷493.92×100%=26.32%

投资收益率：(650-430)÷493.92×100%=44.54%

静态投资回收期：493.92÷(650-430-13.92-39)≈3(年)

综上所述，矿床开发总利润为1 640万元，投资利润率为26.32%，投资收益率为44.54%，高于非金属矿床技术经济评价标准基准收益率8%～15%的要求；投资回收期约3年，小于小型非金属矿山投资回收期的要求。根据区内资源及开发建设条件，随着可利用资源的日益减少，区内石灰石矿床开发的经济效益将会日益提高。矿山开发建设将带动其他相关基础设施的建设，增加地方财政收入，推动当地其他产业的发展。

5.4 结论

寒武系石灰岩资源主要化学成分CaO 41%～49%；MgO 1.5%～4.5%，矿石质量不稳定，属低钙高镁型矿石。

寒武系石灰岩资源在现有技术条件下，应用领域狭窄，主要用于水泥生产，其次用于烧制生石灰、建筑碎石等。

在水泥制造上，寒武系石灰岩资源要搭配少量优质石灰岩混合使用，可使用10%～70%

---

① 中国冶金地质勘查工程总局一局二队，浙江省龙游县—志棠石灰岩矿勘查地质报告，2006.4。

的寒武系石灰岩与10%~30%的优质石灰岩混合使用,在现代化回转窑干法生产线上生产32.5R 和 42.5R 水泥。

在目前国内外对石灰岩产品需求旺盛的前提下,寒武系石灰岩资源开发利用前景广阔,在经济上,建设中大型矿山是可行的。

建议各级政府调整石灰岩资源开发利用规划,优化资源调配,增加寒武系石灰岩资源普查和使用比例,在近几年开展4~5处大型寒武系石灰岩矿产普查,将浙江省查明的寒武系石灰岩资源量比例从5%提高至10%,鼓励使用寒武系石灰岩资源,从而将节约的优质石灰岩资源应用到附加值更高的领域。

致谢:本项目自始至终得到何英才教授、姚道坤教授指导以及各相关市县国土资源局的大力支持,付洁全高级工程师和张永山教授对本文提出了宝贵意见,谨此致谢。

参考文献

[1] 中华人民共和国国土资源部.冶金、化工石灰岩及白云岩水泥原料矿产地质勘查规范(DZ/T 0213—2002)[S].2003-03-01实施

[2] 武秀兰,陈国平,嵇鹰.硅酸盐生产配方设计与工艺控制[M].北京:化学工业出版社,2004

湘赣粤相邻地区钨多金属矿床类型、成矿模式及找矿方向[①]

肖惠良 陈乐柱 吴涵宇 鲍晓明 范飞鹏 周延
姚正红 武玲 王伟星 余能 滕龙
(中国地质调查局南京地质调查中心)

[**摘 要**] 湘赣粤相邻地区是世界著名的钨、锡、稀土、稀有等金属矿化集中区，多轮的地质调查工作大大提高了区内找矿和研究程度。近年来中国地质调查局在该区实施钨多金属矿调查评价，找到了一批具有中大型远景的、与花岗岩有关的新类型钨锡多金属矿床，特别是在复式岩体中的花岗岩型新类型钨钼多金属矿床（简称"体中体"式钨钼多金属矿床）、铷铌钽钨多金属矿床（简称"高分异演化"式铷铌钽钨多金属矿床）和受中上泥盆统地层控制的层控矽卡岩型钨锡多金属矿床的发现，不仅实现了湘赣粤相邻地区找矿新突破，而且对整个南岭乃至我国华南地区钨锡多金属矿找矿具有重要的指导作用。根据近年来湘赣粤相邻地区钨锡多金属矿找矿新成果，通过该区钨锡多金属矿床地质特征的总结，建立了湘赣粤相邻地区钨锡多金属矿成矿模式，提出了湘赣粤相邻地区今后钨锡多金属矿找矿方向应重点注意与燕山期复式花岗岩有关的"体中体"式钨钼多金属矿床、中上泥盆统控制的层控矽卡岩型钨锡多金属矿床和新地质环境中石英脉型黑钨矿的寻找。

[**关键词**] 钨锡多金属矿床 体中体式 高分异演化式 层控矽卡岩型 成矿模式 找矿方向 湘赣粤相邻地区

湘赣粤相邻地区包括湖南与江西两省中南部及粤北地区，是世界著名的钨、锡、稀土、稀有等金属矿化集中区，大地构造位置位于欧亚大陆板块与滨西太平洋板块消减带的内侧华夏板块的罗霄褶皱带中部，晚古生代诸广-武夷隆起与粤北坳陷过渡带。该区地质背景独特，有色金属和稀有金属矿资源丰富，多轮的地质调查工作大大提高了区内找矿和研究程度。

近年来中国地质调查局在该区实施钨锡多金属矿调查评价中又找到了多处具有中大型远景的、与燕山期花岗岩有关的钨锡多金属矿床（如湖南锡田、黄沙坪、骑田岭，广东禾尚田、南

[①] 本文是中国地质调查局实施的《湘赣粤相邻地区钨矿远景调查》项目的部分成果，同时运用了《广东始兴-连平地区钨钼多金属矿评价》、《广东始兴南山坑-良原地区钨锡矿评价》和《江西竹山-广东澄江地区钨锡多金属矿远景调查》项目的最金成果，其中大量资料主要来源于上述项目工作。

第一作者简介：肖惠良，男，1963年生，研究员，长期从事金属矿产（金、银、铜、铅、锌、钨、锡、钼、铷、铌、钽、稀土、铀等）资源勘查、评价和矿床学、地球化学研究工作。

山、良源)和一批新的找矿线索[1],这些钨锡多金属矿床中的一些矿体本身即是含低品位钨锡多金属矿的花岗岩岩体,含矿岩体分布于燕山期复式花岗岩中,构成复式岩体中的钨钼多金属矿体,即"体中体",一些矿床则是燕山期高度分异演化,在花岗岩顶部附近形成铷铌钽钨多金属矿体,即"高分异演化"式,一些矿床则是分布于燕山期花岗岩接触带附近,为受中上泥盆统地层控制的层控矽卡岩型钨锡多金属矿床,这些矿床普遍具有规模大、品位低的特点。这类分布于复式岩体中的"体中体"式钨钼多金属矿床、分布于高度分异演化花岗岩顶部附近的"高分异演化"式铷铌钽钨多金属矿床和受中上泥盆统地层控制的层控矽卡岩型钨锡多金属矿床的发现[1-5],以及最近在一些新的地质环境中石英脉型黑钨矿的找矿新突破(如广东禾尚田矿田天子岭组灰岩中石英脉黑钨矿床、湖南衡阳杨梅冲钨锡铜矿床[6]的发现等),这些成果为本区乃至整个华南地区钨锡多金属矿床的找矿指明了新的找矿方向。

1 湘赣粤相邻地区成矿地质背景

该区位于中生代欧亚板块与西太平洋板块消减带大陆一侧的华南陆块中部,横跨北东向扬子与华夏板块南部。中生代以来,该区发生多期次、多性质、多方向的挤压和拉张,形成武夷、罗霄、万洋3条规模巨大的北东—北北东向隆起带和坳陷带及桂东-兴国-石城、郴州-崇义-会昌、韶关-三南-寻乌3条东西向构造-岩浆-成矿带。

几十年来,国内外众多地质学家在该区进行了大量的地质、地球化学、地球物理、遥感地质、矿产调查和勘查工作,取得了以下认识[7]:

(1)该区自古—中元古代以来,各时代地层发育比较齐全。元古宙及早古生代以活动型沉积地层为主,泥盆纪及其以后皆属浅海或陆相稳定型沉积地层。钨矿主要分布在两个主要构造层:由前震旦系—奥陶系组成的构造层大面积出露,其钨含量高于地壳克拉克值几倍到几十倍,是钨矿床主要赋矿围岩,主要以石英脉-黑钨矿型钨矿床产出。由泥盆系、石炭系、二叠系、下三叠统构成的构造层则主要是矽卡岩型白钨矿床的赋矿围岩。

(2)该区位于钦-杭结合带以东的华夏板块内[3]。区内地壳运动强烈而频繁,构造变形错综复杂,多方向不同性质构造叠加复合。按其展布方向,主要构造分东西向、北北东向、北东向、南北向、北西向的褶皱,断裂,隆起带和断陷带。区内东西向南岭岩浆-成矿带由东西向的锡田-沙地-大柏地、汝城-崇义-会昌、韶关-三南-寻乌3个隆起带及其所夹坳陷带和北北东向武夷山、于山、诸广山和万洋山隆起带及其所夹断陷带控制了区内钨锡多金属矿田(床)或矿集区的分布和产出。

(3)该区经历了3个重要地史发展阶段,每一阶段都有花岗岩形成。震旦纪至早古生代,属华南冒地槽的一部分,以海相类复理石沉积建造为特征,志留纪末褶皱转化为地台,与扬子地台并合;晚古生代至中生代初则以地台型海陆交替相碳酸盐及碎屑沉积为主,地壳表现为以沉降为主的隆拗差异运动;早三叠世以后,发展到了一个新阶段,形成内陆断陷盆地沉积,断裂发育,伴随大规模的花岗岩浆活动,形成了极其丰富的钨、锡、铌、钽及稀土等矿产,成为我国乃至世界著名的钨、锡、铅锌、稀土、稀有等金属矿化集中区,产有大吉山、岿美山、漂塘、锯板坑、凡口、足洞、瑶岭、白云仙、梅子窝、石人嶂、师姑山、棉土窝和红岭等一批大中型有色、稀有和稀土金属矿床。

(4)该区岩浆岩发育齐全,分布广泛。自加里东期至喜马拉雅期均有岩体出露,其中以燕山期花岗岩最为发育。根据近年来的研究成果,该区燕山期花岗岩分为壳源重熔型(S型)、壳幔混合及其分异型(H型)和铝质A型。

最新研究发现,H型花岗岩以岩基为主,岩石组合以花岗闪长岩和二长花岗岩为主,次有钾长花岗岩,其SiO_2多在70%以上,碱值常大于8%,且$K_2O>Na_2O$的铝过饱和类型,稀土分布模式为稀土总量较高、中等负铕异常的海鸥式,富含W、Sn、Bi、Mo、Cu、Pb、Zn等成矿元素,氟和挥发组分含量高,具有超酸性、碱性系列、过铝质特征。按I-S型分类的内在涵义,无疑分别为I型和S型,但它又与Chappell和White(1974)、徐克勤等(1981)所给出的I型和S型花岗岩的特征有较大的差别。前人(包括Chappell和White,1974;徐克勤等1981)报道的绝大多数"I型花岗岩"应属于壳源和幔源岩浆混合及其演化分异形成的花岗岩(H型),成岩物质既有地壳的又有地幔的,与Castro等[8-11]的H型相似,这些过铝质—铝质花岗岩的成因类型为壳源深熔或重熔型,根据其源岩为变沉积岩或变火成岩,笔者认为可以进一步划分为HS型和HI型。

这些H型花岗岩通常为复式花岗岩体,往往具多期、多阶段、多次成岩特征。该区广泛分布的W、Sn、Mo、Bi等多金属矿床在成因上多与此有密切联系,往往在岩体中形成"体中体"式钨钼多金属矿床、花岗岩型铀矿床,在岩体顶部形成"高分异演化"式铷铌钽钨多金属矿床和离子吸附型稀土矿床。

2 湘赣粤相邻地区钨多金属矿主要类型

2.1 主要矿床类型

该区以钨多金属为主的矿床,类型很多,主要有石英脉型、花岗岩型(蚀变花岗岩型、云英岩型、花岗岩岩脉型、斑岩型)、矽卡岩型3类,这些矿床类型既可独立产出,又常共存一体、相伴而生,成为"多位一体"的复合矿床,其中以石英脉型分布最广、花岗岩型和矽卡岩型规模最大。新一轮钨多金属矿找矿开展以来的新成果显示了该区花岗岩型和矽卡岩型钨锡多金属矿有巨大的找矿潜力。

2.1.1 花岗岩型

花岗岩型钨矿是指在特定的成矿地质环境中形成的,且具有一系列典型特征的钨矿床。岩浆侵位后,岩浆晚期分异和结晶均在构造活动较为缓和,并在良好盖层相对封闭的环境下,随着造岩矿物的结晶和挥发组分向上运移和富集,岩浆逐渐由熔体向溶液和气化过渡。岩浆晚期和岩浆期后阶段之间并无截然的界线。随着温度、压力的降低,金属矿物主要在岩浆晚期分异阶段伴随钠长石、白(锂)云母和石英晶出,或通过交代早结晶造岩矿物的方式晶出而富集形成钨矿床。但由于岩浆晚期和岩浆期后阶段之间是逐渐过渡的,故本类型矿床的成矿作用,在岩浆-含矿流体演化的不同阶段中,往往表现为相互过渡和彼此叠加。如在含矿的二长花岗岩中发生云英岩化蚀变,因此,该类矿床又称为岩浆晚期-期后分异交代花岗岩型钨矿床。由于此花岗岩型钨矿床的矿石类型很多,如细脉浸染型、蚀变花岗岩型、花岗岩岩脉型、花岗斑岩型、云英岩型等。

近年来,笔者在湘赣粤相邻地区的找矿实践和探索研究中发现,花岗岩型钨矿床主要有两类,即与燕山期复式岩体中浅色花岗岩含矿建造有关的钨钼多金属矿床和与燕山期复式花岗岩顶部高分异演化花岗岩含矿建造有关的钶铌钽钨多金属矿床。

湘赣粤相邻地区复式岩体中浅色花岗岩含矿建造，主要有二云母型和石榴石型，矿物组合分别为黑云母＋白云母＋钾长石＋斜长石＋石英、白云母（5％～16％）＋石榴石（1％～5％）＋钾长石＋斜长石＋石英。

二云母型浅色花岗岩含矿建造岩石化学特征为 $SiO_2>72\%$（72.27％～77.76％），$Al_2O_3<14\%$（11.89％～13.49％），Na_2O+K_2O 含量高，一般在 6.92％～8.45％，$K_2O/Na_2O>1$，MgO、TFeO、TiO_2 含量低，ASI（Al_2O_3/Na_2O+K_2O+CaO 分子比值）＞1.1，铝饱和指数（A/CNK）较高，为 1.02～1.35（多数为 1.06～1.17）；稀土总量较一般花岗岩低（$\Sigma REE=40\sim120)\times10^{-6}$；且表现为中等分异的重稀土弱富集型，一般具有铕负异常，稀土配分曲线为海鸥型；轻、重稀土分异强烈，中稀土元素含量较高，具有中等负铕异常（δEu 绝大多数为 0.64～0.21）；微量元素蛛网图上显示 Rb[（430～995）×10^{-6}]、U、Th、Ta 富集，Ba、Sr、Ti 亏损。

石榴石型浅色花岗岩含矿建造岩石化学特征为 $SiO_2>76\%$（76.02％～77.12％），$Al_2O_3>12\%$（12.05％～13.28％），Na_2O+K_2O 含量高，一般在 8.0％左右（7.52％～8.45％），K_2O/Na_2O 较小，为 0.84～1.06，MgO、TFeO、TiO_2 含量低，ASI（Al_2O_3/Na_2O+K_2O+CaO 分子比值）为 1.06～1.08；稀土总量较一般花岗岩高 $\Sigma REE=(332.14\sim477.03)\times10^{-6}$；且表现为中等分异的重稀土富集型，一般具有铕负异常，稀土配分曲线为海鸥型，微量元素蛛网图上显示 Rb[（523～681）×10^{-6}]、U、Th、Ta、Hf、Y、Yb、Lu 富集，Ba、Sr、Ti 亏损。

浅色花岗岩含矿建造的金属矿物成分主要有黑钨矿、白钨矿、辉铋矿、辉铅铋矿、黄铜矿、黄铁矿、磁铁矿、闪锌矿、毒砂等。非金属矿物有石英、白云母、黄玉、钾长石、钠长石以及微量的磁铁矿、磷灰石、锆石、独居石等。矿石矿物以黑钨矿、白钨矿和辉钼矿为主。矿石结构、构造以浸染状为主，细脉浸染状为次，仅局部见及。肉眼只能辨认蚀变矿化体，矿体边界只能靠品位来圈定。由于这类矿体本生就是浅色花岗岩，其围岩为早期的中—细粒黑云母花岗岩，这种燕山早期复式岩体中赋存含浸染状钨钼多金属矿体（浅色细粒花岗岩）的现象，一些浅色花岗岩直接构成"体中体"式钨钼多金属矿体，笔者将这种花岗岩型矿床称为"体中体"式钨钼多金属矿床。区内代表型矿床主要有广东红岭钨矿床、广东南山坑钨矿床（Ⅰ矿带深部花岗岩型钨钼矿体）。

湘赣粤相邻地区复式岩体顶部高度分异演化形成的白云母化钠长石化花岗岩含矿建造，在岩体中具有明显的岩石蚀变分带，自上而下呈云英岩—白云母钠长石花岗岩—二云母花岗岩—黑云母花岗岩的蚀变演化特征。岩石化学特征为 $SiO_2>70\%$（70％～78％），平均 75.05％；Na_2O+K_2O 含量高，一般在 3.25％～7.54％，平均 5.45％；$K_2O/Na_2O>1$（1.41～3.51），$Al_2O_3<15\%$（8.71％～14.74％），平均 12.79％；MgO、TFeO、TiO_2 含量低；碱度率 AR 为 1.64～3.19，平均 2.33，铝饱和指数（A/CNK）较高，为 1.22～2.67，为高钾钙碱性—碱性过铝质花岗岩。

稀土总量较一般花岗岩低[$\Sigma REE=(66.39\sim204.98)\times10^{-6}$]，且表现为中等分异的重稀土弱富集型，铕负异常，稀土配分曲线为海鸥型，显示高度演化分异的特征，微量元素蛛网图显示，含矿建造 Rb[（582～1 195）×10^{-6}]、U、Ta、Th、Nb 富集，Ba、Sr、Ti 亏损。

高分异演化花岗岩含矿建造的金属矿物成分主要有黑钨矿、锡石、辉钼矿、铌钽铁矿、石英、白云母、钠长石等，云英岩化、钠化、硅化发育。矿体赋存于成矿花岗岩形成的云英岩化带和白云母钠长石花岗岩中，一般产于晚期的、演化程度和侵位都较高的小侵入体顶部，呈面型似层状、带状、不规则状产出，这些矿床常不同程度地伴有岩浆晚期至岩浆期后过渡阶段的多种分异-交代及气成热液作用形成的比较均匀的面型自变质或蚀变现象；金属矿物在岩体中呈浸染状分布，且多呈均匀浸染状的面型矿化，自上而下矿化分带明显，通常为钨、锡、钼、铋-钽-铌-铷，笔者将由此形成的花岗岩型矿床称为"高分异演化"式铷铌钽钨多金属矿床。区内代表型矿床主要有广东良源铷铌钽钨矿床、江西大吉山钨矿床(69号岩体)等。

2.1.2 矽卡岩型

燕山期花岗岩类侵入于泥盆系、石炭系、二叠系、奥陶系、上寒武统等地层，与地层中的灰岩、钙质砂岩等发生接触交代形成矽卡岩型钨锡多金属矿床。成矿热液沿接触带、层理、层间破碎带交代钙质岩石，先形成无水矽卡岩、含水矽卡岩，再形成锡石、白钨矿化、铅锌铜银矿化。矿体呈层状、似层状、透镜状、囊包状、不规则状，成矿作用明显具多阶段性，并呈顺向分带。主要矿物组合：锡石、白钨矿、方铅矿、闪锌矿、黄铜矿、黄铁矿等矿物。当多种成因类型复合时，则形成复控型矿床，往往形成大—超大型矿床。区内典型矿床如湖南骑田岭、柿竹园、锡田，广东南山坑，江西官山钨矿床等。

笔者在赣粤相邻地区中晚泥盆世地层中发现了与钨锡多金属矿密切相关的矽卡岩含矿建造，其中含多层钨锡多金属矿体。

最新研究成果显示，中晚泥盆世地层控制的矽卡岩含矿建造主要分布在春湾组和天子岭组内。

湘赣粤相邻地区中泥盆统春湾组厚105～130m，属滨海相沉积。岩性主要为上部以灰褐色、灰黄色及土黄色粉砂岩与页岩夹灰岩和钙质砂岩为主；下部以紫红色细砂岩、粉砂岩及页岩为主。受岩浆活动影响，钙质岩石矽卡岩化强烈。与下伏老虎头组呈整合接触关系。

上泥盆统天子岭组出露厚度为180～400m，属混合潮坪相沉积。岩性主要为下部含泥质泥晶灰岩、中细晶灰岩夹钙质泥岩、变质粉砂岩、变质细砂岩；中部为含泥质泥晶灰岩与钙质泥岩互层，夹少量变质细砂岩、粉砂岩；上部为变质细砂岩、粉砂岩和少量条带状灰岩、白云岩。自下而上反映了灰岩由多到少的变化趋势。受岩浆活动影响，钙质岩石矽卡岩化强烈。底部以灰岩或钙质灰岩与春湾组呈整合接触关系。

我们测制的地质剖面建立的含矿建造柱状图(图1)显示，中晚泥盆世地层控制的矽卡岩含矿建造主要有4个层位，中泥盆统春湾组上部灰褐色、灰黄色及土黄色粉砂岩与页岩夹灰岩及钙质砂岩地层控制的矽卡岩含矿建造和上泥盆统天子岭组中下部以灰岩、钙质砂岩为主的受含钙地层控制的矽卡岩含矿建造。

中泥盆统春湾组上部灰褐色、灰黄色及土黄色粉砂岩与页岩夹灰岩及钙质砂岩地层控制的矽卡岩含矿建造中层控特征明显，含矿矽卡岩建造厚30～40m，岩性主要为石榴透辉石矽卡岩。矽卡岩中矿化以钨锡为主，金属矿物主要为黑钨矿、白钨矿和锡石。

上泥盆统天子岭组以钙质砂岩、灰岩为主的含钙地层控制的矽卡岩含矿建造已变质为多层矽卡岩。矿区实测剖面和钻探成果显示，由上泥盆统天子岭组控制的含矿矽卡岩主要有3层，自下而上分别厚约102.7m、154m和38m，总厚度达294.7m，自上而下，矽卡岩呈阳起石矽卡岩→符山透闪石矽卡岩→硅灰透辉石矽卡岩→透辉石榴石矽卡岩→石榴石矽卡岩→大理岩→绿帘透辉石矽卡岩的趋势。不同层位的含矿矽卡岩具有不同的矿化特征，钨锡多金属矿化则呈层状、透镜状分布于矽卡岩中。天子岭组上部主要为阳起石矽卡岩，矿化以钨铅锌多金属为主；中部较为复杂，主要为透辉榴石矽卡岩，并常见符山石、硅灰石等，矿化以钨锡为主；下

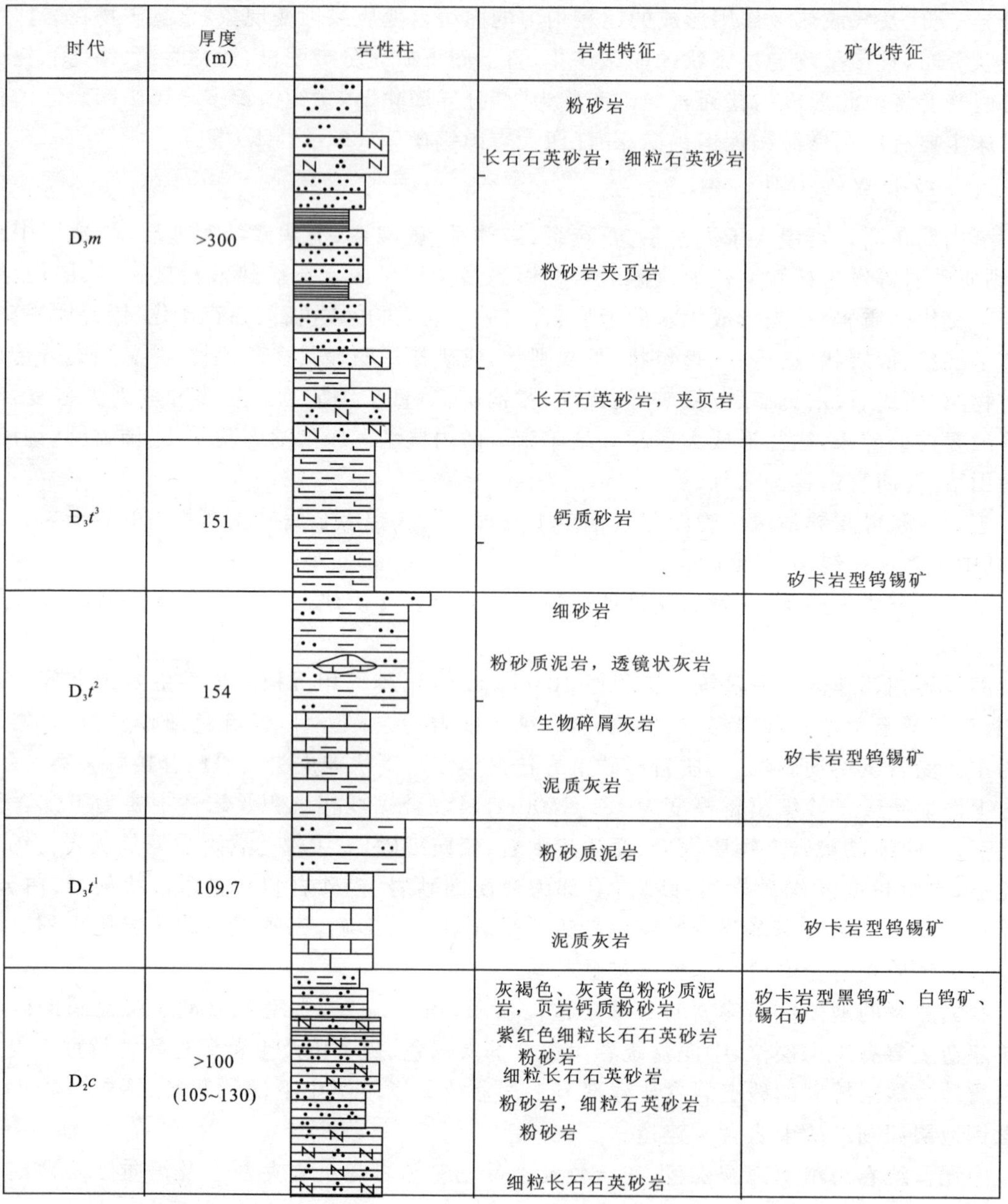

时代	厚度(m)	岩性柱	岩性特征	矿化特征
D_3m	>300		粉砂岩 长石石英砂岩,细粒石英砂岩 粉砂岩夹页岩 长石石英砂岩,夹页岩	
D_3t^3	151		钙质砂岩	矽卡岩型钨锡矿
D_3t^2	154		细砂岩 粉砂质泥岩,透镜状灰岩 生物碎屑灰岩 泥质灰岩	矽卡岩型钨锡矿
D_3t^1	109.7		粉砂质泥岩 泥质灰岩	矽卡岩型钨锡矿
D_2c	>100 (105~130)		灰褐色、灰黄色粉砂质泥岩,页岩钙质粉砂岩 紫红色细粒长石石英砂岩 粉砂岩 细粒长石石英砂岩 粉砂岩,细粒石英砂岩 粉砂岩 细粒长石石英砂岩	矽卡岩型黑钨矿、白钨矿、锡石矿

图 1　南山矿区中晚泥盆世地层含矿建造柱状图

部主要为透辉石矽卡岩,矿化以白钨矿为主。

2.2.3 石英脉型钨锡多金属矿床

区内已知钨锡多金属矿床绝大部分是该类矿床,典型矿床有江西漂塘,广东锯板坑、梅子窝等钨锡多金属矿床[12]。

按矿体形态和产状又可分为石英(单)大脉型及石英细脉型。矿床成因绝大部分属高温热液型,部分为高—中温热液型。矿石组分主要有 W、Bi、Mo、Sn、Be、Cu、Pb 等。

石英(单)大脉型矿床均产于燕山早期花岗岩侵入体的内外接触带或该期隐伏花岗岩体的顶部围岩中。矿体围岩主要是花岗岩、前泥盆系浅变质砂岩、板岩及泥盆系泥砂质岩石。其中以产于花岗岩及变质砂岩、板岩为最。产于花岗岩中的矿体一般延长、延深不大,厚度也有限,矿脉稀疏、分散,规模不大,产于泥盆系浅变质岩中的矿床规模往往较大。

石英细脉型矿床地质及矿化特征与石英单(大)脉型矿床基本一致。较为特殊的是矿体在地表或浅部均以石英细脉甚至石英线、云母线平行密集,并以带、组形式出现。向深部脉体增厚或者合并,矿体形态在垂直方向上具有一定的变化规律,即脉钨矿床的"五层楼"模式。

矿床的形成受构造尤其是断裂控制明显。从空间分布上看,矿床常发育于某一主要断裂的一侧或两侧,甚至一些矿区(点)成群沿某一主要断裂两侧分布。矿脉走向往往为其附近的某一主要断裂的派生裂隙。根据区内各矿区(点)矿脉走向统计,以北西走向为主,次为近东西及北东至北东东走向,北北东及南南东走向较少。由于区内构造具有多体系复合和多期活动的特点,因此,成矿裂隙性质比较复杂,一般规模较大的矿区,成矿裂隙往往具有复合性质。由于裂隙性质复杂,造成了矿脉形态的多变,矿脉规模即其延长、延深及脉幅大小不等。

矿体围岩蚀变以云英岩化、硅化最为常见,并与黑钨矿的富集有密切关系。其中云英岩化多出现在花岗岩围岩中,其他蚀变尚有叶蜡石化、钾长石化、绢云母化、绿泥石化等。

近年来,又有新的进展,在广东乐昌禾尚田天子岭组灰岩中发现的石英脉型钨锡矿床,突破了石英脉型黑钨矿只产在寒武系—震旦系砂岩的传统认识,为我们提供了新的认识,丰富了石英脉型黑钨矿"五层楼"模式的内容。湖南衡阳杨梅冲锡钨铜矿的新发现显示石英脉标志带在钨多金属矿找矿中具有特别重要的意义。

3 湘赣粤相邻地区钨多金属矿成矿模式

综上所述,湘赣粤相邻地区钨锡多金属矿床类型以石英脉型、花岗岩型(蚀变花岗岩型、云英岩型、细脉浸染型、花岗岩脉岩型、斑岩型)、矽卡岩型为主,矿床地质特征表明,该区广泛分布的 W、Sn 等矿床在成因上多与燕山期花岗岩有密切联系,钨矿矿体主要是产在离接触面1 000m 范围的接触带中。由于区域成矿地质条件的差异,这些矿床类型既可独立产出,又可共存一体、相伴而生,往往形成多种矿化类型,成为"多位一体"的复合矿床。石英脉"五层楼"模式普遍发育,它不仅常与其他类型钨矿共生或伴生组成复合型矿床的一部分,同时也是各类钨矿床的重要找矿标志。近年来,我们在湘赣粤相邻地区新发现的与燕山期复式花岗岩有关且受中上泥盆统地层控制的矽卡岩型钨锡矿、燕山期复式花岗岩体中的晚期含浸染状钨钼矿体的岩体("体中体"式)、复式花岗岩顶部含铷铌钽钨多金属矿体的云英岩和白云钠长石花岗岩("高分异演化"式)及石英脉型钨钼多金属矿的复合型矿床,具有代表性。现根据研究成果,结合该区钨多金属矿床地质特征,建立如下成矿模式(图2)。

(1)矿床与燕山期复式花岗岩体有关,成矿岩体主要是燕山早期第二阶段及第三阶段高度分异、高度演化的超酸性、过铝质花岗岩,成矿母岩以黑云母花岗岩、花岗斑岩、细粒似斑状黑云母花岗岩的小岩体为主,次为二长花岗岩、花岗闪长岩。成矿岩浆岩为中酸性—酸性岩,富氟、铝质,浅成相强过铝质碱性花岗岩类,成岩年龄 165~150Ma。浅源重熔岩浆系列的成矿岩体以岩株为主,岩钟、岩墙、岩盖次之,在岩体顶部从接触界面向外约 2km 范围均可能有钨矿床产出;深源混熔岩浆形成的成矿岩体,主要是岩漏斗,次为岩钟、岩筒、岩被、岩舌和岩枝,钨矿床以产在岩体内或与围岩的接触带中的斑岩型和矽卡岩型矿床为主。

（2）在不同的地质环境中，各类钨多金属矿床在空间上相互伴生，构成一定的矿床组合；气成热液带，主要以石英脉型钨矿为主的钨多金属矿床，当成矿岩体侵入碳酸盐岩或含钙质岩地层或成矿元素丰度高的地层时，常形成矽卡岩型层状、似层状浸染型钨矿床；热液交代带主要发育以云英岩型、细脉浸染型为主的钨多金属矿床，常见岩体顶部呈面型浸染状的云英岩型、花岗岩型（"高分异演化"式）稀土、铌、钽、钨、铍等矿床和岩浆期后热液充填的石英脉型钨矿床伴生；在岩浆多次侵入或结晶分异带主要发育以花岗岩型为主的"体中体"式钨钼多金属矿床。

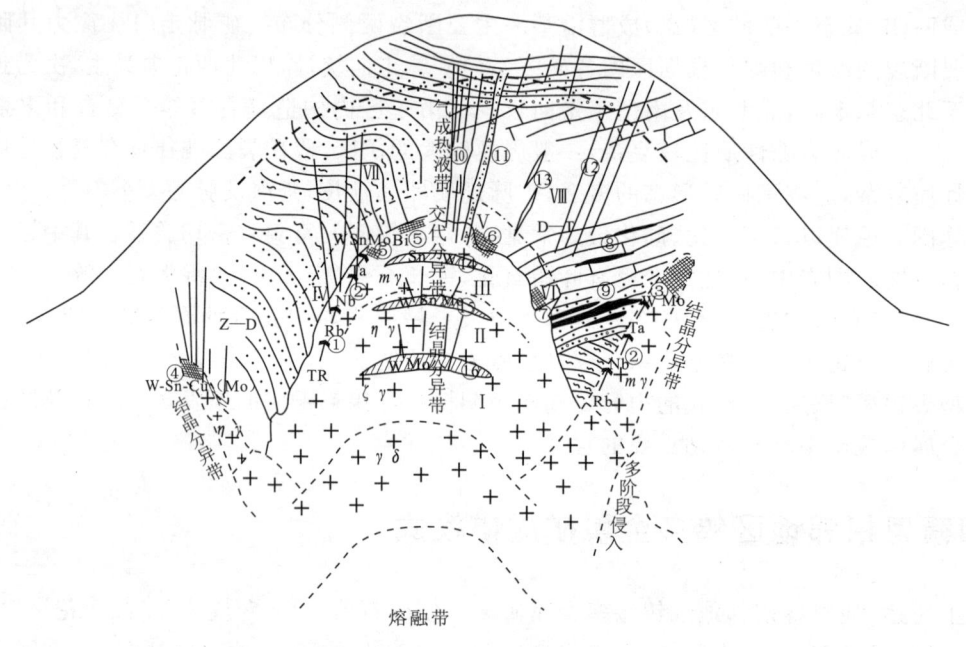

图 2　湘赣粤相邻地区钨多金属矿综合成矿模式

γδ. 花岗闪长岩；εγ. 碱长花岗岩；ηγ. 二长花岗岩或黑云母花岗岩；mγ. 白云母花岗岩。Ⅰ. 钾长石化带；Ⅱ. 绿泥石化带；Ⅲ. 白云母化带；Ⅳ. 角岩化带；Ⅴ. 云英岩化带；Ⅵ. 矽卡岩化带；Ⅶ. 斑点状黑云母-绿泥石化带；Ⅷ. 大理岩化带。①—⑤为高分异演化花岗岩型（"高分异演化"式）铷铌钽钨锡多金属矿床：①花岗岩型稀土矿床；②白云钠长石花岗岩型铷铌钽钨锡多金属矿床；③斑岩型钨钼多金属矿床；④斑岩型钨锡铜钼多金属矿床；⑤云英岩型钨铷铌钽铍钨锡钼铋矿床。⑥—⑨为层控矽卡岩型钨锡多金属矿床：⑥矽卡岩型钨钼铋多金属矿床；⑦矽卡岩型白钨多金属矿床；⑧碳酸盐岩型白钨多金属矿床；⑨矽卡岩型钨锡多金属矿床；⑩脉状裂隙石英脉钨矿床（"五层楼"式脉钨矿床）；⑪破碎带充填型钨锡多金属矿床；⑫脉状钨锡铜铅锌锑矿床；⑬伟晶岩型铌钽铍锂矿床。⑭—⑯为燕山期复式花岗岩中晚期花岗岩浸染型"体中体"式钨钼多金属矿床：⑭云英岩型钨锡铋铅锌银矿床；⑮花岗岩型钨锡多金属矿床；⑯花岗岩型钨钼多金属矿床

4　找矿方向

4.1　主攻矿床类型

多轮的钨多金属矿找矿工作，对区内石英脉型钨矿的找矿已取得了巨大成功。该类钨

床在区内广泛分布,近年来,广东禾尚田和湖南衡阳杨梅冲钨多金属矿发现的最新成果表明,该类矿床资源潜力依然巨大。中国地质调查局在实施新一轮钨锡多金属矿找矿中,新发现的一批与花岗岩和矽卡岩有关的大型钨钼、钨锡多金属矿,无疑又为该区今后钨锡多金属矿找矿提供了新的找矿方向。

就湘赣粤相邻地区而言,石英脉型钨矿床依旧有潜力,而钨锡钼多金属矿找矿的主攻矿床类型应以与燕山期复式花岗岩内部("体中体"式)钨钼多金属矿、花岗岩顶部"高分异演化"式铷铌钽钨多金属矿床和受中上泥盆统地层控制的层控矽卡岩型钨锡多金属矿床为主。

4.2 主攻地段

1:20万水系沉积物测量显示,湘赣粤相邻地区是 Sn、W、Bi(Nb、U)、Pb、Zn、Ag(Cu)、As、Sb、Hg 等元素异常聚集区,异常分布与该区构造-岩浆岩带方向一致,与强烈中酸性岩浆热液活动密切相关。钨异常呈近东西向带状展布,南为韶关-三南-寻乌带,中为郴州-崇义-会昌带,北为炎陵-遂川-石城带,又可分为桂东-崇义、乐昌-汝城、崇余犹、兴国-宁都、赣县-于都、大宝山-瑶岭、石人嶂-梅子窝-师姑山、全南-龙南-定南、连平-翁县九大异常区,每个异常区有若干个异常浓集中心,中心为 W、Sn、Mo、Bi 高温元素组合,往外为 Cu、Pb、Zn、Ag 中低温元素异常依次分布,并伴有氟等矿化剂异常。区域地球化学特征显示该区 W、Sn 在古生界和元古宇都有不同程度的富集。其中元古宇 W 含量为 4.3×10^{-6};Sn 以泥盆系含量最高,为 3.93×10^{-6}。该区花岗岩含钨平均值为 3×10^{-6},而燕山期花岗岩中,钨平均值高达 45.28×10^{-6}。以 $Sn>12\times10^{-6}$、$W>6\times10^{-6}$、$Bi>1.5\times10^{-6}$ 圈定的异常基本能反映燕山期花岗岩体的分布范围。

由此可见,湘赣粤相邻地区以前没有足够重视的具有钨锡多金属异常的花岗岩地区,特别是化探异常和重砂异常都十分强烈的燕山期花岗岩复式岩体分布区,将是今后寻找"体中体"式钨钼多金属矿床和"高分异演化"式铷铌钽钨多金属矿床的重要有利地区,燕山期复式花岗岩体附近的中上泥盆统地层灰岩、钙质砂岩分布区则是层控矽卡岩型钨锡多金属矿床的找矿有利地段,而一些地表石英脉发育,钨、锡化探异常强烈,深部存在隐伏复式岩体的地段往往是石英脉型和斑岩型钨多金属矿床的找矿远景区。

参考文献

[1] 肖惠良,陈乐柱,吴涵宇,等.广东始兴南山钨钼多金属矿床的发现及其意义[J].高校地质学报,2008,14(4):558-564

[2] 肖惠良,陈乐柱,鲍晓明,等.广东始兴良源铌钽铷钨多金属矿床的发现及其意义[J].资源调查与环境,2012,33(4):229-237

[3] 肖惠良,陈乐柱,鲍晓明,等.南岭东段钨锡多金属矿床地质特征、成矿模式及找矿方向[J].资源调查与环境,2011,32(2):107-119

[4] 肖惠良,陈乐柱,鲍晓明,等.广东始兴南山矿区钨锡多金属矿床特征及资源潜力[J].资源调查与环境,2010,31(4):271-277

[5] 姚正红,肖惠良,范飞鹏,等.广东南山花岗岩形成时代、地球化学特征与成因[J].资源调查与环境,2011,32(1):66-78

[6] 王勇.衡东杨梅冲钨多金属矿地质特征及找矿前景浅析[J].中国钨业,2011(2):12-14

[7] 肖惠良,陈国栋,班宜忠,等.论湘赣粤相邻地区钨多金属矿找矿方向[J].资源调查与环境,2006,27(2):85-93

[8] Castro A I,Moreno-Ventas J D,De La Rosa J D. H-type(hybrid) granitoids:A proposed revision of the granite-type classification and nomendature[J]. Earth science reviews,1991,80(1):237-253

[9] 陈培荣,章邦桐.A型花岗岩类研究综述[J].国外花岗岩类地质与矿产,1994(40):9-14

[10] 刘昌实,陈小明,陈培荣,等.A型花岗岩研讨的分类、判别标志和成因[J].高校地质学报,2003b,9(4):573-591

[11] 肖庆辉,邓晋福,马大铨,等.花岗岩研究思维与方法[M].北京:地质出版社,2002

[12] 冶金部南岭钨矿专题组.华南钨矿[M].北京:冶金工业出版社,1985

江西崇义牛角窝钨多金属"三位一体"矿床类型及成矿机制探讨

陈小勇　谢有炜　丁明　游磊　邬思涛　肖汉冲

（江西省地质矿产勘查开发局赣南地质调查大队）

[摘　要]　崇义牛角窝钨多金属矿床位于南岭东部钨锡多金属成矿带崇义-大余-上犹矿集区内。矿区产出破碎蚀变岩-石英脉复合型、石英细脉带型、云英岩型3种钨矿床类型，同受燕山期成矿花岗岩体控制，且3种矿床类型具有一定的空间配置关系，相互间具有密切的成生联系，从而形成"三位一体"模式。对矿区"三位一体"模式的研究有助于深刻认识钨多金属矿床的组合产出规律，进行钨矿床地质特征及成矿机制进行探讨，指导矿区勘查和区域找矿。

[关键词]　矿床类型　三位一体　成矿机制　钨多金属矿　崇义牛角窝

崇义牛角窝钨多金属矿区位于江西省崇义县城133°方向14km处，南岭东部钨锡多金属成矿带崇义-大余-上犹矿集区天门山花岗岩株南侧。2003—2008年间，赣南地质调查大队在矿区开展矿产远景调查评价，发现破碎蚀变岩-石英脉复合型、石英细脉带型、云英岩型3种钨多金属矿床类型，实现钨矿新类型找矿的突破。3种矿床空间上密切相伴、同受花岗体控制，三位一体。对其深入分析研究、矿区勘查和区域找矿有指导意义。

1　矿区地质

1.1　地层

矿区地层简单，大面积出露的寒武系和震旦系主要由变质砂岩和板岩组成，为矿区的赋矿围岩；第四系全新统沿山坡或山沟零星分布。

1.2　构造

矿区断裂构造相对发育，可分为成矿前断裂和成矿后断裂。成矿前断裂主要表现为北北

---

① 基金项目：中国地质调查局国土资源大调查矿产资源评价项目"江西诸广山-万洋山钨多金属矿评价"（项目编号：1212010533001）。本文章已载于《中国钨业》，2013，28(6)：8-12。

第一作者简介：陈小勇，男，1965年生，江西赣州，高级工程师，主要从事矿产资源勘查。

东向和近东西向,北北东向断裂控制着岩体的侵入及定位,近东西向断裂则直接控制矿区内矿(化)体的产出及分布;成矿后断裂表现为北东向,对矿体产生一定的破坏作用。

1.3 岩浆岩

矿区北部有橄榄形展布的天门山岩体,南部有少量酸性岩脉。

天门山岩体呈岩株产出,形态为长轴东西走向的橄榄形,面积约 $7.8km^2$,成岩年龄为 $(152.0±2)Ma^{[1]}$,属燕山早期第三阶段产物。与寒武纪浅变质岩呈侵入接触,接触面较平直,产状以外倾为主。岩体边缘见 3~10cm 冷凝边,并见大小不等围岩捕虏体,围岩有 10~20cm 烘烤边。岩体中部和东部分别被稍晚的罗屋、藤桥面岩体侵入。岩体具面型云英岩化、白云母化和钠长石化等蚀变。岩体围岩热接触变质明显,自岩体往外依次划分为堇青石黑云母带、黑云母白云母带和绿泥绢云母带。各带宽度不一,一般为 300~900m。

天门山岩体为一复式岩体,第一期活动规模大、强度高,岩性为中细粒斑状黑云母花岗岩,岩石矿物成分:钾长石 33%~35%、斜长石 28%~31%、石英 28%~30%、黑云母 4%、白云母 3%,副矿物为锆石、磷灰石、独居石、钛铁矿、毒砂、锡石、黑钨矿、白钨矿、辉钼矿、黄铁矿、萤石。第二期侵入第一期岩体内,岩性为细粒斑状黑云母花岗岩。

由天门山岩体岩石化学成分(表 1)和主要成矿元素含量(表 2)表明:天门山岩体具有超酸性,高碱质,富挥发分,贫 Fe、Mg,低 Ca、Al,分异指数高等特点,与南岭大多数钨锡矿床有关的花岗岩相类似,显示较强的钨锡成矿专属性;岩体成矿元素浓集程度高,为黎彤花岗岩丰度值的数倍至数十倍,是矿区钨锡多金属的成矿母岩。

表 1 燕山早期天门山岩体岩石化学成分表

侵入期次	岩石化学成分(%)									
	SiO_2	TiO_2	Al_2O_3	Fe_2O_3	FeO	MnO	MgO	CaO	K_2O	Na_2O
早期第一次	75.051	0.101	13.099	0.498	1.148	0.043	0.331	0.629	5.745	3.477
早期第二次	75.568	0.074	13.063	0.428	0.946	0.042	0.32	0.592	4.942	3.646

侵入期次	岩石化学成分(%)			挥发组分(%)						
	P_2O_5	LOI	Σ	CO_2	SO_3	F	Cl	H_2O	B_2O_3	Σ
早期第一次			100.122	0.206	0.012	0.232	0.009	0.847	0.005	1.311
早期第二次	0.01	0.154	99.785	0.202	0.011	0.109	0.046	0.844	0.010	1.222

资料来源:江西省地质矿产局,1990,1:5 万(左拔幅)地质图说明书。

表 2 天门山岩体主要成矿元素含量 ($×10^{-6}$)

侵入期次	主要成矿元素含量					
	W	Sn	Cu	Pb	Zn	Ag
早期第一次	15.0	39.40	67.60	113.15	38.3	1.300
早期第二次	15.0	29.35	63.45	111.25	15.0	1.000
黎彤富钙花岗岩丰度值	1.3	1.50	30.00	15.00	60.0	0.051
黎彤贫钙花岗岩丰度值	2.2	3.00	10.00	19.00	39.0	0.037

资料来源:江西省地质矿产局,1990,1:5 万(左拔幅)地质图说明书。

1.4 化探异常

本次大调查工作在矿区开展了1∶5万水系沉积物测量,在该区圈定面积约 30km² 的 W-Sn-Pb-Zn-Cu-Ag 综合异常,其异常值高(最高锡异常值 $2818×10^{-6}$、最高钨异常值 $1706×10^{-6}$),浓集中心明显。与盘古山、黄沙矿区相类比(盘古山:异常面积 10.3km²,最高锡异常值 $36×10^{-6}$、最高钨异常值 $775×10^{-6}$;黄沙:异常面积 12.2km²,最高锡异常值 $100×10^{-6}$、最高钨异常值 $626×10^{-6}$),显示矿区具有较好的钨锡多金属矿床找矿潜力。

2 矿床地质特征

2.1 矿化类型及其特征

矿区以天门山成矿花岗岩为中心,受构造、地层、物理化学条件差异的影响,形成破碎蚀变岩-石英脉复合型、石英细脉带型、云英岩型"三位一体"的矿床类型。分布于天门山岩体南侧 2km 范围内外接触带中,矿化范围东西长 5 000m,南北宽 1 800m,面积约 10km²。

2.1.1 破碎蚀变岩-石英脉复合型

八仙脑区段发育的含矿蚀变破碎带界线清楚,在地表表现为褐铁矿化构造角砾岩,浅深部为构造角砾岩(角砾岩性为变质砂岩),带中多充填有平行破碎带的石英(细)脉。石英(细)脉的长、宽、含脉密度和含脉率各处不尽相同,石英(细)脉含脉率大时矿化较好,故称破碎蚀变岩-石英脉复合型矿化带①。

在八仙脑区段,已圈定12条矿化带。其中10条延长大于0.5km(V1、V2、V3、V4、V5、V6、V7、V8、V10、V11)(表3),另两条(V2A、V9)延长300~500m。矿化带呈东西向,已控制矿化带走向长0.3~5km,宽0.5~5.15m,倾向南,倾角65°左右,局部倾角较陡(图1)。[2]

表3 牛角窝矿区蚀破碎蚀变岩-石英脉复合型钨锡多金属矿化带(体)特征

矿化带(体)号	矿化带长(m)	矿化带产状(°)		矿体长(m)	矿体平均厚度(m)	平均品位(%,Ag:×10⁻⁶)					
		倾向	倾角			WO₃	Sn	Pb	Zn	Cu	Ag
V1	500	165~180	65~78	260	0.74	低	0.639	4.095	3.782	3.657	208.3
V2	700	165~180	65~78	320	0.57	0.680	0.553	3.574	1.827	2.003	253.9
V3	4 000	160~195	52~75	2 100	1.49	0.343	0.348	3.983	2.928	1.694	162.6
V6	1 500	170~185	60~80	/	0.30	0.060	0.208	4.600	10.600	2.550	290.0
V7	3 200	170~195	55~75	/	0.90	0.040	0.288	10.82	7.450	5.180	950.0

资料来源:《江西省崇义县八仙脑矿区钨锡铅锌银矿普查报告》。

矿体赋存于矿化带的下部,呈脉状、透镜状、串珠状产出,在纵横方向上均占据矿化带的全

---

① 苟月明,曾载淋,许建祥. 江西南部破碎蚀变岩型钨矿的发现及其找矿意义[C]. 华东六省一市地学科技论坛文集,2003。

图 1 崇义县牛角窝矿区破碎蚀变岩-石英脉复合型矿体

部或一侧。现有 6 条矿化带（V1、V2、V2A、V3、V6、V7）均发现高品位、厚度大的钨锡铜铅锌银工业矿体，其中 V3 为主要矿体。主要金属矿物为黄铜矿、斑铜矿、闪锌矿、方铅矿、黑钨矿、锡石、黄铁矿；脉石矿物为石英、长石、萤石、绿泥石、锂云母。

与石英脉型钨锡多金属矿床相比较，蚀变破碎带-石英脉型钨锡多金属矿具有明显的差异和特征：①构造角砾岩的存在是该类型矿床的突出特征，表明在成矿过程中经历了强烈的脆性变形，而石英脉型钨锡矿脉不存在构造形变；②在矿石的宏观构造方面，主要为条带状构造和角砾状构造，成矿早期的长石-石英成角砾状被多金属硫化物胶结，较晚期的多金属硫化物呈条带状分布在石英脉之中，这与石英脉型钨锡矿脉的硫化物呈团块状、浸染状分布具明显差别；③蚀变破碎带中的石英脉具有梳状构造，油脂光泽较弱或无，为低温石英，而石英脉型钨锡矿床的石英脉一般具有很强的油脂光泽而不具梳状构造，表明其成矿温度较高；④在蚀变破碎带中的石英脉两侧，普遍出现较强的绿泥石化，致使岩石产生淡绿的色调，而石英脉型钨锡矿的石英脉两侧一般不具绿泥石化；⑤蚀变破碎带为容矿构造，属于导岩导矿深大断裂的次级配套构造，而石英脉型钨锡矿中的容矿构造是属于成矿过程中形成的张扭性或扭张性的裂隙系统。

2.1.2 石英细脉带型

石英细脉带型钨锡矿分布于矿区南部的千家地区段，呈东西向产出，地表表现为云母线和石英细脉密集产出的微细脉带，以石英细脉（宽度 0.5～3cm）为主。一般含脉密度为 3～5 条/m，最大密度可达 12 条/m，含脉率为 3%～5%，局部达 20%。至矿带中下部，石英脉厚度变大，品位变高，构成工业矿体，主要有用矿物以黑钨矿、锡石为主，其次为黄铜矿和闪锌矿（图 2）。[3]

图 2　崇义县牛角窝矿区石英细脉带型矿体

地表圈出矿化带4条（Ⅰ～Ⅳ），长度645～1 250m，宽度20～80m，地表及浅部矿带总体倾向南，中部到下部矿带由近乎直立至渐趋北倾，倾角80°～88°。对Ⅱ号矿带工作较详细，矿化较好，目前已圈出两个主矿体（表4）。

表 4　牛角窝矿区石英细脉带型钨锡多金属矿带（体）特征

矿化带(体)号	矿化带长(m)	矿化带宽(m)	矿化带产状(°)		矿体长(m)	矿体平均厚度(m)	平均品位(%)		备注
			倾向	倾角			WO_3	Sn	
Ⅰ	1 100	25	170～175	80～88					向下石英细脉变少
Ⅱ	1 200	40	175～180	75～80					
Ⅱ-1					500	2.88	0.238	0.279	
Ⅱ-2					500	4.00	0.197	0.192	
Ⅲ	600	20	175～180	75～80					矿化较差
Ⅳ	1 250	35	170～185	80～85					矿化较差

资料来源：《江西省崇义县八仙脑矿区钨锡铅锌银矿普查报告》。

2.1.3　云英岩型

云英岩矿（化）体分布于矿区中部的牛角窝区段，受控于天门山岩体，产于隐伏中细粒斑状黑云母花岗岩岩突部位的云英岩化壳中（其间含有石英细—网脉），呈面型分布，总体平行花岗岩与变质岩接触界面。

由 CK4 和 ZK39-2 钻孔表明：含石英细（网）脉的云英岩化壳厚为 13～40m，云英岩化强烈（几乎全为云母和石英，含少量绿泥石和有用矿物）和石英细（网）脉聚集地段构成矿体。矿体厚 0.43～1.64m，WO_3 0.149%～0.750%，平均 0.484%，Sn 0.04%～0.1%，平均 0.056%，Pb 0.198%～0.349%，平均 0.298%，Ag$(31.9～56.8)×10^{-6}$，平均 $42.7×10^{-6}$。

主要有用矿物为黑钨矿、锡石、闪锌矿、黄铜矿、方铅矿、辉钼矿。矿物颗粒较细，粒径一般小于 0.2mm。矿化强度与蚀变强度成正相关关系。

2.2 围岩蚀变

整个矿区具有不同类型和强弱不等的蚀变，从花岗岩岩体往外依次划分为云英岩化带（岩体接触带附近）、强角岩化带（堇青石黑云母带）、弱角岩化带（黑云母白云母带或绿泥绢云母带），各带宽度各处不一，一般为 300～900m。

破碎带蚀变岩型矿体以硅化、绿泥石化、绢云母化、黄铁矿化和碳酸盐化较发育为特征，硅化发育于破碎带中及其两侧，绿泥石化主要产于破碎带中的石英细脉两侧，绢云母化蚀变相对较晚发生，而碳酸盐化则是成矿末期或成矿后的蚀变。

云英岩型矿体的蚀变是强烈的云英岩化，与矿体有直接的联系，整个花岗岩体均具有云英岩化和较微弱的绿泥石化，但其顶部最强烈的部分构成云英岩（含有较多的石英细网脉）则构成工业矿体。

石英细脉带型矿体围岩蚀变以硅化、云英岩化、钾化、铁锂云母化、绢云母化为主，这些蚀变均发生于石英细脉的脉侧，以一种或两种为主，且蚀变宽度有限，一般不超过 2cm。

3 "三位一体"模式

矿区"三位一体"模式（图 3），是指以燕山期成矿花岗岩（成矿母岩）为中心，以岩浆-构造-成矿为统一体系，由于围岩物理化学条件的原因，而在不同部位形成不同矿床类型的成矿系统[4]。在这个成矿系统中，不同的矿床类型具有一定的空间配置关系，相互间具有密切的成生联系，目前矿区内已发现上述 3 种受成矿花岗岩控制的矿床类型，故称之为"三位一体"。借助于这一模式可以对钨多金属矿床的组合产出规律有更深刻的认识和把握，对由点到面、由浅入深、由已知到未知的找矿实践有重要的现实意义。

3.1 花岗岩-构造-围岩-多类型钨多金属矿床组合

燕山期花岗岩（天门山岩体）是成矿的主因，成矿物质来源于花岗岩。矿区内 3 种矿化类型均受花岗岩严格控制，显现出明显的空间定位规律。成矿气液交代隐伏花岗岩突顶部时则为云英岩型钨矿体，成矿热液充填于震旦系—寒武系浅变质岩裂隙带时形成石英细脉带型钨矿体，沿东西向构造带交代-充填则形成破碎蚀变岩-石英脉复合型钨多金属矿体。

成矿期构造是钨多金属矿床形成的重要外因条件之一，它不但起着导矿作用，而且也是容矿空间，同时也是矿体形态产状的控制因素。

震旦系—寒武系地层也是重要的外因之一，这时期的围岩含有较高浓度的钨、锡、铅、银等成矿物质，给重熔花岗岩浆提供了丰富的物质基础

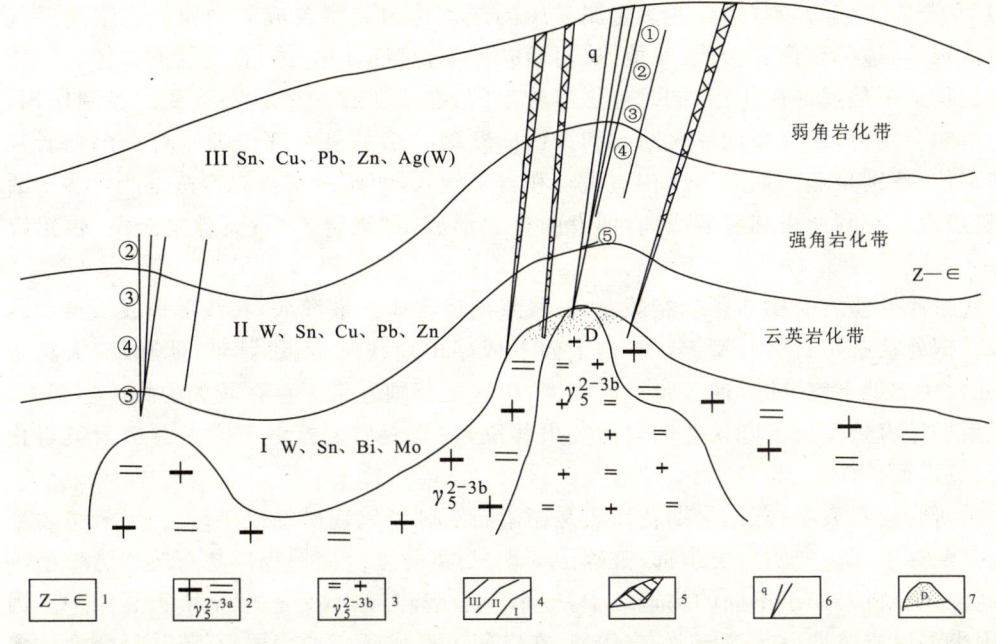

图 3 牛角窝矿区"三位一体"钨多金属矿床成矿模式图

1. 震旦系—寒武系类复理石建造；2. 燕山早期第三阶段第一次侵入：中细粒斑状黑云母花岗岩；3. 燕山早期第三阶段第二次侵入：细粒斑状黑云母花岗岩；4. 蚀变分带及矿化组合；5. 破碎蚀变岩-石英脉复合型矿体；6. 石英细脉带型矿体；7. 云英岩型矿体。多层楼式分带：①线脉带；②细脉带；③薄脉带；④大脉带；⑤根部带。D."地下室"式矿体

3.2 各矿化类型物质组分特征

矿区内 3 种矿化类型具有大致相同的矿物组成特征，均为硫化物-锡石-黑钨矿-石英组合，只因赋矿围岩和赋矿部位的物理化学条件的不同而产生个性差异。一般而言，不同矿床类型钨锡品位大致相当，但银、铜、铅锌含量差异较大。蚀变破碎带中的钨锡含量最不均匀，呈现跳跃式变化，石英细脉带中的钨锡含量较均匀，高值点较少，而云英岩中的钨锡含量则介于两者之间；银铅锌含量在各类型矿石中也有差异；蚀变破碎带中含量最高(不均匀)，石英细脉带中含量最低，不能综合利用，云英岩中的含量介于两者之间；硫化矿物的颗粒大小和产出状态在各类型矿体中也各不相同：蚀变破碎带中的硫化物除赋存于胶结物中外，还以条带状赋存于石英脉中，含量较高，颗粒相对较粗，石英细脉带中硫化物含量少，呈星点状产出，云英岩中硫化物居于两者之间，呈星点状或小团块分布。

4 成矿机制探讨

矿区大面积出露震旦系—寒武系，其成矿元素丰度较高。岩层中富含成矿元素，钨、锡、铅含量均高出地壳克拉克值(黎彤)的 1.5~3 倍，为重熔型花岗岩提供了丰富的物质基础[5]。

在燕山期构造运动的作用下，矿区产生强烈的岩浆活动，震旦系—寒武系发生强烈的构造变形和蚀变，导致成矿元素在燕山期花岗岩中富集，其 W、Sn、Pb、Ag 等成矿元素是黎彤花岗

岩丰度值的10至数十倍,是本区钨、锡多金属矿床的成矿母岩。富含成矿物质的岩浆期后气液在成矿岩体顶部、边部聚集并交代-充填,从而形成云英岩型矿(化)体、石英脉型矿体。

区内断裂构造不但起导矿作用,同时也是容矿空间,在成矿作用中具有重要的控制作用。区内断裂构造相当发育,北北东向深大断裂和东西向断裂构造的复合部位控制着燕山期岩浆岩的侵入和定位,特别是燕山期的多次构造活动和岩浆侵入,使矿区东西向构造也产生多次活动,成为成矿热液的有利通道和容矿空间,两者的叠加形成了"破碎带-石英脉复合型"铜铅锌银钨锡矿床。

矿区寒武系浅变质岩受构造影响裂隙发育,岩浆期后含矿热液灌入,在浅部形成石英细脉带型钨矿床。据外接触带石英脉型钨矿床自上而下依序出现线脉带、细脉带、薄脉带、大脉带和根部带"五层楼+地下室"的垂向分带规律推测,矿区石英细脉带下存在较大的找矿空间[6]。

云英岩型矿床直接受控于隐伏花岗岩体突出部位,在与变质岩接触带附近并遭云英岩化蚀变,形成云英岩型矿体。

以往大量研究资料表明:燕山早期花岗岩是赣南石英脉型钨锡矿的成矿母岩;而云英岩型钨锡矿则直接赋存于花岗岩的岩突顶部;破碎蚀变岩-石英脉复合型钨锡矿与石英细脉带型钨锡矿,从空间位置分析是产于不同的构造之中,一个产于破碎带中,另一个充填于裂隙中。因此,矿床成因类型属岩浆期后热液充填-交代型,在空间上形成破碎蚀变岩-石英脉复合型钨多金属矿、石英细脉带型、云英岩型"三位一体"矿床类型。其中破碎蚀变岩-石英脉复合型钨多金属矿床尚属首次发现,在今后的找矿工作中值得重视。

致谢:本文资料来源于地质大调查《江西诸广山-万洋山钨多金属矿评价》项目,属集体劳动成果。

参考文献

[1]刘善宝,王登红,陈毓川,等.南岭东段赣南地区天门山花岗岩体及花岗斑岩脉的SHRIMP定年及其意义[J].地质学报,2007,81(7):972-977

[2]朱祥培,高贵荣,梁景时.江西崇义八仙脑钨锡多金属矿床特征及找矿方向[J].资源调查与环境,2006,27(110):120-126

[3]张庆林,何桂红,谢刚.崇义县八仙脑钨锡矿床特征[J].资源调查与环境,2007,28(113):40-45

[4]杨明桂,曾载淋,赖志坚,等.江西钨矿床"多位一体"模式与成矿热动力过程[J].地质力学学报,2009,14(3):241-250

[5]华仁民.南岭中生代陆壳重熔型花岗岩类成岩-成矿的时间差及其地质意义[J].地质论评,2005,51(6):633-639

[6]许建祥,曾载淋,王登红,等.赣南钨矿新类型及"五层楼+地下室"找矿模型[J].地质3学报,2007,82(7):880-887

江西上栗-奉新地区铜多金属矿评价成果及成矿机制探讨[①]

陈振华　罗小洪　李均良　蒋金明　符海明

(江西省地质调查研究院)

[摘　要]　本次铜多金属矿评价主要完成了1∶5万水系沉积物测量$300km^2$，检查或查证矿(化)点10处，开展了兴源冲铜矿、三十把铜矿、马塘铜矿的矿产工作，新发现兴源冲矿产地1处，估算了$333+334_1$各类铜多金属资源量$7.345×10^4t$、锌金属量$0.210\ 1×10^4t$；总结了工作区内铜多金属矿成矿规律、找矿标志，建立了区域成矿模式、找矿模型，圈定出找矿远景区3处，其中可供近期工作的找矿靶区10处。利用《江西省铜矿资源总量预测》所建立的逻辑信息法铜矿资源总量预测模型，预测工作区铜资源潜力为$350×10^4t$。

[关键词]　铜多金属　成果与进展　评价　江西上栗-奉新地区

江西上栗-奉新地区地处扬子板块与华南板块交接带的北侧，北为扬子陆块，南为钦-杭结合带，为多层次大型构造叠置复合成矿环境[1](图1)，它不仅属于宜丰-景德镇深断裂中酸性斑岩带的西段，同时也为中元古代晚期板缘"裂谷"、晚古生代裂陷与中新生代大型推(滑)覆构造叠置部位，并与北北东向走滑冲断、伸展构造复合，具有丰富的矿质来源(矿源层)、反复叠加富集的多种热流场和成矿复合构造部位，有着巨大的铜多金属矿资源潜力。

1　成矿地质条件

1.1　地层

区内出露大片中元古代蓟县纪安乐林组、宜丰岩组，东南侧零星分布石炭纪、二叠纪、三叠纪、侏罗纪地层与大片白垩纪红层。

与成矿关系密切的是中元古代蓟县纪宜丰岩组[2]，以片岩、千枚岩为主，富含菱铁矿，含夹较多的变石英角斑岩、变细碧岩和变辉绿岩；Au平均含量$5.53×10^{-9}$、Cu平均含量$40×10^{-6}$；其中

[①]　基金项目：中国地质调查局国土资源大调查矿产资源评价项目"江西诸广山-万洋山钨多金属矿评价"(项目编号：1212010533001)。

第一作者简介：陈振华，男，1967年生，高级工程师，从事区域地质、矿产地质调查研究工作。

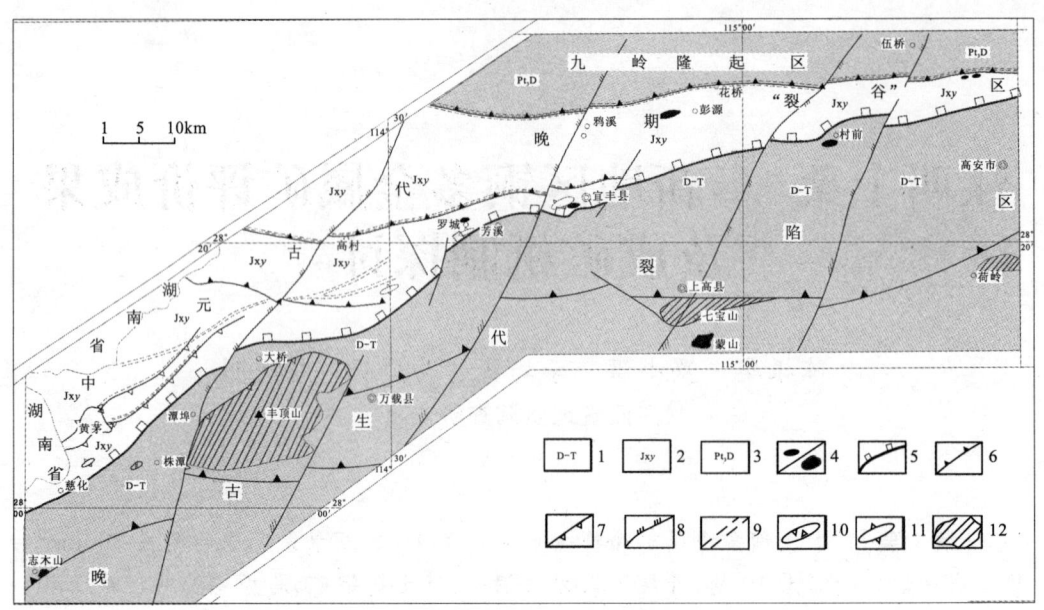

图 1 江西九岭南缘多层次大型构造格架略图

1. 泥盆系—三叠系地层；2. 中元古界蓟县系宜丰岩组；3. 晋宁期花岗岩；4. 燕山期(中)酸性斑岩；5. 结合带边界深断裂带；6. 逆冲推覆断裂带；7. 滑覆断裂带；8. 走滑断裂带；9. 韧性剪切带；10. 飞来峰；11. 构造窗；12. 大面积飞来峰

宜丰岩(组)所采细碧质玄武岩 5 个样品，Cu 124.86×10^{-6}、Zn 138.13×10^{-6}、Au 4.4×10^{-9}；沉凝灰岩 4 个样品，Cu 51.25×10^{-6}、Zn 105.37×10^{-6}、Au 7.5×10^{-9}，为主要的矿源层。

1.2 构造

中元古代浅变质岩基底组成一近东西向巨型复式倒转背斜，由于后期构造叠加或改造，多呈"S"形辗转弯曲。盖层褶皱主体为轴向北东东弯转延伸复向斜，其间有一系列北东—北北东向叠加褶皱或"鼻"状褶皱以及牵引褶皱。

区内断裂构造极为发育，相互交织成网，规模较大的断裂主要有近东西(北东东)向推覆逆冲断裂、滑覆断裂带；慈化-宜丰北东东向深断裂带，规模大、切割深，为九岭隆起带的南部边界断裂；一系列北东—北北东向走滑冲断-伸展十分发育，穿过区内规模较大的主要有靖安-村前、大湖塘-宜丰、铜鼓-余家坪、湘赣边界 4 条走滑冲断带，相互平行大致呈 35~40km 等间距展布。其中慈化-宜丰深断裂带(宜丰-景德镇深断裂带西段)为长期活动板缘深断裂带，也是扬子陆块与钦-杭结合带的分界断裂。中新生代在区域最大主应力北西西-南东东方向作用下，发生强烈的剪切张开，并持续深切，与深源物质相通，沿断裂带形成一条重要的 I 型中酸性斑岩带；沿慈化-宜丰断裂带，即九岭隆起与萍-乐裂陷间为重力异常梯级带，在罗城南部、黄茅、村前等地有一定范围的局部重力低异常；在铜鼓—花桥、村前、宜丰、彭源、志木山等地段，均有局部正磁异常，经深部验证，铜鼓—花桥、村前、宜丰等磁异常是由隐伏花岗闪长岩或斜长花岗斑岩引起。上述特征表明，该深断裂带是良好的导岩导矿和控岩控矿构造。

区内存在 5 种大型构造：中元古代晚期大型陆缘岛弧裂谷贯穿全区、南侧为晚古生代大型萍-乐裂陷带、中新生代九岭南缘大型推(滑)覆构造前锋波及全区被北北东向走滑冲断-伸展构造复合、长期活动的深断裂带及沿深断裂带发育的燕山期 I 型中酸性斑岩带。属多层次大型构造叠置成矿地质环境。

1.3 岩浆岩

区内岩浆多期、多阶段活动频繁,晋宁早期发生了较大规模的"双峰式"火山活动,其变细碧质玄武岩和变石英角斑岩为 Cu、Pb、Zn、Au 矿源层;晋宁晚期大规模中酸性岩浆侵入形成了九岭大型复式黑云花岗闪长岩基、石花尖黑云花岗闪长岩株等;加里东期岩浆活动较弱,仅有早期张家坊英云闪长岩株、东茅山黑云英云闪长岩瘤和晚期丰顶山黑云花岗闪长岩株、桃源角闪石英闪长岩株,其中见有与桃源岩株有关的石英脉型和硅化破碎带型金矿;燕山期岩浆活动频繁而强烈,以中酸性、酸性花岗岩类为主,少数为碱性花岗岩类及基性—超基性脉岩类,区内有色、稀有、贵金属矿床的形成与燕山中晚期(中晚侏罗世—早白垩世)浅—超浅成花岗岩类关系最为密切。二云母花岗岩[古阳寨(178Ma)、仙人岩、双巷洞岩体]见有铍矿化,钠化强烈地段铌钽等矿化明显;白云钠长花岗岩(白水洞、雷坛庙、河背、洞背岩体)与铌钽矿化关系密切。燕山晚期岩体主要有村前(113Ma、117Ma)、宜丰花岗闪长斑岩或花岗斑岩瘤等,与铜多金属矿化关系密切;鹅景(118Ma)霏细斑岩瘤(墙)与铌钽矿化关系密切。

1.4 地球物理、地球化学异常特征

重力资料显示,沿慈化-宜丰断裂带,即九岭隆起与萍-乐坳陷间为重力异常梯级带,罗城南部、黄茅、村前等地有一定范围的局部重力低异常区[①]。

本区属平稳低磁场区,磁场强度变化幅度均在 50nT,在此背景上出现有呈北东向、北北东向和北西向正负磁异常带,并与区域构造线基本一致。

磁异常资料显示,在铜鼓—花桥、村前、宜丰、彭源、志木山等地段,均有局部正磁异常,经深部验证,铜鼓—花桥、村前、宜丰等磁异常是由隐伏花岗闪长斑岩或斜长花岗斑岩引起。

地球化学资料表明,本区为 Cu、Pb、Zn、Au、Ag 等元素岩石综合异常区。从 1:20 万水系沉积物测量资料重新综合处理成果看出,按 Cu 异常下限 30×10^{-6},万载黄茅-宜丰彭源可圈定长 100km、宽 7~10km 较连续的大范围 Cu 异常,并伴有 Pb、Zn、Au、Ag 等元素异常;按下限值 40×10^{-6} 可圈定出兴源冲、蓬里冲、株潭、潭埠、大桥、三兴、罗城、高村、上山里、芳溪、大岭亭等 10 余处局部 Cu 异常,多属铜致矿异常[②](图 2)。

2 取得成果

(1)开展了万载县兴源冲、三十把和高安市马塘等矿区预普查工作,估算了 333+334$_1$ 各类铜多金属资源量:铜金属量 7.345×10^4t,锌金属量 0.2101×10^4t(表 1)。

(2)新发现矿产地 1 处,即兴源冲铜矿,可作为详细普查基地。兴源冲铜矿圈定铜矿化带 3 条(图 3),地表发现铜矿(化)体 6 条,划分为野猫冲、刘家冲、枫树坳 3 个矿段。其中野猫冲矿段工程控制矿体走向长度 1 050m,共发现铜(工业)矿体 4 条、铜矿化体 7 条,锌矿体 1 条,

---

① 江西省地质调查研究院.江西省全省重磁综合编图与找矿靶区优选成果报告,2005。
② 江西省地质调查研究院.江西武宁-宜丰地区铜锡钨矿评价成果报告,2006。

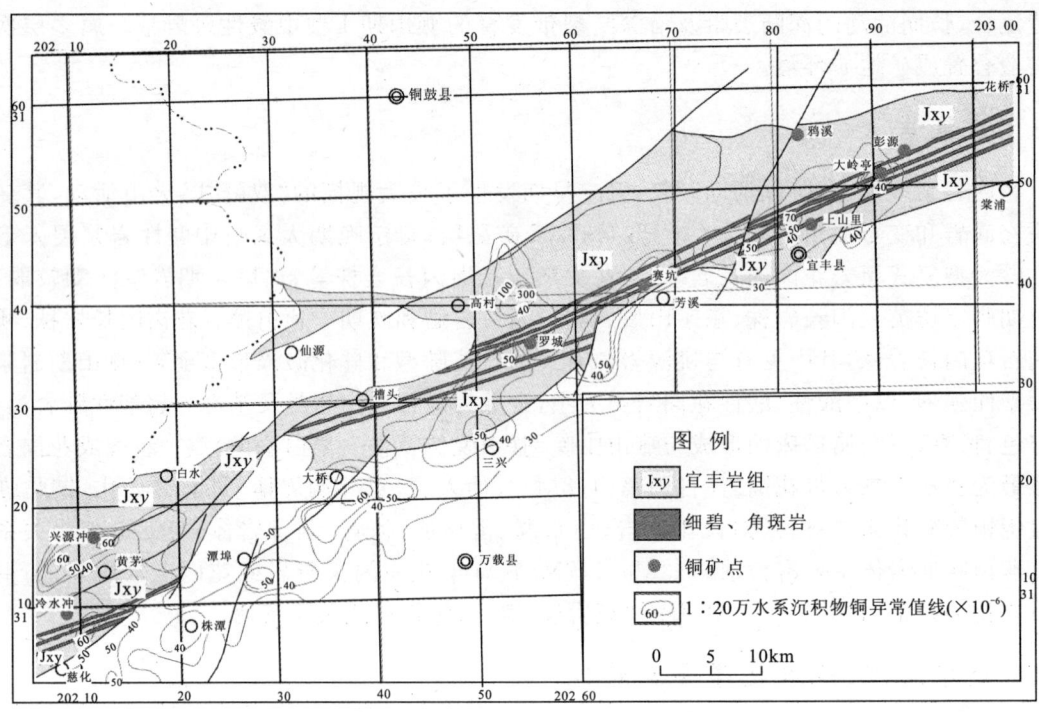

图 2 黄茅-宜丰彭源地区 1∶20 万水系沉积物测量 Cu 元素异常图

表 1 铜矿、锌矿资源量估算总表

矿区名称	矿种	矿体编号	金属资源量($\times 10^4$ t)		合计金属资源量($\times 10^4$ t)	
			333	334_1	Cu:333+334_1	Zn:334_1
兴源冲	Cu	野 Cu I		0.023 1	5.897 6	0.026 6
		野 Cu III	2.364 5	2.996 6		
		野 Cu IV		0.107 7		
		野 Cu VI	0.052 2	0.134 4		
		刘 Cu III		0.132 3		
		枫 Cu I		0.086 8		
	Zn	野 PbZn I		0.026 6		
三十把	Cu	西 Cu VI		0.050 1	0.931 5	0.131 6
		西 Cu VII	0.313 0	0.525 8		
		西 Cu XI		0.042 6		
	Zn	西 Zn I		0.085 6		
		西 Zn II		0.026 3		
		东 Zn I		0.019 7		
马塘	Cu	Cu I	0.167 1	0.348 8	0.515 9	0.051 9
	Zn	Zn I		0.051 9		
合计($\times 10^4$ t)					7.345	0.210 1

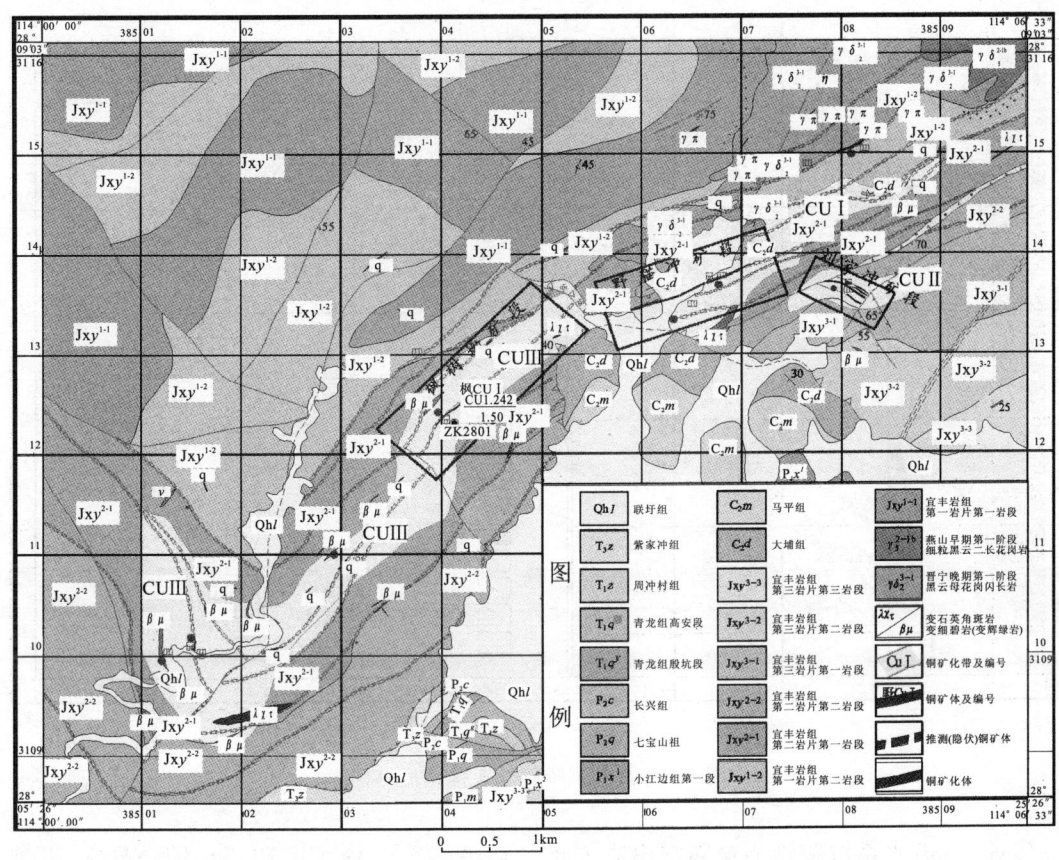

图 3 万载县兴源冲铜矿区地质构造略图

矿体长度 160～1 050m、倾向延深 120～450m,矿体平均厚度 0.66～2.69m,总厚度 11.40m,Cu 平均品位为 0.230%～1.75%;刘家冲矿段地表见有铜矿(化)体 4 条,长度 100～300m,最大倾向延深 220m,平均厚 0.86～5.0m,Cu 品位为 0.116%～0.847%;枫树坳矿段地表发现铜矿体 1 条,长约 300m,倾向延深 220m,平均厚度 0.99m,Cu 平均品位为 0.977%。初步估算铜金属量($333+334_1$)$5.897\ 6×10^4$ t。

(3)三十把铜矿西部矿段地表发现铜矿(化)体 6 条(图 4),其中 CuⅠ号铜矿化带东部钻探工程控制矿体走向长度 720m,控制倾斜最大延深 510m,共发现铜(工业)矿体 2 条、低品位铜矿体 6 条,锌铅矿体 2 条,矿体倾向延深 120～510m,矿体厚度 0.64～2.62m,Cu 平均品位为 0.214%～0.693%,Zn 品位 1.280%～3.255%;CuⅡ号铜矿化带西段 ZK1901 钻孔见有两层铜矿(化)体 1 条,厚度 0.79～2.23m,Cu 品位为 0.14%～0.651%。初步估算铜金属量($333+334_1$)$0.931\ 5×10^4$ t。

(4)在村前外围的马塘铜矿区,经地表地质检查揭露发现铜矿化带 1 条,走向长 1 000 余米、宽 20～60m,铜化矿带赋存于推(滑)覆断裂带北侧晋宁期中细粒黑云母花岗(闪长)岩内的次级近东西向硅化破碎带内,工程控制铜矿(化)体长度约 650m,矿体平均厚度 5.76m,Cu 平均品位为 0.482%。初步估算铜金属量($333+334_1$)$0.515\ 9×10^4$ t。

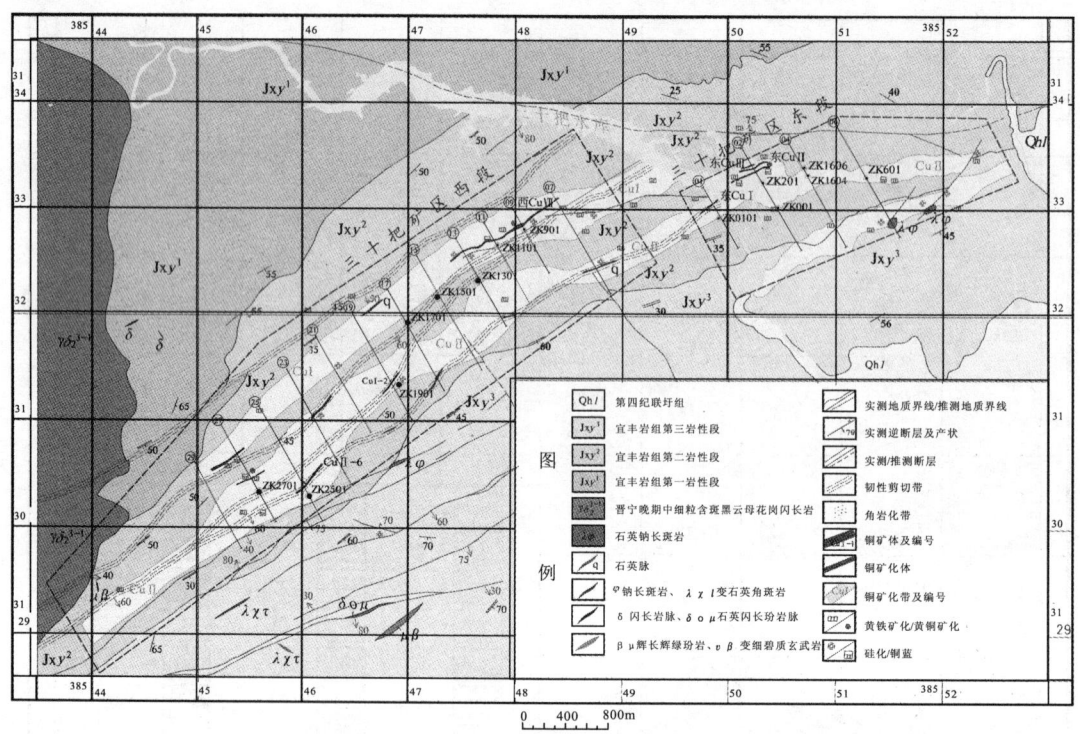

图 4 万载县三十把铜矿区地质略图

(5)1∶5万水系沉积物测量圈定出高安市马塘 Au、Ag、As、Cu、Pb、Zn 综合异常,万载县大桃源 Cu、Pb、Zn、Au、Sn 综合异常。兴源冲1∶1万、1∶2.5万土壤地球化学测量圈定单元素异常共计13处,Cu、Pb、Zn 综合异常4处,均已发现较好的铜矿化。三十把西部1∶2.5万土壤地球化学测量圈定单元素异常10处,Cu、Zn 综合异常2处,且均已发现较好的铜矿化。

(6)重点加强了宜丰(岩)组分布区海相火山沉积(细碧岩、石英角斑岩)层控叠改型[3]铜多金属矿的研究,以兴源冲铜矿为典型矿床,总结其成矿地质条件、成因类型、找矿标志,首次建立了其成矿模式、找矿模型,对在江西九岭南缘地区寻找与宜丰岩组有关的同类型矿床起着重要的指导示范作用,找矿意义重大。

(7)总结了工作区内铜多金属矿成矿规律、找矿标志,建立了区域成矿模式、找矿模型。对区域矿产资源潜力作了总体评价,圈定出找矿远景区3处(即黄茅、罗城-上山里、村前铜多金属成矿远景区),其中可供近期工作的找矿靶区10处(图5),利用《江西省铜矿资源总量预测》所建立的逻辑信息法铜矿资源总量预测模型,预测工作区铜资源潜力为 $350×10^4$t(表2)。

(8)深化了九岭南缘为多层次大型构造叠置复合成矿环境认识,不仅属于宜丰-景德镇深断裂中酸性斑岩带的西段,也是中元古代晚期板缘"裂谷"、晚古生代裂陷、中新生代大型推(滑)覆构造叠置部位,具有较大的铜多金属矿资源潜力。

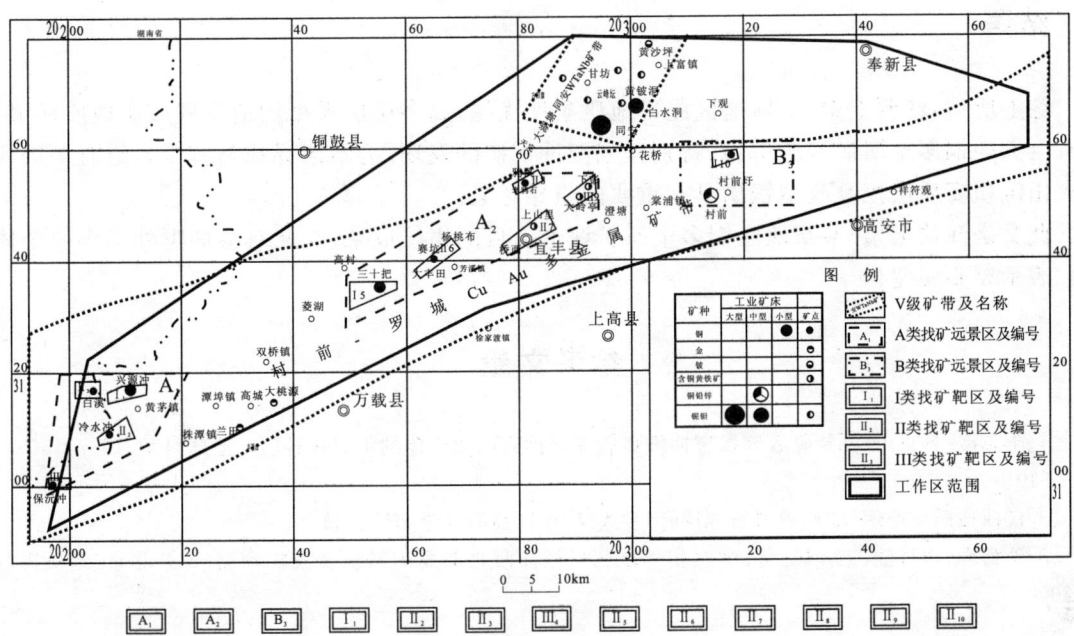

图 5　江西上栗-奉新地区找矿靶区预测略图

1. 黄茅铜(金)多金属矿找矿远景区；2. A_2罗城-上山里铜多金属矿找矿远景区；3. B_3村前及外围铜多金属矿找矿远景区；4. 兴源冲铜多金属矿找矿靶区；5. 冷水冲铜多金属矿找矿靶区；6. 白溪铜矿找矿靶区；7. 保沅冲铜多金属矿找矿靶区；8. 三十把铜多金属矿找矿靶区；9. 大丰田-杨桃柿铜多金属矿找矿靶区；10. 桥西-上山里铜多金属矿找矿靶区；11. 雅溪铜矿找矿靶区；12. 大岭亭-下彭源铜多金属矿找矿靶区；13. 马塘铜多金属矿找矿靶区

表 2　矿床模型法预测资源量统计表

编号	找矿远景区代号	预测对象名称	预测模型 I			预测模型 II			预测资源量 ($\times 10kt$)
			对象权	归类	预测资源量 ($\times 10kt$)	对象权	归类	预测资源量 ($\times 10kt$)	
1	A_1	兴源冲	2.10	大	55	3.32	中	35	45.0
2	A_1	冷水冲	2.12	大	55	3.00	中	15	35.0
3	A_1	白溪	1.70	中	20	2.60	中	15	17.5
4	A_2	保沅冲	1.09	小	5	1.70	小	10	7.5
4	A_2	三十把	2.24	大	65	2.83	中	20	42.5
5	A_2	大丰田—杨桃柿	2.06	中	35	3.20	中	30	32.5
6	A_2	桥西—上山里	2.18	大	50	3.51	大	60	55.0
7	A_2	鸦溪	2.11	大	50	2.82	中	15	32.5
8	A_2	大岭亭—下彭源	1.03	小	10	1.68	小	5	7.5
9	A_2	村前	2.19	大	55	3.65	大	60	57.5
10	A_2	马塘	1.77	中	20	2.94	中	15	17.5
	合计				420			280	350.0

3 结语

综上所述,江西上栗-奉新地区成矿地质条件优越,属多层次大型构造叠置成矿地质环境,具有巨大的铜多金属矿资源潜力,特别是兴源冲铜矿的发现,为本区寻找与宜丰岩组有关的海相火山沉积变质层控叠改型铜矿具有重要的指导意义。

此文是江西上栗-奉新地区铜多金属矿评价项目的集体成果,在此对参加野外工作的全体同仁表示衷心感谢!

参考文献

[1]朱志澄.幕阜山-九岭隆起侧缘逆冲推覆和深部拆离以及山体的不对称性[J].地球科学,1987,12(5):503-510

[2]江西地质矿产厅.江西省岩石地层[M].武汉:中国地质大学出版社,1997

[3]贺菊瑞,芮行健,王爱国,等.皖赣相邻地区层控江西北部成矿系统及找矿预测[M].北京:地质出版社,2008

"江西诸广山地区钨多金属矿评价"项目成果介绍[①]

陈小勇 曾载淋 丁明 游磊

(江西省地勘局赣南地质调查大队)

[摘 要] 江西诸广山地区位于江西省南部,是南岭钨锡成矿带的一个重要组成部分。区内燕山期成矿岩体广布,区域钨锡化探异常面积广阔,钨锡矿成矿条件优越而独特。项目工作在牛角窝矿区新发现"破碎带-石英脉复合型"成矿类型,提出"五层楼+地下室"新模式,在理论上打开了老矿山深部找矿的空间,实现钨多金属矿找矿重大突破。

[关键词] 江西诸广山 钨多金属矿床 成果介绍

1 项目介绍

"江西诸广山地区钨多金属矿评价"项目属中国地质调查局国土资源大调查矿产资源评价项目,是"赣南地区钨矿调查评价"项目的3个子项目之一。该项目获2011年度国土资源部科学技术二等奖,项目实施单位:南京地质矿产研究所。项目承担单位:江西省地质调查研究院、江西省地矿局赣南地质调查大队。自2002年始至2008年,历时6年完成。[②]

2 立项背景

诸广山地区位于江西省南部,包含崇义、大余、上犹、南康4个县,是南岭钨锡成矿带的一个重要组成部分,地理位置:东经113°55′00″—114°45′00″,北纬25°20′00″—26°00′00″,面积6 000余平方千米。

区内震旦系—奥陶系基底碎屑岩地层广布,钨锡背景值高;东西向、北北东向构造控矿规律明显;富含成矿元素的燕山期成矿岩体广布,早阶段岩体往往呈规模较大的岩基状,成矿物

[①] 基金项目:中国地质调查局国土资源大调查矿产资源评价项目"江西诸广山地区钨多金属矿评价"(项目编号:1212010533001)
   第一作者简介:陈小勇,男,1965年生,江西赣州,高级工程师,主要从事矿产资源勘查。
[②] 曾载淋,李雪琴.江西诸广山-万洋山钨多金属找矿主要成果与新认识[D].华东地区地质调查成果论文集

质总量丰富,经长期结晶分异形成的晚阶段小岩株、岩枝、岩瘤往往富含成矿物质,在适宜的构造、围岩条件配合下,易于形成钨锡多金属矿床。早期大岩体主要分布于周边(如诸广山、弹前),内部主要为小岩株、岩枝、岩瘤等,深部连成一片,上覆盖层厚,预示着其保存条件好,钨锡矿成矿条件优越而独特(图1)。

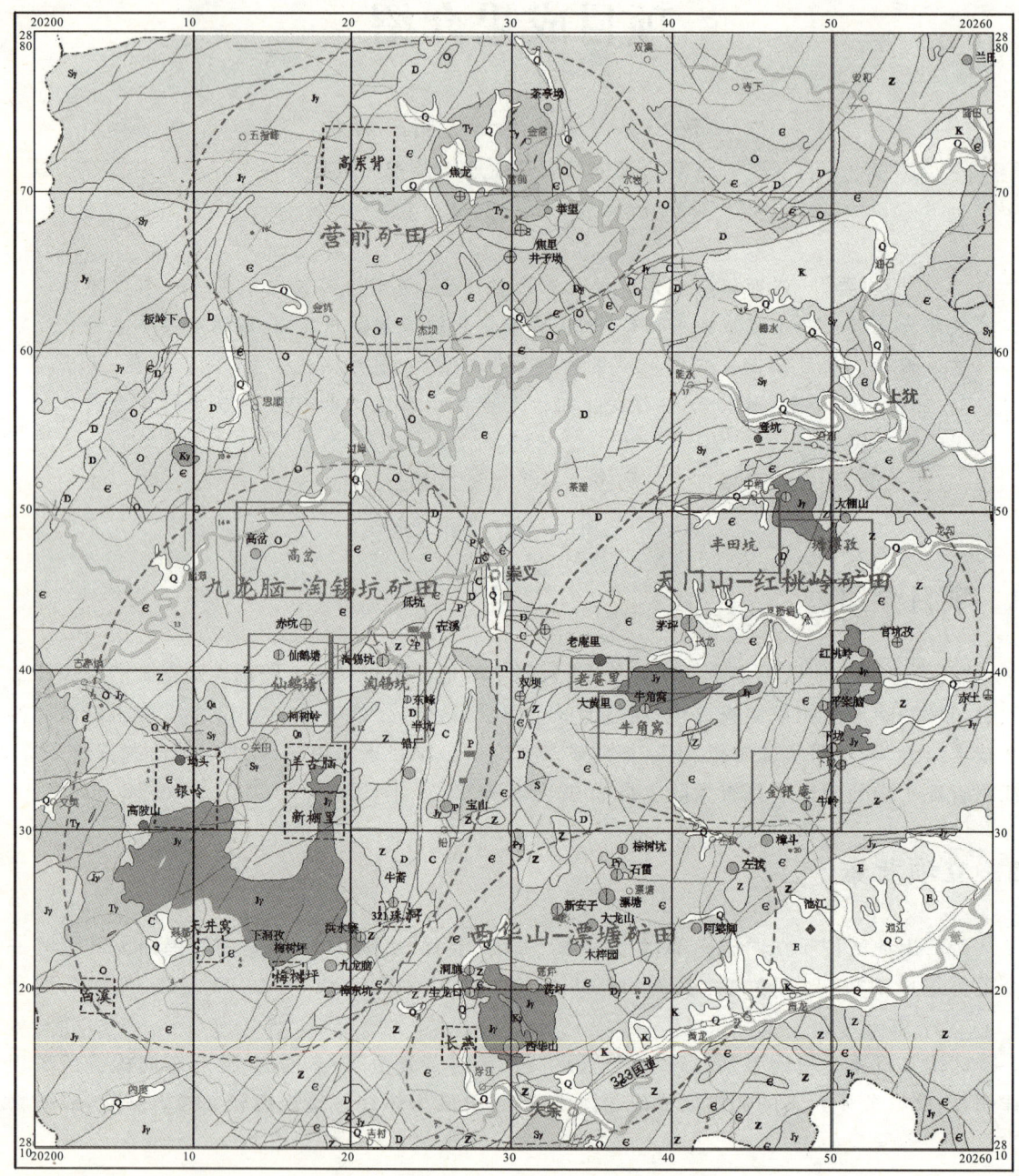

图1 崇义-大余-上犹远景区地质简图

同时，区内存在良好的物化探异常，布格重力异常表现为近南北向的梯级带，异常值介于$(-35 \sim -50) \times 10^{-5} m/s^2$之间，自东向西$\Delta g$负值逐渐增大。分别于信地—板岭下、大余—上犹一线出现突出的重力梯级带，而在九龙脑出现一圈闭的低值异常，周围梯级带宽缓，这与九龙脑岩体顶面波状起伏并向四周潜伏一致；1：20万多元素区域化探异常相互重叠，形成面积广阔的化探综合异常区，其W异常衬度值介于2.8～3.6之间，最高W含量达$4 000 \times 10^{-6}$。大调查工作以来，1：5万水系异常检查分解出众多具有找矿意义的浓集中心。

区内已探明有西华山、漂塘、茅坪等大型钨（锡）矿床和一大批中型、小型矿床、矿点，是著名的钨矿汇集区，成矿条件极为有利。工作程度低的一批矿点以及老矿区的外围与深部，仍有巨大的钨锡找矿潜力。

因此，自2002年开始，中国地质调查局下达大调查项目——"江西诸广山地区钨多金属矿评价"，目的是开展区内的钨多金属矿评价及潜力调查，实现钨多金属矿找矿新突破。

3 主要技术内容

项目开展历时6年，重点开展了诸广山地区的评价工作。共完成4片大面积的1：5万水系沉积物测量，选择8处异常进行了矿区评价，即牛角窝、老庵里、金银庵、淘锡坑、仙鹅塘、高垒、丰田坑、塘漂孜，投入实物工作量：1：5万水系沉积物测量$1 400km^2$，1：1万地质测量$73km^2$，1：2 000剖面1.91km，1：1万土壤测量$10km^2$，1：1万激电测量12.04km，槽探$19 699.82m^3$，坑探226.15m，钻孔5 961.95m（15个孔），化学样品1 937个。项目时间跨度长，工作量投入大。

4 主要科技成果

系统总结了工作区钨矿成矿规律、成矿模式和找矿方法。通过总结牛角窝矿区破碎带-石英脉复合型、老庵里矿区破碎蚀变岩型锡矿类型、金银庵矿区右型——斜列型形式、淘锡坑矿区左型——旋扭型形式等成矿规律，提出"五层楼＋地下室"新模式[1]，认为"五层楼"之下有云英岩型、蚀变花岗岩型、"楼下楼"型3种钨锡矿化的可能，拓展了老矿山深部找矿的空间。

运用脉状钨矿"五层楼"成矿理论，先后开展了崇义淘锡坑、崇义牛角窝、崇义仙鹅塘、崇义塘漂孜、崇义高垒、大余金银庵、上犹丰田坑等矿区的钨锡资源评价，共提交推断的、预测的$(333+334_1)$资源量WO_3 $28.68 \times 10^4 t$，Sn $12.32 \times 10^4 t$，Pb $39.5 \times 10^4 t$，Zn $26.2 \times 10^4 t$，Cu $11 \times 10^4 t$，Ag 1 022t。新发现牛角窝、老庵里、牛岭、塔背坑、丰田坑、塘漂孜6处矿产地，扩大了淘锡坑矿区的储量规模，提交大型矿床3处、中型1处、小型3处，较好地完成了项目预期的目标和任务。

项目实施以来，在牛角窝、老庵里矿区发现了与破碎蚀变带关系密切的"破碎带-石英脉复合型"成矿类型。① 该矿化类型矿体规模大、组分多，矿床综合价值高，由此提出了"关注岩体附近，甚至中远接触带构造破碎带的钨锡矿找矿"的新观点，并通过先后类比发现了龙南九曲、

---

① 荀月明，曾载淋，许建祥.江西南部破碎蚀变岩型锡矿的发现及其找矿意义[C].地质与可持续发展——华东六省一市地学科技论坛文集.

宁都将军坳等矿床,带动了本地区的钨锡矿勘查。

开展了1∶5万水系沉积物测量1 400km², 发现了以W、Sn为主的综合异常48处,筛选出33处异常为找矿有利靶区,主要有丰田坑、塘漂孜、仙鹅塘、高垒、银岭、羊古脑、新棚里、梅树坪、牛斋、洞脑、崩岗岭、阿婆脚、刘坑、长燕、石圳、茶亭坳、高崊背等,是今后新的资源量增长点,为本区下一步工作选区提供了依据。

5 创新性

(1) 总结并拓展"五层楼"模式为"五层楼+地下室"模式(图2),打开了脉钨老矿山深部勘查的理论空间,拓展了钨锡矿找矿思路。如淘锡坑钨矿找矿潜力得到不断扩大,资源储量不断取得新的突破,由中型跃升为大型。[2]

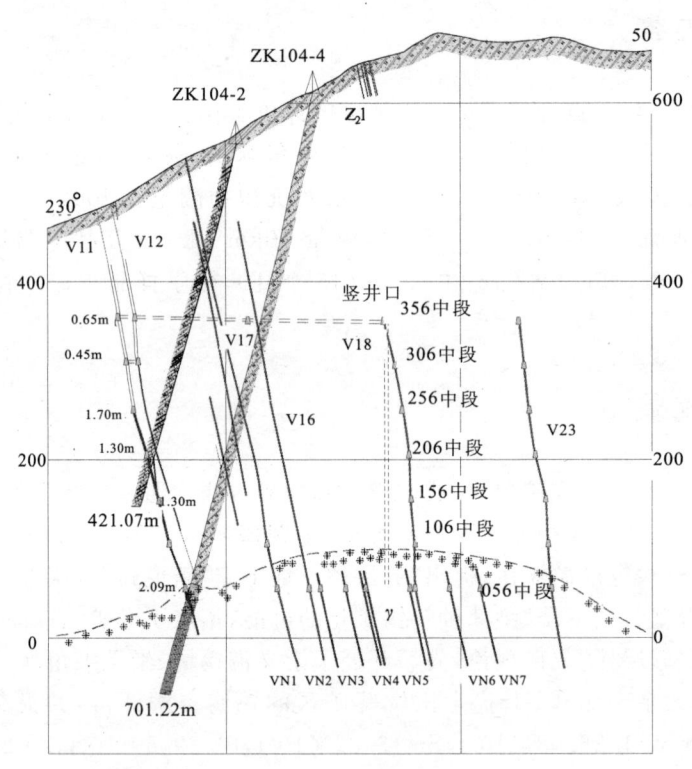

图2 淘锡坑钨矿"五层楼+地下室"新模式

(2) 在赣南首次发现了老庵里"破碎带蚀变岩型"锡矿,增添了矿床新类型(图3)。该矿床共发现破碎蚀变岩型锡多金属矿带5条(V1、V2、V3、V4、V5),其中V1矿带是主矿带,长1 400m,平均厚5.55m,地表普遍表现褐铁矿化构造角砾岩、破碎石英脉、硅质岩带,局部为铁帽,往浅部进入原生带后则变为较厚大的锡铅铜银矿体。品位Sn 0.690%、Pb 2.992%、Zn 0.967%、Cu 0.657%、Ag 86.73g/t。也是本次工作提交的一处大型锡矿产地。

(3) 首次提出并发现了牛角窝式"破碎带-石英脉型"钨锡多金属矿床新类型,拓展了赣南

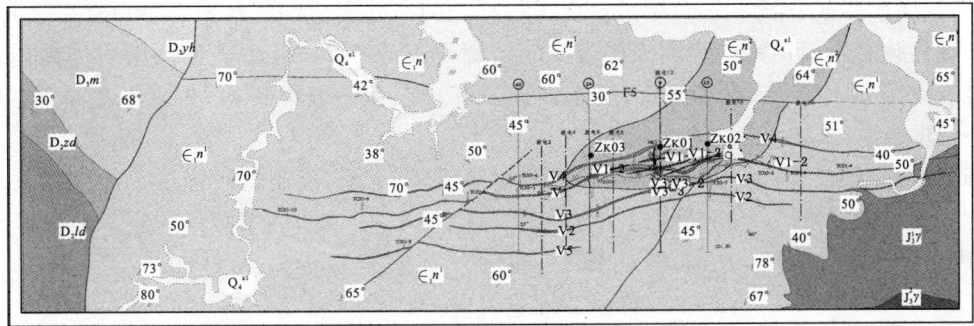

图3 崇义县老庵里锡多金属矿地质简图

1.第四系全新统：砂砾石、亚砂土、亚黏土；2.上泥盆统洋湖组：石英细砂岩、粉砂岩、页岩；3.上泥盆统麻山组：钙质细砂岩、灰岩、石英砂岩；4.上泥盆统嶂崇组：石英杂砂岩、粉砂岩、页岩；5.中泥盆统罗段组：石英砂岩、岩屑砂岩；6.下寒武统牛角河组上段：变质长石石英砂岩、板岩夹透镜状灰岩；7.下寒武统牛角河组下段：变质长石石英砂岩、板岩夹含碳质板岩；8.晚侏罗世：细粒斑状黑云母花岗岩；9.晚侏罗世：中细粒斑状黑云母花岗岩；10.断裂及产状；11.地质界线；12.地层产状；13.矿脉及编号；14.探槽及编号；15.平硐及编号；16.民窿及编号；17.钻探及编号

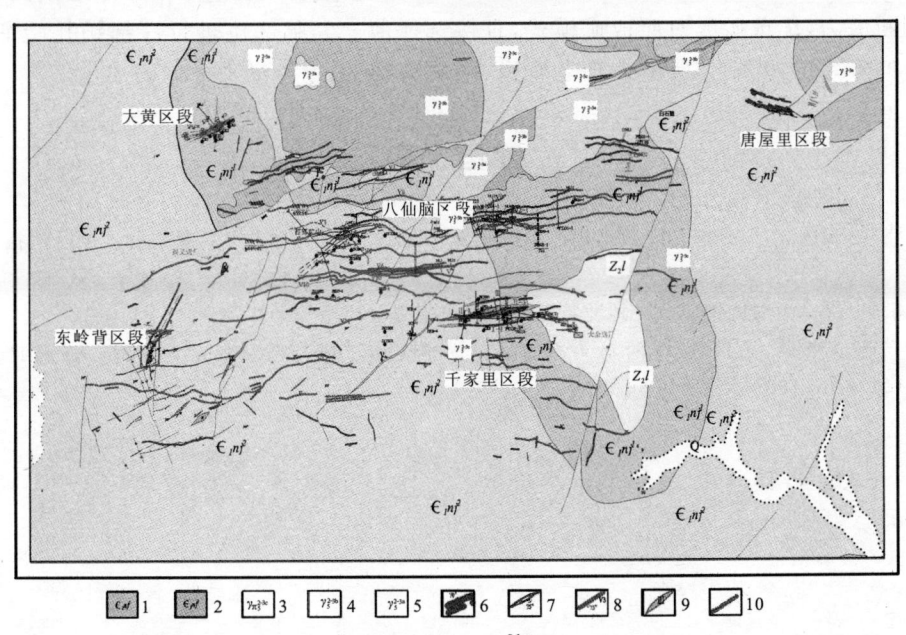

图4 崇义县牛角窝钨多金属矿地质简图

1.下寒武统牛角河组上段岩屑石英杂砂岩、粉砂质板岩夹含碳质板岩；2.下寒武统牛角河组下段岩屑石英杂砂岩、含碳质板岩底部为高碳质板岩；3.燕山早期第三阶段第三次花岗斑岩；4.燕山早期第三阶段第二次细粒斑状黑云母花岗岩；5.燕山早期第三阶段第一次中细粒斑状黑云母花岗岩；6.断层；7.硅化破碎带；8.破碎带-石英脉复合型矿带；9.石英细脉带型矿带；10.推测矿带

钨锡多金属矿找矿领域。该矿床是本次工作提交的一处大型钨矿产地。牛角窝矿区共发现破碎带-石英脉复合型钨锡铅锌铜银矿带 12 条，编号 V1～V11，分布于天门山岩体南侧 2km 范围内，大致按 60～250m 不等间距，呈东西向赋存于东西向断裂带内，占据断裂带的一部分或全部[①]（图 4）。

矿带走向延长 500～3 900m，控制最大倾斜延深 360m，控制见矿标高 875～472m，最小厚度 0.20m，最大厚度 5.15m。倾向 165°～195°，倾角 55°～75°，往东倾角变陡。矿化不均匀，局部产出黑钨矿、黄铜矿、方铅矿、闪锌矿、锡石。矿床平均品位：WO_3 0.522%、Sn 0.512%、Cu 1.704%、Pb 2.768%、Zn 2.244%、Ag 190.96g/t。[3]

地表主要为由褐铁矿化构造角砾岩构成，常有石英脉或碎裂状石英脉充填，硅化、绿泥石化、碳酸盐化等蚀变较强，铁锰质含量较高，总体矿化不强，局部有铜铅锌矿工业矿体出露。浅部、深部隐伏工业钨锡铜铅锌银矿体呈脉状产于矿带中，横向上占据矿带的全部或一侧，有用组分品位较高、规模较大。

6 找矿方法创新

在找矿方法上，提出化探先行、异常检查与矿点检查跟进、钻探工程直接验证的组合。即针对 1∶20 万水系沉积物异常开展 1∶5 万水系化探进行异常分解，1∶1 万土壤测量或者矿点检查判断潜力，优选矿区对照成矿模式，直接选择薄—大脉部位进行深部钻孔验证，达到了快速评价的效果。如 2002 年新发现老庵里、牛角窝、金银庵等潜力矿区。

参考文献

[1] 许建祥,曾载淋,王登红.等.赣南钨矿新类型及"五层楼＋地下室"找矿模型[J].地质学报,2008(7):880-887

[2] 徐敏林.崇义淘锡坑钨矿成矿地质特征[J].资源调查与环境,2005(增刊)

[3] 朱祥培、高贵荣、梁景时.江西崇义八仙脑钨锡多金属矿床特征及找矿方向[J].资源调查与环境,2006,27(110):120-126

---

① 曾载淋.江西省崇义县牛角窝钨矿床地球化学特征及成因探讨[D].武汉:中国地质大学工程硕士学位论文.

江西兴源冲铜矿床找矿的新突破

陈振华[①]　楼法生　罗小洪　李均良　符海明

（江西省地质调查研究院）

[摘　要] 兴源冲铜矿是近几年来大调查项目在江西九岭地区新发现的铜矿床，为与宜丰岩组有关的海相火山沉积变质层控叠改型铜矿，具有区域典型性。本文通过对其成矿地质条件、矿床地质特征及成因分析，总结了铜矿成矿规律及找矿标志，建立了矿床成矿模式，评价了兴源冲矿区的铜矿资源潜力，指出了找矿方向。

[关键词] 铜矿　海相火山岩型　成矿地质特征　找矿突破　江西兴源冲

兴源冲铜矿位于江西省西北部万载县黄茅镇西北约 4 000m 处，地处扬子与华夏古板块间结合带北侧宜丰-景德镇深断裂带的西段，江南地块九岭隆起南缘（图1）。矿区以往地质矿

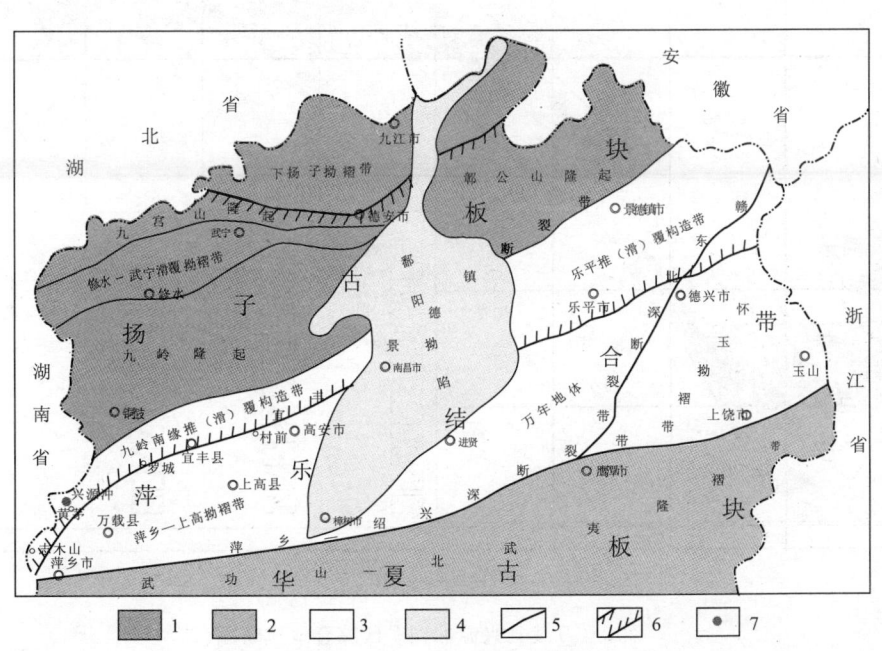

图1　江西北部区域构造单元划分略图

1.扬子古板块；2.华夏古板块；3.萍乐结合带；4.中新生代坳陷；5.深断裂；6.九岭成矿带范围；7.兴源冲铜矿范围

---

① 第一作者简介：陈振华，男，1967年生，江西南昌人，高级工程师，从事区域地质、矿产地质调查研究工作。

产工作程度低,2004—2005 年"江西武宁-宜丰地区铜锡钨矿评价"大调查项目,开展了九岭南缘区域 1∶5 万水系沉积物测量,圈定出黄茅兴源冲 Cu、Pb、Zn 综合异常,但尚未开展矿产调查评价。2008—2011 年江西省地质矿产勘查开发局江西地质调查研究院承担的"江西上栗-奉新地区铜多金属评价""江西九岭地区矿产远景调查"和"江西省万载县兴源冲铜多金属矿普查"项目开展了兴源冲铜矿评价工作,基本查明铜资源量($333+334_1$)$11.65×10^4$ t,为一中型铜矿床,实现了九岭地区铜多金属矿找矿新突破,为本区下一步找矿指明了方向。

1 矿区地质特征

矿区地处九岭南缘多层次大型构造叠置成矿地质环境的西段,北东东向慈化-宜丰板缘深断裂带及大型推(滑)覆构造西段往南急速弧形大转折与湘赣边界北北东向走滑推覆冲断带复合部位(图 2)。

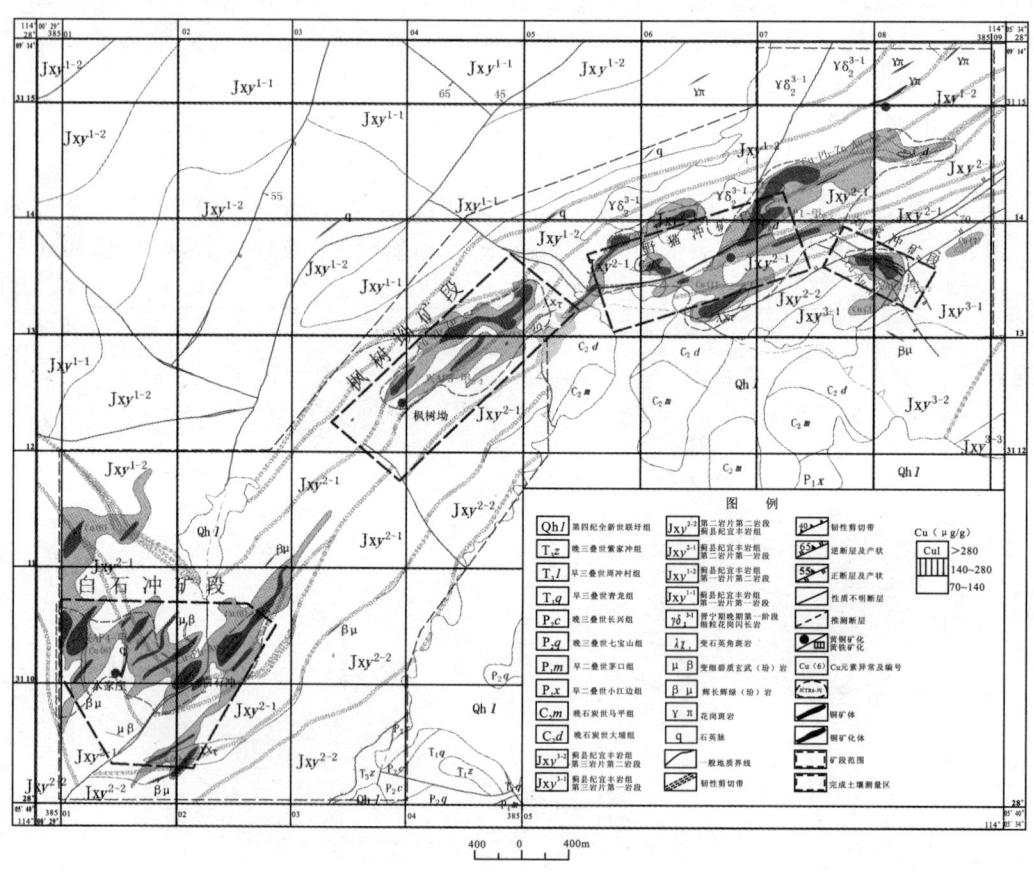

图 2 万载县兴源冲铜矿区综合地质略图

1.1 矿区地层

区内出露地层主要有中元古代蓟县纪宜丰岩组,晚古生代石炭纪、二叠纪、三叠纪地层。

其中宜丰岩组属一套沉积变质火山岩系，以片岩、千枚岩为主，富含菱铁矿，含夹较多的变石英角斑岩、变细碧岩和变辉绿岩；Au 平均含量 5.53×10^{-9}，Cu 平均含量 40×10^{-6}；其中宜丰岩（组）所采细碧质玄武岩有 5 个样品，Cu 124.86×10^{-6}、Zn 138.13×10^{-6}、Au 4.4×10^{-9}；沉凝灰岩有 4 个样品，Cu 51.25×10^{-6}、Zn 105.37×10^{-6}、Au 7.5×10^{-9}，为主要的矿源层。

晚古生代石炭纪、二叠纪、三叠纪地层主要出现在矿区中南部黄茅构造窗，属一套浅滨海碳酸盐岩、碎屑岩。白垩纪的含砾砂岩、粉砂质泥岩出现于矿区南东部，与其他地层呈断裂接触。

1.2 矿区构造

区内构造总体为一北东向围绕大型构造窗的复合推（滑）覆构造，推（滑）覆断裂极为普遍，北东向韧脆性硅化片理化带最为发育。区内断裂构造主要有东西向、北东向、北西向和环形断裂 4 组，均属推（滑）覆构造的组成部分。

矿区宜丰岩组第二岩片中发育一规模较大的北东向韧脆性硅化带，斜贯全区，在水家庄一带产生偏转呈北西向。带宽大于 1 000m，由 4～6 条次级韧脆性硅化带组成，单条宽几米至几十米不等。倾向南东，倾角 $40°\sim70°$，具多期活动特点。带内岩层动热变质变形较为普遍，达高绿片岩相，岩石破碎，具片理化、糜棱岩化和构造透镜体化，沿韧脆性硅化带常有辉绿（玢）岩充填。岩层或片理扭曲强烈，硅化、绿泥石化普遍，常见有黄铁矿化、黄铜矿化，局部达工业要求，为主要控矿构造。

1.3 矿区岩浆岩

晋宁早期发生了较大规模"双峰式"火山活动，表现为宜丰岩组中含有变石英角斑岩、变细碧质玄武岩、变辉绿岩夹层，其火山岩 Sm-Nd 等时线年龄值为 1 300Ma、Rb-Sr 等时线年龄值为 1 351Ma。该套岩石属富钠质岩石系列，富含 Cu、Pb、Zn、Au、Co、Ni 等元素，为克拉克值的 2～10 倍，为铜、金、铅、锌重要矿源层，与成矿关系密切。

晋宁晚期大规模中酸性岩浆侵入形成了九岭大型复式黑云花岗闪长岩基。

区内燕山期岩浆活动较弱，以中酸性、酸性花岗岩类为主，主要为细粒含斑黑云二长花岗岩，呈岩株状，另外细晶岩、花岗闪长岩、花岗斑岩等脉岩较多，角岩化范围较大，对铜矿的形成可能有一定叠加和改造作用。

1.4 地球物理异常特征

1∶1 万激电（中梯）剖面测量成果资料显示，本区为地球物理异常区，圈定高极化率、低阻（或中阻）异常 4 个，编号为 $DJ_1\sim DJ_4$，其中 DJ_2 号异常与野猫冲矿段有关，DJ_4 号异常与刘家冲矿段有关（图 3）。

DJ_2：位于野猫冲矿段中心部位，由北东东向两个子异常组成，单个异常在平面上呈长条形、椭圆状，总长度约 1 100m，宽约 100～250m，视极化率异常峰值为 4.1%、4.18%，异常区视电阻率为 600Ω·m。产于 Jxy_2^{2-1} 地层韧性剪切带中，局部可见蚀变岩出露，具硅化、黄铁矿化，中间大部分区域被第四系覆盖，与野猫冲矿段铜矿体有关，是矿致异常。

DJ_4：异常形态比较复杂，表现为异常群的性质，可细分为若干个子异常，由图 2 可见，该异常由 5 个视极化率为 3% 的等值圈组成，最大值为 4.47%，对应的视电阻率为 600Ω·m。该

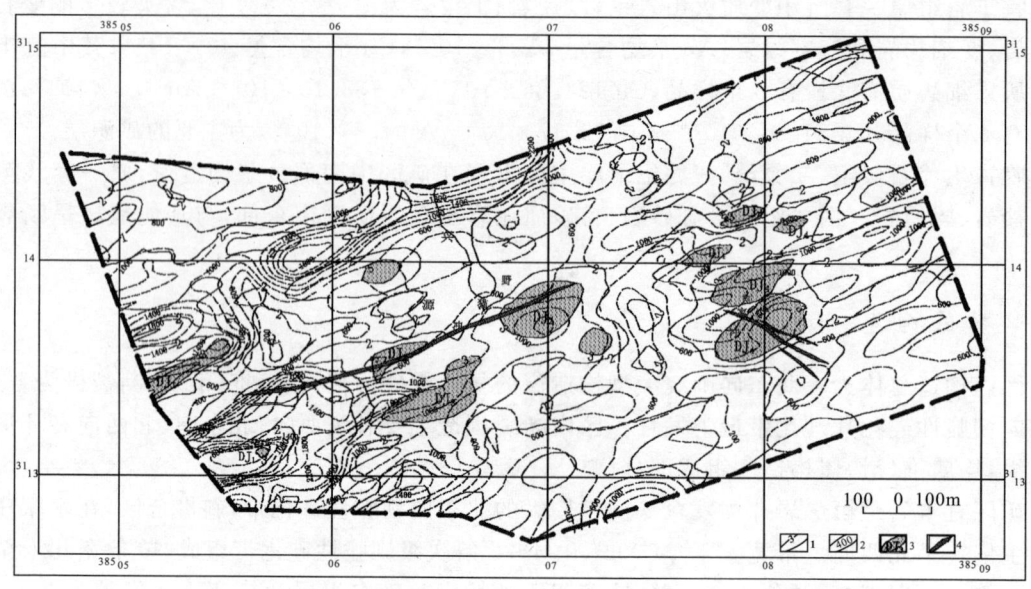

图 3 兴源冲铜矿区视极化率(η_s)、视电阻率(ρ_s)等值线平面图

1. 视极化率(η_s)等值线(%);2. 视电阻率(ρ_s)等值线(Ω·m);3. 激电异常及编号;4. 铜矿体

异常地质部位处在Jxy^{2-1}地层中,其中最南部子异常地表局部可见蚀变岩出露,硅化、黄铁矿化、铜蓝等较发育,地质构造作用明显,与刘家冲矿段矿体有关,是矿致异常。

1.5 地球化学异常特征

矿区 1∶1 万及 1∶2.5 万土壤地球化学测量按表 1 中的异常下限值圈定 Cu 元素异常 6 处、Pb 元素异常 15 处、Zn 元素异常 1 处、Au 元素异常 25 处、Ag 元素异常 4 处,圈定综合异常 4 处(图 2)。即兴 Ap1-甲 2-2 Cu-Pb-Zn-Au-Ag、兴 Ap2-甲 3-2 Cu-Au-Ag、兴 Ap3-甲 3-2 Cu-Pb-Zn、兴 Ap4-甲 3-2 Cu-Pb-Au。各综合异常成矿元素为铜元素,三级浓度分带明显,浓集中心较大,均发现了铜矿(化)体,总面积 3.6km²。

表 1 兴源冲铜矿区土壤测量主要成矿元素异常下限值划分表 (μg/g)

元素名称	最大值	最小值	平均值	标准方差	均值+2倍标准方差	变异系数	异常下限	迭代次数
Cu	1 144.0	10.17	42.25	14.88	72.01	0.352	70.0	14
Pb	2 149.0	2.40	30.18	9.68	49.54	0.321	50.0	8
Zn	825.4	16.70	90.58	22.99	136.56	0.254	140.0	5
Au	1 063.0	0.39	1.59	0.51	2.61	0.321	2.5	9
Ag	6.61	0.001	0.065	0.019	0.103	0.292	0.1	4

2 矿床地质特征

矿区铜矿化属海相火山沉积变质热液叠改型,矿体呈层状、似层状、脉状产于宜丰岩组的含火山物质较多(变细碧岩、变角斑岩)的岩层中。矿化带明显受北东向大型推(滑)覆构造带的控制,总体呈北东东向展布,矿带全长达10km,按地段可分成野猫冲、刘家冲、枫树坳、白石冲4个矿段(见图2)。

2.1 矿体特征

野猫冲矿段:位于矿区中部,是矿区内已知矿化最好、工程控制程度最高的矿段,工作程度已达普查。地表主要为含铜黄铁矿化蚀变带,总体呈北东东向带状展布,带长2 000m,带宽500m。工程控制矿体走向长度1 490m,控制倾斜最大延深630m,共发现铜(工业)矿体6条、铜矿化体7条,锌矿体1条。各矿体或矿化体沿矿带内呈脉带状、脉状大致平行产出,多受韧脆性硅化片理化带直接控制(图4)。矿体走向60°~70°,倾向南东,倾角30°~70°,沿走向或倾向形态变化较稳定;单条矿体长度160~1 490m、延深120~630m,矿体平均厚度0.66~2.69m,矿体平均品位0.513%~1.193%,局部Pb+Zn品位0.254%~0.70%。

刘家冲矿段:位于矿区中东部,地表见有铜矿(化)体4条。受北西西向脆性硅化破碎带的控制,倾向200°~220°,倾角40°~75°,见有黄铜矿化、黄铁矿化、闪锌矿化,呈细脉状、细脉浸染状,次生蚀变有蓝铜矿化、褐铁矿化。其中刘CuⅠ铜矿体为主矿体,矿体形态呈脉状,长约300m,倾向延深220m,厚2.04m,Cu平均品位0.847%。

枫树坳矿段:位于矿区中西部,目前仅发现1条铜矿体,呈脉状、似层状,工程控制程度较低,目前仅有1个钻孔控制(ZK2801)。矿体形态呈脉状,矿体走向北东东、倾向130°~140°、倾角40°~50°,长约300m,倾向延深220m,平均厚度1.00m,Cu平均品位0.976%。

白石冲矿段:位于矿区南西部,地表发现白CuⅠ铜矿体1条,受北西向韧脆性剪切硅化破碎带的控制,地表见有黄铜矿、黄铁矿,呈细脉状、细脉浸染状,次生蚀变有蓝铜矿化、褐铁矿化。铜矿体呈北西向展布,走向长约200m,延深140m,倾向南西,倾角30~70°,平均厚度2.32m,Cu平均品位0.543%。

2.2 矿石特征

矿石矿物成分:金属矿物以黄铜矿、黄铁矿为主,次为闪锌矿、方铅矿、斑铜矿、方铜矿等。脉石矿物为石英、绢云母、白云母、绿泥石等。黄铜矿为半自形—它形晶,粒径0.05~0.2mm,早期黄铜矿与石英共生呈细脉状;晚期(主要成矿期)黄铜矿为他形晶,交代闪锌矿、方铅矿和磁黄铁矿。闪锌矿:多为不规则状,少数粒状,粒径0.02~0.5mm,大颗粒内常见小粒状黄铜矿。

矿石化学成分:矿石中的有用组分以铜为主,次为金、锌。铜品位总体较均匀,局部有富集,单样品位0.020%~6.56%,全区工业矿体平均品位为1.23%。

矿石结构构造:矿石结构按结晶程度分为自形晶结构、半自行晶结构、它形粒状结构,按形态分为鳞片状结构、交代融蚀状结构。矿石构造以细脉—网脉状构造为主,其次为浸染状构造、条带状构造、块状构造、角砾状构造。

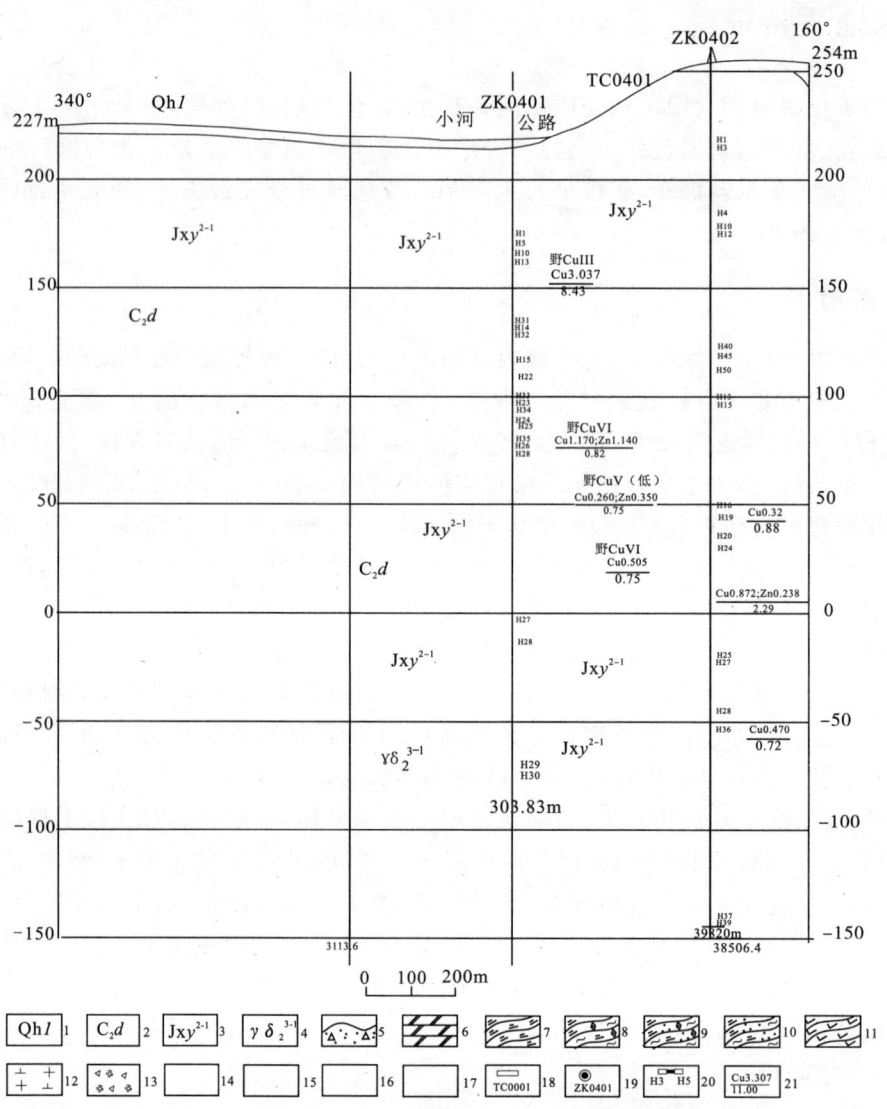

图 4 万载县兴源冲铜矿 04 号勘探线剖面略图

1. 第四系联圩组；2. 上石炭统大埔组；3. 宜丰岩组第二岩片下段；4. 晋宁晚期花岗闪长岩；5. 浮土；6. 白云质灰岩；7. 绢云片岩；8. 含菱铁绿泥绢云片岩；9. 含菱铁石英绿泥绢云片岩；10. 含砂石英绿泥绢云片岩；11. 片状变细碧岩；12. 花岗闪长岩；13. 硅化碎裂岩；14. 断层、推测断层；15. 韧性剪切片理化带；16. 铜矿（化）体及编号；17. 黄铁矿化、黄铜矿化；18. 探槽及编号；19. 钻孔及编号；20. 采样位置及编号；21. 铜品位（%）及矿体厚度

矿石类型：矿石类型属自然硫化物型，呈微细脉浸染状、不规则状、团块状。

微细脉浸染状矿石：黄铜矿呈细—微粒集合体，充填在微细裂隙或散布于矿物裂隙中及矿物颗粒间，形成脉状矿石，矿化较均匀。

不规则状、团块状矿石：表现为黄铜矿、黄铁矿等沿裂隙或孔隙充填，形成不规则状、团块状矿石，矿化不均匀。

2.3 围岩蚀变

矿体围岩主要为绿泥石英片岩和绿泥绢云千枚岩,均有不同程度的蚀变,以硅化、绿泥石化、绿帘石化、绢云母化、碳酸盐化较为多见。磁黄铁矿、黄铁矿有时在硅化石英集合体呈斑点状产出。

3 矿床成因及成矿模式

3.1 矿床成因

3.1.1 成矿流体

东华理工大学核资源与环境重点实验室受江西省地质调查研究院"江西省万载县兴源冲铜矿普查"项目组委托,对野猫冲矿体内成矿流体特征进行研究,其结果如下:

(1)通过电子探针分析,黄铜矿和黄铁矿与菱铁矿、闪锌矿、铁白云石等共生,矿石呈粒状或脉状分布在石英空洞或边缘。且矿脉多呈不连续状,而其不连续的部分被铁白云石所充填,代表该期流体中同时含有 Cu、Fe、Ca、S、CO_2 等流体物质,成矿物质来源与铁白云石具有同源性。

(2)采自矿区千枚岩中浸染状黄铁矿和石英脉中黄铜矿矿石中的 19 件样品,硫同位素 $\delta^{34}S‰$ 值在 1.04‰~6.18‰ 之间,平均为 3.8‰,离差为 3.97‰,具有地幔或深源硫同位素组成的特点。

(3)成矿温度:通过对包裹体均一温度的测量得到兴源冲铜矿的成矿流体包裹体温度主要集中在 120~440℃ 之间。可以分为两个阶段:第一阶段主要集中在 100~200℃,峰值出现在 200℃ 左右,此时的成矿流体应属中低温成矿流体;第二阶段包裹体均一温度较高,200~350℃,少数的包裹体温度已经超过 350℃,此时成矿流体应属于中高温成矿流体。这说明成矿流体系统在不断演化,矿床受两期成矿流体控制。

3.1.2 成因类型

综合前述,矿床产于特定的层位,即宜丰岩组第二岩片(Jxy^2),且与一定的岩性组合(变基性熔岩-变石英角斑岩-含菱铁钠长千枚岩)有关,成矿物质主要来自于深源;矿体呈似层状,与地层产状基本一致。金属矿物以同生沉积和后生填隙-交代方式沉淀,矿石构造与围岩岩石构造一致。围岩蚀变以硅化、阳起石化、绿(帘)泥石化与铜矿化关系密切。矿床具有海相火山喷气-热液沉积初步聚集、变质热液叠加富集、后期多次构造改造富集的多种特征。故兴源冲铜矿床成因类型属海相火山沉积变质层控叠改型铜矿床。

3.2 成矿机理与成矿模式

晋宁期,前震旦纪克拉通发生裂谷作用,产生海底火山活动,早期火山活动强烈,富含成矿物质(Cu、Au、Zn、Pb、S、As 等)的火山喷气-热液沿断裂不断上升,与海水混合沉降在海盆底部;晚期火山活动减弱,火山凝灰质成分大量沉积,海底热水中的成矿物质溶解于海水中,形成高浓度的含矿卤水并侧向迁移,物化条件(还原环境)合适时,矿质就沉淀在海盆中的火山灰和软泥中,形成含铜胶状黄铁矿等矿化层,部分矿液沿未完全固结的岩层及岩层微细缝隙或软弱带充填交代成矿,形成海相火山沉积铜矿(化)层。矿化层或矿层形成之后,受后期区域变质作用及动力变质作用的影响,原生的矿(化)层遭受变形、变质,变质热液又使矿石进一步改造富集,并与形成的一些含铜石英脉构成矿床的主体。

矿床的形成,经历了晋宁期海相火山喷发沉积成矿作用,形成原始矿化层→后期区域变质作用及动力变质作用改造-叠加成矿作用的复杂过程。据此,初步拟定出兴源冲铜矿床成矿演化模式(图5)。

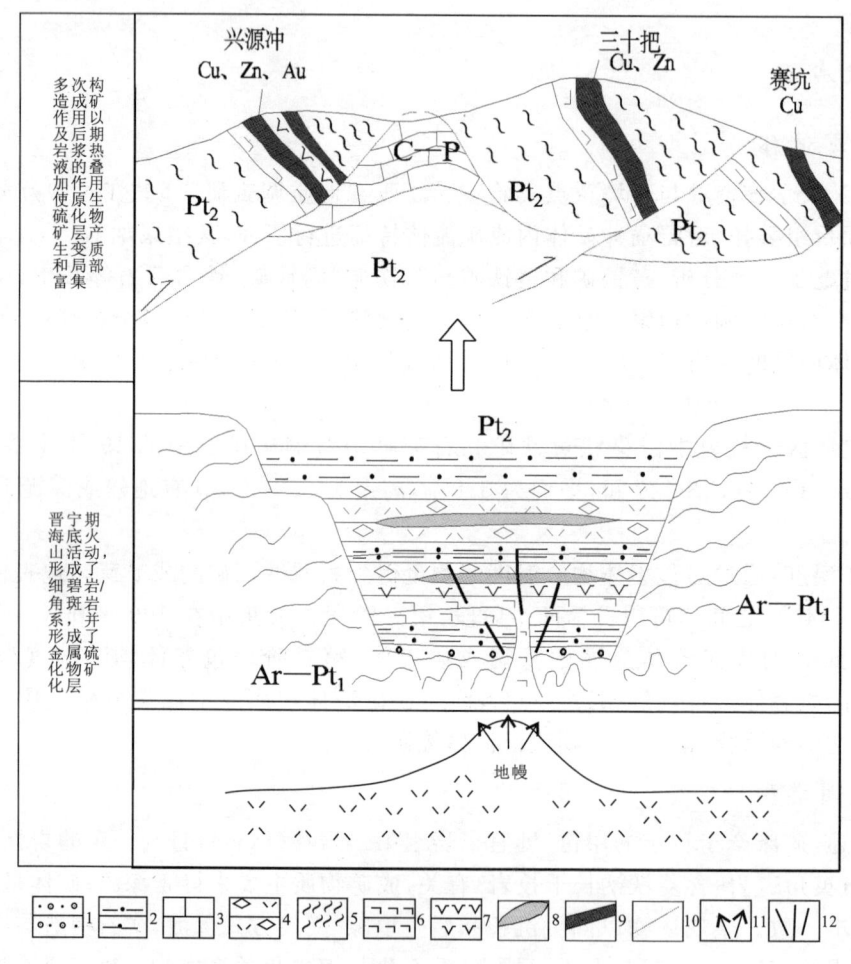

图 5 兴源冲铜矿海相火山岩型铜矿成矿模式图

(据罗小洪等,2010 年,资料修改)

1.砂砾岩;2.砂泥岩;3.碳酸盐岩;4.含菱铁沉凝灰岩;5.片岩及千枚岩;6.(变)细碧岩;7.(变)石英角斑岩;8.硫化物层;9.层控叠改型铜矿体;10.断层;11.热液运移方向;12.脉状矿

3.3 找矿模型

在综合研究兴源冲铜矿成矿模式的基础上,综合提取与成矿有关的构造、地层、岩浆岩、物化探及矿体赋存状态等各种找矿信息,建立兴源冲海相火山沉积变质(细碧岩、石英角斑岩)层控叠改型铜矿床找矿模型(表2)。

表 2　兴源冲海相火山沉积变质层控叠改型铜矿床综合找矿模型

地质条件	构造标记	景德镇-宜丰深断裂带、九岭南缘推(滑)覆构造带西段往南急速弧形大转折与湘赣边界北北东向走滑推覆冲断带复合交汇部位。 北东东—北东向的韧脆性硅化片理化带,为控制矿体的主要构造
	赋矿层位	矿区出露地层主要为中元古代蓟县纪宜丰岩组海相细碧角斑岩系,岩石组合为一套浅变质钠长石英片岩、绿泥绢云片岩、变细碧岩、变石英角斑岩与变辉绿岩,系板块敛合边缘快速拉张构造环境下形成的岛弧裂谷型火山浊流、古火山岩系岩石变质后的产物。岩层富含 Cu、Co、Ni、Cr、Au、Pb、Zn 等元素组合,为区内铜、金、铅、锌的重要矿源层
	岩浆岩标志	宜丰岩组中的变石英角斑岩、变细碧岩及后期辉绿(玢)岩脉与成矿关系极为密切
	围岩蚀变及矿化	矿体围岩主要为含菱铁绿泥石英片岩和绿泥绢云千枚岩,均有不同程度的蚀变,硅化、绿泥石化、绿帘石化、绢云母化、蛇纹石化、铁白云石化、黄铁绢英岩化发育。次生蚀变有褐铁矿化、蓝铜矿化、孔雀石化、高岭石化
	矿体赋存部位及形态	宜丰岩组中层间破碎带,呈似层状、脉带状和透镜状
地球物理标志	电法	以视极化率 3% 等值线为异常下限,圈定高极化率、低阻(或中阻)异常 4 个,面积 2km^2。异常与构造带方向一致,呈北东东西向串珠状排列,异常梯度较平缓,最大值 4.47%,视电阻率为 600~1 000Ω·m
地球化学标志	区域	水系沉积物 Cu、Pb、Zn。水系沉积物 Cu(40~139)×10^{-6}
	矿区	土壤地化异常成晕元素 Cu、Pb、Zn、Au,三级分带明显。土壤 Cu(70~1 144)×10^{-6}
地表找矿标志		宜丰岩组海相细碧角斑岩系、韧脆性硅化片理化带是该类矿床的区域找矿标志。硅化、阳起石化、绿(帘)泥石化、黄铁绢英岩化,次生蚀变有褐铁矿化、孔雀石化、高岭石化。大面积的菱铁矿化蚀变是重要的间接找矿标志
评价意见		矿床为与宜丰岩组细碧角斑岩有关的并受后期韧脆性片理化带控制的海底火山喷流-沉积变质层控叠改型铜矿,初步估算铜金属量(333+334$_1$)11.65×10^{4}t,矿区深部和南西段勘查程度低,进一步加强勘查评价有可能扩大远景,预测铜资源潜力 20.84×10^{4}t,其找矿潜力较大

4 资源潜力及找矿方向

4.1 资源潜力

兴源冲铜矿区地处于九岭南缘多层次大型构造叠置成矿地质环境的西段,北东东向慈化-宜丰板缘深断裂带及大型推(滑)覆构造西段往南急速弧形大转折与湘赣边界北北东向走滑推覆冲断带复合部位。发育一系列大型逆冲推覆断裂、滑覆断裂带和密集的韧性剪切变形带,并出现有较多的构造窗或飞来峰,带内岩石动热变质程度高,有利于动热变质成矿热流体与岩浆热流体反复叠加和汇集于同一虚脱空间富集成矿,是控制铜多金属矿带(田)重要构造。

区内宜丰岩组沉积变质火山岩系发育,为铜、金、铅、锌重要矿源层,岩层或片理扭曲强烈,北东东向韧脆性片理化带发育,为主要控矿构造。区域 1∶20 万和 1∶5 万水系沉积物测量圈定的 Cu、Pb、Zn 高异常区,该区 1∶2.5、1∶1 万土壤地化测量已圈定出 Cu、Zn 元素异常多处,1∶1 万激电异常明显。为形成多次成矿叠加、多类型聚合铜多金属矿床有利的构造、岩浆岩、矿源层及赋矿层、矿化异常等多种控矿因素耦合区,具有明显的地、物、化找矿信息。

目前兴源冲铜矿区已圈定铜矿化带 3 条,划分了野猫冲、枫树坳、刘家冲、白石冲 4 个矿段,估算铜金属量($333+334_1$)$11.65×10^4$ t,达中型规模。其中野猫冲矿段 5 条铜矿体,已估算铜金属量($333+334_1$)$10.16×10^4$ t,且有往东、西两端延伸趋势。枫树坳矿段地表及深部钻孔验证均见有铜矿体,已估算铜金属量(334_1)$0.29×10^4$ t,其北东部的带状 Cu-Zn-Pb 原生晕,有与野猫冲矿段相连趋势,铜资源潜力巨大。刘家冲矿段地表见有 4 条铜矿(化)体,并有金的矿化,深部验证钻孔见有铜矿体 1 条,已估算铜金属量(334_1)$0.91×10^4$ t,化探异常明显,激电异常强度高,激电测深显示深部存在三层高极化率段,也具有较好的铜资源潜力。白石冲矿段铜异常规模较大,面积约 $2.3 km^2$,三级浓度分带较明显,浓集中心较大,地表及深部验证钻孔见有铜矿体 1 条,已估算铜金属量(334_1)$0.29×10^4$ t,其成矿地质条件分析和野猫冲矿段相似,铜资源潜力较大。

综上所述,兴源冲铜矿区具有形成规模较大铜矿床的有利地质条件,野猫冲矿段已具备中型规模潜力,枫树坳、刘家冲、白石冲矿段还未评价,目前只有少量钻孔受到控制,继续投入钻探工作量,铜资源潜力有望达 $20×10^4$ t 以上。

4.2 找矿方向

兴源冲铜矿区目前除野猫冲矿段已开展铜矿普查外,其他地段还未评价,目前只有少量钻孔受到控制,资源前景尚不清楚。根据近几年的大调查工作成果及本区成矿地质条件,本区的地质找矿主要应在以下几个区段。

(1)雷公埂区段:野猫冲矿段 05 线以东的雷公埂区段现在还未评价,该区段北东东向韧脆性片理化带发育,为 1∶1 万土壤 Cu、Zn 元素异常区,地表已见有铜矿化,东北角出露有燕山早期的花岗岩,对成矿有利,应注意寻找多类型聚合的铜多金属矿床。

(2)刘家冲区段:1∶1 万土壤 Cu、Zn 元素异常区及 1∶1 万激电异常区,地表已有铜、金的矿化,为北东向、北西向构造交汇区,在今后找矿中应予以重视。

(3)枫树坳区段:该区段北东东向韧脆性片理化带发育,为 1∶1 万土壤 Cu、Zn 元素异常区,地表已见有铜矿体,其北东端与野猫冲矿段的西部有相连,找矿潜力大。

(4)白石冲区段:1∶1 万土壤 Cu 异常规模大、强度高,韧脆性片理化带发育且产生转折,地表已见有铜矿体,找矿潜力大。

5 结语

综上所述,兴源冲铜矿区为与宜丰岩组有关的海相火山沉积变质层控叠改型铜矿,为江西九岭地区新发现的铜矿床,达中型规模,铜资源潜力较大。该铜矿的发现,对本区下一步找矿具有重要的指导意义。

此文是近几年大调查项目矿产评价的集体成果,在此对参加野外工作的全体同仁表示衷心感谢!

福建大田-漳平地区成矿规律研究

徐海容[1] 林泽铃[2]

[1.中国地质大学(武汉);2.福建省地质调查研究院]

[摘 要] 通过对该区地层、构造、岩浆岩、物化探异常特征的综合研究,以层控叠改型铁矿为主攻方向,划分找矿靶区,总结主要矿床成因类型、成矿控制条件和时空演化规律,划分成矿系列和成矿谱系。

[关键词] 成矿规律 找矿靶区 成矿系列 成矿谱系

1 区域地质特征

该区位于滨太平洋成矿域(Ⅰ-1)中的华南褶皱系(Ⅱ-7)闽西南坳陷带的东北部,居于闽西南坳陷带与闽东火山断坳带接合部,政和-大埔与晋江-永安断裂带交汇处(图1)。

1.1 地层

区域上出露的基底地层为中—上元古界变质岩,呈北北东向带状、狭长带状分布,岩性以变粒岩、片岩为主。该地层形成于陆内裂谷、裂陷的陆间海环境,是锌、铅、铜、钴、银的含矿层位。

区域上上古生界—中三叠统地层发育较全。主要有上泥盆统天瓦岽组、桃子坑组;下石炭统林地组、上石炭统经畬组;下二叠统船山组、下二叠统栖霞组灰岩,中二叠统文笔山组—童子岩组,上二叠统翠屏山组含煤碎屑岩等;上二叠统长兴组—下三叠统溪口组含钙碎屑岩;中三叠统安仁组含钙粉砂岩、砂岩。

上侏罗统—下白垩统下渡组、园盘组及石帽山群为一套酸性、中酸性火山-沉积岩,广泛分布于上叠式盆地。与之有关的侵入岩发育,并形成燕山晚期强烈岩浆活动,共同形成岩浆蚀变矿床,对本区内铜(铁)多金属矿有较强的改造、富集作用。

1.2 岩浆岩

根据岩体特征、接触关系及同位素年龄等,本区侵入岩可划分为华力西期、燕山早期、燕山晚期及喜马拉雅期,形成的侵入岩大部分呈岩基、岩株产出,少数呈岩瘤、岩(墙)脉产出。区内

---

① 第一作者简介:徐海容,女,1994年出生,学生,在中国地质大学(武汉)地学院地质学专业在读学士。

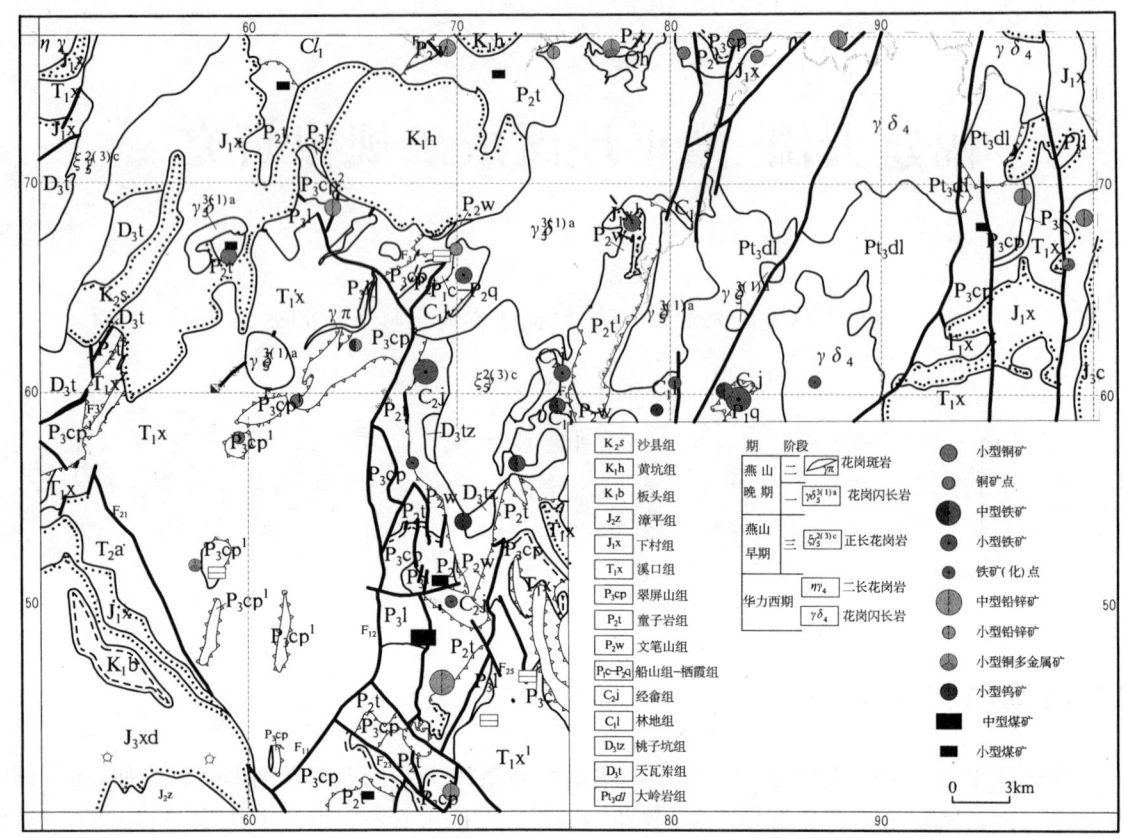

图 1　区域地质矿产分布图

侵入岩岩类齐全,岩性繁多,有基性、中性、中酸性、酸性岩等。主要岩石类型有花岗闪长岩、二长花岗岩、正长花岗岩。不同期或同期、不同阶段、不同次侵入岩常沿构造带多次侵入,构成复式岩体带。

区内岩浆岩物质来源有幔壳混合源和地壳重熔型,即 I 型、S 型。

与成矿关系较密切的有汤泉岩体 $[\gamma\delta_5^{3(1)a}]$,岩体呈长条状近南北向展布,呈岩基产出。主要岩性为花岗闪长岩。该岩体灰岩接触带上,常可形成矽卡岩,并分布有铁、铜多金属矿床,如汤泉铁多金属矿等。太华岩体呈近等轴状,岩性为似斑状中粒正长花岗岩。其外接触带也见有铁多金属矿分布,并见有小型钨矿。

1.3　构造

该区位于闽西南坳陷带之大田-龙岩坳陷亚带的东北部,东邻闽东火山断坳带,政和-大埔断裂西侧,是本省的重要成矿区(图 2)。对铜(铁)多金属矿来说,华力西期形成了矿(源)层;印支-燕山期的构造-岩浆作用对先存的矿(化)体起富集与叠加改造作用。

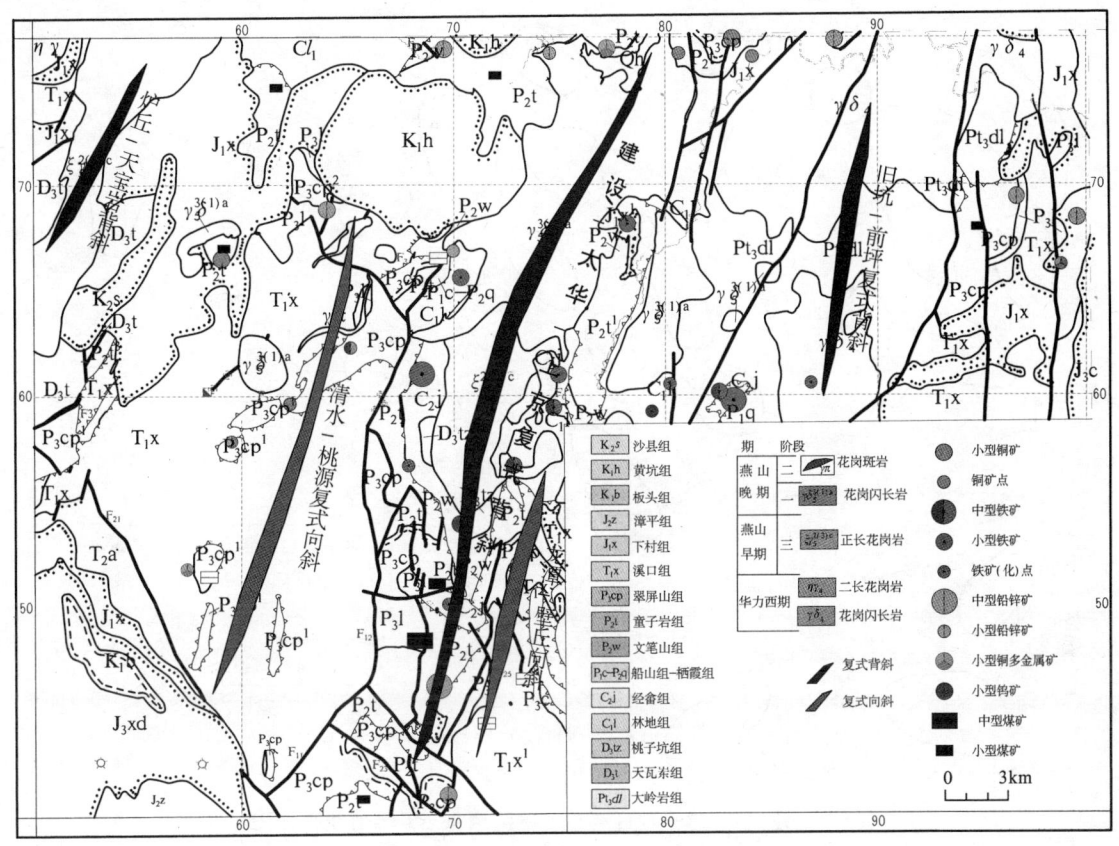

图2 构造纲要图

2 区域矿产特征

工作区矿产丰富,有金属矿产、非金属矿产和能源矿产。金属矿产有黑色金属(铁、锰)、有色金属(铜、铅锌、钨等);能源矿产有煤;非金属矿产有(水泥)灰岩、硫等。主要矿床类型有沉积-改造型和(岩浆)热液型。

区内矿(化)点共39个,种类较多,有铁、铜铅锌多金属、铜、钼、钨、煤等。其中铁矿(化)点12处,铜(多金属)5处,铅锌矿6处(中型矿床1处),多金属矿2处,钨矿点1处,煤7处(中型矿床1处),(水泥用)灰岩4处。

3 区域地球物理特征

高精度磁测工作圈地磁异常28个,见图3,分为乙、丙、丁类。分类原则如下。

乙类:推断的可能成矿异常或对解决其他地质问题有意义的异常。

丙类:性质不明类异常,即尚确定不了成因的异常。

丁类:按目前认识水平,对找矿或解决其他地质问题无意义的异常。

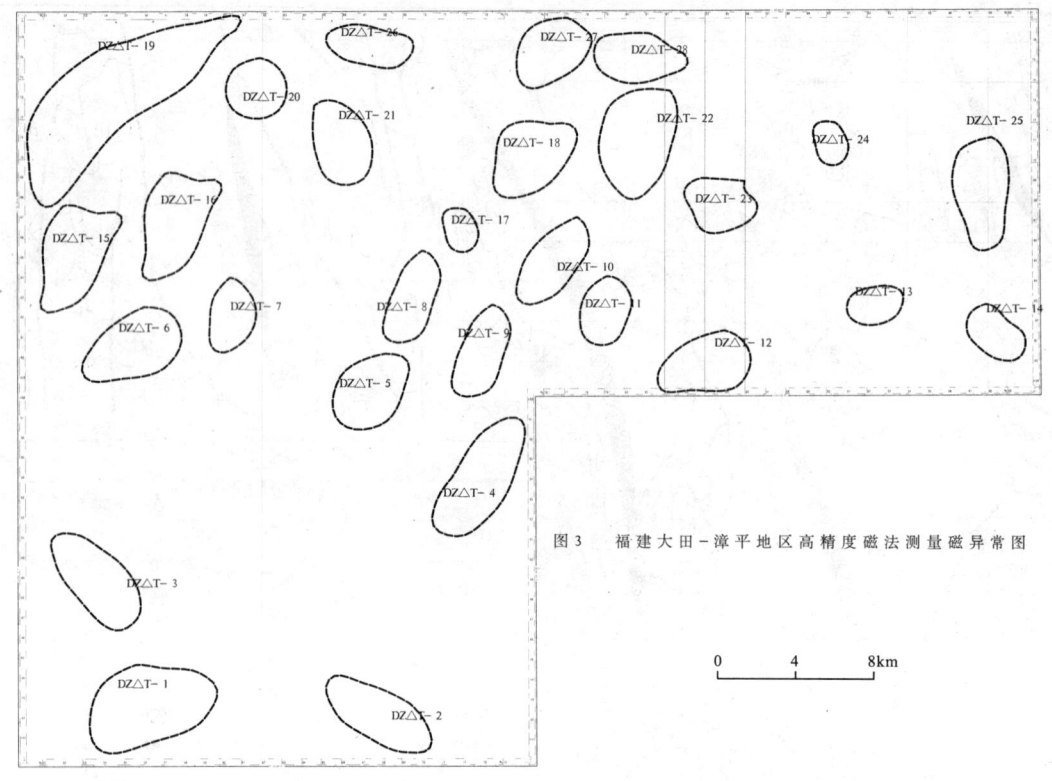

图 3 福建大田-漳平地区高精度磁法测量 ΔT 等值线平面图

按照上述原则,划分乙类异常 12 个,丙类异常 10 个,丁类异常 6 个。通过分析研究,认为 8 处磁异常具有间接寻找 Cu、Mo、Pb、Zn、Au、Ag 等金属矿的价值。

4 区域地球化学特征

水系沉积物测量共划分了 60 处综合异常,其中有 6 处评为甲类异常,7 处评为乙类异常,47 处评为丙类异常。各综合异常的空间分布见图 4。由图 4 可见,工作区内综合异常有 3 个相对密集分布区:一是沿工作区中部建设-(太华)-上京背斜核部北端燕山期侵入岩接触带呈北东向串珠状分布,特别是综合异常密集分布于石炭系经畲组和林地组出露区;二是在工作区南部沿北西向呈断续分布,异常多出现在多组构造交叉部位和三叠系溪口组出露区;三是工作区东部侏罗系地层出露区异常沿近南北向断裂带分布。而在工作区西部侏罗系地层和工作区东北部加里东侵入岩出露区仅有个别异常分布。

综合分析异常与地质背景的一致性可见:异常规模较大的综合异常主要分布在地质构造复杂、岩浆活动强烈、矿点出露集中的地方,特别是石炭系经畲组和林地组出露的区域。由此认为,工作区中部林地组、经畲组、童子岩组等含矿地层大面积出露,北北东向、北东向、北西向多组构造发育和交汇,燕山期岩浆活动频繁,分布有燕山期花岗闪长岩和正长花岗岩,是工作区寻找铁多金属矿的有利地段。

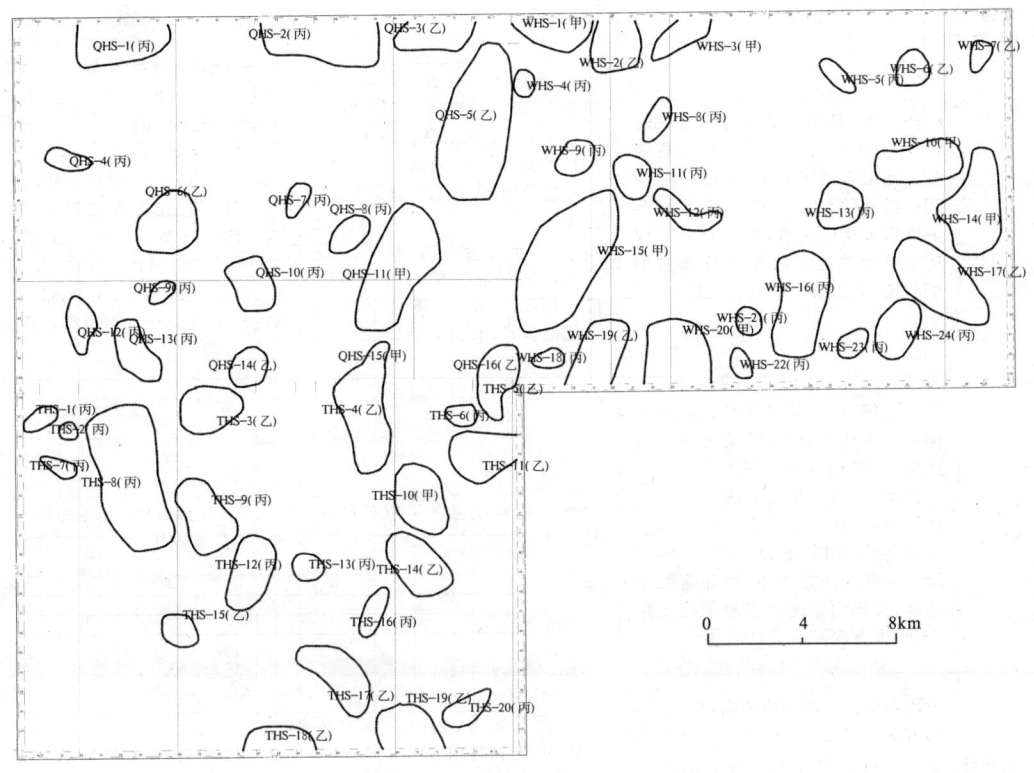

图 4 福建大田-漳平地区综合异常图

5 找矿靶区划分

该区找矿靶区有永安市东井、永安市黄年山、大田县泼水、大田县高星、大田县玉井、大田县南坪圩、大田县上许坑共 7 个区。据其成矿条件及找矿潜力大小,大致进行排序分级,A 级有大田县高星、大田县玉井、大田县上许坑 3 处;B 级有永安市东井、永安市黄年山、大田县泼水、大田县南坪圩 4 处。

各找矿靶区的成矿特征、物化探异常见表1。

表 1 找矿靶区简表

找矿靶区	地质特征	物探	化探
大田县高星（A）	位于建设-上京复式背斜的西翼,汤泉岩体的外接触带。地表已见经畲组、推覆构造的外来岩系之下也有经畲组等含矿建造,并有铁矿体;深部存在隐伏岩体;具典型沉积-改造型铁矿的成矿条件	地磁异常均由铁矿引起。CT-1 异常位长 1 100m,宽 400～600m,磁异常 ΔT 以正异常为主,北东侧伴有负异常。异常落在经畲组与岩体接触带上,由磁铁矿（化）体引起。西南侧 ΔT 等值线比北东侧稀疏,推断磁铁矿（化）体总体往西南倾	1:5 万化探表明,本区具有 2 个 Cu 多金属异常。以 PbZnAg 组合异常为特征,基本达到中带

续表 1

找矿靶区	地质特征	物探	化探
大田县上许坑（A）	位于太华-长塔复式背斜的核部，也是上京煤、铅锌矿的南延伸部分。地层有童子岩组、翠屏山组及溪口组。深部可能存在经畲组等含铁多金属矿建造，与矿有关的构造主要为北北东向断裂及翠屏山组与溪口组之间的滑脱构造	1∶1万高精度磁测圈定2处磁异常。其中 CT－1 异常长1 000m，宽600m，呈长条状沿近南北向展布。磁异常 ΔT 呈正、负异常相伴，以南部正异常为主，北部为负异常，正异常幅值一般100～200nT，极大值304nT。负异常幅值一般－60～－100nT，极小值－204nT。推断异常由隐伏磁铁矿（化）体引起	1∶1万土壤测量发现主要异常元素为 Pb、Sn、Mn、Ag，而以 Pb、Sn 最好。圈出1个综合异常，呈近等轴状，长1 400m，宽1 350m，面积1.78km^2。以 Pb、Sn、Mn、Ag 异常为主要异常元素。Pb＞1 000×10^{-6}的点有33个，最高4 170×10^{-6}；Sn＞100×10^{-6}的点有36个，最高达313×10^{-6}。异常主要落在翠屏山组地层中
大田县玉井（A）	位于太华-长塔复式背斜的东翼及汤泉岩体外接触带，属汤泉铁矿的南延，经畲组分布有铁（化）矿体，为典型的沉积-改造型铁矿。地层有林地组、经畲组、文笔山组。其中经畲组顶、底部有铁矿（化）层。北部为汤泉岩体，西部为太华岩体，文笔山组泥岩普遍经柱石角岩化，推测深部有隐伏岩体	1∶5万高精度磁测见有低缓的弱异常	1∶5万化探表明，本区具有1个 Cu 多金属弱异常
永安市东井铁多金属矿（B）	乾山中生代火山盆地的南缘，青水-桃源复式背斜的北部。有翠屏山组及溪口组等。深部可能隐伏经畲组等铁多金属矿的含矿建造。具有形成沉积改造型或热液型铁多金属矿的条件	1∶1万高精度测量：发现异常主体为3个高值中心，面积约0.4km^2，极值为120nT，周围为负异常，推断该异常是由隐伏的磁性体所引起	有2处较好的土壤综合异常。(1)Pb、Zn、Cu 异常；(2)Cu、Pb、Zn 异常。证实为矿致异常
永安市黄年山（B）	青水-桃源复式背斜的中部之次级背斜。出露童子岩组、翠屏山组及溪口组。深部有船山组—栖霞组灰岩。经畲组可能被花岗岩破坏。在花岗岩体的外接触带见有矽卡岩化及铅锌矿、磁铁矿化等。具有沉积改造型或热液型铁多金属矿的条件	1∶1万高精度测量：圈定3处。磁异常呈北北向长条状，长300～500m，宽100～200m，位于童子岩组、翠屏山组，推断为磁性体所致	1∶5万化探表明，本区具有较弱的 Cu 多金属异常
大田县泼水（B）	位于青水-桃源向斜的次级背斜的核部，地表有翠屏山组，其下可能有经畲组等含矿建造；地表有汀海岩体（花岗闪长岩）；具典型沉积-改造型铁矿的成矿条件	1∶1万磁测圈定2处异常。异常呈北北东向长条带状，推断由铁多金属矿化引起。如 CT－1 异常长350m，宽30～150m，磁异常 ΔT 以正异常为主，呈锯齿状跳变，ΔT 值一般40～80nT，极大值128nT	1∶1万土壤测量圈出3个综合异常，编号为 TL1、TL2、TL3。其中 TL1(Pb)异常呈长条状，长500m，宽100m，面积约0.16km^2，含量为(125～500)×10^{-6}，内带面积约0.02km^2，最高值1 610×10^{-6}
大田县南坪坪（B）	位于太华-长塔复式背斜的核部，有林地组、经畲组、童子岩组、翠屏山组等。其中经畲组为主要铁多金属矿的含矿层位。具良好的沉积-改造型铁矿的找矿条件	1∶5万高精度磁测见有低缓的弱异常	1∶5万水系沉积物测量圈出 THS－14(Pb、Zn、Cu、Ag)综合异常(乙类异常)

6 区域成矿规律

6.1 主要矿床成因类型

该区主要对象为铁矿及铜铅锌多金属矿,其成矿过程大致经历了沉积形成"矿源层"阶段,"矿源层"被改造形成矿床阶段。铜铅锌多金属矿受地层(经畲组—栖霞组)、构造(太华-长塔复式背斜)及燕山期岩浆岩侵入(汤泉岩体等)控制,均统一归为"沉积-改造型"。

6.2 成矿单元划分

本次成矿单元主要指沉积-改造型铁多金属矿和铜多金属矿,根据其成矿要素的分布,即含矿建造的分布、岩浆岩的分布及构造(褶皱)的分布特点,划分为4个成矿单元(相当于Ⅳ级成矿远景区带),即青水-桃源铁铜多金属矿成矿远景区、建设-上京铁铜多金属矿成矿远景区、川石(银顶格)铁矿成矿远景区、富裕坪-香坪铜多金属矿成矿远景区。

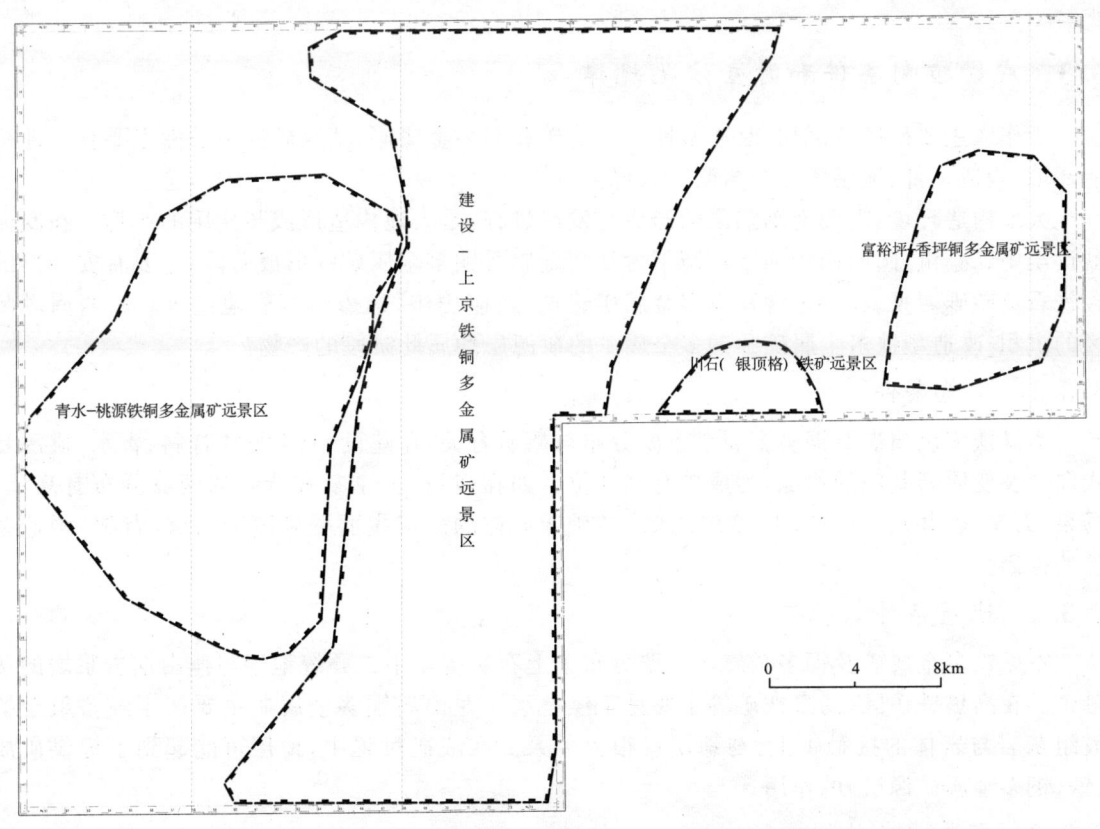

图 5 福建大田-漳平地区成矿远景区分布图

6.2.1 青水-桃源铁铜多金属矿成矿远景区（IV_1）

成矿背景为晚泥盆世至早二叠世含铁（铜）多金属矿建造，在印支期—燕山期构造作用下，形成褶皱；在燕山期的岩浆作用下产生了进一步改造，并形成沉积-改造型铁矿及铜多金属矿的矿体。主体为青水-桃源复式向斜。主要有沉积-改造型铁矿及铜多金属矿。

6.2.2 建设-上京铁铜多金属矿成矿远景区（IV_2）

成矿受到晚泥盆世至早二叠世含铁铜多金属矿建造及印支-燕山期构造-岩浆作用的双重控制。主体为建设-上京复式背斜（区域上为太华-长塔复式背斜的北部）。主要有沉积改造型铁矿及铜多金属矿。

6.2.3 川石（银顶格）铁矿成矿远景区（IV_3）

成矿受到晚泥盆世至早二叠世含铁铜多金属矿建造及印支-燕山期构造-岩浆作用的双重控制。主体为银顶格铁矿。主要有沉积改造型铁矿及铜多金属矿。

6.2.4 富裕坪-香坪铜多金属矿成矿远景区（IV_4）

成矿受到晚泥盆世至早二叠世含铁铜多金属矿建造及印支-燕山期构造-岩浆作用的双重控制。同时还是闽西南坳陷带与闽东南火山断坳带的交界部。主要有沉积-改造型铜多金属矿。

6.3 成矿控制条件和时空演化规律

工作区主要矿床有沉积-改造型铁多金属矿和铜多金属矿，其成矿控制条件主要有大地构造环境、构造条件、地层条件及岩浆岩条件。

大地构造环境：闽西南坳陷区的形成与发展过程，是大地构造形成与作用的产物。在晚泥盆世至中二叠世，闽西南坳陷区经历了含铁多金属及铜多金属矿的形成阶段，主要有安砂群的含铁石英砂砾岩系、经畬组含铁铜多金属矿建造，及船山组、栖霞组灰岩建造等。闽西南坳陷区的沉积-改造型铁多金属矿和铜多金属矿的矿源层均属此阶段的产物。

6.3.1 构造条件

本区铁多金属矿及铜多金属矿主要分布与褶皱有关，在建设-上京复式背斜、青水-桃源复式向斜及变质岩基底的边缘，为成矿有利部位。如在建设-上京复式背斜的两翼分布有高星、汤泉、万湖（玉井）、上许坑、上京等矿床。各矿床矿体的形成主要受到隔壁褶皱（背斜）构造条件的控制。

6.3.2 地层条件

本区铁多金属矿及铜多金属矿主要分布于上石炭统至中二叠统地层与燕山期岩浆岩的接触带。在高星铁矿区、汤泉铁矿等主要见于经畬组。龙山崎铜多金属矿主要产于经畬组至栖霞组灰岩与岩体的接触带上，与地层有很大关系。在成矿过程中，地层可能起到了提供矿质（铁、铜多金属矿源层）的作用。

6.3.3 岩浆岩条件

本区铁多金属矿及铜多金属矿主要分布于燕山期岩浆岩的接触带。成矿过程受到燕山期构造作用的改造，即在燕山期的岩浆作用和成矿过程中，对先存的含矿建造进行改造，矿质重新组合富集形成矿体。如高星铁矿的矿体是含矿建造"矿源层"受到了改造重组而形成的矿体。

沉积-改造型铁多金属矿和铜多金属矿的成矿作用受到大地构造环境、构造条件、地层条件及岩浆岩条件的共同作用。

6.4 成矿系列

本区的成矿地质作用有海西-印支旋回的沉积作用和燕山期的岩浆作用,将本区矿床划分为2个矿床成矿系列,2个亚系列。主要矿种包括 Fe、Mn、Cu、Pb、Zn、Ag、W、Mo、煤、石灰岩。

6.4.1 华力西-印支期沉积(火山)作用成矿系列

华力西-印支期沉积(火山)作用成矿系列主要形成于闽西南坳陷主体的形成过程中。矿床(矿体)严格受地层层位控制,大多分布于 $C_1—C_2$、$P_1q—P_2w$、P_2t、T_1x 等地层中,含矿层位为一套浅海-海湾相碳酸盐岩、细碎屑岩夹火山岩及火山碎屑岩相建造。

6.4.2 燕山期铜、铅、锌、钨、钼、铁、硫成矿系列

此系列成矿作用与中生代侵入岩有关。具有区域性带状分布特点,区内主要的 W、Mo、Cu、Pb、Zn、Ag、S 等矿产属此系列。依据与成矿有关的构造环境、岩浆性质、矿化组合,本系列可进一步划分为2个亚系列。

6.4.2.1 燕山早期与酸性岩浆活动有关的钨、铁、硫、多金属矿床成矿系列

本矿床成矿亚系列分布于太华一带。与成矿有关的侵入岩为太华岩体,属正长花岗岩,为钙碱性系列。岩石 $^{87}Sr/^{86}Sr$ 初始值为 0.708 9~0.721 3,反映岩浆来源以地壳重熔为主。成岩时代为燕山中期。

6.4.2.2 燕山晚期与中酸性岩浆活动有关的铜(钼)矿床成矿亚系列

区域上本亚系列与成矿有关的中酸性岩浆岩主要有花岗斑岩、花岗闪长岩、似斑状花岗岩等,与其他成矿亚系列相比,岩石有碱高($K_2O>Na_2O$),SiO_2 含量出现间断,具双模式演化特征。侵入岩与火山岩具相同的成岩物质,地幔物质占 40%~80%。火山岩符合分离结晶趋势。由此可知,该期岩浆岩为典型的壳幔同熔成因的,形成年龄大多为 125~100Ma。

与本期火山岩、侵入岩有关的矿化主要有 Cu、Au、Mo、Ag、Pb、Zn 等,其中大部分元素有向岩浆演化晚期富集的趋势,成矿年龄多为 110~70Ma。

燕山晚期的侵入岩及其矿化主要受中生代大陆东南缘与太平洋板块相互作用所控制,北西向及南北向断裂控岩控矿。

7 成矿谱系

将矿床分为铁锰矿、铜铅锌矿、钨钼矿3组,在成矿系列的基础上对成矿谱系进行划分(表2)。

它指示区域内成矿物质在区域地质构造不断演化过程中的行为,成矿物质的组合变化、分散或富集的规律以及区域成矿的继承或突变性。与本区成矿有关的区域成矿作用有晚泥盆世至中二叠世的"铁铜多金属矿含矿建造"(矿源层)的形成,以及印支-燕山期构造岩浆成矿作用。在印支-燕山期的改造作用过程中,铁质与铜多金属矿质可能主要在褶皱的核部(背斜核部及向斜核部)相对富集,燕山期中酸性岩浆侵入过程的热力及热液也使矿质进一步富集形成矿体,形成热液型铜多金属矿或铜多金属矿。喜马拉雅期主要是风化作用,使本区中的富铁锰

质岩石或矿床形成风化型矿床。

表2 成矿系列及谱系划分表

成矿系列	亚系列	铁锰矿	铜铅锌矿	钨(钼)矿
喜马拉雅期		风化型褐铁矿、锰矿		
燕山期铜、铅、锌、钨、钼、铁、硫成矿系列	燕山晚期	对"石炭纪—二叠纪FeCu多"矿源层进行改造形成沉积-改造型矿床	热液型及沉积-改造型铜多金属矿	钼矿
	燕山早期			热液型钨矿
与华力西-印支期火山-沉积有关的铁、锰、铅、锌、铜、硫成矿系列			T_1铅锌"矿源层"	
		石炭纪—二叠纪沉积形成铁、铜铅锌"矿源层"		

8 结语

通过对该区成矿规律研究,本区主要有"沉积-改造型"铁多金属矿和"沉积-改造型"铁多金属矿。它们成矿主要经历两个阶段:①晚泥盆世至中二叠世沉积(火山)成矿作用,形成"矿源层"阶段;②印支期至燕山期构造-岩浆作用使"矿源层"改造形成矿体阶段。必要成矿要素有闽西南坳陷区、含矿建造、铁铜多金属矿(化)体分布区、褶皱的有利部位、燕山期侵入岩等。考虑了物化探异常信息。划分Ⅳ级成矿远景区划分为4个,即青水-桃源铁铜多金属矿成矿远景区、建设-上京铁铜多金属矿成矿远景区、川石(银顶格)铁矿成矿远景区、富裕坪-香坪铜多金属矿成矿远景区。总结了成矿控制条件和时空演化规律。

江西省金溪县石溪铜钼矿成矿特征与成因初探[①]

黄新曙[1,2] 吴明仁[2] 徐顺国[2] 陈鲁根[2] 程爱美[2]

（1. 南京大学地球科学与工程学院；2. 江西省地质调查研究院）

[摘要] 石溪铜钼矿与熊家山铜钼矿同属一个构造成矿带,南华系万源岩组具混合岩化中深变质岩及其破碎带是矿体重要赋存层位,燕山期岩浆岩是成矿流体的重要产生源,北西向压性断裂及其派生的北西西向张性断层分别是成矿气液流体运移、流动通道与储存的场所,近南北—北北东向断裂起成矿气液阻隔作用。矿床成因属中高温岩浆热液云英岩-构造蚀变岩复合型铜钼多金属矿床。

[关键词] 铜钼矿 北西向断裂 北西西向断裂 矿床成因

石溪铜钼矿位于金溪县陆坊乡境内,为2010年江西省地质调查研究院进行铅山-永平地区矿产远景调查（项目编码:1212010881403）时所发现。矿体多呈隐伏状,经钻探验证,深部发现4个钼矿体、6个铜钼矿体、4个低工业品位钼矿体。矿体累计铅直厚度14.72m,有用组分含量:Mo 0.037%～1.71%,平均0.23%;Cu 0.13%～5.12%,平均0.42%。估算资源量(334)钼金属量0.50×10^4t,伴生铜金属量0.73×10^4t,已作为该项目新发现矿产地之一进行提交（中地调（华东）审字[2013]002号）。

1 区域地质背景

石溪铜钼矿位于扬子板块与华南板块拼接带萍乡-广丰深大断裂南侧,武夷隆起带西坡,鹰潭-安远大断裂西侧,东乡南部中生代陆相火山喷发区的南东边缘。成矿区带属武夷山北段铜、铅、锌、钨、锡成矿亚带,与金溪县熊家山铜钼矿同属一个构造成矿带[1]（图1）。

2 矿区地质

2.1 地层

地层主要为万源岩组与第四系（图2）。

万源岩组（Nh_1wy）:分布于中部和北部,主要岩性为黑云斜长变粒岩、黑云斜长片麻岩、

[①] 基金项目:中国地质调查局"江西铅山-永平地区矿产远景调查"（工作项目编码:1212010881403）资助。
第一作者简介:黄新曙,男,1972年生,地矿高级工程师,江西萍乡人,长期从事区域地质矿产调查工作。

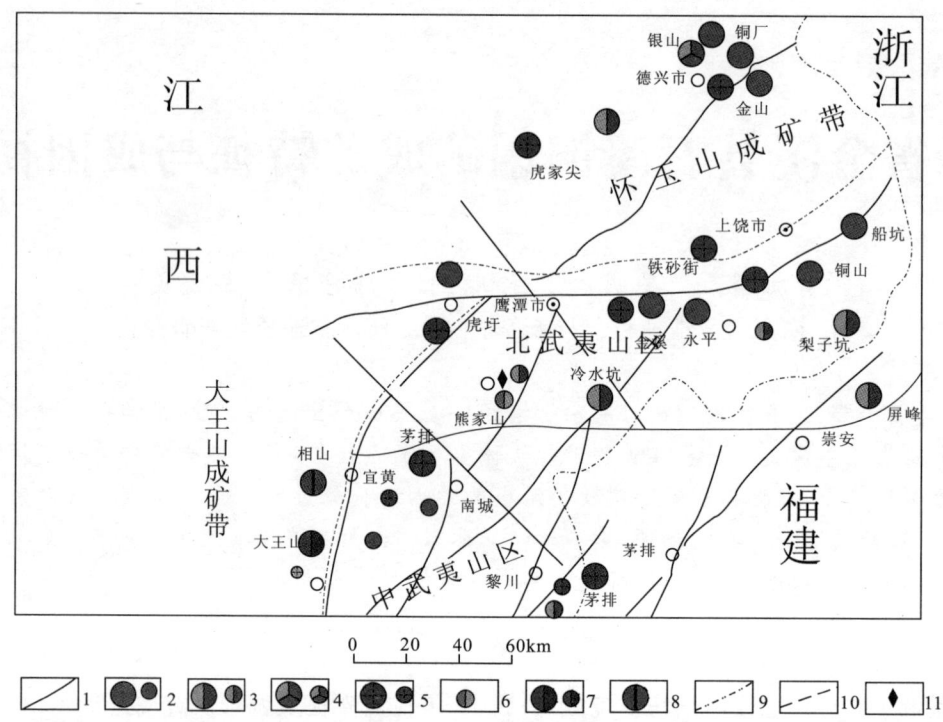

图 1　金溪石溪铜钼矿大地构造与成矿带位置(据余忠珍等修改)

1. 断裂带；2. 铜矿床、矿点；3. 铅锌矿床、矿点；4. 铜铅锌矿床、矿点；5. 金矿床、矿点；6. 铜钼矿点；
7. 钨(铜)矿床、矿点；8. 铀矿床；9. 成矿带界线；10. 成矿亚带界线；11. 石溪铜钼矿点

黑云石英片岩等，岩石混合岩化现象普遍，后期花岗岩枝与长英质脉体常沿岩石片理面贯入，与围岩界线多呈模糊状，局部可见角岩化。地层总体走向北东-南西，倾角40°～65°。

第四系联圩组(Qhl)：分布于山间低洼地带，主要为冲积相黏土、砂砾石层。

2.2　岩浆岩

岩浆岩主要有加里东期岩体(γo_3^2)与燕山期复式岩体(γ_5^2)。

加里东中期中粒黑云斜长花岗岩(γo_3^2)：主要由钾长石(10%)、斜长石(58%)、石英(25%)、黑云母(6%)及少量白云母组成[2]。侵入于万源岩组中，与围岩界线不是很清晰，呈过渡状，接触带附近矿化蚀变现象不明显。

燕山早期第二阶段中—粗粒斑状黑云母花岗岩(γ_5^{2-2b})：属复式岩体外带部分，呈岩瘤状产出。矿物成分为钾长石(35%～50%)、斜长石(25%)、石英(25%～30%)、黑云母(2%～6%)。

燕山早期第二阶段细粒斑状黑云母花岗岩(γ_5^{2-2c})：属复式岩体中带部分，呈岩滴状产出。由斑晶(7%～24%)和基质(76%～93%)两部分组成。斑晶由钾长石、斜长石、石英构成，大小1mm×2mm～2mm×3mm，基质呈细粒结构，粒径在1mm左右。矿物成分主要为钾长石(37%)、斜长石(30%)、石英 30%)、黑云母(3%)。

燕山早期第三阶段中细粒黑云斜长花岗岩(γo_5^{2-3a})：属复式岩体内带部分，呈岩瘤状产出。

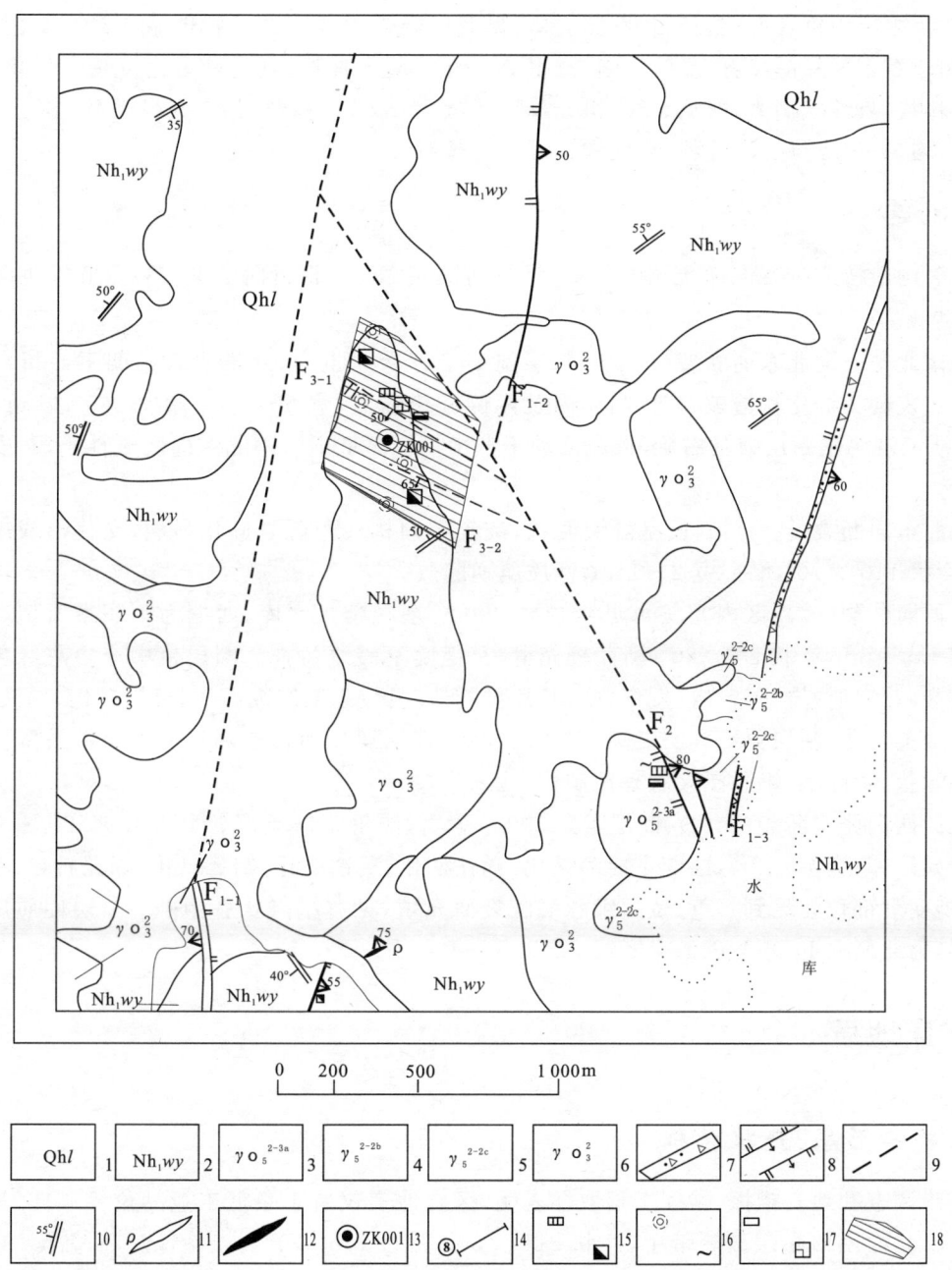

图 2 石溪铜钼矿区地质略图

1.第四系联圩组；2.下南华统万源岩组；3.燕山早期第三阶段第一次斜长花岗岩；4.燕山早期第二阶段第二次中粗粒黑云母花岗岩；5.燕山早期第二阶段第三次中细粒似斑状黑云母花岗岩；6.加里东晚期黑云斜长花岗岩；7.断层破碎带；8.逆/正断层及产状；9.推测断层；10.片理产状；11.伟晶岩脉；12.矿（化）体；13.钻孔及编号；14.勘探线及编号；15.黄铁矿化/褐铁矿化；16.硅化/绿泥石化；17.辉钼矿化/萤石化；18.矿化蚀变带

岩石类型较复杂,以黑云斜长花岗岩、黑云(二云)花岗闪长岩为主,岩石结构构造与矿物成分变化较大,主要由钾长石、斜长石、石英、黑云母及白云母组成。钾长石斑晶内含石英、斜长石包体;斜长石聚片双晶发育,晶纹清晰,测得 An=32,属中长石,具高岭石化及绢云母化;石英呈它形粒状,具波状消光,偶见裂纹;黑云母呈片状,大部分已褪色,蚀变为绿泥石,多色性不明显,分布均匀;白云母呈叶片状,交代黑云母与斜长石。

2.3 构造

断裂构造按方向主要有近南北—北北东向断裂(F_1)、北西向断裂(F_2)、北西西向断裂(F_3)3组。

近南北向—北北东向断裂(F_{1-1}):断层南端呈近南北走向,北端进入第四系后折向北北东。断层表现为硅化构造破碎带,断层内及两侧硅化强烈,宽 5~30m,倾向 265°,倾角 40°~60°,性质表现为逆断层兼具右旋,形成活动于燕山期。区域上切割北东向区域性鹰潭-安远大断裂。

北北东向断裂(F_{1-3}):断面呈舒缓波状,破碎带内构造角砾岩硅化强烈,交代形成次生石英岩,产状 110°∠70°,断层宽 2~14m,性质属逆断层。

北西向断裂(F_2):区内露头可见延长约 300m,东端延入水库,西端为第四系所覆盖。断层带宽 1.5~3m,产状 50°∠80°,断面较光滑,具上陡下缓之特征。断层带中充填灰绿色绿泥石化碎裂(花岗质)岩、碎粉岩,发育(剪切)片理构造,具较强的绿泥石化、黄铁矿化、褐铁矿化、硅化与云英岩化,断层角砾具明显圆化特征。断层性质属压扭性逆断层。断层带及两侧岩石可见细脉状、鳞片状、细脉浸染状辉钼矿化[3]。

北西西向张性断裂(F_{3-1}):断层走向 290°~310°,倾角 50°~65°,产状 210°∠50°,露头表现为硅化破碎带,宽 4~12m,蚀变主要为硅化、褐铁矿化、黄铁矿化、绢云母化、绿泥石化、萤石化等,强烈变形部位能见到石英、萤石细脉沿破裂面充填,见有星点状辉钼矿。断层性质属张性正断层,为北西向 F_2 断裂的派生断层。

3 矿床地质

3.1 矿体形态、产状特征

初步调查和地表槽探、钻探工程取样表明,区内地表仅有 1 条低工业品位钼矿体,呈脉带状产出于北西西向断层破碎带中,产状 215°∠50°,品位 Mo 0.03%。钻探验证深部发现 4 个隐伏钼矿体、6 个铜钼矿体、4 个低工业品位钼矿体,矿体呈脉状带产出,轴夹角 25°~75°,单矿体铅直厚度 0.7~4.28m,累计铅直厚度 14.72m。有用组分含量:Mo 0.037%~1.71%,平均 0.23%,Cu 0.13%~5.12%,平均 0.42%。

3.2 矿石特征

3.2.1 矿石中矿物组分、含量及分布

组成矿石的矿石矿物主要有黄铁矿、黄铜矿、辉钼矿,偶见闪锌矿;脉石矿物主要有石英、

长石、白云母、黑云母、绿泥石、方解石、绢云母、磁铁矿、萤石。

矿石结构多呈它形—半自形晶结构,构造有脉状构造、浸染状构造、浸染状—脉状构造、角砾状构造,局部可具稠密块状构造。以浸染状—脉状构造与脉状构造为主。

矿石自然类型有黄铜矿辉钼矿石、黄铜矿石、辉钼矿黄铜矿石、闪锌矿辉钼矿石。其工业类型属石英-硫化物型。

辉钼矿呈半自形晶,叶片状,片径0.02~0.17mm,分布在石英脉中或边部的云英岩中。黄铁矿呈半自形晶,粒径0.1~0.3mm,具碎裂纹。黄铜矿呈它形晶,粒径0.02~0.5mm,常分布在黄铁矿微裂隙或晶体间。闪锌矿呈它形晶,粒径0.1~0.7mm,含乳浊状黄铜矿,分布在黄铁矿脉中。

3.2.2 金属矿物生成顺序

光片镜下证实,金属矿物生成有3期:早期形成黄铁矿-闪锌矿组合,中期形成辉钼矿-黄铁矿组合,晚期形成黄铜矿-黄铁矿组合。辉钼矿熔蚀交代早期形成的黄铁矿与闪锌矿,黄铜矿常熔蚀中早期形成的闪锌矿、辉钼矿、黄铁矿。

黄铁矿形成有两个阶段:早阶段颗粒较大,半自形晶,粒径0.5~1.2mm,不均匀分布在石英脉中,具碎裂纹;晚阶段颗粒较细,粒径0.02~0.1mm,伴生黄铜矿脉状以脉状分布,且穿插早阶段黄铁矿。

3.2.3 围岩与蚀变

矿体围岩种类主要有二云(黑云)斜长变粒岩、云英岩、绿泥绢云千枚岩、黑云(二云)片岩、片麻岩、中细粒斜长花岗岩、中细粒(少斑)黑云花岗闪长岩,少量辉长辉绿玢岩。

矿化蚀变表现呈带状、面状蚀变,地表可见宽约200m,长450m,深部为全孔蚀变,厚达350余米(未击穿),类型复杂,蚀变主要有绢云母化、云英岩化、黄铁矿化、萤石化、绿泥石化、碳酸盐化、钾化、泥化、白云母化、角岩化等,以云英岩化、黄铁矿化等中高温蚀变矿物组合类型为主要特色。自上而下可分为①黄铁-绢云-绿泥石化-萤石化带(0~90m);②黄铁-云英岩化带(90~175m);③黄铁-绢云-绿泥-碳酸盐化-钾化带(175~290m);④黄铁-云英岩化-绢云-碳酸盐化带(290~323m)。矿体于②④云英岩化带中尤显集中。

4 矿床主要控矿因素及矿床成因初探

4.1 主要控矿因素

区内具混合岩化现象的万源岩组与错综复杂的断裂构造是铜钼矿床形成的重要条件,区内矿体大多分布于该地层中。矿体多呈脉带状产出,表现为细脉状—浸染状矿化,先期的正常变粒岩、片岩与后期贯入其中的加里东期花岗岩岩枝和长英质脉体均见有矿化,说明二者应是一个整体的赋矿层,花岗岩岩枝与长英质脉体并不是成矿岩浆热源。由于加里东期花岗岩岩枝与长英质脉体的贯入,使变质岩产生混合岩化和角岩化现象,岩石重新结晶固结,使岩石总体刚脆性增强,同时可使地层中有益元素得到初步活化富集,岩枝与变质岩接触面本身也成为构造薄弱面。区内北东向、南北向、北西向、北北西向断裂发育,交织切割现象较明显,表明处于构造强烈活动地段,经历了多期、多方向的应力作用。这些应力作用使刚脆性较强的万源岩组多产生脆性变形,使岩石发生脆性破裂、破碎而非塑性变形,形成众多破裂面与裂隙面。破裂面与破碎带的发育存在为后期成矿热液的贯入、流动、储存提供了有利的通道和空间。

区内燕山期岩浆岩及从其中分异的成矿流体是矿床形成的必要条件。矿点地表矿化蚀变带面积,达 400m×500m,深部矿化蚀变带厚达 300 余米且仍未击穿,矿化蚀变表现呈带状、面状蚀变,矿化蚀变类型复杂,以中高温蚀变矿物和类型为主要特色,要引起厚度如此巨大的蚀变,岩浆热液必不可少。区内地表最近的燕山期岩浆岩距矿点达 1.6km,其间围岩蚀变并不强烈,故该岩体直接烘烤围岩引起厚度如此巨大的蚀变略显牵强,其成因很可能是地表出露的燕山期岩体侵位末期,成矿气液流体沿北西向压性断裂(F_2)朝北西流动,遇近南北向断裂阻隔(F_{1-1})时,沿北西向断层派生的北西西向构造薄弱面(F_{3-1})贯入,与围岩发生离子置换作用而后冷却,所携带的金属矿物卸载而最终形成。

综上所述,矿区主要控矿因素为岩浆-构造控矿,地层与混合岩化为次要因素。北西向压性断裂为重要的导矿、容矿构造,其派生的北西西向构造薄弱面为重要的容矿、赋矿构造,燕山期岩浆岩为主要热源与矿源,具混合岩化的地层为次要矿源层。

4.2 矿床成因初探

石溪铜钼矿具以下明显矿化特征:铜钼矿体产于含 Cu、Mo 元素较高的万源岩组具混合岩化现象中深变质复理石建造岩石组合中,出现于黄铁矿化、云英岩化、绢云母化、萤石化等强蚀变带内,复理石建造围岩与花岗岩和长英质脉体及后期侵入的石英脉均有矿化。金属矿物主要呈脉状、脉状—浸染状、浸染状沿岩石裂隙与构造破碎带充填。主要金属矿物有黄铁矿、黄铜矿、辉钼矿,少量闪锌矿。前三者常同时出现,无明显消长关系,多呈它形—半自形晶结构,粒径细小。闪锌矿仅见于断层破碎带附近,含量较少,矿物中含乳浊状黄铜矿。矿化蚀变表现呈带状、面状蚀变,类型复杂,蚀变主要有绢云母化、云英岩化、黄铁矿化、萤石化、绿泥石化、碳酸盐化、钾化、泥化、白云母化、角岩化等,以云英岩化、黄铁矿化等中高温蚀变矿物组合类型为主要特征。

综上所述,石溪铜钼矿属与万源岩组含 Cu、Mo 元素较高且具混合岩化现象的中深变质复理石建造有关,受构造与燕山期岩浆岩控制和叠加,与岩浆侵入关系密切的中高温岩浆热液云英岩-构造蚀变岩复合型铜钼多金属矿床。

参考文献

[1]余忠珍,曹圣华,罗小洪.江西武夷成矿带铜多金属矿产资源远景评价与展望[J].资源调查与环境,2008,29(4):270-277

[2]1:5万金溪幅(G-50-6-B)区域地质调查报告,江西地质矿产局九一二大队,1987

[3]1:5万金溪幅(G-50-6-B)区域地质调查报告(矿产部分内部稿),江西地质矿产局九一二大队,1987

江西三南地区矿产远景调查工作成果简介与找矿方向探讨[①]

吴新华　楼法生　周春华　龙立学　钟斌　陈浩鹏
（江西省地质调查研究院）

[摘　要]　通过在江西三南地区开展1∶5万地质矿产调查、水系沉积物测量、自然重砂测量及其异常查证、矿产检查工作,新发现矿（化）点15处,其中,新发现矿产地1处;找矿效果明显;并根据地、物、化、遥取得的成果,圈定了成矿远景区A类4处、B类3处、C类1处,探讨了该区钨锡矿的找矿方向。
[关键词]　新矿产地　找矿成果与进展　找矿方向　江西三南地区

引言

江西三南地区矿产远景调查系2004—2007年启动的战略性矿产远景调查项目。项目旨在通过1∶5万区域地质矿产调查,大致查明区内成矿地质条件及其属性、形成环境和发展历史,以及与成矿的关系;以新的成矿理论和地、化、遥综合信息为指导,采用有效的找矿方法和手段,开展全面的找矿工作,总结主攻矿种的找矿标志,矿产分布规律,矿（化）体特征,进行矿产资源远景评价和成矿预测,圈出找矿靶区,提出进一步找矿的工作建议。

本文主要是介绍项目的工作成果,并对今后地质找矿方向进行探讨。

1　区域地质背景

三南（龙南、全南、定南）地区位于赣南的南部,是赣南的主要组成部分,大地构造位置是欧亚大陆板块与滨西太平洋板块消减带的内侧华夏板块中,横跨武夷、罗霄两块体的交接带部位[1],即武夷隆起西侧,罗霄褶皱带中部（图1）。

本区经历了3个重要地史发展阶段[2]。震旦纪至早古生代,以海相类复理石沉积建造为特征;加里东运动使调查区形成基底褶皱和一系列断裂构造,并伴有花岗岩体侵入。晚古生代至中三叠世,以碳酸盐及碎屑沉积为主,地壳以沉降为主的隆拗差异运动,盖层产生褶皱。晚

[①]　本文为江西三南地区矿远景调查项目（项目任务书编号:矿调[2006]12-6号）工作成果。
　第一作者简介:吴新华,男,1958年出生,江西赣县人,教授级高工,一直从事地质矿产调查与研究工作

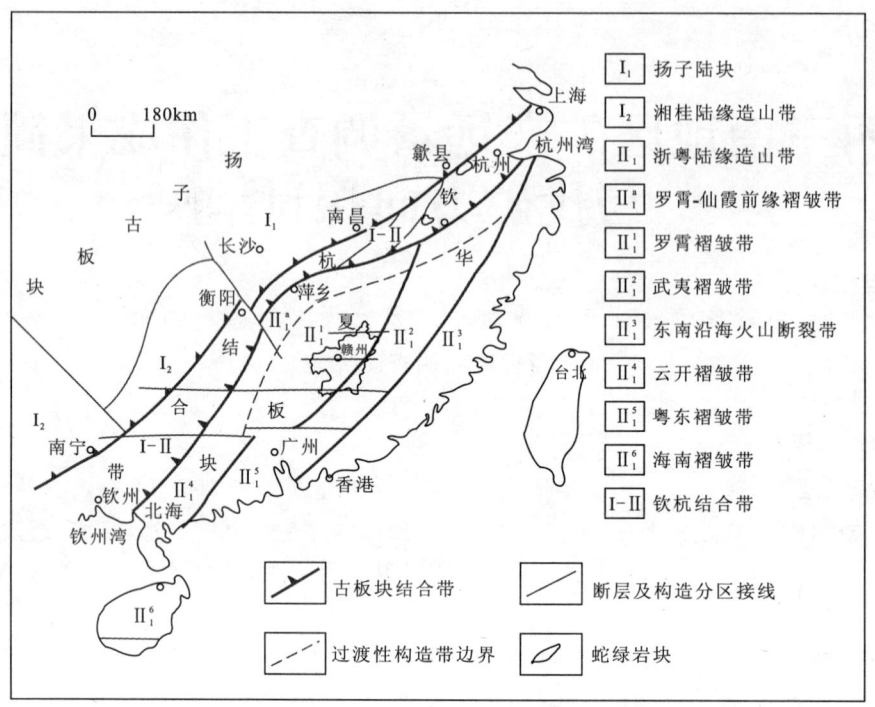

图1 赣南大地构造位置图(据杨明桂等修改)

三叠世以后,地壳发展到了一个新阶段,内陆断陷盆地及断裂构造发育,并伴随大规模的燕山期花岗岩浆活动,形成了极其丰富的钨、锡、铌、钽及稀土等矿产,产出大吉山、岿美山等著名的钨矿床,是赣南重要的钨矿产地[3]。

2 地质成果与进展

2.1 取得的主要进展与成果

通过3年多的工作,在矿产地质、综合研究等方面均取得了新认识、新进展和新成果。

2.1.1 新发现矿产地及矿(化)点

通过1:5万地质矿产填图及水系沉积物测量、自然重砂测量工作和矿产检查,新发现矿(化)点15处。其中钨矿点1处,钨矿化点6处,金矿点、矿化点各1处,钼(钾长石)矿点1处,蛇纹石与镍矿点1处,铅锌银矿点1处,萤石矿点3处。为三南地区提供了丰富的地质矿产信息,为今后地质找矿工作奠定了较好的基础。

值得一提的是,本次工作新发现矿产地1处——江西省定南县大坳金矿。

矿区位于江西省定南县老城乡坳头村大坳,岿美山钨矿区外围。矿化面积约3.18km²。

矿体位于北西西向硅化破碎带中,带宽160m,呈北西西走向,产状为35°∠30°～35°。带内矿化蚀变强,主要有硅化、绿泥石化、黄铁矿化、褐铁矿化、铅锌矿化及绿帘石化。金矿化主要与上述蚀变关系密切。

矿体赋存于硅化破碎带中,矿体呈脉状,沿走向较稳定,呈北西西向产出。金矿体目前发现有 5 条,矿体沿走向延长最大 320m,平均 133m;厚度最大 5m,一般 1.1m。矿石矿物主要为自然金、银金矿,伴生矿物为白钨矿、黄铁矿、辉铋矿;脉石矿物为石英。矿石结构为细脉浸染状或浸染状;矿石构造为块状构造。品位:Au 最高 1.46×10^{-6};一般 $(0.44 \sim 0.56) \times 10^{-6}$。围岩具有不同程度的绿泥石化、绢云母化、硅化、黄铁矿化等(表1)。

矿体中有时可见自然金(明金)呈细脉状,宽约为 2mm,长 20~68cm 不等,时断时续。

表 1 大坳金矿探槽工程部分样品分析结果

送样号	样品名称	试样编号	Au	Ag	WO_3	Sn	Mo
TC003-H5	硅化、黄铁矿化变余砂岩	13037	506	0.24	21.6	5.29	0.74
TC004-H1	硅化、黄铁矿化变余砂岩	13052	971	0.39	31.9	4.12	0.92
TC004-H2	硅化、黄铁矿化变余砂岩	13053	450	0.08	17.0	6.77	1.09
TC004-H3	硅化、黄铁矿化变余砂岩	13054	1 872	0.41	29.7	3.51	2.37
TC005-H3	硅化、黄铁矿化变余砂岩	13066	514	0.46	34.8	4.43	1.89
TC005-H8	硅化、黄铁矿化变余砂岩	13071	591	0.05	17.3	5.80	1.49
TC005-H9	硅化、黄铁矿化变余砂岩	13072	1 380	0.26	52.4	6.90	1.53
TC005-H10	硅化、黄铁矿化变余砂岩	13073	1 066	1.13	56.5	5.35	1.59
H5688	硅化、黄铁矿化变余砂岩	13077	535	0.52	51.8	9.60	0.69
H5688-1	硅化、黄铁矿化变余砂岩	13078	698	0.17	29.0	6.68	0.65

注:Au 含量单位为 $w_B \times 10^{-9}$,其他含量单位为 $w_B \times 10^{-6}$;仅列出 Au 含量 $\geqslant 500 \times 10^{-9}$ 结果。

通过列表计算,共获金资源量 600kg,为下一步工作提供了新的勘查基地。填补了该区无金矿的空白,并为振兴地方经济提供了良好的基础。

2.1.2 1∶5 万水系沉积物测量成果

在区内共圈定水系沉积物 W、Sn、Mo、Be、Bi、Au、Ag、Cu、Pb、Zn、As、Sb、Nb、Li 等单元素异常 2 808 处,异常面积 1 426.67km²。

在单元素异常的基础上,首先根据异常元素组合特征,将 14 种元素异常归纳成 3 种形式:①以 W、Sn、Mo、Bi、Be、Nb、Li 为主的;②以 Cu、Pb、Zn 为主的;③以 Au、Ag、As、Sb 为主。在区内新发现水系沉积物 W、Sn、Mo、Bi、Be、Ag、Cu、Au 等综合异常 90 处,综合异常面积 620.24km²。主要分布在龙南县足洞、岿美山钨矿区外围—杨梅排、寒潭及大吉山钨矿区外围—扶梨坑一带。为区域地质成矿条件分析打下了良好基础。通过异常查证,新发现了矿(化)点 6 处。

2.1.3 1∶5 万自然重砂测量成果

通过 1∶5 万自然重砂测量,发现重砂矿物 40 余种。同时,根据重砂矿物共生组合规律和伴生指示关系、矿物族和综合利用的矿物等分组原则,在全区新发现自然重砂异常 55 处。而且也为水系沉积物测量异常的筛选和查证提供了佐证,并为本区地质找矿提供了直接依据。

通过对重砂异常的检查,新发现了渡坑、大山、扶梨坑、杨梅排、足洞等钨、金、锡矿化点。

2.1.4 综合研究工作进展

(1)划分了成矿远景区和找矿靶区。根据成矿远景区的划分原则,本次在区内初步划分出成矿远景区8处。其中A类远景区4处[大吉山钨成矿远景区、岿美山钨(铜)成矿远景区、含潭钨锡成矿远景区、寒洞—官山钨、萤石成矿远景区](图2)、B类3处、C类1处,并对各成矿远景区的特征进行了总结。

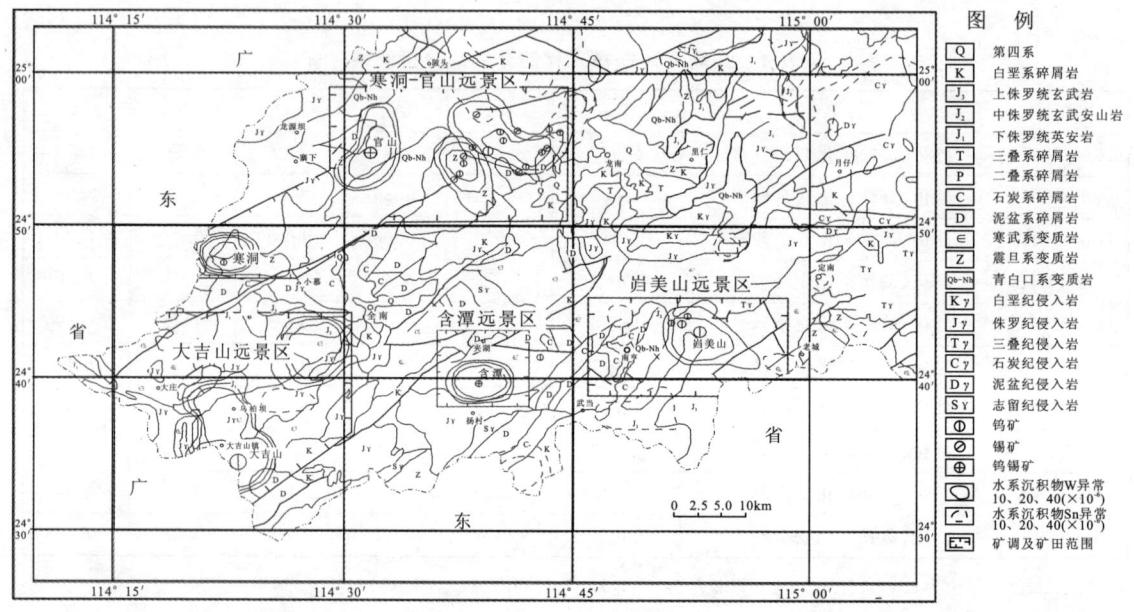

图 2　三南地区地质矿产图及成矿远景预测图

在成矿远景区划分的基础上,圈出找矿靶区(扶梨坑、十二排、小河背、含潭、寒洞、杨梅排、山阳山、鸡碲石、足洞、下僚和棉土)11处,并对各找矿靶区进行了成矿条件分析,指明了主攻矿种、主攻矿床类型及下一步工作建议。

(2)找矿方法对比研究。通过对1:5万水系沉积物测量和自然重砂测量方法的对比:水系沉积物测量方法在方法的难易程度、工作量的大小和费用的开支上均比自然重砂测量方法要处于劣势,虽然找矿效果不错,但针对钨、锡、金等矿种而言,其找矿效果比自然重砂法要稍为差些,但对矿(化)体的具体范围目的性更明确。

经研究认为:就钨、锡、金矿种而言,自然重砂测量方法比水系沉积物测量方法更优越。

(3)通过对区内的成矿微量元素的总结、分析,结合成矿地质条件、矿床分布规律的分析研究认为:区内最重要的钨锡"矿源层"和"赋矿层"是寒武系和泥盆系。

(4)对本区钨多金属矿成矿规律进行了总结,并对不同钨矿类型的找矿标志进行厘定,为今后找矿提供了理论依据。同时,建立了钨矿找矿模式,为今后钨矿模式找矿工作提供了理论基础。

3 找矿方向探讨

调查区地处江西南部南岭成矿带的东段,是中国南部著名的钨、锡、铅锌、稀有稀土、放射性矿产成矿区的重要组成部分。位于华夏成矿区南岭东部钨锡铀稀土多金属非金属成矿带上[4]。按照陈毓川等[5]的划分属华南成矿省Ⅱ-12粤西-大明山中生代钨锡铅锌金银成矿区(Ⅲ-61)或Ⅲ-59南岭中段锡银铅锌稀有稀土成矿区。

根据工作区地质、物化探等成矿地质条件[6-11]及找矿成果,综合考虑1:5万及1:20万水系沉积物测量及自然重砂测量成果等最新研究成果,以主成矿元素地球化学块体分布区、区域化探、重砂综合异常集中区、矿化密集区及两轮区划远景区为依据,探讨三南地区的找矿方向。

根据成矿远景区的划分原则,本次在区内划分出大吉山、岿美山、官山-寒洞、含潭钨锡4个A类远景区(见图2);全南县下僚、龙南县足洞-山阳山、龙南县鸡碲石-小河背等B类远景区3处;龙南县双罗钨镍C类成矿远景1处。在成矿远景区内进一步圈定出寒洞、扶梨坑、十二排-雷公寨、杨梅排、含潭、小河背、棉土、下僚、山阳山、足洞、鸡碲石11处。现就A类远景区作一介绍。

3.1 岿美山外围区

区内发育有寒武系及泥盆系,为一套砂板岩建造及碎屑岩夹碳酸盐岩建造;同时,燕山早期侵入岩零星发育,岩体规模不大;各方向的断裂纵横交错。区内有已知钨矿(床)点3处、钨铜矿点1处;有3处水系沉积物综合异常,异常主体元素为W、Sn、Cu、Ag、Bi、Be、Pb、Zn、Mo、Sb等(见图1)。有黑钨矿、白钨矿、锡石等重砂异常。黑钨矿化较普遍,水系沉积物及重砂异常明显,而且重叠性好。在该区今后的钨矿找矿主要是隐伏矿,重在加强理论与模式找矿。一方面充分发挥"五层楼+地下室"模式作用,向老矿区外围、深部拓展找矿空间;另一方面关注"岩体型""破碎蚀变岩型"等新类型钨矿的找矿。

3.2 大吉山钨矿外围地区

该区有钨矿的"矿源层"——寒武纪和泥盆纪地层,以及燕山早期花岗岩体;断裂构造十分发育。另外,区内有大型钨矿床1处;有1处水系沉积物测量综合异常,呈圆状,异常主体元素为W、Sn、Cu、Bi、Be、Pb、Zn、Mo、Sb、Ag、Au等,该异常分带明显,具有很好的浓集中心(见图2)。黑钨矿、白钨矿、锡石、自然金等重砂异常2处。经对大吉山外围野外地质矿产调查,发现与大吉山花岗岩浸染型相似的钨矿体和破碎蚀变岩型钨多金属矿化,具有寻找石英大脉型、浸染状蚀变花岗岩型、破碎带蚀变岩型大型钨矿床的前景。

3.3 寒洞-官山区

该区地层主要发育晚古生代以碳酸盐沉积为主的海相,海陆交互相、滨海相沉积,并为后期热液作用略具变质的泥砂质碎屑岩建造。构造形变随区域特征表现为以燕山晚期东西向应力为主,北北东向大断裂贯穿整个远景区。另外,岩体的活动时期为早侏罗世,主要岩性为中细粒斑状黑云母花岗岩、二长花岗岩,其铅、锌、钨、锡等有用元素含量较高,是区内铅锌多金属矿床的成矿母岩。区内已知矿床(点)较多,且矿化蚀变复杂、类型多样。该区西南侧有官山中型钨锡矿,南东侧有岗鼓山中型白钨铅锌矿,而往南东东方向至外围分布着落湖、山照围、中坪、张屋背等10多个矿点,总体呈近东西走向,延伸范围大(见图1)。另外还有1∶5万和1∶20万的W、Sn、Bi、Be水系沉积物综合异常,及黑钨矿、锡石矿重砂异常叠加。从南岭地区的矿床中看,矿床中无一例外地有热液变质,较普遍出现的蚀变作用有萤石化、电气石化、黄玉化等。说明本区成矿地质条件良好,有望扩大钨矿远景规模。

3.4 夹湖-含潭区

区内仅发育寒武纪地层,该套地层有钨锡矿"矿源层"之称。地表可见热液蚀变现象,预示可能存在隐伏岩体,地质构造较复杂。区内有钨矿点1处,黑钨矿、锡石重砂异常与1∶5万水系沉积物W、Sn、Bi、Mo、Sb、Be综合异常重叠好(见图2),具有良好的成矿地质条件。有望扩大钨矿远景规模。

从上可知,江西三南地区地、物、化、遥等成矿条件优越[10-13],钨锡矿化线索点多面广,所有地质工作均揭示该区仍具有较大的找矿空间。同时,为缓解赣南钨锡矿产资源已近枯竭、矿山超期服务,为大型矿山接替资源定位预测[9]探明了途径,为确保我国钨的优势矿种地位将起到积极的作用。

该项目成果的取得是所有参加项目工作人员共同努力的结果。由于直接参加项目工作的人员有10余人,在此就不一一列出。谨向所有参加过该项目工作和支持帮助过项目工作的所有人员表示衷心感谢。

参考文献

[1]江西省地质矿产局.江西省区域地质志[M].北京:地质出版社,1984
[2]江西省地质矿产厅.江西省岩石地层[M].武汉:中国地质大学出版社,1997
[3]朱焱龄,李崇佑,林运淮.赣南钨矿地质[M].南昌:江西人民出版社,1981
[4]於崇文,骆庭川,鲍征宇,等.南岭地区区域地球化学[M].北京:地质出版社,1987
[5]谭运金.论南岭地区黑钨矿山的二轮找矿[J].中国钨业,2000,15(6):9-13
[6]叶天竺.固体矿产预测评价方法技术[M].北京:中国大地出版社,2004
[7]邵拥军,彭省临,吴淦国.大型矿山接替资源定位预测的途径及其研究意义[J].矿产与地质,2005,19(1):16-18
[8]吴新华,陆建明,楼法生,等.赣南寒武系与钨锡多金属矿的关系探讨[J].现代学术研究,2007(11)
[9]吴新华,楼法生,周春华,等.江西三南地区钨锡成矿地质条件分析及找矿方向探讨[A].//陈毓川,毛景文,薛春纪.矿床学研究面向国家重大需求新机遇现新挑战——第八届全国矿床会议论文集[C].北京:地质出版社,2006:606-609
[10]吴新华,周春华,康建云,等.江西龙南-定南-全南地区泥盆系与钨铋多金属矿的关系探讨[J].资源调查与环境,2009(1):40-46
[11]杨明桂,曾载淋,赖志坚,等.江西钨矿床"多位一体"模式与成矿热动力学过程[J].地质力学学报,2008,14(3):241-250

安徽庐江罗河-黄屯地区铁铜多金属矿远景调查项目成果

蔡晓兵[①] 吴明安 张舒

(安徽省地质调查院)

[摘 要] "安徽庐江罗河-黄屯地区铁铜多金属矿远景调查"是由南京地质调查中心实施,安徽省地质调查院承担的"长江中下游成矿带地质矿产调查"计划项目的下属工作项目。项目组在系统总结前人工作的基础上,开展了面积性的地质测量工作,对区域成矿条件、成矿规律进行了系统归纳总结,建立了区域成矿模式;在大比例尺物化探工作的基础上,圈定了一批有价值的异常,结合研究区成矿背景,优选了6个重点检查区,开展钻探验证工作,并取得了重要找矿成果。狮子山、黄山寨重点检查区发现了厚度较大的铜(金)矿体;鲁湾重点检查区揭露了数段磁铁矿化;黄屯重点检查区于闪长玢岩体内发现了较强的铅锌矿化,为随后朱岗大型铅锌矿的发现奠定了基础。本项目的实施,系统提升了庐枞盆地北部地质-矿产工作水平,取得了明显的找矿效果,为今后进一步开展矿产普查和勘查工作提供了重要的线索和参考。

[关键词] 庐枞盆地;铁、铜、铅锌多金属;玢岩型矿床;斑岩型矿床;远景调查

引言

"安徽庐江罗河-黄屯地区铁铜多金属矿远景调查"(项目编码:1212011085435)是中国地质调查局"长江中下游成矿带地质矿产调查"计划项目下属的工作项目,由安徽省地质调查院承担。

工作区位于安徽省中部庐枞火山岩盆地,行政区划隶属庐江县、枞阳县和无为县,工作区范围东经:117°15′05″—117°44′03″,北纬:30°57′48″—31°10′14″,面积约940 km²。

项目总体目标任务:以铁、铜为主攻矿种,兼顾铅锌;以玢岩型、沉积叠加改造型铁矿和斑岩型铜矿为主要找矿类型,研究分析区内各种矿床的分布规律和成生联系,总结成矿规律,指导找矿。在安徽庐江罗河-黄屯地区开展地质矿产远景调查,开展面积性地质、物化探测量,圈定找矿靶区(图1)。优选找矿有利地段,利用地质构造分析、大比例尺物化探工作、深部钻探验证,开展矿产检查,发现新的矿产地。预期提交可供进一步工作的新发现矿产地2~3处。

---

① 第一作简者介:蔡小兵,男,1968年生,硕士、高工。现主要从事矿产地质调查与研究

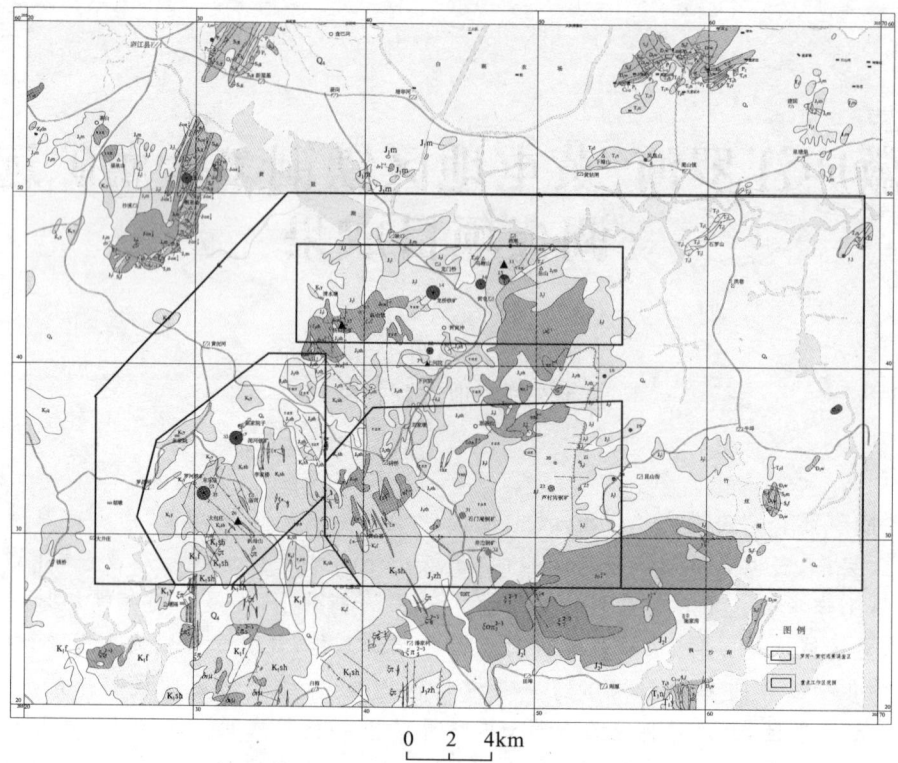

图 1 庐江罗河-黄屯地区地形地质图

1 项目实施情况

项目于 2010 年 6 月开展野外工作,针对庐枞地区工作程度高,主要是隐伏矿、深部矿的找矿,项目组充分搜集了工作区以往的地质资料和科研成果,利用安徽省地勘基金和其他正在开展的项目进展和成果,对以往的资料进行二次开发,提取深部找矿信息,综合分析研究工作区内的成矿背景,开展远景调查工作,圈定成矿远景区。利用传统的和新的地球物理、地球化学勘查方法开展矿产检查,圈定找矿靶区,并对优选找矿靶区进行了钻探验证工作。

通过 3 年多的工作,全面完成了设计的各项工作任务,于 2013 年 11 月 2 日—6 日通过华东地区地质调查项目管理办公室组织的野外验收,评定为优秀级。

2 地质矿产远景调查成果

主要成果为 3 个方面:

(1)通过面积性物化探工作,圈定了一批有价值的异常。其中圈定地磁异常 14 处、局部重力异常 7 处、1∶1 万土壤化探综合异常 35 处,对主要异常进行了矿产检查工作,地表发现多处矿(化)体。

(2)通过对区内的地质矿产资料的收集和综合整理,以及本次远景调查工作,进一步查明了调查区成矿地质背景,总结了成矿控制因素和成矿规律。确定了主要找矿方向为火山热液型铁矿、沉积-热液叠加改造型铁矿、斑岩型铜(金)、铅锌矿。开展成矿预测,圈定成矿远景区,提供了可供进一步工作的找矿靶区21处,提出了进一步工作的具体方向和建议。

(3)在6个检查区开展矿产检查和钻探验证,取得了重要找矿成果,提交新发现矿产地3处。其中黄屯地区经安徽省地勘基金项目开展普查工作,已提交大型铅锌矿产地一处。

于鲁湾地区、大西冲地区钻孔中发现一定厚度的铁矿体、硫矿体和多金属矿化体;巴家滩—井边地区地表发现铅锌、铜矿化体。为今后进一步开展地质找矿工作提供了重要的找矿线索和找矿信息。

2.1 狮子山重点检查区 SZK01 孔

狮子山重点检查区位于庐枞火山岩盆地的东北边缘内侧。地表出露地层为侏罗纪龙门院组和白垩纪砖桥组火山岩,岩体主要有角闪粗安斑岩、闪长玢岩、辉石正长斑岩。砖桥组地层分布于西侧,龙门院组地层主要分布在中、南部,大犁尖以东附近数个火山口呈近东西向分布。区内地磁局部叠加在区域高背景场之上,为北东走向,重、磁异常有明显的重磁同高分布特征,异常区可能有构造相交,异常位于区域重力高与重力低之间的梯度带上,反映了大安山异常可能有隐伏的深大断裂经过,是岩浆活动的有利场所,为矿体的形成提供了必要的矿源和热源。是热液型铜金矿找矿靶区。

SZK01孔岩性主要为黑云二长岩,岩石具不均匀高岭石化、绿泥石化、硬石膏化、硅化及电气石化,而矿化蚀变主要有弱黄铁矿化、镜铁矿化及黄铜矿化。黄铜矿化主要出现在1~83m及235.17~277m两段二长岩范围内,其中1~83m段黄铜矿化较弱。黄铜矿多与电气石、石英等共生,沿与轴心夹角85°~90°的裂隙呈细脉状分布,脉宽0.5~3mm不等。235.17~277m段岩石构造破碎,绢英岩化强烈,可见倾角20°~30°、45°及60°等多组裂隙交叉发育,沿裂隙发育宽0.1~10cm不等的不规则石英脉,少量碳酸盐、硬石膏细脉和团块。镜铁矿、黄铁矿及黄铜矿不均匀分布,其中黄铜矿多呈不规则团块状集合体沿石英脉分布。铜(金)矿体主要赋存于构造蚀变岩中,蚀变带总体产状平缓,倾角20°~30°。累计见矿视厚度12.73m,Cu平均品位1.72%,且伴生Au平均品位0.51g/t。

2.2 黄山寨重点检查区 HZK01 孔

黄山寨重点检查区地表出露浮山组凝灰岩和双庙山组角砾熔岩、粗面玄武岩及正长斑岩岩枝及岩脉,构造以北西向断裂为主。北侧有田桥老虎冲铁矿点分布。磁异常具规模大、幅值高、形态规整的特点,且与重力异常套合较好,推测磁异常由深部中酸性岩体或磁性矿体所引起。同时,黄山寨地区还发育有良好的Cu、Pb、Zn、Au等化探异常。该区为隐伏斑岩型铜矿找矿靶区,亦具有很好的铁矿找矿前景。

黄山寨HZK01孔揭露岩性主要为早白垩世双庙组火山岩,主要岩性包括粗安岩、含砾粗安岩、杏仁状粗安岩、晶屑凝灰岩、凝灰质粉砂岩,深部穿插有数段正长斑岩脉岩。

孔中蚀变垂向上分布具有一定的规律:近地表蚀变类型主要为高岭石化蚀变,向深部依次出现碳酸盐化、绿帘石化、透闪石化、硅化,其中碳酸盐化、绿帘石化、透闪石化常叠加出现在粗安岩中,而硅化的粗安岩一般不出现其他类型的蚀变。

孔中铜矿化孔段为113.02~291.41m,铜矿化不均匀,主要的含铜矿物为黄铜矿、微量斑铜矿。矿化类型以浸染状为主，黄铜矿多呈微细粒浸染状，少量细脉状矿与方解石组成不规则细脉；亦有少量黄铜矿呈团块状集合体分布在团块状透闪石集合体中。

铜矿体主要有两段，累计见视厚度21.98m，部分伴生金。铜矿石赋矿围岩均为粗安岩（表1）。

表1 黄山寨HZK01钻孔见矿情况一览表

见矿孔深(m)		矿体厚度（m）	平均品位	
起	止		Cu(%)	Au($\times 10^{-6}$)
149.07	154.57	5.50	0.23	—
	159.58	5.01	0.62	0.11
237.33	242.06	4.73	0.51	0.17
	248.80	6.74	0.30	
总计		21.98	0.40	—

2.3 黄屯重点检查区 ZK0501 孔

黄屯重点检查区位于岳山铅锌矿南西黄屯闪长玢岩体内部。本次远景调查主要通过1∶1万地质测量、激电中梯测量、激电测深剖面测量和综合地质分析，结合1∶1万土壤地球化学测量成果，经探槽揭露和钻探验证，发现闪长玢岩体具铅锌、铜矿化，初步证实了闪长玢岩体为含矿岩体。由于以往工作程度较低，黄屯闪长玢岩体有较大的找矿潜力，该区为斑岩型铅锌多金属矿找矿靶区。

黄屯ZK0501孔揭露岩性为闪长玢岩（图2），岩石具强烈的黄铁绢英岩化、绿泥石化、绿帘石化和高岭石化，自孔深400m以下至终孔均见较强的铅锌（银）矿化，局部细脉状黄铜矿化。方铅矿、闪锌矿呈微细粒细脉浸染状分布于闪长玢岩中。随后实施的安徽省地勘基金普查项目取得了较好的找矿成果，该区通过地质普查，提交一处大型铅锌矿产地。

2.4 鲁湾重点检查区 ZK0401 孔

鲁湾重点检查区位于罗河铁矿北东外围，介于罗河铁矿与泥河铁矿之间，成矿地质条件有利，又具有较好的重力异常，且套合有磁异常，两异常均为罗河重磁异常向北东突出的部分。布置验证钻孔进行验证，于膏辉岩化、碱性长石化闪长玢岩，共见3段磁铁矿体，累计视厚度7.93m，平均品位 TFe 32.50%、MFe 25.43%。

3 结语

本次远景调查工作全面总结了测区地层、岩浆岩、构造、变质作用蚀变和物化探特征，对测区矿产特征、典型矿床、区域成矿条件、成矿规律进行了系统归纳总结，建立了测区成矿模式，并对区内铁、铜（金）、铅锌多金属矿进行了预测，开展了概略矿产检查和重点矿产检查，圈定了成矿远景区，优选了找矿靶区，对主要找矿靶区进行了钻探验证，取得了显著的找矿成果，提交新发现矿产地3处，多处发现有意义的矿（化）体，为今后的进一步开展矿产普查和勘查提供了重要的找矿线索和信息。

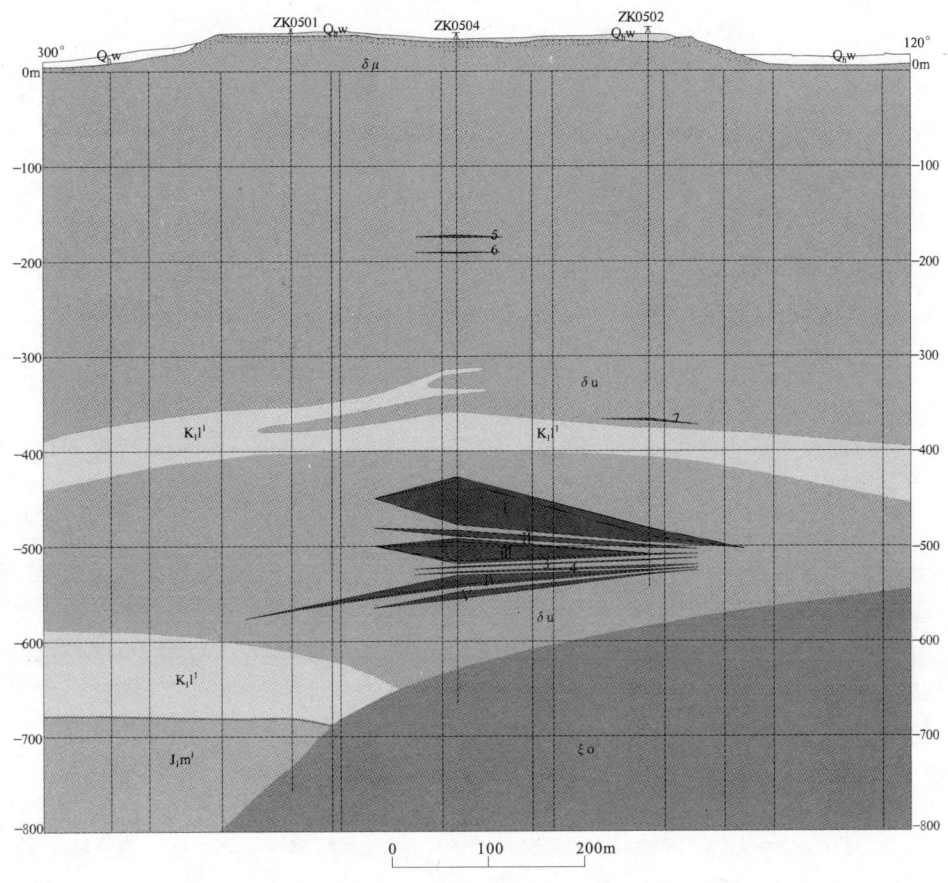

图 2 庐江县黄寅冲地区 05 线地质剖面图

水文地质与环境地质调查

海西福建沿海海岸变迁对环境安全影响及对策建议

葛伟亚 邢怀学 李亮 田福金 常晓军 李云峰 周洁

（南京地质调查中心）

[摘　要]　海峡西岸经济区发展重点在沿海，海岸变迁对沿海地区城市规划、港口建设、重大工程选址及生态安全等可持续发展影响巨大。采用地貌地质调查、钻探、第四纪样品测试等方法综合研究海西福建沿海的海陆变迁特征；分析表明福建沿海海岸淤涨和人为因素关系密切，海岸蚀退主要受自然因素影响，海岸淤涨影响港湾发展，海岸蚀退影响工程建设安全；建议保护和开发海岸要根据海岸性质因地制宜。

[关键词]　海岸变迁　地质构造　海岸淤涨　海岸蚀退　对策建议

1　海西福建沿海地质条件

1.1　自然地理条件

福建省沿海多年平均气温约19.5℃，多年平均降水量约1 200mm。年均风速为5.6～8.0m/s，最大风速为30～40m/s。波浪以风浪与涌浪共同作用为特征，平均波高小于1.5m，最大波高可达16m。潮汐大多属于正规半日潮，沿岸平均潮差多在4m左右。沿岸流在冬季受东北季风影响向西南流动，在夏季受西南季风影响向北流动。台风浪与风暴潮多发，台风年均6次以上。地表水系发育，较大的河流有闽江、九龙江、晋江等。入海河流对海岸带的纵向输沙影响较大，闽江年径流量为$600×10^8m^3$，年输沙量为800多万吨[1]。

福建省大陆海岸线全长约3 75 km，海岸线曲折，区内港湾较多，全省有较大港湾125个。基岩质海岸约占44%，陆地多由花岗岩及火山岩山丘和台地组成，主要分布于闽江口以北；沙质海岸约占9%，由各种沙质堆积形态沿岸沙堤、沙坝、沙嘴、海积阶地和滨海冲海积平原组成，主要分布于闽江口以南较为宽阔的海湾内；淤泥质海岸约占24%，由基岩风化层或坡洪积层组成，主要分布于港湾内部；河口海岸约占1%，主要分布于闽江、晋江和九龙江等较大河流入海口附近的河口两岸；人工海岸约占22%，主要分布于平原地段，是为了生产、交通、护岸的需要，而人工建成的不同规模、不同质量的海岸工程[2]。

---

① 地质调查项目:海峡西岸经济区地质环境调查评价与区划综合研究项目资助（项目编号1212010914018）。
第一作者简介:葛伟亚，男，1976年生，高级工程师，主要从事水工环地质调查研究。

1.2 地质构造条件

福建沿海海岸带基岩主要有岩石风化相对较强的南园组、黄坑组的中酸性—酸性火山碎屑岩以及晚侏罗世中酸性侵入岩,所在的海岸线相对较为平缓;而抗风化能力较强的小溪组、寨下组的酸性火山碎屑岩及次火山岩,早白垩世酸性花岗岩、晶洞碱长花岗岩以及晚白垩世花岗斑岩类,所在的海岸线较曲折,常形成陡崖峭壁。在河口和港湾地带第四系松散堆积物较为发育。

福建沿海地区地质构造复杂(图1),处于闽东大山断坳带和闽东南沿海断隆带,沿海地区新构造运动的特点是以水平运动为主,垂直升降表现明显,垂直运动在沿海以隆升为主,内陆则以相对下降为主。据福建省地震局地壳形变观测资料,莆田-泉州区域地壳形变量年均隆升速率约为3～3.75mm/a,云霄-诏安区域地壳形变年均下降速率约为0.5～3mm/a。

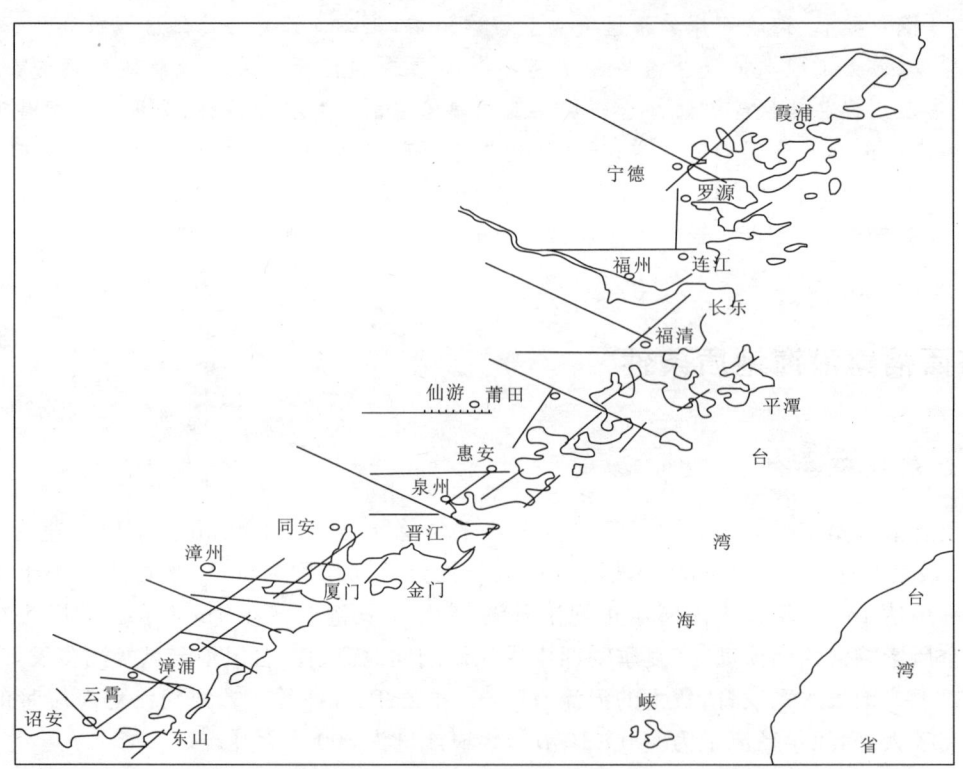

图1 海西福建沿海地区构造略图

2 海岸变迁主要表现形式及影响因素

2.1 海岸淤涨

海岸淤涨主要出现在淤泥质海岸、河口平原海岸及部分沙质海岸段,常表现为潮滩淤宽、淤高,部分地段其岸线向海域扩张,陆域面积增加。通过影像图、旧海图、历史资料及实地调查资料可以大致估算出海西沿海地区不同海岸段的淤涨速率(表1)。

表 1 海西福建沿海地区海岸淤涨近期变化情况[3-6]

海岸位置	零米线向外推移距离(m)	淤涨速率(m/a)	统计时间(a)
福宁湾	910～1 820	70～140	13
鳌江口	650～1 820	50～140	13
闽江口	1 300～2 600	100～200	13
海坛岛	650～2 000	50～154	13
兴化湾	1 300～1 700	100～130	13
湄州湾	800～3 000	38～143	21
泉州湾	3 150～3 600	150～171	21
围头湾	500	24	21
同安湾	2 700	129	21
九龙江口	600～2 300	32～121	19
东山湾	300～2 200	14～100	22
诏安湾	1 100	50	22

2.2 海岸蚀退

海岸蚀退主要出现在开敞海域且面迎强风浪的风化壳红土质海岸、沙质海岸以及节理裂隙发育的岩质海岸段(表 2)。红土质海岸由基岩风化层组成,结构强度低,抗侵蚀力弱,易受潮流波浪淘蚀而蚀退。遭受侵蚀的沙岸通常是结构松散的沙土组成的岸坡,在强劲风浪作用下,发生崩解而蚀退。基岩岬角岩质岸段直接遭受强劲风浪的剧烈磨蚀和沿岸流的冲刷作用,特别在构造发育地段,岸坡岩石节理裂隙、岩脉发育,岩石相对破碎,蚀退现象较明显。

表 2 海西福建沿海地区海岸蚀退近期变化情况[3-6]

海岸位置	侵蚀海岸类型	蚀退地点	蚀退速率(m/a)
福宁湾	沙岸	下浒塘	7.00
三都澳	沙岸	北茭	7.70
闽江口	沙岸	湖南镇	10.00
海坛岛	岩岸	流水—西庄	1.00～2.00
福清湾	岩岸	东萤	0.20
兴化湾	岩岸	乌宅	0.70～1.00
湄州湾	岩岸	南庄	0.20
深沪湾	沙岸	土地寮	7.70
围头湾	沙岸	塔头	1.00～4.00
同安湾	沙岸	莲河	0.95
厦门港	岩岸	曾厝安	1.61～4.83
前湖湾	沙岸	肖溪口	0.30～2.00
东山前港	沙岸	悟龙	0.20～1.00
诏安湾	岩岸	烟墩岭	0.34

2.3 海岸变迁影响因素

海西福建沿海海岸淤涨的主要因素与人类活动有关,海岸蚀退的影响因素主要是自然因素。

(1) 河流上游流域的水土流失和兴修拦蓄水利工程使得河口海岸不断淤涨。一些蓄水、拦水工程的修建使上游来水减少,导致水流速减慢。随着水流减慢,挟沙能力急剧减弱,从而使悬浮颗粒物质发生沉淀而淤积。

(2) 大规模围海造地使得陆域不断向海扩张,特别是湾内围垦,使海湾的纳潮量降低,水动力条件改变,使得海湾的冲刷能力减弱,从而促使了淤积。

(3) 风暴潮对海岸的侵蚀作用十分强烈。海西沿海地区属亚热带海洋性季风气候,多台风,一次台风引起的风暴潮可造成土质海岸遭侵蚀后退数十厘米以上,特大的风暴潮甚至可能蚀退 1～2m。

(4) 潮汐、波浪也易造成海岸蚀退。海西沿海地区潮汐类型以正规半日潮为主,区内平均潮差大于 4m,属强潮海区,产生的潮流以往复流为主,周而复始的潮流是海岸侵蚀的主要动力。此外,强劲的波浪对土质、沙质岸坡土体进行长期淘蚀,对岩质岸坡岩石进行磨蚀,会造成沙、土质岸蚀退明显,岩质岸坡形成各种海蚀地貌。

(5) 海平面上升,海岸线逐渐后退,近岸海洋动力增强,会加剧海岸侵蚀。有很多研究者开展了海西沿海相对海平面上升速率研究,其速率平均为 1～2mm/a[1],部分岸段每年侵蚀后退速率为近 10cm。

(6) 大量海岸工程建设也使得海岸遭受蚀退。海西沿海地区在许多沙质岸段修筑了堤坝、人工建筑、养殖池等,不合理的建筑占据了海滩滩面,破坏了海滩的结构,对海滩的输沙平衡造成了很大的影响,致使海滩不断侵蚀后退。

3 海岸变迁对环境安全的影响及对策建议

3.1 海岸变迁对环境安全的影响

(1) 港湾淤积会影响港口码头航运发展,继而会影响到港口城市的可持续发展。闽江河口的淤积导致马尾港南港航运能力降低,目前主要靠北港航道运行,但北港航道也处于不断淤浅中。泉州港曾是"海上丝绸之路"的起点,在公元 960—1368 年宋、元时期,是世界性大港,通航日本、朝鲜、南亚、西亚及东非等几十个国家和地区。然而到公元 1474 年明成化年间时,因港口淤塞,社会经济逐渐衰落。

(2) 海湾淤积会使得海湾内生态环境恶化。淤涨会使水动力条件改变,河流或波浪带来的污染物通常在河口、海湾顶部水动力条件较弱的地方富集,可能致使该处水中缺氧或有害元素含量增高,将会改变原来的生态环境,使水中生物难于生存或产生恶性循环,使之不适宜养殖。如厦门湾内丙州等地大面积的人工围垦,使得河流或海流带来的污染物质富集,致使原来栖生于此的珍稀鱼类——厦门文昌鱼(由无脊椎向有脊椎动物过渡的典型标本),因生态环境破坏,数量锐减,面临绝迹的危险。

(3) 海岸侵蚀会造成海岸线后退,陆域缩减,沿海极其宝贵的土地资源会丧失,还会影响到沿海工程建设的安全,从而影响沿海地区的经济发展。厦门岛东岸青礁 1 000m 海堤曾遭到海岸侵蚀破坏[7]，堤内几十公顷（1公顷＝0.01km^2）良田，千余户居民及10多家工厂都曾遭受过损失。

3.2 海西福建沿海海岸变迁对策建议

（1）海西福建沿海地区海岸类型多样，所处位置地质条件和自然条件也各有差异，在保护海岸时要因地制宜。建议对于侵蚀极其严重却具有很高的旅游价值的岸段，可以进行人工补沙以养护海滩；对于易遭受风暴潮影响而较易遭受侵蚀的那些直接面向大海开敞的岸段，要使用丁坝、浅坝、离岸堤进行消波减浪、捕沙促淤，减少侵蚀。

（2）海西福建沿海地质构造发育，港湾一般多位于新构造活动区，常存在差异升降，有些河口港湾还会受河流所挟带的泥沙沉积淤浅影响。建议在进行港口规划和建设时，要查明港区的地质条件和港口所在河流入海口水动力条件及淤积状况，选择岸线稳定，港内航道水深、淤少、避风、浪小的地段。

（3）海西福建沿海地区第四纪海岸变迁频繁，多次海侵海退，海陆相互层地层多有分布，形成了工程物理性质不同的岩土体多层结构。建议在进行工程建设时，要查明地质条件，减免地质灾害发生。

（4）海西福建沿海地区人多地少，在社会经济建设中不可避免地进行滩涂围垦、围海造地，以增加土地资源。建议围海造地一定要科学进行，要把起围高程限制在平均高潮位以上，并使围堤回避对港湾淤浅的威胁。

（5）为减免海岸变迁对港湾的不利影响，应大力发展林业，防止水土流失。建议在蚀退海岸营造混交林带，以稳定海岸和保护村庄和农田；在淤涨海岸种植红树林、大米草等植物，以起到消浪、抗蚀、保滩护堤、促淤造陆、净化污水及提高生态环境质量之作用。

（6）海岸变迁为海西福建沿海造就了许多美丽的沙海滩和奇特的海蚀地貌，这些景观资源可带动旅游业发展，从而促进经济发展。建议要对这些景观资源所在的海岸带加强保护。

（7）海岸变迁是一个动态过程，需要时时掌握一些动态数据才能够更好地保护海岸，预防灾害发生。建议加强海岸线动态监测，为海岸线合理开发利用提供科学数据。

（8）现代海岸变迁与人类活动是密切相关的。建议加强对海岸线保护的宣传，提高公众对海岸线保护的认知程度，提升公众对海岸线的保护意识，以促进海岸资源的合理开发利用，促进沿海经济可持续发展。

参考文献

[1] 李兵,蔡锋,曹立华,等. 福建沙质海岸侵蚀原因和防护对策研究[J]. 台湾海峡,2009(2):156-162
[2] 孙美仙,张伟. 福建省海岸线遥感调查方法及其应用研究[J]. 台湾海峡,2004(2):213-219
[3] 卢清地,聂童春,张正义,等. 1:25万福州市幅、三沙镇幅区域地质调查报告,2007
[4] 卢清地,聂童春,张正义,等. 1:25万莆田市幅、泉州市幅区域地质调查报告,2007
[5] 石建基,林东燕,陈润生,等. 1:25万厦门市幅、东山县幅区域地质调查报告,2002
[6] 林军. 海岸线变迁环境地质问题研究——以福建南部沿海地区为例[J]. 地质灾害与环境保护,2006(1):29-34
[7] 谢在团,蓝东兆,陈承惠,等. 厦门海岸侵蚀与防护对策[J]. 台湾海峡,1993(3):293-298

某市蔬菜基地浅层地下水污染特征分析

周权平 姜月华 苏晶文 贾军元

(南京地质调查中心)

[摘 要] 本文通过对某市周边两个蔬菜基地进行综合调查、取样,结合区域地质环境条件,分析了蔬菜基地浅层地下水污染状况以及土壤中镉元素污染特征。分析结果表明,蔬菜基地浅层地下水水质较差,主要为总硬度、"三氮"和锰等无机物超标,有机指标检出和含量均较少且无超标,土壤中重金属镉元素在某蔬菜基地污染较为严重,而浅层地下水目前并未受到镉污染影响。

[关键词] 蔬菜基地 浅层地下水 污染特征 镉

引言

随着城市人口快速增长及生活水平的提高,切实保障民生需求和城市供给,全国各地都加大了蔬菜基地建设力度并出台相关法例。同时,无机、有机物的排放与日俱增,地下水的污染负荷不断加大,而其中一些往往难以降解,并具有生物积累性和"三致"作用或慢性毒性。而地下水污染具有隐蔽性、滞后性及难于修复等特征,尤其是有机污染物毒性强、存在时间长,而且难于降解[1-5]。因此,查明地下水污染状况对蔬菜基地的合理规划发展具有重要意义。

1 研究区概况

研究区属亚热带湿润季风气候区,气候温和、湿润,四季分明,降水充沛,日照充足,雨热同期。多年平均气温15.6℃,七八月平均气温29℃。多年平均降水量1 078~1 090mm,多年平均蒸发量为1 200~1 400mm。降水量在时间上分布极不均衡,夏季降水量较多,冬季降水量偏少。

本次在某市分别选择具有较长历史的老蔬菜基地和近年来随该城市发展变迁逐步建立起来的新蔬菜基地作为研究对象。老蔬菜基地土壤气候条件特别适合各类农作物的生长,是中国最大的无公害野菜生产基地,主要种植芦蒿、茼蒿、菊花脑和马兰头等多种经济作物。新蔬

---

① 基金项目:全国地下水基础环境状况调查评估项目(No. 2110302)。
第一作者简介:周权平,男,1982年生,助理研究员,主要从事水文地质与环境地质调查和研究工作。

菜基地主要种植有油菜、青菜、萝卜、蒜苗、豇豆、马兰头、茄子和土豆等多种经济作物。本次研究目标含水层主要是浅层含水层,为松散岩类孔隙含水层组,埋深较浅,一般为1~4m,含水介质以第四纪的亚砂土、粉砂、细砂和粉细砂为主。

2 水样采集与测试

2.1 水样采集

通过野外调查,在综合分析某市新、老两个蔬菜基地地层结构、包气带结构、含水层特征、开发利用现状、开采井结构及其分布等因素后,选择长期使用、资料翔实、易于取样操作、相对稳定且具有代表性的井点进行样品采集工作。

在新蔬菜种植基地布设浅层地下水有机、无机样品各5组,老蔬菜种植基地布设浅层地下水有机、无机样品各7组(图1、图2)。

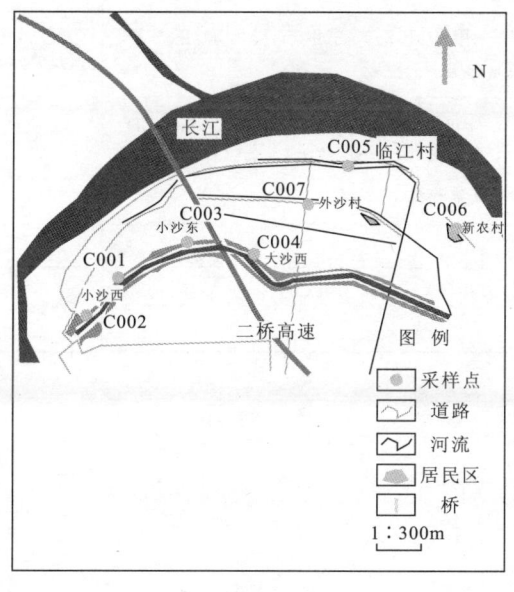

图1 老蔬菜基地样点分布

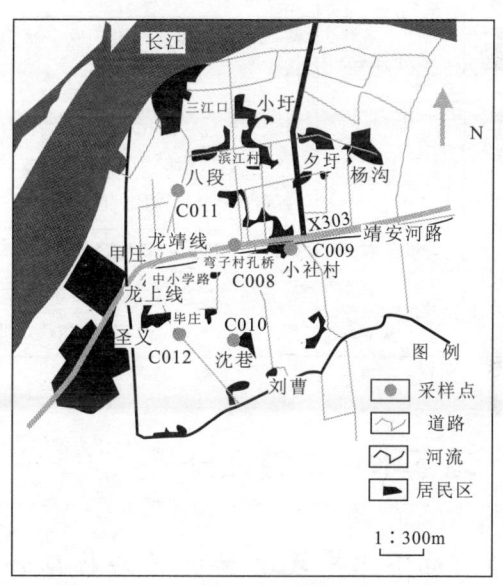

图2 新蔬菜基地样点分布

2.2 测试指标与方法

水样、土样由国土资源部华东矿产资源监督检测中心测试完成。其中,水样无机指标采用电感耦合等离子体光谱/质谱、原子荧光光谱、离子色谱、紫外可见分光光度法及现场测试等完成;有机指标采用吹扫捕集/气相色谱-质谱法和高效液相色谱法[6]等完成。水样现场检测指标7项,室内检测无机指标27项,有机指标90项,其中卤代烃30项,氯代苯类8项,单环芳烃14项,有机氯农药21项,有机磷农药3项,多环芳烃14项(表1);土样选取重金属镉采用AAS原子吸收光谱法进行测试。

表1 水样测试指标

指标类型		指标名称	指标数
现场		水温、气温、pH值、电导率、氧化还原电位、溶解氧、浊度	7
无机		溶解性总固体、总硬度、高锰酸盐指数、偏硅酸、硝酸盐、亚硝酸盐、铵根离子、硫酸根、碳酸根、重碳酸根、氯离子、氟化物、碘化物、钾、钠、钙、镁、铁、锰、铅、锌、镉、六价铬、汞、砷、硒、铝	27
有机	卤代烃	三氯甲烷、四氯化碳、1,1,1-三氯乙烷、三氯乙烯、四氯乙烯、二氯甲烷、1,2-二氯乙烷、1,1,2-三氯乙烷、1,2-二氯丙烷、溴二氯甲烷、一氯二溴甲烷、溴仿、氯乙烯、1,1-二氯乙烯、1,2-二氯乙烯、反-1,2-二氯乙烯、1,1-二氯乙烷、顺-1,2-二氯乙烯、2,2-二氯丙烷、溴甲烷、1,1-二氯丙烯、二溴甲烷、反-1,3-二氯丙烯、顺-1,3-二氯丙烯、1,3-二氯丙烷、1,2-二溴乙烷、1,1,1,2-四氯乙烷、1,1,2,2-四氯乙烷、1,2-二溴-3-氯-丙烷、六氯丁二烯	30
	氯代苯类	氯苯、邻二氯苯、间二氯苯、对二氯苯、1,2,4-三氯苯、1,2,3-三氯苯、2-氯甲苯、4-氯甲苯	8
	单环芳烃	苯、甲苯、乙苯、二甲苯、苯乙烯、1,3,5-三甲苯、1,2,4-三甲苯、异丙苯、正丙苯、溴苯、叔丁苯、异丁苯、正丁苯、对-异丙基甲苯	14
	有机氯农药	总六六六、α-BHC、β-BHC、γ-BHC、δ-BHC、滴滴涕、p,p'-DDE、p,p'-DDD、o,p-DDT、p,p'-DDT、六氯苯、七氯、七氯环氧、艾氏剂、狄氏剂、异狄氏剂、γ-氯丹、α-氯丹、异狄氏剂醛、异狄氏剂酮、甲氧滴滴涕	21
	有机磷农药	硫丹Ⅰ、硫丹Ⅱ、硫酸硫丹	3
	多环芳烃	苯并(a)芘、萘、苊、芴、菲、蒽、荧蒽、芘、苯并(a)蒽、䓛、苯并(b)荧蒽、苯并(K)荧蒽、二苯并(a,h)蒽、苯并(g,h,i)芘	14

3 地下水污染特征分析

3.1 地下水中无机物的污染特征分析

本次地下水质量评价按照《地下水质量标准》(GB/T 14848—93)[7],选取参加评分的项目为pH、铁、锰、锌、氯化物、硫酸盐、总硬度、溶解性总固体、耗氧量、砷、镉、六价铬、铅、汞、硒、氟化物、硝酸盐、亚硝酸盐、氨氮、碘化物、滴滴涕、六六六共22项评价指标。地下水质量综合评价结果见表2。

地下水质量综合评价结果表明:新、老蔬菜基地水质均较差,全部为Ⅳ类水,但从综合评分F值看,新蔬菜基地平均F值为5.42,且有3个井点F值接近Ⅳ类水下限值,老蔬菜基地为7.15,表明老蔬菜基地明显较新蔬菜基地的平均F值高。

老蔬菜基地浅层地下水水质较差,7个井点水质均为Ⅳ类水,超标项目有总硬度、氨氮、锰、溶解性总固体、硝酸盐和碘化物;新蔬菜基地浅层地下水水质较差,5个井点水质均为Ⅳ类水,超标项目有总硬度、硝酸盐和亚硝酸盐。

表 2 浅层地下水质量综合评价统计表

地下水质量级别		Ⅰ类水	Ⅱ类水	Ⅲ类水	Ⅳ类水	Ⅴ类水
老蔬菜基地	组数	0	0	0	7	0
	所占百分比(%)	0	0	0	100	0
新蔬菜基地	组数	0	0	0	5	0
	所占百分比(%)	0	0	0	100	0

对新、老蔬菜基地浅层地下水中各无机物的具体特征分析发现(图 3 至图 6):老蔬菜基地水质较差的主要原因是地下水中总硬度、氨氮和锰含量较高,新蔬菜基地水质较差的主要原因是地下水中总硬度、硝酸盐和亚硝酸盐含量较高。其中,氨氮和锰在老蔬菜基地超标严重,新蔬菜基地并无超标。

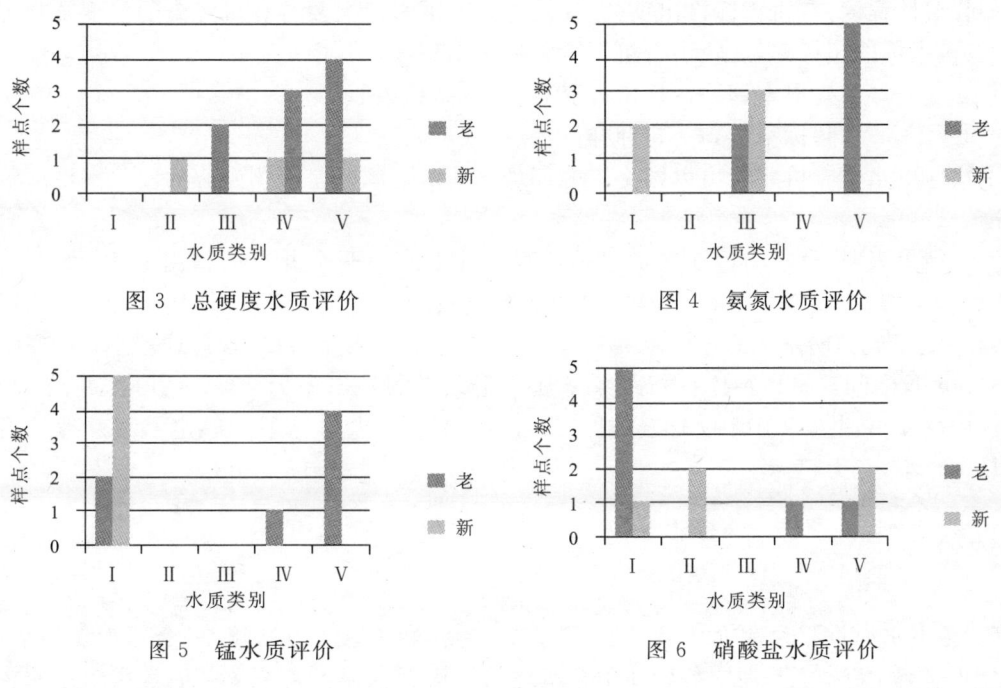

图 3 总硬度水质评价

图 4 氨氮水质评价

图 5 锰水质评价

图 6 硝酸盐水质评价

同时,在老蔬菜基地沿西北到西南方向布设了两条土壤剖面并按不同深度采集土壤样品(表 3),测试结果表明:土壤中重金属镉在老蔬菜基地污染较为严重,镉元素从地表到深层,含量有明显降低的趋势(图 7),分析认为土壤镉元素高含量是由于长江冲积物原生含量偏高和人类活动叠加作用造成的。这与研究区多目标地球化学研究[①]结果是较为吻合的。但本次地下水调查显示浅层地下水中镉均为Ⅰ类水,目前

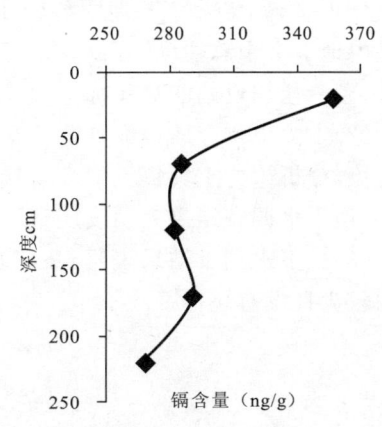

图 7 镉元素含量垂直剖面图

---

① 江苏省多目标区域地球化学生态环境评价成果报告,2006。

并未受到镉污染。

表 3 老蔬菜基地土壤重金属地球化学含量(平均值)

元素	表层土壤采样深度				
	0~20cm	20~70cm	70~120cm	120~170cm	170~220cm
样本数量	86	20	20	20	20
Cd($\times 10^{-9}$)	357.23	285.74	282.38	291.24	268.73

3.2 地下水中有机物的污染特征分析

地下水有机指标的检出与否,是判别有机污染发生与否的标准,检出率的大小反映了污染现象的普遍性程度;有机指标检出项数,反映的是地下水遭受复合有机污染的程度及其污染物种类;有机指标的超标率,反映了有机污染物的污染程度。其中

检出率(%)=检出样品总数/样品总数

超标率(%)=超标样品数/样品总数

本次地下水中有机物检出以国土资源部华东矿产资源监督检测中心的实验室检出限为检出标准。

测试结果表明:有机指标在老蔬菜基地浅层地下水中两个井点的检出率为 28.57%。其中,井点 C004 仅有二氯甲烷检出,井点 C002 有芴、菲、荧蒽、芘、苯并(a)蒽、䓛、苯并(b)荧蒽、苯并(k)荧蒽、苯并(a)芘和苯并(g,h,i)苝共 10 项多环芳烃大量检出,含量均较小,在 0.014 6~0.069 1μg/L 之间。有机指标在新蔬菜基地两个井点的检出率为 40%。其中,井点 C011 仅有二氯甲烷检出,井点 C012 仅有氯仿检出,且含量较小。总体来看,新、老蔬菜基地检出有机物含量均较小,且无超标现象。

4 结论

(1)地下水质量综合评价结果表明:某市新、老蔬菜基地水质均较差,全部为 IV 类水,从综合评分 F 值看,老蔬菜基地明显较新蔬菜基地的平均 F 值高。老蔬菜基地水质较差的主要原因是由地下水中总硬度、氨氮和锰超标造成,新蔬菜基地水质较差的主要原因是由地下水中总硬度、硝酸盐和亚硝酸盐超标造成。

(2)土壤中重金属镉在老蔬菜基地污染较为严重,镉元素从地表到深层,含量有明显降低的趋势,分析认为土壤镉元素高含量是由长江冲积物原生含量偏高和人类活动叠加作用造成的,但地下水调查结果表明浅层地下水目前并未受到镉污染影响。

(3)地下水测试结果表明:蔬菜基地浅层地下水主要为无机污染,有机指标检出项目和含量均较少且没有超标。

参考文献

[1] 李纯,武强. 地下水有机污染的研究进展[J]. 工程勘察,2007(1):27-30

[2]汪珊,孙继朝,张宏达,等.我国水环境有机污染现状与防治对策[J].海洋地质动态,2005,21(10):5-10

[3]汪珊,孙继朝,张宏达,等.珠江三角洲环境有机污染现状与防治对策[J].环境与可持续发展,2006(4):28-31

[4]张玉红,张英慧,王莹莹.有机农药在水环境中的迁移、转化及治理途径[J].西安文理学院学报(自然科学版),2007,10(1):28-32

[5]马晓蕾,王静,黄迁辉.濮阳市地下水污染特征分析[J].地下水,2010,32(4):39-41

[6]中国地质调查局.地下水污染地质调查评价规范(DD2008—01),2008

[7]国家技术监督局.地下水质量标准(GB/T 14848-93)

苏锡常地区地面沉降控制效果评价

闵望[①] 吴曙亮 武健强 李伟 单玉香 张于

(江苏省地质调查研究院)

[摘 要] 通过对比,分析了地下水禁采前后地下水、地面沉降及地裂缝动态变化特征,从区域供水能力建设、饮水安全、研究范围内的水资源优化配置角度评价了控制地面沉降的社会效益。定量评价了苏锡常[②]地区单位地面沉降造成的经济损失和禁采地下水的经济效益。以有效控制地面沉降为前提,提出了适度开采地下水的建议。

[关键词] 苏锡常 禁采地下水 地面沉降 效果

引言

苏锡常地区是著名的"鱼米之乡"、人文荟萃之地,自然环境优美,地理位置优越,是我国东部沿海经济最为发达的地区之一。但由于长期超量开采地下水资源,引发了地面沉降、地裂缝等地质灾害,给当地造成了巨大的经济损失并严重影响着地方经济的可持续发展[③-⑤]。2000年8月26日江苏省第九届人民代表大会常务委员会第十八次会议通过了"关于在苏锡常地区限期禁止开采地下水的决定"(以下简称"禁采")。要求2000—2005年在苏锡常地区(苏州市、无锡市、常州市所辖行政区域,但宜兴市、金坛市、溧阳市除外,下同)实行限期禁止开采深层地下水(第Ⅱ承压及其以下含水层的地下水)。

长期以来,为控制地面沉降,国内外一般采取减小开采量、回灌、调整开采层位等方法。苏锡常地区的"禁采"开创了控制地面沉降的新思路,其通过立法形式,克服种种困难,力图通过迅速削减对地下水的开采来实现地面沉降的"刹车",这是一次前所未有的科学与管理实践,其对区域地质环境的影响将是积极而深远的。针对苏锡常地区为控制地面沉降而实施的"禁采"举措,客观分析评价这一重大人类活动对地区地质环境产生的效果显得尤为必要。

---

① 第一作者简介:闵望,女,1983年生,主要从事水文地质、环境地质研究。
② 苏锡常,即苏州市、无锡市、常州市.全文简称苏锡常。
③ 陈锁忠.苏锡常平原地区第Ⅱ承压水超采区划分报告.江苏省地质环境监测总站,1994。
④ 江苏省地质调查研究院.苏锡常地区地面沉降地裂缝地质灾害易发区划分报告.2001。
⑤ 于军,等.苏锡常地区地面沉降及地质结构三维可视化模型研究.江苏省地质调查研究院,2006。

1 地下水禁采措施

2000年8月江苏省人大常委会发布了苏锡常地区禁采地下水的决定后,江苏省政府高度重视地下水禁采工作。苏锡常三市及所辖县(市、区)也都成立了由政府分管领导任组长、相关部门负责人为成员的领导小组,在水利厅、国土厅、建设厅组成的督察小组领导下开始了有计划的封井改水工程。

截至2005年10月底,苏锡常地区4 917口深井,除经省政府批准保留的86口特殊行业用井外,需要封填的4 831口井全部实施了封填。其中苏州市2 798口,无锡市1 100口,常州市933口。地下水开采量由1996年的$4.5×10^8 m^3$下降到2001年的$2.88×10^8 m^3$、2005年的$0.25×10^8 m^3$,并在随后的几年里得到进一步压缩。据统计,2007年全年的开采量已不足$700×10^4 m^3$。

在实施禁止开采深层地下水、完成封井任务的同时,江苏省建设厅按照统一规划、合理布局、节省投资、质优价廉的原则,利用现有设施能力,淡化行政区划,合理布置供水范围,制定了《苏锡常地区区域供水规划》,解决了苏锡常地下水禁采的水源替代问题。禁采期间,新增区域水厂规模为$302×10^4 m^3/日$,完成了244个乡镇的联网供水,同时开展进村入户管网建设和改造16 294.12km(2004年底),88.3%的行政村已经受益,镇村受益人口802万人,占所有镇村人口的91.6%。

此外,通过政策引导和价格杠杆调控机制,使全社会节水意识逐渐增强,鼓励和扶持用水单位引进先进的节水工艺和设备,实行"一水多用、循环利用"。在地下水禁采期间,苏锡常地区两次调整地下水资源费征收标准,解决了长期以来开采使用地下水远比使用自来水生产成本低的状况。

2 地面沉降控制效果评价

2.1 地下水位回升

2000年"禁采"令的推行,促进了区内地下水资源的恢复,以第Ⅱ承压含水层为代表的地下水位开始加速回升,全区深层地下水普遍上升幅度在10m以上,又以苏州地区最为显著。埋深40m水位漏斗区逐年缩小(图1),形成了地下水流由东、西两侧向锡西地区侧向补给局面。地下水采禁期间,位于水位降落漏斗区的常州市区、苏州市区地下水位回升速度从开始的小于1m/a上升到2004年的3m/a,相比而言,无锡市区地下水位回升稍慢,直至2004年后才达到2m/a。2005年后,苏州、无锡市区地下水位升速放缓,但常州市区依然快速回升[1]。

在水位上升区中又以苏锡常三市市区最为显著,水位埋深回到了20世纪80年代水平,最大回升幅度超过30m。与历史(20世纪90年代中期)最低水位漏斗相比,2000年以来,水位回升区占"禁采"区面积的70%(约7 025km²),基本稳定区占20%(约1 315km²),10%(约258km²)的地区水位略有下降,下降区主要分布在常州南部滆湖以北及以东乡镇。

---

① 江苏省水利厅.江苏省水资源公报[R].2005—2008。

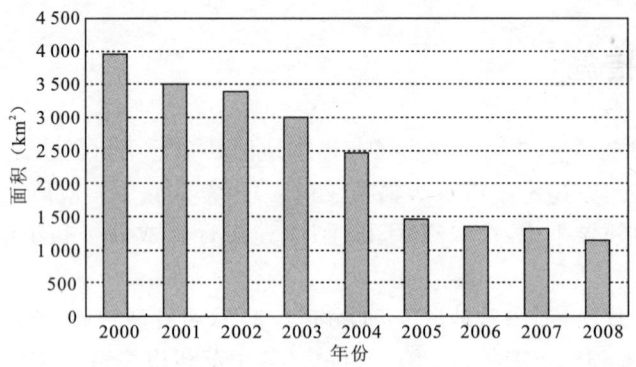

图 1　苏锡常地区地下水位降落漏斗面积缩减趋势(40m 埋深)

2.2　地面沉降控制程度

地面沉降与地下水位之间有密切的相关性,通过禁采深层地下水,苏锡常地区地面沉降形势明显好转,全区出现了不同程度的减缓特征。2000—2003 年间,东部大部分地区年沉降量缩小至 10mm 以内,伴随着地下水位由东向西的逐步抬升,苏州至无锡区间的一些沉降漏斗趋于稳定,常州至无锡地区年平均沉降速率从 26mm/a 减小至 16mm/a。原来苏锡常三市连成一片的沉降格局发生改变,由集中转向分散,一些人口集中、经济发达的中心镇正以地面沉降"孤岛"或"岛链"的形态渐渐显现出来。现状(2008 年)中的区域地面沉降(>5mm)主要分布在常州南部、无锡惠山区、江阴南部、锡山区北部和吴江南部地区;年沉降量大于 10mm/a 的地区有常州牛塘、前黄、礼嘉,江阴南部的璜塘、文林,无锡东部的东港镇,吴江南部的汾湖、盛泽、震泽等地,面积约 500km² (图 2)。

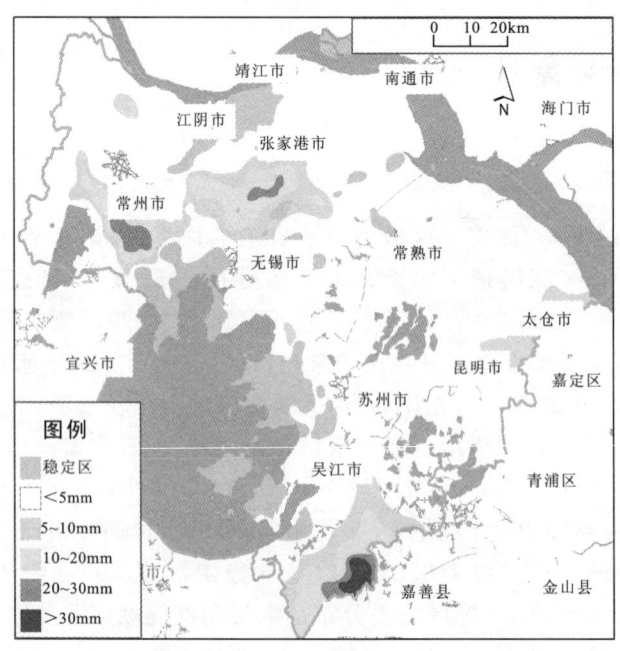

图 2　苏锡常地区 2008 年地面沉降速率图

此外,与地面沉降减缓相一致的是,地裂缝活动性也有不同程度地减缓,现有的典型地裂缝两侧年差异沉降均接近5mm/a或更小,地处锡西腹地的石塘湾地裂缝几近稳定,而江阴南部依然是地裂缝的主要易发区,需要重点关注。

由于苏锡常地区面积广阔,现有的监测手段和所投入的工作量不足以达到对全区的有效监控,实际工作中,大于200mm的地面沉降区一直是监测与调查的重点。因此,在综合地面沉降监测成果和所掌握的社会危害事件的基础上,笔者以大于200mm的沉降区为对象进行控制成效评价,划分指标如表1所示。根据划分指标,将苏锡常地面沉降控制划分为显著控制区、明显控制区和轻微控制区。

表1 地面沉降控制程度划分指标

发生程度划分				控制程度划分			
分类	轻度	中度	严重	分类	显著	明显	轻微
累计沉降量	<200mm	200~600mm	>600mm	年沉降缩减量	>10mm	5~10mm	<5mm

2.2.1 显著控制区

西起无锡市主城区、锡山区(不含东港镇),东至苏州工业园区及阳澄湖西岸,北起张家港后塍—妙桥一线,南至吴江松陵镇,面积2 000km²。是苏锡常明显地面沉降区的东部主体,曾经是地面沉降严重发生区,如无锡市区、苏州市区、张家港的妙桥和西张等地均形成了沉降漏斗地形,改观了微地貌形态。通过禁采措施,平均减幅达10mm,现在地面沉降年沉降量已小于5mm/a,处于轻微沉降阶段。另外,昆山市区向北至太仓沙溪一带和昆山东部的千灯、花桥、蓬朗等地亦有显著控制成效,其面积约300 km²。

2.2.2 明显控制区

明显控制区大致分3片地区,常州-无锡地区、吴江南部、昆山-太仓地区。

常州—无锡地区面积约1 200km²,西起常州邹区、卜弋镇,东至江阴南部和无锡锡山区东港镇一带,北起龙虎塘—横山桥一线,南至太湖北部低山丘陵区,是苏锡常地区地面沉降核心区的主体部分。禁采前一直保持高速发展态势,年沉降量均在20mm以上,且呈整体下沉,而现状中沉降量普遍小于或接近10mm/a,只有一些中心镇区可能稍高,呈零星状。

吴江南部地区,面积约560km²,指松陵—梅堰—震泽一线以东地区(不含盛泽镇),是吴江地面沉降的主要发生区,但与20世纪90年代相比,有明显改观,现状中整体水平小于10mm/a。沉降有明显的地区不平衡性,北部控制效果优于南部,松陵—同里一线与苏州市区沉降形势相近。

昆山-太仓地区,面积约500km²,以太仓东部为主,包括昆山新镇附近地区。历史上的沉降相对较轻,在当地水文地质条件改善的促进下,地面沉降呈总体减缓态势。由于监测资料不足,仅推测昆山-太仓地下水位漏斗区可能存在大于5mm/a的地面沉降。

2.2.3 轻微控制区

主要集中在常州南部和江阴南部的一些中心镇和吴江市盛泽镇,面积约300km²。如常州的牛塘、礼嘉、前黄和江阴南部的祝塘、璜塘、霞客等地沉降依然偏高,现状中的年沉降量均在20mm以上,中心沉降可达50mm/a(如盛泽)。

3 社会经济效益

3.1 禁采综合经济效益

禁采地下水并不产生直接经济效益,只能从节约方面评价其产出。据水利和建设部门提供的数据,禁采5年来,苏锡常地区总计投入资金121.57亿元,主要用于供水改水项目,此为禁采计划执行中的同期投入,但其中包含面向区域社会经济发展需要的供水扩容计划,实际专门用于地下水替代水源工程的投入略低。

禁采地下水的综合经济效益按投入产出比计算[1,2],如下式所示:

$$S = \frac{C_{\text{input}}}{C_{\text{out}}}$$

式中:S为禁采经济效益指数,$S>1$表示正效益,$S<1$表示负效益;C_{input}为总经费投入;C_{out}为总收益。

通过禁采,地面沉降形势得到了有效控制,以10mm/a的沉降速率代表禁采后地面沉降发展水平,则禁采使得地面沉降净减10mm/a,折合经济效益为:

$$\text{年控沉收益} = \text{单位沉降经济损失} \times \text{实际减少沉降量}$$
$$= 2.4(亿元/mm) \times 10(mm/a) = 24(亿元/a)$$

即每年为苏锡常地区挽回经济损失约24亿元人民币,"禁采"虽然投入巨大,但作为一次性投入,在以后的每年却能为苏锡常地区减少近24亿元经济损失,其中挽回直接经济损失约3亿元。通过5年的转化,"禁采"将为地区带来全面的正效益。鉴于苏锡常地区地面沉降灾害的空间不均性(以中心城市最为严重)和地面沉降控制程度的空间不平衡(中心城市区控制最为显著),因此,其产生的经济效益也是不平衡的,依然是以苏州、无锡、常州3个中心城市区最为显著。

3.2 社会效益

在"禁采"措施推动下,2001年起,苏锡常地区率先实施区域供水,成为我国供水事业由城市辐射农村的典范。禁采以来,新增区域水厂规模为$302 \times 10^4 \text{m}^3/$日,完成了244个乡镇的联网供水,同时开展进村入户管网建设和改造16 294.12km(2004年底),88.3%的行政村已经受益,镇村受益人口为802万人,占所有镇村人口的91.6%,彻底改变了广大农村居民长期依靠井水或河塘水的饮水习惯,城乡联网供水水质达到国家饮用水标准,为人民身体健康提供了饮水安全保障。此外,通过政策引导和价格杠杆调控机制,使全社会节水意识逐渐增强,企业节水、改水成为自觉行为,水资源的利用效率明显提高。既节约了成本,又满足了经济发展需要,取得了良好的社会效益、经济效益和环境效益。

3.3 其他间接效益

通过地下水禁采控制地面沉降所带来的积极效益是多方面的,曾经愈演愈烈的防汛、内涝、地表水系紊乱、基础设施破坏等问题,如今出现了不同程度的缓解。如京杭运河石塘湾—洛社段防洪墙自1998年最后一次加高后,已10多年没有再次加高,每年防洪工程至少比禁采前少投入上亿元。而以盛泽、黄埭等地最为典型的大片圩区常年排涝负担有望减轻,水乡泽国被淹没的危险消除。穿越沉降区的沪宁铁路、沪宁高速公路以及京沪高速铁路等重大线性工程受到地面沉降破坏的威胁正在减小。

4 地下水资源开发建议

深层地下水资源是一种可更新的优质资源,可满足许多特种行业的需求,具有较高的经济价值,弃之不用无异于资源浪费。适量开采不但不会促进地面沉降发展,反而会促进地下水的循环,对改善地质环境起到积极作用。近年来,突发性的水污染危机事件呈上升态势,深层地下水作为应急情况下的供水资源,其战略地位突显。如2007年,太湖蓝藻大面积爆发,周边城市饮用水安全受到影响,在危急形势下,无锡市果断启用28口备用深井向居民供水,对于缓解水危机起到了重要作用。

经地面沉降调控模型预测得出,目前,苏锡常地区地下水可采资源量约 $5\ 411\times10^4\ m^3/a$,其中沿江地区 $2\ 700\times10^4\ m^3/a$,苏锡常区超采区(第Ⅱ承压)$2\ 711.95\times10^4\ m^3/a$。由于苏锡常地区地质条件复杂,地下水资源存在区域不平衡性。东部苏州地区地下水资源相对丰富,沿江地区地下水资源尤其丰富,而无锡和常州都较少。在经历"超采—限采—禁采"之后,重新提出对苏锡常地区地下水的开采方案,必须持谨慎态度合理地规划对地下水的开采。为此,笔者提出如下开采建议:

沿江补给充分区域含水层巨厚,岩性相对均质,易受长江水补给,由于含水砂层在地下水位下降过程中具有明显的弹性形变性质,因此开采井应相对分布均匀,避免开采空间和开采时间过于集中。

非沿江地区第Ⅱ承压地下水开采时,在苏州的盛泽、桃源、黎里和平望镇等区域,由于地面沉降还在发展,目前不宜进行地下水开采;无锡和常州地下水可采资源量都较少,特别是在无锡西部和常州南部地区,为了满足水位控制条件,第Ⅱ承压地下水原则上不能进行开采,仅在常州北部和无锡的滨湖区、新区等区域可进行适量开采。

5 结语

综上所述,"禁采"以来,苏锡常地区的地面沉降防治效果显著,地下水位逐年回升,地面沉降速率也日趋减缓,为地区带来了巨大的经济效益。从"禁采"实施以来的地下水资源恢复情况来看,深层地下水这种优质资源完全弃之不用颇为可惜,就此提出了适量开采的建议。从长远来看,今后的地面沉降防治,要加强以地下水和地面沉降为核心内容的监测工作,统一协调以控制地面沉降为目标的地下水资源管理和规避地面沉降危害的土地管理,从而更好地促进地区经济的发展。

参考文献

[1] 李善峰,叶晓滨,何庆成,等. 华北平原地面沉降灾害经济损失评估方法探讨[J]. 水文地质工程地质,2006,10(4):114-116

[2] 朱琰,余振国,刘升. 地面沉降的经济损失构成及其计算方法[J]. 中国地质灾害与防治学报,2005,16(1):126-127

长江三角洲地区潜水水文地球化学特征[①]

李云峰 周迅 侯莉莉

(南京地质调查中心)

[摘 要] 地下水作为地质环境中最敏感的构成要素之一,其化学成分的变化能明确指示出地质环境发展的方向。根据地下水中各离子本身的水文地球化学意义,对长江三角洲地区地下水常规离子进行了组合分析研究。通过研究发现,长江三角洲地区潜水自西向东水动力条件减弱,研究区北部存在两段明显的分水构造,并将当地潜水划分为具有不同水文地质条件的两部分;区内潜水自西向东沿三角洲发展方向矿化度升高呈咸化态势;研究区中心城区周边潜水受到人为活动影响严重。

[关键词] 长江三角洲 地下水 水文地球化学

引言

水文地球化学(hydrogeochemistry)是主要以地下水中化学成分形成及其交换、迁移为研究对象的一门学科,研究主要内容:地下水化学成分的形成与迁移变化规律以及地下水在地壳各层带中的地球化学作用。近年来,我国学者陆续对鄂尔多斯地区[1-3]、黑河流域[4,5]、长江中下游地区[6]、塔里木地区[7]、苏锡常地区[8]以及东北地区[9,10]地下水水化学特征及演变规律进行了研究。研究表明,随着人口的增长及经济技术的发展,对地下水资源的不合理开采,导致区域地下水水位不断下降、水质出现恶化,引发了一系列的地质环境问题。因此对我国区域上地下水水化学进行系统的研究是十分必要的。

长江三角洲是我国最大的河口三角洲,顶点在仪征市真州镇附近,以扬州、江都、泰州、姜堰、海安、栟茶一线为其北界,镇江、宁镇山脉、茅山东麓、天目山北麓至杭州湾北岸一线为西界和南界,东止黄海和东海,是我国经济最发达的地区之一。经济的飞速发展以及人类活动的不断加强,该地区大气水、地表水、地下水"三水"之间的转化被扰动,加之大量天然地表的消失、各类污染物进入地下水的几率增大等因素,区域上地下水氧化还原状态发生变异。外界环境的变化所产生的附加能量及物质不断地与地下水发生交换、转移。地下水作为地质环境中最敏感的构成要素之一,其化学成分的变化能明确指示出地质环境发展的方向。环境的变化往

---

① 资金项目:中国地质调查局长江三角洲经济区地质环境综合研究与功能区划项目(项目编码:1212010914006)。
第一作者简介:李云峰,男,1985年生,工程师,主要从事水文地质环境地质研究。

往通过地下水的异常表现出来。因此,对长江三角洲地区地下水进行系统的水文地球化学研究,可以了解地质环境演变规律并预测其在人类活动影响下产生的变化。

1 材料与方法

1.1 地下水样品采集

本研究区域主要包括江苏省的镇江市、扬州市、泰州市、南通市、常州市、无锡市以及苏州市,上海市,浙江省的湖州市、嘉兴市、杭州市等地区。地下水样品点主要根据当地水文地质条件、土地利用类型,结合当地地质地貌条件、地下水动力条件布设,控制密度为3~4个/100km^2。根据当地地下水使用情况,采用机(民)井采样、挖坑采样结合的办法采样。每点采样前先用水泵将井中存水输干,待新水涌出后再用事先清理过的聚乙烯样品瓶采集,并用GPS定位,标明取得样品点实际的地理坐标(图1)。本次共采集674个样品。

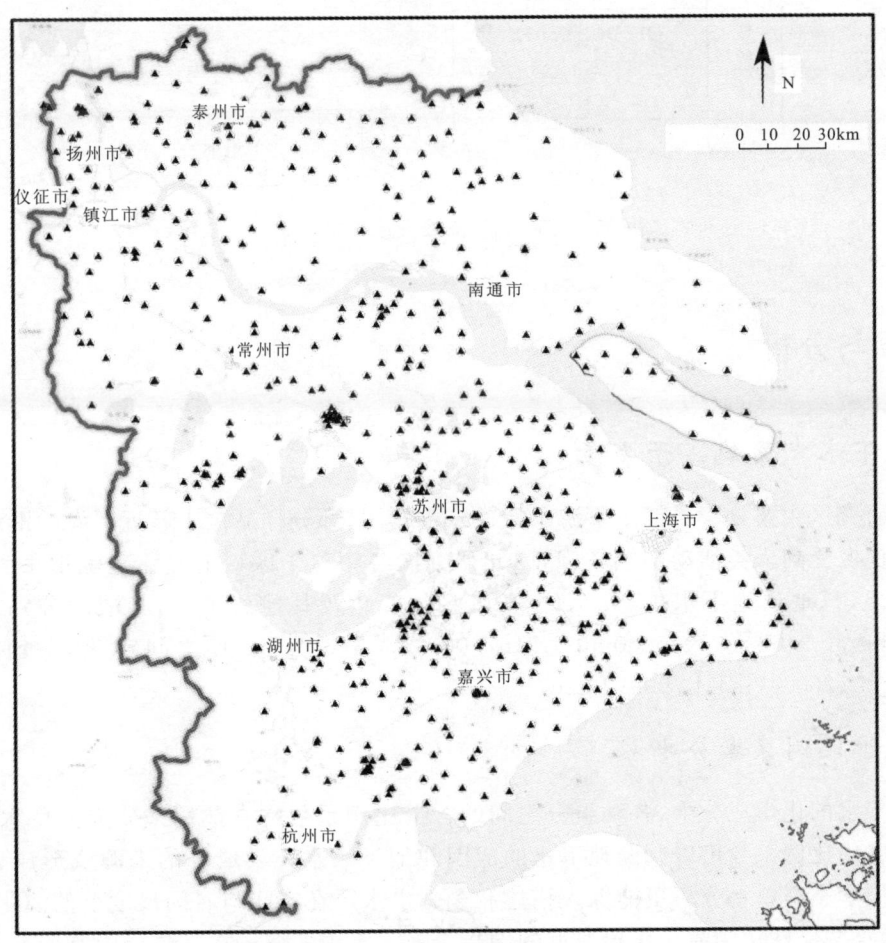

图1 样品点分布图

1.2 地下水样品测试

分析项目包括 Ca^{2+}、Mg^{2+}、Na^+、K^+、Cl^-、HCO_3^-、SO_4^{2-} 等常规离子,并现场加测部分指标,例如 pH、TDS 等。样品处理及要求见图 2。

为保证数据的有效性,对实验室返回的数据需进行检验,合格后方可进一步使用。本研究采用阴离子毫克当量数总和(ΣA)与阳离子毫克当量数总和(ΣC)接近程度评估,采用下式计算:

$$ABS(\Sigma A - \Sigma C) \begin{cases} \leqslant 5\%, 合格 \\ > 5\%, 不合格 \end{cases}$$

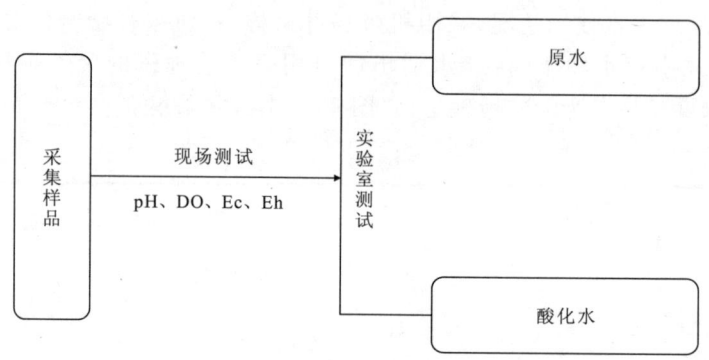

图 2　样品处理流程图

2 结果与分析

2.1 地下水中常规离子含量

由于研究区主要处于长江中下游平原的末端,并且部分样品位于新近开发的沿海滩涂上,加之部分地区受到人类活动影响较强,因此研究区各项离子区域上变化范围都很大。从表 1 中可以看出,该地区地下水中 Na^+、Cl^-、TDS 的变化较其他离子大,其浓度分别在 7.58~4 260.00mg/L、3.60~7 900.00mg/L、167.00~13 880.41mg/L 之间变化,平均值分别为 163.05mg/L、220.47mg/L、999.26mg/L。

2.2 离子比例系数分析

在地下水的化学成分中,各种组分之间的含量比例系数常常被用来研究某些水文地球化学问题。应用比例系数可以判断地下水的成因和地下水水化学成分的来源及形成过程,它比传统的水化学类型单一分析更能深入描述和刻画出水质在空间与时间尺度上的演化过程及特点,更能对水文地球化学演化作出典型的剖析。地下水中各离子在其流场中有着不同的表现,例如,在一个完整的没有污染的流场的上游,阳离子中 Ca^{2+}、Mg^{2+} 往往较其他离子含量高,阴离子中 HCO_3^- 往往较其他离子含量高,沿流场往下地下水中 Na^+、Cl^- 含量逐渐增多(图 3),

换而言之,就是地下水沿流线方向矿化度增大。

表 1 长江三角洲地区地下水潜水中无机常规离子含量

地下水离子	单位	最大值	最小值	平均值	标准差
pH 值		9.42	3.65	7.12	0.41
Ca^{2+}	mg/L	1 440.00	7.25	96.85	63.61
Mg^{2+}	mg/L	478.00	3.38	45.34	37.92
K^+	mg/L	146.00	0.00	12.38	17.18
Na^+	mg/L	4 260.00	7.58	163.05	309.10
Cl^-	mg/L	7 900.00	3.60	220.47	558.00
SO_4^{2-}	mg/L	997.80	0.00	102.00	92.04
HCO_3^-	mg/L	2 567.00	33.00	461.79	191.74
TDS	mg/L	13 880.41	167.00	999.26	968.78

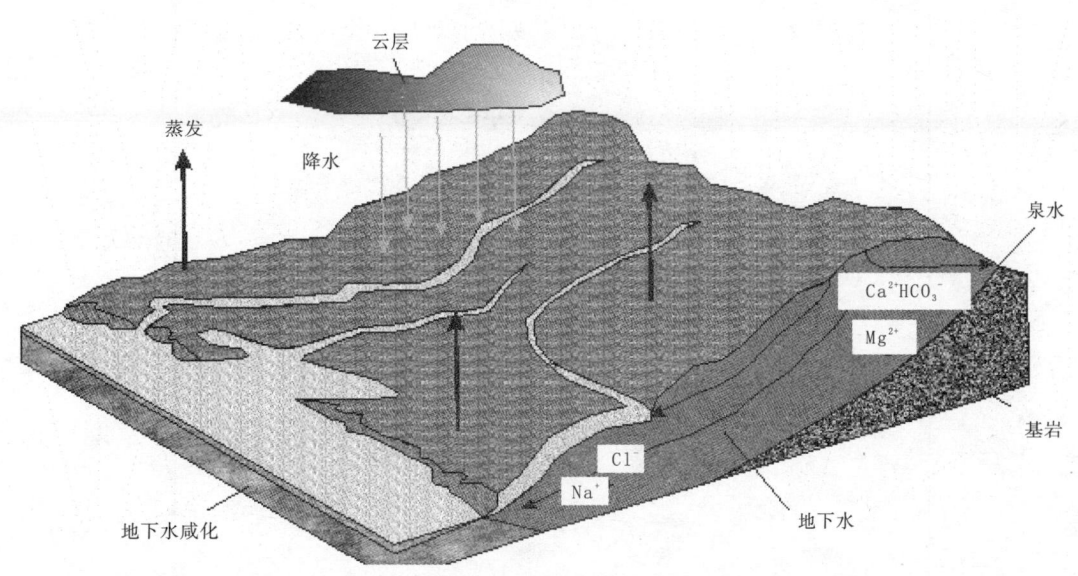

图 3 地下水循环示意图

根据各个离子比例系数的不同含义可分为描述水动力条件的水动力因子,描述离子交换及矿化作用的离子交换因子,描述地下水成因的地下水成因因子。长江三角洲作为一个水文地球化学系统,在统一的地下水流场内,地下水化学组分存在着有机的联系,形成了地下水水化学场独特的空间分布格局。

2.2.1 水动力因子

天然地下水中,Cl^-很少与其他离子反应,往往被作为惰性离子处理,因此它的浓度在地下水运移的过程中不断升高;Ca^{2+}是地下水常规离子中吸附亲和力最大的离子[10],在地下水运移过程中不断被交换吸附,所以其浓度随流线不断降低,只有当地下水动力条件较好时Ca^{2+}才会扩散到更远的下游。因此,$\gamma Cl^-/\gamma Ca^{2+}$系数可以作为刻画水动力特点的参数[11]。从图4中可以看出,研究区自西向东$\gamma Cl^-/\gamma Ca^{2+}$比值逐渐增大,并在研究区东部沿海南通一带与北部泰州一带以水动力因子值为5的等值线形成明显的分界线,线西地区除零星孤点外多小于5,自北向南变化趋势不明显,表明研究区自西向东沿三角洲形成方向水动力条件逐渐变差,Cl^-在滞缓带中富集,Ca^{2+}含量相对减少。图4所示的泰州北部地区距海最远处多为40~50km甚至100km,这部分地区受到海洋的影响(如风暴潮、海水入侵等)将过量的Cl^-带入该区地下水中的可能性较小,因此推断在此等值线密集的地带存在地下水分水岭,因子值为5的等值线两侧具有不同的水文地质条件。然而在南通东部、上海崇明岛南部、上海外滩两处地区$\gamma Cl^-/\gamma Ca^{2+}$比值梯度也骤增,由于其距海较近可能受海洋影响较大。

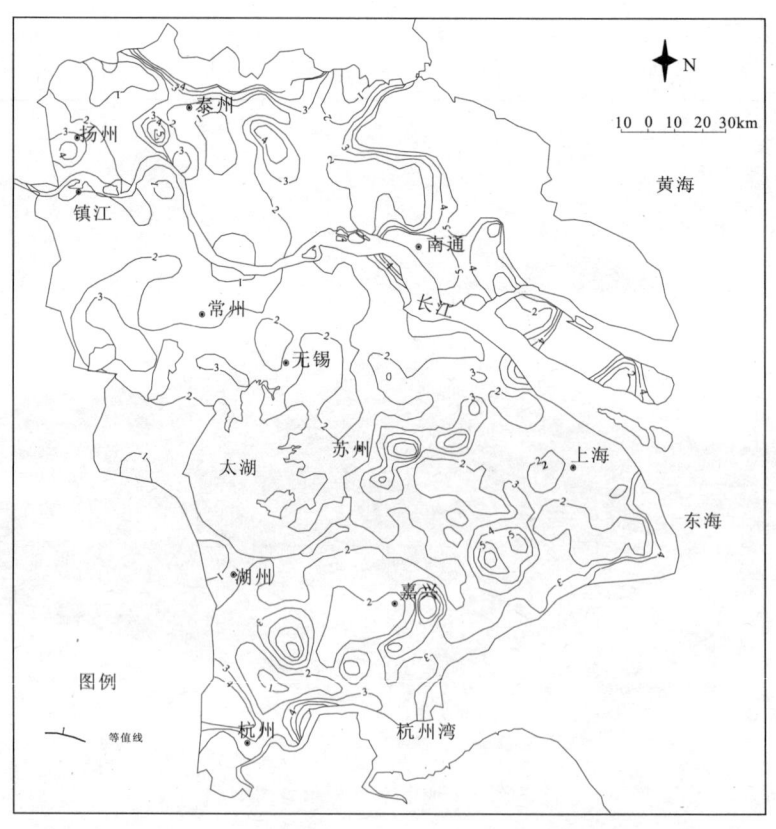

图4 长江三角洲地区潜水 $\gamma Cl^-/\gamma Ca^{2+}$ 等值线图

2.2.2 离子交换因子

(1)阳离子。$\gamma Na^+/\gamma Ca^{2+}$ 系数反映了水质演化过程及矿化作用的强弱。由图5可见,$\gamma Na^+/\gamma Ca^{2+}$ 比值自西向东沿长江三角洲形成的方向递增,纵向变化不大。表明地下水中离子含量相对增加,盐分不断浓集。在低矿化水中通常以 Ca^{2+} 占优势,随着 TDS 的增高,水中 Mg^{2+} 的含量相应地增高。当 TDS 继续升高则 Na^+ 在水中处于优势地位[10],$\gamma Na^+/\gamma Ca^{2+}$ 比值增大,与 TDS 的递增是一致的。

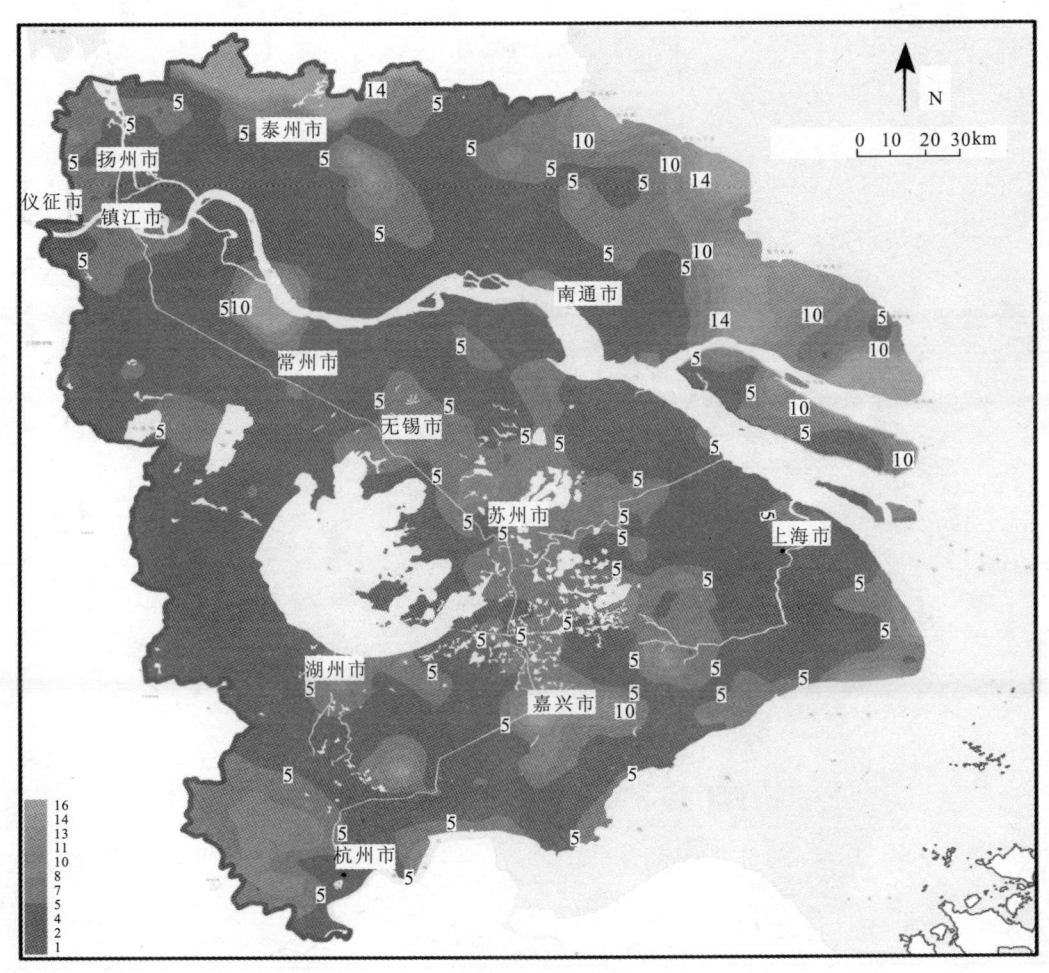

图5 长江三角洲地区潜水 $\gamma Na^+/\gamma Ca^{2+}$ 分布图

此外,$\gamma Na^+/\gamma Ca^{2+}$ 系数的变化还可以用来判断水化学作用中有无可能发生离子交换反应。若 $\gamma Na^+/\gamma Ca^{2+}$ 值增大,则可能发生水中的 Ca^{2+} 与黏土中的 Na^+ 交换;若 $\gamma Na^+/\gamma Ca^{2+}$ 比值减小,则可能发生水中的 Na^+ 与黏土中 Ca^{2+}、Mg^{2+} 交换。由图5可见,在地下水自西向东的流动过程中,黏土中的 Na^+ 与水中 Ca^{2+}、Mg^{2+} 进行交换,从而不断在水中富集。

从图5中不难发现另一现象,因子值较大的区域与研究区内中心城区的分布状态极为相似,几乎每个中心城市周边区域 $\gamma Na^+/\gamma Ca^{2+}$ 比值均较大。这是由于人类生产、生活过程中利用的钠盐较多,从而产生上述现象。

(2)阴离子。$\gamma Cl^-/\gamma HCO_3^-$ 可作为反映阴离子演化过程及组分分配比变化的水文地球学参数。由图 6 可见,$\gamma Cl^-/\gamma HCO_3^-$ 系数自西向东呈递增的态势;自北向南变化不大。这种表现与上述阳离子表现一样,表示 Cl^- 沿三角洲形成的方向逐渐增加,水质总体向咸化方向发展。另外,该系数表现出了与 $\gamma Na^+/\gamma Ca^{2+}$ 相同的在中心城区附近增大的现象。

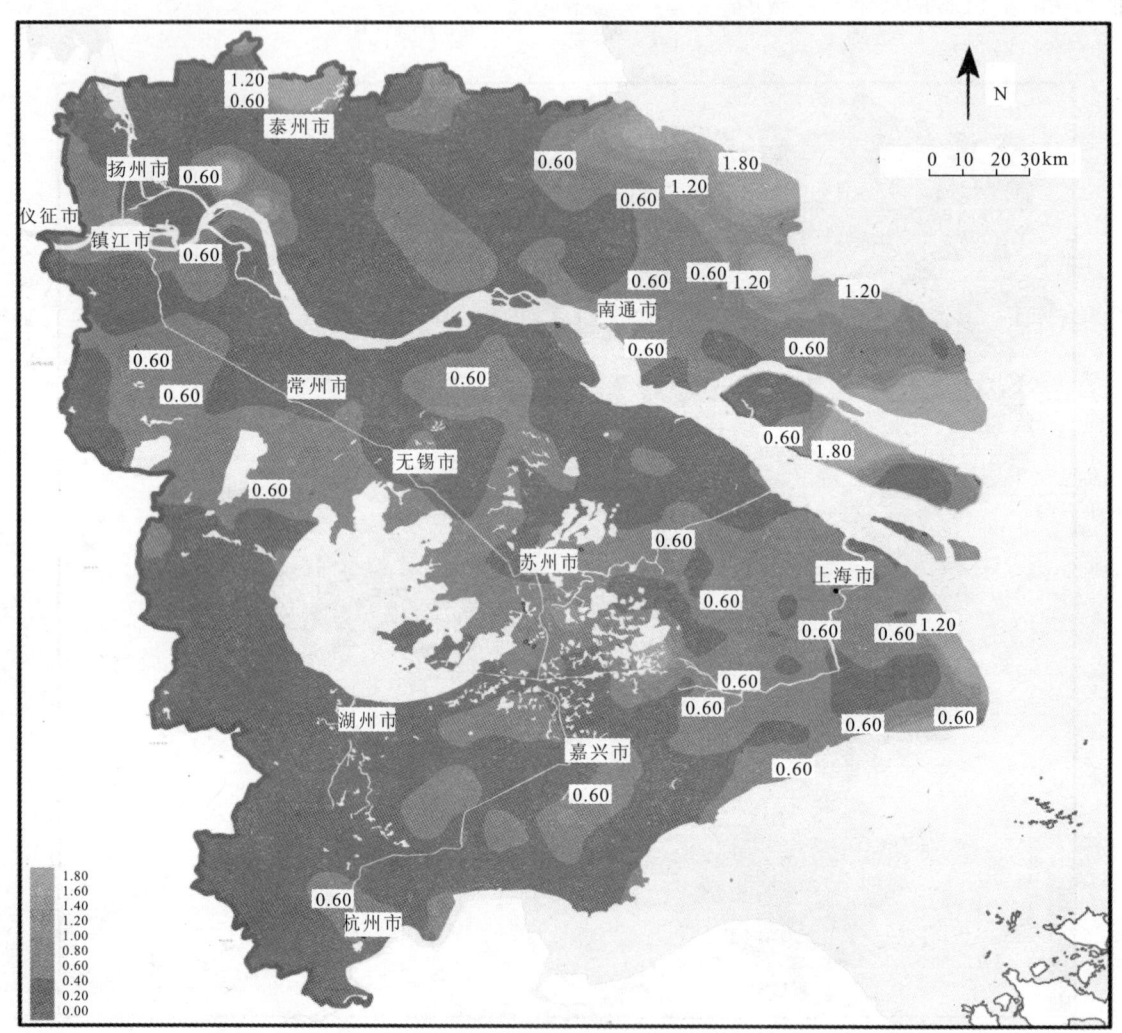

图 6 长江三角洲地区潜水 $\gamma Cl^-/\gamma HCO_3^-$ 分布图

2.2.3 成因因子

海水中的主要化学成分为 Na^+、Cl^-,而且标准海水的 $\gamma Na^+/\gamma Cl^-$ 系数平均值为 0.85。因此,$\gamma Na^+/\gamma Cl^-$ 系数可作为地下水的成因系数,判定地下水是否源自海洋。该系数还是一个能表征地下水中离子富集程度的水文地球化学参数。低 TDS 水具有较高的 $\gamma Na^+/\gamma Cl^-$ 系数($\gamma Na^+/\gamma Cl^- > 0.85$),高 TDS 水具有较低的 $\gamma Na^+/\gamma Cl^-$ 系数($\gamma Na^+/\gamma Cl^- < 0.85$)。根据

前文所述，由于中心城区人为排放的 Na^+ 与 Cl^- 过多，导致区域上该系数呈现出相对凌乱的趋势（图7），很难得到规律性的认识。

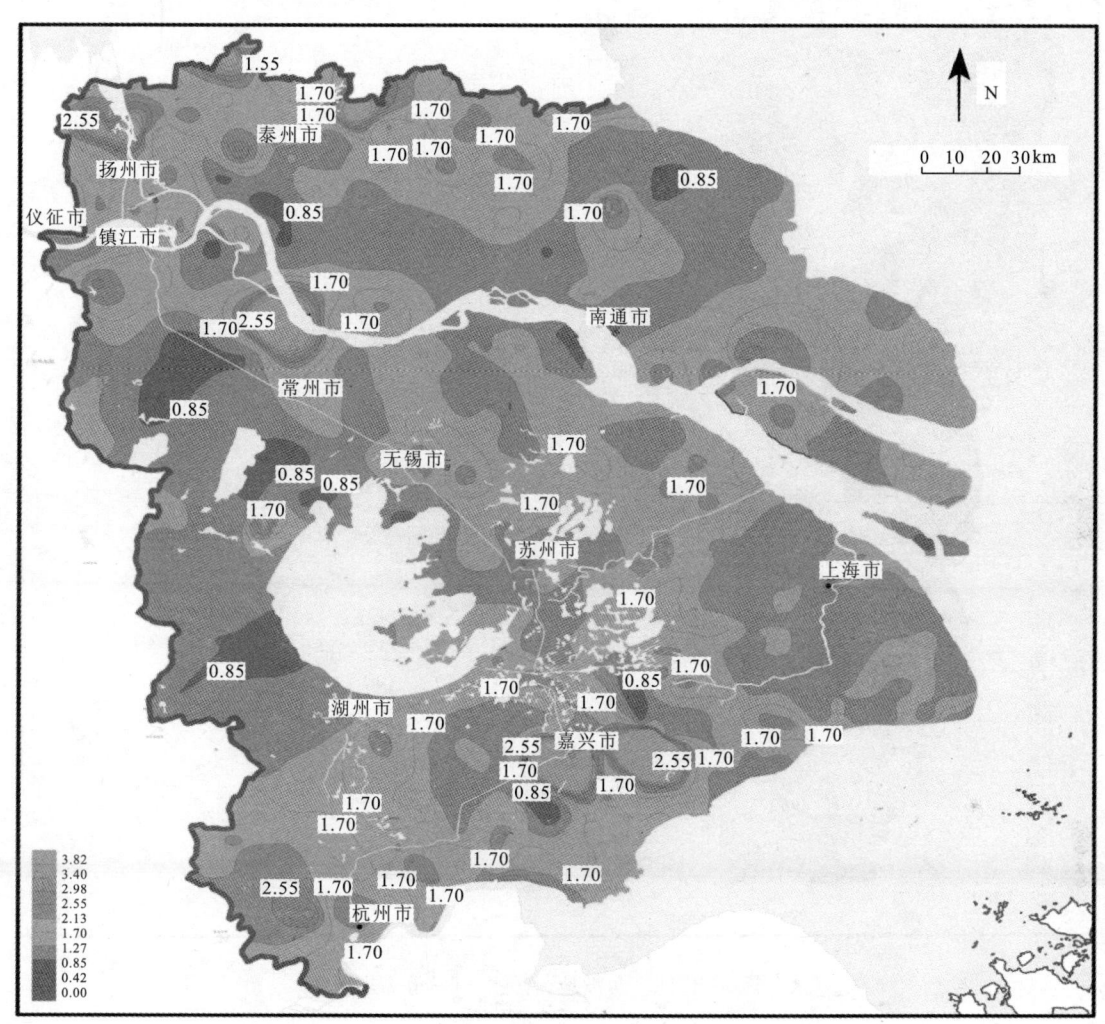

图7　长江三角洲地区潜水 $\gamma Na^+/\gamma Cl^-$ 分布图

2.3　溶解性总固体分析

图8显示了研究区溶解性总固体（TDS）在区域上的分布状态。研究区内潜水中TDS自西向东呈递增趋势，然而大部分地区都在1 000mg/L以下，只有在南通沿海地区、研究区北部以及上海沿海部分地区TDS值较大，最大达13 880.41mg/L。研究区东北部存在一处低矿化通道，宽度约20km，与水动力条件图（见图4）显示出一致的现象，推断这一区域可能是古长江的一支入海通道。

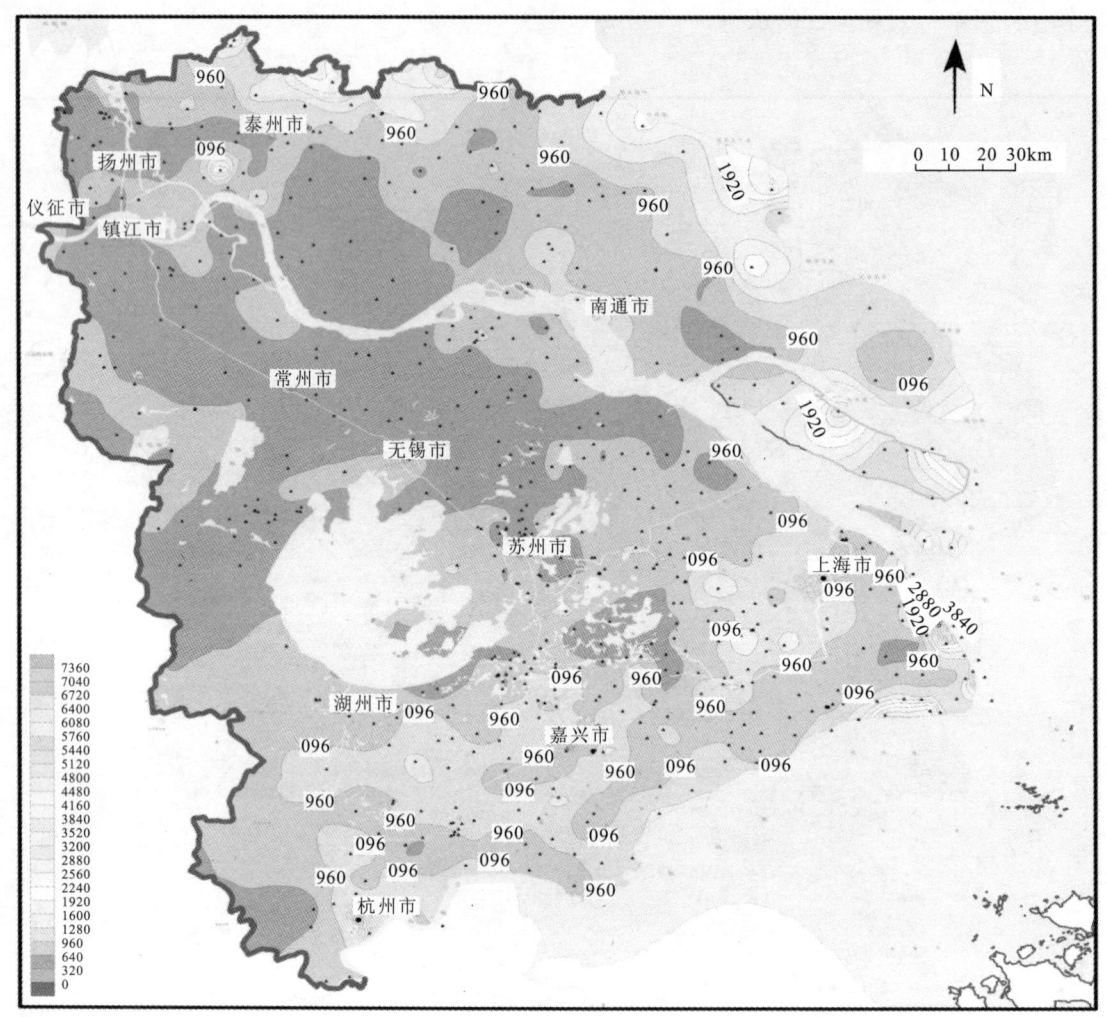

图 8 长江三角洲地区潜水 TDS 分布图

3 结论

综上所述,对长江三角洲地区潜水水文地球化学的研究表明:

(1)地下水作为地质环境中最敏感的构成要素之一,能明确指示出地质环境发展的方向。

(2)研究区潜水自西向东水动力条件变差,而且在研究区北部存在两段明显的分水构造,因此,对该地区潜水水资源进行评价时要充分考虑"分水构造"两边不同的水文地质条件。

(3)研究区潜水自西向东沿长江三角洲发展方向,矿化度明显升高,呈现出咸化态势。

(4)研究区中心城区附近潜水受到人为活动的影响严重。

参考文献

[1] 李云峰,李金荣,侯光才. 从水文地球化学角度研究鄂尔多斯盆地南区白垩系地下水的排泄途径[J]. 西北地质,2004,37(3):91-95

[2] 董维红,苏小四,侯光才,等. 鄂尔多斯白垩系地下水盆地地下水水化学类型的分布规律[J]. 吉林大学学报(地球科学版),2007,37(2):288-292

[3] 董维红,苏小四,侯光才. 鄂尔多斯白垩系盆地地下水矿化度和主要离子浓度的分布规律[J]. 水文地质工程地质,2008,35(4):11-16

[4] 温小虎,许彦卿,常娟,等. 黑河流域水化学空间分异特征分析[J]. 干旱区研究,2004,21(1):2-6

[5] 聂振龙,陈宗宇,程旭学,等. 黑河干流浅层地下水与地表水相互转化的水化学特征[J]. 吉林大学学报(地球科学版),2005,35(1):48-53

[6] 王允菊,张志忠. 长江口南槽水化学特性与悬沙黏土矿物[J]. 海洋通报,1995,14(3):106-113

[7] 谭红兵,马万栋,马海州,等. 塔里木盆地西部古盐矿点卤水水化学特征与找钾研究[J]. 地球化学,2004,33(2):152-158

[8] 姜月华,贾军元,许乃政,等. 苏锡常地区地下水同位素组成特征及其意义[J]. 中国科学D辑:地球科学,2008,38(4):493-500

[9] 李云鹏,李怡庭. 松嫩平原湖泡湿地水化学特征及净化水质作用研究[J]. 东北水利水电,2001,19(11):39-43

[10] 廖资生,林学钰. 松嫩盆地的地下水化学特征及水质变化规律[J]. 地球科学:中国地质大学学报,2004,29(1):96-102

[11] 钱会,马致远. 水文地球化学[M]. 北京:地质出版社,2005

[12] 姜凌. 干旱区绿洲地下水水化学成分形成及演化机制研究——以阿拉善腰坝绿洲为例[D]. 长安大学博士论文,2009:45-50

闽东南台风暴雨型地质灾害及其监测预警研究

黄俊宝[①]　王国民　李文祥

（福建省地质环境监测中心）

[摘　要]　本文从闽东南台风暴雨型地质灾害监测预警示范项目出发，简要介绍了项目的执行情况、完成的主要工作量以及取得的阶段性成果，并对项目以后的工作开展提供了初步设想，为东南沿海台风暴雨型地质灾害防治研究提供经验积累。

[关键词]　台风暴雨　监测　预警

2007年，国家"十一五"科技支撑计划项目"重大地质灾害监测预警及应急救灾关键技术研究"的子课题之一"闽东南地区台风暴雨型地质灾害监测预警示范"项目正式在福建省德化县启动，课题旨在开展区域地质灾害调查、区域地质灾害分布与成灾规律研究的基础上，科学运用多种地质灾害监测手段，开展以滑坡、泥石流地质灾害变形特征研究与监测、成灾机理研究与监测、地质灾害主要控制因素研究与监测为主要内容的区域地质灾害预警网络建设，科学支持地质灾害群测群防体系建设，探索建立群专结合的闽东南地区台风暴雨型地质灾害监测预警示范区，逐步提高区域地质灾害监测预警水平，为减灾防灾提供了技术支持。

经过5年的顺利实施，在进行地质调查的基础上，项目组运用3S技术，建立地质灾害地理信息系统；开展滑坡变形监测及多手段仪器监测；并整合现今成熟的、先进的传感器与测量技术、计算机信息处理技术与通信技术，以GSM/GPRS为通信平台的无线远程监测系统，可以选择连接不同的传感器来监测滑体地表变形、深部位移、地下水动态、裂缝变化、雨量，以及孔隙水压力等土体内部各参数；迄今，项目组在地质灾害调查、专业监测、台风暴雨型滑坡机理研究、监测预警系统等工作中获得了初步阶段性成果，为政府减灾决策提供了重要依据。

1 示范区基本概况

研究区德化县位于福建省东南部，地处"闽中屋脊"戴云山脉中段，总体地势由中部微向四周倾斜，呈层状梯级下降。戴云山脉西坡陡峻、东坡较缓。地貌以低中山、中低山为主，山前丘陵交错，其间偶有山间河谷盆地。境内岩浆活动频繁，侵入岩较发育，以燕山期侵入岩为主，印支期、华力西期、加里东期侵入岩零星分布。残坡积土双层土体广泛分布于全县各丘陵台地、中低山山前地带坡脚处，多为残坡积各类黏性土，大多为双层土体，一般厚2~4m，局部地段厚

---

① 第一作者简介：黄俊宝，男，1980年生，工程师，主要从事地质灾害监测预警技术方法研究。

度大于 10m，结构松散，为研究区地质灾害的主要致灾体。

2 项目完成情况

2.1 地质灾害详细调查

2.1.1 1∶5万地质灾害详细调查

2007—2009 年，分 3 年开展示范区德化县 1∶5 万地质灾害调查[①]，完成全县共 18 个乡镇的地质灾害隐患点调查 506 处，其中滑坡 421 处，崩塌 37 处，不稳定斜坡 45 处；此外，还对存在地质灾害隐患的居民房前屋后高陡边坡进行调查。高陡边坡调查范围为土质斜坡的坡高大于 5m、房屋与坡脚距离小于坡高 1/2、坡度大于 45°的房前屋后边坡，共调查地质安全隐患点 2 822 处[②]。

2.1.2 重点区 1∶1 万工程地质测绘

主要围绕地质灾害的发生条件、稳定性与发展趋势、危害程度、监测手段和防灾减灾建议而进行。2009—2010 年共完成 1∶1 万工程地质测绘调查面积 400km²，调查涉及乡镇 6 个，各类观测点 870 处，包括岩土体点、地层界线点、滑坡崩塌、房后边坡、基岩点、泉水、民井等。

2.2 地质灾害专业监测点建设

经过 2007—2008 年的专业仪器安装布设，在闽东南德化县示范区建设完成 6 处地质灾害专业监测点，共安装布设自动雨量站、斜坡地表位移监测仪、土体含水率监测仪、地下水位监测仪、孔隙水压力监测仪、深部位移监测仪、地下应力监测仪等 41 台套（表 1），其中自动雨量计 12 台，斜坡位移计、地下应力监测仪等 29 台套，具有测量地表位移、土体含水率、地下水位、孔隙水压力、深部位移、地下应力的功能，实现监测数据定时采集，并通过 GPRS 或 GSM 实现远程发送，建设完成自动监测、自动采集、自动传输的监测网络体系。

表 1 专业监测点仪器布设一览表

位置	灾害类型	监测仪器安装						
		自动雨量站	斜坡位移监测仪	土体含水率仪	地下水位监测仪	孔隙水压力监测仪	地应力监测仪	深部位移监测仪
上涌镇桂林村马坪	土质滑坡	1	2	1	1		1	1
浔中镇石山村歧庄	土质滑坡	1	1	1	1			
龙门滩镇霞碧村	土质滑坡	1	2	1	1			
龙浔镇大坂村横头格	土质滑坡	1	1	1	1			
桂阳乡彭坑村彭坑	土质滑坡	1	2	1	2	1		
美湖乡上际村桥亭头	土质滑坡	1	2	1	2	1		1
合计		6	10	6	8	2	1	2

---

① 福建省地质环境监测中心. 福建省德化县地质灾害点复核调查报告[R]. 2008
② 福建省地质环境监测中心. 福建省德化县潜在地质安全隐患点调查报告[R]. 2008

2.3 工程地质钻探和土工试验取样

结合仪器布设,在6处地质灾害专业监测点上,开展工程地质钻探,采集原状土样81组,进行土常规、天然剪切、饱和快剪,以及渗透、筛分等试验,分析了滑体土和滑带土,表层坡积土和残积土的物理力学性质差异,同时开展坡积土变含水量强度试验研究。

2.4 地质灾害预警区划

根据示范区地质灾害发育特点、致灾的内外因,结合现有地质灾害和地质环境调查资料,分析了各个因子与地质灾害发生的相关性,利用层次分析法,开展了台风暴雨型地质灾害预警区划研究,编制完成了闽东南地质台风暴雨型地质灾害气象预警区划图。

2.5 地质-气象预警预报系统

基于GIS二次开发,研制开发区域台风暴雨型地质灾害预警分析系统,实现区域统计学理论和区域动力学理论的地质灾害气象预警预报服务[1]。该系统可实现预警的自动数据读取、自动分析、自动传输、产品自动生成等多项功能,并为操作人员开发了"一键式"自动运行功能。该系统于2010年汛期在示范区开展试运行工作。

2.6 边坡足尺试验

根据闽东南地区台风暴雨型地质灾害特点、示范区房前屋后人工边坡现状以及现有监测点裂而未滑的特点,2010年,在上涌镇马坪滑坡附近,开展斜坡野外足尺破坏试验,在人工模拟降雨的基础上,对浅层土质滑坡进行全过程模拟,实时监测地表位移、土层含水率、边坡变形破坏模式。

3 主要成果

3.1 示范区地质灾害发育特征

德化县的地质灾害具有以下特征:主要分布于戴云山脉东南侧中低山区的雷锋、龙门滩及西北侧中低山区的上涌镇,中低山之间的河谷盆地,山间盆地边缘地带则是地质灾害分布的密集区;大多数滑坡、崩塌为土质类型,多位于风化残坡积黏性土体内,岩性以残坡积黏性土、砂质黏性土为主;地质灾害多发生于坡度为25°~45°的凹凸坡、高差为5~15m的斜坡地带。凸坡主要是临空条件好,两侧又较少受牵制,稳定性差,而凹坡则利于地表水及地下水汇集,对岩土体内部结构产生潜蚀,降低土体的抗滑力。

德化县地质灾害的主要诱发影响因素:一是人类工程活动。房前屋后削坡建房造成的地质灾害,占灾点总数的93.8%。人为的开挖坡脚破坏了斜坡的自然稳定性,在台风暴雨或强降雨作用下诱发产生滑坡、崩塌,此类地质灾害规模小,但危害性大,直接威胁居民的生命财产安全。二是降雨与地下水。据本次调查统计,2000年8月22—27日过量降雨量达275.7mm时,调查区发生地质灾害52处。降雨对滑坡、崩塌产生及分布的时空性有明显的控制作用,降雨形成的地表水入渗地下,抬高了地下水位,增强对斜坡岩土体的浮托力,降低了岩土体抗剪强度,影响了斜坡稳定性,从而诱发了地质灾害的产生。

3.2 滑坡监测研究

3.2.1 监测仪器的安装原则

监测仪器按剖面布设,尽量沿灾害体的主剖面布置。监测剖面应尽量布设在灾害体变形的主体方向,以监测变形体的总体变形。在主剖面监测不能达到目的时,应设置副剖面、横剖面进行监测。同类监测仪应至少有一支(台)布置在滑动面附近或地表变形的显著部位。监测仪器设施的安装需按有关要求、说明严格执行,部分仪器需要安装人员在现场确定初值。监测仪器的布置应考虑供电系统、通信系统等运行条件及其解决方案。可考虑220V民用电、太阳能+蓄电池、干电池等供电,采用无线传输、电缆传输等进行通信。监测仪器布置在实现监测目标的前提下应尽可能降低监测仪器数量,减少成本。为了对比监测结果,排除人为影响等因素,部分仪器如地表位移计可布设两个进行对比,防止人类活动对监测数据的干扰。

3.2.2 监测数据的分析研究

采用有限单元和有限差分数值计算方法,对德化台风暴雨型地质灾害监测预警示范点的监测资料进行分析,并将现状和可能的破坏形式进行分析计算,建立监测点边坡渗流计算模型,在监测资料的基础上进行参数和渗流场的三维数值模拟(图1),计算分析渗流场与降雨-时间的演化规律。同时建立监测点边坡稳定计算模型,并进行反演分析,计算分析边坡位移(图2)和稳定性,得出不同降雨条件下,滑坡内部各参数的即时变化情况和稳定性状态,进一步探明台风暴雨型地质灾害发育变形过程。

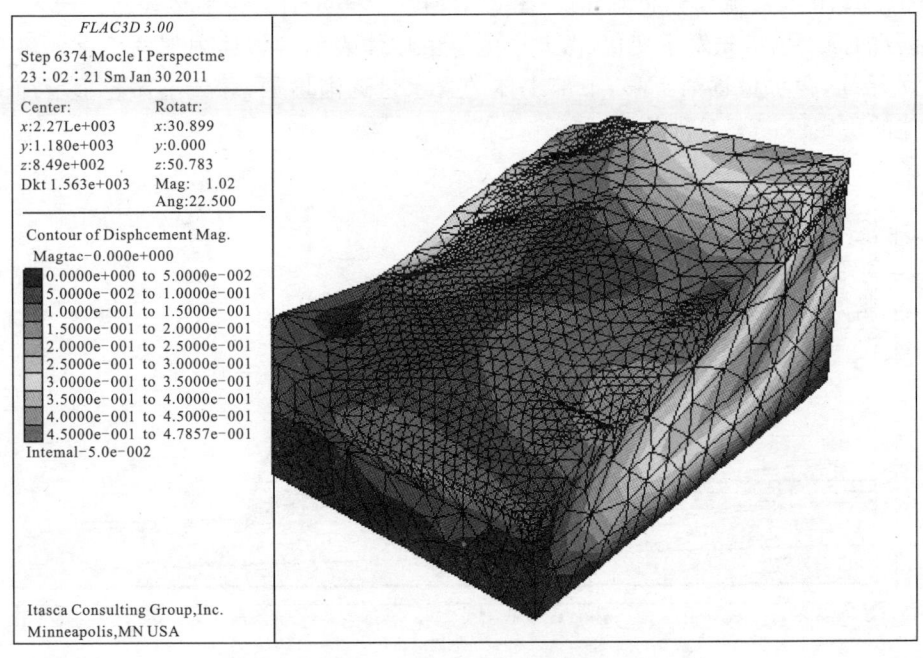

图1 上涌镇马坪滑坡稳定性三维数值模拟图

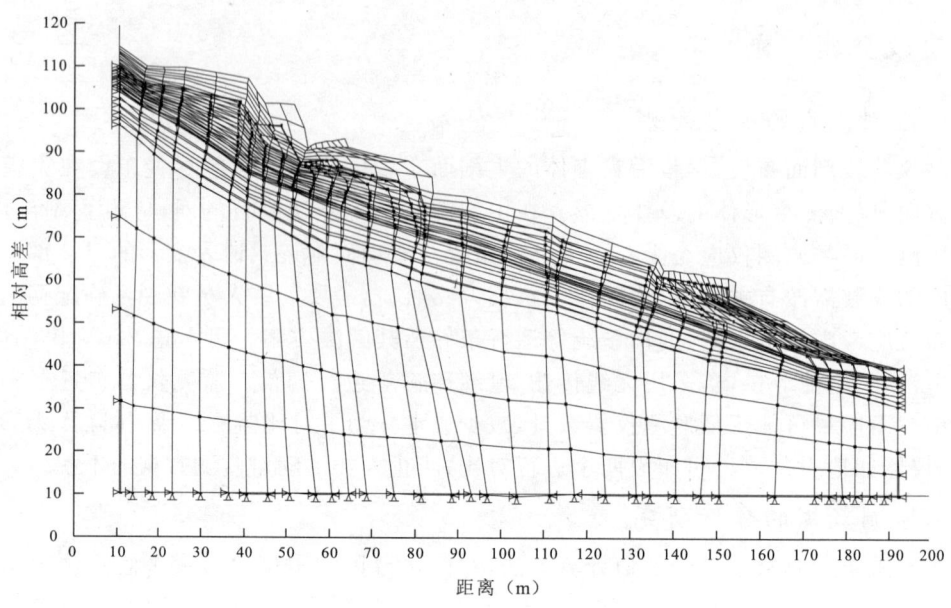

图 2 龙门滩镇霞碧滑坡边坡变形位移图

3.3 滑坡机理研究

边坡足尺试验研究表明：在人工降雨强度为 25mm/h 的情况下，不同时间长度 60min、130min 和 1 280min 渗流场分布差异性（图 3），降雨时，雨水直接由坡体表面开始入渗，所以坡体表面部分的渗流场最先发生变化，由此产生了由坡体表面到坡体内部的垂直入渗和水平入渗，随时间延续，含水量逐渐下移，下部土体的含水量逐渐增加，导致土体容重增加的范围扩大，给土体的稳定性带来不利影响。

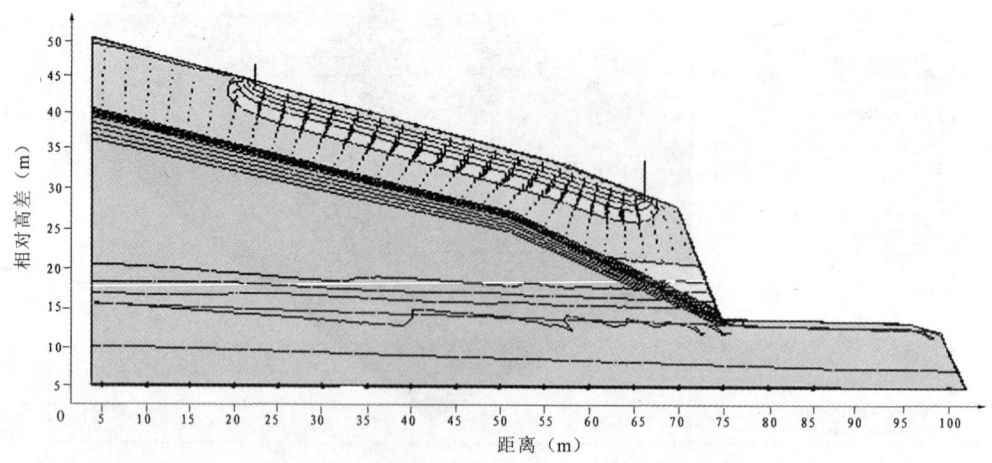

图 3 在人工降雨强度为 25mm/h 的情况下 60min 时渗流场的分布情况

基于现场调查,建立三维稳定计算模型,在天然条件下,边坡处于稳定状态,但是有向下滑坡的趋势,局部存在一定的塑性区,当然范围有限,集中在坡脚的下部,在外部条件恶化的情况下,可能发生滑动破坏。在强降雨下,边坡稳定性受很大影响,位移加大,塑性区扩大且联通,边坡发生破坏(图4)。通过试验,进一步确定了闽东南区域降雨入渗引起边坡失稳的物理过程,初步弄清了台风暴雨型地质灾害的变形破坏机理。

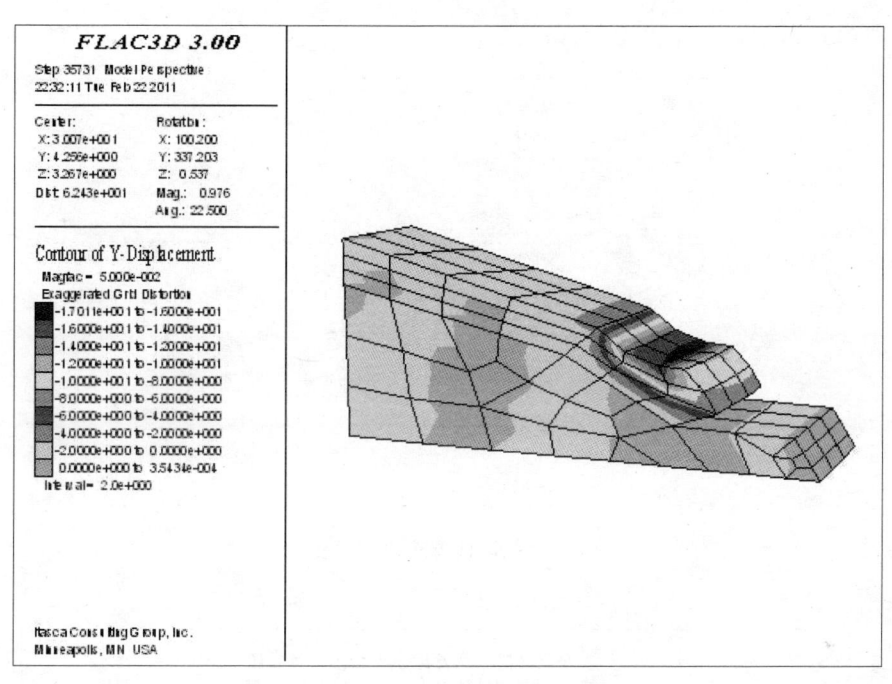

图4　足尺试验边坡的破坏模式图

3.4　监测预警成果

(1)地质灾害统计分析结果表明:斜坡坡度、地形高差、地貌类型、沟谷水系、工程地质岩组、构造迹线、表土层厚度、降雨和人类工程活动与地质灾害的发生密切相关。基于数理统计学原理的层次分析方法,是开展地质灾害预警区划较为适用的模型方法。利用GIS技术和专业分析模型,编制闽东南示范区地质灾害预警区划图(图5)符合示范区地质灾害分布规律,用于开展基于降雨的地质灾害早期预警。

(2)2010年,德化县地质灾害预警预报工作从4月1日汛期开始至10月1日汛期结束,共制作5期地质灾害气象预警预报(图6)。在台风和强降雨期间共制作预警通报3期,主要是为了在一个强降雨过程到来时,提醒有关部门注意。此外,还制作地质灾害中短期预报,共制作2期,根据气象台的气象预报对未来一个月地质灾害发生的趋势进行预测。

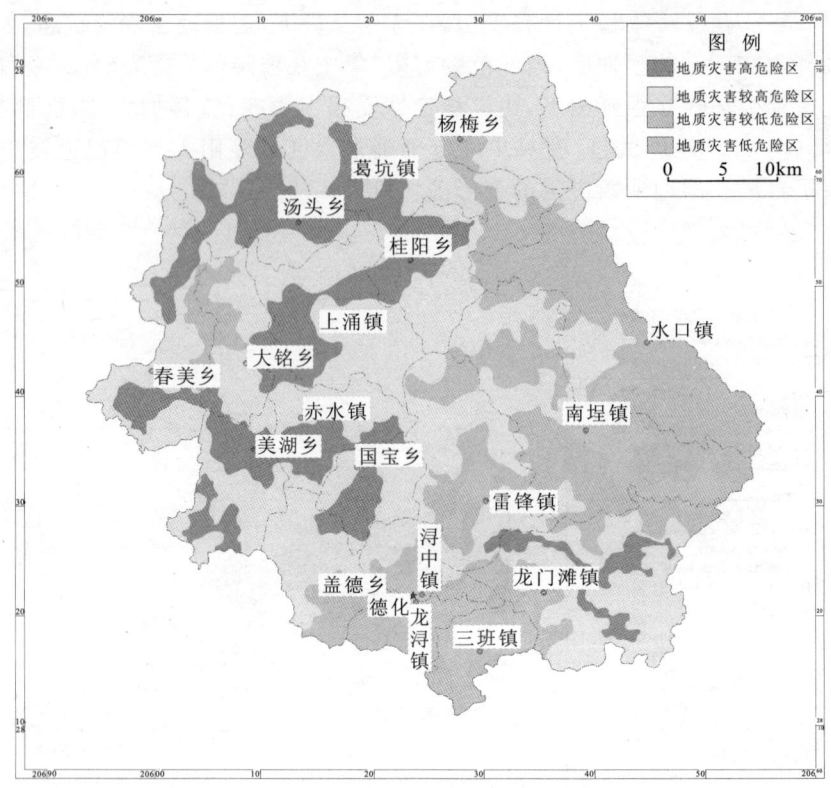

图 5　示范区地质灾害预警区划图

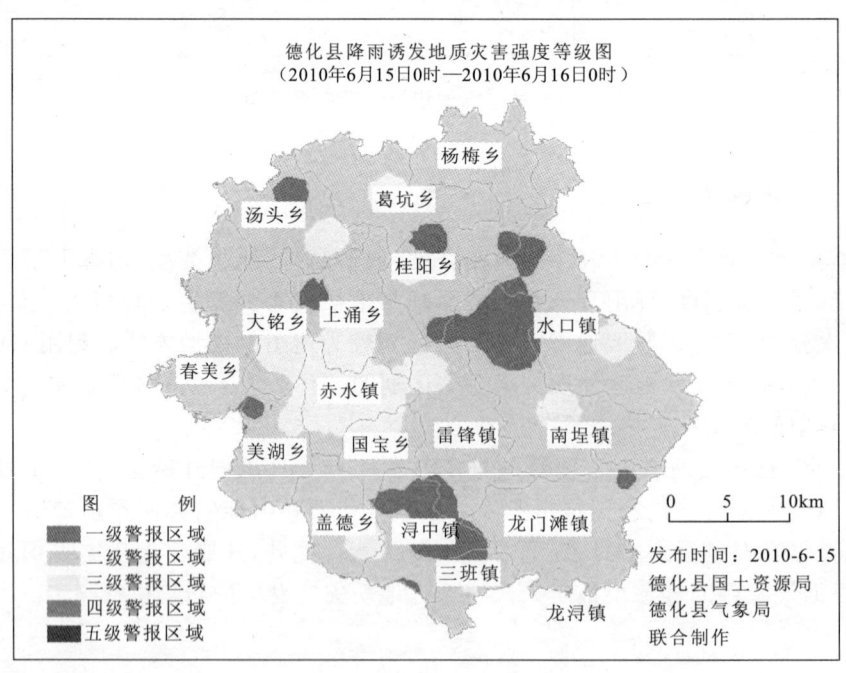

图 6　降雨诱发地质灾害强度等级图

4 下一步的工作设想

闽东南地区台风暴雨型地质灾害监测预警示范项目在执行过程中已取得了一定的成绩，但还存在一些问题，比如滑坡数据监测周期偏短、预警预报模型尚需修改完善、监测仪器还要进一步选择优化等。针对上述存在的几个主要问题，从示范区建设入手，拟建设成一个集科研、生产、学术研究一体化的海峡西岸突发性地质灾害监测预警实验基地，现已审查通过。

基地建设总目标为揭示台风暴雨型滑坡地质灾害的形成机理和演化过程；探索地质灾害监测关键技术及其优化组合；完善地质灾害模型预测预报的理论基础，建立地质灾害预测预报指标体系，提出地质灾害预测预报的关键支撑技术和模型，显著提高地质灾害监测预报方面的科技水平。

试验基地的建设内容包括分阶段建设内容和常态化建设内容。

(1) 分阶段建设内容：循序渐进地完成点、线、面的建设。

点：根据已掌握的资料和群众报险线索，对县城、村镇、矿山、公共基础设施的灾害点或出险点逐一进行现场地质调查，筛选典型部位建设 10~20 个长期监测点和进行 3~5 个降雨破坏边坡足尺试验点。

线：寻求一条将典型监测点和试验点的监测、试验成果推广到所有类型边坡的应用线索。研究典型区域地质灾害成灾机理，筛选数值模拟软件，开展对降雨破坏试验数值仿真和地质灾害隐患点的数值仿真，建设一栋 1 000 m^2 左右的试验基地大楼。

面：建成区域地质灾害防治决策支持系统。总结闽南、闽北两个试验区的监测数据、试验数据和数值模拟成果，揭示降雨型边坡的破坏机理；改进 GIS 系统，将之建成融合地理信息数据、地质分布数据、隐患点监测数据、数值模拟成果数据、雨量数据等为一体的综合决策支持系统，对地质灾害的发生时间和强度大小预报到点，主动防御地质灾害发生。

(2) 常态化建设内容：群测群防建设、开展科研合作交流、提高科研创新能力、科普宣传教育和培养人才。

基地建设目标：

(1) 成功地将研究工作区划分为 5~10 个不同的典型意义较强的区域，在每个典型区域中建设 1~2 个监测点及 1~2 个足尺模型试验点。

(2) 硬件方面建成试验基地大楼，成立县级地质环境监测中心；软件方面初步建成基于 GIS 的地质灾害防治决策支持系统，能实时、集成分析监测点情况，作出判断。

(3) 示范区建成一套成熟运行的地质灾害防治决策支持系统，成灾机理清晰，精确判断地质灾害发生的空间位置、时间尺度和强度大小，形成预测、预警、预报和警报的多层次决策体系，使地质灾害防治工作由被动救灾转为主动减灾，人为地有效控制灾害发生，并推广至全省乃至全国范围。

参考文献

[1] 刘传正,李铁锋,程凌鹏,等.区域地质灾害评价预警的递进分析理论与方法[J].水文地质与工程地质,2004,31(4):1-8

基本农田质量调查与粮食安全

宋明义　黄春雷　蔡子华

（浙江省地质调查院）

[摘　要]　作者通过对浙江基本农田地球化学质量的调查与评价研究，发现浙江省基本农田质量总体较好，但随着经济发展土地质量退化明显加快。据此提出土地地球化学质量调查成果应与农用地分等成果相整合，综合反映土地的外在、内在质量，同时建议将评价出来的优质、优良土地首先划入基本农田的保护范围，确保国家和地区粮食的数量和质量安全。

[关键词]　基本农田　质量　调查　粮食安全　浙江

国家粮食安全具有数量、质量双重意义，并与土地数量、质量相对应。因此，像粮食安全一样，土地安全同样是国家的重大需求。如何实现土地的数量与质量安全，这是摆在我们地球化学工作者面前的重大任务。一是保证足够数量的基本农田，即使在特殊时期生产出的粮食也能够维持国民生活所需，这个足够数量，就是通常所说的"红线"；二是基本农田必须是无污染的，只有这样，才能保证生产出来的粮食是卫生安全的，老百姓的健康才能得到保障。

什么是土地质量，怎样才能查清土地质量，实现国家粮食安全？以往众多研究机构和专家学者对此进行了大量探索。早在1945年联合国粮农组织（FAO）成立之时，就已启动了土地质量研究与评价项目。1961年美国正式提出了土地生产能力分类系统。1976年FAO出版了《土地评价纲要》。1978年FAO又组织了农业生态区区划研究，从气候和土壤的生产潜力分析入手进行土地适宜性评价。20世纪80年代以后，我国把土地质量研究与广泛开展的国土整治工作结合起来，在土地开发利用的基础上进一步提出了治理与保护的理念，并提出以协调好人地关系矛盾为基本思想的土地利用研究理念。由吴传钧领衔的全国土地利用现状调查和1∶100万全国土地利用图的编制以及农业部组织开展的土地利用调查，提出了影响较大的土地利用分类体系[1,2]，推动了我国土地研究理论的发展。1999—2009年期间开展的农用地分等工作，是国土资源部"新一轮国土资源大调查——土地资源监测调查工程"的重要组成部分，是继土地详查摸清农用地数量和权属后，对农用地质量进行科学量化的调查工作，旨在分析我国农用地质量等级与价格，建立起农用地的等、级、价体系。

上述关于土地质量的研究，内容上仅局限于土地生产能力大小的评价方面，但对于土地的

---

① 浙江省国土资源厅地质调查项目（任务书编号：浙土资函[2007]592号）资助。
第一作者简介：宋明义，男，1958年生，理学博士，高级工程师，近年来主要从事资源与环境地球化学研究。

环境质量和安全性方面的研究很少涉及。2007年,由浙江省国土资源厅下达、浙江省地质调查院完成的浙江省基本农田质量调查试点工作[①],对土地环境质量和安全性的调查研究进行了重要而有益的尝试。试点工作选择嘉善县(杭嘉湖平原区)、慈溪市(杭州湾海积平原区)、龙游县(浙中丘陵盆地区)作为县市级试点区,选择安吉县上墅乡(重金属地质高背景区)和台州市路桥区峰江街道(人为污染严重区)作为乡镇级试点区,分别采用1∶5万和1∶1万两种精度进行调查,调查范围包括以基本农田为主体的全部农用地。共完成土地自然性状调查2 921.5km²,农业生产环境调查343万亩(1亩=666.7m²),土壤地球化学调查1 890km²,采集土壤、灌溉水、有机污染物、农作物、大气沉降样品计12 224件,测制土壤剖面160个。上述工作为查清试点区基本农田内在质量,开展基本农田内在、外在质量整合,划分基本农田质量综合等级奠定了科学基础。本文在上述资料的基础上,系统地总结了基本农田质量调查评价方法技术,进一步分析了土地质量调查对国家粮食安全的重要作用,为全面深入地开展土地质量调查和成果应用提供了科学依据。

1 基本农田质量地球化学调查评价

基本农田质量地球化学调查评估,是以农用地分等成果为基础,以土壤地球化学调查为基本手段,查清土壤养分、土壤环境质量和土壤健康元素含量与分布,辅以灌溉水质量调查、大气沉降调查,查明造成重金属超标的原因,采集农产品样品,了解农产品中重金属超标情况,并对影响土壤元素生物有效性的理化性质进行补充调查,为掌握土壤中各类元素的分布现状,准确判断土壤和农产品重金属超标的原因,实施科学有效的治理措施奠定基础。

1.1 调查方法体系

1.1.1 内部因素调查

土地质量内部因素调查,目的是揭示影响基本农田质量的内部因素,是本次试点工作的核心部分。调查的内容涵盖土壤环境质量、土壤污染现状、土壤养分现状、富硒土壤等方面,调查方法采取土壤地球化学调查。本次试点工作采用网格化单元进行调查取样,1∶5万市县级基本农田质量调查的采样单元和采样密度分别为$1/4km^2$、4件/km^2,1∶1万乡镇级调查的采样单元和采样密度分别为$1/16km^2$、4件/km^2。

1.1.2 外部因素调查

此项调查是土壤地球化学调查的重要补充,其主要目的是调查灌溉水质、大气沉降对土地质量的影响,评估灌溉水质量对土壤重金属污染的贡献,有助于分析土地质量降低的主要原因及其影响因素等。大气沉降调查与环保部门进行的大气环境质量监测不同,其主要目的是调查一年期大气沉降累计通量对土壤质量的影响,并将其影响效果归结到大气沉降对土壤元素变化的贡献上。一般按照地貌分区、行政权属等进行样品布设,控制密度1件/32~64km^2,人为活动较为密集的地区适当加密。

---

① 蔡子华,宋明义,胡艳华,等. 嘉善县富硒土壤资源调查研究报告,浙江省地质调查院,2009

1.1.3 生物效应调查

此项调查是对土壤地球化学调查评价结果进行检验的重要手段之一。县市级基本农田质量调查,重点是了解大宗农产品和较大规模的名特优农产品中矿质元素或重金属元素的含量水平,掌握区域性变化规律,为校正评价结果提供依据。在分析指标选择上,大宗、特色农产品主要分析微量元素,如重金属 Cd、Hg、As、Pb、Cr、Ni、Cu、Zn 和非金属 Se 等,根据实际需要,局部地区增加营养、有益或健康元素的测试。对于乡镇级基本农田质量调查,针对主导产品、异常区主要农产品进行采样测试,重点查明异常元素和有机污染物的含量水平,圈定富硒、富锌土壤。

1.1.4 土地自然性状调查

土地自然性状调查是基本农田质量调查的重要内容,主要包括地貌类型、地形部位、土壤类型、成土母质、坡度、潜水面深度等地质特征调查和土壤质地、阳离子交换量(CEC)、氧化还原电位(Eh)、耕层厚度、障碍层、土壤酸碱性、土壤养分(有机质或有机碳、氮、磷、钾全量及其有效态)、容重等土壤理化性质调查。调查采用现场观测、定量分析和资料收集相结合的方法进行。

1.1.5 农业生产环境调查

农业生产环境调查也是基本农田质量调查的重要组成部分,有助于宏观了解基本农田综合质量状况,查明影响基本农田质量的内、外部因素,是成果验证的主要依据之一。调查内容涵盖土地利用方式、水源类型、田间输水方式、灌溉保证率、排灌能力、施肥情况、作物种类及产量、污染源情况、基本农田保护、标准农田建设等方面,采取实地调查与资料收集相结合的方式进行。

1.2 评价方法体系

1.2.1 目标体系

本次评价目标体系包含土壤环境质量、土壤养分丰缺、土壤污染程度、土壤含硒水平、灌溉水质量、大气沉降质量、农产品安全性、土地肥力(养分)、土壤环境健康、土地质量综合评估共 10 个评估目标。

1.2.2 指标体系

在评价目标确定的基础上,建立评估指标体系,其中土壤养分丰缺评价指标主要包括大量、中量、微量元素;土壤环境质量、土壤污染程度、灌溉水质量、农产品安全性的评价指标均为 Hg、Cd、Pb、As、Zn、Cu、Cr、Ni 等重金属元素;土壤含硒水平主要调查硒元素。尤其是大气沉降调查内容较多,是上述所有调查指标的集合。

1.2.3 标准体系

在评价的标准依据上,原则上首先执行最新的国家行业标准,如土壤环境质量标准(GB 15618—1995)、农田灌溉水质标准(GB 5084—2005)等。在没有国标的情况下,执行地方标准,没有国标和地方标准的,则参照已出版的著作或已发表文献中的推荐值作为评价的参考依据。

1.2.4 方法体系

在评价方法体系上主要有两种：单指标评价和综合评价。其中土壤养分丰缺、大气沉降质量和农产品安全质量都应用单指标评价法；对于土壤环境质量评价、土壤污染程度来说，单指标评价法和综合评价法都常用。土壤肥力、土壤环境健康评价应用综合评价法。而土地质量综合评估，则是在土地质量地球化学评估和农用地分等的基础上，对两项成果的叠加整合，形成综合性的评价成果。

1.3 基本农田质量状况

1.3.1 基本农田总体质量

基本农田质量调查获得了各试点区翔实的调查与研究成果。依据中国地质调查局《土地质量地球化学评估技术要求（试行）》（DD 2008—06），将土地质量划分为5个级别，对3个试点县市评估结果显示，试点县市土地质量状况总体良好。

嘉善县：优质、优良、良好、中等、差等土地所占比例分别为3.67%、42.95%、37.36%、11.28%、4.77%。

慈溪市：优质、优良、良好、中等、差等土地所占比例分别为2.5%、81.3%、15.8%、0.4%、0%。

龙游县：优质、优良、良好、中等、差等土地所占比例分别为6.48%、40.04%、36.66%、14.93%、1.89%。

本次基本农田质量调查分别在嘉善姚庄—干窑地区新发现了富硒土地21 700公顷[3]，在龙游圈定富硒土地22 730公顷[4]、在慈溪圈定富硒土地16 000公顷。调查发现达到富硒农产品标准的有粮食、蔬菜、水果、茶叶四大类；富硒农产品的开发预计每年可以增加近亿元的收入，为当地农业结构的调整，农民增收、农业增效奠定了坚定的基础。

1.3.2 土地污染调查

试点工作对路桥区峰江街道和新桥镇全境开展了土地污染调查，调查面积42km^2，在以下3个方面取得进展。

一是圈定了污染土地的分布范围。调查结果显示，调查区土地普遍遭受重金属和多氯联苯的复合污染，82.4%的基本农田受到不同程度的重金属污染，土地质量恶化。其中，基本农田中多氯联苯轻度污染土地为1 392亩，占44.5%；中度污染土地为860亩，占17.1%；重度污染土地为730亩，占20.8%。对污染田块进行建档立案，划定了需控制和修复的污染地块。

二是查明了土地污染的原因和迁移规律。污染主要与20世纪80年代以来该地区广泛从事的废旧电器拆解活动以及产业化电器制造业有关，土壤多氯联苯的区域性污染则主要是由于农田污水灌溉所致，约占总污染面积的67.3%。调查表明，土壤多氯联苯垂向迁移困难，但横向迁移能力较强，易随水体悬浮颗粒物向地势低洼处迁移。

三是提出了土壤污染整治建议。根据调查成果对该地区土地污染的防治和污染土地修复提出了针对性的建议。

2 基本农田质量地球化学评估与农用地分等成果的整合

2.1 两项成果的优点

土地质量地球化学评估和农用地分等都是全面衡量农用地质量及分布状况的基础工作,目的都是为了土地的持续利用和科学管理。农用地分等是农用地利用等反映农田实际利用水平下的现实生产能力,对农用地的自然质量、利用水平及效益水平进行的综合评价,重点突出自然环境、土地利用和经济社会等主导因素,对土地质量及生产力水平的影响,是从土地自然属性和经济属性的角度揭示农用地质量。土地质量地球化学评估是依据土地有益元素、有毒有害元素和有机污染物含量水平等地球化学指标因素,以及它们对土地基本功能的影响程度而进行的土地质量级别评定,土地质量地球化学等侧重反映土壤环境健康质量状况及养分的丰缺。

2.2 存在的不足

土地质量地球化学评估与农用地分等两项工作各有侧重。农用地分等虽然较为全面地反映一般情况下农用地质量的差异,但是随着人们物质文化水平的提高,对于产品的安全性和人体健康关注程度日益重视,农用地分等成果未能体现农用地环境以及健康质量的差异。而土地质量地球化学评估工作虽查明了土地有益、有害元素和有机污染物的含量水平及对土地功能的影响[5,6],但评价结果未能体现出土地资源的利用水平。

2.3 两项成果的互补性

在此背景下,将两个不同评价体系的成果相对接、整合,不仅弥补了两项成果的不足,而且大大扩充了土地质量的内涵,更准确地反映了土地自然、社会经济、生态等多方面质量的优劣,为土地质量的精细化管理提供了重要的技术支撑。在整合研究过程中,我们尝试采用叠加法(含单因子叠加法)和因素法,两种方法各有优缺点,现将其比较如下。

因素法整合的特点是采用部分地球化学分析数据(如污染元素、有机质、pH 值等),打破了原各自成果的独立性、数据量较大、操作技术性较强。但从另一方面看,要完全用因素法整合是非常浩大的工程,操作极不便利。在时间上,浙江农用地分等工作已在 2008 年全面完成,而浙江土地质量地球化学评估试点工作 2008 年才刚刚开始,两项成果在时间上跨距如此之大,可能较严重地影响了整合的效果。叠加法整合,在分等单元的基础上叠加土地质量地球化学评估成果,两者既有融合又保持各自的相对独立性,较易于操作。

在成果的表达上,叠加法制作的图件由于保持了农用地分等和土地质量地球化学评估两项独立成果,更易为当地土地管理部门所接受,也符合目前的实际状况。在表达上,首先用明显差异的颜色表示农用地等,用微弱差异颜色表示地球化学等,再用数字表示明确的等概念,并将一个地区土地质量地球化学等级的内涵进行详细说明,为评价结果的实际应用提供技术依据。

2.4 整合成果的初步应用

应用研究与尝试表明,整合成果可广泛应用在土地利用总体规划修编,耕地保有量测算,基本农田保护区划定,建设用地扩展区划定以及占补平衡按等折算、土地定级估价、土地流转等多个方面,为浙江省土地资源由数量管理到数量与质量并重管理奠定了基础。

3 基本农田质量调查评价的战略意义

伴随着人类经历铜器时代、铁器时代,走进电子时代和信息化时代,农业种植也相伴走过了上下五千年,从刀耕火种的蛮荒时代进入到现代高科技农业。在整个演化进程中,人类也逐渐摆脱了饥饿、半饥饿状态,走进基本吃得饱的时代。当前,随着科学发展和社会的进步,人们已不再满足于吃得饱的一般生理需求,提出不仅要吃得饱,还要吃得好、吃出健康来的更高标准[7]。

怎样才能吃得好,吃出健康来? 这不仅是时代发展的需要,而且也是人类文明进步的象征。尤其是我国是世界上第一人口大国,14亿人口的吃饭问题,不仅是一个生活需要,更是一个政治大问题。因此,在我国开展土地质量调查,准确圈定出优质土地、清洁土地、富硒土地、富锌土地和污染土地等,指导农业区划和农业种植,不论对于解决粮食数量安全问题,还是对于解决粮食质量安全问题,都具有重大的意义。

浙江省是一个土地面积较小,人口基数大,人民生活、工业生产对粮食需求量都较大的省份,加上农产品和食品加工产品出口数量巨大,粮食生产和食品安全问题一度比较突出。以磐安中药材为例,白术、浙贝母、玄参、元胡、白芍五味药材具有悠久的种植历史,长期以来,"磐五味"中药材生产不论在数量上还是质量上在全国都具有举足轻重的地位,20世纪以来在国际市场上的出口量一直较为稳定。但近年来随着国际中药材市场各国设置贸易"绿色壁垒"的出台以及欧、美等国家药材产品陆续投放市场,我国中药材所占市场份额不断缩小并逐渐被挤出。除了其他方面因素外,还有一个更为重要的原因,就是我们的中药材产品中的重金属含量严重超标。至此,人们终于明白,药材中的重金属一旦超标,不仅国外市场拒绝准入,就连我们自己也无法使用。药农辛苦一年,最终血本无归。因此,食品及其产地土壤环境中重金属超标问题亟待重视和解决。

4 结论与建议

基本农田是我国14亿人民赖以生存的物质基础。粮食的安全问题取决于土地的数量与质量安全。基本农田质量地球化学评估方法技术的成熟及其与农用地分等成果整合等技术难题的突破,为实现我国粮食的数量、质量安全提供了前提,奠定了科学基础,具有重要的现实意义。

建议国家有关部门尽快制定相关政策,全面推行和开展土地质量调查,并将调查成果尽快推广使用,同时以法律形式规范和实施土地利用与科学保护,确保生存"红线",严禁乱占耕地,严格控制土地污染,尽快"铺路搭桥",实现土地的管理从数量管理到数量、质量并重管理的跃升,直至最终实现土地的生态管护。

参考文献

[1] 中国科学院南京土壤所土壤系统分类课题组等. 中国土壤系统分类(修订方案)[M]. 北京:中国农业科学出版社,1995

[2] 张甘林,龚子同. 中国土壤系统分类中的基层分类与制图表达[J]. 土壤,1999,31(2):64-69

[3] 胡艳华,王加恩,蔡子华,等. 浙北嘉善地区土壤硒的含量、分布及其影响因素初探[J]. 地质科技情报,2010,29(6):84-88

[4] 宋明义,冯雪外,周涛发,等. 浙江典型富硒区硒与重金属的形态分析[J]. 现代地质,2008,22(6):960-979

[5] 张玉革,刘艳军,张玉龙. Se和Cd在土壤-植物系统中的迁移与食品安全[J]. 土壤通报,2005,36(5):778-784

[6] 张敬锁,李花粉. 不同土层镉污染状况对水稻吸收镉的影响[J]. 农业环境保护,2002,21(3):221-224

[7] 王三根. 微量元素与健康[M]. 上海:上海科学普及出版社,2004

浙江省杭嘉湖地区地面沉降防治及成效

吴孟杰 沈慧珍 刘思秀 黎伟 赵建康

(浙江省地质环境监测院)

[摘 要] 浙江省杭嘉湖地区因超采地下水而发生了较为严重的地面沉降灾害。近年来,浙江省积极开展地面沉降防治工作,在地面沉降规划编制、地面沉降防治制度制定、监测网络建设、地下水禁限采实施、地面沉降基础研究等方面,取得了显著进展与成效,地面沉降逐步得到控制,针对地面沉降变化态势,提出了下一步工作建议。

[关键词] 地面沉降 地面沉降防治 杭嘉湖地区

浙江省杭嘉湖平原位于长江三角洲南部,属长江三角洲的重要组成部分,人口稠密,经济发达,都市化程度高,对浙江省经济发展具有举足轻重的意义。近10余年来高速发展的经济建设,频繁、活跃的人类活动,对生态环境造成了严重的影响。地下水长期无计划开采,地下水水位持续下降,导致了区域性地面沉降等严重的地质灾害和环境地质问题,地面沉降最大累计沉降量达1 097mm。由于地势低洼,且沿海地势高于平原中部,地面沉降给防洪排涝、土地利用、城市规划、航运交通等造成严重的危害,地面沉降与海平面上升相叠加,对杭嘉湖地区社会经济发展造成了较大的危害,据初步估算,因地面沉降造成的经济损失已超过数百亿元[1-3]。

1 地面沉降的现状

1.1 地下水开发利用的状况

杭嘉湖平原地下水开采始于1914年,1954年后开采量逐年递增,开采范围由城镇到乡村不断扩大,开采量持续增长。20世纪70年代中期以前地下水开采量较小,年开采量小于$2\,000\times10^4 \text{m}^3/\text{a}$,且主要集中在嘉兴、平湖、嘉善等县市城镇,70年代末到80年代,随着乡镇企业的快速发展,农村改水工作的进展,地下水开采量快速增长。1986年起年开采量超过亿立方米。1989年开始,地下水开采明显由城镇转向乡村,城镇开采量有所下降,地下水开采总

---

① 基金项目:国土资源大调查项目"杭嘉湖地区地面沉降监测与风险管理"(项目编号:1212010641203)。
第一作者简介:吴孟杰,男,1968年生,硕士,高级工程师,水文地质工程地质专业,主要从事水文地质、环境地质研究工作。

量继续增长,最高1996年年开采量达$1.49×10^8 m^3$。1997年以后,随着地下水水位大幅度急速下降,杭嘉湖平原各地地面沉降明显加剧,有关部门采取了限制地下水开采措施,尤其城镇的开采量进一步减少。但自2000年以后,乡村开采量却有增无减,平原区地下水开采总量有所上升,地下水年开采量维持在$(1.1～1.2)×10^8 m^3/a$。随着当地政府地下水禁限采工作的推进,自2006年开始,地下水开采量有了进一步的减少,2007年杭嘉湖平原年地下水开采量已降至1亿m^3以下,2010年杭嘉湖平原地下水开采量$1 600×10^4 m^3$,至2011年,地下水开采量已经降至$500×10^4 m^3$以下,地下水累计开采量约$38.42×10^8 m^3$。

1.2 区域地面沉降的现状

杭嘉湖平原地面沉降始于1964年前后,是浙江省地面沉降范围最大的地区[4-5]。

20世纪60—70年代初,地面沉降主要发生在嘉兴城区,沉降中心位于塔弄一带(原嘉兴自来水总厂),中心累计沉降量84mm,平均沉降速率8.4mm/a。

20世纪70—80年代初,地面沉降有显著发展,沉降速率明显增加,沉降中心南移至乳品厂—农机公司一带,中心累计沉降量303.9mm,平均沉降速率22.5mm/a。

到了20世纪80年代中后期,地面沉降急剧发展,沉降范围已超出嘉兴城区范围,外围的平湖城关、桐乡梧桐镇、海宁长安镇、嘉善县开始发生地面沉降,嘉兴市城区沉降中心累计沉降量达597.2mm,中心沉降速率达41.9mm/a。

20世纪90年代至"十五"期间,地面沉降向整个平原蔓延并进一步加剧,至2005年已波及平原大部分地区,平均累计沉降量约145mm,地面累计沉降量大于100mm的沉降面积约$3 500km^2$,约占杭嘉湖平原面积的54%,大于50mm的沉降体积达$7.78×10^8 m^3$。沉降中心已由嘉兴城区转移至海盐武原、平湖城关一带,并在王江泾、海盐—钦城—百步、袁花、屠甸、乌镇、崇福等地形成次一级的地面沉降漏斗,嘉兴城区最大累计沉降量882.5mm,海盐武原最大累计沉降量1 097.1mm。

"十一五"期间,随着地下水禁限采措施推进以后,地面沉降速率逐步减缓,发展态势得到了有效遏制。至2010年,大于30mm的等值线区域已经消失,大于10mm的面积为$195km^2$,较2005年减少了92%,且多处地区出现回弹现象。

至2011年,沉降速率超过10mm/a的面积为$128km^2$,沉降地区主要分布在平湖市的广陈—黄姑一带以及徐埭、林埭、新仓等地,嘉兴的王江泾、新滕等地(图1、图2)。

2 地面沉降防治

2.1 科学编制规划

将地面沉降防治工作纳入政府国民经济和社会发展规划,嘉兴市坚持人、水和谐的治水方针,全面编制和完善规划体系。各级政府深入调研,组织全市开展对地下水用水企业进行卫星定位(GPS)和建立管理资料档案。2002年提出了《关于嘉兴市实施地下水禁采限采及明确控制目标的意见》,编制封井年度实施计划,并先后编制了《嘉兴市地下水水资源开发利用保护规划》《城乡供水水源规划》《市域外引水工程规划》《嘉兴市城乡一体化供水规划》等一系列规划,并且依据省政府2006年30号文,嘉兴、湖州等地市及全省都编制了地面沉降防治"十一五"规

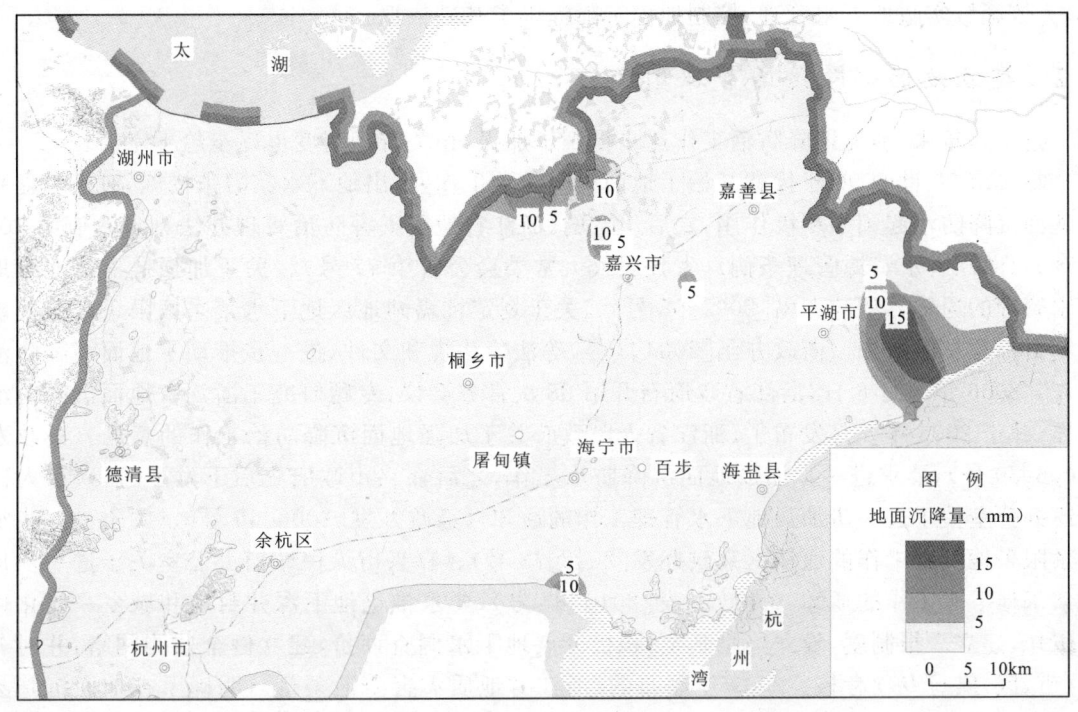

图 1 2011年杭嘉湖平原地面沉降量等值线图

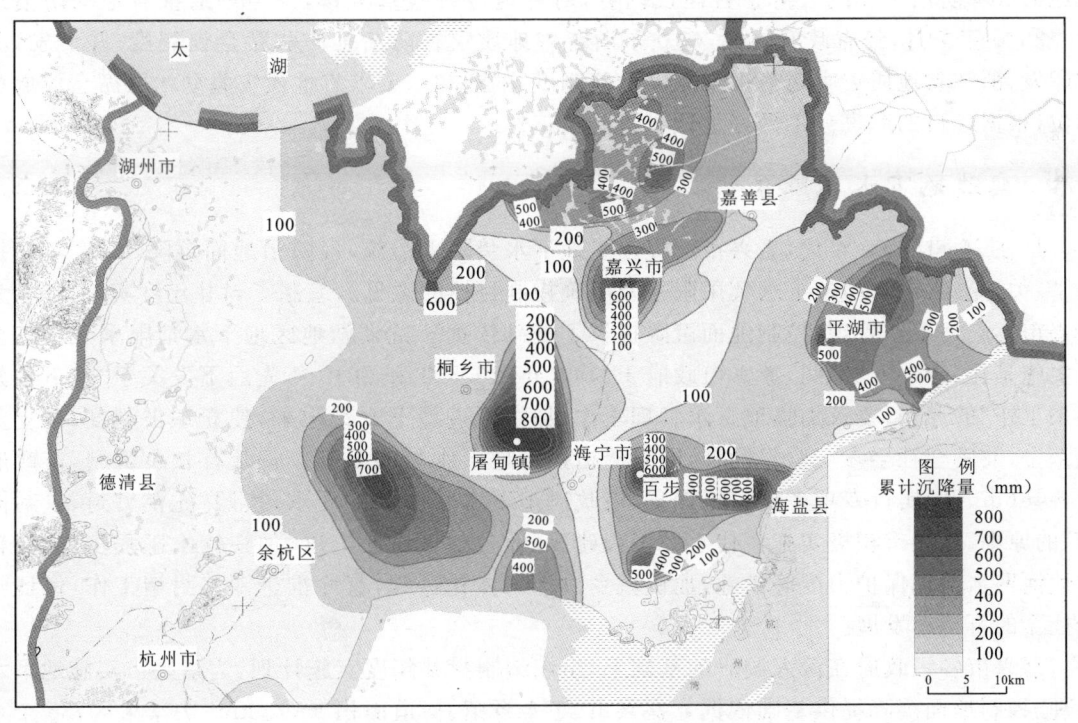

图 2 杭嘉湖平原地面沉降量等值线图(1964—2011年)

划,为该区域实施地下水管理、控制地面沉降提供了基础依据。

2.2 建立地面沉降防治管理制度

近十几年来,地面沉降防治工作逐步得到了加强,相关管理制度也逐步趋于完善。

嘉兴市 20 世纪 90 年代就开始了地面沉降防治工作,提出地下水禁限采措施,对当时嘉兴市地面沉降防治起到了积极作用,之后出台的《浙江省地质灾害防治管理办法》(省政府第 104 号令)、《浙江省水资源管理条例》(省九届人大常委会公告第 77 号)、《关于加强杭嘉湖地区地下水管理的通知》(浙政办发[2002]58 号)、《关于划定杭嘉湖地区地下水禁采区限采区及明确控制目标意见的通知》(浙政办函[2004]3 号)等法律法规和文件,进一步推动了地面沉降防治工作。2006 年 2 月 8 日,浙江省政府召开第 58 次常务会议,专题研究了浙江省地面沉降防治工作,并于 2006 年 5 月发布了《浙江省人民政府关于加强地面沉降防治工作的意见》(浙政发[2006]30 号),要求进一步加强地面沉降防治工作,之后嘉兴市政府先后下发了《嘉兴市人民政府办公室关于进一步加强地下水管理工作的通知》(嘉政办发[2006]56 号)、《关于进一步加快禁限采地下水工作的通知》(嘉政办发[2008]73 号)、《嘉兴市人民政府办公室关于进一步加快禁采地下水工作的通知》(嘉政办发[2010]87 号),要求推进地下深井封堵和城乡一体化供水工作,建立举报制度,设立奖励基金,积极开展地下水调查评价,建立健全监测网络,并对各县(市、区)实行专项考核。2009 年颁布的《浙江省地质灾害防治条例》,明确了在地面沉降易发区内重要建设项目,城镇、村庄和集镇规划要实行地质灾害危险性评估,从源头上控制和防范地面沉降的风险。为督促地面沉降防治工作的落实,保障地面沉降防治效果,自 2009 年起,把地面沉降防治工作纳入生态省建设内容,对各地进行检查考核,并定期通报各地的防治进程。2010 年 7 月,经省政府同意,建立了浙江省地质灾害防治工作联席会议制度,并下发《关于印发〈浙江省地质灾害防治工作联席会议制度〉的通知》,要求省地质灾害防治联席会议成员单位,根据各自的职责分工做好地质灾害防治工作。

2.3 实施地下水禁限采

早在 20 世纪 90 年代,嘉兴市就提出了地下水禁限采措施,以防治地面沉降,2002 年又提出了《关于嘉兴市实施地下水禁采限采及明确控制目标的意见》,编制了封井年度实施计划,为嘉兴市实施地下水管理、控制地面沉降提供了基础依据。杭嘉湖地区地下水禁限采工作的全面实施是在"十一五"期间,嘉兴市政府于 2006 年、2008 年和 2010 年先后下发关于"地下水禁限采工作"的通知,要求加强地下水管理工作,加快推进地下水禁限采,建立举报制度,设立奖励基金,鼓励全社会参与监督管理,同时严格执行地下水禁限采工作行政首长负责制,市政府对各县(市、区)实行专项考核。根据省、市政府地下水禁限采的要求,按照"先供后封、供封同步"的原则,嘉兴市积极实施替代水源工程建设,通过加大治污力度、加快饮水工程步伐、强化本地河网水治理保护力度等措施,加快城乡供水一体化进程,有序推进深井封堵工作,保证经济社会的可持续发展。

嘉兴市各级政府在深入调研的基础上,组织编制封井年度实施计划,为嘉兴市实施地下水管理、控制地面沉降提供基础依据。嘉兴市 41 个乡镇、街道面积 1 990 km^2 为禁采区,35 个乡镇、街道面积 1 925km^2 为限采区。依据浙江省地下水禁限采文件精神,禁采区期限为 2006—2008 年,限采区为 2009—2010 年,禁采区和限采区均需全面禁止地下水开采,除留作监测、回灌、战备和地表水供水管网未及而暂需保留的生活用水深井外,全部封井,并严禁增打新井,对未批准擅自取水的,坚决予以查处。

从近几年地下水开采量变化来看,全市地下水禁限采工作可以分为两个阶段:

第一阶段为 2005—2007 年,年地下水开采量由 2005 年的 $0.996×10^8 m^3$ 缓慢下降到 2007 年的 $0.94×10^8 m^3$,呈维持较高开采量而逐步有所减少的势态。而从这 3 年的封井数量看,封井数量分别达 90 口、93 口、89 口,累计达 272 口,削减的年地下水开采量在 $(511～664)×10^4 m^3$ 之间,属禁限采地下水稳步推进阶段。

第二阶段为 2008—2010 年,地下水开采量呈快速减少阶段,年开采量由 2008 年的 $9 080×10^4 m^3$ 下降到 2009 年的 $6 500×10^4 m^3$,2010 年仅为 $1 535×10^4 m^3$,这 3 年的封井数量分别为 177 口、141 口和 239 口,每年削减的地下水开采量分别为 $2 017×10^4 m^3$、$1 500×10^4 m^3$、$5 678×10^4 m^3$。

至 2010 年,嘉兴地区主要城市或城镇均已全面停止开采地下水,近 5 年来累计关闭深井 739 口,缩减地下水开采量 $1.02×10^8 m^3$,地下水水位出现回升,超采得到有效遏制。

2.4 建立地面沉降监测网络

国土资源系统于 20 世纪 70 年末就开始了地下水动态监测网络建设,开展水位、水质、水温监测和开采量的调查统计。2003 年嘉兴市水利局建立了全省第一家市级地下深井资源信息化管理系统。目前杭嘉湖地区共有地下水动态监测点 167 个,其中地下水位监测点 96 个,自动化监测井 29 个。

1999 年以前,水利部门、原地矿部门开展过几次地面沉降水准测量工作,但控制密度不够、重合点少。大地调以来,杭嘉湖地区才开始了系统的区域地面沉降测量工作,1999 年开展《长江三角洲杭嘉湖地区地下水合理利用与地质灾害调查评价》项目,首次把监测网点扩展至杭嘉湖平原中东部部分地区,控制面积近 $3 500 km^2$,基本控制了杭嘉湖平原主要沉降地区。随着各级国土资源部门相继部署实施"浙江省地下水自动化监测系统建设""嘉兴市地下水自动化监测系统建设""杭嘉湖地区地面沉降监测网络建设""杭嘉湖地区地面沉降监测与风险管理"等一批项目,杭嘉湖地区完善了地面沉降监测网络。至 2011 年,杭嘉湖地区拥有地面沉降监测 GPS 一级点 21 个、GPS 二级点 74 个,GPS 固定站 7 座,水准点 320 个,地面沉降分层监测标 1 组和基岩标 7 座,自动化监测站 1 座,孔隙水压力观测孔 6 个,综合监测控制剖面 210km,控制面积近 $5 000 km^2$,并建成了全省首座地面沉降监测展示馆。另外,自 2007 年开始,每年开展一期区域地面沉降一等水准测量工作,控制面积约 $3 000 km^2$,测量路线长度约 700km。

2.5 开展地面沉降研究

20 世纪 80 年代以来,陆续开展了地面沉降及防治对策专题研究工作,相继完成了《嘉兴市地面沉降及其防治对策论证报告》《杭嘉湖平原地下水资源开发利用及其环境效应论证》等一批专题研究项目以及以县(市、区)为单位的《1:10 万区域水文地质调查报告》,系统分析了各地区地面沉降历史与现状、形成原因及规律,对地面沉降的危害与经济损失作了初步评估,提出了控制地下水开采、优水优用以及开展地下水人工回灌等防治地面沉降的对策措施建议,为有效防治地面沉降提供了科学依据。

2004年完成的"长江三角洲杭嘉湖地区地下水合理利用与地质灾害调查评价"项目,建立了基岩地质和第四纪地质结构、水文地质结构模型,基本查明了杭嘉湖地区地下水资源分布和开发利用状况,分析了地面沉降的原因和规律,提出网络建设规划,为后续地面沉降监测网络布设奠定了基础。

2006年完成的"杭嘉湖平原地面沉降监测网建设"项目,在分析杭嘉湖地区地面沉降历史与现状、地面沉降与地下水开采等关系的基础上,建立了地面沉降监测网络,重点建设了GPS监测网并实施监测。

2011年完成的"杭嘉湖地区地面沉降监测与风险管理"项目,在继续开展地面沉降监测的基础上,进行了地面沉降经济损失评估,建立了地下水与地面沉降耦合模型,开展了地面沉降易发性、危险性、易损性、风险性等方面的研究工作,提出了分区地面沉降风险控制措施,在政府近年来开展的地面沉降防治工作中发挥了很大的作用。

2.6 开展地下水资源价格改革

制定和实施有利于地下水资源保护和合理利用的价格政策。长期以来,优质的地下水被廉价地使用,亦是过量开采地下水的主因之一。通过运用经济杠杆,较大幅度地提高地下水水价,是保护地下水资源可持续利用的有力手段。2004年出台新的水资源费标准(浙价费[2004]209号),每吨地下水的水资源费由以往的0.08元提高到1.20元。

2.7 开展地下水人工回灌

开展地下水人工回灌是防治地面沉降的有效措施和方法之一,其目的是恢复地下水水位,调节补充地下水资源,提高水资源利用率。近几年来,仅在嘉兴市进行了回灌试点工作,如绢纺厂、棉纺厂、民丰造纸厂等有关单位,充分利用冷能,开展地下水冬灌夏用工作,每年回灌量约$20\times10^4 m^3$。其中民丰造纸厂地下水人工回灌工程项目于1998年获省建设厅城市环境治理优秀工程奖。

2.8 推进地面沉降的防治宣传和科普工作

2004年5月建立了由国土资源部和中国地质调查局具体指导、协调的长江三角洲地区地面沉降监测区域协作联席会议制度,签署了《长江三角洲地区地面沉降监测信息通报与发布协议》,每年发布《长江三角洲地区地面沉降监测信息通报》。每年在省政府同意转发的年度地质灾害防治方案中,都明确提出了地面沉降防治工作的要求与措施;每年编发《浙江省地质环境公报》及《杭嘉湖地区地面沉降和地下水环境信息通报》。建设了嘉兴地面沉降监测展示馆,作为开展学术交流、教学实习、科普教育的重要基地,逐步增强全社会的防治意识。

3 地面沉降防治成效

随着地面沉降防治工作的加强,杭嘉湖地区地下水开采量得到了有效控制,至2011年开采量约$500\times10^4 m^3$,较2000年减少了96%[6]。

地下水位也从多年的持续下降转为上升,水位降落漏斗范围及深度明显收缩、变浅。Ⅱ组区域平均水位2010年为$-28.73m$,较2000年回升了3.08m,较2005年回升了7.97m;Ⅲ组区域平均水位 2010 年为 -33.04m，与 2000 年持平，较 2005 年回升了 9.35m。

随着地下水位的逐步回升，杭嘉湖地区地面沉降逐渐减缓，发展态势得到了有效遏制。至 2011 年，沉降地区主要分布在平湖市的广陈—黄姑一带以及徐埭、林埭、新仓等地，嘉兴的王江泾、新塍等地，沉降速率超过 10mm/a 的面积为 128km²，较 2005 年减少了 95%，30mm 等值线已经消失(表1)。

20 世纪 60 年代以来，杭嘉湖平原用于地面沉降勘查、研究、监测等控沉科研投入的费用约 9 000 万元，其中 1999 年开展大地调工作以来，国土资源部门投入费用约 4 000 万元。根据地面沉降经济损失评估资料，1964—2004 年，杭嘉湖平原地面沉降造成的经济总损失高达 564.4 亿元，平均每年约 14.1 亿元，同时根据 2004 年开始实施地下水禁限采工作以来减少的地面沉降量估算，2004—2010 年共减少地面沉降经济损失约 122.98 亿元。

表 1　杭嘉湖平原地面沉降状况表

年份	沉降中心最大累计沉降量(mm)		累计沉降>50mm 面积(km²)	沉降速率面积(km²)	
	海盐武原	嘉兴中心		>10mm/a	>30mm/a
2005	1 094	882.5	4 200	2 430	405
2006	1 125	893.7	4 200	2 246	529
2007	1 161	901.1	4 200	1 987	457
2008	1 189	906.2	4 200	1 348	330
2009	1 212	909.2	4 200	960	111
2010	1 204	909.2	4 200	192	0

4　下一步工作建议

4.1　继续实施地面沉降监测

完善、健全地面沉降监测网络，提高自动化监测水平和数据共享程度，对地面沉降实施有效监控。完善杭嘉湖平原地面沉降监测网络，建立以区域水准监测为主，重点地区基岩标、分层标组控制，联合 GPS 等多种监测技术手段的地面沉降监测网络体系，继续实施地面沉降监测。

4.2　强化地面沉降防治

加强沉降区地下水开发利用的监督管理，继续实施禁限采制度。进一步加强地表水环境治理力度，扩大地表水供水能力与供水范围，以替代地下水水源，从根本上遏制超采地下水。力争到 2015 年，在地表水供水管网到达地区停止开采地下水，地下水采补基本达到平衡。结合地下水禁限采工作，保留和改造一批监测井，完善与地面沉降监控配套的地下水动态监测网络。

4.3 开展地下水应急水源地规划和建设

在控制地面沉降的前提下,有计划地适量开采地下水仍然是解决沿海平原广大农村安全的生活饮用水途径之一。同时开展地下水作为应急水源地进行规划和建设,以应对突发性饮用水安全事件。

4.4 继续开展地面沉降基础研究

开展地面沉降控制管理研究工作[7],完善已建立的杭嘉湖地区地下水与地面沉降耦合模型,建立地下水资源利用和地面沉降防治统一优化管理和决策辅助系统,为政府实施区域地面沉降防控管理、减灾防灾提供技术支撑。加强沪杭高铁等重大工程地面沉降监测及防治措施研究,为城市和重大工程安全运行提供依据。

4.5 建设地下水与地面沉降信息化工程

建立浙江省地下水与地面沉降监测信息系统,基本实现地下水与地面沉降监测数据的自动采集、传输、存储、管理、查询、应用和信息实时发布。

5 结语

近年来,浙江省深入推进生态省建设,积极开展地面沉降防治工作,在地面沉降规划编制、地面沉降防治制度制定、监测网络建设、地下水禁限采实施、地面沉降基础研究等方面,取得了显著进展与成效,地面沉降逐步得到控制,为今后国内其他地区进行地面沉降防治提供了借鉴。

参考文献

[1] 肖和平,潘芳喜. 地质灾害与防御[M]. 北京:地震出版社,2000

[2] 彭洪. 浙江省杭嘉湖平原地面沉降造成的环境影响及防治对策[J]. 浙江水利科技,2002(5):11-12

[3] 赵建康,孙乐玲,刘思秀. 浙江省滨海平原地面沉降现状及防治对策[J]. 地质灾害与环境保护,2003,14(2):16-20

[4] 周岚,苏胜利. 嘉兴市深层地下水开采与地面沉降的分析[J]. 浙江水利科技,2005(3):23-28

[5] 赵建康,吴孟杰,刘思秀,等. 浙江省滨海平原地下水开采与地面沉降[J]. 高校地质学报,2006,12(2):185-494

[6] 沈慧珍,吴孟杰,黎伟,等. 浙江省"十一五"地面沉降防治工作主要成就回顾[J]. 浙江国土资源,2011(4):56-57

[7] 王寒梅. 上海地面沉降风险评价及防治管理区建设研究[J]. 上海地质,2010,31(4):7-12

苏锡常地区地面沉降灾害风险研究

武健强[①]　吴曙亮　闵望　李伟
(江苏省地质调查研究院)

[摘　要]　基于风险的视角评估城市地面沉降地质灾害,突破传统地质研究方法的局限,综合地面沉降机理的地质学认知和地面沉降对社会经济影响两方面的内容,为和谐社会建设提供了应对地面沉降灾害的新思路。本文以苏锡常城市群为例,从地面沉降作用的内外控制条件入手,按照地面沉降的易发性、易损性、抗灾性3个层面,选择典型因子构建由准则层、方案层、目标层所组成的风险指标体系,并依此对苏锡常地区开展地面沉降的风险评价。整个过程借助GIS技术方法,通过多元信息的逻辑分类、统一空间框架下的加权叠置分析等一系列处理,最终实现多尺度空间数据的融合,揭示了当前地质环境与社会经济大背景下的地面沉降灾害风险分布特征。总体而言,随着地面沉降减弱,综合风险正在减弱,但在地面沉降控制范围内的一些城镇和经济开发区依然具有较高的风险。

[关键词]　地面沉降　风险评价　苏锡常地区

近20年来,随着风险科学的发展,人们逐渐认识到可持续发展并不意味着消除环境灾害,而是在有条件接受环境问题的前提下发展[1]。受此启发,地质灾害的风险研究正逐渐取代过去单一的危险性评价,开始考虑社会经济因素在内的综合灾害风险性。地面沉降是一种长期积累的缓变型地质灾害,又与地区经济联系密切,其风险相对明确且可预测。本文以苏锡常地区为例,建立地面沉降灾害的风险评价指标体系,用以描述其在可持续发展环境下的风险特征,为进一步防治提供决策参考。

1　地面沉降的风险

1.1　地面沉降风险的定义

风险普遍存在,按不同的研究领域可划分出不同的分类,如贸易投资风险、社会风险、环境生态风险、洪涝风险、地质灾害风险等。就地质灾害风险而言,一般定义为:地质灾害活动及其对人类造成破坏损失的可能性,反映发生地质灾害的可能机会与破坏损失的程度[2]。

笔者认为,地面沉降风险是地质灾害类风险的表现形式之一,系指一定空间尺度内由于地

[①]　第一作者简介:武健强,男,1975年生,高级工程师,所学专业:环境工程。

面沉降灾害所造成社会经济危害的大小及其可能性。与突发性地质灾害相比,地面沉降具有明确的发育空间,其动态可监测亦可预测,而承灾体信息可通过调查获取。作为地质灾害之一,地面沉降风险必然具有其自然属性和社会属性。自然属性指地质条件,社会因素指对社会经济影响以及人类社会的反作用机制。

1.2 苏锡常地区地面沉降的概况

苏锡常地区地貌分类归属于长江三角洲平原,第四系相对发育,平均厚度达100m,主要为河流冲积相、滨海相和湖沼相沉积。含水层相对发育,地下水资源丰富,第四纪中、晚期的多次海进海退作用塑造了较复杂的黏土与砂的交互沉积模式,总体处于欠固结状态。由于长期开采地下水资源,导致了严重的地面沉降灾害。据统计,自1960年以来,累计沉降量超过200mm的区域面积达4 800km^2,最大沉降量约3m,位于无锡西部。为迅速遏制其蔓延态势,2000年起,各地方政府一致实施了禁采深层地下水的行政措施,地下水位逐渐回升,地面沉降形势趋于好转,但一些地区灾害依然严重,如常州南部、江阴南部和吴江南部的局部地区年沉降量仍在20mm/a以上,地面沉降防控进入一个长期观测与管理的阶段。纵观地面沉降的发生历史,苏锡常地区地面沉降经历了一个从城市向农村扩展的过程,其引起的危害涉及面广、影响深刻,以地区淹没、建筑及设施的受损为主要表现形式。这种危害也表现出地区的差异性,主要与地质条件和社会经济因素有关。

2 地面沉降风险的指标体系

2.1 指标体系

与所有地质灾害的风险类似,地面沉降风险主要取决于地面沉降的易发性和承灾体的易损性,而易损性又由承灾体自身的被动损失和主动抵御能力两方面决定。在文中所讨论的易损性仅指前者,把后者归为承灾体的抗风险能力单独列出。由此,建立由目标层—方案层—准则层的三级指标体系,如图1所示。所有指标的选择遵循了定性与定量相结合和可操作性、全

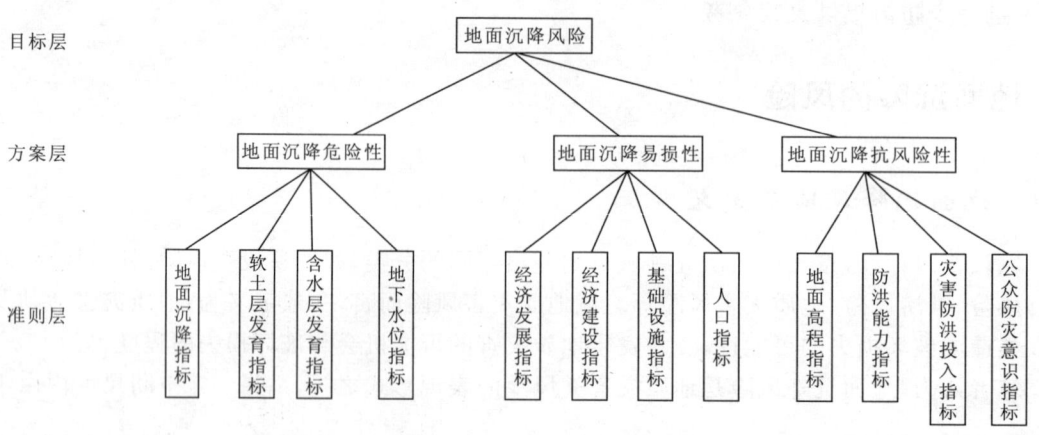

图1 地面沉降风险指标结构树

面性、系统性、科学性的基本原则,三级指标构成了相互独立又彼此制约的树状结构,作为基础的准则层的设计将在下文叙述。

2.2 模型方法

根据对地面沉降风险的认识,文中所采用的评价模型如下:

$$I = I_{易发性} \times I_{易损性} + I_{抗风险}$$

式中:I 为地面沉降风险指数;$I_{易发性}$ 为易发性指数;$I_{易损性}$ 为易损性指数;$I_{抗风险}$ 为抗风险指数。

用地面沉降风险指数表征地面沉降的风险大小,用易发性指数表征地面沉降发生的危险性,用易损性指数表征地面沉降区相对的社会经济损失潜力,而用抗风险指数表征沉降区内不同地区抵御灾害的能力。

整个评价过程分两个层次进行,首先进行从准则层到方案层的评价,再进行由方案层到目标层的评价。在操作方法上采用基于GIS的空间叠加技术,受数据精度限制,评价模型采取了定性与定量相结合的策略。第一步骤采用矢量叠加方法,以适应不同尺度的综合分析需要;而第二步骤则采用统一单元划分并配以权系数的栅格叠加方法,以实现全区评价结果精度的一致性。

3 风险分析

3.1 易发性分析

地面沉降易发性评价过程分为初步原生条件分类、地下水位影响下的再分类和模型校正3个阶段(图2)。选取高压缩性软土因素、地下水含水砂层因素和地下水位因素作为地面沉降

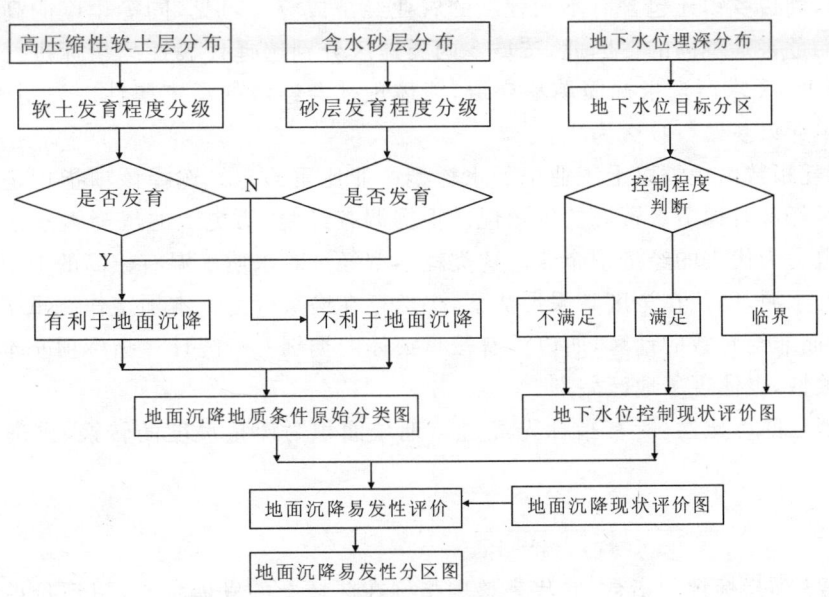

图 2 地面沉降易发性评价流程图

易发性评价的3个基本因子。前两项代表了地质条件本身的内在因素,而地下水位埋深反映了人工开采对地质环境的影响,可代表外因。整个评价过程就是基于各项评价因子的逻辑运算过程,通过因子间的先后比较,划定地面沉降易发性强弱次序。环太湖低山和平原腹地的一些基岩出露区不具备产生地面沉降的地质条件,在易发区评价的全过程中均作为不易发区处理。

评价中的指标定量关系如下:砂层厚度以90m和30m为界划分出高、中、低3级易发区,在此基础上按20m软土层厚为界作亚区划分(分A、B两类)。地下水位评价作为动态因素参与评价。依据苏锡常地区地下水位控制分区目标[2],当地下水位恢复至临界水位以浅时,均归入轻度易发区;当地下水位接近临界水位时(±5m以内),对原评价结果向优势方向调整一级。由此,地面沉降易发区评价结果形成高、中、低、轻4级分区,而每级又包含A、B两亚区分类,共8类分区,如图3所示。

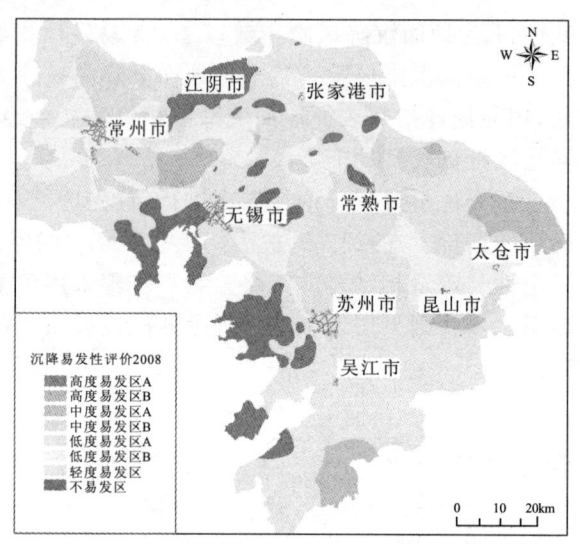

图3 地面沉降易发区评价图

3.2 易损性分析

地面沉降最基本的危害是地面高程的损失,而地区经济发展水平不同(主要指城乡差别),承灾体的属性是不同的。苏锡常三市区既是人口集中区,也是社会财富、工业经济的集聚区,相比而言,周边乡镇还包含有不同程度的农业经济成分。可见,同等程度的高程损失对城乡不同地区的危害是不同的。因此,按城乡两类地区分别选择代表性的指标进行地面沉降易损性评价(表1),要求所选指标简单易获取,能体现社会经济的承灾属性。为便于统计,参与评价的基本单元以乡镇行政区为主。

其中,水耗指数由规模以上工业中的水耗型产业比重确定。选择该项指标是因为它反映了苏锡常地区经济对地下水资源的依赖性。根据调查经验,历史上的沉降大多最早发生在以纺织、印染、电力为代表的经济型企业。这类耗水型经济对水质水温有较高的要求,因此,多以地下水为主要水源,即使在全区禁采形势下,仍然存在偷采行为。本项工作侧重于灾害风险的相对性研究,而非绝对数的计算,所以没有按承灾体的类别——统计。指标项基本反映了灾害与经济的相关性,也体现了地区差别。

为实现地区间可比性,所有指标先经过以地域面积为衡量尺度的转换,再进行区间的排序,即

$$X_i = \frac{x_i}{\max(x_1, x_2, \cdots, x_n)}$$

式中:X_i 为第 i 项指标评价指数,它代表该项指标在区域上的发展水平(以评价单元中同类指标最大值为参照)。

表 1 易损性评价指标及实现方法

分区	指标		实现方法
农村	耕地比重		耕地面积/土地面积
	单位面积 GDP		GDP/土地面积
	单位面积粮食产量		粮食产量/土地面积
城市	单位面积 GDP		GDP/土地面积
	单位面积固定资产投资		固定资产投资/土地面积
	耗水型经济比重		耗水型经济产值/工业经济产值
	市政设施	道路密度	道路长度/土地面积
		供水管密度	供水管长度/土地面积
		排水管密度	排水管长度/土地面积
		供气管密度	供气管长度/土地面积
		桥梁密度	桥梁数/土地面积

易损性的计算采用加权模型,取值均为层次分析法,具体参考相关文献①。

农村区指数计算公式：

$$I_{农村} = W_{GDP} \cdot X_{GDP} + W_{耕地} \cdot X_{耕地} + W_{粮食} \cdot X_{粮食}$$

城市区指数计算公式：

$$I_{城市} = W_{GDP} \cdot X_{GDP} + W_{固资} \cdot X_{固资} + W_{水耗} \cdot X_{水耗} + W_{市政} \cdot X_{市政}$$

为实现城市和农村两类地区评价结果的统一,试以社会固定资产投资和城市化水平两项指标的综合(实际操作中取两者的几何平均数),建立城乡之间的差异量化关系。基于 2006 年社会经济发展统计数据得出的易损性分析结果(图 4),北部的沿江县市比南部环太湖县市区因地面沉降造成的潜在损失更大。这主要由于北部地区城市化水平高,单位面积土地上承载了更多的社会财富,其面临的风险也会更高。而苏锡常 3 个中心大城市是全区最核心的承灾体,其社会财富的密集程度是外围乡镇的 15 倍。

3.3 抗风险分析

与地面沉降抗风险指标体系相对应,选择了地面高程、防洪能力、地面沉降治理投入、公众防灾意识 4 项指标,分别编制分区分级图件,按高、中、低、弱 4 级作半定量处理,取值范围在 0~1 之间。其中,受数据限制,防洪能力分区只分成 3 类:200 年一遇、100 年一遇、50 年一遇。在 4 要素综合评价时,采取层次分析——专家经验法确定的权系数分别是:地面高程 0.35、防洪能力 0.3、地面沉降治理投入 0.2、公众防灾意识 0.15。结果表明,苏锡常三市区都有较高的抗风险能力,无锡西部地区和苏州东部地区较弱,现状中的地面高程和人力因素成为抗风险的决定力量。

---

① 于军.苏锡常地区地面沉降预警预报工程,江苏省地质调查研究院,2002。

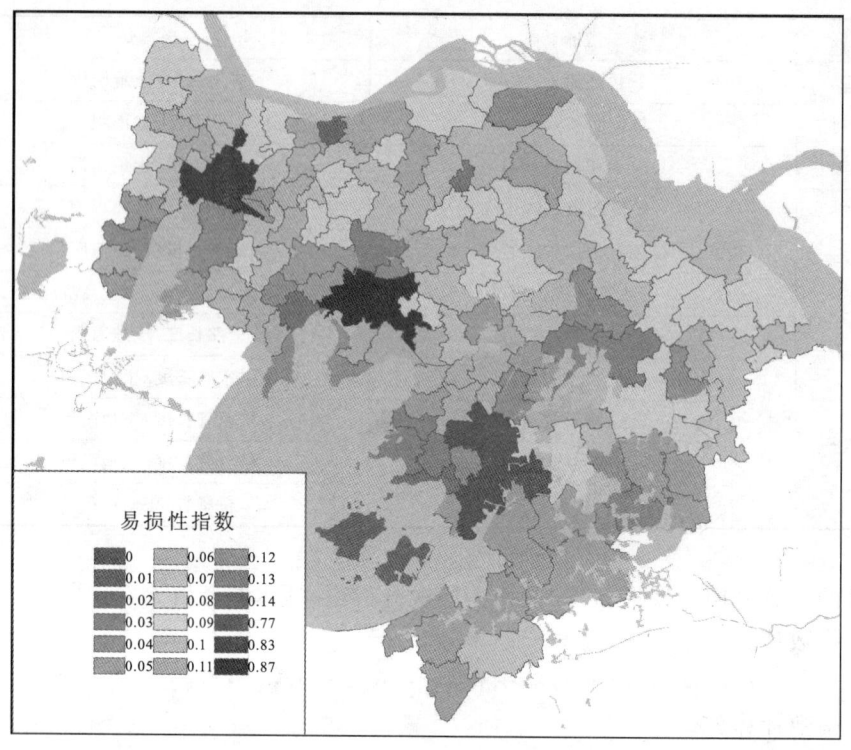

图 4 地面沉降易损性评价图

4 地面沉降风险分布规律

  地面沉降风险评价模型中的前期易发性与易损性评价均基于大小不等的空间单元,操作中依然采用矢量叠加方式,再对新生成的单元块逐一作求积计算,所得到的图件作栅格化后与抗风险图进行最后叠加分析。基于 GIS 的地面沉降风险综合评价成果如图 5 所示,地面沉降风险大致可分成 4 个区。

  高度风险区主要分布在常州市区、无锡市区及东部、苏州市区和北部。高风险源自相对过快的城市化发展速度与地面沉降灾害之间的矛盾。据对苏锡常三市 2007 年统计数据分析,常州的市政建设投资密度已高于苏州和无锡,作为承灾体,其价值在不断增长的同时,面临的风险也在增加。而无锡作为三市区沉降最严重的地区,部分市区地面已低于运河水位,综合风险是三市中最高的。中度风险区主要分布地区有常州市北部的新北区,武进南部,锡西地区,江阴南部,无锡市区周边,常熟的梅李、杨园—莫城,苏州市区南部,太仓的沙溪—浏河,昆山的陆家—蓬朗一带,吴江的盛泽—震泽一带。这些地区社会经济发展水平相对较高,地面沉降程度不一,除锡西—澄南、盛泽—震泽沉降较快以外,其他地区年沉降量一般已小于 10mm,灾害风险相应降低。低度风险区大致分布在地面沉降高、中度风险区周边,包括常州市周边、无锡惠山边缘区乡镇、苏锡边界地区、昆山北—太仓南和吴江汾湖—平望地区。轻度风险区分布最为广泛,地面沉降基本稳定,证明了地下水禁采给各地区的地质环境带来了积极效应。

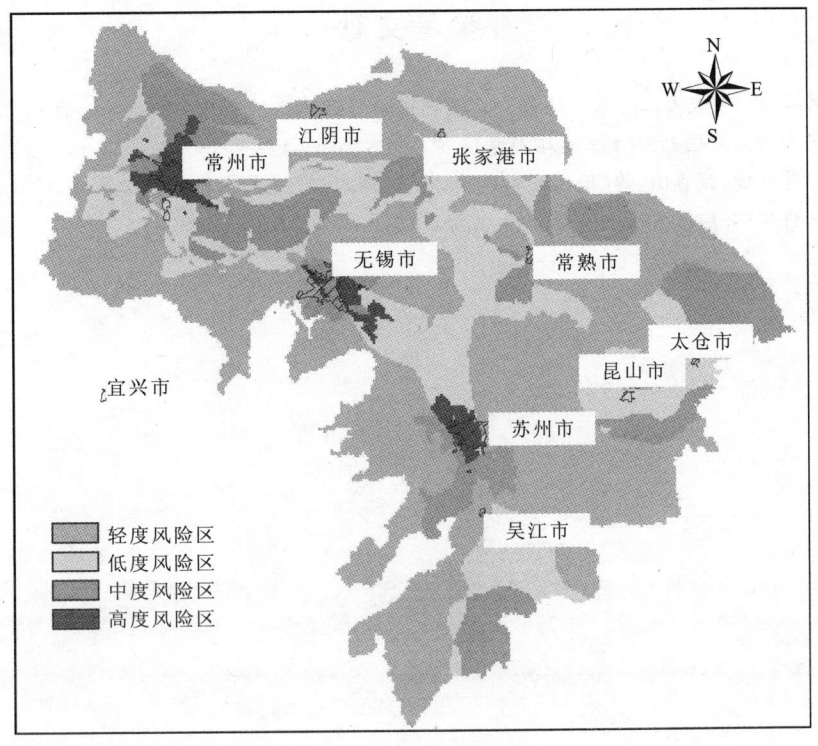

图 5 地面沉降风险评价图

结合地面沉降易发区分析,可以发现基于多要素的地面沉降风险正随着地下水位回升、地面沉降减弱而降低。在地区经济格局变化不大时(短期内是相对稳定的),综合风险的动态变化与地面沉降相一致。融入社会经济因素后,风险评价结果突出了对当前沉降区与城镇及经济开发区相重叠区域的预警作用。

5 结论

对地面沉降灾害风险评价综合了地质因素和社会因素,同时考虑了承灾体的主观抗灾能力,其思路符合可持续发展观点,所得到的结果也具有更高的实用价值。笔者依据精简扼要、可操作原则,从易发性、易损性、抗风险性3个层面构建风险指标体系。以含水层和高压缩层的发育性、地下水位、地面沉降现状4项指标评价地面沉降地质条件;根据社会经济类型不同,按城市与农村两类地区构建灾害易损性指标并评价;又从地面高程、防洪能力、防灾投入、防灾意识4方面评价抗灾性。在实践方法上充分利用GIS的强大空间分析功能,体现了多元数据融合的灵活性,较全面、直观地反映了苏锡常地区地面沉降风险的组成与空间分布特征。

参考文献

[1] 史培军,邹铭,李保俊,等.从区域安全建设到风险管理体系的形成——从第一届世界风险大会看灾害与风险研究的现状与发展趋向[J].地球科学进展,2005,20(2):173-179
[2] 马寅生,张业成,张春山,等.地质灾害风险评价的理论与方法[J].地质力学学报,2004,3(10):7~18
[3] 王莲芬,许树柏.层次分析法引论[M].北京:中国人民大学出版社,1996

浙江省杭嘉湖地区地面沉降风险管理研究

沈慧珍[①]　吴孟杰　刘思秀　黎伟

（浙江省地质环境监测院）

[摘　要]　杭嘉湖地区因超采地下水而发生了较为严重的地面沉降灾害。在开展杭嘉湖地区地面沉降风险评价的基础上，在政府部门的指导下适时地开展了地面沉降风险管理区建设，依据不同等级风险区的特点，按区确定各个分区地面沉降防治工作的主要任务，在地面沉降防治工作上取得了很好的成绩。

[关键词]　地面沉降　风险管理　杭嘉湖地区

引言

地面沉降是在自然或人类工程活动的影响下，由于地下松散土层固结收缩压密作用，导致地表发生的下降运动[1]。杭嘉湖地区地面沉降始于1964年前后，是浙江省地面沉降范围最大的地区，目前受灾面积达到4 200km²，最大累计沉降量已经超过1m，造成洪涝灾害加剧、海潮上岸、城市排水排污能力削弱、内河通航能力下降等危害，影响社会经济的可持续发展[2-6]。

地面沉降是一种缓变型地质灾害，具有不可逆的特点。但是杭嘉湖地区地面沉降主要是由于地下水过量开采所致，科学的地下水管理可以有效地控制地面沉降的发生。地面沉降风险是可以调控的[7]。因此，如何开展地面沉降风险管理工作，即如何实现灾害最小化、经济和社会效益最大化的发展目标成为目前必须面对的新课题。

1　地面沉降风险评价

地质灾害的形成必须具备致灾体和受灾体两个方面的条件。前者是地质自然动力作用引起的灾害活动，后者是人和人类劳动创造的物质财富以及自然界提供给人类直接开发利用的资源和环境。只有这两个方面的条件同时具备时，才能出现灾害过程，形成灾害[8]。据此，笔者主要在易发性分区、危险性评价、易损性评价的基础上，开展地面沉降风险区划工作，进而提出地面沉降控制管理措施（图1）。

---

①　第一作者简介：沈慧珍，女，1979年生，工程师，主要从事水文地质与环境地质方面的研究工作。

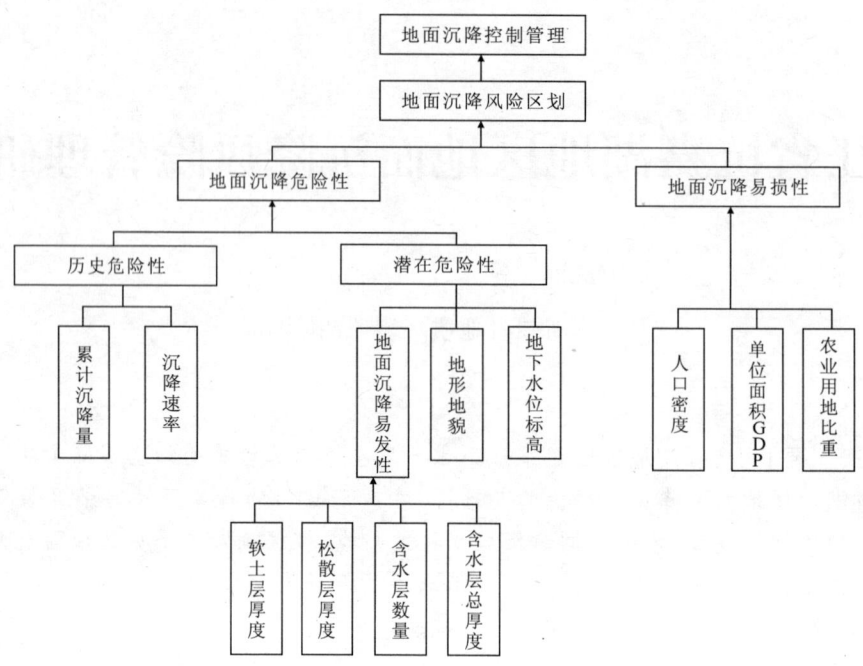

图 1　地面沉降风险区划系统结构示意图

1.1　地面沉降易发性评价

易发性评价基于产生地面沉降的地质环境条件,主要取决于沿海平原第四系沉积物的工程地质性质与结构、含水层分布和水文地质特征等。根据杭嘉湖地区地面沉降长期监测和综合研究成果,选择软土层发育程度、松散层厚度、含水层分布状况(含水层数量、含水层总厚度)等作为地面沉降易发区评价因素,建立评价模型:

$$A = \sum_{i=1}^{n}(A_i \times B)$$

式中:A 为综合分值;A_i 为影响因素相应的标度分值;B 为影响因素相应的权重。

根据影响因素确定量化指标及相应的权重,作出易发程度分区。杭嘉湖地区可分为地面沉降高易发区、中易发区、低易发区、不易发区 4 个级别。其中高易发区主要分布在北部环太湖带,包括王江泾、天凝、干窑、西塘、丁栅一带,东部平湖至海盐沈荡镇沿海地带以及桐乡屠甸镇一带;中易发区分布于湖州市的马腰、南浔、东迁,桐乡市的崇福、石门、梧桐、乌镇、濮院,以及嘉兴的新塍、洪合、余新、新丰、嘉善魏塘、惠民、大云、海宁盐官、丁桥、袁花等地;低易发区分布于嘉兴大麻、长安、许巷一带,湖州的城区、织里、菱湖、善琏、新市、雷甸、勾里、高桥等地,以及杭州塘栖、崇贤、三墩、彭埠、中沙一带;不易发区主要为孔隙承压含水层缺失区(图 2)。

1.2　地面沉降危险性评价

地面沉降危险性评价主要是指地面沉降的自然条件和灾变程度分析,它主要是地面沉降自然属性特征的体现,其基本任务是分析地面沉降的活动条件。

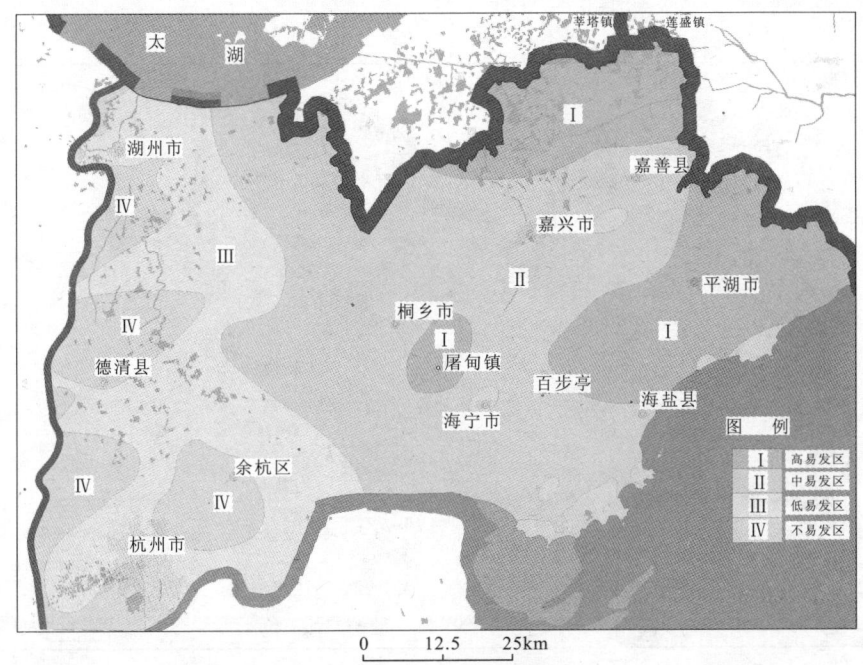

图 2 杭嘉湖地区地面沉降易发分区图

由于地面沉降灾害形成条件较复杂,所反映出来的沉降指标也比较多,因此在分析地面沉降危险性时,如果将所有要素都纳入危险性评价之中,不但不可能,而且也是没必要的。因此,在进行地面沉降危险性评价时,应全面考虑危险性本身及构成危险度各因素的相似性与差异性,选择几个主要的、起主导作用的且在较大程度上起决定作用的指标,按照区内相同、区际相异的原则进行分析评价。

依据地面沉降发育机理、孕育条件、监测成果等因素,本次主要选择地面沉降累计沉降量、地面沉降速率、地面高程、易发性分区、地下水水位标高等评价指标开展地面沉降危险性评估工作。根据现有数据,采用层次分析法进行权重计算,建立的危险性指数计算模型为:

$$W = \sum_{j=1}^{n} \theta_i \cdot \vartheta_i$$

式中:W 为危险性指数;θ_i 为控制地面沉降危险程度的 i 类因素;ϑ_i 为控制地面沉降危险程度的 i 类因素的权重。

评价结果表明,杭嘉湖平原以东广大地区为地面沉降危险性中等区,而危险性大区主要分布在嘉兴—七星镇一带,王江泾—油车港—天凝—陶庄一带,平湖广陈、桐乡屠甸、海盐百步和城西一带;危险性小区则主要为平原西部地区湖州、德清、余杭一带,也包括平原中东部的一些基岩出露区域(图3)。

1.3 地面沉降易损性评价

地质灾害成灾程度取决于致灾体和受灾体两个方面的条件,而易损性是指受灾体遭受地质灾害破坏机会的多少与发生损毁的难易程度,主要表征的是这些对成灾结果有直接影响的受灾体特征。受灾体特征是一定社会经济条件的反映,在大范围的区域灾情评估中,主要的要

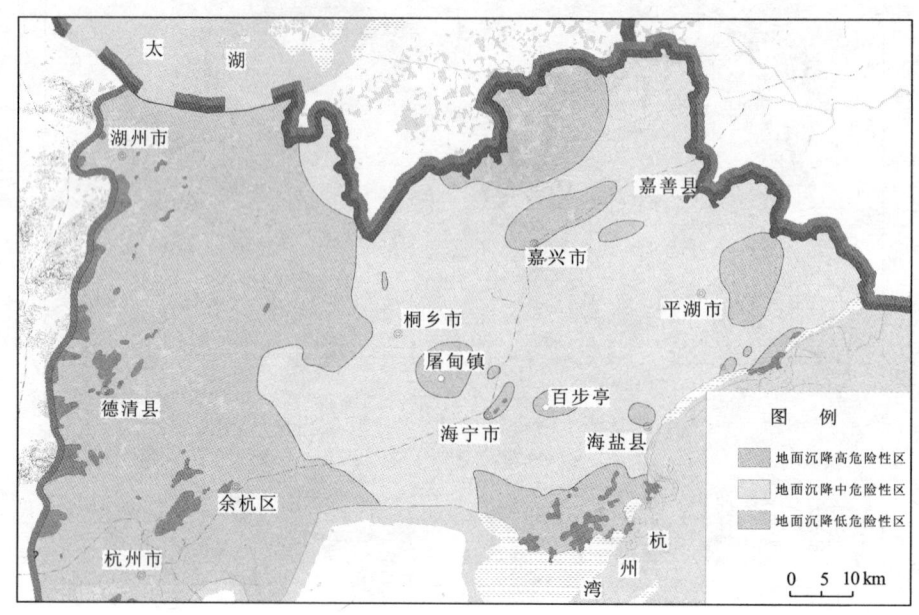

图 3 杭嘉湖平原地面沉降危险性分区图

素指标可以根据社会经济统计指标间接地进行分析核算。根据杭嘉湖平原地面沉降成灾特点，本次选择农业用地比重、GDP、人口密度 3 个主要因素进行地面沉降易损性评价。

建立地面沉降易损性评价数学模型：

$$Y = \sum_{i=1}^{n} Z_i \cdot W_i$$

式中：Y 为易损性综合指数；Z_i 为各项易损性因子的标度分值；W_i 为各项易损性因子的权重。

根据专家评判，确定各项易损性因子的权重值。依据社会经济统计资料，以县（区）为单元进行核算，杭嘉湖地区可划分为高度易损区、中度易损区和低度易损区 3 个等级分区。其中杭州市区、平湖市、海宁市、嘉兴南湖区属于高度易损区，中度易损区主要为嘉善县、桐乡市和海盐县、嘉兴秀洲区境内区块，而德清县为低易损区（图 4）。

1.4 地面沉降风险评价

地面沉降风险主要由地面沉降危险性和易损性共同来决定，是地面沉降危险性和地面沉降易损性的综合表现。一般来说，易损性指数低的区域，即使地面沉降灾害的致灾强度很大，其地面沉降灾害的破坏强度也比较小；而易损性指数高的区域，即使较小的致灾强度，也会造成较大的破坏强度。

地面沉降灾害的风险指数可以通过下式表示：

$$D = W \cdot Y$$

式中：D 为地面沉降灾害风险指数；W 为地面沉降危险性指数；Y 为地面沉降易损性指数。

通过评价，杭嘉湖地区可分为高风险区、中风险区和低风险区 3 个等级的地面沉降风险等级分区，其中高风险区主要分布在嘉兴市城区及滨海产业区，中风险区主要包括崇福—屠甸—

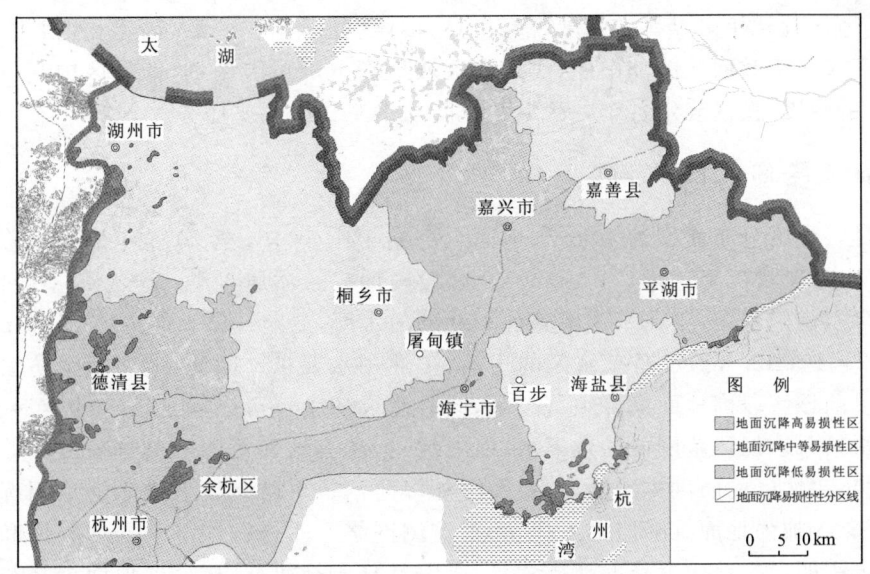

图 4 杭嘉湖平原地面沉降易损性分区图

带以及平原北部王江泾、天凝、陶庄等区域,平原的大部分地区为低风险区,包括湖州、德清、杭州,以及桐乡、嘉善县城、海宁等全部及部分区域(图5)。

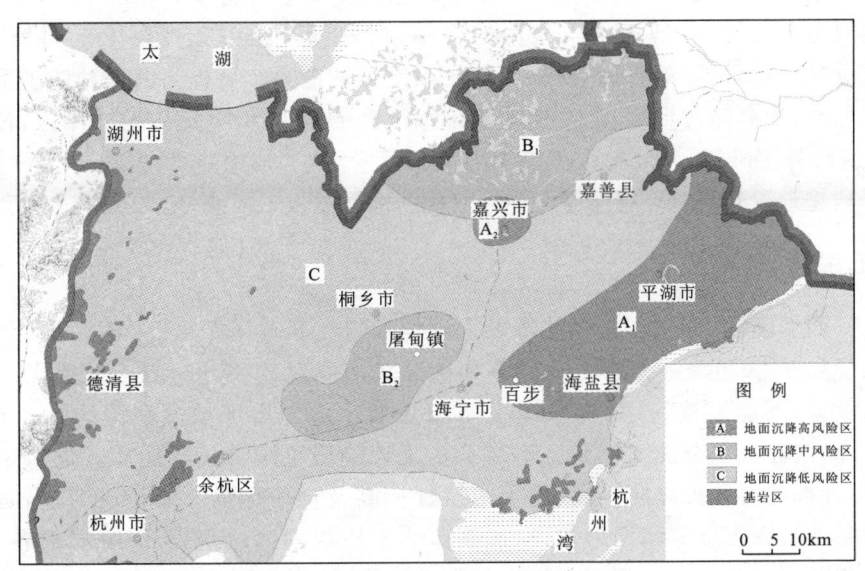

图 5 杭嘉湖地区地面沉降风险区划图

2 地面沉降风险管理

地面沉降风险管理主要是运用法律、行政、经济、技术等手段,预防和治理地面沉降,最大限度地减轻灾害损失,促进社会经济的和谐发展。

杭嘉湖地区近几年来以科学发展观为指导,按照"建设生态浙江、创建和谐社会"的要求,统筹安排、理顺各级政府职能部门职责,结合区域地面沉降风险区划,依据区内高、中、低不同等级风险区的特点,按区确定各个分区地面沉降防治工作的主要任务。

2.1 地面沉降高风险区

嘉兴城区:该区分布面积约 40km²,地面沉降始于 1964 年,至 2008 年地面沉降中心累计沉降量 912mm,现状沉降速率约 10mm/a。区段内地表水质属Ⅳ类、Ⅴ类水,不能饮用,已建成石臼漾水厂、南门水厂,正在筹建南郊河和北郊河水厂,近期日供水能力 $40×10^4 m^3$,远期日供水能力 $90×10^4 m^3$,可满足嘉兴城区的生活、工业用水要求。因此,地面沉降防治工作重点是:①鉴于目前该区段内地面沉降灾害严重,同时建成的水厂可以满足该区的生活、工业用水要求,应尽快禁采该区段范围内的地下水,以减缓、控制其地面沉降的继续发展。②地面沉降大大降低了嘉兴城区的防洪排涝能力,要及时加以防治。要防止地下排水管道因标高不当而断裂和倒灌。③加强地面沉降监测工作,完善监测网络。④进行地下水开发利用和地面沉降调查,进一步查明产生地面沉降的地质背景、成因及分布规律,分析论证地面沉降与地下水开采、水位动态和地质结构的关系,开展地面沉降机理分析研究,为地面沉降预测与防治提供必要的资料依据。

平湖—海盐区段:该区为嘉兴滨海产业区,面积约 600km²。该区地面沉降始于 20 世纪 80 年代中期,目前已形成平湖城关、海盐武原、海盐百步等沉降中心。2008 年沉降中心最高地面沉降量都超过 50mm,至 2008 年沉降中心累计地面沉降量均超过 1 000mm。本区地面沉降防治工作重点是:①对具备地面供水条件的乡镇,按规划及相关文件要求全面禁采地下水;②区段地处沿海,地面沉降严重影响抗台风、抗高潮位的能力。要提高海堤和防洪堤坝的设计标高及预留标高,加高防洪堤坝;③严密监视地面沉降的发展趋势,完善监测网点,按规划在武原拟建基岩沉降标、分层标 1 组,GPS 固定站 1 座,地下水人工回灌井 4 口,新增地下水位监测井 1 口;④选择典型地段开展以控制地面沉降为目的的地下水人工回灌,建立回灌试验示范工程。

2.2 地面沉降中风险区

王江泾—西塘区段:分布在嘉兴北部环太湖地带与江苏省交界地带,分布面积约 600km²。该区地面沉降始于 20 世纪 80 年代。2008 年天凝镇沉降量约 40mm,王江泾附近 30mm。区段地面水水质差,不能直接饮用,仍以地下水为主要水源。本区地面沉降防治工作重点是:①因地面沉降,区段大部分地面标高已不足 1m,大大降低了防洪排涝能力。近年来洪涝灾害频发,水利设计部门必须提高防洪堤、泄水闸设计标高及预留标高。要疏浚河道,防止降低通航能力。②完善地面沉降监测网络建设,加强监测。按规划拟建基岩标、分层标各 1 组,新增地下水位监测井 8 口。③逐步开展地下水禁限采工作,控制地下水开采量。

长安—屠甸区段:分布面积 300km²。该区段内地表水均为劣(Ⅴ)类水,不能饮用,水质型缺水严重。该区段地面沉降始于 20 世纪 80 年代初,桐乡屠甸、崇福为杭嘉湖平原次一级地面沉降中心,至 2008 年累计地面沉降量分别为 810mm、960mm。随着近年来地下水开采量的缩减,地面沉降有所减缓,桐乡屠甸 2008 年沉降量已经降至 30mm 左右。该区段地面沉降防治工作重点:①要加强地面沉降和地下水位监测,完善监测网络。规划拟建基岩标、分层标 2 组,GPS 固定站 2 座,新增地下水位监测井 7 口。②该区段为地下水禁采区,应进一步推进地下水禁限采措施,控制地下水开采量,以达到地下水禁限采目标。

2.3 地面沉降低风险区

分布面积 4 950 km²,主要包括嘉兴市平原中部的广大地区以及湖州市、杭州市区域。该区段内地面沉降一般较轻微,地面沉降防治重点是进一步推进地下水禁限采措施;继续监控地面沉降的发展趋势,完善地面沉降监测网络,同时对主要的交通干线(高速公路、高速铁路)加强监测。

3 风险管理成效

近年来,随着地下水禁限采措施的推进,杭嘉湖地区地下水开采量得到有效控制,至 2010 年开采量仅 $1 600\times10^4 m^3$,较 2005 年减少了 87%,地下水位也从多年的持续下降转为上升,水位降落漏斗范围及深度明显收缩、变浅。随着地下水位的逐步回升,杭嘉湖地区地面沉降逐渐减缓,发展态势得到有效遏制。至 2010 年,沉降地区主要分布在平湖市的徐埭—广陈一带以及林埭、黄姑、新仓等地,海盐县的百步、沈荡以及通元等地,其中地面沉降量大于 30 mm 的等值线区域已经消失,大于 10 mm 的面积为 192.2 km²,较 2005 年减少 92%,且多处地区出现回弹现象。

4 结语

为了合理地开发利用地质环境,实现经济的可持续发展,应理性地应对地面沉降风险。在杭嘉湖地区地面沉降风险区划的基础上,在政府部门的指导下开展地面沉降风险管理,分区制定地面沉降防治措施,取得了很好的成绩,为今后开展地面沉降防治工作指明了方向。

参考文献

[1] 肖和平,潘芳喜.地质灾害与防御[M].北京:地震出版社,2000

[2] 彭洪.浙江省杭嘉湖平原地面沉降造成的环境影响及防治对策[J].浙江水利科技,2002(5):11-12

[3] 赵建康,孙乐玲,刘思秀.浙江省滨海平原地面沉降现状及防治对策[J].地质灾害与环境保护,2003,14(2):16-20

[4] 周岚,苏胜利.嘉兴市深层地下水开采与地面沉降的分析[J].浙江水利科技,2005(3):23-28

[5] 赵建康,吴孟杰,刘思秀,等.浙江省滨海平原地下水开采与地面沉降[J].高校地质学报,2006,12(2):185-494

[6] 沈慧珍,吴孟杰,黎伟,等.浙江省"十一五"地面沉降防治工作主要成就回顾[J].浙江国土资源,2011(4):56-57

[7] 王寒梅.上海地面沉降风险评价及防治管理区建设研究[J].上海地质,2010,31(4):7-12

[8] 罗元华,等.地质灾害风险评估方法[M].北京:地质出版社,1998

闽东南沿海老红砂的空间分布特征及其成因[①]

邢怀学 葛伟亚 李亮 田福金 常晓军 李云峰

(南京地质矿产研究所)

[摘 要] 闽东南沿海老红砂发育典型,分布较广。本文在分析前人研究成果的基础上,通过野外调查与采样测试,阐明了闽东南沿海老红砂的空间分布特征,从老红砂的粒度特征、地球化学元素特征、形成年代3个方面,对老红砂的成因和形成时代进行了阐述,并对存在的问题和下一步研究作了展望。

[关键词]:老红砂 空间分布特征 成因 闽东南

广泛分布于闽东南沿海的红色、棕红色,局部橙黄色半胶结的"老红砂",是闽东南沿海最具有特色的第四纪沉积物,对其成因类型、沉积年代、形成环境等问题的研究,不仅有助于对第四系的认识,还有助于了解此类沉积物分布区的环境变迁、古地理演化、海平面变化及其新构造运动等诸多方面具有重要的理论意义。早在1957年,曾昭璇[1,2]就提出南海沿岸高出海面5~6m乃至10余米的沙堤或台地是风、浪共同作用所形成的细砂堆积。1962年,曾昭璇[2]又根据老红砂台地的粒度组成较细而沙堤较粗的特征进一步认为其是浅水波浪作用下的海岸沙滩相沉积,物源为附近的红土台地或丘陵;这些研究主要通过野外考察对老红砂出露的部位、形态和形成机制等进行描述或推测。而借助现代科技手段进行实验分析对老红砂沉积特征、形成机制等方面的较深入研究,主要见于20世纪80—90年代。本研究在整理前人成果的基础上,对老红砂的分布与形态、沉积特征和形成机制进行了分析,认为研究区老红砂主要是由风吹扬海滩砂形成的,局部也有坡积、冲积等成因。

1 老红砂的空间分布特征

福建海岸总体呈北东和北北东走向,北起福鼎沙煌的虎头鼻,南至诏安洋林的铁炉岗,陆地海岸线长达3 751.5km,直线距离仅535km。以侵蚀海岸为主,堆积海岸为次。海岸曲折,港湾众多,但海岸的性质和曲折的程度则南北有异。大致以闽江口为界,闽江口以北,沿岸群山峻岭、谷岭相间,岗峦起伏的山地丘陵直逼海岸,以港湾基岩岸为主,构成湾套湾的曲折而破碎的海岸形态。闽东北虽有断续沙质海岸,但未发现有老红砂分布[3]。闽江口以南,沿岸地形

---

① 基金项目:中国地质调查局项目(项目编号1212011140030)资助。
第一作者简介:邢怀学,男,1981年生,山东胶南人,助理研究员,主要从事环境地质调查研究。

较为低缓,丘陵、台地基岩海岸和平直沙质海岸及宽坦的河口平原海岸交错。福建沿海的老红砂,就主要分布在南亚热带沙质海岸,即闽江口以南的闽东南沿海。这里,老红砂分布广泛,从北到南几乎各县都有。其中,以长乐、平潭、莆田、晋江、漳浦、东山等地更为突出。

闽东南沿海老红砂在分布与地貌形态上,具有以下两个明显特点。

(1)空间分布点多面广,且与现代海岸风沙存在一定的共生关系。闽东南沿海北起闽江口以南的长乐漳港磁澳头,南至诏安下河的林厝,千余千米海岸老红砂断续分布地点有30多处(图1),所以,分布点多而面广。根据前人研究可知,野外调查可见,老红砂多见于花岗岩类岩石的出露区,主要分布在沿海岬湾风大沙多的岸段,也即海岸现代风沙堆积发育良好的地方。如平潭岛的老红砂分布点多达10处,发育较典型,而平潭岛也正是福建现代海岸风沙最活跃、最发育的地区之一。平潭岛突出于台湾海峡北口的西侧,素以风大著称。据平潭县气象台多年记录,年平均风速为6.9m/s,年平均大风(≥8级)日数达98.3d,风沙活动频繁而强烈。

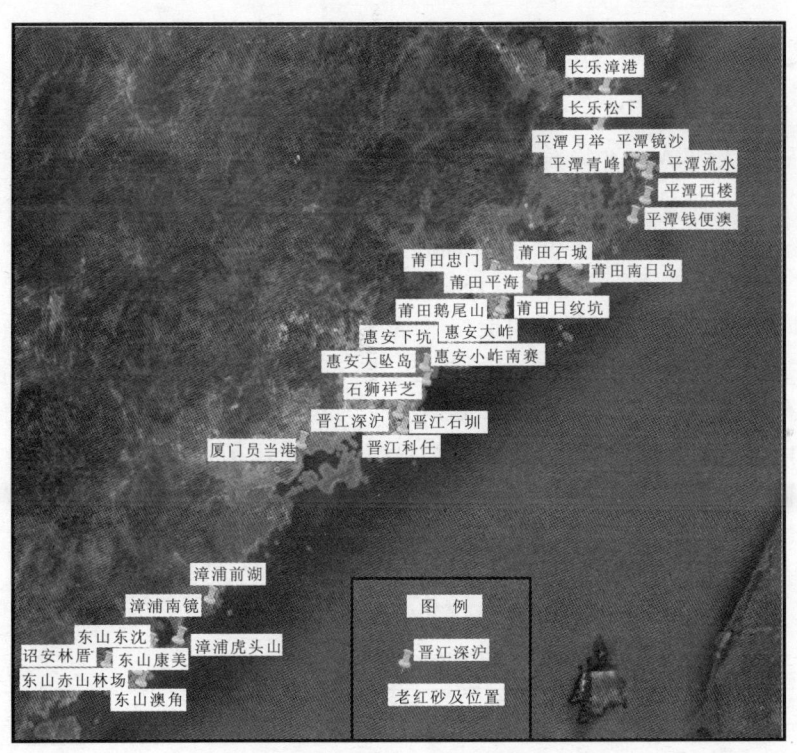

图1 闽东南沿海老红砂分布图

(2)地貌形态多样。野外调查所见,闽东南沿海老红砂的分布地貌形态主要有两大类:

①堤状或台地状。多见于沙质海岸平原,特别是基岩岬角之间较为开敞的湾内沙质海岸,老红砂的分布形态多表现为单列或多列长条形堤状(图2),平行于现代海岸。老红砂堤或台地的规模较大,如晋江深沪-科任沿海平原,老红砂堤或台地断续分布长10余千米,宽1~2km,面积达数十平方千米。老红砂主要分布于向岸风岸段。受盛行风的影响(冬季盛行东北风、夏季盛行东南风),老红砂和现代风沙主要都分布在朝向东北向、东南或东方向的向岸风岸段,几乎不见于朝向正西的离岸风海岸。

②斑块状。披覆在近岸的基岩丘陵山坡上，且常常是某一山丘老红砂发育良好，而相邻山丘却不见。或者同一山丘上，一坡老红砂可分布高达数十米，而另一坡却无老红砂堆积。一般近湾口岬角的迎风（通常是面迎东北或偏北风）山坡，老红砂的披覆体呈斑块状零散分布，规模不大。老红砂的分布高度因地而异，相差甚大。如平潭君山后的镜沙，老红砂分布到海拔 70～80m 的山坡上；而崛洲岛鹅尾山最低可至潮间带海滩[3]。

图 2　深沪湾堤状老红砂

2　老红砂的沉积特征

2.1　粒度特征

粒度组成是判别沉积物形成机制和沉积环境的重要手段。如表 1 所示，孙宏利[4]对平潭岛老红砂的研究认为，M_z（平均粒径）为 1.70～2.65Φ（平均为 2.20Φ），主要组分为中砂（平均含量为 44.24%）和细砂（31.89%）。曾从盛[5]、吕鹏[6]等对闽东南沿海老红砂的研究认为，M_z 为 1.56～6.10Φ（平均为 3.63Φ），组合特征为细砂＋中砂粉砂黏土，平均含量依次为 60.63%、14.78%、8.85%。曾从盛[5]还认为，同一剖面中颜色较深层位（如棕红色、暗棕红色等）的粉砂和黏土含量高于颜色较浅层位（如黄棕色、暗黄橙色等），说明前者经历的风化作用强于后者。我们通过野外调查发现，上述研究中，虽然不同地点或同一地点不同层位老红砂的粒度组成存在差异，但均呈现以中砂和细砂为主的粒度特征，相似于风成砂而区别于海滩砂。与风成砂相比具有更高的粉砂＋黏土含量，这与更长距离搬运过程中颗粒的相互碰撞和堆积后不稳定矿物的风化分解有关。可能因物源的差异，不同地区老红砂的粒度特征不同，如曾从盛[5]认为，漳浦的南境以粉砂和黏土为主，平均含量达 33.68% 和 18.95%；东山的澳角以细砂、极细砂和粉砂为主，平均达 27.53%、30.67%、26.36%（表 1）。

表 1　闽东南沿海老红砂粒度特征表

样品位置	样品性质	平均粒径（M_z）	主要成分	来源	时间（年）
平潭	老红砂	1.70～2.65Φ	中砂（44.24%）、细砂（31.89%）	孙宏利	1995
闽南	老红砂	1.88～6.09Φ	细砂（38.23%）、中砂（19.6%）	曾从盛	1999
漳浦南境	老红砂		粉砂（33.66%）、黏土（18.95%）	曾从盛	1999
东山澳角	老红砂		细砂、极细砂（58.2%）、粉砂（26.36%）	曾从盛	1999
长乐松下	老红砂		中砂（31.33%）、细砂（24.34%）	曾从盛	1999
长乐磁澳头	老红砂		黏土平均含量 14.2%	曾从盛	1999

2.2 沉积构造

由于受后期风化的影响,老红砂的沉积层理多不明显,一般表现为块状构造。部分剖面可见低角度交错层理,也有高角度交错层理、楔状层理,如平潭青峰、镜沙剖面。一般是老红砂颜色愈红,风化程度愈深,层理愈不显。大多数的老红砂垂直剖面其颜色从上往下由深向浅逐渐过渡,即由上部棕红或红色向下渐变成暗黄橙色或黄橙色乃至灰白色。但有的老红砂剖面如晋江科任,从上至下明显有红—黄沉积层次(图3)。老红砂多不整合覆于花岗岩或其风化壳网纹层之上,有的或部分下伏坡积层。老红砂之间还可见有泥炭层或富含有机质的黏土层发育,但大多分布较局限,多呈透镜状。在风化较深的老红砂层中常有薄层铁质富集层或铁盘存在。值得一提的是,以往的一些研究认为,铁盘是切割风成沉积的一级界面。实际上老红砂层中的铁盘,其形成主要与老红砂遭受强烈的风化淋溶有关,而非原生沉积界面。

图3 晋江科任老红砂多层次剖面

2.3 地球化学特征

近20年来,前人主要根据老红砂中硼(B)、镓(Ga)、钾(K)、铷(Rb)、锶(Sr)、钡(Ba)等元素的含量来判别其沉积相(表2、表3),其中以张虎男[7]、孙宏利[4]、吕鹏[6]、曾从盛[8]等的研究较详(表2)。如张虎男等认为,闽南的老红砂中,除Ga和K之外的其他元素几乎都指示陆相沉积,基于其比值的B/Ga、Sr/Ba、Rb/K亦如此;孙宏利对平潭岛的研究也指出,B、Ga、Sr、Ba和Sr/Ba指示陆相,Rb、K和Rb/K多指示过渡相,B/Ga两个指示陆相、两个指示海相,总体上属陆相沉积;吕鹏、曾从盛等对闽东南沿海老红砂的研究认为,B、Sr、K、B/Ga和Sr/Ba均指示陆相,Ga 1个样品、Ba两个样品指示过渡相。张仲英等[9]对海南岛文昌翁田等地的研究认为,Rb/K比为0.0047~0.0058,Sr/Ba为0.21~0.59,属陆相沉积。从上述微量元素的含量特征可以看出,老红砂或其主体应属陆相沉积,风化淋溶于气下环境。

表2 闽东南老红砂地球化学元素含量 ($\times 10^{-6}$)

测量元素	B	Ca	B/Ga	Sr	Ba	Sr/B	Rb	K	Rb/K
张虎男	8~43	14~32	0.36~2.60	30~160	70~390	0.11~0.56	30~90	10 000~39 000	0.001 1~0.005 0
	(26)	(23)	(1.2)	(50)	(220)	(0.26)	(55)	(24 900)	(0.002 4)
吕鹏	8.5~23.7	7.89~19.13	0.95~1.48	17.72~54.16	164~387	0.09~0.19		295.4~1 238.4	
曾从盛	(15.3)	(12.40)	(1.23)	(32.23)	(270)	(0.12)		(552.07)	
孙宏利	12.0~23.0	<3(2个样)	>4,>7.66	32.0~82.0	360~610	0.088~0.142	78~104	3个未测	3个未测
	(18.8)	3.3~5.4	4.26,5.25	(51.8)	(443)	(0.116)	(87.5)	17 500	0.005 6

注:括号内为平均值。

表 3 沉积物中微量元素的指相判别值

沉积相	B[10]	Ca[10]	B/Ga[11,12]	Sr[13]	Ba[13]	Sr/B[11,12]	Rb[13]	K[13]	Rb/K[11,12]
陆相	<50	<15	<3.3	<160	<300	<0.5	<50	<5 000	<0.004
过渡相	50~100	15~20	3.3~4.5		300~400	0.5~0.6	50~100	5 000~20 000	0.004~0.006
海相	>100	>20	>4.5~5	>160	>400	>0.6	>100	>20 000	>0.006

3 老红砂的成因

根据以上闽东南沿海老红砂的沉积特征，结合其分布和地貌形态特征，可以认为，闽东南沿海的老红砂主要是风成环境下形成的，即主要是由风力吹扬海滩砂形成的古风沙沉积，并经受长期的风化淋溶而发生红化作用的产物。因此，老红砂既有风成沉积的特点，也留有海滩沉积的烙印。

一般认为，风成砂的分选性良好，但老红砂沉积的分选性较差，现代海岸风沙和海滩砂的分选性都优于老红砂，这主要是由于老红砂沉积后期的风化作用致使其黏土等细粒物质大大增多的缘故，部分也与山坡岩石风化碎屑的混入有一定关系。

粒度特征也表明老红砂与海滩砂两者有一定的差异。

尽管由于受风化作用的影响，老红砂的沉积层理不明显，但明显存在多级沉积界面，而多级沉积界面是风成沉积的一大特征。

从上述老红砂的地球化学特征来看，老红砂应为陆相沉积。

综上所述，足以说明闽东南沿海的老红砂主要是由海滩沉积砂经风力搬运堆积形成的。在个别不同地点的老红砂，也存在着一些成因差异。

4 老红砂的形成年代

老红砂的形成年代是老红砂研究的重要内容。明确其地质时代，不仅是明确了特定时期古环境的保障，更是与异地同期沉积的对比并进一步探讨大范围尺度古环境的纽带。对老红砂年代学的研究大致可分为3个时期：最初为相对年代法，即根据上覆全新世沉积和海成阶地与河流阶地或洞穴堆积中的动物群对比来确定年代；其次为^{14}C间接定年法，即通过测定老红砂上覆或下伏的泥炭层、碳质黏土或古土壤层的年代来获取其发育的起讫年代；再次为释光测年等直接年代法，其对石英砂的测年为老红砂研究提供了精确的年代。

综合前人和此次野外采样样品的测年数据(表4)，可以看出老红砂沉积从61~0.9 ka B P 都有发生，它们是晚更新世中、晚期末次冰期(玉木冰期)的风沙沉积，并可划分为61~42 ka 和 30~10 ka 两个相对较集中的风砂沉积期。在这两期中，又以30~10 ka 的一期老红砂发育规模大、分布广。这显然与在晚玉木冰期(盛冰期)时气候更寒冷、冬季风的风力更强、风沙活动更强烈有密切关系。

从表4中可以看出：以砂样品为主的年龄组与以古土壤等样品为主的年龄组相间出现，也就是说，每一组老红砂堆积之后，都经历一个红化的后生阶段，砂体堆积阶段代表较干凉的气候,风积作用盛行;后生阶段代表较湿热的气候,砂体进一步红化,风积作用间断,并有泥炭、腐木堆积,发育古土壤。

表4 闽东南老红砂测年表

序号	地点	埋深(m)	样品	年代(a)	方法	资源来源
1	晋江科任	8.2	老红砂	61 000±6 100	TL	本文
2	平潭流水	10.73	老红砂	58 000±5 000	TL	曾从盛,1999
3	平潭青峰	6	老红砂	54 000±5 000	TL	曾从盛,1999
4	晋江科任	11.59	老红砂	54 000±5 000	TL	曾从盛,1999
5	东山东沈	4	老红砂	49 000±5 000	TL	王雨灼,1990
6	晋江科任	2.5	老红砂	48 000±4 800	TL	本文
7	惠安下坑	3.7	老红砂层之下黏土	>42 000	^{14}C	陈田园,1991
8	长乐松下	1.5	老红砂	42 000±5 000	TL	王雨灼,1990
9	平潭后楼	高程15	老红砂层之下泥炭	>41 670	^{14}C	张景文等,1982
10	平潭西楼	高程17	老红砂层之下黏土	39 230±2 130	^{14}C	张景文等,1982
11	长乐漳港磁澳头	0.75	老红砂	37 000±4 000	TL	曾从盛,1999
12	晋江深沪	2.5	老红砂	37 000±3 700	OSL	本文
13	晋江科任	8.2	老红砂	33 000±3 300	OSL	本文
14	平潭后楼	高程17	老红砂层之下泥炭	32 665±1 980	^{14}C	张景文等,1982
15	长乐漳港磁澳头	1.5	老红砂	32 000±4 000	TL	王雨灼,1990
16	莆田平海	高程16.7	老红砂层之间泥炭	31 490±1 300	^{14}C	陈伟光等,1986
17	晋江深沪	8.9	老红砂	30 000±3 000	TL	王雨灼,1990
18	惠安南赛	2.5	老红砂	27 200	ESR	曾从盛,1999
19	莆田鹅尾山	5.3	老红砂	26 000±2 500	TL	曾从盛,1999
20	晋江科任	5.93	老红砂	25 700	ESR	曾从盛,1999
21	漳浦南境	1.2	老红砂	25 500	ESR	曾从盛,1999
22	漳浦六鳌	1.4	老红砂	25 000±2 000	TL	王雨灼,1990
23	晋江青阳	高程21	碳质黏土	22 590±780	^{14}C	陈伟光等,1986
24	崇武下坑	高程19	老红砂层之间黏土	22 404±615	^{14}C	陈田园,1991
25	平潭流水	5.88	老红砂层之间泥炭	22 070±510	^{14}C	曾从盛,1999
26	莆田鹅尾山	1.5	老红砂	22 000±2 000	TL	曾从盛,1999
27	晋江科任	2.5	老红砂	22 000±2 200	OSL	本文
28	平潭流水	5.19	老红砂	18 500±1 500	TL	曾从盛,1999
29	厦门员当港	高程23	老红砂层之上黏土	16 000±650	^{14}C	蔡丽珠,1998
30	晋江科任	4.9	老红砂	15 200	ESR	曾从盛,1999
31	平潭流水	1.99	老红砂	12 500±1 000	TL	曾从盛,1999
32	莆田日纹坑	0.6	老红砂	12 500	ESR	曾从盛,1999
33	莆田日纹坑	高程30	老红砂层之下泥炭	12 250±192	^{14}C	曾从盛,1999
34	平潭青峰	0.29	老红砂	12 000±1 000	TL	曾从盛,1999
35	莆田鹅尾山	0.3	老红砂	11 000±1 000	TL	曾从盛,1999
36	晋江科任	1.22	老红砂	10 000±1 000	TL	曾从盛,1999
37	平潭流水	0.2	老红砂	9 500±800	TL	曾从盛,1999
38	平潭镜沙	1.6	老红砂	9 000	ESR	曾从盛,1999

5 存在问题与展望

老红砂既是海岸带古风砂活动的承载体,亦是古海面升降和环境变迁的记录者。经过半个多世纪的研究讨论,基本上确定了老红砂或其主体为晚第四纪的风成沉积,热带—亚热带湿热气候导致的含铁物质分解和氧化是砂体红化的主要原因,为我国东南沿海的晚第四纪环境变迁研究提供了新的证据和材料。由于海岸带动力地貌系统的复杂性和高分辨率研究的兴起,仍有一些问题值得深入探讨。

(1)老红砂是低海面时期(玉木冰期早期和晚期)堆积,亚间冰期和冰后期风化作用下的产物,能否从微观上建立起如黄土[11]、红土[12,13]、深海氧同位素[14]等记录的高分辨率气候波动值得深入研究。依据高分辨率采样对老红砂的多期沉积进行工作或可实现这一目标。

(2)前人对老红砂的直接测年大部分运用热释光(TL)测年,但老红砂富含铁质,对其TL年龄的测定有较大影响(偏年轻)。应增加光释光等多种手段测年,综合比较验证。

(3)红化作用是干热或湿热气候环境下的产物,我国热带—亚热带地区干、湿交替的海洋性季风气候最有利于砂体红化。但地处温带的山东半岛也发现有类似沉积[14-16]。这一现象的出现代表了该时期的山东半岛处于亚热带气候,砂体红化也能形成于温带气候下。

参考文献

[1]曾昭璇. 我国南海沿岸最近升降的问题[J]. 地理学报,1957,23(2):205-214

[2]曾昭璇. 韩江三角洲[J]. 地理学报,1957,23(3):255-273

[3]陈居成,曾从盛,吴幼恭,等. 闽东南沿海老红砂的分布与沉积地貌特征[J],台湾海峡,1997,17(1):51-52

[4]孙宏利. 福建平潭岛海岸风沙地貌研究[J]. 热带地貌,1995,16(1):54-90

[5]曾从盛,陈居成,吴幼恭. 闽东南沿海老红砂研究[M]. 北京:地质出版社,1999

[6]吕鹏. 闽南沿海老红砂的成因与发育模式[J]. 热带地貌(增刊),1998,19(2):33-62

[7]张虎男,姚庆元,赵希涛. 闽南粤东沿海"老红砂"沉积成因和时代的探讨[J]. 海洋地质与第四纪地质,1985,5(1):47-57

[8]曾从盛. 闽东南沿海老红砂的地球化学特征[J]. 中国沙漠,2000,20(3):248-251

[9]张仲英,刘瑞华,韩中元. 海南岛沿海的第四纪地层[J]. 热带地理,1987,7(1):54-65

[10]刘东生. 黄土与环境[M]. 北京:科学出版社,1985

[11]李保生,温小浩,David Dian Zhang,等. 岭南粤东北地区晚第四纪红土与棕黄色沉积物的古气候转变记录[J]. 科学通报,2008,53(22):2793-2800

[12]杜恕环,李保生,温小浩,等. 岭南东江流域MIS2阶段红色沙质沉积物粒度分布特征分析[J]. 中国沙漠,2007,27(5):771-774

[13]陈木宏,涂霞,郑范,等. 南海南部近20万年沉积序列与古气候变化关系[J]. 科学通报,2000,45(5):542-548

[14]郭永盛,李道高. 从区域气候地层学角度探讨成山头"柳夼红层"的地质时代[J]. 海洋科学,1994(4):64-65

[15]张明书,刘健. 山东荣成成山头"柳夼红层"的层序、划分与成因及其气候意义(1)[J]. 海洋地质与第四纪地质,1992,12(1):73-83

[16]业渝光,和杰,刁少波,等. 晚更新世海岸风成砂ESR年龄的研究[J]. 海洋地质与第四纪纪质,1993,13(3):85-90

浙江省主要城市环境地质调查评价成果综述

黎伟[①] 赵建康 吴孟杰 刘思秀 沈慧珍 陈远法

（浙江省地质环境监测院）

[摘 要] 浙江省主要城市环境地质调查评价以"环境地质问题"和"地质资源"为切入点，在查明主要城市地质环境条件的基础上，对主要环境地质问题和地质资源进行调查评价，编制了环境地质系列图件，建立了城市地质环境信息平台，为城市规划、建设及可持续发展提供地质依据，围绕城市发展目标和功能定位，提出对策与建议。

[关键词] 城市规划区 环境地质问题 地质资源

改革开放以来，浙江省主要城市经济社会快速发展，城市化进程加快，城市地质环境不断变化，出现了许多新的环境地质问题，可持续发展战略受到了严峻挑战。通过本项目的实施，基本查明了浙江省主要城市的地质环境条件、存在的主要环境地质问题及其对社会经济的影响，对地质灾害易发程度、垃圾处置拟选场地、地下水质量及防污性能进行了评价，开展了地质环境分区评价，建立了城市地质环境信息平台，为城市规划、建设及可持续发展提供了科学依据。

1 工作概况

浙江省有11个设区市，本次工作区主要包括杭州、宁波、温州、嘉兴、湖州、绍兴、台州、金华、衢州、丽水、舟山市（设区市）和江山市（县级市）12座城市，开展以城市规划区为重点工作区的环境地质调查评价工作，共完成1:5万环境地质简测面积11 030 km^2，采集全分析水样474组，污染分析水样478组，原状土样53组，水文地质钻探506.59m。通过大量实物工作量的实施，获取了大量环境地质调查资料和测试数据，编制了各城市（1:1万）～（1:10万）（大部分为1:5万）环境地质成果图件共计175张和图册1本，建立了各城市环境地质数据库和信息系统，完成浙江省主要城市环境地质调查评价总报告1份和各城市环境地质调查评价报告12份，共计13份成果报告。

[①] 第一作者简介：黎伟，男，1981年生，硕士，主要从事环境地质研究。

2 查明了各城市地质环境条件，为环境地质分析评价提供了基础支持

2.1 清理分析了各城市基础地质条件与第四纪地层层序

对各城市地层层序进行了系统清理对比与拼接，对有问题的界线和层位进行了修测或实地核实，修正了部分地层及岩性界线。

2.2 查明了各城市水文地质特征及补径排条件

通过水文地质调查、勘探试验资料分析及地下水开采现状调查、动态监测和采样试验，查明了各城市地下水类型，含水岩组特征，地下水系统补径排及地下水资源的分布规律；查明了各城市地下水开采现状、地下水咸淡水区的分布范围。为城市应急水源地建设和保障农村饮水安全提供了依据。

2.3 查明了工程地质条件，划分了岩土体类型，进行了工程地质分区评价

查明各城市岩土体成因类型、岩性、地质时代，划分工程地质类型，进行了工程地质分区评价。尤其对滨海平原区 65m 以浅各土体类型单元（层）的空间分布规律及工程地质特征进行了重点评价，并进行工程地质结构分区，评价其承载力、建筑物类型及地基稳定性。

3 查明了各城市主要环境地质问题及对社会经济所造成的影响

如表1所示，滨海平原型城市如杭州、宁波、温州、嘉兴、湖州、绍兴、台州、舟山等市，环境地质问题以地质灾害、地下水资源衰减、浅层地下水污染、特殊土体环境工程地质问题为主，其中嘉兴市以地面沉降为主，杭州、宁波、温州、台州市除地面沉降以外，均有突发性地质灾害发生，杭州、绍兴、湖州市还存在地面塌陷问题，舟山市主要以地下水资源短缺为主。内陆盆地型城市如金华、衢州、丽水市及江山市，主要以突发性地质灾害为主，其中江山市以岩溶地面塌陷为主。各市垃圾处置场地对各城市局部地区地下水污染问题较为突出。

3.1 地下水位区域性下降，地下水资源衰减继续发展

区域地下水位下降主要发生在温州、台州、嘉兴、湖州、宁波、金华等城市。沿海平原城市由于受城市区内及周边孔隙承压水超量开采的影响，区域地下水位呈持续下降趋势，除宁波市外，温州、台州、嘉兴市地下水位仍在下降中，地下水位在 $-40m$ 以下，其中台州、嘉兴分别为 $-48.05m$ 和 $-47.39m$。金华市红层孔隙裂隙水水位自 1982 年至 2005 年在江南新市区、秋滨开发区以及江北竹马—乾西、浙江师范大学一带，水位降幅为 2~5m，其他区域在 1~2m 之间。

表 1　各城市主要环境地质问题情况简表

城市	地面沉降	崩塌、滑坡、泥石流	地下水衰减与短缺	岩溶地面塌陷	浅层地下水污染	特殊土体环境工程地质问题	其他问题
杭州	√	√	√	√	√	√	
嘉兴	√		√		√	√	
湖州	√	√	√		√	√	
宁波	√	√	√		√	√	
绍兴		√		√	√	√	
台州	√	√	√		√	√	
舟山					√	√	地下水资源短缺
温州	√	√	√		√	√	
金华		√	√				
衢州		√					
丽水		√					
江山		√		√			

3.2　地面沉降是滨海平原城市的主要缓变型地质灾害，潜在危害巨大

浙江省地面沉降主要发生在杭州、嘉兴、湖州（杭嘉湖平原）、宁波（宁奉平原）、台州（温黄平原）、温州（温瑞平原）等沿海平原城市。至 2005 年，全省累积地面沉降量超过 50mm 的面积约 4 830km²，沉降速率大于 10mm/a 的面积约 2 795km²，沉降速率大于 30mm/a 的面积约 433km²。除宁波市年沉降速率在 10mm/a 以外，其他各城市地面沉降速率在 30mm/a 左右，其中嘉兴海盐武原、平湖当湖、桐乡屠甸、秀洲区王江泾等地段超过 50mm/a。台州市沉降速率在 10～30mm/a，温州市永强平原漏斗中心沉降速率约为 30mm/a。

地面沉降给浙江省沿海平原城市带来严重危害，主要表现为洪涝灾害加剧，建设成本增加，城市排污能力降低，防潮水侵袭能力减弱，海潮倒灌，内河通航能力下降等[1-3]。初步经济损失评估结果表明，沿海主要城市因地面沉降造成的经济损失达 112 亿元。

3.3　突发性地质灾害频发，经济损失与危害较大

除嘉兴市外，各城市均有突发性地质灾害发育分布。据本次调查统计，共有 542 处地质灾害，主要分布在杭州、温州、金华、宁波、台州等地市，其中杭州、温州两市地质灾害数量均超过 100 处，温州市为 144 处，杭州市 112 处，两市地质灾害数占总数的 41.7%；金华、宁波、台州三市均超过 50 处。（岩溶）地面塌陷主要发生于江山市、杭州市和绍兴市。

地质灾害类型以滑坡为主，滑坡（隐患）269 处，崩塌（隐患）181 处，泥石流（隐患）37 处，地面塌陷（隐患）55 处。地质灾害规模极大部分为小型地质灾害，少数为中型灾害。已发生的地质灾害 424 起，潜在地质灾害 118 处。已发生的地质灾害共造成人员死亡 60 人，直接经济损失 4 850.2 万元。已稳定的地质灾害点 74 处，基本稳定的 194 处，不稳定的 274 处，共威胁人员 11 443 人，威胁财产价值 26 304.8 万元。

3.4 浅层地下水污染日益显现

各城市建成区范围内浅层地下水中"三氮"、COD 超标较为普遍,其中以亚硝酸盐超标最为普遍。重金属超标区域主要分布于温州、台州市局部地区,这些城市电器制造、电镀、皮革、医药化工工业较为发达,所排放出的废水中重金属含量较高,造成浅层地下水中重金属污染较为明显。

3.5 部分城市垃圾处置不当造成局部地区水土污染问题较为突出

本次对宁波市铜盆浦、大岙,台州市发电厂灰场、外沙工业区、黄岩上渚、路桥,温州市双屿卧旗、杨府山,金华市十八里、衢州徐巴垄,绍兴市平水大坞岙、老三江,丽水排山,湖州杨家埠等垃圾处置场地进行调查采样,通过水质分析,除衢州市徐巴垄垃圾填埋场对地下水几乎无影响外,其他垃圾处置场对下游浅层地下水水质均有不同程度的影响。

4 查明了各城市地质资源及开发利用状况

浙江省各主要城市地质资源主要包括地下水、地质遗迹及港口岸线资源,具体见表 2。

4.1 地下水资源

各城市中以宁波市地下水可采资源量最大,达 $13\,821.7\times10^4\,m^3/a$,占主要城市总可采资源量的 31.6%;其次金华市 $8\,640.7\times10^4\,m^3/a$、杭州市 $6\,108.5\times10^4\,m^3/a$,分别占 19.7% 和 14%;衢州市和丽水市分别为 $4\,842.9\times10^4\,m^3/a$ 和 $3\,807.5\times10^4\,m^3/a$;绍兴、台州、温州、湖州、舟山、嘉兴等城市占比不足 5%。地下水可采资源量比较大的为宁波、金华、杭州、衢州、丽水等城市的河谷潜水分布区,孔隙承压水主要分布在杭州、嘉兴、宁波、绍兴、台州、温州、舟山等沿海城市,红层孔隙裂隙水主要分布在金华、衢州市,岩溶水则主要分布在杭州、湖州、绍兴等城市(表 2)。

表 2 浙江省主要城市地下水资源量汇总一览表

城市	地下水资源量($\times10^4\,m^3$)						地质遗迹资源(处)	港口岸线资源(km)
	河谷潜水	承压水	岩溶水	红层水	基岩水	合计		
杭州	2 844.4	2 327.6	786.5		150	6 108.5	18	
宁波	11 025.3	2 796.4				13 821.7	2	18.0
温州	256.5	663.9				920.4	3	
嘉兴		381.0				381.0	2	
湖州	227.7	195.4	425.9			849.0	2	
绍兴	521.7	1 179.4	502.9			2 204.0	5	
金华	6 861.7			1 779.0		8 640.7	5	
衢州	3 955.5			887.4		4 842.9	6	
舟山	531.0	495.6				1 026.6	8	27.7
台州	636.5	680.4				1 316.9	3	37.1
丽水	3 807.5					3 807.5	2	
合计	30 667.8	8 719.7	1 715.3	2 666.4	150	43 919.2	53	82.8

据本次调查统计,各城市现状年地下水开采总量约为 $12 635.35 \times 10^4 m^3$,开采类型较齐全,但以开采孔隙承压水淡水为主,开采量 $5 438.53 \times 10^4 m^3/a$,占各城市开采总量的 43%;其次为河谷孔隙潜水,为 $4 966.77 \times 10^4 m^3/a$,占 39.3%;红层孔隙裂隙水为 $1 480.19 \times 10^4 m^3/a$,岩溶水和基岩裂隙水分别为 $601.3 \times 10^4 m^3/a$ 和 $148.56 \times 10^4 m^3/a$。各城市中温州、宁波、金华、台州、杭州 5 城市地下水年开采量超过 $1 000 \times 10^4 m^3$,温州最多达 $2 730.64 \times 10^4 m^3$,其次宁波为 $2 527.64 \times 10^4 m^3$。

4.2 地质遗迹资源

各城市地质遗迹资源均有分布,共有省级地质遗迹点 53 处,其中杭州 18 处,宁波 2 处,温州 3 处,嘉兴 2 处,湖州 2 处,绍兴 2 处,金华 5 处,衢州 6 处,舟山 8 处,台州 3 处,丽水市 2 处。地质遗迹类型以地质剖面、地貌景观、矿物与矿床类为主。

4.3 港口岸线资源

主要城市港口岸线长 82.8km,主要分布于舟山、宁波、台州 3 个地市,以舟山市分布最多,港口岸线 27.7km,且全部为深水岸线,已经开发利用 7km。结合陆域地质环境条件及近海水深条件,对舟山市城市范围建港适宜性进行了评价。宁波市主要分布于北仑港区,岸线长 18km,均为深水岸线,已经开发利用 17.25km,已经处于饱和状态。台州市港口岸线长 37.1km,其中位于头门岛,上、下大陈岛港口岸线长 7.9km,为深水岸线,目前均未开发利用。椒江河口岸线已经开发利用 15.62km,主要为城市工业码头所占用。

5 地质环境评价

5.1 地质灾害易发程度分区评价

按照浙江省地质环境条件,进行地质灾害易发程度分区,将各城市划分为高易发区、中易发区、低易发区、不易发区 4 级,其中高易发区主要分布于温州市、金华市部分地区;中易发区、低易发区广泛分布于各主要城市低山丘陵区;不易发区主要分布在平原、盆地及山前地带。

建立地面沉降易发程度评价的方法与指标体系,对嘉兴、宁波等主要城市进行地面沉降易发程度分区。其中嘉兴高易发区主要分布于嘉兴城区、塘汇、七星,宁波市地面沉降高易发区主要分布于江北、海曙、江东城区,范围北抵庄桥孔浦,东到东郊。

建立岩溶塌陷稳定性评价标准,采用层次分析法将江山市、杭州市岩溶区划分为岩溶地面塌陷不稳定、次不稳定、基本稳定和稳定区。其中江山市不稳定区主要分布于大溪滩、南侧农垦场—良种场;次不稳定区主要分布于上余—五都、大溪滩、南侧农垦场—清湖及贺村。杭州市不稳定区主要分布于海军疗养院、汪庄幼儿园、浙江大学、玉泉、饮马桥、浙江宾馆、陆军疗养院、南星桥、陈家木桥、转塘双流等地已发生岩溶塌陷的区块及其周边区域。

5.2 地下水质量评价

各城市孔隙潜水以Ⅳ类水为主,部分为Ⅴ类水,水质较差,仅少部分为Ⅰ类、Ⅱ类水;沿海平原城市Ⅰ类、Ⅱ类水主要分布于各城市的沟谷区、山前平原区和河谷盆地城市河谷潜水的近上游地段,沿海平原区、城市建成区内大部分为Ⅳ类水,Ⅴ类水主要分布于湖州、杭州、宁波等局部地区。孔隙承压水除杭嘉湖平原绝大部分为淡水、温黄平原(Ⅰ组、Ⅱ组)以淡水为主、水质良好以外,其他平原淡水体分布面积均较小,基本以微咸、咸水为主,水质较差—极差;就各主要开采区而言,以Ⅰ类、Ⅱ类水为主,水质优良—良好。红层孔隙裂隙水一般为Ⅰ类、Ⅱ类水,少数为Ⅳ类、Ⅴ类水,超标组分包括铁、锰、硫酸盐、溶解性总固体、总硬度、氨氮、亚硝酸盐,其中氨氮、亚硝酸超标主要因农村居民生活污水排放、井口防护差等导致,其他组分超标均与地质环境背景条件有关。岩溶水和基岩裂隙水除杭州象山岩溶水 F 离子超标为Ⅳ类水及杭州虎跑等部分基岩裂隙水 pH 偏低超标为Ⅳ类水以外,其他水质均为优良。

5.3 地下水防污性能评价

按城市类型建立了符合各城市的 DRASTIC 评价模型[4,5],选择丽水、衢州、金华及舟山等城市进行了地下水防污性能评价研究。

金华、衢州、丽水及江山市等地,第四纪地层岩性相似,地下水防污性能评价具有一定的可比性。评价结果表明,冲积、冲洪积平原地下水防污性能较差—差,但水资源丰富,是地下水资源重点保护区;坡洪积及冲积相之江组和汤溪组黏性土含砂砾石、黏性土层,水资源贫乏,但地下水防污性能较好,是地下水资源一般保护区。

杭州、宁波、温州、嘉兴、湖州、台州市与舟山市第四纪地层岩性相似,地下水防污性能评价具有一定的可比性。评价结果显示,海积平原区,由于上覆一层防护性能较好的黏性土层,其地下水防污性能较好,但水质一般较差—差,为地下水资源一般保护区;山麓沟谷地带,尤其是冲积砂砾石层分布区,地下水资源丰富,水质较好,但地下水防污性能较差,应是地下水资源重点保护区。

5.4 应急水源地评价

结合地下水资源评价及水质评价,初步划定了杭州市龙坞、梅家坞、九溪、留下、黄湖—径山、长乐、楼塔—河上、戴村、袁浦、三家村、博陆、环西湖、象山—西山,宁波市的宁波城区、鄞江桥,湖州市的杨家埠、白雀乡,温州市的泽雅—藤桥、临江平原、永强平原,台州市的沙埠—院桥、高桥—院桥、路桥—金清,金华市的金三角开发区、金西开发区,衢州市的石梁、九华、白家塘、甘里、云溪,丽水市的碧湖盆地、丽水盆地,舟山市的大展平原,绍兴市的平水西裘、兰亭下灰灶,嘉兴市城区等 36 个应急水源地。

5.5 垃圾处置拟选场地适宜性评价

对宁波北仑小港镇杨家,温州曹平、北梅园,绍兴兰亭镇栅溪村西山沟、平水镇锁泗桥村南东沟和富盛镇水昌村南山沟,金华白龙桥周村畈、蒋堂镇直里东、塘雅镇王明塘村 9 个候选场址进行了适宜性评价。评价结果表明,绍兴、金华及温州市曹平等 7 个候选场址较适宜,宁波北仑小港镇杨家为基本适宜,温州北梅园为勉强适宜,并提出了对策与建议。

5.6 地质环境分区评价

按照各城市地质环境条件、环境地质问题及地质资源状况进行了地质环境分区评价,划分为地质环境区、亚区及段。地质环境区主要依据地形地貌、地理区位优势进行划分;地质环境亚区主要根据主要环境地质问题分布进行划分；地质环境段则主要根据岩土体结构、地质资源等细分。针对地质环境区、亚区、段特点，进行地质环境分区评价，提出地质环境合理开发和保护的对策与建议，为各城市的规划、建设提供地质参考。

6 结论与建议

综上所述，12座城市中杭州、宁波、温州、嘉兴、湖州、绍兴、台州等城市环境地质问题以地质灾害、地下水资源衰减、浅层地下水污染、特殊土体环境工程地质问题为主。金华、衢州、丽水市及江山市以突发性地质灾害为主，其中江山市以岩溶地面塌陷为主。全省各城市地质遗迹均有分布，港口岸线资源主要集中分布于舟山、宁波、台州等市。在各城市环境地质分析、调查评价基础上，为各城市的规划建设、可持续发展提出了对策与建议（表3）。

表3 主要城市环境地质分析及对策建议

城市	环境地质问题	地质资源	对策与建议 建议内容	采用建议
杭州	崩滑流、地面塌陷、特殊土体环境工程地质问题、地面沉降、地下水污染	地质遗迹资源	①加大地下水禁限采力度，控制地面沉降；②加强突发性地质灾害勘查治理，作好地质灾害危险性评估；③加强工程地质勘查，查明软、饱和砂土分布及厚度变化情况；④在岩溶发育地区加强工程地质勘查，查明地下溶洞分布特征，禁止地下水开采，防止岩溶地面塌陷发生；⑤建立应急水源地，加强以水源地为重点的地下水环境防护工作；⑥加强地质遗迹保护与开发利用；⑦合理开发利用港口岸线资源尤其是深水港口岸线资源	①②③④⑤⑥
宁波	崩滑流、特殊土体环境工程地质问题、地面沉降、浅层地下水污染	地质遗迹、港口资源		①②③⑤⑥⑦
温州	崩滑流、地面沉降、地下水资源衰减、特殊土体环境工程地质问题、地下水污染	地质遗迹		①②③⑤⑥
嘉兴	地面沉降、地下水资源衰减、地下水污染	地质遗迹		①⑤⑥
湖州	地面塌陷、地面沉降、地下水污染	地质遗迹		①③④⑤
绍兴	特殊土体环境工程地质问题、地面塌陷、浅层地下水污染	地质遗迹		③⑤⑥
台州	地面沉降、地下水资源衰减、崩滑流、特殊土体环境工程地质问题、浅层地下水污染	地质遗迹、港口资源		①②③④⑤⑥⑦
金华	崩滑流、地下水资源衰减	地质遗迹		②⑤⑥
衢州	崩滑流	地质遗迹		②⑤⑥
丽水	崩滑流	地质遗迹		②⑤⑥
舟山	地下水资源短缺、地下水污染	地质遗迹、港口资源		⑤⑥⑦
江山	地面塌陷	地质遗迹		④⑥

参考文献

[1] 赵建康,孙乐玲,刘思秀.浙江省滨海平原地面沉降现状及防治对策[J].地质环境与环境保护,2003

(6):16-20

[2]赵建康,吴孟杰,刘思秀.浙江省杭嘉湖平原地面沉降及监测网络研究[J].地质灾害与环境保护,2004(2):16-20

[3]赵建康,吴孟杰,刘思秀,等.浙江省滨海平原地下水开采与地面沉降[J].高校地质学报,2006(2):185-194

[4]张泰丽,冯小铭,刘红樱,等.DRASTIC评价模型在台州市浅层地下水脆弱性评价中的应用[J].资源调查与环境,2007(2):138-144

[5]张泰丽,冯小铭,刘红樱,等.基于DRASTIC的丽水市地下水防污性能评价[J].地球与环境,2012(1):115-120

长江三角洲北翼深层地下水开采导致的地面沉降研究[①]

王光亚 冯金顺 陈明珠 武健强 单卫华 鄂建

(江苏省地质调查研究院,国土资源部地裂缝地质灾害重点实验室)

[摘 要] 开采深层地下水引起区域性地面沉降已受到广泛关注。长江三角洲北翼深层地下水的长期超量开采导致了地下水位的持续下降,第Ⅲ承压含水层由于其水质好、水量丰富,为该地区的主要开采层位,目前已形成多个地下水位降落漏斗,中心水位达 47m。研究区地面沉降最早见于 20 世纪 70 年代末的南通市主城区,此后逐步发展,现已扩展到研究区的大部分地区,形成了多个地面沉降中心,最大累计沉降量超过 300mm。地面沉降迹象调查,基岩标、分层标测量、GPS 测量、水准测量,以及 InSAR 研究成果揭示了研究区地面沉降的总体特征。据此成果,作者分析了地面沉降机理,指出了地面沉降可能造成的危害。

[关键词] 地面沉降 深层地下水 长江三角洲北翼

引言

大约 20 年前,至少世界上 8 个城市区域报道了地下水开采对经济的重大影响[1],在一些人口稠密的亚洲大都市情况更加严重,如曼谷、雅加达、大阪、上海、东京[1,2]。地面沉降在中国东部沿海的城市区域具有广泛的挑战性[1,3-8]。

开采地下水导致的地面沉降是一种非常普遍存在的缓变性地质灾害现象[1-4,9-10]。对于那些依赖地下水作为人民生活和工业生产重要水源的城市来说,地下水开采引起城市区域的地面沉降是相当平常的。地面沉降可能导致的地质环境效应和经济效应[1]引起了政府、社会、产业界和学术界的广泛关注。

只要持续超量开采地下水,导致地下水位不断下降,即地下水的开采量大于其补给量,地面沉降就是不可避免的,但是通过政府立法、长期监测,依靠产业发展计划和技术进步,可以得到很好的控制。适当的产业计划和抽采技术具有重要意义[1,3,9]。

区域性地面沉降是由深层地下水的长期超量开采引起的。由于基底起伏的空间差异及其

[①] 基金项目:中国地质调查局地质调查工作项目资助(1212010914005)。
第一作者简介:王光亚,男,1966 年生,博士,研究员级高工,从事环境地质、工程地质领域科研生产工作。

所控制的上覆松散盖层的厚度和水文地质结构条件的不同,特别是含水层厚度、岩性、富水性的不同,地下水开采强度及持续时间各异,地面沉降特征具有明显的时空分异性。

1 开采地下水导致地面沉降

构成土的颗粒由表面张力以某种方式(模式)结合在一起,并且趋于呈现最小势能结构。特别是对于构成黏土的胶粒更是如此。当受到荷载作用时,土颗粒在应力作用下,产生相对位移,这种位移包括了颗粒的转动,最终达到新的稳定结构,土的孔隙变小,宏观上表现为体积变小,土体固结或压密,形成地面沉降。这一过程中,孔隙水受到挤压而排出,孔隙水的排出量等于孔隙体积的减小量。

在地下水开采条件下,根据 Terzaghi 有效应力原理,伴随着孔隙水的排出,土的有效应力增加,土颗粒的表面张力随之发生变化,土体将产生与上述过程相似的固结或压密。稍有不同的是,外力施加的方式不同,孔隙水排出的方式也不同,前者是被动的,后者是主动的。

2 地下水系统特征

2.1 含水系统水文地质特征

研究区第四系主要以一套长江河口三角洲相沉积为主,松散岩类孔隙水自上而下可分为潜水,第Ⅰ、第Ⅱ、第Ⅲ、第Ⅳ承压含水层等5个含水层组(表1,图1)。

表1 第四系孔隙含水层水文地质特征一览表

含水层	地层时代	顶板埋深(m)	底板埋深(m)	厚度(m)	水文地质特征			水位埋深(m)
					岩性	涌水量(m^3/d)	水型	
潜水	Q^4		15~35	10~30	冲海积相粉质黏土、粉土及粉砂	10~500	HCO_3-Ca·Na HCO_3-ClCaNa Cl-Na	1~3
第Ⅰ承压	Q^3	15~35	40~140	25~120	河口三角洲相粉细砂、中细砂、含砾中粗砂	1000~3000	HCO_3-Ca·Na Cl·HCO_3-Na·Ca ClNa	1-15
第Ⅱ承压	Q^2	80~150	120~200	20~80	河流相粉细砂、中粗砂、含砾中粗砂	1000~5000	HCO_3-Ca·Na Cl·HCO_3-Na·Ca ClNa	1-37
第Ⅲ承压	Q^1	150~250	180~320	20~100	河流相粉细砂、含砾中粗砂	1000~5000	HCO_3-Ca·Na	2~47
第Ⅳ承压	N	350~380		>20	粉细砂、中粗砂	1000~2000	HCO_3-Ca·Na	2~25

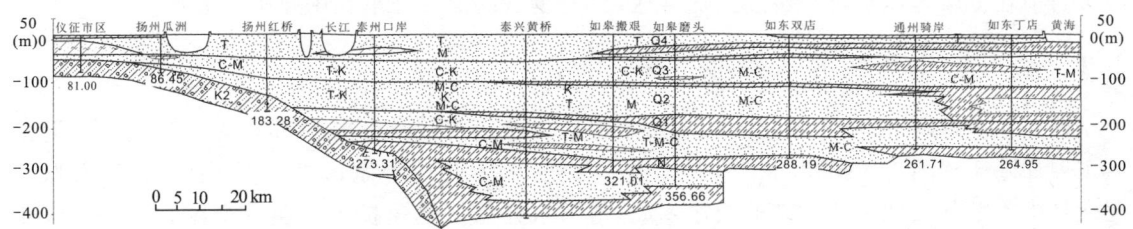

图 1 仪征-如东丁店水文地质剖面图

孔隙潜水含水层组：在泰兴及海门—启东沿江一带主要由粉土、粉细砂组成，厚 10～30m，单井涌水量 50～500m³/d，其他地区则以黏性土为主，单井涌水量小于 50m³/d。

第Ⅰ承压含水层组：由第四系上更新统河口三角洲冲海相堆积的粉细砂、中细砂、含砾中粗砂组成，顶板埋深 15～35m，厚 25～80m，如皋与海安之间可达 100～120m，单井涌水量 1 000～3 000m³/d；在扬中、泰兴地区，该含水层与上部的潜水含水层之间基本缺失了黏性土隔水层；如皋与海安之间为巨厚砂层分布区，富水性更佳，单井涌水量可达 3 000～5 000m³/d。在咸水或微咸水分布区、扬州南部沿江及扬中铁、锰离子严重超标地区，该层地下水几乎没有开采利用，水位埋深处于自然状态，一般在 2～3m 之间。在南通城区、泰兴和靖江地区，虽然地下水开采利用程度较高，但是，由于补给条件好，水位埋深也多小于 10m。

第Ⅱ承压含水层组：由中更新世时期长江古河道河流相沉积的 1～2 层粉细砂、中粗砂、含砾中粗砂组成，含水层顶板埋深 80～150m，由西向东倾，厚 20～80m。该时期的古河道中心线主要位于扬州—江都—泰兴—如皋一线，含水层岩性以巨厚的中细砂、含砾中粗砂为主，透水性和富水性极佳，单井涌水量一般均大于 3 000m³/d。古河道两侧边滩区岩性以粉细砂、中细砂为主，单井涌水量 1 000～3 000m³/d。泰兴地区因与上覆含水层之间基本缺失隔水的黏性土层，组成河口段巨厚砂层分布区，其富水性更佳，单井涌水量可达 3 000～5 000m³/d；东部的微咸水、咸水分布区，该层地下水几乎没有开采利用，水位埋深仅 1～3m；西部地区则为城区和主要乡镇的地下水主采层，如扬州城区北部绝大部分深井均开采利用该层地下水，水位埋深在 20～35m 之间，江都市区、泰州城区水位埋深达 10～25m，而其他外围地区水位埋深一般在 5～10m。

第Ⅲ承压含水层组：由早更新世时期长江古河道河流相沉积的 1～2 层粉细砂、含砾中粗砂组成，顶板埋深由西向东为 150～250m，厚 20～100m。该时期的古河道中心线位于扬州—江都—泰兴—海安一线，但古河道进入南通后，中心线以南也发育有多条支线，且以海门至启东地区分布最广，含水砂层厚度在 30～70m 之间，扬中以西、扬州至仪征以南的沿江漫滩平原地区因下伏基底隆起而基本缺失。含水层岩性颗粒较粗，透水性和富水性良好，单井涌水量 1 000～3 000m³/d，在古河道砂层巨厚分布区，单井涌水量可达 3 000～5 000m³/d，富水性由西向东逐渐变好。南通以西地区水位埋深一般小于 10m，扬州及江都、泰州市区较为集中开采地段的水位埋深可达 10～35m；南通地区由于主采第Ⅲ承压水，已形成区域性水位降落漏斗，中心最大水位埋深已达 47m。

第Ⅳ承压含水层组：江都—泰州口岸以东、泰兴—靖江—南通—海门—启东以西地区的第四纪松散层之下，广泛分布发育有第三系（古近系＋新近系）地层沉积，其厚度可从数百米至千余米，其间发育有 6～9 层砂层，因地层胶结程度较差，砂层中也蕴藏有较为丰富的地下水资源。目前在三泰地区黄桥一带及南通地区,已有少量的深井开采利用此层地下水。

2.2 地下水开采及水位动态

研究区凿建深井,开采深层孔隙承压水的历史已达30余年,在20世纪80年代以前,开采区主要局限于南通市及扬州市市区和为数不多的纺织、化工等重镇。80年代以后,随着城镇建设规模不断扩大和工业经济的快速发展,地下水开采区迅速扩大并遍及全区,尤其是90年代以后,开采井数和开采量逐年快速上升,至1995年达到高峰,仅南通市年开采总量就达到$19\,125\times10^4\,m^3$。1996年以后,各级政府和水行政管理部门加强了对地下水开采的管理,在开采总量上采取了相应的控制压缩措施,主采含水层的开采强度有所下降,但至今仍保持较高的水平。据2002年统计,南通1 429口开采井,年开采量约$1\times10^8\,t$,开采模数$1.14\times10^4\,m^3/a\cdot km^2$。其中第Ⅲ承压水开采量占总开采量的75.7%。由于第Ⅲ承压水的强烈开采,造成地下水位大幅度下降,已形成了一定规模的区域水位降落漏斗,并诱发了地面沉降地质灾害,同时还引起了第Ⅲ承压水水质咸化问题。

据江苏省地质调查研究院监测资料,第Ⅱ、第Ⅲ承压水水位总体上一直处于下降状态中(图2),南通中东部地区下降幅度最大,水位漏斗中心在海门、启东及如东一带(图3)。截至2009年1月的监测资料显示,在全南通市范围内有4个主要的水位降落漏斗中心:①市农药厂—通棉二厂,漏斗中心静水位埋深43m;②通州姜灶镇,静水位埋深45m;③海门市三厂镇,静水位埋深47m;④如东双店镇,静水位埋深45m。以上漏斗区30m水位埋深等值线连为一体。

南通市西部及扬州、泰州水位明显较高,扬州市仅在市区北部出现局部水位漏斗,中心水位约37m,泰州境内地下水位埋深一般10余米,最大埋深20余米,现状中并未发生较大幅度降落。

3 地面沉降

长江三角洲北翼地面沉降主要是该区地下水开采引起的,其历史可以追溯到20世纪70年代,并与地方经济的发展水平及结构相适应。80年代前地面沉降主要发生在轻纺工业城市南通市及周边不大的范围内。改革开放后,随着乡镇工业的发展,对清洁水源的需求量激增,地下水开采井、地下水开采量同步增加,地下水位快速下降,形成了包括南通市区、海门及如东马塘等多个漏斗中心。地面沉降区域扩大至泰州以东及南通市的大部分地区。

3.1 1975—1988年地面沉降

根据Ⅰ等水准测量成果,南通市区1975—1986年间发生了明显的地面沉降(图4)。城区沉降量比外围大。城区有两个沉降中心:一个是粮食局—城建局,累计沉降量达55mm以上;另一个是色织二厂,达63.41mm。而外围则在35mm以下。

1986—1988年南通市区地面沉降量有所增大(图4),粮食局仍为沉降中心,沉降量为11.77mm;而另一中心则由色织二厂转移到农药厂,沉降量为8.65mm。

南通市区地面沉降的另一特点是:在地下水开采的高峰季节,地面沉降量普遍较大,而在地下水开采量较少的季节或在开采的间歇期,地面有所回弹。如在1986年11月至1987年5月间,色织二厂—段家坝—市外贸仓库和印染厂—节制闸体育场一带,Ⅰ等水准测量成果显

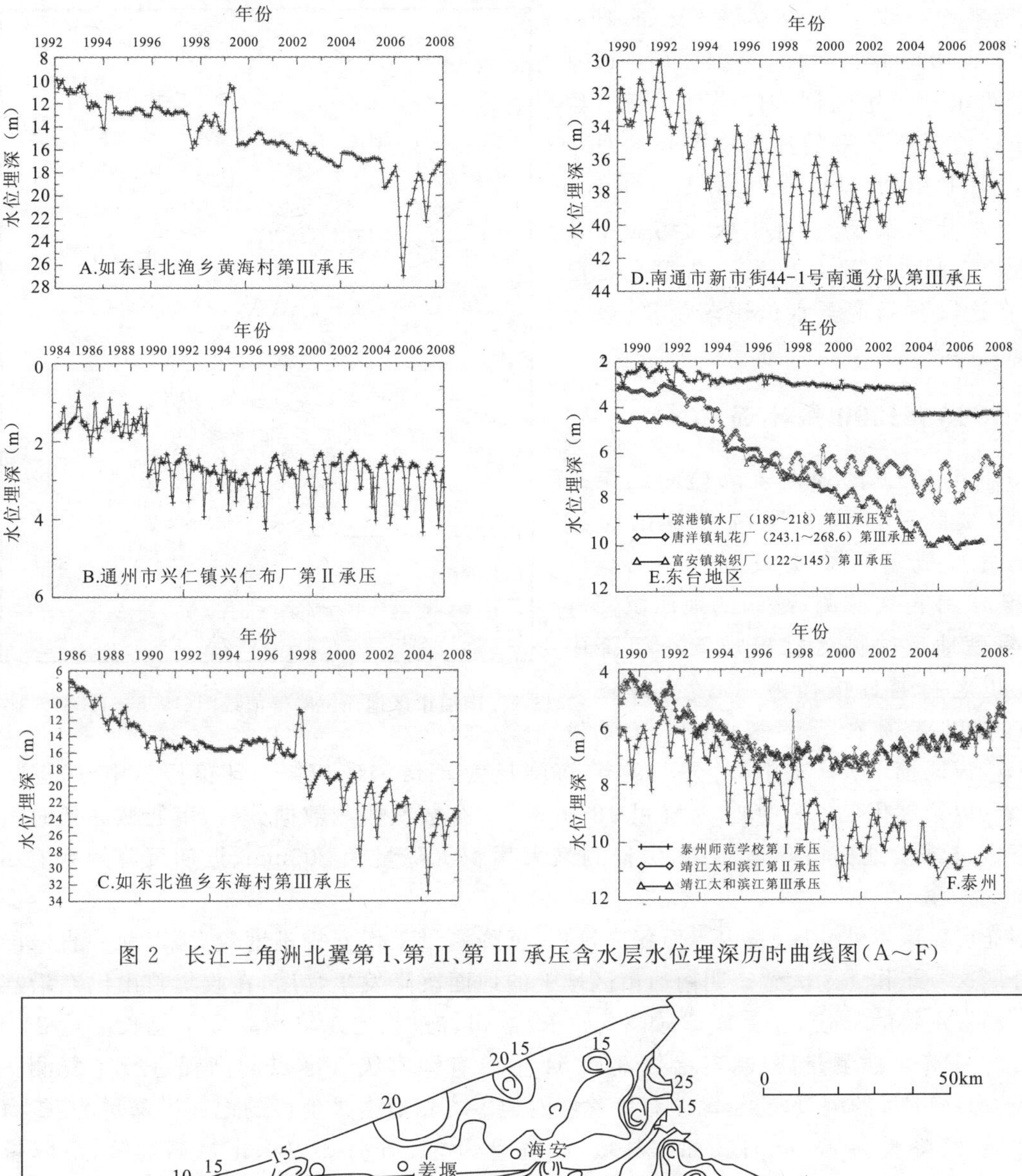

图 2 长江三角洲北翼第Ⅰ、第Ⅱ、第Ⅲ承压含水层水位埋深历时曲线图(A~F)

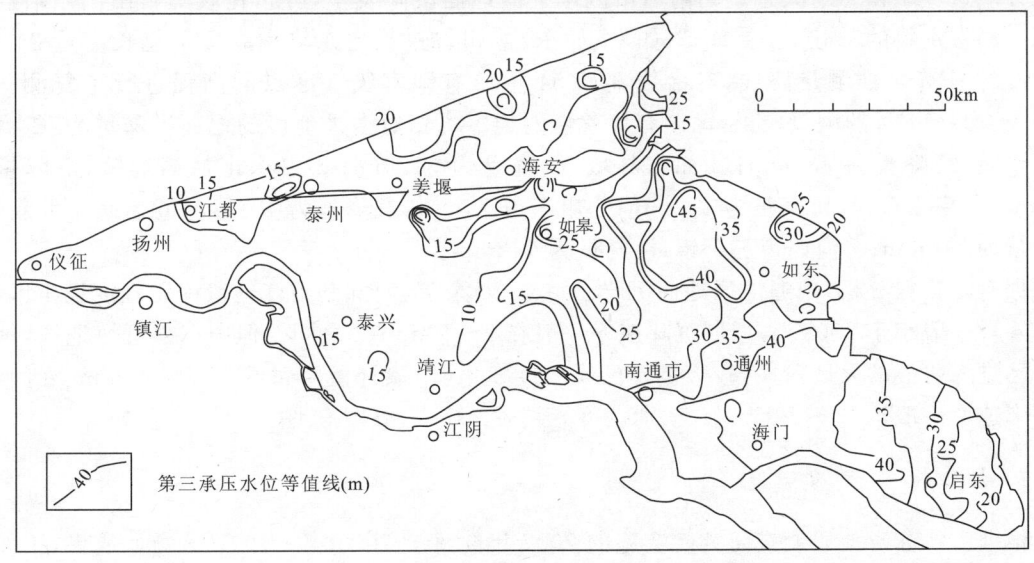

图 3 第Ⅲ承压水水位等值线

示,地面平均回弹了 2mm 左右;又如,1987年 11 月至 1988 年 5 月间,色织二厂—段家坝一带也出现了地面回升的类似情况。因南通市区地下水开采的高峰季节是 6 月下旬至 10 月上旬,而每年的 11 月至次年的 5月,地下水开采量较少,且主要为纺织工业系统夏季空调供水的 I 承压井,大部分都已停泵,在这段时间地下水位逐渐恢复,故地面也随之回弹。

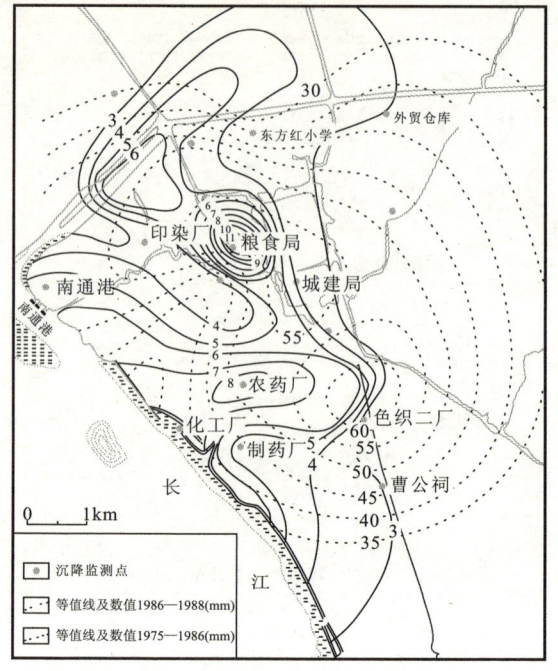

图 4　南通市区地面沉降等值线图(1975—1988)对比图

3.2　1996—2000 年地面沉降

1996 年 12 月的地面沉降监测结果表明,整个城区范围内累积沉降量已超过50mm,并形成若干个次级沉降中心。到2000 年 12 月再次监测,绘制的地面沉降等值线,清楚地反映城区已出现 5 个沉降中心:①以老南通日报社为中心,沉降量为91mm;②以南通农药厂为中心,沉降量为82mm;③以原棉织五厂为中心,至 1997 年沉降量为 81mm;④以第一印染厂为中心,沉降量为71mm;⑤以第三化工厂为中心,沉降量 166mm。综合数次监测数据分析,南通城区长时间开采地下水已诱发地面沉降地质灾害,推测最大累积沉降量为 200mm,近期沉降速率在 6～12mm/a 之间。

南通市城区以外的区域,由于面积广,地面沉降测量工作安排难度较大,以前一直未能系统地开展这一工作。为大致查明南通市区域上的地面沉降发生程度,在收集狼山以东沿江地带地面测量资料的基础上,在海安、如皋、如东、通州、海门、启东境内布置了总长度达 247km(单程)的 II 等水准测量路线,对沿线共计 54 个原有国家级水准点的高程进行了复测。据2003 年 10—11 月的测量成果,区内有代表性的地下水相对强采地段的地面沉降量为:①海安县老坝港,沉降量为 437mm;②如东县城,沉降量为 312mm;③启东市吕四港镇,沉降量为246mm;④启东市区,沉降量为 223mm;⑤启东市惠丰镇,沉降量为 121mm;⑥启东市北新镇,沉降量为 140mm;⑦海门市三厂镇,沉降量为 142mm。

据有限资料分析,南通地区地面沉降已持续 20 余年,西部和沿江地段尚属轻度发生区,累计沉降量一般小于 200mm,近期沉降速率一般在 5～10mm/a 之间。但中东部近海地段,地面沉降已进入明显的发展阶段,较大范围已属中度发生区,累计沉降量在 200～500mm 之间,近期沉降速率一般达 10～20mm/a,个别点可能超过 20mm/a(图 5、图 6)。

3.3　地面沉降测量

根据由江苏省地质调查研究院实施的 2007 年 9 月至 2010 年 9 月 GPS 测量成果,工作区内地面沉降速率非常小,一般小于 10mm。2007 年 11 月至 2010 年 7 月海门分层标自动化监测成果与此结果基本一致,两年多的累计地面沉降量为 9mm(图 7)。

水文地质与环境地质调查

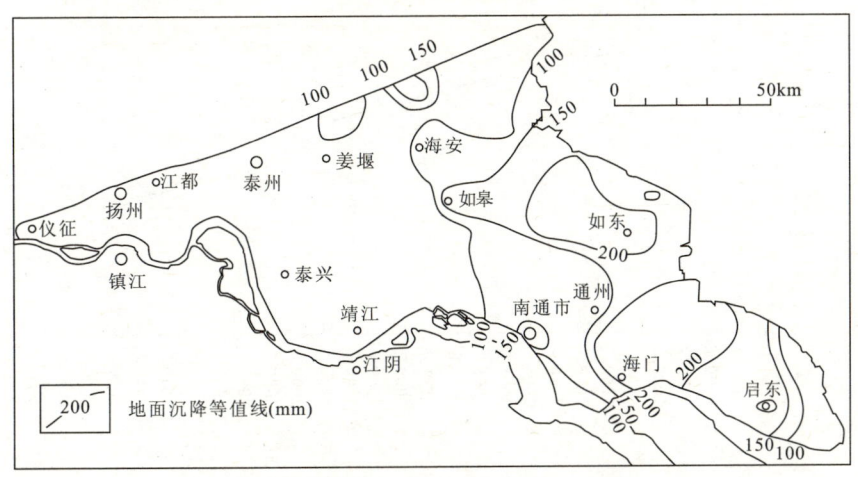

图 5 长江三角洲北翼地区地面沉降量等值线图

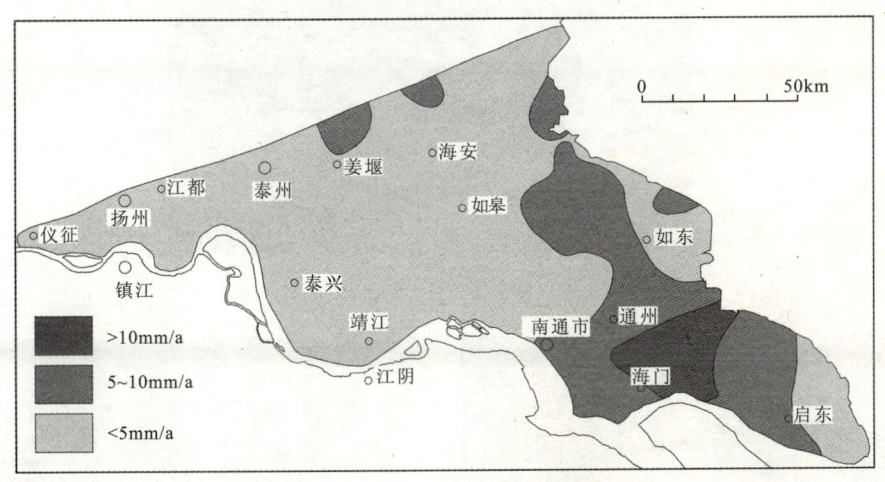

图 6 工作区 2010 年地面沉降速率图

以平行项目的基岩标、分层标、GPS 点和部分水准点监测数据以及 InSAR 数据为依据，结合各地区地质条件背景，初步分析长江三角洲地区（长江以北）地面沉降空间分布特征。同时根据地面沉降迹象调查结果，分析地面沉降的成因机制。

2008 年 12 月至 2009 年 6 月，扬州、泰州、海安、海门、如东、启东 6 地分层标、基岩标 I 等水准测量结果显示，扬州、泰州、南通地面的地面沉降并不明显，沉降量非常小，测得的地面沉降量分别为：+0.6 mm、+0.6 mm、+4.4 mm、-1.8 mm、-1.7 mm、-1.0 mm。

InSAR 地面沉降研究结果表明：2004 年到 2008 年的平均沉降速率都很小，绝大部分在 5 mm/a 以下，只有沿海区域和南通的海门市、通州市辖区有 10 mm/a 以上的沉降（见图 6）。

地面沉降迹象调查发现：研究区地面沉降迹象主要表现为井管抬升、井台放射状及环状裂缝（图 8）。

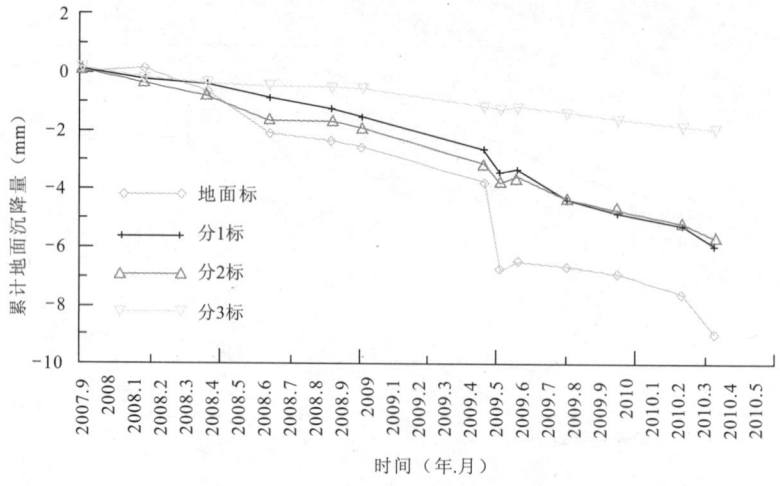

图 7 海门分层标地面沉降历时曲线图

(a) 海门市麒麟镇中心小学内水井水管抬升

(b) 如东县洋口管理闸水井井管、井台抬升

(c) 海门市开发区棉花原种场西200m井台环形及放射状裂缝

图 8 南通地区地面沉降迹象

4 地面沉降的形成条件与影响因素

研究区地面沉降的发生、发展与地下水开采历史及开采量密切相关。松散堆积物之结构特征及其物理力学性质、长期过量开采深层地下水导致水位持续下降、地下水的开采强度及地

下水的补给条件、成陆时间、新构造运动等都是地面沉降的重要条件。

4.1 土层结构及土体物理力学性质

研究区内第四系为巨厚的黏土层与砂层交互沉积,厚度一般达 300 余米,垂向上相变结构复杂。其中约 150m 以浅的浅海相松软土层非常发育,富水性好,孔隙比大,具高压缩性,处于欠固结状态。含水砂层厚度大,分布广,水量丰富,易于开发利用。这种巨厚的第四系松散沉积物和良好的孔隙含水层为地面沉降提供了地质背景条件。

首先,构成含水层的土层主要为细颗粒砂性土,渗透系数低,单井涌水量较小,开采时动静水位差大,属强烈开采型地面沉降。图 8(a)显示井管抬升 55~80mm;静水位 43m 左右,动水位大于 55m。一般情况下,该因素并不是单独构成土层固结压密的主要条件,却在一定程度上加快了固结压密,即地面沉降的进程,特别是开始的时候表现出相对较大的地面沉降量。

其次,欠固结土层厚度较大。图 8(b)所示开采井位于如东县洋口管理闸,该点在数十年前仍为滩涂。图 8(c)显示井台底部与地面之间亦有脱离,断续开采,开采第 Ⅳ 承压水,静水位约 39.12m,井管抬升约 30mm,水质较好,口感略咸;图 8(c)所在位置为海门市近 40 年来淤涨起来的长江之夹江,图 8(c)显示:井台四周产生裂缝,环形裂缝宽为 5~12mm;放射状裂缝宽为 2~5mm,井深 290m,建于 1983 年,当时静水位 26m,现水位 28.3m,日开采量 380t。

欠固结的近地表土层正常固结(压密)亦是研究区地面沉降的又一重要因素。研究区原江滩或海滩等较大区域表层为近几千年来沉积或淤积起来的,这类土层在自重压力下尚未完成固结压密过程,构成缓慢地面沉降的分量,在持续时间较长的情况下,将会明显地表现出来。

4.2 地下水的开采强度

由于高强度开采主采层(第 Ⅲ 承压)地下水,导致水位持续下降,静水位已达到一定的深度,含水层以及上下相邻弱透水层中孔隙水压力下降,有效应力增加,土层遵循 Terzaghi 固结理论固结压密,从而造成地面沉降。

地面沉降与地下水开采、地下水位下降有明显的相关性。南通市区主城区内以开采第 Ⅰ、第 Ⅲ 承压水为主,1984 年以来年开采总量都在 $1\,500\times10^4 \mathrm{m}^3$ 以上,最高达 $2\,800\times10^4 \mathrm{m}^3$。开采地段相对集中,主要在通棉二厂、色织二厂、农药厂、制药厂、生化厂一带。据 1991 年、1992 年统计,该地段开采量占市区开采总量的一半左右,第 Ⅰ、第 Ⅲ 承压水年开采量大于 $1\,000\times10^4 \mathrm{m}^3$。长期大量开采,地下水位大幅度下降,20 世纪 60 年代,第 Ⅲ 承压水水位埋深 5~6m,20 世纪 80 年代埋深 30m 左右,现在农药厂、通棉二厂水位埋深 40m 左右。地面沉降中心地带与地下水集中开采地段的水位降落漏斗区基本吻合,农药厂地面沉降与地下水位及市区地下水开采量之间呈明显对应关系(图 9)。区域上地面沉降的几个沉降中心都是深层地下水开采强度大的地段。

4.3 地下水的补给条件

地面沉降等值线图(见图 5)显示,虽然沿江一带的深层地下水开采强度比北部大,但地面沉降量却小于北部,反映地下水开采与地面沉降之间的关系存在着地区性差异。究其原因,主要是深层地下水的补给条件有差别。南部沿江一带地下水的补给条件较好,地下水开采后可得到长江边界一定量的侧向径流补偿,而趋向北部,含水层补给条件明显减弱,维系地下水开

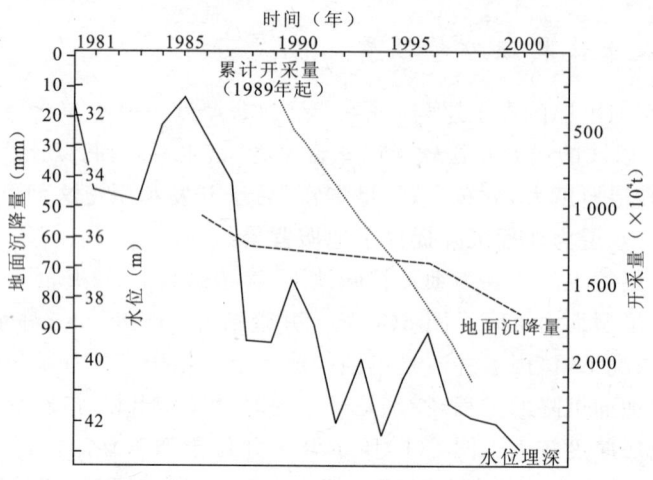

图 9 南通农药厂地面沉降量与第Ⅲ承压水位及市区开采量关系图

采的量主要来自孔隙水的释放量。

4.4 成陆时间

启海地区与南通城区同处于沿江地带,但地面沉降量明显高于南通城区,除了上述因素外,与该地区成陆时间晚、土体的自然固结程度相对较低也有一定的关系。

4.5 新构造运动的影响

南通地区新构造期以来以持续沉降为主,沉降幅度主要受区域性大断裂控制,在不同地区有一定差异。这在新近系和第四系厚度上有明显的反映,并保持原有趋势,但由于速率很小,在以年为时间尺度的地面沉降地质灾害研究中几乎可以忽略其贡献量。

5 地面沉降的机理分析

地面沉降主要是土层压缩变形后在地表的反映。松散土层作为一种饱水多孔介质主要由固体颗粒和孔隙水两部分组成。土体孔隙中的水在静止状态时服从静水压力分布规律,这种由孔隙水传递的应力称为孔隙水压力(u)。静水在土中一点各方向上产生的压力相等,它只对压缩土颗粒本身起作用,而土颗粒的压缩量极小,可以不计,因此,孔隙水压力不能直接引起土体变形和强度变化。

在饱水土体中,任一点的总应力(σ)由颗粒骨架的有效应力(σ')和孔隙水压力(u)共同承担,三者之间满足以下关系:

$$\sigma = \sigma' + u$$

这便是太沙基有效应力原理,它说明在总应力不变的情况下,孔隙水压力的增加或减小会引起有效应力的相应减小或增加。

松散土层的沉积过程十分漫长,在天然状态下,深部土层中各点的静水压力均已达到平衡。在地下水开采条件下,特别是过量开采的情况下,承压含水砂层中的孔隙水压力将逐渐减小,表现为含水层水头持续下降。根据太沙基有效应力原理,砂粒之间的有效应力也随之增加,砂层产生压缩变形,变形满足太沙基一维固结理论。与此同时,含水砂层与其顶部和底部的黏性土隔水层之间的孔隙水压力平衡也被打破,两者产生一定的水头差,黏性土中的孔隙水在压力差的作用下,向含水层缓慢渗流,孔隙水压力降低,寻求新的平衡。随着孔隙水压力的降低,土粒间有效压力相应增大,而孔隙水的流失又为土粒间提供了压缩空间,因此,黏性土层也随之被失水压密,这就是开采地下水引起地面沉降最基本的机理。

在本研究区地面沉降总量中可能还包括了天然状态下欠固结土层在自重压力下的固结(压密),这一沉降机理至少在近海岸及近江岸地区是存在的。

5.1 含水砂层的压缩特征

含水砂层的压缩与砂层的初始密度、颗粒的均匀程度及磨圆度等因素有关,初始密度低,颗粒级配及磨圆度差的砂层变形量较大,反之则较小。由于砂层渗透性强,水位降低时,砂层中的水在压力作用下迅速析出,有效应力迅速增加到与降低后的水位相平衡的程度,变形几乎瞬时发生。这种变形属弹性变形,速度快,沉降量小,水位恢复时可回弹。但是,当含水砂层处于疏干开采或水位经常在含水层内部上下波动时,砂粒受水动力影响,将重新排列,原有的孔隙被压密,压缩量可成倍增长,这种压缩将改变砂层结构,很难再恢复。

5.2 黏性土层的释水压缩机理

黏性土在饱和度超过97%时,可认为孔隙中充满了水,孔隙体积的减小与自身的释水体积相当。黏性土中的水按水分子的活动能力从大到小可分为重力水、毛细水、弱结合水和强结合水,前两种水一般称非结合水。实验证明,土层在压缩固结过程中有明显的旋回性,固结初期非结合水首先释出,压缩量与时间呈幂函数相关,而后沉降速率变缓。随着时间的延续,有效应力逐渐增大,达到或超过第二个层次的结构强度时,弱结合水骤然释出,压缩量又一次突然放大,而后又逐渐减慢。土层失水绝大部分为非结合水,约占总释水量的95%;弱结合水占5%;强结合水不能释出。

当承压含水层水头下降时,黏性土层由于渗透性很差,释水缓慢,与含水砂层水头相比,黏性土孔隙水压力降低是滞后的,且从表及里逐渐发展,先释水者先压密,后释水者后压密,一般靠近抽水层的部位压缩量要大些,其过程十分缓慢。

黏性土层的压缩量主要取决于土体的固结状态。在欠固结地层中,自重压力使土体处于持续压缩状态,孔隙水压力下降会加剧土体的压缩;在正常固结地层中,当没有附加应力作用时,其内部应力处于平衡状态,孔隙水压力降低,使有效应力增加,也将导致土体压缩变形;在超固结地层中,当孔隙水压力下降所引起的附加应力不超过前期固结压力时,土层的压缩变形不明显。

6 地面沉降的危害分析

深层地下水强烈开采引起的地面沉降是一种区域性、缓变性地质灾害,一旦发生不可逆转,其危害性随着沉降量增大而逐步显现,主要表现为以下几个方面:

（1）地面沉降造成地面高程降低，原有地貌形态变化，导致地表水系径流紊乱，排水不畅，使低洼平原向沼泽化发展。

（2）地面沉降形成的各种洼地，使内河水位低于外河水位，造成废水、污水不能外排，恶化生态环境，加重污染。

（3）地面沉降使河道泄洪能力丧失，并使桥梁净空减小，影响通航能力。

（4）地面沉降造成潜水位相对上升，农田水渍、盐渍化程度加重，使农作物减产。

（5）地面沉降造成水准点下沉，影响工程建设测量的精度，破坏了基础设施建设环境。

（6）地面沉降造成江、海大堤的防洪能力下降，原标准设计的水利设施和市政工程需要加高和返工，增加工程投入。

上述现象在地面沉降严重的苏锡常地区，已有不同程度的发生，并已在一定程度上制约了地区经济的可持续性发展。相比苏锡常地区，南通地区高压缩性松软土层更为发育，东北部近海平原区，由于较远离补给边界，强烈开采第Ⅲ或第Ⅳ承压水，最易产生释水压缩效应，开采地下水与地面沉降之间的因果关系非常密切。另外，从南通的地理环境分析，地势低平是其主要特点之一，地面高程十分宝贵，且又临江、临海，地面沉降产生的危害性将远甚于苏锡常地区，随着沉降量增加，则会大大增加江、海堤岸的防洪压力；一旦地面沉降发展到较严重的程度，可能导致海水入侵，还会产生大面积的盐渍化，丧失大片耕地。

参考文献

[1] Holzer T L and Johnson A I. Land subsidence caused by ground water withdrawal in urban areas[J]. GeoJournal,1985,11(3):245-255

[2] Amin A and Bankher K. Causes of land subsidence in Kingdom of Saudi Arabia[J]. Natural Hazards,1997,16:57-63

[3] Chen C X,Pei S P and Jiao J J. Land subsidence caused by groundwater exploitation in Suzhou City,China[J]. Hydrogeology Journal,2003,11:275-287

[4] 薛禹群. 我国地面沉降模拟现状及需要解决的问题[J]. 水文地质工程,2003,30(5):1-5

[5] 陈崇希,裴顺平. 地下水开采-地面沉降模型研究[J]. 水文地质工程.2001,28(2):5-8

[6] 张云,薛禹群,李勤奋. 上海现阶段主要沉降层及其变形特征分析[J]. 水文地质工程地质,2003,30(5):6-11

[7] 于军,王晓梅,武健强,等. 苏锡常地区地面沉降特征及其防治建议[J]. 高校地质学报,2006,12(2):179-184

[8] 薛禹群,张云,叶淑君,等. 中国地面沉降及其需要解决的几个问题[J]. 第四纪研究,2003,23(6):585-593

[9] Li C J,Tang X M and Ma T H. Land subsidence caused by groundwater exploitation in the Hangzhou-Jiaxing-Huzhou Plain,China[J]. Hydrogeology Journal, 2006,14:1 652-1 665

[10] Bear J and Corapcioglu M Y. Mathematical model for regional land subsidence due to pumping 1:Integrated aquifer subsidence equations based on vertical displacement only[J]. Water Resources Research,1981,17(4):937-946

浙江省杭嘉湖地区地面沉降易发区划分研究

刘思秀 吴孟杰 沈慧珍 黎伟 赵建康

（浙江省地质环境监测院）

[摘 要] 在分析研究浙江省杭嘉湖地区地面沉降发生的地质环境条件、地下水开发利用及地面沉降现状的基础上，提出了采用定量分析方法对杭嘉湖地区地面沉降易发程度进行分析研究，不仅可以为杭嘉湖地区的地面沉降防治决策提供科学的依据，也可为浙江省以及全国的沿海地区进行类似的评价提供理论和方法借鉴。

[关键词] 地面沉降 地面沉降易发区 杭嘉湖地区

浙江省杭嘉湖平原位于长江三角洲南部，属长江三角洲的重要组成部分，人口稠密，经济发达，都市化程度高，对浙江省经济发展具有举足轻重的意义。近10余年来，高速发展的经济建设，频繁活跃的人类活动，对生态环境造成了较大影响，特别是长期开采地下水，水位下降，导致了区域性地面沉降等环境地质问题[1-5]。为了合理部署地面沉降防治工程，进行地面沉降风险管理，有效控制地面沉降，有必要对杭嘉湖地区地面沉降易发程度进行区划。

1 地质环境背景

1.1 自然地理及社会经济概况

杭嘉湖地区包括嘉兴市五县(市)二区及湖州、杭州部分县(市、区)，面积约6 490 km²。区内地势低平，仅在嘉兴、海宁、澉浦、乍浦、湖州含山等地及西部山前地带有零星残丘分布，海拔百米左右；平原区地面高程2~5m(黄海高程，下同)，略向北西倾斜；环太湖周围，地势低洼，高程仅1~2m，南部地区4~6m，近钱塘江河口及杭州湾北岸6~8m。

杭嘉湖地区人口密集，经济发达，土地肥沃，物产丰富，素有"鱼米之乡"之称，是浙江省重要的商品粮基地。区内工业发达，主要的工业有丝绸、纺织、机械、食品、电子仪表等。2010年，区内耕地面积63.453×10⁴公顷，约占全省的22%，人口920.45万人，占全省的20%，国内生产总值6 695.37亿元，约占全省的29%。

---

① 基金项目：国土资源大调查项目"杭嘉湖地区地面沉降监测与风险管理"(1212010641203)。
第一作者简介：刘思秀，女，1961年生，高级工程师，水文地质工程地质专业。

1.2 区域水文地质背景

杭嘉湖平原第四纪地层厚 200~300m,最大厚度在嘉善油车港凹陷及平湖凹陷,在 300~315m,全新统海相软土层厚 20~30m。根据地层结构、水力联系等可划分为 3 个含水层组,每个含水组由 2~3 个含水层组成(图 1)。Ⅰ组广布于平原广大地区,面积 4 978km²,含水层顶板埋深 23~60m,厚 7~18m,由上更新统沉积物组成。岩性方面,古河道上游为中细砂、砂砾石,中下游为中细砂、细砂、粉细砂。单井涌水量(以降深 10m 计,下同)在古河道中心部位达 1 000m³/d 以上,两侧小于 1 000m³/d。除近山平原边缘一线及近海为微咸水、咸水外,大部分为淡水。在杭州、海宁、桐乡、嘉兴市西北一带开发利用程度较高。Ⅱ组面积 4 148km²,由中更新统河流相沉积物组成,西南部以砂砾石为主,向东过渡为含砾砂、中细砂。嘉兴地区内被黏性土分隔成 2~3 个含水层。含水层顶板埋深 60~120m,厚度 10~50m。古河道中心单井涌水量在 3 000m³/d 以上,局部地区大于 5 000m³/d,两侧 1 000~3 000m³/d 或低于 1 000m³/d。除上游部分等地与Ⅰ组局部连通并因区域水位下降咸水入侵,呈微咸水外,其他地区均为淡水,固形物 0.3~0.6g/L。该组水量丰富,是杭嘉湖地区最主要的开采层。Ⅲ组面积 2 365km²,由中更新统中粗砂、砂砾石组成,下部常含黏性土。顶板埋深 140~170m,厚度 8~100m,平均厚 30m,可划分为 2 个含水层。古河道中心单井涌水量大于 3 000m³/d,个别地段可超过 5 000m³/d,但两侧和含水组边缘地带单井涌水量小于 3 000m³/d 和小于 1 000m³/d。水质均为淡水,固形物 0.3~0.8g/L。该组水量丰富,水质良好,是嘉兴地区仅次于Ⅱ组的开采层。

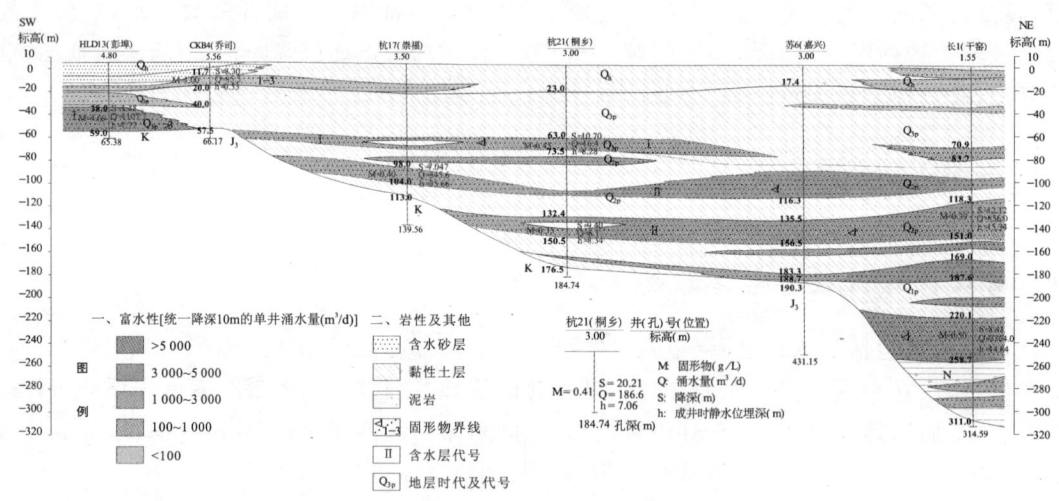

图 1 杭嘉平原水文地质剖面图

2 地面沉降现状及其危害

1914 年,在杭嘉湖地区开凿第一口深井开采地下水,开采历史已近百年。20 世纪 80 年代至今深层地下水开采量长期维持在 $1 \times 10^8 m^3/a$ 左右。浙江省政府有关文件核定超采区面积约 6 200km²,禁采区和限采区面积分别约 1 990km²、4 246km²,水位最深超过 -50m(黄海高程,下同)。由于地下水禁限采工作的实施,至 2010 年年开采量仅为 $1\,600\times10^4\,\mathrm{m}^3$,区域平均水位在 $-35\mathrm{m}$ 以内,地下水水位于多年的持续下降后转为上升(图 2)。

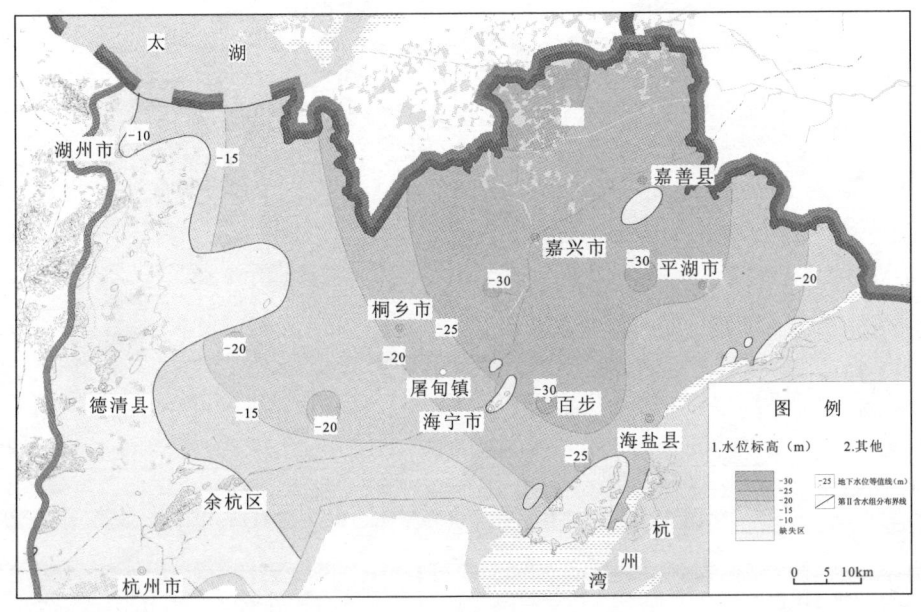

图 2　2011 年杭嘉湖平原第 Ⅱ 含水组水位图

杭嘉湖地区是浙江省地面沉降范围最大的地区。地面沉降始于 1964 年前后,至 2005 年已波及平原大部分地区,累计沉降量大于 50mm 的沉降面积超过 $4\,200\mathrm{km}^2$,占杭嘉湖平原面积的 70%,涵盖嘉兴全市和湖州、杭州部分地区,以至与江苏、上海沉降区相连;以 2005 年地面沉降速率大于 10mm/a、30mm/a 统计,沉降面积分别为 $2\,430\mathrm{km}^2$、$405\mathrm{km}^2$。2006 年以后,随着地下水禁限采措施的推进,地面沉降速率逐步减缓,发展态势得到有效遏制。至 2010 年,大于 30mm 的等值线区域已经消失,大于 10mm 的面积为 $195\mathrm{km}^2$,较 2005 年减少 92%,且多处地区出现回弹现象;海盐武原镇、嘉兴王江泾镇、平湖当湖镇最大累计沉降量超过 1m,嘉兴城区最大累计沉降量为 909.2mm,其他次一级地面沉降中心,如桐乡屠甸镇、乌镇、崇福镇、海盐袁花镇、海宁长安镇也都大于 500mm。沉降地区主要分布在平湖市的徐埭—广陈一带以及林埭、黄姑、新仓等地,海盐县的百步、沈荡以及通元等地(图 3)。

地面沉降影响该地区国民经济建设、农业生产、城市规划建设。部分地区地面高程降低,使水利工程防洪排涝效能减低,洪涝灾害加剧;城市排污能力下降,防潮水侵袭能力减弱;桥梁净空减小,通航能力降低;水准点高程数据失真,直接影响城市规划和建设,增加建设成本;以及农田渍害加剧,农田受淹损毁等。地面沉降使杭嘉湖等地区已建的 20 年一遇标准的防洪工程已普遍达不到设计御洪能力。投资数十亿的太湖流域治理工程,也因此难以达到预期效果。20 世纪 90 年代杭嘉湖地区相继发生了 4 次大洪水,特别是 1999 年"6·30"洪水,最高洪水位达 2.44～3.18m,造成直接经济损失达 39.6 亿元。统计数据显示,地面沉降每增加 1cm,淹没面积增加 1.6 万亩。据初步估算,迄今为止,杭嘉湖地区因地面沉降造成的经济损失已超过数百亿元。

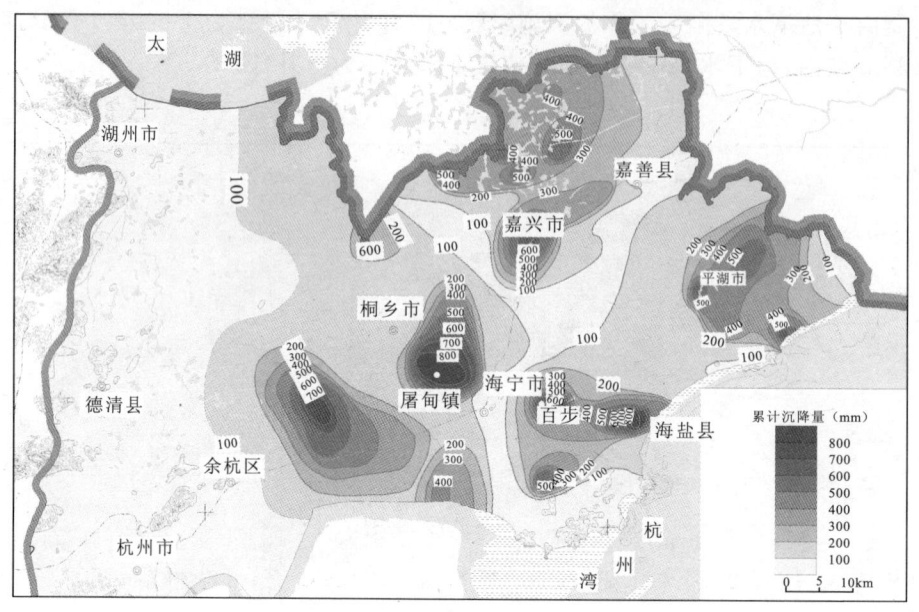

图 3 杭嘉湖平原累计沉降量图(1964—2011)

3 地面沉降易发区划分方法

3.1 评价因子及权值

地面沉降易发区是指地下水集中开采容易或者可能产生地面沉降的区域。易发区的划分基于产生地面沉降的地质环境条件,主要取决于沿海平原第四系沉积物的工程地质性质与结构,含水层分布和水文地质特征等。根据浙江省地面沉降长期监测和综合研究成果,选择软土层发育程度、松散层厚度、含水层分布(含水层数量、含水层总厚度)等作为地面沉降易发区评价因素,根据其影响因素确定量化指标及相应的权重(B),权重大小采用层次分析法获得(表1)。

表 1 地面沉降易发区影响因素判别表

条件(因素)	权重(B)	标度分值(Ai)			
		一级	二级	三级	四级
		10	6	3	1
软土层厚度(m)	0.25	>30	20~30	10~20	<10
松散层厚度(m)	0.20	>150	100~150	50~100	<50
含水层数量(个)	0.35	3	2~3	1~2	1 或缺失
含水层总厚度(m)	0.20	>60	30~60	10~30	<10

注:软土层厚度主要指全新统海相淤泥质黏性土、淤泥的累计厚度;松散层厚度指第四系松散沉积物总厚度;含水层数量指上、中、下更新统冲积承压含水岩组数,因含水岩组多由2~3个含水层组成,若该区某个含水岩组发育不全或仅有一个单层,可依次降级判定;含水层总厚度为可供开采的砂、砂砾石承压含水层的累计厚度。

3.2 评价方法

首先将评价区网格化,每个网格单元面积为(3km×3km)~(5km×5km)。逐一量测各网格单因素的等级和基本分,当同一网格内不同部位评价因素分属两个级别时,按面积加权求得该因素的单项分值。然后计算各网格的综合分值,根据影响因素标度分值与权重乘积之和(综合分值)按表2标准来判别,对地面沉降易发区进行划分。综合分值 A 计算公式如下:

$$A = \sum_{i=1}^{n} (A_i \times B)$$

式中:A 为综合分值;A_i 为影响因素相应的标度分值;B 为影响因素相应的权重。

表2 地面沉降易发区等级划分表

易发程度	高易发	中易发	低易发	不易发
综合分值(A)	>6	4~6	2~4	<2

4 地面沉降易发区划分结果

通过分析评价,杭嘉湖地区地面沉降易发区可划分为高易发区、中易发区、低易发区和不易发区4级(图4)。

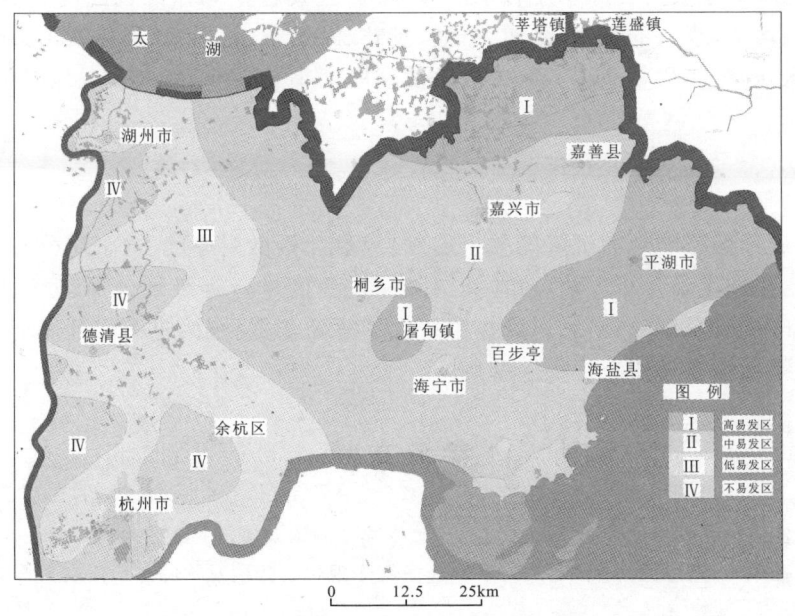

图4 杭嘉湖地区地面沉降易发分区图

高易发区(Ⅰ):分布在北部环太湖带包括王江泾、天凝、干窑、西塘、丁栅一带,东部平湖至海盐沈荡镇沿海地带以及桐乡屠甸镇一带,分布面积1 396.57km²。基底大部分位于桐乡-平湖凹陷和天凝凹陷带中,第四系沉积厚度180~300m,软土层厚度18~25m,分布上、中、下更新统3个承压含水组(Ⅰ、Ⅱ、Ⅲ)。含水层总厚度60~90m,地下水开采强度$(4~8)×10^4 m^3/km^2·a$,Ⅱ、Ⅲ含水组地下水位分别达-40m,-45m。地面累计沉降量已达200~1 000mm,沉降速率20~100mm/a,最大沉降速率108~120mm/a。中心城镇大都成为地面沉降中心或分中心。地面沉降迹象已十分明显。

中易发区(Ⅱ):分布于湖州市的马腰、南浔、东迁,桐乡市的崇福、石门、梧桐、乌镇、濮院,以及嘉兴的新塍、洪合、余新、新丰、嘉善魏塘、惠民、大云、海宁盐官、丁桥、袁花等地,分布面积2 602.73km^2。基底大部分位于嘉兴-嘉善东西向隆起带上。第四系沉积厚度80~230m,软土层厚度小于20m,主要分布上、中更新统和下更新统上组含水组,中更新统含水组在嘉兴魏塘、惠民、大云基本缺失。区内含水层总厚度嘉兴境内一般60~70m,西部一般30~50m,地下水开采强度$(0.23~2)×10^4 m^3/km^2·a$,Ⅱ含水组水位-20~-45m,Ⅲ含水组地下水位-40~-50m。地面累计沉降量100~600mm,地面沉降速率10~20mm/a。地面沉降迹象明显,仅次于高易发区。

低易发区(Ⅲ):分布于嘉兴大麻、长安、许巷一带,湖州的城区、织里、菱湖、善琏、新市、雷甸、勾里、高桥等地,以及杭州塘栖、崇贤、三墩、彭埠、中沙一带,分布面积1 577.83km^2。第四系沉积厚度50~100m,软土层厚度小于18m,分布上、中更新统含水组,含水层总厚度一般小于30m,西部部分地区小于10m,地下水开采强度$(0.02~1.5)×10^4 m^3/km^2·a$,地下水位-20m以浅;地面累计沉降量一般小于100mm,大部分地区地面沉降速率都小于10mm,地面沉降迹象轻微。

不易发区(Ⅳ):主要为孔隙承压含水层缺失区,主要包括湖州的杨家埠、八里店、和孚、钟管、干山、洛舍、城关,嘉兴的秦山、澉浦、乍浦、袁花、海宁东山、西山、嘉兴胥山,以及杭州半山、獐山、留下等区域,分布面积912.87km^2。松散层厚度小于50m,尚未发现地面沉降迹象。

5 结论

通过杭嘉湖地区影响地面沉降的软土层发育程度、松散层厚度、含水层分布状况等地质环境条件的研究,采用定量分析方法,对地面沉降易发程度进行等级划分,划分结果与沉降现状较为吻合,为开展地面沉降防治和风险控制提供了重要依据,也为进一步开展浙江省地面沉降防治的预测预警数值模型研究提供了基础。

参考文献

[1] 彭洪.浙江省杭嘉湖平原地面沉降造成的环境影响及防治对策[J].浙江水利科技,2002,(5):11-12
[2] 赵建康,孙乐玲,刘思秀.浙江省滨海平原地面沉降现状及防治对策[J].地质灾害与环境保护,2003,14(2):16-20
[3] 周岚,苏胜利.嘉兴市深层地下水开采与地面沉降的分析[J].浙江水利科技,2005,(3):23-28
[4] 赵建康,吴孟杰,刘思秀,等.浙江省滨海平原地下水开采与地面沉降[J].高校地质学报,2006,12(2):185-494
[5] 沈慧珍,吴孟杰,黎伟,等.浙江省"十一五"地面沉降防治工作主要成就回顾[J].浙江国土资源,2011(4):56-57

典型化工工业区地下水有机污染特征[①]

周迅[1,2]　姜月华[1]　周权平[1]　贾军元[1]　李云[1]

[1.南京地质调查中心；2.中国地质大学(武汉)]

[摘　要]　通过分析雨水、地表水、土壤和潜水的有机物检出情况，对比不同包气带岩性条件下的潜水有机物检出特征，认为大型化学工业企业是该区有机污染物的主要来源，其液态排放物主要污染地表水，气态排放物是浅层地下水的主要污染来源。污染途径为大气—土壤—地下水。降雨导致潜水水位上升所产生的浸泡溶释过程对有机物进入地下水起到的促进作用，比入渗过程更为明显。

[关键词]　地下水　有机污染　化工区　降雨

引言

地下水的有机污染是近30年来才逐渐受到人们的重视。早在1987年，研究人员在美国地下水中已发现175种有机污染物[1]。目前美国地下水优先控制污染物种类已达数百种。中国地下水污染调查评价工作起步较晚，但受重视程度较高。目前中国地质调查局开展的东部平原地区地下水污染调查工作，将地下水有机污染列为重要调查内容[2]。1990年提出的中国环境优先控制污染物[3]中，大多数都被列为地下水污染调查的对象。

由于地下水有机污染往往呈点状发生，且与污染源密切相关，因此，解剖一个与污染源密切相关的典型区域，有助于揭示地下水有机污染的特征。笔者选取一个典型的有机化学工业区，对潜水中赋存的有机污染物来源、运移过程及其影响因素进行了探讨。

1　研究区概况

研究区位于长江之滨，地貌上自北向南跨3个基本单元：低山丘陵区、长江支流冲积平原区、长江冲积平原区。潜水主要分布在长江漫滩、河谷平原和一级阶地。长江漫滩主要潜水含水层为全新世冲-洪积砂层，岩性以细砂为主，夹有粉砂，其底部是粗砂和砂砾石层，水量丰富。长江支流1及其支流河谷平原潜水含水层主要为全新统冲积砂层，底部夹有薄层砂砾石层，水

[①] 基金项目：长江三角洲地区地下水污染调查评价(1212010634404)。
第一作者简介：周迅，男，1978年生，高级工程师，主要研究地下水污染。

量次之;一级阶地为更新统下蜀组亚黏土分布区,是区内潜水水量最小的区域。降雨是区内浅层地下水的主要补给来源,地表水对地下水的补给作用主要表现在雨季地表水位较高时,地表水补给漫滩地下水。农田、渠道对地下水的补给作用,则发生在每年农业用水高峰的灌溉季节。总的来说,地表水对地下水的补给作用主要随季节变动,集中在6~8月的雨季。

本区常年风向为东南风,坐落有该市最大的化工工业区。目前区内分布有以市化工集团、市氮肥厂、磷肥厂、市化工园开发区及一家超大型化工联合企业,工业区周围有数个居民聚居的城镇地带,其余为农业区。主要地表水体为长江及其支流。

2 浅层地下水主要有机污染特征

2.1 潜水有机指标检出情况

研究区内共采集102个潜水水样[①],采样点类型均为民用大口井,测试有机指标90项。各指标的检出率统计情况如表1所示。

表1 潜水有机组分检出率统计表

检出指标	检出率(%)		
	全区	包气带岩性亚砂土	包气带岩性亚黏土
二氯甲烷	20.59	19	13
三氯甲烷	8.82	1	18
1,2-二氯乙烷	4.90	3	8
四氯乙烯	0.98	1	0
溴二氯甲烷	0.98	0	3
一氯二溴甲烷	0.98	0	3
1,2-二氯丙烷	1.96	1	5
荧蒽	5.88	7	3
芘	5.88	7	3
芴	5.88	4	8
菲	5.88	6	5
萘	2.94	3	3
苯并(a)蒽	2.94	4	0
蒽	1.96	1	3
苯	0.98	0	3
甲苯	0.98	1	0
总六六六	8.82	9	10
γ-BHC	4.90	6	3
β-BHC	3.92	3	8
α-BHC	1.96	3	5

---

① 姜月华,周迅,等.长江三角洲地区地下水污染调查评价成果报告[R].南京,2010。

全区各类指标中检出率最高的是二氯甲烷(20.59%),其次是三氯甲烷和总六六六(8.82%)。多环芳烃荧蒽、芘、芴、菲的检出率排在第三位(5.88%)。从潜水中检出的有机物类别来看,按检出率大小排列:卤代烃＞多环芳烃＞有机氯农药＞单环芳烃。

2.2 包气带岩性的影响

从不同包气带岩性的潜水检出结果(图1)来看,卤代烃在亚砂土中的检出率除三氯甲烷外,总体上高于亚黏土,多环芳烃中,芘、芴、菲、蒽在亚黏土岩性的潜水中检出率明显高于亚砂土,萘、苯并[a]蒽在亚砂土岩性的潜水中检出率略高于亚黏土。总体上看,多环芳烃类物质在亚黏土岩性的潜水中检出率要高于亚砂土。有机氯农药除γ-BHC外,在亚黏土岩性的潜水中检出率均高于亚砂土。单环芳烃在亚黏土岩性的潜水中检出率也均高于亚砂土。即,在包气带岩性为透气性较好的亚砂土条件下,潜水中的挥发性组分不易留存,而挥发性较差的多环芳烃和有机氯农药类物质相对容易赋存。亚黏土包气带岩性的潜水则与之相反。这反映了研究区内,有机物本身性质的差异是分布不均衡的重要原因。

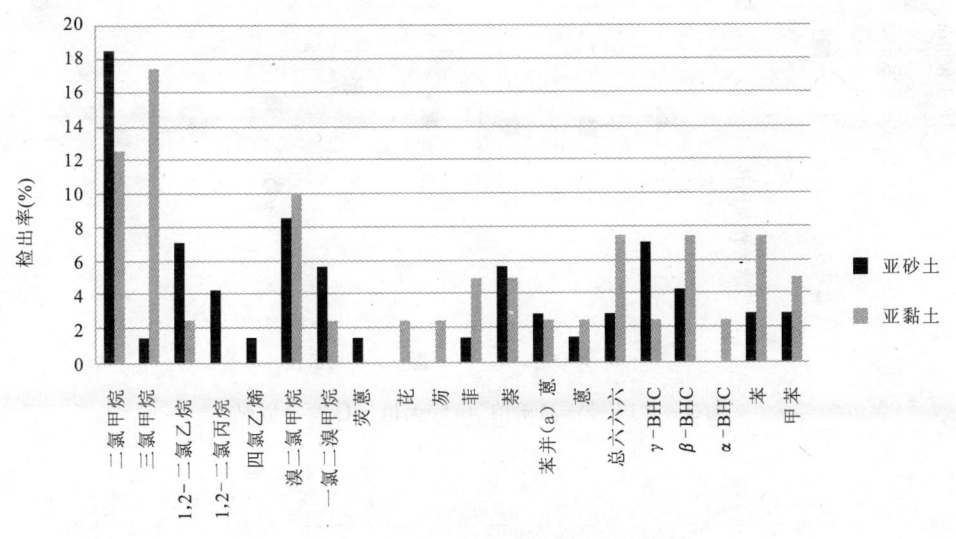

图1 不同包气带岩性潜水有机组分检出率

2.3 降雨的影响

雨水样J048C127Y取自联合化工企业工业区下风向,距离工业区边界2.2km,另布置一条潜水雨前雨后样剖面,位于化工集团下风向。各样品有机、无机指标测试统计结果如表2和表3以及图2至图4所示。

表2 雨水样有机指标检出统计表

样品编号	检出浓度(μg/L)				
	荧蒽	芘	苯并(a)蒽	菲	䓛
J048C127Y	0.016 9	0.010 5	0.001 6	0.052	0.006 3

表 3　雨前雨后潜水剖面样有机指标检出统计表

雨前样	检出浓度(μg/L)	雨后样	检出浓度(μg/L)		
	α-BHC		二氯甲烷	β-BHC	总六六六
J005C004	0.043	J005C026	0	0	0
J008C005	0.043	J008C025	0	0	0
J015C011	0	J015C023	0.61	0.021	0.021

雨水样的测试结果显示检出的有机组分只有多环芳烃，而挥发性较强的卤代烃和单环芳烃并未检出。一方面雨水的形成和降落过程与大气接触充分，挥发性物质不易赋存其中；另一方面也说明雨水本身并未给地下水带来挥发性有机污染物。

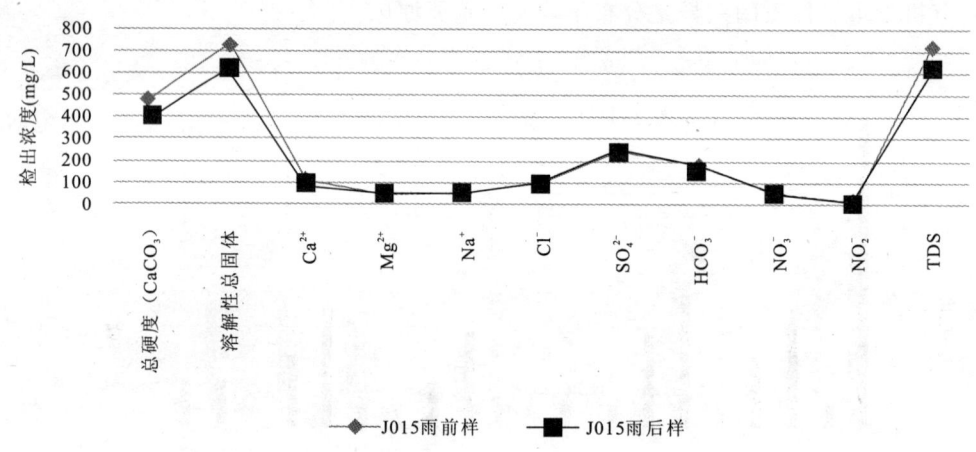

图 2　J015 号样品雨前、雨后无机指标检出情况

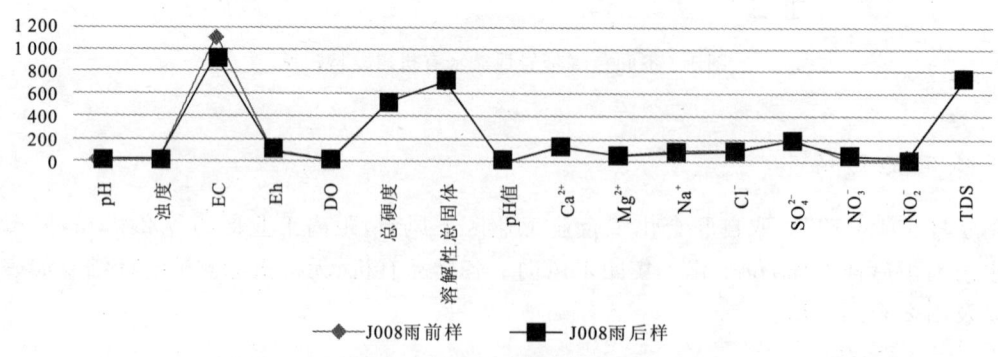

图 3　J008 号样品雨前、雨后无机指标检出情况

潜水雨前、雨后样的无机指标检出结果体现了该区降雨过程对地下水的稀释作用，J008 号和 J005 号采样点雨前样中检出的少量有机指标在雨后样中未检出，也是这种稀释作用的体

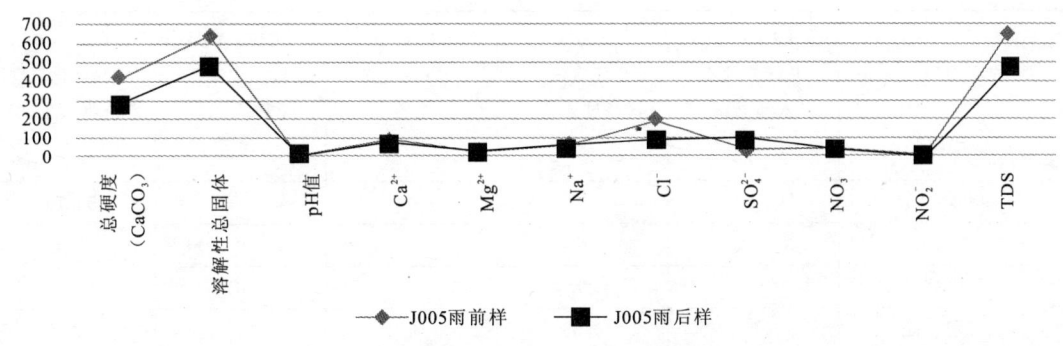

图 4 J005 号样品雨前、雨后无机指标检出情况

现。而 J015 号采样点在雨后出现的二氯甲烷和有机氯农药,则可能与该点水位上升较高,将土壤表层以下一定深度范围内赋存的有机物浸泡溶释所致[①]。入渗过程对潜水有机污染的贡献在此并未体现。本次于剖面线上采集的一个土壤样剖面不同深度的有机组分测试结果显示:土壤表层有机物种类较少,地表以下 0.5m 左右多环芳烃增多,至地表以下 1m 左右的深度,多环芳烃减少而有机氯农药增多(表 4)。这表明了水位波动产生的浸泡溶释作用,在有机物进入地下水的过程中,对地下水的影响比入渗过程的促进作用更为明显。与无机指标检出情况显示的结论可相互佐证。

表 4 土壤剖面有机物检出情况

样品编号	取样深度(m)	检出浓度(μg/L)								
		p,p'-DDE	p,p'-DDD	o,p'-DDT	p,p'-DDT	氯苯	芴	苯并(a)蒽	屈	总滴滴涕
J072C092(土1)	0.15～0.2	0	0	0	0	10.45	0	0	0	0
J072C092(土2)	0.5～0.6	0	0	0	0	8.43	2.89	9.17	0.89	0
J072C092(土3)	0.9～1.0	3.5	1.2	0	1.8	7.12	0	8.24	0.57	6.5

3 污染来源和排放途径

由于有机污染往往与污染源密切相关,因此,调查污染源的排放方式和排放特征,对于判别地下水的有机污染来源和途径是必要的。通过区域调查,得知研究区内两个大的污染源为该市化工集团和联合化工企业公司,主要排污方式为液体和气体排放,排放去向为长江和大气。

研究区主要河流的地表水样品测试结果如表 5 所示。

---

① 姜月华,周迅,等.长江三角洲地区地下水污染调查评价成果报告[R].南京,2010。

表 5　主要地表水样品有机指标检出统计表　　　　　　　　　　　　　　(μg/L)

样品类型	C105(B) 长江支流1 (未经县城)	C106(B) 长江支流1 (经过县城)	C108(B) 长江支流2 上游	C129(B) 长江支流2 下游入江口	C128(B) 联合化工企业入江口
乙苯	0	0	0	0	0.30
甲苯	0	0	0	0	79.76
二甲苯	0	0	0	0	1.06
二氯甲烷	0.24	0	0.21	0	0
1,2-二氯乙烷	0	0.39	0	0	0.62
三氯甲烷	0	0	0.000 11	0	0.000 33
四氯化碳	0	0	0	0	0.003 67
1,2-二氯丙烷	0	0.39	0	0	0
邻二氯苯	0	0	1.3	0	0.25
氯苯	0	0	41.72	0.85	0.79
萘	0	0	0	3.51	39.27
蒽	0	0	0	0	0.02
荧蒽	0	0	0	0	0.034 6
芘	0	0	0	0	0.032 3
芴	0	0	0	0	0.106 3
苯并(a)蒽	0	0	0	0	0.004 1
菲	0	0	0	0	0.133
对二氯苯	0	0	1.36	0	0.17

长江支流 1 上游(未经县城)的地表水样品有机指标只有二氯甲烷一项检出,近似未受有机污染。而流经县城以后,地表水有机物检出项数增加到两项,即 1,2-二氯乙烷和 1,2-二氯丙烷,但检出浓度较低,河水基本未受到明显有机污染。

流经化工集团东侧的长江支流 2 为长江支流 1 的支流,上游样品取样点附近 200m 内有开发区小工业企业排污口,下游样品取样点为入江口。测试结果显示,上游样品共有 5 种有机物检出,分别为二氯甲烷、三氯甲烷、邻二氯苯、氯苯和对二氯苯。其中,二氯甲烷和三氯甲烷由于在整个研究区内的潜水中也存在检出程度较高且分布广泛的现象,因此认为研究区内这两类物质是在环境中广泛存在的。氯代苯类物质仅在特定采样点的地表水样品中集中检出,提示采样点周围存在氯代苯类物质的污染源并与地表水样品密切相关。下游样品处于入江口,氯苯的检出浓度从上游样品的 41.72μg/L 下降为 0.85μg/L。新增检出指标为萘,其他组分均未检出,由于长江支流 2 的上下游采样点之间已经过治理改造,因此沿途排污减少,其样品测试结果显示了江水的强烈稀释作用。

样品 C128(B)采自联合化工企业公司排水口附近的入江口的江水,共检出 16 种有机物,显示明显的工业污染现象。

对比长江支流 1、长江支流 2 和 3 个地表水体样品,可以发现,研究区内的地表水有机污染主要来自工业污染源,生活区对地表水有机污染的贡献不大。另一方面,整个研究区的地表水有机污染主要集中在排污口附近的江水中。由此提示,研究区内地下水中有机污染主要途径并非来自污染源—地表水—地下水这个过程,大部分地区的地表水对区域内地下水有机污染的贡献度不大,而是来自污染源—大气—土壤—地下水。

4 结论

通过以上讨论,可以得出如下结论:

(1)研究区内化工工业是该区内有机污染物的主要来源,其液态排放物主要污染的是地表水体。气态排放物则广泛分布于环境中,是浅层地下水中有机污染物的主要来源。

(2)浅层地下水中的大部分有机污染物是通过大气传播,进入包气带土壤并逐渐下移最终进入地下水的。在这一过程中,降雨导致的地下水位升高所产生的浸泡溶释过程对有机物进入地下水的促进作用要比入渗过程更为明显。

(3)包气带土壤中有机物主要赋存于表层土壤(20cm)以下,并以挥发性较小的组分为主。深层土壤中依然残留较多的有机氯农药。

(4)从该研究区区域层面上看,有机物是否能够进入潜水并不完全受包气带岩性控制,还与有机物本身的物理化学性质有很大关系。有机物是否能够在潜水中长期赋存,受包气带岩性和有机物本身的挥发性共同影响较大。

(5)二氯甲烷在环境中广泛存在,其在环境中的运移和赋存及其进入地下水的途径多样,目前还难以查清,有待进一步研究。

参考文献

[1] Barbash J, Roberts P V. Volatile organic chemical contamination of groundwater resources in the U.S.[J]. Journal of the Water Pollution Control Federation, 1986, 58: 343-348

[2] 中国地质调查局. 地下水污染调查评价规范(1:5万—1:25万), 2008

[3] 周文敏, 傅德黔, 孙宗光. 水中优先控制污染物黑名单[J]. 中国环境监测, 1990, 6(4): 1-3

[4] 周迅, 姜月华, 李云峰, 等. 扬州农业区地下水硝酸盐污染分析[J]. 水文地质工程地质, 2008, 35(S): 187-192

江西萍乐坳陷带岩溶地下水补径排条件分析

魏源　杨永革　张爱华　王玺

（江西省地质调查研究院）

[摘　要]　萍乐坳陷带地跨鄱阳湖与洞庭湖两大流域，包括了袁河、锦江、乐安江等二级水系。碳酸盐岩与非可溶岩成层相间于紧密褶皱中，可溶岩多被碎屑岩所夹持及断裂所切割，其分布主要受构造控制，多呈北东向分布。地下岩溶的发育与碳酸盐岩可溶岩所处的地貌单元关系密切。在碳酸盐岩高丘陵地形、低丘陵地形和岗阜地形区中岩溶较发育，尤其在碳酸盐岩低丘陵地形区，地下岩溶管道、裂隙、孔隙最为发育。带内碳酸盐岩类岩溶水的补给、径流、排泄条件，主要受构造、地貌、地层及岩性控制。大气降水是地下水垂直渗透补给的主要来源，部分地段尚得到构造侵蚀低山（丘陵）区的基岩裂隙水、地表水补给。构造、岩层及地形地貌控制了地下水的运动和富集。

[关键词]　萍乐坳陷带　岩溶地下水　补径排条件

1　自然地理概况

萍乐坳陷带地处江西中部，西起湘东醴陵，东经萍乡—万载—高安—南昌—余干—乐平及景德镇与婺源之间，延入皖东南区(图1)。

坳陷带为江南丘陵区的组成部分，南北边界为山地环境，峰岭交错，中部丘陵起伏，盆岭相间。上高、新余一线以西主要为海拔高于100m以裸露岩溶为主的丘陵山地，以东则主要为低于100m覆盖岩溶为主的岗阜平原。地跨鄱阳湖与洞庭湖两大流域，以鄱阳湖流域为主体，约97%，而洞庭湖流域仅约3%。鄱阳湖流域中，以赣江、饶河两个一级水系和鄱阳湖区为主体，抚河、信江两个一级水系的尾闾地段也在工作区内。赣江水系中包括了比较完整的袁河与锦江两个二级水系，饶河水系中包括了比较完整的乐安江一个二级水系。洞庭湖流域分布在西部，属湘江水系的渌水上游地段。属北亚热带湿润气候区，气候温和，雨量充沛，四季分明，春末夏初阴雨连绵，伏秋多干旱，属中亚热带湿润季风区。多年平均降水量1 600～1 900mm。降水地域分布差异较大，东段为多雨区，年平均降水量1 800～1 900mm；中段与西段为相对少

---

① 基金项目：中国地质调查局资源评价工作项目"萍乐坳陷带水文地质环境地质调查(1212010733906)"。
第一作者简介：魏源，男，1962年生，长期从事基础地质、水文地质与环境地质调查研究工作。

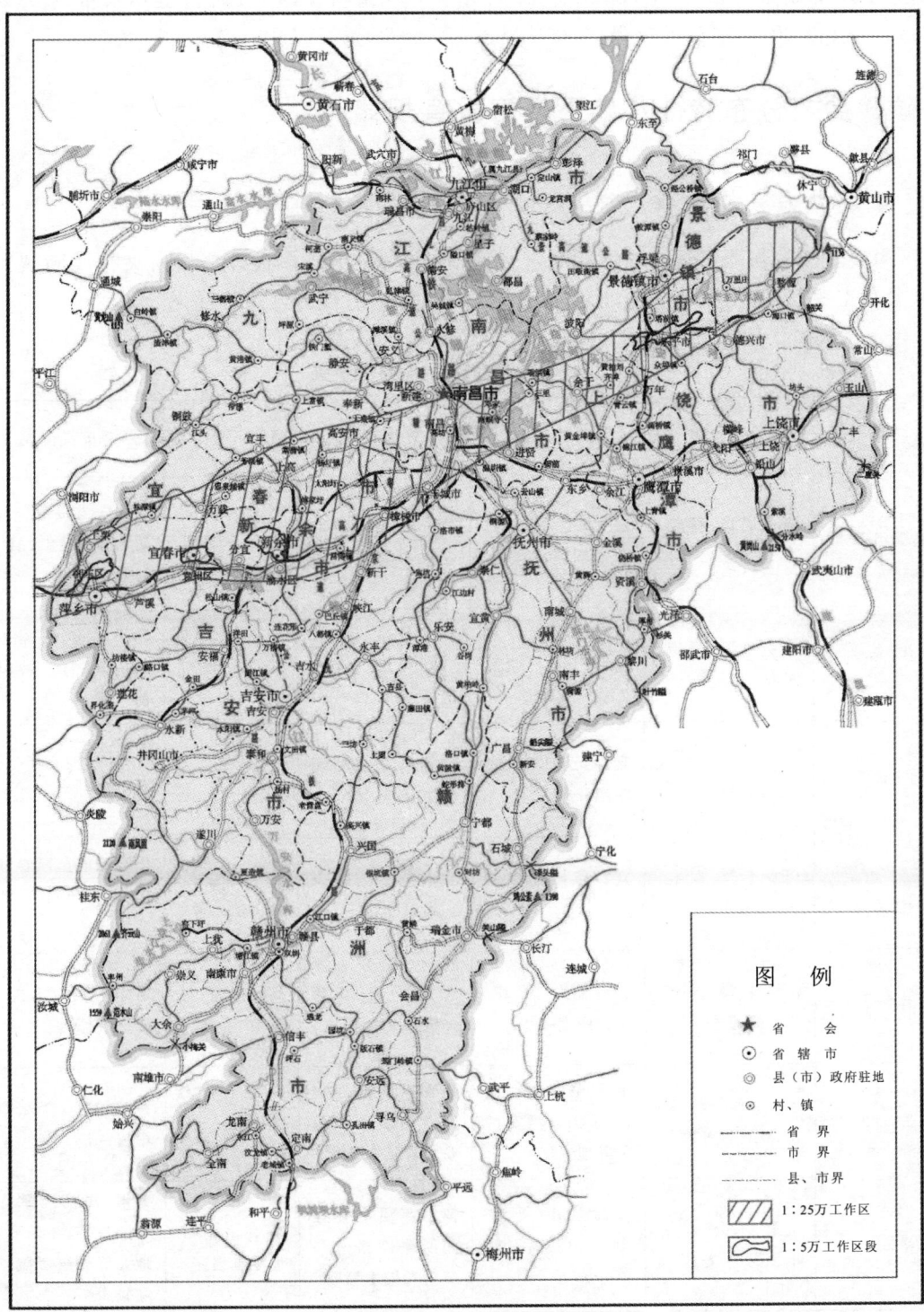

图 1 坳陷带位置图

雨区,年平均降水量 1 600~1 700mm。降雨量季节变化明显,3~6 月占全年雨量的 55%~60%,7~9 月占 20%左右,10~翌年 2 月只占 20%~25%。

2 碳酸盐岩分布特征及地下岩溶发育规律

2.1 碳酸盐岩分布特征

区内碳酸盐岩与非可溶岩成层相间于紧密褶皱中,可溶岩多被碎屑岩所夹持及断裂所切割,其分布主要受构造控制,多呈北东向分布。各流域碳酸盐岩分布特征见表 1。

表 1 碳酸盐岩的分布特征一览表

分布 地层	渌水流域	锦江流域	袁水流域	赣江下游流域	乐安江流域
青龙组[1]	萍乡福田、荷尧、长坪、清溪	慈化、上高江南、汗堂、七宝山等地	宜春及分宜杨桥—操场间、新余花鼓山等地有零星出露	高安相城、田南及丰城曲江	涌山—大游山一带。桥头丘、鸣山、官木岭等地
长兴组	萍乡上栗、福田、湘东	宜春寨下至分宜操场间、上高汗堂及万载三兴等地	宜春竹亭、尧市、三阳以北。宜春西村、双江口一带	高安均山、丰城仙姑岭等地	乐平鸣山、钟家山、桥头丘、官木岭、塔前—赋春一带
七宝山组	无	宜春至上高一线零星分布	宜春至上高一线零星分布	无	无
茅口组 小江边组	萍乡上栗、桐木、福田、湘东	宜春寨下、上高南港一带	宜春、分宜、新余一线以北	高安田南镇、建山镇一带	乐平塔前至赋春、鸣山、桥头丘、官木岭、曹溪等地
栖霞组	萍乡上栗、桐木、鸡公岭等地	宜春慈化、万载、上高南港一带	宜春、分宜、新余一线以北	高安田南、福建山	塔前至赋春、桥头丘、曹溪等地
船山组	上栗、鸡公岭、腊市、双石岩等地	上高蒙山、七宝山、末山及高安村前等地	萍乡芦溪至分宜间浙赣铁路南侧及宜春柏木等地	无	曹溪、塔前至赋春、中云一带
黄龙组	上栗、鸡公岭、腊市、双石岩等地	上高蒙山、七宝山、末山及高安村前等地	萍乡芦溪至分宜间浙赣铁路南侧及宜春柏木等地	高安田南等地零星出露	曹溪、塔前至赋春、中云一带,在乐平盆地大部分被覆盖,出露较少

2.2 地下岩溶发育规律

区域上,地下岩溶的发育与碳酸盐岩可溶岩所处的地貌单元关系密切。在碳酸盐岩高丘陵地形、低丘陵地形和岗阜地形区中岩溶较发育,尤其在碳酸盐岩低丘陵地形区,地下岩溶管道、裂隙、孔隙最为发育。

在碳酸盐岩高丘陵地形区,地下溶洞分布标高一般在 90~200m,主要集中于标高 250~200m、180~160m、90~60m 三带,其中半数为充填溶洞,充填物为黏土类夹碎石,充填物厚度较薄,洞中发育有阶面平坦、蚀沟狭窄的一级或多级台阶,显示该区岩溶仍在发育。线岩溶率平均为 5.8%。

在碳酸盐岩低丘陵地形区,地下岩溶发育标高一般在 0~80m,其中约有半数分布标高在 30m 以上,为充填溶洞,充填物主要为黏土夹碎石、砾石等,线岩溶率平均为 7.0%。

在碳酸盐岩岗阜地形区,溶洞分布标高一般为 60~50m(最低可达 -190m 以下)。充填溶洞占 60% 左右。充填物有黏土、砂砾石等。线岩溶率平均为 5.8%,其中低岗线岩溶率平均为 6.4%[①]。

从低丘陵到岗阜,隐伏岩溶区比重增大。平面上,自西向东岩溶发育标高渐降;垂向上,自上而下岩溶发育强度渐弱。其中,强发育带一般达地表以下 50~100m(标高 10~-100m)、溶洞集中段在 60m 深度以内(标高 -45m 以上);中等发育带达地表以下 200m(标高 -190)、溶洞集中段在 150m 深度以内(标高 -140m 以上)。断裂发育部位特别在复合处可局部加深,在新余华家可深达 376m(标高 -330m)、丰城曲江可深达 500m(标高 -400m)以下(表2)[②]。

表 2　测区隐伏区岩溶分带特征表

岩溶带	发育特征	底界标高(m)	溶洞集中段标高(m)
强发育带	溶洞多、洞体大、钻孔遇洞率高	10~-50	40~45 35~25 5~-5 -15~-25 -35~-45
中发育带	洞体规模中等,部分钻孔可遇溶洞	-120~-190	-60~-75 -90~-110 -130~-140
弱发育带	溶洞沿断裂发育,洞体小,钻孔遇洞少	-120~-190 以下	-120~-230 -300~-330

3　岩溶地下水的补给、径流、排泄条件

带内碳酸盐岩类岩溶水的补给、径流、排泄条件,主要受构造、地貌、地层及岩性控制。大

---

① 江西省地质局水文地质大队.1:20万宜春幅区域水文地质普查报告,内部出版。
② 江西省地质局水文地质大队.1:20万清江幅区域水文地质普查报告,内部出版。

气降水是地下水垂直渗透补给的主要来源,部分地段尚得到构造侵蚀低山(丘陵)区的基岩裂隙水、地表水补给。构造、岩层及地形地貌控制了地下水的运动和富集。

3.1 萍乐坳陷带西部锦江、袁水流域

锦江、袁水的分水岭宜春寨下到分宜清水塘、龙坬一带,地势较高,为地表、地下分水岭地区,碳酸盐岩以裸露型为主,地形崎岖不平。因构造作用影响,断裂发育,裂隙密集,岩石切割剧烈,岩溶普遍发育,地下水储存在岩溶管道和裂隙之中。可溶岩中岩溶裂隙、落水洞、溶斗等竖向岩溶发育,主要接受大气降水垂向补给,并汇集于沿断裂或顺层发育的暗河中,为岩溶水的补给区。

受两侧碎屑岩所隔,地下水一般多呈北东向、北东东向运动,局部地段沿北西向断裂或隐伏灰岩向南、北两侧径流,并在地形低洼处或可溶岩边界呈大量泉群出露。地下水埋藏较深,一般为10~50m,三水转化迅速,地下水垂直交替循环强烈,其滞后期1~8天,属典型的大气降水型。水位动态年变幅大,为6.53~43.79m,以岩溶强烈发育地带泉流量变幅大,但地下水位变幅小。

锦江、袁水的分水岭以南分布的溶丘洼地多为线状褶皱储水构造地区,主要含水层为岩溶发育的茅口组中部灰岩,夹持茅口组的孤峰组、小江边组与乐平组碎屑岩较为稳定,一般构成良好的阻水边界。碳酸盐岩多成山岭,碎屑岩多为北东向长条形谷地,因此地下水主要接受大气降水的补给,局部地区则接受北西向断裂脉状水的补给,地下水一般沿褶皱轴向呈南西、南西西向运动。在地形低洼的操场—高岚一带、泉洲等地或可溶岩边界以泉群大量泄出。由于地形比高差异较小,岩溶管道发育,因此,一般地下水位变幅较小,而流量变化较大。

地下水沿裂隙岩溶管道流向排泄区,水力坡度较排泄区陡,泉水多集中在50~150m标高间。排泄区一般为覆盖型岩溶水,大泉出露较多。由于有覆盖层,接受大气降水的垂直补给速度稍慢,如新余华家30号泉长期观测资料显示,一般雨后2~4天才出现流量高峰,但是受降水的影响仍是非常明显的。岩溶水在运动过程中,如遇弱透水层或阻水断裂阻挡和地形被切割,会迅速沿此接触面上升地表成泉、形成地下水排泄带,如前所述的西村、双林、杭桥等一带泉群就是如此,沿阻水岩层或断裂呈线状排列。

锦江、袁水的分水岭以北分布的残丘坡地,地势较低,多为覆盖岩溶区,盖层以红土碎石为主,厚度一般数米至10余米,透水性能差,局部残丘、孤峰碳酸盐岩裸露。地下水主要接受南部分水岭地区和低山丘陵的侧向补给,为径流—排泄区。地下水多储存于岩溶极发育的黄龙组、船山组灰岩网络状的管道中,储水条件相对均匀。据上高城区、墨山、三兴等地钻孔抽水试验资料,大部分地段的钻孔可获得500t/d以上的涌水量。地下水流向主要受地形控制,地表、地下分水岭基本一致。据墨山等水位线图测知:水力坡度为0.004~0.013,具承压性能。水位埋深一般为2~5m,低洼地段往往略高于地面,在地形较高的边缘地带,残丘、孤峰及补给条件差的局部地段,水位埋深达10余米,属潜水。地下水常在低洼处或溪河沿岸,以上升泉或沼泽形式排泄,泉点集中分布在60~90m标高范围内[①]。

---

① 江西省地质局水文地质大队.1:20万宜春幅区域水文地质普查报告,内部出版

3.2 萍乐坳陷带中部赣江下游

碳酸盐岩类裂隙溶洞水以大气降水补给为主。地下水动态与降水关系极为密切,水位和泉流量曲线峰值一般仅滞后降水峰值0.5~2天。在裸露型岩溶丘陵区,常见季节性下降泉和暗河出口,它们的流量在暴雨后1~3h明显上升,水质变浑。动态曲线呈锯齿状跳跃形态。裂隙溶洞水多属岩溶管道流。地下水位随地形起伏而升降,地表水和地下水分水岭往往一致。随含水层埋藏、出露等条件的不同,地下水的补给,径流和排泄方式差异明显。

低平的岩溶盆地和开阔的岩溶谷地,地下水不仅可得到降水的渗入补给,还可获得邻近基岩山区裂隙水的补给,局部地区尚有河水的渗入补给。例如,相城—太阳圩、钧山、仙姑岭、云庄等地便是地下水补给方式较多,补给水源丰富的地区。这些地区常形成网格状的水平溶洞,地下水以平缓径流为主,汇集于盆地或沟谷中部等地形低洼的地方,形成泉群或沼泽湿地,排泄于地表①。

在灰岩裸露、地势较高的岩溶丘陵区,地面常见溶沟、溶槽、落水洞等竖直状的岩溶洞穴,大气降水可直流渗入补给地下水,是区内裂隙溶洞水的主要补给区。该区地下水埋藏深,水位年变幅大,泉点稀少,地下水以垂向运动为主。到坡麓地带地下水逐渐转变成倾斜运动,埋藏渐变浅,水位年变幅也慢慢变小,在地形低洼的地方,形成泉水排泄于地表或流入岩溶谷地。

裂隙溶洞水的主要排泄区有相城-太阳圩岩溶向斜盆地的东段和钧山、仙姑岭、水北等地。这些地区岩溶发育比较均匀,多呈网格状岩溶洞穴。裂隙溶洞水埋藏浅,水位年变幅小,常见岩溶大泉,是裂隙溶洞水的有利开采地段。

3.3 萍乐坳陷带东部乐安江流域

裂隙溶洞水主要分布于几个小型构造盆地中,分别和裂隙水、孔隙水组成各自独立的汇流盆地。裸露区地貌形态属峰丛洼地,为岩溶水的主要补给区。覆盖浅埋区地势低洼,为裂隙溶洞水的汇集径流区。裂隙溶洞水的排泄主要集中于裸露区和覆盖区的交接带、断裂带和不溶边界附近。裂隙溶洞水排泄点标高集中于40~100m之间,即当地侵蚀基准面附近。

裸露型岩溶区内植被较差,但汇水洼地、消水漏斗发育。地下水除接受部分基岩裂隙水补给外,主要接受洼地汇集的大气降水注入式补给。这些洼地汇集的大气降水通过漏斗全部注入暗河管道中,暗河走向一般为北西西向、北西向或北北西向,长度一般不超过7 000m,但地形起伏较大,管道水径流途径短、坡降大、流速快,雨季呈暂时性洪流,水动力特征多属紊流,水力坡度0.01~0.082,流速136~1 862m/d②。潜水集中在坡麓和覆盖区交接带的侵蚀基准面附近排泄,以暗河、下降泉和季节性间歇泉的方式把洪峰流量与少部分基流量排泄给地表,而以潜流形式把大部分基流量排泄给覆盖区裂隙溶洞水和孔隙水。

覆盖浅埋区地势低平,补给来源充沛而稳定,主要得到裸露区裂隙溶洞水和基岩裂隙水的侧向补给,同时在覆盖区还可得到降水渗入的补给。裂隙溶洞水和孔隙水有密切的水力联系,并具有微承压性。由于受构造和条件控制,地下水汇集于主干断裂和隔水边界附近,运移方向一般为北东向或北北东向,其水力坡度和地形一样平缓,一般为0.000 25~0.012。在塔前至

---

① 江西省地质局水文地质大队.1∶20万清江幅区域水文地质普查报告,内部出版
② 江西省地质局水文地质大队.1∶20万景德镇幅区域水文地质普查报告,内部出版

赋春谷地中,微承压水和承压水在地形低洼处受隔水边界阻拦和断裂切割,呈上升泉或泉群排泄,泉点较多、流量较大。乐平盆地地形十分平坦,第四系较厚,裂隙溶洞水主要以潜流形式排泄给孔隙水与河水,地表出露的泉点很少,流量也不大。

4　结语

萍乐坳陷带可以划分渌水、锦江、袁水、赣江下游及乐安江 5 个一级岩溶水系统和 25 个二级岩溶水系统。二级岩溶水系统基本上都具备了完整的补给、径流、排泄体系,岩溶水以接受区域地下水侧向径流补给和大气降水渗入及汇水径流补给为主,具有补给区面积小、径流途径短、排泄集中的特点。

参考文献

[1] 江西省地质矿产局. 江西省岩石地层[M]. 武汉:中国地质大学出版社,1997

杭嘉湖平原地面沉降危险性评价

沈慧珍[①] 吴孟杰 刘思秀 黎伟

(浙江省地质环境监测院)

[摘 要] 杭嘉湖地区因超采地下水而发生了较为严重的地面沉降灾害。本文应用层次分析法对杭嘉湖平原地面沉降危险性程度指标进行量化分级,并对杭嘉湖平原地面沉降危险性进行了评价。杭嘉湖平原可分为高、中、低3个等级危险性分区。

[关键词] 危险性评价 地面沉降 杭嘉湖平原

引言

地面沉降是在自然或人类工程活动影响下,由于地下松散土层固结收缩压密作用,导致地表发生的下降运动[1]。杭嘉湖地区地面沉降始于1964年前后,是浙江省地面沉降范围最大的地区,目前受灾面积达到4 200km^2,地面沉降最大累计沉降量已经超过1 000mm,造成洪涝灾害加剧、海潮上岸、城市排水排污能力削弱、内河通航能力下降等危害,影响社会经济的可持续发展[2-6]。因此,地面沉降危险性评价对杭嘉湖平原的城市建设与规划、资源利用、环境保护和公共安全具有十分重要的意义。

1 层次分析法简介[7-10]

很多地区以地面沉降累计沉降量、年沉降速率或者沉降面积作为地面沉降危险性评估指标[7],这种评价方法往往以偏概全,人为地扩大或缩小其危险性。

层次分析法(analytic hierarchy process)简称为AHP法,它是由美国著名运筹学家Saaty T J在20世纪70年代初提出来的,近年来在许多领域得到广泛应用,取得了显著成果。其基本方法是对于一个包括多方面因子而又难以准确量化的复杂系统进行分析评价时,可以根据各种因子之间的关系,理顺组合方式和层次,据此建立系统评价的结构模型和数学模型;对模型的各种模糊性因子,根据它们对于影响对象或作用目标的影响程度,通过专家评判确定量化指标或者标度指标,然后根据评价模型的需要,通过判断矩阵逐项或逐层得出各方面因子的作用权重或指标数值,最后计算出最高层次的评价目标值。大体上可按以下步骤进行:

---

① 第一作者简介:沈慧珍,女,1979年生,主要从事水文地质与环境地质方面的研究工作。

(1) 分析系统中各因素间的关系，建立一个从最高层（管理目标），通过中间层（判断准则）到最低层（方案）所构成的系统的递阶层次结构模型。

(2) 针对下层各因素对上一层准则的重要性进行两两比较，构造两两比较的判断矩阵。

假定以上一层次的元素 C_k 作为准则，对下一层次的元素 $A_1, A_2, \cdots, A_n$ 有支配关系，我们的目的是在准则之下按它们的相对重要性赋予 $A_1, A_2, \cdots, A_n$ 相应的权重。对于权重的确定，AHP 法所用的是两两比较的方法，在这一步中，决策要反复回答问题：针对准则 C_k，两个元素 A_i 和 A_j 哪个更重要些，重要多少，需要对重要多少赋予一定的数值。这里使用 1~9 的比例标度，它的意义是：

1 表示两个元素相比，具有同样重要性；
3 表示两个元素相比，一个元素比另一个元素稍微重要；
5 表示两个元素相比，一个元素比另一个元素明显重要；
7 表示两个元素相比，一个元素比另一个元素强烈重要；
9 表示两个元素相比，一个元素比另一个元素极端重要。
2、4、6、8 为上述相邻判断的中值。

因素 i 与 j 比较得标度 A_{ij}，则因素 j 与 i 比较的标度 $A_{ji}=1/A_{ij}$。

(3) 完成各层次所有的两两比较，输入数据，计算最大正特征值，计算一致性指标 CR，当 $CR<0.1$ 时，认为判断矩阵具有满意的一致性，否则就需要调整判断矩阵的元素取值，使之具有满意的一致性。

(4) 计算各层次对于系统的总排序权重，并进行排序（表 1）。若整个层次综合一致性不通过，要对某些判断作适当的改善和调整。

表 1 各层次对于系统的总排序权重排序表

层次 A 层次 B	A_1 a_1	A_2 a_2	$\cdots$ $\cdots$	A_m a_m	B 层次总排序数值
B_1	b_{11}	b_{12}	$\cdots$	b_{1m}	$\sum_{j=1}^{m} a_j b_{1j}$
B_2	b_{21}	b_{22}	$\cdots$	b_{2m}	$\sum_{j=1}^{m} a_j b_{2j}$
$\cdots$	$\cdots$	$\cdots$	$\cdots$	$\cdots$	$\cdots$
B_n	b_{n1}	b_{n2}	$\cdots$	b_{nm}	$\sum_{j=1}^{m} a_j b_{nj}$

2 层次分析法用于地面沉降危险性评价指标的权重值确定

2.1 建立问题递阶层次

由于地面沉降灾害形成条件较复杂，所反映出来的沉降指标也比较多，如果将所有要素都纳入危险性评价之中,不但不可能,而且也是没必要的。因此根据杭嘉湖地区多年的地面沉降研究成果,考虑危险性本身及构成危险度各因素的相似性与差异性,选择几个主要的、起主导作用的、在较大程度上起决定作用的指标,建立本次地面沉降危险性评价的递阶层次模型(图1)。

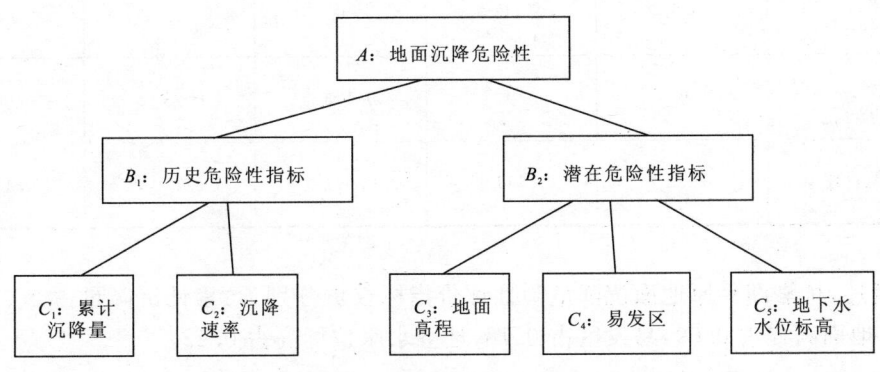

图 1 地面沉降危险性评估递阶层次结构模型

2.2 权重计算

在建好系统的层次递阶模型后,要构造两两比较矩阵,运用 Saaty T L 的 1～9 标度,两两比较得到判断矩阵,经检验判断,如果矩阵的 $CR<0.1$,认为判断矩阵具有满意的一致性(表2)。

表 2 判断矩阵一览表

A	B_1	B_2	W
B_1	1	1/2	0.333 3
B_2	2	1	0.666 7

B_1	C_1	C_2	W
C_1	1	2	0.666 7
C_2	1/2	1	0.333 3

B_2	C_3	C_4	C_5	W
C_3	1	1/2	1/4	0.136 5
C_4	2	1	1/3	0.238 5
C_5	4	3	1	0.625 0

按照层次分析法的第四步,根据上面的判断矩阵进行分类排序(表3)。

表 3 危险性评价指标综合总排序表

层次 B \ 层次 C	C_1	C_2	C_3	C_4	C_5
$\dfrac{B_1}{0.3333}$	0.6667	0.3333	0	0	0
$\dfrac{B_2}{0.6667}$	0	0	0.1365	0.2385	0.6250
层次 C 总排序 W	0.2222	0.1111	0.0910	0.1590	0.4167

综上所述,杭嘉湖平原地面沉降危险性评价指标权重分别为:累计沉降量占 0.22,沉降速率占 0.11,地面高程占 0.09,易发区占 0.16,地下水水位标高占 0.42。

3 危险性等级计算

运用层次分析法对研究区开展地面沉降危险性评估,其建立的危险性指数计算模型为:

$$W = \sum_{j=1}^{n} \theta_i \cdot \vartheta_i$$

式中:W 为危险性指数;θ_i 为控制地面沉降危险程度的 i 类因素;ϑ_i 为控制地面沉降危险程度的 i 类因素的权重。

危险性指数通过各因素与其权重乘积所得(表 4),根据其危险性指数值的大小判断各区危险性(表 5)。

表 4 沉降因素取值标准一览表

类别	判别因素	1(危险性小)	2(危险性中)	3(危险性大)
地质条件	地面高程(m)	>3.5	2.5~3.5	<2.5
地质条件	易发性程度	不易发或低易发	中易发	高易发
沉降特征	地面累计沉降量(mm)	<500	500~1000	>1000
沉降特征	沉降速率(mm/a)	<20	20~40	>40
开采动态	水位标高(m)	>−30	−30~−45	<−45

表 5 地面沉降危险性分级表

危险性指数	危险性等级
$1.0 \leqslant W < 1.5$	小
$1.5 \leqslant W < 2.5$	中
$2.5 \leqslant W \leqslant 3.0$	大

通过分析评价，杭嘉湖平原可以划分为 3 个等级危险性分区：危险性大区、危险性中等区和危险性小区(图 2)。

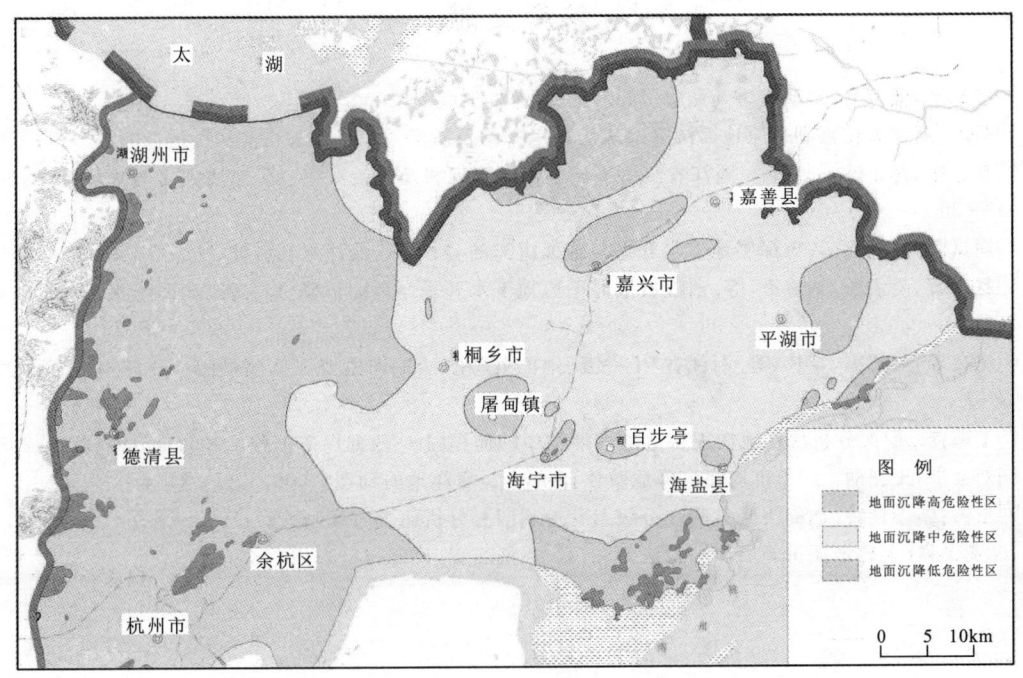

图 2　杭嘉湖平原地面沉降危险性分区图

危险性大区：主要包括嘉兴—七星镇一带、王江泾—油车港—天凝—陶庄一带、平湖广陈、桐乡屠甸、海盐百步和城西一带，面积 511km²。王江泾—天凝—陶庄一带地面高程小于 2.61m，其他地区一般为 2.61～3.68m；区内地下水位为－42.5～－45m。该区主要为地面沉降高易发区，地面沉降灾害严重。至 2008 年，嘉兴城关、桐乡屠甸、海盐武原、百步等地累计沉降量都已大于 800mm。虽然目前地面沉降速率有所减缓，但是海盐武原、百步、平湖广陈、天凝一带年地面沉降量仍然大于 30mm。

危险性中等区：地面沉降中危险性区面积为 2 883km²，为平原中部以东广大地区。区内主要为地面沉降中易发区，地面高程一般为 2.61～3.68m，沿江部分区域以及桐乡境内部分地区地面高程大于 3.68m，地下水位大部分区域已被－40m 等水位线包围。2008 年区内地面沉降速率为 10～30mm，该区中部东西向区域以及南部的海宁、海盐县部分区域年沉降速率小于 10mm，大部分地区累计沉降量小于 300mm，地面沉降灾害较严重。

危险性小区：主要为平原西部地区湖州、德清、余杭一带，也包括平原中东部的一些基岩出露区域。区内主要为含水层缺失区、地面沉降不易发区域，地下水位一般大于－28.5m，地面沉降灾害轻微，累计沉降量小于 300mm，年沉降量小于 10mm。

4　结语

本文运用模糊数学层次分析法进行杭嘉湖平原地面沉降危险性评价，使地面沉降评估工作更加科学和全面,具有可操作性。该方法也可为浙江省其他滨海平原区开展地面沉降危险性评估提供借鉴。

参考文献

[1] 肖和平,潘芳喜. 地质灾害与防御[M]. 北京:地震出版社,2000

[2] 彭洪. 浙江省杭嘉湖平原地面沉降造成的环境影响及防治对策[J]. 浙江水利科技,2002(5):11-12

[3] 赵建康,孙乐玲,刘思秀. 浙江省滨海平原地面沉降现状及防治对策[J]. 地质灾害与环境保护,2003,14(2):16-20

[4] 周岚,苏胜利. 嘉兴市深层地下水开采与地面沉降的分析[J]. 浙江水利科技,2005(3):23-28

[5] 赵建康,吴孟杰,刘思秀,等. 浙江省滨海平原地下水开采与地面沉降[J]. 高校地质学报,2006,12(2):185-494

[6] 沈慧珍,吴孟杰,黎伟,等. 浙江省"十一五"地面沉降防治工作主要成就回顾[J]. 浙江国土资源,2011(4):56-57

[7] 王国良. 层次分析法在地质灾害危险性评估中的应用[J]. 西部探矿工程,2006,125(9):286-288

[8] 刘会平,王艳丽. 广州市地面沉降危险性评价[J]. 海洋地质动态,2006,22(1):1-4

[9] 王国良,李桂玲. 地面沉降危险性分级量化分析[J]. 分析研究,2007,2(2):19-26

[10] 龚士良. 上海地面沉降层次分析法研究[J]. 系统工程,1996,14(3):30-34

无锡市近郊农田土壤重金属空间分布特征研究[①]

华明 潘永敏 廖启林 朱伯万 黄顺生 金洋

(江苏省地质调查研究院)

[摘 要] 本文应用地统计学以及多元统计学方法对无锡市近郊农田土壤重金属含量分布特征、空间变异分布特征及其来源进行了分析。分析结果显示,研究区农田土壤中 Cd、Hg、Pb 含量变异程度较高,区域差异较大,含量超背景上限比例也相对较大;同时 Cd、Zn 元素高空间相关性受结构性因素影响较大,而 As、Cu、Pb、Hg 等元素具适度空间相关性,局部受人为因素影响;重金属异常土壤的空间分布与城镇、工矿企业分布具有很好的吻合性,工业企业类型多样性导致了其土壤重金属污染来源也具有多种物源。

[关键词] 无锡市 重金属 地统计学 主成分分析

引言

随着工业化和城市化的高速发展,环境污染日益加剧,重金属已成为农田土壤的主要污染物,对农产品的安全构成了严重的威胁[1-5]。如何协调好经济的高速增长与土壤资源的合理利用和保护之间的关系,已成为社会关注的热点问题。近年来,土壤重金属污染及土壤环境质量评价研究越来越受到人们的关注和重视。但现有工作多以《土壤环境质量标准》或当地土壤背景值为参考,采取单项污染指数法或综合污染指数法计算评价土壤环境质量和受污染程度。然而土壤并非一个均质体,具有高度的空间变异性。这种空间异质性是指土壤组分的性质随空间位置不同而发生变异。许多研究表明,土壤属性具有很强的空间依赖性,因此,采用地统计学方法可以更好地解释土壤属性的空间变异性[6-9]。通过对无锡市的惠山区、锡山区农田土壤重金属含量空间变异分布特征进行分析研究,为城市周边农田土壤重金属污染防治提供依据。

1 研究区概况

无锡市位于中国经济最发达的"长三角"腹地,南临万顷太湖,北靠长江,东接苏州,西邻常

[①] 基金项目:长江三角洲地区地下水污染调查评价(1212010634404)。
第一作者简介:华明,男,1978年生,主要研究方向是环境地球化学。

州,为苏锡常中心地区,是我国著名的"鱼米之乡"。无锡市惠山区、锡山区是中国近代民族工业、当代乡镇企业的发祥地之一,曾创造了蜚声中外的"苏南模式"。研究区地形地貌以平原为主,低山、残丘为辅。土壤类型以水稻土为主,主要包括潴育型水稻土、漂洗型水稻土、脱潜型水稻土,有小片黄棕壤和粗骨土分布,主要种植水稻和小麦等农作物。

2 研究方法

2.1 样品采集与分析测试

按照 0.5km×0.5km 等间距网格化布设农田土壤样品,根据具体地形情况、土地利用、覆盖状况以及土壤类型等选择最佳采样位置,在每个采样点位 50~100m 范围内选择采集 5 个以上子样组成 1 个混合样品,采样深度为 0~20cm,每个土壤样品原始重量大于 1kg,装入统一的布袋中。按此采样方法在评估区共采集样品 1 718 个,样点分布如图 1 所示。

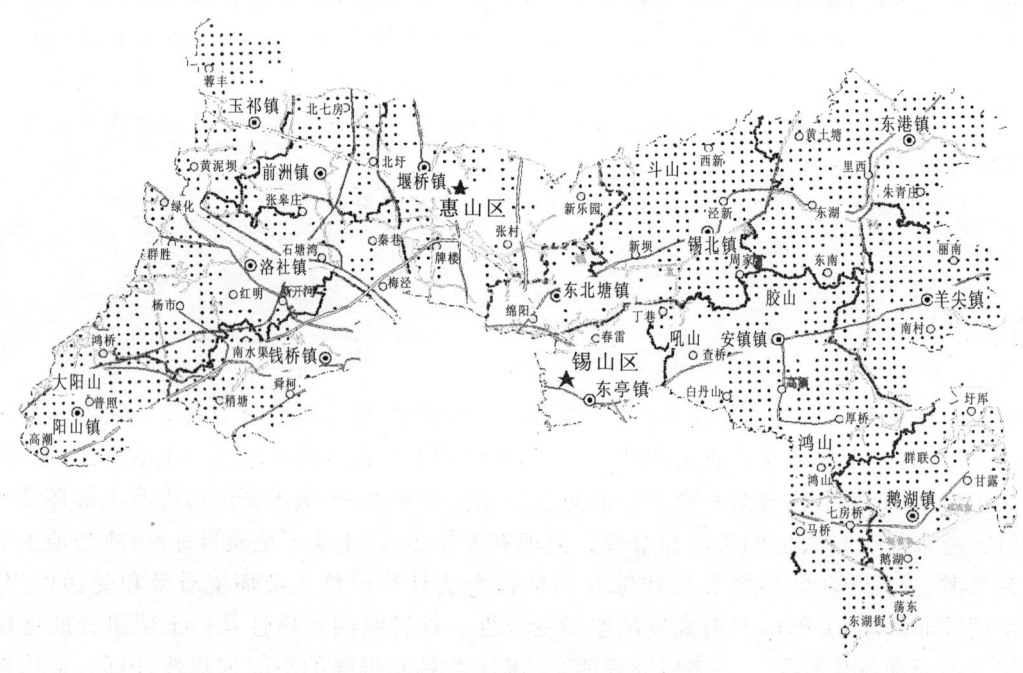

图1 研究区土壤样点分布图

样品装在布袋中经日光干燥后,剔除样品中植物根系、有机残渣以及可见侵入体,用木质工具碾碎,并用玛瑙研钵研磨至 160~200 目。土壤重金属采用标准方法测定,其中 Cd、Cu、Zn、As 用盐酸-硝酸-高氯酸消解,用石墨炉原子吸收分光光度法测定 Cd,用原子光谱吸收法测定 Cu 和 Zn,用原子荧光法测定 As;Hg 用硝酸-高氯酸消解,原子荧光法测定;Pb 用盐酸-硝酸-氢氟酸消解,石墨炉原子吸收分光光度法测定。分析过程中运用重复样和标准样监控样品分析质量。

2.2 数据的处理与分析方法

地统计学是基于分区变量空间分布(空间坐标)的理论,而变异函数的计算和拟合是空间结构分析的基础,当区域化变量满足二阶平稳性假设和本征假设时,变异函数可用下式计算:

$$\gamma(h) = \frac{1}{2N(h)} \sum_{i=1}^{N(h)} [Z(x_i) - Z(x_i + h)]^2$$

式中:$\gamma(h)$ 为变异函数;h 为滞后距离或步长;$N(h)$ 为距离等于 h 的样点对数;$Z(x_i)$ 和 $Z(x_i+h)$ 分别为区域变量 $Z(x)$ 在位置 x_i 和 x_i+h 处的实测值。

在地统计学中,变量需要正态分布,严重违反常态的高偏度和异常值,会削弱变量图和 kriging 插值[10]。环境变量一般是正态分布的或必然的不对称分布,数据集中的离群值会使变量图变得反常,然而数据转换可以抑制极值差[11]。在文中应用统计软件 Minatab 16 对原始数据进行了 Box-Cox 转换,使数据向正态化转变(表1),有利于地统计学分析。

数据集的分析采用不同的软件包。采用 GS$^+$ 进行半变异函数的计算和拟合,数据的基本统计、检验和多元统计分析采用 SPSS 17.0 完成,土壤重金属元素空间分布制图采用 MapGIS 6.7 完成。

表 1 原始数据的 Box-Cox 转换表

元素	原始数据		Box-Cox 转换后数据	
	偏度	峰度	偏度	峰度
As	3.397	32.883	0.115	3.694
Cd	37.461	1 493.743	0.256	8.752
Cu	23.549	762.307	0.283	5.643
Hg	5.393	51.296	−0.168	1.580
Pb	22.574	541.100	0.086	1.602
Zn	8.244	129.499	0.090	2.003
Fe	0.294	2.261	0.017	1.966

3 结果与讨论

3.1 基本统计结果

从研究区土壤重金属含量的变异系数来看(表2),研究区土壤 Cd、Hg、Pb 含量变异系数较大,其值都大于1,说明研究区农田土壤中 Cd、Hg、Pb 含量的区域差异较大;Cu、Zn 含量变异系数分别为 0.55、0.39,变异强度中等;As 含量变异系数最小,为 0.21,分布较均匀。相对江苏省表层土壤背景,研究区土壤 As、Cu、Zn、Cd、Pb 含量平均值、中值、几何均值普遍偏高,其中 Hg 平均含量为江苏背景值的 4.8 倍。部分土壤重金属超过当地背景上限值(即置信范围的上限值)[12]，研究区土壤Cu、Hg、Pb含量超背景上限比例大于10%，Hg的超背景上限比例最高，为17.1%；As、Cd含量超背景上限比例分别为4.5%、6.3%。

表2 农田土壤中6种重金属含量基本统计表　　　　　　　　　　　(mg/kg)

项目	As	Cd	Cu	Hg	Pb	Zn
最小值	3.34	0.015	13.6	0.025	19.9	35.7
最大值	38.30	11.60	678.0	7.26	1 824.0	802.0
算术均值	9.79	0.17	34.4	0.399	41.9	87.0
标准差	2.09	0.286	19.1	0.434	65.6	34.1
变异系数	0.21	1.68	0.55	1.09	1.56	0.39
几何均值	9.61	0.154	33.1	0.302	38.3	83.6
中位值	9.65	0.15	31.5	0.28	36.3	80.8
置信范围	6.51~12.81	0.075~0.234	22.2~48.2	0.040~0.51	25.2~48.2	51.0~112.7
超上限比例(%)	4.50	6.30	11.2	17.10	12.6	9.4
江苏省背景值①	9.40	0.151	26.0	0.084	26.8	73.0

①江苏省背景值根据江苏省表层土壤平均值。

3.2 重金属空间变异特征

研究区土壤中6种重金属的实验变异函数计算结果如表3所示，理论模型的拟合见图2。结果显示，研究区As、Cd、Zn的理论变异函数均符合指数模型，Cu、Hg、Pb的理论变异函数符合高斯模型，并且拟合效果都较好，拟合残差(RSS)都接近于0，表现出较好的块金效应。Cd、Pb等5种重金属拟合变程范围为1.65~26.28km，未超出研究区范围，仅As拟合出的变程超过了研究区范围，为149.5km，显示其相关范围较大。

块金值C_0与基台值C_0+C的比值是反映区域化变量空间异质性程度的重要指标，该比值用以反映空间变异影响因素中区域因素(自然因素)和非区域因素(人为因素)的作用。比值0.25和0.75可以作为空间相关相对强度的两个异常界限值，小于0.25的属于高空间相关性，0.25~0.75之间的属于适度空间相关性，高于0.75的属于低空间相关性[8,11]。由表3可以看出，Cd、Zn元素的块金值/基台值小于0.25，属于高空间相关性，受土壤成土母质等结构性因素影响较大；As、Cu、Pb、Hg等其他元素的块金值/基台值介于0.25~0.75，属于适度空间相关性；相对而言，Cu、Pb的块金值/基台值大于其他，说明其受人为因素影响程度高于其他重金属。上述重金属空间变异特征显示，研究区土壤中重金属元素空间相关性主要受自然因素，局部受人为因素如工业生产、施肥等影响而发生了改变。

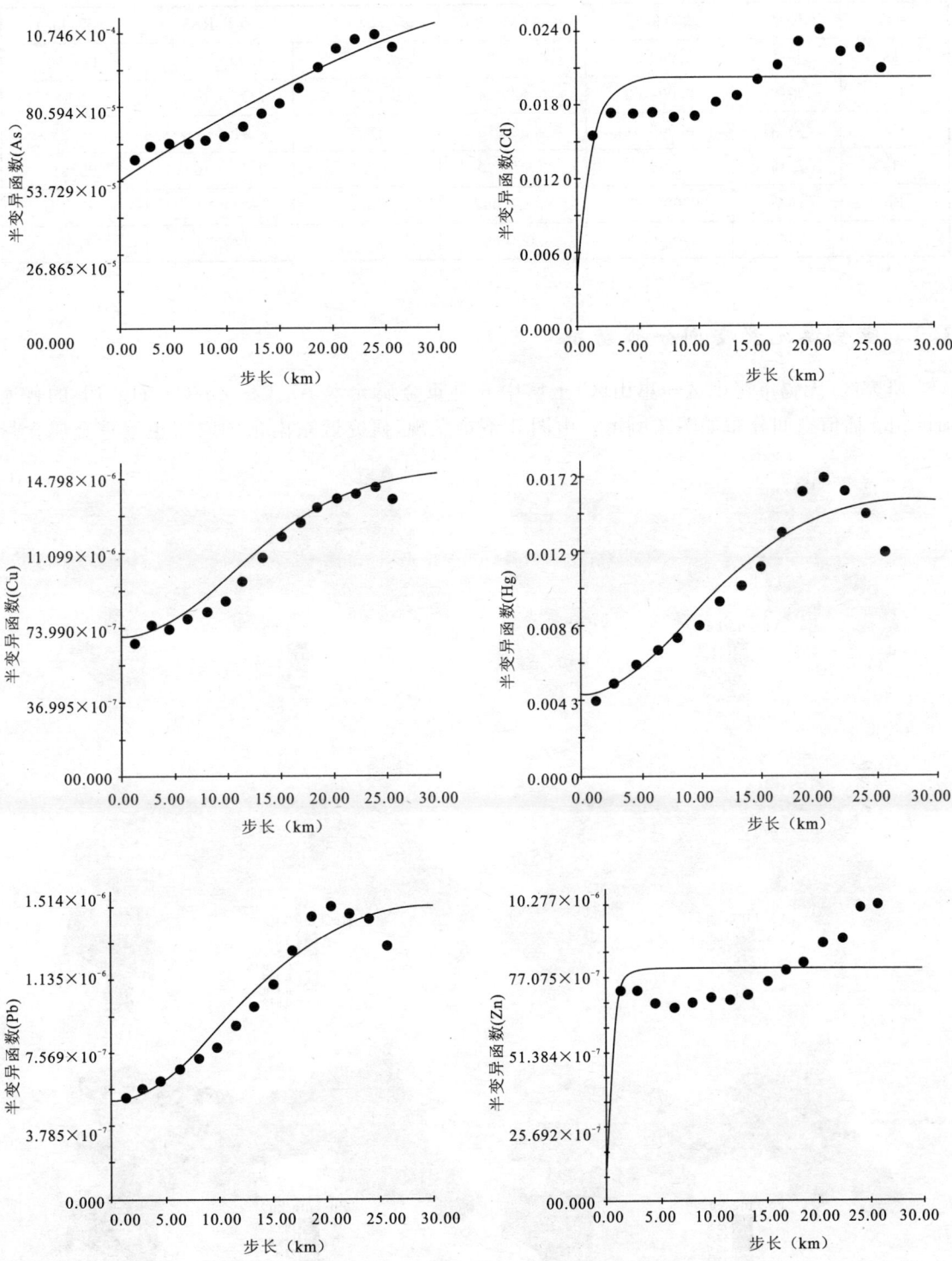

图 2 农田土壤重金属元素的变异函数图

表3 农田土壤中6种重金属理论变异函数拟合参数表

元素	模型	块金值 C_0	基台值 C_0+C	C_0/C_0+C	残差 RSS	变程(km)
As	指数	0.000 54	0.001 76	30.7	3.09×10^{-8}	149.50
Cd	指数	0.004 02	0.020 04	20.1	7.77×10^{-5}	3.54
Cu	高斯	0.000 07	0.000 15	46.7	1.94×10^{-12}	26.28
Hg	高斯	0.004 75	0.016 00	29.7	2.13×10^{-5}	22.61
Pb	高斯	0.000 001	0.000 002	50.0	9.40×10^{-14}	25.43
Zn	指数	0.000 001	0.000 008	12.5	1.92×10^{-11}	1.65

3.3 重金属元素空间分布特征

研究区(无锡市锡山区—惠山区)土壤中6种重金属元素As、Cu、Zn、Cd、Hg、Pb的普通kringing插值空间分布如图3所示。由图3不难发现,研究区东南角的农田土壤重金属含量

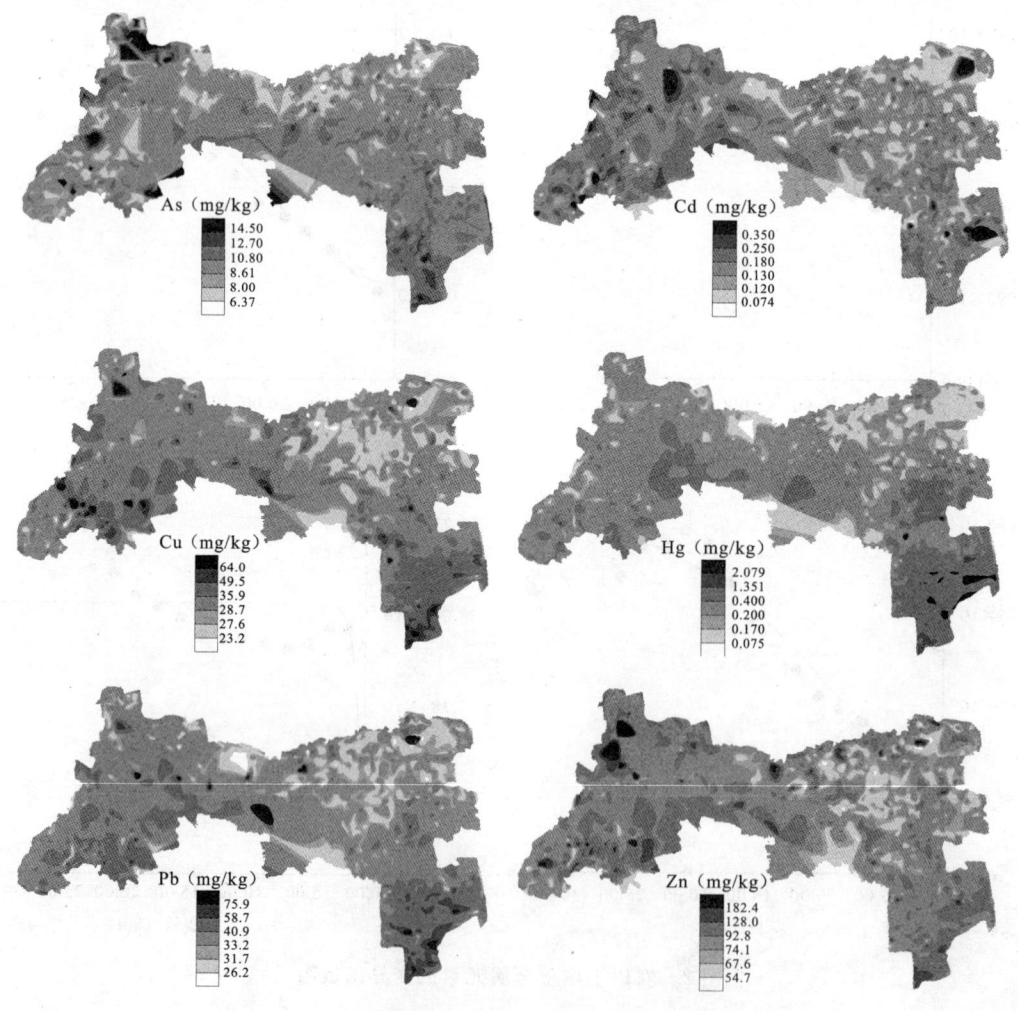

图3 农田土壤重金属空间分布图

整体偏高,如 Cu、Hg、Pb 含量高值区都分布在羊尖—鹅湖镇一带;Hg 异常土壤成片状,而其他元素异常土壤呈点状。同时结合实地调查可以发现,研究区重金属的空间分布与城镇、工矿企业分布具有很好的吻合性,重金属高值异常农田土壤主要分布在城镇和工厂集中区附近,如 Zn、Cd、Pb 含量高值土壤都出现在冶金等类型工厂附近,其中 Cd 最高含量土壤就出现在鹅湖镇的冶金类工厂集中分布区附近,Zn 最高含量土壤出现在钢铁厂附近,Pb 最高含量土壤就出现在焦化燃煤类厂附近;Hg 含量高异常农田土壤主要分布在一些印染类工厂附近。研究区土壤重金属空间分布特征反映了"长三角"地区工业分布对土壤重金属的影响特点[13],同时也显示了工业化、城镇化活动已经造成研究区农田土壤中重金属元素累积产生异常,甚至超过当地土壤背景。

3.4 土壤重金属来源分析

在空间相关性分析的基础上,为了进一步地识别自然因素和人为因素对研究区土壤中重金属元素分布的影响,进行了土壤中重金属等元素间相关性分析以及主成分分析[14],结果分别如表 4、表 5 所示。土壤中 Fe 作为惰性元素,受人为的因素影响较小,具有一定指示作用,参与本次的分析。由表 4 可见,重金属间也存在相关性,As 与 Cu、Hg、Zn,Cd 与 Hg、Zn,Cu 与 Hg、Pb、Zn,Hg 与 Pb、Zn,Pb 与 Zn 间显著相关;6 种重金属元素除 Cd、Pb 与 Fe 无明显相关,其他重金属与 Fe 均显著相关。此外,除 As 与 Fe、Cu 与 Pb 间相关系数大于 0.5,为中等相关性,其他元素间相关程度较低,表明研究区农田土壤中重金属受不同类型污染源影响,其元素异常(或组合)存在差异[15]。

表 4 土壤重金属元素间相关系数表

	As	Cd	Cu	Hg	Pb	Zn	Fe
As	1.000						
Cd	0.027	1.000					
Cu	0.134**	0.042	1.000				
Hg	0.254**	0.064**	0.189**	1.000			
Pb	0.021	−0.002	0.545**	0.088**	1.000		
Zn	0.272**	0.076**	0.397**	0.127**	0.178**	1.000	
Fe	0.519**	0.034	0.174**	0.209**	0.027	0.270**	1.000

注:$**p<0.01$,$*p<0.5$。

应用主成分分析法对研究区农田土壤中重金属元素的可能来源进行解析。本次分析提取了 4 个主成分,累积贡献率为 77.62%,表明所提取的主成分能够较好地代表源数据所蕴涵的信息。由表 5 可以看出,As、Cu、Hg、Pb、Zn、Fe 在主成分 1 中具有较高的得分,除 Pb 外,其他重金属都与 Fe 呈正相关,表明这些重金属受成土母质影响,其贡献率为 30%;Pb、Cu 与主成分 2 中得分较高,且两者具有显著正相关性,Zn 在成分 2 中得分次之,而 As、Fe 在主成分 2 中得分为负,说明 Pb、Cu 受人为因素影响,一般认为土壤中的 Pb、Cu 污染与燃煤和有色金属冶炼等人为活动有关[13,16];主成分 3 的得分重金属元素为 Cd,主要与钢铁、冶金活动有关[16,17];主成分 4 的得分重金属元素为 Hg,主要与研究区印染类企业生产活动有关[13]。通过主成分分析还可以发现,多因子说明了研究区工矿企业类型多样,导致了其土壤重金属污染来源也具有多种物源。

表5 主要成分得分矩阵表

元素	旋转前				旋转后			
	成分1	成分2	成分3	成分4	成分1	成分2	成分3	成分4
As	0.62	−0.55	−0.12	−0.06	0.82	−0.01	−0.02	0.20
Cd	0.12	−0.05	0.97	−0.10	0.00	0.00	0.99	0.05
Cu	0.69	0.54	−0.02	0.00	0.16	0.86	0.04	0.08
Hg	0.47	−0.19	0.12	0.80	0.19	0.12	0.06	0.93
Pb	0.48	0.70	−0.08	0.10	−0.11	0.84	−0.06	0.09
Zn	0.66	0.07	0.05	−0.43	0.55	0.49	0.05	−0.23
Fe	0.63	−0.51	−0.12	−0.15	0.83	0.02	−0.01	0.11

4 结论

(1)研究区农田土壤As、Cu、Zn、Cd、Pb重金属平均值与全省平均水平接近,仅Hg平均含量高于全省平均水平;研究区农田土壤中Cd、Hg、Pb含量变异程度较高,区域差异较大,含量超背景上限比例也相对较大。

(2)研究区土壤Cd、Zn元素具高空间相关性,受土壤成土母质等结构性因素影响较大;As、Cu、Pb、Hg等元素具适度空间相关性,主要受自然因素,局部受人为因素如工业生产、施肥等影响而发生了改变。空间分布表现为土壤Hg成片状异常,其他元素呈点状异常,且重金属异常土壤的空间分布与城镇、工矿企业分布具有很好的吻合性。

(3)研究区农田土壤中重金属受不同类型污染源影响,其元素异常(或组合)存在差异;研究区土壤重金属主要受土壤成土因素,但燃煤、有色金属冶炼、钢铁、冶金、印染等多种类型工矿企业导致了其土壤重金属污染来源也具有多种物源。

参考文献

[1]廖启林,华明,金洋,等.江苏省土壤重金属分布特征与污染源初步研究[J].中国地质,2009,36(5):1 163-1 174

[2]房世波,潘剑君,成杰民,等.南京市市郊蔬菜地土壤中重金属含量的时空变化规律[J].土壤与环境,2002,11(4):339-342

[3]师荣光,赵玉杰,高怀友,等.天津市郊蔬菜重金属污染评价与特征分析[J].农业环境科学报告,2005,24(增刊):169-173

[4]Krishna A K,Govil P K. Heavy metal contamination of soil around Pail Industrial Area,Rajasthan,India[J]. Environmental Geology,2004,47:38-44

[5]Abul M D,Singh B R. Heavy Metal Contamination of Soil and Vegetation in the Vicinity of Industries

in Bangladesh[J]. Water,Air,and Soil Pollution,1999,115:347-361

[6]胡克林,张凤荣,吕贻忠,等.北京市大兴区土壤重金属含量的空间分布特征[J].环境科学学报,2004,24(3):453-468

[7]郑袁明,陈煌,陈同斌,等.北京市土壤中Cr,Ni含量的空间结构与分布特征[J].第四纪研究,2003,23(4):436-445

[8]夏学齐,陈骏,廖启林,等.南京地区表土镉汞铅含量的空间统计分析[J].地球化学,2005,35(1):95-102

[9]张长波,李志博,姚春霞,等.污染场地土壤重金属含量的空间变异特征及其污染源识别指示意义[J].土壤,2006,38(5):525-533

[10]王政权.地统计学及在生态学中的应用[M].北京:科学出版社,1999

[11]李湘凌,张颖慧,杨善谋,等.合肥大兴地区土壤重金属含量的空间分布特征[J].土壤通报,2011,42(1):179-184

[12]中国环境保护总局.土壤环境监测技术规范(HJ/T 166—2004)[M].北京:中国标准出版社,2004

[13]邵学新,黄标,孙维侠,等.长江三角洲典型地区工业企业的分布对土壤重金属污染的影响[J].土壤学报,2006,43(3)397-404

[14]高吉喜,段飞舟,香宝.主成分分析在农田土壤环境评价中的应用[J].地理研究,2006,25(5):836-842

[15]章明奎,王浩,张惠敏.浙东海积平原农田土壤重金属来源辨识[J].环境科学学报,2008,28(10):1 946-1 954

[16]杨忠平,卢文喜,刘新荣,等.长春市城区表层土壤重金属污染来源解析[J].城市环境与城市生态,2009,22(5):29-33

[17]吴春发,吴嘉平,骆永明,等.冶炼厂周边土壤重金属污染范围的界定与不确定性分析[J].土壤学报,2009,46(6):1 006-1 012

淮河流域平原区松散层地下水中砷元素分布特征及成因浅析

王赫生 周锴锷 龚建师 朱春芳 侯丽丽

（南京地质矿产研究所）

[摘 要] 本文基于中国地质调查局地质大调查项目多年的调查数据，结合研究区水文环境地质条件，从整个淮河流域阐述了砷元素在平原区浅层地下水（埋深小于50m）及深层地下水（埋深大于50m）中的分布特征，并浅析了其规律和成因。结果表明，浅层地下水中砷以江苏的丰沛平原和沿海地区及里下河平原超标最为严重，河南境内沙颖河流域的双洎河和贾鲁河及汶河沿岸与涡沱河流域的兰考县等地较为严重，安徽境内的沙颖河及涡河沿岸较为严重；深层地下水中砷元素含量超标率较小，超标主要集中在江苏沿海平原区盐城一带，河南有少量点状分布。淮河流域内浅层地下水砷污染是自然因素和人为因素共同造成的，深层地下水砷污染可能主要为地层、岩体、矿床等自然因素作用的结果；对于砷超标地区，可通过改水、高砷处理等措施，改善淮河流域平原地区浅层地下水水质。

[关键词] 淮河流域 松散层地下水 砷元素 分布特征

淮河流域地貌类型多样，有山区、丘陵、平原及湖泊洼地等，其中平原区约占52%以上，区内浅层地下水资源分布较为广泛。淮河流域曾经是我国污染最严重的地区之一，虽然近些年经过"十五""十一五"期间的不懈努力，淮河流域4省省界断面水质略有好转，但水污染问题仍是制约流域内城市经济发展的主要问题之一。根据淮河流域松散层地下水的埋藏条件，浅层地下水可定义为可参与浅部水循环交替的地表以下50m以浅范围内的潜水和微承压水，深层地下水指埋深50m以上的承压水[1]。目前，浅层地下水是广大农村地区生活饮用的主要水源。据淮河流域地下水的水质分析资料，部分地区地下水中砷元素超标。人体若长期通过饮水摄入过多的砷，会引发饮用型砷中毒，表现为以皮肤色素脱失、着色、角化及癌变为主的全身性的慢性中毒性疾病。因此，分析其分布特征及规律可为淮河流域平原区防砷改水和合理利用地下水提供依据。

---

① 本文由国土资源部地质调查项目（编号：1212010634505）资助。
第一作者简介：王赫生，男，1984年生，硕士，助理工程师，主要从事水工环地质方面的工作与研究。

1 研究区概况

1.1 自然地理

淮河流域位于东经 111°55′—122°45′、北纬 30°55′—38°05′之间,面积约 $33\times10^4\,km^2$,地域主要涉及河南、安徽、江苏和山东 4 省。淮河流域地形的总趋势是西高东低,流域内有山区、丘陵、广阔的平原及湖泊洼地。气候自北向南由暖温带过渡到亚热带,区内气候温和、四季分明。

1.2 水文地质条件

淮河流域平原区主要为新近系和第四系松散堆积,其厚度在蚌埠至徐州一带较薄,厚数十米,向东及西均增厚,西部最厚处在河南境内。其中第四系沉积物最厚可达 300 余米,主要为砂质黏土、泥砾、亚砂土、亚黏土、黏土、砂土、粉砂组成。

淮河流域按地质地貌、水文地质条件可分为山前冲洪积倾斜平原区、中游淮北冲积平原区、南四湖冲积平原区、沂沭河水系平原区、滨海海积平原区和淮河下游平原区、山东境内黄河冲积平原区等水文地质区。地下水主要分为松散岩类孔隙水、碳酸盐岩类裂隙岩溶水和基岩裂隙水 3 种类型,其中分布最广的为松散岩类孔隙水,其次为岩溶水和基岩裂隙水,具有供水意义的含水层主要为孔隙水和岩溶水。

淮河流域浅层地下水水位埋深与地形变化基本吻合,大部分为 2～6m,黄河南岸、下游淮阴地区与东部沿海一带以及工作区的中西部地区,水位埋深小于 2m,苏北灌溉总渠以南的里下河地区,地下水位埋深一般小于 1m,多为 0.5～0.8m。含水层包括全新统、上更新统及部分中更新统地层,一般分为上、下两层,岩性主要为粉砂与细砂,厚 5～30m,水质具有水平和垂向分带的变化规律,地下水水位主要受降水、蒸发及地表水影响,水位变幅一般为 1.5～2.5m,浅层地下水大部分属矿化度小于 1g/L 的重碳酸型淡水,在下游沿海地带矿化度稍高,有微咸水分布[2]。深层地下水一般埋深大于 50m,埋藏较深,水力坡度较小,径流缓慢,开采后无补给来源,地下水的排泄主要是人工开采,平面上分布不均,西部、南部山前底板埋深 60～100m,由山前向平原逐渐加深,平原大部分地区一般为 120～260m,局部达 350～400m,部分地区已形成较大范围水位降落漏斗。

2 淮河流域平原区地下水地球化学特征

2.1 浅层地下水地球化学特征

地下水水化学特征不仅受地质环境制约,同时也与地下水的径流途径、补给方式密切相关。总体上,浅层地下水以重碳酸钙、重碳酸钙镁型为主。西部及西南部山前冲洪积平原区主要由河流冲积物组成,地下水接受山区地下径流补给途径较短,地下水成分及化学类型与山区石灰岩区地下水相近,浅层地下水化学类型以 HCO_3—Ca、HCO_3—$Ca\cdot Mg$ 型为主。中东部平原区,由于受地质环境变异、物质来源及补径排条件的影响,地质环境对地下水水质起主导作用,浅层地下水钠含量相对增高,水化学类型以 HCO_3—$Ca\cdot Mg\cdot Na$ 型为主,同时溶解性总固体、总硬度增高；由于受人为等因素的影响，部分地区氯化物、硫酸盐型水亦有分布。

从丘陵区到山前冲洪积平原再到冲积平原、冲湖积平原、冲海积平原、海积平原，地下水化学特征呈规律变化。浅层地下水阳离子由丘陵区和山前冲洪积平原区的钙型、钙镁型、钙钠型，过渡为冲积平原和冲湖积平原的镁钙型、钠钙型、钠镁钙型、钠镁型，到滨海海积平原区则出现钠型水。天然条件下阴离子成分相对较简单，全区主要为重碳酸型，到冲湖积平原中部变为硫酸重碳酸型，向海积平原方向逐渐过渡为重碳酸氯型、氯重碳酸型、氯型。地下水矿化度由丘陵区和山前冲洪积平原区的小于 500mg/L，过渡到与黄河冲积平原、冲湖积平原区交接部位的 500～1 000mg/L，到冲积平原、冲湖积平原中部矿化度增加到 1 000～3 000mg/L，冲积海积平原、海积平原区矿化度一般大于 50 000mg/L[3]，见图 1 所示[4]。

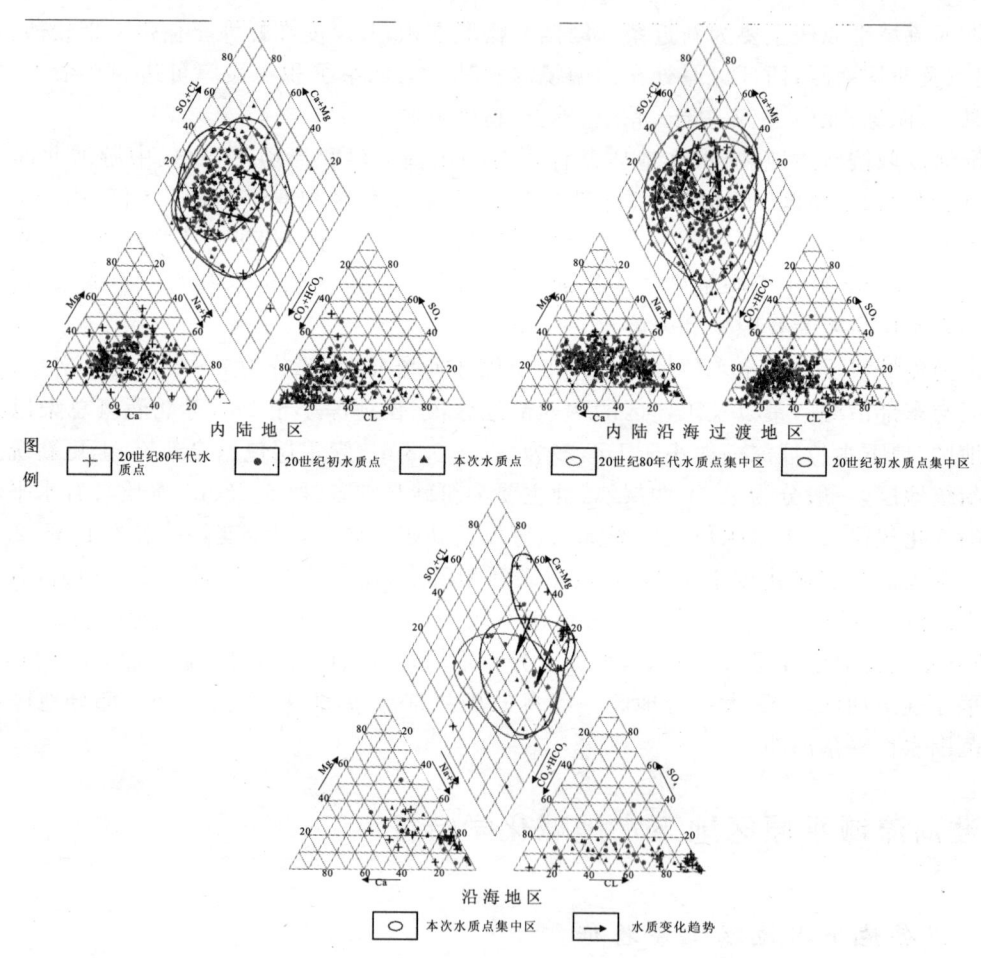

图 1 淮河流域浅层地下水水化学演变三线图

2.2 深层地下水地球化学特征

总体上，深层地下水以重碳酸钙、重碳酸钠型水为主。HCO_3—$Ca·Mg$ 型水主要集中于山前岗状平原地带，分布于淮河流域西部，分布面积较大，地下水溶解性总固体为 300～

1 000mg/L,总硬度为 150～650mg/L。HCO₃—Na 呈面状分布于淮河流域中部,地下水溶解性总固体为 300～2 000mg/L,总硬度为 150～450mg/L。HCO₃·Cl—Na·Mg·Ca 型水呈片状分布于局部地区,地下水溶解性总固体为 500～1 000mg/L、总硬度为 50～300mg/L。HCO₃·SO₄—Ca·Mg 型水主要分布于淮河流域北部,地下水溶解性总固体为 500～1 000 mg/L、总硬度变化幅度较大,有的小于 150mg/L,有的大于 650mg/L。Cl·HCO₃—Na 型、Cl—Na 型等类型的水主要分布于盐城以北的沿海地区。

深层地下水由山前冲洪积平原到冲湖积平原呈现规律性变化,以南四湖流域平原区为例,山前冲洪积平原区水化学类型以 HCO₃—Ca 型为主,到冲湖积平原区东部,阴离子体现为 HCO₃⁻ 含量逐渐减少,而 SO₄²⁻、Cl⁻ 离子含量不断增加,水化学类型主要为重碳酸根、硫酸根、氯化物组合型,阳离子体现为 Ca²⁺ 含量逐渐减少,Na⁺ 含量逐渐增加;冲湖积平原西部水质各离子含量相对变化较小,水化学类型变化不大,主要以 Cl—Na 型、Cl·HCO₃—Na 型、Cl·SO₄—Na 型为主。如图 2 所示[4]。

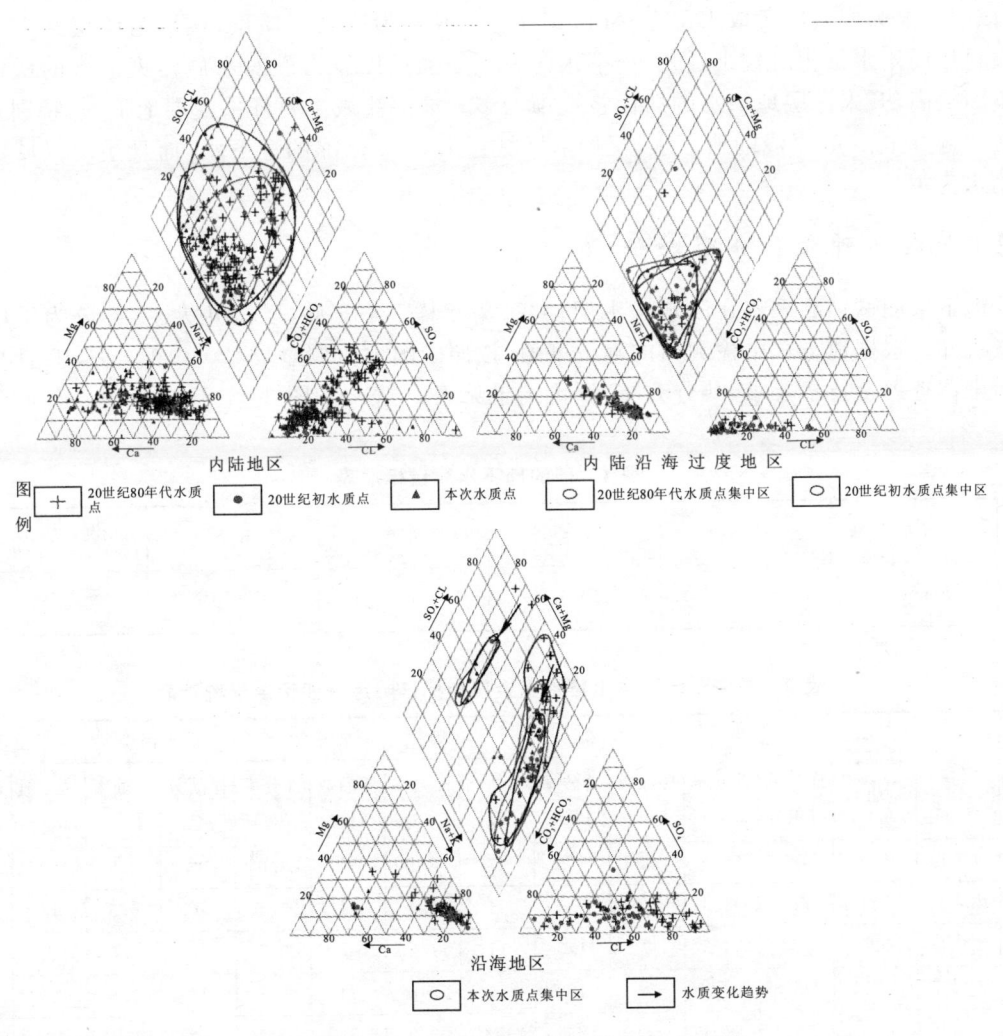

图 2 淮河流域深层地下水水化学演变三线图

3 淮河流域平原区地下水砷元素分布

3.1 地下水采样测试概述

本文依托国土资源部地质调查计划项目《淮河流域平原地区地下水污染调查评价》及工作项目《淮河流域平原地区地下水污染调查评价综合研究与专题研究》所取得的一系列原始资料及研究成果,对项目自开展以来采集的地下水样品进行筛选。参与区域地下水评价的数据选取原则为:①能够反映区域地下水水质及污染现状,重点区采样不完全参与区域地下水评价;②浅层地下水采样点和深层地下水采样点在区内要均匀分布,要考虑污染源分布和地下水流场特征;③参评采样点要考虑区域水文地质条件和土地利用等情况,选择能反映调查区地下水质量和污染总体状况的代表性水点[5]。

根据采集水样井的深度不同划分两个层段,即地面以下 50m 以浅的地下水为第一水质层,该层主要为农村居民取水层段;50m 以下至 300m 为第二水质层,该层为深层地下水。目前农村居民用水量相对较小,随着地下水污染不断加重以及人们对水质污染危害的认识程度的不断提高,开采深层地下水的居民将逐渐增多。淮河流域主要开采浅层地下水,特别是农村地区普遍开采 50m 以浅的地下水,仅局部区域开采 50m 以深的地下水,而且主要以城镇水源地用水为主。

3.2 浅层水砷元素分布特征

地下水测试样品采集在浅水含水层,共采集水样 3 435 件,以民井为主,部分为手压井和灌溉机井。根据地下水中检测出的砷浓度值,按照中国地质调查局(2010 年 7 月 10 日)《地下水污染调查评价技术要求》共分 5 类,评价结果见表1、表2和图3。

表 1 砷的地下水质量标准表

指标	Ⅰ类	Ⅱ类	Ⅲ类	Ⅳ类	Ⅴ类
砷(mg/L)	≤0.005	≤0.005	≤0.01	≤0.05	>0.05

表 2 淮河流域浅层水毒性重金属指标(砷)污染评价结果统计表

指标	区段	样品数(组)	未污染		轻污染		中污染		较重污染		严重污染		极重污染	
			样品数(组)	百分率(%)	样品数(组)	百分率(%)	样品数(组)	百分率(%)	样品数(组)	百分率(%)	样品数(组)	百分率(%)	样品数(组)	百分率(%)
砷	江苏段	584	397	68.0	27	4.6	48	8.2	21	3.6	22	3.8	69	11.8
	山东段	761	718	94.3	4	0.5	11	1.4	11	1.4	4	0.5	13	1.7
	河南段	920	868	94.3	9	1.0	11	1.2	6	0.7	12	1.3	14	1.5
	安徽段	1 170	1 008	86.2	50	4.3	44	3.8	24	2.1	19	1.6	25	2.1
	全流域	3 435	2 991	87.1	90	2.6	114	3.3	62	1.8	57	1.7	121	3.5

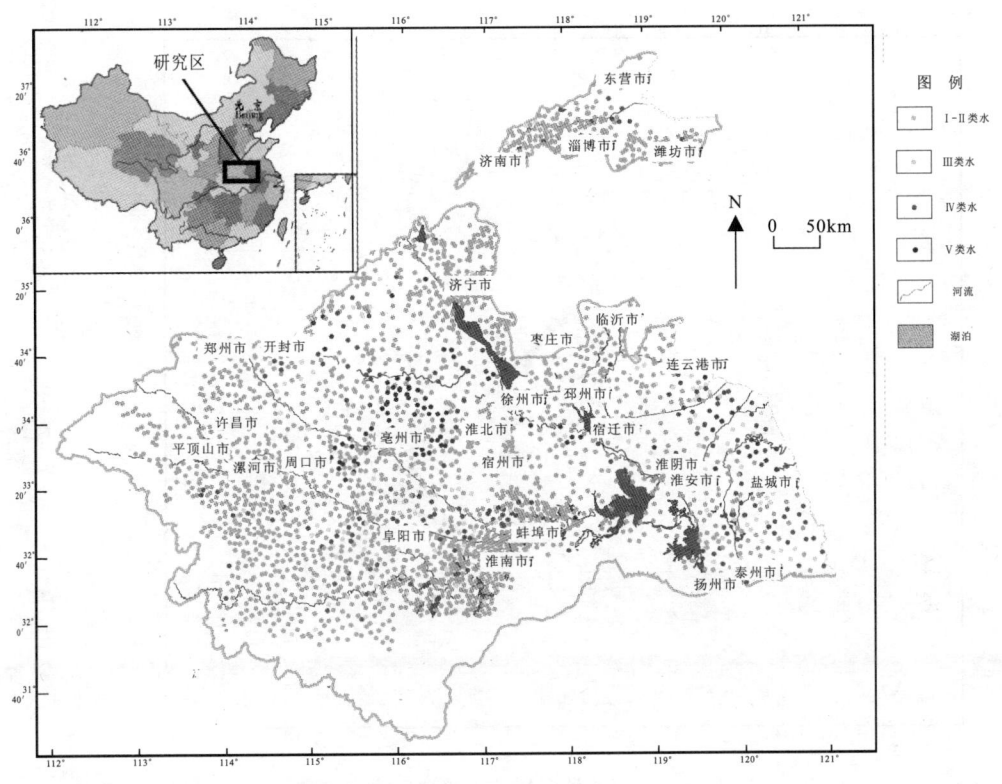

图 3 淮河流域浅层地下水砷含量评价图

流域内水质以Ⅰ类、Ⅱ类水为主。其中Ⅰ类、Ⅱ类Ⅲ类水全区均有分布;Ⅳ类水主要分布在江苏工作区的东部沿海;Ⅴ类水零星分布于江苏工作区的西北部及东部。

3.3 淮河流域平原区深层水砷元素的分布特征

地下水测试样品采集在深水含水层共采集水样 912 件,多以城镇集中供水井为主,部分为农村集中供水井。根据地下水中检测出的砷浓度值,评价结果如表 3 和图 4 所示。

表 3 深层地下水毒性重金属指标(砷)污染评价结果统计表

指标	区段	样品数(组)	未污染		轻污染		中污染		较重污染		严重污染		极重污染	
			样品数(组)	百分率(%)	样品数(组)	百分率(%)	样品数(组)	百分率(%)	样品数(组)	百分率(%)	样品数(组)	百分率(%)	样品数(组)	百分率(%)
砷	江苏段	451	394	87.4	12	2.7	27	6.0	8	1.8	3	0.7	7	1.6
	山东段	303	298	98.3	2	0.7	1	0.3	0	0.0	1	0.3	1	0.3
	河南段	86	84	97.7	1	1.2	0	0.0	0	0.0	1	1.2	0	0.0
	安徽段	72	68	94.4	4	5.6	0	0.0	0	0.0	0	0.0	0	0.0
	全流域	912	844	92.5	19	2.1	28	3.1	8	0.9	5	0.5	8	0.9

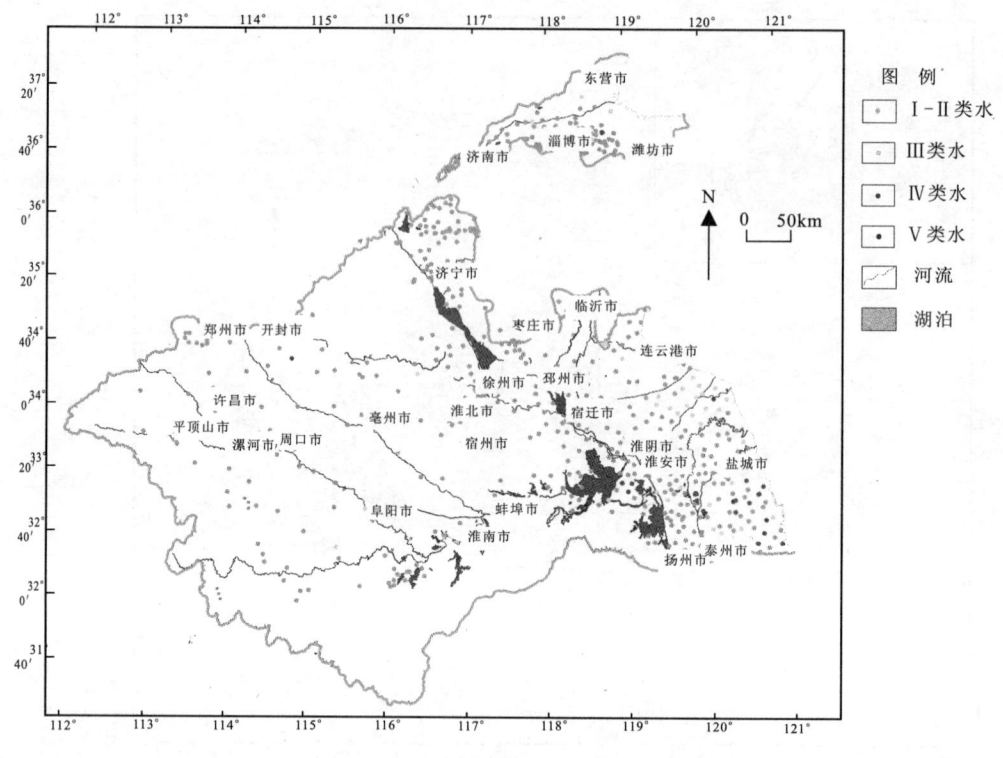

图 4 淮河流域深层地下水砷元素评价图

由图可知，Ⅰ类、Ⅱ类水分布全区；Ⅲ类水主要分布于河南东部、安徽西北部、山东北部、江苏东部；Ⅳ类水分布于江苏南部、河南北部，山东北部亦有少量分布。

3.4 淮河流域平原区地下水砷元素分布规律及成因浅析

地下水砷元素分布特征受沉积环境、水文地质条件及人为因素控制[6]。从检出分布情况上看，浅层水和深层水存在一致性。砷在全域内中部商丘—周口—阜阳—淮北一线分布较多。

砷元素分布明显表现为丘陵山区较低、平原区较高的特点，以江苏地区为例，在丘陵地区超标率全部不超过1.7%，但平原地区分别在30%和20%左右，相差数倍以上（表4）。

表 4 淮河流域江苏段（砷）污染评价结果统计表

地下水资源亚区	全区	里下河沿海平原地下水资源亚区	盱眙丘陵地下水资源亚区	沂沭河平原地下水资源亚区	北部丘岗地下水资源亚区	徐淮丘陵地下水资源亚区	丰沛平原地下水资源亚区
样品总数（组）	603	205	7	196	46	118	31
砷超标率（%）	17.9	29.3	0	20.7	0	1.7	19.4

浅层地下水中砷元素含量以黄泛平原、淮河冲积平原较广泛,山前平原最好,岗状平原位于山前,地势坡降比大于5‰,地下水径流相对较快,各类因子含量较低,整体水质相对较好。就地域来说,浅层地下水中砷以江苏的丰沛平原和沿海地区及里下河平原超标最为严重,河南境内沙颍河流域的双洎河和贾鲁河及汶河沿岸与涡沱河流域的兰考县等地较为严重,安徽境内的沙颍河及涡河沿岸较为严重。

深层地下水中砷元素含量超标率较小,超标主要集中在江苏沿海平原区盐城一带,河南少量呈点状分布。

砷污染是指由砷或其化合物所引起的环境污染。大量文献表明,砷和含砷金属的开采、冶炼,用砷或砷化合物作原料的玻璃、颜料、原药、纸张的生产以及煤的燃烧等过程,都可产生含砷废水、废气和废渣,对环境造成污染。大气含砷污染除岩石风化、火山爆发等自然原因外,主要来自工业生产及含砷农药的使用、煤的燃烧。采矿、冶炼的废渣,冶金、化工、农药、染料和制革等的工业废水和地热发电厂的废水中均含砷,被砷污染的河水会降低生化需氧量。含砷废水、农药及烟尘都会污染土壤。砷在土壤中累积并由此进入农作物组织中。砷对农作物产生的毒害作用最低浓度为3mg/L,对水生物的毒性亦很大。砷和砷化合物一般可通过水、大气和食物等途径进入人体,而造成危害。元素砷的毒性极低,砷化合物均有毒性,三价砷化合物比其他砷化合物毒性更强[7-9]。

地下水中砷的来源主要有废水、废渣、农药等人为因素和地层、岩体、矿床等自然因素。淮河流域平原区地下水含水层主要是第四纪的细砂、粉砂及黏土夹层,利于砷的富集。因此,地下水的砷污染来源主要受地质、矿床等自然因素的影响,但由于淮北平原区多为农田区,含砷农药及被砷污染的河水也可能是造成浅层地下水砷元素含量超标的原因。河南及安徽一带高砷的点状分布也可能与当地含砷污染物的排放有关。

针对该区砷污染的实际情况,根据淮河流域平原区的地下水利用特点,提出以下几点措施:一是改水措施,改水是防治饮水型地方性砷中毒的主要措施之一;二是高砷水的处理,可通过沉淀、吸附、离子交换及膜分离法进行"除砷"[10-12]。

4 结论及建议

通过对淮河流域的地下水中砷元素分布特征及规律的分析与初步研究,得出如下结论:

(1)淮河流域松散层地下水是平原地区饮用水的主要来源之一,调查数据显示部分地区砷含量超标,按照地下水质量标准不适于直接饮用。

(2)浅层地下水中砷以江苏的丰沛平原和沿海地区及里下河平原超标最为严重,河南境内沙颍河流域的双洎河和贾鲁河及汶河沿岸与涡沱河流域的兰考县等地较为严重,安徽境内的沙颍河及涡河沿岸较为严重;深层地下水中砷元素含量超标率较小,超标主要集中在江苏沿海平原区盐城一带,河南有少量呈点状分布。

(3)淮河流域内浅层地下水砷污染是自然因素和人为因素共同造成的,深层地下水可能主要为地层、岩体、矿床等自然因素。

(4)对于砷超标地区,可通过改水、高砷处理等措施,改善淮河流域平原区浅层地下水水质。

总体来讲,淮河流域平原区地下水中砷含量较低,大区域环境下,松散层地下水中砷来源主要为天然。由于地下水中化学组分来源过于复杂,个别水点不排除污染成因,研究难度大[13]。下一步可继续收集砷超标水点附近对应层位岩土的具体数据,从沉积学角度对砷超标地区成因、控制因素等进行更深入的研究论证。

参考文献

[1] 葛伟亚,叶念军,龚建师,等. 淮河流域平原区第四系含水层划分及特征分析[J]. 资源调查与环境, 2006(4):268-276

[2] 龚建师,叶念军,葛伟亚,等. 淮河流域地氟病环境水文地质因素及防病方向的研究[J]. 中国地质, 2010(3):633-639

[3] 陆徐荣,周爱国,王茂亭,等. Piper图解淮河流域江苏地区浅层地下水水质演化特征[J]. 工程勘察, 2010(2):42-47

[4] 南京地质矿产研究所. 淮河流域平原地区地下水污染调查评价综合研究与专题研究成果报告[R]. 南京:南京地质矿产研究所,2011

[5] 高存荣,王俊桃. 我国69个城市地下水有机污染特征研究[J]. 地球学报,2011,32(5):581-591

[6] 马荣,石建省. 模糊因子分析在地下水污染评估中的应用——以河南省洛阳市为例[J]. 地球学报, 2011,32(5):611-622

[7] 左正金,罗文金,王献坤,等. 淮河流域沙颍河段浅层地下水水质演化特征[J]. 地质灾害与环境保护, 2007(3):447-451

[8] 郭华明,杨素珍,沈照理. 富砷地下水研究进展[J]. 地球科学进展,2007(11):1 109-1 117

[9] 郭华明,王焰新,李永敏. 山阴水砷中毒区地下水砷的富集因素分析[J]. 环境科学,2003,24(4):60-66

[10] 高存荣. 河套平原地下水砷污染机理的探讨[J]. 中国地质灾害与防治学报,1999,10(2):25-32

[11] 裴捍华,梁树雄,宁联元. 大同盆地地下水中砷的富集规律及成因探讨[J]. 水文地质工程地质,2005(4):65-69

[12] 黄鑫,高乃云,刘成,等. 饮用水除砷工艺研究进展[J]. 净水技术,2007,26(5):37-41

[13] 丁爱中,陈海英,程莉蓉,等. 地下水除砷技术的研究进展[J]. 安徽农业科学,2008,36(27):11 979-11 982

[14] 黄园英,刘丹丹,刘菲. 纳米铁用于饮用水中As(Ⅲ)去除效果[J]. 生态环境学报,2009,18(1):83-87

[15] 刘春华,张光辉,杨丽芝,等. 黄河下游鲁北平原地下水砷浓度空间变异特征与成因[J]. 地球学报, 2013,34(4):470-476

因子分析与系统聚类在第四纪样品分类中的应用

——以福建福清市典型第四纪剖面为例

李亮[①] 邢怀学 葛伟亚 田福金 李云峰 常晓军

(南京地质矿产研究所)

[摘 要] 第四系地层中粒度的形成受到动力、沉积环境、物源区、母岩类型、沉积机理和沉积过程等多种因素的综合作用,而对单一特征进行分析并分类,往往考虑因素不全面,从而导致分类的片面性。应用数理统计中的因子分析和系统聚类,可以综合考虑各个因素对颗粒粒度的影响,对物质进行快速和准确的分类。

[关键词] 颗粒粒度 因子分析 系统聚类 粒度参数

在第四系的研究中,颗粒粒度分析是最为重要的部分之一,在分析过程中最常会用到的是概率图解、粒度参数散点图等方法[1],近年来,有学者提出了利用粒度趋势的概念分析沉积动力环境[2],也都取得了一定的成就[3]。而实际上,粒度的形成受到动力、沉积环境、物源区、母岩类型、沉积机理和沉积过程等多种因素的综合作用。如在不同的动力条件下,因为沉积环境、物源区、沉积机理等的相互作用,也可能使颗粒粒度呈现类似的粒度特征。所以笔者以福建省福清市的一个第四系剖面为例,利用数理统计中的因子分析和系统聚类分析方法,通过样品的总体特征对颗粒进行分类。

1 背景概况

福建省多以山区为主,第四系多分布于沿海一线的狭长地带。文中所采用的剖面位于福建省福清市江阴港,为人工开挖的丘陵壁,剖面出露新鲜、完整、清晰。

通过差分 GPS 对剖面进行高程标定,剖面标高共 185cm,从上到下连续取样,共取样品 36 组,利用激光粒度分析仪作粒度分析,并得到中值粒径、平均粒径、标准偏差、偏度、峰度等基本粒度特征值。

---

① 第一作者简介:李亮,男,1985 年生,工程师,从事第四纪研究工作。

2 方法介绍

2.1 因子分析数学模型

因子分析[4,5]是主成分分析的推广,是利用降维的思想,从研究原始变量相关矩阵内部结构出发,把一些具有错综复杂关系的变量归结为少数几个综合因子的一种多元统计分析方法。

(1) 假如有 n 个沉积物样本,每个样本共有 p 个粒度参数变量 $(X_1,X_2,\cdots,X_p)$,这样就构成了一个 $n \times p$ 阶的粒度数据矩阵:

$$X = \begin{bmatrix} X_{11} & X_{12} & \cdots & X_{1p} \\ X_{21} & X_{12} & \cdots & X_{1p} \\ \vdots & \vdots & \vdots & \vdots \\ X_{n1} & X_{n2} & \cdots & X_{np} \end{bmatrix}$$

(2) 假设每一参数数值由对粒度分布有共同影响的公共因子与本参数特征的单一因子线性加和构成,那么每个变量可表示为:

$$X_{ij} = \sum_{k=1}^{p} a_{ij} F_{kj} + d_i v_i + \varepsilon \quad (i=1,2,\cdots,n; j=1,2,\cdots,m)$$

式中:X 为粒度参数;a 为因子荷载;F 为公共因子;d 为单一因子;ε 为校正系数(误差系数)。

2.2 系统聚类分析[3]

系统聚类法是目前应用最为广泛的一种聚类方法,其基本思想是:先将待聚类的 n 个样品(或变量)各看成一类,共 n 类,然后按照事先选定的方法计算每两类之间的聚类统计量,即某种距离(或者相似系数),将关系最密切的两类并为一类,其余不变,即得 $n-1$ 类;如此继续下去,每次重复减少,直到最后所有样品聚为一类。

3 数据分析

3.1 粒度基本特征统计

将所有样品(共 36 组)进行特征元素统计,特征元素分别为中值粒径、平均粒径、标准偏差、偏度、峰度,同时根据特征元素数值和埋深作曲线图(图 1)。

通过粒度特征与埋深关系图可以得知,样品颗粒中值粒径与平均粒径相似性较好,说明颗粒粒径相对集中;颗粒标准偏差变化较小,分选性为差到很差之间,变化较平稳;偏态和峰值变化较大,而两者变化具有一定的同步异向性,具有一定的相关性。

3.2 因子分析

将中值粒径、平均粒径、标准偏差、偏度、峰度作为因子变量,进行相关性分析,并得出两两相关系数表(表 1)。

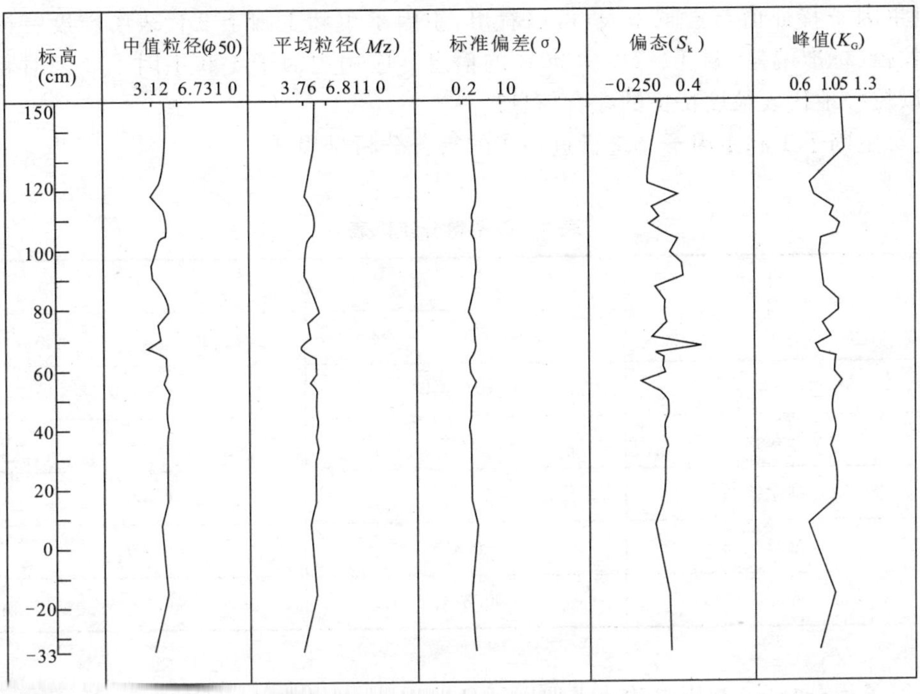

图 1 粒度特征与埋深关系曲线图

表 1 因子变量相关矩阵表

相关性	$d(0.500)$	平均粒径	标准偏差	偏态	峰度
$d(0.500)$	1.000	0.977	0.822	−0.562	0.756
平均粒径	0.977	1.000	0.908	−0.377	0.772
标准偏差	0.822	0.908	1.000	−0.047	0.761
偏态	−0.562	−0.377	−0.047	1.000	−0.371
峰度	0.756	0.772	0.761	−0.371	1.000

根据因子变量相关矩阵进行主因子提取,提取方法为累计特征值大于90%,以便可以代表粒度绝大多数的特征。分析结果如表2所示。

表 2 因子特征值与贡献率表

成分	初始特征值			提取平方和载入			旋转平方和载入		
	合计	方差(%)	累积(%)	合计	方差(%)	累积(%)	合计	方差(%)	累积(%)
1	3.678	73.565	73.565	3.678	73.565	73.565	3.352	67.035	67.035
2	0.985	19.706	93.271	0.985	19.706	93.271	1.312	26.236	93.271
3	0.306	6.126	99.396						
4	0.030	0.591	99.987						
5	0.001	0.013	100.000						

通过主因子特征值与贡献率表，可以看出：主因子1和主因子2代表了粒度特征中值粒径、平均粒径、标准偏差、偏度、峰度中90%的信息。应用主因子1和主因子2来对粒度进行聚类，可以较好地代表粒度特征的综合信息。

通过对主因子1和主因子2进行进一步的得分分析见表3。

表3 因子得分矩阵表

项目	成分	
	1	2
$d(0.500)$	0.974	−0.112
平均粒径	0.975	0.097
标准偏差	0.886	0.439
偏态	−0.478	0.876
峰度	0.874	0.051

用过因子得分矩阵，利用表达式求取因子负荷矩阵，公式如下：

主因子$1=0.974\times d(0.5)+0.975\times M_z+0.886\times \sigma-0.478\times S_k+0.874\times K_G$

主因子$2=-0.112\times d(0.5)+0.097\times M_z+0.439\times \sigma+0.876\times S_k+0.051\times K_G$

其中，$d(0.5)$为中值粒径；M_z为平均粒径，σ为标准差，S_k为偏态，K_G为峰度。

3.3 系统聚类分析

利用系统聚类分析法对上述公式求得的主因子矩阵进行聚类分析，分析过程中采用组间距离测定。距离测定采用欧式距离法。测定结果如图2所示。

4 结果分析与讨论

4.1 结果分析

（1）由主因子贡献率可知，主因子1和主因子2包含了93.271%的粒度特征信息，可以较好地代表所测试粒度的综合信息。

（2）通过系统聚类图可以看出：距离为4时，可以将36组样品分为3个类别；距离为8时，可以将样品分为2个类别。

（3）当样品分为3个类别时，从上往下将样品类别分为a、b、c，平均粒径从$a-b-c$依次减小，标准偏差a类较小，b、c较大，说明a类样品颗粒较细，而分选性较好，a类样品在沉积过程中处在一个相对稳定的沉积环境；b、c类样品沉积过程中受到外力影响因素较大。

（4）a、b、c三类样品组内之间沉积环境综合作用相似。

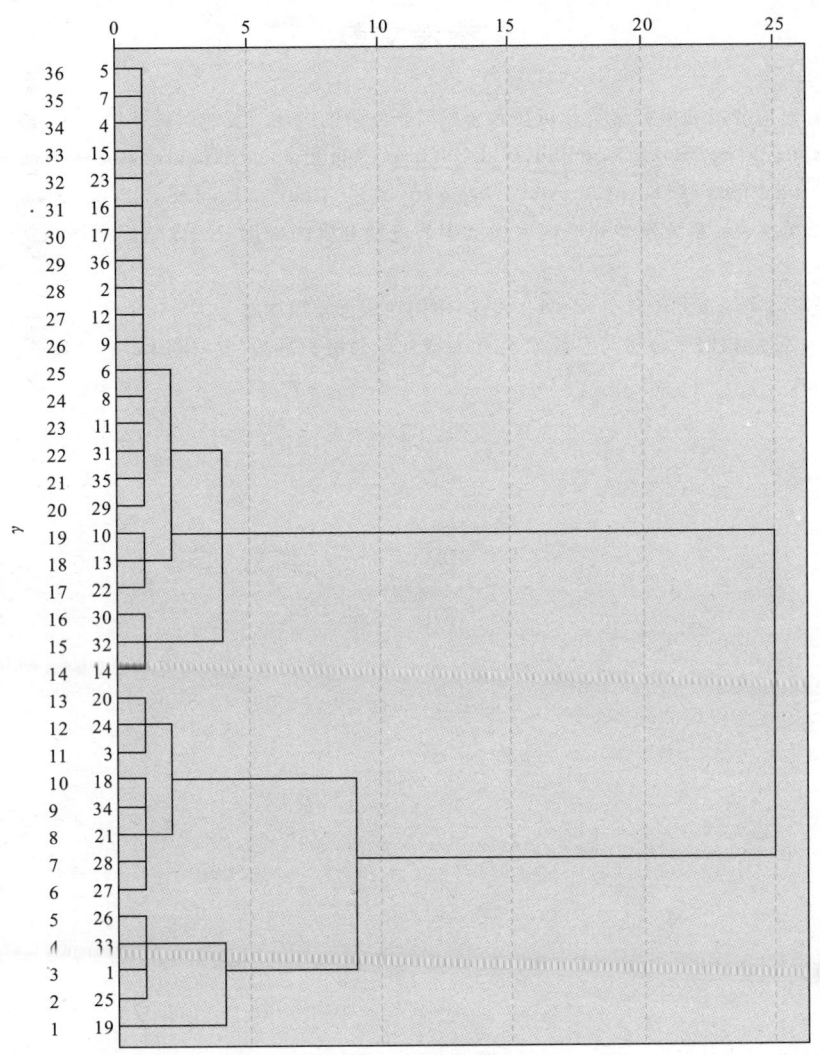

图 2 树状系统聚类图
(横坐标为聚类距离,纵坐标为样品编号)

4.2 讨论

通过因子分析和系统聚类分析,可以将颗粒特征进行综合,提取贡献率大的因子进行分类,避免了以一种或者两种特征进行分类的片面性;通过聚类分析,可以判别组内样品成因环境具有较高的相似性,可以分别进行组内和组间样品特征相关性对比,从而得出主要影响因素,进一步判断样品形成环境;结合年龄测试和样品聚类分组,判断沉降旋回,同时辅助判断古气候变化。

参考文献

[1] 龚一鸣. 对应分析和模糊聚类分析在砂岩成因研究中的应用[J]. 地质科技情报,1985,4(3)

[2] Jia Jianjun,Wang Yaping,Gao Shu,et al.. Interpreting grain size trends associated with bedload transport on the intertidal flats at Dafeng,central Jiangsu coast[J]. Chinese Science Bullelin,2006,51(3):341-351

[3] 李玉中,陈沈良. 系统聚类分析在现代沉积环境划分中的应用——以崎岖列岛为例[J]. 沉积学报,2003,21(3):487-494

[4] 向东进,等. 实用多元统计分析[M]. 武汉:中国地质大学出版社,2005

[5] 王蒙光,等. 应用因子分析与系统聚类方法划分现代沉积环境[J]. 厦门大学学报,2008,47(3):431-437

极端干旱条件下地下水动态响应及影响分析[①]

李伟 单玉香

(江苏省地质调查研究院)

[摘 要] 在2010年底到2011年初极端干旱期间,对徐宿连地区进行了连续的地下水动态监测,分析了2011年降水对本地区浅层孔隙水、深层孔隙水、基岩水动态变化的影响。结果表明,浅层孔隙水对降水响应较为及时,相比而言,深层孔隙水、基岩水对降水未表现出明显的响应,主要反映了地下水开采和严重干旱导致的水位降落;从供水角度分析,此次严重干旱对工业及生活影响不大,但是造成了农业一定程度的减产。最终,根据监测结果提出了徐宿连地区应对类似极端干旱的建议,为后期抗旱工作奠定了基础。

[关键词] 干旱 浅层孔隙水 徐宿连 地下水 动态监测 农业

引言

自2010年入冬后,我国10多个省(区、市)发生了严重旱情,北方小麦主产区受旱尤其严重,农田灌溉用水和部分城镇人畜饮水形势严峻。据气象资料,淮北及江淮之间部分地区降水量与常年同期相比偏少2~5成,旱情极为严重。为适时掌握严重缺水地区地下水动态变化状况,开展了严重缺水地区地下水动态监测与统测工作,编制了地下水动态图件,综合分析研究地下水动态变化,为地下水开发利用提供技术支撑和决策依据。

1 工作区概况

徐宿连地区位于江苏省北部,北接山东,东邻黄海,西靠安徽,地理坐标:东经116°21′—119°48′,北纬33°08′—35°08′,总面积约27 000km²,涉及徐州、宿迁、连云港3市(图1)。

工作区总体地势由西北向东南倾斜,平原、丘陵相间分布,徐州中东部、宿迁北部、连云港西北部存在丘陵岗地,其余大部分为平原,并兼有丘陵、山地、湖泊、滩涂等,平原海拔一般在2~50m之间,丘陵海拔一般在70~200m之间。

---

① 项目编号:地调局项目,1212011121182。
第一作者简介:李伟,男,1981年生,工程师,2007年毕业于河海大学水文学及水资源专业,博士在读,长期从事地质环境监测、地面沉降调查研究等工作。

第四系广泛分布在低山丘陵的山前地带及平原区。自下而上可划分为下更新统、中更新统、上更新统和全新统。下、中更新统零星出露在区内低山丘陵地带，上更新统主要出露在山麓地带和部分平原地区，全新统在广大平原地区广布。平原区第四系发育齐全，厚度较大，一般为100~200m，西薄东厚。沉积物成因类型复杂，主要有河流相、河湖相、湖沼相、海陆过渡相及滨海相等。区内西部以河流相沉积为主，向东接近沿海地区以海相沉积为主。[①-⑤]

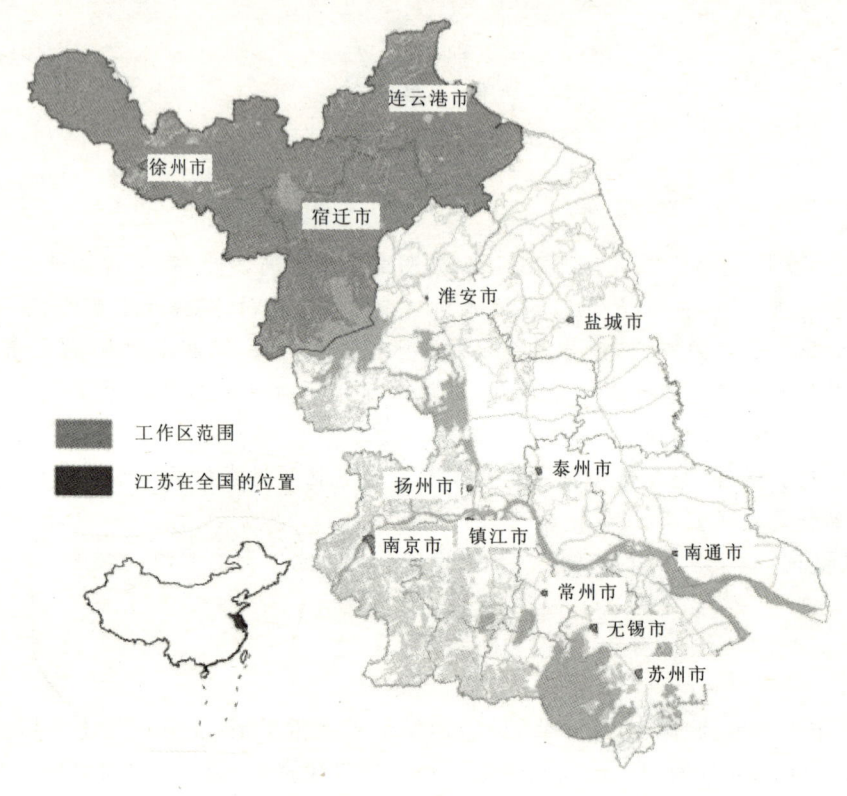

图1 工作区位置图

徐宿连地区水文地质条件表明，在东部地区第Ⅰ承压地下水底板埋深50~60m，丰沛平原30~50m，中部地区40~60m。而农业开采一般均在50m以浅含水层。因此，结合水文地质条件、地下水开采利用现状和地下水监测任务需要，确定地下水动态监测对象为浅层孔隙地下水、深层孔隙地下水、基岩水（岩溶水、裂隙水）。浅层孔隙地下水包括潜水、第Ⅰ承压地下水，监测深度确定为50m以浅；深层孔隙地下水则包括第Ⅱ、第Ⅲ、第Ⅳ承压地下水，监测深度确定为50m以深；岩溶水监测以徐州中东部岩溶水分布区的岩溶地下水监测为主；基岩裂隙水监测以连云港地区、铜山东部、新沂基岩裂隙水分布区为主。

---

① 江苏省地矿局第二水文地质工程地质大队.1:20万徐州幅区域水文地质普查,1980。
② 江苏省地矿局第二水文地质工程地质大队.徐州市城市供水水文地质勘察,1987。
③ 江苏省地矿局第二水文地质工程地质大队.江苏省泗洪县农田供水水文地质普查,1978。
④ 江苏省地矿局第二水文地质工程地质大队.江苏省淮泗涟地区农田供水水文地质勘察,1984。
⑤ 江苏省地矿局第二水文地质工程地质大队.江苏省铜睢邳地区农田供水水文地质勘察,1981。

2 浅层孔隙水动态特征响应规律

据气象部门资料,2011年2月7日—10日、12日—13日、25日—28日,受冷暖空气及人工增雨(雪)作业共同影响,沿淮淮北地区9日—10日、25日—28日出现了中雪,局部大雪,其中25日—28日徐宿连地区降水量在25~35mm;此后,5月9日—12日、6月17日、6月25日、7月11日、7月15日、8月6日徐宿连地区多次出现降雨天气①。

如图2、图3所示,徐宿连各地区典型监测井动态序列表现出对上述几次降水过程有明显的响应,尤其是2011年2月底降水在浅层水动态中直接得以反应,在之后表现出水位逐渐下降;此后,多次降雨过程均在地下水动态曲线中得以体现,并由于各地区降雨量多少、补给条件差异等因素影响水位变化幅度而略有差异。总体而言,地下水动态类型为水文型,人工开采型动态表现不明显。

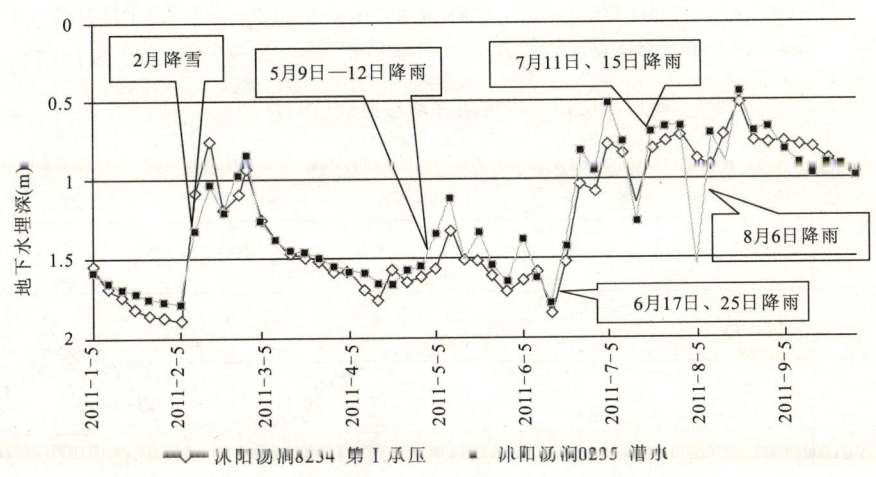

图2 宿迁沭阳汤涧浅层地下水动态曲线(2011年1—9月)

3 深层孔隙水动态特征响应规律

与浅层孔隙水对降水响应明显的特征相比,深层孔隙水则表现出相对稳定的动态趋势(图4,图5),在2011年2—5月表现为下降态势,5—9月则表现多样,有升有降,一个年度仅表现出一次或两次的丰枯变化,与本年度降水关系并不清晰。由于该地区深层孔隙水多为城镇生活用水和企业用水,其开采状态较为稳定,动态曲线中持续下降即反映了开采条件下地下水水位的降落,而峰期则是地下水得到补给的直接表现,峰值高低又受到降雨、距补给区远近、与浅层水的联通情况等诸多条件的限制,因此动态曲线表现多样。总体而言,徐宿连地区深层孔隙地下水动态特征类型为人工开采-水文复合型动态,并以人工开采型为主。

---

① 江苏省气象局.江苏省农业气象月报,2011.2~2011.8。

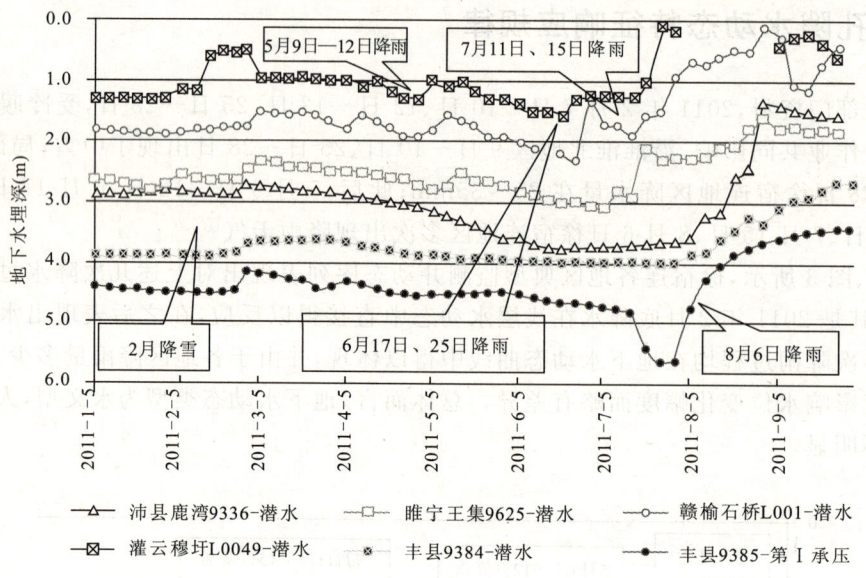

图 3 典型浅层地下水监测井动态曲线（2011 年 1—9 月）

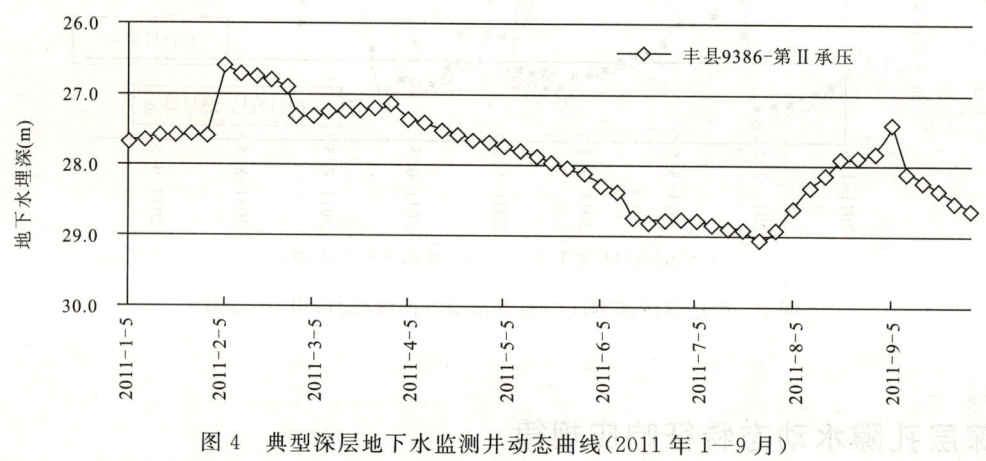

图 4 典型深层地下水监测井动态曲线（2011 年 1—9 月）

4 基岩水动态特征响应规律

通过 2010—2011 两年的地下水动态曲线分析，在地下水开采量相对稳定的背景下，2010 年底至 2011 年上半年的严重干旱对岩溶水的水位下降有明显影响（图 6），同时表现出明显的丰枯变化，既反映了水文型动态特征，又反映出开采型动态特征。

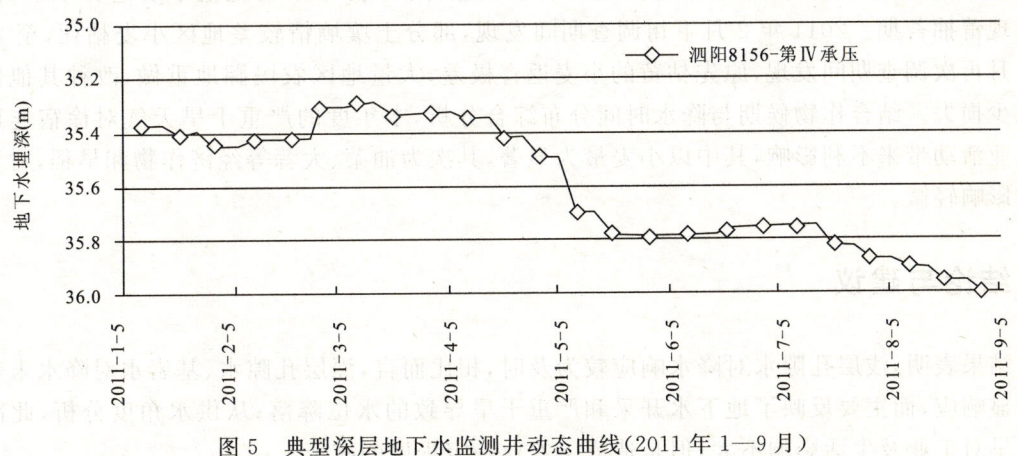

图 5 典型深层地下水监测井动态曲线(2011年1—9月)

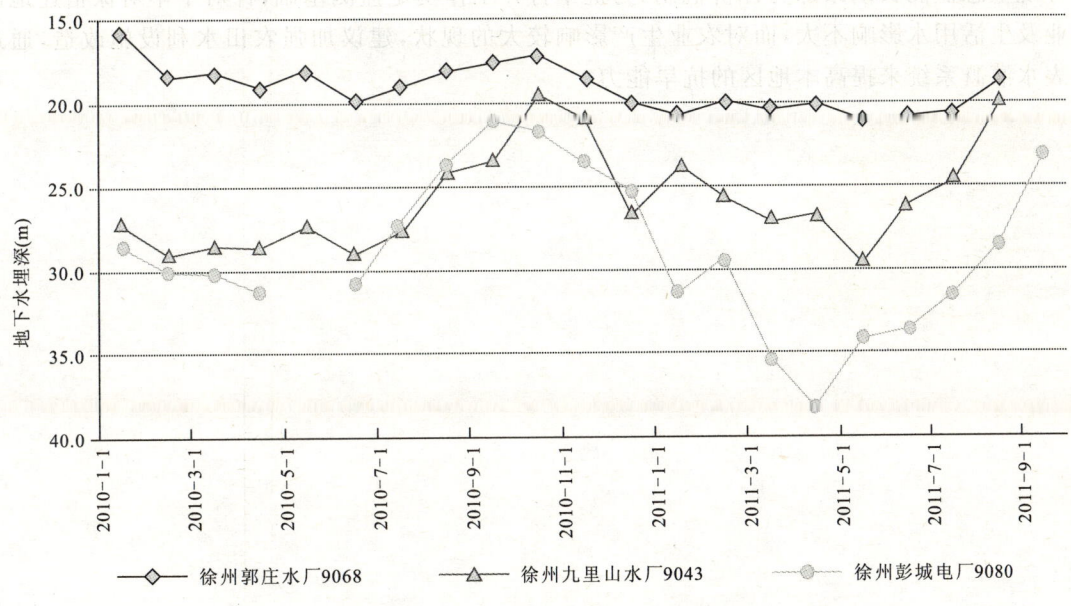

图 6 徐州西部九里山水厂、东部郭庄水厂、北部彭城电厂监测井
近期动态曲线(2010—2011)

5 严重干旱对工作区的影响

由于徐宿连地区生活及工业用水多取自 60m 以深的地下水,包括深层孔隙地下水、岩溶水和少量的基岩裂隙水,取水层段多在 60~180m。此次干旱期间,深层孔隙地下水、岩溶水最大水位埋深均未超过 45m,相比以往年度降深约 1m,仅仅对用水井出水量造成一定影响,未曾影响到整体的生活及工业用水供给,因此,本次干旱对生活及工业用水影响程度不大。

徐宿连地区农业粮食作物主要包括小麦、中稻、春玉米、春甘薯、夏甘薯、夏大豆等,农业经济作物包括棉花、大蒜等,不同作物候期具有较大差异。2月中下旬正值小麦返青季节,油菜处于现蕾抽苔期。2011年2月下旬调查期间发现,部分土壤墒情较差地区小麦枯死,至2011年3月再次调查期间发现,原先枯黄的小麦返青极差,大量地区农民翻地重做,改种其他作物以减少损失。结合作物候期与降水时间分布综合分析,本年度的严重干旱天气对徐宿连地区的农业活动带来不利影响,其中以小麦最为显著,其次为油菜、大蒜等经济作物和早稻,对夏种作物影响轻微。

6 结论与建议

结果表明,浅层孔隙水对降水响应较为及时,相比而言,深层孔隙水、基岩水对降水未表现出明显响应,而主要反映了地下水开采和严重干旱导致的水位降落;从供水角度分析,此次严重干旱对工业及生活影响不大,但是造成了农业一定程度的减产。

为应对此类干旱天气对徐宿连地区的影响,建议进一步完善地下水环境监测网,建立地下水环境应急监测长期跟踪与评价机制,为抗旱打井工作奠定监测基础;针对干旱对徐宿连地区工业及生活用水影响不大,而对农业生产影响较大的现状,建议加强农田水利设施改造,通过地表水灌溉系统来提高本地区的抗旱能力。

海峡西岸经济区(闽江口经济区)中心城市后备水源地勘查评价项目成果简介

林建平[①]

(福建省地质调查研究院)

[摘 要] 海峡西岸经济区(闽江口经济区)中心城市后备水源地勘查评价项目为闽江口经济区后备水源地提供了后备水源地的地下水资源分布与水质及水量的评价,为后备水源地的规划建设提出建议。

[关键词] 福建 闽江口经济区 后备水源地 地下水资源

引言

测区位于闽侯甘蔗—南通一带,地理坐标:东经 25°53′—26°10′,北纬 119°00′—119°20′之间。行政区划为甘蔗镇、上街镇、南屿镇及南通镇,属福州市管辖。

1 自然地理

1.1 地形地貌

区内主要地貌类型为冲积地形,以较大面积冲积Ⅰ级阶地平原出现,高出河床一般为 3~5m。冲积物由卵石、砂及黏土等组成。

区内水系发育,闽江、大樟溪流经测区。闽江流经区内全长约 15km,闽江水量丰富,多年平均年径流量达 $551×10^8 m^3$,闽江口为强潮陆相河口,潮型为规则半日潮,枯水期大潮时潮区界可以达到竹歧。大樟溪为闽江下游最大的支流,流经区内全长约 5km,常年入海流量约 $30×10^8 m^3$。

1.2 气象与水文特征

测区受海洋影响深刻。气候类型属中、南亚热带的过渡海洋性季风气候。全年温暖湿润,四季较分明,冬季短暂且温和,夏季漫长而无酷暑。

---

① 作者简介:林建平,男,1953 年生,高级工程师,主要从事水文地质工程专业。

年平均降水量 1 342.5mm。从降水年内分配来看,每年 3—9 月为雨季,期间降雨量占年降雨量的 82% 以上,其中,3—4 月为春雨期,雨日多但降水强度不大,5—6 月为梅雨期,7—9 月为台风期和雷雨期。年平均降雨日 130—170 日,年蒸发量为 1 413.7mm,略大于降雨量。

测区风向以东南为主,北和西北次之.每年的 4—10 月风向以东南为主,10 月以后转为以偏北为主。从全年看,下半年风速一般大于上半年,偏东风的平均风速大于偏西风。

1.3 地质条件

1.3.1 地层

测区地层出露较简单,见晚侏罗世的南园组和第四纪全新世长乐组堆积层。其中花岗岩出露面积为 4.78km^2,火山岩地层出露面积为 2.21km^2,第四系残积层出露面积为 5.43km^2,冲积层出露面积为 126.25km^2。从老到新分述如下。

1.3.1.1 南园组(J_3n)

零星分布于北部的洽浦村—岭头村,出露面积仅 2.21km^2,占总面积的 3.45%。

1.3.1.2 第四系

测区第四系分布面积为 131.68km^2,占测区总面积的 96.96%,其中残积层 5.43km^2,占测区面积的 3.92%,其余的是组成 I 级阶地全新统的冲积层。冲积层出露面积 126.25km^2,占测区总面积的 91.04%。具体如下。

(1)残积层(Q^{el})。测区内残积层零星分布于北部的堤岸村—新峰村、中部的美岐村—建平村、南部的高岐村—晓岐村及新联村。岩性主要由花岗岩类岩石经长期的物理化学和生物化学的风化作用而成,分布在盆地边部低丘或盆地内残丘上,呈砖红色、灰白色、灰黄色砂质黏土,厚 4.4~17m,自上而下可分为两个带:①砖红色砂质黏土带,厚 1.00~3.28m,最厚 11.11m,该带风化淋滤作用强烈。岩性为红色、砖红色、棕红色砂质黏土。②灰白色、灰黄色砂质黏土带,厚 0.50~6.36m。

(2)长乐组冲积层($Q^{4al}c$)。测区内冲积层分布广泛,主要是沿闽江及大樟溪两岸分布。主要岩性有灰黄色、灰色的砂质黏土,中细砂。黏土厚一般为 3~5m,最大可达 20m,结构较紧密,上干下湿,湿土可塑性强,松散的灰黄色含泥中细砂主要分布在闽江、乌龙江、大樟溪河道上的近代沙洲上,最厚达 14.64m。

(3)全新统东山组冲积层($Q^{4al}d$)。该层在测区内地表未见有出露,不整合覆盖在上更新统龙海组冲洪积层或基岩风化层之上。厚度为 0.44~20.80m。岩性以灰白色、灰黄色、灰绿色黏土,砂质黏土和含泥中细砂,局部夹薄层泥质砂砾卵石。

(4)上更新统龙海组冲洪积层($Q^{3apl}l$)。龙海组冲洪积层为测区最老的第四系堆积层。岩性以棕黄色、灰黄色、灰色泥质砂砾卵石为主,局部夹薄层棕黄色、灰绿色砂质黏土,不整合覆盖于基岩或基岩风化层之上。厚度为 0.44~25.00m。

1.3.2 侵入岩

其零星分布于测区北部的昙石村及南部的南屿,出露面积仅为 4.78km^2,占测区总面积的 3.45%。岩性主要为燕山晚期(γ_5^3)中酸性侵入岩。岩性有肉红色中粒黑云母花岗岩、中粒黑云二长花岗岩、钾长花岗岩、花岗闪长岩、二长花岗岩、闪长岩、石英闪长斑岩等。

1.3.3 构造

测区位于新华夏巨型构造体系的第二隆起带东南缘,中生代以来,一直处在隆起状态。区内断裂构造非常发育,主要有北东东向与北北西向两组。其中,北东东断裂为压扭性断裂,北北西断裂为张扭性断裂。

2 水文地质条件

2.1 地下水类型及含水岩组特征

区内多为第四系沉积地层,降水量大、汇水条件好。地下水和闽江、大樟溪水有互补关系,地下水资源较丰富。雨季地下水主要由大气降水补给,汇集排泄于闽江及大樟溪;旱季由地表河流补给地下水。

根据地下水的赋存性质和埋藏条件,本区地下水主要分3种类型:松散岩类孔隙水、风化残积层孔隙裂隙水和基岩裂隙水。第四系冲积层分布面积大,其富水性较均匀,水量较大,有供水意义。风化网状孔隙裂隙水,富水性较均匀,但水量贫乏。基岩裂隙水富水性极不均匀,水量一般贫乏。

2.1.1 松散岩类孔隙水

地下水主要分布于闽江及大樟溪两岸的冲积平原,赋存于第四系冲积层中。其含水层岩性主要为砂、砂砾卵石层,一般厚3~15m。大都为孔隙潜水,局部承压—微承压,雨季接受大气降水和山区基岩裂隙水补给,近闽江、大樟溪地段在洪水期或开采条件下还可接受地表河水补给。闽江及大樟溪两岸及河道近代沙洲(北到闽侯甘蔗、上街,南至南屿、南通一带)水量丰富,其水量一般单井出水量 $0.5 \sim 12 m^3/d$,单孔水量小于 $10 m^3/d$。

下部承压水在闽江西岸地带可分上、下两层:

上层承压水分布于闽江边,含水层岩组颗粒细,岩性为泥质中细砂,厚度一般均小于20m,埋深2~16m。该含水层由于受闽江切蚀和地表池塘开挖影响,与地表水体水力联系密切。靠近闽江和地表水体富水性强,最大单孔涌水量达 $1\,778\ m^3/d$,渗透系数为 $9.482 \sim 19.09 m/d$;远离闽江和地表水水体富水性弱。

下层承压水分布广,北至甘蔗,南至南通。含水层的岩性为泥质砂砾卵石和泥质中细砂,顶板埋深均大于20m,最深54.25m,含水层厚度为10~45m。分布在闽江及大樟溪两侧的含水层,水量丰富,单孔涌水量约大于 $1\,000 m^3/d$;分布在上街—榕岸等地的水量中等;分布在山前地带的含水层厚度很薄,水量贫乏,最大涌水量仅 $18 \sim 26 m^3/d$。

2.1.2 风化网状孔隙裂隙水

测区内残积层零星分布于北部的堤岸村—新峰村、中部的美岐村—建平村、南部的高岐村—晓岐村及新联村。含水层主要由基岩风化物和残积的黏砂土、碎石组成。厚度各地差异较大,厚薄不一、薄者仅数米,厚者达几十米,它受地形、岩性、构造、水文地质等因素控制。

地下水主要活动于残积层、全风化层的孔隙及半风化层的裂隙中。此种裂隙短浅,但相互沟通,组成厚薄不一、起伏不平的似层状含水层,所以富水部位往往在地形低洼处。

这种类型地下水是一种介于第四系松散岩类孔隙水和基岩裂隙水之间的混合型水,其含水层较均匀,但水量贫乏,一般民井涌水量 0.001~0.01L/s;在低洼处,汇水条件较好地段,其水量稍大,单井涌水量可达 0.2~0.3L/s,季节性变化大,泉流量 0.14~0.186 L/s,径流模数 1.02~1.80L/s·km^2。

2.1.3 基岩裂隙水

测区内基岩裂隙水隐伏在第四系松散堆积层之下,为火山岩和侵入岩的构造裂隙水。地下水赋存于构造裂隙中,并沿构造裂隙径流排泄,其富水性取决于裂隙发育程度、岩石力学性质及汇水条件。区内基岩裂隙水的富集有明显的规律,即富水性不均一性:一般地区水量贫乏,泉流量 0.194~0.22 L/s,单孔涌水量 10~20 m^3/d;地下水径流模数 1~3L/s·km^2,pH 值 6.43~7.57;即使在同一相邻条件相似的地区,若打不到构造破碎补给条件好的地段,其涌水量也极为有限。据抽水孔资料,单孔涌水量小于 100m^3/d。

2.2 地下水补给、径流、排泄条件

2.2.1 基岩裂隙水

测区内分布的基岩裂隙水主要来自于大气降水的垂直入渗补给,水环境交替强烈,具就近向溪谷排泄的径流特征,基本流向是自山地向盆地汇集,在地形有利的部位成下降泉流出地表,并补给第四系含水层,泄于江河。

地下水动态受降水及人为开采影响,属于开采气象型,丰、枯季泉流量变幅可达 10 倍左右或更高,而且年降幅的大小与降雨强度及其延续时间密切相关。总体上说,在 3—8 月的大气降水相对较丰富的季节,地下水水位上升,在 9 月至次年 2 月地下水位缓慢下降;由于地下水开采量的逐年增加,地下水水位也表现出逐年下降的趋势。

2.2.2 风化残积层孔隙裂隙水

风化残积层大部分是由于基岩风化而成,覆盖在地表,主要接受来自大气降水的补给,其分水岭与基岩裂隙水分水岭一致,地下水向邻近的低洼沟谷径流,以下降泉形式排泄出地表。由于测区岗地地形坡缓,零星分布,大气降水除少部分沿构造破碎带向深部径流外,大部分很快会转化为地表径流,就地补给,就地排泄,同时蒸发排泄也是其中的一个排泄途径。

2.2.3 第四系松散岩类孔隙水

2.2.3.1 孔隙潜水

该层主要分布于闽江和大樟溪等江、河沿岸,多为岸边的冲积层、沙洲或边心滩或人工吹沙地。主要受大气降水补给和地表水补给。涨潮时,地表水补给地下水;退潮时,地下水补给江水,与江水为互相补给关系。

孔隙潜水排泄方式以地下径流为主,其次为人工开采和蒸发,属于开采气象型。年变幅与降雨强度及持续时间密切相关。一般在雨后的 1~3 天水位上升,这是由于地下水的滞后性所引起的,正常情况下 3—8 月为丰水期,地下水水位上升;9 月至翌年的 2 月为枯水期,地下水水位缓慢下降。

2.2.3.2 孔隙承压水

闽江及大樟溪两岸的孔隙承压水主要受闽江及大樟溪江水补给和基岩裂隙水的侧向补给。该层由于地势低洼平坦,加之闽江潮水的顶托,地下水径流缓慢。该层孔隙承压水除了向闽江、大樟溪排泄外,在局部集中用水地段(如机井附近)对该层水的开采量不断增加,形成人

工排泄。人工排泄会加速地下水的径流，局部改变地下水的径流方向，改善水质。所以其动态特征主要受人为开采影响，径流因素为辅，属于径流型。

3 地下水资源评价

3.1 水质评价

在闽江的竹歧段有地表水观测点，该断面水质最好，符合Ⅲ类水质，且基本未受污染。该断面分布在闽江边所圈定的地下水应急水源地。另外，该区气象观测资料显示，该区大气降水水质较好，且位于地下径流流线的前段，矿化度不高（基本都小于 1g/L），水质良好，符合地下水饮用标准。

3.1.1 松散岩类孔隙水

水质类型为 $Cl·HCO_3-Na·Ca$ 型。矿化度一般 0.2g/L，最大达 0.8g/L；在山前地带矿化度 504.93～955.78mg/L。总硬度（$CaCO_3$ 计）202.66～665.53mg/L，pH 6.4～7.42，呈中性，Fe 0.04～0.22mg/L。

3.1.1.1 孔隙潜水

山前水质较好，水质类型以 $HCO_3-Na·Ca$、$HCO_3·Cl-Na·Ca$ 型水为主，矿化度小于 1g/L。

3.1.1.2 孔隙承压水

近山前水质较好，为 $HCO_3·Cl-Na·Ca$ 型水，矿化度小于 1g/L，矿化度北低、南高。

3.1.2 风化网状孔隙裂隙水

水质类型为 $Cl·HCO_3-Na·Ca$ 型、$HCO_3·Cl-Na·Ca$ 型，个别为 $Cl·HCO_3-Na·Mg$ 型。矿化度在 175.0～1 504.1mg/L。$HCO_3-Ca·(Na)$ 型，矿化度小于 0.5g/L，水质较好。

3.1.3 基岩裂隙水

其水质类型大部分为 $HCO_3-Na·Ca$ 型、$HCO_3-Na-Ca$、HCO_3-Na 或 $HCO_3-Ca-Na$ 型；矿化度小于 0.7g/L，矿化度 90.53～1 162.4mg/L。

3.2 水量评价

3.2.1 计算方法及参数的选取

本区属孔隙水大型水源地。根据降水入渗法、开采模数法分别计算区内这类地下水天然资源和开采资源。

地下水天然资源中的 α、$M_{开}$ 引用本次钻孔抽水中的计算数据，x 引用本次工作收集资料，$M_{天}$ 根据本次计算的数据。松散岩类孔隙水仅包括残坡积层面积，区内零星分布的基岩裂隙水，因无开采意义，故不计算其开采资源。

3.2.2 降水入渗补给

$$Q_{降水}=\alpha·F·X/365$$

式中：$Q_{降水}$ 为降水入渗补给量（m³/d）；α 为降水入渗系数（根据福建省福州市 2000 年地下水资

源及环境地质问题预测报告所得);F 为降水直接入渗补给面积(m^2);X 为年平均降水量(mm)。

各参数值如表1所示。

表 1 福州市降水入渗参数表

参数	$α$	$F(m^2)$	$X(m)$
值	0.13	23.52×10⁶	1.342 5

所以 $Q_{降水} = 11\,246.1\,m^3/d$。

3.2.3 地表水入渗补给

闽江补给量采用断面法计算,计算公式:

$$Q_{闽江} = \sum_{i=1}^{n} K_i I_i M_i B$$

式中:Q 为地表水补给量(m^3/d);K_i 为河流补给系数(m/d,根据福建省福州市 2000 年地下水资源及环境地质问题预测报告所得)取 50;I_i 为水力坡度取 $7.5×10^{-3}$;M_i 为含水层厚度(m)取 30m;B 为补给宽度(m)估计为 7 250m。

所以 $Q_{闽江水补给} = 2×81\,562.5 = 163\,125\,(m^3/d)$。

$$Q_{开采量} = Q_{补给} - Q_{排泄} = Q_{降水} + Q_{闽江水} + Q_{侧向基岩水} - Q_{蒸发} - Q_{垂向基岩水}$$

理论上说,允许开采量可等于补给量,所以:

$$Q_{开采量} ≈ Q_{大气降水} + Q_{闽江水} + Q_{侧向基岩水}$$

$$Q_{开采} ≈ Q_{降水补给} + Q_{闽江水补给} = 174\,371.1\,(m^3/d)$$

从上可知,该区地下水资源丰富,足够应付突发情况。

4 结论

通过本次勘探工作,基本查清区内地质、水文地质条件。因区内水文地质条件较复杂,此次供水勘探施工的 12 个钻孔,靠近闽江、大樟溪的 7 个钻孔水量均大于 $1\,000\,m^3/d$ 出水量,其余 4 个靠近山边的钻孔出水量小于 $100\,m^3/d$,1 个小于 $500\,m^3/d$,能满足后备水源地的供水需要。

海西临港工业基地工程地质调查评价项目成果简介

林建平

（福建省地质调查研究院）

[摘　要]　根据《海西临港工业基地工程地质调查评价2010年工作方案》，在综合研究资料的基础上，编制了各临港工业基地工程地质图系，评价了工作区的地质灾害分布、地面塌陷、地下水资源分布、地下水质量、海岸带变迁、软土分布、地质环境综合分区等地质环境内容。

[关键词]　福建　海西　临港工业基地　工程地质

引言

"海西临港工业基地工程地质调查评价"工作任务是中国地质调查局针对福建省六大临港工业区工程地质调查评价组织实施的。工作区范围：晋江市幅、安海镇幅及三都澳、罗源湾、兴化湾、湄州湾、厦门湾和东山湾六大临港工业基地，调查面积1 400 km²。

1　自然地理条件

1.1　地形地貌

工作区地势为西北高、东南低，位于闽中大山带—鹫峰山脉、戴云山—博平岭东南麓。地貌上以西北部低山、高丘逐步向东南沿海的低丘、台地、平原过渡。闽江口以北主要以鹫峰山脉东支的余脉形成的丘陵为主体，许多山丘直通入海，形成曲折的港湾式海岸。主要港湾有三都澳、罗源湾。沿海平原数量少、规模小，主要有霞浦平原；闽江口以南地区，山前地带由高丘陵组成；沿海及半岛、岛屿的大部分为低丘和红土台地；仅河口或沿海的局部地带分布规模不大的冲积、海积平原，红土台地等。主要平原有福州平原、莆田三江口平原、泉州平原、龙海平原、漳州平原，台地主要有龙高半岛、晋江-石狮台地、同安台地等。平原、台地是海峡西岸沿海地区人口集中、经济最为发达的区域。

1.2 气象与水文特征

海西临港工业区属亚热带海洋性季风气候,温暖湿润,雨量充沛。全年平均气温17～21℃,年平均气温随纬度与海拔高度的差异而有较大变化。冬季不明显,四季如春。全年无霜期长,北部有霜日15天以上,南部5天以下,莆田以南少见。冬季以偏北风为主,有寒潮,夏季盛行偏南风,夏秋之交多台风,时伴有暴雨或大暴雨。近年来,风、雹、旱、寒、涝等均较频繁且严重,气象灾害多,气温异常,属偏差年景,历受台风、暴雨之害,经济损失巨大。降水多集中于春、夏两季,冬季少雨。

区内水系,主要为三都澳临港工业区的交溪、霍童溪,湄州湾临港工业区的木兰溪、厦门湾,临港工业区的九龙江。

1.3 地质条件

1.3.1 地层

工作区地层主要分布有:①上三叠统—侏罗系(T_3—J):岩性为云母(石英)片岩、片麻岩、变粒岩、浅粒岩、混合岩,主要分布在东山、云霄、龙海、厦门、仙游、福清、连江等地;②上侏罗统南园组(J_3n)、坂头组(J_3b)的火山岩,岩性为凝灰质砂质岩、砂砾岩、深灰色英安质凝灰熔岩、英安岩夹砂泥岩、流纹岩夹灰岩等;③早白垩世石帽山群(K_1S)的火山岩,岩性为凝灰质砂岩、砂砾岩、深灰色英安质凝灰熔岩、英安岩夹砂泥岩、流纹岩等;④沿海红土台地覆盖第四系残积层(Qp^{el}),岩性为残积黏性土、残积砂质黏性土、残积砾质黏性土;⑤河口地带、沿海平原覆盖第四系全新统(Qh)砂砾卵石、黏土、淤泥和更新统(Qp)的泥质砾卵石,含砾黏土、海积淤泥、淤泥质土、风积粉细砂等。

1.3.2 侵入岩

本区侵入岩主要是燕山晚期[$\gamma_5^{3(1)d}$、$\xi\gamma_5^{3(1)c}$、$\gamma_5^{3(1)b}$]和早期侵入岩[$\gamma_5^{2(3)d}$、$\gamma_5^{2(3)c}$等],岩性为细粒花岗岩、正长斑岩、晶洞花岗岩、花岗岩、二长花岗岩、黑云母花岗岩等。

2 工程地质调查成果

2.1 东山湾古雷工业区

(1)基本查明第四系的分布规律和岩性特征,并根据沉积关系、岩性组合等资料,对第四纪地层的时代、成因类型进行了细分。

(2)基本查明基岩丘陵区的分布规律和岩性特征。

(3)软土主要分布在测区西部潮间带,粒度成分以粉粒为主,次为胶粒和黏粒。矿物成分以高岭石为主,次为水云母,有机质含量1.71%～2.42%。具有高孔隙比、高含水量、低透水性、高压缩性、灵敏度较高、抗剪切强度低等特点,其工程地质问题主要是地基稳定性。

(4)古雷头一带人工填海造地范围较大,向外回填约100余米,填土力学强度低,工程建设时需进行压实处理。地下水位埋深低,可能会产生砂土液化。

2.2 厦门湾工业区

(1)基本查明测区第四纪地层岩性、厚度及其分布规律。

(2)基本查明测区工程地质特征、岩土体类型及其物理性质,并进行工程地质分区和分区评价。结合临港工业区建设规划,对不同工程地质分区的主要工程地质问题进行分析,提出防治措施和建议。

(3)区内主要的工程地质问题是软土震陷、砂土液化及特殊性风化残积土边坡稳定问题,并针对上述工程地质问题进行专门分析,提出防治建议。

(4)区内外动力地质现象主要有海岸带侵蚀和淤积、滑坡、崩塌、冲沟、水土流失等。上述动力地质现象经过工程治理后,对临港工业区的规划建设不会造成太大的影响。

(5)测区新构造运动以断块差异升降运动为主要特征。在全新世早期以前活动较强烈;全新世中期以来,新构造运动处于暂时间歇期,目前测区地壳相对稳定。

2.3 晋江幅调查区

通过本次和前人的工作,基本查明了工作区的地质、工程地质、水文地质、环境地质等条件及区内各类岩土体空间分布特征、物理力学特性、工程地质性能等,对调查区进行工程地质分区,并编制了晋江市幅地质略图、水文地质略图、综合工程地质图、地质剖面图、地貌及第四纪地质图等图件,评价海西临港工业区工程地质条件,查明工作区各工程地质层空间分布特征及物理力学性质,为临港工业区规划建设布局提供科学依据,以实现沿海经济开发和资源环境的良性协调发展。

2.4 安海镇幅调查区

(1)测区地形由西北往东南倾斜,从内陆往沿海逐渐下降,地貌由丘陵向波状红土台地、滨海平原递变。

(2)第四纪地层分布于海积平原和溪河两侧。根据地层层序、成因类型、生物群特征,将本区第四系进行了划分。

(3)区内地下水类型有第四系松散岩类孔隙水、风化壳网状孔隙裂隙水和基岩裂隙水3类,水量贫乏,局部中等。平原海相区的孔隙水为微咸水或咸水,不宜饮用;基岩裂隙水为淡水,水质好,可饮用。

(4)本区的岩土体类型分为坚硬岩石类、松散残积土类、松散堆积土类。各岩土体的物理力学性质已基本查明。

(5)区域内的新构造运动较强烈,表现为频繁地震、地块升降、海岸变迁。本区列为地震烈度Ⅷ度区,属于次稳定区。

(6)对风化壳的工程地质特征进行了研究,把风化壳划分为全风化带、强风化带、中—微风化带,把全风化带和散体状强风化带的土定为残积土区。

(7)根据地层岩性把本区划分为3个工程地质区及7个工程地质亚区,并对各个亚区的工程地质特征进行了评价。

2.5 湄州湾临港工业区

（1）基本查明湄州湾临港工业基地水文地质条件，地下水资源极贫乏，无大型河流及其他地表水体，水资源奇缺。

（2）基本查明区内工程地质条件，对基地内的岩土体类型、物理力学特性、空间分布特征进行分析与评价，提出了可能产生的工程地质问题。

（3）基本查明了基地的海岸变迁分布情况，了解港口、工业建筑规划布局。

2.6 兴化湾临港工业区

（1）对工作区进行工程地质测绘。基本查明测区第四纪地层岩性、厚度及其分布规律。在江阴门口一带发现天宝-同安组地层。

（2）基本查明区内工程地质特征，岩土体类型及其物理性质，对区内工程地质条件进行初步评价，以便进行成果的综合分析、研究。

（3）区内主要的工程地质问题是软土震陷、沙土液化及特殊性风化残积土边坡稳定问题，并针对上述工程地质问题进行专门分析，提出防治建议。

（4）区内外动力地质现象主要有海岸带侵蚀和淤积、滑坡、崩塌、冲沟、水土流失等。上述动力地质现象经过工程治理后，对临港工业区的规划建设不会造成太大的影响。

（5）区内新构造运动以断块差异升降运动为主要特征。在全新世早期以前活动较强烈；全新世中期以来，新构造运动处于暂时间歇期，目前地壳相对稳定。

2.7 罗源湾临港工业区

（1）较全面地收集了工作区所在的区域背景地质资料，包括地层、岩性、地质构造单元、地震及水文等各方面的基础地质内容，为分析工作区的地质条件起到了指导作用。

（2）对工作区的地质情况进行了初步的实地调查。对工作区地貌单元进行了划分；初步查明了工作区的第四系松散土层、地层岩性的成因、时代及其分布和特征；对工作区的地质构造、不良地质作用进行了初步调查和分析；对工作区地下水的分布及特征进行了分析，并实地调查了代表性井、泉点，初步评价了工作区地下水的含水性及水化学特征。

（3）对工作区的海岸地质情况进行了较系统的实地调查。划分了海岸地貌类型和海蚀作用类型；基本查明海岸不良地质作用，对海岸的稳定性进行了分析和评价。

（4）在分析利用原有地质资料的基础上，对工作区内岩土层的物理力学性质指标进行了系统的统计和分析，对今后工程建设的前期规划和设计提供了初步的指标依据。

（5）通过收集工作区内的工程勘察资料，对各软弱土的物理力学指标进行了较系统的试验参数统计，对下一步滩涂区的软基处理规划设计具有重要的指导意义。

（6）对工作区的地震效应进行了初步分析和评价。初步划分抗震地段；对软土震陷和沙土液化问题进行了分析；对工作区的整体稳定性进行了评价。

（7）对工程建设的地基持力层及基础类型进行了简要的分析和建议。

2.8 三都澳临港工业区

（1）较全面地收集了工作区所在的区域背景地质资料，包括地层、岩性、地质构造单元、地震及水文等各方面的基础地质内容,为分析工作区的地质条件起到了指导作用。

(2)对工作区的地质情况进行了初步的实地调查。对工作区地貌单元进行了划分;实测了6条地质剖面;初步查明了工作区的第四系松散土层、地层岩性的成因、时代及其分布和特征;对工作区的地质构造、不良地质作用进行了初步调查和分析;对工作区地下水的分布及特征进行了分析,并实地调查了代表性井、泉点,初步评价了工作区地下水的含水性及水化学特征。

(3)对工作区的海岸地质情况进行了较系统的实地调查。划分了海岸地貌类型和海蚀作用类型;基本查明海岸不良地质作用,对海岸的稳定性进行了分析和评价。

(4)在分析利用原有地质资料的基础上,对工作区内岩土层的物理力学性质指标进行了系统的统计和分析,对今后工程建设的前期规划和设计提供了初步的指标依据。

(5)对工作区的地震效应进行了初步分析和评价。初步划分抗震地段;对软土震陷和沙土液化问题进行了分析;对工作区的整体稳定性进行了评价。

(6)对工作区范围的矿点、矿化点的分布及特点进行了初步调查;对工作区的环境地质资料进行收集和分析。

(7)对工程建设的地基持力层及基础类型进行了简要的分析和建议。

3 地质资源

3.1 天然建筑材料

晋江幅调查区内出露大面积二长花岗岩、黑云母花岗岩体,完整性很好,是良好的建筑装饰材料。在矿山大面积开采中由于早期缺乏有效管理,各地对开挖石料乱掘现象较为严重,经相关部门规范后,对部分开采区进行严禁开挖并封闭,但尚未对这些开采区进行环境治理,从而遗留高边坡、陡崖、深水坑等不良地质现象,给周边地质环境带来一定的隐患。

3.2 人类工程活动情况——填海造陆

在20世纪后期,福建沿海兴起大面积的人工造陆。21世纪以来,采取了区域性限制填海造陆,但小规模的人为填海仍然在进行。填海造陆在小区域内改变了原始的自然地质地貌环境,一方面把海岸线向海上推移,另一方面从内地运移大量的土石,削平了一些山地丘陵。如泉州的外走马埭、围垦工程,形成了新的海岸线。斗尾港区正在进行港口建设,进行新的围海造地。江北围垦、妈祖城围垦,东吴围垦并向外围造地为港区、东埔围垦区。

3.3 工程地质数据库

本次建库工作以实际调查成果数据为基础,根据项目要求,观察点包括以下7种:地质点(DZ)、水文地质点(SW)、地貌点(DM)、环境地质点(HJ)、工程地质点(GC)、天然建筑材料调查点(JC)、其他(QT)。成果图件有岩土体类型图、水文地质图、地貌图与第四纪地质图。五大类图层是基础地理图层、基础地质图层、岩土体类型图层、水文地质图层、地貌类型图层及第四纪地质图层。

4 结论

本次地质调查面积为 1 614.21km^2。基本查明了工作区的地质、工程地质、水文地质、环境地质等条件及区内各类岩土体空间分布特征、物理力学特性、工程地质性能等,对调查区进行了工程地质分区,并编制了晋江市幅、安海镇幅、东山湾古雷工业区、厦门湾工业区、湄州湾临港工业区、兴化湾临港工业区、罗源湾临港工业区、三都澳临港工业区地质图、地貌及第四纪地质图、水文地质图、综合工程地质图、岩土体类型图、工程建设适宜性分区图和实际材料图等图件,评价海西临港工业区工程地质条件,基本查明了工作区各工程地质层空间分布特征及物理力学性质,为临港工业区规划建设布局,实现沿海经济开发和资源环境的良性协调发展提供了科学依据。

海峡西岸经济区地质环境综合调查评价项目成果简介

林建平

（福建省地质调查研究院）

[摘　要]　海峡西岸经济区环境地质综合调查项目查明了海峡西岸经济区（闽江口经济区）水文地质、工程地质和环境地质背景，查明了主要环境地质问题的发育现状、危害程度、成生机理与演化态势，进行了地质环境开发利用条件评价。

[关键词]　海峡西岸经济区　地质环境综合调查　水文地质　工程地质　环境地质

测区位于东经 25°20′—26°20′，北纬 119°00′—120°00′之间，属福州市管辖。跨福州市区、长乐、平潭、闽侯、福清等地，开展的 1∶5 万地质环境调查面积 3 000km²。人口约 1 000 万，居民以汉族为主，还有畲、满、苗、回等 20 多个少数民族。通行闽东方言。是全省政治、经济、文化中心，也是福建主要侨乡之一。

1　自然地理

1.1　地形地貌

闽江口地区地处戴云山脉的东翼，倚山面海，地势由西北逐渐向东南海面倾斜，从内陆低山向沿海过渡，高丘陵、丘陵、台地、冲积、海积平原到潮滩向海展布，形成略呈层状的马蹄形地形与港湾。海岸线曲折，岛屿众多。闽江横贯其中，下游为福州盆地、长乐小平原。福州城区处在盆心，北部和东部为山地和丘陵，南部是平原。盆地四周山岭环抱，海拔高程均在 500m 以上，北部最高为寿山 1 129.3m，西面最高山峰可无仙为 1 087.3m，东面最高峰鼓山 919.1m。

闽江口地区区域地貌位置在全国地貌区划中属闽浙侵蚀构造火山岩中—低山亚区，盆地边缘属侵蚀剥蚀中—低山地形。盆地内有剥蚀垄状丘陵、残山。区内地貌演变受地质构造控制。构造侵蚀作用是本区地貌发育、发展的最基本因素，在成因上反映为侵蚀-剥蚀作用及堆积作用。据此，区内地貌形态可归列为以下地貌单元：构造侵蚀地貌，包括中山陡坡地貌、中低山陡坡地貌、中低山缓坡地貌、低山陡坡地貌、构造侵蚀高丘地貌；侵蚀剥蚀地貌，包括侵蚀剥蚀低丘地貌和剥蚀台地地貌；堆积地貌，包括冲积地貌、冲洪积地貌、海积地貌、风积地貌、人工堆积地貌等。

1.2 气象与水文特征

1.2.1 气象特征

闽江口地区东面临海,受海洋影响很大。气候类型属中、南亚热带的过渡海洋性季风气候。全年温暖湿润,四季较分明,冬季短暂且温和,夏季漫长而无酷暑。

闽江口地区风向以东南为主,北和西北次之。每年的4—10月风向以东南为主,10月以后转为以偏北为主。从全年看,下半年风速一般大于上半年,偏东风的平均风速大于偏西风。

1.2.2 水文特征

调查区区域内主要河流有闽江、大樟溪、龙江。

闽江自西北向东南流入区内,因受南台岛阻隔,在侯官附近分为南、北两支。北支称北港,也称闽江;南支称南港,也称乌龙江。两支在马尾汇流后向东北流,至亭江附近分两支入海。闽江流经区内全长约150km^2。其中大樟溪为闽江下游最大的支流。闽江水量丰富,多年平均年径流量达$551×10^8 m^3$。

大樟溪发源于德化县戴云山主峰西面,是闽江下游最大的支流,流经德化、永泰,由闽侯县江口注入南港(乌龙江),河长234km。

大樟溪具有山区性河流特点。河床是南、北两向陡坡组成的峡谷,地势西高东低,落差很大,平均每千米下降2m;溪上岩礁密布,水量受降水量影响,季节性变化较大。永泰水文站水位最大变幅7m。

龙江是闽东独流入海的水系,福清市最大的河流。发源于莆田县大洋乡瑞云山,自西向东流经东张、宏路、融城,于海口注入福清湾,有太城溪、可路溪、太北溪等支流,全长62km(福清市境内35.51km),其中天宝陂至海口长19.75km,属感潮河段,流域面积538km^2。

1.3 地质条件

1.3.1 地层

测区地层出露较简单,见晚侏罗世的长林组、南园组,白垩纪小溪组、石帽山群火山岩,以及第四纪晚更新世龙海组,全新世东山组、长乐组堆积层。火山岩地层出露面积为1 608.02km^2,第四系堆积层出露面积805km^2。

1.3.1.1 长林组(J_3c)

仅出露于长乐玉田镇观音山、福清江阴北部一带,为一套陆相火山碎屑-沉积岩系,厚度为435.20m。岩性为灰色、灰绿色凝灰质砂砾岩,砾岩,含砾粗—细粒长石砂岩夹(凝灰质)粉砂岩、泥岩、页岩及酸性火山碎屑岩等。新鲜岩石块状构造,孔隙度小,节理裂隙不发育。

1.3.1.2 南园组(J_3n)

测区盆地四周丘陵、山地广泛分布,如白沙大山姆、北峰、鼓岭一带,其次在南部高盖山、枕峰、玉毛尾山、富老山、岭兜山西侧、新厝、渔溪、江阴一带。为一套酸性—偏中酸性火山碎屑熔岩,厚度大于2 459.37m。

1.3.1.3 小溪组(K_1x)

分布于福州北部峨眉山、闽江口琅岐岛、粗芦岛、川石岛等地,为一套陆相沉积-中酸性火山碎屑岩系,厚度大于 1 222.49m。

1.3.1.4　石帽山群(K_1S)

分布于盆地四周丘陵、山地,如闽侯旗山、大帽山,福州寿山莲花峰、日溪白人顶,长乐松下镇山前村等地,为一套巨厚的紫红色陆相沉积-火山喷发岩系,厚度大于 662.5m,与南园组呈角度不整合关系。

1.3.1.5　第四系

测区第四系分布总面积为 805km²,占测区总面积的 26.77%,其中残积层 106.8km²,上更新统冲洪积层出露面积 12km²,其余的是组成Ⅰ级阶地的冲积海积层。

(1)更新统残积层(Q^{el})。测区内残积层属亚热带高岭土型风化壳的一部分,主要由花岗岩类岩石经长期的物理化学和生物化学的风化作用而成,分布在盆地边部低丘或盆地内残丘上,呈砖红色、灰白色、灰黄色砂质黏土,厚 4.4~17m。

(2)更新统:

下更新统天宝组冲积层($Q^{1al}t$)。天宝组冲积层为区内最老的第四系堆积层。岩性为灰黄色半固结状(含砾)中粗砂、深灰色黏土等组成,不整合覆盖于基岩或基岩风化层上。仅分布于江阴岛中东部的门口一带,以冲积阶地地貌出露于地表。

中更新统同安组坡积层-风积层($Q^{2dl-eol}t$)。主要以橘黄—灰红色坡积砂砾质黏土及棕红色风积细砂、中细砂为主,坡积层覆盖于天宝组之上,呈Ⅱ级阶地堆积;风积层多以沙丘出现。仅分布于江阴岛中东部的门口一带覆盖于下伏天宝组之上。

上更新统龙海组冲洪积层($Q^{3apl}l$)。龙海组冲洪积层岩性以棕黄色、灰黄色、灰色泥质砂砾卵石为主,局部夹薄层棕黄色、灰绿色砂质黏土,不整合覆盖于基岩或基岩风化层上。在新店以冲洪积扇地貌出露地表,砾卵石的成分主要为火山熔岩,说明其物质来源于闽江上游和盆地的西北部山区。砾卵石普遍风化呈棕黄色、灰白色。

该地层的埋深条件不同,岩性所表现的颜色不同。东大路以北以棕黄色、灰黄色为主,东大路以南以灰绿色为主,闽江古河道以灰色、灰黄色为主。

上更新统龙海组洪积层-海积层($Q^{3pl-m}l$)及东山组冲洪积层($Q^{3apl}d$)。主要由更新统东山组冲洪积层($Q^{3apl}d$)及龙海组洪积层($Q^{3pl}l$)的黄色黏土、中细砂、砾砂及砂砾卵石等组成,分布于江阴岛东北部、渔溪东部及新厝西南部,组成河流堆积的Ⅲ级阶地地形。

更新统龙海组海积层($Q^{3m}l$)。由以泥相沉积为主的灰色淤泥、淤泥质黏土、黏土、砂成层堆积及砂质黏土等组成,个别见有砾以及泥炭夹层或贝壳层,海拔 10 至十多米,组成海积Ⅱ级阶地地形。

(3)全新统:

全新统东山组冲积层($Q^{4al}d$)。该层在盆地所有低洼处均有堆积,不整合覆盖在上更新统龙海组冲洪积层或基岩风化层之上,厚度为 0.44~28.80m。岩性为灰白色、灰黄色、灰绿色黏土、砂质黏土和含泥中细砂,局部夹薄层泥质砂砾卵石。

全新统长乐组海积层($Q^{4m}c$)。包括下段和中段。

下段厚 1.59~3.99m,岩性主要为海湾汊道相的淤泥。灰黑色,软黏,含腐殖质,可塑性强。微细层理发育,粉细砂层和淤泥层呈互层状,粉细砂层厚小于 1cm,淤泥层厚 1~5cm。该段和下伏东山组冲洪积假整合接触,鳌峰洲局部地段和龙海组冲洪积层呈不整合接触,与上覆长乐组中段河口相地层呈沉积假整合。

中段厚2.30～29.28m,岩性以河口海湾相的淤泥为主,淤泥灰黑色,软、黏、污手,稍可塑,富含腐殖质和腐木碎屑,微细层理不发育,可见淤泥层厚5～10mm。该段底部有3～7m的沉积间断层,与下段呈沉积假整合,间断层主要岩性为灰绿色或灰黄色的黏土,砂质黏土。

长乐组上段冲积、风积层($Q^{4al}c$、$Q^{4eol}c$)。冲积层分布广泛,除新店分布零星外,在福州盆地所有地段均有存在,特别是沿河分布。均匀分布在地表的最表层,假整合沉积在中段冲海积层之上,厚0.50～14.64m,主要岩性有灰黄色、灰色的砂质黏土。黏土厚一般为3～5m,结构较紧密,上干下湿,湿水可塑性强,松散的灰黄色含泥中细砂主要分布在闽江、乌龙江河道上的近代沙洲上,最厚14.64m。

风积层在本区地表出露较少,主要出露在闽江入海处的东部山前部位和长乐市的沿海地带。主要岩性为中细砂。

长乐组的冲洪积层($Q^{4apl}c$)。多分布在河流的Ⅰ级阶地、河漫滩和沙丘等地。主要岩性为含黏质砂土,泥质砂砾卵石、砂。

全新统长乐组洪积-海积层($Q^{4pl-m}c$)。由全新统长乐组洪积层($Q^{4pl}c$)的灰黄色黏土、中细砂、含砾粗砂及卵石、海积层($Q^{4m}c$)的灰黑色淤泥、淤泥质黏土,以及海相砂、泥、贝壳等堆积物等组成,大面积分布在兴化湾内侧区域及渔溪霞头埔一带。

人工填土层(Q^s)。呈片状分布于江阴投资区南侧,福州快安投资区,近期人工往海域50～100m填海造陆,填土材料以碎石为主。因为成图比例尺较小(1:5万),未进行标识。

1.3.2 侵入岩

测区大范围分布侵入岩,出露面积为592.21km²,仅占测区总面积的19.7%。岩性为花岗斑岩、浅肉红色中细粒晶洞碱性花岗岩、正长花岗岩、黑云二长花岗岩、花岗闪长岩、石英闪长岩。石英闪长岩体仅在闽侯白沙青坑、荆溪镇等地小范围出露;花岗闪长岩体仅见于白沙古洋一处;二长花岗岩体仅见于亭江东岐、琅岐烟台山等地;正长花岗岩体分布于闽侯、鼓山、长乐市营前镇、松下镇等地。花岗斑岩、碱长花岗斑岩、碱性长石斑岩等呈小岩瘤状产出,零星分布于测区莲花峰、长山塔、魁歧、笔架山、大顶峰、高盖山等地。

1.3.3 脉岩

测区内脉岩种属繁多,主要有花岗斑岩、石英正长斑岩、闪长斑岩、灰绿玢岩等。主要分布于测区的乌山-东山断裂以北乌龙江沿岸。脉岩受构造断裂控制,呈NE60°～80°侵入南园组地层和各岩体中。大部分倾向南东,倾角较陡。脉岩形态不一,呈单脉或脉群展现。

1.3.4 构造

测区位于新华夏巨型构造体系的第二隆起带东南缘,中生代以来,一直处于隆起状态。区内断裂构造非常发育,主要有北东东向与北北西向两组。其中,北东东断裂为压扭性断裂,北北西断裂为张扭性断裂。

1.3.5 区域地壳稳定性

福建省构造上处于欧亚大陆板块东南缘,濒临太平洋板块。自新元古代以来,福建地壳运动十分频繁,经历了多旋回构造发展过程。晚三叠世,印支运动开始(230Ma B P)形成海陆雏形;白垩纪时形成西为陆地、东为台湾海峡的基本格局,由较稳定的准地台转变为活动型的大陆边缘;第三纪(古近纪+新近纪),福建省全境基本处于整体隆升、剥蚀夷平状态,并以断块差异隆升为特色;第四纪以来,地壳运动似乎重新活跃,这不仅表现在诸如地震活动的频繁,热泉的众多等等,而且还造就了新盆岭地形,形成了如福州盆地等规模相当大的第四纪断陷盆地。

总之,福建自元古宙以来,一直是个构造活动区。

2 地质环境调查成果

通过本次和前人的工作,查明了本区的地质环境问题,为国民经济发展规划和规划区的建设提供了基础资料,达到了设计的目的。主要工作成果如下。

2.1 地质图

查明了区内地质体和地质构造的基本特征及分布,编制了地质图。

2.2 第四纪地质地貌图

查明了工作区内江、海岸的变迁分布情况,侵蚀、淤积特征,编制了第四纪地质地貌图。

2.3 工程地质图

查明了区内各类岩土体物理力学特性、空间分布,编制了工程地质图。

岩土体评价:坚硬块状侵入岩、坚硬—较坚硬块状喷出岩,工程地质条件良好,可作为各种地表、地下工程的天然地基,但地形自然坡度较陡,边坡开挖易形成不稳定的边坡和顺坡隐伏岩块体。残积(砂质、砾质)黏性土,工程地质性能较好,适宜作为各类工业与民用建筑的天然地基;冲洪积砂砾卵石夹黏土,中等压缩性,全新统砂类土多呈松散—稍密状,在强震作用下易产生砂土液化现象,地基土局部有软弱土夹层,影响地基承载力;海积淤泥、黏性土、砂性土互层或夹层,呈流塑—软塑状,高压缩性,软土易产生震陷,工程地质性能差,易产生地(路)面的不均匀沉降。

2.4 水文地质图

查明了区内地下水类型有第四系松散岩类孔隙水、风化壳网状孔隙裂隙水和基岩裂隙水3类,水量贫乏,局部中等;平原海相区的孔隙水为微咸水或咸水,不宜饮用;基岩裂隙水为淡水,水质好,可饮用。编制了水文地质图。

2.5 环境地质图

查明了环境地质问题,编制了环境地质图。

3 地质资源

3.1 固体矿产资源

福州蕴藏着丰富的矿产资源,主要以叶蜡石、明矾石、石英砂、花岗石和高岭土等非金属矿产为主,金属矿产则较贫乏。仅有金矿和银矿,储量也很有限。已发现矿产52种,444处,探明储量21多种,矿产地129处。其中大型矿床11处,中型矿床9处,小型矿床109处。

3.1.1 叶蜡石

全市叶蜡石远景储量达 $5\,000\times10^4$ t,占全省的90%以上,居全国首位,主要产地有福州晋安区、福清、罗源等地。石英砂、花岗石储量达数亿吨及数 10×10^8 m^3,发展建材业具有得天独厚的资源优势。

3.1.2 明矾石

有单独矿床和共生矿床。

单独矿床有闽侯南屿,K$_2$O为2.51%,为Ⅲ级品,探明储量 $1\,182\times10^4$ t,其中明矾石 418×10^4 t。峨眉叶蜡石矿中共生明矾石矿,储量 21×10^4 t,其中明矾石储量 7.4×10^4 t。

3.1.3 石英砂

福州石英砂资源丰富,按其品质和用途,分为玻璃用砂(称玻璃砂)、铸型用砂(称型砂)、水泥标准砂(称标准砂)和建筑用砂(称建筑砂)。在分布上,多为两种以上用途的砂相伴生,以规模大、埋藏浅、易采易选、砂质纯洁、粒度均匀、含泥量低为特点。

3.1.3.1 玻璃砂

玻璃砂常伴生于型砂和标准砂中。品质以风积砂为最优,其次为海积砂,可制平板玻璃。最大产地在长乐市江田—文武砂一带,矿区长10km,宽8m,厚6m,1983年探明储量 $7\,046\times10^4$ t。平潭竹屿口与标准砂伴生的砂矿区也有一部分玻璃砂。

3.1.3.2 型砂

有两处产地:一为江田—文武砂,一为竹屿—长江澳。前者为特大型型砂矿床,储量达 $11\,703\times10^4$ t,属第四系海积和风积砂;后者为大型型砂矿床,储量为 $29\,928\times10^4$ t,埋藏浅,宜露天开采。

3.1.3.3 标准砂

检验水泥强度、确定水泥标号的专用石英砂。产地在平潭竹屿、长江澳的连岛沙洲上(即芦洋埔平原),为风积砂和海积砂。

3.1.3.4 建筑砂

主要分布在闽江下游,为大型矿床,储量居全国首位。产于闽侯厚美至福州马江河段河床和潮间带河漫滩,属河流冲积型,矿体延伸达42km,宽500~600m,厚4~26m,一般为10m。其中,厚美至螺洲河段,长25km,最大宽2 650m;魁岐至马江河段,长5.8km,最大宽500m。

3.1.4 花岗石

花岗石是福州主要矿产资源之一。主要为燕山期侵入岩。资源丰富,探明储量达 $14\,477\times10^4$ m^3 以上,矿床(点)有100余处,遍及各县、市、区,主要是各类花岗岩、闪长岩、辉绿岩等,广泛用于建筑、高级装饰和工艺雕刻。大型矿床有郊区魁岐、福清海亮、罗源白岩和长乐莲花山;中型矿床有闽侯青口东台和平潭后楼;小型矿床有闽侯龙井、连江布政坪、益砌、潭笔山、半山、宝山和长乐福坊等。

3.1.4.1 魁岐花岗石

福州市主要花岗石矿床之一。典型晶洞构造,为燕山晚期侵入岩,位于郊区魁岐至连江一带,出露面积284.2km^2,宜作普通建材。

3.1.4.2 布政坪花岗石
为燕山晚期黑云二长花岗石,色泽美观,成材良好,称"丹阳红",产于连江丹阳镇布政坪,储量 $43×10^4 m^3$。

3.1.4.3 后楼花岗石
为燕山晚期二长花岗岩,呈肉红色,中粒结构,材质优良,称"平潭红"。

3.1.4.4 燕窝辉绿辉石岩、花岗石和辉长岩
位于平潭城南 4km 处,有 3 个矿体,岩石类型分别为灰黑色细粒辉绿辉石岩、灰—灰白色混染二长花岗岩及黑灰色中细粒辉长岩,石材品种分别定为"平潭黑Ⅰ""平潭芝麻黑"和"平潭黑Ⅱ"。

3.1.4.5 金峰辉绿岩
位于长乐市金峰镇,故名。为基性岩脉,质地致密坚硬,是碑石、墓石、板材和石雕工艺的优质石料。该地有 8 条矿脉,主脉长 820m,宽 8~60m,踏勘储量 $136×10^4 m^3$。矿体呈黑绿色,由辉石、斜长石等组成,伽玛强度弱,有少量开发。

3.1.5 高岭石
福州高岭石分布广、规模小。全市有中型矿床 1 处(福州琅岐)、小型矿床 2 处(福州大坂、首山闽侯时洋)。琅岐岛凤窝高岭土矿,估算储量为 $623×10^4 t$。广泛用于日用瓷、电瓷、塑料填料及增强剂、研磨材料、耐火材料,以及造纸、橡胶、油漆、白水泥、印纺工业等的原料或配料。

3.2 矿泉水资源

福州地区矿泉水资源丰富,开发潜力大。已发现并经地质勘查的矿点有 26 处,分饮用和医疗两大类型。饮用偏硅酸矿泉水,偏硅酸大于 25mg/L,水质为碳酸钠钙或碳酸钙钠型,低矿化度,呈弱酸—中性,含锂、锶、锌等有益微量元素,分布于福州郊区五凤山、国光、旧县、登云、桂山、闽侯龙泉、白马、长乐赤屿、大象山、潭头、凤祥山等地。医疗型矿泉水除具备饮用型矿泉水特点外,氡含量(≥111Bq/L)达医疗矿泉水命名标准,分布于郊区鼓山、罗汉山、登云、旧县,长乐大象山、闽侯白马等地。氡含量大于 129Bq/L,可称氡矿泉水。

3.3 地热水资源

福州市地热管理处调查,全市温泉及地下热水分布的地区有市区中心、郊区,及所属的永泰、闽侯、闽清、福清、连江 5 县(市),计有 23 个温泉点,40 多个泉眼,而以市中心的温泉最为重要,也最为著名。

4 结语

本次地质环境调查面积 $3 000km^2$。查明了工作区的地质、工程地质、水文地质、环境地质等条件及区内各类岩土体空间分布特征、物理力学特性、工程地质性能等,并编制了闽江口经济区地质图、地貌及第四纪地质图、水文地质、综合工程地质图、环境地质图、遥感解释图和实际材料图等图件,评价了海峡西岸闽江口经济区地质环境条件,为闽江口经济区规划建设布局提供了科学依据,有助于实现沿海经济开发和资源环境的良性协调发展。

福建省主要城市环境地质调查评价项目成果简介

林建平

（福建省地质调查研究院）

[摘　要] 福建省主要城市环境地质调查评价项目隶属中国地质科学院水文地质环境地质研究所承担的"全国主要城市环境地质调查评价"项目。"福建省主要城市环境地质调查评价"项目调查城市包括福州市、厦门市、泉州市、漳州市、莆田市、龙岩市、三明市、南平市、宁德市9城市。查明福建省主要城市环境地质问题及地质灾害的种类、规模、分布范围、危害程度，分析其产生原因、发育规律、机理、发展趋势等，评估其所造成的危害、社会经济影响和损失；查明城市地质资源状况，分析其对城市建设所起的作用；提出地质灾害及环境地质问题防治对策建议，为国土规划、开发整治、环境地质问题与地质灾害防治，以及城市规划、建设、管理服务。

[关键词] 福建　主要城市　环境地质　地质灾害

福建省主要城市环境地质调查评价是旨在为城市规划、建设、管理提供环境地质条件依据的综合性调查评价项目。本次城市地质调查的工作区范围为福州、厦门、泉州、漳州、莆田、龙岩、三明、南平、宁德9个城市的远景规划区（2020年）范围，总面积10 345 km^2。

1　自然地理概况

1.1　地形地貌

福建省属东南沿海低山丘陵区，地貌类型复杂多样，地势西北高、东南低。素有"八山一水一分田"之称。城市主要分布于各大江河口的平原处，较大者有福州—长乐、莆田、泉州、漳州—龙海4处。山区小盆地多沿河谷成串珠状分布。各城市地形地貌见表1。

表 1 福建省主要城市地形地貌特征表

地貌形态	类别城市	地形地貌
滨海平原型	福州市	福州盆地四周山岭环抱,高程均在 500m 以上,地势自西向东由中山低山→高丘陵→台地平原直至于海。盆地为冲洪积-海积平原,城区地势平坦,平均高程 3～5m
	泉州市	大部分地区为绵亘展布的丘陵台地,其间点缀着小面积的冲积阶地,河口港湾地带分布着大小不一的海积平原,海拔多在 10m 以下,其中泉州平原面积最大。海岸曲折绵长,港湾众多,沙滩海涂广布
	漳州市	由北溪和西溪河谷两岸及其河间地块组成漳州盆地。地貌形态复杂,有低山陡坡地形、低山地形、高丘陵、圆缓低丘陵、红土台地、河流堆积阶地、坡积扇、滨海平原等,其中以河谷阶地及丘陵台地分布最广,两者占漳州市总面积的 2/3
	莆田市	属福建东南沿海低山丘陵区。地势由西北向东南呈梯状倾斜。西部和北部以山地为主,低山、峡谷、盆地错杂其间;中部和东部为冲积平原和海积平原;东南部沿海为半岛和丘陵台地
滨海山地型	厦门市	属滨海丘陵、岛屿、半岛区。依山傍水,地势总体由北西向南东倾斜,陆地部分形成两个海湾式,向南东敞开的谷地是杏林湾谷地和同安湾谷地。由冲洪积阶地、残积台地及剥蚀残丘组成。海岸线曲折,以侵蚀性土岸居多,海湾岛屿星罗棋布
	宁德市	由西北沿东南方向大致呈现中、低山→丘陵→台地平原直至于海,城区地势平坦,为冲洪积-海积平原
河谷盆地型	龙岩市	由西北沿东南方向大致呈现中、低山→丘陵→盆地→丘陵→低山、中低山,局部有岩溶地貌,具中间低、两头高的特点
	三明市	属山间盆地四周山岭环抱,高程均在 400m 以上,地势由中、低山→高丘陵→堆积平原;盆地为冲洪积-堆积平原,局部有岩溶地貌,城区地势平坦
	南平市	地处武夷山脉东南侧、鹫峰山西南和衫玡山北侧山间盆地,东南高、西北低;由低山和丘陵到河谷沿岸间或零星分布Ⅰ～Ⅳ级阶地,局部有岩溶地貌的地貌特征

1.2 气象与水文特征

1.2.1 气象

福建省属南亚热带和中亚热带海洋性季风气候,温暖湿润,雨量丰富。全年平均气温 17～21℃,各地年平均气温随纬度与海拔高度有较大差异。在沿海和闽南地区冬季不明显,四季如春,而闽北山区光泽、武夷山、浦城等地冬季有霜冻,平均每年遭受 2～3 次寒潮侵袭。

1.2.2 水文特征

福建省水系发育,河网密度达 $0.1km/km^2$。流域面积大于 $50km^2$ 的河流有 597 条,流域面积大于 $500km^2$ 的河流有闽江、九龙江、汀江、晋江、交溪、敖江、霍童溪、木兰溪,共 8 条。水系走向多与山脉垂直,呈南东东方向,除汀江注入广东外,其余均在省内径流入海。

2 地质条件

2.1 地层

福建省地层较为齐全,除志留系、中—下泥盆统和古近系缺失外,自新太古界至第四系均有出露。按分布面积,沉积岩和变质岩地层的总和、火山岩、侵入岩地层约各占福建省陆域总面积的 1/3。

新太古界—新元古界变质岩地层主要分布于闽北及闽西北部,主要岩性为结晶片岩、片麻岩、石英岩;震旦系—奥陶系变质岩主要分布于闽中及闽西北地区,主要岩性为变质砂岩、千枚岩。

新太古界沉积岩地层主要分布于闽西南地区,主要岩性为石英砂岩、砂砾岩、碳酸盐岩、砂页岩等;中生界沉积岩主要出露于福建省中部及闽西南地区,多在山区呈盆地形式产出,主要岩性为砂岩、砂页岩。

晚侏罗世—早白垩世火山岩地层分布较广,主要在东部大片出露,其岩性、岩相复杂,主要以流纹岩、凝灰岩等酸性火山岩为主,厚度巨大,最厚大约 6 000m。

新生界地层在沿海一带出露较广,除第三系(古近系+新近系)有玄武岩外,多为海陆相砂砾及泥沙松散沉积物组成。第四系按成因可分为残坡积层、海积层、冲洪积层和风积层。残坡积层在福建省均有分布,沿海地区整块面积分布面积较广;海积层、冲洪积层主要分布于沿海河口平原地区;风积层主要分布于沿海岛屿一带。在山区山间盆地及沿河谷两侧冲洪积层较为发育。

2.2 侵入岩

福建省侵入岩分布广泛,出露面积占陆域总面积的 34.87%,各种岩类齐全,岩性繁多。按各类侵入岩出露面积计算,酸性和中酸性岩类占 97.42%,中性岩占 2.44%,基性与超基性岩占 0.14%。

侵入岩分布受构造控制明显,多沿北东向或北东东向展布,呈岩基、岩株、岩瘤、岩墙和岩脉等产出。侵入活动时期有加里东期、华力期—印支期、燕山期、喜马拉雅期 4 期。就规模而言,燕山期侵入花岗岩类最为发育。

3 城市环境地质问题及其评价

3.1 地下水资源衰减与短缺

福建省主要城市地下水资源衰减目前仅在福州、龙岩两个地下水开采量大的盆地出现。

福州市地下水资源衰减的时间主要是在 20 世纪八九十年代,主要是地热超量开采,目前已趋于稳定。

龙岩市地下水资源衰减的范围较小,主要集中在铁山、溪南和北门出现地下水超采。另外,闽西南某些矿区采矿不当可能会出现局部地下水位下降甚至枯竭。

3.2 地下水环境

3.2.1 地下水污染现状

福建省主要城市地下水天然污染主要为第四系地下水中的铁,主要分布于全新统淤泥及黏土之下含水层,总面积达 3 000km^2,最高含量达 56mg/L,一般亦在 10~20mg/L。而沿海海积层中一般有氨污染,最高数值达 55mg/L,已成肥水了。基岩裂隙水中主要为氟,除温泉影响带氟普遍超标外,大量花岗岩中钻孔(深 100~200m)及沉积岩中钻孔(深 300~600m)均有高达数毫克/升之氟,特别是:氟污染在富水钻孔中更为常见而成为供水之问题。

3.2.2 地下水防污性能评价

福建省主要城市地下水防污性能分为 3 类:防污性能较差区、中等区、较好区。其中防污性能较差区面积 2 970.33km^2,占区内总陆域面积的 35.35%;防污性能中等面积 4 655.05km^2,占区内总陆域面积的 55.4%;防污性能较好区面积 777.9km^2,占区内总陆域面积的 9.25%。

福建省地下水防污性能具有以下特点:①龙岩盆地防污性能较差—差;②宁德、福州、莆田、泉州、厦门、漳州等滨海城市防污性能中等—较好;③沿海防污性能相比山区盆地好。

3.3 海岸线变迁

福建省主要城市海岸线长约 1 178.08km,海岸类型有基岩海岸、砂砾质海岸、淤泥质海岸、河口海岸、红树林海岸等。

对福州市和厦门市海岸线变迁速率进行调查统计得知,福州闽江口梅花水道海岸南段淤积速率为 1~12m/a,北岸蚀退速率为 0.36~5m/a,福州淤泥质岸段淤积为 1~3m/a。厦门市基岩海岸蚀退速率为 6mm/a,红土台地海岸蚀退速率为 1~2m/a,砂质海岸蚀退速率为 1~1.8m/a,河口岸淤积为 5~10m/a,局部大于 10m/a。

3.4 地质灾害问题

福建省主要城市共发育地质灾害点 557 处,核查面 8 770.07km^2,其中灾害类型有滑坡 204 处、崩塌 199 处、泥石流 5 处、不稳定斜坡 119 处、地面沉降 2 处、地面塌陷 28 处。南平市发育灾害数量最多,漳州市发育地质灾害最少。

3.5 软土问题

福建省主要城市软土分布在福州市、厦门市、莆田市、宁德市,其中福州和宁德分布较多,面积分别为 332.6km^2、326.07km^2,平均厚度分别为 12.18m、16.72m;其次是厦门,分布面积 143.93km^2,平均厚度为 4.32m;莆田软土分布面积为 11.68km^2,平均厚度为 10.53m。

3.6 垃圾场地环境地质问题

福建省垃圾处置主要以填埋为主,省内各个主要城市都有一定数量的垃圾处置场地。据本次调查统计,全省各主要城市有各种垃圾集中处置场地共 19 处。

4 城市地质资源

4.1 地下水资源

4.1.1 福建省主要城市地下水资源

福建省主要城市浅层地下淡水天然资源补给为每年 $15.35297×10^8m^3$,占福建省地下水资源量的 1.3%。其中平原区浅层地下水 $5.566×10^8m^3$,山区浅层地下水 $9.79×10^8m^3$。

4.1.2 地下水开发利用现状

2005 年,福建省全省开采地下水为 $6.37×10^8m^3/a$。全省地下水可开采资源量为 $31.599×10^8m^3/a$,开采量占开采资源量的 20.58%。农田灌溉开采量最大,占总开采量的 26.17%,工业用水开采量最小,仅占开采量的 5.4%,城区开采占总开采量的 25%。各地开采状况不尽相同,沿海的泉州、宁德及内陆盆地的龙岩县(市)年开采量较大,均超过 $9000×10^4m^3/a$。

4.1.3 地热资源

福建省地下热水广布,地热增温率较高,但热水异常区域面积较小,大多在 $0.1～0.3km^2$ 之间,最大约 $9km^2$(福州),有地下热水 202 处,其中钻孔揭露 17 处。地下热水的分布特点是闽北少、闽南多,山区少、沿海多。

全省地下热水以中温(40~60℃)为主,平均为 51℃,最高 121℃,60℃ 以上占 30%。流量小于 5L/s 为主,平均 7.2L/s,总流量 1 325L/s。

福建省主要城市地热资源丰富,但开发利用率却较低。目前,全省开采地热水为 $0.1389×10^8m^3/a$,年开采量仅占其总流量的 29.1%。福州市开采地热水历史悠久,开采量大,年开采量最大达 $414×10^4m^3$。地热是环保资源,有很好的开发前景,但目前福建省地热水仅限于养育、育秧、洗浴等,尚无地热发电。

4.1.4 矿水资源

4.1.4.1 矿水资源概况

福建省矿水资源丰富,先后发现有医疗、饮用矿水。全省有医疗矿水 11 种 249 处(其中热矿水 199 处);饮用矿水 9 种 1 546 处,医疗与饮用重合的 219 处。但已被污染的饮用矿水 1 037 处,未被污染仅 509 处。就其种类而言,硅酸盐矿水数量最多,总数为 1 037 处。全省医疗、饮用矿水总流量 1 513L/s($4 771.4×10^4m^3/a$),其中热矿水 1 440L/s($4 541.2×10^4m^3/a$)。

4.1.4.2 饮用矿泉水开采利用现状

已通过评价鉴定审批的饮用天然矿泉水 218 处,批准可供开采的水源地 228 处,可供开发利用的资源总量大于 $27 540m^3/d$。目前,已开采的有 55 家,开采量 $23 443m^3/d$(截至 1998 年底),占批准开采资源量 85%。最多时建厂 108 家。

4.2 湿地资源

福州市闽江河口湿地主要包括闽江下游咸潮河口区的水域、沿江滩洲、沿海滩涂和浅海区等天然湿地,以及城区的湖泊、内河和近郊的坑塘、水田等人工湿地。闽江河口目前最大的6块湿地是鳝鱼滩、蝙蝠洲、浦下洲、道庆洲、塔礁洲、长岸洲。闽江河口从竹岐以下至闽江口,两大类湿地为淡水湿地,类型包括沙质岸滩、淤泥水草浅滩、江心洲湿地、河岸湿地、淡水河流湿地;咸水湿地,类型包括芦苇潮滩湿地、高盐碱潮滩湿地、泥沙质滩涂湿地、河口离岛湿地、河口沙洲湿地、咸水河流湿地。

宁德湿地跨蕉城区、福安市、霞浦县3个行政区界,东几乎连接东海(中间陆地相隔仅750m),西至蕉城洋尾码头,南经霞浦县东冲口与台湾海峡相连,北接福安市溪尾镇。东西长约55.5km,南北宽约36.2km。

4.3 地质遗迹资源

福建省主要城市地质遗迹类型包括:丹霞地貌景观、花岗岩地貌景观、岩溶地貌景观、火山岩地貌景观、海蚀地貌景观、溪湖地貌景观,古生物化石遗迹等。

4.4 固体矿产资源

天然建筑材料资源见表2。

表2 福建省主要城市建材资源一览表

城市	砂料				土料				石料		
	玻璃砂 ($\times 10^4 m^3$)	型砂 ($\times 10^4 m^3$)	标准砂 ($\times 10^4 m^3$)	建筑砂 ($\times 10^4 m^3$)	高岭土 ($\times 10^4 m^3$)	砖瓦用黏土 ($\times 10^4 m^3$)	耐火黏土 ($\times 10^4 m^3$)	水泥黏土 ($\times 10^4 m^3$)	花岗岩 ($\times 10^4 m^3$)	灰岩 ($\times 10^8 m^3$)	建筑用石料 ($\times 10^8 m^3$)
福州	7 046	41 631	9 645.53	52 500	623	104.11			>14 477	缺	丰富
厦门				2 840~4 260					丰富	缺	丰富
泉州	1 792			丰富	较丰富	3			较丰富	缺	135
漳州										缺	
莆田	丰富				丰富				较丰富	缺	丰富
龙岩	未探明储量				10 000	38.1	47.53	257.95	未探明储量	>9	
三明	丰富				丰富				禁采		丰富
南平	丰富								913.35	14.03	
宁德	丰富			41 400	>500	丰富	丰富	缺			

4.5 沿海通道资源

福建省主要经济、人口大都分布在沿海一带。该处毗邻港澳,与台湾岛隔海相望,港口资源优势突出,工业发达。其中20×10^4t及以上大型深水港口包括三都澳、罗源湾、兴化湾、湄州湾、厦门湾和东山湾6个重点港湾。

5　结论

在充分收集和系统分析研究工作区以往基础地质、水工环地质等成果资料的基础上,采取补缺拾遗的原则,以环境地质问题和地质资源为主题,对福州、厦门、泉州、漳州、莆田、宁德、龙岩、三明、南平9座主要城市规划区实施环境地质调查评价,工作调查陆域面积8 233.83km^2,编制福建省主地城市环境地质调查评价总报告和各城市地质环境调查评价报告共10份,编制各城市1∶5万~1∶10万(大部分为1∶5万)成果附图共计142张。基本查明了各城市地质环境背景,查明了各城市地质资源,查明了各主要城市的环境地质问题,编制了福建省主要城市环境地质系列图件,提出了城市发展的制约因素与建议,对城市规划和发展提出了建议。

"鄱阳湖及周边经济区农业地质调查"项目成果简介

衷存堤[①]　尹国胜　马逸麟　冯昌和　谢振东　邓国辉　毛大发

(江西省地质调查研究院)

[摘　要]　通过实施"鄱阳湖及周边经济区农业地质调查"项目,获得了调查区区域生态环境的高精度地球化学数据;创新了对土地资源的认识,首次发现富硒土地资源;摸清了土地质量家底,查明了农业营养元素丰缺现状;证实区域水质总体良好,鄱阳湖保持了"一湖清水";查明了生态地球化学安全现状,提出了对策建议;揭示了区域生态地球化学规律,预测评估了安全风险;揭示了区域农业与地质环境的关系规律;取得了显著的社会经济效益。

[关键词]　农业地质调查　地球化学　土地质量　富硒土壤　鄱阳湖

引言

"鄱阳湖及周边经济区农业地质调查",项目经费由江西省人民政府与中国地质调查局共同筹措,双方各承担50%,总概算为3 000万元,于2004年全面启动调查工作,由江西省地质调查研究院承担项目实施任务。

调查工作范围包括南昌市全境,九江市的庐山区、浔阳区、九江县、湖口县、彭泽县、德安县、星子县、永修县、都昌县,抚州市的临川区、东乡县,上饶市的鄱阳县、余干县、万年县,景德镇市的乐平市,鹰潭市的余江县,宜春市的丰城市、高安市、樟树市和奉新县等29个市(县、区),国土面积38 979km²。调查区涵盖了鄱阳湖生态经济规划区73.68%的市(县、区)和76.13%的国土面积(图1)。

1　项目实施工作概况

根据项目任务书要求,鄱阳湖及周边经济区农业地质调查工作,按照"调查→评价→评估→预测预警"的总体技术思路,依序展开。全部工作大致可以划分为4个层次,即多目标区域地球化学调查、区域生态地球化学评价、局部生态地球化学评价、总体综合评价。

[①]　第一作者简介:衷存堤,男,1965年生,主要从事区域地质及农业地质研究工作。

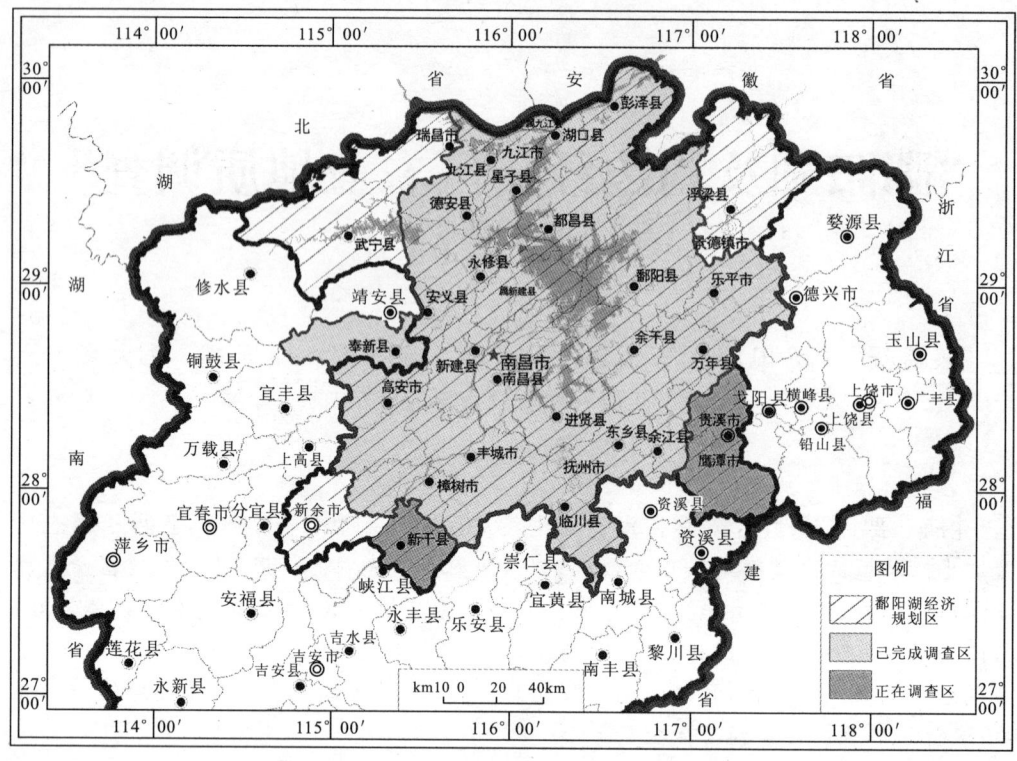

图1 调查区与鄱阳湖生态经济规划区空间位置图

农业地质调查项目实施以来,完成1:25万区域调查面积 $3.8979\times10^4 \text{km}^2$,野外采集各类样品6.0256万组(件),获得各类分析测试原始数据120.0883万项,编纂各类成果报告(含附件)41份、编辑专项图集3项、编制各类图件(1:25万~1:100万)910张,各类数据统计与参数计算26.87万项,并建成数据库1个、土壤及湖积物副样库(实物资料库)1个。各项工作、样品分析数据及成果质量,经中国地质调查局与省项目联席会议办公室组织专家验收、评审,均达优秀。

2 主要成果

鄱阳湖及周边经济区农业地质调查,通过江西省地质矿产局的精心组织和江西省地质调查研究院项目全体技术人员的辛勤工作,以及省内外科研院、校、所科研团体的通力协作,全面完成了项目各项任务,取得了庞大而又十分珍贵的基础调查数据。项目完成的成果包括基础调查、区域评价、局部评价、专题研究、图集、综合六大类,共计实现14项成果报告(及图集)主件、30项附件成果报告及图件,填补了江西省54项元素指标的土壤生态地球化学数据空白。阶段成果的应用示范取得了显著的经济与社会效益,实现了边调查、边应用的项目工作目标,较好地支持与促进了"三农"科学发展,为鄱阳湖生态经济区建设提供了科学支撑。同时,建成一个多元数据、多项参数构成的空间数据库。圆满地完成了鄱阳湖及周边经济区农业地质调查"省部合作协议"要求与项目总体任务书要求的各项实施任务。同时,阶段成果实现应用示范,并取得了显著的经济社会效益和突出的科技成果示范效果,已成为全国同类成果应用的典型范例。

3 主要发现与创新认识

3.1 获得了区域生态环境的高精度地球化学数据

首次获得区域双层水、土的高精度生态地球化学数据;首次取得具有长久科学价值的区域土壤系列背景值和基准值;首次获得高精度土壤碳等 54 项元素储量数据及空间密度分布;首次建立区域土壤及水地球化学空间数据库和土壤副样库。

3.2 创新了对土地资源有认识,首次发现富硒土地资源

首次在鄱阳湖生态经济区发现了 4 205 km^2 的富硒土壤,并发现区域硒元素的丰缺分布与人体健康具有密切相关性。

3.3 摸清了土地质量家底,查明了农业营养元素丰缺现状

土地肥力质量总体以二等土地为主,土地环境健康质量以二等土地为主,土地综合质量以优良等为主;调查数据表明,鄱阳湖及周边经济区 94.6% 的土地属于优质、绿色土地。查明了区域农业营养元素丰缺现状,为指导农业施肥提供科学依据。

3.4 证实区域水质总体良好,鄱阳湖保持了"一湖清水"

区域地表水地球化学环境质量总体良好,以Ⅱ类水质为主,占调查总面积的 88.15%;鄱阳湖水质良好,以Ⅱ类水质为主,水体富营养化以中等为主;浅层地下水以Ⅱ类、Ⅲ类水为主,占总面积的 83.32%。

3.5 查明了生态地球化学安全现状,提出了对策建议

查明了区域大宗农产品质量安全现状:大宗农产品的质量总体安全;区域表层土壤地球化学环境质量优良,以Ⅰ类、Ⅱ类土壤为主,占总面积的 98.14%;区域表层土壤重金属元素污染程度较轻,污染面积只占调查区总面积的 0.013%;陆地表层土壤 93.08% 符合无公害、绿色食品产地环境条件要求。

发现一批优质特色农产品产地环境,建立了地质地球化学模型;发现了两处地方性地球化学病高发区,提出了防控对策建议。

3.6 揭示了区域生态地球化学规律,预测评估了安全风险

基本查明了区域重金属污染物来源及其对环境的影响:地质环境控制了区域水、土环境重金属自然来源;大气干湿沉降与河道水系是区域重金属的重要来源;大气干湿沉降的重金属污染物质对区域整体环境影响大;河流水系携带重金属物质往往是自然因素与人为污染因素叠加的结果;城市土壤有害元素污染与建城时间、工业密切相关;预测了未来 20 年土壤中 As、Cd、Cr、Pb、Hg、pH 等指标含量变化。

探索了长江镉等重金属高含量异常带与鄱阳湖流域的关系。长江存在沿河镉等重金属高

含量异常带;鄱阳湖流域向长江输入的有毒有害重金属相对比较少;鄱阳湖流域对长江的"功过"评价,即功远远大于过。

揭示了鄱阳湖沉积记录与社会经济发展阶段变化的规律:揭示了社会经济发展阶段与各种重金属累积变化的关系;揭示了鄱阳湖187年以来的物质沉积变化规律。

3.7 揭示了区域农业与地质环境关系的规律

揭示了地质地貌环境控制农业土壤资源空间分布的规律:区域大地构造单元控制了区域地质地貌环境单元;区域地质地貌环境控制了土壤单元与区域农业格局;区域地层及岩石组合类型控制成土母质与土壤类型;区域土壤物质组成及其元素组合特征,与基岩物质组成及其元素组合特征显示密切相关,明显受地质体及岩性特征控制。

提出了农业地质区划建议;圈定了74处具有找矿指示信息意义的综合异常;圈定了16处金属矿产找矿远景区、47处综合异常区;划出了15处深部地热指示元素信息的综合异常区;划出了12处地下油气资源指示元素信息综合异常区。

4 成果应用概况

4.1 部分成果应用为相关规划提供科学依据

项目形成的阶段成果报告和系列成果图件,自2008年开始,逐步应用于"鄱阳湖生态经济区"规划建设的相关研究和决策中,部分成果应用于江西省发改委招标课题《鄱阳湖生态经济区地域范围及功能分区》,大部分成果应用于《鄱阳湖生态经济区土地利用规划》及《鄱阳湖生态经济区农业发展规划》中,为鄱阳湖生态经济区上升为国家战略以及鄱阳湖生态经济区规划建设提供了科学依据和作出了重要贡献,产生了重大的社会效益。

4.2 阶段成果示范创造了"三农"科学发展的典型范例

依据本项目首次发现的富硒土壤资源,通过资源环境评价和富硒土地质量地球化学评估,表明丰城市是项目区富硒土壤资源分布面积最大的地区之一,全市共有富硒土壤资源面积527km^2,且多数集中连片分布,土壤中硒含量0.4~0.99μg/g,平均含量约0.538μg/g,土壤中硒含量适中且安全。调查表明,丰城市土壤营养元素丰富,富含氮、钾、硫、硼、有机质、锌等,镉、汞、砷、铅等重金属元素含量很低。参照《土壤环境质量标准》(GB 15618—1995),对丰城市表层土壤环境质量进行综合评价,表明丰城市98.97%以上的土壤为Ⅰ类、Ⅱ类土壤(2 815.76km^2),土壤环境质量优良;按照《无公害水稻产地环境条件》(NY 5116—2002)和《无公害蔬菜产地环境要求》(GB/T 18407.1—2001),丰城市表层土壤环境质量符合无公害水稻生产要求的土壤分布面积达87.80%,符合无公害蔬菜生产要求的土壤分布面积达86.70%;按照《绿色食品产地环境技术条件》(NY/T 391—2000),丰城市表层土壤环境质量符合绿色食品产地生产要求的比例为69.11%。经采样分析,在丰城市发现有18个农作物品种、37个样品的天然富硒农产品,主要包括水稻、大豆、茶叶、芝麻、花生、茶油等农作物。

评估结果表明,丰城市必须大量元素含量分等达到Ⅰ等、Ⅱ等的土地所占比例为69.00%,肥力指标分等达到Ⅰ等、Ⅱ等的土地所占比例为92.30%,环境指标综合分等达到Ⅰ

等、Ⅱ等的土地所占比例为 92.41%，健康指标分等达到Ⅰ等、Ⅱ等的土地所占比例为88.00%，微量元素分等达到Ⅰ等、Ⅱ等的土地所占比例为 76.53%，有益元素分等达到Ⅰ等、Ⅱ等的土地所占比例为 64.00%，各类指标综合分等达到优质、优良等的土地所占比例为83.02%。

以上表明，丰城市的土地质量总体优良，适宜大规模农业综合开发利用。2006—2008年，江西省地质调查研究院分阶段将这些信息以书面材料及时送达丰城市农业局，并提出了开发富硒土壤资源的合理化建议。丰城市委、市政府把富硒土壤资源的开发利用作为一大产业来抓，作为"发展现代农业的突破点、农民增收的支撑点、新农村建设产业发展的新亮点、鄱阳湖生态经济开发建设的链接点"来抓，并聘请中国农业大学专家，编制了《丰城市富硒产业规划》，提出了打造"中国生态硒谷"，建立"一带一园一村"的产业布局。发展思路是"高起点定位、高标准规划、高效能运作、高规格推进"，发展措施是"政府搭建发展平台、做大产业特色品牌、组建企业集团上市"。

本项目通过资源环境评价和富硒土地质量地球化学评估，于2007年开始在丰城市选择了 $50km^2$ 富硒土地资源区，并与丰城市人民政府协作建立了成果应用示范基地，为成功建设中国生态硒谷，提供了直接科学依据与全面技术支撑服务。中国生态硒谷吸引社会投资30亿元，建立了10个富硒产业基地和一个集产学研于一体的低碳农业科技园，实现当年投资、当年见效。至2012年10月，已完成投资12.3亿元，推出富硒产品10个，年总产值达10.5亿元，解决农民就业8 000人，带动4.2万农户，增收2.1亿元。到2015年末，富硒区经济综合年产值将达到200亿元。该成果应用示范基地于2010年成为鄱阳湖生态经济区特色农业科技示范基地（省级）。该成果应用于示范基地，已成为社会农业产业企业、全国各省（区、市）慕名前来考察取经、洽谈投资创业的典型范例。

5 结论

"鄱阳湖及周边经济区农业地质调查"项目，是江西省人民政府与国土资源部中国地质调查局的合作项目，在江西省地质矿产局和江西省地质调查研究院的精心组织和统筹安排下，经过项目组7年的工作，取得了一系列重要的原创性农业地质调查成果，为鄱阳湖生态经济区建设和中国生态硒谷建设提供了地质技术服务，产生了巨大的社会效益和显著的经济效益，被评审专家誉为"是一项具有重大地域特色的原创性成果，总体达到国际先进水平"。项目成果应用前景广阔：①可为鄱阳湖生态经济区各级政府农业相关领域应用；②可为土地资源管护与开发利用提供技术支撑；③可为地方病防控领域提供科学依据；④为区域生态建设与环境保护提供了基础参数；⑤可为城镇与新农村建设的规划选址提供科学依据；⑥为区域矿产资源潜力调查评价提供地球化学信息；⑦丰富了第四纪地质研究的内容，并提供了大量新数据；⑧在多学科科学研究领域具有重要应用前景。

农业地质调查，是一项多学科方法技术融合应用的综合性调查。通过本次调查，获得了大量多学科领域的基础数据及系列成果资料。这些基础数据与系列成果资料，是地质学、地球化学、地理学、土壤学、农学、生物学、生态学、土地科学、环境科学、预防医学、地方病学等自然科学，以及社会、经济领域进一步开展科学研究的十分珍贵的基础数据和科学参数，通过进一步的科学开发，将可以形成系列创新性科学认识。

苏南典型地区耕地土壤重金属镉污染特征及其来源研究

——以某乡镇企业集中区为例

金洋[①] 华明 廖启林 朱伯万 常青 汪媛媛

（江西省地质调查研究院）

[摘 要] 在江苏1∶25万多目标区域地球化学调查基础上，有针对性地选择苏南某乡镇企业集中区附近的耕地土壤进行了重金属含量分布特征研究，发现当地耕地土壤环境中存在一定程度的重金属污染，尤其以 Cd 局部污染最为明显。以相关分析和主成分分析为基本手段，结合河流底泥、大气降尘等调查资料，对当地土壤 Cd 污染来源进行了解析，结果表明，污水灌溉可能是导致耕地土壤重金属污染的基本途径，小企业生产过程中的不合理排污是直接污染源头。

[关键词] 耕地土壤 镉污染 来源 苏南

土壤重金属污染近期在国内被研究报道得比较多[1-7]，污染源及重金属元素的迁移过程也一直是前人研究的热点之一[4,7-8]。苏南作为我国改革开放以来乡镇企业的发源地之一，随着工业化进程的不断推进，各地乡镇企业得到了蓬勃发展，地表生态环境也发生了各种变化，局部水土污染也不容忽视，尤其是土壤重金属污染应得到足够的重视。通过江苏省1∶25万多目标区域地球化学调查，我们掌握了全省地表土壤大量的微量元素分布等地球化学调查数据，特别是对重金属 Cd 的区域分布及相关特征有了较全面的了解。之后又通过不断的深入研究，发现苏南部分乡镇企业聚集地附近的土壤中常出现局部重金属元素相对富集，以 Cd 污染相对更为明显。笔者就是在某乡镇企业聚集地附近土壤环境地球化学调查解剖多年所积累的相关资料基础上，专门对该研究区耕地土壤中 Cd 的分布特征、来源、迁移规律等作一探讨，期望为防治耕地重金属污染提供点滴借鉴。

1 研究区概况

该典型解剖区位于"长三角"腹地，城市化率较高，河网密布，交通便利，物产丰富，目前形成了陶瓷、纺织、机械加工、电池原料、化工、建材、工艺品等富有地方特色和门类齐全的地方性工业体系，乡镇企业发达且影响大；农业以种植水稻、小麦、油菜为主，多种经营形成了水产、花

---

① 第一作者简介：金洋，男，1978年生，大学本科，高级工程师，从事生态地球化学评价研究。

卉、蔬菜瓜果、茶叶等特色农业。

2 材料与方法

2.1 样品采集

2010年5月至2012年10月,共在该解剖区采集农田表层土壤样品123件、周边河流底泥样品86件、大气干湿沉降样品31件、灌溉渠泥样品9件。样品采集方法按照中国地质调查局颁布的《土地质量地球化学评估技术要求》相关规定执行。

2.2 样品分析

对As、Hg、Se的测定采用原子荧光法,对Cd的测定用$HCl-HNO_3-HF-HClO_4$消化,石墨炉原子吸收法分析,Cu、Pb、Zn、S、Fe的测定采用X荧光光谱法。

3 结果与讨论

3.1 不同介质重金属含量

土壤重金属含量参数显示(表1),研究区土壤中的As、Cu、Hg、Pb、Zn等重金属平均含量与其所处地级市平均含量相差不大,与其背景含量也较为接近,相对偏差在10%左右,且不超过《土壤环境质量标准》(以下简称标准)二类标准限值,变异系数一般低于0.5,表明这些指标在该地区没有明显的富集,且分布较为均匀;研究区土壤Cd的平均含量为0.319 mg/kg,高于全省平均值及所处地级市平均值(图1),背景含量为0.21mg/kg,平均含量与背景含量相对偏差为51.9%,最高含量达到3.45mg/kg,超过标准限值10倍以上,且其变异系数达到1.35,表明该地区土壤存在普遍的Cd污染,且分布极不均匀,可能存在分布广泛的点源污染。

表1 土壤重金属含量(mg/kg)参数

项目	As	Cd	Cu	Hg	Pb	Zn	Se	S
平均值	9.25	0.319	26.98	0.136	42.47	76.45	0.470	282.60
背景值	8.37	0.210	24.99	0.124	39.90	68.90	0.410	272.50
相对偏差(%)	10.51	51.900	7.96	9.680	6.44	10.96	14.630	3.70
变异系数	0.29	1.350	0.46	0.590	0.32	0.35	0.390	0.37
最大值	18.30	3.450	151.00	0.610	146.00	200.00	1.290	567.00
最小值	5.24	0.040	15.10	0.020	23.80	37.50	0.210	90.40
所处地级市土壤平均值	9.00	0.187	29.50	0.195	34.20	81.30	0.379	469.90
土壤环境质量标准限值	25.00	0.300	100.00	0.500	300.00	250.00		
超标率(%)	0	18.700	0.81	0.810	0	0		

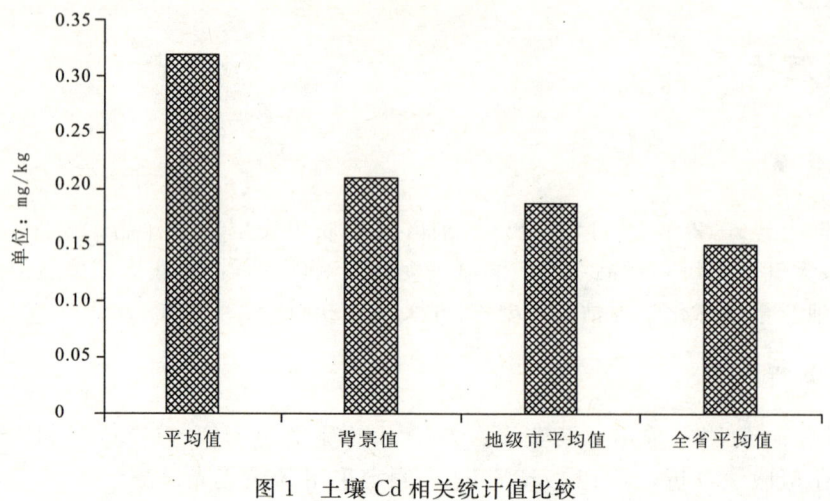

图 1 土壤 Cd 相关统计值比较

与土壤重金属含量相比较(图 2),底泥中 As、Cu、Hg、Pb、Zn 与土壤都比较接近,而 Cd 则明显高于土壤;大气降尘中的所有重金属含量都明显高于土壤中的含量。

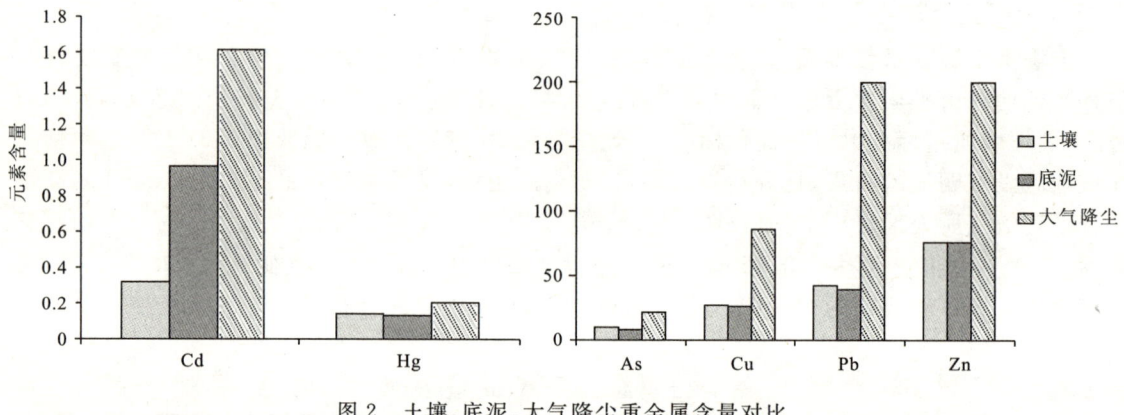

图 2 土壤、底泥、大气降尘重金属含量对比

3.2 地表不同深度土壤元素含量变化

土壤中元素垂向分布特征是研究其物质来源的重要依据[9]。表 2 对比了当地两个典型土壤沉积剖面上不同深度土壤 Cd 等元素含量分布特征,可看出 Cd、Se 等微量元素主要富集在浅表土壤中,30cm 以下深度土壤元素含量趋于稳定,与自然环境土壤的相关元素含量接近,同时还可看出 Pb、Zn 等重金属也呈现了轻度的浅表相对富集。浅表 30cm 以上深度土壤更偏酸性,其 pH 值相对更低。常量元素 K 在不同深度含量也有少量变化,但不是完全的浅表富集。这两个污染土壤沉积剖面的数据一致表明,人为活动对当地土壤元素含量分布的影响一般不超过 30cm 深度,即当地土壤的 Cd 等重金属污染主要局限在地表。

表 2 典型土壤沉积剖面不同深度土壤 Cd 等元素含量分布 (mg/kg)

剖面 1(cm)	Cd	Se	Pb	Zn	K	pH	剖面 2(cm)	Cd	Se	Pb	Zn	K	pH
0~5	3.920	1.650	42.1	80.0	1.41	6.64	0~5	10.100	2.630	34.5	65.3	1.40	5.19
5~10	3.630	1.600	42.6	79.0	1.40	6.61	5~10	8.850	2.670	37.5	65.0	1.38	5.14
10~15	3.220	1.520	40.4	77.8	1.39	6.57	10~15	8.930	2.820	35.7	65.1	1.38	5.10
15~20	0.760	0.690	36.8	72.4	1.39	7.06	15~20	5.480	1.330	32.8	63.1	1.37	5.50
20~25	0.180	0.360	31.9	69.7	1.38	7.58	20~25	0.340	0.300	25.7	52.0	1.37	6.92
25~30	0.130	0.290	33.2	70.4	1.34	7.55	25~30	0.200	0.250	24.1	51.0	1.37	7.18
30~35	0.110	0.210	26.3	56.2	1.31	7.50	30~35	0.170	0.240	25.2	50.2	1.36	7.28
35~40	0.150	0.160	22.7	50.6	1.39	7.50	35~40	0.140	0.190	19.3	43.2	1.30	7.36
40~45	0.120	0.180	23.4	48.2	1.37	7.52	40~45	0.140	0.110	17.7	40.4	1.26	7.52
45~50	0.130	0.210	23.4	47.5	1.34	7.57	45~50	0.130	0.094	16.9	40.7	1.25	7.51
50~60	0.140	0.220	22.6	44.9	1.30	7.63	50~60	0.140	0.052	17.2	40.2	1.25	7.52
60~70	0.150	0.200	23.0	45.8	1.39	7.67	60~70	0.130	0.084	18.0	40.1	1.27	7.51
70~80	0.058	0.120	21.0	51.9	1.23	7.56	70~80	0.110	0.065	16.1	39.0	1.26	7.51
80~90	0.067	0.250	23.7	67.8	1.53	7.38	80~90	0.120	0.130	16.7	37.8	1.26	7.47
90~100	0.096	0.210	22.3	63.0	1.59	7.35	90~100	0.130	0.094	18.2	39.4	1.28	7.42
100~120	0.054	0.190	26.9	60.2	1.64	7.35	100~120	0.140	0.130	20.4	41.2	1.30	7.37
120~140	0.048	0.130	24.3	57.8	1.66	7.35	120~140	0.120	0.400	17.9	40.0	1.30	7.34
140~160	0.064	0.100	24.0	52.4	1.65	7.39	140~160	0.083	0.033	16.1	36.2	1.26	7.42
160~180	0.062	0.087	23.0	51.8	1.65	7.45	160~180	0.130	0.005	14.1	32.9	1.23	7.48
180~200	0.054	0.064	24.8	56.7	1.65	7.43	180~200	0.077	0.012	13.9	30.3	1.24	7.33

注：表中 K 为百分含量，pH 为无量纲。

3.3 相关分析

对 123 件土壤样品 Cd 分析数据进行标准化，逐步剔除平均值加减 3 倍标准差外的数据，直到无法剔除为止，得到可以代表背景样本含量的一组数据，以及剔除掉的可以代表污染样本含量的一组数据。原始样本的数据相关分析显示土壤中的 Cd 与 Se 呈显著相关，而与 Fe 呈显著负相关，表明 Cd 与 Se 可能具有相同的来源，而与土壤颗粒粒径无关；利用背景样本数据进行相关分析，Cd 与 Cu、Hg、Pb、Zn、S 等相关性较好，而与 Se 无明显相关性；利用污染样本数据进行相关分析显示，Cd 与 Se 呈显著相关，而与其他指标无明显相关性(表 3)。

以上相关分析结果均显示，当地土壤中 Cd、Se 具有显著相关性，与表 2 的典型土壤沉积剖面元素含量分布具有可比性，指示这两个元素具有相同或相似的物质来源。

表 3　不同样本中 Cd 与其他指标相关性

样本类型	As	Cu	Hg	Pb	Zn	Se	S	Fe
原始样本 Cd	−0.164	0.011	0.112	0.056	0.100	0.627**	0.120	−0.194*
背景样本 Cd	−0.315**	0.320**	0.473**	0.410**	0.503**	0.089	0.497**	−0.347**
污染样本 Cd	−0.261	−0.163	−0.051	−0.280	−0.266	0.859**	−0.187	−0.117

* 表示在 0.05 水平（双侧）上显著相关；** 表示在 0.01 水平（双侧）上显著相关。

对收集到的 86 件河流底泥样本数据进行相关分析显示（表 4），Cd 与 Zn、Se 呈显著相关，而 Cd 与 Se 的相关性更好，这与原始样品及污染样本的土壤相似。对收集到的 31 件大气降尘样品数据进行相关分析显示（表 5），Cd 与其他指标无明显相关性。

表 4　底泥中 Cd 与其他指标的相关性

相关指标	As	Cu	Hg	Pb	Zn	Se
Cd	0.04	0.07	0.034	0.016	0.225**	0.840**

* 表示在 0.05 水平（双侧）上显著相关；** 表示在 0.01 水平（双侧）上显著相关。

表 5　降尘中 Cd 与其他指标的相关性

相关指标	As	Cu	Hg	Pb	Zn	Se
Cd	−0.151	0.126	0.274	−0.549*	−0.363	−0.325

* 表示在 0.05 水平（双侧）上显著相关；** 表示在 0.01 水平（双侧）上显著相关。

3.4　主成分分析

对全部土壤样本元素含量进行主成分分析，结果见表 6，得到大于 1 的特征值 3 个，第一主成分主要为 Cu、Hg、Pb、Zn、S，贡献率为 28.369%；第二主成分为 As、Cu、Fe，贡献率为 20.705%；第三主成分为 Cd、Se，贡献率为 17.7%。3 个主成分累计贡献率为 66.773%。

对背景土壤样本元素含量进行主成分分析，结果见表 7，得到大于 1 的特征值 3 个，第一主成分主要为 Cd、Cu、Hg、Pb、Zn、S，贡献率为 33.743%；第二主成分为 As、Cu、Fe，贡献率为 22.943%；第三主成分为 Se，贡献率为 11.24%。3 个主成分累计贡献率为 67.927%。

对污染土壤样本元素含量进行主成分分析，结果见表 8，得到大于 1 的特征值 3 个，第一主成分主要为 Cu、Pb、Zn，贡献率为 31.184%；第二主成分为 As、Fe，贡献率为 21.115%；第三主成分为 Cd、Se，贡献率为 17.565%。3 个主成分累计贡献率为 69.864%。

上述主成分分析的结果与相关分析结果也有一致性，Cd、Se 都是当时当地污染土壤中的主要因子，说明当地 Cd 等重金属污染土壤在污染来源上具有共性。

表 6 土壤重金属 3 个主成分因子

元素	主成分		
	1	2	3
As	−0.379	0.811	0.166
Cd	0.337	−0.156	0.825
Cu	0.547	0.542	−0.182
Hg	0.659	−0.078	−0.112
Pb	0.688	0.311	−0.061
Zn	0.701	0.344	−0.173
Se	0.196	0.187	0.892
S	0.650	−0.134	−0.093
Fe	−0.369	0.783	−0.021
特征值	2.553	1.863	1.593
贡献率(%)	28.369	20.705	17.700
累计贡献率(%)	28.369	49.073	66.773

表 7 背景土壤重金属 3 个主成分因子

元素	主成分		
	1	2	3
As	−0.405	0.828	0.053
Cd	0.822	−0.065	0.150
Cu	0.524	0.570	−0.289
Hg	0.725	0.055	−0.084
Pb	0.619	0.196	0.355
Zn	0.615	0.266	−0.254
Se	0.019	0.512	0.772
S	0.731	0.019	−0.092
Fe	−0.314	0.822	−0.318
特征值	3.037	2.065	1.012
贡献率(%)	33.743	22.943	11.204
累计贡献率(%)	33.743	56.687	67.927

表 8 污染土壤重金属 3 个主成分因子

元素	主成分		
	1	2	3
As	0.287	0.746	−0.177
Cd	−0.651	0.107	0.713
Cu	0.778	0.114	0.460
Hg	0.239	−0.566	0.215
Pb	0.773	0.078	0.397
Zn	0.800	−0.205	0.302
Se	−0.563	0.248	0.715
S	0.084	−0.624	−0.097
Fe	0.279	0.707	−0.116
特征值	2.807	1.900	1.581
贡献率(%)	31.184	21.115	17.565
累计贡献率(%)	31.184	52.299	69.864

3.5 土壤中 Cd 污染来源及迁移

一般来说,环境中的 Cd 污染分为气型和水型两种。气型污染主要源于含 Cd 工业废气的扩散,水型污染主要是工业废水排入地表引起的。鉴于本研究区底泥、降尘中 Cd 的含量均明显高于土壤中的含量,因此可以认为,研究区土壤中的 Cd 污染也可能有两种途径,一是通过受污染的地表水污灌,二是大气降尘。污水灌溉是形成局地土壤 Cd 污染的重要原因,前人对此有广泛实例[5,10]。

相关分析显示,底泥中的 Cd 与 Se 呈显著相关,而大气降尘中的 Cd 与 Se 无明显相关性,底泥与土壤表现出相同的参数特征。经调查发现,研究区陶瓷、工艺品行业使用的染色剂,可能是含 Cd 与 Se 的化合物,因此可以推测,底泥中的 Cd 与土壤中的 Cd 污染均来自上述企业的工业废水排放。图 3、图 4 中 Cd 的迁移路径直观分析也可以说明同样的问题:图 3 中污染源直接将污染物排入河流,导致河泥及水体中含有较高含量的 Cd;被污染的河水通过电灌站引水进入农田灌溉系统,灌溉渠泥中 Cd 的含量,从引水口到水渠末端,有很明显的降低趋势,而在水渠末端的农田土壤中,Cd 的含量仍然达到了较高的数量级(见图 4)。

4 结论

(1)底泥、大气降尘中重金属含量相对于土壤明显偏高,但除 Cd 外,底泥及降尘对研究区其他重金属元素的污染贡献并不突出,当地土壤中的 Cd 污染分布广泛,污染程度较高,与稻米 Cd 含量超标有直接关系。

(2)相关分析和主成分分析结果显示,土壤中的 Cd 与底泥中的 Cd 可能具有相同的污染源。实地源解析采样分析结果表明,从污染河泥到污染农田的 Cd 迁移过程中,沉积物中 Cd

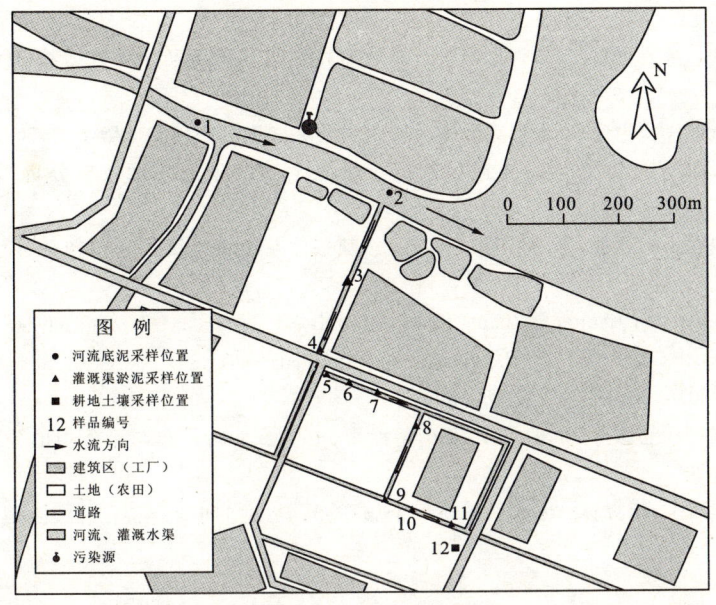

图3 底泥采样点位及水流示意图

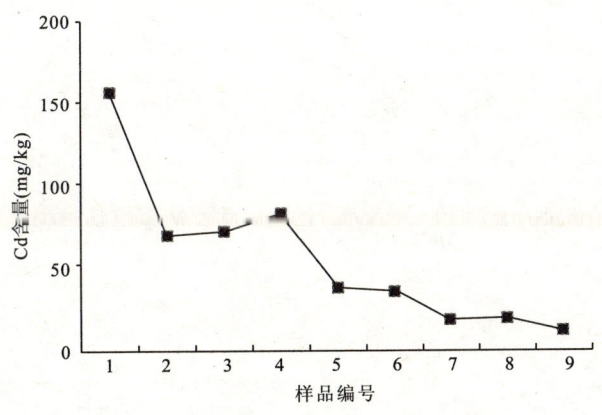

图4 灌溉渠泥Cd含量变化趋势

含量逐步衰减趋势明显。

(3)当地土壤中Cd等重金属污染物主要聚集在表层土壤中,其富集深度(或土壤厚度)一般不超过30cm。

参考文献

[1] 柴世伟,温琰茂,张云霓,等. 广州市郊区农业土壤重金属含量特征[J],中国环境科学,2003,23(6): 592-596

[2] 钱建平,张力,刘辉利,等. 桂林市及近郊土壤汞的分布和污染研究[J]. 地球化学,2000,29(1):94-99

[3] 息朝庄,戴塔根,黄丹艳. 湖南株洲市土壤重金属分布特征及污染评价[J]. 中国地质,2008,35(3):524-530

[4] 廖启林,华明,金洋,等. 江苏省土壤重金属分布特征与污染源初步研究[J]. 中国地质,2009,36(5):1 163-1 174

[5] 吴新民,潘根兴. 影响城市土壤重金属污染因子的关联度分析[J]. 土壤学报,2003,40(6):921-928

[6] 徐友宁,张江华,刘瑞平,等. 金矿区农田土壤重金属污染的环境效应分析[J]. 中国地质,2007,34(4):716-722

[7] 李非里,刘丛强,杨元根,等. 贵阳市郊菜园土-辣椒体系中重金属的迁移特征[J]. 生态与农村环境学报,2007,23(4):52-56

[8] Cao Hongbin,Chen Jianjiang,Zhang Jun,et al.. Heavy metals in rice and garden vegetables and their potential health risks to inhabitants in the vicinity of an industrial zone in Jiangsu,China[J]. Journal of Environmental Sciences,2010,22(11):1 792-1 799

[9] 廖启林,黄顺生,范迪富,等. 微量元素在湖积物、土壤的垂向分布与稻谷中的分配[J]. 第四纪研究,2005,25(3):331-339

[10] 张乃明,李保国,胡克林. 污水灌区耕层土壤中铅、镉的空间变异特征[J]. 土壤学报,2003,40(1):151-154